ORNITHOLOGIE

EUROPÉENNE

I

CORBEIL. TYP. ET STÉR. DE CRETE.

ORNITHOLOGIE

EUROPÉENNE

OU

CATALOGUE DESCRIPTIF, ANALYTIQUE ET RAISONNÉ

DES

OISEAUX OBSERVÉS EN EUROPE

DEUXIÈME ÉDITION, ENTIÈREMENT REFONDUE

PAR

C. D. DEGLAND

Membre de la Société impériale des Sciences,
de l'Agriculture et des Arts de Lille (Nord), Conservateur
du Musée d'Histoire naturelle de Lille.

Z. GERBE

Préparateur du Cours d'Embryogénie comparée
du Collége de France, lauréat de l'Institut
(Académie des Sciences).

TOME I

PARIS

J. B. BAILLIÈRE et FILS,

LIBRAIRES DE L'ACADÉMIE IMPÉRIALE DE MÉDECINE,

19, rue Hautefeuille, près le boulevard Saint-Germain

Londres
HIPPOLYTE BAILLIÈRE

Madrid
C. BAILLY-BAILLIÈRE

New-York
BAILLIÈRE BROTHERS

1867

AVANT-PROPOS

L'accueil flatteur fait à l'*Ornithologie européenne;* la rapidité avec laquelle l'ouvrage s'épuisait, avaient déterminé M. Degland à publier, en *supplément,* un troisième volume, dans lequel, tout en tenant compte des justes observations de quelques critiques bienveillants, il se proposait de répondre aux attaques souvent peu fondées ou futiles, rarement de bon goût, dont son livre avait été l'objet de la part du prince Charles Bonaparte.

M. Degland avait déjà tracé le plan de ce supplément ; il avait indiqué les modifications à faire dans la nomenclature française des familles, des sous-familles, des espèces ; les coupes génériques à admettre ; il avait signalé quelques espèces à éliminer, quelques autres à introduire comme nouvelles ; il avait même rédigé la plupart des réponses qu'il croyait devoir faire au prince, lorsque la maladie qui a fini si tristement pour sa famille et pour ses nombreux amis, est venue l'arrêter dans ses travaux (1856).

Ces matériaux ne devaient cependant pas être perdus pour la science. Les sentiments de haute affection que M. Degland m'avai⁴ inspirés ; la bonne amitié dont il m'avait constamment donné des témoignages ; le désir surtout de calmer, aux derniers jours de sa vie, les préoccupations que lui donnait un ouvrage inachevé, me firent prendre l'engagement d'apporter mes soins à sa publication. Des causes indépendantes de ma volonté m'ont empêché de tenir plus tôt ma promesse ; et si, aujourd'hui, je publie non pas le supplément que préparait M. Degland, mais une deuxième édition de son *Ornithologie européenne*, c'est que, sous cette forme, le livre a l'avantage d'être complet et de s'adresser au plus grand nombre.

J'ai fait de mon mieux pour mettre cette édition au courant de la science, et j'ai la conscience d'avoir fait assez pour me croire autorisé à associer mon nom à celui de M. Degland; mais, en revendiquant ma part d'auteur, je prends seul pour moi la responsabilité des oublis, des imperfections, des erreurs que l'ouvrage peut renfermer, et je serai très-reconnaissant à la critique de me les signaler.

On me reprochera peut-être de n'être pas resté fidèle à l'opinion que j'émettais en 1854 (1); de n'avoir pas tenu un compte exclusif de la nidification et d'avoir admis comme européennes des espèces dont l'apparition en Europe est purement accidentelle, et pour quelques-unes tout à fait exceptionnelle. Je répondrai que la nidification prise pour base d'une distribution géographique des oiseaux me paraît toujours la seule rationnelle, mais que si, aujourd'hui, j'étais parti de ce principe, ce n'est pas une deuxième édition de l'*Ornithologie européenne* que j'aurais donnée, mais un livre qui en aurait complétement différé, et duquel le nom de M. Degland aurait dû disparaître. C'est une suppression que je ne devais ni ne voulais faire.

Z. GERBE.

Au Collége de France, 1er décembre 1866.

---

(1) *Revue et Magasin de zoologie pure et appliquée*, 1854, 2e sér., t. VI, p. 3 et suiv.

LISTE

ALPHABETIQUE

DES OUVRAGES CITÉS ET ABRÉVIATIONS DES TITRES

Ann. des Sc. Nat. — Annales des Sciences Naturelles par MM. Audouin, Ad. Brongniart et Dumas, etc. 1re sér. *Paris*, 1824 et suite.

Ann. du Mus. d'Hist. Nat. — Annales du Muséum d'Histoire Naturelle par les professeurs de cet établissement. *Paris*, 1802 et suite.

Ann. Mag. Nat. Hist. — Annals of Natural History, or Magazine of Zoology, Botany and Geology. — Ou : The Annals and Magazine of Natural History, including Zoology, Botany and Geology, etc. 1re, 2e et 3e séries. *London*, 1838 et suite.

Archiv für Naturgeschichte, von A. F. R. Wiegmann, etc. *Berlin*, 1835 et suite.

Atti della settima adunanza degli Scienziati Italiani, tenute in Napoli, 1845. *Napoli*, 1846.

Audub. — *Birds of Amer.* — Audubon (J. J.), The Birds of America, from drawings made in the United States and their Territories. 7 vol. gr. in-8, avec 500 pl. col. *New-York*, 1844.

Baill. — *Mém. de la Soc. d'Ém. d'Abb.* — Baillon, Mémoires de la Société d'Émulation d'Abbeville. *Abbeville*, 1834.

Bailly — *Orn. de la Savoie.* — Bailly (J.-B.), Ornithologie de la Savoie, ou Histoire des oiseaux qui vivent en Savoie à l'état sauvage, soit constamment, soit périodiquement. 4 vol. in-8. *Paris* et *Chambéry*, 1854.

— Description d'une nouvelle espèce de Mésange de la Savoie, *in* : Bulletin de la Société d'Histoire naturelle de Savoie, 1852.

Barr. — *Ornith. sp. nov.* — Barrère (P.), Ornithologiæ specimen novum, sive Series avium in Ruscinone, Pyrenæis montibus, atque Gallia æquinoxiali observat., etc. 1 vol. p. in-4. *Perpiniani*, 1745.

Bechst. — *Orn. Tasch.* — Bechstein (J. M.), Ornithologisches Taschenbuch von und für Deutschland, etc. 3 vol. in-8. *Leipzig*, 1802-1812.

— *Nat. Deuts.* — Gemeinnützige Naturgeschichte Deutschlands, nach allen drei Reichen. 4 vol. in-8. *Leipzig*, 1801-1809.

Besecke — *Vög. Kurlands.* — Besecke (J. M. G.), Beiträge zur Naturgesch. der Vgel Kurlands, etc. In-8, avec fig. enl. *Mittau* et *Leipzig*, 1792.

—Même ouvrage, nouv. édit. in-8. *Berlin*, 1821.

BLAINVILLE — *Princ. d'anat. comp.* — BLAINVILLE (M. H. DUCROTAY de), De l'organisation des animaux, ou Principes d'anatomie comparée. 1 vol. in-8, *Paris*, 1822.

BLYTH — *Anim. Kingd. Birds.* — BLYTH (Edw.), The Animal Kingdom, describ. arranged in conformity with its organisation. In-8, *London*, 1840.

BOITARD — *Ois. d'Eur.* — BOITARD (P.), Histoire naturelle des Oiseaux de proie d'Europe, avec les figures de toutes les espèces et variétés, in-4, *Paris*, 1824 (ouvrage resté inachevé).

BONNAT. — *Tabl. encycl.* — BONNATERRE (l'abbé), Tableau encyclopédique des trois règnes de la nature; Ornithologie, continuée par Vieillot; 2 vol. grand in-4, dont 1 vol. de pl., *Paris*, 1790-1823.

BP. — *Distr. meth. An. vertebr.* — BONAPARTE (C. L. prince), Saggio di una distribuzione methodica degli animali vertebrati, in-8, *Roma*, 1831-1832.

— *Faun. Ital.* — Iconografia della Fauna italica, per le quattro classi degli animali vertebrati. 3 vol. grand in-4, avec pl. col. *Roma*, 1832-1842.

— *B. of Eur.* — A geographical and comparative List of the Birds of Europe and North-America, in-8, *London*, 1838.

— *Ucc. Eur.* — Catalogo methodico degli Uccelli Europei, in-8, *Bologna*, 1842.

— *C. gen. av.* — Conspectus generum avium. In-8, pars I, II et III. *Lugd. Bat.* 1850-1856.

— *Rev. Crit.* — Revue critique de l'Ornithologie européenne de M. le docteur Degland, de Lille. 1 vol. in-12, *Bruxelles*, 1850.

— *Consp. syst. Orn.* — Conspectus systematis Ornithologiæ, in-8, *Paris*, 1854 (extrait des Ann. des Sc. Nat. 4ᵉ série, t. I).

— *Cat. Parzud.* — Catalogue Parzudaki. In-4, *Paris*, 1856.

BP. et SCHLEGEL — *Mon. des Lox.* — BONAPARTE (C. L.) et SCHLEGEL (H.), Monographie des Loxiens, ouvrage accompagné de 54 pl. col. lith., d'après les dessins de Bödeker et autres naturalistes, in-4, *Leiden* et *Dusseldorf*, 1850.

BORY — *Exp. Sc. en Morée.* — BORY DE SAINT-VINCENT (J. B. G. M.), Expédition scientifique en Morée, etc. Zoologie, 3 vol. in-4, avec atlas in-folio, *Paris*, 1832-1835.

BOUTEILLE et LABATIE, Ornithologie du Dauphiné, ou Description des Oiseaux observés dans les départements de l'Isère, du Dauphiné, des Hautes-Alpes, etc. 2 vol. grand in-8, avec pl. lith. *Grenoble*, 1843-1844.

BREHM — *Beitr. zur Vog.* — BREHM (C. L.), Beiträge zur Vögelkunde. 3 vol. grand in-8, avec 11 pl. *Neustadt*, 1820-1822.

— *Lehrb.* — Lehrbuch der Naturgesch. aller Europ. Vögel. 2 part, in-8, avec 1 pl. *Iena*, 1823.

— *Handb. Nat. Vog. Deuts.* — Handbuch der Naturgesch. aller Vögel Deutschlands, etc. 1 vol. grand in-8, avec 47 pl. *Ilmenau*, 1831.

BRISS. — *Ornith.* — BRISSON (M. J.), Ornithologie, ou Méthode contenant la division des Oiseaux en ordres, sections, genres, etc. 6 vol. in-4, avec pl. *Paris*, 1760.

BRUCH — *Journ. für Orn.* — BRUCH (P.), Monograph. Uebers. der Gattung *Larus*, et Revision der Gattung *Larus*, in : Journal für Ornithol. 1853 et 1855.

BRÜNN. — *Ornith. Bor.* — BRÜNNICH (M. T.), Ornithologia borealis, sistens collectionem Avium ex omnibus imperio Danico subjectis provinciis, etc. In-8, *Hafniæ*, 1764.

BUFF. — *Pl. enl.* — BUFFON (G. L. LECLER comte de), Planches enluminées d'Histoire naturelle, par Martinet, exécutées par d'Aubenton le jeune, 1008 pl. in-folio, *Paris*, 1765.

Bull. de l'Académie Royale des Sciences, des Lettres et des Beaux-Arts de Belgique, Bruxelles, 1834, et suite, in-8.

Bull. Soc. Impér. Moscou. — Bulletin de la Société Impériale des Naturalistes de Moscou, in-8, *Moscou*, 1829 et suite.

Bull. phys. math. Acad. I. Saint-Péters. — Bulletin de la classe physico-mathématique de l'Académie Impériale des sciences de Saint-Pétersbourg, in-4, *Saint-Pétersbourg*, 1843 et suite.

Bull. Ac. I. Sc. deSaint-Péters. — Bulletin scientifique publié par l'Académie Impériale des sciences de Saint-Pétersbourg, in-4. *Saint-Pétersbourg*, 1836 et suite.

CAB. ou CABAN. — *Orn. Notiz.* — CABANIS (J. L.), Ornithologische Notizen, *in* : Archiv für Natur. 1847.

— *Mus. Orn. Hein.* — Museum ornithologicum Heinianum, in-8, *Halberstadt*, partie Ire, 1850-1851, p. IIe et IIIe, 1860.

— *Journ. für Ornith.* — Journal für Ornithologie, in-8, avec pl. *Cassel*, 1853 et suite.

CALVI — *Cat. d'Orn. di Genova.* — CALVI (G.), Catalogo d'Ornithologia di Genova, etc. In-8, *Genova*, 1828.

CANIVET (E.), Catalogue des Oiseaux du département de la Manche, in-8, *Paris*, 1843.

CARA (G.), Elenco degli Uccelli che trovansi nell' Isola di Sardegna, o d'Ornithologia Sarda, in-8, *Torino*, 1842.

CETTI (F.), Gli Uccelli di Sardegna. 1 vol. in-12, *Sassari*, 1776.

CHALANIAT (E. de), Catalogue des Oiseaux qui ont été observés en Auvergne, in-8, *Clermont*, 1847.

CHARLET. — *Exercit.* — CHARLETON (Gualter), Exercitationes de differentiis et nominibus animalium, etc. In-folio, *Osoniæ*, 1677.

C. R. de l'Ac. des Sc. — Comptes rendus hebdomadaires des séances de l'Académie des Sciences de Paris, par MM. les Secrétaires perpétuels, in-4, *Paris*, 1835 et suite.

CRESPON (J.), Ornithologie du Gard et des pays circonvoisins. 1 vol. in-8, *Nimes* et *Montpellier*, 1840.

— Faune méridionale, ou Description de tous les animaux vivants et fossiles, sauvages ou domestiques, qui se rencontrent dans la plus grande partie du midi de la France. 2 vol. in-8, *Nimes* et *Montpellier*, 1844.

CUV. (G.). — *Tab. du règ. anim.* — CUVIER (G.), Tableau élémentaire de l'histoire naturelle des animaux. 1 vol. in-8, *Paris*, an VI (1798).

— *Anat. comp.* — Leçons d'anatomie comparée, recueillies et publiés sous ses yeux, par C. Duméril et G. H. Duvernoy. 1re édition. *Paris*, 1800-1803.

— *Règ. anim.* — Règne animal distribué d'après son organisation, etc. 1re édit. 5 vol. in-8, *Paris*, 1817, — et 2e édit. 5 vol. in-8, *Paris*, 1820.

Daud. — *Ornith.* —Daudin (F. M.), Traité élémentaire et complet d'Ornithologie, etc. 2 vol. in-4, avec pl., *Paris*, an VIII (1800).

Degl. — *Labbes d'Eur.* — Degland (C. D.), Notice sur les Labbes d'Europe, extrait des Mémoires de la Société Royale des sciences de Lille, 1833, 3ᵉ part.

— *Ois. obs. en Eur.* — Catalogue des Oiseaux observés en Europe, principalement en France et surtout dans le nord du royaume. 1 vol. in-8, *Lille*, 1839.

Desfont. — *Ois. de Barbarie.* — Desfontaines (R. L.), Mémoires sur quelques nouvelles espèces d'Oiseaux des côtes de Barbarie, *in* : Mémoires de l'Académie royale des sciences, *Paris*, 1787.

Des Murs (O.). — *Icon. ornith.* — Des Murs (O.), Iconographie ornithologique. Nouveau recueil de planches peintes d'Oiseaux, etc. In 4 et in-folio, *Paris*, 1845-1849.

— *Encycl. d'Hist. nat.* — Encyclopédie d'Histoire naturelle. Oiseaux, 6 vol. in-4, *Paris*, 1855-1858.

Dictionnaire (nouveau) d'Histoire naturelle, appliqué aux arts, à l'agriculture, à l'économie rurale et domestique, etc., par une Société de naturalistes et d'agriculteurs. Nouv. édit. 36 vol. in-8, *Paris*, 1816-1819.

Dictionnaire des Sciences naturelles, publié par les professeurs du Jardin du Roi et des principales écoles de Paris. 60 vol. in-8, avec 12 vol. d'atlas, fig. col. *Paris* et *Strasbourg*, 1816-1820.

Dictionnaire universel d'Histoire naturelle, résumant et complétant tous les faits présentés par les encyclopédies, les anciens Dictionnaires scientifiques, etc., dirigé par M. Ch. d'Orbigny. 13 vol. grand in-8, avec pl. col. *Paris*, 1839-1845.

Donovan — *Nat. Hist. Brit. Birds.* — Donovan (Edw.), Natural History of British Birds, a selection of the most rare, beautiful, and interesting Birds which inhabit this country. 11 vol. in-8, avec 244 pl. col. *London*, 1794-1818.

Dumér. — *Zool. anal.* — Duméril (A. M. C.), Zoologie analytique, ou Méthode naturelle de classification des animaux, etc. 1 vol. in-8, *Paris*, 1806.

Durazzo — *Uccelli Liguri.* — Durazzo (Carlo), Degli Uccelli Liguri notizie. 1 vol. grand in-8, avec 2 pl. lith. *Genova*, 1840.

Edinburgh Journal of science (the), etc. Conducted by Dav. Brewster. In-8, *Edinburgh*, IIᵉ série, 1829-1832.

Ehrenb. — *Naturg. Reis.* — Ehrenberg (C. G.), Naturgeschichtl. Reisen durch Nord-Africa und West-Asien, etc. grand in-8. *Berlin*, 1828.

— *Symb. phys.* — Voir Hemprich.

Eversm. — *Reise Orenb. Buchara.* — Eversmann (E.), Reise von Orenburg nach Buchara, etc. In-4, *Berlin*, 1823.

— *Add. Pall. zoogr.* — Addenda ad celeberrimi Pallasii Zoographiam Rosso-Asiaticam. In-8, *Casani*, 1835.

Eyton — *Rar. Brit. B.* — Eyton (T. C.), History of the rarer British Birds etc. In-8, *London*, 1836.

— *Monogr. Anat.* — Monograph. of Anatidæ or Duck tribe, including the Geese and Swans, in-4, avec pl. *London*, 1838.

FABER. — *Prodr. Isl. Orn.* — FABER (Fréd.), Prodromus der Isländischen Ornithologie od. Geschichte der Vögel Islands, in-8, avec une pl. *Kopenhagen*, 1822.

FABRIC. — *Faun. Groenl.* — FABRICIUS (Otho), Fauna Groenlandica, systematice sistens animalia Groenlandiæ occidentalis hactenus indagata, etc. 1 vol. in-8, avec une pl. gr. *Hafniæ* et *Lipsiæ*, 1780.

FALK — *Reise.* — FALK, Reise in Russland. Fünfte Abtheilung, welche, etc. 3 vol. in-4, avec pl. *Saint-Pétersbourg*, 1785.

FLEM. — *Brit. anim.* — FLEMING (John), A History of British animals, exhibiting the descript. charact. and system. arrang. of the Gen. and Species of Quadr up., Birds, Reptiles, etc. 1 vol. in-8. *Edinburgh*, 1828.

— *Phil. of zool.* — Philosophy of Zoology; or a general View of the Structure, Functions and Classificat. of Animals. In-8, *Edinburgh*, 1822.

FORSK. — *Anim. orient.* — FORSKAL (P.), Descriptiones Animalium, Avium, Amphibiorum, Insectorum, Vermium, quæ in itinere orientali observavit, etc., avec pl. *Hafniæ*, 1775.

GAMBEL. — *Birds Flor. coll. Herm.* — GAMBEL (W.), Observation on some Birds from Florida collected by Dr. Hermann, *in* : Proceedings Acad. Nat. Sc. Philad. (1848-1849), *Philadelphia*, 1850.

GEORGI — *Reise.* — GEORGI (Joh. Gtth), Bemerkungen auf einer Reise im Russ. Reiche im Jahre 1772. 2 vol. in-4, *Saint-Pétersbourg*, 1775.

GLOGER — *Handb. Nat. Vög. Eur.* — GLOGER (C. W.), Vollständiges Handbuch der Naturgesch. der Vögel Europa's, mit besonderer Rücksicht auf Deutschland. Erster Theil, In-8, *Breslau*, 1834.

GMEL. — *S. N.* — GMELIN (Joa.-Frid.), Caroli a Linne Systema naturæ, per regna tria naturæ secundum classes, ordines, genera, species, etc. 3 t. en 10 vol. in-8, avec pl. *Lipsiæ*, 1788-1793.

GMEL. — *Voy.* ou *Reise.* — GMELIN (Sam. Geor.), Reise durch Russland zur Untersuch. der drei Natur-Reiche, etc. 4 vol. in-4, mit 156 Kupfertafeln *Saint-Pétersbourg*, 1774 1784.

GOULD — *Birds of Eur.* — GOULD (John), The Birds of Europa. 5 vol. in-folio, comprenant 449 fig. col. etc. *London*, 1832-1837.

GRAY — *List. Gen. of B.* — GRAY (G. R.), A List of the genera of Birds, with an indication of the typical species of each genus ; 2e edit. revised, augm. and accomp. with an index, in-8, *London* (1840)-1841.

— *Gen. of B.* — The genera of Birds; comprising their generic charact. a notice of the habits of each genus, etc. Illustrated with 360 pl. by Dav. Will. Mitchell. Grand in-4, *London*, 1844-1846.

GRAY — *Spec. Brit. Anim. Birds.* — GRAY (J. E.), List of the specimens of British Animals, in the Collection of the British Museum. Part III, Birds. 1 vol. in-12, *London*, 1850.

— *Illust. Ind. Zool.* — Illustrations of Indian Zoology, etc. 2 vol. in-folio; with 202 pl. *London*, 1830-1834.

HARDY (J.), Catalogue des oiseaux observés dans le département de la Seine-Inférieure, extrait de l'Annuaire de l'Association normande pour 1841.

HEMP. et EHRENB. — *Symb. phys.* — HEMPRICH (F. W.) et EHRENBERG C. G.).

Symbolæ physicæ, seu icones et descriptiones Mammalium, Avium...
quæ ex itinere per Africam boreal. et Asiam occident., studio nova aut
illust. redierunt. In-folio, pars Zool. Aves. Cum tab. *Berolini*, 1828.

HEUGLIN — *Vög. N.-O. Afrik.* — HEUGLIN (T. V.), Systematische Uebersicht der
Vögel Nord-Ost-Afiika's, etc. *in* : Sitzungsber. der Akad. in Wien, math.
naturwissensch. Classe *Wien*, 1856.

HOLANDRE — *Faune de la Moselle.* — HOLANDRE (J.), Faune 'du département de
la Moselle et principalement des environs de Metz, etc. In-12, *Metz*, 1826.
(Extrait de l'Almanach du département de la Moselle.)

— Faune du département de la Moselle, Animaux vertébrés, Mammifères,
Oiseaux, Reptiles, Poissons, etc. In-16, *Metz*, 1836.

HOLBÖLL (C. P.) — Ornithologischer Beitrag zur Fauna Groenlands. Grand in-8,
Leipzig, 1846.

Ibis (the). A Magazine of general Ornithology, in-8, *London*, 1853.

ILLIG. — *Prodr. syst.* — ILLIGER (J. K. W.), Prodromus systematis Mammalium
et Avium, additis terminis zoographicis utriusque classis, etc. 1 vol. in-8,
Berolini, 1811.

Isis, Encyclopäd. Zeitschrift vorzüglich für Naturgeschichte, vergleich. Anatomie und Physiologie, in-4, *Leipzig*, 1817 et suite.

JARDINE — *Illustr. of Ornith.* — JARDINE (W.), Illustrations of Ornithology.
Edinburgh and *London*, 1825–1843.

— *Natur. Libr.* — The Naturalist's Library. Conducted by sir W. Jardine,
in-18, *London* and *Edinburgh*, 1834-1843.

JAUBERT et BARTRÉLEMY-LAPOMMERAYE, Richesses ornithologiques du midi de
la France, ou Description méthodique de tous les Oiseaux observés en
Provence et dans les départements circonvoisins. 1 vol. grand in-4,
avec pl. col. *Paris* et *Marseille*, 1862.

JENYNS — *Brit. vert. anim.* — JENYNS (L.), A Manual of British vertebrate Animals, or, Descriptions of all the Animals belonging to the classes Mamma-
lia, Aves, Reptilia, Amphibia and Pisces, etc. 1 vol. in-8, *Cambridge*, 1835.

Journ. Acad. Philad. — Journal of the Academy of natural Sciences of Philadelphia, in-8, avec pl. *Philadelphia*, 1817 et suite.

Journ. As. Soc. Ben. — The Journal of the Asiatic Society of Bengal, in-8, *Cal-
cutta*, 1832 et suite.

Journ. für Ornith. — Voir CABANIS.

KAUP — *Nat. Syst.* — KAUP (J. J.), Skizzirte Entwickelungs-Geschichte und Natürl.
System der Europ. Thierwelt, Erster. Theil etc. In-8, *Darmstadt*, 1829.

— *Classif. Saüg und Vög.* — Classification der Saügethiere und Vögel,
in-8, avec 2 pl. lith. *Darmstadt*, 1844.

KEYS. et BLAS. — *Wirbelth.* — KEYSERLING (A. G.) et BLASIUS (J. H.), Die Wirbelthiere Europa's. 1 vol. grand in-8, *Braunschweig*, 1840.

KLEIN — *Hist. Av. prodr.* — KLEIN (J. T.), Historiæ Avium prodromus, cum
præfatione de ordine animalium in genere, etc. Grand in-4, avec pl.
Lubecæ, 1750.

KOCH — *Baier. Zool.* — KOCH (K. L.), System der Baierischen Zoologie. 1 vol.
in-12, *Nürnberg*, 1816.

KRAMER — *Elench. veget. et anim.* — KRAMER (G. H.), Elenchus vegetabilium et animalium per Austriam inferior. observat. etc. 1 vol. in-8, *Viennæ*, 1756.

KUHL — *Beitr. Zool.* — KUHL (H.), Beiträge zur Zoologie und Vergleichenden Anatomie. 1 vol. in-4, avec pl. *Frankfurt*, 1820.

LAPEY. — *M. et Ois. de la H.-Garon.* — LAPEYROUSE (PICOT de), Tables méthodiques des Mammifères et des Oiseaux observés dans le département de la Haute-Garonne, in-8, *Toulouse*, an VII (1799).

LATH. — *Ind.* — LATHAM (J.), Index ornithologicus, sive Systema Ornithologiæ, complectens Avium divisionem in classes, ordines, genera, species, etc. 2 vol. in-4, *Londini*, 1790 ; et Supplementum Indicis ornithologici. 1 vol. in-4, *Londini*, 1802.

LATR. — *Fam. nat. du Règ. anim.* — LATREILLE (P. A.), Familles naturelles du Règne animal, exposées succinctement dans un ordre analytique, 2° édit. in-8, *Paris*, 1825.

LEACH — *Syst. Cat. M. and B. Brit. Mus.* — LEACH (W. E.), Systematic Catalogue of the Specimens of the indigenous Mamm. and Birds that are preserved in the Britisch Museum, etc. Petit in-4, *London*, 1816.

— *Zool. Misc.* — Zoological Miscellany; being descript. of new or interesting animals, etc. 3 vol. in-4, avec pl. col. *London*, 1814-1817.

LEISL. — *Annal. Wetter. Gesellsch. Natur.* — LEISLER (J. P. A.), *in* : Annalen der Wetterauisch. Gesellschaft für die gesammte Naturkunde, grand in-4, *Frankfurt*, 1809-1814.

LEPECH. — *Itin.* ou *Voy.* — LEPECHIN (I.), Itinera per varias provincias imperii Rossici, 1768 et 1769, 1770 et 1771. 3 vol. in-4 (en russe) avec pl. *Petropoli*, 1771-1780.

LESS. — *Man. d'Orn.* — LESSON (R. P.), Manuel d'Ornithologie, ou Description des genres et des principales espèces d'Oiseaux. 2 vol. in-18, *Paris*, 1828.

— *Tr. d'Orn.* ou *Ornith.* — Traité d'Ornithologie ou Tableau méthod. des ordres, sous-ordres, familles, tribus, genres, etc. 2 vol. grand in-8, dont 1 vol. de pl. *Paris*, 1831.

— Complément aux œuvres de Buffon, ou Histoire naturelle des animaux rares découverts par les naturalistes et les voyageurs depuis la mort de Buffon. Oiseaux, 3 vol. in-8. — Mammif. et Oiseaux, 1 vol. in-8. *Paris*, 1835-1841.

LE VAILLANT. — *Ois. d'Afr.* — LE VAILLANT (Franç.), Histoire naturelle des Oiseaux d'Afrique. 6 vol. grand in-folio avec 300 pl. col. *Paris*, an VII (1799).

LE VAIL. — *Exp. sc. de l'Algérie.* — LE VAILLANT (jeune), Exploration scientifique de l'Algérie, in-4. Ornithologie. *Paris*, 1844-1858.

LICHT. — *Doubl. Zool. Mus.* — LICHTENSTEIN (H.), Verzeichniss der Doubletten des Zoolog. Museums der Königl. Universität zu Berlin, petit in-4, *Berlin*, 1824.

— *Nom. av.* — LICHTENSTEIN (H.), Nomenclator avium Musæi zoologici Berolinensis, in-8, *Berlin*, 1854.

LINN. — *S. N.* — LINNÉ (Karl. v.), Systema naturæ, sive Regna tria naturæ systematice proposita per classes, ordines, genera et species. 1" édit. in-folio,

Lugduni Batavorum, 1735.— 10ᵉ édit. 2 vol. in-8, *Holmiæ*, 1758, — et surtout 12ᵉ édit. 3 vol. in-8, *Halæ* et *Magdeb.*, 1766.

LINN.—*Faun. Suec.*—Fauna Suecica, sistens animalia Sueciæ regni : Quadrupeda, Aves, Amphibia, Pisces, Insecta, Vermes, distributa per classes et ordines, genera et species, etc. 1 vol. in-8, *Stockholmiæ*, 1746. Edit. altera, 1761.

MACGILL. — *Hist. Brit. B.* — MACGILLIVRAY (Will.), History of British Birds indigenous and migratory. 3 vol. grand in-8, *London*, 1839-1841.

— *Man. Brit. Orn.* — A Manual of British Ornithology, etc. 2 vol. in-8, *London*, 1840.

— Descript., Charact. and Synon. of the genus *Larus*, etc. *in* : Mem. Werner. Soc. 1824.

MALH. — *Mon. des Picid.* — MALHERBE (Al.), Monographie des Picidés, ou Histoire naturelle générale et particulière des Oiseaux grimpeurs zygodactyles. 1 vol. in-folio, *Paris*, 1859.

— Faune ornithologique de la Sicile, avec des observat. sur l'habitation et l'apparition des Oiseaux sur cette île, etc. 1 vol. in-8, *Metz*, 1843.

— Faune ornith. de l'Algérie, in-8, *Metz*, 1855 (extrait du Bull. de la Soc. d'Histoire naturelle du département de la Moselle).

MAUDUYT, Tableau méthodique des Oiseaux tant sédentaires que de passage périodique ou accidentel, observés jusqu'à présent dans le département de la Vienne, in-8, 1840 (extrait du Bullet. de la Soc. d'Agriculture, Lettres, Sciences et Arts de Poitiers).

MEISNER — *Syst. Verzeich. Vög.* — MEISNER (Fr.), Systemat. Verzeichniss der Vögel, etc. 1 vol. in-8, *Bern*, 1804.

— *Vög. Schweiz.* — MEISNER (Fr.) et SCHINZ (H. R.), Die Vögel der Schweiz ; systemat. geordnet und beschrieben, etc. In-8, avec pl. col. *Zürich*, 1815.

Mémoires (nouveaux) de la Société Impériale des naturalistes de Moscou. In-4, *Moscou*, 1829 et suite.

Mémoires de la Société Linnéenne de Paris, in-8, *Paris*, 1822-1827.

Mem. de l'Inst. — Mémoires de l'Institut national des sciences physiques et mathématiques. *Paris*, an VI (1798), et suite.

Mémoires du Muséum d'Histoire naturelle de Paris, par MM. les professeurs de cet établissement. *Paris*, an XI (1802), et suite.

Mem. Accad. di Torino. — Memorie della Reale Accademia delle scienze di Torino, grand in-4, avec pl. *Torino*, 1816 et suite.

MENET. — *Cat. rais.* ou *Cat. des ois. du Cauc.* — MENÉTRIES (E.), Catalogue raisonné des objets de zoologie recueillis dans un voyage au Caucase, etc. 1 vol. in-4, *Saint-Pétersbourg*, 1832.

MEY. — *Vög. Liv-und Esthl.* — MEYER (B.), Kurze Beschreibung der Vögel Liv-und Esthlands. 1 vol. in-8, avec 1 pl. *Nürnberg*, 1815.

MEY. et WOLF — *Tasch. Deuts.* — MEYER (B.) et WOLF (J.), Taschenbuch der Deutschen Vögelkunde. 2 vol. in-8, avec fig. *Frankfurt*, 1810, et Suppl. au même ouvrage. 1 vol. in-8, *Frankfurt*, 1822.

MIDDEND.—*Sibir. Reise* ou *Reise.*—MIDDENDORFF (A. T. v.), Reise in den äussersten Norden und Osten Sibiriens, während der Jahre 1843 und 1844, etc. 4 vol. in-4, avec pl. *Saint-Pétersbourg*, 1847-1859.

MILLET (P. A.), Faune de Maine-et-Loire, ou Description méthodique des animaux que l'on rencontre dans toute l'étendue du département de Maine-et-Loire, etc. 2 vol. in-8, avec pl. *Paris* et *Angers*, 1828.

MŒHR. — *Av. gen.* — MŒHRING (P. H. G.), Avium genera. 1 vol. in-8, *Auricæ*, 1752.

MONT. — *Orn. Dict.* — MONTAGU (Geo.), Ornithological Dictionary, or Alphabetical Synops. of Brit. Birds, by G. Montagu. — 2ᵉ edit. with many new articles and original observat. by J. Rennie, in-8, *London*, 1831.

MUEHLE — *Ornith. Griech.* — MUEHLE (H. G. von der), Beiträge zur Ornitholog. Griechenlands. 1 vol. in-8, *Leipzig*, 1844.

Mus. Senckenb. — Museum Senckenbergianum. Abhandlungen aus dem Gebiete der beschreibenden Naturgeschichte, etc. Grand in-4, *Frankfurt*, 1833 et suite.

NAUMANN — *Vôg.* ou *Vog. Deuts.* — NAUMANN (J. A.), Naturgeschichte der Vögel Deutschlands, etc. 12 vol. in-8, avec fig. col. *Leipzig*, 1822-1844, augmenté d'un 13ᵉ vol. par NAUMANN (J. F.), *Stuttgardt*, 1860 ; avec un supplément par MM. BLASIUS, BALDAMUS et STURM.

Naumannia, Archiv für die Ornithologie vorzugsweise Europa's, etc. in-8, avec pl. 1850 et suite.

Neue Alpina, eine Zeitschrift der Schweig. Naturgesch. und Landwirthschaft, etc. in-8, 1821 et 1827. Band I und II.

NILSS. — *Orn. Suec.* — NILSSON (S.), Ornithologia suecica. 1 vol. in-8, en deux part. avec pl. *Hafniæ*, 1ʳᵉ p. 1817, 2ᵉ part. 1821.

— *Skand. Faun.* — Skandinawisk Fauna. Vögel, in-8, *Lund*. 1835, et Illumin. fig. till Skandin. Faun., etc. in-4, *Lund*, 1831-1832.

NORDM. — *Cat. rais. des ois. de la Faune Pont.* — NORDMANN (Alex.), Catalogue raisonné des Oiseaux de la Faune Pontique, *in* : Demidoff, Voyage dans la Russie méridionale, etc. in-8, avec pl. in-folio, *Paris*, 1839.

Nov. Com. Ac. imp. Sc. Petrop. — Novi commentarii Academiæ imper. Scientiarum Petropolitanæ. *Petropoli*, 1750, 1776, 1777 et suite.

Öfvers. K. Vet.-Akad. Förhand. — Öfversigt af Köngl. Vetenskaps-Akademiens Förhandlingar. *Stockholm*, 1844 et suite.

PALL. — *Voy.* — PALLAS (P. S.), Voyage dans plusieurs provinces de l'empire de Russie et dans l'Asie septentrionale. *Petersburg*, 1776. — Édit. franç. in-8, 8 vol. avec atlas, *Paris*, an II (1794).

— *Zoogr.* — Zoographia Rosso-Asiatica, etc. 3 vol. in-4, avec un vol. de pl. petit in-folio (fasc. 1 à 6). *Petropoli*, 1811-1831.

PENN. — *Brit. Zool.* — PENNANT (T.), The British Zoology : Quadr. Birds, published under the inspect. of the Cymmrodorian Society. 1 vol. in-folio, avec fig., *London*, 1766 ; — 2ᵒ édit. 1 t. en 2 vol. grand in-8, avec pl. col. *London*, 1768.

Proceed. Acad. Nat. Sc. Philad. — Proceedings of the Academy of natural Sciences of Philadelphia. 9ᵉ séric, in-8, avec pl. *Philadelphia*, 1842, et suite.

Proceed. Bost. Soc. Nat. Hist. — Proceedings of the Boston Society of natural History. in-8, *Boston*, 1844, et suite.

Proceed. zool. Soc. — Proceedings of the committee of the zoological Society of

London, in-8, *London*, 1830-1832. — Proceedings of the zool. Society of London, *London*, 1833-1858.

RANZ. — *Elem. di zool.* — RANZANI (C.), Elementi di zoologia. Ornithologia. 3 vol. en 9 part. in-8, avec pl. *Bologna*, 1821-1826.

RAY — *Syn. Av.* — RAY (Jean), Synopsis methodica Avium, cum tab. æn. in-8.; *Londini*, 1713.

RAY (Jules), Catalogue de la Faune de l'Aube, ou Liste méthod. des animaux qui se rencontrent dans cette partie de la Champagne. 1 vol. in-12, *Paris*, 1843.

RETZIUS — *Faun. Suec.* — RETZIUS (A. J.), Fauna Sueciæ a Carolo Linnæo incho-ata. Pars 1ª sistens Mammal. Aves, Amphib. et Pisces Sueciæ, quam re-cognovit, emendavit et auxit, etc. 1 vol. in-8, avec une pl. col. *Lipsiæ*, 1800.

Rev. zool. — Revue zoologique par la Société Cuviérienne, publiée sous la direct. de M. F. E. Guérin-Méneville. 10 vol. in-8, *Paris*, 1838-1848.

Rev. et Mag. de zool. — Revue et Magasin de zoologie pure et appliquée, etc. sous la direction de M. F. E. Guérin-Méneville, in-8, avec pl. 2ᵉ série. *Paris*, 1849, et suite.

RHEA, Zeitschrift für die gesammte Ornithologie, in-8, avec pl. *Leipzig*, 1846 et 1849. 1. und 2 Heft. mit 2. lith. und illum. Tafeln.

RICHARDS. — *Faun. Bor. Am.* — RICHARDSON (J.), Fauna Boreali-americana : or the Zoology of the Northern Parts of British America, etc. Birds. 1 vol. in-8, avec pl. col. *London*, 1831.

RISSO (A.), Histoire naturelle des principales productions de l'Europe mé-ridionale et particulièrement de celles des environs de Nice et des Alpes-Maritimes. 5 vol. in-8, avec pl. gr. *Paris*, 1826.

ROUX. — *Orn. prov.* — Roux (J. L. F. Polydore), Ornithologie provençale, ou Description, avec figures col., de tous les Oiseaux qui habitent constam-ment la Provence, ou qui n'y sont que de passage, etc. Grand in-4, *Marseille*, 1825, 1839 (ouvr. inachevé).

RUPPELL. — *Neue Wirb. Faun. Abyss. Vog.* — RUPPELL (W. P. E.), Neue Wirbel-thiere, zu der Fauna von Abyssinien gehöring, etc. Vögel. 42 tafeln und 29 Bogen Text. In-folio, *Frankfurt*, 1835, 1840.

— *Syst. über Vög. N.-O. Afr.* — Systemat. Uebersicht der Vögel Nord-Ost-Afrika's, etc. Grand in-8, mit 45 illum. Tafeln. *Frankfurt*, 1845.

SALVADORI (Thom.), Catalogo degli Uccelli di Sardegna, con note e osserva-zioni, in-8, *Milano*, 1864.

SAVI — *Ornith. Tosc.* — SAVI (P.), Ornithologia Toscana, ossia descrizione e sto-ria degli Uccelli che trovansi nella Toscana. 3 vol. in-8, *Pisa*, 1827-1831.

SAVIG. — *Ois. d'Égyp.* — SAVIGNY (M. J. C. LELORGNE de), Observations sur le système des Oiseaux de l'Égypte et de la Syrie. Grand in-folio, avec 54 pl. *Paris*, 1808-1810.

— Histoire naturelle et mythologique de l'Ibis. 1 vol. in-8, avec pl. *Paris*, 1805.

SCHEMBRI. — *Cat. orn. del gruppo di Malta.* — SCHEMBRI (Ant.), Catalogo orni-thologico del gruppo di Malta, in-8, avec pl. *Malta*, 1843.

SCHINZ — *Europ. Faun.* — SCHINZ (H. R.), Europäische Fauna, oder Verzeichniss der Wirbelthiere Europa's. 2 parties en 1 vol. in-8, *Stuttgart,* 1810.

SCHLEG. — *Rev. crit.* — SCHLEGEL (H.), Revue critique des Oiseaux d'Europe. 1 vol. grand in-8, *Leyde,* 1844.

— *Obs. sur le s.-g. des Pouillots.* — Observations sur le sous-genre des Pouillots, et notamment sur le Pouillot lusciniole, *Sylvia polyglotta* de Vieillot. In-4, avec pl., 1848 (tirage à part).

— *Mus. Hist. nat. des Pays-Bas.*—Muséum d'Histoire naturelle des Pays-Bas, in-8, *Leyde,* 1862-1865 (les 7 livr. parues).

SCHLEG. et BP. — *Mon. des Lox.* — Voir BONAPARTE.

SCHLEG. et SUSEM. — *Vog. Eur.* — Voir SUSEMIHL.

SCHRANK — *Faun. Boica.* — SCHRANK (F. von P.), Fauna Boica. 1 vol. in-8, *Nüremberg,* 1798.

SCOP. — *Ann. I. Hist. nat.* — SCOPOLI (J. A.), Annus I. historico-naturalis, descriptiones Avium musei proprii earumque rariorum quas vidit in vivario August. imper., etc. 1 vol. in-8, *Turriani,* 1769.

SELBY — *Brit. Orn.* — SELBY (Prid. J.), Illustrations of British Ornithology. 2 vol. in-8, avec pl. *Edinburgh,* 1833.

— *Types of Birds.* — Catalogue of the generic and subgeneric types of Birds, in-8, *Newcastle,* 1840.

SELYS. — *Faun. Belge.* — SÉLYS-LONGCHAMPS (M. E. de), Faune Belge, 1ᵣₑ part. Indication méthodique des Mamm., Oiseaux, Reptiles, Poissons observ. jusqu ici en Belgique. 1 vol. in-8, avec pl. *Bruxelles,* 1842.

SMITH — *Illustr. Zool. South-Afr.* — SMITH (Andrew), Illustrations of the Zoology of South Africa, etc. (Aves, 114 pl.), in-4, avec pl. col. *London,* 1840-1845.

SONNINI (C. N. S.), Voyage dans la haute et basse Égypte. 3 vol. in-8, avec atlas in-4. *Paris,* an VII (1799).

SPARRM. — *Mus. Carls.* — SPARRMANN (A.), Museum Carlsonianum, in quo novas et selectas Aves coloribus ad vivum brevique descriptione illustratas exhibet. Fasc. I à IV, avec 100 pl. In-folio maj. *Holmiœ,* 1786-1789.

STEPH. — *Gen. Zool.* — STEPHENS (J. F.), in : SHAW, General Zoology, or Systematic natural History. Aves. 8 vol. in-8, avec pl. *London,* 1819-1826.

SUCKOW — *Naturgesch. der Thiere.* — SUCKOW (G. A.), Anfangsgründe der theoret. und angewandten Naturgesch. der Thiere. Vögel. 1 vol. in-8, *Leipzig,* 1800-1801.

SUSEM. — *Vög. Eur.* — SUSEMIHL (J. C.) und SUSEMIHL (E.), Die Vögel Europa's. Mit text von SCHLEGEL. In-8, *Darmstadt,* 1846-1852.

SWAINS. — *Faun. Bor. amer.* — SWAINSON (W.), in : RICHARDSON.

— *Classif. Birds.* — On the natural History and Classification of Birds (Lardner's Cabinet Cyclopædia, vol. 83, 92. 2 vol. in-8 ; *London,* 1836-1837.

TEMM. — *Pig. et Gall.* — TEMMINCK (C. J.), Histoire naturelle générale des Pigeons et des Gallinacés. 3 vol. in-8, avec pl. *Amsterdam,* 1813-1815.

— *Man.* — Manuel d'ornithologie, ou Tableau systématique des Oiseaux qui se trouvent en Europe, etc. 1 vol. in-8, *Amsterdam,* 1815. — 2ᵉ édit. 4 part. in-8, *Paris,* 1820-1840.

TEMM. et LAUG. — *Pl. col.* — TEMMINCK (C. J.) et LAUGIER (Meiffren, B. de Chartrouse), Nouveau recueil de planches coloriées d'Oiseaux (600 pl.). Grand in-4 et in-folio, *Paris*, 1820-1839.

THIENM. — *Fortpflanz. der Vög. Eur.* — THIENEMANN (F. A. L.), Systematische Darstellung der Fortpflanzung der Vogel Europa's, etc. 1 vol. in-4, avec 27 pl. col. *Leipzig*, 1825-1838.

Trans. Lin. Soc. — Transactions of the Linnean Society of London. Grand in-4, *London*, 1791 et suite.

TSCHUDI — *Faun. Peruan.* — TSCHUDI (J. J.), Untersuchungen über die Fauna Peruana, auf einer Reise in Peru wahrend der Jahre 1838-1842. Vögel. Grand in-4, avec pl. *Saint-Gallen*, 1845.

VIEILL. — *Ornith. élém.* — VIEILLOT (L. P.), Analyse d'une nouvelle Ornithologie élémentaire. In-8, *Paris*, 1816.

— *Ois. Am. Sept.* — Histoire naturelle des Oiseaux de l'Amérique septentrionale, etc. Grand in-folio, avec pl. col. *Paris*, 1807.

— *Encycl.* ou *Tabl. encycl.* — Voy. BONNATERRE.

— *Faune franç.* — Faune française, etc. Oiseaux. 1 vol. in-8, avec 88 pl. col. *Paris*, 1821-1828.

— *Gal. des Ois.* — La Galerie des Oiseaux. 2 vol. in-4, avec 358 pl. in-4, dessinées par P. L. Oudart; *Paris*, 1825-1834.

VIG. ou VIGORS — *Gen. of B.* — VIGORS (N. A.), Arrangement of the hitherto published Genera of Birds, etc. In-8, 1825 (extr. du *Zool. Journal*, t. II).

WAGLER — *Syst. Av.* — WAGLER (Joa.), Systema Avium. 1 vol. in-12, pars 1ᵃ; *Stuttgart* et *Tubinge*, 1827.

WEBB et BERTH. — *Hist. des îles Canaries* — WEBB (P. Barker) et BERTHELOT (Sab.), Histoire naturelle des îles Canaries. In-4, avec pl. *Paris*, 1835-1850.

WILLUG. — *Ornith.* — WILLUGBY (Fr.), Ornithologiæ libri III, in quibus Aves hactenus cognitæ, in methodum naturis suis convenientem redactæ, accurate describuntur, etc. In-folio, *Londini*, 1676.

WILS. — *Amer. Ornith.* — WILSON (Al.), American Ornithology. Illust. with 76 pl. engrav. and col. etc. 9 vol. in-4, *Philadelphia*, 1808-1814.

YARRELL (W.), History of British Birds. 2ᵉ édit. 3 vol. in-8, avec pl. gr. *London*, 1845.

Zool. Journ. — Zoological Journal (the) by Vigors, Th. Bell, Children, C. Sowerby and G. B. Sowerby, Horsfield, Kirby, Yarrell, etc. In-8, avec pl.; *London*, 1824-1835.

Zoologist (the), a popular Monthly Magazine of Natural History, etc. Gr. in-8, *London*, 1843, et suite.

TABLE MÉTHODIQUE

DU TOME PREMIER

FIN DE LA TABLE MÉTHODIQUE DU TOME PREMIER.

ORNITHOLOGIE EUROPÉENNE

PREMIER ORDRE

OISEAUX DE PROIE — *ACCIPITRES*

ACCIPITRES, Linn. (1735).
RAPACES, Scop. *An.* I, *Hist. nat.* (1768-1777).
ACCIPITRIDÆ, Savig. *Ois. d'Égyp.* (1808-1810).
RAPTATORES, Illig. *Prod. syst.* (1811).
RAPTORES, Vig. *Gen. of B.* (1825).
RAPTRICES, Macgill. *Hist. Brit. B.* (1839-1841).

Bec crochu, garni à la base d'une membrane qu'on nomme *Cire* et dans laquelle sont percées les narines; doigts plus ou moins flexibles, au nombre de quatre, trois en avant, séparés, tendant à s'écarter dès leur origine, un en arrière, articulé très-bas et sur le plan du doigt interne; ongles puissants, généralement mobiles et rétractiles.

Les Accipitres ou Rapaces se distinguent très-nettement de tous les autres oiseaux par la *cire* dont leur bec est enveloppé, et par la forme de leurs pieds.

Ils se nourrissent d'animaux vivants ou de cadavres. Leur ouïe est fine, leur vue est perçante et leur vol puissant.

Tous sont monogames, et les petites espèces sont généralement bien plus fécondes que les grandes.

Ils naissent entièrement couverts d'un duvet court et épais, et sont longtemps incapables de pourvoir à leur subsistance; mais la plupart, sinon tous, ont l'instinct, même dès les premiers jours, de saisir la nourriture que les parents leur présentent, sans qu'il soit nécessaire qu'ils la leur dégorgent.

La femelle, chez le plus grand nombre des espèces, est toujours plus grande que le mâle.

Leur mue est simple.

Les uns exercent leur industrie durant le jour, les autres ne chassent qu'au crépuscule ou pendant la nuit.

Cette différence dans les habitudes, jointe à celle que l'on peut tirer de la situation des yeux, autorise à établir dans l'ordre des Rapaces deux divisions, que l'on pourrait, à la rigueur, comme l'ont fait G. R. Gray et d'autres naturalistes, élever au rang de sous-ordre.

Observation.—Quoique le prince Ch. Bonaparte (*Rev. crit.*, p. 10) ait trouvé cette division « mauvaise *sous tous les rapports* », nous persistons à l'admettre. Nous dirons même qu'il faudrait la créer, si elle ne se trouvait depuis long-temps établie dans les ouvrages de Vieillot, de G. Cuvier, de MM. de Sélys-Long-champs, Schlegel (1) et de bien d'autres ornithologistes de mérite. Il n'y a peut-être pas une seule des grandes coupes secondaires ni même tertiaires, qu'elles portent le nom de cohorte ou de tribu, qui se puisse justifier par plus de caractères importants. Différence dans les mœurs; différences organiques; différence de plumage, quoi qu'en ait dit le prince Ch. Bonaparte; et, même, différence de l'élément oologique; tout concourt à motiver la distinction établie entre les oiseaux de proie diurnes et les nocturnes. Ces différences ont même tellement d'importance, que quelques ornithologistes n'ont pas craint d'élever les deux divisions au rang de sous-ordre. Nous tenons donc pour excellente, *sous tous les rapports*, la distinction des Rapaces en *Diurnes* et en *Nocturnes.*

PREMIÈRE DIVISION

OISEAUX DE PROIE DIURNES — *ACCIPITRES DIURNI*

Scleropteræ, Mey. et Wolf, *Tasch. Deuts.* (1810).
Accipitres diurni, Vieill. *Orn. élém.* (1816).
Oiseaux de proie diurnes, G. Cuv. *Règ. anim.* (1817-1822).
Rapaces diurnæ, Schleg. *Vog. Ned.* (1854-1858).

Yeux situés sur les côtés de la tête; doigts toujours nus; plumage rigide; mœurs diurnes.

Les oiseaux qui font partie de cette division, se distinguent encore des Rapaces nocturnes par plusieurs points de leur organisation.

(1) Je ferai observer que M. Schlegel ne paraît pas avoir été beaucoup ébranlé par la note critique du prince Ch. Bonaparte, car dans un ouvrage bien postérieur à cette critique (*Vög. van Nederland*, 1854-1858), il distingue toujours, comme il l'avait fait dans la *Revue*, les Oiseaux de proie en diurnes et en nocturnes. M. O. des Murs, dans son *Oologie ornithologique* (1860) ne se montre pas plus persuadé que M. Schlegel. Pour lui aussi, les Oiseaux de proie se distinguent en Rapaces diurnes et en Rapaces noc-turnes. Espérons que ceux des ornithologistes qui, subissant l'autorité du prince Ch. Bonaparte, se sont laissé égarer, finiront par reconnaître que les faits sur lesquels repose cette distinction, sont plus que suffisants pour la légitimer.   Z. G.

Leur sternum est ample, sans échancrures latérales, complétement ossifié
pour donner aux muscles de l'aile des attaches plus étendues ; leur fourchette
demi-circulaire est très-écartée pour mieux réagir dans les abaissements vio-
lents de l'humérus qu'un vol rapide exige. Ils sont en outre caractérisés par un
plumage serré, et par des pennes fortes et résistantes.

Cette division, par suite de l'élévation des Gypaétiens au rang de famille,
comprend aujourd'hui les *Vulturidés*, les *Gypaétidés* et les *Falconidés*, qui sont
susceptibles, les derniers principalement, d'être subdivisés en un certain nombre de groupes secondaires.

FAMILLE 1

VULTURIDÉS — *VULTURIDÆ*

Vautours, G. Cuv. *Tab. élém. d'hist. nat.* (1797).
Nudicolles, Dum. *Zool. anal.* (1806).
Vulturini, Illig. *Prod. syst.* (1811).
Vulturidæ, Vig. *Gen. of B.* (1825).
Vautouriens, Schleg. *Rev. crit.* (1844).

Yeux à fleur de tête ; tête et cou plus ou moins nus, ou couverts de duvet, ou en partie caronculés ; jabot généralement saillant ; tarses réticulés ; ongles médiocrement aigus, peu rétractiles ;
ailes dépassant ou atteignant l'extrémité de la queue.

Les Vautours ou Vulturidés ont généralement une grande taille et une physionomie particulière qui les fait aisément distinguer des autres oiseaux du
même ordre. La plupart ont un corps massif, un cou long et serpentiforme.
Ils se tiennent presque constamment dans une attitude inclinée, demi-hori-
zontale, et marchent avec les ailes et la queue pendantes. Lorsqu'ils reposent
sur une surface plane, et qu'ils veulent prendre leur essor, ils ne le peuvent
qu'en faisant quelques petits sauts en avant.

Ils vivent en troupes une grande partie de l'année, et, très-fréquemment aussi,
c'est en troupes qu'ils prennent leurs ébats dans les airs, et qu'ils émigrent.

Quoiqu'ils se nourrissent principalement de voiries, de cadavres frais ou en-
trant en décomposition, ils ne dédaignent cependant pas la chair palpitante ;
quelques-uns même s'attaquent parfois à des animaux vivants, ce qui indique
plus de courage et plus d'intelligence qu'on ne leur en attribue généralement.
Lorsqu'ils sont bien repus, leur jabot forme toujours une saillie considérable.
C'est dans cette poche membraneuse, fort dilatable, qu'ils emportent à leurs
petits une nourriture qu'ils dégorgent devant eux.

Il est difficile de croire que ces oiseaux aient l'odorat aussi développé qu'on le dit dans beaucoup d'ouvrages ; mais leur vue est très-étendue. Ils aperçoivent à des distances incroyables les corps qui peuvent leur servir de pâture, et c'est le sens de la vue, plus que l'odorat, qui les leur fait découvrir (1).

C'est ordinairement parmi les rochers inaccessibles que les Vulturidés établissent leur aire. Ils ne se reproduisent qu'une fois durant la saison des amours, et leur ponte est très-rarement de plus de deux œufs.

Le mâle et la femelle ont le même plumage. Les jeunes, pendant plusieurs années, se distinguent par une livrée particulière.

Observation. — Cette famille, telle que la plupart des ornithologistes modernes l'ont constituée, est assez naturelle. Elle correspond en très-grande partie au grand genre *Vultur* des auteurs anciens, et comprend les Vautours proprement dits, dont on a fait des *Vulturiens*; les Sarcoramphes et les Cathartes d'Illiger, dont on a fait des *Cathartiens*. La première de ces subdivisions ou sous-familles a seule des représentants en Europe.'

SOUS-FAMILLE I

VULTURIENS — *VULTURINÆ*

Tête et cou plus ou moins nus, avec une fraise de plumes longues, en partie décomposées ou duveteuses; bords de la mandibule supérieure légèrement onduleux.

GENRE I

VAUTOUR — *VULTUR*, Linn.

Vultur, Linn. *S. N.* (1766).
Ægypius, Savig. *Ois. d'Égyp.* (1808-1810).
Gyps, Bp. *B. of Eur.* (1838).

Bec gros, droit dès la base, recourbé à son extrémité, com-

(1) Ce modeste paragraphe, dans lequel M. Degland exprimait simplement et sans discussion une opinion qui résulte de faits recueillis par des observateurs dignes de toute croyance, lui a valu, de la part du prince Ch. Bonaparte, une critique que je veux simplement qualifier d'étrange, parce que je ne puis admettre qu'un homme de son caractère *supposât*, pour avoir motif de critiquer. Si c'était pour apprendre à M. Degland que M. Schlegel et Audubon avaient fait des recherches sur l'odorat et la vue des Vautours, la critique était inutile, par la raison que M. Degland connaissait non-seulement leurs observations, mais celles aussi qui ont été faites soit avant soit après eux. Et c'est l'ensemble de ces observations qui lui avait fait exprimer, en deux phrases, l'opinion dans laquelle nous persistons.   Z. G.

primé, arrondi en dessous et très-crochu au bout ; narines ovales,
un peu obliques ; ailes obtuses, les rémiges secondaires atteignant presque, dans le repos, le bout des primaires ; queue médiocre, arrondie ; tarses épais, vêtus dans leur moitié supérieure, complétement réticulés dans le reste de leur étendue ; doigt externe uni au médian par une large membrane qui s'étend jusqu'à la première articulation ; au-dessous de la nuque, un collier de plumes flottantes.

Des deux espèces que comprend ce genre, l'une appartient à la fois à l'Europe, à l'Asie et à l'Afrique orientale (1) ; l'autre est propre seulement à l'Afrique orientale et méridionale.

1 — VAUTOUR MOINE — *VULTUR MONACHUS*
Linn.

Tête grosse et large, à protubérance occipitale saillante ; narines larges, arrondies ; face externe des jambes couverte de plumes ; face interne couverte de duvet brun : doigt interne de moitié plus court que le médian.

Taille : 1^m,20 à 1^m,25.

VULTUR MONACHUS, Linn. *S. N.* (1766), t. I, p. 122.
VULTUR, Briss. *Ornith.* (1760), t. I, p. 453, et VULTUR ARABICUS, *Suppl.* p. 29.
VULTUR CINEREUS, Gmel. *S. N.* (1788), t. I, p. 247.
VULTUR ARRIANUS et MONACHUS, Lapeyr. *M. et Ois. de la H.-Garon.* (1799), p. 5.
ÆGYPIUS NIGER, Savig. *Ois. d'Égyp.* (1809), p. 74.
GYPS CINEREUS, Bp. nec Savig. *B. of Eur.* (1838), p. 2.
ÆGYPIUS CINEREUS, Bp. *Ucc. Eur.* (1842), n° 4.
Buff. *Pl. Enl.* 425, sous le nom de : *Vautour.*

Mâle et femelle adultes : Tout le plumage d'un brun foncé ou noirâtre ; vertex couvert d'un duvet touffu et laineux, lavé de brun, parsemé de quelques poils noirs ; une partie de la tête et du cou nus, de couleur livide bleuâtre ; plumes longues et contournées remontant obliquement de la partie inférieure des côtés du cou vers la nuque ;

(1) L'espèce d'Europe est devenue successivement pour le prince Ch. Bonaparte le type du genre *Gyps* (*Birds of Eur. and N. Am*, 1838) ; le type du genre *Ægypius* (*Cat. Meth. degli Ucc. Europ.* 1842) ; le congénère de *Vultur auricularis*, dans le genre *Vultur* modifié (*Consp. Gen. Av.* 1850) ; enfin, en 1854 (*Rev. et Mag. de zool.* 2e s. t. VI, p. 530), le type d'un sous-genre *Vultur* (Bp.) dans le genre *Vultur* (Linn.). Encore un effort, et ce sous-genre aurait peut-être perdu son unique représentant. Z. G.

un autre bouquet de plumes plus grandes et à barbes déliées, occupe l'insertion des ailes ; cire, moitié postérieure du bec et pieds bleuâtres ; pointe du bec et ongles noirs ; commissures et tour des yeux rougeâtres.

Sujets non adultes : plumage brun, tirant sur le fauve, avec des bordures plus claires sur les plumes du corps ; tête et cou couverts de duvet gris-bleuâtre.

Le Vautour moine, connu aussi sous le nom de Vautour Arrian, habite l'Asie centrale, le sud et le sud-est de l'Europe et l'Afrique orientale. Il vit dans les Pyrénées espagnoles, et dans les Pyrénées françaises, où il arrive en juin, pour repartir en octobre. Il n'est cependant pas rare, dans les beaux jours d'hiver, de le voir momentanément apparaître aux environs de Bagnères-de-Bigorre ; ce qui semble indiquer que quelques sujets hivernent, sinon dans la partie française, du moins dans la partie espagnole des Pyrénées. Les localités qu'il semble préférer dans la chaîne occidentale de ces montagnes sont, d'après M. Darracq, les monts Orsamendi, Mousson, Reiboura, la Rhum et surtout les Aldules.

Il se montre accidentellement en Provence, dans le Languedoc et le Dauphiné. Une bande considérable de sujets de cette espèce, fit son passage dans les environs d'Angers en octobre 1839. On évalua à plus de cent le nombre d'individus qui la composaient : trois d'entre eux furent abattus. Une autre bande, plus considérable encore, assure-t-on, y avait également paru, à la même époque, deux ans auparavant. L'une et l'autre venaient du nord, et se dirigeaient vers les Pyrénées.

Cetti le dit commun et sédentaire en Sardaigne : M. Malherbe a confirmé le fait, et a constaté qu'on le rencontrait également toute l'année en Sicile. M. Nordmann nous apprend aussi qu'il abonde dans les steppes de la Bessarabie et qu'il y reste l'hiver. D'après M. Loche, il serait de passage en Algérie. On ne l'a point encore rencontré en Suisse.

Le Vautour moine niche sur les rochers escarpés, dans les lieux les plus inaccessibles. Son aire, très-vaste, est composée de branches, de rameaux, de bûchettes. Ses œufs, au nombre de un ou deux, sont très-gros, généralement obtus, à surface rude, d'un blanc ou d'un gris pâle et plus ou moins marqués, surtout au gros bout, de taches de brun rouge plus ou moins foncé. Ils mesurent :

Grand diam. 0^m,096 ; petit diam. 0^m,06.

Cette espèce. selon M. Nordmann, serait plus circonspecte que le Vautour (*Gyps*) fauve. Elle laisse écouler quelquefois une demi-journée et au delà, avant de s'approcher d'une pâture jetée près d'une embuscade, encore attend-elle que plusieurs autres oiseaux de proie, et différentes espèces de corbeaux, se soient posés sur l'appât. En captivité, elle se familiarise avec les personnes qui en prennent soin. Elle n'est ni lâche, ni stupide ; elle se défend avec courage, et les pâtres des Aldules, au dire de M. Darracq, la redoutent beaucoup.

GENRE II

OTOGYPS — *OTOGYPS*, G. R. Gray

Vultur, p. Temm. *Man.* (1840).
Otogyps, G. R. Gray, *Gen. of B.* (1841).

Bec très-robuste, à peu près également élevé dans toute son étendue, brusquement recourbé à la pointe qui est très-crochue; narines elliptiques, petites, perpendiculaires, à bord antérieur droit; ailes obtuses, les rémiges secondaires atteignant presque l'extrémité des primaires; queue un peu étagée; tête dépourvue de plumes; quelques poils seulement aux lorums et à la gorge (*adultes*), avec un collier de plumes arrondies au bas du cou; tarses comme dans le genre précédent.

Ce genre repose sur des espèces propres à l'Asie et à l'Afrique méridionale. L'une d'elles fait des apparitions très-accidentelles en Europe.

Les Otogyps se distinguent des espèces du genre *Vultur* et *Gyps* par leur tête nue; par les plumes des parties inférieures très-contournées en dehors, chez les adultes; par des narines perpendiculaires et par une queue étagée.

2 — OTOGYPS ORICOU — *OTOGYPS AURICULARIS*
G. R. Gray ex Daud.

Cou et jambes, sur toutes les faces, couverts seulement d'un duvet plus ou moins abondant; au bas du cou, une fraise de plumes courtes et arrondies; plumes de l'abdomen contournées en forme de sabre (adultes) *ou presque droites* (jeunes).
Taille: 1^m,20.à 1^m,25.

Vultur auricularis, Daud. *Ornith.* (1800), t. II, p. 10.
Vultur nubicus, H. Smith in Griff. *Anim. Kingd. Av.* (1829), pl. 4.
Otogyps auricularis, p. G. R. Gray, *Gen of B.* (1841), p. 2; Temm. et Laug. *Pl. col.* 407, *jeune*, et 426, *adulte*; sous les noms de *Vultur ægypius* et *Vultur imperialis*.

Mâle et femelle adultes: Moitié de la tête et du cou couleur de chair, nuancée de bleuâtre vers le bec et vers les oreilles, offrant çà et là quelques soies raides, principalement au vertex, au-dessus de la mandibule inférieure, aux joues et autour du méat auditif; région du jabot couverte d'un duvet ras, serré et soyeux; fraise ou demi-collier

composé de plumes courtes, très-fermes, larges et arrondies ; plumage
d'un brun de suie plus ou moins prononcé ; plumes des parties inférieures du cou contournées en dehors, et ne recouvrant qu'en partie le
duvet qui est fort épais ; duvet des jambes ne s'étendant pas jusqu'à la
moitié de la longueur des tarses ; bec jaune d'ocre à la base, brunâtre
à la pointe ; iris châtain foncé ; pieds d'un cendré-jaunâtre.

Jeunes sujets : D'une teinte plus claire, avec les plumes des parties
supérieures lisérées de gris-roussâtre ; plumes des parties inférieures
non contournées, largement bordées de gris-roussâtre ; tête, cou, cuisses
et jambes couverts d'un duvet brun ; bec noir ; pieds cendrés.

Cette espèce habite l'Afrique septentrionale et se montre accidentellement
en Europe. Temminck et M. Schlegel la signalent comme faisant des apparitions
en Grèce, sur les hautes montagnes qui avoisinent Athènes. A la vérité, M. Von
der Mühle, auteur d'un mémoire fort intéressant sur les oiseaux qu'il a observés dans cette partie de l'Europe, durant un séjour de cinq années, ne l'y a point
rencontrée, ce qui lui fait penser que les dépouilles qui ont été considérées
comme recueillies en Grèce, provenaient probablement d'Egypte. Mais il n'est
pas étonnant qu'un oiseau qui n'apparaît qu'isolément et irrégulièrement, puisse
se dérober à l'observation durant une assez longue période. Combien ne ci-
terait-on pas d'espèces, dont l'existence, dans telle ou telle contrée, n'était pas
même soupçonnée, quoiqu'elles y fissent des apparitions régulières ! Du reste,
si l'assertion de M. Von der Mühle pouvait, malgré l'affirmation de Temminck
et de M. Schlegel, faire mettre en question la présence accidentelle de cette
espèce en Europe, les captures faites ailleurs dissiperaient les doutes. Le
muséum d'histoire naturelle de Marseille possède deux sujets provenant : l'un,
des montagnes de la Provence, près de Salon ; l'autre, d'Espagne, d'où il avait
été rapporté vivant.

C'est dans les cavernes des rochers que cet oiseau établit son aire. Ses œufs,
au nombre de deux, rarement de trois, sont de forme ovalaire, d'après M. O.
Des Murs, à fond de la coquille blanc-bleuâtre ; abondamment recouverts,
surtout du côté du gros bout, de larges taches ou bavures d'un brun rouge.
Ils mesurent environ :

Grand diam. 0ᵐ,09 ; petit diam. 0ᵐ,07 .

Mœurs et habitudes générales des Vulturiens.

Observation. — Le prince Ch. Bonaparte considère le *Vultur auricularis,*
Daudin, comme distinct du *Vultur auricularis* (*V. œgypius,* pl. col. 407), Temminck ; le premier, d'après les indications de Le Vaillant, ayant un pli cutané
sur les côtés de la tête ; le second, en étant dépourvu. Mais ce caractère, le seul
que l'on puisse invoquer, deviendrait nul, s'il était vrai qu'il fût seulement
l'attribut des sujets très-vieux. C'est un point que les recherches ultérieures
éclairciront. En attendant, il convient, ce nous semble, de ne reconnaître
qu'un *Auricularis* et faire le *Vultur nubicus,* Smith (*V. œgypius,* Temm.),
synonyme de *Vultur auricularis,* Daud. ou *Oricou,* Le Vaillant.

GENRE III

GYPS — *GYPS*, Savigny

Vultur, p. Linn. *S. N.* (1766).
Gyps, Savigny, *Ois. d'Égyp.* (1808-1810).

Bec gros, renflé sur les côtés, peu comprimé vers le sommet;
narines grandes, ovales, perpendiculaires ou obliques; ailes
obtuses; queue un peu étagée, composée de quatorze rectrices;
tarses épais, emplumés à leur tiers supérieur, réticulés dans le
reste de leur étendue; ongles du pouce et du doigt interne à peu
près égaux à celui du doigt médian; au bas du cou, un collier
de plumes allongées et flottantes, disposées sur plusieurs rangs.

Les espèces qui appartiennent à ce genre se distinguent des autres Vulturiens par une tête mince, comprimée; par un cou long et grêle, complétement
vêtus d'un duvet laineux. Leurs formes paraissent généralement moins massives. Elles sont propres à l'Europe, à l'Asie et à l'Afrique.

5 — GYPS FAUVE — *GYPS FULVUS*
G. R. Gray ex Briss.

*Teinte générale brun-fauve; plumes des parties inférieures du
corps allongées, étroites, acuminées; jabot d'un brun clair; tarses
emplumés; doigt médian mesurant* 0^m,106 *sans l'ongle.*
Taille : 1^m,15 *à* 1^m,20.

Vultur fulvus, Briss. *Ornith.* (1760), t. I, p. 462.
Vultur percnopterus et fulvus, Daud. *Ornith.* (1800), t. II, p. 13 et 16.
Gyps vulgaris, Savig. *Ois. d'Égyp.* (1809), p. 71.
Vultur leucocephalus, Mey. et Wolf, *Tasch. Deuts.* (1810), t. I, p. 7.
Vultur persicus, Pall. *Zoogr.* (1811-1831), t. I, p. 377.
Gyps fulvus, G. R. Gray, *Gen. of B.* (1841), p. 1.
Buff. *Pl. Enl.* 426. Sujet passant à l'état adulte.

Mâle et femelle adultes : Tête et cou couverts de duvet lanugineux,
blanchâtre, plus ou moins épais, mêlé de soies raides au vertex et à la
gorge; partie inférieure du cou garnie, en arrière et sur les côtés, de
plumes touffues très-blanches, à barbes soyeuses, décomposées, disposées en forme de collerette; dessus du corps et sus-caudales d'un fauve
clair; dessous du corps d'une teinte plus rousse, avec les plumes al-

longées, acuminées, à tige d'un roussâtre clair ; jabot brun-fauve clair ; rémiges et rectrices noirâtres ; bec brun de corne, nuancé de jaunâtre en dessus, avec la cire couleur de chair bleuâtre, iris brun ; tarses emplumés à leur tiers supérieur, leur partie nue gris-bleuâtre ainsi que les doigts.

Jeunes sujets : Tête et cou couverts de duvet blanc ; plumes des parties supérieures du corps lancéolées et d'un brun roux ; celles des parties inférieures et de la collerette de même couleur, mais longues et étroites ; rémiges et rectrices d'un gris sale, tirant plus ou moins sur le jaunâtre.

Dans l'âge moyen, c'est-à-dire vers la fin de la deuxième ou de la troisième année, les plumes étroites de la collerette tombent, pour faire place aux plumes duveteuses longues et touffues qui sont l'apanage de l'oiseau adulte.

Le Vautour fauve a pour habitat l'Europe orientale, la Dalmatie, l'Italie occidentale et l'Égypte. M. Schlegel considère comme appartenant à cette espèce les sujets tués en Allemagne, en Silésie, en Hongrie, en Grèce, dans le midi de la Russie, en Égypte, en Sibérie, en Nubie et en Abyssinie.

On le trouve fréquemment en Provence et accidentellement dans le Languedoc, le Dauphiné, le nord de la France. On en a tué un près d'Armentières, en juillet 1828, et M. Baillon possédait un jeune individu qui avait été tué près d'Abbeville.

Il niche sur les rochers les plus inaccessibles. Son aire, composée de branches et de bûchettes, a plus d'un mètre de diamètre. Ses œufs, au nombre de deux, très-gros, variant de l'ovale à l'ovoïde légèrement allongé, sont généralement unicolores et d'un blanc sale, plus ou moins grisâtre. Cependant il n'est pas rare d'en rencontrer qui portent quelques taches rougeâtres. Leur coquille, à surface rugueuse, est bleuâtre dans son épaisseur. Ils mesurent :

Grand diam. 0^m,095 ; petit diam. 0^m,07.

Le Vautour fauve ne manque pas de courage : il attaque les animaux vivants, lorsqu'il est affamé, et se défend même contre l'homme, lorsqu'il est blessé. Suivant Temminck, les pâtres, en Dalmatie et dans les îles de la Méditerranée, le redoutent beaucoup comme destructeur des troupeaux.

Pris jeune, dans le nid, il s'apprivoise facilement et finit par ne plus chercher à fuir la captivité.

Observation. — M. Schlegel a séparé du *Vultur fulvus*, sous le nom de *Vultur fulvus occidentalis*, une race locale qui se distinguerait par des teintes générales plus cendrées, et par les plumes des parties inférieures arrondies, plutôt qu'acuminées. Cette race habiterait la Sardaigne et les Pyrénées espagnoles et françaises.

Le prince Ch. Bonaparte, qui en avait fait une espèce (*Rev. et Mag. de zool.* 1854, 2° sér. t. VI, p. 530), ne l'a plus admise qu'à titre de race dans le *Catalogue Parzudaki* (1856).

Nous ferons observer que le *Gyps vulgaris*, Savig. que M. Schlegel, créateur de la race, fait synonyme de *Vultur fulvus*, est au contraire donné par le prince Ch. Bonaparte comme synonyme de *Gyps occidentalis* (Cat. Parzud.);

Que le *Vultur indicus*, Savi (*Ornithologia Toscana*, t. III, p. 187), indiqué par le prince Ch. Bonaparte comme synonyme de *Gyps occidentalis*, a les plumes de la poitrine et de l'abdomen longues et acuminées, « *pennis pectoralibus abdominalibusque longis acuminatis* », caractère essentiel, qui n'appartiendrait qu'au *Vultur fulvus;*

Que le *Vultur occidentalis*, que l'on confine dans la Sardaigne et les Pyrénées, se trouve en Grèce, aussi bien que le *Vultur fulvus*, d'après les observations de M. Von Homeyer, zoologiste des plus distingués ;

Que la différence que l'on avait cru reconnaître dans la taille et la couleur des œufs du *Fulvus* et de l'*Occidentalis* sont illusoires, attendu que tous ceux (et le nombre en est considérable) que M. Loche a reçus des Pyrénées, l'une des stations du *Vultur occidentalis*, sont identiques et pour le volume et pour les couleurs, aux œufs du *Gyps fulvus*.

Par suite de ces observations, on comprendra que nous ne devions inscrire le *Gyps occidentalis*, même comme race ou variété locale du *Gyps fulvus*, qu'avec la plus grande réserve. Pour l'admettre définitivement, il faudrait que les caractères qui ont servi à établir la race fussent constants, et propres à tous les âges, ce qui n'est pas suffisamment démontré.

A — GYPS OCCIDENTAL — *GYPS OCCIDENTALIS*

Bp. ex Schleg.

Teinte générale isabelle, variée de brun clair ou de brun foncé ; plumes des parties inférieures du corps moins allongées que chez le Gyps fulvus *et arrondies par le bout ; jabot d'un brun foncé.*

Taille : 1 *mètre à* 1ᵐ,20.

Vultur Kolbi, Temm. nec Daud. *Man.* 4ᵉ part. (1840), p. 587.
Vultur fulvus occidentalis, Schleg. *Rev. crit.* (1844), p. 12.
Gyps occidentalis, Bp. *Rev. et Mag. de Zool.* (1854), 2ᵉ sér. t. VI, p. 530. Schleg. et Susemihl, *Vog. Eur.* pl. 2, *adulte.*

Mâle : Plumage généralement moins fauve que chez les *Gyps fulvus*, tirant sur l'isabelle en dessus et varié de cendré ; jabot d'un brun foncé, entouré, à l'époque des amours, d'une large bande d'une grande blancheur, qui disparaît après la reproduction ; tête et cou couverts d'un duvet ras.

Jeunes sujets : Ils ont une teinte un peu plus foncée que les jeunes du *Gyps fulvus.*

Cette race, d'après le prince Ch. Bonaparte, habiterait les Pyrénées, la Sardaigne et l'Italie occidentale. On la trouve aussi en Grèce, selon M. Von Homeyer.

Elle se reproduit dans les mêmes conditions que le Gyps fauve et pond ordinairement, comme ce dernier, deux œufs rugueux, d'un blanc sale ou d'un blanc cendré sans taches. Ils mesurent :

Grand diam. 0^m,094 ; petit diam. 0^m,07 environ.

Il vit par troupes, comme le précédent.

GENRE IV

NÉOPHRON — *NEOPHRON*, Savigny

VULTUR, p. Linn. *S. N.* (1735).
NÉOPHRON, Savig. *Ois. d'Égyp.* (1808-1810).
CATHARTES, Temm. *Man.* (1815).
PERCNOPTERUS, G. Cuv. *Rég. anim.* (1817).

Bec allongé, délié, comprimé, à dos très-convexe et très-arrondi ; cire nue, molle, occupant plus de la moitié du bec ; narines grandes, ovalaires, longitudinales, percées de part en part ; ailes longues, sub-obtuses ; queue médiocre, cunéiforme, composée de quatorze pennes ; tarses médiocres, nus, réticulés ; une partie seulement de la tête et du cou dénudés.

Les oiseaux de ce genre ont une taille moyenne, et sont faciles à distinguer, à leur cou emplumé, des espèces des genres précédents. Ils vivent et volent en troupe et se nourrissent également de cadavres et d'immondices.

Le type de ce génre est propre à l'Europe, à l'Asie et à l'Afrique.

4 — NÉOPHRON PERCNOPTÈRE
NEOPHRON PERCNOPTERUS
Savig. ex Linn.

La face seulement et la gorge nues (adultes) *ou simplement couvertes d'un duvet fin* (jeunes) ; *occiput garni de plumes longues, effilées et relevées.*

Taille : 0^m,70 *environ.*

VULTUR PERCNOPTERUS, Linn. *S. N.* (1766), t. I, p. 123.
VULTUR ÆGYPTIUS et LEUCOCEPHALUS, Briss. *Ornith.* (1760), t. I, p. 457 et 466.
VULTUR FUSCUS, Gmel. *S. N.* (1788), t. I, p. 248.
VULTUR ALIMOCH et STERCORARIUS, Lapeyr. *M. et Ois. de la H.-Garon.* (1799), p. 10.
VULTUR GINGINIANUS et ALBUS, Daud. *Ornith.* (1800), t. I, p. 20 et 21.
NÉOPHRON PERCNOPTERUS, Savig. *Ois. d'Égyp.* (1809), p. 76.
VULTUR MELEAGRIS, Pall. *Zoogr.* (1811-1831), t. I, p. 377.
CATHARTES PERCNOPTERUS, Temm. *Man.* (1815), p. 5.
Buff. *Pl. Enl.* 427, *jeune,* sous le nom de *Vautour de Malte,* et 429, *adulte,* sous le nom de *Vautour de Norwége.*

Mâle et femelle adultes : Plumage blanc, nuancé de roussâtre et de brun en quelques-unes de ses parties ; peau nue de la face, du vertex et de la gorge d'un jaune plus ou moins livide ; grandes rémiges noires ; moitié antérieure du bec brun, le reste de la même couleur que la tête ; cire et iris d'un jaune orange ; pieds d'un rouge livide ; ongles noirs.

Jeunes avant la première mue : Plumage très-variable : le plus généralement d'un brun noirâtre, plus ou moins marqué de taches roussâtres.

Après la première mue, le plumage a des teintes plus claires : il devient blanc à mesure que l'oiseau vieillit. Aussi longtemps qu'il n'a pas atteint l'âge adulte, les parties nues de la tête et de la gorge sont très-légèrement couvertes de duvet gris ; l'iris est plus ou moins brun et les pieds sont cendrés.

Les jeunes à la sortie du nid, d'après M. Bailly, sont d'un noir maculé de roux terne ; ils ont la partie nue de la tête et de la gorge couleur de chair, tirant sur le bleuâtre et garnie d'un duvet rare, brun ou grisâtre ; les pieds et la cire gris-cendré, et l'iris brun.

Le Néophron percnoptère habite l'Asie, l'Europe et l'Afrique.

En France, on le trouve assez communément sur plusieurs points de la chaîne des Pyrénées, sur les hautes montagnes de la Provence, notamment dans les départements du Var, des Basses-Alpes ; il vit aussi sur celles de l'Isère, de la Drôme, de l'Hérault, du Gard, des Bouches-du-Rhône, de l'Ariége. Enfin, l'abbé Vincelot le dit accidentellement de passage dans le département de Maine-et-Loire. Mais il ne se montre dans ces diverses régions qu'à l'époque de la reproduction : il y arrive en avril, et s'en éloigne vers la fin de l'été, pour passer, selon toute probabilité, en Afrique, où l'espèce est très-abondante. Son habitat s'étend à d'autres contrées de l'Europe, telles que la Savoie, la Suisse, l'Italie, l'Espagne, la Grèce, et les contrées méridionales de la Russie, où il est sédentaire. Il est plus rare dans le nord de l'Europe. Ses apparitions en Angleterre paraissent être accidentelles.

Il niche parmi les rochers inaccessibles ; son aire est composée de petites branches de plusieurs décimètres de long, recouvertes d'une couche de bûchettes dont la plupart sont empruntées à des arbustes épineux, enfin d'un lit de mousse, de fragments de brindilles et de racines déliées. Ses œufs, au nombre de un, deux et rarement trois, sont obtus, à surface rude, à fond cendré ou jaunâtre, couverts de larges macules d'un brun rougeâtre plus ou moins vif, parmi lesquelles se montrent des taches plus circonscrites et plus foncées. Ces macules et ces taches sont quelquefois si larges et si abondantes, que le fond de la coquille disparaît, en quelque sorte, et que l'œuf, selon l'intensité de la couleur, paraît brunâtre, comme du sang desséché, ou rouge pâle. Quelques variétés représentent parfaitement la teinte des œufs de la crécerelle. Ils mesurent :

Grand diam. 0ᵐ,06 à 0ᵐ,07 ; petit diam. 0ᵐ,03 à 0ᵐ,05.

Le Percnoptère se nourrit de charognes, d'immondices, de voiries. M. Crespon avance qu'il attaque et emporte quelquefois les petits animaux, et qu'un meunier du moulin de la Baume lui a donné l'assurance qu'il allait chaque jour dérober à un couple de Percnoptères, qui nourrissait ses petits, des pièces de gibier à peine entamées. Tout ce que l'on connaît du régime de cet oiseau et de sa manière de vivre, s'accorde peu avec ce fait, et la personne qui l'a communiqué à M. Crespon s'est probablement trompée sur l'espèce.

M. Nordmann a observé que les Percnoptères ne se disputent point, comme le font les grands Vulturiens, avec les autres oiseaux de rapine et les chiens, qui prennent leur part de la même proie, et nous avons constaté nous-mêmes qu'ils sont, dans d'autres circonstances, le but de fréquentes attaques des corbeaux établis dans les mêmes localités.

En captivité, le Percnoptère est muet : en liberté, sa voix consiste en une sorte de croassement sourd, qu'il fait entendre toutes les fois qu'il tourbillonne dans les airs.

FAMILLE II

GYPAÉTIDÉS — *GYPAETIDÆ*

Vautours, p. G. Cuv. *Tab. du règ. anim.* (1797).
Accipitrini, p. Illig. *Prod. syst.* (1811).
Gypaeti, Vieill. *Orn. élém.* (1816).
Vulturidæ, p. Vig. *Gen. of B.* (1825).
Gypaetinæ, Bp. *Ucc. Eur.* (1842).
Vautouriens, p. Schleg. *Rev. crit.* (1844).
Gypaetidæ, Bp. *C. gen. Av.* (1850).

Yeux à fleur de tête ; tête et cou emplumés ; cire cachée par de longs poils dirigés en avant ; tarses emplumés jusqu'aux doigts ou nus dans une faible étendue ; ongles assez aigus, relativement faibles ; ailes ne dépassant pas l'extrémité de la queue.

Les Gypaétidés se distinguent des Vulturidés non-seulement par leurs caractères physiques, mais aussi par leurs habitudes et par leur régime. Rarement ils vivent par troupes. On les trouve plus souvent par couples, ou solitaires. Ils préfèrent la chair saignante et palpitante à la chair corrompue. Sous ces divers rapports, ils tiennent le milieu entre les Vautours et les Aigles.

Cette famille repose sur un seul genre, qui est commun à l'Europe, à l'Asie et à l'Afrique.

GENRE V

GYPAÈTE — *GYPAETUS*, Storr.

Vultur, p. Linn. *S. N.* (1766).
Gypaetus, Storr. *Prod. méth. M. et Av.* (1780).
Phene, Savig. *Ois. d'Égyp.* (1808-1810).

Bec allongé, renflé à la pointe, qui est courbée en crochet; narines ovales, obliques, cachées, ainsi que la cire, par les soies raides et couchées qui s'étendent au delà de la moitié du bec; mandibule inférieure, couverte, vers la base, d'un pinceau de poils semblables à ceux de la cire; joues, gorge et vertex couverts de duvet cotonneux et de quelques plumes étroites, à barbes désunies; ailes grandes, sensiblement acuminées; queue longue, étagée, composée de douze pennes; tarses courts, très-épais.

Les Gypaètes sont des oiseaux de grande taille, qui se nourrissent de préférence de mammifères vivants. Ils ne s'attaquent à des proies mortes que lorsque la faim les presse. Ils jouissent d'une puissance de vol prodigieuse et d'une grande force. Souvent ils emploient la ruse pour attaquer un animal vivant, et toujours ils mangent leur proie sur place. Ils vivent par paires, sur les montagnes les plus élevées, et ne s'attroupent jamais.

Le mâle et la femelle se ressemblent. Les jeunes portent une livrée particulière qui varie à chaque mue, jusqu'à ce qu'ils aient atteint l'âge adulte.

Observation.—Il en est des Gypaètes comme des Gyps et de beaucoup d'autres oiseaux : leur taille et les couleurs de leur plumage se modifient légèrement selon les localités. Ces modifications avaient paru suffisantes à M. Schlegel pour constituer deux races : l'une, type, qui conservait son appellation de *Gypaetus barbatus*; l'autre, qu'il nommait *Gypaetus barbatus occidentalis*. La première était propre à la chaîne des Alpes, la seconde n'habitait, en Europe, que la Sardaigne et les Pyrénées. Cette dernière n'étant pas citée dans la *Revue méthodique et critique des collections du Muséum d'Histoire naturelle des Pays-Bas*, on peut en inférer que M. Schlegel l'a abandonnée.

Ces races, que le prince Ch. Bonaparte, dans le *Catalogue méthodique des Oiseaux d'Europe*, publié en 1842, inscrivait sous le titre de *Gypaetus barbatus a. occidentalis, b. orientalis*; dont il faisait des espèces distinctes en 1850 (*Rev. crit. et Cons. gen. Avium*) et en 1854 (*Rev. et Mag. de zool. t. VI*), sont redevenues races dans le *Catalogue Parzudaki*. Il est impossible de voir dans l'*Occidentalis*, dont le principal caractère consiste dans une taille moindre, même une race ou variété locale, attendu que des sujets des Alpes-Suisses (*Gypaetus barbatus*) sont parfois aussi vivement colorés que ceux des Pyrénées (*Gypaetus barbatus occidentalis*) et que ceux-ci peuvent offrir une taille aussi forte que les premiers.

Le genre Gypaete ne renferme donc jusqu'ici que deux espèces : le *Gypaetus nudipes*, Brehm (*Gypaetus meridionalis*, Keys. et Blas.), oiseau du cap de Bonne-Espérance, à tarses nus dans une certaine étendue; et le *Gypaetus barbatus*, auquel on doit réunir le *Gypaetus barbatus occidentalis*.

3 — GYPAÈTE BARBU — *GYPAETUS BARBATUS*
Temm. ex Linn.

Base du bec, en dessus comme en dessous, enveloppée de soies raides ; tarses vêtus jusqu'aux doigts.

Taille : 1^m,40 à 1^m,50.

VULTUR BARBATUS, Lin. *S. N.* (1766), t. I, p. 123.

VULTUR NIGER et AUREUS, Briss. *Ornith.* (1760), t. I, p. 457 et 458, — et *V. barbatus*, Suppl. p. 26.

FALCO MAGNUS, S. G. Gmel. *Voy.* (1770-1784), t. III, p. 365.

GYPAETOS GRANDIS, Storr, *Prod. meth. M. et Av.* (1780).

VULTUR BARBARUS et BARBATUS, Lath. *Ind.* (1790), t. I, p. 3.

GYPAETOS ALPINUS, AUREUS et CASTANEUS, Daud. *Ornith.* (1800), t. II, p. 25 et 26.

PHENE OSSIFRAGA et GIGANTEA? Savig. *Ois. d'Egyp.* (1809), p. 78.

GYPAETOS LEUCOCEPHALUS et MELANOCEPHALUS, Mey. et Wolf, *Tasch. Deuts.* (1810), t. I, p. 9 et 10.

GYPAETUS BARBATUS, Temm. *Man.* (1815), p. 6.

Temm. et Laug. *Pl. col.* 431, *sujet adulte.*

Mâle vieux : Manteau, dos et couvertures des ailes d'un brun grisâtre lustré, avec une ligne blanche ou roussâtre sur le milieu d'un grand nombre de plumes; tête d'un blanc sale, lavé de roussâtre sur les joues; moustache de la mandibule inférieure noire; une bande de même couleur s'étend, du bec, derrière les yeux qu'elle embrasse et où elle se divise en deux branches qui se dirigent, l'une, vers le sinciput, l'autre, vers la région parotique; bas du cou, poitrine et toutes les parties inférieures d'un roux orange ou d'un jaune d'ocre plus ou moins vif; quelquefois les sous-caudales portent de grandes taches brunes, sur fond roussâtre; rémiges et rectrices d'un brun cendré, avec les baguettes blanches; bec noir de corne; iris jaune; bord libre des paupières d'un rouge de sang; pieds bleuâtres.

Chez d'autres *sujets vieux*, la tête, comme l'a observé M. Bailly, est quelquefois abondamment maculée de brun, et le bas du cou et du ventre marqué de noirâtre à l'extrémité des plumes. Quelquefois aussi, la bande noire de la base du bec est plus large qu'à l'ordinaire, et les joues, ainsi que le haut de la tête, sont mouchetés de noir.

Femelle adulte. Elle a le plumage exactement coloré comme celui du mâle, mais sa taille est plus forte, et elle a la moustache et les plumes tibiales moins longues.

Oiseau de premier âge. Brun foncé tirant sur le noir au cou, et sur le gris roussâtre à la poitrine et à l'abdomen. *Après la première mue*, les teintes s'éclaircissent : les parties inférieures ont plus de roux, et les parties supérieures, le manteau principalement, présentent des taches de cette couleur. A mesure que l'oiseau vieillit, le roux devient plus vif après chaque mue, pâlit ensuite à l'approche d'une nouvelle mue, et devient quelquefois plus ou moins blanc à l'époque où celle qui doit lui faire revêtir sa robe d'adulte va s'opérer. Le plumage n'est parfait qu'à la sixième ou à la septième année.

Les jeunes en naissant sont couverts d'un duvet blanchâtre, qui brunit peu à peu jusqu'à l'apparition des plumes.

Chez les sujets captifs, toutes les parties du plumage qui sont ocracées, finissent, avec l'âge, par devenir blanches, en même temps que les teintes noires s'accentuent davantage, en sorte que l'oiseau n'est plus que blanc et noir.

Le Gypaète barbu, type, a un habitat fort étendu. On le trouve sur les Alpes françaises et suisses, sur les monts Liguriens, dans le Tyrol, dans les Alpes de la Daourie, sur une grande étendue de la chaîne du Caucase, dans les monts Himalayas, et même sur les Pyrénées, quoi qu'on en ait dit. Il habite aussi, selon M. Loche, les trois provinces de l'Algérie.

Il niche parmi les rochers les plus escarpés et les plus inaccessibles. Sa ponte est de un ou deux œufs au plus, très-gros, ovalaires, rugueux, d'un blanc bleuâtre ou roussâtre, d'un fauve clair ou d'un roux de rouille, parfois avec de vagues macules plus sombres, mais sans taches accusées. Ils mesurent :

Grand diam., 0^m,08 à 0^m,09 ; petit diam., 0^m,06 à 9^m,07.

Le Gypaète barbu fait, dit-on, la chasse aux chevreaux, aux agneaux, aux chamois, aux bouquetins : il vivrait donc aux dépens de ces animaux. Ce qu'il y a de certain c'est qu'on le rencontre généralement partout où demeurent la chèvre sauvage et le chamois. On prétend aussi qu'il attaque les enfants et même l'homme. Son histoire, sous ce rapport, est très-certainement empreinte d'exagération, surtout en ce qui concerne la faculté qu'on lui attribue d'enlever des enfants et de les emporter dans son aire. Ses serres, quelle que soit sa force, ne sont point organisées pour un pareil acte.

FAMILLE III

FALCONIDÉS — *FALCONIDÆ*

Faucons, G. Cuv. *Tab. du règ. anim.* (1797).
Plumicolles, Dum. *Zool. anal.* (1806).
Accipitres, Savig. *Ois. d'Égyp.* (1808-1810).
Accipitrini, Illig. *Prod. syst.* (1811).
Falconidæ, Leach in : Vig. *Gen. of B.* (1825).
Falconées, Less. *Ornith.* (1831).

Yeux enfoncés et protégés par une saillie plus ou moins grande de l'arcade sourcilière ; tête et cou emplumés ; ongles crochus, acérés, très-rétractiles ; point de jabot saillant, ni de soies raides sous le bec.

Les oiseaux de cette famille se distinguent des Vulturidés et des Gypaétidés, non-seulement par leurs caractères physiques, mais aussi par leurs habitudes et leur genre de vie. Ils ont un facies moins repoussant, plus de fierté dans le port et dans le regard, plus de courage, et des goûts moins bas. Si quelques-uns recherchent parfois, comme les Vautours, les animaux morts pour s'en repaître, le plus grand nombre s'attaque à des proies vivantes.

Les conditions au milieu desquelles vivent et se reproduisent les espèces, et le nombre d'œufs que chacune d'elles produit à chaque ponte, sont fort variables.

Chez la plupart des espèces, les deux sexes portent le même plumage ; chez les autres, la femelle diffère du mâle par ses couleurs. En général, elle s'en distingue aussi par une taille un peu plus forte. Les jeunes ressemblent plus ou moins à la femelle, lorsque celle-ci se distingue du mâle, ou portent une livrée particulière qui les fait différer de l'un et de l'autre.

Observation. — A l'exception de quelques espèces, la famille des Falconidés renferme tous les éléments du genre *Falco* de Linnée. Elle comprend donc les sections génériques qui ont été établies aux dépens de ce genre, c'est à-dire : les Aigles, les Pygargues, les Balbuzards, les Circaètes, les Buses, les Milans, les Elanions, les Busards, les Faucons, les Éperviers, etc. que l'on peut grouper dans six sous-familles distinctes, dont la plupart de ce coupes deviennent types.

SOUS-FAMILLE III

AQUILIENS — *AQUILINÆ*

Bec fort, entier, presque droit à la base, courbé vers la pointe qui est très-aiguë, comprimé, à bords mandibulaires festonnés; plumes du cou acuminées.

Observation. — Cette sous-famille, composée d'oiseaux qui sont particulièrement caractérisés par les plumes acuminées du cou, réunit les plus grands des Falconidés. Les Aigles, les Pygargues et les Balbuzards, sont, à notre avis, les seuls Rapaces d'Europe que l'on doive y comprendre.

GENRE VI

AIGLE — *AQUILA*, Briss.

Falco, p. Linn. *S. N.* (1735).
Aquila, Briss. *Ornith.* (1760).
Aetos, Nitzsch. *Pterylogr.* (1833).

Bec presque droit à sa base, très-recourbé à partir du tiers antérieur; narines grandes, transversales, à bord antérieur renflé ou marqué d'un pli; cire garnie de quelques poils; commissures du bec ne dépassant pas l'angle postérieur de l'œil; ailes obtuses, atteignant, ou peu s'en faut, le bout de la queue; celle-ci arrondie ou légèrement cunéiforme; tarses empennés de toutes parts; doigts épais, l'intermédiaire dépassant de peu les latéraux; ongles du pouce et du doigt interne plus longs que celui du doigt médian, celui-ci creusé d'une gouttière en dessous et sur son bord externe.

Les Aigles sont, sans contredit, les plus puissants et les plus redoutables des Rapaces. Ils sont doués d'une grande force, et ne vivent, la plupart, que de proies sanglantes. Ce n'est que pressés par la faim, qu'ils s'abattent sur les cadavres. Quelquefois aussi, ceux de petite taille font la chasse aux insectes. Les hautes montagnes et les grandes forêts, sont les lieux qu'ils habitent de préférence.

Le mâle et la femelle se ressemblent, mais cette dernière a une taille sensiblement plus forte. Les jeunes diffèrent des vieux et il leur faut cinq ou six ans pour revêtir la livrée parfaite. Durant ce laps de temps, le plumage varie beau-

coup, et la longueur proportionnelle des ailes et de la queue offre des différences notables ; les rectrices et les rémiges ont moins de longueur.

Observation. — Les ornithologistes ne sont d'accord ni sur le nombre
des espèces que doit renfermer le genre Aigle, ni sur la valeur de ces espèces.
Tandis que les uns considèrent l'*Aquila fulva* et l'*Aquila chrysaetos* comme spécifiquement distincts, d'autres font du dernier une simple race locale d'*Aquila
fulva*. Il en est de même de l'*Aquila clanga* que ceux-ci admettent seulement
comme race d'*Aquila nævia*, pendant que ceux-là en font une espèce.

D'un autre côté, le genre *Aquila* ne comprendrait plus pour quelques naturalistes l'*Aquila pennata* ni l'*Aquila fasciata* ou *Bonellii*, le premier ayant été
génériquement distrait par Kaup sous le nom d'*Ieraetus*, et le second étant
devenu pour le prince Ch. Bonaparte le type de son genre *Pseudaetus*. Le genre
Aquila, en admettant ces démembrements, ne renfermerait donc que trois espèces et deux races (*Aquila fulva*, ayant pour race *Aq. chrysaetos*; — *Aquila
heliaca* — et *Aquila nævia*, ayant pour race *Aquila clanga*), ou cinq, si l'on considère les races comme espèces.

Tout en tenant compte des faits nouveaux dont l'ornithologie s'est enrichie
depuis quelques années, nous reproduirons le genre *Aquila* tel qu'il est établi
dans la première édition, en y ramenant, par conséquent, l'Aigle à queue barrée et l'Aigle botté, qu'il est difficile d'en distraire.

6 — AIGLE FAUVE — *AQUILA FULVA*
Savig. ex Linn.

*Plumes tibiales d'un brun noir ; couvertures inférieures des ailes
variées de roux de rouille et de blanc, le blanc dominant ; rectrices, à tous les âges, variées plus ou moins de blanc pur ; commissures du bec s'arrêtant au-devant des yeux ; plumes de la
poitrine larges et obtuses.*

Taille : Variant de 0ᵐ,70 à 1ᵐ,15 ou 1ᵐ,16.

Falco fulvus et melanaetos, Linn. *S. N.* (1776), t. I, p. 124 et 125.
Aquila, aquila aurea et nigra, Briss. *Ornith.* (1760), t. I, p. 419, 431 et 434.
Aquila fulva, Savig. *Ois. d'Égyp.* (1809), p. 82.
Aquila nobilis, Pall. *Zoogr.* (1811-1831), t. I, p. 338.
Falco regalis, Temm. *Man.* 1ʳᵉ éd. (1815), p. 10, et Falco fulvus, 2ᵉ éd.
(1820), t. I, p. 38.
Aquila regia, Less. *Ornith.* (1831), p. 36.
Aquila Barthelemyi, Jaub. *Rev. et Mag. zool.* (1852), t. IV, p. 545.
Buff. *Pl. enl.* 409, jeune sujet sous le nom de : *Aigle commun,* et 410, sujet
vieux sous le nom de : *Grand Aigle* ou *Aigle royal.*

Mâle et femelle vieux : Parties supérieures de la tête et du cou d'un
roux doré plus ou moins vif ; dos, croupion, grandes couvertures des

ailes, devant du cou, poitrine, ventre et flancs, d'un brun ferrugineux plus
ou moins varié de noirâtre ; petites couvertures des ailes d'un roux vif;
plumes des tarses et de la face interne des jambes, d'un roux ferrugineux ou d'un brun clair varié de roussâtre; rémiges d'un brun noirâtre ; rectrices également d'un brun-noirâtre dans leur tiers postérieur,
d'un gris sale ou d'un gris foncé, varié et rayé transversalement de
brun noirâtre dans le reste de leur étendue ; bec couleur de corne ; cire,
commissures du bec et doigts jaunes ; ongles noirs ; iris brun-roux.

Mâle et femelle dans leur troisième année : Tout le plumage d'un
brun roussâtre uniforme ou d'un brun-fauve, varié de teintes plus sombres sur quelques-unes de ses parties, avec le dessus de la tête et du cou
d'un brun-ferrugineux, les barbes internes des rémiges, à partir de la
cinquième, blanches dans leur plus grande étendue; la queue blanche
dans sa moitié supérieure, variée de marbrures grises plus ou moins
accusées. Quelquefois ces marbrures sont à peine sensibles.

Jeunes à l'âge de un et deux ans : Le plumage est d'un brun sombre chez quelques-uns, d'un brun-noirâtre, mêlé de roussâtre, chez d'autres, avec les plumes de la tête et du cou moins rousses et d'une teinte
cendré-roussâtre, celles des tarses et de la face interne des jambes
blanches ou blanchâtres, et les rectrices, dans les deux tiers de la longueur, d'un blanc sans taches ni marbrures, à partir de la base.

Les *jeunes, à la naissance,* sont entièrement couverts d'un duvet
épais, d'un blanc légèrement lavé de gris.

L'Aigle fauve habite l'Europe, l'Asie et l'Amérique septentrionale.

Il est commun et sédentaire en Suisse, dans les Hautes et Basses-Alpes, sur
les montagnes alpines de la Provence et du Dauphiné. On le trouve moins
abondamment sur les Pyrénées. Il se montre accidentellement dans la forêt
de Fontainebleau, dans les grandes forêts de la Champagne, et fait aussi des
apparitions accidentelles dans l'est, l'ouest et le nord de la France.

M. A. Malherbe a reçu cette espèce de l'Algérie. M. Tizenhauz, qui l'indique
comme assez commune en Lithuanie, dit qu'elle n'hiverne pas.

L'Aigle fauve niche parmi les rochers inaccessibles, quelquefois sur les arbres très-élevés, dans les lieux les plus sauvages et les plus solitaires. Dans les
steppes de la Russie, il niche à terre. Son aire, composée de branchages, de
feuilles ou d'herbes sèches, a jusqu'à 2 mètres de diamètre. La ponte est de
un ou deux œufs, rarement de trois ; M. Nordmann en porte le nombre jusqu'à quatre, ce qui nous paraît exagéré. Leur couleur varie : ils sont d'un blanc
sale, parfois légèrement teintés de bleuâtre, avec des taches rousses et brunes,
tantôt grandes, tantôt petites, tantôt oblongues, tantôt irrégulières, ordinairement plus foncées et plus nombreuses au gros bout. Sur un œuf trouvé dans la
Lozère à côté d'un Aiglon, et que Moquin-Tandon a eu sous les yeux, le fond

était légèrement gris-verdâtre, et les taches très-rares et d'un roux très-pâle. Nous possédons deux œufs provenant d'une même nichée, à fond d'un gris cendré, avec des taches diffuses d'un brun vineux, plus nombreuses vers le gros bout, et parsemés d'autres petites taches d'un roux de rouille. Quelquefois leur couleur est uniforme. Ils mesurent :

Grand diam., 0^m,08 : petit diam., 0^m,06.

Jadis l'Aigle royal nichait annuellement dans la forêt de Fontainebleau, dans une localité qui a conservé le nom de *Rocher de l'aigle*. Il s'est reproduit quelquefois aussi dans quelques cantons de la Belgique. Ainsi un aubergiste de Poperingue trouva, il y a quarante ans environ, dans la forêt de Winendael, un nid qui renfermait un jeune Aiglon. Plus récemment, en 1845, M. J. Ray, pharmacien à Troyes, a obtenu des bois d'Aumont, en Champagne, un œuf qui appartient à cette espèce.

L'Aigle fauve se tient presque constamment sur les hautes montagnes où il fait la chasse aux chamois, aux bouquetins, aux chèvres, aux agneaux et à d'autres mammifères de taille médiocre. Ce n'est qu'en hiver qu'il descend dans les vallons et s'approche des habitations.

Il est doué d'une grande puissance musculaire. Moquin-Tandon a communiqué à l'Académie des sciences, inscriptions et belles-lettres de Toulouse (*Mém.*, année 1839-1841, p. 18) un fait remarquable qui atteste la force d'un aigle qui paraît appartenir à l'espèce en question. D'après cet auteur, dont le caractère scientifique nous est trop connu pour que nous mettions en doute la véracité de son récit, deux petites filles du voisinage d'Alesse, dans le canton de Vaud, l'une âgée de cinq ans, l'autre de trois, jouaient ensemble, lorsqu'un Aigle, de taille médiocre, se précipita sur la première, et malgré les cris de sa compagne, malgré l'arrivée de quelques paysans, l'enleva dans les airs. Après d'actives recherches sur les rochers des environs, recherches qui n'eurent d'autres résultats que la découverte d'un soulier, d'un bas de l'enfant et de l'aire de l'Aigle, au milieu de laquelle étaient seulement deux petits, environnés d'un amas énorme d'ossements de chèvres et d'agneaux, un berger rencontra enfin, près de deux mois après l'événement, gisant sur un rocher, le cadavre de l'enfant, à moitié nu, déchiré, meurtri et desséché. Ce rocher était à une demi lieue de l'endroit où l'enlèvement s'était fait (1).

Observations. — 1° M. Jaubert a décrit dans la *Revue et Magasin de zoologie* pour 1852 (t. IV, p. 545), sous le nom d'*Aquila Barthelemyi*, un Aigle qui se distinguerait de l'*Aquila fulva* par quelques plumes scapulaires blanches et par la couleur fuligineuse des plumes des tarses. Mais le caractère tiré des scapulaires blanches n'est ni constant ni régulier ; parfois il existe sur les deux ailes, d'autres fois il ne se présente que d'un seul côté ; il est constitué tantôt par un

(1) Nous sommes portés à penser que l'Aigle dont il s'agit était un mâle de l'*Aquila fulva*, plutôt qu'un Gypaète, comme on pourrait le supposer, par la raison que le premier est répandu dans les Alpes, tandis que le second y est rare ; que le Gypaète a des jambes et des serres trop faibles pour enlever un corps aussi lourd qu'un enfant de cinq ans ; que d'ailleurs, après avoir abattu sa proie, il la dépèce sur place, ce que ne fait point l'Aigle ordinaire ; celui-ci poursuit sa proie, la saisit avec ses serres, l'emporte vivante, et va la dévorer sur un rocher, ou les déposer dans son aire.

grand faisceau de plumes, tantôt par quelques plumes seulement; enfin dans un couple tué à l'époque des amours, M. Loche a constaté que l'un des sexes avait une épaulette blanche, pendant que l'autre n'en possédait pas la moindre trace : le caractère essentiel de l'*Aquila Barthelemyi* serait donc un caractère accidentel. Quant à la couleur fuligineuse des plumes des tarses, c'est un caractère que présentent souvent des sujets d'*Aquila fulva* des moins discutables, comme ils présentent parfois aussi un bouquet de scapulaires blanches. L'*Aquila Barthelemyi*, Jaub., ne peut donc être séparée de l'*Aquila fulva* ni comme espèce ni comme race. Il constitue simplement une variété accidentelle.

2° Quelques ornithologistes du Nord distinguent l'*Aquila chrysaetos* de l'*Aquila fulva*. Les caractères sur lesquels ils fondent cette distinction ne nous paraissent pas suffisamment spécifiques; cependant, s'ils étaient constants, ils caractériseraient une variété locale, tout aussi notable que les *Gyps occidentalis*. Nous ne pouvons donc l'admettre qu'à titre de race douteuse.

A — AIGLE DORÉ — *AQUILA CHRYSAETOS*
Brehm. ex Linn.

Plumes tibiales d'un roux de rouille; couvertures inférieures de l'aile très-fortement colorées de roux de rouille foncé, mélangé de peu de blanc; rectrices, à tous les âges, sans trace de blanc pur; commissures du bec s'étendant jusqu'au milieu des yeux; plumes de la poitrine étroites et lancéiformes.

*Taille : Variable comme celle de l'*Aquila fulva.

FALCO CHRYSAETOS, Linn. *S. N.* (1766), t. I, p. 125.
AQUILA CHRYSAETOS, Brehm. *Handb. Nat. Vög. Deuts.* (1831), p. 20.

Parties supérieures d'un brun ferrugineux obscur au dos, plus clair derrière le cou; parties inférieures d'un roux de rouille, nuancé, sur le ventre, de brun foncé, dont la teinte s'étend sur les plumes tibiales; celles-ci d'un gris clair à la face interne, d'un roux de rouille à la face externe; couvertures inférieures des ailes très-foncées, fortement teintes de rouille et très-peu maculées de blanc; plumes des tarses roussâtres; queue brune, avec des bandes irrégulières, dentelées et noires sur un fond cendré-brunâtre; bec, pieds et iris, comme chez l'*Aquila fulva*.

Dans le *jeune âge* les teintes sont plus claires.

L'Aigle doré habiterait plus particulièrement l'Europe occidentale.

D'après Naumann il aurait les mêmes mœurs et le même régime que l'Aigle fauve, mais il nicherait de préférence sur les arbres.

Observation. — L'Aigle doré ayant avec l'Aigle fauve des rapports tels que l'on peut douter de son existence, même comme race, nous donnons ici, d'après Naumann, un tableau comparatif des principaux caractères qu'offrent les deux oiseaux, afin de mettre les ornithologistes à même de vérifier s'ils sont réellement distincts.

AQUILA FULVA	AQUILA CHRYSAETOS
Bec fortement courbé dans le tiers de son étendue, peu renflé sur les côtés.	Bec faiblement courbé dans un quart de son étendue, assez renflé sur les côtés.
Commissures du bec ne dépassant pas l'angle antérieur des yeux.	Commissures du bec s'étendant jusqu'au milieu des yeux.
Queue notablement arrondie, les deux rectrices médianes étant seules égales.	Queue égale, les deux rectrices externes étant un peu plus courtes que les autres.
Couvertures inférieures des ailes maculées de roux de rouille et de blanc pur, le blanc dominant.	Couvertures inférieures des ailes presque entièrement colorées de roux de rouille, très-peu varié de blanc pur.
Plumes tibiales d'un brun noir chez les vieux sujets.	Plumes tibiales d'un roux de rouille chez les vieux sujets.
Sous-caudales blanchâtres à tous les âges.	Sous-caudales rousses ou roussâtres à tous les âges.
Rectrices, à tous les âges, plus ou moins variées de blanc pur.	Rectrices, à tous les âges, sans trace de blanc pur, d'un gris-cendré brun, avec des bandes transversales irrégulières, dentelées, noires.
Plumes de la poitrine assez larges et obtuses.	Plumes de la poitrines étroites et lancéiformes.

Naumann fait encore observer que l'*Aquila chrysaetos* se distingue aussi par sa taille plus élancée et par sa queue un peu plus allongée. C'est surtout sous leur livrée des premiers âges que les deux oiseaux différeraient le plus: quoique dans l'âge moyen on puisse toujours reconnaître le *Fulvus* au blanc pur des rectrices et à la teinte brune des parties inférieures, ces parties étant couleur de rouille chez le *Chrysaetos*, et la queue ne portant jamais de blanc pur.

7 — AIGLE IMPÉRIAL — *AQUILA IMPERIALIS*
Keys. et Blas. ex Bechst.

Queue coupée carrément et marquée de bandes transversales irrégulières grises; selon l'âge, un nombre plus ou moins grand de scapulaires blanches ou terminées de blanc; bec fendu jusqu'au delà des yeux; cinq écailles sur la dernière phalange du doigt médian.

Taille : Variable de 0^m,83 à 1 mètre.

Falco imperialis, Bechst. *Orn. Tasch.* (1802-1803), t. III, p. 553.
Aquila heliaca, Savig. *Ois. d'Égyp.* (1809), p. 82.
Aquila chrysaetos, Pall. *Zoogr.* (1811-1831), t. I, p. 341.
Aquila imperialis, Keys. et Blas. *Wirbelth.* (1840), p. 40.
Temm. et Laug. *Pl. col.* 151, *sujet adulte* ; 152, *jeune sujet.*

Mâle et femelle très-vieux : Sommet de la tête, occiput et derrière du cou d'un blanc sale, lavé de roussâtre sur le bord des plumes ; parties supérieures d'un brun-noir lustré, avec de larges épaulettes d'un blanc pur ; abdomen roussâtre ; tout le reste des parties inférieures d'un brun noirâtre ; ailes noires ; queue noire, ondée irrégulièrement de gris-cendré ; cire et doigt jaunes ; iris d'un jaune pâle.

Sujets dans leurs troisième et quatrième années : Sommet de la tête, occiput et cou roussâtres ; plumage en grande partie noirâtre, mais varié sur tout le corps de brun foncé et de brun roux ; aux épaules, quelques plumes blanches seulement.

Sujets dans leurs première et deuxième années : Plumage des parties supérieures d'un brun-roux, varié de roux plus clair, avec les plumes de l'occiput et de la nuque d'un roux jaunâtre, et les scapulaires termi-nées également de roux jaunâtre ; quelques-unes d'entre elles n'ont leur pointe marquée de blanchâtre qu'après la première année ; parties inférieures d'un jaune-roussâtre ou couleur isabelle ; bec bleuâtre ; iris brun clair ; pieds d'un jaune livide.

Les *jeunes, à la sortie du nid*, ont les plumes du dessus de la tête et du cou brunes, avec un trait longitudinal plus clair au centre ; les ré-miges et les rectrices brunes, celles-ci terminées par une large bordure roussâtre.

L'Aigle impérial est propre à l'Europe méridionale, à l'Asie et à l'Afrique. Il habite la Turquie, la Hongrie, la Dalmatie, la Russie méridionale ; mais il ne paraît nulle part aussi répandu qu'en Égypte et en Barbarie.

On le voit accidentellement sur les Pyrénées et sur les hautes Alpes. Ce n'est qu'accidentellement aussi qu'il se montre en Algérie. Suivant M. Tyzenhauz, on le trouverait dans la Lithuanie, mais il y serait très-rare. Cependant, il y aurait niché une fois, à sa connaissance.

L'Aigle impérial paraît ne pas choisir toujours les rochers ou les arbres les plus élevés pour établir son aire ; car, dans les steppes de la Russie méridio-nale, il niche à terre. Ses œufs, d'après huit échantillons envoyés de ce pays, avec les peaux des oiseaux, à M. G. F. Naumann, sont blanchâtres, ou d'un blanc sale bleuâtre, avec des taches, petites et grandes, d'un brun rougeâtre, d'un brun vineux, ou rousses. Ils mesurent :

Grand diam. 0^m,075 ; petit diam. 0^m,05.

M. Nordmann a surpris, le 12 mars 1836, dans les steppes de la Russie, un couple d'Aigle impérial, dans l'acte d'accouplement. « Le mâle, dit-il, vint d'une grande distance voler immédiatement sur le dos de la femelle, qui faisait des mouvements tout particuliers. L'acte dura longtemps et fut consommé moitié sur la terre, moitié dans l'air, les deux époux se levant en même temps et se tenant suspendus. » Ainsi que le fait remarquer M. Nordmann, c'est là un fait rare et peut-être unique dans les fastes de la science.

L'Aigle impérial attaque de vive force les animaux vivants, principalement les mammifères de taille moyenne, tels que les daims, les chevreuils et les jeunes renards. Il ferait aussi la chasse aux grands oiseaux. M. Nordmann dit, qu'en Russie, il se nourrit principalement de Sousliks.

<h2 style="text-align:center">8 — AIGLE TACHETÉ — AQUILA NÆVIA</h2>
Briss.

Plumage brun noir, unicolore, ou avec de grandes taches rondes, ovalaires et plus ou moins allongées à la nuque, aux parties inférieures et aux jambes; cinq ou six grandes écailles sur la dernière phalange du doigt médian et quatre sur tous les autres doigts; ailes atteignant à peine le bout de la queue.

Taille : 0^m,50 à 0^m,53 (mâle). 0^m,58 (femelle).

AQUILA NÆVIA, Briss. *Ornith.* (1760), t. I, p. 423.
FALCO NÆVIUS, Gmel. *S. N.* (1788), t. I, p. 258.
AQUILA MELANAETOS, Savig. *Ois. d'Égyp.* (1809), p. 81.
AQUILA PLANGA, Vieill. *N. Dict.* (1816), t. I, p. 235.
Gould, *B. of Eur* pl. 8.

Femelle adulte tuée en automne : Parties supérieures d'un brun glacé de noir, avec les plumes de l'occiput et de la nuque très-faiblement marquées au centre, et dans le sens de leur longueur, d'une teinte de rouille un peu foncée; sus-caudales blanches, tachetées de roux de rouille sur leurs barbes internes; la même teinte se montre à l'extrémité des grandes tectrices alaires; tandis que les tectrices moyennes sont marquées de blanc ou de gris; devant du cou, poitrine et abdomen d'un brun moins noir, avec le milieu des plumes d'une teinte plus claire, ce qui les fait paraître comme rayées longitudinalement; plumes du bas-ventre et des jambes marquées de longues et larges taches d'un blanc roussâtre; tarses d'un brun roux; sous-caudales d'un blanc fauve très-clair, la plus grande, de chaque côté, n'offrant qu'une très-petite tache brune sur ses barbes apparentes; queue cendrée en dessus et en dessous avec de larges bandes transversales brunâtres, peu sensibles, et une bande terminale d'un gris roussâtre, plus large en dessous qu'en dessus; bec brun de corne, avec l'extrémité noirâtre; cire et doigts jaunes; ongles noirs; iris jaunâtre.

Les *très-vieilles femelles*, selon toute probabilité, sont unicolores, n'ont ni taches aux ailes et aux jambes, ni bandes à la queue.

Femelle non adulte également tuée en automne : Parties supérieures d'un brun noirâtre glacé, avec les plumes du vertex, de l'occiput, de la nuque et du bas du cou rayées longitudinalement, au centre, de roux ferrugineux; sus-caudales, scapulaires, moyennes et grandes tectrices alaires, terminées par une grande tache ovoïde ou arrondie d'un blanc roussâtre, ce qui produit une apparence pointillée; parties inférieures d'un brun roussâtre au cou, d'un roux ocreux à la poitrine, à l'abdomen et aux flancs, avec la plupart des plumes de ces parties frangées de brun; plumes des jambes d'un brun noir, terminées par un grand espace d'un blanc fauve très-clair; tarses d'un brun noir; queue d'un brun cendré en dessus et en dessous, sans bandes transversales apparentes, et terminée par une large bande d'un cendré roussâtre.

Jeune mâle tué en automne : D'un brun ferrugineux finement taché, le long des plumes, de blanc roussâtre, à la tête et à la nuque; une large plaque de cette dernière teinte, au bas du cou, en arrière ; ailes avec des taches blanchâtres, sous forme de goutelettes sur les petites tectrices, et de forme ovoïde à l'extrémité des moyennes et des grandes; abdomen, flancs, jambes et tarses avec des taches plus allongées, plus grandes et d'une teinte moins rousse que celles de la tête ; sous-caudales d'un blanc fauve clair, sans taches; queue brune, moins foncée en dessous qu'en dessus, avec dix bandes transversales cendrées, sur les barbes internes, et une bande terminale à peu près de la même teinte; bec brun de corne; cire, commissures et doigts jaunes; iris brun-noisette.

L'Aigle tacheté habite le sud-ouest de l'Europe et de l'Algérie.

Il niche sur les montagnes boisées, tantôt dans les crevasses des rochers, tantôt sur un épais buisson, rarement sur les arbres. La ponte est de deux œufs blancs ou d'un blanc-gris, tachetés et pointillés de brun roux et de rouge, surtout au gros bout. Ils mesurent :

Grand diam. 0^m,08 ; petit diam. 0^m,049.

Deux œufs recueillis en Savoie par M. Bailly mesuraient :

Grand diam. 0^m,065 ; petit diam. 0^m,047.

La nourriture de l'Aigle tacheté consiste principalement en reptiles, en oiseaux et en petits mammifères.

M. Malherbe, dans sa *Faune ornithologique de la Sicile*, parle d'une nichée composée de deux aiglons, qui gisait au milieu de squelettes de lapins et de

reptiles. Des friquets (*Passer montanus*) n'avaient pas craint de se reproduire
à côté des voisins aussi redoutables, et l'aire donnait abri à sept de leurs nids,
renfermant des petits et des œufs.

A — AIGLE CRIARD — *AQUILA CLANGA*

Pall.

*Plumage brun, unicolore, ou avec de petites taches oblongues
à la nuque, au vertex et aux jambes; quatre grandes écailles sur
la dernière phalange du doigt médian, du doigt interne et du
pouce, trois seulement sur le doigt externe; ailes atteignant ou
dépassant le bout de la queue.*

Taille : 0^m,56 (le mâle) ; 0^m,59 (la femelle).

Aquila clanga, Pall. *Zoogr.* (1811-1831), t. I, p. 351.
? Aquila pomarina, Brehm. *Handb. Nat. Vog. Deuts.* (1831), p. 27.

Mâle et femelle vieux : D'un brun foncé en dessus, un peu plus
clair à la tête, au cou et sur les ailes; d'un brun moins profond en dessous, avec les bords des plumes plus clairs ; sous-caudales brunes, tachetées de rousseâtre, ou seulement terminées par une très-petite tache
de cette couleur; jambes et tarses nuancés comme l'abdomen ; rémiges d'un brun noir, les secondaires terminées de gris roussâtre ; queue
d'un brun noirâtre en dessus, d'un brun cendré en dessous, avec des
bandes transversales, plus ou moins apparentes, sur les barbes internes; bec brun de corne, plus foncé à la pointe ; cire jaune ; doigts
d'un blanc jaunâtre livide; ongles d'un brun de corne ; iris jaunâtre.

Quand, au printemps et en été, les plumes sont usées, le plumage
est alors d'un brun cendré roussâtre, et les couvertures supérieures
des ailes ont, dans leur ensemble, un aspect marbré.

Mâle adulte : D'un brun noirâtre en dessus, avec l'extrémité des
plumes de l'occiput et de la nuque rousses ; les tectrices alaires marquées, à la pointe, d'une tache blanche ou roussâtre, arrondie ou transversale, et les sus-caudales maculées de blanc roussâtre ; d'un brun
moins noir en dessous, avec quelques plumes rayées longitudinalement de roux, à la poitrine, à l'abdomen, aux jambes et aux tarses ;
sous-caudales tachetées de brun sur un fond fauve clair ; queue, en
dessus, de la couleur du manteau, d'un brun cendré en dessous, avec
des bandes transversales, à peine visibles, sur les barbes internes, et
quelques légers vestiges de la bande terminale roussâtre.

Tel est un sujet de la collection Degland, choisi par M. Von Ho-

meyer, parmi vingt-cinq autres, comme ressemblant le plus à l'*Aquila
nævia*.

En captivité, ce n'est qu'après la cinquième année que les taches
s'effacent, que l'iris devient jaunâtre, et que les doigts prennent une
teinte livide.

Les jeunes, dans leur premier plumage, sont d'un brun-chocolat
très-foncé, presque noir et sans taches.

L'Aigle criard habite les contrées de l'est et du sud-est de l'Europe, et
l'Asie.

M. Baldamus le dit assez commun dans les forêts de l'Est et du Nord-Est
de l'Allemagne, dans celles, surtout, qui sont au voisinage de lacs, de marais,
de rivières. D'après M. Martin, il n'est pas rare dans les monts Ourals, et
M. Nordmann avance qu'il est le plus commun des Aigles qui fréquentent les
Steppes de la Russie méridionale. Ce naturaliste nous apprend aussi que,
dans ces contrées, l'Aigle criard fait son nid à terre, sans beaucoup d'apprêts;
tandis que, dans les monts Ourals, M. Martin l'a vu nicher sur les arbres de
moyenne grandeur.

La ponte est de deux ou trois œufs, marqués de taches variables, sur un
fond blanc bleuâtre. Elles sont tantôt très-petites, tantôt très-grandes, plus ou
moins nombreuses, et d'une couleur brun-rougeâtre, vineuse, jaunâtre, ou
noirâtre. Ils varient également sous le rapport du volume,

Deux œufs de la collection de M. Hardy, provenant des monts Ourals,
mesurent, l'un :

Grand diam. 0^m,062; petit diam. 0^m,05.

L'autre : Grand diam. 0^m,06; petit diam. 0^m,048.

Deux autres œufs venant, l'un, de la Lithuanie, l'autre, de Sarepta, mesurent, le premier :

Grand diam. 0^m,065; petit diam. 0^m,054.

Le second : Grand diam. 0^m,068; petit diam. 0^m,052.

L'Aigle criard fait sa nourriture de reptiles, de petits rongeurs et, à défaut,
d'après M. Nordmann, il s'accommode de charognes; aussi, le trouve-t-on fréquemment dans la société des Vautours.

Observations. — 1° Tout ce qui a été dit, d'après M. Tizenhauz, de l'*Aquila
nævia*, dans la première édition (t. I, p. 30 et suiv.), se rapporte à l'*Aquila
clanga*. Après examen d'un assez grand nombre de sujets provenant de diverses contrées, nous sommes portés à partager l'opinion de MM. Nauman, Von der Mühle, Brehm, Von Homeyer, et autres naturalistes allemands :
ces deux oiseaux ne nous paraissent pas devoir être identifiés. Ils présentent
des différences assez tranchées, pour que l'on soit autorisé à faire de l'*Aquila
clanga*, si non une espèce réellement distincte de l'*Aquila nævia*, du moins une
race tout aussi légitime que bien d'autres que l'on reconnaît. Ces différences,
tirées de la nature et de la couleur du plumage; de la forme des taches, lorsqu'elles existent; de la longueur et du volume du bec; de la longueur du
doigt médian, etc., peuvent être exprimées de la manière suivante :

AQUILA GLANGA

Caractères essentiels.

Bec moins long (0^m,031 à 0^m,053 suivant le sexe), et moins épais (0^m,021 d'un côté à l'autre, au niveau du front).

Doigts plutôt grêles que robustes ; le médian long de 0^m,046 à 0^m,050, portant quatre grandes écailles sur la dernière phalange ; l'interne et le pouce ont également quatre écailles et le doigt externe trois seulement.

Ongles moins forts et moins longs ; celui du pouce mesurant, en ligne droite, de 0^m,025 à 0^m,026.

Queue plus courte, mesurant 0^m,44 chez le mâle ; 0^m,46 chez la femelle.

Caractères accessoires.

Nature du plumage ordinaire d'une teinte moins noire, non glacée, unicolore ou avec de petites taches arrondies à l'extrémité des couvertures supérieures des ailes, et des taches un peu allongées à la nuque, au ventre et aux jambes ;

Chez les jeunes sujets, point de plaque de rouille clair à la nuque.

Habite l'est et le sud-est de l'Europe et les pays limitrophes de l'Asie.

AQUILA NÆVIA

Caractères essentiels.

Bec plus long (0^m,054 a 0^m,055 suivant le sexe), et plus épais (0^m,029 d'un côté à l'autre, au niveau du front).

Doigts robustes ; le médian long de 0^m,057 à 0^m,058 ; portant cinq ou six grandes écailles sur la dernière phalange et quatre sur tous les autres doigts.

Ongles robustes, plus longs ; celui du pouce mesurant, en ligne droite, de 0^m,29 à 0^m,030.

Queue plus longue, mesurant 0^m,48 au moins chez la femelle.

Caractères accessoires.

Nature du plumage ordinaire très-doux, soyeux, d'une teinte plus noire quand la plume est intacte, comme glacé, surtout en-dessus, unicolore, ou avec de grandes taches rondes, ovalaires, et plus ou moins allongées à la nuque, aux parties inférieures et aux jambes.

Chez les jeunes sujets, une plaque de rouille clair à la nuque.

Habite le sud-ouest de l'Europe et l'Algérie.

2° Dans sa *Revue méthodique et critique des collections du Muséum d'histoire naturelle des Pays-Bas*, M. Schlegel rapporte l'*Aquila changa* de Pallas et de quelques auteurs allemands à l'espèce suivante (*Aquila nævioides*). M. Schlegel n'ayant pas donné les raisons qui lui font identifier ces deux oiseaux, nous ne saurions dire jusqu'à quel point son opinion est fondée. En attendant que de nouvelles études viennent élucider la question, nous considérerons la *Nævioides* comme distincte de la *Clanga*.

9 — AIGLE NÉVIOÏDE — *AQUILA NEVIOIDES*
Kaup. ex G. Cuv.

Plumage d'un fauve isabelle ; tarses abondamment garnis de plumes jusqu'aux doigts ; ailes pliées dépassant l'extrémité de la queue; narines arrondies ; bec plus fort que celui de l'Aigle fauve, comparativement à la taille.

Taille : 0ᵐ,70 *environ* (mâle), 0ᵐ,88 *à* 0ᵐ,90 (femelle).

Falco nævioides, G. Cuv. *Règ. anim.* (1829), t. 1, p. 326.
Aquila vindhiana, Franklin, *Procec. zool. soc.* (1831), p. 11.
Falco albicans, Rüppel, *Neue Wirb. Faun. Abyss.* Vög. (1835), p. 31, pl. 13.
Falco Belisarius, Levaillant, Jun. *Expl. scient. de l'Algérie,* Ois. pl. 2.
Aquila nævioides, Kaup. *Isis* (1847), p. 247.
Temm. et Laug. (1830), *Pl. col.* 455 (*femelle*), sous le nom de *Falco rapax.*
Rüppel, *Faun. Abyss.* pl. 13, fig. 1, *adulte;* fig. 2, *jeune.*

Mâle et femelle adultes : **Plumage** des parties supérieures et inférieures d'un fauve isabelle, très-clair sur la tête, le cou, la poitrine, et brunissant au dos, au croupion, aux couvertures moyennes des ailes, à l'abdomen et aux plumes tibiales; grandes couvertures et rémiges secondaires d'un brun noirâtre, bordées d'isabelle à la pointe ; rémiges primaires noires, à fine pointe également isabelle ; queue d'un brun de terre d'ombre, sans trace de bandes ou de taches transversales, d'un roux isabelle à la pointe ; bec, bleuâtre en avant de la cire, puis d'un brun noir, base de la mandibule inférieure jaunâtre ; cire et pieds jaunes.

Jeunes sujets (plumage de transition) : Plumage brun avec de larges taches et des mèches d'un roux plus ou moins doré ; point de bordure ni de taches d'un fauve isabelle sur les couvertures alaires et les rémiges ; queue brune, teintée de violet, et marquée, en travers, de huit à neuf bandes étroites noirâtres.

Dans le *premier âge,* le plumage est totalement brun, largement maculé de roussâtre, et les bandes de la queue sont généralement un peu plus accentuées.

L'Aigle névioide ou ravisseur est propre au sud de l'Afrique et de l'Asie.

On le rencontre dans les provinces d'Alger et de Constantine, et il se montre très-accidentellement en Europe. Nous avons vu dans la collection de M. Crespon à Nîmes, un sujet d'âge moyen, tué en 1829 sur les bords du Rhône, en Camargue. Il devait ce précieux oiseau à M. Roux-Amphoux qui l'avait acheté en chair et l'avait fait monter par un militaire d'un régiment suisse, alors en garnison dans le Midi. Vers 1838, un autre individu de la même espèce a également été tué en Camargue. Il figure dans le Musée de la ville d'Arles, et a été préparé, en chair, par M. Veran, conservateur du cabinet d'histoire naturelle.

Habitudes, régime et propagation inconnus.

Observation. — Le prince Ch. Bonaparte dans ses *Annotations sur la Revue*

du *Catalogue Parzudaki, des Oiseaux d'Europe*, par M. de Sélys-Longchamps,
non-seulement met en doute l'apparition de cet oiseau dans le midi de la
France, mais laisse même à entendre qu'il aurait été confondu avec un autre
Aigle. Il prétend « avoir constaté que des espèces qui s'en rapprochent, avaient
été prises par erreur pour l'*Aquila nævioïdes*. » Il est très-fâcheux que, pour
donner plus de poids à une opinion aussi brièvement et aussi légèrement
exprimée, le prince Ch. Bonaparte n'ait pas jugé à propos de nous dire quelle est,
ou quelles sont les espèces européennes que l'on peut confondre avec l'*Aquila
nævioïdes*. Pourquoi, dans l'*Appendice pour les Oiseaux de l'Algérie* (Cat. Parzud.
p. 18), et sous la rubrique *Aquila nævioïdes*, ne pas ajouter : Confondu avec....
telle ou telle espèce, comme le prince, dans la *Liste des Oiseaux que l'on fait
passer pour européens* (même Catalogue, p. 24), a pris la peine de le faire à
propos du *Gypaetus nudipes*, *Loxia leucoptera*, *Cecropis capensis*, etc. etc. ? Il
est à croire que la *constatation* manquait de certitude. Du reste, notre affirmation vaut bien une allégation du prince, et nous affirmons que l'Aigle que
nous avons vu chez M. Crespon, à Nîmes, et positivement un *Aquila nævioïdes*.
L'apparition de cet oiseau dans le midi de la France ne serait d'ailleurs pas
un fait bien extraordinaire, s'il est vrai, comme le pense M. Schlegel, que la
Nævioïdes ne soit que la *Clanga* de Pallas.

10 — AIGLE A QUEUE BARRÉE — *AQUILA FASCIATA*
Vieill.

(Type du genre *Pseudaetus*, Hodgs.; *Tolmaetus*, Blyth.)

*Parties inférieures blanches ou roussâtres, toujours variées de
taches oblongues et brunes, plus ou moins grandes, plus ou moins
nombreuses, suivant l'âge ; sept écailles sur la dernière phalange
du doigt médian et quatre sur les doigts externe et interne.*

Taille : 0^m,70 environ,

AQUILA FASCIATA, Vieill. *Soc. Linn. de Paris* (1822), 2e part. *Mémoires*, p. 152.
AQUILA INTERMEDIA, Boitard, *Ois. d'Eur.* (1825).
FALCO BONELLII, Temm. *Man.* 3e part. (avril 1835), p. 19.
FALCO DUCALIS, Licht. in : Bp. *Catal. Parzud.* (1856), p. 1.
NISAETUS GRANDIS, Hodgs. *Journ. A. S. B.* (1835), t. V, p. 230.
TOLMAETUS BONELLII, Blyth. *Journ. A. S. B.* (1845), t. XV, p. 5.
HIERAETUS BONELLII, Kaup, *Classif. Saüg. und Vog.* (1844).
PSEUDAETUS BONELLII, Bp. *Cat. Parzud.* (1856), p. 1.
Temm. et Laug. *Pl. col.* (1824) 288, *sujet de 2 à trois 3 ans.*
Schleg. et Susem. *Vog. Eur.* pl. 18, *adulte*, pl. 19, *jeune.*

Mâle et femelle vieux (1) : Parties supérieures d'un brun noirâtre,
avec quelques plumes bordées de blanc, au cou, et de roussâtre, au dos;

____

(1) Le plumage de cet Aigle varie beaucoup sous le rapport de la coloration et de la
distribution des taches du corps et des bandes de la queue; aussi les descriptions de

parties inférieures blanches, nuancées de gris roussâtre sur les côtés du cou et du corps, de brunâtre aux jambes et aux tarses, avec le rachis des plumes noir, et des taches brunes lancéolées à la poitrine, sur les flancs et l'abdomen ; sous forme de mèches, sur les côtés du cou, et de stries aux jambes ; sous-caudales rayées transversalement de roux ; ailes, en dessous, parsemées de plumes noires, plus nombreuses chez la femelle que chez le mâle ; queue d'un cendré brunâtre en dessus, barrée inégalement de brun, terminée par une large bande de brun plus foncé et un petit liséré roussâtre, avec les barbes internes des pennes moirées de cendré clair, et plus ou moins nuancées de roussâtre ; bec brun de corne ; cire et pieds jaune livide ; iris brun.

Sujet dans sa troisième année : « Les plumes de la tête, du dessus du cou et du corps, blanches à leur origine, ensuite brunes et bordées de roussâtre ; les deux premières pennes de l'aile présentent du brun, marqué de blanc ; les suivantes sont d'un noir rembruni en dessus, blanches en dessous, et traversées par des bandelettes brunes depuis leur milieu jusqu'à leur pointe ; les secondaires ont l'extrémité, les bords internes et le dessous blancs et marqués légèrement de brun ; des taches de cette couleur s'étendent sur le fond roussâtre de la gorge et des parties postérieures (inférieures) ; elles occupent seulement le milieu de chaque plume. Des bandelettes transversales, brunes, parcourent la teinte grise des pennes caudales ; celles-ci sont totalement brunes vers leur extrémité, blanchâtres à leur pointe, et portent en dessous des raies pareilles à celles du dessus, mais sur un fond blanchâtre. Une marbrure brune et blanche occupe les couvertures inférieures de l'aile ; des plumes de ces deux couleurs garnissent les tarses jusqu'aux doigts ; ceux-ci sont jaunes de même que la cire ; les ongles, noirs, longs, robustes, arqués et très-aigus ; le bec est d'un brun noirâtre (1). »

Mâle à l'âge de trois ans : Brun foncé sur la tête, brun roussâtre

Temminck ne sont-elles pas tout à fait semblables à celles qu'a données M. de la Marmora, dans une notice fort intéressante qui fait partie des *Mémoires de l'Académie des sciences de Turin.* Nous l'avons décrit dans ses divers états, en nous servant particulièrement de ce dernier travail et de quelques dépouilles appartenant à des collections publiques et privées.

(1) Cette description, qui a de si grandes concordances avec la précédente et avec la suivante, est *textuellement* celle que Vieillot a lue, à la Société linnéenne de Paris, dans la séance du 22 août 1822, *sur une nouvelle espèce d'Aigle decouverte en France* (forêt de Fontainebleau), qu'il proposait d'appeler Aigle à queue barrée, *Aquila fasciata.* Les naturalistes qui n'ont pas de parti pris comprendront les motifs qui nous font donner cette description, quoiqu'elle fasse en quelque sorte double emploi.

à l'occiput et sur le dessous du cou ; brun noirâtre sur le dos et les ailes, passant au brun cendré roussâtre sur le bord des plumes ; roux isabelle en dessous, tirant sur le blanc à la gorge, à la poitrine, à l'abdomen et au bas des tarses, avec des stries et des taches lancéolées au milieu des plumes, comme chez les vieux ; scapulaires et rémiges terminées par un peu de blanc sale ou jaunâtre ; queue cendré-roussâtre en dessus, bordée à son extrémité par un léger liséré blanchâtre, barrée par sept ou huit bandes brunes et sans bande noire terminale, cette bande représentée sur les première, quatrième, cinquième et sixième rectrices par un croissant noirâtre ; cire et pieds comme chez les vieux ; iris jaune-brunâtre. (D'après M. de la Marmora ; suivant Temminck, cette livrée serait celle du *vieux mâle*.)

A l'âge de deux ans, les parties supérieures du corps et la queue sont à peu près colorées comme à trois ans ; mais les parties inférieures sont d'un roux de rouille plus ou moins vif, avec les tiges et l'extrémité des plumes maculées comme dans les deux états précédents.

A un an au plus, le dessus du corps est d'un brun roussâtre, avec le centre des plumes plus brun et les bordures plus rousses au cou ; le dessous du corps est d'un roux assez vif, moins foncé à l'abdomen et aux jambes, avec des stries brunes au centre des plumes ; scapulaires, grandes couvertures et pennes des ailes terminées par un bord blanchâtre, plus prononcé sur les pennes secondaires ; queue sans bande noirâtre à son extrémité, cendré-roussâtre en dessus, grisâtre en dessous et marquée de neuf ou dix bandes transversales ; iris jaune clair. (D'après M. de la Marmora.)

L'Aigle à queue barrée est propre à l'Europe méridionale, à l'Asie et à l'Afrique septentrionale.

Il habite la Grèce, les marais boisés et les montagnes rocailleuses de la Sardaigne méridionale, et, en très-petit nombre, la Sicile et le midi de la France.

Suivant M. Crespon, il est sédentaire au nord du département du Gard, et d'après M. Verdot, médecin, il se reproduit quelquefois sur les rochers escarpés des Bouches-du-Rhône, près de Salon. M. Loche, durant son séjour à Marseille, en 1853, en a obtenu un qui avait été foudroyé par le tonnerre, sur le haut d'un rocher, à côté d'un autre individu qui n'avait pas été atteint. M. Von der Mühle dit, qu'en Grèce, c'est l'espèce la plus abondante, après l'Aigle fauve.

Il niche dans les crevasses des rochers ; sa ponte est de deux œufs, d'un blanc sale, avec des taches irrégulières, diffuses, cendrées et brunes. Ils mesurent :

Grand diam. 0^m,068 ; petit diam. 0^m,053.

La principale nourriture de l'Aigle à queue barrée consiste en oiseaux aquatiques et en petits mammifères, tels que jeunes lapins et lièvres.

M. Crespon en a rencontré plusieurs fois dans ses chasses. Il dit qu'il s'é-
lève très-haut et qu'en un instant on ne l'aperçoit plus ; que l'été il se tient
dans les montagnes, et que l'hiver il descend dans les marais, pour y faire la
chasse aux oies et aux canards. Un individu que cet ornithologiste nourrissait
en cage, était farouche et peu sociable; il criait souvent; sa voix avait quelque
rapport avec celle de l'Aigle fauve, mais elle était plus faible.

Observation. — A la page 13 de la *Revue critique*, le prince Ch. Bonaparte
s'exprime en ces termes : « Je regretterais pour plusieurs raisons de plus d'un
genre, que les dates, les véritables s'entend, non celles qu'indique inexacte-
ment Degland, nous obligeassent à rejeter le nom généralement reçu
d'*Aquila Bonellii* pour faire place à celui d'*A. fasciata*, douteux par-dessus le
marché. »

Cette note annonce évidemment un parti pris; mais, ce qui est plus grave,
elle contient une imputation à laquelle nous ne pouvons nous dispenser de
répondre. Le prince Ch. Bonaparte donne à entendre que M. Degland a commis
une falsification de date, afin, sans doute, de faire prévaloir le nom spécifique
de *fasciata*, appliqué par Vieillot à l'Aigle dont il s'agit.

Si le prince Ch. Bonaparte s'était imposé, dans un sentiment de justice, le devoir de vérifier les citations faites par M. Degland, il se serait convaincu que c'est
bien en 1822 (22 août), que Vieillot a fait connaître l'*Aquila fasciata*, et que
ce nom *n'est nullement douteux*.

Si, après cette vérification, le prince Ch. Bonaparte avait eu le désir de pousser
plus loin ses investigations, il aurait vu qu'en 1828, Lesson, entre autres
inexactitudes que renferme son *Manuel d'Ornithologie*, ayant dit que Temminck avait le premier fait connaître l'Aigle en question, Vieillot crut devoir
lui adresser, à la date du 28 juin 1828 (*Bull. des Sc. nat.*, t. XV, p. 143), une
réclamation, dans laquelle se trouve ceci : « 2° Vous dites à l'art. de l'*Aigle
Bonelli*, p. 83, *que M. Temminck est le premier qui ait décrit cette nouvelle espèce.*
C'est en quoi vous êtes dans l'erreur, certainement involontairement. Je l'ai
décrite, sous le nom d'*Aigle à queue barrée*, dans un mémoire présenté à la
Société linnéenne de Paris, longtemps avant la 2ᵉ édit. du *Manuel* de M. Temminck, et c'est le même individu que nous avons décrit tous deux. Il m'a été
communiqué par M. Dupont l'aîné, qui l'avait reçu de M. Bonelli, pour savoir
de moi si je le regardais comme une espèce nouvelle, et c'est depuis ma déci-
sion qu'il a été envoyé à M. Temminck. Ne croyez pas que je mets (*sic*) une
grande importance à faire connaître le premier une espèce nouvelle; mais
je dois éviter de passer pour un auteur qui s'approprie les faits des autres en
changeant les noms, moyen employé très-souvent par certains savants. » Ce
dernier membre de phrase est d'un si grand à-propos, que nous sommes
presque tenté de le souligner.

Maintenant, sur quelle publication antérieure au mois d'août 1822, fonde-
t-on la priorité d'*Aquila Bonellii?* Le prince Ch. Bonaparte garde à ce sujet une
prudente discrétion, ce qui est regrettable, car nous sommes de nouveau ex-
posé à ne pas donner la vraie date si nous portons cette publication vers le
milieu de 1824. C'est cependant, jusqu'à preuve du contraire, la seule date
que l'on puisse admettre. En effet, le seul ouvrage, à notre connaissance, où il

soit question pour la première fois de cet Aigle, est le *Nouveau Recueil de planches coloriées d'Oiseaux* par Temminck et le baron Meiffren-Laugier. M. Schlegel, que nous supposons parfaitement au courant de toutes les publications de Temminck, cite ce recueil comme source, dans sa *Revue critique*. Or la 49ᵉ livraison de cet important travail, livraison en tête de laquelle figure l'*Aquila Bonellii*, n'a paru que dans le courant du mois d'août 1824, comme en fait foi la *Bibliographie de la France,* pour ladite année, p. 522. Le nom d'*Aquila fasciata* est donc antérieur de deux ans à celui d'*Aquila Bonellii*.

La loi de priorité, que nous tenons à respecter, lorsque d'autres la violent, nous impose, par conséquent, l'obligation de conserver à l'Aigle dont il s'agit le nom que Vieillot lui a donné. Ce nom, qui ne figure ni dans le *Birds of Europe*, ni dans l'*Index Europæarum Avium;* qui avait paru un moment dans le *Conspectus generum Avium*, pour disparaître dans la *Revue critique* et dans le *Tableau des Oiseaux de proie (Rev. zoolog.* pour 1854), est inscrit de nouveau, comme synonyme immédiat d'*Aquila Bonellii*, dans le *Catalogue Parzudaki*, pour 1856. Ne faudrait-il pas en conclure que le prince Ch. Bonaparte avait fini par reconnaître son erreur ?

11 — AIGLE BOTTÉ — *AQUILA PENNATA*
Brehm. ex Briss.

(Type du genre *Hieraetus*, Kaup.)

Une touffe de plumes d'un blanc pur à l'insertion des ailes; tarses totalement emplumés; trois écailles sur la dernière phalange du doigt médian, bec gros et court, courbé dès la base.

Taille : 0ᵐ,45 à 0ᵐ,47 (mâle) ; 0ᵐ,49 à 0ᵐ,50 (femelle).

FALCO PEDIBUS PENNATIS, Briss. *Ornith.* (1760), t. VI, *Suppl.* p. 22.
FALCO PENNATUS, Gmel. *S. N.* (1788), t. I, p. 272.
AQUILA PENNATA, Brehm. *Lehr. der nat. Eur. Vog.* (1823), t. I, p. 20.
HIERAETUS PENNATUS, Kaup, *Classif. Saüg. und Vog.* (1844), p. 120.
Temm. et Laug. *Pl. col.* 33, *mâle adulte.*

Mâle et femelle : Dessus et côtés de la tête et du cou jaune roux, marqué de taches longitudinales brunes, plus larges et plus foncées au vertex et aux joues, plus étroites et d'une teinte plus claire au cou; dessus du corps brun sombre, avec les scapulaires et les plumes du croupion bordées et terminées de cendré roussâtre ; sus-caudales brun clair, avec des bordures blanchâtres ; front, devant du cou, poitrine, abdomen et sous-caudales blanc pur, ou d'un blanc plus ou moins lavé de roussâtre, avec de longs traits bruns sur la tige des plumes, principalement à la poitrine, à l'abdomen, et des bandes transversales rousses, peu apparentes, sur les jambes ; couvertures alaires comme les scapu-

laires, largement bordées de gris roussâtre ; épaulettes d'un blanc pur ;
rémiges brun noir ; rectrices d'un brun noir moins foncé et moiré,
terminées par une bordure blanche ou d'un cendré roussâtre ; cire et
doigts jaune verdâtre ; iris tirant sur le roux.

Jeunes de l'année : Brun roussâtre en dessus, plus prononcé à la
tête ; roux clair en dessous, avec des raies d'une teinte foncée sur la
tige des plumes ; queue portant des bandes transversales bien visibles.

L'Aigle botté habite l'Europe orientale et l'Afrique.

Cet Aigle paraît répandu sur une vaste étendue de la France. On l'a observé dans les départements de Maine-et-Loire, de la Seine, de l'Aube, de
l'Orne, de Loir-et-Cher, de la Sarthe, de la Mayenne, de la Loire, des Hautes
et Basses-Pyrénées ; mais il n'est commun nulle part.

Il niche en Champagne, dans les grandes forêts de l'orient, d'où M. J. Ray a
tiré plusieurs fois de ses œufs. Il se reproduit aussi en Espagne et quelquefois
dans les Pyrénées françaises. Il choisit pour établir son aire les arbres les plus
élevés. Sa ponte est de deux œufs, rarement de trois, courts, presque globuleux,
d'un blanc sale un peu azuré, unicolores, ou avec des taches rousses plus ou
moins apparentes. Ils mesurent :

Grand diam. 0m,055 ; petit. diam. 0m,047 à 0m,048.

L'Aigle botté est, dit-on, très-courageux et attaque souvent des oiseaux plus
gros que lui. Il vit de mammifères, de reptiles et de gros insectes.

Observation. — Le pasteur Brehm a établi sous le nom d'*Aquila minuta*
une espèce qui se distinguerait de l'*Aquila pennata* par une taille plus petite.
Ne connaissant point cet oiseau, nous ne pouvons dire s'il constitue réellement
une espèce, ou une simple race. Peut-être en est-il de l'*Aquila minuta* comme
de tant d'autres espèces ou sous-espèces que le pasteur Brehm a créées sur
des caractères en général fictifs, et souvent sur des différences d'âge. Cet
Aigle ne serait-il pas un jeune *Aquila pennata ?*

GENRE VII

PYGARGUE — *HALIAETUS*, Savig.

Falco, p. Linn. *S. N.* (1735).
Vultur, p. Linn. *S. N.* (1766).
Aquila, Briss. *Ornith.* (1760).
Aigle pêcheur, p. G. Cuv. *Tab. du Règ. anim.* (1797).
Haliaetus, Savig. *Ois. d'Egyp.* (1808-1810).

Bec, ailes, ongles offrant les mêmes caractères que dans le
genre Aigle ; tarses en partie nus, réticulés, à demi écussonnés ;
doigts entièrement séparés, l'externe versatile ; queue cunéiforme.

Les Pygargues ne diffèrent des Aigles que par leurs tarses, qui sont vêtus seulement à leur moitié supérieure ; et par leur doigt externe, qui peut se porter beaucoup plus en arrière.

Ils vivent ordinairement près de la mer, des fleuves, des étangs, et se nourrissent de poissons, d'oiseaux aquatiques, de mammifères vivants et de cadavres.

Le mâle et la femelle se ressemblent. Les jeunes portent une livrée différente, et, avant d'atteindre l'état adulte, leur plumage subit des modifications à chaque mue.

Le genre Pygargue a des représentants en Europe, en Asie, en Amérique et en Océanie.

Observations. — 1° La liste des Pygargues d'Europe, en y conservant, à titre provisoire toutefois, l'*Haliaetus leucocephalus*, que quelques auteurs en expulsent, pendant que d'autres persistent à l'y compter, comprend aujourd'hui trois espèces : l'*Hal. albicilla*, l'*Hal. leucocephalus*, et l'*Hal. leucoryphus*. Ce dernier paraît faire des apparitions, assez fréquentes même, en deçà des limites qui séparent l'Europe de l'Asie. En tant qu'oiseau de passage accidentel, l'*Hal. leucoryphus* serait donc bien réellement européen.

2° Le pasteur Brehm, en Allemagne, et Nilsson, en Suède, reconnaissent l'existence, dans le nord de l'Europe, d'une espèce plus forte que l'*Haliaetus albicilla*, à queue plus longue, qu'ils désignent, le premier, sous le nom d'*Aquila borealis*, le second, sous celui de *Falco ossifragus*. M. Brehm a décrit cette prétendue espèce dans le premier cahier de l'*Ornis* pour 1824. Il la croit suffisamment caractérisée par des dimensions plus grandes, par des protubérances occipitales développées, une queue en forme de coin, à pennes étroites et plus longues que celles de l'espèce ordinaire. Mais d'après les recherches de M. J. de Lamotte, nous nous croyons fondés à ne considérer ces caractères spécifiques que comme des particularités propres au jeune âge de l'*Haliaetus albicilla*. En effet, dans le premier âge, cet oiseau a la queue et les ailes plus longues que dans l'état adulte, et l'on trouve des protubérances occipitales sur des individus à queue courte (1). Depuis, le même auteur en a décrit d'autres,

(1) Voici ce que M. J. de Lamotte, dont l'opinion est d'un grand poids en ornithologie, écrivait, à ce sujet, à M. Degland :

« On m'a apporté, en février, un Aigle Pygargue, plus avancé en âge que ceux que l'on trouve ici. Il avait le bec jaune et le plumage bariolé de plumes brunes et blondes. Tout me faisait penser que cet oiseau était en plumage de transition du jeune âge à l'état adulte. Il avait la queue courte et les protubérances du crâne très-prononcées. En examinant les ailes, j'ai remarqué que les pennes étaient d'une couleur plus pâle les unes que les autres ; que les plus pâles étaient usées et bien certainement des plumes de l'année, qui n'étaient pas tombées à la mue. Mais ce qui m'a surtout étonné, c'est que ces plumes, quoique usées, étaient de trois quarts de pouce 0^m,021 plus longues que leurs voisines et taillées en fer de lance, tandis que celles-ci étaient coupées carrément. J'ai de suite examiné des Aigles pygargues qui se trouvent dans la collection de M. Baillon, et j'ai vu que ceux à longue queue ont les plumes des ailes en fer de lance, et que ceux à queue courte, étant des individus adultes, les ont carrées. J'ai aussi examiné les Pygargues de mon cabinet, au nombre de six, et ai fait les mêmes remarques. D'où je conclus, avec mon ami M. de Cosset, dont les recherches ont donné des résultats semblables, que les Pygargues à

sans plus de fondement, sous les noms de *Haliaetus orientalis, Islandicus* et *Groenlandicus.* Quant au *Falco ossifragus* de Nilsson (*Ornith. suec.* p. 14 ; Observ. sur l'*Albicilla*), oiseau qui ne serait autre que l'*Orfraie* de Buffon, l'*Aquila ossifraga* de Brisson, il se distinguerait par un bec et des ongles plus forts, un bec plus noir, une cire jaune et une queue égale. Ce dernier caractère, le plus important sans contredit, est en opposition avec celui que M. Brehm reconnaît à son *Falco ossifragus.* Il est probable qu'il en est de l'espèce de Nilsson, comme de celle du pasteur Brehm ; qu'elle ne représente qu'un état d'âge du Pygargue ordinaire.

3° Le *Falco vocifer* Lath., que M. Schlegel dans sa *Revue critique* indique comme espèce européenne, est à éliminer. Du reste, d'après le prince Ch. Bonaparte, M. Schlegel a depuis longtemps « reconnu lui-même qu'il avait cru trop légèrement que le *Vocifer* fût un oiseau d'Europe. »

12 — PYGARGUE ORDINAIRE — *HALIAETUS ALBICILLA*
Leach. ex Linn.

Face d'un gris blanchâtre ; sus-caudales et queue blanches (adultes)*, ou face brune, avec les plumes de la tête tachées et lancéolées* (jeunes) ; *six écailles sur la dernière phalange du doigt médian.*

Taille : 0^m,85 (mâle) ; 0^m,90 à 0^m,95 (femelle).

VULTUR ALBICILLA, Linn. *S. N.* (1766), t. 1, p. 123.
FALCO OSSIFRAGA, Linn. *Op. cit.* p. 124.
AQUILA ALBICILLA et OSSIFRAGA, Briss. *Ornith.* (1760), t. 1, p. 427 et 437.
FALCO ALBICILLA OSSIFRAGUS et ALBICAUDUS, Gmel. *S. N.* (1788), t. 1, p. 253, 255 et 258.
FALCO HINNULARIUS, Lath. *Ind.* (1790), t. 1, p. 15.
HALIAETUS NISUS, Savig. *Ois. d'Egyp.* (1809), p. 86.
HALIAETUS ALBICILLA, Leach. *Cat. M. and Birds. B. Mus.* (1816), p. 9.
Buff. *Pl. enl.* 112, *jeune sujet* sous le nom de *Grand Aigle de mer;* 415, *sujet d'âge moyen,* sous le nom d'*Orfraie* ou *Grand Aigle de mer femelle.*

Le plumage du Pygargue ordinaire offre de très-grandes variations avant d'arriver à l'état adulte.

Mâle et femelle vieux : Parties supérieures et inférieures, couvertures des ailes d'un brun cendré uniforme, moins foncé à la tête, au cou, et tirant sur le gris blanchâtre à la face ; sus-caudales d'un blanc pur ; sous-caudales, jambes et partie emplumée des tarses d'un brun cendré rembruni ; rémiges brunes, avec les baguettes des primaires

tubérosités occipitales et à queue plus longue sont des jeunes de l'*Albicilla;* que cet oiseau, dans le premier âge, a la queue et les ailes plus longues, et que les caractères sur lesquels on veut fonder une nouvelle espèce ne sont pas admissibles, puisqu'on retrouve les protubérances occipitales chez les individus à queue courte. »

d'un blanc jaunâtre ; queue d'un blanc pur ; bec jaune pâle, iris jaune brillant ; cire et partie nue des tarses et des doigts d'un jaune citron.

A l'âge de sept ou huit ans : Plumage brun cendré, plus foncé et roussâtre en dessus, avec les plumes de la tête et du cou terminées de cendré clair ; celles du dos et des parties inférieures marquées plus ou moins de teintes blanchâtres vers leur pointe ; sus-caudales blanches, celles du milieu terminées de brun ; sous-caudales, jambes et partie vêtue des tarses d'un brun roussâtre ; couvertures alaires terminées et plus ou moins bordées d'une teinte blanchâtre ; queue d'un blanc pur ; bec et cire jaunâtres ; iris jaune ; partie nue des tarses et doigts blanc jaunâtre.

Sujets avant l'état adulte et jeunes de l'année : Tête et cou d'un brun foncé, avec la pointe des plumes d'une teinte plus claire ; dessus du corps, sus-caudales couleur de café légèrement torréfié, avec une grande tache plus foncée à l'extrémité des plumes ; dessous du corps brun roux, maculé de brun foncé, souvent varié de blanchâtre ; sous-caudales, jambes et partie vêtue des tarses d'une teinte plus rousse, portant aussi de grandes taches brunes à l'extrémité des plumes ; couvertures alaires pareilles au manteau, mais avec des teintes plus claires ; rémiges d'un brun noir, à baguette brun de corne ; rectrices noirâtres en dehors et à leur pointe, avec leurs barbes internes d'un cendré roussâtre, et, après quelques mues, tachetées plus ou moins de blanc grisâtre ; bec et cire d'un noir bleuâtre ; iris brun foncé ; partie nue des tarses et doigts jaune pâle dans les individus les plus jeunes ; dans ceux qui sont plus âgés, bec et cire d'une teinte jaunâtre plus prononcée ; iris brun clair.

Dans les jeunes sujets les ailes sont plus longues que dans les adultes, les grandes rémiges sont pointues, lancéiformes, et la queue dépasse sensiblement les ailes.

Après plusieurs mues, le plumage s'éclaircit, les sus-caudales et les rectrices blanchissent, l'extrémité des rémiges s'arrondit, la queue devient moins longue, de sorte qu'elle ne dépasse plus l'extrémité des ailes, lorsque l'oiseau a atteint son état adulte ; le bec, la cire, le bas des tarses et les doigts passent du noir au brun, du jaunâtre au jaune.

M. Tyzenhauz, dans la *Revue zoologique* pour 1846, a fait connaître les transitions successives du plumage chez une femelle tenue en captivité durant vingt-quatre ans. Quoique la mue des oiseaux captifs ne s'opère pas avec la même régularité que celle des oiseaux qui vivent en liberté ; qu'elle soit ordinairement retardée, incomplète, et que les couleurs aient souvent des nuances différentes, nous ne pouvons cependant nous dispenser de consigner ici les résultats des observations de M. Tyzenhauz : ils ne sont pas sans intérêt.

Première année : Ptilose noir vers la moitié terminale des plumes, blanc près du corps ; plumes dorsales, scapulaires, couvertures alaires terminées de brun foncé ; bec, cire noir bleuâtre ; queue noire, saupoudrée de blanc sur les barbes internes des pennes.

Deuxième année : Ptilose brun roussâtre avec le bout des plumes noir.

Troisième année : Du blanc, par taches, sur les pennes de la queue.

Quatrième année : Tête et cou gris brun uniforme ; beaucoup de blanc parmi les plumes du dos et des parties inférieures ; cire devenant jaunâtre ; iris passant du noir au brun ; les deux rectrices médianes avec le bout noir.

Cinquième année : Le bec jaunit.

Sixième année : Bec totalement jaune ; tout le ptilose brun sans taches, plus foncé sur les parties inférieures ; beaucoup de blanc sur la queue.

Septième année : Les plumes de la tête et du cou prennent une teinte plus pâle ; iris noisette ; queue blanche, avec un peu de brun sur les pennes externes.

Huitième année : Point de changement.

Neuvième année : Toutes les rectrices d'un blanc pur ; une partie des sus-caudales blanches, avec le bout noir.

Dixième année : Sus-caudales entièrement blanches, excepté celles du milieu, dont la pointe est brune.

Depuis cet âge jusqu'à celui de vingt-trois ans, il ne s'opère pas de changements appréciables. Mais, vers la fin, le ptilose devient gris brun uniforme, beaucoup plus clair sur la tête et comme marbré sur les ailes ; la queue, les sus-caudales passent au blanc parfait ; l'iris, qui est toujours d'un beau jaune chez les adultes en liberté, est alors d'un brun jaunâtre.

L'Asie septentrionale, le nord, le nord-ouest de l'Europe et la Russie méridionale sont les contrées que le Pygargue ordinaire habite. En octobre et en novembre il est de passage régulier le long de nos côtes maritimes, surtout entre Abbeville et Montreuil-sur-mer ; mais on n'y voit jamais que de jeunes sujets ou des individus non adultes. Ceux, au contraire, qui se montrent aux environs d'Anvers sont à l'état adulte. Il est également de passage en Allemagne, en Suisse, en Italie, en Sicile et dans la Grande-Bretagne. A la fin de février ou au commencement de mars, il regagne le Nord pour se reproduire, et il fait alors une seconde apparition sur nos côtes.

Il niche à terre, sur les rochers escarpés ou sur les arbres. Son aire est vaste : elle offre jusqu'à 2 mètres de largeur. Les œufs, au nombre de deux et rarement de trois, sont généralement obtus, arrondis, unicolores, et quand ils n'ont pas été couvés, d'un blanc azuré. Lorsqu'ils ont des taches, ce qui est rare, ces taches sont très-pâles. M. Hardy en a obtenu des monts Ourals, qui sont légèrement tachés de gris roussâtre. Tous ceux qui nous viennent de la Suède, du Groënland et du Volga sont unicolores. Leur volume est variable comme celui des œufs d'Aigle. Ils mesurent :

Grand diam. depuis 0ᵐ,06 jusqu'à 0ᵐ,08 ; petit diam. 0ᵐ,05 à 0ᵐ,06.

Le genre de vie du Pygargue ordinaire varie suivant les lieux que l'oiseau habite. Dans le nord et le nord-ouest, d'après les auteurs, il vit sur les rochers non loin de la mer et dans les forêts voisines des grands lacs et des rivières ; dans la Russie méridionale, il se tient au milieu des steppes et ne s'approche pas des eaux. Dans ces premières contrées il se nourrit particulièrement de poissons et d'oiseaux aquatiques, et dans la dernière, il préfère les oiseaux des steppes, les taupes et les petits rongeurs. M. Nordmann, professeur à Odessa, que nous aurons plus d'une fois encore l'occasion de citer, dit que sur plus de douze individus qu'il a disséqués, il n'a jamais trouvé un poisson, mais constamment des débris de petits mammifères et d'oiseaux ; quelquefois, mais plus rarement, des restes de lézards.

Dans le midi de la Russie, il ne paraît pas émigrer ; on l'y voit, en hiver, s'approcher des habitations et se jeter sur les charognes. Suivant M. Tyzenhauz, les jeunes individus seuls émigrent en Lithuanie : les vieux y sont sédentaires ; du moins, sur une grande quantité d'individus qui y ont été tués en hiver, il n'en a pas obtenu un seul avec la livrée des premiers âges ; les plus jeunes lui ont paru avoir huit à dix ans. Temminck avance que, dans ses migrations, ce rapace semble suivre les grandes bandes d'oies.

Il s'attaque encore volontiers aux oiseaux morts. Les chasseurs de la baie de Somme, qui connaissent ses goûts, se servent avec succès d'une charogne pour l'appâter. M. J. de Lamotte a obtenu deux sujets qui ont été abattus, du même coup de fusil, au moment où ils dépeçaient, en la compagnie de trois autres individus, une vache morte.

Il aime aussi beaucoup le poisson. M. Hardy en a vu capturer un dans un parc, sur les bords de la mer, au moment où il venait de se précipiter dans l'eau pour saisir une proie. Des filets, dans lesquels il s'engagea, le retinrent captif.

13 — PYGARGUE LEUCOCÉPHALE
HALIAETUS LEUCOCEPHALUS
Less. ex Linn.

Tête, cou et queue blancs (adultes), *ou tête et cou bruns, avec les plumes de la tête larges et arrondies* (jeunes) ; *huit écailles sur la dernière phalange du doigt médian.*

Taille : Un peu plus petite que celle du Pygargue ordinaire ;
0ᵐ,80 (mâle), 0ᵐ,90 (femelle).

Falco leucocephalus, Linn. *S. N.* (1766), t. I, p. 124.
Aquila leucocephalos, Briss. *Ornith.* (1760), t. I, p. 422.
Falco pygargus, Daud. *Ornith.* (1800), t. II, p. 62.
Haliaetus leucocephalus, Less. *Ornith.* (1831), p. 40.
Buff., *Pl. enl.* 411, *adulte,* sous le nom d'*Aigle à tête blanche.*

Mâle et femelle adultes : Plumage d'un brun foncé, avec la tête,
plus des deux tiers du cou, les sus-caudales et la queue d'un blanc
pur ; bec, cire, bas des tarses et doigts d'un jaune plus ou moins
pâle ; iris blanc, tirant sur le jaune.

Jeunes de l'année : Ils ressemblent à ceux de l'espèce précédente,
avec lesquels ils ont été souvent confondus. Ils en diffèrent cependant
par une teinte grisâtre à la tête, au cou, et par l'ensemble du plumage
qui est moins varié de brun foncé et gris-brun pâle durant les premiers
âges. Après quelques mues, la tête, le cou et les couvertures supérieures de la queue offrent des plumes blanches, et ne laissent plus
de doute sur leur identité.

Le Pygargue leucocéphale habite particulièrement l'Amérique septentrionale et se montre très-accidentellement, dit-on, en Europe. Brisson, qui l'a
distingué avec un soin extrême de l'*Haliaetus albicilla*, et beaucoup d'autres
naturalistes de l'époque, l'admettaient comme européen. Temminck cite deux
captures qui auraient été faites l'une, en Suisse, l'autre, dans le Wurtemberg.
Les deux oiseaux qui étaient, le premier, un vieux mâle, le second, une très-
vieille femelle, ne différaient en rien de deux autres sujets qui lui venaient,
l'un, du nord de l'Europe, l'autre, des États-Unis. M. Brehm assure qu'il se
montre quelquefois sur les côtes maritimes de l'Allemagne. Enfin, d'après
M. Hardy (*in Litter.*), le comte de Tyzenhauz en aurait capturé un dans ses
domaines à Postawy, en Russie.

Il se reproduit dans les mêmes conditions que le précédent. Ses œufs, au
nombre de deux, sont grisâtres, sans taches ou avec des macules roussâtres
peu apparentes. Ils mesurent :

Grand diam. 0ᵐ,07 à 0ᵐ,08 ; petit diam. 0ᵐ,05 à 0ᵐ,06.

Mœurs, habitudes et régime comme chez le Pygargue ordinaire.

Observations.—1° Malgré les faits cités par Temminck, M. Schlegel conteste
l'existence de l'*Haliaetus leucocephalus* comme espèce d'Europe. Il prétend
que cet oiseau n'a jamais été trouvé dans cette partie du monde, et les raisons
qu'il allègue à ce sujet, dans la vingtième observation de sa *Revue critique,* ont
une certaine valeur, surtout pour ce qui est de la présence du Pygargue leucocéphale aux Hébrides et aux Loffoden. En ce qui concerne les sujets indiqués comme ayant été tués près de Stuttgart et de Zurich, ses raisons parais-

sent moins démonstratives. En effet, si ces sujets n'ont été décrits par aucun naturaliste, au moins Temminck les a-t-il vus, car, sans cela, comment aurait-il pu savoir qu'*ils ne différaient en rien* de deux individus qui lui venaient, l'un, du nord de l'Europe, l'autre, des États-Unis ? S'il les a vus, on ne saurait admettre qu'il les ait méconnus. Temminck, en 1820 et surtout en 1835, n'en était plus à confondre l'*Haliaetus leucocephalus* et l'*Haliaetus albicilla*. Mais, en supposant qu'il ait été trompé, ou qu'il se soit trompé, le fait dont il a été déjà question dans la première édition, n'en sera pas moins embarrassant pour les personnes qui excluent d'une manière absolue le Pygargue leucocéphale de la liste des oiseaux accidentellement de passage en Europe. M. Nordmann dit dans son *Catalogue raisonné de la Faune pontique* (p. 99), que deux vieux Pygargues qu'il a « été à même de comparer soigneusement avec d'autres individus, *avaient toute la tête jusque sur les épaules, de même que la queue, d'un blanc de neige pur.* » A la vérité, M. Nordmann les identifie à l'*Haliaetus albicilla* vieux; mais comme l'*Albicilla*, même très-vieux, ne prend jamais la tête et le cou d'un blanc pur comme la queue, on est bien autorisé à reconnaître l'*Haliaetus leucocephalus* dans les sujets dont parle M. Nordmann.

2° Le prince Ch. Bonaparte qui, en 1838 (*Birds of Eur.*), comptait le Pygargue leucocéphale au nombre des oiseaux d'Europe, et qui en 1842 (*Uccelli Europ.*), persistait, plus que jamais, à le considérer comme tel, nous dit à la page 13 de la *Revue critique de l'Ornith. européenne* : « Malgré les nouvelles raisons de M. Degland, je persisterai plus que jamais à rejeter l'*H. leucocephalus* du nombre des oiseaux d'Europe : en tout cas, ce ne serait pas dans le *midi* de la Russie que pourrait se montrer cette espèce boréale essentiellement américaine. » Le Pygargue leucocéphale, étant de l'Amérique septentrionale, est donc condamné à ne pas s'égarer, même accidentellement, en Europe, et surtout dans le midi de la Russie ; pendant que d'autres, moins bien doués sous le rapport du vol, s'y égarent. Dans une autre de ses publications (*Rev. génér. de la classe des Ois. — Rev. et Mag. de Zool.* 1850, 2° sér. t. II, p. 479), le prince Ch. Bonaparte prétend qu'on ne peut s'*obstiner* à considérer le Pygargue en question comme accidentellement européen, qu'en se méprenant sur l'origine de certains individus, ou en « attribuant à cet oiseau des exemplaires à tête blanchâtre de l'Aigle impérial, » comme il en a vu lui-même desbords de la mer Caspienne. Nous livrons ces raisons, et surtout la dernière, pour ce qu'elles valent.

3° L'*Haliaetus leucocepalus* a été rapporté à l'*Haliaetus albicilla* par Savigny, Meyer et Wolf, Vieillot, et même par Temminck dans la première édition de son *Manuel d'Ornithologie*. Il est cependant facile de distinguer l'un de l'autre les deux oiseaux, lorsqu'ils sont adultes. Si l'on en croit ce dernier auteur, on confond souvent entre eux les jeunes des deux espèces, qui se ressemblent, dit-il, jusqu'à s'y méprendre. La seule différence, un peu marquée, qu'il ait trouvée, réside dans la longueur de la queue, qui serait, selon lui, un peu plus étendue dans l'*Haliaetus leucocephalus*. Mais est-il bien certain que Temminck n'ait pas pris le jeune de l'*Haliaetus albicilla* pour celui du *Leucocephalus* ? Ce qu'il a écrit à ce sujet fait désirer que les personnes qui, par leur position, peuvent observer ces oiseaux, se livrent à de nouvelles recherches pour éclaircir ce point.

14 — PYGARGUE LEUCORYPHE
HALIAETUS LEUCORYPHUS
Keys. et Blas. ex Pall.

Gorge blanche ; une bande noirâtre sur les côtés de la tête et du cou ; queue noire variée de blanc.

Taille : 0^m,75 à 0^m,80.

AQUILA LEUCORYPHA, Pall. *Voy.* (1776), éd. fr. in-8. App. t. VIII, p. 26.
FALCO LEUCORYPHOS, Gmel. *S. N.* (1788), t. I, p. 259.
? HALIAETUS FULVIVENTER, Vieill. *N. Dict.* (1818), t. XXVIII, p. 283.
? FALCO MACEI, G. Cuv. *Règ. anim.* (1829), t. I, p. 327, note.
? HALIAETUS MACEI, Less. *Ornith.* (1831), p. 41.
HALIAETUS LEUCORYPHUS, Keys. et Blas. *Wirbelth.* (1840), p. 30.
AQUILA DESERTICOLA, Eversm. *S. Imp. des Nat. de Mosc.* (1848), p. 225.
CUNCUMA MACEI, a *Leucorypha.* Bp. *Cat. Parzud.* (1856), p. 1, col. 2.

Tête d'un brun grisâtre, avec une tache triangulaire blanche au vertex, et une bande noirâtre sur les côtés, passant sous les yeux, comme chez le Balbuzard ; gorge complétement blanche, plumes du cou brunes, frangées de gris vers l'extrémité ; dos et couvertures supérieures des ailes d'un brun noirâtre, avec des bordures plus claires ; couvertures inférieures de l'aile blanches à la base, noires au sommet ; dessous du corps d'un brun plus pâle que le dos ; rémiges noirâtres, bordées de gris en dehors, blanches à leur face interne ; queue noire, la rectrice la plus extérieure, de chaque côté, parfois marquée de taches plus pâles ; bec noir, avec les commissures blanchâtres ; partie nue des tarses blanchâtre ; cire d'un cendré livide ; iris brun cendré (d'après Pallas).

Nota. Un Aigle-pêcheur, recueilli par M. Eversmann dans son voyage à Boukhara, et déposé dans le musée de Berlin, ne différerait, selon M. Schlegel, du *Leucorypha* de Pallas, que par l'absence de la tache blanche à la nuque. Voici du reste le signalement qu'en donne M. Schlegel.

Port, bec, pieds et organisation comme dans l'*Haliaetos Macei*. Bec noirâtre. Teinte générale du plumage d'un brun de terre, plus pâle sur les parties inférieures. Plumes, particulièrement les couvertures des ailes, à bords clairs ; celles de la tête et du cou lisérées de brun jaunâtre. Région des oreilles et une large raie qui se prolonge depuis cette région jusque sur les côtés du cou, d'un brun noirâtre. Grandes couvertures des ailes et queue noires ; queue variée de blanc à la première moitié de sa longueur. Couvertures de la queue d'un brun pâle, relevé par quelques taches blanchâtres. Pieds jaunâtres, ongles noirâtres.

M. Schlegel émet en outre l'opinion, mais sous toutes réserves, que les sujets observés par Pallas et M. Eversmann pourraient bien n'être que des mâles jeunes ou d'âge moyen dont l'*Haliaetos Macei* serait l'adulte.

Le Pygargue leucoryphe habite l'Asie et pousse ses excursions jusqu'en Europe. M. Nordmann croit avoir possédé un jeune individu vivant, qui lui fut apporté des environs de Boug. Pallas ne l'a rencontré, toujours en petit nombre, que dans la Russie australe, le long du Volga et à l'embouchure de l'Oural dans le voisinage de la mer Caspienne.

Il fréquente les lacs, en compagnie du Pygargue ordinaire et du Balbuzard, et niche sur les arbres.

GENRE VIII

BALBUZARD — *PANDION*, Savig.

Falco, p. Linn. *S. N.* (1735).
Aquila, Briss. *Ornith.* (1760).
Pandion, Savig. *Ois. d'Égyp.* (1808-1810).
Balbuzardus, Flem. *Brit. An.* (1828).
Ichthyaetus, Lafres. *Rev. zool.* (1839).
Polioaetus, Kaup, *Isis* (1847).

Bec se recourbant presque dès la base, à dos très-arrondi, à bords de la mandibule supérieure renflés, à pointe très-crochue, prolongée et très-acérée ; cire parsemée de poils ; narines lunulées et obliques ; tarses robustes, courts, garnis de plumes courtes, seulement un peu au-dessous de l'articulation tibiotarsienne, et couverts, dans le reste de leur étendue, d'écailles nues, imbriquées de haut en bas en devant, et de bas en haut en arrière ; doigts libres, l'externe versatile, pourvus, en dessous, de pelotes rugueuses et de petites écailles spiniformes ; ongles grands, très-aigus, en demi-cercle, arrondis, le médian avec une gouttière latérale prononcée seulement à l'extrémité ; ailes très-longues, pointues, dépassant la queue ; celle-ci moyenne et carrée ; plumes de la tête et de la nuque tassées et acuminées comme chez les Aigles.

Les Balbuzards forment un groupe parfaitement caractérisé, d'un côté, par la disposition des plumes des membres abdominaux qui, au lieu d'être allongées et pendantes, sont au contraire courtes et serrées ; et, d'un autre côté, par la forme de leurs ongles, ceux-ci étant arrondis en dessous.

Ils vivent principalement de poissons et d'oiseaux aquatiques.

Le mâle et la femelle se ressemblent, les jeunes sujets ont un plumage différent.

Parmi les espèces que comprend ce genre, une seule appartient à l'Europe et à l'Asie occidentale.

13 — BALBUZARD FLUVIATILE — *PANDION HALIAETUS*
G. Cuv. ex Linn.

Une large bande brune sur les côtés de la tête et du cou, depuis les yeux jusqu'au dos ; queue variée de bandes transversales. Taille : $0^m,55$ *à* $0^m,60$.

Falco haliaetus, Linn. *S. N.* (1766), t. I, p. 129.
Aquila marina, Briss. *Ornith.* (1760), t. I, p. 440.
Pandion fluvialis, Savig. *Ois. d'Égyp.* (1809), p. 96.
Aquila haliaetus, Mey. et Wolf, *Tasch. Deuts.* (1810), t. I, p. 23.
Accipiter ichthyaetus, Pall. *Zoogr.* (1811-1831), t. I, p. 355.
Balbuzardus haliaetus, Flem. *Brit. An.* (1828), p. 51.
Aquila balbuzardus, Dumont, *Dict. des Sc. nat.* t. I, p. 351.
Pandion haliaetos, Keys. et Blas. *Wirbelth.* (1840), p. 29.
Buff. *Pl. enl.* 414, sous le nom de *Balbuzard.*

Mâle et femelle adultes : Dessus de la tête, haut de la nuque variés de brun, de blanc et roussâtre ; bas de la nuque, dos et sus-caudales cendré brun, un peu moins foncé sur le bord des plumes ; devant du cou blanc, avec quelques stries brunes ; bas du cou, haut de la poitrine bruns au centre des plumes, d'une teinte plus claire tirant au roussâtre sur les bords ; abdomen et sous-caudales d'un blanc pur, quelquefois avec des taches d'un brun roussâtre, rares et plus ou moins apparentes sur le ventre ; bande brune, sur les côtés du cou, régnant depuis l'œil jusqu'au manteau ; couvertures alaires semblables au dos ; rémiges noirâtres ; rectrices cendré brun ; les deux médianes unicolores, les autres portant des bandes transversales d'une teinte plus claire sur les barbes internes, toutes terminées par un petit liséré gris-roussâtre ; bec noir de corne ; cire et pieds bleuâtres ; iris jaune.

Jeunes de l'année : Plumes des parties supérieures d'un brun noirâtre, bordées et terminées de blanchâtre ou de roussâtre, surtout les scapulaires et les couvertures alaires ; parties inférieures d'un blanc pur,

avec des taches triangulaires d'un brun nuancé de roussâtre au bas du
cou et sur le haut de la poitrine ; sous-caudales lavées de jaunâtre ; rémiges noires, terminées de blanc ; rectrices brunes, avec leur extrémité
blanche ou roussâtre, portant des bandes transversales plus marquées ;
iris d'un beau jaune ; tarses et doigts jaunâtres.

Le Balbuzard habite toute l'Europe et l'Asie occidentale. On le dit commun
en Suisse et en Allemagne. Il n'est pas rare en Bourgogne et dans les Vosges ;
se montre en Anjou, en Dauphiné, en Champagne et dans le midi de la France,
à différentes époques de l'année ; est de passage dans les départements du
Nord, du Pas-de-Calais et de la Somme. On en tire tous les ans aux environs
d'Amiens, tantôt dans le courant du mois d'octobre, tantôt un ou deux mois
plus tôt. C'est aussi à ces époques qu'on en voit aux environs de Lille. Pendant
l'automne de 1829, il s'y est montré en nombre considérable, et on en tua jusque
dans les fossés de la ville.

Il établit son aire sur les rochers escarpés et sur les grands arbres. Sa
ponte, comme l'a constaté M. Baldamus dans une vingtaine de nids, n'est
jamais de plus de trois œufs, qui varient beaucoup quant à la couleur et à la
forme des taches. Le fond de la coquille est généralement d'un blanc sale ou
légèrement azuré, avec des taches irrégulières brunes, plus foncées et plus
nombreuses au gros bout. Quelquefois les taches, offrant des teintes violettes
et de brun roux de plusieurs nuances, sont si nombreuses, que l'œuf paraît
comme marbré. Ils mesurent :

Grand diam. 0ᵐ,06 environ ; petit diam. 0ᵐ,045.

Le Balbuzard est le plus redoutable des oiseaux ichthyophages : il fait une
très-grande consommation de poissons. M. Piat, cité dans l'*Ornithologie du
Dauphiné,* en a vu un plonger dans le lac de Jarrie, rester submergé pendant
plusieurs secondes et reprendre son vol avec une grosse carpe dans chaque
serre. Toutefois il ne dédaigne pas les oiseaux d'eau, tels que les canards,
qu'il poursuit à tire-d'aile.

SOUS-FAMILLE IV

BUTÉONIENS — *BUTEONINÆ*

*Bec entier, courbé dès la base, comprimé ; ailes atteignant le
bout de la queue ; plumes du cou arrondies.*

Les oiseaux compris dans cette sous-famille ont, par leur physionomie et
leurs formes massives, les plus grands rapports avec les Aigles ; mais ils s'en
distinguent par les plumes arrondies de la tête et du cou. Avec les Buses,
qui en sont le type, cette section renferme encore les Circaètes et les Bondrées.

GENRE IX

CIRCAÈTE — *CIRCAETUS,* Vieill.

Falco, Linn. *S. N.* (1766).
Aquila, Briss. *Ornith.* (1760).
Circaetus, Vieill. *Orn. élém.* (1816).

Bec robuste, épais à la base, convexe en dessus, comprimé, avec la mandibule supérieure à bords droits et à pointe très-crochue; narines transversales, ovalaires, recouvertes de poils courbés d'arrière en avant; tarses longs, forts, nus depuis le talon et réticulés; doigts courts, presque égaux, le médian et l'externe unis à la base, par une membrane; ongles également courts, peu recourbés, le médian creusé en dessous et pourvu d'une gouttière profonde sur son côté externe.

Les Circaètes tiennent à la fois des Balbuzards, des Buses et des Buzards. Ils ont les ailes longues et les tarses réticulés des premiers; la physionomie et le port des secondes, et les pieds longs des derniers. Leur tête est grosse, arrondie, et leurs yeux sont très-grands.

Ils font, dit-on, la chasse aux petits mammifères, aux gallinacés et surtout aux reptiles.

Des trois espèces que l'on rapporte à ce genre, une seule est propre à l'Europe.

Observations. — 1° Les Circaètes ont été en premier lieu des Aquiliens ou *Aquilinæ* pour le prince Ch. Bonaparte (1838, *Birds of Europe,* et 1842, *Uccell. Europ.*); ils sont devenus ensuite des Butéoniens ou *Buteoninæ* (*Consp. gen.* et *Rev. crit.* 1850), et ont fini par redevenir des Aquiliens (*Consp. accipit. Rev. et Mag. de Zool.* 1854). Cette sorte d'incertitude ou d'hésitation ne se serait pas produite, si le prince Ch. Bonaparte, tout en ayant égard aux caractères physiques, qui ne sont déjà plus ceux des Aigles, avait pris en considération les habitudes, les mœurs, etc. On peut dire que les Circaètes n'ont des Aigles que la taille, et que sous presque tous les rapports ce sont des Buses : aussi n'hésitons-nous pas à les rapporter à la section dont ces dernières sont le type.

2° On n'admet généralement, dans ce genre, qu'une seule espèce européenne : le *Circaetus gallicus.* Le comte de Keyserling et le professeur Blasius en indiquent une seconde sous le nom de *Circaetos hypoleucos.* Ce serait le même oiseau que l'*Accipiter hypoleucos,* de Pallas, il aurait été trouvé sur les bords du Don et du Volga. Mais cette prétendue espèce, à en juger par la description de Pallas, n'est qu'un jeune individu de notre Jean-le-Blanc. Elle n'en diffère, en effet, que par de petits appendices pénicilliformes intercalés entre les plumes de la nuque, appendices qui ne sont, ainsi que le fait observer M. Schlegel, que des restes du duvet de l'enfance, dont l'usure ne s'est opérée qu'imparfaitement (1).

16 — CIRCAÈTE JEAN-LE-BLANC — *CIRCAETUS GALLICUS*
Vieill. ex Gmel.

Brun cendré en dessus; blanc en dessous, varié de brun par taches oblongues; queue blanchâtre en dessous et portant trois bandes pâles.

Taille: 0^m,65 à 0^m,66.

AQUILA PYGARGUS, Briss. *Ornith.* (1760), t. I, p. 127.
FALCO GALLICUS, Gmel. *S. N.* (1788), t. I, p. 259.
FALCO LEUCOPSIS, Bechst. *Nat. Deuts.* (1801), 1re édit. t. II, p. 572.
AQUILA LEUCAMPHOMA, Borkhaus, *Deuts. Orn.* Heft 9.
AQUILA BRACHYDACTYLA, Mey. et Wolf, *Tasch. Deuts.* (1810), t. I, p. 21.
ACCIPITER HYPOLEUCOS, Pall. *Zoogr.* (1811-1831), t. I, p. 354.
FALCO BRACHYDACTYLUS, Temm. *Man.* (1815), 1re édit. p. 15.
CIRCAETUS GALLICUS, Vieill. *N. Dict.* (1817), p. 137.
CIRCAETUS LEUCOPSIS et ANGUINUM, Brehm, *Handb. Nat. Vog. Deuts.* (1831), p. 36 et 37.
Buff. *Pl. enl.*, 413 sous le nom de *Jean-le-Blanc*.

Mâle adulte: Dessus de la tête varié de mèches brunes; nuque, dos et sus-caudales d'un cendré brun, un peu plus clair sur le bord des plumes; parties inférieures, sous-caudales et jambes blanches, avec

(1) M. Nordmann, qui l'admet comme espèce distincte, en donne la description suivante, dans le *Catalogue raisonné des Oiseaux de la Faune Pontique*, d'après un sujet trouvé au bazar d'Odessa :

« Bec et ongles d'un noir bleuâtre; cire et pieds d'un jaune clair, probablement plus clair encore dans le jeune âge; sommet de la tête blanchâtre; les baguettes des plumes d'un brun gris; région des yeux comme dans le *Circaetus gallicus*, blanche, laineuse et couverte de poils d'un brun obscur; menton et partie supérieure du cou d'un blanc grisâtre; nuque grise, chaque plume bordée de brun; dos, scapulaires et couvertures des ailes d'un brun foncé, avec des bords d'un brun grisâtre et d'un gris clair; couvertures supérieures de la queue d'un blanc sale; partie externe des remiges d'un gris brunâtre, finement lisérée de blanchâtre; partie interne d'un blanc pur avec une quantité de taches semi-lunaires d'un brun foncé; la queue, d'un brun gris, terminée de blanchâtre, porte trois larges bandes transversales d'un brun foncé; baguettes des pennes caudales blanches; rectrices latérales blanches aux barbes intérieures, avec trois bandes faiblement indiquées au côté postérieur; dessous du corps blanc; de grandes taches semi-lunaires d'un jaune brunâtre sur la poitrine et aux cuisses. Sa taille surpasse celle du *Gallicus*. »

NOTA. — L'*Hypoleucos*, ainsi qu'on le voit, se distingue principalement du *Gallicus* par la couleur de la cire et des pieds, et par une taille plus forte. Cela suffit-il pour les séparer? Nous ne le croyons pas, on remarque des différences semblables chez d'autres oiseaux de proie sans que l'on pense à les séparer spécifiquement.

des taches d'un brun-roussâtre clair, plus nombreuses, plus rapprochées au cou, à la poitrine, plus rares au ventre et sur les flancs ; joues
garnies de poils noirs ; couvertures des ailes pareilles au dos, avec les
bordures d'une teinte plus claire ; rémiges d'un brun noirâtre ; queue
blanche en dessous, brune et largement barrée de noirâtre en dessus,
terminée par une bordure blanche ou blanchâtre ; bec cendré noirâtre ;
cire et pieds d'un jaune blanchâtre ; iris jaune brillant.

Femelle adulte : Moins de blanc à la tête, au cou et aux parties inférieures ; vertex plus brun ; taches plus nombreuses à la poitrine et à
l'abdomen.

Jeunes de l'année : Brun-roussâtre à la tête, au cou et à la poitrine;
taches du ventre rapprochées ; la base de toutes les plumes blanche,
comme dans les sujets adultes ; pieds grisâtres ou livides.

Le Jean-le-Blanc est propre à l'Europe, à l'Asie et à l'Afrique septentrionale.
Il est commun en Bessarabie ; rare en Suisse et en Allemagne. En France, il
paraît hanter les Vosges, les Hautes-Alpes, les montagnes boisées des départements du Var et des Hautes-Pyrénées ; il est sédentaire en Dauphiné et en
Anjou, et se montre accidentellement dans beaucoup d'autres contrées du Nord
et du Centre.

Il niche, d'après M. Bouteille, non-seulement sur les arbres élevés, mais
aussi dans les taillis et dans les broussailles. M. Tizenhauz, dans un travail sur
les Aigles d'Europe (1), dit que son aire est toujours construite sur les arbres de
haute futaie et jamais à terre. Ses œufs, au nombre de un à trois, sont d'un
blanc sale ou très-légèrement azuré et généralement sans taches. Leur forme
est presque toujours ovale, et leur coquille, un peu rude au toucher, offre un
grain semblable à celui des œufs de l'Aigle fauve. Leurs dimensions sont
assez variables. Ils mesurent :

Grand diam. 0ᵐ,065 ; petit diam. 0ᵐ,045.

Le Jean-le-Blanc vit sur les lisières des bois, fréquente les taillis. Il a dans
son port et dans son ensemble une grande ressemblance avec la Buse ordinaire, et a, comme elle, beaucoup d'indolence. Nous en avons vu un, assailli
par des Pies, n'opposer à leurs attaques et à leurs criailleries qu'une parfaite
quiétude. L'hiver, selon M. Bouteille, il rôde près des habitations pour enlever
les oiseaux de basse-cour, dont il fait, en cette saison, sa principale nourriture. Pendant l'été et l'automne il fréquente les marais et se nourrit alors de
mulots, et plus particulièrement de reptiles nus et écailleux. Un sujet tué près
de Douai, en octobre 1833, avait la gave pleine de grenouilles. Cinq ou six
autres, capturés vers la même époque dans les environs de Marseille et de
Montpellier, et examinés par M. Loche, avaient tous des reptiles dans le jabot.
Un tronçon de couleuvre extrait de l'un d'eux mesurait encore près de 0ᵐ.30
de long. Enfin, M. Martin de Bellème possède la dépouille d'un vieux mâle

(1) *Revue et Magasin de zoologie,* 1846, t. IX, p. 324.

tué en juin, dans l'estomac duquel il a rencontré une couleuvre à collier intacte, longue d'environ 1 mètre. Il est donc acquis que le Jean-le-Blanc, pendant la belle saison du moins, fait sa principale nourriture de reptiles. Cependant, M. Tyzenhauz, dans le travail déjà cité, n'est pas tout à fait du même avis. D'après lui, le Jean-le-Blanc ne fait pas la chasse aux petits animaux. « Les coqs de bruyère, les perdrix, les lièvres et la volaille de basse-cour sont ses proies favorites. Si parfois on a trouvé des reptiles dans son estomac, ce n'est sans doute que dans des cas de disette. » Malgré l'assertion de M. Tyzenhauz, il est certain, comme nous venons d'en donner des preuves, que le Jean-le-Blanc se nourrit de reptiles : il s'attaque même aux insectes. Trois sujets tués en octobre 1839 et 1841, que nous avons eu l'occasion d'examiner à ces deux époques différentes, avaient l'estomac uniquement rempli de grands insectes à élytres.

GENRE X

BUSE — *BUTEO*, G. Cuv.

Falco, p. Linn. *S. N.* (1735).
Buteo, G. Cuv. *Anat. comp.*, t. I. *Tab. class. des Ois.* (1799).

Bec court, comprimé, fendu jusque sous les yeux, à bords des mandibules festonnés, à dos arrondi ; narines larges, arrondies, en partie garnies de poils en arrière, ainsi que les lorums ; ailes n'atteignant ordinairement pas l'extrémité de la queue ; celle-ci arrondie, médiocre ou un peu allongée ; tarses courts, robustes, généralement vêtus dans une faible étendue au-dessous de l'articulation, couverts d'écailles dans leur partie nue ; doigts médiocres ; ongles puissants, crochus et acérés.

Les Buses, par la physionomie particulière que leur donnent un corps ramassé, trapu ; une tête assez volumineuse, se distinguent facilement des autres Rapaces.

Elles se nourrissent de petits mammifères, d'oiseaux, de reptiles et d'insectes.

Leur plumage varie considérablement suivant l'âge et même d'individu à individu.

Le mâle est sensiblement plus petit que la femelle.

Le genre Buse est cosmopolite et compte trois représentants en Europe.

Observations. — 1° On est généralement d'accord aujourd'hui pour ne reconnaître dans les nombreuses variétés de plumage du *Buteo vulgaris* qu'une seule espèce. Vieillot en a décrit une deuxième sous le nom de *But. mutans*; mais il est certain que celle-ci et le *But. fasciatus* du même auteur ne constituent qu'une seule et même espèce, qui est la Buse ordinaire. On les voit dans les mêmes localités, elles s'accouplent ensemble et ont les mêmes mœurs.

2° M. A. Malherbe, dans sa *Faune ornithologique de la Sicile* (p. 37), parle du *Falco pojana* de Savi comme d'une espèce européenne douteuse, et pense que les oiseaux désignés sous ce nom, dans les collections d'Italie, sont de jeunes Buses ordinaires. Cet auteur ayant consulté à ce sujet le docteur Rüppell, en aurait reçu pour réponse : qu'une *Buse pojana*, qu'il tient de Savi lui-même, est identique à celle qu'il a rapportée d'Abyssinie et qu'il a nommée *But. sagitta*; que le *But. pojana* a constamment les ailes de près de $0^m,04$ plus longues que celles de la Buse vulgaire et les pieds un peu plus grêles; et qu'il a parfois observé aux environs de Francfort des Buses ayant exactement le même plumage, mais qu'il n'attache pas trop d'importance à ces légères variétés.

Enfin, le prince Ch. Bonaparte rapporte le *But. pojana* de Savi à la Buse vulgaire.

17 — BUSE VULGAIRE — *BUTEO VULGARIS* (1)
Bechst. ex Linn.

Plumage brun, avec des bordures plus claires en dessus; d'un blanc plus ou moins roussâtre, varié de brun en forme de taches ou de barres en dessous; rectrices brunes, marquées de dix à quatorze bandes transversales cendrées.

Taille : $0^m,65$ *à* $0^m,70$.

FALCO VULGARIS, Linn. *S. N.* (1766), t. I, p. 217.
BUTEO, Briss. *Ornith.* (1760), t. I, p. 406.
FALCO VARIEGATUS, CINEREUS, OBSOLETUS ET VERSICOLOR, Gmel. *S. N.* (1788), t. I, p. 267, 268 et 272.
BUTEO ALBUS, Daud. *Ornith.* (1800), t. II, p. 155.
BUTEO VULGARIS, Bechst. *Orn. Tasch.* (1802), t. I, p. 15.
ACCIPITER BUTEO, Pall. *Zoogr.* (1811-1831), t. I, p. 362.
BUTEO MUTANS ET FASCIATUS, Vieill. *N. Dict.* (1816), t. IV, p. 469 et 474.
FALCO POJANA, Sav. *Orn. Tosc.* (1827), t. III, p. 197.
Buff. *Pl. enl.* 419.

Mâle et femelle adultes : Parties supérieures ordinairement d'un brun foncé, plus clair sur les bordures des plumes; parties inférieures de la même couleur, avec des taches blanches, formant souvent, par leur réunion, des bandes transversales sur la poitrine et l'abdomen; gorge blanche, rayée longitudinalement de brun; sous-caudales également blanches, plus ou moins barrées de brunâtre; rémiges et rectrices

(1) Nous conservons le nom de *Vulgaris*, généralement adopté. Selon M. Von Homeyer, celui de *Cinereus*, que le prince Ch. Bonaparte a voulu lui substituer, ne saurait être justifié, et nous sommes complètement de son opinion.

brunes en dessus; les dernières traversées par des bandes, au nombre de
dix à quatorze, cendrées en dessus, d'une teinte plus claire en dessous;
bec brun de plomb; iris variant du brun au roux ou au blanc jaunâtre;
cire et pieds jaunes.

Variétés : Des individus, également adultes, ont le corps brun-noirâtre; la gorge blanche, striée longitudinalement de brun. D'autres ont le
dessus et le dessous du corps brun-roussâtre, mêlé d'un peu de blanc sur
la poitrine et l'abdomen. Il y en a de plus ou moins blancs ou roussâtres,
variés de brun. Quelques-uns sont d'un blanc jaune, ou totalement
blancs. Enfin, la distribution des couleurs est si variable chez cette
espèce, qu'il est presque impossible de trouver deux individus absolument semblables.

Selon M. de Sélys-Lonchamps, les vieilles femelles seules devien-
draient blanches ou blanchâtres, et auraient les ongles d'une teinte
plus claire; l'iris blanchâtre ou jaunâtre, ou plus ou moins brun.

Jeunes de l'année : D'un brun clair, varié de blanchâtre ou de jaunâtre, avec des taches ovalaires ou en cœur au cou et à la poitrine. Ils
sont, en naissant, couverts d'un long duvet blanc et grisâtre à la tête.

La Buse vulgaire habite l'Europe, l'Asie et l'Afrique. Elle est sédentaire et
commune en France.

Elle niche sur les rochers, dans les grands bois et les forêts, sur les vieux
hêtres, les chênes, les bouleaux, et pond trois ou quatre œufs, qui varient
beaucoup quant au volume, à la couleur du fond de la coquille et des taches.
Ils sont, en général, d'un ovale presque parfait, un peu renflé dans le milieu.
Leur coquille est d'un grain assez fin, peu poreuse, unie et sans reflets. Les
uns sont d'un blanc grisâtre ou légèrement verdâtre, avec de petits points
bruns ou jaunâtres, et de larges macules rousses ou roussâtres; les autres, sur
un fond également blanchâtre, ont des taches brunes et cendrées, irrégulières,
plus ou moins intenses, plus ou moins confluentes et plus ou moins nombreuses; d'autres n'offrent que des points rares et peu colorés; on en trouve,
enfin, qui sont absolument sans taches. Ils mesurent :

Grand diam. 0^m,035; petit diam. 0^m,043.

On voit souvent la Buse vulgaire rester des heures entières dans une im-
mobilité complète, perchée sur les hautes branches d'un arbre, sur une pierre
ou sur une motte, en attendant qu'une proie se présente à sa vue. Souvent
aussi elle cherche pâture en planant d'un vol très-bas. Sa nourriture consiste
en petits mammifères, en oiseaux, en reptiles, en sauterelles et autres gros
insectes. Elle fait une très-grande destruction de campagnols. En captivité,
elle devient familière et s'apprivoise facilement.

18 — BUSE DES DÉSERTS — *BUTEO DESERTORUM*
Daud.

Plumage brun, avec des bordures d'un roux ferrugineux en dessus; d'un blanc roussâtre, strié et varié de taches de brun roux en dessous; rectrices rousses en dessus, marquées de bandes transversales brunes et terminées par une bande rousse; couvertures inférieures des ailes variées de brun, de roux et de blanc, sous forme de taches alternes.

Taille : 0ᵐ,43 *à* 0ᵐ,44 (mâle), 0ᵐ,48 *à* 0ᵐ,49 (femelle).

BUTEO DESERTORUM, Daud. *Ornith.* (1800), t. II, p. 162.
FALCO CIRTENSIS, Le Vaill. jun. *Exp. sc. de l'Algérie* (1846), pl. 3.
BUTEO TACHARDUS a *Martini*, Hardy, in : Bp. *Cat. Parzud.* (1856), p. 2.
Le Vaill. *Ois. d'Afr.* pl. 17, sous le nom de *Rougri.*

Mâle et femelle adultes : Parties supérieures brunes, avec les plumes bordées de roux ferrugineux à la nuque, au dos, aux scapulaires, aux couvertures supérieures des ailes, et aux sus-caudales; parties inférieures d'un blanc lavé de roussâtre, avec des stries d'un brun roux à la gorge, au devant du cou, sur la poitrine et de taches lancéolées brunes sur l'abdomen; sous-caudales blanchâtres, sans taches; culottes rousses, tachées de roux plus foncé; couvertures inférieures des ailes variées de brun, de roux et de blanc, sous forme de taches alternes; rémiges noirâtres; rectrices d'un roux clair en dessus, d'un gris lavé de roussâtre très-affaibli en dessous, terminées par du roux et coupées, vers leur extrémité, par une bande noirâtre, large et irrégulière; d'autres bandes, au nombre de neuf à dix, beaucoup plus étroites, presque effacées, plus ou moins complètes selon l'âge de l'individu, et visibles seulement à la face supérieure, occupent les barbes internes des rectrices les plus latérales; bec brun de corne; cire, commissures du bec, tarses et doigts jaunes.

Femelle tuée en mai : Gorge et poitrine blanches, avec des taches lancéolées d'un brun roux sur la poitrine, et des bandes transversales de même couleur à l'abdomen; du roux vif seulement et partiellement sur les rectrices, à la base des scapulaires, aux couvertures inférieures des ailes, et aux jambes; bandes brunes de la queue, bien prononcées sur toutes les rectrices. Le reste comme chez les sujets décrits ci-dessus.

Autre femelle tuée en juin : Plumage en partie usé, et à peu près coloré comme celui de la femelle précédente, mais dans lequel le roux ferrugineux des parties inférieures domine, est plus vif, plus pur, surtout aux flancs, aux jambes et sous les ailes.

Jeunes, sous leur livrée de premier âge : Dessus de la tête, du cou, dos, couvertures supérieures des ailes et de la queue d'un brun ferrugineux, plus foncé sur les épaules, et bordé de roux jaunâtre; plumes des joues, des régions parotiques, d'un brun roussâtre, avec le rachis brun; menton et gorge d'un roux jaunâtre, strié longitudinalement de brun clair; haut de la poitrine et abdomen d'un roux jaunâtre plus vif et plus intense que celui de la gorge, chaque plume ayant le centre brun et le rachis noir; flancs et culottes bruns; ventre, région anale et sous-caudales d'un brun roussâtre très-clair, avec une bande transversale brune sur chaque plume; ailes noirâtres; queue brune en dessus, coupée par des bandes transversales plus foncées, et terminée par du roux jaunâtre clair; d'un gris roussâtre en dessous, variée de bandes de gris brun; bec noir; cire et tarses jaunes; iris ? (1).

La Buse des déserts ou Rougri paraît propre à l'Afrique australe et méridionale. M. Martin l'a rencontrée, en Europe, dans les environs de Kalouga, et M. Schlegel cite des captures faites dans les déserts du Volga inférieur, près de Sarepta. Elle habiterait aussi le versant oriental des monts Ourals, jusqu'en Sibérie.

Sa ponte est de trois à quatre œufs, semblables, pour la forme et la coloration, à ceux de la Buse vulgaire; offrant les mêmes variétés, mais généralement plus petits. Ils mesurent :

Grand diam. 0^m,052; petit diam. 0^m,04 environ.

Mœurs et habitudes comme celles de la Buse vulgaire. Sa nourriture consiste en rongeurs, en reptiles et en insectes.

(1) Cette description du premier âge est faite d'après un sujet de l'intéressante collection de M. Hardy; M. Martin, de qui il le tenait, l'avait capturé au moment où il allait abandonner le nid.

Comme complément à ces descriptions, nous donnerons ici les mesures que nous a fournies une femelle adulte, qui fait également partie de la collection de M. Hardy.

Longueur totale : 0^m,49; — long. de l'aile pliée, 0^m,40; — de la queue, 0^m,21; — du tarse en totalité, 0^m,073; — de la partie nue du tarse, 0^m,015; — du doigt médian, 0^m,032; — du doigt externe, 0^m,022; — du doigt interne, 0^m,020; — de l'ongle du pouce, en ligne droite, 0^m,019; — hauteur du bec prise, à la base, 0^m,021; — largeur, au niveau du front, 0^m,018.

19 — BUSE FÉROCE — *BUTEO FEROX*
Thienm. ex S. G. Gmel.

Plumage varié de brun et de roussâtre en dessus ; roussâtre et roux en dessous, avec la tige des plumes d'un brun roussâtre ; queue longue, d'un blanc roussâtre ; tarses vêtus, en avant, à peu près dans la moitié de leur longueur.

Taille : 0^m,54 (mâle) ; 0^m,56 à 0^m,57 (femelle).

FALCO FEROX, S. G. Gmel. *Nov. com. Ac. S. Imp. Petrop.* (1769), t. XV, p. 412.
FALCO RUFINUS, Rüpp. *Neue Wirb. Faun. Abyss.* (1835), pl. 7.
BUTEO FEROX, Thienm. *Rhea* (1846). p. 104 ?
BUTEO LEUCURUS, J. Fr. Naumann, *Naumannia* (1853), p. 236 avec planche.

Mâle adulte, tué en avril : Côtés de la tête, du cou et haut de la poitrine, d'un blanc roux, avec la tige des plumes d'une teinte plus intense ; vertex et nuque marqués de taches brunes lancéolées ; dessus du corps brun, avec les plumes plus ou moins largement bordées de roux ocreux ; bas du dos brun unicolore ; sus et sous-caudales d'un blanc roussâtre, avec la tige brune ; bas de la poitrine, flancs et ventre roux, marqués longitudinalement de taches brunes lancéolées, avec les bordures des plumes d'une teinte roux clair ; couvertures supérieures des ailes brunes, bordées de grisâtre et de roussâtre ; couvertures inférieures rousses ; rémiges noirâtres , les primaires lisérées extérieurement de gris, les secondaires, de roux brun ; queue longue, arrondie sur les côtés, d'un blanc grisâtre en dessous ; les quatre rectrices médianes cendrées en dessus et terminées de roux, les autres brunes sur les barbes externes, cendrées sur les barbes internes, et traversées, dans leur tiers postérieur, par des bandes irrégulières brunes ; bec et ongles brun de corne ; cire d'un jaune clair ; commissures du bec et tarses d'un jaune orange ; iris?

Femelle adulte, tuée en avril : Plus brune en dessus et plus rousse en dessous que chez le mâle ; queue plus blanche et sans vestiges de bandes transversales brunes ; sus et sous-caudales plus rousses ; haut de la poitrine, flancs et abdomen, bruns et roux foncé, marqués de larges taches lancéolées d'un brun noir.

Femelle tuée en juin : D'une teinte générale moins brune en dessus et moins rousse en dessous ; queue blanche vers la base, en dessus, roussâtre vers le bout, et d'un blanc très-légèrement roussâtre en dessous.

Jeunes sujets : Teinte générale roux de rouille, relevée par une tache plus foncée au centre des plumes ; plumes des parties inférieures bordées d'une teinte plus claire que dans les adultes ; rectrices d'un roux pâle, bordées de blanc et coupées de bandes transversales d'un roux plus foncé.

D'autres *sujets jeunes* ont les parties supérieures d'un brun largement bordé de roussâtre ; les parties inférieures d'un blanc sale, avec de grandes taches longitudinales rousses ; les plus longues des plumes tibiales marquées de bandes transversales un peu effacées ; et la queue d'un brun de rouille, coupée, vers son extrémité, par une bande noirâtre.

Aux descriptions qui précèdent, nous ajouterons les caractères suivants :

Tarses robustes, vêtus, en avant, dans leur moitié supérieure. Doigts courts, forts, le médian avec cinq écailles à l'extrémité, l'externe de quelques millimètres plus court que l'interne. Ongle du pouce le plus long de tous.

Longueur de l'aile pliée, $0^m,56$; — de la queue, $0^m,25$; — du bec, prise de l'échancrure du front, à la pointe de la mandibule supérieure, en suivant la courbure, $0^m,046$; — hauteur du bec, à la base, $0^m,024$; — largeur du bec, à la base, $0^m,022$; — longueur de l'ongle du pouce, $0^m,027$.

La Buse féroce habite l'Europe, l'Asie et l'Afrique orientale. En Europe, on la rencontre dans les environs de Sarepta et sur les bords du Volga.

Elle vit de couleuvres, de lézards et de petits rongeurs, principalement de spermophiles. Sa ponte est de trois à quatre œufs, tellement semblables à ceux de la Buse vulgaire par la forme et la couleur du fond et des taches, qu'il serait difficile de distinguer les uns des autres, si l'on n'avait pour guide les dimensions, qui sont généralement un peu plus fortes sur les œufs de l'espèce dont il s'agit. Ils mesurent :

Grand diam. $0^m,06$; petit diam. $0^m,047$.

Observation. — Le nom de *Butaetes*, donné par Lesson aux Buses pattues, restant sans emploi par suite de la priorité qu'*Archibuteo* a sur lui, vient d'être repris, non plus comme synonyme, mais comme nom d'un genre, dont la Buse féroce est le type. Malgré ses pieds sensiblement plus longs et plus forts, malgré sa queue un peu plus allongée, les caractères du genre *Buteo* prédominent tellement dans cet oiseau ; sa physionomie générale, son mode de coloration, ses éléments oologiques, en font tellement une Buse, qu'il sera bien difficile aux novateurs de faire accepter le nouveau genre *Butaetes*.

GENRE XI

ARCHIBUSE — *ARCHIBUTEO*, Brehm.

Falco, p. Gmel. *S. N.* (1788).
Buteo, p. Vieill. *Orn. élém.* (1816).
Archibuteo, Brehm, *Isis* (1828).
Butaetes, Less. *Ornith.* (1831).
Butaquila, Hodgs. *Zool. Misc.* (1844).

Forme du bec, des narines, des ailes, de la queue, cire et lorums, comme dans le genre Buse ; tarses emplumés en avant et sur les côtés, nus en arrière, sur la ligne médiane ; cette partie nue recouverte de petites plaques épidermiques.

Sous le rapport des caractères, les Archibuses ne se distinguent des Buses que par leurs tarses emplumés et des ailes sensiblement plus allongées : sous le rapport des mœurs et des habitudes, elles leur ressemblent complétement.
Le mâle et la femelle diffèrent peu. Leur mue est simple.
Une seule espèce existe en Europe.

Observation. — Quoique ce genre soit généralement adopté, nous ne l'admettons qu'avec hésitation, par la raison que le seul caractère sur lequel on puisse raisonnablement le fonder, perd un peu de sa valeur, lorsqu'on voit de vraies Buses avoir les tarses à moitié et presque aux deux tiers emplumés ; et par cet autre motif, qu'en ayant égard aux mœurs, au genre de vie, au mode de nidification, à la forme et à la couleur des œufs, etc., on arrive forcément à cette conséquence : que le type de ce genre, l'*Archibuteo lagopus*, est une vraie Buse.

20 — ARCHIBUSE PATTUE — *ARCHIBUTEO LAGOPUS*
Brehm ex Brünn.

Sourcil noir ; tarses amplement vêtus jusqu'aux doigts ; queue, en dessous, blanche à son origine, brune dans le reste de son étendue.
Taille : 0ᵐ,55 environ.

Falco lagopus, Brünn. *Ornith. Bor.* (1764), p. 4.
Falco sclavonicus, Lath. *Ind.* (1790), t. I, p. 26.
Falco plumipes, Daud. *Ornith.* (1800), t. II, p. 163.
Buteo lagopus, Vieill. *N. Dict.* (1816), t. IV, p. 482.
Archibuteo lagopus, Brehm, *Isis* (1828), p. 1269.
Accipiter lagopus, Pall. *Zoogr.* (1811-1831), t. I, p. 360.
Butaetes buteo, Less. *Ornith.* (1831), p. 83.
Butaetes lagopus, Bp. *B. of Eur.* (1838), p. 3.
Gould, *B. of Eur.* pl. 13.

Mâle adulte : Dessus de la tête et du cou d'un blanc jaunâtre, avec des raies ou des taches oblongues brunes ; dessus du corps et scapulaires d'un brun tirant sur le noir, nuancé de roussâtre sur les bordures des plumes ; sus-caudales blanches, tachetées de brun ; gorge blanche, lavée d'un peu de roussâtre et striée de brun ; cou et poitrine d'un blanc jaunâtre, variés de larges taches oblongues brunes ; abdomen et flancs de cette dernière couleur, souvent avec un faible liséré jaunâtre sur le bord des plumes ; sous-caudales d'un blanc jaunâtre ; joues colorées comme la gorge ; petites couvertures des ailes brunes ; les grandes et les rémiges noirâtres ; queue blanche à son origine, brune dans le reste de son étendue et terminée par un liséré blanc terne ; plumes des jambes d'un blanc roussâtre, varié de grisâtre et de taches brunes ; bec noir, bleuâtre à la base ; iris noisette ; cire et doigts jaunes ; ongles noirs.

Dans les *très-vieux sujets*, le brun du dessus du corps est bleuâtre et les bordures sont moins larges.

Femelle adulte : Elle a plus de blanc roussâtre en dessus et en dessous ; le brun de l'abdomen et des flancs moins étendu et moins profond ; et les bordures des plumes plus larges.

Les *jeunes* ont des teintes beaucoup moins foncées.

Dans l'un et l'autre sexe, et quel que soit l'âge, le plumage de cette espèce varie du brun plus ou moins foncé, au blanc gris plus ou moins jaunâtre.

L'Archibuse pattue habite les régions froides de l'Europe et de l'Asie.

Elle est de passage irrégulier dans le nord et le midi de la France, en Anjou, dans le Dauphiné, la Champagne, etc.

Elle niche sur les rochers et les grands arbres ; pond quatre ou cinq œufs, tout à fait semblables pour la forme et la coloration à ceux de la Buse vulgaire. Ils sont ovales ; leur coquille est d'un grain assez serré, et leur teinte générale est d'un blanc très-légèrement lavé de bleuâtre, relevé par des taches plus ou moins grandes, plus ou moins nombreuses, de brun de rouille, ou de brun cendré pâle. Ils mesurent :

Grand diam. 0ᵐ,055 ; petit diam. 0ᵐ,045.

Cette espèce a les mœurs, les habitudes et le régime de la Buse vulgaire ; seulement, elle paraît préférer les lieux découverts. Elle émigre durant le mois d'octobre.

Observation. — L'on a mis en doute l'existence de cet oiseau dans l'Amérique septentrionale : rien n'est cependant plus certain. Des sujets venus de cette partie du Nouveau-Continent (Collect. Degland), d'autres provenant de Saint-Pierre de Miquelon (Collect. Hardy), *ne diffèrent en rien* de ceux que l'on rencontre en Europe.

GENRE XII

BONDRÉE — *PERNIS*, G. Cuv.

Falco, p. Linn. *S. N.* (1766).
Pernis, G. Cuv. *Règ. anim.* (1817).

Bec comprimé, à dos saillant; narines oblongues, percées
obliquement sur le bord de la cire, qui est nue; lorums-garnis de
plumes serrées, écailleuses; ailes longues; queue égale; tarses
courts, couverts de plumes au-dessous de l'articulation tibio-
tarsienne, réticulés dans le reste de leur étendue; doigts courts,
le médian et l'externe unis à la base par un repli membraneux.

Les Bondrées se distinguent des Buses, parmi lesquelles beaucoup d'auteurs
les ont confondues, non-seulement par quelques-uns de leurs caractères physiques, mais aussi par leurs mœurs. Elles sont moins indolentes et ont un vol
plus léger, la tête un peu moins grosse et les formes généralement moins
massives. Leur régime diffère aussi de celui des Buses.

Le plumage des sujets adultes offre beaucoup plus de fixité, considéré d'individu à individu, mais il varie suivant l'âge et le sexe.

L'une des deux ou trois espèces qui composent ce genre, est commune à
l'Europe, à l'Asie et à l'Afrique.

21 — BONDRÉE APIVORE — *PERNIS APIVORUS*
Bp. ex Linn.

*Front et joues bleuâtres; rémiges secondaires rayées de cendré
et de brun noir; queue barrée, à distances inégales, par trois bandes
noires.*

Taille : 0^m,50 *à* 0^m,55.

Falco apivorus, Linn. *S. N.* (1766), t. I, p. 130.
Buteo apivorus, Briss. *Ornith.* (1760), t. I, p. 410.
Falco poliorhynchos, Bechst. *Tasch. Deuts.* (1801), t. I, p. 19.
Pernis apivorus, Bp. *B. of Eur.* (1838), p. 3.
Accipiter lacertarius, Pall. *Zoogr.* (1811-1831), t. I, p. 359.
Buff. *Pl. enl.* 420, *mâle.*

Mâle adulte : Parties supérieures d'un brun plus ou moins foncé,
tirant sur le cendré au vertex, avec les bordures des plumes plus
claires et tournant au roussâtre sur la nuque et le dos; gorge blanche,
avec la tige des plumes brune; bas du cou et poitrine d'un blanc mar-

qué de taches allongées triangulaires d'un brun roussâtre bordé de
cendré, avec un trait brun plus foncé au centre des plumes ; abdomen,
sous-caudales et jambes blancs, barrés de brun roussâtre, avec des
bordures d'un cendré clair ; front et joues d'un cendré bleuâtre, s'é-
tendant sur les côtés du cou ; couvertures des ailes comme le dos ;
rémiges primaires brunes en dedans, lavées de cendré en dehors, et
terminées de blanchâtre ; rémiges secondaires rayées de brun noirâtre et de gris bleu, également terminées de blanchâtre ; queue on-
dulée de brun et de cendré en dessous, avec trois larges bandes transversales noires ; terminée de blanc sale et nuancée d'une teinte plus
claire en dessous ; bec brun jaunâtre à la base ; cire brunâtre ; iris
et pieds plus ou moins jaunes.

Femelle adulte : Entièrement d'un brun roussâtre, plus foncé au
milieu de chaque plume ; le front seulement avec du bleu cendré.

Jeunes avant la première mue : Ils ressemblent à la femelle, mais
ils ont des taches noires au milieu des plumes, et une taille beaucoup
plus petite.

Après la première mue : Leur plumage offre du blanc et du jaunâtre
au dessous du corps, à la tête et sur les ailes.

Dans cette espèce, peu de sujets se ressemblent durant le jeune âge ;
aussi toutes les descriptions laissent-elles beaucoup à désirer. Il en est
qui ont la tête blanche pointillée de brun, et le dessous du corps maculé de blanc ; d'autres ont une teinte générale brune, avec la tête et
la nuque pointillées de blanc ; il en est dont le front et la gorge sont
blanchâtres (collect. Degland). Chez de jeunes sujets tirés à la fin
d'août, l'iris est quelquefois d'un brun gris tirant sur le vert.

Variétés : Le Musée d'histoire naturelle de Bruxelles possède une
Bondrée commune presque blanche, tuée dans le canton de Wellen.
On en rencontre qui sont tapirées de blanc, ou dont les parties infé-
rieures sont entièrement de cette couleur (collect. Degland).

La Bondrée habite particulièrement les contrées orientales de l'Europe et
l'Asie occidentale. On la trouve aussi en Afrique. Elle est commune dans le
département des Hautes-Alpes, se montre en Anjou, en Auvergne et dans les
Hautes-Pyrénées. Elle est plus rare dans le nord de la France, où on ne la
voit guère qu'en septembre, octobre et au commencement de novembre ; cependant, elle se reproduit dans les forêts de Phalempin, de Mormal et d'Hesdin.

Elle niche sur les arbres élevés. Son aire, construite avec des bûchettes,
est garnie, au centre, de quelques feuilles sèches. La ponte est rarement de
plus de deux œufs, à fond jaune ou jaunâtre, avec des taches roussâtres ou
rougeâtres très-intenses, et quelquefois si nombreuses que l'œuf en est entiè-

rement recouvert. Ordinairement ces taches sont toujours plus épaisses et plus rapprochées vers le gros bout. Ils mesurent :

Grand diam. 0^m,05 ; petit diam. 0^m,045.

Selon toute apparence, le mâle de cette espèce pourvoit, en partie, aux besoins de sa femelle, pendant que celle-ci couve. Un nid de Bondrée, contenant deux œufs couvés, que nous avons eu occasion de voir, était garni, sur ses bords, d'une assez grande quantité de nourriture. Il renfermait, entre autres animaux, un petit canard et un poisson encore entiers, mais en voie de décomposition.

La Bondrée se nourrit d'insectes et principalement de guêpes, quelquefois aussi de lézards, d'autres petits vertébrés, et même de blé. En captivité, elle préfère les abricots, les figues, les poires à la viande. M. le professeur Schinz en a nourri plusieurs avec ces fruits : elles sont devenues fort grasses et très-privées, mais sont restées des oiseaux tristes, criards et sans énergie.

SOUS-FAMILLE V

MILVIENS — *MILVINÆ*

Bec entier, courbé dès la base ; tarses courts ; doigts faibles : ailes allongées et pointues ; queue longue, échancrée ou fourchue.

Cette division renferme les Falconidés dont le vol est le plus léger et le plus élégant. Elle a pour type les Milans, et réunit aussi les Élanions.

GENRE XIII

MILAN — *MILVUS*, G. Cuv.

Falco, p. Linn. *S. N.* (1766).
Milvus, G. Cuv. *Règ. anim.* (1817).

Bec assez fort, court, rétréci et anguleux en dessus; narines elliptiques, obliques ; ailes longues, étroites, ne dépassant pas l'extrémité de la queue; celle-ci très-longue, plus ou moins fourchue; tarses courts, réticulés et écussonnés ; doigts médian et externe unis à la base par un repli membraneux; ongles longs, faibles et pointus.

Les Milans ont des caractères génériques qui les distinguent des autres Rapaces d'Europe. On les reconnaît facilement à leurs tarses écussonnés et à leur queue fourchue.

Ces oiseaux sont d'excellents voiliers et se transportent, à l'époque des émigrations, à des distances immenses.

Quoiqu'ils ne passent pas pour des Rapaces courageux, quelques espèces ne manquent pas de hardiesse. En général, ils n'attaquent que des êtres faibles, de petits oiseaux, de petits rongeurs, des reptiles, des poissons et des insectes coléoptères.

Le mâle diffère de la femelle, et les jeunes portent une livrée qui les distingue des père et mère.

Trois espèces sont admises aujourd'hui comme européennes.

22 — MILAN ROYAL — *MILVUS REGALIS*
Briss.

Bec légèrement festonné sur les bords de la mandibule supérieure ; tarses emplumés dans leur moitié supérieure ; doigts latéraux égaux ou presque égaux, atteignant le milieu du doigt médian ; queue longue et très-fourchue.

Taille : 0^m,65.

Falco milvus, Linn. *S. N.* (1766), t. I, p. 126.
Milvus regalis, Briss. *Ornith.* (1760), t. I, p. 414.
Falco austriacus, Gmel. *S. N.* (1788), t. I, p. 262.
Milvus castaneus et russicus, Daud. *Ornith.* (1800), t. II, p. 146 et 188.
Milvus ictinus, Savig. *Ois. d'Égyp.* (1809), p. 88.
Accipiter regalis, Pall. *Zoogr.* (1811-1831), t. I, p. 358.
Milvus ruber, Brehm, *Hand. Nat. Vog. Deuts.* (1831), p. 50.
Buff. *Pl. enl.* 422, sujet probablement *femelle.*

Mâle adulte : Tête et cou d'un blanc cendré, strié longitudinalement de brun ; corps d'un roux ardent, brunâtre en dessus, au centre des plumes, flammé de brun en dessous, avec de petits traits longitudinaux noirs ; rémiges noires ; queue très-fourchue, rousse, portant des bandes brunes plus apparentes sur les pennes latérales ; bec brun de corne, avec la pointe noire ; cire, iris et pieds jaunes.

Les sujets vieux ont plus de brun sur le corps et des teintes plus blanches à la tête et au cou.

Femelle adulte : Elle est d'un brun moins foncé au centre des plumes ; les bordures de celles-ci sont d'un roux clair ou blanchâtre ; sa queue est moins fourchue que celle du mâle.

Jeunes avant la première mue : Tête grise ; dessus du corps brun avec quelques taches blanches ; dessous blanc et varié de taches brunes, plus étendues et plus nombreuses sur les longues plumes qui couvrent les jambes.

Après la mue, ils ressemblent beaucoup à la femelle.

Le Milan royal est un oiseau du nord et du sud-est de l'Europe et de l'Asie.

En France, il vit sédentaire dans certaines localités, notamment dans le département des Landes et, très-probablement, dans celui des Hautes-Pyrénées, où l'on rencontre des sujets de tous les âges. On le trouve aussi, mais en moins grand nombre, en Provence, en Champagne, et il se montre accidentellement de passage dans le bas Languedoc et aux environs de Lille.

Il paraît être de passage régulier en Belgique, à l'automne et au printemps. Son apparition dans ce royaume coïncide presque toujours, d'après ce que dit M. de Sélys-Lonchamps, dans sa *Faune Belge,* avec celle des Bécasses, et les naturalistes danois ont remarqué qu'il arrive dans leur contrée, pour y nicher, en même temps que ces oiseaux.

Il niche sur les hêtres, les chênes élevés, rarement sur les rochers. Sa ponte est de trois ou quatre œufs grisâtres, ou gris roussâtre, quelquefois blanchâtres et très-légèrement teintés de jaune, avec des taches rousses, rougeâtres ou brunes, tantôt rares et à demi effacées, tantôt nombreuses et très-apparentes. Ils mesurent :

Grand diam. 0^m,06 ; petit diam. 0^m,04 à 0^m,045.

Le Milan royal est considéré comme un oiseau lâche et très-vorace. Il se nourrit de mammifères, d'oiseaux de petite taille, d'insectes et de reptiles ; à défaut de proie vivante, il se rabat sur les charognes. Il hante, de préférence, les pays en plaine.

Cet oiseau a un vol élégant et se plaît à exécuter mille évolutions dans les airs. On le voit planer, pendant des heures entières, à une hauteur considérable, et y tracer lentement de grands cercles, en n'agitant pour ainsi dire pas les ailes.

25 — MILAN NOIR — *MILVUS NIGER*
Briss.

Bec noir ; tiers supérieur des tarses seulement emplumé ; doigt interne plus court que l'externe ; celui-ci dépassant un peu le milieu du doigt médian ; queue peu fourchue.

Taille : 0^m,55.

Milvus niger, Briss. *Ornith.* (1760), t. I, p. 413.
Falco ater, Gmel. *S. N.* (1788), t. I, p. 262.
Milvus ater, Daud. *Ornith.* (1800), t. II, p. 149.
Falco fusco-ater, Mey. et Wolf. *Tasch. Deuts.* (1810), t. I, p. 27.
Accipiter milvus, Pall. *Zoogr.* (1811-1831), t. I, p. 356.
Milvus ætolius, Vieill. *N. Dict.* (1818), t. XX, p. 562.
Milvus fuscus, Brehm, *Handb. Nat. Vög. Deuts.* (1831), p. 53.
Buff. *Pl. enl.* 472, probablement un *jeune sujet.*

Mâle adulte : D'un gris brun très-foncé en dessus ; tête et gorge striées de brun sur un fond blanchâtre ; d'un brun roussâtre en dessous, rayé de brun noir ; rémiges noirâtres ; queue de la même couleur que le dessus du corps et traversée de bandes plus foncées ; iris noirâtre ; bec noir, moins foncé en dessous ; cire et pieds jaunes.

Femelle adulte : Mêmes couleurs que chez le mâle, mais plus ternes.

Jeunes : Plumes de la tête, du cou, et couvertures des ailes bordées de blanc roussâtre ; queue sans bandes transversales, ou avec des bandes très-peu apparentes ; bec brunâtre, plus foncé à la pointe.

La vraie patrie du Milan noir paraît être l'Afrique septentrionale. Il habite aussi les contrées chaudes de l'Europe, et notamment le midi de la Russie, où il est commun.

Il est plus rare en France que le Milan royal. Selon M. Darracq, on le voit presque toute l'année planer sur l'Adour, entre Bayonne et l'embouchure de cette rivière. Il vient se reproduire en Champagne, dans les environs de Troyes ; est de passage régulier en Lorraine, où il se propage quelquefois ; enfin on le trouve encore dans le bas Languedoc, les Hautes-Pyrénées, en Suisse et dans la Ligurie. M. Nordmann, en mars 1834, en vit des troupes nombreuses rôdant par la ville de Moscou, et ramassant les débris de cuisine déposés dans les rues.

Il niche sur les arbres élevés, pond trois ou quatre œufs, généralement plus ronds que ceux du Milan royal, d'un blanc jaunâtre, ou d'un gris roussâtre très-pâle, avec de grandes et de petites taches brunes, fort nombreuses et très-rapprochées ; quelquefois ils sont à peu près blancs, avec de grosses taches d'un rouge obscur vers le gros bout. Ils mesurent :

Grand diam. 0^m,05 à 0^m,055 ; petit diam. 0^m,04 à 0^m,045.

Ses mœurs et ses habitudes ressemblent à celles de l'espèce précédente ; mais il paraît se nourrir principalement de poissons. Temminck dit qu'il poursuit particulièrement l'alose, et M. Nordmann assure qu'on le voit en Bessarabie et au Caucase, mêlé aux Vautours, s'abattre sur les charognes.

24 — MILAN ÉGYPTIEN — *MILVUS ÆGYPTIUS*
G. R. Gray, ex Gmel.

Bec jaunâtre ; moitié supérieure des tarses emplumée ; doigt interne plus court que l'externe, celui-ci dépassant de beaucoup le milieu du doigt médian ; queue plus fourchue que chez le Milan noir (adultes).

Taille : 0^m,53.

Falco ægyptius et Forskahlii, Gmel. *S. N.* (1788), t. I, p. 261 et 263.
Falco parasitus, Daud. *Ornith.* (1800), t. II, p. 150.

Falco parasiticus, Lath. *Ind.* Suppl. (1801), p. 5.

Milvus ætolius, Savig. *Ois. d'Égyp.* (1809), p. 89, et pl. 3, fig. 1, *jeune*, qu'il rapporte à l'espèce précédente.

Milvus parasiticus, Schleg. *Rev. crit.* (1844), p. 10.

Hydroictinia parasitica, Kaup, *Gen. der Falc.* in : *Isis* (1847), p. 117.

Milvus ægyptius, G. R. Gray, *Gen. of B.* (1844-1846), t. I, p. 24, et supp. p. 2.

Milvus parasitus, Bp. *Catal. Parzud.* (1856), p. 2.

Le Vaillant, *Ois. d'Af.* pl. 22, sous le nom de *Parasite*.

Mâle adulte : D'un brun de tan en dessus, plus foncé à l'occiput et au dos, avec la tige des plumes noirâtre et les bordures cendrées ; joues et gorge blanchâtres ; abdomen, cuisses et sous-caudales d'un roux ardent ; grandes rémiges d'un brun noir, rémiges secondaires d'une teinte plus claire ; queue brune, coupée par des bandes d'une teinte plus foncée et terminée de fauve ; bec jaunâtre, avec la pointe noirâtre ; cire bleuâtre ; pieds jaunes.

Femelle adulte : Absolument semblable au mâle, mais avec des couleurs moins vives.

Jeunes : Plumage brun ; queue peu étagée, presque carrée ; bec brun.

Le Milan égyptien ou Parasite est propre à l'Afrique, et visite la Dalmatie et la Grèce.

Il niche sur les rochers et sur les arbres élevés ; pond, selon Le Vaillant, quatre œufs tachés de roux sur un fond blanc ; et, d'après Audouin, trois ou quatre, d'un blanc jaunâtre, entièrement couverts de taches brunes, confluentes, laissant à peine apercevoir le fond.

Le Parasite se nourrit d'oiseaux, de poissons et de charognes. Il est très-vorace et d'une hardiesse incroyable. Ce que Le Vaillant dit des importunités de cet oiseau ; de son audace à venir, pour ainsi dire, vous arracher des mains une proie qu'il convoite, a été confirmé par le Dr Petit et Quartin Dillon, pendant leur fatal voyage en Abyssinie, de 1838 à 1841. Le Dr Petit, dans des notes manuscrites qui ont été en partie publiées par M. O. des Murs (1), dit avoir vu, au Caire, un Milan parasite enlever brusquement, à une femme arabe, un morceau de pain couvert de fromage, au moment où elle le portait à la bouche. Un autre de ces oiseaux arracha un jour, des mains de son préparateur, une partie de la dépouille d'un pigeon qu'il était en train de retourner.

Ce Milan, au rapport du Dr Petit, plane sur les villes, les villages et les camps, en aussi grand nombre que le Percnoptère au Caire. Il dit en avoir vu, à Addonfito, plus de quatre mille planer ensemble.

Observation. — Quelques Ornithologistes, parmi lesquels Vieillot et Temminck, ont rapporté au *Milvus niger*, le *Milvus ægyptius*, que son bec jaune, sa queue plus longue et plus fourchue, ses teintes plus claires en dessus, plus

(1 *Encyclopédie d'hist. nat.* Oiseaux, 1re part. p. 93.

rousses en dessous, ne permettent cependant pas de confondre. Le prince Ch. Bonaparte, qui identifiait également ces deux oiseaux (*Birds of Europe*, 1838, et *Uccell. Europ.* 1842), a fini par les admettre comme espèces distinctes, et a même, pendant un moment, reconnu deux espèces dans le Parasite : l'une qu'il nommait *Ægyptius*, avec Forskal, et l'autre *Parasitus*, avec Daudin (*Consp. Accipitrum. — Rev. et Mag. de zool.* 1854, p. 534). Mais il n'a pas persévéré dans son erreur, et dans le *Catalogue Parzudaki*, il n'admet plus que le *Milvus parasitus*, dont il fait *Ægyptius* synonyme, ce qui devrait être le contraire.

GENRE XIV

ÉLANION — *ELANUS*, Savig.

Falco, p. Lath. *Ind.* (1790).
Elanus, Savig. *Ois. d'Égyp.* (1808-1810).
Elanoides, p. Vieill. *Encycl.* (1823).

Bec court, fortement courbé dès la base, qui est large, comprimé dans le reste de son étendue, festonné sur les bords de la mandibule supérieure, fendu jusqu'au milieu de l'œil ; cire étroite ; ailes longues, étroites, dépassant l'extrémité de la queue ; celle-ci médiocrement allongée et légèrement échancrée ; tarses plus courts que le doigt médian, l'ongle compris, à demi vêtus en avant, réticulés dans le reste de leur étendue ; doigts courts, gros, séparés, recouverts par quelques grandes écailles seulement ; ongles robustes, celui du pouce le plus fort.

Les Elanions, sous beaucoup de rapports, ont de l'analogie avec les Milans, ils en ont le port, le vol lent et léger ; mais ils s'en distinguent par une cire plus étroite, une queue moins fourchue, des ailes relativement plus longues.

Ils vivent principalement d'insectes, de petits rongeurs, de lézards et de serpents.

Une des espèces qui appartiennent à ce genre fait accidentellement des apparitions en Europe.

25 — ÉLANION BLAC — *ELANUS CÆRULEUS*
Bp. ex Desfont.

Gris cendré en dessus ; blanc en dessous ; tarses emplumés dans les deux tiers supérieurs ; queue médiocre, seulement échancrée ; doigt externe beaucoup plus court que l'interne.

Taille : 0ᵐ,32 à 0ᵐ,35.

Falco cæruleus, Desfontaines, *Ois. de Barbarie. Mém. de l'Acad. R. des Sc.*
(1787), p. 503, pl. 15.

Falco melanopterus, Lath. *Ind.* Suppl. (1801), p. 6.

Elanus cæsius, Savig. *Ois. d'Égyp.* (1809), p. 98.

Elanus melanopterus, Leach, *Zool. Misc.* (1817), pl. 122.

Elanoides cæsius, Vieill. *Encycl.* (1823), t. I, p. 1206.

Elanus cæruleus, Bp. *Cat. Parzud.* (1856), p. 2.

Le Vaill. *Ois d'Afr.* pl. 36 et 37.

Mâle et femelle adultes : Vertex, nuque et manteau gris cendré,
plus clair à la tête ; face, devant du cou et parties inférieures du corps
d'un blanc pur, nuancé de cendré bleuâtre sur les côtés de la poitrine ;
paupières et une tache devant les yeux noires ; ailes pliées, en partie
noires et en partie d'un cendré plus ou moins foncé, avec le poignet et
le bord d'un blanc pur ; queue nuancée de gris en dessus, blanche en
dessous ; bec noir ; iris et pieds jaune-orange.

Jeunes sujets : Couleurs plus ternes, avec les plumes des parties
supérieures bordées de roux ferrugineux ; celles des parties inférieures
marquées longitudinalement de stries ou mèches brunes ; ailes couleur
ardoise, avec les couvertures et les pennes terminées de blanc roussâtre ; queue cendrée, terminée de blanc.

Petits venant de naître : Ils sont couverts de duvet gris-roussâtre.
En quittant le nid, ils ont la tête, la nuque et le dessus du corps d'une
teinte roussâtre ; la poitrine d'un roux ferrugineux et le reste des parties
inférieures d'un blanc très-légèrement lavé de roussâtre.

L'Élanion blac est répandu dans toute l'Afrique ; il est commun en Egypte
et en Barbarie, et se montre accidentellement en Europe.

Plusieurs sujets de cette espèce ont été tués en France, en Espagne et en
Allemagne. Un individu tué à Cassel, département du Nord, en mai 1830, a
été envoyé à M. Duthoit, de Dunkerque, qui le conserve. D'après une lettre
adressée à Temminck, par M. Duseuil d'Is-sur-Tille, il se montrerait assez
souvent dans le département de la Côte-d'Or, pendant le mois d'octobre.
Enfin, M. Crespon a tué un mâle adulte près de Nimes.

Selon Le Vaillant, le Blac niche sur les arbres et pond quatre ou cinq œufs
blancs, sans taches ; mais cette couleur est loin d'être celle que leur attribue
M. O. des Murs. Deux œufs que M. J. Verreaux lui avait envoyés du cap de
Bonne-Espérance, ressemblaient exactement pour la forme et la couleur à
ceux de la Cresserelle : ils n'en différaient que par les dimensions, et mesuraient :

Grand diam. 0^m,042 ; petit diam. 0^m,034.

La nourriture principale du Blac consiste en petits rongeurs, en sauterelles et surtout en mouches, dont il fait une grande consommation.

GENRE XV

NAUCLER — *NAUCLERUS*, Vig.

Falco, p. Linn. *S. N.* (1766).
Elanoides, Vieill. *Encycl.* (1823).
Nauclerus, Vig. *Gen. of B.* (1823).

Bec faible, fortement courbé vers la pointe, large à la base, comprimé dans le reste de son étendue, à bords sinueux, fendu seulement jusqu'à l'angle antérieur de l'œil; cire grande; ailes très-longues, pointues; queue très-allongée, très-fourchue, dépassant les ailes; tarses courts, couverts d'écailles dans toute leur longueur; ongles faibles; celui du pouce le plus fort et deux fois long comme les autres.

Les Nauclers, entre autres caractères, se distinguent des Elanions, avec lesquels ils ont été confondus, par leur queue excessivement fourchue comme celle de l'hirondelle de cheminée.

Ils ont les mœurs générales des Milans, et se nourrissent d'insectes et de petits reptiles.

L'espèce unique, à laquelle ce genre est réduit, se montre très-accidentellement en Europe.

26 — NAUCLER MARTINET — *NAUCLERUS FURCATUS*
Vig. ex Linn.

Queue longue, très-fourchue, à pennes régulièrement étagées, les latérales au moins deux fois plus longues que les médianes; moitié supérieure des tarses emplumée.

Taille : 0ᵐ,57 environ.

Falco furcatus, Linn. *S. N.* (1766), t. I, p. 129.
Milvus carolinensis, Briss. *Ornith.* (1760), t. I, p. 418.
Elanoides furcatus et yetapa, Vieill. *Encycl.* (1823), p. 1204 et 1205.
Nauclerus furcatus, Vigors, *Zool. Journ.* (1825), t. II, p. 386.
Gould, *B. of Eur.* pl. 30.

Mâle et femelle adultes : Tête, cou, poitrine et ventre d'un beau blanc de neige; manteau, ailes et queue d'un noir à reflets bleus et verts; bec noir; cire bleuâtre, pieds jaunes; iris rouge.

Sujets non adultes : Tige des plumes de la tête et du cou d'un brun pâle; rémiges blanches à la base, cette couleur augmentant graduellement de la première à la dernière, noires dans le reste de leur étendue; haut du dos et petites rectrices noires, à reflets verts et dorés; grandes rectrices, croupion et sus-caudales noirs, à reflets cendrés, iris brun.

Le Naucler Martinet, vulgairement connu sous le nom de *Milan de la Caroline*, habite l'Amérique septentrionale et s'égare très-accidentellement dans le nord de l'Europe.

Les naturalistes anglais citent deux captures faites : l'une en Argyleshire, et l'autre en Yorkshire.

L'Élanion Martinet niche au sommet des pins et des bouleaux; pond quatre à six œufs d'un vert blanchâtre, avec quelques taches brunes au gros bout.

Il se nourrit, dit-on, d'insectes, qu'il chasse au vol à la manière des hirondelles, mais il paraît mêler à ce régime des reptiles, car il a reçu, dans certaines contrées de la Caroline, le nom vulgaire d'*Épervier à serpents*.

SOUS-FAMILLE VI

FALCONIENS — *FALCONINÆ*

Bec court, courbé dès la base, armé à la mandibule supérieure d'une ou de deux dents ; tarses de moyenne longueur; doigts allongés et déliés, fortement mamelonnés en dessous.

Cette sous-famille comprend les Oiseaux chasseurs par excellence, c'est-à-dire les Gerfauts, les Faucons, les Hobereaux, les Émérillons et les Cresserelles.

Quelques-uns des méthodistes contemporains ont fondé sur ces Oiseaux, et seulement pour les espèces européennes, sept ou huit genres, que nous croyons devoir réduire aux deux suivants : *Hierofalco* et *Falco*.

GENRE XVI

GERFAUT — *HIEROFALCO*, G. Cuv.

Falco, p. Linn. *S. N.* (1735).
Hierofalco, G. Cuv. *Règ. anim.* (1817).
Gyrfalco, Flem. *Brit. an.* (1828).

Bec robuste, renflé, armé d'une dent, ou simplement festonné sur le bord de la mandibule supérieure; narines ovales; ailes aiguës, allongées, étroites, n'atteignant pas l'extrémité de la queue ; celle-ci longue, large, presque rectiligne ; tarses robustes, courts, réticulés ; emplumés dans une assez grande étendue ; doigts épais, médiocrement allongés, le médian à peine aussi long ou moins long que le tarse.

Les Gerfauts, que distingue particulièrement une queue ample , longue, et qui dépasse notablement les ailes, vivent exclusivement de proie vivante. Ce sont des oiseaux célèbres dans l'ancienne fauconnerie. Leur instinct de rapine, leur audace et leur ardeur à l'attaque, leur ténacité à la poursuite, joints à un naturel assez docile, les faisaient justement rechercher pour la chasse au vol.

Hors l'époque des amours, ils vivent solitaires dans les forêts, sur les hautes montagnes, sur les falaises même. Ils suivent parfois, dans leurs émigrations, les oiseaux dont ils font leur nourriture. Autant leur vol est gracieux et rapide, autant leur progression, à terre, est rendue difficile par l'organisation de leurs pieds. Ils sautent et ne marchent point. Enfin, ils n'ont pas l'habitude de dévorer sur place une proie dont ils viennent de s'emparer, mais de l'emporter dans leurs serres.

La femelle est toujours sensiblement plus forte que le mâle, mais l'un et l'autre, à l'état adulte, diffèrent peu quant aux couleurs. Les jeunes s'en distinguent par une livrée particulière. Du reste, chez toutes les espèces, le plumage subit de grandes variations, depuis la sortie du nid, jusqu'à la troisième ou quatrième année.

Observation. — Malgré les travaux intéressants de MM. Hancock, Schlegel, Blasius, etc. travaux qui ont jeté le plus grand jour sur l'histoire des Gerfauts, quelques questions restent pendantes. Les oiseaux distingués sous les noms de *Candicans, Islandicus, Gyrfalco* ou *Norwegicus,* constituent-ils trois espèces, comme les uns l'admettent ; ou ne sont-ils que des variétés locales d'une même espèce ? Le Groënland méridional aurait-il une race particulière, comme le veut M. Schlegel ; ou bien cette race doit-elle être rapportée à l'espèce qui habite cette partie des régions boréales ? Ce sont là des questions que des études locales et prolongées sur les changements que l'âge semble faire subir aux Gerfauts, peuvent seules résoudre. Avant d'admettre définitivement le Gerfaut d'Islande (*Falco gyrfalco islandicus,* Schl.) comme espèce, et non comme variété locale du *Candicans,* il faut qu'il soit bien démontré que l'oiseau, dans la vieillesse, conserve ses sous-caudales tachées, et son dos varié de bandes transversales. Pour ce qui est du Gerfaut de Norwége (*Falco gyrfalco norwegicus,* Schl.), le doute ne saurait exister : celui-ci paraît former réellement une espèce. Trois individus d'âge différents que possède le Muséum d'histoire naturelle de Paris, nous semblent se distinguer du *Candicans* et de l'*Islandicus,* non-seulement par la livrée, mais encore par des doigts un peu plus grêles et plus allongés. Ainsi, le pouce, mesuré en ligne droite, de son origine au milieu de la courbure de l'ongle ; et le doigt médian, mesuré également en ligne droite, de sa base à l'extrémité de l'ongle, donnent en moyenne, chez le *Candicans* et l'*Islandicus*, 0^m,038, 0^m,068; chez le *Gyrfalco*, 0^m,042, 0^m,078. Les autres doigts offrent des différences analogues.

Quant à la race que M. Schlegel distingue sous le nom de *Falco gyrfalco groenlandicus*, et à laquelle il rapporte le *Falco arcticus*, Blasius (*Falco islandicus*, p. Hanc.), nous ne saurions nous en faire une idée, ne l'ayant point vue en nature. Elle serait très-voisine du Gerfaut de Norwége; aurait, en général, la taille du Gerfaut blanc, et la teinte bleuâtre de son plumage tirerait souvent, plus ou moins sensiblement, au blanchâtre. M. Schlegel cite comme représentant cette race la figure 2, planche 390, des *Suites aux Supplements de Naumann* ; figure qui nous paraît la reproduction assez exacte d'un Gerfaut d'Islande que possède le Muséum d'histoire naturelle de Paris.

27 — GERFAUT BLANC — *HIEROFALCO CANDICANS* Bp. ex Gmel.

Sous-caudales, à tous les âges, d'un blanc pur ; taches blanches du dos en forme de cœur ou de bandes transversales interrompues (adultes), pieds bleuâtres ; bec jaunâtre.

Taille : 0^m,49 à 0^m,50.

GYRFALCO, Briss. *Ornith.* (1760), t. I, p. 370.
FALCO CANDICANS, Gmel. *S. N.* (1788), t. I, p. 275.
FALCO GROENLANDICUS, Brehm, *Isis* (1826), p. 999.
HIEROFALCO GROENLANDICUS, Brehm, *Handb. Nat. Vog. Deuts.* (1831), p. 56.
HIEROFALCO CANDICANS, Bp. *Consp. Accip. R. et M. de zool.* (1854), p. 335.
Buff. *Pl. enl.* 446, *adulte*, sous le nom de *Gerfaut blanc des pays du Nord*.

Mâle adulte : Plumage d'un blanc éclatant, avec des stries longitudinales brunes au centre des plumes du vertex, des joues et du cou ; des taches d'un brun noirâtre en forme de cœur ou en fer de flèche au milieu ou à l'extrémité des plumes du dos, du croupion et des petites couvertures alaires; des taches brisées en barres sur les pennes des grandes et moyennes couvertures des ailes; un grand espace noir à l'extrémité des rémiges ; de petites taches d'un brun grisâtre, en forme de pinceau, sur la poitrine et l'abdomen ; rectrices latérales entièrement blanches, ombrées de grisâtre en dehors; rectrices médianes coupées, de chaque côté, par des barres brunes, avec une ligne de cette couleur le long de la tige; bec jaunâtre, à pointe brune; cire, tour des yeux et pieds d'un jaune livide, tournant au bleuâtre.

Dans un *âge plus avancé*, la tête, le cou, le dessus du corps et les pennes de la queue, à l'exception des deux médianes, sont d'un blanc pur; les taches des parties supérieures sont petites, sous forme de bandes imparfaites ou de cœur ; les rectrices médianes offrent des vestiges de barres brunâtres ; le bec est d'un jaunâtre uniforme et les pieds sont d'un jaune pâle, tournant au bleuâtre.

Les *vieux individus* sont entièrement blancs.

Femelle adulte : Elle a des taches brunes plus étendues et plus nombreuses.

Jeunes avant la première mue : Parties supérieures brunes, avec l'extrémité des plumes tachée de blanchâtre; parties inférieures variées de nombreuses taches ou mèches longitudinales brunes ; rectrices médianes, coupées par des bandes transversales, le plus souvent continues ; bec, cire, tour des yeux et pieds bleuâtres.

A mesure que l'oiseau vieillit, les pattes jaunissent, mais conservent toujours une teinte bleuâtre.

Le Gerfaut blanc habite le Groënland, la Sibérie, l'Amérique boréale et se montre en Islande, dans les hivers rigoureux, mais ne s'y reproduit pas. On le voit accidentellement en Suède, en Angleterre et même en France, s'il est vrai que le jeune Faucon que le docteur Bifferi a tué sur les montagnes qui avoisinent le Rhône, près de Néron, département de l'Ain, appartienne à cette espèce, comme l'avance M. Bouteille, dans son *Ornithologie du Dauphiné.* C'est probablement aussi au *Candicans,* ou peut-être à l'*Islandicus,* que se rapportent les trois ou quatre grands Faucons blancs qui, d'après une communication faite à M. Vian, par M. Darracq, auraient été tués, depuis une trentaine d'années, dans les départements des Landes et des Basses-Pyrénées.

Ce Gerfaut, d'après M. Baldamus (*in Litter.*), niche au Groënland jusqu'au 70° degré de latitude. Il établit son aire sur les rochers les plus escarpés, principalement au voisinage des Fiords, où les rochers sont couverts de nids de palmipèdes qui lui fournissent une abondante nourriture (1). La ponte, qui a lieu en juin, est de quatre œufs, rarement de cinq, rougeâtres ou jaunâtres, avec des taches d'un brun roux plus ou moins vif. Ces taches sont ordinairement si nombreuses que les œufs paraissent marbrés. Ils mesurent :

Grand diam. 0ᵐ,05 à 0ᵐ,06 ; petit diam. 0ᵐ,04 à 0ᵐ,05.

Cette espèce, et la race suivante, sont recherchées par les Fauconiers à cause de la grande facilité avec laquelle on les dresse pour la chasse.

A — GERFAUT ISLANDAIS — *HIEROFALCO ISLANDICUS*
Brehm, ex Briss.

Sous-caudales coupées transversalement par des taches formant des bandes continues (adultes) ou interrompues (jeunes) ; parties inférieures variées de taches en cœur sur le ventre, de taches transver-

---

(1) Ces rochers, à cause de l'énorme quantité d'oiseaux qui s'y reproduisent, sont nommés Rocs d'oiseaux (*Vogelberge*).

*sales sur les plumes tibiales ; taches blanches du dos toujours sous
forme de bandes transversales interrompues* (adultes); *pieds jaunes ; bec jaunâtre à la base.*

Taille : 0^m,53 (mâle); 0^m.58 *à* 0^m,59 (femelle).

GYRFAICO ISLANDICUS, Briss. *Ornith.* (1760), t. I, p. 373.
FALCO ISLANDICUS, Brün. *Orn. borealis* (1764), n° 8.
HIEROFAICO ISLANDICUS, Brehm, *Handb. Nat. Vög. Deuts.* (1831), p. 55.
FALCO GYRFALCO, Keys. et Bl. *Wirbelth.* (1840), p. 28.
FALCO CANDICANS ISLANDICUS, Schleg. *Rev. crit.* (1844), p. 1.
Buff. *Pl. enl.* 210, sous le nom de *Gerfaut d'Islande.*

Mâle adulte : Tête et cou en dessus et sur les côtés d'un blanc pur,
avec chaque plume rayée longitudinalement de gris sombre au centre ;
dessus du corps d'un brun ardoisé, avec des taches et de nombreuses
barres transversales blanches, plus ou moins complètes et ombrées de
grisâtre ; sus-caudales d'un blanc-bleuâtre ; côtés du croupion gris
cendré ; parties inférieures d'un blanc plus ou moins pur, assez souvent roussâtre, marquées de lignes longitudinales et de stries sur le
cou, de taches brunes en forme de cœur et de larmes sur la poitrine,
l'abdomen, et de bandes transversales sur les flancs, les sous-caudales,
les cuisses et les jambes ; bas des joues avec un petit trait brun allongé
sous forme de moustache ; pennes alaires brunes ; les primaires variées de taches irrégulières blanches ; queue de la couleur du dos, et
marquée, sur chaque penne, de barres transversales et alternes d'un
blanc ombré de grisâtre ; bec brun de plomb, plus foncé à la pointe,
souvent avec deux dents à la mandibule supérieure ; iris brun foncé ;
cire, tour des yeux et pieds d'un beau jaune.

Femelle adulte : Un peu plus forte que le mâle ; plus foncée en
dessus, avec plus de taches en dessous. Les moustaches ne sont pas
apparentes : elles sont confondues avec les stries brunes des joues.

Jeunes avant la première mue : Plumage d'un brun unicolore en
dessous.

Après la mue, qui a lieu en automne, le plumage est également brun,
mais avec des bordures d'un blanc roussâtre ; les parties inférieures sont
d'un blanc plus ou moins roussâtre et marquées de taches longitudinales brunes, plus larges sur les flancs et le ventre ; les pennes médianes de la queue ont des bandes transversales cendrées, alternes,
moins étendues que dans les adultes et en nombre variable ; la cire et
le tour des yeux sont bleuâtres ; les pieds, bleu foncé.

Ce Gerfaut a pour patrie l'Islande. Il se montre quelquefois, l'hiver, dans des
contrées moins élevées. On prétend qu'il ne descend pas plus bas que le
60ᵉ degré de latitude nord.

Il niche sur les rochers les plus escarpés. Ses œufs, généralement un peu
plus gros que ceux du *Falco candicans*, et au nombre de trois ou quatre, sont
d'un jaune roussâtre clair, avec des taches couleur d'ocre, presque confondues. Ils mesurent :

Grand diam. 0ᵐ,058 à 0ᵐ,06; petit diam. 0ᵐ,045 (1).

La plupart des auteurs avaient décrit les œufs de cet oiseau comme bleuâtres avec des taches d'un brun rougeâtre très-rapprochées.

Le Gerfaut d'Islande a les mœurs et les habitudes de celui du Groënland.

28 — GERFAUT DE NORWÉGE — *HIEROFALCO GYRFALCO*
Bp. ex Schleg.

*Sous-caudales marquées, au centre, d'une tache longitudinale
renflée de distance en distance ; parties inférieures variées de taches
oblongues à la poitrine et au ventre, et des bandes transversales aux
flancs ; taches blanches du dos interrompues, courtes, n'occupant
que les bords des plumes* (adultes) ; *pieds d'un jaune verdâtre ; bec
bleuâtre.*

Taille : 0ᵐ,50 (mâle) ; 0ᵐ,55 à 0ᵐ,56 (femelle).

FALCO GYRFALCO, Schleg. *Rev. crit.* (1844), p. 2.
HIEROFALCO GYRFALCO, Bp. *Consp. Accip. R. et M. de zool.* (1854), p. 535.
Buff. *Pl. enl.* 462, *jeune*, sous le nom de *Gerfaut de Norwége.*
Schleg. *Traité de Fauc.* pl. 3 et 4.

Mâle adulte : Brun en dessus, nuancé de cendré au croupion et aux
sus-caudales ; avec les plumes bordées étroitement de blanc roussâtre
à la tête et de blanchâtre au cou, au dos et sur les ailes ; blanc en
dessous, avec quelques teintes roussâtres et des raies longitudinales
brunes sur le bas du cou, des taches noirâtres à la poitrine, à l'abdomen et sur les flancs, où elles forment, par leur réunion, des raies
transversales ; sous-caudales marquées, le long du rachis, d'une tache

____

(1) M. Proctor, directeur du Musée de Durham, découvrit en Islande un nid de cette
race. Il était placé sur un rocher et était composé de petites bûches à l'extérieur et de
laine à l'intérieur. Il y trouva, enseveli dans la fiente, l'œuf dont nous venons de donner
les dimensions. Ce nid était celui d'un couple qu'il tua, avec trois jeunes. Quatre de ces
oiseaux furent abattus le même jour, le cinquième le lendemain. Ce dernier était perché
près du nid. L'observateur de ces faits suppose que ce nid devait être celui de corbeaux,
dont les deux vieux faucons s'étaient emparés. Cette supposition est d'autant plus
fondée, que, non loin de là, les corbeaux étaient nombreux.

brune continue, renflée de distance en distance, et simulant des nœuds; bec cendré bleuâtre, à pointe noire, pieds d'un jaune verdâtre.

Femelle adulte : Elle ne diffère du mâle que par sa taille et ses teintes plus sombres.

Jeunes avant la première mue : Ils ressemblent, par les couleurs, aux jeunes du Faucon d'Islande, dont ils nous paraissent cependant se distinguer toujours par la forme des taches des deux plus grandes sous-caudales, ces taches étant continues chez le *Gyrfalco;* interrompues, avec des traces déjà manifestes des bandes transversales chez l'*Islandicus.* En avançant en âge, ils offrent de la ressemblance avec le Faucon pèlerin adulte, mais leurs pieds, au lieu d'être jaunes, sont verdâtres.

Les jeunes mâles se distingueraient toujours du Faucon d'Islande par la taille, qui serait moins forte ; les jeunes femelles ressembleraient, sous tous les rapports aux jeunes mâles de ce même Faucon. En livrée parfaite, il n'est plus possible de confondre ces espèces entre elles.

Ce Gerfaut habite la Norwége. Les jeunes sujets seulement se montrent accidentellement en Allemagne, en Hollande et en France.

Mœurs, habitudes et régime comme chez le *Candicans.* Propagation inconnue.

Observation. — M. Schlegel avance que ce Gerfaut est l'espèce que les Fauconniers vont chercher en Norwége depuis des siècles, et qu'il est étonnant qu'il ne soit pas plus connu des naturalistes modernes et même de ceux de la Scandinavie; que les fauconniers s'accordent à dire qu'il diffère beaucoup des Gerfauts du Groënland et d'Islande par son caractère obstiné et quinteux, ce qu'il a eu l'occasion de constater lui-même.

Le même auteur penche pour rapporter à cette espèce le *Gyrfalco islandicus* de Brisson, que nous considérons comme appartenant à la race d'Islande d'après des dépouilles venues de ce pays et appartenant à M. Hardy, qui les avait reçues de M. Hancock.

GENRE XVII

FAUCON — *FALCO*, Linn.

Falco, Linn. *S. N.* (1735).
Accipiter, p. Briss. *Ornith.* (1760).
Hypotriorchis et Cerchneis, Boie, *Isis* (1826).
Gennaja, Æsalon, Ægypius et Pannychistes, Kaup, *Nat. Syst.* (1829).

Bec court, fort, armé d'une dent sur le bord de la mandibule supérieure ; narines arrondies ; ailes aiguës, atteignant gé—

néralement et dépassant même l'extrémité de la queue; celle-ci de moyenne longueur, arrondie; tarses courts, plus ou moins forts, vêtus seulement dans le tiers de leur longueur; doigts forts, déliés, le médian ordinairement aussi long ou plus long que le tarse.

Les Faucons ont les habitudes générales des Gerfauts et se nourrissent comme eux de proies vivantes. Les uns, s'attaquent à des oiseaux, à des mammifères; les autres, recherchent plus particulièrement les insectes. Il en est qui vivent solitaires ou par couples, d'autres se réunissent temporairement par petites familles. Ceux-ci hantent quelquefois les lieux habités et séjournent même dans les cités populeuses; ceux-là ne s'écartent jamais ou que très-rarement, des grands bois, des solitudes qu'ils se sont choisis.

La femelle est généralement un peu plus grande que le mâle, auquel elle ressemble chez beaucoup d'espèces, tandis qu'elle en diffère chez d'autres. Les jeunes, avant leur première mue, s'en distinguent toujours plus ou moins. Ils ne prennent leur livrée adulte et parfaite qu'à la deuxième ou troisième année. Le plumage, du reste, chez les Faucons, subit, comme celui des Gerfauts, d'assez nombreuses variations suivant l'âge.

Observation. — Les espèces que nous réunissons sous le nom de *Falco* ont été réparties dans les six genres suivants : *Gennaja, Falco, Hypotriorchis, Æsalon, Erythropus* et *Tinnunculus*. On a déjà beaucoup de peine à trouver des caractères qui soient propres à faire distinguer génériquement les Gerfauts des Faucons, à plus forte raison est-il difficile de saisir la caractéristique générique des Faucons proprement dits, des Hobereaux, des Cresserelles, etc. : c'est vainement qu'on la cherche. Si l'on considère la longueur relative des ailes et de la queue, on est forcément conduit à séparer génériquement le *Falco cenchris* à ailes atteignant l'extrémité de la queue, du *Falco tinnunculus*, dont les ailes s'arrêtent à 0^m,03 ou 0^m,04 au moins du bout de cet organe (1); si l'on prend le système de coloration dans son ensemble, ou dans ses détails, le *Falco Eleonoræ* à plumage unicolore chez le mâle, à plumage varié chez la femelle, ne peut rester à côté du *Falco subbuteo*, chez lequel les deux sexes se ressemblent; si l'on a égard à la longueur des doigts, l'on est porté à reléguer parmi les Gerfauts le *Falco barbarus* qui, cependant, par sa queue courte, par les taches en barre ou en fer de lance des plumes tibiales est un vrai Faucon. Quelque caractère que l'on considère, l'on constate que deux espèces excessivement voisines, n'y répondent pas toujours parfaitement, et qu'il faut la réunion de plusieurs caractères pour pouvoir retenir ces espèces à côté les unes des autres. Le genre *Falco* nous paraît donc peu susceptible d'être démembré. Si nous reproduisons les coupes qui ont été formées à ses dépens, ce n'est pas à titre de genres, mais comme expédient propre à faciliter le

(1) C'est pour avoir pris en considération un caractère de ce genre que le prince Ch. Bonaparte a fait du *Fal. concolor* une espèce d'*Hypotriorchis*, et du *Fal. ardosiacus*, avec lequel on le confondait, tant il lui ressemble, un Æsalon (*Cons. Gen. av.* p. 25 et 26).

groupement des espèces; les caractères que nous leur assignons n'ayant nullement une valeur générique.

A. Espèces chez lesquelles les ailes atteignent, ou peu s'en faut, l'extrémité de la queue, et dont les plumes tibiales, les sous-caudales et les flancs, sont marqués, à l'état adulte, de taches transversales ou lancéolées.

FAUCONS PROPREMENT DITS *(Falco, Linn.).*

29 — FAUCON SACRE — *FALCO SACER*
Briss.

Parties supérieures d'un brun cendré, parties inférieures blanches, avec des taches lancéolées brunes; moustaches étroites, presque nulles, partant des commissures; taches ovoïdes sur les barbes externes des rectrices; tarses et pieds bleuâtres.

Taille : 0^m,50 (mâle); 0^m,53 à 0^m,54 (femelle).

FALCO SACER, Briss. *Ornith.* (1760), t. I, p. 337.
FALCO LANARIUS, Temm. *Man.* (1820), t. I, p. 20.
FALCO CYANOPUS, Thieneman, *Eur. Jagdf.* in : *Rhea* (1846), p. 44-98.
GENNAJA LANARIUS, Kaup, *Isis* (1847), p.   .
GENNAJA SACRA, Bp. *Cat. Parzud.* (1856), p. 2.
Buff. *H. nat. des Ois.* (1770), t. I, pl. 14, sous le nom de *Sacre.*
Gould, *B. of Eur.* pl. 20.

Mâle adulte : Sommet de la tête roux clair ou roussâtre, avec des taches longitudinales brunes; dessus du cou et du corps d'un brun cendré, avec toutes les plumes frangées de roux clair; dessous du corps blanc, varié de taches lancéolées d'un brun clair, plus larges et plus longues sur les cuisses; gorge et sous-caudales d'un blanc pur; sourcils blancs, striés de brun; moustaches étroites et peu marquées à la base du bec; rectrices portant des taches d'un blanc roussâtre, rondes sur les médianes, ovoïdes sur les autres et obliquement disposées; bec et pieds bleuâtres; tour des yeux et cire jaunes; iris brun.

Un *mâle adulte,* en livrée parfaite, tué en avril 1858, près de Sarepta, sur le Volga inférieur, et que possède le Muséum d'histoire naturelle des Pays-Bas, aurait, d'après M. Schlegel, la teinte du fond de la tête et du cou d'un blanc pur.

Femelle adulte : Sensiblement plus forte que le mâle, avec le brun de la tête plus foncé ; les franges rousses du manteau et des ailes plus étroites ; des taches plus larges sur les parties inférieures et des stries brunes à la gorge et sur les sous-caudales.

Une autre *femelle adulte* qui fait partie de la collection de M. Hardy est semblable à la précédente, mais elle a les plumes des joues brunes sur le rachis, et d'un blanc roussâtre sur les bords.

Jeunes de l'année : Ils ressemblent à ceux du Faucon commun, mais leur taille est un peu plus forte et leur queue plus longue.

Le Sacre paraît habiter plus particulièrement l'Asie et l'Europe orientale.

M. Schlegel avance qu'il a été observé dans la Silésie, la Hongrie et la Russie méridionale. D'après M. Baldamus (*in Litter.*), il ne serait pas très-rare en Allemagne. Il a vu deux petits vivants et deux nichées d'œufs pris dans des rochers des environs de Prague, en Bohême.

Sa ponte est de cinq œufs, fort semblables à ceux du *Falco communis*, mais un peu plus gros, à coque plus épaisse et plus rude au toucher.

Mœurs, habitudes et régime inconnus.

Observation. — Cette espèce, dont l'existence était mise en doute par quelques ornithologistes, a été décrite pour la première fois par Belon (1er livre de la *Nature des Oiseaux*, p. 110), et admise par Buffon. G. Cuvier et Temminck la citent dans la synonymie du *Gerfaut*. Elle ne serait, d'après quelques auteurs, qu'une variété du Faucon commun ; mais le caractère tiré de la longueur de la queue démontre le contraire. Les tarses, du reste, chez le Sacre, sont vêtus presque jusqu'à la moitié de leur étendue et les moustaches sont très-étroites. L'espèce ne saurait donc plus être douteuse.

50 — FAUCON LANIER — *FALCO LANARIUS*
Schleg.

Parties supérieures cendrées ; parties inférieures blanches, tachées de brun ; nuque teintée de roux rougeâtre ; rectrices marquées de bandes transversales ; moustaches étroites ; bec d'un cendré bleuâtre ; tarses jaunâtres.

Taille : 0^m,37 à 0^m,39 (mâle) ; 0^m,44 à 0^m,45 (femelle).

Lanarius cinereus, Briss. *Ornith.* (1760), t. I, p. 365.
? Falco abietinus, Bechst. *Nat. Deuts.* (1805), t. II, p. 752.
Falco Feldeggii, Schleg. *Abh. Geb.-Zool.* (1829), pl. 10 et 11.
Falco lanarius, Schleg. nec Linn. *Rev. crit.* (1844), p. 2.
Gennaja lanarius, Bp. *Cat. Parzud.* (1856), p. 2.
Belon (1), 1er livre de l'*Hist. de la nat. des Ois.* (1855), p. 123, sous le nom de *Lanier.*

(1) Le nom de Lanier a été donné à des Rapaces d'espèces différentes ; à l'Émérillon,

Buff. *Hist. nat. des Ois.* (1770), t. I, p. 246, avec une figure exacte, et *Pl. enl.* 470 *jeune*, sous le nom de *Faucon sors*.

Adultes : Parties supérieures du corps d'un cendré bleuâtre, avec l'occiput et la nuque teintés de roux rougeâtre ; couvertures supérieures des ailes de la couleur du dos, plus foncées au centre de la plume ; moustaches étroites, noirâtrés ; parties inférieures blanches, nuancées d'une légère teinte cendrée à la poitrine et variées de nombreuses taches longitudinales d'un brun noir, principalement à l'abdomen, sur les jambes et les sous-caudales ; rémiges noires ; rectrices d'un cendré brun, les médianes unicolores, les latérales marquées en travers de bandes brunes , la plus extérieure, de chaque côté, d'un cendré clair en dehors ; bec cendré bleuâtre ; pieds jaunâtres ; cire jaune.

Jeunes de l'année : Ils portent une livrée fort analogue à celle des jeunes du *Falco communis,* dont ils ne se distinguent que par les teintes de la nuque, la longueur des doigts et de la queue.

Le Lanier habite la Dalmatie et d'autres contrées de l'Europe orientale et méridionale.

Il niche sur les arbres élevés des bords du Volga, d'où le prince Maximilien l'a reçu plusieurs fois. Ses œufs, d'après M. Baldamus, sont semblables, pour la forme et les teintes, à ceux du *Falco communis.* Ils mesurent :

Grand diam. 0^m,052 à 0^m,053 ; petit diam. 0^m,045.

Observation. — 1° Malgré ses grands rapports avec le Faucon commun, le Lanier s'en distingue par une queue plus longue, des doigts plus courts, des moustaches plus étroites, et par l'absence de bandes transversales noirâtres sur le ventre et les plumes tibiales.

2° M. Schlegel distingue comme race, sous le nom de *Falco lanarius græcus,* le Lanier grec ou Alphanet des anciens fauconniers, qui différerait du vrai Lanier par ses teintes du fond tirant fortement au roussâtre, ainsi que par sa tête rousse. N'ayant pu comparer les deux oiseaux, nous ne pouvons dire si cette distinction est justifiée.

51 — FAUCON COMMUN — *FALCO COMMUNIS*
Gmel.

Parties supérieures d'un cendré bleuâtre, avec des bandes transversales au dos ; poitrine teintée de roussâtre ; bandes transversales

au Faucon commun, au Busard-Saint-Martin, au Circaète Jean-le-Blanc, au Sacre, au Gerfaut de Norwége. Belon l'a appliqué spécialement à l'oiseau de cet article.

sur l'abdomen, les plumes tibiales et les sous-caudales ; moustaches larges et longues ; pieds jaunes.

Taille : 0ᵐ,38 (mâle) ; 0ᵐ,46 (femelle).

Falco et Falco peregrinus, Briss. *Ornith.* (1760), t. I, p. 321 et 341.
Falco communis, Gmel. *S. N.* (1788), t. I, p. 170.
Falco cornicum, Brehm, *Handb. Nat. Vog. Deuts.* (1831), p. 62.
Buff. *Pl. enl.* 421, *mâle adulte*, sous le nom de *Faucon* ; 430, *femelle adulte.*
sous le nom de *Lanier* ; 469, *jeune*, sous le nom de *Faucon noir et passager.*

Mâle adulte : Parties supérieures d'un cendré bleuâtre plus foncé à la tête, à la nuque, avec les tiges des plumes et des bandes transversales noires sur le dos, les scapulaires et les sus-caudales ; gorge, devant et côtés du cou blancs ; poitrine d'un blanc roussâtre, tirant sur le rose, et marquée de petites stries longitudinales noires ; abdomen, culottes et sous-caudales rayées, en travers, de brun noir, sur un fond cendré ; raies plus larges et plus foncées aux flancs et au milieu du ventre ; joues noires ; larges moustaches de cette couleur, se prolongeant sur les côtés du cou ; couvertures alaires semblables au manteau ; rémiges d'un brun nuancé de cendré noirâtre, terminées par un léger liséré cendré clair ; queue cendré bleuâtre, marquée de bandes transversales noires, terminée de cendré blanchâtre ; bec noir-bleuâtre ; iris brun ; paupières, cire et pieds jaunes.

Femelle adulte : Plus brune en dessus, avec les taches et la couleur roussâtre de la poitrine plus étendues.

Jeunes de l'année : Plumes des parties supérieures brunes, bordées de roussâtre ; celles des parties inférieures plus ou moins rousses, tachetées longitudinalement de brunâtre ; queue barrée et terminée de roussâtre ; iris brun, plus foncé que dans les adultes. A l'automne de l'année suivante, la livrée change. On trouve pendant la mue des individus avec des plumes de jeune âge et des plumes nouvelles de l'état adulte. Après la mue, les plumes sont brunes en dessus et bordées d'une teinte plus claire et grisâtre ; d'un blanc plus ou moins nuancé de roussâtre en dessous, avec des taches brunes en larmes sur la poitrine, arrondies ou semi-lunaires sur l'abdomen, en barres sur les flancs et en fer de lance sur le bas du ventre et les jambes.

Une jeune femelle tuée dans les Hautes-Pyrénées (Collect. Degland), a la tête blanche, avec des taches brunes au vertex, au cou, au siége des moustaches ; un plumage moins coloré, en dessous, que celui des femelles qui passent dans le nord de la France, et les tarses bleuâtres.

Les *petits, en naissant*, sont couverts d'un long duvet blanc.

Le plumage du Faucon commun varie non-seulement suivant l'âge et le sexe, mais encore suivant les saisons et les climats ; aussi en trouve-t-on peu qui soient entièrement semblables. Les nuances des couleurs sont, chez les uns, plus foncées sur les parties supérieures ; chez d'autres, elles sont plus claires sur les parties inférieures ; tantôt les taches ont la forme de larmes, d'autres fois elles sont en fer de lance. Ce n'est guère qu'à la troisième année que la livrée devient stable ou moins variable.

On rencontre le Faucon commun dans les contrées montagneuses de l'Europe. Il n'est pas rare en France et il passe annuellement aux environs de Lille, en octobre, novembre, décembre, quelquefois en janvier, février et mars, mais toujours isolément.

Il se reproduit dans plusieurs localités de la France, et notamment en Provence, dans les Hautes-Pyrénées et sur les hautes falaises des environs de Dieppe. Dans cette dernière localité il choisit, à cet effet, un endroit élevé et y dépose ses œufs à nu, soit dans un trou, soit dans une anfractuosité. Suivant Moquin-Tandon, il niche quelquefois sur les arbres. Sa ponte est de trois ou quatre œufs oblus, couverts, sur un fond plus clair, de nombreuses taches variant du gris brun au rouge brique ou à la couleur du sang figé. Ils mesurent :

Grand diam. 0^m,052 ; petit diam. 0^m,04.

La femelle couve seule, mais le mâle lui porte sa nourriture. Elle a pour ses petits la plus tendre sollicitude et ne les perd pas de vue ; au moindre danger, elle arrive vers eux en poussant de grands cris, et, le plus souvent, le mâle vient se joindre à elle pour les défendre.

La jeune famille quitte le nid vers la mi-juin. Pendant quelque temps, le père et la mère lui procurent encore la nourriture dont elle a besoin : ils l'abandonnent ensuite et vont ailleurs chercher une proie qui leur devient facile et plus abondante par le passage des échassiers et des palmipèdes. Au printemps suivant, le couple revient occuper la même aire ou le même trou. Les jeunes sujets, au contraire, restent dans la localité qui les a vus naître, jusqu'à l'automne et même jusqu'après l'hiver, lorsque celui-ci est tempéré. Ils vont ensuite chercher, à des distances plus ou moins éloignées, un lieu qui leur convienne et où il y ait abondance de nourriture (1).

A l'article de l'Aigle criard, nous avons dit que l'on avait trouvé au-dessous d'une aire de cet oiseau sept nids de *Fringilla montana*. Dans les falaises de Dieppe, les choucas et les hirondelles de fenêtre établissent les leurs à quelques mètres de l'aire des Faucons, sans s'inquiéter de leurs voisins, quoiqu'ils en soient souvent les victimes, ainsi que les Goélands et les Corbeaux.

(1) Voyez quelques observations sur le Faucon commun faites dans l'arrondissement de Dieppe, par M. J. Hardy, et consignées dans la *Revue zoologique*, pour 1844. Ce travail, très-intéressant, qui contient beaucoup de faits nouveaux, a été reproduit, en grande partie, dans le *Dictionnaire universel d'Histoire naturelle*, par Ch. d'Orbigny (t. V, p. 565 et suiv.).

Le Faucon commun est l'espèce qu'on emploie le plus en fauconnerie. On le dresse facilement à prendre les perdrix et autres moyens gibiers ; il chasse aussi le lièvre. Quand il a faim, il attaque, dit-on, l'Outarde, mais il ne saurait en faire sa proie.

« Il y a quelques années, un Faucon pèlerin était venu s'établir, en septembre, sur les tours de la cathédrale de Paris. Pendant plus d'un mois qu'il y demeura, il faisait tous les jours capture de quelques-uns de ces pigeons que l'on voit voltiger çà et là au-dessus des maisons. Lorsqu'il apercevait une bande de ces oiseaux, il quittait son observatoire, rasait les toits ou gagnait le haut des airs, puis fondait sur la bande, et s'attachait à un seul individu qu'il poursuivait, avec une audace inouïe, quelquefois à travers les rues des quartiers les plus populeux. Rarement il retournait à son poste sans emporter dans ses serres une proie qu'il dépeçait tranquillement et sans paraître affecté des cris que poussaient contre lui les enfants. Il chassait le plus habituellement le soir, entre 4 et 5 heures, quelquefois dans la matinée ; tout le reste de la journée il se tenait tranquille. Les amateurs aux dépens de qui vivait ce Faucon, finirent par ne plus laisser sortir leurs pigeons, ce qui probablement contribua à l'éloigner d'un lieu où la vie était pour lui si facile (Z. Gerbe *in Litter.*). »

32 — FAUCON DE BARBARIE — *FALCO BARBARUS*
Linn.

Front roussâtre ; parties supérieures d'un cendré bleuâtre pâle ; parties inférieures d'un blanc jaunâtre, variées de taches longitudinales ; nuque d'un brun roux ; rectrices coupées obliquement par six à sept bandes brunes ; bec bleuâtre ; tarses jaunes.

Taille : 0^m,35 (mâle) ; 0^m,38 (femelle).

FALCO TUNETANUS, Ray. *Syn. Av.* (1713), p. 14.
FALCO BARBARUS, Linn. *S. N.* (1766), t. I, p. 125.
FALCO PUNICEUS, Le Vaill. jun. *Expl. sc. de l'Algérie* (1846), Ois. pl. 1.
Fritsch, *Vog. Eur.*, pl. 2, fig. 3, sous le nom de *Falco peregrinoïdes.*

Sujets vieux : Front d'un blanc roussâtre sale ; occiput et nuque roux, tachés de noirâtre ; dessus de la tête, du cou, dos et croupion, d'un gris bleuâtre clair, avec le centre des plumes plus foncé et formant tache ; couvertures des ailes de la couleur du dos, bordées de cendré et marquées de bandes transversales, plus ou moins visibles, d'un brun bleuâtre ; lorums et région ophthalmique noirs, cette couleur s'élargissant sous l'œil et s'étendant assez bas sous forme de moustaches ; gorge, devant, côtés du cou et poitrine d'un blanc roussâtre ou jaunâtre clair, sans taches ; le reste des parties inférieures d'un blanc jaunâtre plus intense, avec l'abdomen varié de rares taches ovalaires ou affectant une forme carrée ; les plumes tibiales marquées, sur la tige, de très-petites taches en fer de lance, et les sous-caudales striées longitudinalement, au centre, de brun presque effacé ; rémiges noirâtres lisérées extérieurement de cendré ; rectrices, d'un gris bleuâtre plus clair que celui du dos, coupées par des bandes d'un brun noirâtre, et terminées de blanchâtre ; bec bleuâtre à la pointe, jaunâtre à la base ; cire et pieds jaunes ; cercle nu des yeux d'un jaune orangé.

Les *sujets adultes* diffèrent peu des sujets vieux par les teintes des parties supérieures, mais ils ont généralement la gorge et le devant du cou finement striés ; ils portent des taches petites et en larmes sur la poitrine ; des taches de même forme, mais plus grandes, sur l'abdomen, ovales et irrégulièrement carrées sur les flancs, en fer de lance triangulaire et très-élargi sur les plumes tibiales, et en bandes irrégulières et transversales sur les plus longues des sous-caudales.

La livrée des, *jeunes avant la première mue,* n'est pas connue.

Cet oiseau, dont Belon a parlé sous le nom de *Tunicien* (*Hist. nat. des Ois.* p. 117), habite l'Afrique septentrionale et orientale. On le rencontre dans toute la Barbarie et il se montre accidentellement dans l'Europe méridionale.

B. Espèces chez lesquelles les ailes dépassent plus ou moins l'extrémité de la queue, et dont le plumage, en dessous, est unicolore ou marqué de taches oblongues.

Hobereaux (*Hypotriorchis,* Boie, et *Erythropus,* Brehm).

53 — FAUCON HOBEREAU — *FALCO SUBBUTEO*
Linn.

(Type du genre *Hypotriorchis,* Boie ; *Dendrofalco,* Bp.).

Parties supérieures d'un cendré bleuâtre uniforme ; sur la nuque deux taches rousses ; poitrine et abdomen roussâtres, marqués de taches longitudinales ; plumes tibiales d'un roux vif, le plus souvent avec des taches oblongues ; moustaches grandes et longues ; pieds jaunes.

Taille : 0^m,30 *environ* (mâle) ; 0^m,32 *à* 0^m,33 (femelle).

Falco subbuteo, Linn. *S. N.* (1766), t. 1, p. 127.
Dendrofalco, Briss. *Ornith.* (1760), t. I, p. 375.

Hypotriorchis subbuteo, Boie, *Isis* (1826), p. 976.
Dendrofalco subbuteo, Bp. *Rev. crit.* (1850), p. 131.
Buff. *Pl. enl.* 432.

Mâle tué en juin : Parties supérieures d'un cendré bleuâtre, varié de roussâtre au front et au vertex, avec deux taches rousses à la nuque et la tige des plumes d'une nuance noire ; gorge, devant et côtés du cou blancs ; poitrine, abdomen d'un blanc lavé de roussâtre, marqué de taches larges et longitudinales noirâtres ; bas-ventre, sous-caudales et jambes d'un roux très-vif, quelquefois avec des taches sur les culottes ; joues et moustaches noires, ces dernières se prolongeant du bec aux parties latérales du cou ; couvertures alaires semblables au manteau ; rémiges brunes, terminées par un léger liséré grisâtre ; queue de même couleur, marquée sur les barbes internes des dix pennes latérales, de bandes transversales d'un cendré roussâtre, en dessus, cendrées en dessous ; bec bleuâtre ; iris couleur noisette ; paupières, cire et pieds jaunes.

Femelle : Elle est d'une teinte plus brune en dessus, avec le roux des parties inférieures moins vif.

Jeunes de l'année : D'un noir fuligineux en dessus, avec les plumes bordées de jaune roussâtre, surtout à la tête et aux ailes, et d'un roux plus obscur au ventre, aux sous-caudales et aux jambes, qui portent des taches longitudinales brunes ; iris gris-brun.

Cet oiseau habite toute l'Europe, l'Afrique et l'Asie. Il est assez répandu en France, notamment dans le Nord, et en Allemagne ; on le dit rare en Hollande.

Il niche, suivant les localités, sur les arbres très-élevés ou dans les fentes des rochers. Ses œufs, au nombre de trois ou quatre, sont blanchâtres, roussâtres ou rougeâtres, avec de petits points irréguliers, nombreux, d'un brun rougeâtre et quelques taches peu étendues, de même couleur ou fauves. Ils sont, du reste, fort semblables à ceux de la Cresserelle, mais plus uniformément pointillés et plus gros. Ils mesurent :

Grand diam. 0^m,035 ; petit diam. 0^m,031.

Le Hobereau se tient en été dans les bois et se montre en plaine en automne. Il se nourrit de petits oiseaux, principalement d'alouettes. A défaut de chair palpitante, il se repaît d'insectes, surtout de criquets, dans les lieux où ces insectes abondent.

34 — FAUCON ÉLÉONORE — *FALCO ELEONORÆ*
Géné.

Teintes générales d'un brun de fumée, plus foncé en dessus qu'en dessous (mâle adulte), ou d'un brun gris en dessus, d'un brun varié de roux en dessous, avec des stries et des taches longitudinales d'un brun foncé (femelle); pieds d'un jaune citron; base de la mandibule inférieure jaunâtre.

Taille : 0^m,40 *à* 0^m,42.

Falco Eleonoræ, *Géné. Rev. zool.* (avril 1839), t. II, p. 105, et *Mem. Ac. di Torino* (1840), t. II, pl. 1 et 2.

Falco arcadicus, Lindermayer, *Isis* (1843), t. I, p. 330.

Falco concolor, Von der Mühle, *Ornith. Griech.* (1844), p. 14.

Dendrofalco Eleonoræ, Bp. *Rev. crit.* (1850), p. 131.

Hypotriorchis Eleonoræ, Bp. *Cat. Parzud.* (1856), p. 2.

Schleg. et Susem. *Vög. Eur.* pl. 53 et 54.

Bp. *Faun. Ital.* t. I, pl. 24 (*jeune*).

Mâle : Généralement d'un brun de fumée variant du gris clair au gris noir ; plus foncé en dessus qu'en dessous, avec la queue marquée, sur les barbes internes, de bandes transversales plus claires, dont le nombre varie de douze à quatorze ; rémiges brunes en dessus et cendrées en dessous ; tour des yeux d'un jaune pâle ; bec noir de corne en dessus, jaune en dessous dans sa moitié basale; cire et pieds d'un jaune citron ; iris brun; ongles relativement grêles.

Femelle : D'un brun gris de fumée ; gorge, côtés et devant du cou d'un blanc gris ou très-légèrement roussâtre, avec quelques stries brunes çà et là ; une large moustache d'un brun noir partant des commissures du bec ; poitrine, abdomen, flancs d'un brun varié de roux ; bas-ventre, sous-caudales et culottes d'un brun de rouille vif, avec des stries et des taches oblongues, brunes. Les plus longues plumes des jambes atteignent presque les doigts.

La femelle est un peu plus grande que les individus bruns, que l'on considère comme des mâles. Toutefois, Géné fait observer que quelques sujets reconnus pour tels, étaient entièrement semblables à celui qui est représenté sur sa planche 1, et M. Heuglin posséderait une jeune femelle complétement d'un gris de fumée très-foncé.

Jeunes de l'année : D'un brun foncé, avec les plumes de la poitrine et du ventre frangées de brun rougeâtre ; celles du front, de la gorge, du devant du cou, des jambes et les sous-caudales d'un brun rougeâtre clair, marquées de taches longitudinales, qui deviennent transversales sur les tibiales, en fer de flèche aux sous-caudales.

Le Faucon Eléonore habite la Sardaigne, la Grèce et le nord de l'Afrique.

M. Lindermayer a vu plusieurs sujets qui avaient été tués, les uns, près de Tripolitza, en automne 1838 ; les autres, sur les montagnes de Delphi, en juil-

let 1839. Il s'égare parfois dans le midi de la France, et il y aurait été observé,
selon M. Jaubert, sous toutes ses livrées.

Ce Faucon, d'après Géné, niche, en Sardaigne, dans les creux des rochers et
des récifs, le long des côtes maritimes. Sa ponte est de trois ou quatre œufs
d'un brun rougeâtre clair, couverts de taches nuageuses ou finement pointillés
de brun ferrugineux plus foncé. Ils mesurent :

Grand diam. 0ᵐ,041 à 0ᵐ,042; petit diam. 0ᵐ,033 à 0ᵐ,034.

Mœurs et régimes inconnu.

55 — ? FAUCON CONCOLORE — *FALCO CONCOLOR*
Temm.

*Tout le plumage d'un gris ardoise clair ; bec noir-bleuâtre seu-
lement à la pointe ; jaunâtre dans le reste de son étendue ; queue,
en dessous, unicolore ou marquée de bandes peu visibles ; doigt
externe plus long que l'interne.*

Taille : 0ᵐ,30 (mâle) ; 0ᵐ,32 à 0ᵐ,33 (femelle).

Falco concolor, Temm. *Man.* (1840), 4ᵉ part. p. 589.
Susem. *Vog. Eur.* pl. 9, fig. 1.

Mâle adulte : Tout le plumage d'un gris ardoise clair, faiblement
lavé de roussâtre, un peu plus sombre en dessus qu'en dessous, avec
de fines stries noirâtres sur le rachis des plumes; une teinte un peu
plus foncée dessine faiblement les moustaches ; rémiges noires ; queue
de la couleur du dos, marquée de bandes transversales à peine visibles
ou nulles ; bec jaunâtre dans la moitié au moins de son étendue, à
partir de la base jusqu'à 0ᵐ,003 environ en avant de la cire, d'un noir
bleuâtre dans le reste de son étendue ; cire et tarses jaunes.

Femelle adulte : Teintes générales un peu plus foncées et plus
lavées de brun, surtout à la tête.

Jeunes sujets : D'un brun de fumée nuancé de gris clair.

Le Faucon concolore habite l'Afrique septentrionale et orientale. On le
trouve en Barbarie et en Egypte et il visiterait accidentellement, d'après
Temminck, la Dalmatie et les îles de l'archipel grec.

Habitudes, régime et propagation inconnus.

Observations. — 1° Selon quelques naturalistes, l'existence de cet oiseau,
comme espèce européenne, reposerait sur de faux renseignements. Cependant,
son apparition en Europe ne paraîtra pas impossible, si l'on veut bien considérer qu'il habite la Barbarie, comme le démontrent les captures qui ont été
faites en Algérie et dans les environs de Tunis. Le prince Ch. Bonaparte qui,
en 1850 (*Consp. Gen. Avium*, p. 25), l'a rayé de la liste des oiseaux d'Europe,

après l'y avoir admis en 1838 et en 1842 (*Birds of Eur.* etc. et *Cat. met. degli Ucc. Europ.*), l'a regardé de nouveau comme européen dans le *Catalogue Parzudaki.* Pour avoir ainsi repris, en 1856, un oiseau qu'il repoussait en 1850, le prince devait nécessairement avoir, quoiqu'il se taise à cet égard, quelque capture authentique à invoquer. C'est cette présomption qui nous l'a fait admettre, mais avec doute, puisque les uns nient le fait de son apparition accidentelle en Europe, pendant que d'autres l'affirment.

2° Comme le *Falco concolor* (Temm.) et le *Falco ardosiacus* (Vieill.) ont été confondus et peuvent l'être encore, malgré les caractéristiques qui en ont été données; caractéristiques qui ne sont point essentiellement différentielles; nous croyons devoir mettre en relief deux seuls caractères, si bien distinctifs des deux espèces, qu'il est impossible de ne pas les reconnaître à première vue. Ainsi, le *Falco concolor* se distingue toujours par son bec jaunâtre dans sa moitié postérieure, d'un noir bleuâtre dans la moitié antérieure, et par son doigt externe qui, l'ongle compris, est constamment de 0ᵐ,006 ou 0ᵐ,007 plus long que le doigt interne. Ces deux doigts sont par conséquent très-inégaux. — Chez le *Falco ardosiacus*, au contraire, ces deux doigts sont égaux, et le bec (la cire à part) n'est jamais bicolore, mais complétement noir, sauf un très-petit espace jaunâtre, qui est à la base de la mandibule inférieure.

36 — FAUCON KOBEZ — *FALCO VESPERTINUS*
Linn.

(Type du genre *Erythropus*, Brehm; *Pannychistes*, Kaup.)

Teinte générale d'un gris bleuâtre unicolore, avec le ventre, les sous-caudales et les plumes tibiales d'un roux vif (mâle); *dos d'un gris plus clair, rayé de noir; abdomen roux, avec des taches longitudinales* (femelle); *tour des yeux et pieds rouges.*

Taille : 0ᵐ,28 à 0ᵐ,30.

Falco vespertinus, Linn. *S. N.* (1766), t. I, p. 129.
Falco rufipes, Beseke, *Vog. Kurlands* (1822), p. 13.
Erythropus vespertinus, Brehm, *Isis.* (1828), p. 1270.
Pannychistes rufipes, Kaup, *Nat. Syst.* (1829), p. 57.
Falco rubripes, Less. *Ornith.* (1831), p. 93.
Buff. *Pl. enl.* 431, *mâle adulte*, sous le nom de : *Variété singulière du Hobereau.*

Mâle adulte : Plumage d'un gris bleuâtre, plus foncé en dessus et sur la tige des plumes; cuisses, jambes, ventre et couvertures inférieures de la queue d'un roux vif; grandes et petites rémiges d'un gris de plomb; les intermédiaires brunes sur leurs barbes externes; bec livide, noirâtre vers la pointe; cire, pieds, tour des yeux d'un rouge brunâtre : iris brun clair.

Femelle : D'une teinte plus claire en dessus, et rayée transversalement de noirâtre sur le dos, les ailes et la queue; front blanchâtre;
vertex et derrière du cou roux, avec la tige des plumes brune; gorge
et cou roussâtres; poitrine, abdomen roux, avec quelques raies longitudinales brunes; bas-ventre et couvertures inférieures de la queue
roussâtres; cire, paupières et tarses moins rouges que dans le mâle.

Dans un âge avancé, le dessus de la tête est unicolore.

Jeunes : Ils ressemblent à la femelle; la tête est seulement moins
rousse et plus striée de brun ; tarses gris.

Le Kobez habite l'Asie, l'Afrique, le midi et l'est de l'Europe. Il est commun
en Hongrie, en Pologne, dans la Russie méridionale, en Autriche, dans le Tyrol
et dans les Apennins. Il est rare en France, où l'on prétend cependant qu'il se
reproduit. Ce qu'il y a de certain, c'est qu'il est de passage dans le département
de l'Isère et dans nos départements méridionaux. M. Bouteille (*Ornithologie du
Dauphiné*, t. 1, p. 75) dit que dans les premiers jours de mai 1824 on vit, pendant deux jours, dix à douze Kobez voltiger au-dessus des eaux dans les marais
de la plaine de Tullins. Ils étaient peu sauvages et ont été presque tous tués.
Depuis on en a vu d'autres dans la même localité : un dernier passage a eu lieu
en 1842. On cite un autre passage considérable qui s'est effectué en Provence
durant le mois de novembre 1821.

Cette espèce ne prend pas toujours la peine de faire son nid : elle s'empare
de celui de la Pie. Lorsqu'elle en construit un, elle le place sur les arbres élevés qui forment la lisière des bois, sur les peupliers voisins des prairies.
M. Schlegel dit qu'en Grèce, où elle se reproduit, mais en petit nombre, elle
place souvent son aire sur les toits des maisons. Sa ponte est de trois, quatre
et jusqu'à six œufs, courts, d'un roux de rouille clair, avec des mouchetures et
de petites taches d'un rouge brun. Ils mesurent :

Grand diam. 0^m,035; petit diam. 0^m,03.

Le Faucon Kobez a des mœurs qui diffèrent sensiblement de celles de ses
congénères. Il aime à vivre dans la société de ses semblables ; aussi le trouve-
t-on, une grande partie de l'année, réuni en troupes plus ou moins considérables. Le soir, avant le coucher du soleil, tous les individus d'un canton se réunissent, s'amusent, pendant plusieurs heures, à exécuter des évolutions aé-
riennes, puis se portent ensemble sur un arbre pour y passer la nuit. Là, ils se
tiennent serrés autant que possible, et ils s'entassent, pour ainsi dire, sur les
plus hautes branches. M. Nordmann en a vu jusqu'à quarante perchés sur un
robinier de sept ans, et un seul coup de fusil, tiré sur une pareille troupe, lui a
procuré plusieurs fois au delà d'une douzaine d'individus.

« Ce qui m'a toujours frappé dans ces cas, dit-il, c'est la grande dispropor-
tion que j'ai trouvée entre le nombre des mâles et celui des femelles. Une fois,
sur onze individus tués, il n'y eut que trois femelles; une autre fois, sur neuf
individus, je comptai deux femelles seulement. Dans l'air, aussi, j'ai toujours
compté plus de mâles que de femelles (1). »

(1) *Catalogue raisonné de la Faune pontique*, p. 84.

On voit le Faucon Kobez, immobile pendant des heures entières au même endroit, ne le quitter momentanément que pour se précipiter sur les insectes qu'il aperçoit, et dont il fait sa principale nourriture. Il est très-habile à saisir au vol les grandes espèces de sauterelles. Il fouille, dit-on, dans la fiente des bêtes à cornes, pour en extraire les scarabées qui s'y cachent. Il fait aussi la chasse aux lézards, aux petits mammifères, et mange même des baies.

C. Espèces dont les ailes ne s'étendent qu'aux deux tiers environ de la queue, et dont les parties inférieures, dans les deux sexes, sont variées de taches oblongues.

ÉMÉRILLONS (*Æsalon*, Kaup).

57 — FAUCON ÉMÉRILLON — *FALCO LITHOFALCO*
Gmel. ex Briss.

Parties supérieures d'un cendré bleu (mâle), *ou d'un gris brun* (femelle), *variées de roux ; parties inférieures rousses* (mâle), *ou d'un blanc roussâtre* (femelle), *avec de nombreuses taches longitudinales ; moustaches faibles, nulles à la base du bec ; pieds jaunes.*

Taille : mâle, 0ᵐ.26 ; *femelle mesurant quelquefois* 0ᵐ,31.

LITHOFALCO et ÆSALON, Briss. *Ornith.* (1760), t. I, p. 349 et 382.
FALCO REGULUS, Pall. *Voy.* (1776), t. VIII de l'édit. fr. in-8, p. 27.
FALCO LITHOFALCO et ÆSALON, Gmel. *S. N.* (1788), t. I, p. 278 et 284.
FALCO SMIRILLUS, Savig. *Ois. d'Égyp.* (1809), p. 100.
FALCO CÆSIUS, Mey. et Wolf, *Taschb. Deuts.* (1810), t. I, p. 60.
ÆSALON LITHOFALCO, Kaup, *Nat. Syst.* (1829), p. 40.
Buff. *Pl. enl.* 447, *mâle adulte,* sous le nom de *Rochier* ; 468, *femelle,* sous le nom d'*Emérillon.*

Mâle adulte : Cendré bleu en dessus, avec la tête et le haut du dos nuancés de brunâtre ; cou, en arrière, taché de roux, avec la tige des plumes noire ; gorge blanche ; devant du cou blanc, nuancé de roussâtre, avec des stries brunes ; poitrine, abdomen, sous-caudales et jambes roux, avec des taches oblongues brunes ; joues et côtés du cou variés de roux brun sur un fond blanc ; couvertures alaires semblables au manteau ; rémiges brunes, la première bordée de blanc en dehors et toutes terminées de blanchâtre ; queue variée de cendré bleuâtre et de brun en dessus, avec une large bande transversale vers le bout, suivie d'une autre bande blanche très-étroite ; cendrée et pointillée de brunâtre en dessous, avec des barres noirâtres; bec bleuâtre; iris brun; cire, paupières et pieds jaunes.

Dans un âge avancé, le bleu des parties supérieures et le roux des parties inférieures sont plus purs et plus prononcés.

Femelle adulte : Beaucoup plus forte que le mâle; parties supérieures d'un brun gris, avec la tige des plumes noire et les barbes bordées de roux; queue barrée de brun et de gris sur les pennes médianes, de roux et de brun sur les latérales; gorge et cou blancs, légèrement striés de brun; poitrine et les autres parties inférieures tachetées comme chez le mâle, mais sur un fond blanc tirant sur le roussâtre.

Jeunes avant la première mue : Brun plus foncé, avec des taches plus larges en dessus, moins de blanc en dessous, et les pennes médianes de la queue de même couleur que les latérales. A cet âge, la taille seule fait distinguer les mâles des femelles.

Cet oiseau habite, l'été, les parties les plus septentrionales de l'Europe, et se répand en automne et en hiver dans les régions méridionales. Il est également propre à l'Asie et à toute l'Algérie.

Il est peu de contrées de la France où on ne le rencontre assez fréquemment. Les vieux mâles sont plus rares que les jeunes et les femelles, et paraissent voyager séparément.

Il niche dans les fentes des rochers ou sur les arbres (1). Ses œufs, au nombre de cinq ou six, sont très-courts, un peu plus petits que ceux de la Cresserelle, à peu près de la même couleur, mais plus foncés. Moquin-Tandon en a vu une variété qui était au contraire plus claire. Ils mesurent :

Grand diam. 0^m,035; petit diam. 0^m,034.

L'Émérillon, quoique de petite taille, est très-courageux; il fait sa principale nourriture d'oiseaux et de mammifères.

D. Espèces dont les ailes ne s'étendent qu'aux trois quarts de la longueur de la queue, ou en atteignent le bout, dont les parties inférieures sont variées de taches oblongues, et dont la queue porte vers son extrémité, qui est évasée, une ou deux bandes noires.

CRESSERELLES (*Tinnunculus,* Vieill. *Cerchneis,* Boie).

(1) Le prince Ch. Bonaparte ne veut pas que l'Émérillon établisse son nid sur les arbres (*Rev. crit.* p. 18). Il le condamne à nicher « toujours très-bas dans les bruyères »; nous pouvons affirmer que l'Émérillon niche sur les arbres, et cela très-souvent. Un couple qui se reproduisait depuis plusieurs années dans la forêt de Rambouillet, et dont nous avons obtenu les œufs en 1844, les œufs et la femelle en 1840, nichait invariablement sur le même arbre.

58 — FAUCON CRESSERELLE — *FALCO TINNUNCULUS*
Linn.

Dessus du corps d'un brun rouge, taché de noir ; dessous du corps roussâtre, varié de taches longitudinales sur la poitrine, rondes ou ovales sur les flancs ; pieds jaunes ; ongles noirs.

Taille : 0^m,35 à 0^m,36.

FALCO TINNUNCULUS, Linn. *S. N.* (1766), t. I, p. 127.
ACCIPITER ALAUDARIUS, Briss. *Ornith.* (1760), t. I, p. 379.
FALCO BRUNNEUS, Bechst. *Nat. Deuts.* (1805), t. II, p. 807.
CERCHNEIS TINNUNCULA, Boie, *Isis* (1828), p. 314.
TINNUNCULUS ALAUDARIUS, G. R. Gray, *Gen. of B.* (1841), p. 3.
Buff. *Pl. enl.* 401, *mâle*; 471, *femelle*.

Mâle adulte : Dessus de la tête et du cou d'un cendré bleuâtre ; dessus du corps et ailes d'un brun rouge, varié de taches angulaires noires; dessous du corps roussâtre, avec des raies longitudinales à la poitrine, et des taches arrondies ou ovalaires à l'abdomen et sur les flancs ; devant des yeux d'un blanc jaunâtre ; joues d'un cendré bleuâtre ; rémiges brunes, terminées et bordées en dehors de gris roussâtre ; queue d'un cendré bleuâtre, avec une large bande noire et une autre bande blanche, plus petite, à l'extrémité ; bec bleuâtre ; paupières, cire et pieds jaunes ; iris brun-noisette.

Femelle adulte : Parties supérieures d'un brun rouge, avec des taches longitudinales brunes sur la tête et le cou, angulaires sur le manteau, et des barres de même couleur à la queue, qui est rousse ; les taches du corps sont très-nombreuses et forment, par leur disposition, des espèces de bandes transversales ; parties inférieures d'un roux plus foncé ; bandes terminales de la queue moins pures.

Jeunes avant la première mue : Ils ressemblent à la femelle ; seulement ils ont les teintes des parties supérieures plus sombres.

Les *petits nouvellement nés* sont couverts d'un duvet blanc.

La Cresserelle est répandue en Europe, en Asie et dans l'Afrique septentrionale. C'est l'oiseau de proie le plus commun en France.

Elle niche sur les vieilles tours, dans les châteaux abandonnés, dans les crevasses des murailles, sur les clochers des grandes villes, dans les creux des rochers et sur les arbres. Ses œufs, au nombre de quatre à six, varient beaucoup sous le rapport de leurs teintes, de leur forme et de la grandeur de leurs taches. Quelquefois ils ont un fond jaunâtre et sont entièrement couverts de très-petites taches et de points d'un brun rouge ou ferrugineux ; d'autres fois

ils sont gris-fauve, avec de très-larges taches et quelques petits points rougeâtres ; on en voit enfin dont les taches sont tellement confondues que le fond de
la coquille paraît entièrement rougeâtre, avec quelques plaques plus foncées,
dispersées çà et là. M. Thienemann porte à neuf le nombre des variétés principales ; nous croyons qu'on peut les ramener toutes aux trois que nous venons
d'indiquer. Ils mesurent :

Grand diam. 0ᵐ,03 à 0ᵐ,04 ; petit diam. environ 0ᵐ,033.

La Cresserelle voyage très-souvent en compagnie du Kobez. Elle se nourrit
principalement, comme le Hobereau et comme l'Émérillon, de petits oiseaux
et de petits mammifères. Ce n'est que quand elle est pressée par la faim qu'elle
se jette sur les insectes et les reptiles.

59 — FAUCON CRESSERINE — *FALCO CENCHRIS*
Naum.

Dessus du corps d'un brun rouge unicolore (mâle), *ou taché de
brun* (femelle) ; *dessous du corps d'un roux rougeâtre* (mâle), *ou
roussâtre* (femelle), *varié de taches à l'abdomen et aux flancs ; pieds
jaunes ; ongles jaunâtres.*

Taille : 0ᵐ,30 *à* 0ᵐ,32.

Falco cenchris, Naum. *Vog. Deut.* 2ᵉ édit. (1822 ?), t. I, p. 318, pl. 29,
fig. 1 et 2.

Falco tinnuncularius, Vieill. *N. Dict.* (1817), t. XI, p. 93.

Falco tinnunculoides, Natterer, in : Temm. *Man.* 2ᵉ édit. (1820), t. I, p. 31,
et 3ᵉ part. (1835), p. 15.

Falco gracilis, Less. *Ornith.* (1831), p. 94.

Cerchneis cenchris, Ch. Bp. *B. of Eur.* (1838), p. 4.

Tinnunculus cenchris, Bp. *Cat. Parzud.* (1806), p. 2.

P. Roux, *Ornith. prov.* pl. 41, *mâle adulte.*

Expédition de la Morée, pl. 2, *mâle* ; pl. 3, *femelle.*

Mâle : Dessus de la tête, du cou et de la queue d'un cendré bleuâtre
comme dans le mâle de la Cresserelle, avec une large bande noire, et
une bande blanche plus étroite à l'extrémité de cette dernière partie ;
dessus du corps et ailes d'un brun rougeâtre sans taches, avec un peu
de cendré à l'extrémité de quelques grandes couvertures alaires et des
rémiges secondaires ; parties inférieures d'un roux rougeâtre, avec
quelques petites taches noires seulement sur l'abdomen et les flancs ;
bec bleuâtre, livide à la base : paupières, cire et pieds jaunes ; iris brun
tirant sur le jaunâtre ; ongles jaunâtres.

Femelle adulte : Parties supérieures, couvertures des ailes et rectrices d'un brun rougeâtre clair, variées de fines taches longitudinales

à la tête et au cou, et de larges bandes transversales de même couleur sur le reste du plumage ; parties inférieures roussâtres, avec de larges taches longitudinales noirâtres sur la poitrine, et de taches irrégulières le long du rachis des plumes des flancs et de l'abdomen ; rémiges d'un brun noir, avec une série de taches sur les barbes internes ; rectrices comme dans le mâle, mais roussâtres à la pointe.

Les *jeunes mâles* se distinguent des mâles adultes par les teintes roussâtres qui se manifestent à l'extrémité des plumes cendrées de la tête et du cou ; par un trait noirâtre qui occupe souvent le centre de ces plumes, comme chez les femelles, et par de grandes taches sur les parties inférieures. Pour tout le reste, ils ressemblent à la femelle.

Le Faucon Cresserine ou Cresserellette habite l'Europe méridionale et orientale, l'Asie occidentale et l'Afrique septentrionale. Il est sédentaire en Morée, de passage en Sardaigne, en Sicile, en Crimée, en Espagne, en Suisse et en France, où il arrive au printemps et d'où il part en automne.

Il a été tué dans plusieurs localités de l'Empire, et notamment en Languedoc, en Provence et dans les Pyrénées. M. Philippe, de Bagnères-de-Bigorre, dit qu'il se reproduit dans les ruines d'un vieux manoir, à 26 ou 27 kilomètres de cette ville.

Il niche dans les vieux châteaux, les crevasses des rochers, et suivant M. Von der Mühle, sur les toits des maisons, en Grèce. Ses œufs, au nombre de quatre à six, sont très-courts, plus petits que ceux de la Cresserelle, rougeâtres ou d'un gris roussâtre clair, avec une multitude de petits points et de mouchetures d'un rouge de brique, presque confondus et entremêlés de quelques petites taches brunes. Ils mesurent :

Grand diam. 0^m,033 à 0^m,038 ; petit diam. 0^m,027 à 0^m,029.

Ce Faucon a les mêmes mœurs que la Cresserelle et vit de coléoptères, de sauterelles et de petits reptiles.

SOUS-FAMILLE VII

ACCIPITRIENS — *ACCIPITRINÆ*

Bec court, courbé dès la base, à bords festonnés ; tarses allongés ; doigts longs et déliés ; ailes de moyenne longueur, queue généralement allongée.

Cette division, que caractérisent des tarses généralement grêles et allongés, des ailes plus courtes et moins effilées que celles des Falconiens, et un plumage ordinairement varié, en dessous, de nombreuses bandes transversales, n'est représentée, en Europe, que par les Autours et les Éperviers.

GENRE XVIII

AUTOUR — *ASTUR*, Lacép.

Falco, p. Linn. *S. N.* (1735).
Accipiter, p. Briss. *Ornith.* (1760).
Astur, Lacép. *Mém. de l'Instit.* (1800-1801).
Dædalion, Savig. *Ois. d'Égyp.* (1808-1810).
Sparvius, Vieill. *Ornith. élém.* (1816).

Bec court, comprimé et très-arqué ; narines basales, ovalaires ; ailes allongées, recouvrant la moitié de la queue ; queue longue, large, arrondie ; tarses épais, scutellés devant et derrière ; doigts longs et robustes ; ongles forts et très-courbés.

Les Autours se distinguent des Éperviers par des formes plus lourdes, plus ramassées, et par d'autres caractères faciles à saisir.

Ils vivent dans les grands bois, et ne s'attaquent plus, comme les Éperviers, aux animaux de petite taille, mais aux perdreaux, aux pigeons, aux lapins, dont ils font une grande destruction.

Le mâle et la femelle adultes se ressemblent ; les jeunes en diffèrent.

Une seule des espèces comprises dans ce genre appartient à l'Europe ; les autres sont propres à l'Asie et à l'Afrique.

40 — AUTOUR ORDINAIRE — *ASTUR PALUMBARIUS*
Bechst. ex Linn.

Parties supérieures cendrées ; parties inférieures blanches, ondulées de brun sur la poitrine ; sous-caudales unicolores ; doigt interne atteignant l'extrémité antérieure de la deuxième phalange du doigt médian.

Taille : 0^m,51 (mâle) ; 0^m,60 (femelle).

Falco palumbarius et gentilis, Linn. *S. N.* (1766), t. I, p. 126 et 130.
Astur, Briss. *Ornith.* (1760), t. I, p. 317.
Falco gallinarius, Gmel. *S. N.* (1788), t. I, p. 266.
Dædalion palumbarius, Savig. *Ois. d'Égyp.* (1809), p. 94.
Astur palumbarius, Bechst. *Orn. Tasch.* (1802), t. II, p. 268.
Accipiter astur, Pall. *Zoogr.* (1811-1831), t. II, p. 367.
Sparvius palumbarius, Vieill. *N. Dict.* (1817), t. X, p. 331.
Accipiter gallinarum, Brehm, *Handb. Nat. Vog. Deuts.* (1831), p. 83.
Buff. *Pl. enl.* 418, *adulte ;* 425 et 461, *jeunes sujets* sous le nom d'*Autour sors.*

Mâle adulte : Parties supérieures de la tête, du cou, du corps et sus-caudales d'un cendré bleuâtre, avec des taches blanches à la nuque; dessus et dessous des yeux, devant et côtés du cou, variés de brun, de blanc et de stries noirâtres; poitrine, abdomen et jambes d'un blanc ondulé transversalement de brun, avec un trait de même couleur sur la tige de chaque plume, disposé de manière à offrir la forme d'un fer de lance; sous-caudales d'un blanc pur; couvertures alaires pareilles au dos; rémiges brunes, portant des bandes transversales noirâtres sur les barbes internes; queue, en dessus, de la même couleur que le manteau, d'un cendré clair varié de gris et de blanc en dessous, traversée par quatre bandes noirâtres et terminée de blanc; bec noir-bleuâtre; cire jaune-verdâtre; iris et pieds jaunes.

Femelle adulte : Elle ne diffère du mâle que par une taille un peu plus forte, une teinte plus rembrunie en dessus, et des traits bruns plus nombreux au cou.

Jeunes de l'année : Dessus de la tête, du cou et du corps d'un brun roussâtre, avec les bordures des plumes de la nuque et de quelques-unes du vertex rousses ou d'un blanc roussâtre; celles du dos et des scapulaires terminées de grisâtre; sus-caudales barrées alternativement de brun et de gris roussâtre, terminées par cette dernière teinte; devant et côtés du cou blancs, avec des stries larges et allongées d'un brun roussâtre; poitrine, abdomen, sous-caudales et jambes d'un roux blanchâtre, marqué de taches longitudinales et lancéolées roux-marron; côtés de la tête variés de stries blanches, brunes et roussâtres; couvertures alaires pareilles au manteau, bordées d'une teinte claire et terminées de gris roussâtre; rémiges primaires brunes, avec des bandes noirâtres sur leurs barbes internes; quelques taches roussâtres sur les externes, qui sont terminées, ainsi que les secondaires, de gris roussâtre; queue cendré roussâtre en dessus, portant quatre larges bandes transversales noires, d'une teinte généralement cendrée en dessous et terminées de blanchâtre.

Un jeune sujet en mue, tiré près de Lille, le 1er septembre 1834, avait l'iris blanc-jaunâtre, la cire jaune-verdâtre, les commissures du bec d'une nuance plus jaune que cette partie, les pieds d'un jaune citron.

Des sujets tirés au sud de Moscou, envoyés en communication par M. Hardy, ont une teinte générale rousse beaucoup plus pâle que les jeunes individus que l'on tue en France. La distribution des taches est tout à fait la même.

L'Autour habite l'Asie, l'Afrique et une grande partie de l'Europe. Il vit l'été, dans le Nord et l'hiver dans le Midi ; on le dit commun en Suisse et en Allemagne. Il n'est pas rare, en France, dans les montagnes boisées du Dauphiné, où il se reproduit. Il se reproduit aussi dans les Hautes-Pyrénées, dans les Basses-Alpes, en Anjou, en Champagne et en Lorraine.

Il niche sur les arbres très-élevés, particulièrement sur les vieux hêtres et les chênes. Ses œufs, au nombre de quatre, sont d'un gris azuré sans taches. On en rencontre, mais très-rarement, qui offrent quelques taches d'un brun vineux pâle. Il y a des variétés assez bleues ; il y en a d'autres presque blanches Celles-ci proviennent ordinairement de jeunes sujets. Moquin-Tandon n'en a jamais rencontré avec des raies, et des taches brunes, comme les œufs décrits par Temminck. Ces œufs varient aussi par la forme. Ils mesurent :

Grand diam. 0ᵐ,055 ; petit diam. 0 ,045.

L'Autour n'est ni moins impétueux ni moins audacieux, lorsqu'il poursuit une proie, que l'Épervier ordinaire. M. Hardy en a vu tuer un sur une poule qu'il venait de saisir dans la cour d'une ferme. Il se nourrit de perdrix, de pigeons, d'oiseaux de basse-cour, de lapins et d'autres petits mammifères.

GENRE XIX

EPERVIER — *ACCIPITER*, Briss.

Falco, p. Linn. *S. N.* (1735).
Accipiter, p. Briss. *Ornith.* (1760).
Nisus, G. Cuv. *Tab. du Règ. anim.* (1799-1800).
Astur, Dum. *Zool. anal.* (1806).
Dædalion, p. Savig. *Ois. d'Égyp.* (1808-1810).
Sparvius, p. Vieill. *Ornith. élém.* (1816).

Bec court, courbé dès la base, très-crochu, festonné sur ses bords ; narines médianes, elliptiques, en partie couvertes par les plumes sétiformes du front ; ailes médiocres ; queue longue, large, plus ou moins arrondie ; tarses très-grêles, scutellés sur le devant ; doigts longs et grêles ; ongles très-acérés.

Les Eperviers, par leurs formes élancées, rappellent beaucoup celles des Busards ; mais ils n'ont ni les habitudes ni le genre de vie de ceux-ci. Ils habitent les grands bois pendant l'été, et se répandent dans les campagnes en automne et en hiver.

Leur nourriture consiste en insectes, en petits mammifères, mais plus particulièrement en oiseaux, qu'ils saisissent au vol.

Le mâle diffère sensiblement de la femelle, et les jeunes présentent une livrée particulière.

La plupart des espèces qui composent ce genre sont étrangères à l'Europe ; une seule, offrant une race distincte, lui est propre.

Observations. — 1° Les Eperviers se différencient assez des Autours par leur bec relativement plus faible, par des tarses grêles, allongés, par des formes plus élancées, etc., pour qu'on puisse en former un genre distinct ; genre, du reste, qui paraît aujourd'hui généralement adopté.

2° Aucun fait n'étant venu détruire les doutes émis dans la première édition, relativement à l'apparition du Gabar, en Grèce, nous croyons, de nouveau, ne pas devoir l'admettre comme européen.

3° Malgré la critique du prince Ch. Bonaparte, nous maintenons l'*Astur major*, mais à titre de race seulement et en le rapportant au genre *Accipiter*. Si nous avions dû le rayer du *Catalogue des oiseaux d'Europe*, la notice insérée par M. de Tarragon dans la *Revue et Magasin de zoologie* pour 1854 (n° 692) et des renseignements puisés dans une lettre écrite à M. Hardy, par M. de Brécourt, nous auraient déterminés à le conserver. Du reste, par un de ces revirements dont il a donné de fréquents exemples, le prince Ch. Bonaparte, après avoir déclaré avec autorité que le Grand Épervier (*Astur major*) n'était qu'une espèce nominale, non-seulement a fini par le reconnaître comme race (*Cat. Parzud.* 1856, p. 2), mais a même admis, en cette qualité, un autre Epervier, distingué par Nordmann sous le nom spécifique de *Ferrugineux*.

41 — ÉPERVIER ORDINAIRE — *ACCIPITER NISUS*
Pall. ex Linn.

Plumage des parties supérieures d'un gris d'ardoise ; parties inférieures blanches, barrées de brun et de roux ; bandes de la queue au nombre de cinq sur les rectrices externes.

Taille : 0^m,32 (mâle) ; 0^m,37 (femelle).

Falco nisus et minotus, Linn. *S. N.* (1766), t. I, p. 130 et 131.
Accipiter maculatus, Briss. *Ornith.* (1760), t. I, p. 314.
Dædalion fringillarius, Savig. *Ois. d'Égyp.* (1809), p. 94.
Accipiter nisus, Pall. *Zoogr.* (1811-1831), t. I, p. 370.
Sparvius nisus, Vieill. *N. Dict.* (1817), t. X, p. 319.
Astur nisus, Keys. et Blas. *Wirbelth.* (1840), p. 31.
Buff. *Pl. enl.* 467, *mâle adulte*, sous le nom de *Tiercelet hagard d'épervier ;* 412 *vieille femelle.*

Mâle adulte : Parties supérieures d'un cendré ardoise, avec une tache blanche à la nuque ; parties inférieures blanches, rayées transversalement de roux et de brun, avec un trait de cette dernière couleur sur la tige des plumes, à la poitrine et à l'abdomen ; du roux vif sur les côtés du cou, et des stries longitudinales brunes à la face antérieure de cette partie ; sous-caudales d'un blanc pur ; joues comme le vertex, nuancées de blanchâtre au-devant des yeux et de roussâtre au dessous ; couvertures des ailes et rémiges pareilles au manteau, les dernières barrées transversalement sur leurs barbes internes ; queue de la même teinte en dessus, cendré bleuâtre en dessous, terminée de blanc et coupée par cinq bandes transversales noirâtres, plus foncées sur les barbes internes ; bec bleuâtre à la base, noir dans le reste de son étendue ; cire verdâtre ; iris et pieds d'un jaune citron.

Chez les vieux individus, l'iris est quelquefois rouge-orange. Chez d'autres, les parties inférieures sont lavées de roux vif ; mais les sous-caudales sont toujours d'un blanc pur.

Femelle adulte : Beaucoup plus grosse que le mâle ; d'un brun cendré moins ardoisé en dessus ; d'un blanc lavé de cendré très-clair en dessous, ondulé transversalement de brun au bas du cou, à la poitrine, à l'abdomen et aux jambes, avec un trait de brun de plomb foncé sur la tige des plumes ; gorge et devant du cou d'un blanc pur, avec des stries brun de plomb ; sous-caudales d'un blanc parfait ; joues variées de brun et de blanc ; région parotique comme le vertex, mais lavée de roussâtre ; raie sourcilière blanche, variée de brun, se perdant avec le blanc de la nuque ; côtés du cou blancs, striés de brun et de roussâtre, couvertures alaires comme le dos, avec leur tige d'une teinte plus foncée ; rémiges brunes, portant des bandes transversales d'une nuance plus foncée sur les barbes internes ; queue comme celle du mâle, d'une teinte générale plus cendrée.

Dans un âge moins avancé l'extrémité des plumes, sur le corps et les ailes, est d'une teinte cendrée claire ; les rémiges sont terminées de blanchâtre ; le devant et les côtés du cou, lavés de roussâtre ; la poitrine, l'abdomen et les jambes, barrés de brun et de roux, à peu près comme dans les mâles.

Jeunes de l'année : Parties supérieures brunes, avec les bordures des plumes rousses ; parties inférieures roussâtres, avec des taches roux foncé, sous forme de fer de lance, à la poitrine, à l'abdomen et aux jambes ; sous-caudales blanches, terminées de roux ocreux ; devant et côtés du cou striés de brun ; joues variées de brun et de roussâtre ; raie sourcilière d'un roux blanchâtre ; ailes pareilles au dos ; les rémiges primaires terminées de blanchâtre, et les secondaires de roussâtre ; queue terminée de cendré, les pennes bordées de roussâtre, portant cinq ou six bandes transversales suivant le sexe, qui se distingue facilement par la taille.

L'Epervier ordinaire habite l'Europe, l'Asie et l'Afrique. Il est sédentaire en Dauphiné et dans quelques autres localités de la France.

Les vieux mâles se montrent rarement dans le département du Nord : ceux que nous voyons en octobre, novembre, décembre et mars, époques de leurs passages, sont tous jeunes ou femelles.

Cette espèce établit son nid sur les hêtres, les chênes et surtout les sapins. Sa ponte est de trois à six œufs courts, d'un blanc pâle, tantôt légèrement azuré, tantôt jaunâtre, avec des taches rousses ou brunes irrégulières, souvent nombreuses au gros bout, où elles forment quelquefois une couronne. On rencontre des variétés finement pointillées, ou à peine marquées de petites taches ; on en rencontre aussi qui sont sans taches. Ils mesurent :

Grand diam. 0^m,035 à 0^m,037 ; petit diam. 0^m,03 à 0^m,035.

L'Épervier ordinaire fait une chasse continuelle aux petits oiseaux, aux petits mammifères et aux insectes. La faim le rend audacieux. On l'a vu pénétrer dans les appartements avec l'oiseau qu'il poursuivait, et qui était venu y chercher un abri.

A — ÉPERVIER MAJEUR — *ACCIPITER MAJOR*
Degl. ex Becker.

Plumage des parties supérieures brun, avec de fines bordures rousses ; parties inférieures blanches, barrées de gris brun et de fauve clair ; bandes de la queue au nombre de huit sur les rectrices latérales.

Taille : 0^m,36 à 0^m,38 (mâle) ; 0^m,38 à 0^m,40 (femelle).

Falco nisus-major, Beck. in : Meisner, *Vög. Schweiz* (1815), p. 21.
Astur major? Degl. *Ornith. Eur.* (1849), t. I, p. 86.

Mâle en été : Parties supérieures d'un cendré brunâtre, tacheté de blanc à la nuque ; une large bande blanche, au-dessus des yeux ; parties inférieures d'un blanc d'argent, avec des raies transversales d'un brun noirâtre, affectant, sur la poitrine, la forme d'un fer de lance, comme chez certains Faucons très-adultes ; côtés de la poitrine et du cou d'une teinte marron ; sous-caudales d'un blanc pur sans taches ; queue coupée par sept à huit bandes transversales noirâtres ; cire, tarses et iris jaunes.

Femelle en été : Comme le mâle, en dessus ; blanche en dessous, avec les bandes transversales de la poitrine plus noires, plus larges, plus nombreuses, s'étendant plus bas et n'affectant pas la forme d'un fer de lance, mais un peu échancrées à leur bord supérieur ; taches de la nuque et bande sourcilière moins larges.

L'habitat du grand Épervier n'est pas bien déterminé. Cet oiseau n'a été rencontré jusqu'ici qu'en Suisse et, en France, dans les départements de la Somme, de la Seine-Inférieure et d'Eure-et-Loir. Il niche sur les arbres, et construit avec des bûchettes, qui ont quelquefois l'épaisseur du pouce, une aire de 0^m,70 de large. Ses œufs, d'après Becker et Meisner, seraient plus gros, plus arrondis que ceux de l'*Accipiter nisus*, et seulement pointillés de brun sur un fond gris-blanc.

M. le comte de Tarragon, qui a pu observer à loisir le couple dont il a fait l'objet d'une notice intéressante, a vu cet Épervier venir hardiment, plusieurs fois par jour, saisir les hirondelles au vol, dans la cour de l'habitation au voisinage de laquelle il avait établi son nid. Il a constaté que le sol, au pied de l'arbre qui recélait ce nid, était parsemé de plumes et d'os de différents oiseaux, de poules entre autres, et que le plancher même de l'aire était tapissé d'ossements.

Le cri des vieux ressemble, à s'y méprendre, à celui d'un jeune chat. A l'époque des amours, ils le font entendre fréquemment et à de courts intervalles.

Observation. — L'existence de cet oiseau, sinon comme espèce, du moins comme race locale, n'est généralement pas reconnue. MM. Schinz, Delamotte et de Sélys-Longchamps le regardent comme une vieille femelle de l'Epervier ordinaire. Temminck n'ose en affirmer ni en nier l'existence, n'ayant pas vu de sujets désignés sous ce nom. M. A. Malherbe, qui partage l'opinion de MM. Schinz, Delamotte et de Sélys-Longchamps, la croit d'autant plus fondée que l'individu femelle qu'il a vu comme tel (Collect. Degland), a éprouvé une altération au bec, soit par le climat, soit par la nourriture, soit par des maladies; que M. Zahnd, préparateur du Muséum de Berne, lui a assuré qu'il a examiné avec soin un grand nombre d'Eperviers et n'a jamais trouvé la grande espèce; que M. Hollandre, ancien directeur du Cabinet zoologique de Metz, a ouvert beaucoup d'Éperviers de forte taille et n'a reconnu que des femelles plus ou moins âgées.

Ces raisons ne sont pas sans réplique. Si le sujet femelle qui les a motivées et un autre mâle que possède M. Delahaye, à Amiens, ont le bec mal conformé ou altéré accidentellement; au bec près, ils ressemblent parfaitement à un individu qui fait partie de la collection de M. Hardy. Voici, du reste, ce qu'en pense cet ornithologiste : « J'ai un mâle de cette prétendue espèce, tué ici « en mai. Je croyais préparer une femelle et fus très-surpris de trouver un « mâle bien caractérisé par l'état des organes génitaux. Le bec, loin de « ressembler à votre dessin, qui ne paraît indiquer qu'un jeu de la nature, est, « comme toutes les autres parties de l'oiseau, en tout semblable à celui de « l'Epervier ordinaire. Il n'y a de différence que dans la taille. Permettez-moi « de suspendre mon jugement (Lettre à M. Degland). » Voilà un fait bien constaté par un observateur habile, en qui on peut avoir toute confiance : un mâle, vu sa taille, a pu être pris pour une femelle. On ne saurait pas, non plus, révoquer en doute l'observation de M. le comte de Tarragon. D'un autre côté, M. de Brécourt a rencontré, dans les environs de Vernon, plusieurs sujets tant mâles que femelles de cette race, et il a constaté qu'indépendamment de la taille, elle se distingue toujours de l'*Accipiter nisus* par l'absence de teintes ardoisées aux parties supérieures, rousses aux parties inférieures; par les bandes noires de la queue qui sont plus larges, plus foncées, plus nombreuses et par des ailes relativement plus courtes.

Nous donnons ici quelques mesures comparatives, qui ont été prises, avec toute la rigueur possible, sur une vieille femelle d'*Accipiter nisus* et sur le mâle que nous rapportons à l'*Accipiter nisus major*. Ces deux oiseaux font partie, l'un et l'autre, de la collection de M. Hardy.

PARTIES COMPARÉES.	A. NISUS. (Femelle.)	A. NISUS MAJOR. (Mâle.?)
Longueur de l'aile pliée, en suivant la courbure.	0^m,232	0^m,248
Distance de l'extrémité des grandes couvertures à l'extrémité des grandes rémiges..........	?	0 ,067
Longueur du tarse......................	0 ,061	0 ,064
— de la partie nue du tarse..........	0 ,041	0 ,045
— du doigt médian sans l'ongle.......	0 ,037	0 ,038
— de la queue, de la naissance des deux rectrices médianes à leur extrémité.........	0 ,070	0 .180

SOUS-FAMILLE VIII

CIRCIENS — *CIRCINÆ*

Bec court, courbé dès la base, à bords festonnés ; tarses longs et grêles ; doigts courts ; ailes et queue allongées ; une collerette plus ou moins prononcée.

Les Circiens ne sauraient être confondus avec les oiseaux qui composent les autres divisions des Falconidés. Ils s'en distinguent par des formes plus élancées ; par des tarses longs et grêles ; par le doigt médian qui est constamment beaucoup plus court que le tarse. Cette sous-famille repose exclusivement sur le genre *Circus*.

GENRE XX

BUSARD — *CIRCUS*, Lacép.

Falco, p. Lin. *S. N.* (1735).
Circus, Lacép. *Mém. du Mus.* (1800-1801).
Buteo, p. Dum. *Zool. anal.* (1806).
Pygargus, Koch, *Baier. zool.* (1816).
Strigiceps, Bp. *Distrib. meth. an. vert.* (1831).

Bec médiocre, comprimé, presque droit, très-élevé, à bords de la mandibule inférieure pourvus d'un léger feston ; cire grande, couvrant plus du tiers de la longueur du bec ; narines oblongues, en partie couvertes par des poils roides ; ailes longues et larges ; queue allongée, arrondie ; tarses longs et grêles ; doigts médian et externe unis à la base par une membrane ; ongles médiocres et très-aigus.

Les Busards ont le corps délié, élancé ; des formes, par conséquent, moins lourdes que celles des autres Rapaces. Comme les Chouettes, ils ont, immédiatement au-dessous des oreilles, une sorte de collerette plus ou moins apparente, formée de plumes serrées et frisées.

Les Busards recherchent les marais et le voisinage des bois en plaines. Ils font la chasse aux oiseaux, aux petits mammifères ; mais surtout aux reptiles et aux insectes.

Chez les uns, le mâle et la femelle adultes ont à peu près le même plumage, et les jeunes, avant la première mue, s'en distinguent beaucoup ; chez les autres, le plumage du mâle adulte diffère de celui de la femelle, et les jeunes de l'année ont alors une livrée qui a de l'analogie avec celle de cette dernière.

Observation. — Les quatre espèces que nous comprenons, avec la plupart des auteurs, dans le genre Busard, ont été réparties par Kaup, de 1844 à 1847, dans les genres et sous genres *Circus*, *Strigiceps* et *Petrocircus*. Le prince Ch. Bonaparte qui, en 1854 (*Consp. Accipit. R. et M. de zool.* t. VI, p. 539), ratifiait, en les reproduisant sans contrôle, ces coupes relativement excessives, les condamnait deux ans plus tard (*Cat. Parzud.* 1856), et revenait, non pas à sa classification de 1842 (*Ucc. Europ.*), qui n'admettait les *Strigiceps* qu'à titre de sous-genre du genre *Circus*, mais à celle de 1831 (*Sagg. d'una distrib. meth. degli An. vert.* p. 37), dans laquelle les Busards et les Strigiceps sont génériquement distincts.

Lorsque l'on cherche quels sont les caractères sur lesquels peut reposer la dernière de ces coupes, on est fort en peine d'en découvrir un seul qui ait quelque importance. Prend-on, pour justifier le nom de *Strigiceps*, le disque de plumes faciales comme attribut dominant? on ne tarde pas à être convaincu du peu de valeur de cet attribut. En effet, si le *Circus cyaneus* a la collerette assez prononcée, le *Circ. cineraceus* et le *Circ. pallidus* ou *Swainsonii*, que l'on ne saurait raisonnablement en éloigner, n'ont pas cette collerette plus développée que le *Circ. æruginosus*.

Si à ce caractère qui, certainement, est loin d'être générique, on veut associer celui qu'on peut tirer de la coloration du plumage, on est immédiatement arrêté par cette considération majeure : qu'un attribut non organique, qui n'est pas commun au mâle et à la femelle, est impropre, quoi qu'on en ait dit, à caractériser un genre. Or c'est le cas des Strigiceps.

Ce principe : que le système de coloration peut, à défaut d'autres caractères, devenir générique, n'est pas des plus heureux pour les progrès de l'ornithologie, et nous en verrons de fâcheuses applications. Sans doute il faut en tenir compte, surtout lorsqu'il devient confirmatif d'autres caractères plus importants ; mais, en général, on ne devrait le prendre en considération que pour distinguer de simples groupes. Ainsi, dans le cas présent, si l'on voulait avoir égard à la coloration du plumage, on pourrait, à la rigueur, grouper les Busards sous ces deux rubriques : 1° *Espèces chez lesquelles le plumage du mâle diffère de celui de la femelle ;* — 2° *Espèces chez lesquelles les deux sexes ont un plumage à peu près semblable.* Au premier groupe, répondant au genre *Circus*, appartiendrait le *Circus æruginosus ;* au deuxième groupe, tous les autres Busards européens compris dans le genre *Strigiceps.* Nous nous bornons à signaler cet expédient, qui pourrait avoir des avantages réels, s'il recevait une application générale.

42 — BUSARD HARPAYE — *CIRCUS ÆRUGINOSUS*
Savig. ex Linn.

Plumage brun , fort variable ; nuque rousse, striée de brun (sujets vieux), *ou blanchâtre et d'autres fois jaunâtre* (sujets jeunes); *une collerette incomplète et peu apparente ; troisième rémige, la plus longue de toutes.*

Taille : 0^m,50 à 0^m,54.

FALCO ÆRUGINOSUS, Linn. *S. N.* (1766), t. I, p. 130.
CIRCUS PALUSTRIS et RUFUS, Briss. *Ornith,* (1760), t. I, p. 403 et 404.
FALCO RUFUS, Gmel. *S. N.* (1788), t. I, p. 266.
FALCO ARUNDINACEUS, Bechst. *Natur. Deuts.* (1805), t. II, p. 681.
CIRCUS ÆRUGINOSUS et RUFUS, Savig. *Ois. d'Égyp.* (1809), p. 90 et 91.
CIRCUS RUFUS, Schleg. *Rev. crit.* (1844), p. 5.
Buff. *Pl. enl.* 423, *jeune,* sous le nom de *Busard ;* 424, *âge moyen,* sous le nom de *Busard des marais ;* 460, *adulte,* sous le nom de *Harpaye.*

Mâle : Brun, plus ou moins varié de roux en dessus ; roussâtre, tacheté longitudinalement de brun en dessous, à l'exception de l'abdomen, des cuisses et des sous-caudales, qui sont d'un roux ferrugineux, plus foncé par places; tête et cou roussâtres, avec une tache longitudinale brune sur chaque plume ; grandes couvertures des ailes, rémiges intermédiaires et quelques-unes des secondaires d'un gris bleuâtre ; queue également d'un gris bleuâtre en dessus, d'un gris roussâtre en dessous; sous-caudales plus ou moins rousses ; bec noir de corne ; cire jaune-verdâtre ; iris brun-roux ou safrané ; pieds jaunes.

La femelle, du même âge que le mâle, lui ressemble ; elle est seulement un peu plus grosse, et a les plumes des parties supérieures du corps bordées de roux à la pointe.

Jeunes de l'année : Ils sont couleur chocolat, avec un liséré gris-roussâtre à l'extrémité des plumes du manteau et des couvertures des ailes. Ils ont les plumes du vertex, de la nuque et de la gorge d'un blanc roux, plus ou moins foncé, avec des raies blanchâtres sur leur tige. Quelques individus ont des taches rousses sur la poitrine; d'autres en ont aussi sur le devant du cou et sur le dos. Plus tard, le nombre des taches rousses augmente, et il en paraît quelquefois sur toutes les parties du corps.

Après la deuxième mue, le plumage s'éclaircit ; les taches deviennent plus nombreuses ; le roux de la tête et de la gorge est plus ou moins rayé de brun ; l'iris, d'abord brun, prend une teinte rousse à mesure que l'oiseau vieillit ; les rectrices portent alors six ou sept bandes transversales rousses ou cendrées, plus ou moins apparentes ; ces bandes disparaissent entièrement dans un âge plus avancé. Au surplus, le plumage est très-variable, non-seulement suivant l'âge, mais encore suivant la saison, et d'individu à individu. On en rencontre dont le plumage est couleur chocolat, reflétant bronze, avec une plaque roussâtre à la nuque ; d'autres ont le corps d'un brun mêlé d'une teinte cendrée ; la tête blanche, à cause de l'usure de l'extrémité des plumes ; le bec très-gros et la queue d'un gris roussâtre (Collect. Degland).

Le Busard harpaye ou des marais habite non-seulement l'Europe et le nord de l'Afrique, mais aussi le nord de l'Asie. On le rencontre en France, en Belgique, en Hollande, en Russie, en Angleterre, etc. On le voit en toute saison aux environs de Lille; toutefois, les sujets vieux, dits Harpayes, y sont très-rares.

Il établit son nid à terre, et le cache dans les roseaux ou sous les buissons. Sa ponte est de trois ou quatre œufs blancs, un peu azurés, ordinairement sans taches, et rarement avec des taches d'un brun très-pâle. Ils mesurent :

Grand diam. 0^m,04 à 0^m,05 ; petit diam. 0^m,03 à 0^m,04.

Le Busard harpaye se nourrit de mammifères, d'oiseaux aquatiques, d'œufs d'échassiers, de palmipèdes, de gallinacés et de poissons. On le rencontre principalement dans les marais et les prairies qui bordent les rivières.

Observation. — Les divers états de plumage par lesquels passe le Busard harpaye ont donné lieu à des espèces nominales. Les *Planches enluminées* de Buffon le représentent sous trois noms différents, et, à une époque plus rapprochée de nous, quelques auteurs ont fait des sujets vieux le *Circus rufus*, et des sujets plus jeunes le *Circus æruginosus*. Bechstein a même considéré comme distinct des précédents un *Circus arundinaceus*. Mais comme l'a parfaitement établi Temminck, ces divers noms n'expriment que divers états de la même espèce. M. Hardy, de Dieppe, qui presque tous les ans a suivi l'arrivée de ces oiseaux au printemps, a constaté que les Harpayes (*Cir. æruginosus*) ou individus vieux, passent les premiers vers la fin de mars, et que les Busards (*Cir. rufus*), sujets d'âge moyen, ou jeunes, passant seulement en avril. Cet excellent observateur les a vus appareillés ensemble et chasser de compagnie. Il possède, dans sa collection, une série d'individus indiquant les différents états de plumage, sans interruption, depuis le jeune Busard jusqu'à la Harpaye (1).

43 — BUSARD SAINT-MARTIN — *CIRCUS CYANEUS*
Boie ex Linn.

(Type du genre *Strigiceps*, Bp.)

Croupion blanc, varié de roux (femelle), *ou d'un blanc pur* (mâle) ; *sous-caudales unicolores* (mâle) *ou marquées de grandes taches* (femelle) ; *ailes atteignant le bout de la queue ; la troisième et la quatrième rémiges égales et les plus longues.*

Taille : 0ᵐ,45 (mâle) ; 0ᵐ,51 (femelle).

FALCO CYANEUS et PYGARGUS, Linn. *S. N.* (1766), t. I, p. 126.

FALCO BOHEMICUS, ALBICANS, GRISEUS et MONTANUS, Gmel. *S. N.* (1788), t. I, p. 76 et 79.

CIRCUS GALLINARIUS, Savig. *Ois. d'Égyp.* (1809), p. 91.

ACCIPITER VARIABILIS, Pall. *Zoogr.* (1811-1831), t. I, p. 364.

FALCO STRIGICEPS, Nils. *Orn. suec.* (1817), t. I, p. 21.

CIRCUS CYANEUS, Boie, *Isis* (1822), p. 549.

STRIGICEPS PYGARGUS, Bp. *B. of Eur.* (1838), p. 5.

STRIGICEPS CYANEUS, Bp. *Cat. Parzud.* (1856), p. 2.

Buff. *Pl. enl.* 443, *femelle*, sous le nom de *Soubuse* ; 459, *mâle adulte*, sous le nom d'*Oiseau Saint-Martin* ; 480, *jeune*.

Mâle adulte : Tête, cou, dos, croupion et poitrine d'un cendré bleuâtre, avec les plumes du vertex striées longitudinalement de brun au centre ; plumes du dos et scapulaires largement bordées de brun ; sus-caudales, abdomen et sous-caudales blancs, les premières avec quelques taches rousses ; moitié supérieure des grandes rémiges également blanche, le reste noir ; rectrices, à l'exception des médianes, bleuâtres et barrées de cendré plus ou moins foncé ; quelquefois des taches brunes, rousses et blanchâtres se montrent à la nuque et sur d'autres parties du corps ; d'autres fois le bas de la poitrine et de l'abdomen est traversé par de légères lignes courbes d'un brun roussâtre ; bec noir de corne, tirant sur le bleuâtre à la base ; commissures du bec, paupières et cire d'un jaune verdâtre ; pieds d'un jaune-citron pur.

Les très-vieux sujets sont entièrement d'un gris bleuâtre en dessous, avec le croupion blanc, sans taches.

(1) Le prince Ch. Bonaparte, dans le *Catalogue Parzudaki*, indique comme race de l'*Æruginosus* un *Circus Byzantinus*. Il est difficile, sur un simple nom, de porter un jugement sur cette prétendue race.

Femelle adulte : D'une taille plus forte ; d'un brun terne, varié de roux à la tête, au cou, sur le haut du dos et sur les ailes ; roussâtre en dessous, avec de larges taches longitudinales brunes ; grandes rémiges rayées de noir ; queue d'un gris brun, barrée de roux vers la base, de brun ou de grisâtre inférieurement ; croupion blanc.

Dans un *âge moins avancé*, le plumage offre une teinte plus claire, avec de nombreuses taches rousses sur les parties supérieures ; la couleur roussâtre des parties inférieures est plus prononcée, et les taches brunes y sont plus étroites ; enfin les barres de la queue sont beaucoup plus apparentes.

Jeunes avant la première mue : D'un brun roussâtre en dessous, avec les plumes bordées de roux.

Une *femelle adulte* tuée près de Lille, le 2 septembre 1835, avait l'iris brun-roux ; un *jeune mâle*, pris à la même époque, l'avait brun foncé. Telle est, du reste, la couleur qu'a l'iris des jeunes Saint-Martins à la sortie du nid.

Variétés : M. le Dr de Montessus, dans une communication qu'il nous a faite, annonce qu'il possède une femelle adulte, dont le plumage est généralement d'un noir obscur comme celui de la *variété noire* de l'espèce suivante.

Le Busard Saint-Martin habite l'Europe, l'Asie et l'Afrique septentrionale. Il est commun en Russie et en Sibérie, est de passage en Sicile, se montre, mais rarement, en Provence, dans les Hautes-Pyrénées, et, plus souvent, dans le nord de la France.

Il niche à terre, dans les bois marécageux, parmi les joncs et les roseaux. Un nid, trouvé près de Lille il y a une quinzaine d'années, était établi sur un petit monticule au milieu de l'eau. La ponte est de quatre ou cinq œufs, d'un blanc grisâtre ou azuré, généralement sans taches. Ils mesurent :

Grand diam. 0^m,043 ; petit diam. 0^m,035.

Chez cette espèce, ainsi que chez la précédente, les œufs présentent quelquefois des taches, peu apparentes, d'un brun vineux pâle.

Rarement le Busard Saint-Martin se pose sur les arbres. M. Nordmann, qui a eu de fréquentes occasions de l'observer, dit ne l'avoir jamais vu se percher. Cette espèce a parfois un vol si bas, qu'elle rase en quelque sorte la terre. Elle fait une grande destruction de petits rongeurs, de petits oiseaux et de reptiles. L'hiver, lorsque la faim la presse, elle recherche le voisinage des habitations rustiques et se rabat sur les immondices.

14 — BUSARD CENDRÉ — *CIRCUS CINERACEUS*
Naum. ex Montag.

Croupion blanc, varié de roux (femelle) *ou blanc pur* (mâle) ; *sous-caudales marquées de taches oblongues ; deux bandes noires sur l'aile ; ailes atteignant le bout de la queue ; troisième rémige la plus longue de toutes.*

Taille : 0^m,41 à 0^m,43.

FALCO CINERACEUS, Montagu, *Trans. of the Linn. Soc.* t. IX, p. 188.
CIRCUS MONTAGUI, Vieill. N. *Dict.* t. XXXI, p. 411.
CIRCUS CINERACEUS, Naum. *Vög. Deuts.* (1822), t. I, p. 402.
STRIGICEPS CINERACEUS, Bp. *B. of Eur.* (1838), p. 5.
P. ROUX, *Ornith. prov.* pl. 18, *mâle ;* 19, *femelle.*
Gould, *Birds of Eur.* pl. 34.

Mâle adulte : Dessus du corps d'un cendré bleuâtre, plus foncé que dans le Busard Saint-Martin ; gorge et poitrine d'un cendré bleuâtre clair ; abdomen et cuisses rayés longitudinalement de roux ardent ; ailes pareilles au dos et traversées obliquement par une bande noire ; queue barrée de roussâtre et de blanc ; bec brun de corne ; iris et pieds jaunes.

Femelle adulte : Elle ressemble à celle du Busard Saint-Martin ; mais sa taille est beaucoup moins grande, et elle a la région ophthalmique blanchâtre, et le dessous du corps rayé longitudinalement de roux vif.

Dans un âge avancé, elle est unicolore en dessus.

Jeunes avant la mue : Les deux sexes sont alors parfaitement semblables. Ils sont d'un brun foncé en dessus, avec les plumes bordées de roux ; d'un roux ferrugineux en dessous, avec une raie brunâtre sur la tige de chaque plume ; ils ont la face blanchâtre, les paupières et la région parotique de la même couleur que le dos.

Variétés : Le Busard cendré ou Montagu offre, comme le précédent, de grandes variations dans le plumage. Il y a des mâles dont les parties inférieures sont presque entièrement blanches, sans raies longitudinales rousses ; il y en a d'autres dont les raies longitudinales sont d'un roux très-foncé, et se prolongent jusque sous la gorge. On rencontre aussi des femelles avec toutes les parties supérieures d'un roux uniforme ; et les très-vieilles ont souvent les parties inférieures privées des raies qui existent sur celles d'un âge moins avancé.

Une variété fort remarquable, dont on a voulu faire une espèce sous le nom de Busard Cafre, a tout son plumage d'un brun noir. M. de La Fresnaye, à l'article *Busard* du *Dictionnaire universel d'histoire naturelle*, dit que cette variété s'accouple indifféremment, soit avec des individus noirs comme elle, soit avec d'autres ayant le plumage ordinaire, et que l'on trouve, dans le nid, des petits en livrée noire et d'autres en livrée normale.

Ce dernier fait est contredit par M. de Montessus, médecin à Châlons-sur-Saône. Les détails donnés par M. de Montessus (*in Litter.*), sur cette *variété noire*, sont trop intéressants pour que nous croyions devoir les consigner ici.

« *Jeunes de l'année :* D'un noir profond et général ; l'iris, brun-
« noirâtre d'abord, prend peu à peu une teinte claire, pour devenir
« jaune en dernier lieu.

« Tous les petits d'une même nichée se ressemblent. *Jamais* les
« noirs ne se rencontrent dans le même nid avec ceux dont le plumage
« est roussâtre.

« Les vieux (père et mère) appartiennent ou n'appartiennent pas à
« cette variété. Ainsi le mâle peut avoir, comme dans l'espèce ordi-
« naire, le ventre blanc moucheté de taches rousses, ou bien offrir un
« plumage généralement de couleur plombée, même sous le ventre,
« mais dont la nuance est plus ou moins foncée et tourne plus ou moins
« à l'ardoise ou au cendré.

« La *femelle* peut aussi porter les attributs d'une femelle ordinaire ;
« mais quelquefois son plumage est généralement d'un noir obscur,
« tirant sur le marron, même sur toutes les parties inférieures. »

M. le Dr de Montessus possède deux femelles qui présentent cette dernière couleur. L'une avait des petits noirs et était accouplée avec un mâle à ventre blanchâtre, moucheté de roux ; l'autre avait des œufs : son mâle n'a pu être tué.

Cette variété est très-commune dans le département de Saône-et-Loire.

Le Busard cendré ou Montagu habite l'Europe tempérée, l'Asie et l'Afrique.
Il est commun en Dalmatie, en Hongrie, en Pologne, en Crimée, en Hollande, et, durant l'été, dans quelques localités de la France.
Il arrive dans les départements de la Vienne, de la Somme, de Saône-et-Loire, du Pas-de-Calais et sur quelques autres points de la France, vers la mi-avril, et en repart fin d'août ou dans le courant de septembre. Les vieux émigrent les premiers, les jeunes une ou deux semaines plus tard.

Peu de jours après son arrivée, il s'accouple et établit son nid à terre, parmi les herbes, soit dans les endroits marécageux, soit dans les grandes bruyères, soit au milieu de coupes de bois. Il le compose de petites branches et de bûchettes; sa ponte est de quatre ou cinq œufs d'un blanc grisâtre, quelquefois d'un blanc pur, sans taches. Lorsqu'ils offrent des taches, ce qui est fort rare, elles sont, comme chez ses congénères, très-peu nombreuses et d'un brun vineux très-clair. Ils mesurent :

Grand diam. 0^m,04; petit diam. 0^m,03.

Ce Busard se nourrit d'insectes, d'œufs, d'oiseaux, de mammifères de petite taille et de petits reptiles.

Suivant M. Barbier-Montault, avocat à Loudun, il ne se nourrirait que d'insectes; du moins cet observateur n'a trouvé que des sauterelles, en grand nombre, dans l'estomac d'une cinquantaine d'individus qu'il a eu occasion d'ouvrir dans les mois d'août et de septembre. D'après M. Nordmann, professeur à Odessa, il aurait un appétit dévorant et ferait une grande consommation de jeunes alouettes, de sousliks et de zemnis. Il en a vu, bien des fois, cinq ou six chasser ensemble et saisir les petits rats-taupes au moment où ils soulèvent la terre. M. Descourtils-Bessy, qui a eu aussi occasion d'observer des Busards Montagus, a souvent trouvé dans leur jabot des débris de grenouilles et des lézards entiers, plus fréquemment encore des petits de Rousserolle, de Fauvette phragmite et même des œufs, qu'il conserve dans son cabinet. Une fois, il a été témoin d'un acte de voracité, qu'il est bon de consigner ici, parce qu'il tend à confirmer le dire de M. Nordmann. Plusieurs jeunes individus qu'il tenait ensemble, dans la même volière, finirent par s'entre-tuer et se dévorer. Une femelle, qui avait mangé ses frères et sœurs, succomba quelques jours après, des suites de blessures qu'elle avait reçues.

Aussitôt les couvées terminées, tous les Busards Montagus d'un même canton se réunissent pour passer la nuit ensemble dans un marais qu'ils choisissent à cet effet. M. Barbier-Montault dit qu'il les a vus quelquefois, dans le pays qu'il habite, non par centaines, mais par milliers, tant leur nombre y est grand; qu'ils se laissent alors approcher, et ne semblent pas craindre le coup de fusil (1).

45 — BUSARD DE SWAINSON — *CIRCUS SWAINSONII* Smith.

Croupion blanc, avec des bandes transversales cendrées ou roussâtres; sous-caudales unicolores; même proportion des rémiges que chez le Circus cineraceus.

Taille : 0^m,45 (mâle); 0^m,50 (femelle).

Circus Swainsonii, Smith, *South Afric. Quarter.* (1830), p. 384.
Circus albescens, Less. *Ornith.* (1831), p. 85.

(1) Voyez sa *Notice sur les mœurs du Busard Montagu* (*Revue zoologique*), année 1838, p. 221.

Circus pallidus, Sykes, *Procced. of the Zool. soc.* (1832), p. 80.
Strigiceps pallidus, Bp. *B. of Eur.* (1838), p. 5.
Falco dalmatinus, Rüpp. *Mus. Senck.* (1836-1837), t. II, p. 177.
Falco pallidus, Temm. *Man.* (1840), 4e partie, p. 595.
Busard méridional, Crespon, *Ornith. du Gard* (1840), p. 47.
Circus cineraceus pallidus, Schleg. *Rev. crit.* (1844), p. 6.
Strigiceps Swainsonii, Bp. *Rev. crit.* (1850), p. 133.
Smith, *Illust. zool. S. Afr. Birds*, pl. 43 et 44.
Gould, *B. of Eur.* pl. 34.

Mâle adulte : Gris-bleuâtre, tirant sur le brun au dos, plus ou moins
varié de brun au vertex ; sus-caudales d'un blanc linéolé transversalement de cendré ; joues, cou et poitrine d'un cendré tirant sur le
bleuâtre, avec quelques stries longitudinales d'un brun peu foncé ;
abdomen et cuisses blancs ; couvertures des ailes pareilles au dos ; rémiges brunes, les trois premières variées de cendré ; queue d'un cendré
bleuâtre, avec des bandes transversales brunes, peu apparentes, au
nombre de six ; bec d'un noir tirant sur le bleu ; iris jaune-verdâtre ;
pied d'un jaune peu foncé.

Selon Temminck, les parties inférieures seraient entièrement d'un
blanc pur, depuis la gorge jusqu'à l'abdomen, et plus ou moins striées
de brun à la poitrine et au ventre.

Femelle adulte ou *vieille* (Collect. Degland) : Brune en dessus, avec
la tête et le cou roux, variés de brun, et des taches rousses sur les
petites couvertures des ailes ; parties inférieures d'un roux ocreux ;
plumes de la queue avec des bandes transversales brunes et rousses.

D'après Temminck, la femelle a le plumage coloré comme celui du
Busard Saint-Martin ; mais les couleurs en sont plus pâles.

Mâle jeune, prenant la robe de l'adulte : Dessus du corps semblable
à celui de la femelle, avec la tête, le cou et la poitrine variés de brun,
de gris bleuâtre et de roussâtre ; la région ophthalmique d'un blanc
gris ; l'abdomen et les cuisses rayés longitudinalement de roux ; six
bandes brunes sur les six pennes intermédiaires de la queue.

Chez un jeune sujet tué par M. Crespon, l'iris était jaune pâle.

Ce Busard ressemble beaucoup plus au Busard Montagu qu'au
Busard Saint-Martin : il ne diffère, en quelque sorte, du premier, que
par la taille et par des teintes plus claires : il s'éloigne du dernier par
les ailes et la longueur relative des rémiges.

Le Busard pâle ou de Swainson habite l'Europe orientale, l'Asie et l'Afrique.
On le rencontre assez communément en Espagne, et il se montre aussi en
Italie, en Allemagne et en France.

M. Crespon possède un jeune sujet tiré près de Nimes, en mars 1835; M. Balthasar, de Douai, a, dans sa collection, un mâle adulte qui a été tué à Raimbaucourt, distant d'un myriamètre de cette ville. Deux autres, faisant partie de la collection de M. Baillon, ont été capturés aux environs d'Abbeville. Enfin, M. de Sélys-Longchamps cite une autre capture, faite près de Mayence.

D'après M. Baldamus, il se reproduit assez fréquemment en Hongrie, en Valachie, et dans la Russie méridionale; il niche à peu près dans les mêmes conditions que ses congénères, et ses œufs ont la couleur et le volume de ceux du *Circus cyaneus* : ils sont d'un blanc azuré, avec des taches irrégulières d'un brun vineux très-pâle, plus ou moins grandes et plus ou moins nombreuses. Ils mesurent :

Grand diam. 0^m,045 ; petit diam. 0^m,034 à 0^m,035.

Le Busard de Swainson fréquente presque uniquement les plaines rases et pierreuses; il perche rarement sur les grands arbres. Le mâle et la femelle, hors l'époque des amours, paraissent vivre isolément. Il se nourrit de petits reptiles, d'oiseaux et d'insectes.

DEUXIÈME DIVISION

OISEAUX DE PROIE NOCTURNES
ACCIPITRES NOCTURNI

MALACOPTERÆ, Mey. et Wolf. *Tasch. Deuts.* (1810).
ACCIPITRES NOCTURNI, Vieill. *Ornith. élém.* (1816).
OISEAUX DE PROIE NOCTURNES, G. Cuv. *Rég. anim.* (1817-1822).
RAPACES NOCTURNÆ, Schleg. *Rev. crit.* (1844).

Yeux dirigés en avant ; doigts, chez le plus grand nombre, plus ou moins vêtus de plumes ou garnis de poils; plumage laxe, moelleux; mœurs plus nocturnes que diurnes.

Les oiseaux qui composent cette division paraissent, en général, ne jouir de toutes leurs facultés visuelles que pendant le crépuscule et le clair de lune. « Leur énorme pupille, dit G. Cuvier, laisse entrer tant de rayons, qu'ils sont éblouis par le plein jour. Leur crâne épais, mais d'une substance légère, a de grandes cavités qui communiquent avec l'oreille et renforcent probablement le sens de l'ouïe, mais l'appareil relatif au vol n'a pas une grande force; leur fourchette est peu résistante; leurs plumes à barbes douces, finement duvetées, ne font aucun bruit en volant. »

Cette division ne comprend qu'une famille qui répond au grand genre *Strix* de Linné.

FAMILLE IV

STRIGIDÉS — *STRIGIDÆ*

Uïulæ, Savig. *Ois. d'Égyp.* (1808-1810).
Ægolii, Vieill. *Orn. élém.* (1810).
Strigidæ, Leach, *Syst. Cat. M. and B. Brit. Mus.* (1816).
Strixidées, Less. *Ornith.* (1831).

Bec court, comprimé en coin, crochu ; cire molle, entièrement recouverte par les plumes décomposées et les soies raides des côtés de la face ; yeux grands, situés au centre de disques radiés, plus ou moins complets ; tête grosse, lisse ou ornée d'aigrettes.

Les Strigidés sont répandus dans toutes les parties du monde. Le plus grand nombre n'exercent leur industrie qu'au coucher et au lever du soleil, ou durant la nuit. Les uns, hantent les bois, les forêts sombres ; les autres, les ruines isolées, les grands monuments ; ceux-ci, les rochers, les cavernes ; ceux-là, les terriers. La plupart sont sédentaires ; d'autres émigrent. Leurs cris stridents, tristes ou lugubres, ont principalement contribué à les faire considérer comme oiseaux de mauvais augure. Leur nourriture, selon les espèces, consiste soit en mammifères, soit en oiseaux, soit en reptiles, soit en insectes, dont ils rejettent les poils, les plumes, les os, les élytres, par petites pelotes. Ils paraissent supporter facilement un long jeûne. La plupart des Strigidés, les petites espèces surtout, sont antipathiques aux autres oiseaux et notamment aux insectivores, qui ne manquent jamais de les assaillir et de les poursuivre avec acharnement, lorsque l'un d'eux se montre en plein jour.

Le mâle et la femelle se ressemblent, ou diffèrent très-peu. Les jeunes naissent couverts d'un duvet très-épais. Ils ont, jusqu'à leur première mue, chez presque toutes les espèces, la face d'une teinte plus foncée que les adultes.

Observations. — Quoique la famille des Strigidés paraisse très-naturelle, que les oiseaux dont elle se compose offrent des caractères qui ne permettront jamais de les confondre avec d'autres Rapaces, il n'en est cependant aucune qui se soit prêtée et qui puisse se prêter encore à plus de combinaisons.

Les uns, établissent sur les espèces européennes seulement, quatorze ou quinze genres, presque autant qu'il y a d'espèces ; les autres, n'en reconnaissent que douze ou treize ; il en est qui n'en comptent que huit ou neuf ; d'autres, enfin, réduisent ce nombre à cinq et même à deux. Mais, dans ce dernier cas, une foule de groupes, nominalement distincts, répondent à autant de genres. Des oiseaux pour lesquels Duméril n'établissait que trois coupes génériques, nombre évidemment insuffisant, forment donc aujourd'hui pour quelques méthodistes, une quinzaine de genres.

D'un autre côté, ces genres sont répartis, par ceux-ci, dans quatre et même cinq sous-familles; par ceux-là, dans trois ou dans deux; mais, tandis que, pour les uns, telle espèce appartient à telle de ces sous-familles ou à tel genre; elle fait partie, pour les autres, d'une autre sous-famille, d'un autre genre, ou devient type générique. Ainsi, la *Strix uralensis* est un Ululien pour M. G. R. Gray, un Surnien pour M. O. des Murs, un Strigien pour le prince Ch. Bonaparte. La *Strix Tengmalmi* est devenue successivement un *Scotophilus*, un *Ægolius*, une *Nyctale*; la *Strix brachyotus* est tantôt un *Otus*, tantôt un *Ægolius*, tantôt un *Brachyotus*.

Les ornithologistes ne sont donc d'accord ni sur le nombre de coupes que comporte la famille des Strigidés, ni sur la valeur de ces coupes, ni sur les rapports des espèces entre elles. Cette divergence paraît provenir de ce que les uns ont pris, pour caractères dominants, le plus ou moins de développement des disques périophthalmiques; les autres, la présence ou l'absence d'aigrettes à la tête; ceux-ci, la vestiture des tarses; ceux-là, le plus ou moins d'étendue et la configuration de la conque auditive; d'autres, la forme et la longueur relative de la queue, des ailes, etc.

Par la combinaison de quelques-uns de ces caractères, il nous semble que l'on peut établir dans la famille des Strigidés, trois sous-familles assez naturelles : celle des *Asioniens*, pour les espèces dont la tête est ornée d'aigrettes; celle des *Strigiens*, pour les espèces qui, avec la tête lisse, ont des disques complétement confondus au-dessous du bec, et des pieds généralement nus ou simplement couverts de quelques poils; celle des *Ululiens*, pour les espèces dont la tête est également lisse, mais dont les disques dessinent une échancrure au-dessous du bec, et dont les pieds sont le plus souvent vêtus.

Cette dernière division réunit les *Ululinæ* et les *Surniinæ*, qui ne nous paraissent pas pouvoir être séparés. Si les Surniens diffèrent un peu des Ululiens par la configuration et l'étendue de la conque auditive, ils se rattachent à ceux-ci par tant d'autres attributs, que l'oreille n'est plus un caractère dominant, mais secondaire. D'ailleurs, ce caractère, dont quelques ornithologistes se sont servis pour l'établissement des grandes subdivisions dans la famille des Strigidés, n'a pas, ce semble, donné des résultats heureux, puisqu'il a conduit à faire ranger, d'une part, les Grands-Ducs et les Scops avec les Chevêches et les Harfangs, parmi les Surniens; d'autre part, les Moyens-Ducs et les Brachyotes avec les Hulottes, parmi les Ululiens. Ces rapprochements sont la condamnation du caractère, en tant que caractère prépondérant, et si ceux à l'aide desquels nous réunissons les deux familles sont un peu arbitraires, ils ne conduisent pas, du moins, à des rapprochements impossibles.

SOUS-FAMILLE IX

ULULIENS — *ULULINÆ*

*Tête dépourvue d'aigrettes ; disques de la face dessinant au-des-
sous du bec une échancrure profonde ; doigts généralement emplumés.*

Cette division comprend tous les Strigidés d'Europe, à tête lisse, moins les
Effraies ; par conséquent les Harfangs, les Hulottes, les Chouettes, les Chevêches, etc., répartis dans les genres suivants.

GENRE XXI

SURNIE — *SURNIA*, Duméril

Strix, p. Linn., *S. N.* (1746).
Surnia, Dum. *Zool. anal.* (1806).

Bec court, comprimé, très-arqué ; narines basales, ovalaires,
cachées par les plumes sétiformes qui recouvrent en grande
partie le bec ; disques peu développés ; conque auditive peu marquée ; ailes obtuses, allongées ; queue plus ou moins allongée,
large, étagée ; tarses courts, entièrement couverts, ainsi que les
doigts, de plumes courtes.

Les Surnies ont, plus que les autres Strigidés, des habitudes diurnes. Elles
se montrent fréquemment et chassent même durant le jour. Toutes se distinguent par un plumage plus ou moins rayé transversalement sur les parties
inférieures, et par leurs pieds vêtus d'une épaisse couche de plumes décomposées.

Observation. — Le genre Surnie ne renferme pour quelques méthodistes
que la *Surnia funerea* ; pour d'autres, au contraire, et notamment pour
MM. Keyserling et Blasius, indépendamment de cette espèce, il comprend
encore la *Str. nyctea*, la *Str. passerina* et la *Str. noctua*. M. O. des Murs, repor-
tant ces deux dernières au genre *Athene* ou *Noctua*, ne conserve comme Surnies que la *Funerea* et la *Nyctea*, auxquelles il associe la *Strix uralensis*. Mais
la *Str. uralensis* n'a de rapport avec les Surnies que par sa queue notablement allongée et par ses doigts emplumés : ses autres caractères et son facies la rapprochent davantage des Hulottes. Pareille observation peut se faire
relativement à la *Strix noctua*, dont MM. Keyserling et Blasius ont fait une
Surnie. Elle se distingue manifestement de celles-ci par ses pieds, par sa

queue, et, l'on peut ajouter, par son système de coloration. En sorte, que le genre Surnie, ainsi dégagé de la *Strix uralensis* et de la *Strix noctua*, ne comprendra pour nous que les trois espèces suivantes.

46 — SURNIE CAPARACOCH — *SURNIA FUNEREA* (1)
Brehm ex Linn.

D'un brun noir, taché de blanc en dessus ; toutes les parties infé-rieures, depuis la gorge jusqu'à l'extrémité des sous-caudales, mar-quées de taches transversales ; ailes atteignant le tiers de la longueur de la queue, qui est allongée.

Taille : mâle, 0^m,38.

Strix funerea ! et ulula, Linn. *S. N.* (1766), t. I, p. 133.
Strix canadensis et Faeti Hudsonis, Briss. *Ornith.* (1760), t. I, p. 518 et 520.
Strix hudsonia, Gmel. *S. N.* (1788), t. I, p. 295.
Strix funerea et *Var.* A et B, Lath. *Ind.* (1790), t. I, p. 62.
Strix nisoria, Meyer, *Vög. Liv. und Esthl.* (1815), p. 31.
Strix doliata, Pall. *Zoogr.* (1811-1831), t. I, p. 316.
Strix hudsonia, Vieill. *N. Dict.* (1817), t. VII, p. 19.
Surnia borealis, Less. *Ornith.* (1831), p. 100.
Scrnia funerea, Brehm, *Hand. Nat. Vög. Deuts.* (1831), p. 101.
Surnia ulula, Bp. *Ucc. Europ.* (1842), p. 22.
Noctua llula, Schleg. *Mus. des Pays-Bas* (1862), *Striges,* p. 42.
Buff. *Pl. enl.* 463, sous le nom de : *Chouette à longue queue de Sibérie.*

Mâle : D'un brun obscur en dessus, avec de nombreuses taches blanches, en gouttelettes à la tête, triangulaires à la nuque, en barres transversales aux scapulaires, au bas du dos et aux sous-caudales ; gorge et devant du cou d'un cendré blanchâtre ; poitrine, abdomen, sous-caudales blancs, rayés transversalement de brun roussâtre, le blanc dominant sur le bas du cou et les côtés de la poitrine ; jambes, tarses

(1) Malgré l'observation du prince Ch. Bonaparte (*Rev. crit.* p. 21), nous conservons le nom de *Funerea* de préférence à celui de *Ulula*, que le prince a essayé de lui substi-tuer. Deux motifs nous y déterminent. Il n'est nullement démontré que le nom de *Ulula* soit applicable à l'espèce dont il est ici question. La *Strix ulula* de la *Fauna Suecica* (1746, p. 17, Sp. 48), a l'abdomen marqué de taches oblongues, tandis que la *Strix fu-nerea* a sur cette même partie des bandes transversales, différence qui n'eût point échappé à l'auteur de la Faune suédoise. Linné, d'ailleurs (*Syst. nat.,* t. I, p. 133, 2e édit.), donne la *Strix canadensis* de Brisson, qui est le Caparacoch de tous les ornitholo-gistes, comme synonyme de la *Funerea.* Il ne saurait donc y avoir erreur sur ce point. En second lieu, la confusion est déjà assez grande sans l'augmenter encore, comme l'a fait le prince Ch. Bonaparte, en employant, sans nécessité, le même nom, dans la même famille, et comme nom d'espèce pour la Caparacoch, et comme nom de genre pour la *Strix laponica.*

et doigts d'un blanc terne, varié de raies transversales rousses, entre-coupées et peu apparentes ; joues d'un blanc nuancé de cendré noirâtre devant les yeux, avec une bande noire qui prend son origine à ces organes, encadre les oreilles et se termine sur les côtés du cou, qui sont d'un blanc assez pur ; ailes de la couleur du dos, avec des taches blan-ches sur les bords des couvertures moyennes et des rémiges ; queue brun cendré, terminée de blanc, et marquée, à de grands intervalles, de raies en zigzag blanches et d'un cendré roussâtre ; bec jaunâtre en dessus, brunâtre en dessous ; iris jaune.

Femelle : Elle ressemble au mâle ; mais elle est un peu plus forte, et a ses teintes moins pures.

Jeunes : Teintes générales d'un brun foncé, avec les raies des parties inférieures plus larges, plus rapprochées, ce qui rend ces parties plus rembrunies ; joues, côtés et devant du cou cendrés ; des raies noires et blanchâtres forment une sorte de collerette sur cette dernière partie; taille moins forte que celle des adultes.

Cette espèce habite l'Europe septentrionale, l'Asie et l'Amérique boréale.

On la rencontre quelquefois en France. Un sujet a été tué près de Tournay, en 1830, trois autres ont été vus, pendant l'été de 1834, aux environs de Metz. L'un d'eux, à ce que rapporte Hollandre (*Faune de la Moselle*, p. 51), fut tué et envoyé à M. Mareux, qui le conserve dans sa collection.

La Caparacoch se reproduit en Laponie et dans les monts Ourals. Elle niche dans les trous d'arbres, et ses œufs, au nombre de trois ou quatre, sont ova-laires et blancs. Ils mesurent en moyenne :

Grand diam. 0^m,038; petit diam. 0^m,03.

D'après les auteurs, elle se nourrirait de petits rongeurs et d'insectes.

Observation. — Cette espèce est décrite dans le *Tableau méthodique de l'En-cyclopédie* sous le nom de *Chouette des monts Ourals* et figurée sous celui de *Chouette à longue queue.* Celle qu'on y désigne sous le nom de Caparacoch est une autre espèce figurée, pl. 209, t. II, sous celui de *Chat-huant de la Baie d'Hudson.*

Les sujets d'Amérique diffèrent un peu de ceux d'Europe. Ils ont les parties supérieures plus rembrunies, les bandes transversales des parties inférieures plus larges, et généralement moins de blanc. Ceux d'Europe sont en dessus d'un cendré brun-roussâtre, et ont, en dessous, des bandes étroites moins brunes et tirant sur le roussâtre.

47 — SURNIE HARFANG — *SURNIA NYCTEA*
Keys. et Blas. ex Linn.

Tout le plumage blanc (vieux) ou blanc, avec des taches angu-leuses en dessus, en croissant sur les parties inférieures (sujets jeunes); *plumes qui recouvrent les doigts s'étendant au delà des ongles.*

Taille : 0ᵐ,54.

Strix nyctea, Linn. *S. N.* (1766), t. I, p. 132.
Strix alba, Briss. *Ornith* (1760), t. I, p. 522.
Strix nivea, Daud. *Ornith.* (1800), t. II, p. 190.
Strix candida, Lath. *Ind.* Suppl. (1802), p. 14.
Nyctea erminea, Steph. *Gen. Zool.* (1825), t. XIII, p. 63.
Syrnium nyctea, Kaup. *Nat. Syst.* (1829), p. 59.
Nyctea candida, Bp. *B. of Eur.* (1838), p. 6.
Surnia nyctea, Keys. et Blas. *Wirbelth.* (1840), p. 33.
Nyctea nivea, Bp. *Cat. Parzud.* (1856), p. 3.
Buff. *Pl. enl.* 458, *sujet d'âge moyen.*

Mâle adulte : Parties supérieures d'un blanc plus ou moins tacheté de roussâtre ou de brunâtre ; face, gorge, poitrine, abdomen, sous-caudales, jambes, tarses et doigts, du blanc le plus pur ; bec et ongles noirs ; iris jaune-soufre, chez les individus vivants, jaune-orange suivant Temminck.

En avançant en âge, les taches s'effacent, deviennent plus rares et disparaissent entièrement. Les vieux sont d'un blanc éblouissant.

Femelle : Plus forte que le mâle ; face, cou et pieds seulement d'un blanc parfait, sans taches ; le reste du corps couvert de taches brunes, placées en bandes transversales sur un fond blanc ; ces taches s'effacent, deviennent moins nombreuses à mesure que l'oiseau vieillit, mais ne disparaissent jamais entièrement.

Jeunes de l'année : Ils ont des taches plus foncées et plus nombreuses, ce qui rend le plumage très-rembruni.

Ils naissent couverts d'un duvet brun, qu'on aperçoit encore à travers les plumes, lorsqu'ils sont sur le point de quitter le nid.

Le Harfang appartient aux régions du cercle Arctique. On le trouve en très-grand nombre à Terre-Neuve, à la baie d'Hudson, au Groënland ; il est rare en Islande, et se montre accidentellement en Hollande, en Allemagne et en France.

Un jeune sujet a été tué près d'Abbeville. Temminck cite une capture faite en Hollande en 1802.

Cette espèce niche sur les rochers escarpés, quelquefois sur les vieux pins. Ses œufs, au nombre de deux, sont d'un blanc pur. Ils mesurent :

Grand diam. 0ᵐ,05 ; petit diam. 0ᵐ,045.

Elle ne vole et ne chasse que le soir, pendant la nuit et au crépuscule du matin. Suivant Vieillot, elle fait une guerre destructive aux gélinottes, aux colins, aux lapins, et voit très-bien le jour.

48 — SURNIE CHEVÊCHETTE — *SURNIA PASSERINA*
Keys. et Blas. ex Linn.

D'un cendré brun pointillé et taché de blanc en dessus ; poitrine variée, sur les côtes, de raies transversales ; ventre et sous-caudales blancs.

Taille : mâle, 0^m,16 ; femelle, 0^m,18.

STRIX PASSERINA, Linn. *Faun. Suec.* (1761), p. 26.
STRIX PUSILLA, Daud. *Ornith.* (1800), t. II, p. 205.
STRIX PYGMÆA, Bechst. *Nat. Deuts.* (1805), t. II, p. 978.
STRIX ACADICA, Temm. *Man.* (1820), t. I, p. 96.
GLAUCIDIUM PASSERINUM, Boie, *Isis* (1826), p. 976.
SURNIA PASSERINA, Keys. et Blas. *Wirbelth.* (1840), p. 32.
NOCTUA PASSERINA, Schleg. *Mus. des Pays-Bas* (1862), *Striges*, p. 41.
Le Vaill. *Ois. d'Afr.* pl. 46.

Mâle : Parties supérieures d'un cendré brun, parsemé de petits points d'un blanc terne à la tête et à la nuque, de points roux pâle, plus grands, au bas de la nuque, de points blanc-roussâtre, en lignes transversales, sur le dos, les scapulaires et les sus-caudales ; parties inférieures d'un blanc éclatant, avec des taches longitudinales brunes, confluentes et rayées de roussâtre sur les côtés de la poitrine, moins nombreuses au bas-ventre et aux sous-caudales ; face variée de noirâtre et de petites taches blanches ; gorge et côtés du cou avec un grand espace blanc, sous forme de demi-collier, et de petits points de même couleur sur la dernière de ces parties ; ailes pareilles au manteau, avec les taches et les points en raies plus blancs ; queue de la même teinte que celles-ci, portant quatre bandes blanches, transversales et étroites ; tarses et doigts blancs, tachetés de roussâtre ; bec plombé, jaunâtre à la pointe ; iris jaune.

Femelle : Sensiblement plus forte que le mâle ; teintes moins nettes ; taches plus nombreuses, plus grandes et plus roussâtres en dessus ; moins de taches brunes à la poitrine ; plus de blanc à la face ; raies transversales de la queue plus larges, au nombre de trois seulement.

Les *jeunes avant la mue* nous sont inconnus.

On trouve la Chevêchette non-seulement en Europe, mais encore en Asie. Elle est commune, dit-on, en Laponie, et se montre assez fréquemment dans le nord de l'Allemagne, en Suisse et en Savoie.

Elle niche dans les trous des vieux sapins, dans les fentes des rochers; sa ponte est de trois à cinq œufs blancs, assez globuleux. Ils mesurent :

Grand diam. 0ᵐ,034 ; petit diam. 0ᵐ,029.

Sa nourriture consiste en petits rongeurs, en oiseaux, en sauterelles, en scarabées et en phalènes.

GENRE XXII

CHEVÊCHE — *NOCTUA*, Savig.

Strix, p. Linn. *S. N.* (1766).
Noctua, Savig. *Ois. d'Égyp.* (1808-1810).
Athene, Boie, *Isis* (1822).
Carine, Kaup, *Nat. Syst.* (1816).
Surnia, p. Keys. et Blas. *Wirbelth.* (1840).

Bec court, comprimé, à arête courbée ; narines marginales, elliptiques, renflées, cachées par les plumes sétiformes de la base du bec ; disques de la face peu étendus ; conque auditive petite, ovale ; ailes obtuses, arrondies ; queue généralement courte et presque égale ; tarses et doigts couverts de plumes sétiformes, clair-semées sur les doigts.

Les Chevêches ont généralement une petite taille et la plupart se distinguent par une queue très-courte, dont les ailes atteignent presque l'extrémité. Elles ont des habitudes nocturnes, se nourrissent de petits mammifères, vivent sur les lisières des bois, en plaines ou en montagnes, et se retirent ordinairement dans les creux des arbres ou des rochers, dans les masures.

Observations. — Comme le fait observer, avec raison, M. Schlegel, on ne peut se prononcer sur la *Strix meridionalis* indiquée par Risso dans son *Histoire nat. des prod. de l'Europe méridionale* (t. III, p. 32). Doit-on rapporter cette *Strix* à la race qui habite l'Égypte et l'Algérie, ou faut-il la considérer comme un état d'âge de notre Chevêche commune ? C'est ce que le signalement incomplet qu'en donne Risso ne permet pas de dire. Le prince Ch. Bonaparte, qui d'abord l'identifiait à *Strix persica*, Vieill. (*Rev. et Mag. de zool.* 1854, p. 543), en a fait en dernier lieu, sous le nom de *Meridionalis*, une variété locale de notre Chevêche (*Cat. Parzud.* p. 2). Mais la première détermination est tout aussi peu fondée que la seconde, attendu qu'il est impossible de dire ce qu'est réellement la *Strix meridionalis* de Risso.

C'est avec plus de raison que le Prince a rapporté à la *Strix persica*, de Vieillot, la *Strix bactriana* (Hutt.) ou *numida* (Le Vaill. jun.). Quoique la *Strix persica*, par la teinte presque isabelle des parties supérieures du corps, diffère notablement de la *Strix numida*, il est cependant difficile, sous ces états un peu dissemblables, de ne pas voir avec M. Pucheran (*Rev. et Mag. de zool.* 1849, p. 19), un même oiseau et une variété locale de notre Chevêche commune.

49 — CHEVÊCHE COMMUNE — *NOCTUA MINOR*
Briss.

*Plumage brun en dessus, varié de taches blanches ou blan-
châtres ; blanc en dessous, avec des taches longitudinales sur la
poitrine, l'abdomen et les flancs ; sous-caudales et plumes de la
face postérieure des tarses blanches ; doigts médiocrement emplumés.*

Taille : 0^m,24.

NOCTUA MINOR, Briss. *Ornith.* (1760), t. I, p. 115.
STRIX NOCTUA, Retzius, *Faun. Suec.* (1800), p. 315.
STRIX PASSERINA, Bechst. *Nat. Deuts.* (1805), t. II, p. 963.
NOCTUA GLAUX, Savig. *Ois. d'Égyp.* (1809), p. 105.
STRIX NUDIPES Nilss. *Orn. Suec.* (1817), t. I, p. 68.
NOCTUA PASSERINA, Jenyns. *Man. Br. vert. an.* (1835), p. 94.
ATHENE PASSERINA, Boie, *Isis* (1822), p. 549.
ATHENE NOCTUA, Boie, *Isis* (1826), p. 315.
ATHENE PSILODACTYLA, Brehm, *Handb. Nat. Vog. Deuts.* (1831), p. 110.
SURNIA NOCTUA, Keys. et Blas. *Wirbelth.* (1840), p. 32.
NOCTUA VETERUM, Licht. in : Schleg. *Mus. des Pays-Bas* (1862), *Striges*, p. 28.
Buffon. *Pl. enl.* 430.

Mâle : Parties supérieures d'un gris brun tirant sur le roussâtre, varié de taches blanches et blanchâtres, petites, oblongues et lavées très-
légèrement de roussâtre sur la tête ; grandes, plus ou moins arrondies,
quelques-unes comme effacées sur le manteau ; face variée de brun,
de roussâtre et de blanc, avec un demi-collier blanc et noir sur les côtés,
roussâtre et marqué de zigzags bruns sous la gorge ; celle-ci blanche ;
poitrine, abdomen blancs, tachetés, par mèches longitudinales, de brun
et d'un peu de roussâtre ; sous-caudales, tarses et pieds blancs ; couvertures alaires de la même teinte que le dos, avec un plus grand nombre de taches d'un blanc plus pur ; rémiges d'un gris brun marqué de
taches triangulaires d'un blanc roussâtre sur les barbes externes des
primaires, de bandes transversales de même nuance sur leurs barbes
internes et sur toutes les secondaires ; queue marquée comme les rémiges primaires, excepté les deux pennes médianes, qui portent des
bandes transversales comme les secondaires ; bec brun-jaunâtre ; iris
jaune-citron brillant.

Femelle : Un peu plus forte que le mâle ; sans blanc à la gorge et
sans demi-collier blanc et noir sous la face ; celle-ci cendrée et rayonnée

de brunâtre et de roussâtre ; teintes générales un peu moins vives ; un peu plus de roussâtre sur les parties supérieures ; plus de blanc sur les parties inférieures, surtout à la poitrine.

Jeunes de l'année : Ils ressemblent à la femelle, mais ils ont les bords des plumes des parties supérieures d'une teinte plus rousse.

La Chevêche commune habite non-seulement presque toute l'Europe, mais encore l'Afrique et l'Asie occidentale. On la trouve partout en France soit sédentaire soit de passage, selon les localités.

Elle niche dans les trous des vieilles murailles, sous les toits des tours et des anciennes églises, dans les trous des rochers et les crevasses des vieux arbres. Sa ponte est de trois ou quatre œufs, presque ronds et d'un blanc pur. Ils mesurent :

Grand diam. 0^m,034 ; petit diam. 0^m,028.

Les petits bois, les cantons où il y a de vieux châteaux abandonnés, de grands rochers, sont des localités que la Chevêche habite de préférence. En automne et en hiver elle s'approche des lieux habités. Prise jeune et tenue en captivité, elle s'apprivoise facilement et ne cherche pas à s'échapper quand on la laisse libre. Lorsqu'on lui donne de petits oiseaux, elle les déplume avant de s'en repaître. En liberté, elle se nourrit de mulots, de campagnols, de chauves-souris et d'insectes.

A — CHEVÊCHE DE PERSE — *NOCTUA PERSICA*

Plumage d'un brun roussâtre, varié de taches blanches en dessus, d'un blanc lavé de roussâtre en dessous, avec des taches longitudinales sur la poitrine, l'abdomen et les flancs ; sous-caudales et plumes de la face postérieure des tarses roussâtres ; doigts médiocrement emplumés.

Taille : 0^m,22 à 0^m,23.

Strix noctua, Forsk. *Anim. orient.* (1775), p. 8, n° 2.
Strix passerina, Sonnini, *Voy. en Égyp.* (1799), t. I, p. 349.
Strix persica, Vieill. *N. Dict.* (1817), t. VII, p. 26.
Noctua passerina, Rupp. *Neue Wirbelth. Faun. Abyss.* (1835), p. 45.
Strix noctua meridionalis, Schleg. *Rev. crit.* (1844), p. 15.
Noctua veterum meridionalis, Schleg. *Mus. des Pays-Bas* (1862), *Striges,* p. 29.
LeVaill. jun. *Expéd. scient. de l'Algérie,* pl. 4, sous le nom de *Strix numida.*

Mâle et femelle : Parties supérieures d'un brun roussâtre, avec des taches blanchâtres de la forme de celles de la Chevêche commune ; parties inférieures d'un blanc roussâtre, avec des taches brunes, plus allongées et plus larges, principalement aux flancs et à l'abdomen ; sous-caudales roussâtres ; plumes des tarses blanches à la face antérieure, roussâtres à la face postérieure; queue marquée de taches rousses, arrondies et disposées de manière à former des bandes transversales plus ou moins interrompues; doigts assez fournis de plumes jusqu'aux doigts; bec brunâtre à la base et jaunâtre à la pointe; iris jaune-citron vif.

Chez les vieux individus, les taches blanches de la nuque s'affaiblissent et disparaissent même, en sorte que cette région est alors presque complétement d'un brun roussâtre clair.

Nota. Sonnini avait parfaitement vu la différence de coloration qui existe entre les Chevêches d'Égypte et celles d'Europe : « Le dernier oiseau, dit-il (*loc. cit.*), que je me procurai dans ma promenade au château occidental de Rosette, fut une Chevêche ou petite Chouette. Elle avait bien quelques différences dans les couleurs avec celles d'Europe; mais ces différences, assez communes dans ce genre d'oiseaux, ne m'ont pas paru assez décisives pour constituer une variété, encore moins une espèce distincte. » Il n'a trouvé entre le mâle et la femelle aucune différence sensible de grandeur ni de couleur.

Cette Chevêche habite l'Egypte, l'Algérie, et se montre assez fréquemment en Espagne et en Grèce.

D'après Sonnini, on la voit en plein jour, elle vit par paires et n'est point sauvage. Elle niche dans les mêmes conditions que la Chevêche commune, et ses œufs, au nombre de quatre à six, sont absolument semblables aux siens pour la forme et le volume.

GENRE XXIII

NYCTALE — *NYCTALE*, Brehm.

Strix, p. Linn. *S. N.* (1735).
Athene, p. Boie, *Isis* (1822).
Nyctale, Brehm, *Isis* (1828).
Ægolius, Kaup. *Nat. Syst.* (1829).
Noctua, p. Less. *Ornith.* (1831).
Scotophilus, Swains. *Classif. of B.* (1837).

Bec petit, comprimé, courbé dès la base ; narines marginales, transversales, ovalaires, cachées par les plumes qui recouvrent la moitié du bec; conque auditive très-grande, munie d'un opercule très-développé; disque facial large et complet; ailes obtuses, longues, arrondies; queue de moyenne longueur,

arrondie; tarses courts, fortement emplumés, ainsi que les
doigts.

Les Nyctales, par leur taille et leur plumage, se rapprochent tellement des
Chevêches, que la plupart des auteurs les ont rangées parmi celles-ci. Elles s'en
distinguent pourtant par des tarses beaucoup plus emplumés; par une conque auditive et des disques plus développés, et par la forme de la queue. Elles
s'en distinguent aussi par les mœurs: leurs habitudes sont tout à fait sylvaines,
et leurs cris n'ont rien qui rappelle ceux des Chevêches.

Parmi les espèces que compte ce genre, une seule habite l'Europe.

50 — NYCTALE TENGMALM — *NYCTALE TENGMALMI* (1)
Bp. ex Gmel.

*D'un brun roussâtre, taché de blanc en dessus ; d'un blanc flammé
de brun en dessous et varié de taches en croissant ; ailes avec plus
de cinq rangées de taches blanches ; sous-caudales blanchâtres,
largement tachées de brun.*

Taille : 0^m,21.

STRIX FUNEREA, p. Linn. *Faun. Suec.* (1761), p. 25.
STRIX NOCTUA, Tengmalm, *Act. Stockh.* (1783), 1er trim.
STRIX TENGMALMI, Gmel. *S. N.* (1788), t. I, p. 291.
STRIX DASYPUS, Bechst. *Nat. Deuts.* (1805), t. II, p. 972.
STRIX PASSERINA, Pall. *Zoogr.* (1811-1831), t. I, p. 328.
ATHENE TENGMALMI, Boie, *Isis* (1822), p. 549.
ÆGOLIUS TENGMALMI, Kaup, *Nat. Syst.* (1829), p. 34.
NOCTUA TENGMALMI, Less. *Ornith.* (1831), p. 102.
NYCTALE TENGMALMI, Bp. *B. of Eur.* (1838), p. 7.
NYCTALE FUNEREA, Bp. *Ucc. Europ.* (1842), p. 24.
ULULA FUNEREA, Schleg. *Mus. des Pays-Bas* (1862), *Striges*, p. 8.
Vieill. *Gal. des Ois.* pl. 23.
Gould, *B. of Eur.* pl. 49.

Mâle : Parties supérieures d'un roux brun, nuancé de noirâtre, avec
des taches blanches, comme chez la Chevêche, arrondies à la tête et au
cou, moins nombreuses, plus grandes et moins régulières, sur le corps ;
parties inférieures blanches, tachetées longitudinalement de roux brun ;
tarses et doigts blancs ; face cendrée, nuancée de blanchâtre, avec la collerette brun roussâtre et blanche ; ailes de la couleur du manteau, ta-

(1) Nous adoptons la dénomination de *Tengmalmi* de préférence à celle de *Funerea*,
parce qu'il n'est pas certain que Linné ait exclusivement donné ce dernier nom à l'oiseau dont il est ici question. Du reste, le premier est plus généralement admis.

chetées de blanc; les taches des rémiges en raies transversales ; queue également colorée comme le manteau, avec quatre raies transversales blanches , interrompues au centre des plumes; bec nuancé de jaune et de noir; iris jaune brillant.

Femelle : Plus forte que le mâle ; d'un brun grisâtre en dessus, avec plus de taches blanches à la tête, au cou, sur les scapulaires les plus externes et aux ailes ; d'un blanc plus pur et plus étendu en dessous, avec des taches longitudinales d'un brun roux, moins nombreuses ; une tache noire entre le bec et l'œil.

Jeunes sujets : D'un brun roux en dessus, avec les taches d'un blanc moins pur ; blanc en dessous, marqué de taches longitudinales d'un roux assez vif, moins nombreuses au bas du ventre et aux sous-caudales, formant au bas du cou une sorte de demi-collier varié de blanc; face blanchâtre, nuancée de brunâtre à l'extrémité des plumes sétacées, avec le tour des yeux noir ; tarses et doigts d'un blanc sale, varié de roussâtre (provenant des Basses-Alpes).

Jeunes à la sortie du nid : D'un brun légèrement rougeâtre en dessus, avec quelques taches ovalaires blanches au dos et sur les ailes ; poitrine variée de blanc et de roux; ventre et sous-caudales d'un brun nuancé de roux ; disques périophthalmiques d'un blanc varié d'un peu de brun.

Un *jeune avant la première mue*, provenant des monts Ourals, et faisant partie de la collection de M. Hardy, ressemble à celui des Basses-Alpes ; mais ses teintes sont plus foncées et les disques sont d'un brun varié de blanc.

La Tengmalm habite le nord de l'Europe, les Alpes suisses, la Savoie, les Basses-Alpes, où elle est sédentaire, les Vosges et probablement aussi les forêts de sapins du Dauphiné. Elle se montre accidentellement aux environs de Châlons-sur-Marne, en Lorraine, dans le duché de Luxembourg et en Angleterre.

Elle niche dans les trous des vieux sapins et pond le plus ordinairement quatre œufs un peu oblongs et d'un blanc mat. M. Hardy a reçu de M. Martin une nichée qui en renfermait sept. Mais c'est là un fait rare. Ces œufs étaient généralement plus petits et un peu plus arrondis que ceux des pontes ordinaires. Ceux-ci mesurent en moyenne :

Grand diam. 0^m,033 ; petit diam. 0^m,025.

Cette espèce fréquente les grandes forêts de pins, de sapins, de mélèzes; se tient éloignée des habitations; se nourrit de mulots et de campagnols; entre en amour vers la fin de février, et fait entendre un bêlement qui a quelques rapports avec celui de la chèvre ; ce qui lui a valu dans les environs de Barcelonnette le nom vulgaire de *Chèvre sauvage.*

GENRE XXIV

HULOTTE — *SYRNIUM*, Savig.

Strix, Linn. *S. N.* (1735).
Syrnium, Savig. *Ois. d'Egyp.* (1808-1810).

Bec court, courbé dès la base ; narines petites, presque rondes ; disques bien accusés, mais plus larges et mieux formés dans leur moitié inférieure que dans leur moitié supérieure ; conque auditive moyenne, operculée ; ailes obtuses, longues, atteignant presque le bout de la queue ; celle-ci bien développée, arrondie ; tarses courts, robustes, couverts d'un épais duvet, ainsi que les doigts.

Les Hulottes sont essentiellement sylvaines et se nourrissent de petits mammifères. Elles sont propres à l'Europe, à l'Asie et à l'Afrique.

Observation. — Ce genre, pour quelques auteurs, n'est représenté, en Europe, que par la Hulotte commune. MM. Keyserling et Blasius y ont introduit la *Strix uralensis*, et la *Strix laponica* qui, très-voisines des Hulottes, appartiennent cependant, l'une, au genre *Ptynx*, l'autre, au genre *Ulula*.

31 — HULOTTE CHAT-HUANT — *SYRNIUM ALUCO*
Brehm. ex Linn.

D'un brun grisâtre ou roussâtre en dessus, varié de taches dentelées ; d'un blanc pâle ou roussâtre en dessous, avec de larges tuches également dentelées ; rémiges et rectrices rayées alternativement de noir et de roux cendré.

Taille : 0^{m},40.

Strix aluco et stridula, Linn. *S. N.* (1766), t. I, p. 132 et 133.
Ulula, Briss. *Ornith.* (1760), t. I, p. 507. ·
Syrnium ululans, Savig. *Ois. d'Égyp.* (1809), p. 112.
Syrnium aluco, Brehm, *Handb. Nat. Vog. Deuts.* (1831), p. 116.
Ulula aluco, Keys. et Blas. *Wirbelth.* (1840), p. 33.
Buff. *Pl. enl.* 437, *femelle* ou *jeune*, sous le nom de *Chat-Huant*. — 441, *adulte*, sous le nom de *Hulotte*.

Mâle : Fond du plumage grisâtre, flammé de brun sur la tige des plumes et à dentelures transversales, avec des taches blanches et rousses en dessus ; varié et rayé transversalement de brun foncé en dessous, avec des taches plus foncées, qui suivent la direction des tiges face gris-bleuâtre, avec des raies circulaires brunes ; rémiges et rectrices rayées transversalement de brun et de roux ; iris d'un brun roussâtre.

Femelle : Un peu plus grosse que le mâle, avec le fond du plumage roux ferrugineux, la face rousse, variée de brun, et l'iris de cette dernière couleur.

Jeunes de l'année : Ils ressemblent à la femelle, seulement ils sont un peu plus roux, et ont l'iris brun.

Les *petits, en naissant,* sont couverts d'un duvet gris et roussâtre.

Cette espèce habite l'Europe, l'Asie et l'Afrique. On la trouve dans toutes les grandes forêts de la France.

Elle pond dans les nids abandonnés des buses, des corneilles, des pies, souvent dans les trous d'arbres. Ses œufs, au nombre de quatre et quelquefois de cinq, sont obtus et d'un blanc pur. Ils mesurent :

Grand diam. 0^m,045 ; petit diam. 0^m,04.

La Hulotte fait sa principale nourriture d'écureuils et d'autres petits rongeurs ; aussi est-on assuré de la rencontrer communément partout où ces animaux abondent. Elle se nourrit aussi de chauves-souris.

Observation. — Il est certain que la Hulotte et le Chat-Huant, dont beaucoup d'auteurs ont fait deux espèces, n'en constituent qu'une seule. M. le professeur Schinz les a pris dans le même nid. Les individus désignés sous le nom de Chat-Huant (*Strix stridula*) sont de jeunes sujets ou des femelles, et ceux connus sous celui de Hulotte (*Strix aluco*) des sujets adultes ou vieux.

GENRE XXV

PTYNX — *PTYNX*, Blyth.

Strix, p. Gmel. *S. N.* (1788).
Syrnium, p. Boie, *Isis* (1826).
Surnia, p. Less. *Ornith.* (1831).
Ulula, p. Keys. et Blas. *Wirbelth.* (1840).
Ptynx, Blyth (1840?).

Bec court, courbé dès la base, entièrement caché par les plumes de la face ; narines basales, arrondies ; disques périophthalmiques grands, bien développés au-dessus et au-dessous du bec ; conque auditive large, operculée ; ailes obtuses, de moyenne longueur ; queue longue, très-étagée ; tarses couverts d'un duvet épais, ainsi que les doigts.

Les Ptynx par leurs formes générales, par la longueur de la queue, et par
les mœurs, ont beaucoup d'analogie avec les Surnies, dont elles se distinguent
toutefois par le développement des disques et de la conque auditive. Leurs
habitudes, dit-on, sont en partie diurnes.

Une seule espèce représente ce genre en Europe.

52 — PTYNX DE L'OURAL — *PTYNX URALENSIS*
Blyth ex Pall.

Teintes générales blanchâtres, relevées par de nombreuses ta-
ches longitudinales ; face blanchâtre ; queue coupée par six ou sept
bandes brunes ; ongles jaunâtres.

Taille : 0^m,57.

STRIX URALENSIS, Pall. *Voy.* (1776), t. VIII de l'édit. fr. in-8. *Append.* p. 29.
STRIX LITTURATA, Retz. *Faun. Suec.* (1800), p. 79.
STRIX MACROURA, Mey. et Wolf. *Tasch. Deuts.* (1810), t. I, p. 84.
STRIX MACROCEPHALON, Meisner, *Syst. Verzeich. Vog.* (1804), p. 34.
SYRNIUM URALENSE, Boie, *Isis* (1822), p. 552.
SURNIA URALENSIS, Less. *Ornith.* (1831), p. 100.
SYRNIUM MACROCEPHALON, Brehm, *Handb. Nat. Vög. Deuts.* (1831), p. 119.
ULULA URALENSIS, Keys. et Blas. *Wirbelth.* (1840), p. 32.
PTYNX URALENSIS, Blyth. in: Bp. *Cat. Parzud.* (1856), p. 2.
Temm. et Lang. *Pl. col.* 27.

Mâle et femelle : Dessus de la tête, du cou et du corps blanchâtre,
légèrement lavé de cendré roussâtre, marqué de longues mèches longitudinales d'un brun plus ou moins foncé; sus-caudales d'un brun
cendré, traversées de bandes blanchâtres peu apparentes et irrégulières;
dessous du corps blanchâtre, tirant quelquefois sur le roussâtre, avec
de grandes taches brunes longitudinales, surtout sur la poitrine, mais
beaucoup moins nombreuses qu'aux parties supérieures; face d'un
gris bleuâtre, avec la tige des plumes brune, entourée par un grand
cercle de plumes contournées, blanches et tachetées de brun ; couvertures alaires comme le dessus du corps; rémiges marquées alternativement de bandes transversales brunes et blanc-roussâtre ; queue d'un
blanc sale ou roussâtre, avec six ou sept bandes brunes; tarses et
doigts couverts de plumes blanches, avec quelques taches vermiculées
brunâtres; bec jaune, en partie caché par les plumes piliformes de la
face ; iris brun.

Jeunes de l'année : Fond du plumage gris-brun clair, avec les parties supérieures maculées irrégulièrement de brun cendré, de roux clair,

et variées par des taches blanches de forme ovoïde ; les parties inférieures marquées de taches et de raies longitudinales d'un brun cendré ; ailes rayées transversalement de gris ; queue avec sept bandes transversales cendré blanchâtre (Temminck).

Jeunes à la sortie du nid : Plumes duveteuses de la tête bordées de cendré ; dessus du cou, des scapulaires et couvertures supérieures des ailes, d'un brun roussâtre terne, avec les plumes terminées et marquées de grandes taches blanches ; plumes duveteuses des parties inférieures d'un cendré blanchâtre, traversées par des bandes d'un brun roussâtre ; rémiges et rectrices comme chez les sujets adultes, mais avec des teintes plus ternes ; tarses et doigts couverts de duvet cendré.

Cette espèce habite les régions du cercle Arctique. Elle est abondante en Laponie et plus rare dans les monts Ourals.

On l'aurait tuée plusieurs fois aux environs de Salzbourg, suivant des renseignements donnés à Temminck par M. Michaëlles.

Elle niche dans les trous des arbres, souvent près des habitations, et pond, selon Temminck, trois ou quatre œufs d'un blanc pur.

Elle se nourrit de petits mammifères et d'oiseaux et fréquente les bois marécageux, loin des lieux habités.

Observation. — L'auteur du *Manuel d'Ornithologie* rapporte à cette espèce la *Strix macrocephala* de Meisner, que l'on trouverait en Suisse dans les cantons de Berne et de Soleure. M. le professeur Schinz, de Zurich, qui a vu vivant l'individu décrit par Meisner, pense que ce n'est qu'une variété de la *Strix aluco.*

GENRE XXVI

CHOUETTE — *ULULA*, G. Cuv.

Strix, p. Linn. *S. N.* (1735).
Synkium, p. Savig. *Ois. d'Égyp.* (1808-1810).
Ulula, G. Cuv. *Rég. anim.* (1817).

Bec robuste, court, comprimé, courbé dès la base, presque entièrement caché par les plumes du front ; narines basales, ovalaires ; disques périophthalmiques larges ; conque auditive grande, operculée ; ailes obtuses, longues ; queue moyenne, arrondie ; tarses courts, entièrement emplumés, ainsi que les doigts.

Les espèces de ce genre se distinguent des autres Ululiens par leur tête grosse et leur face large, variée de bandes, disposées en cercles concentriques. Leurs habitudes sont en partie diurnes, en partie crépusculaires.

La *Strix nebulosa,* qui se rapporte à cette division, n'étant plus reconnue comme oiseau européen, le genre Chouette est représenté, en Europe, par une seule espèce.

55 — CHOUETTE LAPONNE — *ULULA LAPPONICA*
Less. ex Retz.

Face d'un gris bleuâtre, ornée de huit ou neuf cercles concentriques bruns ; une tache noire, oblongue, au coin interne de l'œil. Taille : $0^m,61$ (mâle) ; $0^m,70$ (femelle).

Strix lapponica, Retzius. *Faun, Suec.* (1800), p. 79.
Strix barbata, Pall. *Zoogr.* (1811-1831), t. I, p. 318.
Ulula lapponica, Less. *Ornith.* (1831), p. 108.
Ulula barbata, Keys. et Blas. *Wirbelth.* (1840), p. 32.
Strix microphthalmos, Tyzen. *Orn. Pow.* I, p. 86 (fig. du frontispice).

Mâle et femelle : Parties supérieures grises, avec des taches et des raies brunes et roussâtres en zigzag, et d'autres, blanches, sur les scapulaires ; parties inférieures et sous-caudales blanchâtres, légèrement lavées de roussâtre sur les côtés de la poitrine, parsemées irrégulièrement de taches nombreuses, brunes, fuligineuses, longitudinales, avec des raies transversales en zigzag ; jambes et pieds marqués, en travers, de zigzags bruns et blancs ; face rayée de brun sur un fond gris-bleuâtre, entourée d'un cercle varié de noir, de blanc et de roux, surtout en bas ; couvertures alaires variées d'un grand nombre de taches et de zigzags comme le dos ; rémiges portant de larges bandes transversales cendrées, variées, sur les barbes internes, de zigzags d'une teinte roussâtre, et d'autres d'un brun foncé ; toutes ces taches sont rembrunies vers l'extrémité des rémiges primaires ; queue brune, traversée par de larges bandes cendrées, tachées et rayées irrégulièrement de brun ; bec jaune, en grande partie caché par les plumes de la face.

Jeunes sujets : Ils nous sont inconnus.

Cette Chouette habite le nord de l'Europe et de l'Asie. On la trouve en Laponie et au Groënland, où cependant elle est rare.

Elle fréquente les grandes forêts, se nourrit de mammifères et d'oiseaux, et établit un nid, à claire-voie, sur les arbres, dans le genre de celui du Ramier.

Observations. — 1° D'après le comte Tyzenhaus, de Wilna (*Rev. et Mag. de*

Zool. 1851, p. 571), l'on confondrait deux espèces distinctes sous le nom d
Ulula cinerea. L'une, *Strix lapponica*, Retz. habiterait le nord de l'Europe e
de l'Asie; l'autre, *Strix cinerea*, Gmel. (*Great cinereous owl*, Audub. *Bird
Am.* pl. 351.— *Syrnium cinereum*, Bp. *Birds of Eur.* p. 6), appartiendrait exclu
sivement à l'Amérique septentrionale.

Ce qui nous paraît incontestable, après vérification, c'est, comme le fait re
marquer le comte Tyzenhaus, que les sujets d'Europe diffèrent de ceux d'Amé
rique : 1° par une tête plus grosse; — 2° par le nombre plus grand de cer
cles concentriques des disques de la face, ce nombre étant de huit ou neu
sur les individus d'Europe, et de six seulement sur ceux d'Amérique ; — 3° pa
la présence d'un grand croissant noir au-dessus du coin interne de l'œil, c
croissant manquant chez la *Strix cinerea ;* — 4° par les plumes des doigts qu
dépassent la moitié de la longueur des ong'es, tandis que sur les sujets amén
cains elles laissent à découvert les écailles terminales des doigts; — 5° enfin
par les mœurs.

Le *Syrnium lapponicum* se tient dans les grandes forêts, loin des eaux et de
habitations; se nourrit de petits mammifères et d'oiseaux, et construit son ni
avec des bûchettes disposées à claire-voie.

Le *Syrnium cinereum,* au contraire, habite le nord de l'Amérique ; fré
quente, d'après Audubon, les bords des eaux ; s'approche des ports maritimes,
même en plein jour; se nourrit de poissons; construit son nid avec des ro
seaux et le garnit de plumes en dedans.

Audubon, dont l'habileté ne saurait être mise en doute, ainsi que le fai
observer le comte Tyzenhaus, dit que chez la *Strix cinerea* l'occiput et la nu
que portent deux taches transversales blanches sur chaque côté des barbes,
vers l'extrémité des plumes. Il y a quatre paires de taches pareilles chez la
Lapponica.

La *Strix lapponica* de Retzius serait, d'après le comte Tyzenhaus, l'oiseau
adulte (*Strix microphthalmos* du frontispice de son Ornithologie) et la *Strix barbata,* Pall. le jeune de l'année. Quant à la *Strix cinerea* de Gmelin, elle ap
partiendrait exclusivement à l'Amérique du Nord et aurait été confondue ave
la *Strix lapponica.* Le prince Ch. Bonaparte, qui, en 1850, faisait encore *Str.
lapponica* synonyme de *Strix cinerea ;* qui, en 1832, reconnaissait sous ces deu
noms deux espèces distinctes, n'admet, en 1856 (*Cat. Parzud.* p. 2), qu'un
Ulula cinerea, A. *Lapponica,* Bp. *ex* Retzius. Cette sorte de compromis n'a qu
l'inconvénient de consacrer une erreur. *Cinerea* dominant *Lapponica,* ce n'é
pas *Bp. ex Retzius* qu'il aurait fallu écrire, mais *Bp. ex Gmel.*

SOUS-FAMILLE X

STRIGIENS — *STRIGINÆ*

Tête dépourvue d'aigrettes ; disques de la face formant au-des-sous du bec une collerette complète ; doigts nus, ou simplement couverts de quelques poils.

Les Strigiens se distinguent des autres Rapaces nocturnes par la réunion, au-dessous du bec, des disques périophthalmiques, ce qui leur donne une physionomie toute particulière, et par leurs pieds nus ou presque nus. Ils ont d'ailleurs des mœurs particulières ; vivent dans les habitations de l'homme et ne fréquentent qu'accidentellement les bois.

Le genre type de cette sous-famille est fondé sur une espèce d'Europe.

GENRE XXVII

EFFRAYE — *STRIX*, Linn.

Strix, Linn. *S. N.* (1735).
Aluco, Flem. *Phil. of zool.* (1822).
Stridula, De Sélys, *Faune belge* (1842).

Bec droit à la base, courbé seulement à la pointe ; narines larges ; disques périophthalmiques complets, très-larges ; conque auditive, vaste et pourvue d'un opercule ; ailes acuminées, plus longues que la queue, qui est relativement courte et large ; tarses déliés, plus longs que le doigt médian, complétement vêtus de plumes duveteuses ; doigts garnis seulement de poils épars.

Les Effrayes sont cosmopolites : une seule appartient à l'Europe, et elle est l'unique espèce linnéenne qui figure dans le genre *Strix* des méthodistes contemporains.

54 — EFFRAYE COMMUNE — *STRIX FLAMMEA* Linn.

D'un fauve glacé de cendré et piqueté de noir et de blanc en dessus ; d'un blanc variable en dessous, sans taches ou pointillé de brun ; tarses longs de 0^m,06.

Taille : 0^m,36.

Strix flammea, Linn. *S. N.* (1766), t. I, p. 133.
Aluco, Briss. *Ornith.* (1760), t. I, p. 503.
Aluco flammeus, Flem. *Brit. an.* (1828), p. 57.
Strix guttata, Brehm, *Handb. Nat. Vög. Deuts.* (1831), p. 106.
Buff. *Pl. enl.* 440.

Mâle et femelle : Parties supérieures d'un roux jaune, varié de gris et de brun glacés, pointillé de noir et de blanc; parties inférieures blanches ou fauves, parsemées de petites taches brunâtres ou noirâtres et quelquefois sans taches; face blanche ou grise, avec le tour des yeux d'un brun plus ou moins roussâtre; queue légèrement barrée de brun; iris brun-noir (1).

Jeunes avant la première mue : Ils ressemblent aux adultes; seulement, ils sont un peu plus petits, et ont les plumes plus soyeuses.

Les nouveaux-nés sont couverts d'un duvet blanc, que l'on retrouve encore chez ceux qui commencent à voler.

Variétés : Cette espèce présente quelques variétés qui ne dépendent ni de l'âge, ni du sexe, ni des saisons. On en trouve qui ont la face et les parties inférieures du corps d'un roux vif, et d'autres qui ont ces parties d'un beau blanc.

L'Effraye est répandue dans toute l'Europe. On la trouve aussi dans l'Asie occidentale et dans l'Afrique septentrionale.

C'est de tous les Strigidés le plus sédentaire et le plus commun en France.

Cette espèce niche dans les tours, dans les clochers, les châteaux abandonnés, les creux des rochers. Sa ponte est de trois ou quatre œufs, quelquefois de cinq, un peu allongés et d'un blanc pur. Ils mesurent :

Grand diam. 0^m,04; petit diam. 0^m,032 à 0^m,034.

L'Effraye, considérée par le vulgaire comme un oiseau de mauvais augure, est peut-être de tous les Rapaces nocturnes le plus utile à l'homme, par la raison qu'il purge les champs et le voisinage des habitations d'une foule de petits mammifères nuisibles, dont il fait sa principale nourriture.

(1) Dans les jeunes comme dans les vieux, l'iris est toujours brun-noir et non pas jaune, ainsi que le dit Temminck, et ainsi qu'il est représenté dans les *Planches enluminées* de Buffon. Toutefois, M. Middel, préparateur de l'Université de Liége, a affirmé à M. de Sélys-Longchamps, en avoir monté une qui avait l'iris jaune. M. de Sélys-Longchamps se demande s'il n'y aurait pas deux races? Nous ne le croyons pas, et nous pensons que le préparateur de Liége a été induit en erreur par un commencement de putréfaction. Il arrive quelquefois, lorsque les oiseaux sont morts depuis plusieurs jours, qu'une matière grasse blanchâtre ou jaunâtre recouvre le globe oculaire.

SOUS-FAMILLE XI

ASIONIENS — *ASIONINÆ*

*Tête ornée de chaque côté, en arrière et en dessus des yeux,
d'un bouquet de plumes plus ou moins allongées, et formant deux
aigrettes divergentes.*

Observation. — Cette sous-famille correspond complétement au genre
Asio de Brisson, aux Hiboux de Temminck et de M. Schlegel et aux Buboninés
de M. O. des Murs. Les trois genres qu'elle comprend ont été répartis par le
prince Ch. Bonaparte d'abord (1838-1842) dans trois sous-familles : les Scop-
dans celle des *Surniens* ; les Ducs dans celle des *Buboniens,* dont ils étaient
types ; les Hiboux dans celle des *Ululiens*. Mais la sous-famille des Buboniens
ayant été rayée en 1850, l'on ne sait pour quel motif, les Ducs sont venus prendre place à côté des Scops dans celle des Surniens, les Hiboux restant toujours
Ululiens. Enfin, après avoir été Buboniens, puis Surniens, les Ducs, pour le
prince Ch. Bonaparte, sont devenus des Ululiens (1854), mais des Ululiens
Bubonés.

Si les caractères à l'aide desquels nous réunissons dans une même division
les genres *Otus, Bubo, Scops*, ne sont pas des plus naturels, au moins n'auront-
ils pas l'inconvénient de donner lieu à toutes ces fluctuations, fort savantes
sans doute, mais qui, jusqu'à présent, ne sont qu'un progrès vers la confusion.

GENRE XXVIII

HIBOU — *OTUS*, G. Cuv.

STRIX, p. Linn. *G. N.* (1735).
ASIO (1), Briss. *Ornith.* (1760).
OTUS, G. Cuv. *Tabl. du Règ: anim.* (1797-1800).
BUBO, Savig. *Ois. d'Égyp.* (1808-1810).
ÆGOLIUS, Keys. et Blas. *Wirbelth.* (1840).

Bec recourbé dès la base ; narines grandes, elliptiques, médianes ; disques périophthalmiques complets, irréguliers ; conques

(1) A l'exception de Swainson, de Strickland, de Macgillivray, de Richardson, les méthodistes, par un oubli involontaire, sans doute, ont passé sous silence le genre *Asio*, créé
par Brisson, pour les Strigidés pourvus d'aigrettes, et notamment pour les espèces dont,
plus tard, G. Cuvier a fait son genre *Otus*. Peut-être conviendrait-il de restituer à ce
genre le nom que lui a donné Brisson. Ce changement serait d'ailleurs parfaitement justifié par la loi de priorité.

auditives grandes étendues, en demi-cercle du bec au sommet
de la tête, et munies d'un opercule membraneux ; ailes allongées,
atteignant ou dépassant l'extrémité de la queue ; tarses complétement couverts de plumes ; doigts vêtus jusqu'à la base des
dernières phalanges.

Les Hiboux sont cosmopolites et trois d'entre eux appartiennent à l'Europe.
L'une de ces trois espèces, à la vérité, n'y fait que de rares apparitions : les
deux autres y sont communes.

Observations. — Les Hiboux, sous le rapport du grand développement de
l'oreille externe, sont dans la section des Strigidés à aigrettes, ce que sont les
Chouettes et les Hulottes dans la division des espèces à tête lisse.

G. Cuvier, Lesson et quelques autres naturalistes ont compris dans ce genre
le Brachyote, le Hibou vulgaire ou Moyen-duc, et l'Ascalaphe qui, tous, ont
pour caractères génériques un disque complet, une oreille externe ample,
operculée ; des tarses et des doigts emplumés ; un bec à moitié caché par les
plumes décomposées de la face.

D'autres ornithologistes, ayant plutôt égard à la taille des oiseaux qu'au développement de la conque auditive, ont séparé l'Ascalaphe des Hiboux, pour
le ranger à côté du Grand-duc, dans le genre *Bubo*, ne considérant comme
Oti que l'*Otus brachyotus* et l'*Otus vulgaris*. D'autres enfin, constatant, parmi
les Hiboux, quelques différences dans la longueur des tarses, des ailes, dans le
développement des aigrettes, ont vu là des caractères suffisants pour faire des
trois espèces des types de trois genres distincts. Certainement l'Ascalaphe n'est
pas plus un Brachyote que celui-ci n'est un Hibou vulgaire ; mais les différences qui existent entre ces oiseaux sont-elles de nature à les faire séparer génériquement ? Nous ne le pensons pas. Tout ce qui nous paraît raisonnablement
possible, c'est la création de simples groupes que l'on pourrait caractériser de
la manière suivante :

a. Espèces à aigrettes très-courtes ; ailes atteignant l'extrémité de la queue ;
tarses de la longueur du doigt médian (*Otus brachyotus.* — Type du genre *Brachyotus*, Gould) ;

b. Espèces à aigrettes très-développées ; ailes et tarses comme dans le premier groupe (*Otus vulgaris*) ;

c. Espèces à aigrettes de moyenne longueur ; ailes n'atteignant pas l'extrémité de la queue ; tarses plus longs que le doigt médian (*Otus ascalaphus.* —
Type du genre *Ascalaphia*, Geoffr.).

Il est bien entendu qu'en caractérisant ces groupes, nous ne prétendons
pas caractériser des genres.

55 — HIBOU BRACHYOTE — *OTUS BRACHYOTUS*
Boie ex Gmel.

Teintes générales d'un roux jaunâtre, variées en dessus, comme

en dessous, de taches longitudinales ; barbes internes des rectrices
coupées par quatre bandes espacées.

Taille : 0^m,35.

Strix brachyotus, Gmel. *S. N.* (1788), t. I, p. 289.
Strix brachyura, Nils. *Faun. Suec.* (1807), t. I, p. 62.
Strix ægolius et ulula, Pall. *Zoogr.* (1811-1831), t. I, p. 309, 322.
Otus brachyotus, Boie, *Isis* (1822), p. 549.
Otus palustris, Brehm, *Handb. Nat. Vög. Deuts.* (1831), p. 124.
Brachyotus palustris, Gould, *B. of Eur.* pl. 40.
Strix palustris, Schinz, *Eur. Faun.* (1840), t. I, p. 139.
Ægolius brachyotus, Keys. et Elas. *Wirbelth.* (1840), p. 32.
Brachyotus ægolius, Bp. *Consp. Accip. Rev. et Mag. de zool.* (1854), p. 541.
Buff. *Pl. enl.* 438, sous le nom de *Chouette.*

Mâle : Plumage d'un jaune d'ocre en dessus, varié de taches brunes
au centre des plumes, longitudinales à la tête et au cou, irrégulières
au dos; d'autres taches blanches, de différentes formes, occupent les
ailes; parties inférieures d'un blanc plus ou moins roussâtre ou isabelle,
flammé de brun au cou, à la poitrine, et rayé de la même couleur à
l'abdomen et sur les flancs; plumes rayonnantes du disque facial variées de gris, de roux et de brun tirant sur le noir autour des yeux ;
queue rousse, avec des taches et quatre ou cinq bandes brunâtres ;
tarses et la plus grande partie des doigts couverts de plumes soyeuses,
qui deviennent de plus en plus courtes en approchant des ongles; bec
noir; iris jaune brillant.

Femelle : Elle ne diffère du mâle que par une taille sensiblement
plus forte et des teintes un peu plus claires.

Jeunes de l'année : Semblables aux adultes, avec le tour des yeux
noir.

Variétés : On rencontre des individus dont le plumage tourne à l'albinisme (Collect. Degland).

Le Hibou brachyote habite le nord de l'Europe, l'Asie et l'Afrique septentrionale. Il est de passage régulier en Angleterre, en Hollande, en Belgique et
dans beaucoup d'autres contrées de l'Europe. En France, à l'époque de ses
migrations d'automne, il est répandu partout.

Il niche à terre, sur quelque éminence, ou dans des trous, quelquefois dans
un nid de Busard. Sa ponte est de quatre œufs blancs, un peu allongés. Ils
mesurent en moyenne :

Grand diam. 0^m,04; petit diam. 0^m,032.

Cette espèce est très-sociable; elle a des habitudes presque terrestres, car
elle descend souvent à terre, soit pour s'y reposer, soit pour guetter les petits

mammifères, tels que les campagnols, les mulots, etc., dont elle fait sa principale nourriture.

Observation. — Isidore Geoffroy-Saint-Hilaire avance que le mâle seul a
de petites aigrettes : il est certain cependant que les femelles en sont également pourvues.

M. Nordmann dit qu'il existe dans la Russie méridionale une variété de cette
espèce qui a, au lieu d'aigrettes courtes, deux bouquets de plumes semblables
aux aigrettes du *Strix otus*, que cette variété vit avec l'oiseau type ; qu'on en voit
souvent plus de vingt, en novembre, sur le même arbre, et que l'un et l'autre y
sont sédentaires.

56 — HIBOU VULGAIRE — *OTUS VULGARIS*
Flemm.

*Parties supérieures d'un roux jaunâtre, vermiculé de gris et de
brun, et variées de taches longitudinales et transversales ; parties
inférieures marquées de taches oblongues, dentelées sur les flancs ;
barbes internes des rectrices coupées par huit ou dix bandes.*

Taille : 0^m*,35.*

STRIX OTUS, Linn. *S. N.* (1766), t. I, p. 132.
ASIO, Briss. *Ornith.* (1760), t. I, p. 486.
BUBO OTUS, Savig. *Ois. d'Égyp.* (1809), p. 109.
OTUS VULGARIS, Flemm. *Brit. an.* (1828), p. 60.
OTUS COMMUNIS, Less. *Ornith.* (1831), p. 110.
ÆGOLIUS OTUS, Keys. et Blas. *Wirbelth.* (1840), p. 32.
OTUS OTUS, Schleg. *Rev. crit.* (1844), p. 14.
Buff. *Pl. enl.* 29.
Gould, *B. of Eur.* pl. 39.

Mâle : Parties supérieures d'un roux jaunâtre, varié irrégulièrement de gris et de brun, avec des taches longitudinales et des raies
transversales ondulées ; parties inférieures d'un roux plus ou moins
foncé, marquées, au centre des plumes, de taches brunes, allongées,
coupées, par quelques raies ondulées d'une teinte plus claire ; face variée de gris, de roussâtre et de brun près des yeux ; queue rousse en
dessus, avec des bandes brunes ; grise, rayée de brun en dessous ;
plumes des pieds roussâtres ; bec brun de corne ; iris jaune-orange.

Femelle : Un peu plus forte que le mâle ; teintes plus foncées.

Jeunes de l'année : Comme les adultes, avec les yeux entourés de
plumes noires.

En naissant : Ils sont couverts d'un duvet cendré et noir, mêlé de
roussâtre.

Cette espèce est répandue dans toute l'Europe; elle est commune et sédentaire en France, en Belgique et en Sicile. On la trouve aussi en Asie.

Comme la plupart des Strigidés, elle entre en amour de très-bonne heure. Il n'est pas rare de rencontrer des jeunes, pris au nid, vers la fin du mois de mars, et surtout en avril. Elle niche dans les fentes des rochers, dans les trous des arbres, quelquefois dans les nids abandonnés d'écureuil, de ramier, de corneille, de pie. Ses œufs, au nombre de quatre ou cinq, sont un peu oblongs et d'un blanc pur. Ils mesurent :

Grand diam. 0ᵐ,034; petit diam. 0ᵐ,029.

Le Hibou vulgaire paraît avoir des mœurs sociables, comme le Brachyote. En automne on le voit souvent par petites bandes de sept ou huit individus, qui, lorsqu'on les disperse, ne tardent pas à se réunir de nouveau. L'été, il fréquente les bois, les forêts et les vieux bâtiments abandonnés; l'hiver, il s'approche des lieux habités.

57 — HIBOU ASCALAPHE — *OTUS ASCALAPHUS*
Less. ex Savig.

Plumage d'un fauve roussâtre, vermiculé et taché de blanc et de brun en dessus; marqué, à la poitrine, de taches oblongues et de raies transversales vermiculées sur les flancs, l'abdomen, les sous-caudales : barbes externes et internes des rectrices coupées par quatre bandes.

Taille : 0ᵐ,47 *environ.*

Bubo ascalaphus, Savig. *Ois. d'Égyp.* (1809), p. 110.
Strix ascalaphus, Vieill. *Tab. Ency.* (1823), p. 1276.
Otus ascalaphus, Less. *Ornith.* (1831), p. 109.
Ascalaphia Savignii (Is. Geoff.), in G. R. Gray, *Gen. of B.* (1841), p. 7.
Temm. et Laug. *Pl. col.* 57.

Mâle et femelle : D'un roux blanchâtre, varié de différentes nuances, avec des taches et des raies d'un brun noir, lancéolées à la tête et à la nuque, par grandes masses sur les ailes, en bandes larges ou en zigzags étroits sur les rémiges et les rectrices, en mèches allongées sur les côtés de la poitrine, et en zigzags transversaux, très-fins, sur le reste des parties inférieures; gorge et milieu de la poitrine blancs; sous-caudales blanches, barrées de cinq ou six raies d'un brun noirâtre; plumes duveteuses des pieds blanchâtres; bec noir; iris jaune.

Jeunes : Inconnus.

L'Ascalaphe habite l'Afrique orientale, l'Asie septentrionale et centrale, et se montre accidentellement dans le sud et l'orient de l'Europe. On le dit commun en Égypte.

Il se nourrit de taupes, de rats, de mulots, de petits oiseaux et d'insectes. Sa propagation est inconnue.

GENRE XXIX

DUC — *BUBO*, G. Cuv.

Strix, p. Linn. *S. N.* (1735).
Feliceps, Barrère, *Orn. specim. nov.* (1745).
Asio, p. Briss. *Ornith.* (1760).
Bubo, G. Cuv. *Règ. anim.* (1817-1829).
Otus, Schleg. *Rev. crit.* (1844).

Bec fort, épais, saillant ; narines larges, arrondies ; disques périophthalmiques médiocres, peu étendus au-dessus de l'œil, irréguliers ; conque auditive relativement petite, ovale, n'occupant pas la moitié de la hauteur du crâne ; ailes médiocres ; queue courte et arrondie ; tarses courts, robustes, entièrement emplumés ; doigts forts, vêtus jusqu'aux ongles.

Les Ducs sont les plus grands des oiseaux de proie nocturnes. Leur force musculaire et leurs puissantes serres en font des oiseaux redoutables pour les mammifères de moyenne taille, tels que les lièvres, et pour les grands gallinacés sauvages. Ils sont répandus dans toutes les parties du monde et l'un d'eux est propre à l'Europe.

Observations. — Le prince Ch. Bonaparte a admis en dernier lieu (*Cat. Parzud.* p. 2), avec le *Bubo maximus*, deux races européennes, sous les noms de *Bubo sibiricus* (*Strix sibirica*, Licht. *Str. turcomana*, Eversm.), et *Bubo atheniensis*. Ce *Bubo atheniensis* qui, jusqu'en 1854, époque où il a été spécifiquement distingué, mais avec un point de doute (*Rev. et Mag. de zool.* p. 541) n'était pour le Prince qu'un *Bubo maximus*; qui, en 1856, perdait son rang d'espèce douteuse, pour devenir race, mais, sans point de doute (*Cat. Parzud.* p. 2), ne représente, par le fait, ni une race, ni même une variété locale, mais simplement un état d'âge du *Bubo maximus*.

Quant au *Bubo sibiricus* que le prince Ch. Bonaparte a également admis un moment comme espèce, pour en faire ensuite une race, il ne diffère absolument du *Bubo maximus* que par les teintes plus ou moins blanchâtres du plumage. Nous avons vu dans le cabinet de M. Hardy, un *Bubo sibiricus* tué par M. Martin, dans les monts Ourals, dont le collier, le milieu de la poitrine, le ventre, les bordures des grandes couvertures des ailes, étaient d'un blanc pur, pendant que le reste du plumage avait des teintes tout à fait semblables à celles qu'offrent certains sujets pâles du *Bubo maximus*. Un autre Grand-Duc de Sibérie, qui nous a été communiqué à Paris, et que nous avons pu examiner à loisir, nous a présenté exactement les mêmes dimensions tant du bec, des ailes, des pieds, etc. que chez le *Bubo maximus*. Mais tout son plumage était blanc et blanc-roussâtre, varié de taches et de traits bruns. Il différait donc sous le rapport des teintes générales, non-seulement du Grand-Duc d'Europe, mais encore du sujet de la collection de M. Hardy, chez lequel le blanc est moins répandu et les autres couleurs moins pâles. Eu égard à cette irrégularité, nous serions tentés de croire, avec M. Schlegel, que le *Bubo Sibiricus* ne représente qu'une variété individuelle, assez fréquente toutefois, du *Bubo maximus*. Ce changement de couleur, se produisant avec plus ou moins d'intensité, sous l'influence du climat, serait analogue à celui que subit, dans les régions boréales, le plumage du *Bubo virginianus*.

58 — GRAND-DUC — *BUBO MAXIMUS*
Flemm. ex Sibbald.

Plumage varié et ondé de noir et de jaune roux en dessus ; fauve-brun en dessous, avec de grandes taches longitudinales et de fines raies transversales sur l'abdomen et les flancs ; première rémige de 0ᵐ,03 environ plus courte que la seconde, la troisième la plus longue de toutes.

Taille : 0ᵐ,60 en moyenne.

Strix bubo, Linn. *S. N.* (1766), t. I, p. 131.
Bubo et Bubo italicus, Briss. *Ornith.* (1760), t. I, p. 477 et 482.
Bubo maximus, Flem. *Brit. anim.* (1828), p. 57.
Bubo europæus, Less. *Ornith.* (1831), p. 115.
Bubo germanicus, Brehm, *Handb. Nat. Vög. Deuts.* (1831), p. 119.
Otus bubo, Schleg. *Rev. crit.* (1844), p. xiii.
Buff. *Pl. enl.* 435.

Mâle : Plumage, en dessus, varié de gris et ondé de noir sur un fond jaune-roux ; jaune-roux plus clair en dessous, avec des taches brunes longitudinales et des raies transversales ondulées ; plumes des aigrettes noirâtres au centre, rousses sur les bords ; gorge blanchâtre ; plumes des tarses et des doigts rousses, mouchetées de brun ; bec noir ; iris orangé-rouge.

Femelle : Sensiblement plus forte que le mâle ; avec moins de blanc à la gorge, et les teintes rousses moins vives.

Jeunes de l'année : Ils ressemblent à la femelle.

Variétés : Les teintes du plumage varient beaucoup dans l'un et l'autre sexe, suivant l'âge et le climat. Elles sont tantôt plus, tantôt moins foncées et tournant au blanchâtre ou au roussâtre.

Le Grand-Duc habite l'Europe et l'Asie septentrionale. Il est sédentaire dans les hautes montagnes de l'Isère et de la Provence; est commun en Suisse, en Sicile, en Italie, et se montre accidentellement dans le nord de la France. Il n'est pas rare en Crimée et en Bessarabie.

Il fréquente les rochers qui bordent la Meuse et l'Ourthe, et s'y reproduit.

Il niche dans les creux de rochers, dans les crevasses des vieilles tours où il se retire durant le jour; pond deux œufs, rarement trois, ronds, et d'un blanc pur. Ils mesurent :

Grand diam. 0^m,05 ; petit diam. 0^m,045.

Le Grand-Duc est, dit-on, fort courageux et ne craint pas le chien. Lorsqu'il est attaqué et pressé de trop près, il se place sur le dos et se défend avec ses ongles. Un auteur dit avoir été témoin d'un combat entre un Aigle et un Grand-Duc, combat où celui-ci fut vainqueur. Il s'était si fortement attaché, avec ses serres, au corps de son adversaire, qu'on put les prendre vivants.

En liberté, cet oiseau se nourrit de lièvres, de lapins, de perdrix, de tétras, et, au besoin, de rats et d'insectes.

GENRE XXX

SCOPS — *SCOPS*, Savig.

Strix, p. Linn. *S. N.* (1835).
Scops, Savig. *Ois. d'Égyp.* (1808-1809).
Bubo, Boie, *Isis* (1822).
Ephialtes, Keys. et Blas. *Wirbelth.* (1840).

Bec très-incliné dès la base; narines petites, ovalaires; disques périophthalmiques peu développés et imparfaits; oreilles à fleur de tête, petites, rondes, dépourvues d'opercule; ailes dépassant la queue, qui est courte et carrée; tarses moyens, vêtus en avant, écailleux en arrière; doigts nus.

On trouve des Scops dans toutes les parties du monde. Parmi les espèces connues, une seule est européenne.

59 — SCOPS D'ALDROVANDE — *SCOPS ALDROVANDI* (1) Willughbi.

D'un gris roussâtre, varié de brun; première rémige à peu près

(1) Le Scops d'Europe est un de ces exemples fréquents de l'inconvénient qu'il y a, au point de vue de la nomenclature, à prendre Linné pour point de départ et à s'en tenir absolument à ses écrits. Le nom de *Scops* étant devenu générique, il a fallu nécessairement ou créer un nom spécifique nouveau, ou en trouver un parmi les doubles emplois du *Systema Naturæ*. Les deux choses sont arrivées, et la synonymie de l'espèce s'en est considérablement accrue. Si les ornithologistes, se montrant moins scrupuleux, avaient, dans

*égale à la cinquième, la deuxième plus longue que la quatrième,
la troisième la plus longue de toutes ; tarses vêtus jusqu'à la seconde phalange du doigt médian.*

   Taille : 0^m,18 à 0^m,19.

Scops Aldrovandi, Willug. *Ornith.* (1676), p. 65.
Strix scops, Linn. *S. N.* (1766), t. I, p. 132.
Scops, Briss. *Ornith.* (1760), t. I, p. 495.
Strix gui, Scop. *Ann. Hist. nat.* (1768), p. 10.
Strix zorca et carniolica, Gmel. *S. N.* (1788), t. I, p. 290.
Scops ephialtes, Savig. *Ois. d'Égyp.* (1809), p. 107.
Bubo scops, Boie, *Isis* (1822), p. 549.
Scops carniolica, Brehm, *Handb. Nat. Vög. Deuts.* (1831), p. 126.
Scops europæus, Less. *Ornith.* (1831), p. 106.
Scops zorca, Swains. *Classif. of B.* (1837), t. II, p. 217.
Ephialtes Scops, Keys. et Blas. *Wirbelth.* (1840), p. 33.
Otus scops, Schleg. *Rev. crit.* (1844), p. 16.
Buff. *Pl. enl.* 436, sous le nom de *Petit-Duc.*

Mâle : Parties supérieures brunâtres, variées de gris, de roux, de
blanchâtre, avec des traits longitudinaux noirâtres au centre des plumes, des raies vermiculées transversales et des taches irrégulières noires, cendrées ou rousses sur les scapulaires ; parties inférieures d'une
seule teinte moins foncée, rayées transversalement de cendré, de roussâtre, et marquées, en long, de larges taches brun-noir plus vif qu'en
dessus ; ailes colorées comme le manteau ; queue pareille au dos, avec
six ou sept bandes transversales roussâtres, accompagnées d'une autre
bande étroite brune ; bec noir ; iris jaune.

Femelle : Un peu plus forte que le mâle et plus grisâtre.

Jeunes de l'année : Semblables à la femelle ; iris d'un jaune plus
pâle.

   Le Scops habite toute l'Europe tempérée et méridionale, l'Afrique septentrionale et l'Asie occidentale.

cette circonstance, fait des excursions en dehors du *Systema Naturæ* ou de la *Fauna
Suecica*, ils auraient trouvé dans Willughbbi, Ray, Klein, Baczinski, le nom tout fait de *Scops
Aldrovandi* qui, on l'avouera, n'est pas plus mauvais que ceux d'*europæus, carniolica,
ephialtes* et surtout *zorca* (et non *sorca*, comme on l'écrit depuis Gmelin), qui est un nom
tiré du patois sicilien. C'est ce nom d'*Aldrovandi*, jadis accepté par le prince Ch. Bonaparte,
mais rejeté depuis, que je me permets de substituer au nom peu connu de *Gui* donné par
Scopoli et que je trouve dans les notes manuscrites de M. Degland. Les ornithologistes
qui, s'enfermant dans la période linnéenne, repousseraient, par respect du principe de
priorité, la dénomination spécifique d'*Aldrovandi*, devront admettre celle de *Gui* sous
laquelle M. Degland voulait décrire le Scops d'Europe.   Z. G.

Il est sédentaire en Sardaigne selon Cetti, et n'habite que temporairement le reste de l'Europe. De mars en octobre il est commun dans la Provence, le Languedoc, le Dauphiné, les Hautes-Pyrénées, l'Italie et la Crimée. On le trouve quelquefois aux environs de Paris.

Il émigre en automne.

Il niche dans les fentes des rochers, dans les trous des murs, dans les creux des vieux arbres, jusque dans l'intérieur des villes. Sa ponte est de trois ou quatre œufs, presque ronds, d'un blanc pur. Ils mesurent :

Grand diam. 0^m,028 à 0^m,029 ; petit diam. 0^m,025.

Sa nourriture consiste en petits mammifères, et surtout en insectes. Des individus tués en mai, près de Paris, avaient l'estomac rempli de chenilles et de débris de coléoptères du genre hanneton.

De tous les Rapaces nocturnes, le Scops est celui qui devient le plus familier. Il arrive à la voix de celui qui l'élève. Nourri en liberté, il revient fidèlement au lieu où l'on a fait son éducation ; mais, aussitôt l'époque des migrations arrivée, il n'est plus possible de le retenir : ni l'abondance de nourriture qu'on lui fournit, ni les caresses et les soins qu'on lui prodigue ne peuvent le déterminer à rester. Il faut alors l'enfermer, si on veut le conserver. Son départ a régulièrement lieu en septembre et son retour au printemps. Il est probable qu'il passe l'hiver en Afrique et en Asie.

DEUXIÈME ORDRE

PASSEREAUX — *PASSERES*

Passeres et Picæ, p. Linn. *S. N.* (1735).
Passeres et Scansores, G. Cuv. *Tab. élém. d'Hist. nat.* (1797).
Scansores et Ambulatores, Illig. *Prod. syst.* (1811).
Omnivores, Insectivores, Granivores, Zygodactyli Anisodactyli, Alcyones et Chelidones, Tem. *Man.* (1820).
Silvicolæ, Vieill. *Orn. élém.* (1816).
Insesores, Vig. *Gen. of B.* (1825).
Scansores et Oscines, p. Key. et Blas. *Wirbelth.* (1840).

Bec très-variable, dépourvu de cire ; ailes et queue de longueur et de forme variables ; pieds courts ou de moyenne longueur, le plus généralement quatre doigts ; ongles grêles, plus
ou moins courbés.

Les Passereaux diffèrent des Oiseaux qui composent les autres ordres par des
caractères en quelque sorte négatifs.

Tous, à l'exception du Coucou vulgaire, sont monogames. Ils se nourrissent
soit de fruits, soit de graines, soit d'insectes, de larves, de poissons, et quelquefois de tout ce qu'ils trouvent. En général, ils sont de petite taille. C'est
parmi eux qu'on rencontre les oiseaux chanteurs par excellence, et beaucoup
d'entre eux fournissent à nos tables un mets des plus délicats.

Les femelles ont, chez la plupart des espèces, un plumage moins brillant
que les mâles.

Les jeunes sont nourris pendant quelque temps dans le nid, par le père et
la mère.

Observation. — En réunissant les *Picæ* et les *Passeres* de Linnée dans un
seul ordre, nous ne faisons que suivre l'exemple de la plupart des ornithologistes
de nos jours. Nous avons cependant retiré d'avec les Passereaux, les Pigeons
que quelques auteurs laissaient parmi eux. Ceux-ci, tant par leurs caractères
que par leurs habitudes, leurs mœurs, etc., forment un ordre particulier.

De toutes les grandes divisions dont se compose la classe des Oiseaux, celle
qui comprend les Passereaux est une des moins naturelles : les espèces offrent
les formes les plus variables, des habitudes et des mœurs excessivement différentes. De là résulte qu'aucun ordre n'a subi plus de modifications. Nous ne

passerons pas en revue toutes celles qui ont été proposées depuis Linné
Cependant, nous ne pouvons nous dispenser de dire quelques mots du système
que quelques auteurs cherchent à faire prévaloir. Ces auteurs, invoquant
un caractère anatomique mis en évidence par les travaux de Nitzch et de
J. Müller, partagent l'ordre des Passereaux en deux tribus : celle des *Volucres*,
pour les Passereaux qui accomplissent les fonctions vocales à l'aide d'une seule
paire de muscles ; celle des *Oscines*, pour les Passereaux qui ont le larynx
pourvu de plusieurs paires de muscles. Mais, comme le fait observer avec
juste raison M. Pucheran, dans un article consacré à l'analyse du *Conspectus
generum Avium (Rev. et Mag. de zool.* 1851, 2ᵉ sér. t. III, p. 559), la base de
cette division offre un inconvénient bien supérieur à celui qui nous est pré
senté par les caractères du bec et des pieds ; car elle ne peut se manifester
extérieurement par des modifications appréciables, ce qui est indispensable
en zoologie. Des deux inconvénients, nous choisirons le moindre, et basant nos
divisions principales des Passereaux sur la disposition des doigts, nous les distin
guerons, à l'exemple de quelques ornithologistes, en *Zygodactyles*, en *Syndactyles*, en *Déocdactyles* et en *Anomodactyles*. Nous proposons cette quatrième divi
sion pour des Passereaux qui n'appartiennent, par la forme de leurs pieds, à
aucune des trois divisions précédentes.

PREMIÈRE DIVISION

PASSEREAUX ZYGODACTYLES
PASSERES ZYGODACTYLI

Scansores, G. Cuv. *Tab. élém. d'Hist. nat.* (1797).
Zygodactyles, p. Vieill. *Orn. élém.* (1816).

*Deux doigts devant, deux ou très-rarement un seul derrière, les
antérieurs soudés à la base, les postérieurs libres.*

Les oiseaux de cette division, à cause de l'organisation de leurs pieds, sont
généralement connus sous le nom de *Grimpeurs*. Cependant tous ne jouissent
pas de la faculté de grimper. Si les uns, comme les Picidés, exercent habituel
lement ce mode de locomotion, en s'aidant de leurs pieds et de leur queue,
les autres sont plutôt percheurs que grimpeurs et peuvent tout au plus s'ac
crocher au tronc ou aux branches des arbres sans les parcourir. En outre, ceux
ci ont une langue ordinaire ; ceux-là une langue pénicillée ; d'autres une
langue très-extensible et lombriciforme. En raison de ces différences, et en
n'ayant égard qu'aux espèces d'Europe, on peut distinguer les Zygodactyles en
Zygodactyles macroglosses et en *Zygodactyles microglosses*.

ı° ZYGODACTYLES MACROGLOSSES — *ZYGODACTYLI MACROGLOSSI*

FAMILLE V

PICIDÉS — *PICIDÆ*

Sphéoramphes, Dum. *Zool. anal.* (1806).
Sagittilingues, Illig. *Prod. syst.* (1811).
Macroglossi, Vieill. *Orn. élém.* (1816).
Picidæ, Vig. *Gen. of B.* (1825).
Picées, Less. *Ornith.* (1831).

Bec droit, acuminé, avec ou sans sillons latéraux ; langue longue, lombriciforme, très-extensible ; queue généralement composée de pennes raides et acuminées, et quelquefois de pennes flexibles et arrondies.

Les Picidés forment une famille très-naturelle, fondée non-seulement sur des caractères physiques, mais encore sur les mœurs et les habitudes. Ils sont solitaires ; nichent dans des trous naturels, qu'ils agrandissent quelquefois ; marchent difficilement à terre et volent par saccades. Au lieu d'être des oiseaux destructeurs, comme on le croit généralement, ils sont au contraire excessivement utiles à la sylviculture et à l'agriculture, en ce qu'ils consomment considérablement d'insectes et de larves nuisibles à nos forêts et à nos vergers.

Les Picidés sont répartis sur presque toute la surface du globe.

Observations. — 1° On admet généralement dans cette famille huit espèces européennes. Vieillot et les auteurs anglais citent une neuvième espèce (le *Picus villosus*, Gmel.), comme ayant été observée près d'Halifax dans le Yorkshire. J. E. Gray l'a signalé (*List of the Spec. Brit. anim.* 3° part. *Birds*, p. 123), et Latham l'avait depuis longtemps reconnue comme oiseau rare de la Grande-Bretagne. Aucune nouvelle capture que nous sachions, n'étant venue justifier la place que l'on assigne à ce Pic parmi les espèces d'Europe, nous nous bornons à la mentionner.

2° Le prince Ch. Bonaparte, dans le *Cat. Parzudaki*, p. 9, a admis comme européen, mais avec un point de doute, le *Picus uralensis*, Malh. Il est excessivement douteux, en effet, que l'espèce appartienne à notre Faune, car elle n'a jamais été signalée dans les limites de l'Europe.

SOUS-FAMILLE XII

PICIENS — *PICINÆ*

Bec sillonné longitudinalement sur le côté ; rectrices à pennes raides, élastiques, arquées.

Cette division comprend les Oiseaux grimpeurs par excellence. Quatre genres européens en font partie.

GENRE XXXI

DRIOPIC — *DRYOPICUS*, Boie

Picus, p. Linn. *S. N.* (1735).
Dryocopus, Boie, *Isis* (1826).
Dendrocopus, Brehm, *Isis* (1828).
Carbonarius, Kaup, *Syst. Eur. Thier.* (1829).
Dryotomus, Swains. *Faun. Bor. Am.* (1831).

Bec plus ou moins droit, allongé, à sillons latéraux plus près du sommet que des bords de la mandibule supérieure ; narines basales, latérales, couvertes par un pinceau de plumes raides ailes sur-obtuses ; queue longue, étagée ; tarses courts, emplumés presque jusqu'aux doigts.

Les Driopics, représentés en Europe par une espèce unique, ont les mœurs générales des Picidés. Leur taille est forte, et leur plumage généralement noir ou d'un brun sombre. Ils ont les plumes de l'occiput allongées en forme d' huppe.

La femelle et le jeune avant la première mue, se distinguent du mâle. Leur mue est simple.

60 — DRIOPIC NOIR — *DRYOPICUS MARTIUS* Boie ex Linn.

Plumage noir, avec le vertex ou l'occiput rouge ; tarses emplumés au delà de leur moitié.

Taille : 0ᵐ,45 à 0ᵐ,46.

Picus martius, Linn. *S. N.* (1766), t. I, p. 173.
Picus niger, Briss. *Ornith.* (1760), t. IV, p. 21.

Dryocopus martius, Boie, *Isis* (1826), p. 977.
Carbonarius martius, Kaup, *Nat. Syst.* (1829), p. 131.
Buff. *Pl. enl.* 596.

Mâle adulte : Entièrement d'un noir profond, avec le dessus de la tête d'un beau rouge, et l'abdomen nuancé de roussâtre dans les très-vieux sujets ; bec noir en dessus et à la pointe, avec le reste blanc-bleuâtre ; iris blanc-jaunâtre ; pieds noirs.

Femelle adulte : Semblable au mâle, mais avec une tache rouge seulement à l'occiput.

Jeunes avant la première mue (mâle) : Vertex varié de rouge et de noir ; iris blanc-gris.

Variétés : Le Pic noir varie accidentellement ; on rencontre des sujets plus ou moins tapirés de blanc, et d'autres avec le dessus de la tête d'un rouge orange.

On trouve le Driopic noir dans les forêts montagneuses du nord de l'Europe, de l'Allemagne, de la Suisse, de la France, de la Sicile. Il se montre accidentellement dans celles de la Ligurie.

Son nid, établi dans les trous des vieux arbres, contient trois ou quatre œufs, un peu allongés, d'un blanc lustré, sans taches, que le mâle couve alternativement avec la femelle. Ils mesurent :

Grand diam. 0^m,03 ; petit diam. 0^m,021 ou 0^m,022.

Cette espèce est très-farouche ; on ne l'approche que très-difficilement pour la tirer. On l'accuse, à tort, de faire de grands dégâts dans les forêts, en creusant les arbres pour y établir sa demeure : elle ne perce que les troncs malades. Vieillot dit cependant que, dans le Nord, elle attaque les ruches d'abeilles, et fait des trous dans les arbres, au point qu'ils sont bientôt rompus par les vents. Elle se nourrit d'insectes, quelquefois de baies, de semences et de noix. M. Bailly avance qu'en Maurienne le Driopic noir fait, en automne, des provisions de semences du *Pinus cembra* (1). Il épluche sur place ces semences, en en brisant l'enveloppe, et transporte ensuite l'amande dans des trous qui lui servent de magasins.

(1) Ce fait, en ce qui concerne les Pics, est tellement en dehors de ce que l'on connaît, qu'il sera probablement accueilli avec incrédulité. Je l'eusse peut-être passé sous silence, ou admis avec le plus grand doute, si la science n'était en possession d'un fait analogue, mais bien plus extraordinaire encore. M. H. de Saussure, dans un excellent petit écrit qu'il a publié en 1858, sur les mœurs de divers oiseaux du Mexique, rapporte qu'un Pic de ces contrées, le *Colaptes rubricatus*, fait des magasins de nourriture. Il a vu sur le Pizarro, ancien volcan qui s'élève dans la plaine de Pérote, une quantité prodigieuse de hampes d'agaves dont la cavité centrale était encombrée par une série de glands, que ce Colapte y avait introduits à l'aide d'une série de trous pratiqués dans la partie solide de la tige. Le moment où M. H. de Saussure a fait cette curieuse découverte, était celui où cette espèce usait de ses provisions. Le Pic noir ne serait donc pas le seul dans la famille des Picidés, à se créer des ressources pour les moments de disette. Z. G.

Le mâle paraît partager les soins de l'incubation. Son ventre alors se dépouille comme celui de la femelle. M. Bailly l'a pris lui-même, en cet état, dans un nid qui renfermait quatre œufs.

GENRE XXXII

PIC — *PICUS*, Linn.

Picus, Linn. *S. N.* (1735).
Dendrocopus, Koch, *Baier. Zool.* (1816).
Dryobates, Boie, *Isis* (1826).
Dendrodromas, Kaup, *Nat. Syst.* (1829).

Bec droit, de moyenne longueur, à sillons latéraux plus rapprochés des bords mandibulaires que du sommet du bec; narines basales, latérales, cachées par un pinceau de plumes raides; ailes sur-obtuses; queue moyenne, arrondie; tarses courts, en partie emplumés.

Les espèces auxquelles on conserve aujourd'hui le nom générique donné aux Pics, par Linné, ont une taille moyenne; un plumage ordinairement varié de noir, de blanc et de rouge, et la nuque dépourvue de longues plumes en forme de huppe.

La femelle se distingue du mâle par quelque attribut, et les jeunes, avant la première mue, diffèrent de l'un et de l'autre. Leur mue est simple.

Parmi les nombreuses espèces que l'on rapporte à ce genre, quatre appartiennent à l'Europe.

61 — PIC ÉPEICHE — *PICUS MAJOR*
Linn.

Plumage noir, varié de blanc, avec le bas du dos noir, les sous-caudales rouges et les flancs d'un blanc sale, sans taches.
Taille : 0ᵐ,24 environ.

Picus major, Linn. *S. N.* (1766), t. I, p. 176.
Picus cissa, Pall. *Zoogr.* (1811-1831), t. I, p. 412.
Dendrocopus major, Koch, *Baier. Zool.* (1816), t. I, p. 72.
Dryobates major, Boie, *Isis* (1828), p. 325.
Buff. *Pl. enl.* 595, *femelle* — 196, sous le nom d'*Épeiche mâle* ou *Pic varié.*

Mâle : Dessus du corps d'un noir lustré, avec une plaque rouge-cramoisi à l'occiput; dessous du corps d'un gris roussâtre jusqu'au ventre; cette partie et les sous-caudales rouges; plumes du capistrum noires;

front blanc-roussâtre ; région parotique, côté de la tête et du cou, d'un blanc plus ou moins pur ; une bande noire qui prend son origine à la base du bec, passe au-dessous des joues, se divise et se rend au dos et sur les côtés de la poitrine ; scapulaires d'un blanc pur ; rémiges tachetées de blanc ; rectrices latérales tachetées, en bandes transversales, de noir sur un fond blanc, les autres entièrement noires ; bec et pieds d'un brun de plomb ; paupières nues, de la couleur du bec ; iris brun-rougeâtre.

Femelle : Point de rouge à la nuque ; dessous du corps plus blanc que dans le mâle, auquel elle ressemble, à cela près.

Jeunes avant la première mue : Front et vertex d'un rouge rembruni ; dessous du corps d'un brun terne, parsemé de points noirâtres ; noir des côtés du cou moins étendu et moins foncé.

On trouve le Pic épeiche dans toute l'Europe. Il n'est pas rare en France, où il se reproduit dans beaucoup de localités.

Il niche dans les trous des vieux arbres et pond de quatre à six œufs, un peu courts et d'un blanc lustré, sans taches. Ils mesurent :

Grand diam. 0^m,023 ; petit diam. 0^m,018.

Ce Pic vit, l'été, dans les bois, et se répand, en automne, jusque dans les jardins voisins des habitations. Sa nourriture consiste en insectes de diverses espèces et souvent en graines de laryx et en noisettes. M. de Sélys-Longchamps dit qu'il se suspend à ces fruits, la tête en bas, à la manière des Becs-croisés et des Mésanges.

62 — PIC LEUCONOTE — *PICUS LEUCONOTUS*
Bechst.

Plumage noir varié de blanc, avec le bas du dos blanc, les sous-caudales rouges, et les flancs roses, flammés de noir.

Taille : 0^m,28 environ.

Picus leuconotos, Bechst. *Orn. Tasch.* (1802), p. 66.
Picus leuconotus, Bechst. *Nat. Deuts.* (1805), t. II, p. 1034.
Picus cirris, Pall. *Zoogr.* (1811-1831), t. I, p. 412.
Gould, *B. of Eur.* pl. 228.

Mâle : Dessus de la tête et nuque rouges ; dos, croupion, front, joues et devant du cou blancs ; poitrine, abdomen également blancs au milieu, roses et flammés de noir sur les côtés ; région anale et sous-caudales d'un rouge cramoisi ; moustaches noires, passant, en s'élargissant, sur les oreilles, pour aller, d'une part, au dos, de l'autre, sur les côtés de

la poitrine ; couvertures des ailes et rémiges noires, avec des bandes
blanches sur les premières et de petites taches de même couleur sur
les secondes ; rectrices latérales tachées de noir sur fond blanc, les autres noires ; bec brun-bleuâtre ; pieds brun cendré ; iris orange.

Femelle : Pas de rouge à la tête ; les taches longitudinales noires des
parties inférieures plus foncées et plus nombreuses.

Les *jeunes avant la première mue* nous sont inconnus.

Ce Pic, considéré généralement comme un oiseau propre au nord de l'Europe, habite la forêt qui avoisine Urdos, dans les Hautes-Pyrénées, et s'y reproduit. M. Loche a tué dans cette localité de vieux et de jeunes sujets. D'après
M. Martin, il serait commun dans les monts Ourals, et selon M. de Sélys-Longchamps, il habiterait les forêts de pins laricio, en Corse. On le voit quelquefois
dans le nord de l'Allemagne. Contrairement à ce que dit Temminck, il est
fort rare en Suède. M. Sundevall, directeur du Musée d'histoire naturelle de
Stockholm, est quelquefois deux ou trois ans sans pouvoir se le procurer.

Il niche dans les trous des arbres, et sa ponte est de quatre à six œufs, d'un
blanc sans taches, un peu moins lustrés que ceux de ses congénères. Ils mesurent :

Grand diam. 0ᵐ,026 à 0ᵐ,027 ; petit diam. 0ᵐ,021.

Ses habitudes et ses mœurs sont celles de l'Epeiche. Il se nourrirait d'insectes
et principalement de punaises des bois.

63 — PIC MAR — *PICUS MEDIUS*
Linn.

Plumage varié, avec le bas du dos noir, les sous-caudales rouges,
les flancs roses et rayés de brun foncé.
Taille : 0ᵐ,22.

Picus medius, Linn. *S. N.* (1766), t. I, p. 176.
Picus varius, Briss. *Ornith.* (1760), t. IV, p. 38.
Picus cinædus, Pall. *Zoogr.* (1811-1831), t. I, p. 413.
Buff. *Pl. enl.* 611, sous le nom de *Pic varié à tête rouge.*

Mâle : Dessus du corps d'un noir lustré, avec les scapulaires blanches, les rémiges tachetées de cette couleur, le front cendré roussâtre,
le vertex et l'occiput d'un beau rouge ; dessous du corps d'un blanc
roussâtre, avec les joues d'un cendré brunâtre, les côtés du cou et de la
poitrine bordés d'une bande noire, les flancs roses et rayés longitudinalement de brun noirâtre, l'abdomen et les sous-caudales d'un rouge
cramoisi ; rectrices médianes noires, les latérales bordées et tachetées
plus ou moins de blanc sale ; bec d'un brun de plomb ; iris brun.

Femelle : Elle a le rouge de la tête moins vif ; les plumes de cette partie moins longues, moins effilées ; la bande noire des côtés du cou moins foncée et le rouge de l'abdomen moins étendu.

Jeunes avant la première mue : Ils ont le rouge de la tête rembruni et moins étendu ; celui de la région anale d'un rose clair et les flancs plus bruns.

Le Pic mar habite toute l'Europe. En France il est plus abondant dans le midi que dans le nord. Cependant il paraît ne pas être rare en Lorraine. M. J. Hollandre dit qu'on le rencontre particulièrement dans les forêts de chênes de Merten, près de Saint-Avond, et aux environs de Sarrelouis. Il se montre quelquefois dans le Boulonais et accidentellement en Hollande.

Le Pic mar niche dans les trous des vieux arbres; pond de quatre à six œufs, un peu courts, d'un blanc pur, sans taches. Ils mesurent :

Grand diam. 0^m,022 ou 0^m,023 ; petit diam. 0^m,019.

Cette espèce a les mêmes mœurs que les précédentes et paraît se nourrir préférablement de fourmis et de larves.

64 — PIC ÉPEICHETTE — *PICUS MINOR*
Linn.

Plumage noir varié de blanc ; sans rouge sous la queue et sans rose aux flancs.

Taille : 0^m,15 *environ.*

PICUS MINOR, Linn. *S. N.* (1766), t. I, p. 176.
PICUS VARIUS MINOR, Briss. *Ornith.* (1760), t. I, p. 41.
PICUS PIPRA, Pall. *Zoogr.* (1811-1831), t. I, p. 414.
DRYOBATES MINOR, Boie, *Isis* (1826), p. 326.
Buff. *Pl. enl.* 598, f. 1, *mâle;* f. 2, *femelle,* sous le nom de *Petit pic varié.*

Mâle : Front, joues et côtés du cou d'un blanc terne, avec le vertex rouge et une bande noire qui, de la base du bec, descend sur la poitrine; parties supérieures du corps d'un noir profond, avec des bandes blanches irrégulières ; parties inférieures d'un blanc terne ou gris, rayées finement de noir suivant la longueur des plumes ; pennes latérales de la queue blanches, terminées et rayées de noir ; les autres de cette dernière couleur ; bec et pieds brun de plomb ; iris rouge.

Femelle : Point de rouge sur la tête ; les parties inférieures plus grises que dans le mâle ; les flancs plus rayés de noirâtre.

Les *jeunes avant la première mue* nous sont inconnus.

Il est plus répandu dans le nord que dans le midi de l'Europe. On le trouve assez communément en France. M. A. Malherbe l'indique comme oiseau de

Sicile et d'Afrique ; le marquis Durazzo et le prince Ch. Bonaparte le signalent en Italie.

Il est rare aux environs de Lille ; plus abondant en Anjou et dans la Lorraine, où il se reproduit.

Il niche dans les trous des arbres ; pond quatre à six œufs, un peu courts, d'un blanc pur, sans taches. Ils mesurent :

Grand diam. 0^m,019 ; petit diam. 0^m,014 ou 0^m,015.

Mœurs, habitudes et régime comme chez les espèces précédentes.

GENRE XXXIII

PICOÏDE — *PICOIDES*, Lacép.

Picus, p. Linn. *S. N.* (1735).
Picoides, Lacép. *M. de l'Inst.* (1799).
Tridactylia, Steph. *Gen. zool.* (1815).
Dryobates, Boie, *Isis* (1828).
Apternus, Swains. *Classif. of B.* (1837).

Bec droit, large à la base, à sillons latéraux très-près des bords de la mandibule supérieure ; narines basales, latérales, cachées par un pinceau de plumes raides ; ailes moyennes et pointues ; tarses en partie vêtus ; doigts au nombre de trois seulement, deux devant et un derrière ; tête dépourvue de huppe.

Trois ou quatre espèces, ayant les mœurs générales des Pics, composent ce genre. L'une d'elles est à la fois asiatique et européenne, les autres appartiennent à l'Amérique du Nord.

63 — PICOÏDE TRIDACTYLE — *PICOIDES TRIDACTYLUS*
Lacép. ex Linn.

Plumage noir, varié de blanc, avec le vertex varié de jaune ou de blanc argenté.

Taille : 0^m,17.

Picus tridactylus, Linn. *S. N.* (1766), t. 1, p. 177.
Dryobates tridactylus, Boie, *Isis* (1828), p. 326.
Picoides tridactylus, Kaup, *Nat. Syst.* (1829), p. 135.
Picoides europeus, Less. *Ornith.* (1831), p. 217.
Apternus tridactylus, Bp. *B. of Eur.* (1837), p. 39.
Gould, *B. of Eur.* p. 232.
Wern. *Pl. du Man. de Temm.* (sans numéro d'ordre).

Mâle : Front noir; sommet de la tête d'un jaune d'or, varié de lignes d'un blanc argenté; occiput et joues noirs; moustaches noires, se prolongeant en bandes sur les côtés du cou et de la poitrine; parties supérieures du corps noires, variées de blanc sur le cou et les rémiges; parties inférieures du corps blanches, avec des raies plus ou moins nombreuses à l'abdomen et sur les flancs; bec et pieds noirâtres; iris bleu.

. Le *très-vieux mâle* a les parties inférieures plus blanches et le jaune de la tête plus vif, plus étendu.

Femelle : Point de jaune sur la tête; seulement de petites raies d'un blanc argenté sur cette partie.

Les *jeunes avant la première mue* nous sont inconnus.

Le Picoïde tridactyle habite l'Europe et l'Asie septentrionale. D'après M. Baldamus, il est plus commun que les autres Pics dans les monts Carpathes. Temminck le dit commun en Suisse, où il habiterait exclusivement les forêts et les vallées au pied des Alpes. Il n'est pas rare dans le canton de Berne, dans celui de Zurich; mais on ne le trouve point aux environs de Genève. On le voit accidentellement en France.

Il niche dans les trous des arbres et pond quatre ou cinq œufs, d'un blanc lustré, sans taches.

Ses mœurs et ses habitudes ne diffèrent pas de celles des autres Pics. Il détruit considérablement d'insectes nuisibles aux forêts, notamment des espèces des genres *Botrichus* et *Cerambix,* aussi est-il protégé dans certaines localités des Carpathes.

GENRE XXXIV

GÉCINE — *GECINUS*, Boie

PICUS, p. Linn. *S. N.* (1735).
GECINUS, Boie, *Isis* (1831).
BRACHYLOPHUS, Swains. *Classif. of B.* (1831).
CHLOROPICUS, Malh. *Mon. des Pics* (1862).

Bec droit, plus court que la tête, large à la base, à sillons latéraux très-rapprochés du sommet de la mandibule supérieure; narines basales, latérales, cachées par un pinceau de plumes raides; ailes longues, sur-obtuses; queue moyenne, étagée; tarses courts, médiocrement emplumés.

Les espèces de ce genre ont un plumage généralement verdâtre, ce qui leur a valu le nom générique de *Chloropicus,* que M. Malherbe a proposé de substituer à celui de *Gecinus.*

Le mâle se distingue de la femelle par quelque attribut particulier, et les jeunes, avant la première mue, ont une livrée qui leur est propre.

Deux espèces d'Europe font partie de ce genre.

66 — GÉCINE VERT — *GECINUS VIRIDIS*
Boie ex Linn.

Plumage vert, avec le dessus de la tête rouge et des bands transversales sur toutes les pennes de la queue, chez les adultes.

Taille : 0ᵐ,31 à 0ᵐ,32.

Picus viridis, Linn. *S. N.* (1766), t. I, p. 175.
Gecinus viridis, Boie, *Isis* (1831), p. 542.
Brachylophus viridis, Swains. *Class. of B.* (1831), p. 308.
Chloropicus viridis, Malh. *Mon. des Pics* (1862), t. II, p. 118.
Buff. *Pl. enl.* 371 et 879.

Mâle : Front, vertex, occiput et moustaches d'un rouge brillant; dessus du cou et du corps d'un vert jaunâtre, avec le croupion et les sus-caudales jaunes; dessous du corps vert-olivâtre clair; région ophthalmique et joues noires; rémiges marquées sur les barbes externes de taches quadrilatères blanches; queue brunâtre en dessus et rayée transversalement d'olivâtre; bec noirâtre en dessus, jaune sur les côtés et en dessous, vers la base; iris blanc; pieds bruns.

Femelle : Elle ressemble au mâle, mais elle a les moustaches noires.

Jeunes avant la première mue : Vertex d'un rouge terne; corps varié de taches irrégulières jaunâtres en dessus, brunes et blanches en dessous; iris gris-blanchâtre.

Variétés : Cette espèce varie accidentellement. On rencontre des individus entièrement blancs ou tachetés de blanc, d'autres à plumage jaune, d'autres enfin d'un gris verdâtre.

On trouve le Gécine vert dans toute l'Europe. Il est sédentaire et commun dans le nord de la France, ainsi que sur d'autres points de l'Empire.

Il niche dans les trous des arbres; sa ponte est de cinq à huit œufs, un peu allongés, d'un blanc lustré, sans taches. Ils mesurent :

Grand diam. 0ᵐ,028; petit diam. 0ᵐ,02 environ.

Ce Gécine, comme toutes les espèces de cette famille, vole par bonds, et fait entendre souvent, en volant, un cri aigu et dur. Il se tient dans les bois et les vergers, et vit d'insectes, de larves et quelquefois de baies.

M. de Kercado, propriétaire dans le département de la Gironde, ayant remarqué que cet oiseau attaque de préférence les cicatrices et les caries formées

par la taille des arbres, conseille, pour diminuer les dégâts ou les empêcher,
de laisser un moignon de 0ᵐ,06 à 0ᵐ,08, au lieu de couper les branches à ras
de leur naissance, afin d'éviter l'espèce de godet qui se forme par la cicatrice et
qui retient assez d'eau pour commencer la dégradation de l'arbre. Il paraît
que le Gécine vert profite volontiers de ces lésions, pour creuser les trous dans
lesquels il se retire et niche (1).

67 — GÉCINE CENDRÉ — *GECINUS CANUS*
Boie ex Gmel.

*Plumage vert, avec le dessus de la tête cendré (le front rouge chez
le mâle) et des bandes transversales sur les deux pennes médianes de
la queue, seulement chez les adultes.*

Taille : 0ᵐ,28 à 0ᵐ,30 (1).

Picus-viridis Norwegicus, Briss. *Ornith.* (1709), t. IV, p. 18.
Picus canus, Gmel. *S. N.* (1788), t. I, p. 434.
Picus Norwegicus, Lath. *Ind. Ornith.* (1790), t. I, p. 236.
Picus-viridis canus, Mey. et Wolf, *Tasch. Deuts.* (1810), t. I, p. 120.
Picus chlorio, Pall. *Zoogr.* (1811-1831), p. 408.
Gecinus canus, Boie, *Isis* (1831), p. 542.
Chloropicus canus, Malh. *Mon. des Pics* (1862), t. II, p. 124.
P. Roux, *Ornith. Prov.* pl. 59, f. 1, *mâle*; f. 2, *femelle.*
Gould, *B. of Eur.* pl. 227.

Mâle : Parties supérieures d'un vert jaunâtre, avec nuance cendrée
a la tête et le croupion jaune ; parties inférieures d'un gris verdâtre,
tirant sur le blanc au cou ; front rouge cramoisi ; lorums noirs ; étroites moustaches de même couleur, et partant de la base du bec ; grandes
couvertures alaires traversées par des bandes brunâtres peu apparentes ; rémiges marquées de taches d'un blanc grisâtre ; queue brune,
avec les deux rectrices médianes rayées transversalement de gris jaunâtre ; bec brun de corne, plus coloré en dessus qu'en dessous ; iris
d'un rouge pâle ; pieds noirs.

Femelle : Point de rouge au front ; le noir des lorums et des moustaches moins étendu ; tête et cou cendrés ; chez les très-vieilles, quelquefois, mais très-rarement, quelques plumes rouges ou jaunes sur la
tête.

Jeunes avant la première mue : Leurs teintes sont plus ternes ; toutes les rectrices, les couvertures supérieures des ailes, les barbes exter-

(1) *Actes de la Société Linnéenne de Bordeaux*, t. VI, 4ᵉ livraison.

nes des rémiges secondaires et tertiaires portent des bandes trans-versales. Les mâles ont du rouge au front et les moustaches noires; les femelles n'ont ni rouge ni moustaches.

Variétés : On cite une variété d'un blanc citrin.

Cette espèce habite particulièrement le nord de l'Europe; on la dit abon dante en Norwége et en Russie; elle est assez commune en Suisse, aux env rons de Zurich et dans quelques localités de la France.

Elle niche dans les trous de vieux arbres; pond de quatre à six œufs, un peu plus petits et moins allongés que ceux de l'espèce précédente, d'un blanc pur sans taches. Ils mesurent :

Grand diam. 0ᵐ,026 ; petit diam. 0ᵐ,019.

Le Gécine cendré a les mêmes habitudes que le précédent, et paraît se nourrir principalement de fourmis.

SOUS-FAMILLE XIII

TORQUILLIENS — *TORQUILLINÆ*

Bec dépourvu de sillons latéraux ; queue arrondie et composée de pennes larges et flexibles.

Cette division comprend seulement un genre, qui a des représentants en Europe, en Asie et en Afrique.

GENRE XXXV

TORCOL — *YUNX*, Linn.

Yunx, Linn. *S. N.* (1748).
Torquilla, Briss. *Ornith.* (1760).

Bec droit, conique, presque rond, pointu, emplumé à la base, narines basales, nues, en partie fermées par une membrane, langue très-extensible, mais sans aiguillons ; ailes médiocres, rectrices, longues et flexibles, impropres à servir d'arc-boutant tarse squammeux.

Les espèces dont ce genre se compose ne grimpent pas le long du tronc des arbres, comme celles des genres précédents, mais s'y cramponnent pour l chercher leur nourriture à l'aide de leur langue extensible, qu'elles introduisent dans les fentes et au-dessous de l'écorce. L'une d'elles est commune à l'Europe, à l'Asie occidentale et à l'Afrique septentrionale.

Le mâle et la femelle se ressemblent. Les jeunes, avant la première mue, diffèrent peu des adultes. Leur mue est simple.

68 — TORCOL VULGAIRE — *YUNX TORQUILLA*
Linn.

Plumage varié de blanc, de gris, de noir et de ferrugineux, avec les pennes des ailes marquées, comme un damier, de taches quadrilatères.

Taille : 0ᵐ,17.

Yunx torquilla, Linn. *S. N.* (1766), t. I, p. 172.
Torquilla, Briss. *Ornith.* (1760), t. IV, p. 4.
Buff. *Pl. enl.* 698.

Mâle : Parties supérieures brunes, grivelées de roussâtre et variées de roux, de noir et de gris blanchâtre, avec une bande noire sur le milieu de la nuque, et des mèches longitudinales de même couleur sur le dos ; gorge, devant du cou, haut de la poitrine et flancs roux ; rayés transversalement de brun ; le reste des parties inférieures blanchâtre, couvert de petites taches triangulaires brunes ; rémiges brunes, marquées, comme un damier, de taches rousses quadrilatères ; queue d'un gris cendré, pointillée de brun et de roussâtre, avec des raies transversales en zigzag, plus foncées et plus larges vers le bout ; bec couleur de corne ; pieds gris-jaune verdâtre ; iris gris-roussâtre.

Femelle : Elle ne diffère du mâle que par des teintes un peu moins foncées, et il faut avoir en même temps les deux sexes sous les yeux pour saisir la différence.

Jeunes avant la première mue : Ils ont plus de gris en dessus et moins de roux en dessous ; les teintes sont généralement plus claires.

On trouve le Torcol en Europe, en Asie et en Afrique. Il habite toute la France, où il devient commun à son passage d'automne.

Il se reproduit dans la plupart des provinces de la France ; niche principalement dans les trous des arbres fruitiers, et pond de cinq à huit œufs blancs, sans taches. Ils mesurent :

Grand diam. 0ᵐ,019 ; petit diam. 0ᵐ,015.

Le Torcol est un oiseau solitaire et taciturne. On le voit souvent à terre, fouillant les fourmilières pour en extraire les fourmis qui s'y cachent. Le mâle et la femelle ne vivent ensemble qu'à l'époque des amours.

FAMILLE VI

CUCULIDÉS — *CUCULIDÆ*

Sphénoramphes, p. Dumér. *Zool. anal.* (1806).
Amphiboli, Illig. *Prod. syst.* (1811).
Imberbi, Vieill. *Ornith. élém.* (1816).
Cuculidæ, Vig. *Gen. of B.* (1825).
Coucous, G. Cuv. *Rég. anim.* (1829).
Cuculées, Less. *Ornith.* (1831).
Cuculæ, Schinz, *Eur. Faun.* (1840).

Bec plus ou moins arqué, rarement plus long que la tête, bord des mandibules le plus généralement entier ; régio périophthalmique dénudée dans une étendue plus ou moin grande.

Cette famille, qui correspond en grande partie au genre *Cuculus* de Linné a été subdivisée par les méthodistes contemporains en huit ou neuf sous-familles. Deux d'entre elles, les seules dont nous devions tenir compte, ont de représentants en Europe.

SOUS-FAMILLE XVI

CUCULIENS — *CUCULINÆ*

Bec moins haut que large à la base ; narines plus ou moins découvertes ; ailes longues et pointues.

Les Cuculiens vivent presque exclusivement d'insectes. Quelques-uns ont la singulière habitude de pondre dans le nid de divers petits oiseaux, auxquels ils laissent le soin de faire éclore leurs œufs et d'élever les petits qui en naissent

Deux des genres que comprend cette sous-famille, ont chacun un représentant en Europe.

GENRE XXXVI

COUCOU — *CUCULUS*, Linn.

Cuculus, Linn. *S. N.* (1735-1766) *et Auct.*

Bec plus large que haut à la base, légèrement arqué, entier, comprimé graduellement jusqu'à la pointe, qui est aiguë ; narines basales, arrondies, en partie couvertes par les plumes du front ; ailes allongées, sub-obtuses ; queue longue, arrondie, étagée ; tarses de la longueur du plus long doigt, ou plus courts ; annelés en bas, et emplumés plus ou moins au-dessous du talon ; tête dépourvue de huppe ; tour de l'œil peu dénudé.

Les Coucous sont des oiseaux vifs et alertes. Ils ont quelque chose de l'oiseau de proie lorsqu'ils volent ; se tiennent dans les bois, dans les forêts, et quelquefois dans les bosquets, près des habitations.

Leur nourriture consiste en insectes de diverses espèces, et, dans les moments de disette, en baies et en semences.

Le mâle et la femelle se ressemblent. Les jeunes en diffèrent. Ceux de l'espèce qui se reproduit dans nos climats, nous quittent plus souvent, avec la livrée du premier âge. Leur mue est simple.

Observation. — Ce genre comprenait, dans la première édition, le Coucou gris, le Coucou geai, et le Coucou cendrillard, nous n'y laissons que la première de ces espèces, le Coucou geai et le Coucou cendrillard appartenant à d'autres genres.

69 — COUCOU GRIS — *CUCULUS CANORUS*
Linn.

Première rectrice de chaque côté noire, terminée de blanc, avec de petites taches blanches régulièrement espacées sur les barbes externes ; tarses vêtus jusqu'au tiers inférieur.

Taille : 0^m,30.

Cuculus canorus, Linn. *S. N.* (1766), t. I, p. 168.
Cuculus rufus, Bechst. *Orn. Tasch.* (1802), t. I, p. 84.
Cuculus hepaticus, Lath. *In. Orn.* (1790), t. I, p. 215.
Cuculus borealis, Pall. *Zoogr.* (1811-1831), t. I, p. 442.
Buff. *Pl. enl.* 811, sous le nom de *Coucou gris.*
P. Roux, *Orn. Prov.* p. 65, *jeune au sortir du nid,* et 66, *jeune à l'âge d'un an.*

Mâle : Tête, cou, poitrine et parties supérieures du corps d'un cendré bleuâtre, plus foncé sur les ailes ; abdomen et cuisses blancs, rayé transversalement de brun noir ; queue noire, avec des taches blanches à l'extrémité, sur les baguettes et le long des barbes internes ; bec noir de corne, avec la base des commissures jaune ; paupières, iris et pieds jaunes.

Femelle : Elle ressemble au mâle ; seulement elle est un peu plus petite.

Il y en a qui sont rousses aux parties supérieures, avec des bandes transversales noirâtres à la tête, au cou, au dos, aux ailes ; de petites taches irrégulières sur le croupion, et des raies diagonales noires, ressemblant à des V retournés, sur les barbes des pennes de la queue, qui se termine par une double bande noire et blanche, et porte sur la tige des rectrices de petits points blancs alternant avec les raies diagonales, la gorge, la poitrine, les côtés et le devant du cou roussâtres ; l'abdomen, les cuisses et les jambes blancs, avec des raies transversales comme sur les parties supérieures.

Jeunes avant la première mue : Parties supérieures d'un brun lustré, varié de roussâtre et de blanc ; parties inférieures blanches, avec des bandes transversales brunes, plus rapprochées au cou et à la poitrine. iris gris de perle.

Jeunes après la première mue : Plus de blanc aux parties supérieures ; les raies rousses y existent encore, mais elles sont plus fondues et moins apparentes ; gorge grise ; haut de la poitrine roussâtre.

L'iris, à mesure que l'oiseau avance en âge, devient gris clair, puis brunâtre, puis brun clair et enfin jaune.

Ce n'est qu'après plusieurs mues que l'oiseau obtient son plumage stable. Toutefois, M. de Sélys-Longchamps fait observer qu'un Coucou qu'il a élevé en captivité a pris, avant l'âge d'un an, la livrée des adultes, sans passer par le plumage roux.

Le Coucou gris habite l'Europe pendant l'été et probablement l'Afrique et l'Asie durant l'hiver. On le trouve partout en France, en Suisse, en Italie, en Sicile, en Morée, dans l'Archipel, en Hollande, en Allemagne, dans le midi de la Russie et en Algérie.

Les mœurs exceptionnelles du Coucou gris sont aujourd'hui assez bien connues, par suite des observations nombreuses dont il a été l'objet. Celles que M. F. Prévost, chef des travaux zoologiques au Musée d'histoire naturelle de Paris, a faites, tendent à démontrer que la femelle de cette espèce est essentiellement polygame. A son arrivée chez nous, dans le courant du mois d'avril, chaque Coucou se cantonne, choisit un certain espace limité, dans lequel il reste tout l'été. Cependant cette sorte de cantonnement n'a lieu que pour les mâles; les femelles parcourent un espace beaucoup plus considérable. D'après M. F. Prévost, lorsqu'une femelle a fait choix d'un mâle, qu'elle s'est accouplée, qu'elle a pondu et qu'elle s'est assurée que les oiseaux dans le nid desquels elle a déposé son œuf en prennent soin, elle va chercher un nouveau mâle, qu'elle abandonne ensuite comme elle a abandonné le premier. Selon le même observateur, c'est ce nombre d'accouplements successifs et éloignés qui ne permettrait pas au Coucou femelle de couver ses œufs et de soigner ses petits, et c'est pour satisfaire à cet instinct de changement qu'elle a reçu cet autre instinct par lequel elle confie sa progéniture à des soins étrangers.

On a dit et on croit généralement que le Coucou gris dévore les œufs et les petits des espèces dans le nid desquelles il dépose son œuf. C'est là une erreur qui provient sans doute de ce que jamais, ou presque jamais, de jeunes Coucous n'ont été trouvés en compagnie des petits appartenant aux espèces qui sont chargées de les nourrir. Mais le fait peut recevoir aujourd'hui son explication, sans qu'il soit nécessaire de l'attribuer au prétendu naturel carnassier de l'oiseau dont il s'agit. Il est certain que le jeune Coucou, presque immédiatement après son éclosion, est seul chargé du soin d'expulser les œufs ou les petits que renferme le nid où il est né. C'est ce qu'il parvient à faire en poussant devant lui ces œufs ou ces petits, au moyen de mouvements brusques et presque convulsifs de tout le corps, mais principalement des membres antérieurs.

Les insectes de toute espèce et surtout les chenilles velues, composent presque uniquement la nourriture du Coucou gris.

Les nids que la femelle semble préférer, pour y déposer ses œufs, sont ceux des petites espèces insectivores, telles que les Fauvettes, les Accenteurs, les Pouillots, les Pipis, les Rubiettes et les Traquets. Le Vaillant et M. F. Prévost ont constaté qu'elle pondait à terre, prenait le produit de sa ponte dans le bec et le transportait dans le nid dont elle avait fait choix. Le nombre d'œufs que pond chaque femelle est de cinq ou six, qui sont dispersés dans autant de nids différents. Il est rare qu'un même nid en contienne deux; le plus ordinairement on en trouve un seul. Ces œufs sont très-petits relativement à la taille de l'oiseau, et varient beaucoup pour la couleur. Ils sont ou cendrés, ou roussâtres, ou verdâtres, ou bleuâtres avec des taches petites et grandes, rares ou nombreuses, d'un cendré foncé, vineuses, olivâtres ou brunes, avec quelques points et parfois des traits déliés noirâtres. Nous en possédons deux du blanc le plus pur, et un autre d'une seule teinte bleu-verdâtre, pris dans un nid de Stapazin. Toutes ces variations de couleur dépendent, suivant Moquin-Tandon, de l'âge, de l'état de santé de l'oiseau, de l'abondance de la ponte, de la nature des aliments, et non pas de la localité, comme le dit Temminck. Ils mesurent :

Grand diam. 0^m,022 à 0^m,026 ; petit diam. 0^m,016 à 0^m,017.

Observation. — Le Coucou roux, *C. hepaticus* des auteurs, est un jeune dans sa seconde année. Une femelle de cette prétendue espèce (Collect. Degland) tirée dans le mois de mai, avait dans l'oviducte un œuf entièrement formé. Une autre femelle ne différait du mâle adulte que par un peu plus de roux au cou (même Collection). M. Nordmann, dans son *Catalogue raisonné de* *la Faune Pontique* (p. 208), dit que la plus grande partie des Coucous roux qu'il a tués en mai et au commencement de juin, dans les environs d'Odessa étaient des femelles, d'où il semble résulter que les femelles portent le plumage roux plus longtemps que les mâles, du moins dans la localité qu'il habite.

GENRE XXXVII

OXYLOPHE — *OXYLOPHUS*, Swains.

Cuculus, p. Linn. *S. N.* (1735).
Coccyzus, Vieill. *Orn. élém.* (1816).
Edolius, Less. *Ornith.* (1831).
Oxylophus, Swains. *Classif. of B.* (1837).
Coccystes, Keys. et Blas. *Wirbellh.* (1840).

Bec aussi haut que large à la base, convexe, entier, comprimé vers la pointe, qui est un peu crochue ; narines basales, ovalaires, presque entièrement découvertes ; ailes longues, subobtuses ; queue très-longue, arrondie, étagée ; tarses courts, épais, vêtus seulement à leur origine ; tête ornée d'une touffe de plumes allongées et raides ; tour de l'œil bien dénudé.

L'une des trois ou quatre espèces qui composent ce genre, à la fois propre à l'Afrique et à l'Asie, se montre accidentellement, mais fréquemment, dans le midi de l'Europe.

70 — OXYLOPHE GEAI — *OXYLOPHUS GLANDARIUS*
Bp. ex Linn.

Rémiges brunes, terminées de blanc, ainsi que les grandes et les petites couvertures des ailes, qui sont cendrées ; gorge et poitrine rousses ; ventre blanc.

Taille : 0ᵐ,43.

Cuculus glandarius, Linn. *S. N.* (1766), t. I, p. 169.
Cuculus Andalusiæ, Briss. *Ornith.* (1760), t. IV, p. 126.
Cuculus pisanus, Gmel. *S. N.* (1788), t. I, p. 416.
Coccyzus pisanus, Vieill. *Encyc. méth.* (1825), p. 1347.
Coccyzus glandarius, Savi, *Orn. Tosc.* (1829), t. I, p. 154.
Cuculus macrourus, Brehm, *Handb. Nat. Vög. Deuts.* (1831), p. 153.
Oxylophus glandarius, Bp. *B. of Eur.* (1838), p. 40.
Coccystes glandarius, Keys. et Blas. *Wirbellh.* (1840), p. 34.
Temm. et Laug. *Pl. col.* 414, *Femelle adulte*.
P. Roux, *Orn. Prov.* pl. 67, *âge moyen* ; 68, *jeune.*

Mâle et femelle adultes : Dessus et côtés de la tête d'un cendré plus ou moins foncé, avec la tige des plumes noire; nuque, dos, croupion et une partie des sus-caudales gris-brun, légèrement lustré de verdâtre, avec la pointe des scapulaires et une partie des sus-caudales latérales blanches; parties antérieures et latérales du cou, inférieures du corps, jambes et sous-caudales d'un blanc plus ou moins pur, lavé très-légèrement de jaunâtre sur les côtés du cou, au bas des jambes, et de cendré aux flancs; région parotique, côtés de la nuque d'une teinte plus rembrunie que la tête; ailes pareilles au manteau, avec les couvertures terminées de blanc et le bout des rémiges liséré de gris; rectrices noirâtres, terminées de blanc, excepté les deux médianes qui n'offrent à leur pointe qu'un petit liséré blanchâtre; bec noir, avec la base de la mandibule inférieure rougeâtre; iris jaune; pieds verdâtres.

Avant d'atteindre cet état, le plumage est plus lustré, plus varié, avec des taches blanches plus étendues; la gorge, les côtés et le devant du cou, le haut de la poitrine sont d'un roux jaunâtre, et la huppe est moins longue.

Jeunes de l'année : Huppe très-courte, noire ainsi que la tête; taches des ailes d'un blanc roussâtre; devant et côtés du cou, poitrine d'une teinte rousse foncée; toutes les parties inférieures d'un blanc roussâtre; bec et pieds brun de plomb; iris gris.

Cet oiseau habite le nord de l'Afrique et la Syrie; se montre accidentellement dans le midi de la France, en Italie, en Sicile et en Allemagne. Il n'est pas rare dans le midi de l'Espagne.

Il a, comme le Coucou gris, l'habitude de pondre dans le nid d'autrui, et de ne point donner ses soins à ses petits.

SOUS-FAMILLE XV

COCCYZIENS — *COCCYZINÆ*

Bec plus haut que large à la base; narines en partie operculées; ailes médiocres ou allongées, le plus souvent arrondies.

Les Coccyziens se propagent comme les autres Passereaux; c'est-à-dire qu'ils construisent un nid, couvent leurs œufs et élèvent eux-mêmes leurs petits.

GENRE XXXVIII

COULICOU — *COCCYZUS*, Vieill.

Cuculus, p. Linn. *S. N.* (1766).
Coccyzus, Vieill. *Orn. élém.* (1816).
Coreus, Boie, *Isis* (1831).
Erythrophrys, Swains. *Classif. of B.* (1847).
Coccygius, Nitzsch, *Pterylogr.* (1840).

Bec robuste, aussi long que la tête, arqué, aigu et comprimé dans toute sa longueur ; narines basales, ovalaires ; ailes sub-obtuses, médiocres, pointues, atteignant le milieu de la queue ; celle-ci longue, large et étagée ; tarses couverts de larges scutelles ; tour de l'œil très-peu dénudé.

Ce genre est exclusivement américain. L'une des espèces qui le composent se montre accidentellement en Europe. Les naturalistes anglais en citent plusieurs captures faites en Irlande et dans la Grande-Bretagne.

71 — COULICOU AMÉRICAIN — *COCCYZUS AMERICANUS*
Jenyns. ex Linn.

Cendré en dessus, blanc en dessous ; barbes internes des rémiges rousses ; mandibule inférieure jaune ; partie dénudée qui entoure l'œil d'un jaune safran.

Taille : 0^m,29.

Cuculus americanus et Dominicus, Linn. *S. N.* (1760), t. I, p. 170.
Cuculus caroliniensis, Briss. *Ornith.* (1760), t. IV, p. 112.
Coccyzus pyropterus, Vieill. *N. Dict.* (1817), t. VIII, p. 270.
Cureus americanus, Boie, *Isis* (1831), p. 541.
Erythrophrys caroliniensis, Swains. *Class. of B.* (1837), t. II, p. 322.
Coccyzus americanus, Jenyns, *Man. Brit. Vert. anim.* (1835), p. 155.
Erythrophrys americanus, Bp. *B. of Eur.* (1838), p. 40.
Cuculus cinerosus, Temm. *Man.* (1840), 3e part. p. 277.
Coccystes americanus, Keys. et Blas. *Wirbellh.* (1840), p. 24.
Buff. *Pl. enl.* 816, sous le nom de *Coucou de la Caroline.*

Mâle : Gris cendré olivâtre, à reflets métalliques verdâtres et roussâtres sur les parties supérieures de la tête, du cou, du corps et les suscaudales ; toutes les parties inférieures blanches, tirant sur le gris au cou, à la poitrine et aux flancs ; ailes et les deux rectrices médianes pareilles au manteau ; rectrices latérales noires, avec l'extrémité blanche ; bec brun en dessus, jaune en dessous ; pieds noirs ; iris rougeâtre.

Femelle : Elle se distingue du mâle par les parties supérieures, qui sont plus rembrunies, sans reflets, et par le blanc plus cendré des parties inférieures.

Les *jeunes de l'année* nous sont inconnus.

On trouve particulièrement cet oiseau dans l'Amérique du Nord. Vieillot, qui a eu occasion de l'observer, dit qu'il est répandu depuis la Jamaïque jusqu'au Canada ; qu'il passe l'été dans le nord et l'hiver dans les Grandes-Antilles.

D'après Yarrel, cité par Temminck, deux captures du Coulicou américain auraient été faites en Irlande, une troisième dans le comté de Cornwall et une quatrième dans le pays de Galles. Cette dernière est très-probablement celle à laquelle fait allusion M. Edw. Gray, dans son Catalogue des animaux de la Grande-Bretagne (*List of the specim. of Brit. Anim. Part. III, Birds,* p. 126). L'individu conservé au *British Museum,* comme don du comte de Cawdor, aurait été tué dans le Pembrokeshire.

Il niche sur les arbres ; construit son nid avec de petites branches sèches et des racines en dehors ; avec des herbes fines et des poils en dedans, et pond, selon Vieillot, quatre ou cinq œufs d'un brun bleuâtre.

Le Coulicou américain est, suivant cet auteur, d'un naturel très-défiant, et son chant a de l'analogie avec celui du Coucou gris ; il lui a paru prononcer les syllabes *coulicou, coulicou,* répétées plusieurs fois de suite.

Observations. — Temminck pense que ce Coulicou se reproduit en Europe, parce qu'il a peine à croire à une émigration du nouveau monde dans notre continent. Cependant il ne paraît pas impossible que des individus de cette espèce puissent passer des régions boréales de l'Amérique dans celles de l'Europe qui les avoisinent, et qu'ensuite ils s'avancent jusque dans nos contrées, ce qui arrive pour d'autres oiseaux de l'Amérique du Nord.

Si nous ne citons pas comme exemple de l'apparition du *Coccyzus americanus* en Europe, la capture faite dans le midi de la France des deux Coucous particuliers dont parle M. Jaubert dans sa brochure intitulée : *Quelques faits sur l'Ornith. Eur.* (1851, p. 33), c'est que rien n'indique que ces Coucous se rapportent réellement à l'espèce dont il est question.

DEUXIÈME DIVISION

PASSEREAUX SYNDACTYLES
PASSERES SYNDACTYLI

Angulirostres, Illig. *Prod. syst.* (1811).
Alcyones, Mey. et Wolf, *Tasch. Deuts.* (1810).
Pelmatodes, Vieill. *Orn. élém.* (1816).
Syndactyli, G. Cuv. *Règ. anim.* (1817).

Trois doigts devant, un derrière; le médian, en général, étroitement uni à l'externe jusqu'à la troisième articulation, et à l'interne jusqu'à la première.

Ce sous-ordre, qui est très-naturel, en tant que l'on considère l'ensemble des formes et celle des pieds, corrrespond, sauf les Rolliers, au quatorzième ordre de Brisson, au quatrième ordre de Meyer et Wolf, à la deuxième division des Passereaux de G. Cuvier, aux Angulirostres d'Illiger, etc.

FAMILLE VII

CORACIADIDÉS — *CORACIADIDÆ*

Ampelidæ, Bp. *B. of Eur.* (1838).
Coraciidæ, Bp. *Ucc. Eur.* (1842).
Coraciadidæ, Bp. *C. R. de l'Ac. des sc.* (1854).
Todidæ, p. G. R. Gray (1841).

Bec plus court que la tête ou aussi long, et de forme variable; ailes pointues, généralement allongées; tarses courts; plumage décomposé et varié de couleurs vives, non métalliques; formes massives.

Les Coraciadidés ou Rolliers, ont été placés par plusieurs naturalistes à côté des Corbeaux, dont ils diffèrent cependant par leurs narines nues, par leur régime essentiellement insectivore, leur mode de nidification. C'est aussi par le régime, à part les caractères zoologiques, qu'ils se distinguent des Ampélidés, parmi lesquels le prince Ch. Bonaparte les avait d'abord compris.

Si le caractère de la syndactylie n'est pas chez eux très-prononcé, ils ont, sous bien d'autres rapports, de trop grandes affinités avec les Guépiers ou Méropidés, pour qu'on puisse les comprendre dans la même section.

Cette famille est représentée en Europe par un genre unique,

GENRE XXXIX

ROLLIER — *CORACIAS*, Linn.

Coracias, Linn. S. N. (1735).
Galgulus, Briss. Ornith. (1760).

Bec de la longueur de la tête, nu à la base, plus haut que large, incliné à la pointe qui est un peu crochue et sans échancrure ; narines basales, oblongues, obliques, à moitié fermées ; ailes longues, sub-aiguës ; queue composée de douze pennes, de forme variable ; tarses forts, annelés, plus courts que le doigt médian ; doigts entièrement divisés.

Les Rolliers sont défiants et très-farouches. Ils habitent les forêts ; vivent d'insectes, qu'ils chassent à la manière des Pies-Grièches, en les attendant, paisiblement perchés sur les branches mortes des arbres ou des arbustes, et nichent dans des trous d'arbres, de rochers escarpés ou dans ceux qui sont pratiqués le long des berges sablonneuses et élevées. Leurs œufs sont globulaires et très-lustrés.

M. Von der Mühle, qui a observé en Grèce l'espèce vulgaire, trouve que les Rolliers se rapprochent beaucoup des Guépiers par leurs habitudes ; qu'ils en ont le plumage, les pieds courts, et qu'ils présentent le même système de petites écailles à la face postérieure des tarses. C'est à cause de ces affinités qu'ils ont été placés à la suite de ces oiseaux par le comte de Keyserling et le professeur Blasius ; que le prince Ch. Bonaparte les en a également rapprochés, et que nous rangeons la famille, dont le genre qu'ils forment est le type, dans la division des Passereaux syndactyles.

Les Rolliers appartiennent à l'Afrique, à l'Asie et à l'Océanie ; un seul se trouve à la fois en Europe et dans l'Afrique septentrionale.

73 — ROLLIER ORDINAIRE — *CORACIAS GARRULA*
Linn.

Queue presque carrée, la rectrice la plus extérieure de chaque côté ne dépassant les autres que de quelques millimètres ; grandes rémiges brunes.

Taille : 0m,32 environ.

Coracias garrula, Linn. *S. N.* (1766), t. I, p. 159.
Galgulus garrulus, Vieill. *N. Dict.* (1819), t. XXIX, p. 428.
Buff. *Pl. enl.* 486.

Mâle adulte : Vertex, dessus, côtés et devant du cou d'un vert-bleu d'aigue-marine à reflets, avec des traits d'une nuance plus claire, parallèles à la tige des plumes, sur la dernière de ces parties ; dos et scapulaires d'une belle couleur fauve ; petites couvertures supérieures des ailes d'un bleu violet ; couvertures moyennes de même couleur que la tête ; croupion nuancé de vert et de violet ; poitrine, abdomen d'un vert d'aigue-marine clair ; rémiges brunes, les deux ou trois premières barrées de vert ; rectrices nuancées de bleu et de vert sombre à la base, d'un vert d'aigue-marine clair dans le reste de leur étendue, les médianes exceptées, qui sont d'un brun nuancé de verdâtre ; bec noirâtre, presque brun à la base ; pieds, à l'état frais, d'un jaune-bistre clair ; iris brun-noisette.

Femelle adulte : Ses couleurs sont, en général, plus ternes et la partie fauve du plumage tire sur le gris. Dans un âge très-avancé, elle prend les teintes pures du mâle.

Jeunes des deux sexes, pendant leur première année : Ils sont d'un gris glacé de bleu vert sur la tête, la poitrine et le ventre ; d'un brun terne sur le dos. Leur queue, dont la penne extérieure, de chaque côté, n'excède pas les autres, est en grande partie d'un vert bleuâtre foncé.

Le Rollier ordinaire appartient non-seulement à l'Europe mais aussi à l'Asie occidentale et à l'Afrique septentrionale. M. Malherbe le dit répandu en Algérie.

On le trouve en Grèce, en Sicile, en Italie, dans le midi de la France, en Allemagne, et fort avant dans le nord de l'Europe. Il est de passage, de loin en loin, et toujours isolément, en Franche-Comté, en Lorraine, en Champagne et dans le nord de la France. Il s'est montré, en 1825, dans les environs de Lille, et M. Balthazar, en juillet 1842, en a vu un qui venait d'être tué près de Douai. Il est commun en Morée, pendant l'automne, et dans les Etats romains, où il s'avance, dit-on, jusque dans les jardins.

Quelques couples se reproduisent dans le midi de la France. Il niche dans les trous des arbres, dans les vieux bâtiments. M. de Sélys-Longchamps en a vu qui avaient établi leur nid à Pœstum, dans les corniches des temples grecs. La ponte est de quatre à sept œufs globulaires, d'un blanc très-lustré, sans taches. Ils mesurent :

Grand diam. 0ᵐ,038 ; petit diam. 0ᵐ,02.

Le Rollier vulgaire vit dans les bois, sur les coteaux, dans les campagnes arides. Il se nourrit non-seulement de vers, d'insectes, tels que des grillons, des sauterelles ; mais aussi, dit-on, de petits reptiles et particulièrement de grenouilles. En automne, époque où il devient très-gras, on le recherche pour la table, en Morée et surtout dans les Cyclades.

FAMILLE VIII

MÉROPIDÉS — *MEROPIDÆ*

MEROPIDÆ, Vig. *Gen. of B.* (1825).

Bec aussi long ou plus long que la tête, effilé, un peu courbé et pointu ; ailes longues, étroites ; queue de forme variable ; tarses courts ; plumage varié de couleurs vives ; formes élancées.

Cette famille, détachée de celle des Alcyonidés, est très-naturelle. Quoique les Guêpiers aient de grands rapports d'organisation avec les Martins-Pêcheurs, ils s'en distinguent cependant par leurs formes beaucoup moins lourdes, par leurs ailes et leur queue plus allongées, et par leurs mœurs.

Parmi les genres qui en font partie, un seul a des représentants en Europe.

GENRE XL

GUÊPIER — *MEROPS*, Linn.

MEROPS, *S. N.* (1756) et *Auct.*
APIASTER, Briss. *Ornith.* (1760).

Bec allongé, légèrement courbé, tétragone, épais à la base, pointu, à arête vive ; narines basales, petites, en partie cachées par des plumes ; ailes longues, pointues, à première penne courte et étroite ; queue allongée, légèrement arrondie, les deux rectrices médianes dépassant notablement les autres ; tarses courts, grêles.

Les Guêpiers fréquentent de préférence les terrains sablonneux ; vivent d'insectes, principalement de guêpes, qu'ils saisissent souvent au vol ; voyagent par troupes, et abandonnent les localités où ils ne trouvent plus une nourriture suffisante. Ils nichent dans des trous, et leurs œufs, de forme arrondie, sont blancs, sans taches.

Le mâle et la femelle offrent à peu près le même plumage. Les jeunes, avant la première mue, en diffèrent sensiblement. Leur mue est simple.

Les Guêpiers habitent les climats chauds de l'ancien continent et de l'Océanie. Deux espèces seulement sont considérées comme européennes.

73 — GUÉPIER VULGAIRE — *MEROPS APIASTER*
Linn.

Gorge et croupion jaunes ; les deux rectrices médianes dépassant les autres de 0ᵐ,02 à 0ᵐ,03 au plus.

Taille : 0ᵐ,26 sans les filets de la queue.

MEROPS APIASTER, Linn. *S. N.* (1766), t. I, p. 182.
MEROPS CHRYSOCEPHALUS, Gmel. *S. N.* (1788), t. I, p. 463.
Buff. *Pl. enl.* 338.

Mâle : Dessus de la tête, du cou et haut du dos rouge-marron ; bas du dos, croupion et la plus grande partie des sous-caudales d'un roux jaunâtre, très-légèrement nuancé çà et là de bleu verdâtre ; gorge, devant du cou d'un jaune d'or, avec un demi-collier noir, qui sépare cette couleur de celle de la poitrine ; front, poitrine, abdomen et sous-caudales de couleur d'aigue-marine ; une bande noire s'étend du bec au delà de la région parotique ; ailes d'un vert olivâtre, avec leur partie moyenne d'un roux foncé, et toutes les rémiges terminées de noir ou de noirâtre ; queue d'un vert olivâtre, plus obscur que celui des ailes ; bec noir ; pieds bruns ; iris rouge.

Femelle : Elle est plus petite que le mâle ; elle a des teintes généralement plus claires ; le front blanc-roussâtre, bordé, en arrière et sur les côtés, d'un peu de verdâtre ; les grandes couvertures alaires d'un roux jaune ; les deux rectrices médianes de 0ᵐ,017 à 0ᵐ,020 seulement plus longues que les autres et sensiblement plus étroites à leur extrémité.

Jeunes avant la première mue : D'un brun verdâtre en dessus, d'un jaune terne à la gorge et au cou, sans trace de demi-collier noir ; rectrices médianes de la longueur des autres ; bec plus court que dans les adultes ; iris rose.

Le Guêpier vulgaire habite le midi de l'Europe, l'Asie occidentale et l'Algérie, où il est très-répandu. Il a des habitudes erratiques ; voyage par bandes plus ou moins nombreuses ; ne fréquente jamais que les vallées, les bords des rivières, les plaines et les coteaux sablonneux. S'il saisit ordinairement au vol les insectes des genres *Bembex* et *Vespa* dont il se nourrit, souvent aussi, comme l'a vu Savi, il descend à terre pour s'emparer de ces hyménoptères au moment où ils sortent de leur retraite, ou lorsqu'ils cherchent à y pénétrer.

Ses passages, en Italie et dans le midi de la France, sont annuels ; mais ils
n'ont lieu régulièrement qu'au printemps.

Quelques-uns des sujets qui visitent la Provence s'y arrêtent parfois et s'y reproduisent. Ils établissent leur nid dans les trous des berges sablonneuses qui
bordent les rivières ou la mer. La ponte est de cinq à sept œufs, à peu près
ronds, d'un blanc lustré, sans taches. Ils mesurent :

Grand diam. 0ᵐ,024 à 0ᵐ,025 ; petit diam. 0ᵐ,022.

Une bande de quinze à vingt individus vint s'établir au commencement
de juillet 1840 à Pont-Remy, non loin d'Abbeville, dans une localité où il
existe une grande falaise de terre, criblée de trous pratiqués par les hirondelles de rivage. On prit dans ces trous une femelle couveuse, et M. Baillon y
découvrit des œufs. L'espèce, en France, se reproduirait donc accidentellement
ailleurs que dans le Midi.

74 — GUÊPIER D'ÉGYPTE — *MEROPS ÆGYPTIUS*
Forskal.

*Devant du cou roux et croupion vert-bleu ; les deux rectrices
médianes terminées en pointe et dépassant les autres de 0ᵐ,04 à
0ᵐ,05 au moins.*

Taille : 0ᵐ,24 sans les filets de la queue.

Merops ægyptius, Forsk. *Descript. anim. It. Or.* (1775), p. 2, sp. 2.
Merops persica, Pall. *Voy.* (1776), éd. fr. in-8, t. VIII, append. p. 36.
Le Vaill. *Promerops*, pl. 6 et 6 *bis*, sous le nom de *Guêpier Savigny.*

Mâle et femelle adultes : Front avec une petite bande blanche ; une
autre bande plus large, de couleur d'aigue-marine, variée d'azur, s'é-
tend jusqu'aux sourcils inclusivement ; nuque, dessus du cou et du
corps d'un vert nuancé de bleuâtre ou légèrement teint d'olivâtre ;
gorge jaune ; devant du cou marron vif ; poitrine et abdomen d'un vert
tendre, plus ou moins pur, quelquefois nuancé de roussâtre ; sous-caudales couleur d'aigue-marine ; une bande noire, bordée inférieurement
par un trait d'aigue-marine, s'étend du bec au delà de la région parotique, en passant sur les yeux ; ailes de la couleur du dos, avec les pennes terminées de brunâtre ; queue d'un beau vert bleuâtre en dessus,
grise en dessous ; bec noir ; pieds d'un brun de corne.

Les *jeunes avant la première mue* nous sont inconnus.

Le Guêpier d'Egypte habite l'Afrique orientale, l'Asie occidentale et se montre accidentellement dans le midi de l'Europe.

Le marquis Durazzo dit. dans son *Catalogue des oiseaux de la Ligurie*, que
deux individus de cette espèce, l'un mâle et l'autre femelle, furent tués en

1834 dans les environs de Gênes. M. Al. Malherbe a vu, pendant son séjour en
Sicile, une femelle qui avait été capturée près de Palerme. Enfin, d'après
M. Crespon, deux autres sujets ont été tués en mai 1832, près de l'embou-
chure du Lez, dans le département de l'Hérault.

Selon Pallas, ce Guêpier niche sur les bords escarpés de la mer Caspienne.
Mœurs, habitudes et régime inconnus.

FAMILLE IX

ALCÉDINIDÉS — *ALCEDINIDÆ*

Leptoramphes, p. Dum. *Zool. anal.* (1806).
Angulirostres, p. Illig. *Prod. syst.* (1811).
Pelmatodes, p. Vieill. *Orn. élém.* (1816).
Halcyonidæ, Vig. *Gen. of B.* (1825).
Alcyonés, Less. *Ornith.* (1831).
Alcedinidæ, Bp. *B. of Eur.* (1838).

Bec plus long que la tête, évasé à la base, droit, anguleux ou
tétragone, à arête déprimée; ailes médiocres; queue généralement courte, ou exceptionnellement prolongée par les deux rectrices médianes; tarses courts.

Cette famille, qui correspond presque complétement au genre *Alcedo* de
Linnée, a des représentants dans toutes les parties du monde. Tous les oiseaux
qui la composent ont une physionomie particulière, qui ne permet pas de
les confondre. Leur tête est grosse, leur corps épais et ramassé, leurs couleurs,
chez la plupart du moins, sont vives et irisées sur quelques parties du plumage.

Quoique très-naturelle, la famille des Alcédinidés, en raison des différences
notables dans les habitudes et le régime des oiseaux qui la composent, a été
subdivisée par Le Vaillant en Martins-Chasseurs et en Martins-Pêcheurs, qui
sont devenus pour la plupart des ornithologistes des *Daceloninæ* et des *Alcedi-
ninæ*. De ces deux sous-familles, la dernière seule compte jusqu'ici des espèces
européennes.

Observation. — C'est prématurément, à notre avis, que l'*Alcedo smyrnensis*,
Linn. (*Ispida madagascarensis cærulea*, Briss.), l'un des représentants du genre
Halcyon, Swains. dans la sous-famille des Dacéloniens, a été introduit parmi les
oiseaux d'Europe. L'espèce habite l'Asie Mineure, on ne saurait en douter,
surtout après l'excellente notice qui lui a été consacrée par M. Strickland (*Ann.
of Nat. histor.* 1842, t. IX, p. 441); mais, de cet habitat, on ne peut déduire

sa présence en Morée ou en Crète, et l'admettre *par anticipation* dans la Faune européenne, comme l'a proposé M. Strickland et comme l'a fait le prince Ch. Bonaparte, dans le *Catalogue Parzudaki*; aucune capture, du reste, n'est encore venue légitimer la présomption de M. Strickland.

SOUS-FAMILLE XVI

ALCÉDINIENS — *ALCEDININÆ*

Bec épais, tétragone ou quadrangulaire; tarses courts et faibles; queue courte.

Habitudes riveraines.

GENRE XLI

MARTIN-PÈCHEUR — *ALCEDO*, Linn.

ALCEDO, Linn. *S. N.* (1766) et *Auct.*

Bec plus haut que large, comprimé, diminuant progressivement de la base à la pointe, à arête de la mandibule supérieure arrondie dans toute son étendue; narines basales, nues, linéaires, obliques; ailes courtes et arrondies; queue plus ou moins courte, cunéiforme ou arrondie; tarses un peu placés à l'arrière du corps.

Les Martins-Pêcheurs sont des oiseaux solitaires, qui vivent sur les bords des rivières, des étangs, de la mer, et se nourrissent principalement de poissons.
Le mâle et la femelle ont le même système de coloration et ne diffèrent que par de faibles nuances dans le plumage. Les jeunes avant la première mue ressemblent beaucoup à la dernière. Leur mue est simple.

73 — MARTIN-PÈCHEUR VULGAIRE — *ALCEDO ISPIDA* Linn.

Bande d'un roux marron sur les côtés de la tête; trait noir entre l'œil et le bec; tête, nuque, ailes tachetées de bleu d'azur.

Taille : 0^m,12, le bec non compris.

ALCEDO ISPIDA, Linn. *S. N.* (1766), t. I, p. 179.
GRACULA ATTHIS, Gmel. *S. N.* (1788), t. I, p. 398.
Buff. *Pl. enl.* 77.

Mâle en été : Parties supérieures d'un vert bleuâtre, avec le dos, le croupion, les sus-caudales d'un bleu d'azur, et de petites taches de cette couleur sur la tête, le cou et les ailes ; gorge et haut du cou d'un blanc plus ou moins pur ; poitrine, abdomen et sous-caudales d'un roux de rouille ; une bande rousse qui se prolonge au-dessous des yeux et que limite en arrière une tache blanche, occupe les côtés de la tête ; une deuxième bande d'un vert bleuâtre, varié d'azur, s'étend du bec jusqu'aux épaules ; lorums noirs ; rémiges brunes, bordées de vert bleuâtre ; bec rouge à la base et brun dans le reste de son étendue ; pieds rougeâtres ; iris brun-roux.

Mâle en automne : Gorge et haut du cou d'un blanc roussâtre ; pieds rouges.

Femelle : Couleurs bleues lavées de verdâtre, et les autres couleurs d'une teinte plus foncée.

Jeunes avant la première mue : Parties supérieures d'un vert obscur, moins mélangé de bleu ; parties inférieures d'un roux lavé de brunâtre ; bec noir et sensiblement plus court que celui des adultes.

Le Martin-Pêcheur vulgaire est répandu dans toute l'Europe. Il habite aussi l'Asie occidentale et l'Algérie. On le trouve sur toutes les eaux de la France.

Il niche le long des ruisseaux, des rivières, sur les bords de la mer, dans des trous qu'il creuse lui-même, suivant M. Baldamus ; mais souvent aussi, il s'empare, à cet effet, des galeries pratiquées par les rats d'eau et par les Hirondelles de rivage. Sa ponte est de six à neuf œufs, globuleux, d'un blanc pur et lustré. Ils mesurent :

Grand diam. 0^m,021 ; petit diam. 0^m,02.

Le Martin-Pêcheur ne s'écarte jamais des bords des rivières, des ruisseaux, des étangs. Il fréquente même les anses de la mer où l'eau est peu profonde et tranquille. Son vol est bas et très-rapide. Il se nourrit d'insectes aquatiques, mais principalement de petits poissons, qu'il saisit presque à fleur d'eau, en tombant d'aplomb sur eux.

GENRE XLII

CÉRYLE — *CERYLE*, Boie

ALCEDO, p. Linn. *S. N.* (1766).
CERYLE, Boie, *Isis* (1828).
ISPIDA, Swains. *Classif. of B.* (1837).

Bec robuste, entamant les plumes du front, à arête mousse, comprimé sur les côtés et très-légèrement renflé à la mandibule inférieure ; narines basales, nues, étroites, obliques ; ailes moyennes, sub-aiguës ; queue allongée, large et arrondie ; tarses très-courts et robustes.

Les Céryles ont les mœurs, les habitudes, le régime des Martins-Pêcheurs proprement dits.

Leur plumage n'a ni la vivacité, ni le brillant des couleurs des autres espèces de la famille, dont ils se distinguent aussi par la touffe de plumes allongées qui ornent leur tête.

Ces oiseaux sont propres à l'Asie, à l'Afrique et à l'Amérique. Deux d'entre eux visitent très-accidentellement l'Europe.

76 — CÉRYLE PIE — *CERYLE RUDIS*
Boie ex Linn.

Plumage varié de noir et de blanc ; un large trait blanc en forme de sourcil ; un ou deux colliers noirs, interrompus, sur la poitrine.
Taille : 0^m,22 sans le bec.

ALCEDO RUDIS, Linn. *S. N.* (1766), t. I, p. 181.
ISPIDA EX ALBO et NIGRO VARIA, Briss. *Ornith.* (1760), t. IV, p. 520.
CERYLE RUDIS, Boie, *Isis* (1828), p. 316.
CERYLE VARIA, Strickl.
Buff. *Pl. enl.* 62, *jeune,* sous le nom de *Martin-Pêcheur du Sénégal,* et 716, *mâle adulte,* sous celui de *Martin-Pêcheur huppé du cap de Bonne-Espérance.*

Mâle : Parties supérieures d'un blanc pur, marqué au centre et à l'extrémité des plumes de taches noires, qui sont longitudinales à la tête et au cou, oblongues au dos, en cœur ou triangulaires au croupion ; parties inférieures d'un beau blanc lustré, avec un large collier interrompu, d'un noir pur, à la poitrine ; lorums, sourcils et une bande derrière les yeux, blancs ; une large bande noire s'étend du bec à la nuque, en couvrant la joue et la région parotique ; ailes noires, avec les plumes terminées de blanc ; queue en grande partie blanche dans sa moitié antérieure, en partie noire dans sa moitié postérieure, et terminée de blanc ; bec et pieds noirs.

Femelle : Elle est un peu moins grande que le mâle : elle a plus de blanc dans le plumage ; le demi-collier de la poitrine est moins étendu, et elle a quelquefois un second collier très-étroit.

Jeunes : Dessus du corps d'un blanc moins pur, avec de nombreuses

mèches noires; collier pectoral à peine indiqué par quelques taches noirâtres; bec sensiblement moins gros et moins long et plumes de l'occiput moins allongées que chez les adultes.

Cette espèce habite l'Afrique, l'Asie occidentale, et se montre quelquefois
dans l'Europe orientale et méridionale. Elle a été observée et tuée en Espagne,
en Sicile, en Turquie et dans l'archipel grec. On ne l'a point encore rencontrée
en France.

Elle a les mœurs et le mode de nidification du Martin-Pêcheur vulgaire.
Ses œufs, selon M. Baldamus, auraient à peu près le volume de ceux du Scops
d'Europe.

77 — CÉRYLE ALCYON — *CERYLE ALCYON*
Boie ex Linn.

*Une tache blanche entre l'œil et le bec; un large ceinturon
bleuâtre ou cendré, sur la poitrine; les deux rectrices médianes,
seulement, avec une rangée de points blancs le long du rachis.*

Taille : 0ᵐ,24 à 0ᵐ,25 sans le bec.

ALCEDO ALCYON, Linn. *S. N.* (1766), t. 1, p. 180.
CERYLE ALCYON, Boie, *Isis* (1828), p. 316.
ISPIDA ALCYON, Swains. *Class. of B.* (1837), t. II, p. 336.
Buff. *Pl. enl.* 715, *mâle adulte*, sous le nom de *Martin-Pêcheur huppé de la
Louisiane.*

Mâle · Dessus de la tête, joues, nuque, dessus du corps, couvertures
des ailes, sus-caudales et un large ceinturon à la poitrine d'un cendré
bleuâtre; tache devant les yeux, gorge, cou, abdomen et sous-caudales
d'un blanc pur; flancs et une bande sur le ventre d'un roux de rouille
vif; grandes rémiges noires, avec des taches transversales blanches en
dedans et à la pointe; les secondaires d'un cendré bleu en dehors, noires en dedans, bordées de blanc à l'extrémité; queue pareille au dos,
avec les deux pennes médianes régulièrement tachées de blanc le long
de la tige; les autres, avec des taches blanchâtres sur les barbes externes et des bandes transversales sur les internes; bec noir; iris noisette.

Femelle : Semblable au mâle, mais un peu plus petite, sans roux à la
poitrine, aux flancs, et avec moins de points blancs sur les deux rectrices médianes.

Jeunes de l'année : Semblables à la femelle, avec le ceinturon pectoral et les flancs cendrés; ceux-ci marqués de nombreux zigzags
blancs.

Le Céryle alcyon est propre à l'Amérique septentrionale. Son existence, comme oiseau d'Europe, ne repose que sur la capture de deux sujets, faite en Irlande, selon M. Thompson.

Vieillot dit que cette espèce se nourrit de poissons et de lézards. Sa propagation est inconnue.

TROISIÈME DIVISION

PASSEREAUX DÉODACTYLES
PASSERES DEODACTYLI

Anisodactyli, p. Vieill. *Orn. élém.* (1816).
Deodactyli, I. Geof. Saint-Hil. *Essais. de zool. génér.* (1841).

Quatre doigts, trois devant, un derrière, l'externe dirigé en avant et soudé au médian seulement jusqu'à la première articulation.

Les Oiseaux qui offrent les caractères assignés à cette division, sont excessivement nombreux et présentent, quant au bec, des formes très-variées. Ces formes peuvent cependant se ramener à des types déterminés, ce qui permet de subdiviser les Passereaux déodactyles en groupes, arbitraires à la vérité, mais propres à en faciliter la distribution.

1° DÉODACTYLES TÉNUIROSTRES — *DEODACTYLI TENUIROSTRES*

FAMILLE X

CERTHIIDÉS — *CERTHIIDÆ*

Tenuirostres, p. Dum. *Zool. anat.* (1806).
Anerpontes, Vieill. *Orn. élém.* (1816).
Certhiadæ, Vig. *Gen. of B.* (1825).
Certhidæ, Bp. *B. of Eur.* (1838).
Certhiidæ, Bp. *C. Gen. av.* (1850).

Bec entier, aussi long ou plus long que la tête, de forme variable ; tarses généralement courts, nus, annelés ; quatre doigts, trois en avant, un en arrière, l'externe plus long que l'interne, le pouce, y compris l'ongle, généralement aussi long ou plus long que le médian ; queue à pennes lâches ou raides.

La famille des Certhiidés comprend les Sittelles, les Grimpereaux, les Tichodromes, tous oiseaux qui grimpent soit sur les arbres, soit sur les murailles et les rochers, pour y chercher les insectes dont ils se nourrissent.

Cette famille, eu égard à la forme qu'affecte le bec, peut être subdivisée en *Sittinæ* et en *Certhiinæ.*

SOUS-FAMILLE XVII

SITTIENS — *SITTINÆ*

Bec droit, à bords dessinant des lignes ondulées ou irrégulières.

GENRE XLIII

SITTELLE — *SITTA*, Linn.

Sitta, Linn. *S. N.* (1735) et *Auct.*

Bec entier, fort, cunéiforme ; narines basales, recouvertes par les plumes du front ; ailes médiocres ; queue carrée, à pennes faibles, larges et arrondies ; tarses courts, forts ; pouce long pourvu d'un ongle robuste, allongé et crochu.

Les Sittelles ont les habitudes des Pics et des Mésanges. Elles grimpent aux arbres sans se servir à cet effet de leur queue ; parcourent un tronc, une branche, dans tous les sens, et se suspendent même à l'extrémité des rameaux flexibles. Elles vivent d'insectes et de graines, surtout de chènevis et de tournesol et nichent dans des trous d'arbres, ou dans des crevasses de rochers.

Le mâle et la femelle se ressemblent. Les jeunes, avant la première mue, en diffèrent fort peu. Leur mue est simple.

Observation. — La *Sitta europæa*, var. *Sibirica*, Pall. (*Sitta sericea*, Temm. ne nous paraît différer de la *Sitta europæa*, Linn., que par un bec un peu plus grêle. Nous n'oserions cependant affirmer que ce caractère soit constant, a tendu que nous n'avons eu à notre disposition qu'un seul individu. C'est aux naturalistes qui peuvent soumettre à leurs études un certain nombre d'exem plaires à résoudre la question. En attendant, nous croyons devoir identifier la *Sitta sericea*, Temm., ou *asiatica*, Bp. à la *Sitta europæa*, Linn.

Quant à la *Sitta affinis*, Blyth, dont le prince Ch. Bonaparte a fait en dernier lieu une race propre à la Grande-Bretagne, elle ne diffère en rien de notre Sittelle de France (*Sitta cæsia*, Mey. et Wolf) et doit lui être rapportée.

78 — SITTELLE D'EUROPE — *SITTA EUROPÆA*
Linn.

Région anale et sous-caudales roussâtres, celles-ci terminées de blanc; tout le reste des parties inférieures blanc ; rectrice la plus extérieure, de chaque côté, noire à la base, marquée, vers le bout, d'une tache blanche et terminée de cendré; deuxième rémige égale à la cinquième, troisième et quatrième égales et les plus longues.

Taille : 0ᵐ,126 à 0ᵐ,127.

Sitta europæa, Linn. *S. N.* (1766), t. I, p. 177.
Sitta europæa, var. *Sibirica*, Pall. *Zoogr.* (1821), t. I, p. 545.
Sitta uralensis, Lichst. in : Gloger, *Handb. Nat. Vög. Eur.* (1834), p. 377 et 378 (*nota*).
Sitta asiatica, Bp. *B. of Eur.* (1838), p. 10.
Sitta sericea, Temm. *Man.* (1840), 4ᵉ part. p. 645.
Gould, *B. of Eur.* pl. 236, sous le nom de *Sitta asiatica*.

Mâle : Parties supérieures d'un cendré bleuâtre clair; joues, gorge, devant du cou, poitrine et ventre d'un blanc lustré ; couvertures inférieures de la queue et côtés de l'abdomen d'un roux ferrugineux, avec des taches blanches, occupant l'extrémité des plumes; une large bande noire s'étend du bec sur les côtés du cou, en passant sur le lorum, l'œil et le méat auditif; couvertures inférieures des ailes blanches ou blanchâtres, maculées de noir ; rémiges d'un cendré bleuâtre, blanchâtres sur les barbes internes, à peu près dans le quart de leur étendue, à partir de la base ; rectrices médianes d'un cendré bleuâtre comme le dessus du corps, les autres noires, avec les quatre extérieures marquées, vers l'extrémité, d'une tache blanche ; bec et pieds bleuâtres.

Femelle pareille au mâle, mais avec l'abdomen très-légèrement teint de roussâtre.

Les *jeunes de l'année* ressemblent à la femelle.

Cette espèce habite l'Europe septentrionale et orientale et l'Asie septentrionale.

Elle niche dans les trous des arbres, et pond de cinq à sept œufs blancs, avec

de petites taches et de très-petits points plus ou moins nombreux et disséminés,
bruns ou d'un brun roussâtre. Quelquefois la plupart de ces points tournent au
noir. Ils mesurent :

Grand diam. 0ᵐ,02 ; petit diam. 0ᵐ,015.

La Sittelle d'Europe fréquente les grands bois, grimpe aussi le long des murs
vient même, d'après Linné, chercher un abri sous les toits des habitations.

79 — SITTELLE TORCHE-POT — *SITTA CÆSIA*
Mey. et Wolf.

*Gorge et joues blanchâtres, tout le reste des parties inférieures
d'un roux plus ou moins foncé selon les régions ; rectrice la plus
extérieure, de chaque côté, noire à la base, marquée vers le bout
d'une tache blanche et terminé de cendré ; deuxième rémige plus
courte que la sixième, cinquième presque égale à la troisième et à
la quatrième qui sont les plus longues.*

Taille : 0ᵐ,13 environ.

Sitta, Briss. *Ornith.* (1760), t. III, p. 588.
Sitta europæa, Lath. *Ind.* (1730), t. I, p. 261.
Sitta cæsia, Mey. et Wolf, *Tasch. Deuts.* (1810), t. I, p. 128.
Sitta affinis, Blyth, *Journ. As. Soc. Ben.* (1846), t. XV, p. 288.
Buff. *Pl. enl.* 623, f. 1, sous le nom de *Torche-pot.*

Mâle : Parties supérieures de la tête, du cou, dos, croupion, scapulaires, sus-caudales, couvertures des ailes, d'un cendré bleuâtre,
gorge et joues blanchâtres ; devant et côtés du cou, poitrine, ventre,
flancs d'un roux clair, rembruni de marron aux jambes et sur les côtés
du corps, particulièrement à la région anale ; sous-caudales marron, terminées de blanchâtre ; une bande noire, passant par les yeux, s'étend
du bec au delà de la région parotique, sur les côtés du cou ; grandes
couvertures des ailes brunes, bordées extérieurement de cendré ; rémiges brunes, les quatre ou cinq premières des primaires bordées extérieurement de gris blanc, les autres frangées de cendré, toutes avec
les barbes internes bordées de banchâtre ; rectrices médianes de la
couleur du dos, les autres noires à la base ; la plus extérieure de chaque
côté, marquée, vers le bout, d'une bande transversale blanche et terminée de cendré ; les trois suivantes sont également cendrées au bout
et portent sur leurs barbes internes une tache blanche, qui devient
terminale sur la troisième et sur la quatrième ; bec cendré bleuâtre
ou couleur de plomb ; tarses d'un gris jaunâtre ; iris noisette.

Femelle : Elle a les teintes générales moins pures, et la bande qui traverse les yeux d'un noir moins foncé.

Jeunes avant la première mue : Parties inférieures d'un roussâtre fauve, nuancé de roux foncé sur les flancs ; bande noire de la tête plus étroite, moins étendue et moins pure ; le reste du plumage à peu près comme celui des adultes.

La Sittelle torche-pot habite l'Europe méridionale et occidentale.

Elle est commune dans presque tous les grands bois de la France, de l'Allemagne, de la Suisse, de la Belgique, de l'Italie.

Son nid établi dans un trou d'arbre, dont elle rétrécit quelquefois l'ouverture avec de la terre boueuse, est négligemment construit avec quelques brins d'herbes, de mousse, ou simplement avec des détritus de bois vermoulu. Sa ponte est de cinq à sept œufs un peu allongés, blancs, ou d'un blanc sale, quelquefois nuancé de jaunâtre, avec de petites taches et des points disséminés et plus ou moins abondants, rougeâtres, ou bruns, ou noirs, ou cendrés. Ces teintes se montrent tantôt ensemble, tantôt isolément. En général, les petites taches sont assez rapprochées vers le gros bout pour dessiner une couronne. Ils mesurent :

Grand diam. 0ᵐ,02; petit diam. 0ᵐ,015.

Cette espèce se tient constamment sur les arbres ; elle en parcourt en tous sens les branches grandes et petites, et se suspend assez souvent à l'extrémité des rameaux, comme font les Mésanges. Elle a un cri monotone qu'elle répète à tout instant de la journée, même en cherchant sa nourriture.

Observation. — Cette Sittelle a été méconnue jusqu'à ces dernières années par tous les naturalistes, et l'on peut dire que Linné, et Meyer et Wolf n'ont pas peu contribué à la faire confondre avec la précédente : Linné en citant dans la synonymie de la *Sitta europæa*, la *Sitta* de Brisson, dans laquelle il est difficile, d'après la description si parfaite qu'en donne l'auteur, de ne pas reconnaître l'espèce à poitrine et à ventre roux (*Sitta cæsia*) : Meyer et Wolf en figurant cette même espèce à ventre roux, sous le nom de *Sitta europæa*. Quoique, dans le texte, ils la nomment *Sitta cæsia*, on ne peut voir là qu'une simple substitution de nom et nullement une distinction d'espèce. Meyer et Wolf, en effet, donnent pour synonyme de cette *Cæsia*, l'*Europæa* de Linné et la Sittelle de Buffon, oiseaux que l'on a cessé de confondre depuis que Blyth, en 1846, frappé de la différence qui existe entre la Sittelle du nord de l'Europe (*Sitta europæa*, Linn.) et celle qui habite la France et la Grande-Bretagne, a proposé de distinguer celle-ci sous le nom d'*Affinis*; nom qui n'a pu prévaloir, celui de *Cæsia* lui étant antérieur.

80 — SITTELLE SYRIAQUE — *SITTA SYRIACA*
Ehrenberg.

Parties inférieures blanches, de la gorge au bas de la poitrine, roussâtres dans tout le reste de leur étendue ; queue unicolore, avec une tache blanchâtre à l'extrémité de la rectrice latérale.

    Taille : 0ᵐ,16.

Sitta syriaca, Ehrenb. in : Temm. *Man.* (1835), 3ᵉ part. p. 286.
Sitta Neumayeri, Michahelles, *Isis* (1830), p. 814.
Sitta rupestris, Cantraine in : Temm. *loc. cit.* p. 287.
Sitta saxatilis, Schinz, *Eur. Faun.* (1840), t. I, p. 266.
Gould, *Birds of Eur.* pl. 235 sous le nom de *Sitta rufescens.*

Mâle et femelle : Parties supérieures d'un cendré bleuâtre, à peu près comme chez la Sittelle torche-pot ; joues, gorge, devant du cou et poitrine d'un blanc pur ; abdomen et sous-caudales roussâtres ; flancs de même couleur, mais plus foncés ; bande noire s'étendant du bec au dos, en passant sur les yeux et les côtés du cou ; rémiges brunes ; rectrices également brunes, avec une petite tache roussâtre vers l'extrémité et sur les barbes internes de la plus latérale, de chaque côté.

  Jeunes : Croupion avec une faible teinte roussâtre, et bande noire des yeux et du cou moins prononcée que chez les adultes.

La Sittelle syriaque habite l'Europe méridionale et l'Asie occidentale.

On la trouve en Dalmatie, dans le Levant et la Syrie.

D'après Temminck, elle niche parmi les rochers, et son nid, construit avec de la terre gâchée, en forme de calebasse et à ouverture latérale, est attaché, dans le sens de sa longueur, aux parois verticales des rochers. L'intérieur est garni de matières molles. Sa ponte est de quatre ou cinq œufs, un peu allongés, blancs, avec quelques taches d'un rouge de brique très-pâle, principalement au gros bout. Ils mesurent :

Grand diam. 0ᵐ,022 ; petit diam. 0ᵐ,014.

Cette espèce n'exerce point son industrie sur les arbres, comme la Sittelle torche-pot, mais sur les grands rochers. On la voit sans cesse grimper le long de leurs parois escarpées, et chercher, dans leurs fentes et leurs crevasses, les insectes dont elle se nourrit.

SOUS-FAMILLE XVIII

CERTHIENS — *CERTHIINÆ*

Bec effilé, aigu, toujours plus ou moins arqué, à bords réguliers.

Cette division est représentée, en Europe, par les Grimpereaux et les Tichodromes, que Linné rangeait dans son grand genre *Certhia*, transformée aujourd'hui en *Certhiinæ*.

GENRE XLIV

GRIMPEREAU — *CERTHIA*, Linn.

Certhia, Linn. *S. N.* (1735) et *Auct.*

Bec grêle, aussi long ou plus long que la tête, plus ou moins
arqué, comprimé sur les côtés et pointu ; narines basales, placées dans un sillon longitudinal, demi-closes par une membrane ; ailes médiocres, sur-obtuses ; queue allongée, à pennes
raides, étagées, usées et pointues ; tarses courts ; ongles allongés,
très-courbés, le postérieur le plus long.

Les espèces comprises dans ce genre, tirent leur nom de l'habitude qu'elles
ont de grimper, à la manière des Pics, le long des troncs d'arbres. Elles nichent dans les fentes, les trous des arbres, sous l'écorce soulevée, et se nourrissent de petits insectes, de leurs œufs et de leurs larves, qu'elles cherchent
dans les anfractuosités de l'écorce.

Le mâle et la femelle se ressemblent. Les jeunes n'en diffèrent que par un
bec plus court, moins fléchi et des teintes plus sombres. Leur mue est simple.

Observation. — 1° Ce genre est représenté en Europe par la *Certhia familiaris* (Linn.), à laquelle il faut rapporter l'oiseau connu depuis peu sous le nom
de *Certhia Costæ* (Bailly), et par la *Certhia brachydactyla* (Mey.) des naturalistes
allemands, que la plupart des ornithologistes ont considérée, jusqu'à ces derniers temps, comme la véritable *Certhia familiaris* de Linné. La *Brachydactyla*,
malgré les traits qui la distinguent de la *Familiaris*, pourrait bien n'être qu'une
variété locale de celle-ci.

2° Le prince Ch. Bonaparte « d'après le *vague pressentiment* d'une seconde
espèce de *Certhia* en Europe » (*Rev. crit.* p. 77), avait proposé, en 1838 (*Birds
of Eur.* p. 11), une *Certhia Nattereri*, qu'il a abandonnée en 1842 (*Cat. met.
degli Uccelli Eur.*), mais qu'il a reprise en 1850 (*Rev. crit.* p. 140, et *C. Gen.
Av.* p. 224), lorsqu'il a été question de la *Certhia Costæ* (Bailly). Le prince Ch.
Bonaparte s'est, sans plus de façon, approprié cette *Certhia*, en faisant *Costæ*
synonyme de *Nattereri*, et cette appropriation aurait peut-être fini par être
considérée comme légitime, si l'on n'avait reconnu dans la *Certhia Costæ*, la
Certhia familiaris de Linné.

La *Nattereri*, à notre avis, ne doit entrer dans la synonymie ni de la *Familiaris* ni de la *Brachydactyla*, attendu qu'il est impossible de reconnaître une espèce d'après un nom, et surtout lorsque cette espèce, de l'aveu de l'auteur,
n'est établie que sur un *vague pressentiment*.

84 — GRIMPEREAU FAMILIER — *CERTHIA FAMILIARIS*
Linn.

Parties inférieures d'un blanc pur, à l'exception des plumes fémorales et des sous-caudales, qui sont teintées de roux clair ; couvertures inférieures de l'aile sans taches.

Taille : 0,136 à 0ᵐ,138.

Certhia familiaris, Linn. *S. N.* (1766), t. I, p. 184.
Certhia scandula, Pall. *Zoogr.* (1811-1831), t. I, p. 432.
Certia Costæ, Bailly, *Bull. de la Soc. d'hist. nat. de la Savoie* (janvier 1852) et *Orn. de la Savoie* (1853), t. II, p. 485.

Mâle et *femelle adultes, en plumage d'automne :* Dessus et côtés de la tête, nuque, haut du dos, ailes variées de blanc roussâtres, de blanchâtre et de roux sur un fond brun, le blanc roussâtre formant au centre de chaque plume du vertex, de l'occiput et de la nuque une petite tache oblongue ; larges sourcils et bords palpébraux blancs, les premiers se confondant avec les taches blanches de la partie supérolatérale du cou ; bas du dos, croupion et sus-caudales d'un roux châtain, avec un trait roux-blanchâtre, plus ou moins prononcé au centre de quelques plumes ; parties inférieures d'un blanc pur et lustré, à l'exception des régions anales, fémorales et des sous-caudales qui sont lavées de roussâtre ; rémiges brunes en dessus, cendrées en dessous, avec la pointe blanchâtre ; les cinq ou six premières lisérées, en dehors, de gris clair, les suivantes bordées de roussâtre dans leur tiers supérieur ; toutes, excepté les trois ou quatre premières, marquées, vers le milieu de leur étendue, d'une tache d'un blanc jaunâtre, placée entre deux autres taches d'un brun noir ; ces taches occupent, sur la plupart des rémiges, les barbes internes et externes ; sur les deux premières qui en présentent, elles sont situées sur les barbes externes ; couvertures supérieures des ailes maculées de blanc ou de jaunâtre à l'extrémité ; queue brune en dessus, cendrée en dessous, lavée très-légèrement de roussâtre ; tarses et doigts d'un gris brun ; ongles cendrés, avec la pointe brune ; bec brun-noir en dessus, jaunâtre à la base, et brun à la pointe en dessous ; iris brun clair.

La *femelle* ne diffère du mâle que par une taille un peu plus petite.

Mâle et femelle adultes, au printemps : Parties inférieures d'un

blanc moins éclatant, et passant au blanc terne ou sale à mesure que la
saison avance ; le roux du croupion plus pâle ; les plumes du dos et
des ailes d'une teinte tirant sur le cendré et bordées ou frangées d'un
blanchâtre plus ou moins accusé; rectrices usées, raccourcies et comme
brisées à leur extrémité.

Jeunes avant la première mue : D'une teinte générale plus sombre ;
les taches des parties supérieures roussâtres ; le blanc des parties inférieures moins éclatant ; toutes les rectrices bordées de roux de rouille
clair ; le bec à peine fléchi vers la pointe et plus court.

Le Grimpereau familier habite le nord de l'Europe, les montagnes de la
Suisse, de la Savoie et les Basses-Alpes.

Il se tient dans les forêts de mélèzes, de pins, de sapins, principalement dans
celles qui sont situées sur le versant nord des régions moyennes des montagnes.
Il y reste l'hiver comme l'été, suivant l'abbé Caire, et n'en descend pas même
lorsqu'elles sont couvertes de neige. Dans la Savoie, d'après M. Bailly, il n'en
serait pas tout à fait ainsi : quelques individus se montreraient dans les bois
des collines, des plaines, au pied des montagnes.

Il niche dans les trous naturels de vieux pins, et le plus souvent sous les
grandes plaques d'écorce soulevée, et en partie détachée du bois. M. Bailly dit
qu'il ne fait qu'une seule ponte par an et par extraordinaire deux, si on lui en-
lève la première. Suivant l'abbé Caire, il en ferait deux : une au commencement du printemps, l'autre vers la fin de juin. Son nid est assez grossièrement formé avec des brins d'herbe, de mousse, de soie d'araignée, de bourre
et d'autres matières duveteuses. La première ponte est de six œufs, la seconde
de quatre seulement. Ils sont blancs, piquetés et tachetés, principalement au
gros bout, de brun rougeâtre, formant quelquefois une couronne. Ce qui,
d'après nous (1),distingue les œufs de cette espèce de ceux de l'espèce suivante,
c'est que les taches ou les points qu'ils offrent ont ordinairement une teinte
plus sombre, sont moins nombreuses et moins larges, et que le fond de la coquille est d'un blanc plus franc. Ils mesurent:

Grand diam. 0ᵐ,015 à 0ᵐ,016; petit diam. 0ᵐ,012.

Le Grimpereau familier, selon les observations de l'abbé Caire et de
M. Bailly, est plus méfiant, plus farouche que la *Certhia brachydactyla* que nous
voyons dans nos jardins publics, dans nos vergers, le long des routes ; et son
cri d'appel serait moins aigu et plus doux.

82 — GRIMPEREAU BRACHYDACTYLE
CERTHIA BRACHYDACTYLA
Brehm.

Parties inférieures blanches, avec les plumes des flancs, de la ré-

(1) *Rev. et Mag. de zool.* (1852), 2ᵉ sér. t. IV, p. 168.

gion anale et les sous-caudales d'un brun roussâtre ; couvertures inférieures de l'aile tachées.

Taille : $0^m,125$ *à* $0^m,126.$

Certhia, Briss. *Ornith.* (1760), t. III, p. 603.
Certhia familiaris, Temm. *Man.* (1815), p. 252.
Certhia brachydactyla, Brehm. *Handb, Nat. Vög. Deuts.* (1831), p. 210.
Buff. *Pl. enl.* 631, f. 1.

Mâle et femelle : Dessus de la tête, du cou et du corps varié de brun, de roussâtre et de blanc sale, sous forme de traits allongés ; croupion et sus-caudales roux ; dessous du corps blanc, nuancé de cendré à la poitrine et de brun roussâtre sur les flancs et les sous-caudales ; joues d'un brun varié de roussâtre et de grisâtre ; une bande blanchâtre au-dessus des yeux, s'étendant et s'élargissant en arrière ; pennes alaires brunes, avec une tache blanchâtre à leur pointe, et traversées, à compter de la quatrième, par une large bande roux-jaunâtre, située entre deux autres bandes noires ; petites et moyennes couvertures terminées de blanc roussâtre ; rectrices d'un brun roussâtre ; bec brun en dessus, blanc-jaunâtre en dessous : pieds d'un gris brun, iris brun.

Jeunes avant la première mue : Leurs teintes sont plus ternes ; les taches blanches du corps et des ailes ont une nuance jaunâtre ; toutes les pennes caudales sont bordées de jaune rouille ; le bec est plus court et peu courbé.

Ce Grimpereau habite une grande partie de l'Europe. Il est sédentaire en France, et partout assez commun.

Il niche dans les trous naturels des arbres. Sa ponte est de six à neuf œufs oblongs, blancs ou légèrement grisâtres, avec une multitude de petits points rougeâtres, nombreux au gros bout, où ils forment une sorte de couronne. Ils mesurent :

Grand diam. $0^m,016$; petit diam. $0^m,012.$

Comme le précédent, cet oiseau est un grimpeur par excellence ; jamais il ne se perche, comme les autres oiseaux, sur les branches horizontales, et, même lorsqu'il dort, il garde une position verticale ou oblique, en s'accrochant au moyen de ses pieds. Il est vif, actif, et parcourt le tronc d'un arbre, de bas en haut, avec une agilité extraordinaire.

Observation. — La *Certhia brachydactyla* ayant été confondue avec la *Certhia familiaris*, nous établissons, ici, les caractères qui les distinguent, et à l'aide desquels on peut sûrement les reconnaître.

CERTHIA FAMILIARIS Linn. (*Certh. Costæ*, Bailly)	CERTHIA BRACHYDACTYLA Brehm. (*Certh. familiaris*, Temm.)
Parties inférieures blanches, à l'exception des régions crurales et des sous-caudales, qui sont d'un blanc légèrement lavé de roux clair.	Parties inférieures d'un blanc roussâtre, la gorge et la poitrine seules étant blanches.
Flancs d'un blanc pur.	Flancs d'un brun roussâtre clair.
Bord externe et couvertures inférieures de l'aile d'un blanc parfait.	Bord externe et couvertures inférieures de l'aile blanchâtres et tachés de brun roux ou de brun noirâtre.
Deuxième rémige plus courte que la huitième.	Deuxième rémige plus longue que la huitième.
Longueur totale, prise sur des sujets adultes, tués à l'automne : $0^m,137$ à $0^m,138$.	Longueur totale, prise sur des sujets tués à la même époque : $0^m,127$ à $0^m,129$.
Queue, mesurée de la naissance des rectrices médianes à leur extrémité. *Minim.* : $0^m,062$. *Maxim.* : $0^m,065$.	Queue, mesurée de la naissance des rectrices médianes à leur extrémité. *Minim.* : $0^m,034$. *Maxim.* : $0^m,058$.
Aile pliée, mesurée de l'articulation radio-carpienne à l'extrémité des plus grandes rémiges. *Minim.* : $0^m,064$. *Maxim.* : $0^m,068$.	Aile pliée, mesurée de l'articulation radio-carpienne à l'extrémité des plus grandes rémiges. *Minim.* : $0^m,059$. *Maxim.* : $0^m,062$.
Ongle du pouce plus long que le doigt. *Minim.* : $0^m,008$. *Maxim.* : $0^m,010$.	Ongle du pouce plus court que le doigt ou rarement aussi long. *Minim.* : $0^m,006$. *Maxim.* : $0^m,007$.

GENRE XLV

TICHODROME — *TICHODROMA*

Certhia, p. Linn. *S. N.* (1735).
Tichodroma, Illig. *Prod. Syst.* (1811).
Petrodroma, Vieill. *Orn. élém.* (1816).

Bec très-long, grêle, arqué, pointu, déprimé et triangulaire à la base, arrondi dans le reste de son étendue ; narines basales, nues, à moitié formées par une membrane ; ailes amples, à première rémige, allongée ; queue légèrement arrondie, avec les baguettes faibles ; ongle du pouce mince, courbé, aussi long que le doigt.

Ce genre, démembré du genre *Certhia* de Linné, comprend des oiseaux qui vivent d'araignées, d'autres insectes et de larves qu'ils cherchent en grimpant le long des rochers.

Le mâle et la femelle se ressemblent sous la livrée d'automne, et diffèrent sensiblement sous la robe d'amour. Les jeunes, avant la première mue, ont un plumage qui se distingue peu de celui de la femelle. La mue est double dans les deux sexes.

85 — TICHODROME ÉCHELETTE — *TICHODROMA MURARIA*
Illig. ex Linn.

Joues et abdomen cendrés ; deux grandes taches rondes et blanches sur les quatre premières rémiges et une à l'extrémité des sous-caudales ; bec beaucoup plus long que la tête.

Taille : 0ᵐ,17 *environ.*

CERTHIA MURARIA, Linn. *S. N.* (1766), t. I, p. 184.
CERTHIA MURALIS, Briss. *Ornith.* (1760), t. III, p. 607.
TICHODROMA MURARIA, Illig. *Prod. Syst.* (1811), p. 210.
PETRODROMA MURARIA, Vieill. *N. Dict.* (1818), t. XXVI, p. 106.
TICHODROMA PHŒNICOPTERA, Temm. *Man.* (1820), t. I, p. 112.
Buff. *Pl. enl.* 372, f. 1, *mâle* en robe d'été ; f. 2, *mâle* en robe d'automne, indiqué comme *femelle*.

Mâle durant les amours : Dessus de la tête, croupion et sus-caudales d'un cendré noirâtre ; dessus du cou et du corps d'un cendré clair ; joues, gorge et devant du cou d'un noir profond ; dessous du corps d'un cendré noirâtre plus foncé que celui de la tête ; sous-caudales terminées de blanc ; couvertures alaires et parties supérieures des barbes externes de la plupart des rémiges d'un roux vif ; ces dernières d'un brun noir partout ailleurs, avec deux taches blanches sur les barbes internes ; queue noire, avec les deux rectrices externes terminées par une large tache blanche et les autres par un peu de cendré ; bec, pieds et iris noirs.

Femelle durant les amours : Semblable au mâle à la même époque ; mais avec le noir de la gorge un peu moins étendu et moins pur.

Mâle et femelle en automne et en hiver : D'un cendré clair en dessus, un peu roussâtre à la tête et à la gorge ; devant du cou d'un blanc

très-légèrement lavé de cendré ; le cendré noirâtre des parties inférieures du corps moins foncé qu'au temps des amours.

Nota : Indépendamment des taches blanches des quatre premières
rémiges, la femelle a encore des taches jaunes, de même forme, sur les
dernières rémiges. Ce caractère n'existant pas chez le mâle, est propre
à l'en faire distinguer.

Jeunes avant la première mue : Rémiges et rectrices terminées
de cendré ; les teintes en dessus et en dessous plus claires que dans les
adultes ; l'extrémité des plumes de la tête et du dos rosée ; bec très-
court.

Après la mue d'automne : Les deux sexes et les jeunes présentent la
même robe.

Le Tichodrome échelette ou de murailles habite les contrées méridionales
de l'Europe et l'Asie occidentale.

On le trouve assez communément en France, dans les Hautes et Basses-Alpes,
dans les Pyrénées, sur les hautes montagnes de la Provence et du Dauphiné.
Il est de passage périodique en Anjou, mais on l'y voit toujours isolément et il
s'égare quelquefois dans le département de la Seine-Inférieure.

Il niche dans les fentes des rochers, dans les trous des vieux murs. Sa ponte
est de cinq ou six œufs, un peu ventrus, d'un blanc sans taches, ou avec quelques points noirs, mais excessivement petits. Ils mesurent :

Grand diam. 0^m,02 ; petit diam. 0^m,015.

Le Tichodrome est un oiseau qui vit solitaire sur les montagnes élevées, d'où
il ne descend qu'aux approches de l'hiver. Il est si peu farouche qu'on peut l'approcher à la distance de quelques pas sans qu'il montre beaucoup d'inquiétude
et même sans qu'il cherche à fuir ; seulement, lorsqu'on est trop près de lui, il
suspend les actes auxquels il se livre, et paraît surveiller vos mouvements. Le
nom d'*échelette* qu'il a reçu lui vient de l'habitude qu'il a de grimper par sauts
successifs contre les murailles des grands édifices, des places fortes, et contre
les rochers coupés à pic, pour y chercher sa nourriture. Lorsqu'il grimpe, à
chaque saut qu'il fait, il agite et déploie légèrement ses ailes ; en d'autres
termes, il papillonne continuellement.

Observation. — Des individus de cette espèce ont parfois le bec beaucoup
plus long que d'autres, comme cela se voit chez le Grimpereau familier, la
Huppe et le Casse-Noix. M. Brehm, d'après cette particularité, qui dépend surtout de l'âge, mais que d'autres causes peuvent produire, a cru devoir établir
plusieurs espèces, qui sont purement nominales.

FAMILLE XI

UPUPIDÉS — *UPUPIDÆ*

Ténuirostres, p. Dum. *Zool. anat.* (1805).
Epopsides, Vieill. *Orn. élém.* (1816).
Promeropidæ, p. Vig. *Gen. of B.* (1825).
Upupæ, Less. *Ornith.* (1831).
Upupidæ, Bp. *B. of Eur.* (1838).

Bec plus long que la tête, arqué ; huppe composée de deux rangées de plumes disposées parallèlement, et pouvant s'abaisser ou se développer en éventail, à la volonté de l'oiseau.

Cette famille repose uniquement sur le genre *Upupa* de Linné.

Observation. — Nous sommes loin de considérer comme convenable, et par conséquent comme définitive, la place, qu'à l'exemple de G. Cuvier et de plusieurs autres naturalistes, nous assignons aux Upupidés. Ces oiseaux, avec leur bec long et grêle, n'ont, si l'on peut dire, que de faux airs de Ténuirostres. Leurs autres caractères et leurs mœurs les en séparent. Du reste, de quelque groupe qu'on les rapproche, ils paraissent toujours déplacés. Aussi, conviendrait il peut-être de créer pour eux, dans la division des Passereaux, une section particulière.

GENRE XLVI

HUPPE — *UPUPA*, Linn.

Upupa, Linn. *S. N.* (1735) et *Auct.*

Bec très-long, entier, convexe, comprimé, trigone à la base grêle dans le reste de son étendue, avec la mandibule supérieure plus longue que l'inférieure ; narines basales petites. ovalaires ailes assez longues, obtuses, à première rémige allongée ; queue moyenne, carrée, composée de dix pennes ; tarses et doigts courts ongles peu recourbés, celui du pouce presque droit, les antérieurs creusés en gouttière au dessous.

Les espèces qui composent ce genre appartiennent toutes à l'Afrique ; mais l'une d'elles est commune à cette partie du monde, à l'Europe et à l'Asie.

Les deux sexes ont la plus grande ressemblance, et les jeunes, avant la première mue, en diffèrent peu. Leur mue est simple.

84 — HUPPE VULGAIRE — *UPUPA EPOPS*
Linn.

Plumes de la huppe terminées par une tache noire, limitée en dessous par une tache blanche; une bande blanche, en chevron brisé, vers le milieu de la queue.

Taille : 0^m,30.

UPUPA EPOPS, Linn. *S. N.* (1766), t. I, p. 183.
UPUPA VULGARIS, Pall. *Zoogr.* (1811-1831), t. I, p. 433.
Buff. *Pl. enl.* 52.

Mâle en été : Plumes de la huppe rousses, terminées par une tache noire, au-dessous de laquelle existe, chez la plupart des sujets, une tache blanche ; joues, cou et poitrine d'un roux vineux ; haut du cou d'un cendré roussâtre ; milieu du dos blanc-roussâtre ; quelques taches longitudinales brunes sur les flancs ; ailes noires, avec les couvertures rayées, bordées et terminées de blanc jaunâtre ; rémiges primaires barrées obliquement de blanc dans leur quart inférieur, les autres portant cinq bandes transversales également blanches ; queue noire, traversée, au milieu, par une bande blanche, qui forme, quand elle est étalée, une sorte de croissant à concavité postérieure ; bec rougeâtre à sa base, brun dans le reste de son étendue ; pieds et iris bruns.

Mâle en automne : Teintes rousses moins intenses ; taches longitudinales des flancs plus nombreuses ; le noir des ailes et de la queue moins pur.

Femelle : Semblable au mâle en automne.

Jeunes de l'année, en automne : Bec moins courbé et huppe plus courte que chez les adultes ; tête, cou, dos et poitrine d'un cendré lavé de roussâtre ; une tache grisâtre à la gorge ; un grand nombre de taches longitudinales brunes sur l'abdomen et les flancs.

Les *jeunes, à la sortie du nid*, ont un bec à peine fléchi, et qui mesure au plus 0^m,035, de la commissure à la pointe.

La Huppe vulgaire est propre à l'Asie, à l'Afrique orientale et septentrionale, et à une grande partie de l'Europe, qu'elle n'habite cependant pas toute l'année. Elle y arrive régulièrement tous les ans en avril et en mai, et en repart en septembre et en octobre, pour passer, dit-on, en Afrique.

Elle niche dans les trous des arbres vermoulus, quelquefois dans les cre-

vasses des rochers et dans les carrières. Sa ponte est de quatre ou cinq œufs
oblongs, dont la couleur varie beaucoup. Le plus généralement, ils sont d'un
gris cendré roussâtre, ou verdâtre, ou vineux sans taches. Ils mesurent :

Grand diam. 0ᵐ,026 à 0ᵐ,027 ; petit diam. 0ᵐ,019.

La Huppe vulgaire est un oiseau solitaire, qui vit sur la lisière des bois,
dans les terrains incultes, aussi bien que dans les pâturages, les plaines basses
et humides. Sa démarche est à la fois grave et gracieuse. Rarement elle se pose
sur le haut des arbres. Elle cherche sa nourriture en fouillant avec son bec
la terre, la mousse. Quoique partout répandue en France, elle n'y est nulle part
abondante.

2° DÉODACTYLES CULTRIROSTRES — DEODACTYLI CULTRIROSTRES

FAMILLE XII

CORVIDÉS — CORVIDÆ

PLÉNIROSTRES, p. Dum. Zool. anal. (1806).
CORACES, Illig. Prod. Syst. (1811).
CONIROSTRES, p. G. Cuv. Règ. an. (1817).
CORVINÆ, Leach in : Vig. Gen. of B. (1825).
CORACOIDÆ, Schinz, Eur. Faun. (1840).

Bec en couteau, épais, à base nue ou emplumée, entier ou
échancré vers la pointe ; quelquefois allongé, arrondi et un peu
arqué, d'autres fois court et un peu grêle ; narines couvertes par
des poils et des plumes décomposées ; tarses annelés ; queue carrée ou étagée, composée de douze pennes.

Cette famille, très-naturelle, renferme les Corbeaux proprement d ts, les Coracias, les Chocards, les Pies, les Geais et les Casse-noix, que Linné rangeait
dans son grand genre Corvus.

Tous ces Oiseaux ont une taille assez grande et des formes massives. Ils sont
omnivores ; mais, les uns, sont plus particulièrement carnivores, et le régime
des autres est plus frugivore.

Observation. — La famille des Corvidés, en ne tenant compte que des oiseaux d Europe, est subdivisée par quelques uns en trois sous-familles : celle
des Garrulinæ, ayant le genre Garrulus pour type ; celle des Corvinæ comprenant les Corbeaux, les Casse-Noix et les Pies ; celle des Fregillinæ, fondée sur les
Craves et les Chocards. Le prince Ch. Bonaparte, détachant les Casse-Noix des

Corvinæ, a établi, en dernier lieu, pour ces oiseaux, une quatrième sous-famille sous le nom de *Nucifraginæ*. Il a en outre retiré les Pies de la sous-famille des Corviens, pour les ranger dans celle des Garruliens, mais sous la rubrique de *Picaceæ*, les Geais étant des *Garruleæ*. Quoique les Pies, par leurs habitudes, leur régime, leur mode de nidification, soient plutôt des Corviens que des Garruliens, c'est cependant à ceux-ci qu'ils appartiennent, en effet, par la forme de leurs ailes et par leur plumage varié. Quant aux Casse-Noix, leurs ailes longues, effilées, les rattachent aux Corviens, et l'on ne saurait les en séparer, pas plus qu'on ne peut en séparer les Craves et les Chocards, malgré le caractère anormal que leur bec présente.

SOUS-FAMILLE XIX

CORVIENS — *CORVINÆ*

Bec aussi long ou plus long que la tête, de forme variable ; plumage généralement noir, à reflets métalliques ; ailes allongées, pointues.

Les attributs extérieurs, à l'exception des reflets métalliques du plumage, sont moins caractéristiques de cette sous-division que les mœurs. Toutes les espèces qui en font partie sont sociables, ont la marche plus que le saut pour mode de progression ordinaire et celles qui, pour nicher, choisissent les arbres et non les anfractuosités des rochers ou les trous d'un mur ou d'un tronc d'arbre, construisent un nid avec un dôme à claire-voie. L'on peut donc dire que toutes nichent à couvert.

GENRE XLVII

CORBEAU — *CORVUS*, Linn.

Corvus, Linn. *S. N.* (1735).

Bec gros, robuste, bombé à la base, arrondi en dessus, comprimé, à bords tranchants, entier ou échancré à la pointe ; narines basales, rondes, couvertes de plumes sétacées, dirigées en avant ou quelquefois contournées vers la carène du bec ; ailes allongées, pointues, acuminées, sub-obtuses, atteignant le bout de la queue, qui est égale ou arrondie ; tarses longs, forts, largement scutellés ; doigts presque entièrement divisés.

Les Corbeaux sont des oiseaux défiants. La plupart vivent en société. Ils sont très-répandus en Europe, et se réunissent, l'hiver, en grandes bandes, pour émigrer dans les régions tempérées, ou exploiter les champs en commun. L'été, ils se tiennent dans les prairies humides, les bois, sur les rochers ou les édifices élevés, pour s'occuper de la reproduction. Tous sont omnivores. Ils ont la réputation d'avoir l'odorat très-développé et de sentir de très-loin un cadavre qui peut leur servir de pâture. Leur vol est élevé, soutenu, et peut résister aux vents impétueux; leur marche est grave, gracieuse, balancée quand elle n'est pas précipitée; mais lorsqu'ils veulent l'accélérer ou prendre leur essor, elle devient lourde et s'opère par sauts obliques. Leurs cris sont rauques et discordants.

Ils ne manquent pas de courage, d'intelligence, et s'apprivoisent avec facilité. On parvient même à leur faire articuler quelques mots. Ils ont l'habitude de cacher leur nourriture lorsqu'ils n'ont plus faim; ils cachent aussi des objets qui ne peuvent leur être d'aucune utilité.

Leur mue est simple; les deux sexes portent le même plumage. Les jeunes en diffèrent peu.

Observations. — 1° Il semblerait que ce genre, réduit, comme il l'était, aux Corbeaux proprement dits, eût dû échapper à de nouveaux démembrements. Cependant M. Kaup a cru devoir en détacher le Freux pour en faire le type de son genre *Trypanocorax* (1), les *Corv. corax* et *cornix* pour en constituer le genre *Corone*. Boie avait déjà fait du Choucas le genre *Lycos*, que M. Brehm a changé, plus tard, en *Monedula*. Aucun caractère important ne justifie ces genres; et, à quelque point de vue qu'on se place, les Freux et les Choucas sont de vrais Corbeaux.

2° Le Corbeau chouc (*Corvus spermolegus*, Vieill.), admis dans la première édition comme excessivement douteux, est une espèce apocryphe à éliminer; et si nous conservons le Corbeau leucophée (*Corvus leucophæus*, Vieill.), ce n'est qu'à titre de variété locale du *Corvus corax*.

85 — CORBEAU ORDINAIRE — *CORVUS CORAX*
Linn.

Noir; bec plus long que la tête, très-arqué en dessus; première et huitième rémiges égales, deuxième aussi longue que la cinquième, les troisième et quatrième les plus longues.

Taille : 0^m,67 environ.

CORVUS CORAX, Linn. *S. N.* (1766), t. I, p. 155.
CORVUS MAXIMUS, Scopoli. *An. I, Hist. Nat.* (1769), p. 34.
Gould, *Birds of Eur.* pl. 220.

(1) Le même genre avait été précédemment établi par le même auteur (1820), sous le nom de *Colœus*, pour le Choucas et le Freux.

Mâle : Plumage entièrement noir, avec des reflets violets ou pourpres en dessus, verts en dessous ; bec et pieds noirs ; iris d'un brun noirâtre.

Femelle : Elle ne diffère du mâle que par une taille plus petite et des reflets moins éclatants.

Jeunes avant la première mue : Plumage noir, sans reflets.

Après la mue : Semblables aux vieux.

Variétés accidentelles : On cite des individus variés de roux ou de blanc, ou entièrement de couleur isabelle.

Le Corbeau ordinaire habite l'Asie septentrionale, l'Islande, où il est très-commun, et plusieurs autres parties de l'Europe. Il vit sédentaire dans différentes localités de la France.

Il se reproduit dans la forêt de Crécy, dans le Boulonnais, la Lorraine, en Dauphiné, en Anjou, en Provence, dans les Basses-Alpes. Il se propage aussi dans toute la Belgique et en Hollande. Son nid est placé sur les arbres les plus élevés, sur les rochers escarpés, quelquefois sur les vieilles tours abandonnées. Sa ponte est de trois à six œufs oblongs, d'un verdâtre sale, avec des taches irrégulières, grandes et petites, et quelques traits d'un brun plus ou moins foncé. Ils mesurent :

Grand diam. 0ᵐ,047 à 0ᵐ,048 ; petit diam. 0ᵐ,031 à 0ᵐ,032.

Le Corbeau ordinaire se nourrit de tout ce qu'il trouve : charognes, voiries, petits mammifères, oiseaux, poissons morts ou vivants, insectes, fruits, graines, etc.; aussi sa chair a-t-elle un mauvais goût et exhale-t-elle une odeur désagréable. Quoique omnivore, il préfère la chair au grain, lorsqu'il a le choix ; il rejette, sous forme de petites pelotes oblongues, comme les oiseaux de proie, les substances non digestibles, telles que les poils, les os.

Il n'est pas aussi migrateur que ses congénères et semble même attaché à la localité où il est né. Pris jeune, il se familiarise promptement et parvient à imiter le cri de quelques animaux, et même la parole de l'homme.

En domesticité, il se défend contre les chats et les chiens. Lorsqu'on le laisse libre dans une basse-cour, il attaque et dévore les jeunes poulets jusqu'au dernier.

A — CORBEAU LEUCOPHÉE — *CORVUS LEUCOPHÆUS*
Vieill.

Noir, varié régulièrement de blanc à la tête, aux aile   sur les parties inférieures ; bec plus long que la tête.

Taille : 0ᵐ,73 environ.

CORVUS BOREALIS ALBUS, Briss. *Ornith.* (1760), t. VI, suppl. p. 33.
CORVUS CORAX, var. ♂, Gmel. *S. N.* (1788), t. I, p. 364.
CORVUS LEUCOPHÆUS, Vieill. *N. Dict.* (1817), t. VIII, p. 27.
CORVUS LEUCOMELAS, Wagl. *Syst. Avium* (1827), g. *corvus*, sp. 4.
Vieill. *Gal. des Ois.* (1820), pl. 100.

Plumes sétacées qui recouvrent les narines, dessus et côtés de la tête, gorge, abdomen, couvertures inférieures de la queue et une partie des rectrices, couvertures supérieures des ailes, rémiges primaires et plusieurs des secondaires d'un blanc pur ou d'un blanc terne ; le reste du plumage d'un beau noir, avec des reflets bleus, particulièrement sur le devant du cou et de la poitrine ; bec, pieds et iris noirs (1).

Le Corbeau leucophée habite l'île de Feroë.

Il niche parmi les rochers, et pond de quatre à cinq œufs, semblables pour la forme, les dimensions, la couleur, à ceux du Corbeau ordinaire.

Suivant Viéillot, cet oiseau serait très-carnassier ; il ferait souvent sa proie des agneaux, et oserait même attaquer les béliers et d'autres animaux, lorsque les grands hivers le privent de sa nourriture habituelle; mais il y a certainement de l'exagération dans ce récit.

Observation. — Vieillot, qui, d'abord, avait considéré le Corbeau leucophée comme une race constante du Corbeau ordinaire, l'a admis, dans sa *Galerie des Oiseaux*, comme une espèce distincte et particulière, par la raison qu'il ne s'allie point au Corbeau ordinaire, qui habite la même contrée ; qu'il se tient toujours isolé de celui-ci : qu'il a une taille et un bec plus forts, et que son plumage est régulièrement taché de noir et de blanc, particularité que n'offre pas la variété accidentelle blanche et noire du Corbeau ordinaire. Temminck, de son côté, l'admet aussi provisoirement comme espèce distincte, et Wagler qui l'a décrit sous le nom de *Corvus leucomelas*, ne doute point de son authenticité, et s'exprime à cet égard dans les termes les plus formels : *specia distinctissima*, dit-il, *et neutiquam præcedentis varietis*. Mais plusieurs autres naturalistes sont loin de le considérer comme tel. Ainsi, G. Cuvier, MM. de Keyseiling, Blasius et Schlegel, ne voient dans cet oiseau qu'une variété, propre au Nord. du *Corvus corax*. M. de Sélys Longchamps a été informé par des voyageurs que cette race ou variété locale n'est pas constante à Feroë. M. Nordmann qui a eu occasion de comparer les *Corv. leucophæus* et *corax*, n'a pu saisir aucune différence spécifique. En sorte, que, au lieu d'être une race locale, le Corbeau leucophée n'est peut-être qu'une variété accidentelle, mais fréquente du Corbeau ordinaire.

86 — CORBEAU CORNEILLE — *CORVUS CORONE*
Linn.

(Type du genre *Corone*, Kaup.)

Bec noir, à peine aussi long que la tête, toujours emplumé à la

___

(1) Dans la figure qui accompagne le texte de Brisson, quelques plumes noires existent sur le sommet de la tête, sur les côtés et le devant du cou et sur les ailes ; ne serait-ce pas un jeune sujet qui prend la robe des adultes ? une dépouille, avec quelques plumes noires sur les ailes, existe au Muséum d'histoire naturelle de Paris.

base; première rémige plus courte que la neuvième, la deuxième plus courte que la sixième, la quatrième la plus longue.

Taille : 0ᵐ,51 *environ.*

CORVUS CORONE, Linn. *S. N.* (1766). t. 1, p. 155.
Buff. *Pl. enl.* 495, sous le nom de *Corbeau.*

Mâle : Plumage entièrement noir, à reflets violets, principalement aux ailes ; bec et pieds noirs ; iris brun noisette.

Femelle : Pareille au mâle ; mais plus petite.

Jeunes avant la première mue : Plumage sans reflets violets. Après la mue, ils ne diffèrent pas des père et mère.

Variétés accidentelles : Cette espèce présente de fréquentes variétés. On rencontre des individus dont le plumage est d'un noir fuligineux, avec les ailes d'un cendré roussâtre : d'autres sont d'un blanc pur ou d'un blanc nuancé de jaunâtre (Collect. Degland). Le Muséum d'histoire naturelle de Paris en possède un dont le plumage entier est isabelle.

La Corneille habite l'Europe et l'Asie. Elle est sédentaire et commune en France.

On dit qu'elle est également commune en Morée et en Allemagne ; qu'elle est rare en Italie et en Sicile, et qu'on ne la trouve ni en Suède, ni en Norwége. Nilsson (*Ornith. suecica*, t. I, p. 80), avoue en effet ne l'avoir jamais vue vivante en Suède, et il ajoute que l'exemplaire décrit par lui provenait de l'île Gottland, où l'espèce ne serait pas rare, comme on l'a constaté depuis. M. Al. Malherbe (*Faune de la Sicile*, p. 134), fait observer, en effet, qu'elle est indiquée dans le catalogue des oiseaux de l'île de Gottland, publié en 1841, par M. Andrée (*Mém. de l'Acad. des Sc. de Stockholm*), comme oiseau commun dans cette île.

Elle niche dans les bois et dans les vergers, sur les arbres élevés ; pond de quatre à six œufs allongés, d'un bleu pâle verdâtre, avec de grandes et petites taches irrégulières, d'un gris cendré et olivâtre, et d'un olivâtre plus ou moins brun, très-rapprochées au gros bout. Ils mesurent :

Grand diam. 0ᵐ,045 ; petit diam. 0ᵐ,023.

La Corneille vit, l'hiver, dans le nord de la France, en société des Freux et des Corneilles mantelées, qui couvrent les champs, à cette époque. Au déclin du jour, ces oiseaux gagnent ensemble les bois, et font retentir les airs de leurs croassements. Un seul arbre porte quelquefois un groupe de cinquante à soixante individus. Au mois de mars, ils se séparent par couples, pour s'occuper de la reproduction.

Les jeunes, à la sortie du nid, vivent en famille jusque vers le mois d'octobre, et se réunissent alors en bandes plus ou moins considérables.

Cette espèce a les appétits du Corbeau ordinaire. Elle aime comme lui la charogne et le poisson vivant. M. Millet raconte qu'il a vu, en 1826 et en 1827, sur le bord de la Mayenne et à l'embouchure de l'Authion, sept ou huit Corneilles prendre de petits poissons vivants, à la manière des Mouettes, surtout des ablettes, et aller les manger à terre ou sur un mur voisin. On en voit des bandes considérables, en hiver, fréquenter les côtes de Dunkerque, pour se repaître de ce que la mer laisse en se retirant.

87 — CORBEAU MANTELÉ — *CORVUS CORNIX*
Linn.

Tête, ailes, queue noires ; le reste du plumage gris cendré ; première rémige plus courte que la huitième, deuxième plus courte que la sixième, la troisième et la quatrième les plus longues.

Taille : 0ᵐ,53 environ.

Corvus cornix, Linn. *S. N.* (1766), t. I, p. 156.
Cornix cinerea, Briss. *Ornith.* (1760), t. II, p. 19.
Corone cornix, Kaup, *Nat. Syst.* (1829), p. 99.
Buff. *Pl. enl.* 76, sous le nom de *Corneille mantelée*.

Mâle : Tête, gorge, devant du cou, poitrine, ailes et queue noirs, reflets bronzés, le reste du corps gris cendré et quelquefois un peu varié de brun ; bec et pieds noirs ; iris brun foncé.

Femelle : Un peu moins forte que le mâle ; avec le gris nuancé de roussâtre et les reflets des ailes et de la queue moins vifs.

Les jeunes avant la première mue nous sont inconnus.

Variétés accidentelles : Comme la précédente, cette espèce offre de variétés à plumage blanc et d'autres à plumage presque noir.

Le Corbeau mantelé habite l'Asie et l'Europe septentrionale. L'été, on le trouve en grand nombre en Suède, en Norwége, et dans beaucoup de contrées du Nord. Au rapport de M. Nordmann, il n'est nulle part aussi abondant qu'en Imérithie et dans le Ghouriel. L'hiver, il gagne des contrées plus tempérées, et arrive alors en France, surtout dans nos départements du Nord. Il se montre rarement en Languedoc, en Provence et en Dauphiné. M. Baldamus dit qu'il se trouve toute l'année en assez grand nombre en Hongrie, dans la Turquie. Il vit aussi en Grèce, selon le comte Von der Mühle.

Il niche dans les bois, sur les arbres, et à terre, lorsqu'il s'établit dans les dunes. Sa ponte est de quatre à six œufs oblongs, d'un bleu pâle verdâtre, ou d'un blanc verdâtre, avec des taches et des points olivâtres et bruns, plus nombreux vers le gros bout. Ils mesurent :

Grand diam. 0ᵐ,042 à 0ᵐ,043 ; petit diam. 0ᵐ,028.

Cette espèce arrive dans nos départements du Nord vers la mi-octobre. Elle se tient dans les champs ensemencés, dans les prairies, sur les chemins et sur les bords de la mer, où elle se nourrit, comme la Corneille, de grains, de vers, de poissons morts ou vivants, de crustacés, etc.

M. Nordmann rapporte que, dans le Ghouriel, les dommages qu'elle cause aux cultivateurs sont si grands, que ceux-ci posent des gardes et envoient leurs femmes et leurs enfants dans leurs champs, pour crier et y faire retentir des instruments bruyants, dans le but de l'éloigner.

88 — CORBEAU FREUX — *CORVUS FRUGILEGUS* Linn.

(Type du genre *Trypanocorax*, Kaup.)

Noir; bec un peu plus long que la tête, nu à la base chez les adultes; première rémige plus courte que la huitième, la deuxième plus courte que la cinquième, troisième et quatrième égales et les plus longues.

*Taille : 0*m*,50 environ.*

CORVUS FRUGILEGUS, Linn. *S. N.* (1766), t. I, p. 156.
CORNIX FRUGILEGA, Briss. *Ornith.* (1760), t. II, p. 16.
CORVUS AGRORUM, GRANORUM et ADVENA, Brehm, *Handb. Nat. Vög. Deuts.* (1831), p. 170 et 171.
COLŒUS FRUGILEGUS, Kaup, *Nat. Syst.* (1829), p. 114.
Buff. *Pl. enl.* 484 et 483, *jeune* sous le nom de *Corneille*.

Mâle : Plumage d'un noir à reflets pourpres, brillants en dessus et moins éclatants en dessous; bec et pieds gris; iris brun noir.

Femelle : Un peu moins grande; plumage moins brillant.

Jeunes avant la première mue : Bec garni de plumes à la base, comme chez la Corneille. Dès l'automne, cette partie commence à se dégarnir, et à la fin de l'hiver on ne peut plus les distinguer des vieux : ils ont alors, comme eux, la base du bec dénudée, calleuse et blanchâtre.

A la sortie du nid, ils sont gris de lin.

Variétés accidentelles : Cette espèce se présente quelquefois avec l'extrémité des pennes secondaires, des petites et des moyennes couvertures des ailes tachée de blanchâtre (Collect. Degland). D'autres fois le plumage est tapiré. Chez quelques individus le bec devient très-long, très-effilé.

Le Freux habite de préférence les régions septentrionales de l'Europe et l'Asie occidentale.

L'hiver, il arrive par bandes nombreuses dans la plupart de nos départements du Nord et du Centre. Ces bandes se dispersent dans le courant de mars.

Il se reproduit dans quelques cantons de la France et en Belgique, et niche en société, sur les arbres. M. de Sélys-Longchamps dit, dans sa *Faune Belge* (p. 89), qu'à la fin de mars, les Freux se réunissent par milliers dans certaines localité de la Belgique, et construisent souvent jusqu'à quarante nids sur un même peuplier. Ils semblent y travailler en commun : une fois établis, on ne peut plus les en déloger. Ils reconstruisent sans cesse les nids que l'on abat, sans s'inquiéter des coups de fusil.

La ponte est de trois à cinq œufs, qui varient beaucoup pour la forme et pour la couleur. Ils sont oblongs ou arrondis. Les uns sont verdâtres, avec des taches irrégulières, grandes et petites, olivâtres et brunes ; les autres sont d'un blanc verdâtre, bleuâtre ou grisâtre sans taches, ou blancs, avec une couronne de taches brunes au gros bout ; chez d'autres, les taches sont si nombreuses et si rapprochées que l'œuf est presque entièrement brun.

M. Hardy a toujours remarqué que les œufs blancs ou bleuâtres sont plu petits, plus arrondis et toujours clairs, et qu'on les recueille ordinairement dans des nids qui renferment des petits prêts à s'envoler. Ils mesurent en moyenne

Grand diam. 0ᵐ,044 ; petit diam. 0ᵐ,03.

Le Freux fait de grands ravages aux champs. Il n'est pas carnassier comme les espèces précédentes, mais il se nourrit principalement de grains, de raisin de fruits, de vers et d'insectes ; aussi sa chair n'exhale pas de mauvaise odeur et n'est pas d'un goût trop désagréable.

89 — CORBEAU CHOUCAS — *CORVUS MONEDULA*
Linn.

(Type du genre *Lycos*, Boie ; *Monedula*, Brehm.)

Noir, plus ou moins varié de cendré derrière le cou, selon l'âge et le sexe ; première rémige plus courte que la neuvième, deuxième et cinquième égales, la quatrième plus courte que la troisième.

Taille : 0ᵐ,41 à 0ᵐ,418.

Corvus monedula, Linn. *S. N.* (1766), t. I, p. 156.
Lycos monedula, Boie, *Isis* (1822), p. 551.
Colœus monedula, Kaup, *Nat. Syst.* (1829), p. 114.
Monedula turrium, arborea et septentrionalis, Brehm, *Hand. Nat. Vög Deuts.* (1831), p 172, 173.
Buff. *Pl. enl.* 522, *jeune*, et 523, *adulte*, sous le nom de *Grolle* ou *Choucas gris*

Mâle : Vertex, dos, croupion, ailes et queue noirs, à reflets verdâ tres ou grisâtres ; derrière et côtés du cou d'un cendré perlé luisant, quelquefois avec une sorte de collier blanc ; dessous du corps d'u noir peu lustré ; bec et pieds noirs ; iris blanc.

Ces teintes sont plus éclatantes en été.

Femelle : Cendré du cou moins étendu ; plumes de la tête, du corp

des ailes et de la queue avec des reflets moins éclatants, et parties inférieures d'un noir tirant sur le grisâtre.

Jeunes avant la première mue : Ils n'ont pas de reflets dans le plumage et pas de cendré au cou.

Variétés accidentelles : Son plumage varie comme celui de ses
congénères. Le Muséum d'histoire naturelle de Paris possède un individu tout blanc.

Le Choucas est répandu dans toute l'Europe et dans l'Asie occidentale. Il vit
sédentaire dans quelques contrées de la France, mais il ne se montre, dans
beaucoup d'autres, qu'à l'époque de la reproduction.

On le dit très-commun en Morée, et on assure qu'il y vole en si grande
bandes que le soleil en est, pour ainsi dire, obscurci.

Il niche sur les anciennes tours, dans les crevasses des vieux bâtiments,
quelquefois sur les arbres, et construit son nid avec des bûchettes qu'il recueille à terre ou qu'il détache des arbres. Dans ce dernier cas, les manœu-
vres auxquelles il se livre, pour en venir à ses fins, sont des plus curieuses.
Après avoir saisi avec le bec la petite branche morte qu'il veut casser, il s'a-
gite de mille manières, s'élance en arrière, s'élève, se laisse tomber, sans lâ-
cher prise. Si, malgré tous ses efforts, la brindille à laquelle il s'attaque ne
cède point, il l'abandonne pour une autre. Mais, le plus souvent, ses tentatives
sont couronnées de succès. Ce manége dure quelquefois des heures entières.
La ponte est de quatre à sept œufs, d'un gris bleuâtre ou verdâtre pâle, avec
des taches arrondies, noirâtres et bistres, assez accentuées et plus rapprochées
vers le gros bout. Ils mesurent :

Grand diam. 0^m,035; petit diam. 0^m,023.

Le Choucas se réunit en troupes pendant l'hiver, et se mêle à celles que forment les Corneilles, les Freux. Il vit l'été, en famille, jusque dans nos
villes. Sa nourriture consiste en fruits, en graines, en vers et en insectes.

Observation. — Le *Corvus collaris*, Drummond, signalé en Macédoine, est
une espèce purement nominale, établie sur un *Corvus monedula*.

GENRE XLVIII

CHOCARD — *PYRRHOCORAX*, Vieill.

Corvus, p. Linn. *S. N.* (1735).
Pyrrhocorax, Vieill. *Orn. élém.* (1816).

Bec médiocre, à peine de la longueur de la tête, arrondi à la
base, comprimé en devant, un peu courbé en dessus, légèrement
échancré à la pointe; narines basales, ovoïdes, percées dans une
membrane et cachées par des plumes sétacées; ailes longues et

pointues; queue assez longue, arrondie; tarses forts, scutellés
doigts robustes, à scutelles élevées; ongle du pouce le plus fort

Ce genre ne comprend qu'une espèce, qui a une grande analogie de forme
avec le Choucas; elle n'en diffère que par le bec, qui ressemble à celui de
Merles. G. Cuvier l'a placée, à tort, à la suite de ces oiseaux, dans sa division de
dentirostres : elle appartient évidemment à la famille des Corbeaux, non-seu
lement par son système de coloration et par quelques autres attributs phys.
ques, mais aussi par ses mœurs, ses habitudes, ses cris, son mode de voler, de
nicher, etc.

Le mâle et la femelle se ressemblent. Les jeunes en diffèrent peu. Leur
mue est simple.

90 — CHOCARD DES ALPES — *PYRRHOCORAX ALPINUS*
Vieill.

*Plumage noir; bec grêle et jaune; pattes rouges ou noires; pre
mière rémige très-courte, la deuxième moins longue que la sixième
la quatrième la plus longue de toutes.*

Taille : 0ᵐ,40 environ.

Corvus pyrrhocorax, Linn. *S. N.* (1766), t. I, p. 158.
Pyrrhocorax alpinus, Vieill. *N. Dict.* (1817), t. VI, p. 568.
Pyrrhocorax pyrrhocorax, Temm. *Man.* 2ᵉ édit. (1829), t. I, p. 121.
Buff. *Pl. enl.* 531, *jeune* sous le nom de *Choucas des Alpes.*

Mâle et femelle : Plumage entièrement noir, à reflets verdâtres,
plus éclatants en dessus; bec jaune-citron; pieds rouge-vermillon; iris
brun.

Jeunes avant la première mue : Noirs, sans reflets; base du bec
jaunâtre, le reste noir, ainsi que les pieds.

Jeunes après la première mue : Le noir est plus brillant; le jaune
occupe tout le bec, et les pieds sont d'un rouge brun.

On trouve le Chocard sur les Alpes et les Pyrénées. Il serait, dit-on, assez
commun en Grèce, dans les environs d'Athènes.

Il niche sur les rochers les plus escarpés et dans les endroits les plus inaccessibles, très-rarement sur les arbres. Sa ponte est de quatre ou cinq œufs
blanchâtres, avec des taches d'un jaune sale. Ils mesurent :

Grand diam. 0ᵐ,032; petit diam. 0ᵐ,022 à 0ᵐ,023.

Le Chocard se tient, l'été, sur les montagnes, et descend, l'hiver, dans les
vallons et les plaines. Sa nourriture consiste principalement en semences, en
baies, en vers, en petits crustacés et en insectes. Il se contente de charogne
dans les moments de disette.

GENRE LIX

CRAVE — *CORACIA*, Briss.

Corvus, p. Linn. *S. N.* (1735).
Coracia, Briss. *Ornith.* (1760).
Fregilus, G. Cuv. *Rég. anim.* (1817).
Pyrrhocorax, Temm. *Man.* (1820).

Bec entier, allongé, grêle, arrondi, arqué et pointu ; narines arrondies, recouvertes par des plumes sétacées ; ailes allongées, sur-obtuses ; queue médiocre, carrée ; tarses minces, de la longueur du doigt médian, scutellés ; pouce robuste ; ongles crochus et aigus.

Les Craves sont, comme les Chocards, de vrais Corbeaux. G. Cuvier n'aurait pas dû les en éloigner pour les placer parmi les Ténuirostres, à côté des Huppes. Ils diffèrent des Cocards par leur bec, qui est arqué, plus long que la tête et sans échancrure à la pointe, comme chez ceux-ci. Du reste, les uns et les autres sont de véritables Choucas à bec grêle. On ne peut donc les ranger loin de ces derniers.

91 — CRAVE ORDINAIRE — *CORACIA GRACULA*
G. R. Gray ex Linn.

Noir ; bec rouge . pattes rouges ou noirâtres ; première rémige très-courte, la deuxième moins longue que la sixième, la quatrième la plus longue.

Taille : 0ᵐ,42 à 0ᵐ,43 (1).

Corvus graculus, Linn. *S. N.* (1766), t. I, p. 158.
Corvus eremita et docilis, Gmel. *S. N.* (1738), t. I, p. 375 et 385.
Graculus eremita, Koch, *Baier Zool.* (1816), t. I, p. 91.
Coracia erythroramphos, Vieill. *N. Dict.* (1817), t. VIII, p. 2.
Fregilus graculus, G. Cuv. *Rég. anim.* (1817), t. I, p. 406.
Pyrrhocorax graculus, Temm. *Man.* (1820), t. I, p. 112.
Pyrrhocorax rupestris, Brehm, *Handb. Nat. Vog. Deuts.* (1831), p. 175.
Fregilus europæus, Less. *Ornith.* (1831), p. 324.
Fregilus erytheropus, Swains. *Classif. of B.* (1831), t. II, p. 268.
Coracia gracula, G. R. Gray, *Gen. of B.* (1847-1849), t. II, p. 321.
Buff. *Pl. enl.* 255, sous le nom de *Coracias des Alpes.*

(1) M. l'abbé Caire a constaté que les Craves qui nichent aux sommités des Alpes sont beaucoup plus petits que ceux qui nichent dans les régions moins elevées ; ils ont ordinairement 0ᵐ,06 de moins.

Mâle : D'un noir à reflets brillants verts, bleus et pourpres ; bec et pieds d'un rouge vermillon ; iris brun.

Femelle : Elle a le bec moins gros, moins effilé ; le plumage un peu moins brillant, et les pattes moins robustes.

Jeunes avant la première mue : Plumage sans reflets ; bec et pieds noirâtres.

Il habite les Alpes Suisses et les Hautes et Basses-Alpes, les Pyrénées, les montagnes très-élevées de la Provence, et se montre accidentellement dans le nord de la France. Selon M. Canivet, il se reproduirait dans les falaises de Jobourg et à Aurigny.

Il fait son nid dans les fentes des rochers les plus escarpés, sur les tours des bâtiments élevés, souvent sur les clochers des églises, et niche en société, mais en moins grand nombre que le Chocard. Sa ponte est de trois ou quatre œufs d'un gris sale, un peu verdâtre ou d'un verdâtre sombre, avec de petites taches d'un gris cendré, et d'autres taches, plus ou moins grandes, d'un roux vif ou d'un brun rouge un peu vineux. Ils mesurent :

Grand diam. 0ᵐ,035 ; petit diam. 0ᵐ,025.

Les Craves ne forment pas des bandes aussi nombreuses que les Chocards et les Corbeaux. L'hiver, ils descendent des montagnes dans les plaines, et vont, sur les chemins, fouiller les excréments des bêtes de somme, pour y trouver quelque nourriture. Ils montrent un naturel assez familier lorsqu'on les prend jeunes, et s'apprivoisent facilement.

GENRE L

CASSE-NOIX — *NUCIFRAGA,* Briss.

Corvus, p. Linn. *S. N.* (1735).
Nucifraga, Briss. *Ornith.* (1760).
Caryocatactes, G. Cuv. *Reg. anim.* (1817).

Bec droit. entier, plus ou moins allongé, plus ou moins épais, parfois dilaté dans le milieu, aplati et émoussé à son extrémité, à mandibule supérieure plus longue que l'inférieure ; narines basales, petites, cachées par des plumes sétacées ; ailes longues, sur-obtuses ; queue arrondie ; tarses médiocres, scutellés comme chez les Pies ; ongles courbés, aigus, surtout celui du pouce, qui est le plus long.

Les Casse-Noix vivent dans les forêts montagneuses, surtout dans celles qui sont composées d'arbres résineux. C'est à tort que de Lafresnaye (*Dict. univ. d'hist. nat.,* t. IV, p. 298), s'appuyant sur une opinion que Temminck avait émise

en 1820, mais qu'il a rectifiée en 1835, attribue aux Casse-Noix les habitudes
des Grimpeurs. Ces oiseaux, par leurs allures et leur genre de vie, se rapprochent beaucoup des Pies, ainsi que l'a reconnu Temminck dans la 3e partie de
son *Manuel d'Ornithologie*. La conformation des ongles leur permet de se
cramponner aux arbres, mais non de grimper : ils peuvent bien, avec leur bec,
en soulever l'écorce, ils sont impuissants à les creuser comme le font les Pics.

Leur nourriture consiste en graines, en insectes, en noyaux de fruits, en noisettes qu'ils récoltent d'une façon toute particulière et dont ils font des provisions.

Le mâle et la femelle se ressemblent ; les jeunes en diffèrent peu. Leur mue
est simple.

Une seule des trois espèces qui composent ce genre appartient à l'Europe.

<h2 style="text-align:center">92 — CASSE-NOIX VULGAIRE
NUCIFRAGA CARYOCATACTES</h2>

Temm. ex Linn.

*Brun, parsemé de taches blanches sous forme de gouttelettes,
plus larges en dessous qu'en dessus ; queue terminée par une bande
blanche plus ou moins large.*

Taille : 0^m,35 environ.

CORVUS CARYOCATACTES, Linn. *S. N.* (1766), t. I, p. 157.
CARYOCATACTES MACULATUS, Koch, *Baier Zool.* (1816), t. I, p. 93.
NUCIFRAGA GUTTATA, Vieill. *N. Dict.* (1816), t. V, p. 354.
CARYOCATACTES NUCIFRAGA, Nilss. *Ornith. suec.* (1817), t. I, p. 90.
NUCIFRAGA CARYOCATACTES, Temm. *Man.* (1820), 1re part. p. 117.
NUCIFRAGA BRACHYRHYNCHA et MACRORHYNCHA, Brehm, *Handb. Nat. Vög. Deuts.*
(1831), p. 181 et 182.
CARYOCATACTES CARYOCATACTES, Schleg. *Revue* (1844), p. 55.
Buff. *Pl. enl.* 50.

Mâle et femelle, vieux : Plumage d'un brun de suie foncé et sans
taches au-dessus de la tête et du cou ; couvert de taches blanches, sous
forme de larmes, petites sur les parties supérieures, larges sur les parties inférieures, et de stries au-devant du cou ; ailes et queue d'un noir
à reflets verdâtres ; les premières avec les petites couvertures variées
de gouttelettes blanches, la dernière avec les pennes terminées par un
grand espace blanc, excepté les deux médianes, qui n'offrent qu'une
très-légère bordure ; sous-caudales blanches ; bec et pieds noirs ; iris
noisette.

Dans un âge moins avancé, les ailes et la queue n'ont presque pas
de reflets, les rémiges sont bordées de brun roussâtre et terminées de

blanc, ainsi que les grandes et les moyennes couvertures supérieures ; les rectrices médianes, lorsqu'elles ne sont pas usées, offrent une
large bordure blanche à leur extrémité ; le bec est un peu plus court
que chez les vieux.

Variétés accidentelles : Tout le plumage blanc ou isabelle, quelquefois les ailes et la queue blanches.

Le Casse-Noix habite les montagnes couvertes d'arbres résineux des Hautes-
Alpes, de la Suisse, de l'Allemagne, de la Suède, de la Norwége, de la La-
ponie, et passe à des intervalles irréguliers et quelquefois très-éloignés, en
Normandie, en Lorraine, en Languedoc, en Basse-Provence et dans le nord de
la France. En 1844, on l'a tué à Douai, à Dunkerque, à Abbeville, à Dieppe, à
Troyes et en plusieurs endroits de la Belgique.

On croit généralement (et tous les auteurs se répètent à cet égard), que le
Casse-Noix vulgaire niche dans les trous des arbres. D'après M. Baldamus (*in
Litter.*) il n'en serait jamais ainsi. Sur six nids qu'il a observés lui-même, à différentes dates, aucun n'était dans de semblables conditions : tous reposaient
sur les branches des arbres, où les oiseaux les avaient établis. Ils avaient la
forme et la composition du nid du Geai ordinaire : en d'autres termes, la charpente extérieure consistait en petites bûches, la couche interne en petites racines, et ils étaient à ciel ouvert. La ponte est de cinq ou six œufs d'un gris
bleuâtre clair, parsemés de très-petits points violets et d'un brun de rouille,
plus nombreux vers le gros bout. Quelquefois les mouchetures sont assez
grandes pour former tache. Ils mesurent :

Grand diam. 0ᵐ,033 à 0ᵐ,036 ; petit diam. 0ᵐ,024 à 0ᵐ,025.

Toutes les espèces de la famille des Corbeaux sont méfiantes, rusées et farouches ; le Casse-Noix fait exception ; il est presque aussi confiant que le Bec-
Croisé et se laisse aborder de très-près. Du reste, il jacasse comme les Geais,
les Pies et les Corbeaux, et comme eux se nourrit de toutes sortes de substances.
Il émigre irrégulièrement et ne s'égare dans nos départements du Nord que
de loin en loin. En 1844 il s'est fait, dans les environs de Lille, et dans beaucoup d'autres contrées de la France, un passage qui a duré de la mi-septembre
au mois de novembre. Sur beaucoup de points où il s'est montré alors, on n'en
avait pas vu depuis vingt à vingt-cinq ans. A Metz, où on a constaté son apparition à la même époque, il s'était montré en 1805, en 1820 et en 1836.

M. de Sinéty, dans une communication faite le 2 mai 1853 à l'Académie des
sciences de Paris, a ajouté une page des plus curieuses à l'histoire du Casse-
Noix. A la fin de juillet et pendant le mois d'août, quand les noisettes sont
mûres, il a vu cet oiseau descendre des régions neigeuses des Alpes Suisses, se
répandre dans les lieux où croissent les noisetiers, cueillir les fruits de ces arbres,
les éplucher de manière à les dégager seulement de leur enveloppe foliacée,
puis, les introduire une à une dans son gosier et en emporter de la sorte jusqu'à
douze ou treize à la fois. Ces provisions, entassées dans l'œsophage, mais plus
particulièrement dans une poche dilatable, située immédiatement sous la
langue, forment un énorme goître qui atteint quelquefois le double du vo-

lume de la tête de l'animal ; goître qui est très-apparent, même quand l'oiseau role. M. de Sinéty a souvent tué des Casse-Noix dans ce moment-là et a quelquefois retiré jusqu'à sept noisettes du sac buccal, et six de l'œsophage. Un sujet tué en novembre 1854, à Barcelonette, avait la poche gorgée non plus de noisettes, mais de graines du *Pinus cimbra*.

Observation. — Le bec du Casse-Noix n'offrant pas toujours la même longueur ni la même grosseur, M. Brehm a établi sur ces différences deux espèces : l'une, sous le nom de *Nucif. macrorhyncha;* l'autre, sous celui de *Nucif. brachyrhyncha.* M. Baillon les a admises dans son *Catalogue des oiseaux du département de la Somme*, et M. de Sélys-Longchamps les a considérées comme races locales et a fait connaître leurs caractères essentiels et accessoires. Voici ces caractères tels qu'il les a indiqués, dans une note fort intéressante sur une émigration de Casse-Noix, d'après des individus capturés en Belgique et d'autres exemplaires provenant de la Suède et de la Laponie.

CASSE-NOIX	CASSE-NOIX
recueillis en Belgique, dans le Jura et les Pyrénées.	*tués en Suède et en Laponie.*
NUCIF. CARYOCATACTES (Temm.). NUCIF. MACRORHYNCHA (Brehm).	NUCIF. BRACHYRHYNCHA (Brehm).

Caractères essentiels.

Bec droit, cunéiforme, moins épais, les deux mandibules non renflées, ni bombées ; la pointe de la supérieure aplatie, très-mince. — (Ce bec tient à la fois de celui de l'Étourneau, de la Sittelle et des Pics ; il ressemble à un bec de Crave qui ne serait pas arqué.)

Caractères accessoires.

Le bec varie en longueur ; la mandibule supérieure dépasse souvent d'une à deux lignes. — Les plumes sétacées qui cachent les narines s'étendent davantage sur les côtés et se réunissent au front. —Les moustaches de la gorge et du haut de la poitrine sont blanches. — Les pieds sont un peu moins robustes. — Parfois l'arête de la mandibule supérieure est un peu arquée, mais alors le dessous du bec est un peu fléchi dans le même sens et nullement bombé.

Caractères essentiels.

Bec droit, plus fort, un peu convexe, les deux mandibules étant un peu arquées, dans le milieu, de part et d'autre ; la pointe de la supérieure aplatie, épaisse. — (Ce bec a la plus grande ressemblance avec celui du Freux, quant à la forme ; il est même un peu plus épais et proportionnellement moins long.)

Caractères accessoires.

Le bec varie en longueur ; la mandibule supérieure dépasse moins en général. — Les plumes sétacées qui cachent les narines laissent l'arête découverte sur le front. — Les moustaches de la gorge et du haut de la poitrine sont très-lavées de couleur de rouille, chez les trois exemplaires, blanches chez une quatrième en apparence jeune. — Les pieds sont plus robustes.

Les Casse-Noix des montagnes alpines de l'Europe centrale, auraient donc le bec moins long et moins épais que ceux qui habitent la Scandinavie. Mais ce caractère, sujet, d'ailleurs, à de grandes variations, suffit-il pour constituer deux espèces et même deux races différentes ? C'est ce qu'il est difficile d'admettre. Quoi qu'il en soit, on a trouvé en France les deux prétendues races vivant et voyageant ensemble. Selon M. Baillon, elles se montrèrent en nombre égal, en Picardie, lors du grand passage de 1814. Parmi ceux qui ont été tués aux environs de l'Ille, à la même époque, il y en avait à gros bec, à bec plus mince, et d'autres avec un bec intermédiaire. Ceux qui s'y sont montrés en 1844 avaient tous le bec plus ou moins allongé. Chez aucun il n'était bombé comme celui des Casse-Noix reçus de la Norwége par M. de Sélys Longchamps

---

SOUS-FAMILLE XX

GARRULIENS — *GARRULINÆ*

Bec rarement aussi long que la tête, généralement plus court, plumage varié, avec peu ou point de reflets métalliques ; ailes de moyenne longueur.

Ce qui caractérise les oiseaux qui font partie de cette sous-famille, c'est un plumage généralement plus décomposé que celui des Corviens, mais à couleurs plus variées. Les Garruliens sont aussi plus frugivores que les Corbeaux. Ils font des bois ou des lieux couverts leur demeure habituelle, et le plus grand nombre construit un nid à ciel ouvert.

GENRE LI

PIE — *PICA*, Briss.

Corvus, p. Linn. *S. N.* (1735).
Pica, Briss. *Ornith.* (1760).
Garrulus, Temm. *Man.* (1835).

Bec médiocre, droit, convexe, émoussé, à bords tranchants, un peu échancré à la pointe ; narines oblongues, cachées par les plumes sétacées du front ; ailes sur-obtuses, courtes, dépassant peu le croupion, à première rémige allongée et échancrée ; queue longue et étagée ; tarses beaucoup plus longs que le doigt médian, forts, scutellés ; ongles allongés, courbés et gros.

Les Pies ont de grands rapports avec les Corbeaux et sont omnivores comme eux. Elles en diffèrent cependant, non-seulement par leurs ailes courtes, leur queue longue et étagée, mais encore par leur marche, qui s'effectue souvent à l'aide de petits sauts obliques, tandis que celle des Corbeaux est constamment posée et grave. Elles ont, comme eux, l'habitude de cacher le surplus de leur nourriture, quand elles sont suffisamment repues. Elles cachent même les objets qui ne peuvent leur être d'aucune utilité.

Le mâle et la femelle se ressemblent, et les jeunes en diffèrent peu. Leur mue est simple.

La plupart des espèces connues sont cosmopolites, les autres sont communes à l'Europe, à l'Asie, à l'Afrique et à l'Océanie. Deux d'entre elles habitent l'Europe.

93 — PIE ORDINAIRE — *PICA CAUDATA*
Linn.

Scapulaires et parties inférieures, depuis le haut de la poitrine jusqu'aux sous-caudales, d'un blanc pur ; première rémige plus courte que la huitième, la deuxième à peu près égale à la septième.

Taille : 0ᵐ,50 *environ.*

Pica caudata, Linn. *S. N.* (1748), 6ᵉ édit. sp. 8.
Corvus pica, Linn. *S. N.* (1766), t. I, p. 157.
Pica, Briss. *Ornith.* (1760), t. II, p. 35.
Pica melanoleuca, Vieill. *N. Dict.* (1818), t. XXVI, p. 120.
Pica europæa, Boie, *Isis* (1822), p. 551.
Pica albiventris, Vieill. *Faun. fr.* (1828), p. 119.
Garrulus Picus, Temm. *Man.* 3ᵉ part. (1835), p. 63.
Pica varia, Schleg. *Rev. crit.* (1844), p. 54.
Buff. *Pl. enl.* 488.

Mâle : Tête, cou, dos, la presque totalité de la poitrine, jambes et sous-caudales d'un noir profond, velouté, avec des reflets métalliques d'un vert bronzé au front et au vertex ; scapulaires, barbes externes des rémiges primaires, bas de la poitrine et abdomen d'un blanc pur ; ailes et queue d'un noir à reflets verts, bleus, pourpres et violets suivant l'incidence de la lumière ; au-devant du cou, les tiges des plumes ont aussi des reflets brillants ; bec, pieds et iris noirs.

Femelle : Un peu plus petite que le mâle, avec les couleurs moins vives.

Jeunes avant la première mue : D'un noir fuligineux à la tête, au cou et au dos ; blanc des scapulaires lavé roussâtre ; queue moins longue, moins reflétante.

Variétés accidentelles : Le plumage de cette espèce est sujet à de fréquentes et nombreuses variétés, parmi lesquelles l'albinisme complet est assez commun. On rencontre assez souvent aussi des sujets blonds ou isabelles, et d'autres tapirés de blanc. Les variétés gris de lin et cendrées sont beaucoup plus rares, et le mélanisme se produit très-accidentellement, et seulement en captivité.

La Pie ordinaire est répandue dans toute l'Europe, dans le nord de l'Asie et de l'Afrique ; elle est sédentaire et très-commune en France et dans la Russie méridionale.

Elle niche sur les arbres élevés, et, en Norwége, quelquefois sur les édifices. Son nid, composé de bûchettes, de branches épineuses et de terre gâchée à l'extérieur, de racines flexibles, de débris de végétaux à l'intérieur, est surmonté d'une sorte de dôme à claire voie. Il est ordinairement placé au faîte des branches verticales les plus flexibles. Dès les premiers jours de février, dans nos localités, la Pie se met à l'œuvre ; en Suède et dans le midi de la Russie, elle est plus précoce et commence à nicher vers la mi-décembre. Vieillot avait observé qu'elle construisait plusieurs nids à la fois, mais qu'elle ne perfectionnait que celui qui devait recevoir ses œufs. M. Nordmann a confirmé ce fait, et si ce qu'il raconte, à ce sujet, est bien l'expression de la vérité, on ne peut se refuser à reconnaître à la Pie beaucoup d'intelligence et de ruse.

« Quatre ou cinq couples de Pies, dit cet auteur, dans son *Ornithologie pontique,* nichent depuis plusieurs années dans le jardin botanique d'Odessa, où j'ai ma demeure. Ces oiseaux me connaissent très bien, moi et mon fusil, et quoiqu'ils n'aient jamais été l'objet d'aucune poursuite, ils mettent en pratique toutes sortes de moyens pour donner le change à l'observateur. Non loin des habitations se trouve un petit bois de vieux frênes, dans les branches desquels les Pies établissent leur nid. Plus près de la maison, entre cette dernière et le petit bois, sont plantés quelques grands ormeaux et quelques robiniers : dans ces arbres, les rusés oiseaux établissent des nids postiches, dont chaque couple fait au moins trois ou quatre, et dont la construction les occupe jusqu'au mois de mars. Pendant la journée, surtout quand ils s'aperçoivent qu'on les observe, ils y travaillent avec beaucoup d'ardeur, et si quelqu'un vient par hasard les déranger, ils volent autour des arbres, s'agitent et font entendre des cris inquiets ; mais tout cela n'est que ruse et fiction, car tout en faisant ces démonstrations de trouble et de sollicitude pour ces nids postiches, ils avancent insensiblement la construction du nid destiné à recevoir les œufs, en y travaillant dans le plus grand silence, et pour ainsi dire en cachette, durant les premières heures de la matinée et vers le soir. Si parfois quelque indiscret vient les y surprendre, soudain ils revolent, sans faire entendre un son, vers leurs autres nids, et se remettent à l'œuvre comme si de rien n'était, en montrant toujours le même embarras et la même inquiétude, afin de détourner l'attention et de déjouer la poursuite. »

La ponte est de trois à six œufs, quelquefois de sept, oblongs, d'un verdâtre sale, plus ou moins clair, avec des taches olivâtres et brunâtres plus rapprochées au gros bout. Ils mesurent :

Grand diam. 0ᵐ,032 ; pètit diam. 0ᵐ,021.

La Pie se tient de préférence près des lieux habités et vit toujours par couples, même à l'automne et en hiver, époques pendant lesquelles on la voit former de petites familles plus ou moins nombreuses. Elle est excessivement défiante, querelleuse et audacieuse : elle attaque les oiseaux de proie, les chasse de son voisinage, et lorsqu'elle est impuissante à en venir à ses fins, elle ameute par ses cris tous les individus des environs, qui l'aident à mettre en fuite l'ennemi commun. L'été, elle détruit beaucoup de jeunes oiseaux.

94 — PIE BLEUE — *PICA CYANEA*
Wagl. ex Pall.

Tête dépourvue de hupve, d'un noir à reflets ; dos d'un blanchâtre légèrement lavé de rouge ; rectrices blanches à l'extrémité, les médianes dépassant peu les autres et bordées de blanc seulement au bout.

Taille : 0ᵐ,35 environ.

Corvus cyanus, Pall. *Voy.* (1776), t. VIII de l'édit. fr. in-8, *Append.* p. 34, et *Zoogr.* (1811-1831), t. I, p. 391.

Corvus cyaneus, Gmel. *S. N.* (1788), t. I, p. 373.

Pica cyanea, Wagl. *Syst. Av.* (1827), *gen. Pica.* sp. 6.

Garrulus cyanus, Temm. *Man.* (1835), 3ᵉ part. p. 64.

Cyanopolius Cooki, Bp. *Br. ass. Birming.* (1849).

Cyanopica cyanea et Cooki, Bp. *C. Gen. Av.* (1850), p. 382.

Pall. *Zoogr.* pl. XVI.

Gould, *B. of Eur.* pl. 217.

Sujets adultes : Joues, dessus de la tête d'un noir à reflets d'acier poli, dos et scapulaires d'un gris blanchâtre, légèrement nuancé de rouge ; nuque blanchâtre ; gorge et devant du cou blancs ; tout le reste des parties inférieures semblable au dos, mais avec des teintes un peu plus pâles ; ailes et queue d'un bleu d'azur ; rémiges primaires bordées de blanc en dehors, dans une grande étendue de leur largeur ; rectrices terminées de blanc ; bec et pieds noirs.

Les *jeunes avant la première mue* nous sont inconnus.

La Pie bleue habite l'Espagne, le nord de l'Afrique et l'Asie orientale.

D'après le comte de Riocour, la Pie bleue d'Europe niche en Espagne, sur les arbres, dans des nids composés de bûchettes très-menues. Elle y serait commune et fréquenterait les jardins de l'Estramadure. Ses œufs, au nombre de cinq à six, ont une grande analogie de forme avec ceux des Pies-Grièches. Ils sont courts, obtus, couleur café au lait clair, avec des points et des taches

d'un cendré vineux et d'un roux de rouille, plus nombreuses vers le gros bout.
Ils mesurent :

Grand diam. 0^m,026 à 0^m,027 ; petit diam. 0^m,021 à 0^m,022.

Cette espèce se nourrit de fruits et d'insectes.

Observations. — 1° Le prince Ch. Bonaparte considère comme espèces distinctes le *Corvus cyanus* (Pall.) de l'Asie orientale, et la *Pica cyanea* (Cook) de l'Espagne. Il fait du premier sa *Cyanopica Pallasi*, et de la seconde sa *Cyanopica Cooki*. Malgré une légère différence dans la taille et dans l'étendue de la tache terminale des rectrices, différences, d'ailleurs, qui ne sont point constantes, la Pie bleue d'Asie et la Pie bleue d'Espagne ne forment qu'une seule et même espèce.

2° Temmink fait observer, avec raison, que la Pie à tête noire de Le Vaillant (*Ois. d'Afr.* pl. 58) est une espèce différente de la Pie bleue. Vieillot a donc eu tort de considérer ces deux oiseaux comme identiques.

GENRE LII

GEAI — *GARRULUS*, Briss.

Corvus, p. Linn. *S. N.* (1735).
Garrulus, Briss. *Ornith.* (1760).
Glandarius, Koch, *Baier. Zool.* (1816).

Bec médiocre, épais, droit, comprimé, à bords tranchants,
courbé brusquement et légèrement denté à la pointe ; narines
ovalaires, cachées par des plumes sétacées ; ailes de moyenne
longueur, obtuses, à première rémige allongée et arrondie ; queue
carrée ou légèrement arrondie ; tarses robustes, de la longueur
du doigt médian ; ongles moyens, peu recourbés ; plumes de la
tête allongées et pouvant se relever en huppe.

Les Geais diffèrent principalement des Corbeaux par leur bec court et par
les plumes lâches du vertex.

Ils se tiennent dans les bois ; sont vifs, criards, et font une consommation
considérable de fruits.

Le mâle et la femelle se ressemblent ; les jeunes en diffèrent peu. Leur mue
est simple.

Parmi les espèces dont ce genre se compose, deux appartiennent à l'Europe.

95 — GEAI ORDINAIRE — *GARRULUS GLANDARIUS*
Vieill. ex Linn.

Dessus de la tête gris, varié de taches oblongues noires ; gorge blanche ; queue noire, unicolore.
Taille : $0^m,35$ *environ.*

CORVUS GLANDARIUS, Linn. *S. N.* (1766), t. I, p. 156.
GLANDARIUS PICTUS, Koch, *Baier. Zool.* (1816), p. 99.
GARRULUS GLANDARIUS, Vieill. *N. Dict.* (1817), t. XII, p. 471.
LANIUS GLANDARIUS, Nilss. *Ornith. suec.* (1817), *pars pr.* p. 73.
Buff. *Pl. enl.* 481.

Mâle au printemps : Plumes longues du front et du vertex d'un blanc gris, tirant sur le bleuâtre, et tachetées longitudinalement de noir au centre ; dessus et côtés du cou, parties supérieures et inférieures du corps d'un gris vineux, un peu plus clair au milieu de l'abdomen ; sus et sous-caudales d'un blanc pur ; gorge et une partie de la face antérieure du cou d'un gris blanc ; couvertures des ailes rayées transversalement de bleu clair, de bleu plus foncé et de noir ; grandes rémiges bordées de blanc en dehors ; rémiges secondaires blanches et noires, quelques-unes variées de bleuâtre et de marron ; queue cendrée à la base et noire dans le reste de son étendue ; bec noir ; pieds d'un brun livide ; iris bleuâtre.

Mâle en automne : Il a les teintes plus rembrunies ; les rémiges primaires bordées de blanc cendré, et le blanc de la gorge moins net.

Femelle : Elle ne diffère, en tout temps, du mâle, que par des teintes moins vives et une tête moins grosse.

Jeunes avant la première mue : Semblables à la femelle, mais avec des teintes plus sombres.

Variétés accidentelles : Cette espèce offre à peu près les mêmes variétés que la Pie vulgaire. On rencontre des individus à plumage entièrement blanc (Collect. Degland) ; gris de lin, et couleur isabelle.

On trouve le Geai dans presque toute l'Europe. Il est commun et sédentaire en France.

Il niche sur les arbres et quelquefois sur les buissons. Son nid, composé de petites branches à l'extérieur, et de radicules à l'intérieur, a une forme demi-sphérique. Sa ponte est de quatre à sept œufs, d'un gris olivâtre pâle, avec un grand nombre de taches roussâtres, peu foncées et presque confondues vers le gros bout. La teinte du fond varie beaucoup : elle passe par des nuances insensibles au gris foncé, au brun, au vert, au bleu clair et au roux vif; dans certaines variétés, l'œuf est entièrement unicolore. Ils mesurent :

Grand diam. 0^m,031 à 0^m,032; petit diam. 0^m,021 à 0^m,022.

Le Geai vit dans les bois, principalement dans ceux de chêne blanc; il n'en sort, l'été, que pour se porter dans les vergers, et se mettre à la quête des fruits dont il est très-friand. A l'automne, il fait une consommation considérable de glands, et fréquente alors la lisière des bois. Il s'apprivoise facilement et apprend à répéter quelques mots. Sa chair n'est pas désagréable au goût.

A — GEAI DE KRYNICK — *GARRULUS KRYNICKI*
Kaleniczenko.

Dessus de la tête noir; gorge roussâtre; queue noire, avec quelques raies transversales cendrées vers la base des deux rectrices médianes.

Taille : 0^m,33 à 0^m,34.

CORVUS GLANDARIUS, Var. *pileo nigro*, Hohenacker, *Enum. Av. Sch.* in : *Bull. Soc. nat. de Moscou* (1837), p. 141.

GARRULUS KRYNICKI, Kalenicz. *Bull. Soc. nat. de Moscou* (1839), p. 319, pl. 14.

CORVUS ILICETI, *Mus. Berolin.* (De Sélys *in Litter.* 1846).

GARRULUS GLANDARIUS MELANOCEPHALUS, p. Schleg. *Rev. crit.* (1844), p. 55 et 74. Susemihl. *Eur. Vög.* t. II, pl. 6.

Sujets adultes : Plumes du sommet de la tête noires, touffues, longues; dessus et côtés du cou d'un roux vif; parties supérieures et inférieures du corps, ailes, sus et sous-caudales comme dans le Geai ordinaire; joues, gorge et une partie de la face antérieure du cou d'un cendré roussâtre; deux grandes moustaches noires; queue noire, avec quelques bandes transversales d'un cendré bleuâtre, à la base des deux pennes médianes; bec presque aussi gros que celui du Geai ordinaire; pieds brunâtres.

Le Geai de Krynick habite le Caucase et la Crimée, où il paraît remplacer le Geai ordinaire. D'après des renseignements qui nous ont été fournis par MM. Verreaux, on le trouverait aussi en Syrie.

Mœurs, habitudes et propagation comme chez le *Garrulus glandarius*.

Observation. — M. Nordmann, qui a pu comparer un grand nombre de Geais à tête noire et de Geais ordinaires, s'est convaincu que les premiers ne sont qu'une variété de ceux-ci, opinion que nous partageons. Il dit qu'il a vu en Crimée, au mois de septembre, des individus tenant le milieu entre l'oiseau type et la race à tête noire. Ces individus ne seraient-ils pas des jeunes de l'année ?

De son côté, Temminck admet une espèce ou variété locale du Geai ordinaire, d'après des sujets provenant de quelques localités africaines, et ne trouve entre ceux-ci et ceux du Caucase qu'une différence de taille. Il est cependant certain que les Geais à tête noire de la Syrie et de l'Algérie diffèrent sensiblement de ces derniers. Ils sont non-seulement plus petits, mais ils ont la huppe moins forte, les joues, la gorge et une partie de la face antérieure du cou blanches, et non cendré roussâtre ; le bleu des ailes est moins étendu et d'une teinte plus claire ; la queue porte sur toutes les pennes des barres transversales cendré bleuâtre (la plus latérale de chaque côté exceptée), tandis qu'il n'y en a que quelques-unes sur les médianes, dans les individus du Caucase. Le bec de ces derniers est plus gros, et se rapproche plus de celui du Geai ordinaire.

Les deux sujets du Musée de Turin, cités par Temminck, qui ont été décrits et figurés par Géné dans les *Mémoires de l'Académie royale des sciences* de cette ville (t. XXXVII, p. 291), ont été tués, l'un aux environs de Balbeck, et l'autre au mont Liban. Si l'on trouve des individus semblables en Grèce, ainsi que le prétend Temminck, et surtout si l'on en sert sur les tables, dans plusieurs points de cette contrée, il est bien étonnant que M. Von der Mühle, pendant un séjour de six années, n'en ait pas rencontré et qu'il n'ait vu que le Geai ordinaire.

Il est donc probable, pour ne pas dire certain, que le Geai à calotte noire de l'Asie Mineure et de l'Algérie (*Garrulus melanocephalus*, Géné) ne se montre pas en Europe ; que la race du Caucase, seule, se trouve dans cette partie du monde.

Nous croirions plus volontiers à l'apparition, dans l'Europe méridionale, du Geai dont M. J. Verreaux a donné une excellente description (*Rev. et Mag. de zool.* 1857, 2ᵉ série, t. IX, p. 479) sous le nom de *Garrulus minor*. Ce geai, qui a la plus grande ressemblance avec notre espèce commune, s'en distinguerait toutefois par des dimensions moindres, par des teintes plus sombres et par des taches, au sommet de la tête, plus noires, plus larges, sans trace des raies transversales qui s'observent chez le *Garrulus glandarius*. Nous signalons ce Geai, qui n'est peut-être qu'une variété locale du nôtre, à l'attention des naturalistes qui habitent le midi de l'Europe.

GENRE LIII

MESANGEAI — *PERISOREUS*, Bp.

LANIUS, p. Linn. *S. N.* (1766).
CORVUS, p. Gm. *S. N.* (1788).
GARRULUS, p. Vieill. *N. Dict.* (1817).
PICA, p. Wagl. *Syst. Av.* (1827).
PERISOREUS, Bp. *B. of Eur.* (1838).

Bec court, conique, large à la base, comprimé, un peu arqué et échancré à la pointe ; narines cachées par les plumes sétacées qui, du front, s'avancent jusqu'au milieu du bec ; ailes médiocres, arrondies, sur-obtuses; queue moyenne, étagée; tarses forts; pouce armé d'un ongle robuste et aussi long que le doigt.

Les Mésangeais se distinguent particulièrement des Geais proprement dits par la forme conique de leur bec et par celle de la queue.

Deux espèces composent ce genre : l'une est commune à l'Europe et à l'Asie septentrionale; l'autre est propre à l'Amérique boréale.

96—MÉSANGEAI IMITATEUR—*PERISOREUS INFAUSTUS* Bp. ex Linn.

Brun-gris roussâtre, avec le dessus de la tête et les joues brunes; queue rousse, avec les pennes médianes cendrées.

Taille : 0ᵐ,30 environ.

LANIUS INFAUSTUS, Linn. *Faun. suec.* (1761), p. 32.
CORVUS RUSSICUS, S. G. Gmel. *Voy.* (1751-1752), t. I, *Spec.* 50.
CORVUS INFAUSTUS, Sparm. *Mus. Carls.* (1786-1789), pl. 76.
CORVUS SIBIRICUS, Gmel. *S. N.* (1788), t. I, p. 373.
GARRULUS INFAUSTUS, Vieill. *N. Dict.* (1817), t. XII, p. 478.
PICA INFAUSTA, Wagl. *Syst. Av.* (1827), *Spec.* 20.
PERISOREUS INFAUSTUS, Bp. *B. of Eur.* (1838), p. 27.
Buff. *Pl. enl.* 608, adulte sous le nom de *Geai de Sibérie.*

Mâle et femelle adultes : Dessus de la tête, joues, haut de la nuque d'un brun noirâtre; bas de la nuque, dos et scapulaires d'un cendré très-légèrement nuancé de grisâtre et de roussâtre vers les parties postérieures; croupion d'un roussâtre plus prononcé; sus-caudales d'un roux vif; parties inférieures d'un cendré grisâtre au cou, à la poitrine, et prenant une teinte rousse à l'abdomen et sur les flancs; sous-caudales rousses; ailes d'un cendré à reflets, avec les petites couvertures d'un roux rouge et les barbes internes des rémiges brunes; rectrices d'un beau roux, avec une légère teinte cendrée sur les barbes externes, vers leur extrémité; les deux médianes d'un cendré à reflets; bec, pieds et iris bruns.

Jeunes : Tête d'un brun moins foncé, avec des plumes moins allongées; parties inférieures d'un cendré plus rembruni.

Le Mésangeai imitateur habite l'Europe boréale, orientale et l'Asie septentrionale. On le trouve en Norwége, en Suède, en Laponie et en Sibérie.

M. Martin a eu l'occasion de l'observer dans les monts Ourals. Il dit que son vol est silencieux comme celui des Chouettes; qu'il s'abat, l'hiver, sur les grands chemins pour y recueillir le grain qui se trouve dans les fientes du cheval. Il se laisse approcher de très-près, et niche plus au nord que le gouvernement de Prim. Selon Temminck, il établirait son nid sur les pins et les sapins, et sa ponte serait de cinq ou six œufs d'un gris bleuâtre, plus petits que ceux de la Pie, et avec des taches plus foncées.

3e DÉODACTYLES ADUNCIROSTRES — *DEODACTYLI ADUNCIROSTRES*

FAMILLE XIII
LANIIDÉS — *LANIIDÆ*

COLLURIONES, Vieill. *Ornith. élém.* (1816).
LANIADÆ, Vig. *Gen. of B.* (1825).
LANIDÆ, Bp. *B. of Eur.* (1838).
LANIIDÆ, Bp. *C. Gen. Av.* (1850).

Bec convexe, comprimé, denté et crochu, avec l'extrémité de la mandibule inférieure retroussée, aiguë; pieds et ailes médiocres.

Cette famille est naturelle. Les oiseaux qui la composent ont des mœurs et des habitudes remarquables. Ils se nourrissent exclusivement d'insectes de toutes sortes, et quelques espèces ajoutent à ce régime de petits oiseaux et de très-petits mammifères. Ces habitudes carnassières les avaient fait ranger par la plupart des ornithologistes modernes parmi les oiseaux de proie, dont les éloignent cependant leurs caractères physiques et leurs habitudes. Ils n'ont ni cire ni ongles rétractiles, et lorsqu'ils se sont emparés d'une proie un peu volumineuse, ils se servent de leur bec et non de leurs serres pour la transporter d'un lieu à un autre.

Parmi les nombreuses subdivisions que comporte cette famille, la suivante a seule des représentants en Europe.

SOUS-FAMILLE XXI
LANIENS — *LANIINÆ*

Bec très-crochu, fortement denté; ailes courtes, à première rémige peu développée et généralement étroite; queue bicolore, étagée ou arrondie.

La sous-division des *Laniinæ* a été réduite, en dernier lieu, par le prince Ch. Bonaparte, aux *vraies Pies-Grièches*, c'est à-dire à ce groupe qui a pour type nos Pies-Grièches d'Europe. Il en a même retiré les *Lanius Tchagra*, type du genre *Telephonus*, qu'il range parmi les *Malaconotinæ*, mais que nous ramènerons dans cette sous-famille.

Quelques auteurs, prenant en considération la couleur du plumage, ont fondé deux genres sur les Laniens d'Europe : un pour les espèces à plumage gris, un autre pour celles chez lesquelles le roux domine. Kaup, poussant plus loin ce démembrement, a distrait de ces dernières la Pie Grièche rousse pour en faire le repré-entant de son genre *Phoneus*. En admettant toutes ces coupes et en rendant au groupe des *vraies Pies-Grièches* le *Lan. Tchagra*, les Laniens d'Europe ne formeraient pas moins de cinq genres : *Lanius* (type : *Lan. excubitor*); *Leucometopon* (type : *Lan. nubicus*); *Enneoctonus* (type : *Lan. collurio*); *Phoneus* (type : *Lan. rufus*), et *Telephonus* (type : *Lan. Tchagra*). De tous ces démembrements, le dernier peut seul se justifier; quant aux *Leucometopon, Enneoctonus* et *Phoneus*, ils ne sauraient être distraits du genre *Lanius*.

GENRE LIV

PIE-GRIÈCHE — *LANIUS*, Linn.

Lanius, Linn. *S. N.* (1756).
Lanius et Enneoctonus, Boie, *Isis* (1826).
Lanius, Collurio et Phoneus, Kaup, *Nat. Syst.* (1829).
Lanius, Leucometopon et Enneoctonus, Bp. *C. Syst.* (1854).

Bec robuste, convexe, très-comprimé, garni à la base de poils raides ; mandibule supérieure dentée et échancrée à la pointe, l'inférieure plus courte et relevée au bout ; narines presque rondes, à moitié fermées par une membrane voûtée ; ailes subobtuses ; queue de longueur variable, plus ou moins étagée ou arrondie sur les côtés ; tarses et doigts scutellés ; ongles crochus, acérés, le postérieur le plus fort.

Les Pies-Grièches sont vives, courageuses, querelleuses et cruelles. Quoique de petite taille, elles attaquent des oiseaux beaucoup plus gros qu'elles. On prétend même qu'elles font fuir les Pies, les Corneilles et même les Cresserelles.

Leur nourriture consiste principalement en gros insectes de l'ordre des Orthoptères, quelquefois en petits mammifères et en petits oiseaux. Elles se tiennent dans les bois, sur les coteaux, durant le printemps, et descendent, vers la fin de l'été, dans les plaines et les vergers.

Le mâle diffère plus ou moins de la femelle. Les jeunes ont un plumage très-distinct avant la première mue. A la mue, ils chargent un peu, et ce n'est que dans leur seconde année qu'ils ont leur livrée parfaite.

La mue est simple. Chez quelques espèces elle paraît double, une partie du plumage changeant deux fois dans l'année.

Observation. — On admet généralement sept espèces de Pies Grièches en Europe, en y comprenant le *Tchagra*. Risso en a décrit une huitième sous le nom de *Lan. castaneus*; MM. de Keyserling et Blasius en indiquent une autre sous celui de *Lan. major*; enfin, le prince Ch. Bonaparte compte aussi comme européen le *Lan. phœnicurus*, de l'Asie septentrionale.

La première (*Lan. castaneus*, Risso) aurait la queue cunéiforme, les rectrices du milieu d'une couleur ferrugineuse à leur extrémité; le corps, en dessus, d'une couleur marron et blanc en dessous. Elle habiterait les Alpes méridionales et on la trouverait toute l'année aux environs de Nice. Cet oiseau, qui n'existe dans aucune collection, ne serait-il pas le Tchagra? D'après une indication aussi succincte que celle qu'en a donnée Risso dans son *Hist. des princip. product. de l'Europe méridionale*, il est impossible d'émettre une opinion à ce sujet.

La seconde (*Lan. major*, Pall.) a été trouvée en Russie et en Sibérie. C'est probablement un état d'âge ou une femelle de notre Pie-Grièche grise. M. Schlegel fait observer fort judicieusement que le *Lan. major* a les dimensions du *Lan. excubitor*; que Pallas cite la pl. enl. 445 de Buffon comme appartenant à son espèce; que la description qu'il en donne se rapporte, en tout point, à la femelle ou au jeune mâle de la Pie-Grièche grise; qu'il ne diffère d'eux que parce qu'il n'a qu'une tache blanche sur l'aile, et que les voyageurs, depuis Pallas, ne l'ont plus rencontré.

Quant au *Lan. phœnicurus*, Gmel., il n'a pas jusqu'ici, d'après M. de Sélys-Longchamps, été trouvé, même accidentellement, dans les limites géographiques de l'Europe, et doit, par conséquent, jusqu'à nouvel ordre, rester en dehors de la faune européenne.

97 — PIE-GRIÈCHE GRISE — *LANIUS EXCUBITOR* Linn.

Dos cendré, un ou deux miroirs blancs sur l'aile ; deuxième rémige plus courte que la sixième ; queue longue, très-étagée, avec les quatre pennes les plus latérales blanches et noires ; un trait blanc sur la paupière ; point de rose à la poitrine.

Taille : 0ᵐ,23 à 0ᵐ,24.

LANIUS EXCUBITOR, Linn. *S. N.* (1766), t. I, p. 135.
LANIUS CINEREUS, Briss. *Ornith.* (1760), t. II, p. 141.
LANIUS MAJOR, Pall. *Zoogr.* (1811-1831), t. I, p. 401.
Buff. *Pl. enl.* 445, sous le nom de *Pie-Grièche*.

Mâle : D'un cendré clair en dessus et aux sus-caudales; d'un blanc terne en dessous; une bande noire traverse les yeux et couvre l'orifice des oreilles; raie sourcilière étroite et grisâtre; ailes noires, le plus ordinairement avec deux taches d'un blanc pur sur les rémiges primaires et secondaires, quelquefois avec une seule tache sur les primaires; queue avec les quatre pennes médianes noires et une tache blanche au bout, l'externe, de chaque côté, entièrement blanche, les autres noires dans leur partie moyenne, blanches à leur origine et à leur extrémité; bec noir, avec la base de la mandibule inférieure d'une teinte claire; pieds noirs; iris brun.

Femelle : Plumage plus foncé en dessus; parties inférieures moins blanches et marquées de petits croissants grisâtres, peu apparents; rectrice la plus externe, de chaque côté, noire à la base, sur les barbes internes, le reste d'un blanc pur.

Jeunes avant la première mue : Couleurs beaucoup plus ternes que chez les adultes; parties inférieures fortement variées de raies transversales en croissant, plus larges et plus nombreuses que chez la femelle; extrémité des rémiges blanche.

Après la mue, et à mesure que les individus avancent en âge, ces raies s'effacent : elles ne sont plus apparentes, chez les mâles, après la seconde mue.

Variétés accidentelles : Brisson cite une variété complétement albine, et Millet en indique une autre également blanche, mais avec l'extrémité des rémiges noire.

Ne pourrait-on pas regarder comme un fait accidentel l'absence d'une des deux taches blanches de l'aile ?

La Pie Grièche grise est répandue en Europe : elle est sédentaire dans le nord de la France, et de passage dans les départements des Basses-Alpes, des Pyrénées, du Gard et des pays circonvoisins. On la trouve assez communément aux environs de Lille, où elle se reproduit.

Elle niche ordinairement sur les arbres élevés, quelquefois dans les buissons, et construit un nid avec des herbes sèches, des bûchettes, de la mousse à l'extérieur, de la laine à l'intérieur. Sa ponte est de cinq à sept œufs, d'un blanc verdâtre très-sale, avec des taches d'un gris olivâtre et d'un olivâtre foncé, plus nombreuses au gros bout. Ils mesurent :

Grand diam. 0^m,027; petit diam. environ 0^m,02.

La Pie-Grièche grise se tient dans les bois, les forêts, durant l'été, et s'approche des habitations en automne et en hiver.

98 — PIE-GRIÈCHE MÉRIDIONALE
LANIUS MERIDIONALIS
Temm.

Dos cendré foncé ; un petit miroir blanc sur l'aile ; deuxième rémige plus courte que la sixième ; queue longue, très-étagée, avec les quatre pennes les plus latérales noires et blanches ; un trait blanc sur la paupière supérieure et une teinte rosée sur les parties inférieures, chez les adultes.

Taille : 0^m,25.

LANIUS MERIDIONALIS, Temm. *Man.* 2ᵉ édit. (1820), t. I, p. 143, 3ᵉ part. (1835), p. 80.

Temm. et Laug. *Pl. col.* 143.

Mâle : Haut de la tête, dessus du cou, dos, croupion et sus-caudales d'un cendré foncé bleuâtre, avec les scapulaires les plus rapprochées du corps blanchâtres ; une bande noire au-dessus des yeux, s'étendant des commissures du bec à l'orifice de l'oreille, qu'elle recouvre, et une raie sourcilière étroite, blanche, partant du bas du front, et se terminant à l'angle postérieur des paupières ; parties inférieures d'un blanc vineux, plus clair au cou, nuancé de cendré sur les flancs et les jambes ; sous-caudales blanches, rémiges noires, avec une tache blanche sur les primaires et l'extrémité des secondaires ; queue comme celle de la Pie-Grièche grise ; mais les rectrices sont toutes noires à leur origine, et la plus externe, de chaque côté, n'est blanche que dans les deux tiers inférieurs ; les autres sont plus ou moins terminées de blanc, et la pointe des quatre médianes offre une tache ou un liséré de cette couleur ; bec brun, moins foncé en dessous ; pieds d'un brun roussâtre ; iris noir.

Femelle : Plumage, en dessus, plus foncé que dans le mâle ; parties inférieures plus sombres et variées de petits croissants brunâtres ; le noir des joues moins pur.

Jeunes avant la première mue : Ils nous sont inconnus.

La Pie-Grièche méridionale habite le nord de l'Afrique, l'Italie et le midi de la France.

Selon M. Crespon, elle est plus répandue dans le département du Gard que partout ailleurs en Europe.

Elle niche sur les arbres. Sa ponte est de cinq à six œufs d'un gris sale ou d'un gris roussâtre, avec de petites taches nombreuses et rapprochées, rous-ses, brunes et grises. Ils mesurent :

Grand diam. 0ᵐ,024 ; petit diam. 0ᵐ,018.

M. Crespon dit que dans le midi de la France et particulièrement dans les environs de Nîmes, où elle est sédentaire, cette espèce se tient dans les bois et se plaît surtout dans les endroits arides et pierreux.

Observation. — Vieillot, considérant la Pie-Grièche méridionale comme identique à sa Pie-Grièche boréale (*Hist. des Ois. de l'Amérique septentrionale,* t. I, p. 80), l'a décrite sous le nom de *Lanius borealis,* dans la *Faune française,* p. 150.

99 — PIE-GRIÈCHE D'ITALIE — *LANIUS MINOR*
Gmel.

Dos cendré ; un grand miroir blanc sur l'aile ; deuxième rémige beaucoup plus longue que la cinquième ; queue médiocre, presque carrée au milieu, avec la penne la plus latérale entièrement blanche ; poitrine rose chez les adultes ; point de trait blanc sur l'œil.

Taille : 0ᵐ,22.

Lanius minor, Gmel. *S. N.* (1788), t. I, p. 308.
Lanius italicus, Lath. *Ind.* (1790), t. I, p. 71.
Lanius vigl, Pall. *Zoogr.* (1811-1831), t. I, p. 403.
Enneoctonus italicus, Bp. *Rev. zool.* (1853), p. 438.
Buff. *Pl. enl.* 32, f. 1.

Mâle : D'un gris cendré sur la tête, le cou, le corps et les sus-caudales ; front, joues, région parotique d'un noir profond ; gorge et sous-caudales blanches ; poitrine, abdomen et flancs d'un blanc lavé de rose, surtout sur ces derniers ; ailes noires, avec une grande tache blanche ou miroir sur les pennes primaires ; queue avec les pennes médianes entièrement noires ; les autres terminées de plus ou moins de blanc, cette dernière couleur augmentant à mesure que l'on s'éloigne du centre, de sorte que les deux rectrices les plus externes sont entièrement blanches ; bec et pieds noirs ; iris brun-grisâtre.

Femelle : Couleurs plus ternes ; le noir des joues moins étendu ; celui du front remplacé par du brun ; presque pas de rose sur les parties inférieures.

Jeunes avant la première mue : Dessus de la tête, du cou, du corps et sus-caudales d'un cendré terne, plus ou moins lavé de roussâtre et ondulé transversalement de brun ; parties inférieures d'un blanc sale, légèrement lavé de roussâtre et de cendré sur les flancs ; bas-ventre et sous-caudales d'un blanc pur ; une bande noire sur les yeux et les oreilles; ailes noires, avec les couvertures supérieures bordées de roussâtre cendré, et les rémiges secondaires, les plus rapprochées du corps, terminées de blanc roussâtre; les autres et les primaires terminées de blanc; rectrices noires, les quatre médianes terminées de roussâtre; les deux plus externes, en partie, entièrement blanches.

Nota. Les deux sexes, après la mue d'automne, n'auraient pas, suivant Temminck, de noir au front; cette couleur serait remplacée par du cendré; ce ne serait qu'au printemps que le noir paraîtrait; alors, aussi, le rose serait plus vif.

Cette espèce habite l'Espagne, l'Italie, la Turquie, la France. En été, elle est assez commune dans le nord de l'Allemagne.

Elle est très-répandue, au printemps et en été, dans la Provence, le Languedoc, et se montre, à la même époque, dans nos départements septentrionaux.

Elle se reproduit dans beaucoup de localités du midi et du nord de la France; niche sur les arbres élevés ou dans les buissons, et, selon la contrée où elle se trouve, construit un nid avec des herbes et des plantes odoriférantes. Dans la Provence, il est excessivement rare de ne pas trouver dans la charpente extérieure du nid de cet oiseau des tiges, en plus ou moins grande quantité, de l'immortelle sauvage. Sa ponte est de cinq à six œufs obtus, le plus ordinairement verdâtres, quelquefois grisâtres ou légèrement bleuâtres, avec des taches d'un gris violet et d'autres taches olivâtres, plus nombreuses au gros bout. Ils mesurent :

Grand diam. 0^m,025; petit diam. 0^m,017.

Cette espèce, qui ne vient dans nos contrées que pour se reproduire, vit, comme la Pie-Grièche grise, dans les bois de haute futaie, dans les champs cultivés, où se trouvent de grands arbres, et a les mêmes mœurs, les mêmes habitudes.

100 — PIE-GRIÈCHE ROUSSE — *LANIUS RUFUS*
Briss.

(Type du genre *Phoneus*, Kaup.)

Dos noir ou brun; dessus de la tête roux; bas du dos cendré; un miroir blanc sur l'aile; scapulaires blanches; deuxième rémige plus longue que la sixième; queue moyenne, légèrement arrondie; avec les quatre pennes les plus latérales blanches et tachetées de noir vers le bout.

Taille : 0^m,19 *environ.*

Lanius rufus, Briss. *Ornith.* (1760), t. II, p. 147.
Lanius pomeranus, Gmel. *S. N.* (1783), t. I, p. 302.
Lanius rutilus, Lath. *Ind.* (1790), t. I, p. 70.
Lanius ruficeps, Retzius in : Bechst. *Nat. Deuts.* (1803), t. II, p. 1327.
Lanius melanotis, Brehm, *Handb. Nat. Vög. Deuts.* (1831), p. 238.
Phoneus rufus, Kaup, *Nat. Syst.* (1829), p. 33.
Enneoctonus rufus, Bp. *B. of Eur.* (1838), p. 26.
Buff. *Pl. enl.* 9, f. 2, *mâle*, et 31, f. 1, *jeune*, sous le nom de *Pie-Grièche rousse de France, femelle.*

Mâle : Vertex et nuque d'un roux ardent ; haut du dos d'un noir profond ; bas du dos d'un cendré foncé ; scapulaires et sus-caudales blanches ; parties inférieures également blanches, lavées de roussâtre à la poitrine, sur les flancs et les sous-caudales ; front, une bande large sur les joues et les côtés du cou, d'un noir pur ; un peu de blanc roussâtre au-devant des yeux et derrière les narines ; ailes semblables au dos, avec un miroir blanc sur les rémiges primaires ; les deux rectrices médianes entièrement noires ; les suivantes également noires, mais plus ou moins blanches à leur origine et terminées par un liséré de cette couleur ; les deux externes, qui sont beaucoup plus courtes que les autres, blanches, avec une teinte noire sur les barbes internes ; bec et pieds noirs ; iris brun clair.

Femelle : Vertex et nuque d'un roux vif ; dos brun, légèrement sali de roussâtre ; croupion et sus-caudales d'un cendré blanc-jaunâtre ; scapulaires blanches ; parties inférieures comme dans le mâle ; front et espace devant les yeux blanchâtres ; couvertures alaires brunes, bordées de gris roussâtre en dehors ; rectrices médianes brunes, au lieu d'être noires.

Jeunes de l'année : Parties supérieures variées de brun, de roux et de cendré, avec des lunules plus prononcées sur les sus-caudales et les ailes ; parties inférieures d'un blanc sale, avec des croissants roussâtres ou brunâtres à la poitrine et sur les flancs ; rémiges brunes, bordées et terminées de roussâtre et de blanc terne ; queue brunâtre, terminée de blanchâtre ; les deux pennes les plus externes bordées aussi de blanchâtre, les autres de roussâtre ; bec et pieds moins bruns que dans les adultes.

Les mâles, à cet âge, ont les teintes plus foncées que les femelles.

La Pie-Grièche rousse habite l'Europe et toute la France tempérée et méridionale. Elle est commune en Lorraine, aux environs de Montpellier, dans la Provence, les Basses et Hautes-Pyrénées, et n'est pas rare aux environs de Lille, où elle se reproduit dans les petits bois.

Il paraît qu'on la trouve aussi dans le nord de l'Afrique, soit qu'elle y vive sédentairement, soit qu'elle pousse ses migrations jusque dans cette partie du monde.

Elle niche sur les arbres, quelquefois dans les buissons, et, comme la Pie-Grièche d'Italie, construit son nid avec des plantes odoriférantes. Sa ponte est de six œufs d'un blanc sale, quelquefois d'un blanc grisâtre ou bleuâtre, ou roussâtre, avec des taches brunes ou olivâtres vers le gros bout; ces taches y forment parfois une sorte de couronne. Ils mesurent :

Grand diam. 0^m,025; petit diam. 0^m,016 à 0^m,017.

La Pie-Grièche rousse fréquente peu l'intérieur des grands bois ; elle se tient sur leurs lisières et vit de préférence sur les coteaux boisés, dans les taillis et les vergers. Elle pousse très-loin le talent de l'imitation, et s'approprie le chant ou les cris des oiseaux qui habitent le même canton qu'elle. Lorsque les petits peuvent voler, ils accompagnent le père et la mère et vivent en famille.

L'hiver, on ne la voit pas en France; elle y arrive au printemps, et en repart au commencement de l'automne.

101 — PIE-GRIÈCHE MASQUÉE — *LANIUS NUBICUS*
Licht.

(Type du genre *Leucometopon*, Bp.)

Dos noir ; un miroir blanc sur l'aile ; deuxième rémige plus longue que la sixième ; queue longue et étagée, avec la penne la plus latérale blanche et sa tige noire, la suivante également blanche, la baguette et la bordure des barbes internes noires.

Taille : 0^m,19.

Lanius nubicus, Licht. *Doubl. des zool. Mus.* (1823), p. 47.
Lanius personatus, Schleg. *Rev. crit.*(1844), p. 21.
Lanius leucometoion, Von der Mühle (1844), p. 78.
Leucometopon nubices, Bp. *Rev. zool.* (1853), p. 438.
Temm. et Laug. *Pl. col.* 256, t. II.

Mâle : Parties supérieures de la tête, du cou, du corps et sus-caudales noires, avec le front et les scapulaires blancs ; parties inférieures fauves, surtout les flancs ; gorge et sous-caudales presque blanches ; ailes pareilles au dos, avec un miroir blanc, les petites couvertures et les rémiges bordées et terminées de blanc ; rectrices noires, excepté les plus latérales, de chaque côté, qui sont blanches et ont leur tige noire ; bec et pieds d'un brun noir.

Femelle : Teintes moins noires en dessus, moins rousses sur les flancs, avec le front d'un blanc roussâtre, les rémiges bordées de gris et les pieds d'un brun de corne.

Jeunes avant la première mue : Parties supérieures brunes, avec les plumes bordées de blanchâtre; parties inférieures blanches, variées de lignes brunes, disposées transversalement sous forme de croissants.

La Pie-Grièche masquée habite la Grèce, la Nubie, l'Arabie, l'Abyssinie et l'Égypte.

Elle niche dans les broussailles des lieux incultes ou sur les oliviers; construit un nid circulaire, qu'elle compose extérieurement des feuilles tendres et lanugineuses de quelques labiées méridionales, et intérieurement de brins d'herbes et de pétales de fleurs. Sa ponte est de sept à huit œufs d'un gris verdâtre pâle, lavé de jaunâtre, avec des taches irrégulières, noirâtres, surchargées, au gros bout, d'autres taches d'un vert brun. Ils mesurent :

Grand diam. 0ᵐ,02; petit diam. 0ᵐ,012 à 0ᵐ,013.

Cette Pie-Grièche arrive en Grèce vers la fin d'avril ou au commencement de mai, et en repart, avec ses jeunes, vers la fin d'août; elle se tient dans les vastes et longues vallées. Son chant est très-agréable et ressemble beaucoup à celui de la Pie-Grièche rousse.

102 — PIE-GRIÈCHE ÉCORCHEUR — *LANIUS COLLURIO*
Linn.

(Type du genre *Enneoctonus*, Boie; *Collurio*, Kaup.)

Dos roux-marron; tête et bas du dos cendrés; pas de miroir sur l'aile; deuxième rémige plus longue que la cinquième; queue presque carrée, avec les quatre pennes les plus latérales noires dans leur tiers inférieur.

Taille : 0ᵐ,17.

LANIUS COLLURIO, Linn. *S. N.* (1766), t. I, p. 136.
LANIUS SPINITORQUUS, Bechst. *Nat. Deuts.* (1805), t. II, p. 1335.
ENNEOCTONUS COLLURIO, Boie, *Isis* (1826), p. 973.
LANIUS DUMETORUM, Brehm, *Handb. Nat. Vög. Deuts.* (1831), p. 234.
Buff. *Pl. enl.* 31, fig. 2.

Mâle : Dessus de la tête, nuque, croupion et sus-caudales d'un cendré plus ou moins bleuâtre; dos et scapulaires d'un roux marron; parties inférieures blanches, lavées de rose roussâtre à la poitrine et sur les flancs; gorge, milieu de l'abdomen et sous-caudales blanches; rémiges bordées de roussâtre en dehors; les quatre rectrices médianes noires, avec les deux tiers antérieurs blancs et l'extrémité bordée de cette couleur; bec noir; pieds et iris bruns.

Femelle : D'un roux terne en dessus, avec un trait d'un blanc sale au-dessus de l'œil; une bande rousse derrière les yeux; dessus de la tête, nuque et croupion d'une nuance cendrée, parties inférieures d'un blanc plus ou moins pur, avec des lunules d'un brun roussâtre, nombreuses et prononcées à la poitrine et aux flancs; bec brunâtre, moins foncé à la base; pieds et iris comme chez le mâle.

Jeunes avant la première mue : Ils ressemblent aux femelles, mais ils en diffèrent sensiblement par des lunules brunes, qui existent sur le roux des parties supérieures, et par les pennes de la queue, qui sont terminées de blanchâtre.

La Pie-Grièche Écorcheur est répandue dans toute l'Europe. Elle est commune en France.

Elle niche sur les arbres épineux et très-souvent dans les buissons. Sa ponte est de cinq ou six œufs d'un blanc sale, tantôt bleuâtre ou grisâtre, tantôt roussâtre ou rougeâtre, le plus souvent jaunâtre, avec des points et des taches, les uns brun-rouge, les autres brun-olive. Il y a des variétés dont le fond est rose; dans quelques-unes, les taches sont d'un brun rouge assez vif. Généralement ces taches paraissent accumulées vers le gros bout, ou forment une zone vers le centre. Ces œufs mesurent :

Grand diam. 0ᵐ,023 à 0ᵐ,024; petit diam. 0ᵐ,016.

Cette Pie-Grièche, comme la précédente, préfère les bois-taillis aux gros bois, les lieux accidentés, et imite le chant ou les cris des oiseaux qui s'établissent dans son voisinage. Elle a, en outre, la singulière habitude d'embrocher aux épines de certains arbustes les insectes et les autres animaux dont elle fait sa proie, ce qui lui a valu, dans plusieurs endroits, le nom vulgaire d'*Embrocheur.*

GENRE LV

TÉLÉPHONE — *TELEPHONUS*, Swains.

THAMNOPHILUS, p. Vieill. *Orn. élém.* (1816).
POMATORHYNCHUS, p. Boie, *Isis* (1826).
TELEPHONUS, Swains. *Classif. of B.* (1837).
TCHAGRA, p. Less. *Ornith.* (1831).

Bec robuste, très-comprimé, avec quelques poils raides à la base, à arête convexe, à pointe crochue et échancrée; narines basales, arrondies, en partie cachées par les plumes frontales; ailes médiocres, sub-obtuses; queue longue et arrondie; tarses allongés; doigts longs, le pouce robuste, portant un ongle plus fort que les autres doigts.

Ce genre repose sur des espèces exotiques. Parmi elles, une seule visite l'Europe.

105—TÉLÉPHONE TSCHAGRA—*TELEPHONUS TSCHAGRA*
Bp. ex Le Vaillant.

Dos brun ; vertex noir ; couvertures alaires rousses ; point de miroir sur l'aile ; deuxième rémige plus courte que la septième ; queue allongée, très-étagée, toutes les pennes, les deux médianes exceptées, terminées par une grande tache blanche.

Taille : 0ᵐ,25 à 0ᵐ,26.

POMATORHYNCHUS TSCHAGRA, Boie, *Isis* (1826), p. 973.
TELEPHONUS ERYTHROPTERUS, Swains. — *Classif. of Birds* (1837), t. II, p. 219.
LANIUS CUCULATUS, Temm. *Man.* (1840), 4ᵉ part. p. 600.
LANIUS TSCHAGRA, Schleg. *Rev. crit.* (1844), p. 21.
TELEPHONUS TSCHAGRA, Bp. *Cat. Parzud.* (1856), p. 8.
Le Vaill. *Ois. d'Afr.* pl. 70, sous le nom de *Tschagra*.

Adultes : Sommet de la tête et un trait à travers les yeux, noirs ; une bande roussâtre, partant des narines, passe au-dessus de l'œil et s'étend jusqu'à l'occiput où elle se confond avec celle du côté opposé ; dos, dessus et côtés du cou d'un brun gris-roussâtre, un peu cendré vers le croupion ; dessous du corps d'un gris bleuâtre, tirant sur le blanc à la gorge et au milieu du ventre ; ailes d'un roux vif, avec quelques grandes couvertures brunes ; toutes les pennes de la queue, excepté les deux médianes, noires et terminées de blanc ; celles-ci d'un brun roussâtre et coupées transversalement de brun plus foncé ; bec noir ; pieds gris de plomb sur les sujets montés.

Nota. Suivant Temminck, les sexes diffèrent seulement par les teintes du plumage.

Le Tschagra habite l'Afrique septentrionale et fait des apparitions dans l'Europe méridionale.

On l'a tué aussi dans les départements de l'ouest de la France, notamment en Bretagne.

Ses mœurs et son régime rappellent beaucoup ceux de nos Pies-Grièches, et il pond de cinq à sept œufs, fort analogues, par la forme, le volume et les couleurs, à ceux de la Pie-Grièche méridionale.

4º DÉODACTYLES CONIROSTRES — *DEODACTYLI CONIROSTRES*

A — CONIROSTRES LONGICONES — *CONIROSTRES LONGICONI*

FAMILLE XIV

STURNIDÉS — *STURNIDÆ*

Gregabii, p. Illig. *Prod. Syst.* (1811).
Leimonites, Vieill. *Orn. élem.* (1816).
Sturnidæ, Vig. *Gen. of B.* (1825).
Turdidæ, p. Schinz. *Eur. Faun.* (1840).

Bec droit, longicône, à pointe obtuse et un peu aplatie, quelquefois comprimé et un peu fléchi à son extrémité, à base formant un angle dans les plumes du front ; ailes allongées, queue variable, composée de douze pennes.

La famille des Sturnidés n'a pas de limites bien arrêtées. Pendant que les uns n'y comprennent que les Stournes, les Martins, les Étourneaux, les Pique-Bœufs ; d'autres, indépendamment de ces oiseaux, y rangent encore les Quiscales, les Carouges, les Troupiales, qui vivent par grandes troupes comme les espèces des groupes précédents, et dont le bec entame anguleusement et plus ou moins profondément les plumes du front. S'il y a divergence sur l'étendue à donner à la famille des Sturnidés, il y a généralement accord pour reconnaître que les divers groupes que nous venons de nommer constituent autant de sous-familles distinctes. La suivante a seule des représentants en Europe.

SOUS-FAMILLE XXII

STURNIENS — *STURNINÆ*

Bec médiocre à la base ; tête dépourvue de caroncules ; queue égale ou légèrement échancrée.

Cette sous-famille, pour quelques auteurs, n'est représentée en Europe que par le genre *Sturnus*. A l'exemple de M. G. R. Gray et de quelques autres méthodistes, nous y réunirons le genre *Pastor*, qui ne nous paraît pas devoir en être éloigné. Les Martins, en effet, par leur organisation et leurs mœurs, ont la plus grande analogie avec les Étourneaux.

GENRE LVI

ÉTOURNEAU — *STURNUS*, Linn.

Sturnus, Linn. *S. N.* (1766), et *Auct.*

Bec aussi long ou plus long que la tête, droit, conique, légèrement déprimé vers la pointe, entamant les plumes du front ; narines latérales, à demi fermées par une membrane ; ailes longues, sub-obtuses, à première rémige presque nulle ; queue moyenne, ample et légèrement échancrée ; tarses allongés, scutellés.

Les Étourneaux vivent d'insectes, de baies et quelquefois de grains. Ils s'assemblent, l'hiver, en grandes bandes, qui se mêlent alors à celles des Corneilles.

Le mâle et la femelle se ressemblent : cette dernière porte seulement un plus grand nombre de taches. Les jeunes, jusqu'à la première mue, ont un plumage différent de celui des adultes.

La mue est ordinaire en automne et ruptile au printemps ; aussi, dans cette dernière saison, le plumage est plus brillant.

Observation. — On reconnaît généralement deux espèces dans les Étourneaux d'Europe : le *Sturnus vulgaris* et le *Sturnus unicolor*. Nous croyons avec MM. Schlegel, de Keyserling et Blasius, de Sélys-Longchamps, etc., que le dernier ne représente qu'une race locale du *Sturnus vulgaris*. En d'autres termes, les deux espèces ne paraissent que des variétés l'une de l'autre.

104 — ÉTOURNEAU VULGAIRE — *STURNUS VULGARIS*
Linn.

Noir à reflets, plus ou moins parsemé de petites taches triangulaires à l'extrémité des plumes du corps, roussâtres en dessus, d'un blanc argenté en dessous.

Taille : 0^m,23.

Sturnus vulgaris, Linn. *S. N.* (1766), t. I, p. 290.
Sturnus varius, Mey. et Wolf. *Tasch. Deuts.* (1810), t. I, p. 208.
Buff. *Pl. enl.* 75 sous le nom de *Sansonnet* ou *Étourneau de France*.

Mâle au printemps : Plumage d'un noir lustré à reflets violets et verts, marqué plus ou moins, en dessus, de petits points triangulaires d'un blanc roussâtre, et de taches blanchâtres en dessous ; rémiges et

rectrices d'un brun noirâtre, bordées extérieurement de roussâtre ;
bec jaune, d'avril en juillet ; pieds couleur de chair ; iris brun-noisette.

Mâle en automne : Bec brun, avec la pointe jaunâtre ; plumage
terni, marqué d'un plus grand nombre de taches d'un blanc roussâtre ;
pieds brunâtres.

Femelle au printemps : Plus tachetée que le mâle, principalement
en dessous ; bec moins jaune que dans le mâle.

Jeunes avant la première mue : Plumage d'un brun cendré ou d'un
brun noirâtre, sans taches, un peu plus foncé en dessus qu'en dessous ; gorge et abdomen blanchâtres ; pieds bruns.

Avant de quitter le nid, les plumes des parties inférieures sont
flammées de brun au centre.

On peut, à cet âge, reconnaître les sexes : les mâles sont marqués,
sous la langue, vers la pointe, d'un trait longitudinal noirâtre.

Après la mue, les jeunes et les vieux se ressemblent ; ils ont les
taches des parties supérieures plus étendues, d'un roux plus clair et les
parties inférieures blanches ; les rémiges et les rectrices bordées de
roux en dehors ; le bec bleuâtre et les pieds brunâtres.

Les vieilles et les jeunes femelles ont des taches plus nombreuses,
plus rapprochées et lunulées.

Variétés accidentelles : En captivité, le plumage de cet oiseau est
susceptible de varier. En liberté, les variétés qui se produisent sont
quelquefois remarquables. On rencontre des individus du blanc le plus
pur ; d'autres sont jaunes ou jaunâtres ; il en est dont le plumage, entièrement d'un cendré clair, est varié de nombreuses taches d'un cendré
plus foncé, occupant le centre de chaque plume.

L'Étourneau habite l'Europe et l'Afrique septentrionale, est très-commun
dans le nord de la France, en Belgique et en Hollande.

Il niche dans les trous des arbres, des clochers, sous les toitures des maisons,
dans les fentes des vieilles murailles ; beaucoup nichent dans les trous des édifices élevés de Lille. Sa ponte est de quatre à sept œufs d'un bleu pâle un peu
verdâtre, sans aucune tache. Ils mesurent :

Grand diam. 0^m,027 à 0^m,028 ; petit diam. 0^m,02.

L'Étourneau se tient de préférence dans les lieux humides, les prairies, les
marais ; il se plaît au milieu du bétail, dans la fiente duquel il trouve de quoi
se nourrir. En hiver, on le voit en grandes troupes sur les crêtes des fossés,
ou au milieu des bandes de Corneilles et de Choucas. Dans aucun pays, il ne
paraît, en été, plus nombreux qu'en Hollande.

C'est un oiseau recherché par les amateurs, à cause de l'aptitude qu'il a à parler et à siffler les airs qu'il entend, et de la facilité avec laquelle il s'apprivoise.

Sa chair est coriace et a un goût amer, aussi n'est-elle pas estimée.

A — ÉTOURNEAU UNICOLORE — *STURNUS UNICOLOR*
De la Marmora

Noir à reflets, avec ou sans taches; les plumes des parties inférieures très-longues, effilées et pendantes au bas du côu.

Taille : 0^m,23 ou 0^m,24.

STURNUS UNICOLOR, de la Marmora, *Mem. della Acad. R. di Tor.* (1819).
STURNUS VULGARIS UNICOLOR, Schleg. *Rev. crit.* (1844), p. 57.
Vieill. *Gal. des Ois.* pl. 91.
Gould, *Birds of Eur.* pl. 211.

Mâle : Tout le plumage d'un noir lustré, avec des reflets pourpres, moins brillants dessous que dessus; plumes du vertex et du jabot longues et effilées; bec jaune à sa pointe, noirâtre à sa base; pieds d'un brun jaunâtre; iris brun foncé.

Femelle : Pareille au mâle, mais avec des reflets moins éclatants, et les plumes du dessus de la tête et du devant du cou moins effilées.

Jeunes avant la première mue : D'un brun plus foncé que chez les jeunes de l'Étourneau vulgaire.

Après la mue : Les plumes sont légèrement tachetées de blanchâtre jusqu'au printemps suivant; alors, les taches disparaissant, ils ressemblent aux adultes.

L'Étourneau unicolore habite la Sardaigne et la Sicile.

Il niche dans les trous des arbres, des clochers et des vieux édifices. Sa ponte est de quatre à six œufs de la même forme et de la même couleur que ceux de l'espèce précédente, mais généralement un peu plus petits. Ils mesurent :
Grand diam. 0^m,025; petit diam. 0^m,018.

L'Étourneau unicolore a les mœurs et le genre de vie de l'Étourneau vulgaire. Il se réunit, comme lui, l'hiver, et forme alors des bandes considérables. L'un et l'autre vivent, l'été, dans les mêmes localités, sans toutefois s'accoupler ensemble.

GENRE LVII

MARTIN — *PASTOR*, Temm.

TURDUS, p. Linn. *S. N.* (1766).
NEBULA, p. Briss. *Ornith.* (1760).

STURNUS, Scop. *An. 1. Hist. Nat.* (1769).
PASTOR, Temm. *Man.* (1815).
PSAROÏDES, Vieill. *Orn. élém.* (1816).
ACRIDOTHERES, Ranz. *Elem. di zool.* (1819).
BOSEIS, Brehm, *Isis* (1828).

Bec en cône allongé, droit, comprimé, courbé vers la pointe, qui est légèrement fléchié et échancrée; mandibule supérieure formant un angle aigu dans les plumes du front ; narines basales, ovoïdes, à moitié fermées par une membrane couverte de petites plumes ; ailes assez longues, aiguës, à première rémige presque nulle, la deuxième atteignant presque le bout de la queue, qui est carrée ; tarses allongés, annelés ; doigt externe soudé à la base avec le médian ; ongle du pouce aigu et courbé ; tête ornée d'une huppe retombant en arrière, chez les adultes ; tour des yeux emplumé.

Les Martins habitent les pays chauds, surtout ceux où les sauterelles et d'autres insectes sont abondants.

Le mâle et la femelle se ressemblent dans notre espèce ; cette dernière ne diffère sensiblement que par une huppe moins longue. Les jeunes ont un plumage qui leur est propre. Leur mue est simple.

Observation. — Le genre Martin est mieux placé dans la famille des *Sturnidés* que dans celle des Merles. L'espèce d'Europe, qui en fait partie, n'a ni la conformation ni les mœurs de ces derniers. Elle ne diffère pour ainsi dire pas des Étourneaux ; aussi quelques ornithologistes ne l'en ont-ils pas séparée génériquement.

105 — MARTIN ROSELIN — *PASTOR ROSEUS*
Temm. ex Linn.

Tête, cou, ailes et queue noires ou noirâtres, le reste du corps plus ou moins rose ; plumes effilées tombant en huppe sur la nuque (adultes) ; plumage brun clair ; nuque dépourvue de huppe (jeunes).

Taille : 0ᵐ,223 à 0ᵐ,224.

TURDUS ROSEUS, Linn. *S. N.* (1766), t. 1, p. 294.
MERULA ROSEA, Briss. *Ornith.* (1760), t. II, p. 250.
STURNUS ROSEUS, Scop. *An. 1. Hist. nat.* (1769), p. 191.
TURDUS SELEUCIS, Gmel. *S. N.* (1788), t. I, p. 837.
PASTOR ROSEUS, Temm. *Man.* (1815), p. 83.
ACRIDOTHERES ROSEUS, Ranz. *Elem. di Orn.* (1823), t. V, p. 177.

Boseis rosea, Brehm, *Handb. Nat. Vög. Deuts.* (1831), p. 401.
Buff. *Pl. enl.* 251, sous le nom de *Merle couleur de rose de Bourgogne.*

Mâle adulte : Tête, cou, haut de la poitrine d'un noir à reflets violets ; dos, croupion, sus-caudales, abdomen d'un rose tendre ; bas du ventre et jambes noirs ; sus-caudales noires, bordées et terminées de blanchâtre ; ailes d'un brun à reflets verts ; queue brune à reflets verdâtres, bec d'un jaune rose en dessus, avec la moitié postérieure de la mandibule supérieure noire ; pieds jaunâtres ; iris noirâtre.

Femelle : Huppe plus courte, couleurs du plumage moins vives ; pennes alaires et caudales à reflets presque nuls.

Jeunes avant la première mue : Point de huppe ; d'un brun isabelle en dessus et en dessous, avec la gorge, le milieu de l'abdomen d'un gris blanchâtre ; plumes alaires et caudales brunes, frangées de blanc et de cendré ; bec brunâtre clair, plus foncé à la pointe en dessus, jaune en dessous, pieds d'un brun rougeâtre ; iris brun foncé.

Jeunes après la première mue : Huppe apparente, tête et cou noirâtres, avec les plumes bordées de cendré ; dos, croupion, sus-caudales, bas de la poitrine et flancs d'un blanc rous-âtre, avec des plumes roses et largement bordées de cendré ; milieu de l'abdomen d'un blanc pur ; sous-caudales brunes, bordées de cendré ou de roussâtre ; pennes alaires et caudales noirâtres, à reflets plus ou moins vifs et frangées de cendré tirant sur l'isabelle ; bec jaune à sa base, le reste d'un brun rougeâtre.

Jeunes après la deuxième mue : Ils ont le même plumage que les adultes. Leurs teintes sont toujours plus pures et plus brillantes en été qu'en hiver.

Le Martin Roselin habite les contrées chaudes de l'Afrique et de l'Asie. Il est très-répandu dans toute la région du Caucase. M. Nordmann l'a trouvé dans toutes les prairies de l'Abasie, de la Mingrélie, de l'Imérétie et du Ghouriel.

Il est de passage irrégulier dans le midi de l'Europe et de la France, quelquefois dans le nord de cet état, en Belgique, en Angleterre et en Suisse.

C'est dans les trous des arbres, les crevasses des murs et des rochers, dans les endroits paisibles que niche le Martin Roselin. D'après M. Baldamus (*in Litter.*), il s'est reproduit, il y a quelques années, dans les steppes de la Hongrie centrale et méridionale. Son nid n'est pas très-artistement construit, et plusieurs individus nichent à côté les uns des autres. La ponte est de cinq à sept œufs, à coquille mince et d'un bleu verdâtre très-pâle. Ils ressemblent beaucoup à ceux du *Sturnus vulgaris* et mesurent :

Grand diam. 0^m,024 à 0^m,025 ; petit diam. 0^m,018 à 0^m,019.

D'après Savi, plusieurs paires ont niché en Italie en 1789. En 1807, une femelle, dont l'oviducte portait un œuf prêt à être pondu, fut tuée près de Winterthur (Suisse).

Le Martin Roselin se nourrit de sauterelles et d'autres insectes, dont il fait une immense consommation. Il rend, sous ce rapport, les plus grands services à l'agriculture. Il est essentiellement voyageur ; ses migrations se font toujours en grandes troupes. On en vit beaucoup dans le midi de la France, au printemps, en 1837 et en 1838 ; ils séjournèrent pendant un mois aux environs de Nimes. M. Crespon, à qui nous empruntons ces renseignements, était sûr d'en trouver chaque matin dans les luzernes, chassant les sauterelles, ou bien posés sur de grands saules. Ceux, pris aux filets, qu'il conserva en volière, étaient d'un naturel gai, pétulant, et devinrent très-familiers. Un d'eux parvint à prononcer quelques mots qu'on lui répétait souvent. Il chantait du matin au soir, en toute saison.

M. Nordmann, à qui l'on doit un excellent mémoire sur cet oiseau (*Cat. raisonné des Ois. de la Faune pontique*, p. 507), assure qu'il niche en grand nombre dans les provinces méridionales de la Russie, sans toutefois qu'il ait pu encore découvrir un nid ; mais, à la mi juin, il voit arriver dans le jardin botanique d'Odessa, des jeunes, au nombre de cinq ou six, qui suivent leur mère et en reçoivent la becquée.

Les Martins Roselins vivent par couples, l'été. Le mâle et la femelle de chaque couple sont alors constamment l'un près de l'autre, soit à terre, soit sur les arbres. En d'autres temps, ces oiseaux se réunissent en troupes et forment de grandes volées très-serrées. Descendus dans une prairie, ils se dispersent aussitôt dans toutes les directions pour chercher leur nourriture, à la manière des Étourneaux.

D — CONIROSTRES BRÉVICONES — *CONIROSTRES BREVICONI*

FAMILLE XV

FRINGILLIDÉS — *FRINGILLIDÆ*

CRASSIROSTRES, Linn. *S. N.* (1766).
CONIROSTRES, p. Duméril, *Zool. anal.* (1806).
PASSERINI, Mey. et Wolf, *Ornith. Tasch.* (1810).
GRANIVORI, Vieill. *Ornith. élém.* (1816).
FRINGILLIDÆ, Vig. *Gen. of B.* (1825).
FRINGILLES, Less. *Ornith.* (1831).
FRINGILLOÏDES, Schleg. *Rev. crit.* (1844).

Bec court, conique, épais, à mandibules rectilignes ou se

cioisant, à bords perpendiculaires ou rentrants; ailes moyennes;
queue variable ; pieds médiocres, courts; tarses nus, annelés.

Cette famille, qui répond à peu près à la sixième classe du *Systema naturæ*
(édit. de 1766), et dans laquelle on fait entrer la plupart des oiseaux à bec conique et court, est la plus nombreuse, la plus variée et la moins naturelle. Ce
qui paraît lier les diverses espèces entre elles, c'est qu'elles sont granivores ou
séminivores, et, encore, ce régime n'est-il pas exclusif pour toutes; car il en
est qui sont autant insectivores que granivores. Quant aux mœurs, aux habitudes, au mode de nidification, rien n'est plus disparate. Les unes vivent toujours dans un certain isolement; les autres ont l'instinct d'association excessivement développé, s'attroupent par bandes et se rapprochent même pour nicher. Celles-ci ont un vol précipité; celles-là, un vol lent et onduleux; il en
est qui nichent près de terre ou même à terre; d'autres ne construisent leur
nid que sur les arbres ou les arbustes, les unes négligemment, les autres avec
beaucoup d'art. La même disparité existant sous le rapport des caractères
physiques, les Fringillidés ont dû nécessairement être subdivisés. Les sous-
familles que nous admettons, sauf celle des Fringilliens, qui pourrait encore
être modifiée, nous paraissent grouper assez convenablement les espèces selon
leurs affinités.

SOUS-FAMILLE XXIII

PLOCÉPASSÉRIENS — *PLOCEPASSERINÆ*

*Bec robuste, un peu bombé, légèrement renflé vers la pointe, à
arête convexe, à base moins large que la tête.*

Cette division, dont il est difficile d'indiquer nettement les caractères propres, est cependant une des plus heureuses qui aient été créées dans la nombreuse famille des Fringillidés.
Les Moineaux, sur lesquels elle est principalement fondée, sont loin d'être
des Fringilliens, comme on l'admet généralement encore. M. de la Fresnaye
avait depuis longtemps fait remarquer (*Rev. et Mag. de zool* 1850, t. II, p. 315),
qu'ils ont complétement les habitudes, le mode de nidification, l'instinct d'association, et même les couleurs de certains Tisserins, et avait été conduit à les
ranger parmi les *Ploceinæ*. M. O. des Murs, dans un excellent travail qu'il a
publié en 1860 (*Rev et Mag. de zool.* t. XII, p. 20), a démontré que l'affinité des
Moineaux et des Tisserins se poursuit même dans les œufs, et a conclu à leur
rapprochement, comme l'avait fait M. de la Fresnaye. Pour lui, les Moineaux
et le genre *Plocepasser*, fondé sur des espèces africaines, forment dans la famille des Plocéidés la division des Plocépassériens, que nous adoptons sans

hésiter, mais en la rapportant provisoirement aux Fringillidés. Nous disons : provisoirement, parce qu'il pourrait se faire que les Plocépassériens n'appartinssent réellement pas à cette famille. En effet, toutes les espèces européennes qui en font partie, apportent, en naissant, un caractère qui fait absolument défaut au genre *Passer* : elles éclosent ayant la tête, les épaules, le dos ornés de touffes plus ou moins épaisses de plumes duveteuses, tandis que les Moineaux naissent complétement nus. Or, s'il était démontré que les Plocéidés, lorsqu'ils viennent d'éclore, n'ont pas de duvet sur le corps, il est évident que c'est parmi eux et non parmi les Fringillidés, qu'il conviendrait de placer les Plocépassériens : c'est un point à élucider. En attendant, le caractère que nous signalons ici et sur lequel nous appelons, pour d'autres cas, les études des ornithologistes, justifie pleinement, à notre avis, la division établie par M. O. des Murs.

GENRE LVIII

MOINEAU — *PASSER*, Briss.

Fringilia, Linn. *S. N.* (1735).
Passer, Briss. *Ornith.* (1760).
Pyrgita, G. Cuv. *Règ. anim.* (1817).

Bec court, un peu bombé, incliné à la pointe, à bords de la mandibule supérieure rentrants, entaillés vers le bout, dans le premier âge et souvent même chez les adultes ; ailes et tarses médiocres; queue moyenne, échancrée.

Les Moineaux ont, en général, des formes ramassées, et ceux qui habitent l'Europe portent un plumage triste, qui varie suivant les sexes et l'âge.

Tous vivent de graines, qu'ils avalent entières ou qu'ils triturent, d'insectes, de chenilles dont ils nourrissent leurs petits, et, en hiver, de tout ce qu'ils trouvent. Ils sont très-féconds.

Malgré les services incontestables qu'ils rendent à l'agriculture en détruisant des chenilles, des insectes et toutes sortes de mauvaises graines, ils font une si grande consommation de céréales, qu'ils sont considérés comme des animaux nuisibles, et qu'on permet, dans certains départements, de les détruire en tout temps.

L'hiver, ils vivent en société et en très-grandes bandes; mais, tandis qu'une partie reste dans les environs du lieu natal, l'autre partie semble émigrer ou errer à l'aventure, en se mêlant à quelques autres espèces de la même famille. Ils ont un cri fort importun, qu'ils font entendre principalement lorsqu'ils sont rassemblés et qu'ils vont se livrer au repos; ils forment alors un concert des plus discordants.

Quoique peu farouches, ils sont défiants et rusés. Quand ils sont à terre, ils avancent, le plus ordinairement, à l'aide de petits sauts, et lorsqu'ils s'envolent, c'est bruyamment et tous à la fois. Leur vol est rapide, court, et rarement élevé

Leur mue est simple; le changement de plumage, au printemps, a lieu par l'usure des plumes et non par leur chute.

Ce genre, tel qu'il est établi, ne comprend, à une ou deux espèces près, que des oiseaux de l'ancien continent.

Observations. — 1° Le genre Moineau (*Passer*), déjà indiqué par les auteurs les plus anciens, tels que Gesner, Willughby, Aldrovande, Ray, etc., a été définitivement établi et caractérisé par Brisson. G. Cuvier, Lesson, et presque tous les ornithologistes de nos jours l'ont adopté; mais quelques-uns ont substitué à la dénomination ancienne de *Passer* celle de *Pyrgita*, proposée sans utilité par l'auteur du *Règne animal.*

2° Le prince Ch. Bonaparte, considérant que, chez certaines espèces, comme le *Passer domesticus*, la femelle porte un plumage différent de celui du mâle; tandis que chez le *Pass. montanus* les deux sexes se ressemblent, a établi sur ce seul fait un genre *Passer*, ayant pour type le Moineau domestique, et un genre *Pyrgita*, ayant pour type le Moineau Friquet. Pour être conséquent avec son principe, le prince Ch. Bonaparte aurait dû séparer, génériquement aussi, le *Lanius (Enneoctonus) rufus* du *Lan. collurio;* la *Curruca Orphea* et surtout la *Curr. Ruppellii* de la *Curr. hortensis*, etc.; car les femelles des *Lan. rufus* et *Curr. hortensis* portent la livrée des mâles, comme la femelle du *Pass. montanus;* pendant que les femelles des *Curr. Ruppellii, Curr. Orphea* et *Lan. collurio* diffèrent des mâles comme chez le *Pass. domesticus.* Il est aisé de voir où conduirait un pareil principe, s'il était adopté et si l'on en faisait une application générale.

3° Si nous ne détachons pas les Friquets du genre *Passer*, auquel ils appartiennent sous tous les rapports, nous ne pouvons également en éloigner les Soulcies, surtout pour les classer génériquement, sous le nom de *Petronia*, entre les Pinsons et les Verdiers, dans une sous famille différente de celle qui renferme les Moineaux, comme l'a fait le prince Ch. Bonaparte dans les *Notices ornith. sur les collect. de M. Delâtre* (p. 19). Par leurs formes générales; par la façon dont ils volent; par leur mode de progression terrestre; par leurs cris, leurs piaulements, quand ils sont encore au nid; par leur régime, leur nidification, la forme et la couleur des œufs; par tout, enfin, ils s'éloignent autant des Verdiers et des Pinsons, qu'ils se rapprochent des Moineaux.

Rien ne peut donc faire séparer génériquement les Soulcies des Moineaux: à peine diffèrent-ils assez les uns des autres sous le rapport des dimensions de l'aile et des couleurs du plumage, pour autoriser les deux groupes que nous essayons de caractériser.

A. — Espèces dont les ailes, au repos, n'atteignent pas le milieu de la queue, qui est uniformément colorée, et dont la gorge est noire chez le mâle adulte.

106 — MOINEAU DOMESTIQUE — *PASSER DOMESTICUS*
Briss.

Dessus de la tête cendré ou brun ; une large bande transversale blanche ou blanchâtre sur l'aile ; flancs unicolores ; deuxième rémige plus longue que la cinquième, égalant presque la troisième, qui est la plus étendue de toutes.

Taille : 0^m,15.

Fringilla domestica, Linn. *S. N.* (1766), t. I, p. 323.
Passer domesticus, Briss. *Ornith.* (1760), t. III, p. 72.
Pyrgita domestica, Boïe, *Isis* (1822), p. 554.
Buff. *Pl. enl.* 6, f. 1, *mâle en été ;* et 55, f. 1, robe d'automne, donnée pour celle du *jeune.*

Mâle en été : Dessus de la tête d'un cendré bleuâtre ; derrière des yeux et partie supérieure du cou d'un marron pur ; dessus du corps de cette dernière couleur, avec des raies longitudinales noires ; croupion et sus-caudales cendrés ; lorums, gorge, devant du cou et haut de la poitrine d'un noir profond ; le reste de la poitrine, abdomen et sous-caudales d'un gris blanchâtre ; région parotique et côtés du cou blancs ; ailes traversées par une bande d'un blanc pur ; couvertures supérieures des ailes pareilles au manteau ; les rémiges brunes, lisérées, en dehors, de marron clair ; queue brune ; bec noir ; pieds rougeâtres ; iris brun-noisette.

Le même en hiver : Dessus de la tête varié de cendré et de brun rougeâtre ; dessus du corps moins roux, avec des taches moins noires ; régions parotiques et latérales du cou, parties inférieures du corps d'un cendré assez foncé, avec les plumes noires de la gorge, du cou et du haut de la poitrine fortement bordées de cendré ; bec livide ; pieds bruns.

Femelle : Dessus de la tête et du cou d'un brun cendré ; dessus du corps d'un cendré rougeâtre, tacheté longitudinalemen de noir ; gorge, côtés et devant du cou blanchâtres ; poitrine, abdomen d'un cendré roussâtre ; joues cendrées ; une bande de jaune d'ocre au-dessus et derrière les yeux ; une bande transversale de même couleur sur les ailes. En automne et en hiver les teintes sont moins pures.

Jeunes avant la première mue : Ils ressemblent à la femelle, mais ils ont la bande sourcilière d'un gris roussâtre ; la bande des ailes peu marquée ; le bec blanchâtre, avec le bord des commissures saillant et jaune. Après la mue, seulement, le plumage propre à chaque sexe se distingue.

Variétés : Aucun des oiseaux qui vivent près de nous, ne présente de plus fréquentes et de plus nombreuses variétés. Il en existe de blanches, de noires, d'isabelles, de rousses, de gris de lin, et de tapirées de blanc (Collect. Degland). Cette dernière et la variété blanche se produisent le plus fréquemment.

Le Moineau domestique est répandu dans une grande partie de l'Europe. Il est sédentaire et très-commun en France, même dans les villes.

Il niche partout où il se trouve et dans les conditions les plus diverses : sous les tuiles des maisons, dans les colombiers, dans les crevasses des murs, sur les rbres ; quelquefois même il s'empare des nids d'hirondelle (1). Son nid, négligemment fait lorsqu'il est placé dans un trou de muraille ou sur l'entablement des toitures, est construit, au contraire, avec beaucoup de soin et affecte une forme sphérique, lorsqu'il repose entre les branches d'un arbre. Le foin, la paille à l'extérieur, des plumes ou de la bourre à l'intérieur en sont les éléments principaux. Sa ponte est de cinq ou six œufs, quelquefois de sept, oblongs et si variables pour la couleur et le nombre des taches, qu'il est difficile de rencontrer deux nichées semblables. On en voit d'un blanc un peu grisâtre, d'un brun clair, d'autres sont azurés ou jaunâtres ; Moquin-Tandon en a trouvé plusieurs fois qui étaient d'un blanc pur, sans taches ; mais, sauf de rares exceptions, ils sont toujours plus ou moins couverts de stries et de petites taches oblongues, cendrées, grises, violettes ou brunes. Ils mesurent :

Grand diam. 0^m,02 ; petit diam. 0^m,014 ou 0^m,015.

L'histoire naturelle du Moineau domestique est parfaitement connue sous tous les rapports. On peut la résumer en disant que cet oiseau est un véritable parasite, qui vit en grande partie aux dépens de l'homme.

A — MOINEAU CISALPIN — *PASSER ITALIÆ*
Degl. et Vieill.

Dessus de la tête marron ou brun ; une large bande transversale

(1) Les Hirondelles, quoique sans armes défensives, ne laissent pas prendre leurs nids sans une vive opposition. Aidées de tous les individus de leur espèce qui habitent la localité et qui arrivent à leur cri d'alarme, elles cherchent, en voltigeant toutes ensemble autour du nid envahi, et en poussant des cris aigus, à épouvanter le ravisseur ; mais celui-ci ne s'en effraye point et n'abandonne pas facilement la place. Tapi dans son trou, il distribue de vigoureux coups de bec à celui des assaillants qui ose s'approcher de trop près. Enfin, fatiguées, découragées, les hirondelles finissent presque toujours par abandonner leur gîte au ravisseur. Toutefois, s'il faut en croire certaines relations, elles se seraient vengées plusieurs fois des Moineaux qui les avaient privées de leur nid, en venant toutes ensemble les y enfermer, en bouchant l'ouverture du nid au moyen d'une masse de terre gâchée. Ce dernier fait, qui est relaté par des auteurs très-sérieux, aurait besoin cependant d'être confirmé par de nouvelles observations. C'est dire, qu'en l'exposant, nous n'en garantissons pas l'authenticité.

d'un blanc pur ou roussâtre sur l'aile ; flancs unicolores ; mêmes proportions des rémiges que chez l'espèce précédente.

Taille : 0^m,15 *environ.*

FRINGILLA ITALIÆ, Vieill. *N. Dict.* (1818), t. XII, p. 199.
FRINGILLA CISALPINA , Temm. *Man.* (1820,, 2e édit. t. I, p. 351.
PYRGITA ITALICA, Ch. Bonap. *B. of Eur.* (1838), p. 31.
PASSER DOMESTICUS, Var. B. *Italicus*, Keys. et Blas. *Wirbelth.* (1840), p. 40.
PASSER DOMESTICUS CISALPINUS, Schleg. *Rev. crit.* (1844), p. 64.
PASSER ITALIÆ (1), Degl. *Ornith.* (1849), t. I, p. 207.
Vieill. *Gal. des ois.* pl. 63.
Roux, *Ornith. Prov.* pl. 82 *bis, mâle adulte* en été.
Gould, pl. 185, f. 2.

Mâle au printemps : Dessus de la tête, du cou et du corps d'un marron vif, avec des raies noires sur le dos ; sus-caudales brunes, bordées de cendré roussâtre ; gorge, devant du cou et haut de la poitrine d'un noir profond ; le reste des parties inférieures d'un blanc jaunâtre, lavé de cendré brunâtre sur les flancs ; lorums noirs, surmontés d'un petit trait blanc ; région parotique et côtés du cou d'un blanc pur ; petites couvertures alaires d'un roux marron vif ; les moyennes noirâtres terminées de blanc, qui forment, par le rapprochement des plumes, une bande transversale comme chez le Moineau domestique ; les grandes couvertures également noirâtres et largement bordées de fauve ; rémiges brunes, lisérées de roux en dehors ; queue brune ; bec noir ; pieds rougeâtres ; iris brun.

Le même en automne : Plumage plus terne ; la teinte marron de la tête et du cou légèrement lavée de cendré ; celle du dos remplacée par une teinte fauve ; plumes noires du cou et de la poitrine bordées de cendré ; dessous du corps avec une nuance cendrée plus brune ; région parotique et côtés du cou lavés de cendré foncé ; bande blanche de l'aile lavée de roussâtre ; pennes caudales lisérées de roussâtre.

Femelle : Semblable à la femelle du Moineau domestique ; mais elle a des teintes moins foncées ; le dessus de la tête et du cou d'un cendré brun clair ; la gorge et le devant du cou blanchâtres.

Jeunes avant la première mue : Ils ressemblent à la femelle ; mais les commissures du bec sont saillantes et jaunes comme chez les jeunes du Moineau domestique.

Variétés : Comme le précédent, il offre des variétés accidentelles.

(1) La première édition porte *Italicus* au lieu d'*Italiæ*, mais c'est là une faute d'impression, que l'*observation* 2e de la page 209, rectifiait.

M. A. Malherbe en a recueilli plusieurs dans les légations de Bologne
et en a vu une d'un blanchâtre uniforme, avec deux taches noires de
chaque côté du bec. Elle avait été prise aux filets, près de Catane.
M. Meslier de Rocan, de Metz, en a obtenu de complétement blanches.

On rencontre le Moineau cisalpin dans toute l'Italie et la Sicile, où il rem
place notre Moineau domestique. Il est de passage en septembre et en octobre
dans les départements méridionaux de la France. M. Nordmann en a trouvé
sur les côtes de l'Abasie, et M. Strickland près de Smyrne.

Comme notre Moineau, il établit son nid sous les toits des maisons, dans les
trous des murs, sur les arbres, et lui donne la même structure et la même
forme. Sa ponte est de quatre à six œufs, allongés, blanchâtres, couverts de
petites taches oblongues, bleuâtres ou brunes, et mesurant en moyenne :

Grand diam. 0ᵐ,02; petit diam. 0ᵐ,014.

Son histoire naturelle ne diffère pas de celle du Moineau domestique, dont il
a la voix et les allures.

Observation. — Vieillot est le premier qui, sous le nom de *Fringilla Italiæ*, ait fait connaître cette espèce ou race, qui lui avait été communiquée par
le professeur Bonelli. Temminck ne l'avait d'abord indiquée, dans la première
édition de son *Manuel* qu'à titre de race constante; il l'a admise comme espèce
dans la deuxième édition du même ouvrage. Mais Temminck, qui s'est élevé
tant de fois, et avec raison, contre l'abus et l'inconvénient de créer sans nécessité des noms nouveaux, n'aurait pas dû, dans cette circonstance, substituer
la dénomination spécifique : *Cisalpina*, à celle de : *Italiæ*, que Vieillot avait
proposée, et qui doit prévaloir.

B — MOINEAU ESPAGNOL — PASSER HISPANIOLENSIS
Degl. et Temm. (1).

*Dessus de la tête marron ; bande transversale de l'aile blanche
et noire ; flancs flamméchés de noir (mâle) ; deuxième rémige plus
longue que la cinquième, de très-peu plus courte que les troisième
et quatrième qui sont égales et les plus longues.*

Taille : 0ᵐ,15 environ.

Fᴿɪɴɢɪʟʟᴀ ʜɪsᴘᴀɴɪoʟᴇɴsɪs, Temm. *Man.* (1820), 2ᵉ édit. t. I, p. 353, et 3ᵉ part.
(1835), p. 257.
Fᴿɪɴɢɪʟʟᴀ sᴀʟɪcɪcoʟᴀ, Vieill. *Faune franç.* (1828), p. 417.
Pʏʀɢɪᴛᴀ Sᴀʟɪcᴀʀɪᴀ, Bp. *B. of Eur.* (1838), p. 31.
Pᴀssᴇʀ ᴅoᴍᴇsᴛɪcᴜs, Var. Y. *Salicarius*, Keys. et Blas. *Wirbelth.* (1840), p. 40.
Pᴀssᴇʀ sᴀʟɪcᴀʀɪᴜs, Schleg. *Rev. crit.* (1844), p. 64.
Pᴀssᴇʀ ʜɪsᴘᴀɴɪoʟᴇɴsɪs, Degl. *Ornith.* (1849), t. I, p. 209.

(1) Quelque défectueux que soit le nom *Hispaniolensis*, la loi de priorité impose l'obligation de le conserver.

Passer salicicola, Bp. *Cat. Parzud.* (1856), p. 3.
P. Roux, *Ornith. Prov.* pl. 84, *mâle adulte.*
Gould, *B. of Eur.* pl. 186, t. 1.

Mâle au printemps : Dessus de la tête et du cou d'un marron foncé ;
dessus du corps noir avec les bordures des plumes d'un cendré roussâtre ou blanchâtre et les sous-caudales d'un brun cendré ; gorge,
devant du cou et haut de la poitrine d'un noir profond ; milieu de
l'abdomen et sous-caudales d'un blanc pur ; flancs lavés de cendré et
marqués de taches longitudinales noires ; un trait au-dessus de l'œil,
région parotique et côtés du cou d'un beau blanc ; ailes avec une bande
transversale blanche et noire, occupant l'extrémité des moyennes couvertures ; petites couvertures d'un roux marron, les grandes largement bordées de cendré roussâtre ; queue brune, avec les pennes
lisérées, très-faiblement, de cendré ; bec noir ; pieds tirant sur le
rouge ; iris brun.

Mâle en automne : Il a les plumes noires du cou et de la poitrine
bordées de cendré, comme le Moineau domestique, et le blanc de la région parotique lavé de cendré.

Femelle : Tête, dessus du cou et du corps d'un gris brun, avec les
plumes du manteau et les pennes des ailes lisérées ou bordées de jaunâtre ; dessous du corps d'un blanc sale, avec de faibles taches brunâtres au devant du cou, à la poitrine, et des teintes cendrées et roussâtres sur les flancs ; bec brunâtre en dessus, jaunâtre en dessous.

Jeunes avant la première mue : Ils ressemblent à la femelle ; les
teintes sont seulement un peu plus pâles et les commissures du bec
sont saillantes et jaunes.

Le Moineau espagnol habite l'Espagne, la Sardaigne, la Sicile, l'Italie et le
nord de l'Afrique. Il est très-commun en Algérie. En automne, il est de passage régulier dans le midi de la France. Il se mêle, comme le Moineau cisalpin, aux Moineaux domestiques qui émigrent alors par grandes bandes, et voyage
avec eux.

Il niche, comme ces derniers, dans les trous de murs ou sur des arbres, fait
deux pontes, quelquefois trois, et pond généralement quatre œufs, semblables
à ceux du Moineau domestique pour la forme, la couleur du fond et celle des
taches. Ils mesurent :

Grand diam. 0^m,018 à 0^m,019 ; petit diam. 0^m.014.

Le docteur A. Labouysse, dans un opuscule intitulé : *Lettre sur les Oiseaux
de la partie littorale de la province de Constantine*, a donné sur cette race de
très-intéressants détails. Ses mœurs sont absolument celles du Moineau domestique.

107 — MOINEAU FRIQUET — *PASSER MONTANUS*
Briss.

(Type du genre *Pyrgita*, Bp.)

Dessus de la tête rouge-bai ; une tache noire sur l'oreille ; deux bandes transversales étroites et blanches sur l'aile ; deuxième rémige plus courte que la cinquième, les troisième et quatrième égales et les plus longues.

Taille : 0^m,13 *environ.*

FRINGILLA MONTANA, Linn. *S. N.* (1766), t. I, p. 324.
PASSER MONTANUS et CAMPESTRIS, Briss. *Ornith.* (1760), t. III, p. 82.
PASSER MONTANINA, Pall. *Zoogr.* (1811-1831), t. II, p. 30.
PYRGITA MONTANA, Boie, *Isis* (1822), p. 554.
Buff. *Pl. enl.* 267, f. 1, sous le nom de *Friquet.*

Mâle au printemps : Sommet de la tête, occiput et une partie de la nuque rouge-bai ; bas de la nuque, haut du dos et scapulaires roux-marron, tacheté longitudinalement de noir ; bas du dos, sus-caudales d'un cendré rougeâtre, ces dernières avec une teinte brune sur leur partie moyenne ; gorge, devant du cou, noirs ; dessous du corps blanchâtre, lavé de brunâtre sur les flancs et les sous-caudales ; région parotique et côtés du cou blancs ; lorums et une tache sur l'oreille, noirs ; une sorte de collier interrompu blanc, tacheté de noir, à la nuque ; ailes de la couleur du dos, avec deux bandes transversales blanches ; la première plus large et surmontée d'une ligne noire ; rémiges noirâtres, bordées de roux en dehors ; queue brune, très-faiblement lisérée de roussâtre ; bec noir ; pieds gris-roussâtre ; iris brun.

Mâle en automne : Plumes bordées de cendré. Ces bordures s'effacent en avançant en saison et n'existent plus au mois de mars.

Femelle : Moins foncée en couleur que le mâle ; noir du cou moins étendu, et collier blanc moins apparent.

Jeunes avant la première mue : Ils ressemblent à la femelle ; le roux des parties supérieures tire sur le grisâtre, et le noir du cou est moins étendu. Comme les jeunes sujets du *Passer domesticus*, ils ont les commissures du bec saillantes et jaunes.

Variétés : Le plumage du Friquet varie accidentellement : comme celui de ses congénères, il est ou complétement blanc, ou tapiré, ou de couleur isabelle.

Le Friquet est répandu dans toute l'Europe. Il est sédentaire et commun dans beaucoup de localités du nord, de l'ouest et du centre de la France, et il est de passage dans nos départements du sud.

Il niche dans les trous et sur les branches des arbres, dans les carrières, quelquefois dans les nids d'hirondelles. Sa ponte est de cinq à sept œufs, plus petits que ceux du Moineau domestique, et, comme eux, fort variables pour la couleur. Le plus ordinairement, ils sont gris ou d'un brun clair, avec de fines stries, plus ou moins nombreuses, d'un gris brun ou d'un brun violet. Ces stries sont quelquefois si multipliées, qu'elles couvrent entièrement le fond de la coquille. Celle-ci est un peu lustrée. Ils mesurent :

Grand diam. 0ᵐ,02 environ ; petit diam. 0ᵐ,014 ou 0ᵐ,015.

D'un naturel bien plus farouche que les précédentes espèces, celle-ci se tient de préférence dans les champs, sur la lisière des bois, dans les endroits plantés de saules. En hiver, il se mêle aux bandes de Moineaux domestiques, de Pinsons, de Bruants jaunes, et cherche avec eux sa nourriture, qui consiste en graines de toutes sortes, en insectes et en fruits.

B. — Espèces dont les ailes, au repos, s'étendent au delà du milieu de la queue, qui est tachée à son extrémité, et dont la gorge est toujours blanchâtre, chez les deux sexes, à tous les âges.

108 — MOINEAU SOULCIE — *PASSER PETRONIA*
Degl. ex Linn.

(Type du genre *Petronia*, Kaup.)

Une tache blanche et ronde à l'extrémité de chaque penne de la queue, les deux médianes exceptées ; une tache jaune au -devant du cou chez les adultes, deuxième rémige plus longue que la cinquième, la troisième la plus longue.

Taille : 0ᵐ,156.

FRINGILLA PETRONIA, Linn. *S. N.* (1766), t. I, p. 322.
PASSER SYLVESTRIS, Briss. *Ornith.* (1760), t. III, p. 88.
PETRONIA RUPESTRIS, Bp. *B. of Eur.* (1838), p. 30.
PASSER PETRONIA, Degl. *Ornith.* (1849), t. I, p. 213.
Buff. *Pl. enl.* 225, sous le nom de *Moineau de bois* ou *Soulcie.*

Mâle en été : Dessus de la tête et du cou d'un brun grisâtre, avec deux bandes latérales d'un brun foncé s'arrêtant vers la nuque ; dessus du corps d'un brun cendré clair, varié de taches longitudinales noirâtres et brunes, avec les bordures des plumes d'une teinte plus claire, et la plupart des

scapulaires terminées de blanchâtre ; croupion et sus-caudales d'un
cendré brun-jaunâtre, plus clair sur le bord des plumes ; gorge, bas
de la face antérieure du cou, poitrine, abdomen, d'un blanc terne
avec des taches grises et brunes, surtout aux flancs, et une tache de
jaune vif au milieu du cou ; sous-caudales d'un blanc terne, avec des
taches longitudinales brunes; côtés de la tête et du cou cendrés, avec
une bande blanc-roussâtre au-dessus des yeux, et une bande brune en
dessous ; ailes colorées comme le dessus du corps, avec les couvertures
terminées de gris roussâtre, les rémiges brunes et lisérées, en dehors,
de cette dernière couleur ; rectrices brunes, terminées, à l'exception
des deux médianes, par une tache blanche et ronde, située sur les
barbes internes; bec brun en dessus, jaunâtre en dessous ; pieds roussâtres ; iris brun.

Mâle en automne : Teintes générales plus rembrunies; des taches
noires plus larges et d'autres blanchâtres en dessus; les scapulaires,
les couvertures des ailes et les rémiges terminées de blanchâtre ; le dessous du corps, avec des taches longitudinales brunes plus larges et plus
foncées.

Femelle : Elle diffère peu du mâle ; a la tache jaune du cou moins
étendue, et toutes les teintes moins vives.

Jeunes avant la première mue : Ils ressemblent à la femelle ; mais
ils n'ont pas de tache jaune au-devant du cou.

Nota. Le plumage du Moineau Soulcie, dans l'un et l'autre sexe, a
des teintes toujours plus claires en été. Dans cette saison, les plumes
sont plus ou moins usées ; le brun a une nuance cendrée ; la poitrine et
l'abdomen sont plus blancs.

Les individus que l'on élève en cage perdent quelquefois la bande
sourcilière blanchâtre et la tache jaune du cou (Observat. Degland).

Le Moineau Soulcie habite les contrées méridionales de l'Europe.

Il est commun dans le midi de la France, en Anjou, dans les Hautes-Pyrénées, les Basses-Alpes, le Var, où il vit sédentaire, et se montre accidentellement de passage dans le Nord et en Lorraine. On le prend quelquefois dans
les environs de Paris. Une femelle a été capturée près de Lille, en octobre 1839.

Il niche dans les trous et les crevasses des vieux arbres. Son nid, comme
celui du Moineau domestique, est composé de foin, de paille, de beaucoup de
laine et surtout de plumes. Sa ponte est de cinq ou six œufs, oblongs, blanchâtres, roussâtres ou jaunâtres, avec des taches allongées, brunes, noirâtres
ou d'un gris violet, plus ou moins nombreuses, plus ou moins rapprochées,
et quelquefois disposées en couronne vers le gros bout. Ils mesurent :

Grand diam. 0^m,023 ou 0^m,024; petit diam. 0^m,015.

Autant le Moineau domestique recherche les cités populeuses, autant le Soulcie s'en éloigne. C'est tout au plus si on le rencontre dans le voisinage des fermes isolées.

Il vit au sein des pays montagneux et boisés, et descend l'hiver dans les plaines basses. Les réunions qu'il forme alors sont excessivement considérables. Son cri de rappel, qu'il fait entendre surtout en volant, a beaucoup d'analogie avec celui du Moineau Friquet, mais il est plus traînant, plus accentué, plus aigre, et le piaulement des jeunes encore au nid ressemble à s'y méprendre à celui des jeunes Moineaux domestiques. Son vol est rapide et bruyant comme celui de ses congénères, et lorsqu'il vole en compagnie un peu nombreuse, on voit tous les individus composant la bande, rapprochés et formant un peloton serré. Comme les autres Moineaux, il n'a pas de chant proprement dit; comme eux, au lieu de marcher, il sautille; enfin, comme eux aussi, il naît complétement nu.

SOUS-FAMILLE XXIV

PYRRHULIENS — *PYRRHULINÆ*

Bec très-bombé, également renflé partout, obtus, à mandibule supérieure dépassant l'inférieure et fortement infléchie à l'extrémité.

Cette division, qui correspond au genre *Pyrrhula* de Temminck, comprend les Bouvreuils et les Dur-becs.

GENRE LIX

BOUVREUIL — *PYRRHULA*, Briss.

Loxia, p. Linn. *S. N.* (1735).
Pyrrhula, Briss. *Ornith.* (1760).

Bec court, gros, très-bombé en tous sens, ou comprimé à la pointe de la mandibule supérieure, qui dépasse l'inférieure ; narines arrondies, cachées par les plumes frontales ; ailes courtes sub-aiguës ; queue ordinaire, échancrée ; tarses et doigts courts.

Ce genre, formé par Brisson aux dépens des *Loxiæ* de Linné, comprend des espèces dont les mœurs rappellent celles des Becs-croisés, et qui, par leurs caractères physiques, ont de grands rapports avec les Gros-Becs.

Les Bouvreuils habitent les climats froids et tempérés, se tiennent dans les forêts, les bois, les bosquets, et se nourrissent de graines dépouillées de leur péricarpe, de bourgeons de différents arbustes.

Leur mue est simple. Le mâle et la femelle ont un plumage distinct.

Ce genre, que nous limitons aux Bouvreuils proprement dits, c'est-à-dire aux espèces qui composaient la deuxième section du genre *Pyrrhula* dans la première édition (p. 185), est exclusivement asiatique et européen; mais il n'a en Europe qu'un seul représentant, auquel on donne une race.

109 — BOUVREUIL VULGAIRE — *PYRRHULA VULGARIS* Temm.

Croupion et ventre blancs; une bande transversale cendrée sur l'aile; première rémige égalant la cinquième et beaucoup plus courte que la quatrième; ailes longues de 0^m,084.

Taille : 0^m,16.

LOXIA PYRRHULA, Lath. *Ind.* (1790), t. I, p. 387.
PYRRHULA RUBICILLA, Pall. *Zoogr.* (1811-1831), t. II, p. 7.
PYRRHULA EUROPÆA, Vieill. *N. Dict.* (1816), t. IV, p. 286.
PYRRHULA VULGARIS, Temm. *Man.* (1820), t. I, p. 338.
Buff. *Pl. enl.* 145, f. 1, *mâle*; f. 2, *femelle.*

Mâle : Dessus de la tête, tour du bec, ailes, sous-caudales et queue d'un noir lustré à reflets violets ; parties supérieures du cou et du corps d'un cendré bleuâtre ; croupion blanc ; côtés et devant du cou, poitrine, abdomen, rouge de minium ; bas-ventre et sous-caudales d'un blanc pur ; ailes avec une bande transversale blanc-grisâtre ; pieds bruns ; bec et iris noirs.

Femelle : Comme le mâle en dessus ; gris-rougeâtre en dessous, avec moins de blanc au croupion, au ventre ; et le cendré du dos moins pur.

Jeunes avant la première mue : Ils ressemblent à la femelle ; mais ils ont la tête gris cendré, la gorge et la poitrine gris-roussâtre, l'abdomen fauve, et la bande transversale des ailes roussâtre.

Variétés : On cite des variétés noires, blanches, ou maculées de blanc et de noir. Les premières se produisent assez souvent en cage, et paraissent dues à l'usage trop exclusif du chènevis comme nourriture.

Le Bouvreuil habite les pays montagneux, principalement ceux du nord et du centre de l'Europe.

Il est de passage régulier dans les environs de Lille, en décembre et janvier, quelquefois en très-grandes bandes. A son retour, au printemps, il se montre en très-petit nombre.

Il se reproduit en Belgique, dans quelques cantons de nos départements du Nord, en Ardennes, en Anjou, en Bretagne, en Dauphiné, sur les Pyrénées, etc. Il niche dans les bois, sur les arbres ou dans les buissons; construit avec art un nid en forme de coupe, et le compose à l'extérieur de bûchettes, de brins d'herbe, de racines chevelues et d'un peu de crin en dedans. Sa ponte est de trois à cinq œufs, bleuâtres ou d'un blanc azuré un peu verdâtre, avec des taches brunes et violettes, qui forment souvent une couronne vers le gros bout. Ils mesurent :

Grand diam. 0^m,021 à 0^m,022; petit diam. 0^m,015 à 0^m,016.

Quoique essentiellement granivore, le Bouvreuil se nourrit, au printemps, de bourgeons d'arbres fruitiers.

Il vit très-bien en captivité, et l'on parvient même à l'accoupler avec le Serin.

A — BOUVREUIL PONCEAU — *PYRRHULA COCCINEA*
De Sélys.

Même disposition des couleurs, mêmes proportions des rémiges que chez l'espèce précédente ; ailes longues de 0^m,096.

Taille : 0^m,18.

LOXIA PYRRHULA, Linn. *S. N.* (1766), t. I, p. 300.
PYRRHULA MAJOR, Brehm, *Handb. Nat. Vög. Deuts.* (1831), p. 252.
PYRRHULA COCCINEA, de Sélys, *Faun. belge* (1842), p. 79.

Sous le rapport des couleurs et de leur distribution, ce Bouvreuil ne diffère absolument en rien du précédent.

Il habite l'Europe septentrionale et centrale, l'Asie septentrionale et orientale; vit sédentaire sur les Alpes françaises, et se montre de loin en loin dans le nord de la France.

Cet oiseau se reproduit dans les zones froides des Basses-Alpes. Il établit son nid sur les jeunes sapins, à 1 mètre ou 2 du sol, et fait deux pontes dans la saison : la première en juin, la seconde en août. Les œufs, au nombre de trois à cinq, sont semblables à ceux du Bouvreuil vulgaire pour la forme et la disposition des taches; ils sont seulement un peu plus forts et d'un blanc bleuâtre généralement un peu plus foncé.

Observations. — 1° Selon Vieillot, le grand et le petit Bouvreuil forment deux races distinctes qui habitent les mêmes contrées, mais font bande à part; c'est aussi l'opinion de M. de Sélys-Longchamps. Ce dernier fait est corroboré par l'observation suivante : En décembre 1830, un grand nombre de Bouvreuils ponceaux se montrèrent dans les environs de Lille. On n'en avait pas vu depuis quinze ans, et il n'en est plus venu depuis. Ces Bouvreuils voyageaient par troupes composées d'un petit nombre d'individus, et ne se mélaient point aux Bouvreuils vulgaires, qui ne se montrèrent pas, cette année, aussi communs qu'ils le sont ordinairement. Dans les Basses-Alpes, où le grand Bouvreuil se reproduit, l'abbé Caire a également constaté qu'il ne se mêle point aux bandes du Bouvreuil vulgaire.

2° Temminck dit que les prétendues espèces, grand et petit Bouvreuils, ne sont que des variétés dues à des causes locales et au plus ou moins d'abondance de nourriture au milieu de laquelle ces oiseaux ont vécu. On ne saurait nier que les climats n'exercent une certaine influence sur l'organisme des êtres vivants ; qu'une nourriture abondante, en donnant plus de développement aux muscles et aux tissus adipeux, ne puisse augmenter le volume d'un oiseau ; mais, pour le cas dont il s'agit, on ne peut invoquer l'action des agents extérieurs : la taille du Bouvreuil ponceau est constamment plus forte que celle du Bouvreuil vulgaire ; il y a différence dans la proportion de leurs rémiges, dans l'étendue de leur voix, et, de plus, il est certain que ces oiseaux font toujours bande à part.

GENRE LX

ÉRYTHROSPIZE — *ERYTHROSPIZA*, Bp.

Pyrrhula, Temm. (1835).
Erythrospiza, Bp. (1838).

Bec très-court, fort, bombé, à mandibules de même hauteur et à bords rentrants ; narines basales, cachées par les plumes du front ; ailes longues, sur-aiguës, queue courte, échancrée.

Ce genre ne renferme que trois espèces qui sont propres à l'Afrique et à l'Asie. L'une d'elles fait de rares apparitions dans l'Europe méridionale.

110 — ÉRYTHROSPIZE GITHAGINE
ERYTHROSPIZA GITHAGINEA
Bp. ex Temm.

D'un gris jaunâtre (mâle), ou d'un brun jaunâtre pâle (femelle) ; bec renflé comme celui du bouvreuil, d'un jaune orange ; pieds rougeâtres.

Taille : 0^m*,12 à 0*^m*,13.*

Fringilla githaginea, Licht. *Doub. des Zool. Mus.* (1823), p. 24.
Pyrrhula Payraudæi, Audouin, *Egy. explic. des pl.* (1825), t. XIII, p. 369.
Pyrrhula githaginea, Temm. *Man.* (1835), 3ᵉ part. p. 249.
Erythrospiza githaginea, Bp. *B. of Eur.* (1838), p. 34.
Temm. et Laug. *Pl. col.* 400, f. 1 (*mâle*) ; f. 2 (*femelle*).

Mâle : D'un cendré pur sur la tête ; d'un cendré brunâtre à la nuque, au dos et aux couvertures des ailes ; croupion, bordure externe des rémiges et des rectrices teintés de rose ; tour du bec, dos et parties inférieures d'un gris nuancé de rose ; bec, iris et pieds bruns.

Femelle : De couleur isabelle, avec une teinte brunâtre en dessus, blanchâtre au ventre, et une teinte rose seulement au croupion et à la bordure externe des pennes alaires et caudales ; bec et pieds comme chez le mâle.

Jeunes avant la première mue : Plumage plus rembruni que celui de la femelle adulte. Après la mue, le jeune mâle lui ressemble beaucoup ; mais il commence à offrir du rose au cou et autour du bec.

Cette espèce habite l'Afrique septentrionale, l'Asie occidentale, et visite l'Europe méridionale. Ses passages dans les îles de l'Archipel et en Italie, sans être annuels et réguliers, sont cependant assez fréquents.

Mœurs, régime et propagation inconnus.

GENRE LXI

ROSELIN — *CARPODACUS*, Kaup.

Bec médiocrement long, robuste, conique, à mandibule supérieure un peu arquée et légèrement comprimée à la pointe ; narines cachées par les plumes du front ; ailes arrondies, sub-obtuses ; queue moyenne, légèrement échancrée ; tarses médiocres.

PASSER, p. Pall. *Zoogr.* (1811-1831).
PYRRHULA, Temm. *Man.* (1820).
CARPODACUS, Kaup, *Nat. Syst.* (1829).
ERYTHROTHORAX, Brehm (1831).
ERYTHROSPIZA, Bp. *Distrib. met. degli An. vert.* (1832).

Les Roselins sont propres à l'hémisphère boréal. Trois d'entre eux appartiennent à l'Europe (1), les autres habitent l'Asie et l'Amérique septentrionale.

(1) Le Prince Ch. Bonaparte, dans le *Catalogue Parzudaki*, donne comme espèce européenne la *Pyrrhula rhodochlamys* de Brandt (*Carp. sophia* et *rhodochlamys*, Bp. et Schl.). Cet oiseau n'ayant jamais été, que je sache, observé dans les limites de l'Europe, je ne crois pas devoir le joindre aux trois espèces décrites ci-après.   (Z. G.)

111 — ROSELIN RUBICILLE — *CARPODACUS RUBICILLA*
Bp. ex Guldenst.

Teintes du dos uniformes ; point de double bande sur les ailes, queue presque égale.

Taille : 0ᵐ,20 environ.

Loxia rubicilla, Güldenstaedt, *Nov. com. Ac. sc. Imp. Petrop.* (1775), t. XIX, p. 464.

Coccothraustes caucasicus, Pall. *Zoogr.* (1811-1831), t. II, p. 13.

Corythus caucasicus, Keys. et Blas. *Wirbelth.* (1840), p. 40.

Carpodacus rubicilla, Bp. et Schl. *Mon. des Lox.* (1850), p. 126 et pl. 26.

Mâle : Dessus de la tête, joues, gorge, devant du cou et poitrine d'un rouge cramoisi, avec de petites taches triangulaires blanches au centre de chaque plume ; dessus du cou et dos d'un cendré nuancé de rose, cette dernière teinte étant plus prononcée au croupion ; abdomen et région anale d'un rose clair, ondé de blanc ; rémiges brunes, lisérées de blanc rosé ; rectrices noirâtres, la plus extérieure de chaque côté bordée de blanc sur les barbes externes, les autres bordées de rose ; bec brun en dessus, blanchâtre en dessous ; tarses et pieds noirs ; iris brun.

Femelle : Elle diffère à peine du mâle selon Güldenstaedt ; le rouge du plumage serait seulement moins intense. D'après le prince Ch. Bonaparte, elle serait d'un cendré pâle en dessus, d'un cendré blanchâtre en dessous, avec des taches brunes.

Un sujet que M. de Sélys-Longchamps possède et qu'il considère comme femelle, est d'un cendré roussâtre, un peu plus clair sur les parties inférieures, avec des taches longitudinales noirâtres au centre des plumes.

Cette espèce est propre aux Alpes caucasiennes, dont elle habite les régions froides. Elle vit de préférence le long des torrents où croît l'hippophaé argousier (*hippophaë rhamnoïdes*), et fait une grande consommation des baies de cet arbuste. Son cri a beaucoup d'analogie avec celui du Bouvreuil. A certaines époques de l'année, plusieurs familles se réunissent et forment des bandes nombreuses.

Propagation inconnue.

112 — ROSELIN CRAMOISI — *CARPODACUS ERYTHRINUS*
G. R. Gray ex Pall.

Teintes du dos uniformes, avec des stries à peine sensibles au centre des plumes; une double bande transversale peu marquée sur les ailes; queue très-échancrée.

   Taille : 0ᵐ,14.

Loxia erythrina, Pall. *Nov. com. Ac. s. Imp. Petrop.* (1770), t. XIV, p. 587, pl. 23, f. 1.

Fringilla erythrina, Mey. *Vög. Livon. und Esthl.* (1815), p. 77, pl.   .

Fringilla flammea, Retz. *Faun. Suec.* (1800), p. 247.

Pyrrhula erythrina, Temm. *Man.* (1820), t. 1, p. 336.

Linaria erythrina, Boie, *Isis* (1822).

Erythrothorax rubrifrons, Brehm, *Handb. Nat. Vög. Deuts.* (1831), p. 249.

Fringilla incerta, Risso, *Hist. nat. de l'Eur. mérid.* (1826), t. III, p. 52.

Carpodacus erythrinus, G. R. Gray, *Gen. of B.* (1844-1849), t. II, p. 387, n° 1.

Chlorospiza incerta, Bp. *B. of Eur.* (1838), p. 30, et *C. Gen. Av.* (1850), t. 1, p. 513.

Erythrospiza incerta, Degl. *Ornith.* (1849), t. II, p. 540.

Bp. et Schleg. *Mon. des Lox.* pl. 14, *mâle et femelle.*

Mâle adulte au printemps : Dessus de la tête et du cou, plumes qui entourent le bec et recouvrent les narines, croupion, d'un rose cramoisi; dos de la même couleur, mais plus sombre; scapulaires et couvertures alaires d'un brun cendré, lustré de rougeâtre vers l'extrémité des plumes; une double bande transversale d'un blanc rougeâtre sur l'aile; rémiges et rectrices d'un brun cendré, lisérées en dehors de rougeâtre ; gorge, devant du cou, haut de la poitrine d'un rouge cramoisi, comme au croupion ; abdomen blanc, teinté de rougeâtre et faiblement lavé de rose au bas-ventre et aux sous-caudales; bec, iris et pieds bruns.

Femelle adulte : D'un brun cendré tirant sur le roussâtre en dessus ; d'un blanc jaunâtre en dessous, avec des taches brunes à la gorge, au devant du cou, à la poitrine et à l'abdomen ; bas-ventre et sous-caudales d'un blanc jaunâtre; ailes d'un brun cendré, la double bande transversale à peine marquée.

Une autre femelle, capturée aux environs de Gènes, ne diffère de la précédente que par des teintes jaunâtres et roussâtres bien plus prononcées, et par la double bande des ailes plus marquée.

Jeune mâle, n'ayant pas encore sa livrée d'adulte : Brun-olivâtre en dessus, avec les bordures des plumes roussâtres, et de petites taches noires au front et à la partie antérieure du vertex; gorge, devant du cou blancs, très-légèrement lavés de roussâtre, marqués de quelques faibles taches brunâtres; côtés de la tête et du cou roussâtres, très-faiblement tachetés d'une teinte tirant sur le brun; deux rangées de taches, sous forme de moustaches, au-dessous du bec; poitrine, haut de l'abdomen et flancs largement tachetés de brun roussâtre sur un fond cendré; les taches de la poitrine allongées, celles des flancs très-longues, flammées; milieu du ventre, sous-caudales d'un blanc roussâtre; ailes atteignant l'union du tiers supérieur de la queue avec le tiers moyen; couvertures alaires supérieures d'un brun noirâtre, avec les bordures d'un roussâtre tirant sur le jaune, et deux larges raies obliques de cette teinte, formées par l'extrémité des petites et moyennes rectrices; couvertures inférieures cendré roussâtre jaunâtre; rémiges brunes, bordées en dehors d'olivâtre, arrondies à la pointe, la première plus longue que la quatrième; les deuxième et troisième à peu près égales et les plus longues de toutes; queue très-échancrée, brune, avec les pennes bordées d'olivâtre; bec bombé, un peu recourbé à la pointe, légèrement comprimé, d'un brun bleu de plomb, plus foncé en dessus et sur les côtés; pieds d'un livide brunâtre, avec quatre scutelles quadrilatères à la partie antérieure des tarses; iris brun foncé.

Un autre jeune mâle, capturé près de Marseille (Collect. Degland), est absolument semblable à celui-ci.

Le Roselin cramoisi habite l'Europe orientale et l'Asie occidentale et centrale. Il est de passage plus ou moins régulier en Italie et dans le midi de la France. Ses apparitions dans la Lombardie, la Ligurie, la principauté de Nice et la Provence sont assez fréquentes; il s'égare même quelquefois dans le nord de la France, comme le témoigne la capture faite, le 17 septembre 1849, dans un des faubourgs de Lille, du jeune mâle décrit ci-dessus (1).

D'après M. Martin (in *Litter.*), cet oiseau est commun dans les monts Ourals. Il ne recherche pas les forêts, mais plutôt les rivières dont les bords sont couverts de broussailles et d'aulnes. A son arrivée, au printemps, il paraît ne vivre que de petites chenilles qui se trouvent dans les chatons de l'aulne. Après la floraison de cet arbuste, il se nourrit de graines. On voit souvent la femelle à terre, pendant que le mâle, perché sur les plus hautes branches d'un arbre, fait entendre, comme cri d'appel, quelques notes fort monotones. Le cri de la femelle est à peu près le même, mais il est moins fort.

Le Roselin cramoisi niche dans les broussailles. M. Martin a constaté que sa

(1) C'est le même oiseau qui est décrit à la page 540, t. II, de la première édition.

Cet oiseau a valu à M. Degland, de la part du prince Ch. Bonaparte, deux attaques plus inconvenantes l'une que l'autre (*Rev. crit.* p. 31 et *Rev. et Mag. de zool.* 1855, p. 78). M. Degland avait fait à la seconde, une reponse où il relevait des erreurs grossières; mais il n'a jamais pu en obtenir l'*insertion* dans le recueil qui renfermait l'attaque. Je trouve, dans ses notes, toute la correspondance qui a été échangée à ce sujet, correspondance qu'il se proposait de publier en partie, soit à titre d'*observation*, dans l'article du *Carpodacus erythrinus*; soit comme documents historiques. C'est sous cette dernière rubrique qu'on trouvera, à la fin du volume, la réponse de M. Degland.   Z. G.

ponte est de cinq ou six œufs, bleuâtres comme ceux du Bouvreuil vulgaire, avec quelques petites taches noirâtres ou d'un brun roux au gros bout.

Selon M. Baldamus (*in Litter.*), cet oiseau se reproduit aussi dans les Carpathes et même dans l'est de l'Allemagne, sur les montagnes de Lausitz. Suivant lui, les œufs sont verdâtres avec des points noirs. Ils mesurent :

Grand. diam. 0^m,018 ; petit diam. 0^m,014.

115 — ROSELIN ROSE — *CARPODACUS ROSEUS*
Kaup ex Pall.

Dos varié de larges taches longitudinales ; une double bande transversale large sur les ailes ; queue peu échancrée.

Taille : 0^m,14 à 0^m,15.

FRINGILLA ROSEA, Pall. *Voy.* (1776), éd. franç. in-8, t. VIII, append. p. 59.
PASSER ROSEUS, Pall. *Zoogr.* (1811-1831), t. II, p. 23.
PYRRHULA ROSEA, Temm. *Man.* (1820), t. I, p. 335.
CARPODACUS ROSEUS, Kaup, *Nat. Syst.* (1829).
ERYTHROSPIZA ROSEA, Bp. *B. of Eur.* (1838), p. 34.
Bp. et Schleg. *Mon. des Lox.* pl. 19, *mâle et femelle adultes ;* pl. 20, *mâle vieux.*

Mâle vieux : Front et gorge d'un blanc argentin et lustré ; dessus de la tête, du cou et du corps d'un rouge ponceau très-vif, avec les plumes du dos et les scapulaires tachées longitudinalement de noir au centre ; moyennes et grandes couvertures des ailes largement bordées de blanc rose à l'extrémité, ce qui forme une double bande ; joues, dessous et côtés du cou, poitrine d'un rouge cramoisi ; ventre et couvertures inférieures de la queue d'un blanc rose ; rémiges et rectrices brunes, bordées de rose en dehors ; bec et pieds d'un brun clair.

Femelle : Parties supérieures d'un gris cendré, varié de noirâtre ; croupion blanchâtre ; parties inférieures blanches, tachetées de brun noirâtre.

Jeunes sujets : D'un brun olivâtre en dessus, avec des teintes jaunâtres au croupion, grisâtres au manteau ; ailes et queue d'un brun noirâtre, avec les pennes bordées extérieurement d'olivâtre ; bas-ventre et sous-caudales blancs ; flancs tachés longitudinalement de brun olivâtre foncé.

Jeunes mâles, avant la première mue : Tout le plumage d'un gris rougeâtre, taché longitudinalement de brun, avec deux bandes d'un jaune rougeâtre sur l'aile, et le croupion jaunâtre.

Après la mue, un peu de blanc paraît au front, le rouge devient plus

éclatant, tandis que les taches s'effacent. Tel est le sujet décrit par
Pallas.

Cette espèce habite la Sibérie, et se montre très-accidentellement en Russie,
en Hongrie et en Allemagne.

Ses mœurs, ses habitudes, son régime, sa propagation, sont à peu près inconnus. Pallas nous apprend seulement qu'il niche dans le nord de la Sibérie,
sur les bords des fleuves, et qu'il forme, l'hiver, de petites troupes. On sait
encore que son chant est fort simple et n'a rien d'agréable.

GENRE LXII

DUR-BEC — *CORYTHUS*, G. Cuv.

Loxia, p. Linn. *S. N.* (1735).
Strobilophaga, Vieill. *Orn. élém.* (1816).
Corythus, G. Cuv. *Règ. anim.* (1817).
Pyrrhula, Temm. *Man.* (1820).

Bec un peu allongé, arqué, à arête arrondie, un peu comprimé latéralement, la mandibule supérieure dépassant l'inférieure ; narines basales, cachées par les plumes du front ; ailes
sub-aiguës ; queue longue, ample, échancrée ; tarses robustes ;
doigts allongés ; ongle du pouce le plus long et le plus fort.

Ce genre, qui correspond à une division des Bouvreuils, de la première édition (t. I, p. 183), ne comprend que deux espèces : l'une est asiatique ; l'autre
est commune à l'Asie, à l'Amérique et à l'Europe.

114 — DUR-BEC VULGAIRE — *CORYTHUS ENUCLEATOR*
Flem. ex Linn.

Bec fortement recourbé vers le bout , plumage d'un rouge rose
(mâle) ou grisâtre (femelle) ; deux bandes transversales blanches,
sur les ailes, et rémiges secondaires bordées de blanc.
Taille : 0ᵐ,21 à 0ᵐ,22.

Loxia enucleator, Linn. *S. N.* (1766), t. I, p. 299.
Coccothraustes canadensis, Briss. *Ornith.* (1760), t. III, p. 250.
Strobilophaga enucleator, Vieill. *N. Dict.* (1817), t. IX, p. 609.
Corythus enucleator, Flem. *Brit. anim.* (1828), p. 76.
Pyrrhula enucleator, Temm. *Man.* (1820), t. I, p. 333.
Buff. *Pl. enl.* 135, f. 1, *mâle jeune* sous le nom de *Gros-Bec du Canada.*
Bp. et Schleg. *Mon. des Lox.* pl. 11 et 12.

Mâle : Plumage d'un rouge carmin plus ou moins vif, avec les plumes du dos et les scapulaires brunes au centre, le bas-ventre et les flancs d'un gris cendré ; les moyennes couvertures alaires bordées de blanc rosé, formant deux bandes transversales, les autres lisérées et terminées de blanc plus ou moins pur ; les rémiges et les rectrices brunes, bordées de gris à l'extérieur ; bec, pieds et iris bruns.

Femelle : Plumage d'un gris cendré assez foncé, mélangé de brun en dessus du corps, passant au jaune isabelle plus ou moins orangé à la tête, au cou et aux parties inférieures du corps ; ailes et queue noires, avec deux bandes transversales blanches sur les premières ; toutes les rémiges secondaires lisérées de blanc, les primaires et les rectrices bordées d'orangé.

Jeunes avant la première mue : Ils ressemblent aux femelles ; mais leurs teintes sont plus cendrées, et ils n'ont pas de rouge.

On le trouve dans les régions arctiques des deux mondes, où il est commun, surtout au Canada. Il est de passage accidentel en Angleterre, en Allemagne, en Suède et en France, où il a été tué plusieurs fois, tant en Champagne qu'en Provence.

Il établit son nid sur les buissons et les arbres de moyenne taille ; il le construit à peu près comme le Bouvreuil vulgaire, avec des bûchettes et des racines, et pond, en juin, trois ou quatre œufs verdâtres, avec des taches d'un brun olivâtre. Ils mesurent :

Grand diam. 0ᵐ,025 ; petit diam. 0ᵐ,015.

Le Dur-Bec vit principalement dans les forêts de pins et de sapins, et se nourrit presque exclusivement de semences corticales.

SOUS-FAMILLE XXV

LOXIENS — *LOXIINÆ*

Bec plus haut que large, à bords flexueux, à mandibules recourbées l'une vers l'autre à l'extrémité, et se croisant généralement.

Observation. — M. Schlegel et le prince Ch. Bonaparte, prenant en considération la teinte du plumage, non comme caractère essentiel, mais comme caractère propre à « en représenter d'autres moins difficiles à saisir qu'à énumérer, » ont formé une sous-famille de Loxiens qui leur paraît « éminemment naturelle, » quoiqu'elle soit un assemblage d'oiseaux les plus disparates. Elle comprend, en effet, avec les Becs-croisés qui en sont le type, les Durs-Becs,

tous les genres démembrés du genre *Pyrrhula* (moins les Bouvreuils proprement dits, que les teintes du plumage en excluent sans doute), les Niverolles,
les Linottes et les Sizerins. Après avoir vainement cherché quels sont les caractères, « moin sdifficiles à saisir qu'à énumérer, » qui lient ces divers oiseaux
et en font une sous-famille éminemment naturelle, nous avons cru ne devoir
considérer comme Loxiens que les espèces du genre *Loxia*.

GENRE LXIII

BEC-CROISÉ — *LOXIA*, Briss.

LOXIA, Briss. *Ornith.* (1760).
CRUCIROSTRA, G. Cuv. *Anat. comp. Tab.* 1, *Ois.* (1799-1800).

Bec allongé, comprimé, à mandibules déviées et croisées en
sens inverse, l'extrémité du demi-bec inférieur pouvant se loger
indifféremment à droite ou à gauche du demi-bec supérieur ;
narines basales, très-petites, couvertes par un faisceau de plumes
roides et touffues ; ailes sub-aiguës : queue courte, échancrée ;
tarses courts, robustes ; ongles forts et crochus.

Les Becs-croisés ont des formes lourdes et ramassées. Ils vivent principalement de semences d'arbres, qu'ils extraient, à l'aide de leur bec, du centre des
fruits résineux ou conifères. La conformation de leurs doigts leur permet de
se suspendre à ces fruits afin de mieux les attaquer.

Le mâle, la femelle et les jeunes, avant la première mue, ont un plumage
particulier.

Ce genre est propre à l'Europe, à l'Asie et à l'Amérique.

Observations. — Le genre Bec-croisé, limité par Brisson aux *Loxiæ* dont
les mandibules se croisent, renferme trois espèces européennes. M. Schlegel et
le prince Ch. Bonaparte, dans leur *Monographie des Loxiens*, ont admis, comme
variété de la *Loxia curvirostra*, un Bec-croisé que le pasteur Brehm a nommé
Loxia rubrifasciata. Il ne se distinguerait du Bec-croisé commun que par la
teinte, rougeâtre chez le mâle, d'un brun jaunâtre ou brunâtre chez la femelle, qui occupe l'extrémité des grandes et des moyennes couvertures alaires,
et produit sur l'aile une double bande. Chez les jeunes, cette double bande ne
serait pas très-apparente et ressemblerait tout à fait aux bords clairs et brunâtres des couvertures des ailes du Bec-croisé ordinaire. Depuis 1819, le pasteur
Brehm n'aurait vu qu'un très-petit nombre de sujets de cette prétendue variété.

L'on ne saurait mieux se faire une idée de la *Loxia rubrifasciata*, dont
M. Schlegel a donné une excellente figure (*Mon. des Lox.* pl. 5), qu'en supposant une *Loxia bifasciata* dont la double bande et la pointe des rémiges seraient

rougeâtres, au lieu d'être blanches: en sorte que, si les deux oiseaux ne différaient pas par les proportions, on serait tenté de rapporter la *Rubrifasciata* à la
Bifasciata plutôt qu'à la *Curvirostra*. Peut-être même, la *Loxia rubrifasciata* est-
elle le produit d'un accouplement fortuit du Bec-croisé ordinaire et du Bec-
croisé bifascié. Le prince Ch. Bonaparte, qui en avait d'abord fait une espèce
(*Consp. Gen. av.* p. 527), n'y a plus vu, en dernier lieu (*Cat. Parzud.* p. 4),
qu'une race de la *Loxia curvirostra*. Elle ne constitue probablement qu'une variété accidentelle, à laquelle il n'y a, par conséquent, aucun rang à assigner.

115 — BEC-CROISÉ ORDINAIRE — *LOXIA CURVIROSTRA*
Linn.

*Bec allongé, faiblement courbé ; mandibule supérieure dépassant
beaucoup la mandibule inférieure ; pointe de celle-ci dépassant le
bord supérieur de la première ; ongles assez longs ; point de taches
ni de bandes blanches sur les ailes.*

Taille : 0ᵐ,16.

Loxia curvirostra, Linn. *S. N.* (1766), t. I, p. 299.
Loxia, Briss. *Ornith.* (1760), t. III, p. 329.
Crucirostra abietina, Mey. *Vog. Liv. und Esthl.* (1815), p. 72.
Curvirostra pinetorum, Brehm, *Lehrb.* (1823), t. I, p. 166. Observat.
Buff. *Pl. enl.* 218, sous le nom de *Bec-croisé d'Allemagne.*
Bp. et Schleg. *Mon. des Lox.* pl. 2, *mâle adulte;* pl. 3, *femelle et jeune.*

Mâle vieux : Toutes les parties supérieures, la gorge, le devant et
les côtés du cou, la poitrine, les flancs, une partie de l'abdomen ou rouge
de brique, ou rouge vermillon, ou rouge ponceau plus ou moins intense,
selon les individus, quelquefois nuancé de verdâtre ou de jaunâtre ;
milieu de l'abdomen blanchâtre, souvent lavé de rose ; sous-caudales
blanches, largement tachées de brun au centre ; rémiges et rectrices d'un
brun foncé ou d'un brun noirâtre, faiblement lisérées, en dehors, de
jaunâtre ou de rougeâtre ; bec d'un brun de corne ; iris et pieds d'un
brun noirâtre.

Dans un âge moins avancé, le rouge n'est ni aussi vif, ni aussi pur ;
il est varié de plus de jaune et de verdâtre. Quelquefois une teinte générale grisâtre règne aux parties supérieures, pendant que les parties
inférieures sont d'un rouge terne ; d'autres fois le plumage, tant en dessus qu'en dessous du corps, est comme tapiré de jaunâtre.

Femelle : D'un gris verdâtre, glacé de cendré, avec le croupion jaune,
le milieu de l'abdomen et sous-caudales blanchâtres, ces dernières étant
tachées de brun. Sous une livrée moins parfaite, les plumes, celles des

parties supérieures principalement, sont d'un brun verdâtre au centre, avec de larges bordures d'un cendré olivâtre. Elle ne paraît prendre, à aucun âge, la livrée rouge du mâle.

Mâle et femelle jeunes, avant la première mue : D'un gris brun en dessus, varié de gris cendré et de longues mèches noirâtres ; d'un gris blanchâtre ou d'un blanc jaunâtre en dessous avec de nombreuses taches oblongues noirâtres ou d'un brun foncé ; ailes coupées par une double bande d'un blanc sale ou d'un blanc jaunâtre.

Après la première mue, les jeunes mâles prennent des teintes jaunâtres sur plusieurs parties du corps, notamment au croupion, mais ils ne perdent pas entièrement les mèches noirâtres du premier âge. Ce n'est qu'à la deuxième mue que ces mèches disparaissent complétement.

Le Bec-croisé ordinaire est répandu dans le nord de l'Europe jusqu'au Groënland. Il habite aussi l'Europe méridionale et tempérée, l'Asie septentrionale et le Japon. On le dit commun dans plusieurs contrées de l'Allemagne et dans le nord de la Russie. Au rapport de M. Nordmann, depuis que les conifères plantés dans le jardin botanique d'Odessa ont commencé à porter leurs fruits, de petites troupes de Becs-croisés y arrivent régulièrement à l'époque de la maturité de ces fruits. Il vit sédentaire en Suisse, dans les Hautes-Pyrénées, sur nos Hautes et Basses-Alpes, et se montre irrégulièrement de passage dans plusieurs de nos départements du Nord, du Sud, du Midi et du Centre ; mais ses apparitions s'y font le plus généralement en troupes nombreuses.

Suivant M. Brehm, le Bec-croisé ordinaire niche en toutes saisons, et Temminck assure qu'il se reproduit aussi bien en décembre qu'en mars, avril ou mai. Dans les Hautes-Pyrénées et en Suisse, il paraît nicher en mars ou en juin. M. L. A. Necker a vu un nid pris, aux environs de Genève, vers la fin de mars 1806 : il renfermait trois petits déjà forts. Ce qui est certain, c'est que dans les Basses-Alpes ses pontes ont lieu de très-bonne heure : l'abbé Caire a pu se procurer trente œufs de cette espèce, du 15 janvier au 15 février.

Son nid est grossièrement composé d'herbes, de mousse et de feuilles de sapins. C'est ordinairement sur cet arbre, aussi bien que sur les pins, à la naissance des petites branches, que la femelle l'établit. La ponte est de quatre ou cinq œufs oblongs, d'un blanc légèrement verdâtre ou d'un gris pâle un peu bleuâtre, avec quelques points et un petit nombre de taches brunes ou d'un brun noirâtre ; ces taches sont ordinairement plus nombreuses au gros bout. Ils mesurent :

Grand diam. 0^m,02 ; petit diam. 0^m,015.

Le Bec-croisé voyage par petites troupes composées d'individus des deux sexes et de tout âge. Il recherche particulièrement les lieux couverts de pins, de larix ou d'autres conifères. Dans ses migrations, il fréquente les plaines cultivées, les jardins, les vergers, et s'attaque alors à toutes sortes de graines, notamment au chanvre, au tournesol. Il est si confiant, que l'approche de l'homme ne le fait point fuir, et qu'il donne dans les piéges les plus grossiers. La détonation d'une arme à feu ne l'effraye même pas : aussi pourrait-on tuer un à un et sur le même arbre, tous les individus d'une bande. Le cri d'appel de cette espèce rappelle un peu celui du Gros-bec vulgaire.

116 — BEC-CROISÉ PERROQUET
LOXIA PITYOPSITTACUS
Bechst.

Bec très-gros, court, très-courbé ; la mandibule supérieure dépassant très-peu la mandibule inférieure ; la pointe de celle-ci s'élevant à peine au niveau du bord supérieur de la première ; ongles courts ; point de taches ni de bandes blanches sur les ailes.

Taille : 0^m,17 à 0^m,18.

Loxia curvirostra major, Var. Y. Gmel. *S. N.* (1788). t. I, p. 843.
Loxia pityopsittacus, Bechst. *Nat. Deuts.* (1807), t. III, p. 20.
Crucirostra pinetorum, Mey. *Vög. Liv. und Esthl.* (1815), p. 71.
Crucirostra pityopsittacus, Brehm, *Lehrb.* (1823), t. I, p. 164.
Schleg. et Bp. *Mon. des Lox.* pl. 1, *mâle et femelle* adultes.

Mâle : Plumage d'un rouge brique plus ou moins nuancé de jaunâtre et de verdâtre, comme chez le Bec-croisé ordinaire, plus vif sur la tête et au croupion ; pennes des ailes et de la queue noirâtres, lisérées de rougeâtre sur leurs barbes externes ; ventre et sous-caudales roses, tachetés de brun ; bec, pieds et iris bruns.

Femelle : D'un cendré nuancé d'olivâtre, avec le croupion jaune-verdâtre, la gorge et le devant du cou gris ; pennes alaires et caudales d'un brun noirâtre, lisérées en dehors d'olivâtre ; ventre et sous-caudales blancs, avec quelques taches brunes.

Jeunes avant la première mue : D'un cendré brun en dessus, avec des taches plus foncées sur la tête et le dos, le croupion et les sous-caudales jaunâtres ; d'un cendré blanchâtre en dessous, avec des lignes longitudinales brunes.

Le Bec-croisé Perroquet habite l'Asie, les régions du cercle arctique, la Russie, la Pologne, l'Allemagne. Il est de passage accidentel en France et se montre plus ou moins régulièrement en Italie, durant l'automne.

Un mâle adulte a été tué en mai, dans le bois de Bersée, à 23 kilomètres de Lille, au milieu d'une troupe de cinq ou six individus.

Il niche en hiver. Son nid, qu'il établit sur les pins et les sapins, est, dit-on, artistement construit. M. Nordmann avance qu'il se reproduit en abondance sur les montagnes du Ghouriel. Sa ponte est de quatre ou cinq œufs, d'un

blanc légèrement verdâtre ou jaunâtre, avec de très-petits points rougeâtres
ou brunâtres, plus nombreux au gros bout. Ils mesurent :
    Grand diam. 0ᵐ,021 à 0ᵐ,022; petit diam. 0ᵐ,015 à 0ᵐ,016.   .
    Mœurs, habitudes et régime comme chez l'espèce précédente.

117 — BEC-CROISÉ BIFASCIÉ — *LOXIA BIFASCIATA*
de Sélys ex Brehm.

*Bec robuste, à mandibules égales, se croisant très-peu à la pointe ;
doigts courts ; une double bande blanche sur les ailes.*
    Taille : 0ᵐ,15.

CRUCIROSTRA BIFASCIATA, Brehm, *Isis* (1827), p. 820.
LOXIA TÆNIOPTERA, Gloger, *Isis* (1828), t. XX, p. 411.
LOXIA BIFASCIATA, De Sélys, *Faun. Belge* (1842), p. 76.
Bp. et Schl. *Mon. des Lox.* pl. 8, *mâle et femelle adultes.*

Mâle : Plumage d'un rouge cinabre plus foncé sur la tête et sur le
cou, tirant sur le rose au croupion, nuancé de brunâtre sur les joues,
les côtés du cou et au dos, avec la partie médiane de l'abdomen d'un
blanc roussâtre, le bas-ventre et les sous-caudales blancs, tachetés de
brun ; ailes et queue noires, les premières portant deux bandes
transversales blanches, comme chez le Pinson, avec les rémiges terminées de cette couleur ; rectrices bordées en dehors de rougeâtre et
terminées de blanc ; bec brun clair jaunâtre à la mandibule inférieure ;
pieds et iris bruns.
    Femelle : D'un gris brun, avec des plumes bordées de vert jaunâ-
tre ; croupion jaune clair ; parties inférieures gris-verdâtre et le ventre
blanchâtre ; deux bandes transversales sur les ailes.
    Jeunes de l'année : Parties supérieures d'une teinte généralement
cendrée, nuancée de roussâtre, avec les plumes de la tête et du dos noires
au centre, le croupion et les sus-caudales d'une jaune aurore ; devant
et côtés du cou marqués de petites taches noires, sur un fond gris-
roussâtre ; poitrine et flancs roussâtres, variés de taches brunes ; bas-
ventre d'un gris jaunâtre sans taches ; sous-caudales de même couleur,
avec des taches lancéiformes.

    Le Bec-croisé bifascié habite l'Europe septentrionale et orientale, ainsi que
le nord de l'Asie.
    Un vieux mâle a été tiré à Longchamps-sur-Geer en 1827 dans la propriété
de M. de Sélys; il faisait partie, d'après l'auteur dans la *Faune belge* (1ʳᵉ part.
p. 76), d'une petite volée qui s'était abattue sur des larix. Deux femelles y
ont été également tirées en novembre 1845. Celles-ci faisaient partie d'une

troupe de Becs-croisés ordinaires. Enfin, un individu adulte (Collect. Degl.) a encore été tué en Belgique aux environs d'Anvers. En France, on peut citer la capture faite à 16 kilomètres environ de Caen d'un beau mâle adulte (Collect. Le Sauvage).

D'un autre côté, M. Schlegel et le prince Ch. Bonaparte nous apprennent qu'on a pris cet oiseau, en 1802, à Belfast en Irlande ; que, depuis, on l'a vu plusieurs fois par petites troupes, en Angleterre, en Suède, en Russie, dans plusieurs parties de l'Allemagne, depuis la Silésie jusqu'aux bords du Rhin ; que c'est ordinairement en automne et en hiver qu'il visite les parties tempérées de l'Europe, mais qu'en 1826 on l'observa en Thuringe pendant les mois de juillet et d'août.

Il voyage souvent en compagnie du *Coccothraustes vulgaris*. Son cri d'appel répété deux ou trois fois de suite, est moins aigu que celui du Bec-croisé ordinaire.

Ses œufs sont au nombre de quatre ou cinq, d'un gris verdâtre ou légèrement bleuâtre, avec des points et quelques traits bruns ou noirâtres plus nombreux au gros bout. Ils mesurent :

Grand diam. 0^m,017 à 0^m,018 ; petit diam. 0^m,01 environ.

Observation. — La *Loxia bifasciata* se distingue de la *Loxia curvirostra* non-seulement par la double bande blanche de l'aile, qui existe à tous les âges, mais par des ailes et des doigts plus courts. Elle se rapproche bien davantage de la *Loxia leucoptera* (Gmel.) avec laquelle on l'a souvent confondue ; cependant elle en diffère notablement par une taille plus forte, un bec plus robuste, une queue moins fourchue, et par la couleur rouge de brique chez le mâle.

SOUS-FAMILLE XXVI

COCCOTHRAUSTIENS — *COCCOTHRAUSTINÆ*

Bec très-fort, pointu, à mandibule supérieure renflée et dessinant, au profil, une courbe bien développée ; à base généralement aussi large que la tête.

Cette division n'a pour représentant, en Europe, que le genre *Coccothraustes*.

GENRE LXIV

GROS-BEC — *COCCOTHRAUSTES*, Briss.

Loxia, p. Linn. *S. N.* (1735).
Coccothraustes, Briss. *Ornith.* (1760).
Fringilla, p. Temm. *Man.* (1815).

Bec très-robuste, épais, bombé, pointu, à mandibule supérieure entamant légèrement les plumes du front ; narines basales, rondes, petites et en partie cachées par les plumes du front ; ailes moyennes, pointues, sub-aiguës ; queue courte ; tarses courts ; rémiges secondaires coupées carrément à l'extrémité.

Ce genre, établi par Brisson sur le Gros-Bec d'Europe, est réduit aujourd'hui à l'espèce type. Le comte de Keyserling, le professeur Blasius et M. Schlegel, lui ont associé le *Coccothraustes caucasicus* (Pall.), ou *Loxia rubicilla* (Guldenst.), mais cette espèce paraît mieux à sa place parmi les Roselins qu'à côté du Gros-Bec.

118 — GROS-BEC VULGAIRE
COCCOTHRAUSTES VULGARIS
Vieill.

Bec nacré ; une tache blanche sur les rémiges primaires et à l'extrémité des rectrices.

Taille : 0^m,18.

Loxia coccothraustes, Linn. *S. N.* (1766), t. I, p. 299.
Coccothraustes, Briss. *Ornith.* (1760), t. III, p. 219.
Fringilla coccothraustes, Temm. *Man.* (1815), p. 203.
Coccothraustes vulgaris, Vieill. *N. Dict.* (1817), t. XIII, p. 519.
Buff. *Pl. enl.* 99, *mâle ;* 100, *femelle.*

Mâle : Dessus et côtés de la tête d'un marron clair en devant et foncé en arrière, avec le capistrum, les lorums et la gorge noirs ; large demi-collier cendré sur la nuque et les côtés du cou ; dessus du corps d'un brun roux foncé ; sous-caudales rousses ; dessous du corps d'un roux vineux, avec le bas-ventre et les sous-caudales d'un blanc pur ; sur les ailes, un espace longitudinal blanc, lavé de roux en arrière, avec les petites couvertures d'un roux noirâtre ; les rémiges les plus rapprochées du corps, tronquées, à reflets métalliques bleus et violets ; les quatre premières entières, noires, et portant sur les barbes internes une grande tache blanche ; cette tache existe aussi sur quelques-unes des pennes suivantes ; queue noire, terminée par une tache blanche qui se prolonge sur les barbes internes des rectrices, les médianes exceptées ; celles-ci d'un brun roux et terminées de blanc ; bec noir ; pieds couleur de chair ; iris blanc, tirant sur le rose.

Femelle : Elle a les couleurs moins vives ; celles de la tête et des parties inférieures tirent sur le gris ; le blanc des ailes et de la queue est plus ou moins nuancé de cendré ; les sous-caudales, les rémiges les plus rapprochées du corps et une grande partie des barbes externes des primaires sont de cette dernière couleur.

Jeunes avant la première mue : Tête et gorge d'un jaune sale ; dessus du corps d'un brun terne, avec des taches jaunâtres ; croupion et sus-caudales d'un blanc jaune-roussâtre ; parties inférieures blanchâtres et tachetées de brun sur les côtés de la poitrine et de l'abdomen ; bec brun-blanchâtre, avec la pointe d'une teinte plus foncée.

Variétés accidentelles : On en cite d'entièrement blanches, de jaunâtres, et quelques-unes avec la queue, les ailes ou d'autres parties blanches.

Nota. M. Schlegel, dans la *Fauna Japonica*, a décrit sous le nom de *Coccoth. vulgaris Japonicus*, un gros-bec, qui ne diffère du *vulgaris* d'Europe que par des couleurs un peu moins vives. Temminck dit ces deux oiseaux absolument semblables.

Le Gros-Bec habite toute l'Europe, l'Asie et l'Afrique septentrionale. Il est sédentaire dans le Nord et dans d'autres localités de la France, et se montre de passage accidentel en Hollande.

Il niche dans les forêts et les bois, sur les arbres élevés, quelquefois aussi dans les vergers. Son nid est grossièrement construit avec des bûchettes, des racines capillaires, de la laine et quelques crins. Sa ponte est de trois à cinq œufs, un peu allongés, d'un blanc cendré ou d'un gris sombre, avec des raies et des taches d'un bleuâtre foncé et d'un brun noir. Ils mesurent :

Grand diam. 0^m,025 ; petit diam. 0^m,017.

Le Gros-Bec, durant l'été, se tient de préférence dans les bois ; il s'approche des habitations en hiver, et descend, en cette saison, jusque dans les jardins des environs de Lille, pour y chercher une nourriture qui manque partout ailleurs. Celle-ci consiste principalement en semences, en baies, en fruits à noyaux et même en pepins de raisin.

Il est d'un naturel très-silencieux, n'a point de chant proprement dit, et n'est recherché que pour ses formes et son plumage.

SOUS-FAMILLE XXVII

FRINGILLIENS — *FRINGILLINÆ*

Bec droit ou presque droit, pointu, à base moins large que la tête ; à mandibule supérieure dépassant notablement la mandibule inférieure.

Cette sous-famille est, de toutes, la moins naturelle. Les éléments qu'elle renferme sont des plus divers. Si les Chardonnerets, les Tarins, les Linottes, les Sizerins, les Venturons et même les Verdiers y sont à leur place, il n'en est plus ainsi des Pinsons et des Niverolles. Ceux-ci sont aussi peu Fringilliens que les Moineaux. Ils en ont les apparences, mais ils n'en ont ni les mœurs ni les habitudes, et si nous les laissons parmi eux, c'est avec le sentiment qu'ils appartiennent à un autre groupe.

GENRE LXV

VERDIER — *LIGURINUS* (1), Koch

Loxia, p. Linn. *S. N.* (1735).
Passer, p. Briss. *Ornith.* (1766).
Fringilla, p. Temm. *Man.* (1815).
Ligurinus, Koch, *Baier. Zool.* (1816).
Serinus, Boie, *Isis* (1822).
Chloris, Brehm, *Isis* (1828).
Chlorospiza, Bp. *Distr. meth. An. vert.* (1832).

Bec fort, épais à la base, un peu aplati sur les côtés, à bords très-légèrement rentrants, à mandibule supérieure voûtée, pointue, un peu plus longue que l'inférieure ; narines rondes, basales, cachées par les plumes du front ; ailes allongées ; queue moyenne, très-fourchue ; tarses médiocres.

Les Verdiers n'ont pas de caractères physiques bien tranchés ; cependant, lorsque l'on considère leurs formes générales, et, surtout, lorsque l'on a égard aux mœurs, au mode de nidification, au système de coloration, on est conduit à les distinguer génériquement des autres Fringillidés.

Ces oiseaux sont propres à l'Asie, à l'Afrique et à l'Europe. Une seule espèce appartient à cette dernière contrée.

(1) Le nom de *Ligurinus* ayant la priorité sur *Chlorospiza*, doit être substitué à ce dernier, malgré les prétentions contraires du prince Ch. Bonaparte.

Nota. Tout ce qui a été dit de la *Chlorospiza incerta* dans la première édition, t. I, p. 201, doit être rapporté au *Carpodacus erythrinus.*

119 — VERDIER ORDINAIRE — *LIGURINUS CHLORIS*
Koch ex Linn.

Vert-olive, avec du jaune pur sur les rémiges et à la base de la queue.

Taille : 0ᵐ,15.

Loxia chloris, Linn. *S. N.* (1766), t. I, p. 304.
Chloris, Briss. *Ornith.* (1760), t. III, p. 190.
Fringilla chloris, Temm. *Man.* (1815), p. 206.
Ligurinus chloris, Koch, *Baier. Zool.* (1816), t. I, p. 230.
Serinus chloris, Boie, *Isis* (1822), p. 555.
Chlorospiza chloris, Bp. *B. of Eur.* (1838), p. 30.
Chloris flavigaster, Swains. *Nat. Syst. Birds* (1831).
Buff. *Pl. enl.* 267, f. 2, sous le nom de *Verdier.*

Mâle en été : Tête, dessus et côtés du cou, dos et scapulaires olivejaunâtre, avec les joues nuancées de cendré ; croupion et sus-caudales d'un vert jaune plus ou moins pur ; raie sourcilière, gorge et milieu de l'abdomen d'un vert jaune pur ; poitrine et flancs vert-jaune, nuancé de brun cendré, surtout aux flancs ; bas-ventre et sous-caudales d'un blanc jaunâtre, mélangé d'un peu de cendré sur ces dernières ; petites couvertures alaires d'un vert jaunâtre, les moyennes cendrées, avec des taches noires, ainsi que les rémiges les plus rapprochées du corps ; rémiges primaires et secondaires noirâtres en dedans et à leur extrémité, et jaunes en dehors, les secondaires terminées par un liséré blanchâtre ; rectrices jaunes à leur base, cendrées sur les bords et noirâtres à leur extrémité, excepté les quatre médianes qui sont sans jaune, bordées de vert olive dans deux tiers de leur étendue et de cendré à leur extrémité ; bec et pieds couleur de chair ; iris brun foncé.

Femelle en été : Parties supérieures d'un brun cendré, nuancé d'olivâtre ; gorge et milieu de l'abdomen d'un vert jaunâtre ; le reste des parties inférieures, nuancées de vert jaunâtre au bas-ventre, aux sous-caudales, de brunâtre aux flancs ; jaune des ailes et de la queue plus pâle et moins étendu que chez le mâle.

Les mâle et femelle, en automne, ont les plumes ombrées de gris cendré et le bec brun en dessus.

Jeunes avant la première mue : Brun, varié de verdâtre sale en dessus ; blanc gris-jaunâtre en dessous, avec des taches longitudinales brunes au centre des plumes ; jaune des ailes et de la queue plus clair que chez les adultes ; bec brun ; pieds tirant sur le brunâtre.

Après la mue : Ils ressemblent aux adultes en automne.

Variétés accidentelles : Elles sont blanches, ou jaunâtres, ou maculées de blanc ou de jaune.

On trouve le Verdier ordinaire dans presque toute l'Europe. Il est très-répandu en France, où il vit sédentaire dans beaucoup de localités.

Son nid, construit avec assez d'art, et composé d'herbes sèches et de mousse à l'extérieur, de bourre, de laine et de quelques crins à l'intérieur, repose, le plus souvent, sur une large base, entre les nombreux scions qui poussent le long du tronc d'un arbre émondé, ou tout autour d'une branche étêtée. Sa ponte est de quatre à six œufs, d'un blanc légèrement azuré, quelquefois un peu jaunâtre, avec de petits points bruns, fauves, et d'un gris violet, plus rapprochés au gros bout. Ils mesurent :

Grand diam. 0^m,019 ; petit diam. 0^m,015.

Cette espèce recherche pendant l'été les lieux bas et humides, les vallées, les lisières des bois, les fossés, les bords ombragés des rivières, s'établit même dans les jardins et les promenades des villes. Elle occasionne de grands dégâts dans les chènevières, ou les linières voisines du lieu où elle s'établit. Du reste, toutes les graines lui conviennent ; elle s'attaque même aux pepins de raisins.

GENRE LXVI

PINSON — *FRINGILLA*, Linn.

FRINGILLA, Linn. *S. N.* (1735).
PASSER, Pall. (1811-1831).
STRUTHUS, Boie (1822).

Bec conique, presque droit, fort, assez allongé, nullement bombé, à bords des mandibules infléchis en dedans ; narines basales, arrondies, en partie cachées par les plumes du front ; ailes allongées, sub-aiguës ; queue longue, échancrée ; tarses médiocres ; ongles très-comprimés.

Les Pinsons se distinguent génériquement, par leurs caractères et leurs mœurs, de toutes les espèces à bec fort et conique, avec lesquelles la plupart des auteurs les ont confondus. Ce sont des oiseaux d'un caractère gai et d'un naturel assez confiant. On les rencontre partout : dans les bois, les vergers, sur les coteaux, dans les plaines, les jardins et jusqu'au sein des villes. Leur vol est loin d'être rapide, et s'exécute par élans successifs. Une habitude qui leur est particulière, c'est qu'ils marchent bien plus souvent qu'ils ne sautent, et, qu'en marchant, ils relèvent fort souvent les plumes de la tête.

Ils se nourrissent de semences et de graines de différentes sortes, quelquefois d'insectes, et dégorgent à leurs petits, comme les chardonnerets et les serins, des aliments qui ont déjà subi dans leur jabot un commencement de décomposition.

Le mâle porte une livrée différente de celle de la femelle. Les jeunes, à la sortie du nid, ressemblent à celle-ci.

Leur mue est simple. Le changement qu'éprouve leur plumage au printemps, est dû à l'usure des plumes.

Deux des espèces dont se compose ce genre sont propres à l'Europe ; une troisième y fait des apparitions très-accidentelles.

120 — PINSON ORDINAIRE — *FRINGILLA CÆLEBS* Linn.

Joues et régions parotiques d'un roux vineux ; deux et quelquefois trois des rectrices latérales, de chaque côté, variées de blanc.

Taille : 0^m,172 ou 0^m,173.

Fringilla cælebs, Linn. *S. N.* (1766), t. I, p. 318.
Passer spiza, Pall. *Zoogr.* (1811-1831), t. II, p. 17.
Struthus cælebs, Boie, *Isis* (1826), p. 374.
Buff. *Pl. enl.* 54, f. 1 (*mâle*).

Mâle au printemps : Front noir ; dessus de la tête, occiput et nuque d'un bleu cendré pur, qui s'étend sur le haut et les côtés du cou, où il forme une sorte de demi-collier ; dos roux châtain, lavé d'un peu d'olivâtre ; croupion et sus-caudales d'un vert plus ou moins pur ; régions de l'œil et de l'oreille, joues, gorge, devant du cou, poitrine et abdomen d'un roux vineux ; bas-ventre et sous-caudales blancs ; ailes noires, avec deux bandes transversales blanches, et les pennes frangées de cette couleur ou de jaunâtre ; queue également noire, avec une longue tache blanche sur les deux rectrices latérales ; bec bleuâtre ; pieds et iris bruns.

Mâle en automne : Teintes moins pures ; les plumes bordées de grisâtre ; cette couleur disparaît à mesure que l'on approche du printemps ; bec gris-bleuâtre clair.

Femelle au printemps : Parties supérieures et côtés de la tête gris-brun, nuancé d'olivâtre ; dessus du corps d'un cendré blanchâtre ; bandes blanches de l'aile moins grandes ; bec gris-brunâtre clair.

Femelle en automne : Les plumes bordées de grisâtre ; le blanc des ailes nuancé de jaune ou de roux ; bec blanchâtre.

Jeunes avant la première mue : Ils ressemblent à la femelle. A la mue, chaque sexe prend le plumage d'automne des père et mère ; mais leur bec est sensiblement plus court que celui des sujets adultes.

Variétés accidentelles : On rencontre des individus dont le plumage est entièrement blanc ; d'autres qui l'ont tapiré de blanc ; d'autres, enfin, qui ont la queue ou les ailes blanches.

Hybrides. Deux hybrides de Pinson ordinaire et de Pinson d'Ardennes, l'un mâle, l'autre femelle, ont été pris tous les deux aux environs d'Anvers, le premier durant l'hiver de 1852, le second pendant l'automne de la même année (Collect. Degland). D'après M. Jaubert (*in Litter.*), un métis semblable aurait été capturé près de Marseille.

Le Pinson ordinaire habite presque toute l'Europe. Il est sédentaire en France. Il se rassemble, l'hiver, en nombre considérable, dans la plupart de nos départements méridionaux.

Il niche sur les arbres, dans les campagnes et dans les bois, à une hauteur médiocre ; son nid, artistement construit en forme de coupe, est composé, au dehors, de mousse et de lichen, en dedans, de plumes et de quelques crins. Sa ponte est de quatre ou cinq œufs, d'un blanc cendré ou bleuâtre, avec des taches d'un rouge de brique pâle, présentant le plus souvent, dans leur centre, d'autres taches ou de petits traits couleur de café brûlé. Ils mesurent :

Grand diam. $0^m,02$; petit diam. $0^m,015$ ou $0^m,016$.

Cet oiseau ne forme jamais de troupes compactes comme les Moineaux, les Linottes et d'autres espèces de la même famille. Lorsque plusieurs individus émigrent d'un canton dans un autre, ils ne volent point rapprochés les uns des autres, mais ils se suivent à la file et de loin en loin, ce qui tient à ce qu'ils ne prennent pas leur essor en même temps, quelque nombreuse que soit la réunion qu'ils composent.

De tous les granivores, le Pinson est celui qui entre le premier en amour. Il fait entendre son chant de très-bonne heure. Ses qualités comme oiseau chanteur le font rechercher. Il existe aux environs de Lille des amateurs passionnés pour cette espèce. La gloire d'avoir le Pinson qui chante le plus souvent, n'est comparable qu'à celle d'avoir le coq le plus terrible dans les combats. Dans une lutte de chant entre Pinsons, qui eut lieu à Tournay en 1846, trois de ces oiseaux se firent entendre 1118 fois en une heure ; l'un 420 fois, un autre 368 fois, et le troisième 330. Pour les rendre moins distraits, à cette fin qu'ils répètent plus souvent leur chant favori, on a la cruelle habitude de les priver de la vue.

Dans certaines contrées de la France, les campagnards accordent une sorte de protection aux Pinsons qui viennent établir leur nid dans le voisinage de leurs habitations, et semblent se faire un devoir de veiller sur eux.

121 — PINSON SPODIOGÈNE — *FRINGILLA SPODIOGENA* Bp.

Joues et régions parotiques d'un gris de plomb ; quatre des rectrices latérales, de chaque côté, variées de blanc.
Taille : 0ᵐ,18 environ.

Fringilla spodiogenys, Bp. *Rev. Zool.* (1841), 1, IV, p. 146.
Fringilla africana, Le Vaill. jun. *Expl. scient. de l'Alger.* pl. 7, fig. 1, *mâle ;* fig. 2, *femelle.*
Fringilla spodiogena, Bp. *Cat. Parzud.* (1856), p. 18.

Mâle adulte, en amour : Front et lorums noirs, dessus de la tête, occiput, nuque, partie supérieure du cou, joues, régions parotiques d'un gris bleu clair ; dos, croupion et sus-caudales d'un vert olivâtre nuancé ; toutes les parties inférieures, du menton aux sous-caudales inclusivement, d'un gris vineux pâle, un peu plus intense sur la poitrine que sur le ventre, où il tend au blanchâtre ; couvertures supérieures des ailes noires, avec deux larges bandes transversales blanches ; la première, sur les couvertures moyennes ; la seconde, à l'extrémité des grandes ; rémiges noires, la première des primaires finement bordée de blanc à son bord externe, les deux suivantes bordées de jaunâtre à l'origine, ensuite de blanchâtre ; toutes les autres frangées d'un jaune verdâtre frais ; celles-ci sont, en outre, blanches à la base ; rectrices noirâtres, les deux médianes lisérées de vert olivâtre, les quatre les plus extérieures de chaque côté, marquées obliquement d'une tache blanche, qui diminue, de la première, où elle commence sur les barbes externes, vers l'origine de la plume, à la quatrième, où elle n'occupe plus, vers l'extrémité, qu'une faible étendue des barbes internes ; bec d'un noir bleuâtre à la mandibule supérieure et à la pointe de la mandibule inférieure, qui est blanchâtre dans le reste de son étendue ; pieds noirâtres ; iris bruns.

Mâle après la mue d'automne : Le noir du front est en grande partie dissimulé par le gris bleuâtre qui borde les plumes de cette région ; les teintes générales sont moins vives ; les parties inférieures moins colorées de vineux, surtout à la poitrine ; le bec et les pieds sont bruns.

Femelle adulte : Elle a le dessus de la tête et du corps d'un brun nuancé de verdâtre ; toutes les parties inférieures blanchâtres ; la pre-

mière des bandes transversales de l'aile d'un blanc nuancé de roussâtre ;
la seconde blanche ; le bec et les pieds d'un brun clair.

Les *jeunes avant la première mue* ressemblent beaucoup à la femelle.

Ce Pinson est propre à l'Afrique septentrionale. On le trouve assez communément dans nos possessions de l'Algérie, et il s'égare accidentellement dans l'Europe méridionale.

Un beau mâle, en plumage d'amour, que nous avons vu dans la collection de M. Laurin, au moment où il venait d'être dépouillé et monté, a été tué, en avril 1861, au pied du coteau de Notre-Dame de la Garde, non loin de Marseille, par le fils de M. Gierra, naturaliste. D'après les renseignements qu'a bien voulu nous donner cet obligeant correspondant, cet oiseau, dont le chant, un peu différent de celui de notre Pinson, avait attiré son attention, fréquentait depuis près d'un mois un bois de pins, voisin de sa maison de campagne. Il paraissait accouplé avec une femelle de Pinson ordinaire, aux cris de laquelle il arrivait toujours, et qu'il suivait constamment. Un deuxième mâle en amour, appartenant à M. Grosson, aurait également été tué, d'après M. Jaubert, dans les environs de Marseille.

Cette espèce se reproduit exactement dans les mêmes conditions que celle d'Europe, et ses œufs en même nombre, de la même forme, à peu près du même volume, paraissent généralement avoir des teintes de fond un peu plus affaiblies.

Observation. Les deux captures de Pinson spodiogène dans le midi de la France, fort exceptionnelles et uniques jusqu'ici, seront probablement mises en doute ; ou, peut-être, sans les nier complétement, ne voudra-t-on voir dans les individus capturés que des oiseaux échappés de cage. C'est ordinairement là l'explication courante des faits de ce genre. Nous ne saurions qu'y faire. Pour nous, l'apparition de ce Pinson dans les contrées méridionales de l'Europe, n'est pas plus extraordinaire que celle de plusieurs autres espèces aujourd'hui assez répandues, mais dont on n'a eu à signaler pendant fort longtemps qu'une seule capture. L'Espagne et le Portugal sont loin de nous avoir livré toutes les espèces africaines qui visitent la Péninsule ibérique, et c'est de ce côté qu'arrivera certainement la confirmation que le Pinson spodiogène a réellement droit de figurer dans la Faune ornithologique d'Europe.

122 — PINSON D'ARDENNES
FRINGILLA MONTIFRINGILLA
Linn.

Joues et régions parotiques noires ; la rectrice la plus extérieure, seulement, tachée de blanc.

Taille : 0ᵐ,18 environ.

Fringilla montifringilla, Linn. *S. N.* (1766), t. I, p. 318.
Fringilla flammea, Beseke, *Vög. Kurl.* (1822), p. 73.

Struthus montifringilla, Boie, *Isis* (1828), p. 323.
Buff. *Pl. enl.* 54, f. 2.

Mâle en été : Tête, partie supérieure du cou et du corps d'un noir
bleuâtre, avec les scapulaires et une bande transversale jaune-roussâtre sur les ailes, et une autre blanche, plus large, au-dessus de
celle-ci ; croupion blanc pur ; sus-caudales noires, quelques-unes bordées de cendré ; gorge, devant du cou et poitrine d'un roux tirant sur
l'orange ; abdomen, sous-caudales d'un blanc nuancé de roussâtre,
avec les flancs tachetés de noir ; joues et côtés du cou noirs ; petites
couvertures supérieures des ailes blanches ; rémiges et rectrices noires,
la plus externe de ces dernières blanche, avec le tiers inférieur et une
partie des barbes internes noires ; bec bleuâtre ; pieds olivâtres ; iris
brun.

Mâle en automne : Il a les plumes noires de la tête, du cou et du
corps bordées de grisâtre et de jaunâtre ; le bord externe des rémiges
secondaires blanchâtre ; celui des primaires et des rectrices d'un jaune
verdâtre. Ces bordures disparaissent aux approches du printemps, bec
jaune, avec la pointe noire.

Femelle : Tête, dessus du cou et haut du dos d'un gris roussâtre ;
une bande noire descend, des yeux, sur les côtés du cou ; jaune des
parties inférieures et des ailes d'une teinte plus claire.

Jeunes avant la première mue : Ils ressemblent à la femelle ; mais
ils n'ont pas de bande blanche sur les ailes ; la teinte rousse est très-
faible, les autres couleurs sont moins pures et tirent sur le grisâtre ;
bec brun de corne.

Après la mue, les jeunes mâles ont les plumes noires largement bordées de roussâtre ; une large tache d'un blanc roussâtre derrière le cou,
séparée, par deux bandes noires, de deux autres bandes grises, qui
existent sur les côtés de cette partie.

Variétés accidentelles : On en trouve de plus ou moins blanches, de
jaunâtres et de noirâtres.

Le Pinson d'Ardennes habite, l'été, les régions les plus septentrionales, et
l'hiver, les régions tempérées de l'Europe. Il est de passage en Allemagne, en
Hollande, en Belgique et en France.

Dans nos départements du Nord, on le voit régulièrement tous les ans, et en
très-grandes bandes, aussitôt que la gelée survient ; il est surtout abondant,
dans les hivers rigoureux, sur les côtes de Dunkerque, où on le tue par milliers.
Il disparaît vers la fin de février.

Il niche dans les bois, sur les pins et les sapins. Sa ponte est de quatre ou cinq œufs d'un blanc grisâtre, nuancé de verdâtre, avec quelques taches brunes, formant une couronne vers le gros bout. Ils mesurent :

Grand diam. 0^m,02 ; petit diam. 0^m,015.

Si la tendance qu'ont certains oiseaux à vivre rapprochés les uns des autres est une preuve de leur sociabilité, on peut dire que le Pinson d'Ardennes est plus sociable que le Pinson ordinaire. L'hiver, il compose des bandes plus ou moins nombreuses. Tous les individus qui font partie de l'une de ces bandes, se rapprochent en volant, et tous prennent leur essor en même temps. Son chant est plus faible et moins varié que celui du Pinson ordinaire, aussi l'espèce est-elle moins recherchée.

Les Pinsons d'Ardennes sont pour nos oiseleurs de véritables thermomètres qui, non-seulement annoncent la saison rigoureuse, mais encore en indiquent la durée, par le plus ou moins grand nombre de sujets qui forment les bandes. Ce qu'il y a de certain, c'est qu'on n'en voit presque pas dans les hivers peu froids, et qu'aussitôt que la température devient douce, ils disparaissent.

GENRE LXVII

NIVEROLLE — *MONTIFRINGILLA*, Brehm.

Passer, p. Briss. *Ornith.* (1760).
Plectrophanes, Boie, *Isis* (1822).
Montifringilla, Brehm, *Isis* (1828).
Orites, Keys. et Blas. *Wirbelth.* (1840).

Bec robuste, allongé, conique, droit, à mandibule supérieure dépassant un peu l'inférieure ; narines basales, très-peu couvertes par les plumes du front ; ailes très-longues, aiguës, atteignant presque le bout de la queue ; celle-ci ample, à peine échancrée ; tarses forts ; ongles, celui du pouce surtout, longs et crochus.

Les Niverolles se distinguent des autres Fringillidés par leurs ailes longues et par l'ongle du pouce, dont les dimensions atteignent celles du doigt. Elles ont, comme certains Bruants, de la tendance à engraisser; aussi leur chair est-elle plus estimée que celle des Pinsons.

Le mâle et la femelle ont un plumage à peu près semblable, et les jeunes avant la première mue n'ont pas une livrée bien différente.

Une seule espèce européenne appartient à ce genre. Le *Passer alpicola* (Pall.), que le prince Ch. Bonaparte y comprend, dans le *Catalogue Parzudaki*, et dont la planche 189 de Gould (*B. of Eur.*) serait la représentation, n'a jamais été observée jusqu'ici en Europe.

125 — NIVEROLLE DES NEIGES
MONTIFRINGILLA NIVALIS
Brehm ex Briss.

Couvertures des ailes, la plupart des rémiges secondaires, toutes les rectrices, à l'exception des deux médianes, d'un blanc pur ; ongle du pouce plus long que le doigt.

Taille : 0^m,19 *environ.*

FRINGILLA NIVALIS, Briss. *Ornith.* (1760), t. III, p. 162.
PLECTROPHANES FRINGILLOÏDES, Boie, *Isis* (1822), p. 354.
MONTIFRINGILLA NIVALIS, Brehm, *Handb. Nat. Vög. Deuts.* (1831), p. 269.
LEUCOSTICTE NIVALIS, O. des Murs, *Encyc. d'hist. nat.* part. 5, p. 297.
P. Roux, *Orn. Prov.* pl. 89, *mâle* en hiver.

Mâle au printemps : Dessus de la tête et du cou d'un cendré tirant sur le bleuâtre ; dos, scapulaires d'un brun nuancé de roussâtre sur les bordures des plumes ; sus-caudales en partie blanches, en partie noires, avec leurs bords roussâtres ; parties inférieures d'un blanc lavé de cendré à la poitrine et au cou, avec une grande tache noire sous la gorge ; abdomen blanc ; sous-caudales blanches, avec quelques taches brunes à leur extrémité ; ailes noires, avec une grande bande longitudinale blanche, formée par les couvertures et la plus grande partie des rémiges secondaires ; rémiges primaires lisérées en dehors et terminées de gris roussâtre ; rectrices médianes noires, lisérées de gris roussâtre ; les autres blanches, terminées par un peu de noir, bordé de roussâtre ; la plus externe, de chaque côté, entièrement blanche ; bec noir ; pieds et iris bruns.

Mâle en automne : Teintes plus rembrunies en dessus ; tache noire du cou moins étendue ; les bordures des plumes qui la forment, cendrées ; bec jaunâtre, et pieds d'un brun plus foncé.

Femelle : Elle ne diffère du mâle que par le cendré de la tête, qui tire sur le roussâtre et l'absence de tache noire au cou.

Jeunes avant la première mue : Dessus, côtés de la tête, et nuque d'un brun cendré, avec les plumes légèrement frangées de roussâtre ; dessus du corps brun, avec les plumes lisérées de roux ; devant et côtés du cou d'un blanc cendré ; poitrine, abdomen et sous-caudales d'un blanc roussâtre ; plumes blanches des ailes et de la queue lavées de roux ocreux sur leurs bords ; plumes noires des mêmes parties bordées et terminées de cendré, les deux rectrices médianes exceptées, qui sont bordées de roussâtre ; bec jaune safran ; pieds d'un brun roussâtre.

Cette espèce habite, en Europe, les Hautes et Basses-Alpes, les Pyrénées et les Apennins, et se montre accidentellement dans le nord de la France. On l'a tuée, en automne, dans les environs d'Amiens. Elle s'avance même, d'après Bechstein, jusqu'au centre de l'Allemagne.

La Niverolle construit son nid dans les crevasses des rochers, sous les toitures des maisons. On a vu des couples venir se reproduire sous le toit hospitalier du couvent du grand Saint-Bernard. Sa ponte est de trois à cinq œufs du blanc le plus pur, ou très-faiblement lavé de verdâtre, avec des points roux et de petites maculatures de même couleur, à peine visibles, sur le gros bout. Ils mesurent :

Grand diam. 0^m,025 ; petit diam. 0^m,016 à 0^m,017.

Cet oiseau établit sa demeure sur nos Alpes, dans le voisinage des neiges et des glaces, dans les mêmes régions, par conséquent, que les Lagopèdes. Ses mœurs rappellent beaucoup celles du Moineau cisalpin. Il vit dans les lieux habités, aussi bien que dans les solitudes les plus profondes. L'hiver, lorsque les neiges deviennent trop abondantes, il descend dans les régions moins froides, mais toujours montagneuses, rarement dans les plaines. Il se nourrit de toutes sortes de graines, de semences de pin, de sapin, et d'insectes.

GENRE LXVIII

CHARDONNERET — *CARDUELIS*, Briss.

Fringilla, p. Linn. *S. N.* (1735).
Carduelis, Briss. *Ornith.* (1760).
Passer, p. Pall. *Zoogr.* (1811-1831).
Spinus, Koch, *Bai. Zool.* (1816).

Bec en cône allongé et très-légèrement fléchi, comprimé vers la pointe qui est très-aiguë ; à bords de la mandibule inférieure formant, vers la base, un angle saillant ; narines peu recouvertes par les plumes du front ; plumes tibiales descendant à peine au-delà de l'articulation tibio-tarsienne ; tarses courts, minces ; pouce plus court que le doigt du milieu, y compris les ongles ; ceux-ci médiocres, comprimés ; ailes dépassant le milieu de la queue, qui est de moyenne longueur et échancrée.

Les espèces qui composent ce genre ont des mœurs douces et familières. Elles émigrent par troupes plus ou moins considérables, restent rassemblées durant l'hiver et forment alors de grandes bandes. Leur nourriture consiste en petites graines de toutes sortes. Elles nichent à l'extrémité des rameaux flexibles des arbres de taille moyenne, et apportent beaucoup d'art dans la construction de leur nid.

Le mâle et la femelle se ressemblent, et les jeunes, avant la première mue, portent une livrée particulière.

Leur mue est simple.

Observation. Ce genre réduit aux Chardonnerets proprement dits, les Tarins en étant génériquement distraits, ne renferme plus, comme oiseau d'Europe, que l'espèce type.

Le prince Ch. Bonaparte, dans le *Catalogue Parzudaki*, y introduit une deuxième espèce, la *Fringilla orientalis* (Eversm.); seulement il oublie de nous dire sur quel point de l'Europe cet oiseau a été rencontré. La *Fringilla orientalis*, espèce asiatique, étend, il est vrai, son habitation jusque dans la Sibérie occidentale, mais son apparition dans les limites géographiques de l'Europe n'a jamais été signalée d'une manière certaine.

124 — CHARDONNERET ÉLÉGANT
CARDUELIS ELEGANS
Steph.

Toutes les rémiges, à l'exception de la première, tachées de jaune vers le milieu de leur longueur ; les deux ou trois rectrices latérales, de chaque côté, tachées de blanc vers leur tiers postérieur ; vertex et côtés de la nuque noirs.

Taille : 0^{m},15 *environ.*

FRINGILLA CARDUELIS, Linn. *S. N.* (1766), t. I, p. 318.
CARDUELIS, Briss. *Ornith.* (1760), t. III, p. 53.
PASSER CARDUELIS, Pall. *Zoogr.* (1811-1831), t. II, p. 15.
SPINUS CARDUELIS, Koch, *Baier. Zool.* (1816), t. I, p. 233.
CARDUELIS ELEGANS, Stephens, *Gener. zool. Aves,* (1826), p. 30.
ACANTHIS CARDUELIS, Keys. et Blas. *Wirbelth.* (1840), p. 61.
Buff. *Pl. enl.* 4, f. 1.

Mâle : Toute la face rouge cramoisi; vertex avec une plaque noire, prolongée jusqu'à la nuque, s'étendant de chaque côté du cou en forme de demi-collier, et suivie d'une bande transversale blanche; dessus du corps d'un brun roux clair; sus-caudales nuancées de blanc et de roussâtre; devant du cou blanc, s'étendant, sur les côtés, jusqu'au noir de la nuque; milieu de la poitrine, abdomen et sous-caudales blancs; le reste des parties inférieures nuancé de fauve; lorums noirs; ailes d'un noir à reflets veloutés, avec une grande bande transversale d'un jaune vif, et la plupart des rémiges terminées de blanc; queue noire, avec les deux ou trois pennes latérales tachées largement de blanc à l'intérieur (1), et les autres, terminées par une tache arrondie de même couleur, qui disparaît, au printemps, par l'usure des plumes; bec blanchâtre avec la pointe brune ; pieds brunâtres; iris brun foncé.

Femelle : Elle n'a pas autant de rouge à la face ; le noir de la tête et des ailes est moins intense, et mélangé de brunâtre, et les parties inférieures sont nuancées de roux.

Jeunes avant la première mue : Point de rouge à la tête ; plumage varié de brunâtre et de grisâtre.

Après la mue : Le rouge de la tête paraît ; mais il n'a tout son éclat et toute son étendue qu'à la deuxième année.

Variétés accidentelles : Le plumage du Chardonneret est sujet à de nombreuses variations. On trouve des individus entièrement blancs ou couleur isabelle; d'autres n'ont que la tête blanche; il en est qui l'ont noire ou marquée de raies oblongues ; enfin, il en existe dont la gorge est blanche. Cette variété, que l'on connaît sous le nom de *Chardonneret fevé* ou *royal*, est très-recherchée par les oiseleurs et toujours d'un grand prix. Il paraîtrait que l'oiseau ne présente cette particularité que dans un âge avancé.

La captivité apporte souvent des changements dans le plumage du Chardonneret. Il n'est pas rare d'en rencontrer chez lesquels le rouge passe à l'orange ou au jaune, et d'autres qui sont complétement noirs.

On trouve le Chardonneret dans presque toute l'Europe. Il est commun en France.

En automne et en hiver, il se réunit à d'autres Fringillidés, et forme avec eux des troupes considérables.

Il niche dans les jardins, les vergers, sur les tilleuls, les poiriers, les pommiers, les chênes verts, les mûriers, les ormes, etc. Son nid, construit avec beaucoup d'art et de solidité, a la forme d'une coupe un peu profonde. Il est composé de brins d'herbes, de racines capillaires à l'extérieur, de coton de saule ou de peuplier et de crins à l'intérieur, le tout formant un tissu compacte et serré. Sa ponte est de quatre ou cinq œufs un peu oblongs, d'un blanc légèrement azuré ou verdâtre, avec quelques points isolés, couleur de brique, et d'autres points plus rapprochés et mêlés à de petites taches brunes, vers le gros bout. Ils mesurent :

Grand diam. 0ᵐ,017 ; petit diam. 0ᵐ,013.

Le Chardonneret est un des oiseaux qui répondent le mieux aux soins que l'on prend de leur éducation. A l'état de domesticité, il s'unit avec le serin, et

(1) Les individus qui ont quatre des pennes de la queue tachées de blanc, sur les barbes internes, sont désignés par les oiseleurs sous le nom de *quatrains;* et ceux qui en ont six, par celui de *sixains.*

produit des métis dont la robe est moins riche, mais dont le chant a plus d'éclat, plus de durée et offre des sons plus mélodieux. Ces métis sont rarement féconds et la stérilité paraît être surtout l'apanage des femelles. On n'a jamais vu celles-ci pondre, tandis qu'on a des exemples de mâles qui, s'étant accouplés avec des serines, ont fécondé leurs œufs. Nous avons vu nous-même, à Paris, chez un amateur, une nichée de trois petits, dont le plumage participait de celui du mâle métis et de la femelle serine.

En liberté le Chardonneret recherche plus particulièrement, pour sa nourriture, des graines de chardons.

GENRE LXIX

TARIN — *CHRYSOMITRIS*, Boie

Fringilla, p. Linn. *S. N.*
Spinus, Koch, *Baier. Zool.* (1816).
Carduelis, Steph. *Gener. Zool.* (1826).
Chrysomitris, Boie, *Isis* (1828).
Acanthis, Keys. et Blas. *Wirbelth.* (1840).

Bec médiocrement allongé, aussi haut que large à la base, comprimé vers la pointe, mince et très-pointu ; narines basales, un peu couvertes par les plumes du front ; ailes aiguës, dépassant le milieu de la queue ; celle-ci large et échancrée ; tarses courts ; ongles comprimés, aigus, crochus.

Les Tarins, par leurs caractères zoologiques, sont très-voisins des Chardonnerets, et se rapprochent des Sizerins par leurs habitudes.

Les deux sexes portent une livrée différente et les jeunes, avant la première mue, ressemblent à la femelle.

Leur mue est simple.

Observation. Ce genre n'a qu'un représentant en Europe. Une deuxième espèce, la *Fringilla Pistacina* (Eversm.), est donnée comme européenne par le prince Ch. Bonaparte, dans le *Catalogue Parzudaki*. Nous ferons pour cette espèce l'observation que nous venons de faire à propos de la *Fring. orientalis* dans le genre *Carduelis*.

125 — TARIN ORDINAIRE — *CHRYSOMITRIS SPINUS*
Boie ex Linn.

Toutes les rémiges, à l'exception des trois premières, largement tachées de jaune à la base ; rectrices jaunes à la base, noires dans le reste de leur étendue.

Taille : 0^m,11 à 0^m,12.

FRINGILLA SPINUS, Linn. *S. N.* (1766), t. 1, p. 322.
LIGURINUS, Briss. *Ornith.* (1760), t. III, p. 63.
SPINUS VIRIDIS, Koch, *Baier. Zool.* (1816), p. 235.
LINARIA SPINUS, Leach, *Syst. Cat. M. and B. Brit. Mus.* (1816), p. 15.
SERINUS SPINUS, Boie, *Isis* (1822), p. 555.
CARDUELIS SPINUS, Steph. *Gener. Zool. Aves* (1826), t. XIV, p. 33.
CHRYSOMITRIS SPINUS, Boie, *Isis* (1828), p. 322.
ACANTHIS SPINUS, Keys. et Blas. *Wirbelth.* (1840), p. 41.
Buff. *Pl. enl.* 485, f. 3, *mâle en robe d'automne.*

Mâle en été : Vertex et nuque noirs ; dessus du cou et du corps, d'un
vert olivâtre, varié de noir et de cendré, avec le croupion et deux
bandes transversales, l'une jaune, l'autre olivâtre sur les ailes ; gorge
noire ; joues, côtés et devant du cou, poitrine et abdomen d'un jaune
verdâtre, nuancé d'olivâtre et tacheté de brun ; rémiges brunes ; moitié supérieure de la queue jaune, le reste brun ; bec blanchâtre, avec la
pointe et le dessus brunâtre ; pieds grisâtres ; iris brun.

Mâle en automne et en hiver : Plumage plus rembruni, avec les
plumes noires de la tête et de la gorge lisérées de gris.

Femelle : Point de noir à la gorge et au dessus de la tête ; ces parties
variées légèrement de gris ; dessus du corps d'un cendré verdâtre, avec
des taches longitudinales noirâtres ; dessous blanchâtre, nuancé de
jaunâtre au cou, dont les côtés, ainsi que les flancs, sont variés de
nombreuses taches longitudinales d'un brun noirâtre ; le jaune de l'aile
moins vif et moins étendu.

Jeunes avant la première mue : Ils ressemblent beaucoup à la
femelle.

Les mâles ne prennent la robe parfaite que dans la seconde année.

Variétés accidentelles : Les plus fréquentes sont celles à plumage
entièrement blanc, ou tapiré de blanc, et celles à couleur isabelle.

On rencontre le Tarin dans toute l'Europe.

Il est de passage annuel et régulier dans le nord de la France, où un grand
nombre séjournent durant l'hiver.

Il niche dans les forêts de pins et de sapins. Sa ponte est de quatre ou cinq
œufs d'un blanc grisâtre, avec quelques petites taches d'un rouge brun. Ils
mesurent :

Grand diam. 0^m,015 ; petit diam. 0^m,01 environ.

Il y a peu de Fringillidés qui se familiarisent aussi vite que le Tarin, et qui
s'habituent aussi facilement à la captivité. Il se reproduit dans les grandes vo-
lières et donne d'assez beaux métis inféconds, avec le Serin domestique et
même avec le Chardonneret. C'est un oiseau très-sociable qui vit, l'hiver, en
troupes plus ou moins nombreuses. A cette époque, on le trouve le plus or-

dinairement dans les lieux plantés d'aulnes, dont il mange les bourgeons, à
défaut d'autre nourriture. Son passage a régulièrement lieu en octobre, mais
il ne se montre pas tous les ans en même nombre. C'est en février et mars
qu'il abandonne nos contrées.

GENRE LXX

VENTURON — *CITRINELLA*, Bp.

FRINGILLA, p. Linn. *S. N.* (1766).
SPINUS, Koch, *Baier. Zool.* (1816).
CITRINELLA, Bp. *B. of Eur.* (1838).
CANNABINA, Degl. *Orn. Eur.* (1849).

Bec médiocre, entier, aussi haut que large, conique, droit,
comprimé vers la pointe ; mandibule supérieure un peu plus
longue que l'inférieure ; narines basales, cachées par les plumes
du front ; ailes longues, aiguës ; queue très-échancrée ; tarses
courts ; ongles allongés, peu recourbés.

Les Venturons se distinguent des Linottes plutôt par les mœurs et les habitudes que par les caractères physiques. Cependant ils ont une queue plus fourchue, et les deux sexes, du moins chez l'espèce d'Europe, ont un plumage à
peu près semblable.

Leur mue est simple ; et les jeunes, en sortant du nid, portent une livrée
particulière.

Ce genre n'a d'autre représentant en Europe que l'espèce type.

126 — VENTURON ALPIN — *CITRINELLA ALPINA*
Bp. ex Scop.

*Deux bandes transversales sur l'aile, d'un jaune verdâtre chez
l'adulte, d'un blanc jaunâtre chez le jeune ; rémiges et rectrices
lisérées de verdâtre.*

Taille : 0ᵐ,13 environ.

FRINGILLA CITRINELLA, Linn. *S. N.* (1766), t. I, p. 320.
SERINUS ITALICUS, Briss. *Ornith.* (1760), t. III, p. 182.
FRINGILLA ALPINA, Scop. *An. I Hist. nat.* (1769), p. 203.
SERINUS CITRINELLA, Boie, *Isis* (1822), p. 555.
CITRINELLA SERINUS, Bp. *B. of Eur.* (1838), p. 34.
CANNABINA CITRINELLA, Degl. *Ornith.* (1849), t. I, p. 234.
CITRINELLA ALPINA, Bp. *Gen. Av.* (1850), t. I, p. 520.
Buff. *Pl. enl.* 652, f. 2, *mâle*, sous le nom de *Venturon de Provence*.

Mâle : Dessus de la tête, du cou et du corps d'un gris vert jaunâtre ; front, gorge, tour des yeux, poitrine, abdomen, croupion, petites couvertures des ailes, d'une teinte plus jaune que celle du dos ; deux bandes obliques, de même couleur, sur le milieu des ailes ; rémiges et rectrices noirâtres, bordées de verdâtre en dehors ; bec brun ; pieds rougeâtres ; iris brun clair.

Femelle : Plumage plus rembruni, avec moins de jaune en dessous, et les bandes des ailes blanchâtres.

Jeunes avant la première mue : Parties supérieures d'un cendré roussâtre, avec une tache longitudinale noire au centre des plumes ; parties inférieures d'un blanc roussâtre, avec de nombreuses taches brunes, clair-semées et moins prononcées au milieu de l'abdomen ; ailes d'un cendré noirâtre, avec les couvertures largement bordées et terminées de blanc jaune d'ocre, formant deux bandes transversales, l'une sur les moyennes et l'autre sur les grandes couvertures ; rémiges brunes, bordées et terminées de gris ; rectrices également brunes, bordées et terminées de cendré blanc.

Le Venturon habite les contrées méridionales de l'Europe, telles que la Grèce, l'Italie, la Suisse, la Provence, où il est sédentaire dans certaines localités, et où il passe régulièrement tous les ans en plus ou moins grand nombre, pendant les mois d'octobre et de novembre. Il se montre accidentellement dans le nord de la France. Un mâle adulte a été pris près de Lille, le 14 octobre 1848.

Il niche dans les rameaux les plus touffus des sapins, dans les buissons. Son nid est presque aussi artistement construit que celui du Chardonneret. Sa ponte est de quatre ou cinq œufs oblongs, d'un blanc très-légèrement azuré, avec des taches couleur de brique et brunes vers le gros bout. Ils mesurent :
Grand diam. 0^m,018; petit diam. 0^m,014.

Le Venturon est un oiseau doux, timide et peu farouche. Il fréquente, l'hiver, les plaines en friche qui couronnent les coteaux, se plaît dans les lieux accidentés, et se retire, l'été, dans les régions moyennes des montagnes élevées et à demi boisées. Sa nourriture consiste en graines de plantes alpestres et surtout, durant l'hiver, en celles de la lavande commune (*lavandula spica*). Selon M. Crespon, on peut faire reproduire cet oiseau avec le Serin domestique.

GENRE LXXI

SERIN — *SERINUS*, Koch.

Fringilla, p. Lin. *S. N.* (1735).
Serinus, Koch, *Baier. Zool.* (1816).
Pyrrhula, Keys. et Blas. *Wirbelth.* (1840).

Bec court, conique, renflé, voûté en dessus, à mandibules
d'égale hauteur; narines basales, en partie couvertes par les
plumes du front ; ailes médiocres, obtuses; queue moyenne,
échancrée ; tarses de la longueur du doigt médian.

Par leurs habitudes et leur genre de vie, les Serins ont quelques rapports
avec les Linottes et les Chardonnerets. Ils émigrent souvent en compagnie de
ces oiseaux et, comme eux, se nourrissent de graines de diverses plantes et jamais de bourgeons. La plupart ont un chant varié et étendu.

Parmi les espèces que comprend ce genre, deux se rencontrent en Europe ;
les autres sont propres soit à l'Asie, soit à l'Afrique.

127 — SERIN MÉRIDIONAL — *SERINUS MERIDIONALIS* Bp.

*Croupion jaune ; sous-caudales blanches ; une double bande
transversale sur l'aile ; nuque jaunâtre, mélangée de verdâtre.*
Taille : 0ᵐ,11 d 0ᵐ,12.

Fringilla serinus, Linn. *S. N.* (1766), t. I, p. 320.
Serinus, Briss. *Ornith.* (1760), t. III, p. 179. ,
Loxia serinus, Scop. *Ann. I Hist. nat.* (1769), p. 205.
Fringilla Islandica, Fab. *Prod. Isl.* in : *Isis* supp. (1824), p. 792, et (1826),
p 1038.
Serinus meridionalis, Brehm, *Hand. Nat. Vög. Deuts.* (1831), p. 255.
Pyrrhula serinus, Keys. et Blas. *Wirbelth.* (1840), p. 40.
Buff. *Pl. enl.* 658.

Mâle au printemps : Parties supérieures olivâtres, avec des taches
longitudinales noires, le vertex, une sorte de demi-collier au bas du
cou et le croupion jaune jonquille; gorge, poitrine, abdomen d'un jaune
jonquille verdâtre ; bas-ventre et sous-caudales blancs ; flancs rayés
longitudinalement de brun ; bande sourcilière jaune ; joues et côtés
du cou verdâtres, variés de cendré et de jaunâtre; ailes pareilles au
manteau avec deux petites bandes transversales jaunâtres ; rémiges et
rectrices brunes, bordées de verdâtre; bec brun de corne en dessus,
blanchâtre en dessous ; pieds et iris bruns.

Le *plumage d'automne*, par suite du renouvellement des plumes, a
des teintes moins pures et mélangées, presque partout, d'un cendré
jaunâtre, qui disparaît au printemps par l'usure des plumes.

Femelle : Elle a moins de jaune dans le plumage, plus de noir en
dessus, et plus de taches brunes en dessous.

Jeunes avant la première mue : Ils sont variés de gris et de ver-dâtre, avec des traits bruns allongés.

Le Serin méridional ou Cini est propre à l'Asie occidentale, à l'Afrique sep-tentrionale et à l'Europe, dont il habite plus particulièrement les contrées mé-ridionales. Il n'est pas rare dans le midi de la France et, en Allemagne, dans la vallée du Rhin. En avril, il se montre assez souvent à Liége. On le ren-contre aussi dans les Hautes-Pyrénées, la Lorraine, la Bourgogne, où il se reproduit, et il s'égare même quelquefois dans les environs de Paris.

Il établit son nid sur les arbres fruitiers, les chênes verts, quelquefois sur les arbustes, tels que les romarins et les genévriers. Ce nid est construit pres-que avec autant d'art que celui du Chardonneret. La ponte est de quatre ou cinq œufs, petits, obtus, blanchâtres, avec une légère teinte cendrée, offrant, sur la grande extrémité, des taches peu nombreuses, brunes et rougeâtres, auxquelles se mêlent quelques petits traits irréguliers d'un rouge foncé. Ils mesurent :

Grand diam. 0^m,015 ; petit diam. 0^m,01.

Le Cini se nourrit exclusivement de petites graines. L'hiver, lorsque toute autre nourriture lui manque, il se rejette sur la lavande commune (*Lavandula spica*) dont il extrait les semences. C'est toujours par petites troupes qu'il effec-tue ses migrations.

Observation. — Le Gros-Bec Islandais (*Fringilla Islandica*, Fab.), décrit par Temminck, dans la quatrième partie de son *Manuel d'Ornithologie*, est une espèce purement nominale ; Faber, qui l'avait établie, l'a plus tard reconnu lui-même. Dans notre opinion, le Gros-Bec Islandais, tel que le décrit Tem-minck, d'après Faber, est un Cini en plumage d'automne.

128 — SERIN NAIN — *SERINUS PUSILLUS*
Brandt ex Pall.
(Type du genre *Metoponia*, Bp.)

Croupion gris, tacheté de noirâtre ; sous-caudales d'un blanc nuancé de jaune safran et taché de noirâtre ; nuque grise, tachée de noir.

Taille : 0^m,11 environ.

PASSER PUSILLUS, Pall. *Zoogr.* (1811-1831), t. II, p. 28.
SERINUS PUSILLUS, Brandt, *Bull. phys. math. Acad. I. St-Pétersb.* (1843), t. I, p. 366.
SERINUS AURIFRONS, Blyth.
ORÆGITHUS PUSILLUS, Cab. *Orn. notiz.* (1847).
PYRRHULA PUSILLA, Degl. *Orn. Eur.* (1849), t. I, p. 194.
METOPONIA PUSILLA, Bp. *Cat. Parzud.* (1856), p. 3.

Haut de la tête, région parotique et gorge d'un noir terne, avec le front d'un rouge vif clair ; nuque, dessus du corps et sus-caudales gris, flamméché de noirâtre au centre des plumes, celles-ci bordées de jaune safran et de gris blanc ; dessous du corps d'un blanc sale, avec des taches longitudinales noirâtres sur les flancs et les sous-caudales, le tout lavé irrégulièrement de jaune safrané ; ailes noirâtres, les petites couvertures supérieures largement bordées de jaune safrané ; rémiges primaires lisérées de cette couleur et les secondaires de gris blanc ; queue noirâtre, avec le bout également liséré de gris blanc ; bec brun ; pieds noirs.

Tels sont deux exemplaires adultes recueillis au Caucase, que possède M. de Sélys-Longchamps (1).

Suivant notre savant ami, ce sont probablement de jeunes sujets non adultes ou en plumage d'hiver, que Pallas aurait décrits de la manière suivante :

« Varié de gris et de noir ; front d'un rouge brique ; vertex noirâtre ; cou et dos à plumes grises, brunes au milieu ; ventre et couvertures inférieures de la queue blancs ; pieds noirs ; bec brun. »

Cette espèce est plus asiatique qu'européenne. Pallas dit qu'elle est commune au Caucase et le long de la mer Caspienne; qu'elle se tient, l'été, vers la région des neiges, avec la *Fringilla nivalis* et la *Sylvia erythrogastra*, et, qu'en hiver, elle descend vers les parties subalpines de la Perse.

Mœurs, régime et propagation inconnus.

GENRE LXXII

LINOTTE — *CANNABINA*, Brehm.

Fringilla, p. Linn. *S. N.* (1735).
Passer, p. Pall. *Zoogr.* (1811-1831).
Ligurinus, Koch, *Baier. Zool.* (1816).
Linaria, Boie, *Isis* (1822).
Cannabina, Brehm, *Isis* (1828).
Linota, Bp. *Dist. meth. An. vert.* (1832).

Bec court, droit, à pointe presque mousse, renflé au niveau et au delà des narines, à bords rentrants, ceux de la mandibule inférieure formant, vers la base, un angle mousse ; narines à peine recouvertes par les plumes du front; ailes atteignant à peine

(1) Voir l'excellente note de M. de Sélys-Longchamps, dans la *Revue Zoologique* pour 1847, p. 120.

le milieu de la queue, sub-aiguës ; queue médiocre, très-échancrée ; tarses courts ; ongles médiocres, comprimés.

Les Linottes ont à peu près les mœurs des Chardonnerets. Elles émigrent
comme eux en troupes, vivent rassemblées par grandes bandes, durant l'hiver ;
volent très serrées, s'élèvent et s'abattent en même temps. Leur vol est suivi
et ne s'exécute pas par élans comme celui des Moineaux. Elles se nourrissent
de toutes sortes de menues graines. Elles nichent, le plus ordinairement, sur les
arbustes, à une hauteur très-médiocre, et construisent leur nid avec beaucoup
plus de négligence que les Chardonnerets.

Le mâle diffère sensiblement de la femelle. Les jeunes, avant leur première mue, ressemblent à celle-ci ou s'en distinguent par un plumage particulier.

Leur mue est simple ; mais, chez quelques-uns, la mue ruptile a lieu au
printemps.

Observation. — Quoique les Linottes aient les plus grands rapports avec
les Chardonnerets, il n'est cependant pas possible de les confondre ; leur bec
est plus court, plus droit, plus parfaitement conique, à bords plus rentrants,
moins comprimé ; leur queue est plus longue, et leur forme générale moins
ramassée.

Tel que quelques auteurs l'ont établi, ce genre renferme les Linottes proprement dites et les Sizerins. Nous en avons distrait ces derniers, qui nous
paraissent pouvoir former une division générique parfaitement distincte. Nous
en séparons aussi les Venturons, quoique, sous bien des rapports, ils se lient
aux Linottes.

129 — LINOTTE VULGAIRE — *CANNABINA LINOTA*
G. R. Gray ex Gmel.

*Bec brunâtre ou noirâtre ; croupion blanc ; rémiges et rectrices
noires, lisérées de blanc sur leurs barbes externes ; pieds d'un brun
clair.*

Taille : 0ᵐ,14.

Fringilla cannabina, Linn. *S. N.* (1766), t. I, p. 322.
Linaria et Linaria rubra major, Briss. *Ornith.* (1760), t. III, p. 131 et 133.
Fringilla linota, Gmel. *S. N.* (1788), t. I, p. 916.
Passer papaverina, Pall. *Zoogr.* (1811-1831), t. II, p. 27.
Ligurinus cannabina, Koch, *Baier. Zool.* (1816), t. I, p. 231.
Linaria cannabina, Boie, *Isis* (1822), p. 554.
Cannabina pinetorum et arbustorum, Brehm, *Handb. Nat. Vog. Deuts.* (1831),
p. 276 et 277.
Linota cannabina, Bp. *B. of Eur.* (1838), p. 34.
Cannabina linota, G. R. Gray, *Gen. of Birds* (1841), p. 59.
Buff. *Pl. enl.* 151, f. 1, *mâle ou femelle adulte* sous le nom de *Linotte* ; f. 2,

mâle en automne, sous le nom de *Petite Linotte des vignes;* 485, f. 1, *mâle en robe d'été,* sous le nom de *Grande Linotte des vignes.*

Mâle en amour : Front et vertex d'un rouge sanguin ; occiput et nuque cendrés ; dessus du corps d'un châtain ou marron rembruni, avec le croupion blanc, varié de noir ; gorge et devant du cou d'un blanc grisâtre, varié de taches longitudinales brunes ; poitrine d'un rouge cramoisi ; milieu de l'abdomen et sous-caudales blanchâtres ; flancs d'un brun rougeâtre ; côtés du cou semblables à la nuque ; rémiges brunes, quelques-unes blanches sur les barbes externes ; queue également brune, avec les rectrices latérales bordées de blanc en dehors, et en grande partie de cette couleur sur les barbes internes ; bec brun en dessus et bleuâtre en dessous ; pieds d'un brun rougeâtre ; iris brun.

Mâle en automne : Parties supérieures d'un brun varié de roussâtre ; sinciput et poitrine d'un brun cendré, avec un peu de rouge obscur, nuancé de grisâtre ; le reste des parties inférieures blanchâtre sur le milieu du ventre, varié de brun et de roux sur les côtés ; le rouge n'occupe que la partie moyenne des plumes, lesquelles se terminent par un peu de gris roussâtre, qui disparaît à mesure que l'on avance vers l'été.

Femelle au printemps : Point de rouge à la tête, qui est cendrée et tachetée de noir, ni sur la poitrine ; cette dernière est roussâtre, variée de brun, ainsi que les parties supérieures du corps.

Femelle en automne : Semblable au mâle dans cette saison ; mais ses teintes sont plus claires, et la bordure blanche des rémiges est moins pure et a moins d'étendue.

Jeunes avant la première mue : Ils ressemblent à la femelle en automne. A cet âge, il est impossible de distinguer les sexes.

Nota. Le plumage variant naturellement suivant l'âge, le sexe et les saisons, on conçoit que cette espèce doit offrir de grandes différences suivant l'époque plus ou moins éloignée de la mue ordinaire, qui a lieu en automne, et de la mue ruptile du printemps.

Variétés accidentelles : Elles sont aussi fréquentes que chez le Chardonneret vulgaire, et sont totales ou partielles. On trouve des individus blancs ou tapirés de blanc, d'autres de couleur isabelle plus ou moins franche, on en voit aussi de noirâtres.

La Linotte vulgaire habite l'Europe, l'Asie et l'Afrique.

Elle est seulement de passage sur quelques points de la France, en automne et au printemps ; mais elle est sédentaire et abondante dans d'autres lieux ; par exemple, en Lorraine, en Anjou, en Provence, en Bretagne, etc.

Elle niche à une petite élévation du sol, sur les arbustes, les buissons. Sa ponte est de quatre à six œufs oblongs, d'un blanc légèrement azuré, avec de petits points et quelques traits d'un rouge de brique ou d'un brun foncé. Ils mesurent :

Grand diam. 0ᵐ,018 ; petit diam. 0ᵐ,013.

Cette espèce, que l'on voit, durant l'été, dans les localités accidentées, montueuses et boisées, descend, l'hiver, dans les plaines et se rassemble alors en nombre quelquefois prodigieux. Elle se nourrit de graines de millet, de lin, de rabette, de chènevis. Le mâle est fort estimé à cause de son chant doux, agréable et varié ; mais la captivité lui fait perdre la belle couleur rouge des plumes de la poitrine. Elle s'accouple assez facilement avec le Serin domestique.

150 — LINOTTE A BEC JAUNE
CANNABINA FLAVIROSTRIS
Brehm ex Linn.

Bec jaune ; croupion rouge (mâle) *ou roussâtre* (femelle) ; *deux bandes transversales sur les ailes ; pieds noirs.*

Taille : 0ᵐ,013 environ.

Fringilla flavirostris, Linn. *S. N.* (1766), t. I, p. 322.
Linaria montana, Briss. *Ornith.* (1760), t. III, p. 145.
Fringilla montium, Gmel. *S. N.* (1788), t. I, p. 917.
Cannabina flavirostris et montium, Brehm, *Hand. Nat. Vög. Deuts.* (1831), p. 278.
Linota montium, Bp. *B. of Eur.* (1838), p. 34.
P. Roux, *Orn. Prov.* pl. 93, *mâle.*
Schleg et Bp. *Mon. des Lox.* pl. 50, *mâle* et *femelle.*

Mâle en noces (Collect. de Riocourt) : Dessus de la tête, nuque et cou, en arrière, variés de taches brunes et d'un roux jaunâtre sale, le brun occupant le centre des plumes et le roux jaunâtre en colorant les bords ; ces teintes sont disposées par bandes longitudinales plus ou moins régulières et alternes ; scapulaires et plumes du dos d'un brun foncé, frangées de roussâtre ; croupion d'un beau rouge cramoisi, avec de fines stries plus foncées au centre des plumes ; sus-caudales noirâtres, lisérées de blanchâtre ; front, sourcils, joues, gorge, devant et côtés du cou d'un roux jaunâtre, varié de quelques fines mèches brunes sur les côtés du cou seulement ; régions parotiques striées de brun clair et de jaunâtre ; poitrine et flancs marqués de larges taches, très-brunes à la poitrine, d'un brun roux sur les flancs, disposées par bandes longitudinales continues ; abdomen et sous-caudales d'un blanc légèrement lavé de jaunâtre, cette teinte étant un peu plus prononcée sur les sous-caudales ; couvertures supérieures de l'aile d'un brun sombre, les petites bordées de roussâtre, les moyennes également frangées de roussâtre sur leur bord externe, et terminées de blanc, ce qui produit sur chaque aile une bande transversale ; rémiges d'un brun noir, les trois premières des primaires finement bordées, en dehors, de gris clair, les cinq ou six suivantes largement frangées, à la base, de blanc pur, formant une sorte de miroir oblong, quand l'aile est pliée ; les secondaires frangées de noirâtre à la base, ensuite de gris roussâtre, et terminées de blanchâtre ; rectrices noires, les médianes entourées par un fin liséré gris, toutes les autres bordées extérieurement et intérieurement de blanc, ces bordures étant d'autant plus larges que les pennes sont plus extérieures ; pieds et ongles noirs ; bec d'un brun clair à la pointe, d'un blanc jaunâtre dans le reste de son étendue ; iris brun.

Mâle en automne : Le plumage, en général, est plus roussâtre ; les bruns sont moins intenses ; le croupion est moins rouge et rayé longitudinalement de brun, et le bec est plus jaune.

Femelle : Point de rouge au croupion ; les teintes rousses sont plus claires, et le dessous du corps est moins blanc.

Les *jeunes de l'année* ne diffèrent de la femelle que par des teintes plus rembrunies.

La Linotte montagnarde ou à bec jaune habite le nord de l'Europe, l'Irlande, la Suède, la Norwége. Elle est de passage régulier dans le nord de la France, et se montre avec moins de régularité dans nos départements méridionaux.

Elle niche sur les montagnes arides et rocheuses, à une petite distance du sol, dans des arbustes nains ou des buissons. Sa ponte est de cinq à six œufs, semblables à ceux de la Linotte ordinaire, mais ils sont un peu plus petits et présentent fréquemment une teinte générale d'un beau vert bleu.

Cette espèce, que l'on voit en petit nombre dans nos climats, à l'époque des migrations, et souvent par couples seulement, est très-indolente et très-douce. Son chant est strident et monotone. Elle a le genre de vie de la précédente.

GENRE LXXIII

SIZERIN — *LINARIA*, Vieill.

Fringilla, p. Linn. *S. N.* (1735).
Linaria, Vieill. *Orn. élém.* (1816).

Spinus, Koch, *Baier. Zool.* (1816).
Linota, Bp. *Dist. meth. An. vert.* (1832).
Acanthis, Keys. et Blas. *Wirbelth.* (1840).
Linacanthis, O. des Murs, *Encycl. d'hist. nat.* (1854 ?).

Bec court, parfaitement droit, très-aigu, comprimé dans toute son étendue, plus haut que large ; mandibule supérieure à bords droits, sensiblement plus longue que l'inférieure, et la débordant légèrement sur les côtés, celle-ci bidentée de chaque côté à sa base ; narines profondément situées sous les plumes roides qui embrassent la base de la mandibule supérieure, et qui s'avancent jusque vers le milieu du bec ; ailes et queue assez allongées, cette dernière très-échancrée ; plumes tibiales épaisses, cachant une partie des tarses qui sont courts et faibles ; pouce aussi long et même plus long que le doigt du milieu, y compris les ongles ; ceux-ci forts, longs, dilatés à leur insertion, creusés, en dessous, d'une large gouttière.

Les Sizerins vivent en troupes pendant l'hiver, comme les Chardonnerets et les Linottes. Ils fréquentent alors les lieux plantés d'aulnes, de bouleaux, de peupliers dont ils mangent les graines ou les bourgeons. Ils ont, comme les Mésanges, la singulière habitude de s'accrocher aux petites branches des arbres et de les parcourir avec une agilité surprenante. Leur chant est strident, aigre, et n'est composé que de phrases courtes.

Le mâle et la femelle diffèrent sensiblement. Les jeunes ont un plumage assez semblable à celui de cette dernière.

Leur mue est simple ; mais, au printemps, une partie de leur plumage subit des changements qui sont le résultat de la mue ruptile.

Observations. — 1° Abstraction faite d'une certaine analogie dans le système de coloration, il est impossible, à moins de ne pas vouloir prendre en considération les caractères physiques, de laisser les Sizerins soit avec les Chardonnerets, soit avec les Linottes. La plupart des auteurs modernes les rangent parmi ces dernières, mais les Sizerins ne sont, si nous pouvons dire, des Linottes que par la couleur rouge des plumes de la poitrine et du front : pour le reste, ils en diffèrent complétement. Leur bec n'a plus la même forme ; leurs narines sont profondément cachées par les plumes qui descendent du front ; leur mandibule inférieure présente une double dent ; leurs doigts sont plus courts, leurs ongles plus forts, plus longs et autrement conformés ; leurs mœurs, enfin, offrent quelques différences remarquables. Si, parmi les nombreux démembrements du genre *Fringilla*, de Linné, il en est un que l'on puisse justifier, c'est sans contredit celui sur lequel Vieillot a fondé son genre *Linaria*.

2° Sous le prétexte étrange qu'un nom générique employé, soit en botanique, soit en ichthyologie, soit en entomologie, etc., pourrait être une source d'erreurs si on le conservait à un groupe d'oiseaux, l'eût-il reçu depuis des siècles, quelques naturalistes ont pris à tâche de débarrasser les méthodes ornithologiques de tous les noms de genre qui se trouvaient répétés dans une autre classe.

Cette réforme, dont les ornithologistes semblent avoir pris l'initiative, probablement parce que leur science leur a paru moins noble que celle des entomologistes ou des botanistes, était elle applicable à *Linaria?* Les botanistes pouvaient-ils ici alléguer la priorité? Nullement. Si Tournefort a donné le nom de *Linaria* à un genre de plantes, Gessner, près de deux cents ans auparavant, l'appliquait génériquement aux Linottes et aux Sizerins. Depuis, Willughby, Ray, Brisson et même Linnée, dans la sixième édition du *Systema Naturæ*, l'ont en quelque sorte consacré en l'adoptant. Ainsi, *Linaria* appartient aux ornithologistes, qui, les premiers, en ont fait le générique des Sizerins et des Linottes. Du reste, à quelle erreur ce nom peut-il donner lieu? Quel est le naturaliste qui doutera s'il a affaire à une espèce de Scrophularinée, de Ver némertien ou de Fringillien, lorsque, dans un traité d'ornithologie, il rencontrera *Linaria rufescens* ou *canescens?* Le prétexte allégué est donc puéril et sans fondement, et *Linaria*, ayant la priorité sur tous les autres noms génériques donnés aux Sizerins, doit être conservé.

3° Aux quatre Sizerins d'Europe depuis longtemps connus et acceptés, le prince Ch. Bonaparte en a réuni un cinquième, qu'il nomme *Acanthis Groenlandica* (*Cat. Parzud.* p. 4), sans ajouter la moindre indication de caractère. Ce Sizerin, qui est aussi l'*Acanthis lanceolata* de M. de Sélys-Longchamps (*Rev. et Mag. de Zool.* 1857, p. 123), nous est inconnu. Peut-être est-il représenté dans les galeries du Muséum d'histoire naturelle de Paris, par deux ou trois des exemplaires inscrits sous le nom de *Fring. linaria.* Si cette conjecture était fondée, la *Groenlandica* serait particulièrement caractérisée par des taches lancéolées noires et très-nombreuses sur la poitrine et sur les flancs. Quoi qu'il en soit, ce Sizerin, originaire de l'Amérique septentrionale, n'aurait jamais été trouvé, d'après M. de Sélys-Longchamps, dans les limites géographiques de l'Europe, et ne constituerait, du reste, qu'une race de la *Lin. borealis* (Vieill.).

131 — SIZERIN BORÉAL — *LINARIA BOREALIS*
Vieill.

Croupion constamment blanc, flamméché de brun noir (jeune mâle et femelle), ou nuancé de rose tendre (mâle adulte en automne), ou d'un rouge rose (mâle en amour); queue longue de 0ᵐ,055; bec, mesuré du front à la pointe, un peu plus court, ou à peine aussi long que le doigt médian, l'ongle non compris.

Taille : 0ᵐ,13 environ.

Fringilla linaria, Linn. *S. N.* (1766), t. I, p. 322.
Linaria rubra minor, Briss. *Ornith.* (1760), t. III, p. 138.

PASSER LINARIA, Pall. *Zoogr.* (1811-1831), t. II, p. 25.
? SPINUS LINARIA, Koch, *Baier. Zool.* (1816), t. I, p. 233.
LINARIA BOREALIS, Vieill. *N. Dict.* (1819), t. XXXI, p. 341.
LINOTA BOREALIS, *B. of Eur.* (1838), p. 34.
ACANTHIS BOREALIS, Keys. et Blas. *Wirbelth.* 1840, p. 41.
ACANTHIS LINARIA, Bp. *Rev. crit.* (1850), p. 172.
Vieill. *Gal. des Ois.* pl. 65.

Mâle en été : Vertex et front rouge de sang ; parties supérieures du cou et du corps variées de gris brun ; deux bandes obliques blanches sur les ailes ; croupion blanc, taché de brun et nuancé de rouge, ainsi que les sus-caudales ; devant du cou et poitrine d'un rouge pourpre, le reste des parties inférieures blanc ; flancs tachés longitudinalement de brun ; lorums et gorge noirs ; sourcils blanchâtres ; rémiges et rectrices brunes ; ces dernières bordées de blanchâtre ; bec brun foncé ; iris bruns ; pieds noirâtres.

Mâle en automne : Couleurs, en général, plus ternes ; chez les sujets vieux, seulement, du rouge au croupion ; cette partie fortement tachée de brun, les plumes noires du cou terminées par un liséré roussâtre ; bec jaune de cire, avec la pointe et une raie le long de l'arête des mandibules d'un brun noir.

Femelle : Du rouge sur le vertex seulement ; côtés du cou et de la poitrine roux ; abdomen d'un blanc sale ou roussâtre ; flancs et sous-caudales tachés de brun.

Les *jeunes avant la première mue* nous sont inconnus.

Les *jeunes de l'année* ressemblent aux femelles, et les mâles n'ont du rouge qu'au sommet de la tête.

Le Sizerin boréal habite, l'été, les régions arctiques de l'ancien et du nouveau continent. On le trouve, en Europe, jusque dans la partie moyenne de la Norwége et de l'Islande. En Amérique, il se montre jusque dans le nord du Canada. Il est de passage irrégulier dans plusieurs contrées tempérées de l'Europe.

Il fréquente les vallées humides, quelquefois même les lieux marécageux ; mais il se tient de préférence dans les endroits rocailleux et arides. Selon Vieillot, il se reproduit au Groënland, établit son nid sur les arbrisseaux, et lui donne la forme de celui de la Linotte vulgaire. Sa ponte est de quatre à cinq œufs d'un blanc bleuâtre ou verdâtre, parsemés de petites taches d'un brun rouge. Ils mesurent :

Grand diam. 0^{m},016 ; petit diam. 0^{m},013.

Les individus nourris en captivité pondent, quelquefois, des œufs qui ne diffèrent en rien de ceux provenant d'oiseaux libres.

Les migrations du Sizerin boréal dans les contrées méridionales et tempérées de l'Europe ne se font pas à des époques périodiques et régulières, comme celles de la plupart des oiseaux, et notamment du Sizerin cabaret ; elles n'ont lieu que tous les quatre, cinq et même six ans. Tantôt il se montre en très-petit nombre, d'autres fois il compose des bandes considérables.

132 — SIZERIN DE HOLBÖLL — *LINARIA HOLBÖLLII* Brehm.

Croupion blanc, flamméché de noirâtre (mâle jeune et femelle), *ou nuancé de rouge rose* (mâle en amour); *queue longue de* 0^m,065 ; *bec, mesuré du front à la pointe, beaucoup plus long que le doigt du milieu, l'ongle non compris.*

Taille : 0^m,14 *environ.*

LINARIA HOLBÖLLII, Brehm, *Handb. Nat. Vög. Deuts.* (1831), p. 280.
ACANTHIS HOLBÖLLII, Bp. et Schleg. *Mon. des Lox.* (1850), p. 53.

Mâle adulte : Front et vertex d'un rouge sanguin ; dessus du cou et du corps d'un gris roussâtre, varié de taches oblongues brunes ; croupion d'un blanc rosé, mêlé de quelques taches brunes, la teinte rose s'étendant un peu sur les sus-caudales, dont les plus longues sont brunes, lisérées de gris roussâtre ou de blanchâtre ; lorums et gorge noirs ; devant du cou et poitrine d'un pourpre clair ; tout le reste des parties inférieures blanc, avec les flancs et les sous-caudales tachés longitudinalement de brun ; ailes coupées obliquement par deux bandes blanchâtres ; rémiges et rectrices brunes, extérieurement bordées de gris roussâtre, tournant au blanc à l'extrémité des rémiges secondaires et des rectrices ; bec jaunâtre, brun à la pointe ; iris bruns ; pieds d'un brun rougeâtre.

Femelle adulte : Elle a du rouge seulement à la tête ; les parties inférieures sont moins blanches, plus roussâtres ; les côtés de la poitrine, les flancs et les sous-caudales sont variés d'un plus grand nombre de taches brunes.

Jeunes avant la première mue : Inconnus.

Le Sizerin de Holböll habite l'Europe septentrionale et occidentale.

Quoique beaucoup plus rare que le Sizerin boréal et le Sizerin cabaret, il paraît faire cependant des apparitions assez fréquentes en Saxe et en Belgique, car M. Schlegel, dans la *Monographie des Loxiens* qu'il a publiée avec la collaboration du prince Ch. Bonaparte, dit en avoir examiné un nombre considérable, pris dans ces deux pays.

Observation. — Le Sizerin de Holböll, que son bec, relativement plus long et plus volumineux que celui du Chardonneret, caractérise si bien, a cependant de si grands rapports de coloration avec la *Linaria borealis* (Vieill.), qu'il a paru à quelques naturalistes ne former qu'une race de ce dernier. Leur opinion serait assurément fondée, si, comme l'avancent MM. de Sélys-Longchamps et Schlegel, l'on trouvait des individus à bec intermédiaire, et faisant en quelque sorte transition. Toutefois, il nous semble qu'indépendamment du bec, la *Linaria Holbölhi* se distingue encore par une taille un peu plus forte (ce qui est dû, sans doute, à un plus grand allongement de la queue), et par les taches généralement plus larges et plus prononcées des parties supérieures et inférieures.

155 — SIZERIN BLANCHÂTRE — *LINARIA CANESCENS* Gould.

Croupion d'un blanc pur (mâle et femelle en hiver), *ou d'un blanc teint de rouge rose* (mâle en amour); *queue longue de* 0^m,065; *bec, mesuré du front à la pointe, à peine aussi long que le doigt médian, l'ongle non compris.*

Taille : 0^m,14.

Linaria canescens, Gould, *B. of Eur.* (1833-1837), pl. 193.

Fringilla borealis, Temm. *Man.* (1835), 3ᵉ part. p. 244, et 4ᵉ part. (1840), p. 614.

Linota canescens, Bp. *B. of Eur.* (1838), p. 34.

Linaria Hornemannii, Holb. in : *Kroger Naturhistorisk Tedskrift* (1843), t. IV, p. 398.

Acanthis canescens, Bp. *Rev. crit.* (1850), p. 172.

Bp. et Schleg. *Mon. des Lox.* pl. 34.

Mâle en été : Vertex et front d'un rouge de sang ; dessus du cou et du corps blanchâtres, avec des mèches longitudinales noirâtres ; croupion, devant du cou, poitrine d'un rouge rose ; le reste des parties inférieures blanc ; lorums et gorge noirs ; rémiges et rectrices brunes, bordées de blanc pur ; bec brun à l'époque des amours, jaune en dessous et brun en dessus le reste de l'année ; pieds bruns en hiver ; iris brun.

Femelle en été : Semblable au mâle, mais sans rouge au cou et à la poitrine, avec le dessous du corps blanc, rayé de brun sur les côtés.

Mâle et femelle en hiver : Fond du plumage blanc, flammé de brun ; croupion d'un blanc pur ; noir des lorums et de la gorge terne.

Les *jeunes avant la première mue* nous sont inconnus :

Les *jeunes de l'année* ressemblent beaucoup à la femelle, mais ils ont toutes les parties antérieures du corps fortement lavées de jaunâtre, et le rouge du sommet de la tête moins étendu.

Cette espèce habite le Groënland, et se montre accidentellement en Allemagne, en Belgique et dans le nord de la France.

Le Sizerin blanchâtre niche sur les arbustes et les buissons. Il a les mœurs de ses congénères.

Un sujet pris aux filets, près d'Abbeville, et nourri en cage, faisait partie de la collection de M. Baillon.

Observation. — Temminck rapporte à la *Linaria canescens* le Sizerin boréal de Vieillot et de P. Roux, qui en est parfaitement distinct. Le mâle et la femelle de son Gros-Bec boréal (en livrée d'automne), sont des individus de l'espèce décrite par Vieillot. Celle-ci (*Linaria borealis*) se distingue toujours de la *Linaria canescens* par une taille plus petite, par une queue plus courte, par son croupion qui n'est jamais d'un blanc pur et par ses ongles plus allongés. Temminck n'aurait probablement pas confondu ces deux espèces boréales, s'il les avait eues en même temps sous les yeux.

154 — SIZERIN CABARET — *LINARIA RUFESCENS*
Vieill.

Croupion constamment roussâtre, flamméché de brun (mâle en automne, mâle jeune et femelle), *ou d'un rouge cramoisi* (mâle en amour); *queue longue de* $0^m,05$; *bec, mesuré du front à la pointe, un peu plus court que le doigt médian, l'ongle non compris.*
Taille : $0^m,11$.

Linaria minima, Briss. *Ornith.* (1760), t. III, p. 142.
Fringilla linaria, var. A. Lath. *Ind.* (1790), t. I, p. 453.
Spinus linaria, Koch, *Baier. Zool.* (1816), t. I, p. 233.
Linaria rufescens, Vieill. *N. Dict.* (1817), t. XXXI, p. 342.
Linota linaria, Bp. *B. of Eur.* (1838), p. 34.
Linaria flavirostris, Brehm, *Handb. Nat. Vög. Deuts.* (1831), p. 282.
Acanthis rufescens, Bp. *Rev. crit.* (1850), p. 171.
Linacanthis rufescens, O. des Murs, *Encycl. d'hist. nat.* 5e part. p. 304.
Buff. *Pl. enl.* 485, f. 2.
Bp. et Schl. *Mon. des Lox.* pl. 54, *mâle et femelle.*

Mâle en été : Vertex et front d'un rouge sanguin; nuque et dessus du corps variés de brun et de roux clair, avec deux bandes transversales blanchâtres sur les ailes; devant du cou et poitrine d'un rouge cramoisi; abdomen et sous-caudales blancs, variés de taches brunes, plus nombreuses sur les flancs; lorums et gorge noirs; rémiges et rectrices brunes, lisérées de roussâtre en dehors; bec jaune, avec le dessus et la pointe noirs; pieds brunâtres; iris brun.

Femelle en été : Point de rouge sur le devant du cou et à la poitrine; celui de la tête moins éclatant que dans le mâle.

Mâle et femelle en automne : Plumage plus rembruni, fortement varié de brun et de roussâtre, avec le croupion marqué de mèches brunes, plus larges et plus foncées.

Au printemps, le rouge des parties inférieures, qui se développe durant l'hiver, s'étend jusqu'au bas-ventre, beaucoup plus loin que chez la *Linaria borealis.* Celle-ci a, du reste, le fond du plumage plus blanc et la tache noire de la gorge plus grande.

Jeunes avant la première mue : Point de rouge à la tête et à la poitrine; le fond du plumage plus roussâtre; semblable à la femelle après la mue.

Nota. Le plumage de cette espèce et des précédentes perd beaucoup de sa fraîcheur en captivité; le rouge du front devient terne et prend une teinte orangé sale; celui de la poitrine disparaît complétement. Ce n'est qu'à l'âge de deux ans que, dans l'état de liberté, ils prennent leur belle livrée.

Le Cabaret ou Sizerin roussâtre habite le cercle arctique, et passe régulièrement, en automne et au printemps, dans plusieurs localités de la France et surtout dans le nord.

D'après Vieillot, le Cabaret ne se trouve pas dans le nord de l'Amérique, où le Sizerin boréal est commun.

Il niche dans les taillis. Sa ponte est de quatre ou cinq œufs d'un blanc grisâtre ou légèrement azuré, avec de très-petites taches et quelques traits gris roux et bruns, plus nombreux au gros bout, où ils forment quelquefois une couronne. Ils mesurent :

Grand diam. 0^m,016; petit diam. 0^m,013.

Le Sizerin cabaret n'émigre pas de loin en loin comme le Sizerin boréal; ses passages sont réguliers et annuels; seulement il se montre en plus ou moins grand nombre, selon les années. On a remarqué qu'il était moins abondant les années où le Sizerin boréal se montre. L'un et l'autre ont le même genre de vie, mais leur chant diffère sensiblement. Le Sizerin cabaret est recherché cause de son plumage, de sa vivacité et de son ramage.

SOUS-FAMILLE XXVIII

EMBÉRIZIENS — *EMBERIZINÆ*

Bec droit, pointu, à bords rentrants; palais généralement tuber-culé, ou tout au moins fortement convexe.

Les Embériziens se distinguent facilement de tous les autres Fringillidés par la forme particulière de leur bec.

Ils sont répandus dans l'ancien et dans le nouveau continent, et la plupart d'entre eux se rencontrent en Europe.

Observations. — Le genre linnéen *Emberiza*, auquel répond cette sous-famille, en tenant compte seulement des espèces européennes, a été, comme le genre *Fringilla*, si profondément démembré, que son nom même a disparu de certaines méthodes, et que le prince Ch. Bonaparte l'a réduit, en dernier lieu, aux *Emb. citrinella* et *cirlus*.

Débarrassé, d'abord, des Plectrophanes, par Meyer; ensuite des Bruants paludicoles, par Boie, qui en a fait des *Cynchrami;* puis du Proyer, que Brehm a nommé génériquement *Miliaria*, le genre Bruant, ainsi réduit, a encore fourni à Kaup les éléments des genres *Cia*, *Cirlus*, *Citrinella*, *Orospina*, reposant, les trois premiers, sur les *Emb. cia, cirlus, citrinella;* le dernier, sur l'espèce nominale *Emb. provincialis*. Le prince Ch. Bonaparte, qui stigmatisait en 1850 (*Revue critique*, p. 37) « les absurdes genres de Kaup, » tombait en 1856 dans un excès plus grand encore, et admettait pour les *Emberizæ* (les Plectrophanes, distingués par lui en *Plectrophanes* et en *Centrophanes*, étant écartés), huit genres, qu'il se bornait à nommer, sans leur assigner le moindre caractère. Ces genres sont :

Cynchramus (*Miliaria*, Brehm), pour l'*Emb. miliaria*.

Emberiza, pour les *Emb. citrinella, cirlus, cia, cioïdes, pithyornus, chrysophris*.

Buscarla, pour les *Emb. provincialis, lesbia* (espèces nominales) et *pusilla*, parmi lesquelles cette dernière est seule à conserver, l'*Emb. provincialis* étant une jeune *Emb. Schœniclus*, et l'*Emb. lesbia* une jeune *Emb. rustica*.

Schœnicola (*Cynchramus*, Boie), pour les *Emb. Schœniclus* et *Pyrrhuloides*.

Hortulanus, pour l'*Emb. hortulanus* et l'*Emb. cæsia*, dont il faisait, en 1850, une *Fringillaria* et la congénère d'*Emb. striolata*.

Hypocentor, pour l'*Emb. aureola*, qu'il rangeait, en 1850, dans son genre *Euspiza*, et l'*Emb. rustica*, dont il avait fait jusqu'alors un vrai Bruant (*Emberiza*).

Fringillaria, pour l'*Emb. striolata*.

Enfin Granativora (*Passerina*, Vieill.), pour l'*Emb. melanocephala*, resté jusqu'alors une *Euspiza*.

Quelques mois plus tard (*Revue et Mag. de Zool.* avril 1857, 2ᵉ sér., t. IX, p. 160), le prince Ch. Bonaparte reproduisait ces mêmes genres, moins *Gra-*

nativora, laissé parmi les Spiziens, et en ajoutait un nouveau sous le nom d'*O-nychospiza*, pour l'*Emb. fucata* (Pall.). En outre, quelques-uns d'entre eux étaient remaniés, et telles espèces qui avaient appartenu jusque-là aux *Emberizæ veræ*, comme les *Emb. chrysophris, pithyornus, cia* et *cioïdes*, devenaient, la première, un *Hypocentor*; les trois autres, des congénères d'*Emb. pusilla*, dans son genre *Buscarla*. Les *Emb. cirlus* et *citrinella*, comme nous l'avons dit plus haut, restaient seules des *Emberizæ*.

Lorsqu'on cherche quelle peut être la valeur de ces diverses coupes, on trouve que la plupart d'entre elles ne peuvent reposer que sur des caractères insigni-fiants et souvent sur le plus ou moins de développement, le plus ou moins de courbure de l'ongle du pouce. Si le Proyer peut être détaché des vrais Bruants à cause de sa queue presque unicolore, de son plumage identique dans les deux sexes, et surtout de ses mœurs; si l'*Emb. striolata*, par ses tarses et ses ongles grêles, par son bec, par ses ailes sub-obtuses, se différencie assez nettement; si l'on peut fonder un genre sur les Bruants paludicoles, à cause de leurs habitudes, de leur palais lisse et d'un faciès caractéristique; si, à la rigueur, l'*Emb. aureola*, qui n'a pas le tubercule palatin des Bruants, peut, par cela seul, en être détaché, il nous paraît difficile de ne pas comprendre tous les autres Bruants sous le même nom générique. Dans tous les cas, l'*Emb. cia* ne peut être éloigné de l'*Emb. cirlus*, surtout pour être associé à l'*Emb. pusilla* qui pour nous est un *Cynchramus*, ou Bruant paludicole. Par le même motif l'*Emb. pithyornus*, qui a un tubercule au palais, ne saurait être congénère de cette *pusilla*, qui n'en a pas, et doit rentrer, avec le Bruant fou, le Bruant cen-drillard et l'Ortolan, dans le genre *Emberiza*. Quant à l'*Emb. chrysophris*, nous ne le rangeons parmi les vrais Bruants qu'avec doute, attendu qu'il ne nous a pas été possible de constater sur le seul exemplaire que possède le Museum d'histoire naturelle, si l'espèce a ou n'a pas un tubercule au palais. Peut-être serait-il mieux à sa place parmi les Bruants paludicoles, auxquels il semble se rapporter par son système de coloration.

En conséquence, la sous-famille des Embériziens, en y comprenant l'*Emb. melanocephala*, qui, pour quelques ornithologistes, fait partie d'une autre sous-famille, nous semble pouvoir se composer des genres *Passerina*, *Fringillaria*, *Miliaria*, *Emberiza*, *Cynchramus* et *Plectrophanes*, ce dernier faisant le passage aux Alaudidés par ses caractères et par les habitudes des espèces qui le composent.

GENRE LXXIV

PASSÉRINE — *PASSERINA*, Vieill.

Emberiza, p. Scop. *An. I. Hist. nat.* (1769).
Passerina, Vieill. *Ornith. élém.* (1816).
Euspiza, Bp. *Distr. meth. An. verteb.* (1832).
Hypocentor, Cab. *Mus. Orn. Hein.* (1850-1851).
Granativora, Bp. *Cat. Parzud.* (1856).

Bec conique, allongé, comprimé vers la pointe, à bords ren-

trants, légèrement ondulés, à commissures obliques, à arête
très-gibbeuse au-dessus des narines et s'élevant au niveau du
crâne; palais lisse, à peine convexe; narines ovales, en partie
cachées par les plumes du front; ailes sub-aiguës, allongées;
queue longue, ample, échancrée; tarses épais; doigts médiocres,
le médian, y compris l'ongle, de la longueur du tarse; ongles
médiocres, peu recourbés, aigus.

Les Passérines se distinguent des vrais Bruants par l'absence du tubercule
palatin, par un bec plus allongé, plus élevé, à commissures plus obliques;
mais ils n'en diffèrent pas sous le rapport des mœurs.

Le mâle et la femelle adultes ne portent pas la même livrée, et les jeunes
ont un plumage qui a de l'analogie avec celui de la femelle. Leur mue est
simple à l'automne, ruptile au printemps.

Observation. — Les deux espèces que nous comprenons dans ce genre,
ont été pour le prince Ch. Bonaparte, des *Emberizæ* en 1838, des *Euspizæ* en
1850, et sont devenues étrangères l'une à l'autre en 1856. L'une (*Emb. aureola*),
a repassé aux Embériziens, comme type du genre *Hypocentor* de M. Cabanis;
l'autre (*Emb. melanocephala*), est restée Spizien, mais en perdant son générique
Euspiza pour devenir, elle aussi, type d'une coupe (*Granativora*) de nouvelle
formation. Une seule chose a disparu complétement au milieu de toutes les
créations, mutations, rectifications dont quelques méthodistes contemporains
nous ont donné le spectacle : c'est le nom générique imposé par Vieillot aux
oiseaux dont il est question. Ce nom n'est plus aujourd'hui que le très-hum-
ble synonyme de genres ultérieurement créés à ses dépens. Que les Passérines de Vieillot fussent susceptibles de démembrements, on ne saurait le nier;
mais, au moins, fallait-il, comme on l'a fait pour les genres Linnéens, *Fringilla*, *Motacilla*, *Picus*, etc., bien autrement disparates, conserver à l'un des
démembrements, le nom donné par le créateur du genre. Ce nom, l'équité et
la loi de priorité nous font un devoir de le rétablir, en l'affectant aux espèces
suivantes.

153 — PASSÉRINE AURÉOLE — *PASSERINA AUREOLA*
Vieill. ex Pall.
(Type du genre *Hypocentor*, Caban.)

Croupion roux-marron pourpre (mâle adulte); *rémiges lisérées
de jaunâtre en dehors ; la première et la deuxième égales et les plus
longues : une longue tache oblique blanche sur la rectrice la plus
extérieure et un trait de même couleur sur les barbes internes de la
suivante.*

Taille : 0^m,15.

EMBERIZA PINETORUM, Lepechin, *Voy.* (1771), t. II, p. 188.

EMBERIZA AUREOLA, Pall. *Voy.* (1776), éd. franç in-8°, append. t. VIII de p. 61.

EMBERIZA SELYSII, Verany, *Act. du Congrès Sc. de Naples* (1845).

EMBERIZA DOLICHONIA, Bp. *Atti della settima adun. degli Scien. Ital.* (1845), p. 715.

PASSERINA AUREOLA et COLLARIS, Vieill. *N. Dict.* (1819), t. XXV, p. 6 et 9.

EUSPIZA AUREOLA, Bp. *Rev. crit.* (1850), p. 166.

HYPOCENTOR AUREOLUS, Cab. *Mus. Ornith. Hein.* pars 1ᵃ, Osc. (1850-1851), p. 123.

Gould, *B. of Eur.* pl. 174.

Mâle adulte : Dessus de la tête, du cou, du corps, d'un roux marron-pourpre ; face d'un noir profond ; devant du cou avec un large collier marron ; une partie du cou, poitrine et flancs d'un beau jaune serin, avec des mèches couleur marron sur ces dernières parties ; milieu du ventre et sous-caudales blanchâtres ; poignet de l'aile d'un blanc pur ; couvertures alaires comme le dessus du corps ; rémiges brunes, lisérées de gris ; pennes caudales comme les rémiges, avec une grande tache conique blanche sur la plus externe de chaque côté et une petite tache longitudinale sur la suivante ; bec brun en dessus, rougeâtre en dessous ; pieds bruns.

Femelle adulte : Vertex et croupion, seulement, d'un roux marron-pourpre ; nuque et manteau d'un brun terne, avec de grandes mèches noires ; face d'un gris noirâtre ; devant du cou avec un collier marron très-étroit ; flancs nuancés d'olivâtre et marqués de larges mèches brunes ; poignet de l'aile d'un gris blanchâtre ; point de tache blanche sur la deuxième rectrice externe.

Jeune mâle d'un an : Dessus de la tête et du corps d'un gris brun, avec une tache brune au centre de chaque plume ; une large raie sourcilière, allant du front à l'occiput, bordée de roux marron très-pâle ; croupion roux-marron, avec un trait brun au centre de chaque plume ; petites et moyennes couvertures des ailes noirâtres, bordées de gris blanc ; au bas du cou et s'étendant d'un côté à l'autre, en passant sur la poitrine, un collier jaune pâle ; poitrine et flancs de la même couleur, mais avec des mèches brunes, qui grandissent en avançant de la région fémorale ; abdomen et une bande qui, du bec, s'étend derrière l'œil, où elle s'élargit, d'un blanc pâle et jaunâtre.

Jeunes avant la première mue (quelques jours après la sortie du nid) : Dessus de la tête, du cou, dos, croupion d'un brun olivâtre, mélangé de jaunâtre, avec des mèches noires au centre des plumes ; sourcils d'un jaune sale, arrêtés, en haut, par de rares taches d'un brun

noir ; tache parotique d'un brun jaunâtre, encadrée par une étroite
bande noirâtre ; parties inférieures d'un jaune serin terne, varié, sur
la poitrine, de mèches brunes ; flancs d'un brun jaunâtre, marqués de
flammèches brunes ; sous-caudales d'un jaune pâle ; ailes brunes, traversées par deux bandes d'un blanc jaunâtre ; rémiges secondaires
largement frangées de brun jaunâtre ; rectrices brunes, la plus extérieure coupée obliquement par une grande tache blanche ; la suivante
avec une longue tache de même couleur sur les barbes internes ; pieds
couleur de chair.

La Passérine auréole habite l'Asie, depuis l'Oural jusqu'au Kamtschatka.
Elle est de passage en Italie, dans le midi de la France, en Crimée et probablement dans quelques autres parties méridionales de la Russie.

Elle niche à une petite distance du sol. Sa ponte est de quatre œufs, obtus
aux deux bouts, à fond blanc, et marqués assez régulièrement de petits points
d'un brun foncé. Ils mesurent :

Grand diam. 0ᵐ,023 ; petit diam. 0ᵐ,016.

L'Auréole vit par petites familles, et jamais par bandes, comme l'a constaté
M. Martin. Les jeunes sur le point de quitter le nid sont très-farouches et il
est difficile de les élever. Le régime de cet oiseau consiste en très-petits coléoptères et en pucerons. M. Martin, qui en a ouvert plusieurs, n'a jamais rencontré une seule graine dans leur jabot.

Suivant cet observateur habile, l'Auréole a des mœurs douces et paisibles.
Elle arrive dans les monts Ourals vers la fin de mai, et se cantonne dans les
taillis de jeunes bouleaux, en plaine, jamais dans les grands bois. Elle est très-
peu sauvage à l'époque des amours. Le mâle fait entendre alors, d'une voix
pleine et très-étendue, un chant peu varié, mais qui ne manque pas d'agrément, et s'éloigne peu du lieu qu'il a choisi pour se reproduire.

Observations. — 1° « La remarquable *Euspiza dolichonina* », Bp. (*Rev. crit.*
1850, p. 37), ou *Dolychonica*, Bp. (même ouvrage, p. 166) ; ou *Dolichonia*, Bp.
(*Consp. Av.* 1850, t. I, p. 468) ; ou *Hypocentor dolychonius*, Bp. (*Cat. Parzud.* 1856,
p. 4), est tout simplement, ainsi que M. de Sélys-Longchamps l'a pensé (*Rev. et
Mag. de zool.* 1857, t. IX, p. 127), un jeune de l'*Emb. aureola*, Pall. La diagnose
que le prince Ch. Bonaparte trace de sa *Dolichonia* (*Consp. Av.* p. 468) se rapporte exactement à la description que nous donnons du jeune à la sortie du
nid ; description qui a été faite sur des sujets de la collection de M. Hardy, recueillis, par M. Martin, dans les monts Ourals. Du reste, les caractères tirés de
la forme du bec et des pennes de la queue, caractères à l'aide desquels le
prince Ch. Bonaparte a cherché, jusqu'à la fin, à légitimer sa prétendue espèce,
confirment pleinement l'opinion de M. de Sélys-Longchamps, car ils appartiennent au premier âge.

2° M. Jaubert (*Rev. et Mag. de zool.* 1855, t. VII, p. 309 et 312) veut faire une
Emb. aureola, en livrée de premier âge, de l'oiseau représenté dans les *Enluminures* de Buffon (pl. 656, f. 1) sous le nom de *Gavoué de Provence*. Nous ne

saurions partager sa manière de voir, même en retranchant, comme il le fait, une moustache certainement très-gênante, et qui existe non-seulement dans la figure donnée par Martinet, mais aussi dans la trop courte description laissée par Buffon. L'*Aureola*, sous tous ses plumages connus, et quel que soit le sexe, a toujours du jaune aux parties inférieures, et n'a jamais le poignet rouge ; le *Gavoué de Provence*, au contraire, a les parties inférieures brunâtres ou blanchâtres et le poignet rouge. Par ce dernier caractère, et par la tache brune de la région parotique, il se rapporte manifestement à une espèce du groupe des Bruants paludicoles, et probablement au *Schœniclus*, ce que l'on soupçonnait depuis longtemps, et ce que le prince Ch. Bonaparte a fini par admettre.

3° Ce n'est plus dans le *Gavoué* que le prince Ch. Bonaparte (*Rev. et Mag. de zool.* 1857, t. IX, p. 164), a vu une jeune *Aureola*, mais dans le *Mitilène de Provence* figuré sous le numéro 2 de la même planche (*Enlum.* 656). Nous avouons ne rien comprendre à un pareil rapprochement. Si un oiseau s'éloigne, sous tous les rapports, de l'Auréole, c'est certainement le Mitilène de Buffon. Nous venons de dire que l'Auréole, dans son premier âge, a le croupion brun-olivâtre flamméché ; des sourcils jaunâtres ; toutes les parties inférieures jaunes, avec des mèches à la poitrine et sur les flancs. Plus cet oiseau est jeune, plus son bec paraît convexe, parce qu'il est plus court. Le Mitilène des planches enluminées n'a rien de semblable dans son plumage, et, qui plus est, aucun état de l'Auréole ne peut lui être comparé. Enfin son bec, par sa forme droite, s'éloigne de la forme convexe que présente, à tout âge, celui de l'Auréole. L'idée de l'identifier à cette espèce est donc inexplicable, et elle l'est d'autant plus de la part du prince Ch. Bonaparte, qu'il n'était pas sans savoir que l'on peut rapporter avec quelque certitude le Mitilène au Rustique.

156 — PASSÉRINE MÉLANOCÉPHALE
PASSERINA MELANOCEPHALA
Vieill. ex Scop.

(Type du genre *Euspiza* (1842), Bp. ; *Granativora* (1856), Bp.)

Croupion roux clair (mâle adulte), *ou cendré roussâtre* (femelle) ; *rémiges lisérées de blanc en dehors, la première et la deuxième égales et les plus longues ; la rectrice la plus extérieure, seulement, lisérée de blanc.*

Taille : 0ᵐ,18 environ.

EMBERIZA MELANOCEPHALA, Scopoli, *An. I. Hist. Nat.* (1769), p. 142.

TANAGRA MELANICTERA, Güldenst. *Nov. com. Acad. sc. Petrop.* (1775), t. XIX, p. 466.

FRINGILLA CROCEA, Vieill. *Ois. chant.* (1805), pl. 27.

XANTHORNUS CAUCASICUS, Pall. *Zoogr.* (1811-1831), t. I, p. 428.

PASSERINA MELANOCEPHALA, Vieill. *N. Dict.* (1817), t. XXV, p. 28.

EUSPIZA MELANOCEPHALA, Bp. *B. of Eur.* (1838), p. 32.

EMBERIZA GRANATIVORA, Ménést. *Cat. Cauc.* (1832), p. 40.
GRANATIVORA MELANOCEPHALA, Bp. *Cat. Parzud* (1856), p. 5.
P. Roux, *Orn. Prov.* pl. 104 *bis, mâle* au printemps; 104 ter, *femelle.*
Gould, *B. of Eur.* pl. 172.

Mâle en été : Dessus de la tête, région des yeux et des oreilles d'un noir pur ; dessus du cou, du dos et croupion roux ; parties inférieures, côtés du cou et sous-caudales d'un beau jaune jonquille, nuancé de roux vif sur les côtés de la poitrine ; ailes brunes, avec les rémiges bordées de grisâtre ; queue d'un brun cendré roussâtre, avec les bordures des pennes d'une teinte plus claire ; bec bleuâtre ; pieds et iris d'un brun roux.

Mâle en automne : Noir de la tête moins pur, les plumes de cette partie étant lisérées de brun ; roux des parties supérieures moins vif, légèrement nuancé de grisâtre ; jaune des parties inférieures d'une teinte plus claire, et roux des côtés de la poitrine peu apparent et moins étendu.

Femelle : Gorge blanche ; parties supérieures d'un cendré roussâtre ; parties inférieures d'un roux blanchâtre, nuancé de jaune en quelques points.

Les *jeunes avant la première mue* nous sont inconnus.

La Passérine mélanocéphale ou Crocote habite le midi de l'Europe et l'Asie Mineure. Elle est commune en Morée, et se montre accidentellement en France et en Allemagne.

Elle niche sur les buissons, particulièrement sur le *Bariurus aculeatus*, à peu de distance de terre. Sa ponte est de quatre ou cinq œufs blanchâtres, ou d'un cendré verdâtre, avec de très-petits points et des taches grises et d'un brun plus ou moins verdâtre. Ils mesurent :

Grand diam. 0^m,022 à 0^m,023 ; petit diam. 0^m,016.

Mœurs, habitudes et régime inconnus.

GENRE LXXV

FRINGILLAIRE — *FRINGILLARIA*, Swains.

FRINGILLA, Licht. *Doubl. Zool. Mus.* (1823).
EMBERIZA, Cretzschmar, in : Rüpp. (1826).
FRINGILLARIA, Swains. *Nat. Syst. B.* (1833).
POLYMITRA, Cuban. *Mus. Orn. Hein.* (1850-1851).

Bec conique, comprimé dans sa moitié antérieure, aigu, entamant le front, à bords presque droits, peu rentrants ; palais lisse (?) ; narines basales, ovalaires ; ailes médiocrement allongées, sub-obtuses ; queue longue, ample, presque égale, unicolore ; tarses minces ; doigts antérieurs grêles, courts, le médian moins long que le tarse ; pouce épais ; ongles très-courts, très-faibles, aigus et peu recourbés.

Les Fringillaires sont parfaitement caractérisés par des doigts et des ongles très-grêles et courts, et par des ailes obtuses. Ils font le passage des Embérizions aux Fringilliens par leurs formes générales. Leurs mœurs sont fort peu connues.

L'une des espèces qui composent le genre se montre accidentellement en Europe.

137 — FRINGILLAIRE STRIOLÉ
FRINGILLARIA STRIOLATA
Swains. ex Licht.

Croupion roux ; rémiges lisérées de roux en dehors, la première plus courte que la quatrième et même que la cinquième ; point de taches blanches aux rectrices.

Taille : 0ᵐ,14 environ.

Fringilla striolata, Licht. *Doubl. Zool. Mus.* (1823), nº 245, p. 24.

Emberiza striolata, Cretzschmar, in : Rüpp. *Reise Nordt. Afr.* (1826), *Vog.* p. 15, pl. 10, *a.*

Fringillaria striolata, Swains. *Nat. Syst. B.* (1837), p. 290.

Polymitra striolata, Caban. *Mus. Orn. Hein.* pars 1ª, Osci. (1850-1851), p. 129. Gould, *B. of Eur.* pl. 152.

Mâle adulte : Tête, cou et poitrine d'un cendré bleuâtre, variés de taches longitudinales noires ; parties supérieures d'un roux rougeâtre très-légèrement nuancé de brunâtre ; abdomen et ventre d'un roux moins vif, tirant sur le grisâtre et tacheté de brun sur les côtés ; rémiges et rectrices noirâtres, bordées de roux en dehors ; bec brun en dessus, jaunâtre en dessous ; pieds couleur de chair ; iris brun clair.

Femelle : Tête variée de brun et de roussâtre ; dessus du corps d'un roux moins vif que dans le mâle et taché de brun ; cou, haut de la poitrine d'un cendré varié de brunâtre ; abdomen, flancs et sous-caudales roux ; petites couvertures des ailes d'un roux vif, les moyennes et les grandes brunes, avec de larges bordures d'un roux vif ; rémiges et rectrices brunâtres et bordées de roussâtre.

La *Fringillaria striolata* habite l'Afrique septentrionale. Elle se montrerait accidentellement dans l'Europe méridionale, et ne serait pas rare, dit-on, en Andalousie.

Ses mœurs, son régime, ses habitudes et sa propagation sont inconnus.

Observation. — L'apparition de cet oiseau en Europe ne reposerait pas, selon M. de Sélys-Longchamps, sur des renseignements assez authentiques, et devrait, par conséquent, n'être admise qu'avec doute. Cependant, Temminck et, après lui, le prince Ch. Bonaparte l'indiquent comme se trouvant dans la péninsule Ibérique, et il n'y a pas impossibilité, en effet, à ce qu'il puisse s'y montrer. C'est aux naturalistes de l'endroit, à ceux de l'Andalousie particulièrement, où Temminck dit l'oiseau assez commun, à élucider cette question.

GENRE LXXVI

PROYER — *MILIARIA*, Brehm.

Emberiza, p. Linn. *S. N.* (1748).
Miliaria, Brehm, *Isis* (1828).
Spina, Kaup, *Nat. Syst.* (1829).
Cynchramus, Bp. *B. of Eur.* (1838).
Spinus, G. R. Gray, ex Mœhring, *Gen. of B.* (1841).
Cryptophaga, Caban. *Mus. Orn. Hein.* (1850-1851).

Bec fort, conique, comprimé, beaucoup plus haut que large, entamant le front, à bords des deux mandibules très-infléchis en dedans, surtout vers le centre du bec; palais muni d'un tubercule oblong, très-prononcé; narines basales, orbiculaires; ailes allongées, sub-aiguës; queue ample, légèrement échancrée, presque unicolore; tarses longs, épais; ongles forts, celui du pouce aussi long que le doigt et faiblement arqué.

Le genre Proyer est un des plus légitimes qui ait été établi aux dépens des *Emberizæ*, et cependant ses caractères différentiels ne sont pas des plus tranchés. Une mandibule supérieure à bords un peu plus rentrants, des tarses un peu plus allongés et un peu plus forts, ne caractériseraient peut-être pas suffisamment les Proyers, s'ils ne se distinguaient franchement des autres Bruants par une queue presque unicolore, et surtout par un plumage identique dans les deux sexes, à tous les âges.

C'est particulièrement aussi par les mœurs, par la voix, par le vol, que les Proyers diffèrent des autres Bruants. Ils sont très-sociables, se recherchent, vivent une partie de l'année réunis en troupes plus ou moins grandes, émigrent par bandes, fréquentent de préférence les campagnes découvertes, et ont l'habitude, quel que soit leur nombre, de prendre simultanément et non successivement leur essor, lorsqu'une cause quelconque les force à se déplacer. Les mâles, à l'époque des amours et pendant que les femelles couvent, ont aussi une habitude qui n'est propre qu'au Proyer, parmi les Embériziens. Elle consiste, non plus à s'élever en chantant à la manière des Alouettes, mais à se porter d'un arbre à l'autre en papillonnant à l'aide de fréquents battements d'ailes et en laissant pendre les pieds, ce qu'ils ne font ordinairement pas dans le vol franc. Celui-ci est beaucoup plus rapide, plus direct et moins onduleux que chez les autres Embériziens. Enfin, le chant des Proyers est une succession de notes cadencées, stridentes, peu variées, et rappelle un peu celui des Bruants proprement dits; mais leur cri d'appel diffère de celui de ces derniers et a quelque analogie avec le cri du Gros-Bec vulgaire. Ces différences nous paraissent justifier, bien mieux que les caractères, l'établissement du genre *Miliaria*.

Le mâle et la femelle portent le même plumage, et les jeunes, avant la première mue, en diffèrent sensiblement. Leur mue est simple.

Une seule espèce appartient à ce genre.

158 — PROYER D'EUROPE — *MILIARIA EUROPEA*
Swains.

Croupion cendré roussâtre ; rémiges lisérées, en dehors de cendré roussâtre ; rectrice la plus extérieure, de chaque côté, marquée de marbrures blanchâtres à peine visibles.

Taille : 0^m,19.

EMBERIZA MILIARIA, Linn. *S. N.* (1766), t. I, p. 308.
CYNCHRAMUS, Briss. *Ornith.* (1760), t. III, p. 292.
MILIARIA SEPTENTRIONALIS, GERMANICA et PEREGRINA, Brehm, *Handb. Nat. Vög. Deuts.* (1831), p. 291 et 292.
MILIARIA EUROPEA, Swains. *Nat. Syst. B.* (1837), t. II, p. 290.
CYNCHRAMUS MILIARIA, Bp. *B. of Eur.* (1838), p. 35.
SPINUS MILIARIUS, G. R. Gray, *Gen. of B.* (1841), p. 61.
CRYPTOPHAGA MILIARIA, Caban. *Mus. Orn. Hein.* pars 1ª, Osci. (1850-1851), p. 127.
Buff. *Pl. enl.* 233, sous le nom de *Bruant de France, appelé Proyer.*

Mâle en été : Toutes les plumes des parties supérieures brunes, bordées de gris et plus ou moins usées ; celles des parties inférieures d'un blanc gris, variées de petites taches d'un brun roussâtre, rondes et triangulaires au cou, allongées sur la poitrine et les flancs ; couvertures alaires pareilles au manteau ; rémiges et rectrices lisérées de blanchâtre ; bec bleuâtre ; pieds brunâtres ; iris brun.

Mâle en automne et en hiver : Plumage varié de brun et de roussâtre en dessus ; d'un blanc jaunâtre en dessous, avec de nombreuses et larges taches brunes au cou et à la poitrine.

Femelle : Elle ne diffère du mâle que par des teintes un peu plus claires.

Jeunes avant la première mue : Plumage plus roux en dessus, et plus marqué de taches brunes et noirâtres en dessous.

Variétés accidentelles : On trouve des individus à plumage blanc, ou jaune clair, ou tacheté de gris et de blanc.

Le Proyer est répandu dans toute l'Europe. On le trouve communément en France, où il vit sédentaire dans quelques contrées.

Il niche à terre dans les guérets, les champs ensemencés, les prairies. Sa ponte est de quatre à six œufs, un peu allongés, d'un gris cendré roussâtre ou violacé, avec des taches brunâtres et d'autres taches, ainsi que de petits traits en zigzag d'un brun noir. Ils mesurent :

Grand diam. 0^m,025 à 0^m,026 ; petit diam. 0^m,018.

Cette espèce a le vol très-rapide et bruyant. En automne, elle forme des bandes plus ou moins nombreuses ; les individus qui les composent vivent rapprochés les uns des autres, et, même en volant, s'écartent peu. L'hiver, ceux qui n'ont point émigré se mêlent aux bandes de Moineaux, de Pinsons et de Bruants et s'approchent des habitations.

GENRE LXXVII

BRUANT — *EMBERIZA*, Linn.

Emberiza, Linn. *S. N.* (1748).

Citrinella, cirlus, cia, Kaup, *Nat. Syst.* (1829).

Buscarla, p. Bp. *Rev. et Mag. de Zool.* (1837.)

Bec conique, comprimé, pointu, entamant le front, à bords des deux mandibules très-infléchis en dedans ; commissures plus ou moins obliques ; palais généralement muni d'un tubercule oblong ; narines basales, orbiculaires ; ailes amples, sub-aiguës ; queue allongée, ample, échancrée ; tarses minces, de la longueur du doigt médian, l'ongle compris ; ongles grêles, comprimés, aigus, peu arqués, celui du pouce à peine aussi long que le doigt ou plus court.

Les Bruants, par leurs habitudes, ont de grands rapports avec les Pinsons. Ils sont le plus souvent à terre ; lorsqu'ils marchent, la plupart d'entre eux ont l'habitude de relever les plumes de l'occiput ; leur vol n'est généralement pas rapide et s'exécute par élans successifs. Ils se nourrissent de graines farineuses, de baies et d'insectes. La plupart d'entre eux fréquentent la lisière des bois, les bords des chemins et les champs cultivés. Les uns nichent à terre, dans une touffe d'herbe ; les autres, dans les broussailles, les arbustes, mais à une petite élévation du sol. Les petits naissent couverts d'un léger duvet.

Le mâle et la femelle, sauf une exception, sont parfaitement distincts. Les jeunes, avant la première mue, ressemblent plus ou moins à la femelle.

Le plus grand nombre, indépendamment de la mue ordinaire, qui s'opère vers la fin de l'été, subissent, au printemps, un changement de coloration dans le plumage. Ce changement provient de ce que la partie moyenne de la plume, toujours plus vivement colorée, est mise à découvert par l'usure des barbes à teintes ternes qui la bordent.

159 — BRUANT JAUNE — *EMBERIZA CITRINELLA*
Linn.

(Type du genre Citrinella, Kaup)

Croupion fauve ; rémiges lisérées de jaune en dehors ; sur les barbes internes des deux premières rectrices latérales, de chaque côté, une tache oblongue blanche, qui occupe les deux tiers de la première et seulement le tiers inférieur de la seconde.

Taille : 0ᵐ,17.

EMBERIZA CITRINELLA, Linn. *S. N.* (1766), t. I, p. 309, et *Auct.*
Buff. *Pl. enl.* 30, t. I, *mâle*, sous le nom de *Bruant de France*.

Mâle en été : Parties supérieures variées de noir, de roussâtre et de grisâtre, avec le croupion d'un marron clair ; tête, devant du cou et parties inférieures du corps d'un beau jaune, plus ou moins pur, avec le vertex, la nuque, la région parotique variés de brun ; la poitrine achetée de rougeâtre et de marron, et les flancs de noirâtre ; rémiges noirâtres, bordées de jaunâtre ; rectrices également noirâtres, avec les deux les plus latérales en grande partie blanches sur les barbes internes ; bec bleuâtre ; pieds jaunâtres ; iris bruns.

Chez les vieux individus, le jaune est plus éclatant, et le vertex ne porte pas de taches brunes.

Femelle : Un peu plus petite que le mâle, plus tachetée de brun-noir olivâtre, avec moins de jaune à la tête, au cou et aux parties inférieures.

Mâle et femelle en automne et en hiver : Plumage moins brillant ; les mâles n'ont pas de couleur grisâtre aux parties supérieures, et ont moins de jaune à la tête ; les femelles ont le vertex fortement rayé de brunâtre et un plus grand nombre de taches à la tête et au cou.

Jeunes avant la première mue : Ils ressemblent à la femelle, mais

n'ont pas de jaune à la tête ; cette partie est tachetée de. noir olivâtre,
ainsi que toutes les parties inférieures du corps.

Variétés accidentelles : Cette espèce offre des variétés isabelle et
d'autres d'un jaune pur (Collect. Degland). Cette dernière n'est même
pas très-rare. Nous avons vu sur les marchés de Paris, une nichée
renfermant trois individus, dont deux avec un plumage d'un jaune
serin parfait et les yeux rouges, et le troisième avec la livrée ordinaire
des jeunes. On trouve aussi des individus à plumage complétement
blanc.

Le Bruant jaune est répandu dans une grande partie de l'Europe. Il est sédentaire et très-commun dans toute la France.

Il niche dans les buissons et dans les haies ; pond quatre ou cinq œufs, d'un
blanc grisâtre ou roussâtre, nuancé d'une légère teinte violacée, avec des
taches d'un roux violet, d'autres taches et des traits d'un brun noir. Ils mesurent :

Grand diam. 0ᵐ,022 ; petit diam. 0ᵐ,016.

Le Bruant jaune se tient aux bords des bois et des buissons en été; se mêle,
en hiver, aux bandes de Moineaux, de Pinsons, et descend alors jusque dans la
cour des fermes. Sa chair est très-délicate et recherchée en automne, époque
où, en général, les oiseaux ont le plus de graisse.

140 — BRUANT ZIZI — *EMBERIZA CIRLUS*
Linn.

(Type du genre *Cirlus*, Kaup.)

*Croupion olivâtre ; rémiges lisérées de jaunâtre en dehors ; sur
les barbes internes des deux premières rectrices latérales, de chaque
côté, une tache blanche qui occupe les deux tiers inférieurs de la
première et un bien moindre espace de la seconde.*

Taille : 0ᵐ,165 environ.

EMBERIZA CIRLUS, Linn. *S. N.* (1766), t. I, p. 311.
EMBERIZA SEPIARIA, Briss. *Ornith.* (1760), t. III, p. 263.
EMBERIZA ELÆATHORAX, Bechst. *Nat. Deuts.* (1807), t. III, p. 292.
Buff. *Pl. enl.* 653, f. 1, *vieux mâle* sous le nom de *Bruant de haie*; f. 2, *femelle*
ou *jeune.*

Mâle en été : Dessus de la tête, du cou et du croupion, d'un cendré
olivâtre, marqué de taches longitudinales noirâtres ; une bande jaune
au-dessus des yeux ; une autre, de même couleur, au-dessous ; ces deux
bandes sont séparées par un trait noir qui prend naissance sur les côtés
du bec, et traverse l'œil ; dos roux, nuancé de brun ; gorge noire ; bas

du cou jaune ; poitrine d'un cendré verdâtre, avec du marron vif sur les côtés ; abdomen jaune ; couvertures et pennes alaires brunes, frangées de cendré et de roussâtre ; rectrices également brunes, les deux les plus latérales, de chaque côté, avec une longue tache blanche sur les barbes internes ; bec cendré verdâtre et brun en dessus ; pieds rougeâtres ; iris brun.

Mâle en hiver : Le jaune des parties inférieures d'une teinte plus faible ; les plumes noires de la gorge et des joues lisérées de gris jaunâtre ; le marron des côtés de la poitrine et du dos moins vif, et des taches plus larges et plus nombreuses sur les parties supérieures.

Femelle en été : Point de jaune au-dessus et au-dessous des yeux, ni de noir à la gorge ; moins de roux au dos et sur les côtés de la poitrine ; toutes les parties inférieures jaunâtres, striées de noir.

Femelle en hiver : Les couleurs sont plus ternes, et les taches des parties supérieures et inférieures plus larges.

Jeunes avant la première mue : D'un brun tacheté de noir en dessus ; d'un jaunâtre nuancé d'olivâtre en dessous, avec des taches noirâtres.

Le Zizi est répandu dans les contrées méridionales de l'Europe. Il est de passage dans nos départements du Nord et vit sédentaire dans les Pyrénées, en Anjou et en Provence, où il est très-commun.

Il niche dans les haies et les buissons, près de terre. Quelques individus se reproduisent aux environs de Lille, dans les jardins et les vergers. Sa ponte est de quatre à cinq œufs grisâtres, avec des taches, des points et des raies cendrés et noirs. Ils mesurent :

Grand diam. 0^m,022 ; petit diam. 0^m,016.

Ses habitudes et ses mœurs sont les mêmes que celles du Bruant jaune. Durant l'hiver, il vit en compagnie de cette espèce et du Pinson. Lorsque la terre est couverte de neige, il s'approche avec eux des habitations.

141 — BRUANT FOU — *EMBERIZA CIA*

Linn.

(Type du genre *Cia*, Kaup.)

Croupion roux-rougeâtre, rémiges lisérées de cendré en dehors, la première plus courte que la quatrième, ne dépassant pas la cinquième ; une tache conique blanche à l'extrémité de la première et de la deuxième rectrice externes, de chaque côté.

Taille : 0^m,166.

Emberiza cia, Linn. *S. N.* (1766), t. I, p. 310.
Emberiza pratensis, Briss. *Ornith.* (1760), t. III, p. 266.
Emberiza barbata, Scop. *An. I. Hist. nat.* (1768), n° 210.
Emberiza lotharingica, Gmel. *S. N.* (1788), t. I, p. 882.
Buscarla cia, Bp. *Rev. et Mag. de Zool.* (1857), 2ᵉ sér. t. IX, p. 163.
Buff. *Pl. enl.* 30, f. 2, sous le nom de *Bruant de prés de France*, et 511, f. 1, sous le nom d'*Ortolan de Lorraine*.

Mâle en été : Tête et cou d'un cendré bleuâtre, avec deux bandes noires sur les côtés du vertex ; deux autres bandes de même couleur, l'une qui traverse l'œil, l'autre qui prend naissance, sous forme de moustache, sur les côtés du bec, viennent se réunir derrière la région parotique, et forment une sorte d'encadrement de chaque côté de la tête ; parties supérieures du corps variées de taches longitudinales noires, sur fond roux, légèrement varié de cendré ; croupion roux-marron ; gorge blanche ; devant du cou et poitrine d'un beau cendré bleuâtre ; le reste des parties inférieures d'un roux assez vif, plus ardent sur les côtés de la poitrine et de l'abdomen ; ailes traversées par deux bandes étroites, blanchâtres ; les couvertures de la couleur du dos : rémiges noirâtres, bordées de roussâtre ; queue noire, avec les pennes médianes bordées de roux, et les deux plus externes marquées d'une large tache blanche sur les barbes internes ; bec noirâtre en dessus, grisâtre en dessous ; pieds et iris bruns.

Mâle en automne : Il a les bandes noires de la tête moins marquées et variées de brunâtre ; moins de roux et une teinte plus cendrée sur les parties supérieures ; le cendré du cou plus clair, et le roux de la poitrine et de l'abdomen moins vif.

Femelle : Tête, dessus du cou et du corps variés de roussâtre et de noir ; croupion et sous-caudales d'un roux vif ; parties inférieures d'un roux assez clair, avec la gorge blanchâtre ; le devant du cou et la poitrine nuancés de gris sombre, tacheté de brunâtre ; flancs d'une teinte plus rousse et plus ou moins tachetés de brun roussâtre.

Jeunes avant la première mue : Dessus de la tête et du cou cendré, avec un trait noir sur le milieu de chaque plume ; dessus du corps et des ailes varié comme dans la femelle, mais d'une teinte roux cendré ; sous-caudales rousses, tachées longitudinalement de noir ; gorge, devant et côtés du cou, haut de la poitrine cendrés et marqués de taches noires ; le reste de la poitrine et de l'abdomen très-légèrement lavé de roussâtre.

A la sortie du nid, les jeunes ont tout le plumage d'un jaune grisâtre sale, parsemé de taches plus foncées, plus nombreuses aux parties inférieures qu'en dessus.

A la mue, le plumage propre à chaque sexe se dessine ; les plumes de l'état adulte qui paraissent les premières sont celles de la poitrine et de l'abdomen.

Le Bruant fou est répandu dans les provinces méridionales de l'Europe. Il est sédentaire dans quelques localités de la Provence et de passage dans d'autres. Il passe aussi en Lorraine et quelquefois dans le nord de la France. Quelques individus ont été capturés dans les environs de Paris.

Il niche dans les buissons et les haies, et pond quatre ou cinq œufs blanchâtres, avec des traits noirs, longs et déliés qui occupent ordinairement le gros bout, où ils s'entrelacent de façon à former une sorte de couronne. Ils mesurent :

Grand diam. 0ᵐ,02 environ ; petit diam. 0ᵐ,014 à 0ᵐ,015.

Mœurs, habitudes et régime, les mêmes que ceux du Bruant zizi.

Observation. — 1° Temminck fait observer, avec raison, que la figure de la pl. 112 *bis* de l'*Ornithologie provençale,* donnée pour une variété de cette espèce, est celle d'un Bruant cendrillard mâle.

2° L'oiseau donné par Temminck (*Man. d'Ornith.* 1835, 3ᵉ part. p. 227) pour le *très-vieux mâle au printemps* de l'*Emb. cia* ne serait-il pas l'*Emb. ciotdes,* Temm. et Schl. (dont *Ciotdes,* Brandt, ne peut pas être plus séparé que *Ciopsis,* Bp.), espèce de la Sibérie occidentale et du Japon, que le prince Ch. Bonaparte a introduite trop prématurément parmi les oiseaux d'Europe. Aucune capture de cet Embérizien n'y a encore été signalée.

142 — BRUANT PITHYORNE — *EMBERIZA PITHYORNUS*
Pall.

Croupion roux ; rémiges bordées de roussâtre ; sur la tête une tache blanche plus ou moins étendue (mâle adulte) ; *abdomen et sous-caudales blancs ou blanchâtres.*

Taille : 0ᵐ,18 environ.

PASSER SCLAVONICUS, Briss. *Ornith.* (1760), t. III, p. 94.

EMBERIZA PITHYORNUS, Pall. *Voy.* (1776), édit. franç. in-8°, t. VIII, Append. p. 60.

EMBERIZA LEUCOCEPHALA, S. G. Gmelin, *Nov. Comm. Petrop.* t. XV, p. 480.

FRINGILLA DALMATICA, Gmel. *S. N.* (1788), t. I, p. 875.

EMBERIZA BONAPARTII, Barthélemy-Lapommer. in : Bp. *Cat. meth. Ucc. Eur.* (1842), Spec. 235, p. 45.

EMBERIZA SCLAVONICA, Degl. *Ornith. Eur.* (1849). t. I, p. 252.

BUSCARLA PITHYORNUS, Bp. *Rev. et Mag. de Zool.* (1857), 2ᵉ sér. t. IX, p. 163.

Gould, *B. of Eur.* pl. 104.

Mâle adulte : Milieu du vertex d'un blanc éclatant, avec les côtés et

le front d'un noir profond ; dessus du cou varié de blanc et de brun
roussâtre ; dessus du corps d'un roux plus ou moins vif, marqué, sur
le haut du dos, de taches longitudinales noires ; sus-caudales également
rousses; gorge, région ophthalmique d'un roux très-ardent ; région
parotique, devant du cou, milieu de l'abdomen et sous-caudales blancs;
poitrine et flancs tachetés de roux plus ou moins vif ; couvertures et
pennes alaires d'un brun noirâtre, bordées ou lisérées de cendré roussâtre et de roux ; queue noirâtre, avec les pennes bordées de cendré
roussâtre, et une grande tache conique blanche sur les deux plus
externes de chaque côté; bec brun en dessus, jaunâtre en dessous;
pieds roussâtres ; iris brun.

Mâle jeune : Front et dessus de la tête mélangés de brun et de
blanc, le blanc dominant à l'occiput; un trait également blanc, surmonté d'une bande d'un brun noirâtre, s'étend du bec à la région
parotique; région ophthalmique jaunâtre, entourée de ferrugineux ;
dessous de la gorge d'un ferrugineux assez intense; devant du cou et
haut de la poitrine blancs; milieu de la poitrine blanchâtre, varié de
ferrugineux ; abdomen et sous-caudales d'un blanc pur ; flancs blancs,
flamméchés de ferrugineux ; le reste du plumage à peu près comme
chez le mâle adulte.

Femelle : Elle a un faible indice de tache blanche sur la tête ; les
parties supérieures d'un brun roussâtre; les parties inférieures blanchâtres ; les ailes et la queue comme chez le mâle, et n'a point de roux
à la gorge.

Les *jeunes avant la première mue* nous sont inconnus.

Le Bruant pithyorne ou à couronne lactée habite la Sibérie et se montre accidentellement en Allemagne, en Ligurie, en Dalmatie et dans le midi de la
France.

Ses mœurs, ses habitudes, son régime et sa propagation sont peu connus.

Pallas, qui n'a jamais rencontré cette espèce que dans les bois de pins, dit
que sa voix ressemble à celle du Cynchrame schœnicole; d'après M. Barthélemy-Lapommeraie, au contraire, son cri d'appel, comme il a pu en juger
d'après un jeune mâle, vivant en volière, ne différerait pas de celui du Bruant
jaune.

Observation. — Le prince Ch. Bonaparte a décrit comme jeune *Emb. pithyornus* (*Rev. et Mag. de Zool.* 1857, 2e sér. t. IX, p. 164) un oiseau que l'on
trouve figuré sous le nom d'*Emb. scotata* (Bonomi) à la pl. 7 du même recueil.
Cet oiseau était si bien pour le prince un *Pithyornus,* qu'il a fait une note rectificative (même ouvr. p. 209) dans laquelle ce nom est substitué à celui de *Scotata,*
que le graveur avait reproduit d'après l'étiquette que portait le sujet figuré.

M. le comte de Riocour, possesseur actuel de cet oiseau, a bien voulu nous le
communiquer. Malgré la plus scrupuleuse attention, nous n'avons découvert
en lui aucun caractère qui pût le faire rapporter au Pithyorne : quant à son
plumage, il n'offre pas même une ressemblance éloignée avec celui de cette
espèce. On dira peut-être, pour expliquer une aussi grande différence, que l'oiseau dont il est question est un jeune, comme l'a prétendu le prince Ch. Bonaparte. Mais les jeunes portent toujours le cachet de leur âge : avant la première mue, les plumes, surtout celles du ventre, ont un caractère bien connu;
après la première mue, ce sont le bec et les pattes qui peuvent encore trahir
l'âge. Jamais un jeune passereau quelconque ne se présente avec un bec et des
pattes noirâtres ou d'un brun sombre, lorsque les parents dont il provient ont,
à l'état adulte ou pendant les amours, les mêmes organes faiblement colorés.
C'est plutôt le contraire qui se produit : le bec et les pieds brunissent à mesure
que le jeune oiseau vieillit. Or le prétendu *Pithyornus* n'a ni le ptilose, ni le
bec, ni les pieds du jeune âge, et cet oiseau nous a toujours paru être un Schœnicole à teintes générales un peu plus ferrugineuses que celles que l'espèce
offre habituellement.

On se ferait, d'ailleurs, une fausse idée de ces teintes, si l'on en jugeait par
la figure que nous avons citée : elles y sont généralement exagérées. La gorge,
surtout, est loin d'être aussi rousse et son encadrement aussi pur, aussi parfait,
aussi large. En un mot, c'est une figure outrée sous le rapport des couleurs.

143 — BRUANT ORTOLAN — *EMBERIZA HORTULANA*
Linn.

(Type du genre *Glycyspina*, Caban. *Hortulanus*, Bp.)

*Croupion cendré olivâtre ; rémiges lisérées de cendré en dehors,
la première et la deuxième égales et les plus longues ; une tache
blanche sur les première, deuxième et quelquefois troisième rémiges
externes de chaque côté.*

Taille : $0^m,15$ *à* $0^m,16$.

Emberiza hortulana, Linn. *S. N.* (1766), t. I, p. 309.
Hortulanus, Briss. *Ornith.* (1760), t. III, p. 269.
Emberiza chlorocephala, Gm. *S. N.* (1788), t. I, p. 887.
Emberiza Tunstalli, Lath. *Ind. Orn.* (1790), t. I, p. 418.
Citrinella hortulana, Kaup, *Nat. Syst.* (1829), p. 142.
Hortulanus chlorocephalus, Bp. *Cat. Parzud.* (1856), p. 4.
Glycyspina hortulana, Caban. *Mus. Orn. Hein.* pars 1ª, Osci. (1850-1851),
p. 128.
Buff. *Pl. enl.* 247, f. 1, *femelle* ou *jeune*.

Mâle en été : Tête, cou et haut de la poitrine d'un cendré plus ou
moins nuancé d'olivâtre, quelquefois marqué de faibles taches brunes,

avec le bord des paupières, les moustaches et le devant du cou d'un jaune paille ; plumes du dos noirâtres au centre, rousses sur les bords ; croupion et sus-caudales d'un gris roux ; abdomen roux de tan plus ou moins foncé ; sus-caudales roussâtres ; couvertures des ailes noires, les petites et les moyennes bordées et terminées de cendré roussâtre, les grandes d'une teinte plus rousse ; rémiges brunes, lisérées, en dehors, de blanc roussâtre ; queue d'un brun plus foncé, avec les deux pennes médianes bordées de roussâtre, et les deux les plus latérales marquées, sur les barbes internes, d'une longue tache blanche ; bec et pieds rougeâtres ; iris brun.

Femelle en été : Teintes du dessus du corps moins nettes ; côtés du cou et haut de la poitrine marqués de taches brun olivâtre ; moins de jaune à la gorge que dans le mâle ; bas de la poitrine, abdomen et sous-caudales d'un roux pâle, avec un trait brunâtre sur la tige des plumes des flancs.

Mâle et femelle en automne : Teintes plus ternes ; les plumes des parties supérieures ont leurs bordures plus rousses ; côtés du cou et haut de la poitrine marqués de larges et longues taches noires ; les stries des flancs plus apparentes.

Jeunes avant la première mue : Ils ressemblent à la femelle dans son plumage d'automne ; ont la gorge d'un cendré clair et les pieds couleur chair livide.

Variétés accidentelles : On cite des variétés blanches, de jaunes et de noires, et de tapirées de blanc.

L'Ortolan habite principalement l'Europe tempérée et méridionale ; il est très-commun en Italie, en Sicile, dans le midi et le nord de la France, depuis le mois d'avril jusqu'à la fin d'août.

Il niche dans les buissons, les haies, les champs de colza. Son nid est composé d'herbes sèches, de radicules et de quelques crins en dedans. La ponte est de quatre ou cinq œufs, un peu courts, d'un gris rougeâtre pâle, un peu violacé, quelquefois légèrement bleuâtre, avec quelques points et des traits bruns et noirs. Ils mesurent :

Grand diam. 0^m,02 environ ; petit diam. 0^m,015.

L'Ortolan ne s'attroupe jamais en grand nombre comme les Bruants fou et jaune ; vers la fin de l'été, on le trouve par petites familles composées de quatre à six individus. A l'époque des pontes et surtout pendant l'incubation, le mâle chante du matin au soir : il chante même durant la nuit. Il cesse de se faire entendre lorsque les couvées sont terminées. Son arrivée en France a régulièrement lieu en avril, et son départ s'effectue vers la fin d'août et de septembre.

Cette espèce est très-recherchée des gourmands à cause du bon goût et de la délicatesse de sa chair. Elle devient très-grasse en peu de temps et lorsqu'on la tient en captivité, dans un demi-jour. A son passage d'automne, on en prend beaucoup avec des filets à nappe, en Belgique, dans le midi de la France et en Italie; et, à son arrivée au printemps, elle devient, sur les bords de la Méditerranée, depuis Port-Vendres jusqu'aux environs de Perpignan, l'objet d'une chasse particulière, fort destructive. Cette chasse se fait à l'aide d'une seule nappe que le vent contribue à abattre.

144 — BRUANT CENDRILLARD — *EMBERIZA CÆSIA*
Cretzsch.

Croupion cendré roussâtre; rémiges lisérées de cendré roussâtre en dehors, la première et la deuxième égales et les plus longues; une tache blanche sur les première, deuxième et troisième rectrices externes de chaque côté.

Taille : 0ᵐ,14.

EMBERIZA CÆSIA, Cretzschmar, in : Rüpp. *Reise Nordt. Afr.* (1826), *Vög.* p. 7, pl. 10, 6.

EMBERIZA RUFIBARBATA, Hemp. Ehrenb. *Symb. Phys.* (1820-1845), Aves.

FRINGILLARIA CÆSIA, Bp. *Rev. crit.* (1850), p. 165.

GLYCYSPINA CÆSIA, Caban. *Mus. Orn. Hein.* pars 1ᵃ, Osci. (1850-1851), p. 129.

HORTULANUS CÆSIUS, Bp. *Cat. Parzud* (1856), p. 4.

P. Roux, *Orn. Prov.* pl. 112 *bis, mâle,* sous le nom de *Bruant fou mâle, variété.*

Rüppel, *R. N. Afr. Vög.* pl. 10, f. b, *mâle au printemps.*

Mâle au printemps : Dessus de la tête, du cou et poitrine d'un cendré bleuâtre ; parties supérieures du corps variées de brun et de roussâtre, comme chez l'ortolan ; gorge, devant du cou, abdomen roux de rouille ; pennes alaires et caudales noires, bordées de roux ; les deux rectrices les plus latérales, de chaque côté, marquées d'une grande tache oblongue blanche et la troisième d'une plus petite tache de même couleur ; bec et pieds rougeâtres.

Femelle : Elle a les parties supérieures variées de brun et de roussâtre, ce qui lui donne la plus grande ressemblance avec la femelle du Bruant ortolan en été ; les parties inférieures et les sous-caudales d'un roux de rouille, avec des stries brunes sur les côtés du cou et le haut de la poitrine.

Les *jeunes avant la première mue* nous sont inconnus.

Nota. Le mâle et la femelle, suivant Temminck, auraient en automne des teintes moins pures, de petites stries brunes longitudinales répandues sur la teinte cendré bleuâtre de la tête et de la nuque, des bordures brunes aux plumes de la poitrine, et le roux de la gorge moins vif et moins pur.

Le Bruant Cendrillard habite la Syrie, la Nubie, l'Égypte et la Grèce, et se montre accidentellement en Europe.

P. Roux l'a trouvé en Provence et l'a pris pour une variété du Bruant Fou. Un autre sujet a été tué aux environs de Marseille par M. Bossonnier, qui en a fait hommage au Muséum d'histoire naturelle de cette ville; enfin, Temminck cite une autre capture faite en 1827, près de Vienne, en Autriche (1).

Mœurs, habitudes, régime et propagation inconnus.

145 — BRUANT A SOURCILS JAUNES
EMBERIZA CHRYSOPHRYS
Pall.

Une grande raie sourcilière jaune, s'étendant au-delà du méat auditif; queue très-échancrée, la première rectrice externe, de chaque côté presque entièrement blanche, une longue tache de même couleur sur la seconde.

Taillle : 0^m,15 environ.

EMBERIZA CHRYSOPHRYS, Pall. *Voy.* (1776), édit. franç. in-8°, t. VIII, Append. p. 66.
HYPOCENTOR CHRYSOPHRYS, Bp. *Rev. et Mag. de Zool.* (1852), t. IX, p. 162.
De Sélys-Longchamps, *Faune belge*, pl. 4.

Mâle : Dessus de la tête noir, avec une ligne longitudinale blanche au milieu, se confondant, en arrière, avec une sorte de demi-collier de même couleur; un large et long trait jaune-citron au-dessus de chaque œil; parties supérieures du corps d'un ferrugineux gris-brunâtre, plus foncé au centre des plumes, qui sont rousses sur les bords; parties inférieures d'un blanc gris au cou, avec une sorte de plastron sur la poi-

(1) Le Bruant Cendrillard est une espèce dont les apparitions en Europe sont beaucoup plus fréquentes qu'on ne pense Je ne crois pas m'éloigner de la vérité en disant qu'elles doivent être annuelles dans une partie de l'Espagne et du midi de la France.

Me trouvant en avril 1861 à Port-Vendres, j'ai vu chez l'agent maritime de la localité une femelle vivante, dont il avait fait chasse la veille de mon arrivée. Quelques jours auparavant un autre chasseur avait pris deux mâles, dans la même matinée, à quelques centaines de mètres de la ville. Plusieurs personnes m'ont confirmé le fait et m'ont en outre assuré que ce Bruant était parfaitement connu de tous ceux qui, sur les côtes du Roussillon, se livrent à la chasse au filet pour capturer l'Ortolan à son retour en France, et qu'il n'y avait pas d'année où l'on n'en prit quelques-uns. Le Cendrillard a tout à fait les allures de l'Ortolan; il vole et rappelle comme lui; aussi les chasseurs ne le distinguent-ils de cette espèce, que lorsqu'il tombe dans leur filet. Comme l'Ortolan aussi, il engraisse avec rapidité et devient alors un mets friand.   (Z. G.)

trine, composé de plumes brunes et rousses ; d'un blanc gris seulement au ventre, moucheté de points bruns au bas de la poitrine et sur les flancs ; rémiges brunâtres, bordées de roussâtre en dehors ; rectrices brunes, les trois quarts des externes blanches, avec le bout brun en dehors ; les deux avant-dernières à moitié blanches vers la pointe ; bec et pieds brunâtres ; iris brun.

Tel est un individu qui se trouve au Musée d'histoire naturelle de Lille.

Femelle et jeunes : Inconnus.

Il habite la Daourie et la Sibérie, et se montre accidentellement en France.

Le sujet qui se trouve au Musée d'histoire naturelle de Lille a été pris, au filet, derrière la citadelle de cette ville.

Mœurs et propagation inconnues.

GENRE LXXVIII

CYNCHRAME — *CYNCHRAMUS*, Boie.

EMBERIZA, p. Linn. *S. N.* (1748).
CYNCHRAMUS, Boie, *Isis* (1826).
SCHŒNICOLA, Bp. *C. Gen. Av.* (1850).

Bec variable dans sa forme ; comprimé, entamant le front ; palais lisse ; narines basales, arrondies, en partie protégées par les plumes du front ; ailes sub-obtuses, n'atteignant pas le milieu de la queue ; celle-ci longue, large et échancrée ; tarses minces ; doigts grêles, celui du milieu de la longueur du tarse ; ongles longs, minces, aigus, recourbés, celui du pouce le plus fort et aussi long ou presque aussi long que le doigt.

Les Cynchrames ont des mœurs et des habitudes qui les distinguent parfaitement des Bruants proprement dits. Ils ne se plaisent plus, comme ceux-ci, dans les champs bordés de haies, dans les bois taillis, sur les coteaux ; mais dans les lieux marécageux, sur les bords des torrents, des fleuves, des étangs couverts de roseaux, de saules, de hautes plantes aquatiques, et ne s'aventurent dans les campagnes voisines que pour pâturer.

Ils se distinguent encore par un vol plus saccadé, plus sautillant, plus irrégulier ; par un cri d'appel plaintif, prolongé, qui n'a pas la moindre analogie avec celui des autres Embériziens, et par l'habitude qu'ils ont de grimper, à la manière des Calamoherpiens, le long des tiges verticales des roseaux. Enfin, lorsque quelque chose les affecte, lorsqu'ils se préparent à prendre leur essor, ou qu'ils viennent de se poser, ils impriment à la partie postérieure de leur corps des mouvements brusques et répétés, comme font les Friquets. Leur nourriture consiste en insectes et en graines.

Le mâle adulte porte deux livrées : une d'hiver, l'autre d'amour, et se distingue de la femelle beaucoup plus sous la dernière que sous la première. Les jeunes des deux sexes, avant la première mue, diffèrent peu les uns des autres, et portent un plumage analogue à celui de la femelle adulte. Leur mue est simple à la fin de l'été et ruptile au printemps.

Observations. — 1° Indépendamment des *Emb. schœniclus* et *pyrrhuloïdes*, nous croyons devoir ranger dans cette division l'*Emb. pusilla* (Pall.), dont les rapports avec ces espèces sont tels, que le prince Ch. Bonaparte a pu confondre et figurer sous le nom d'*Emb. Durazzi* (*Fauna Ital.* fasc. XXVI) une vraie *pusilla*, et un oiseau dont il a fait successivement une *Emb. Durazzi*, le *Cavoué de Provence*, de Buffon, et qu'il a fini par rapporter, avec raison, à l'*Emb. schœniclus*.

A la vérité, l'*Emb. pusilla* de Pallas n'a pas le bec de l'*Emb. schœniclus*; mais l'*Emb. pyrrhuloïdes*, qu'il est impossible d'en éloigner, l'a-t-il davantage ? L'*Emb. pusilla* mâle adulte n'a pas, non plus, dans son plumage de noces, le masque et le plastron qui distinguent les mâles des *Emb. schœniclus* et *pyrrhuloïdes*; mais les mâles du Bruant jaune et du Bruant Zizi ou de haies, sont bien autrement distincts, et, cependant, l'idée de les séparer génériquement n'est jamais venue à d'autres naturalistes qu'à Kaup. Le groupement des espèces peut donc reposer sur des attributs autres que la forme du bec ou la coloration des mâles. Les caractères que présentent les femelles et les jeunes (dont généralement on tient trop peu de compte), indiquent mieux, pour le cas dont il s'agit, les rapports naturels des espèces. Les femelles et les jeunes de l'*Emb. schœniclus*, aussi bien que de l'*Emb. pyrrhuloïdes*, se distinguent par un plumage largement flamméché sur le corps et sur les flancs; par la double série de taches, en forme de moustaches, qui, après avoir encadré la gorge et le devant du cou, se confondent avec d'autres taches qui couvrent la poitrine, et par la plaque à bords plus foncés de la région parotique. En outre, le mâle et la femelle des deux espèces sont encore remarquables par la teinte rousse, ou d'un brun roux, qui colore à tous les âges le poignet de l'aile et le bord externe des rémiges. Or, tous ces caractères sont si prononcés chez l'*Emb. pusilla*, qu'abstraction faite du bec, de la taille et des bandes qui ornent le dessus de la tête, on prendrait volontiers cette espèce, surtout dans son plumage d'hiver, pour un jeune ou une femelle du Cynchrame schœnicole.

2° Nous rapportons aussi, mais avec beaucoup de doute, au genre *Cynchramus*, l'*Emb. rustica* (Pall.) à cause de son plumage flamméché, de sa tache parotique, de ses ailes colorées de roux et de ses œufs, qui ont une grande res-semblance avec ceux des *Cynchr. schœniclus* et *pyrrhuloïdes*. Pour arrêter définitivement la place de cet oiseau, il faudrait connaître ses divers âges et ses habitudes mieux qu'on ne les connaît. Dans tous les cas, nous ne saurions, avec M. Cabanis et le prince Ch. Bonaparte (*Rev. et Mag. de Zool.* 1857, t. III, p. 162), y voir un *Hypocentor*, surtout un congénère des *Emb. aureola* et *chrysophrys*, et il nous paraît difficile de l'éloigner des Bruants paludicoles, desquels paraît aussi se rapprocher l'*Emb. fucata* de Pallas. Toujours est-il que ces divers oiseaux ont des traits communs qui les lient : chez tous, le brun ferrugineux ou le roux dominent, principalement aux ailes ; en sorte que, quoi que l'on fasse, qu'on les réunisse dans une coupe unique, ou qu'on les subdivise génériquement, ils n'en constitueront pas moins, par l'ensemble de leurs caractères, un groupe naturel que nous ne serions pas étonné de voir convertir en sous-famille.

3° C'est par erreur et parce qu'on avait cru voir dans l'oiseau figuré par Buffon sous le nom de *Gavoué de Provence* (Planches enluminées, 656, f. 1), un jeune sujet d'*Emb. fucata* que cette espèce avait été considérée comme accidentellement européenne. On reconnaît généralement aujourd'hui qu'elle ne fait pas partie de notre Faune, aucune capture authentique ne lui donnant le droit d'y figurer. Toutefois, comme il ne serait pas impossible qu'un accident, la poussant au delà des limites de son habitat, la fît arriver en Europe, comme y sont arrivés le Bruant à sourcils jaunes, le Calliope et d'autres espèces qui vivent dans les mêmes contrées, nous donnerons ici son signalement, afin qu'on puisse la reconnaître au besoin, et la distinguer des espèces voisines, avec lesquelles on l'a quelquefois confondue.

L'*Emb. fucata*, Pall. (*Zoogr. Ross. Asiat.* t. II, p. 41, pl. 46), à l'état adulte, a le dessus de la tête et du cou d'un gris cendré ou d'un gris lavé de roussâtre et varié de nombreuses taches oblongues noires, occupant le centre des plumes ; le dos d'un brun roux, marqué de longues mèches noires ; le croupion d'un roux vif, avec une tache plus sombre au centre des plumes ; les sus-caudales d'un brun roux, tachées longitudinalement de brun foncé ; les lorums et les cercles ophthalmiques d'un blanc roussâtre ; la région parotique tachée de marron foncé ; la gorge et le devant du cou d'un blanc nuancé de roussâtre, encadré par deux lignes de taches noires, qui partent du bec et descendent, en s'élargissant, sur la poitrine où elles se dispersent ; un ceinturon étroit d'un brun roux, ou une zone de taches de même couleur sur la poitrine ; deux grandes moustaches d'un blanc roussâtre descendant du bec et séparant, sur les côtés du cou, le hausse-col noir de la tache parotique ; le milieu du ventre blanc ; tout le reste des parties inférieures d'un blanc roussâtre ou isabelle, varié, sur les flancs, de traits bruns déliés ; les petites couvertures des ailes d'un roux vif ; les moyennes noires, terminées de blanc roussâtre ; les grandes noires, frangées et terminées de blanc roussâtre, ce qui produit une double bande sur l'aile ; les rémiges brunes, la première lisérée de blanchâtre, les autres de roux et de roussâtre ; les rectrices d'un brun noir, les deux médianes largement frangées de brun roussâtre, la plus extérieure blanche à peu près dans la moitié de son étendue, la suivante avec une petite tache angulaire à son extrémité ; les pieds jaunâtres ; le demi-bec supérieur brun, l'inférieur jaunâtre.

La taille, comme l'a dit Pallas, approche de celle du Bruant fou ; le demi-bec supérieur, vu de profil, dessine chez l'adulte une ligne convexe ; l'ongle du pouce est à peu près de la longueur du doigt, peu recourbé et très-effilé vers le bout ; les proportions des rémiges varient : tantôt la première égale la troisième, la deuxième étant la plus longue ; tantôt la première n'égale que la cinquième, les deuxième et troisième étant les plus longues; tantôt, enfin, la première égale les deuxième et troisième.

L'*Emb. fucata*, par son système de coloration, a des rapports manifestes avec les *Em. schœniclus*, *rustica* et *pusilla*; cependant, il n'est pas possible de la confondre avec aucune de ces espèces. Son croupion et sa zone pectorale d'un roux ardent, abstraction faite des autres caractères, la distingueront toujours, à première vue, des *Emb. schœniclus* et *pusilla*; et le profil convexe de son demibec supérieur suffirait aussi pour la différencier des *Emb. rustica* et *pusilla*, si ces deux espèces n'en étaient encore bien distinctes par les bandes si caractéristiques de la tête, et, la dernière, par la taille.

146 — CYNCHRAME SCHŒNICOLE
CYNCHRAMUS SCHOENICLUS
Boie ex Linn.

Bec médiocre; arête de la mandibule supérieure dessinant, au profil, à tout âge, une courbe quelquefois assez prononcée; tête noire (mâle en noces), *ou dessus de la tête d'un brun roux, taché de noir* (femelles et jeunes); *croupion cendré, varié de mèches brunes.*

Taille : 0^m,15 environ.

EMBERIZA SCHŒNICLUS, Linn. *S. N.* (1766), t. I, p. 311.

HORTULANUS ARUNDINACEUS, Briss. *Ornith.* (1760), t. III, p. 274.

EMBERIZA PASSERINA, Pall. *Voy.* (1776), l'éd. franç. in-8°, t. VIII, Append. p.62.

EMBERIZA ARUNDINACEA, S. Gmel. *Reise* (1770-1784), t. II, p. 175.

CYNCHRAMUS SCHŒNICLUS, Boie, *Isis* (1826), p. 974.

CYNCHRAMUS STAGNALIS et SEPTENTRIONALIS, Brehm, *Handb. Nat. Vog. Deuts.* (1831), p. 301 et 302.

EMBERIZA DURAZZI, p. Bp. *Faun. Ital.* (1832-1841), *Ois.* pl. 36, fig. 2.

SCHŒNICOLA ARUNDINACEA, Bp. *Rev. crit.* (1850), p. 164.

BUSCARLA PITYORNIS, Bp. *Rev. et Mag. de Zool.* (1857), p. 164 et 209, et fig. 7, sous le nom d'*Ember. scotala*, Bonomi.

Buff. *Pl. enl.* 247, f. 2, *mâle*; 497, f. 2, *femelle*; et 656, f. 1, *jeune*, sous le nom de *Gavoué de Provence.*

Mâle à l'âge de deux ans et en plumage d'été: Tête, devant du cou et une partie du haut de la poitrine d'un noir pur; paupière supérieure et trait, de chaque côté, derrière la mandibule inférieure blancs; un demi-collier, de même couleur, au cou; dessus du corps noir; varié de roux vif, surtout aux ailes, avec le croupion cendré et varié de noir et de brun; parties inférieures d'un blanc grisâtre lustré, flammées d'un peu de roux sur les flancs; pennes des ailes brunes, lisérées de roussâtre et de blanchâtre; pennes de la queue noires, avec les deux externes, de chaque côté, en partie blanches sur les barbes internes et externes ; bec noir en dessus ; pieds d'un brun roussâtre ; iris brun foncé.

Mâle à l'âge d'un an et en automne : Les plumes noires de la tête et du cou sont bordées de roussâtre.

Femelle en été : Gorge et un trait au-dessus des yeux d'un blanc roussâtre ; tête variée de brun foncé et de roux ; teintes, en dessus, moins pures que chez le mâle ; parties inférieures fortement tachetées longitudinalement de noir roussâtre ; point de collier blanc.

Jeunes avant la première mue : Ils diffèrent peu de la femelle adulte qui vient de muer. Les mâles ont le collier indiqué par du cendré clair ; la gorge et le devant du cou sont d'une couleur noirâtre, variée de roux. Les femelles ont les plumes du dessus de la tête et du manteau noires et bordées de roussâtre ; la gorge, la poitrine, l'abdomen et les flancs d'un roux clair, avec des raies longitudinales noires.

Jeunes et vieux en automne et en hiver : Ils ont les plumes de la tête variées de roux et de gris, sur un fond noir ; celles de la gorge terminées de gris blanchâtre ; celles du dessus du corps largement bordées de roux, et les parties inférieures sont d'un blanc nuancé de roussâtre, avec les côtés de la poitrine et les flancs flammés de brunâtre.

Variétés accidentelles : On trouve des sujets à plumage isabelle (Collect. de M. Hardy à Dieppe) et d'autres à plumage tapiré de blanc (Collect. Degland).

Le Cynchrame de roseaux est répandu en Europe, du nord au midi ; on le trouve communément dans le nord de la France, où il arrive en avril pour repartir en automne.

Il niche près de l'eau, au milieu des roseaux. Sa ponte est de quatre à cinq œufs oblongs, d'un gris violet sombre, parfois nuancé de roux, avec des taches et des traits en zigzags, d'un brun noir. Ils mesurent :

Grand diam 0^m,02 ; petit diam. 0^m,014 à 0^m,015.

Cette espèce, vers la fin de l'automne et pendant l'hiver, vit par petites bandes qui, après avoir erré pendant le jour, dans les champs, se réunissent, le soir, dans les roseaux d'un étang ou d'un marais voisin. Là, après avoir caqueté pendant quelque temps, comme font les Moineaux qu'un même arbre rassemble pour la nuit, tous les individus cherchent un gîte dans les herbes épaisses qui croissent au pied des roseaux ou sous leurs racines mêmes.

Le Bruant de roseaux est insectivore et granivore ; il vit très-bien en captivité, devient très-gras en automne, et ne le cède pas à l'Ortolan pour la délicatesse de la chair.

147 — CYNCHRAME PYRRHULOÏDE
CYNCHRAMUS PYRRHULOIDES
Caban. ex Pall.

Bec gros, fort ; arête de la mandibule supérieure dessinant, au profil, à tout âge, une courbe très-prononcée qui rend le bec presque obtus ; tête noire (mâle en noces), *ou dessus de la tête d'un brun roux, taché de noirâtre* (femelles et jeunes) ; *croupion cendré, varié de mèches ou de fines stries noirâtres.*

Taille : 0ᵐ.16.

EMBERIZA PYRRHULOIDES, Pall. *Zoogr.* (1811-1831), t. II, p. 49.
EMBERIZA PALUSTRIS, Savi, *Orn. Tosc.* (1829-1831), t. II, p. 91, et t. III, p. 225.
EMBERIZA CASPIA, Ménést. *Cat. des Ois. du Cauc.* (1832), p. 41.
SCHŒNICOLA PYRRHULOIDES, Bp. *Rev. crit.* (1850), p. 164.
CYNCHRAMUS PYRRHULOIDES, Caban. *Mus. Orn. Hein.* pars 1ᵃ, Osci. (1850-1851), p. 130.
P. Roux, *Orn. Prov.* pl. 114 *bis.*
Bp. *Faun. Ital. Av.* pl. 35, *mâle, femelle* et *jeune.*

Mâle en été : Dessus et côtés de la tête, gorge, devant du cou et haut de la poitrine d'un noir profond ; une bande blanche, se confondant avec un demi-collier de même couleur qui occupe la nuque, règne de chaque côté du cou ; plumes du dos, entre les épaules, d'un beau noir au centre, grises ou d'un blanc grisâtre sur les barbes internes, d'un roussâtre pâle sur les barbes externes ; bas du dos d'un blanc roussâtre très-clair ; bas du cou en arrière et croupion cendrés, avec quelques fines stries noirâtres au centre des plumes de cette dernière région ; sus-caudales d'un blanc cendré sans stries ; parties inférieures du corps et sous-caudales blanches, avec les côtés de la poitrine et les flancs marqués de stries longitudinales déliées et quelquefois peu apparentes, d'un brun roux ; couvertures supérieures des ailes noires au centre et largement bordées, les petites, de roux vif clair, les moyennes et les grandes, de cendré roussâtre ; rémiges noires, également frangées de cendré roussâtre ; rectrices pareilles aux rémiges, les deux plus latérales avec la moitié des barbes internes blanches ; bec et pieds d'un brun noir ; iris brun châtain.

Mâle en automne · Plumes noires de la tête, du cou et de la poitrine frangées de roux brun ; celles qui forment le collier blanc du cou et de la nuque terminées de cendré roussâtre ; le roux des parties supé-

rieures du corps et des ailes plus ardent et plus étendu ; le blanc des
parties inférieures fortement lavé de roussâtre.

Femelle en automne : Parties supérieures de la tête, du cou et du
corps roussâtres, avec le centre des plumes de l'occiput, du dos et des
ailes d'un brun foncé ; parties inférieures du corps et côtés du cou également roussâtres, mais d'une teinte plus claire ; bande brune sur les
joues ; une autre bande, de même couleur, part de la base de la mandibule inférieure et vient entourer la gorge ; traits bruns longitudinaux
sur les côtés de la poitrine et sur les flancs ; milieu du ventre et sous-
caudales blanchâtres.

Jeunes avant la première mue : Ils diffèrent peu de la femelle.
Leurs couleurs ont la même distribution, mais elles sont généralement
plus ternes.

Nota : On remarque une différence très-sensible, sous le rapport de
l'intensité des couleurs, entre les individus qui nous viennent de l'Asie,
et ceux que l'on capture en Italie et dans le midi de la France. Les
premiers ont généralement plus de blanchâtre dans le plumage, et des
teintes rousses plus claires et plus pâles. Ces teintes, chez les individus
tués en France, sont mélangées de plus de brun et sont, par conséquent,
plus foncées.

Cet Embérizien habite tout le sud de l'Europe et l'Asie occidentale. On le
trouve assez communément dans le midi de la France, en Italie et en Sicile.

Il niche au bord des marais, dans les joncs, entre les racines des plantes
aquatiques, et notamment sous la soude ligneuse. Son nid est composé extérieurement de filaments de végétaux, d'herbes sèches, et intérieurement de
bourre et de crins. Ses œufs, au nombre de quatre ou cinq, sont exactement
semblables, pour la teinte générale, pour la forme, la disposition et la couleur
des taches, à ceux du Cynchrame des roseaux ; mais ils sont sensiblement plus
gros et mesurent :

Grand diam. 0^m,021 à 0^m,022 ; petit diam. 0^m,015 à 0^m,016.

Cette espèce, par ses mœurs et ses habitudes, ne diffère point de la précédente. Elle pousse des cris qui ont de l'analogie avec ceux de la Grenouille ;
seulement ils sont aigres et ils ont plus de sonorité. Sa nourriture consiste en
graines et en insectes.

Observation. — Nous ne saurions admettre que l'*Emb. intermedia* de Michahelles soit une espèce, ni même une race ou variété locale propre au midi
de l'Europe. Nous n'avons vu jusqu'ici dans un assez bon nombre d'exemplaires
déterminés *Emb. intermedia*, que des *Cynchr. pyrrhuloides* à bec un peu moins
fort que chez les vieux individus, ou des *Cynchr. schœniclus,* dont le bec, un
peu plus arqué et un peu plus obtus, sortait de la forme ordinaire. L'hybridité
a-t-elle produit quelques-unes de ces formes intermédiaires ? Il n'y aurait rien

là d'impossible; toutefois, l'âge est certainement pour beaucoup dans les modifications qu'éprouve le bec de ces oiseaux.

On a dit, il est vrai, pour légitimer cette prétendue race locale, qu'elle se distinguait, par ses mœurs, de l'*Emb. schœniclus*; qu'elle avait des habitudes plus aquatiques. On a même cru trouver une différence très-grande et, par conséquent, très-caractéristique dans la couleur des œufs des deux oiseaux. Nous avons observé et tué si souvent, dans le midi de la France, le *Schœniclus* et le *Pyrrhuloïdes*, en compagnie de tous leurs intermédiaires possibles, que nous ne craignons pas d'affirmer qu'il n'y a entre ces oiseaux aucune différence de mœurs, d'habitudes. Quant aux œufs, ils sont tellement semblables que, si on les mélange, on s'expose à les confondre. Une très-légère différence de volume, différence qui n'est point générale, n'est pas toujours propre à les faire distinguer.

148 — CYNCHRAME NAIN — *CYNCHRAMUS PUSILLUS* (1)
Z. Gerbe ex Pall.

Bec petit; arête de la mandibule supérieure dessinant, au profil, une ligne notablement concave (vieux sujets), ou une ligne très-légèrement convexe (jeunes de l'année), *sur le milieu de la tête une bande rousse ou d'un roux grisâtre, limitée de chaque côté par deux bandes d'un noir plus ou moins pur; croupion d'un brun verdâtre, varié de mèches noirâtres.*

Taille : 0^m,12.

Emberiza pusilla, Pall. *Voy.* (1776), édit. franç. in-8°, t. VIII, Append. p. 63.
Emberiza Durazzi, p. Bp. *Faun. Ital.* (1832-1841), *Ois.* pl. 36, f. 1.
Buscarla pusilla, Bp. *Rev. et Mag. de Zool.* (1857), t. IX, p. 163.

Mâle adulte au printemps : Sur la tête, du front à l'occiput, une bande médiane d'un beau brun de rouille, nuancée de rougeâtre, et limitée, de chaque côté, par une raie noire qui, partant également du front, va se perdre derrière le cou; lorums et bande sourcilière d'un roux jaunâtre; tache parotique d'un brun de rouille, circonscrite par un trait noirâtre ou d'un brun noir; parties supérieures du corps d'un gris roussâtre, varié de mèches longitudinales brunes ou noirâtres, occupant le centre des plumes; gorge, devant et côtés du cou, poitrine d'un blanc légèrement roussâtre, avec une série de petites taches brunes formant moustaches, et descendant jusqu'à la poitrine, où elles se confondent avec des taches de même couleur dont cette partie est

(1) Tout ce qui a été dit de cet oiseau dans la première édition, doit être considéré comme nul.

parsemée; abdomen blanc, légèrement nuancé de roussâtre ; sous-caudales unicolores ; flancs roussâtres, flamméchés de brun ; rémiges brunes, bordées de roux ; grandes et moyennes couvertures des ailes lisérées de roux et terminées par une tache blanche ou blanchâtre, ce qui produit une double bande transversale ; rectrice la plus latérale coupée obliquement par un large espace blanc ; la suivante marquée seulement d'un trait de même couleur ; bec brun de corne en dessus, plus pâle en dessous ; tarses et iris bruns.

Femelle adulte : Elle a des teintes généralement moins vives que celles du mâle, et le blanc des parties inférieures est plus pur.

Jeunes en automne : Ils présentent la même distribution générale de couleurs que les adultes, seulement les teintes sont en grande partie dissimulées par les bordures du nouveau plumage. Sur la tête, ces bordures, lorsque les plumes ont leur position naturelle, produisent trois lignes d'un roux grisâtre : une médiane, large, et deux plus étroites, partageant longitudinalement les bandes noires que présentent les sujets en robe de printemps ; en sorte que, vue par-dessus, la tête offre sept raies alternantes, trois roussâtres et quatre noirâtres ; le manteau a plus de gris ; la gorge et les parties inférieures sont quelquefois d'un blanc pur, mais les taches brunes se montrent en plus grand nombre sur la poitrine ; les ailes et la queue sont d'un brun foncé, lisérées de roux pâle.

Nota. Le Cynchrame nain est le plus petit des Embériziens d'Europe ; cependant sa taille est très-variable suivant l'âge. Son plumage, au contraire, varie peu du jeune à l'adulte, et d'un sexe à l'autre.

Cet oiseau habite l'Asie et le nord de l'Europe. Pallas l'a vu en grand nombre dans la Daourie, près des torrents des montagnes. Il se montre accidentellement dans le centre de l'Europe et paraît être de passage périodique, assez régulier, en Italie et en Provence. Il est rare qu'on ne constate pas tous les ans, à l'automne, tant à Gênes, à Nice, qu'à Marseille, la capture de plusieurs individus.

Ses œufs ont de grands rapports avec ceux des deux espèces précédentes. Ils sont d'un gris cendré, varié de larges macules presque effacées, roussâtres et violettes, et parsemés de taches et de traits irréguliers bruns et d'un brun noirâtre, plus nombreuses vers le gros bout. Ils mesurent :

Grand diam. 0^m,018 à 0^m,020 ; petit diam. 0^m,013 à 0^m,014.

Ses mœurs et ses habitudes ne sont pas très-connues. Il est peu probable, malgré l'assurance qu'en donne le marquis Durazzo (*Uccelli Liguri*, p. 49, sous le nom d'*Emb. Durazzi*), que l'espèce séjourne et se reproduise sur les Alpes Liguriennes, dans les bois touffus. Pallas l'a fréquemment rencontrée le long des ruisseaux et dans les bois frais qui bordent les torrents de la Daourie. Elle rechercherait donc le voisinage des eaux, ce qui établit un rapport de plus avec le Schœnicole.

Observation. — Le bec du *Cynchr. pusillus* varie, suivant l'âge, presque autant que celui du *Schœniclus* ou du *Pyrrhuloides*. Dans le premier âge, cet organe est bien plus petit et plus court que dans un âge plus avancé, et, ce qui n'a pas lieu d'étonner, vu les fréquents exemples de ce genre, la forme change à mesure que l'individu vieillit. Tous les jeunes de première année que nous avons vus, soit à Gênes, dans le cabinet d'histoire naturelle ; soit à Nice, chez M. Verany ; soit à Paris, au Museum d'histoire naturelle, et chez M. le comte de Riocour ; tous les jeunes de premier âge, disons-nous, ont la mandibule supérieure notablement convexe, l'arête descendant du front à la pointe, en décrivant une légère courbe. Chez tous les sujets vieux, au contraire, l'arête, déprimée au centre, se relève vers la pointe, de manière à dessiner une ligne concave, comme chez l'*Emb. rustica*. Entre ces deux extrèmes se placent des sujets chez lesquels le demi-bec supérieur a un profil plus ou moins droit. Ce changement de forme ne serait-il pas la source de quelquesunes des erreurs auxquelles l'espèce a donné lieu ?

149 — CYNCHRAME RUSTIQUE — *CYNCHRAMUS RUSTICUS*
Z. Gerbe ex Pall.

Bec médiocre ; arête de la mandibule supérieure dessinant, au profil, chez l'adulte, une ligne notablement concave ; sur le milieu de la tête une bande noire (adultes en noces), *ou d'un gris brun, varié de noirâtre* (jeunes en automne), *limitée de chaque côté par une bande sourcilière blanchâtre ; croupion roux, ou rouge de brique, avec ou sans bordures grisâtres.*

Taille : 0^m,134 *à* 0^m,135.

Emberiza rustica, Pall. *Voy.* (1776), éd. franç. in-8°, t. VIII, Append. p. 64.

Emberiza lesbia, Gmel. *S. N.* (1788), t. I, p. 882 ; — Calvi, *Cat. d'Orn. di Genova* (1828), p. 46.

Emberiza borealis, Zetterstedt, *Faun. Lappon.* (1838), t. I, p. 107.

Hypocentor rusticus, Cab. *Mus. Orn. Hein.* pars 1ᵉ, Osci. (1850-1851), p. 131 (note).

Buff. *Pl. enl.* 656, f. 2, *jeune,* sous le nom de *Mitilène de Provence.*

Pall. *Zoogr.* pl. 47, f. 2.

Temm. et Schl. *Faun. Jap.* pl. 58.

Mâle adulte, en plumage parfait : Tête d'un noir profond, circonscrit par deux bandes sourcilières blanches, dilatées en arrière, et s'unissant à une tache étroite blanche qui occupe la nuque ; gorge et côtés du cou d'un blanc pur ; méat auditif et lorums d'un brun noirâtre, gorge et devant du cou blancs, encadrés par une étroite bande noirâtre ; un large collier, d'un rouge brique, descend de la nuque sur la région thoracique qu'elle enveloppe ; flancs variés de larges mèches de même couleur ; plumes du manteau noires au centre, d'un roux foncé sur les bords ; cette dernière teinte s'éclaircit sur le croupion ; milieu du ventre et abdomen d'un blanc pur ; poignet d'un marron vif ; rémiges d'un brun noirâtre, rectrices brunes en dessus, presque noires en dessous, avec un long espace blanc sur la plus extérieure, et une petite tache de même couleur à l'extrémité de la suivante ; pieds d'un jaune livide ; bec brun-jaunâtre à arête noire ; iris brun.

Chez les sujets *adultes, en livrée d'automne,* les bordures du nouveau plumage en dissimulent les teintes vives ; le noir de la tête est atténué par un gris brun, qui dessine une ligne longitudinale sur l'occiput ; la rangée de taches noires qui encadrent le blanc de la gorge est à peine visible ; les sourcils sont nuancés de brun, et le roux de la poitrine est moins brillant.

A mesure que la saison avance, les bordures disparaissent et mettent à découvert les teintes du plumage parfait. Ce changement est surtout sensible à la poitrine et sur la tête, où se voit alors, comme reste des bordures, une étroite bande médiane grisâtre, plus ou moins accentuée. Cette bande disparaît souvent à l'arrière-saison et le dessus de la tête est alors complétement noir.

Jeunes en livrée d'automne : Dessus de la tête gris-olivâtre, pointillé de brun foncé ; raie sourcilière d'un blanc sale ; sur la nuque une étroite tache de cette couleur ; méat auditif d'un brun olivâtre ; gorge, devant et côtés du cou d'un blanc sale, avec deux petites moustaches brunes ; poitrine traversée par une large zone de taches rougeâtres, qui descendent sur les flancs en s'y élargissant ; partie postérieure du cou d'un roux ardent, qui se confondra plus tard avec celui de la poitrine ; plumes du dos noires et rougeâtres au centre, bordées de cendré olivâtre ; celles du croupion d'un rouge brique, légèrement frangées de gris ; poignet de l'aile roux ; grandes et moyennes couvertures d'un gris olivâtre sur les bords, blanchâtres à la pointe, ce qui produit une double bande transversale ; abdomen et sous-caudales d'un blanc pur ; rectrice la plus extérieure avec une grande tache blanche, à peine visible.

Cet oiseau est propre à l'Asie septentrionale et orientale, et se montre acci-

dentellement dans l'Europe méridionale et septentrionale. Il a été capturé
plusieurs fois en Italie et en Provence. D'un autre côté, Zettersted et Nilsson
l'ont signalé comme faisant des apparitions accidentelles dans le nord de
l'Europe.

Ses œufs ont un fond gris-jaunâtre et sont couverts de larges maculatures
confluentes, irrégulières, brunes et violettes, auxquelles se mêlent quelques
traits et de petites taches plus accentuées et plus foncées. Ils mesurent :

Grand diam. 0ᵐ,019 à 0ᵐ,020; petit diam. 0ᵐ,015.

Les mœurs de cette espèce, à l'état de liberté, sont fort peu connues. Pallas
nous apprend seulement qu'on le rencontre dans les saussaies de la Daourie.
M. Barthélemy-Lapommeraie a conservé vivant pendant deux ans un individu qui avait été pris dans les environs de Marseille. Il s'accommodait du régime de la volière, c'est-à-dire de millet et de chènevis, montrait un caractère
vif et gai, et avait un cri d'appel semblable à celui des vrais Embériziens. Son
chant, qu'il fit entendre en 1838, depuis le mois d'avril jusqu'à la fin d'octobre,
avait quelque rapport avec celui de la Fauvette à tête noire. Sa livrée pâlissait
un peu à la mue d'automne.

Observation. — D'après M. Jaubert (*Rev. et Mag. de Zool.* 1855, t. VII, p. 170
et 226), il y a deux oiseaux dans l'*Emberiza lesbia* de Temminck. M. Jaubert a
raison, seulement ses déterminations sont erronées et accroissent la confusion
qu'il a cherché à faire disparaître. Ainsi, il trouve dans le premier signalement
de l'*Emb. lesbia* (*Man. d'Ornith.* 1820, t. I, p. 317) une description assez bonne
de l'*Emb. pusilla*, Pall., tandis que le second signalement (*Man. d'Ornith.* 1835,
3ᵉ part. p. 235) s'appliquerait exactement au jeune de l'*Emb. rustica*, Pall.,
jeune, en livrée d'automne. Or la *Lesbia* du t. Iᵉʳ du *Manuel* (p. 317) n'est point
une *Emb. pusilla*, mais bien une *Emb. rustica* (*Mitilène de Provence* de Buffon,
Pl. enl. 656, f. 2), comme MM. Schlegel, Degland et d'autres ornithologistes
l'ont reconnu. Quant à la *Lesbia* de la 3ᵉ partie du *Manuel* (p. 235), il serait à
désirer qu'elle fût réellement identique, comme le veut M. Jaubert, au Rustique jeune, dont il a donné la description (*Rev. et Mag. de Zool.* 1855, t. VII,
p. 224). L'ornithologie européenne s'enrichirait d'une espèce bien précieuse,
et l'on ne mettrait plus en doute l'apparition accidentelle en Europe de
l'*Emb. fucata*, Pall. La *Lesbia* de la 3ᵉ partie du *Manuel* n'est, en effet, que la
Fucata de Pallas, et il est difficile de la décrire plus exactement que ne l'a fait
Temminck sous le nom d'*Emb. lesbia, vieux mâle au printemps.*

GENRE LXXIX

PLECTROPHANE — *PLECTROPHANES*

Emberiza, p. Linn. *S. N.* (1748).
Plectrophanes, Mey. et Wolf. *Tasch. Deuts.* (1810-1822).
Hortulanus, p. Leach. *Syst. Cat. M. and B. Brit. Mus.* (1816).
Passerina, p. Vieill. *Orn. élém.* (1816).
Centrophanes, Kaup, *Nat. Syst.* (1829).
Leptoplectron, Reichenb. *Av. Syst.* (1850).

Bec court, conique, droit, à commissures dirigées obliquement en bas, à bords peu rentrants, à palais épais, mais dépourvu de tubercule; narines arrondies, en partie cachées par les plumes du front; ailes allongées sub-aiguës; queue moyenne, médiocrement échancrée; tarses minces; doigts latéraux égaux; ongle du pouce presque droit, subulé et plus long que le doigt.

Si les Plectrophanes, par l'ensemble de leurs caractères, sont des Bruants, ils ont, par leurs habitudes, par le développement et la forme de l'ongle du pouce, de grands rapports avec les Alaudiens. Ils perchent peu, sont presque toujours à terre, ont la démarche des Alouettes, et s'élèvent souvent comme elles dans les airs en chantant. Ils paraissent propres aux régions boréales des deux continents, qu'ils n'abandonnent temporairement qu'au moment des plus grands froids.

Le mâle et la femelle, sous leur plumage de noces, diffèrent. Leur livrée d'automne, quoique différant aussi, a beaucoup plus d'analogie. Les jeunes ont un plumage assez semblable à celui de la femelle.

Leur mue est ordinaire en automne et ruptile au printemps.

Observation. — L'*Emberiza borealis* de la première édition n'est qu'un double emploi de *Plectrophanes nivalis*, et doit être supprimée. Nous nous sommes assurés, par l'examen comparatif d'un grand nombre de sujets de divers âges, que le *Borealis* n'était, en effet, qu'un *Nivalis* d'âge moyen.

150 — PLECTROPHANE DE NEIGE
PLECTROPHANES NIVALIS
Mey. et Wolf. ex Linn.

Une grande tache oblongue sur l'aile, entière ou coupée par un trait noir ou roussâtre; les trois rectrices les plus latérales, de chaque côté, blanches, avec un trait noir à la pointe; ongle du pouce presque droit.

Taille: 0^m,17 à 0^m,18.

EMBERIZA NIVALIS, Linn. *S. N.* (1766), t. I, p. 308.
HORTULANUS NIVALIS, Briss. *Ornith.* (1760), t. III, p. 285.
EMBERIZA MONTANA et MUSTELINA, Gmel. *S. N.* (1788), t. I, p. 867.
EMBERIZA GLACIALIS, Lath. *Ind.* (1790), t. I, p. 398.
PLECTROPHANES NIVALIS, Mey. et Wolf. *Tasch. Deuts.* (1810).
HORTULANUS GLACIALIS, Leach, *Syst. Cat. M. and B. Brit. Mus.* (1816), p. 15.
PASSERINA NIVALIS, Vieill. *N. Dict.* (1817), t. XXV, p. 8.
EMBERIZA BOREALIS, Degl. *Ois. obs. en Eur.* (1839), p. 76.
Buff. *Pl. enl.* 497, f. 1, mâle sous le nom d'*Ortolan de neige.* — 511, f. 2, femelle sous le nom d'*Ortolan de passage.*

Mâle en été : Tête, cou, grandes et petites couvertures des ailes ; moitié supérieure des rémiges, sus-caudales, parties inférieures du corps et de la queue d'un blanc pur ; le miroir blanc de l'aile coupé quelquefois par une bande noire ; dos, scapulaires, plumes polliciales et la moitié inférieure des rémiges d'un noir profond ; les deux rectrices médianes de cette couleur, la voisine blanche dans les deux tiers supérieurs en dehors, le reste noir ; les trois plus latérales blanches avec un trait noir à leur pointe sur les barbes externes ; bec et pieds entièrement noirs ; iris brun.

Mâle en automne : Dessus de la tête, du cou et du corps varié de roux de rouille ; toutes les plumes noires du dos, les scapulaires et les sus-caudales bordées et terminées de roux nuancé de grisâtre ou de brunâtre ; parties inférieures du corps blanches, avec un hausse-col sur la poitrine et les flancs roux de rouille ; blanc des ailes traversé par du roussâtre ; rémiges terminées de blanchâtre et plus ou moins lisérées de cette couleur ; les quatre rectrices médianes bordées et terminées de blanc roussâtre ; bec brun à la pointe, jaune dans le reste de son étendue ; pieds et iris bruns.

Femelle en été : Tête et cou d'un blanc nuancé de roux de rouille ; plumes du dos, scapulaires et sous-caudales noires, bordées de blanc roussâtre ; haut de la poitrine varié de roux ; le reste comme dans le mâle.

Femelle en automne : Parties supérieures noires, avec toutes les plumes bordées et terminées de grisâtre, nuancées de brun et de roussâtre à la tête, variées de grisâtre au dos et sur les scapulaires ; parties inférieures blanches, avec une teinte grisâtre au cou, et un peu de roux sur les côtés de la poitrine ; petites couvertures alaires et rémiges primaires d'un brun noirâtre, bordées et terminées de blanchâtre ; rémiges secondaires blanches ; plumes polliciales ; rectrices d'un brun noirâtre, terminées et bordées de gris roussâtre, excepté les trois plus externes, de chaque côté, qui sont d'un blanc pur, avec une tache longitudinale brune vers leur extrémité, sur les barbes externes ; bec jaune, avec la pointe brune ; pieds et iris bruns.

Jeunes de l'année : Ils ressemblent à la femelle en automne, mais les bordures des plumes, en dessus, sont plus larges et plus rousses ; le brun du vertex est plus foncé ; le blanc des parties inférieures est moins pur ; celui du cou est légèrement lavé de roussâtre ; la poitrine et les flancs sont d'un roux de rouille prononcé ; les petites couvertures alaires sont noi res, bordées de blanc ; les moyennes également noires, bordées de roux et terminées de blanc ; les rémiges secondaires ont leurs barbes externes d'un brun noirâtre, bordées de blanc ; les primaires sont terminées de gris blanchâtre ; les rectrices sont bordées d'une teinte plus rousse, et le brun des deux plus externes de chaque côté s'étend tout le long de la baguette.

Variétés accidentelles : On en trouve de blanches, de jaunâtres et de tapirées de noir et de brun.

Le Plectrophane de neige habite les régions du cercle Arctique, et se montre régulièrement de passage dans l'Europe centrale. Ses apparitions dans le nord de la France sont annuelles.

Il niche parmi les rochers ; pond cinq ou six œufs oblongs, d'un blanc légèrement azuré, avec de petits points gris-violet et quelques autres points d'un brun noir au gros bout.

Grand diam. 0ᵐ,022 à 0ᵐ,023 ; petit diam. 0ᵐ,015 à 0ᵐ,016.

Ce Plectrophane vit plus à terre que sur les arbres et les buissons. Il a un peu les mœurs et le vol des Alouettes, se mêle quelquefois aux bandes que celles-ci forment, et voyage avec elles. A l'arrière saison, il se réunit par petites troupes de vingt à trente individus. C'est ainsi attroupé que, pendant l'hiver, et surtout par les grands froids, nous le voyons arriver dans le nord de la France et sur nos côtes maritimes. Il vit très-bien en captivité, et se contente d'avoine, de mie de pain et de blé.

151 — PLECTROPHANE LAPON
PLECTROPHANES LAPPONICUS
Selby ex Linn.

(Type du genre *Centrophanes*, Kaup.)

Point de tache blanche sur l'aile ; une grande tache blanche sur la rectrice la plus latérale, et une petite à l'extrémité de la suivante ; ongle du pouce notablement recourbé.

Taille : 0ᵐ,15 environ.

Fringilla lapponica, Linn. *S. N.* (1766), t. I, p. 317.
Fringilla calcarata, Pall. *Voy.* (1776), éd. franç. in-8°, t. VIII, Append., p. 57.
Emberiza calcarata, Temm. *Man.* (1815), p. 190.
Hortulanus montanus, Leach, *Syst. Cat. M. and. B. Brit. Mus.* (1816), p. 16.
Emberiza lapponica, Nilss. *Orn. Suec.* (1817-1821), t. I, p. 157.
Passerina lapponica, Vieill. *N. Dict.* (1817), t. XXV, p. 12.
Plectrophanes calcaratus, Mey. et Wolf, *Tasch. Deuts.* (1822), suppl. p. 57.
Plectrophanes lapponica, Selby, *Trans. Linn. Soc.* t. XV, p. 156.
Centrophanes lapponica, Kaup, *Nat. Syst.* (1829), p. 158.
Gould, *B. of Eur.* pl. 169.

Mâle en été : Tête, gorge, devant du cou et haut de la poitrine d'un noir profond velouté, avec une bande blanche au-dessus des yeux et sur les côtés du cou ; nuque portant un demi-collier roux ardent, séparé du noir de la partie antérieure du cou par le blanc des côtés ; dessus du corps noir foncé, avec les plumes bordées de roux ; la plus grande partie de la poitrine, abdomen et sous-caudales blancs, avec les flancs marqués de taches longitudinales noires ; rémiges noires, lisérées en dehors et terminées de blanc, surtout les plus rapprochées du corps ; rectrices noires, bordées de cendré, la plus latérale, de chaque côté, blanche sur le quart inférieur des barbes externes, avec un trait noir à l'extrémité, la suivante avec une tache blanche à la pointe ; bec jaune avec le bout brun ; pieds et iris de cette dernière couleur.

Mâle en hiver : Plumes noires du dessus de la tête et du corps bordées de roussâtre ; demi-collier roux de la nuque tacheté de noir ; gorge, abdomen et sous-caudales d'un blanc terne, avec des taches noires sur la poitrine et les flancs ; lorums et sourcils gris-blanchâtre ; région parotique variée de noir et de roussâtre ; ailes portant deux bandes obliques, blanchâtres, à l'extrémité des grandes et des moyennes couvertures ; rémiges brunes, bordées de gris ; queue également brune, avec les pennes bordées de roussâtre et les deux plus externes de chaque côté avec du blanc, comme en été, mais moins pur.

Femelle en été : Sommet de la tête, dos et couvertures alaires noirâtres, avec les plumes bordées de roussâtre ; dessus du cou et croupion d'un brun roux, avec de petites taches noires ; gorge blanche, encadrée de brun ; devant du cou, poitrine, abdomen et sous-caudales d'un blanc nuancé de roussâtre et strié de noirâtre sur les côtés de la poitrine et les flancs ; côtés de la tête variés de noirâtre et de roussâtre ; sourcils et côtés du cou d'un blanc roussâtre.

Femelle en automne : Colorée comme en été, avec les teintes plus ternes, le noir tirant sur le brun et le roux sur l'isabelle.

Jeunes de l'année : Parties supérieures variées de brun et de cendré roussâtre, sans demi-collier roux au cou ; parties inférieures d'un blanc gris, nuancé d'isabelle à la poitrine et sur les flancs, avec des taches brunes et noirâtres ; lorums et sourcils d'un gris roussâtre ; joues variées de brun et de roussâtre ; côtés du cou tachetés de brunâtre ; ailes brunes, avec les moyennes et de grandes couvertures largement bordées de roux, les rémiges terminées et lisérées de blanchâtre ; rectrices brunes, bordées de roussâtre, avec le blanc des deux pennes externes, de chaque côté, remplacé par une teinte gris-roussâtre ; bec jaunâtre ; pieds roussâtres ; iris brun.

Le Plectrophane Lapon ou montain habite les régions boréales, et se montre irrégulièrement en France, en Belgique et dans plusieurs contrées de l'Allemagne, à l'époque de ses migrations d'automne.

On prend de temps en temps ce Plectrophane aux filets, sur les côtes de Dunkerque et aux environs d'Anvers ; mais les individus capturés sont toujours des jeunes en plumage d'hiver.

Il niche à terre, dans les endroits marécageux, selon Fabricius, et pond cinq ou six œufs d'un gris roussâtre, avec des taches brunâtres. Ceux que nous possédons sont d'un gris cendré, couverts de maculatures d'un brun clair, de stries et de points d'un brun foncé ou d'un noir pur. Ils mesurent :

Grand diam. 0^m,022 ; petit diam. 0^m,016.

Cet oiseau a l'habitude de courir à terre et de ne chanter qu'en se soutenant dans les airs, comme les Alouettes.

1° DÉODACTYLES SUBULIROSTRES — *DEODACTYLI SUBULIROSTRES*

FAMILLE XVI

ALAUDIDÉS — *ALAUDIDÆ*

ALAUDINÆ, Vig. *Gen. of. B.* (1825).
ALAUDÉES, Less. *Man. d'Orn.* (1828).
ALAUDIDÆ, Schinz. *Eur. Faun.* (1840).

Bec variable dans sa forme et dans sa longueur ; narines plus ou moins cachées par les plumes du front ; la plupart des rémiges secondaires échancrées au bout, en forme de cœur ; les plus longues des pennes cubitales n'atteignent généralement pas l'extrémité de la plus longue des rémiges primaires ; ongle du pouce droit ou presque droit, aussi long ou plus long que le doigt.

La famille des Alaudidés est très-naturelle. Indépendamment des caractères généraux que nous venons d'indiquer, les oiseaux qui la composent ont un corps massif, une poitrine bien développée, un système de coloration et un genre de vie fort analogues. L'organisation de leurs pieds en fait des oiseaux

essentiellement marcheurs. Ils perchent très-peu, ou ne perchent ordinairement que sur de larges surfaces, et ne sautent point. Leurs mœurs sont généralement sociables, et leur nourriture consiste en graines et en insectes. Les
jeunes de toutes les espèces ont, au sortir du nid, une livrée qui les distingue
franchement des adultes, et, dans toutes, l'ongle du pouce, chez les femelles,
est plus court que chez les mâles.

Observation. — La place des Alaudidés dans la division des Passereaux
déodactyles n'est pas bien déterminée. Si, d'une part, les oiseaux qui composent cette famille ont des affinités réelles avec les Conirostres, par les Embe-
rizidés; de l'autre, ils se lient plus manifestement encore aux Subulirostres
par les Motacillidés. Leurs caractères sont donc, en quelque sorte, des caractères de transition.

Les Alaudidés, par la forme et les dimensions du bec, se divisent en deux
sous-familles.

SOUS-FAMILLE XXIX

ALAUDIENS — *ALAUDINÆ*

Bec plus court que la tête, droit.

GENRE LXXX

ALOUETTE — *ALAUDA*, Linn.

ALAUDA, Linn. *S. N.* (1735).

Bec plus court que la tête, conico-cylindrique, garni à la base
de petites plumes rigides, dirigées en avant, et cachant une
partie des narines; ailes oblongues; queue médiocre, plus ou
moins échancrée; tarses moyens, un peu plus longs que le doigt
médian; ongle du pouce de la longueur de ce doigt, ou un peu
plus long, presque droit.

Les Alouettes sont propres à l'ancien continent. Elles ont des mœurs sociables, et se rassemblent, l'hiver, en troupes plus ou moins nombreuses; elles
chantent en volant et s'élèvent alors fort haut dans les airs.

Le mâle diffère peu de la femelle, et les jeunes, avant la première mue, ont
une livrée particulière. Leur mue est simple.

Observations. — 1° On compte comme parfaitement authentiques, cinq espèces d'Alouettes européennes (1). Si l'on admettait toutes celles qui ont été décrites comme distinctes, ce nombre s'élèverait à neuf ou dix, mais celles-ci sont mal fondées et purement nominales. Ainsi :

L'*Alauda Kollyi* décrite et figurée par Temminck, d'après un individu unique, capturé près de Dijon, n'est, comme on l'a reconnu, qu'une simple variété accidentelle de l'Alouette Calandrelle.

L'*Alauda picta*, observée par Harmann, près de Strasbourg, et décrite dans les *Observationes zoologicæ* (1804, p. 200) n'est manifestement qu'une variété de l'*Alauda arborea*.

L'*Alauda montana*, Crespon (*Faun. mérid.* t. I, p. 319), représente un jeune sujet de l'*Alauda arvensis*, en voie de muer. L'un des types qui nous a été envoyé par l'abbé Caire ne laisse pas de doute à cet égard.

L'*Alauda cantarella* que le prince Ch. Bonaparte a persisté à donner comme espèce, doit être considérée comme purement nominale. Elle forme double emploi de l'*Arvensis*, dont elle n'est même pas une race locale, mais une simple variété dépendant de la saison, et ne diffère en rien de la plupart des sujets qui, l'été, se répandent dans presque toute la France pour se reproduire, et dont le plumage, à cette époque, prend des teintes plus sombres, par suite de l'usure des plumes.

Quant à l'*Alauda Morealica* trouvée en Grèce par M. Von der Mühle, les caractères qu'elle offre peuvent la faire rapporter, avec quelque certitude, à l'Alouette calandrelle.

2° Nous comprenons parmi les Alouettes, les Calandrelles, dont on a fait deux genres particuliers (*Calandrella*, Kaup, et *Ammomanes*, Caban.), mais qu'il est impossible d'en détacher. Une différence insignifiante dans la longueur des doigts, dans la forme du bec, dans la coloration du plumage, ne nous paraît pas suffisamment générique. Les mœurs, les habitudes, le chant, les cris, le mode de nidification, tout, en un mot, fait des Calandrelles les congénères des Alouettes. A la rigueur il faudrait même leur réunir les Calandres, pour lesquelles on a fait le genre *Melanocorypha*. Si une espèce pouvait être détachée du genre *Alauda*, ce serait, avec beaucoup plus de raison, l'*Alauda arborea*, qui ne vit jamais par bandes comme l'*Alauda arvensis* ou l'*Alauda brachydactyla*, mais simplement par petites familles ; qui perche fréquemment, qui vole, chante, rappelle, d'une manière qui lui est propre ; qui a l'occiput orné de plumes plus longues que les autres, formant une huppe bien marquée, et dont aucun ornithologiste n'a pensé à faire un genre particulier. Ce qu'on n'a pas fait pour l'*Alauda arborea*, qui se distingue par tant de points des autres Alouettes et surtout des Cochevis (*Galerida*), à côté desquels Boie, Kaup, Brehm, l'ont à tort placée, pourquoi le faire pour les Calandrelles, que tout rattache au genre *Alauda* ?

(1) L'une d'elles, dont M. Degland faisait une *Alauda brachydactyla*, d'après le témoignage de MM. Nordmann, Schlegel, Keyserling et Blasius, l'*Alauda pispoletta*, Pall., alternativement admise et rejetée comme espèce d'Europe, vient d'être restituée à la Faune européenne, par M. Vian, qui en a fait le sujet d'une excellente notice. Z. G.

152 — ALOUETTE DES CHAMPS — *ALAUDA ARVENSIS*
Linn.

Plumes de l'occiput un peu plus longues que les autres, mais ne formant pas huppe ; première rémige très-petite, deuxième égale à la troisième ou plus longue et plus étendue que la quatrième ; la rectrice la plus extérieure bordée de blanc en dehors.

Taille : 0ᵐ,18.

ALAUDA ARVENSIS, Linn. *S. N.* (1766), t. I, p. 287.
ALAUDA VULGARIS, Leach, *Syst. Cat. M. and B. Brit. Mus.* (1816), p. 21.
ALAUDA CŒLIPETTA, Pall. *Zoogr.* (1811-1831), t. I, p. 524.
ALAUDA CANTARELLA, Bp. *B. of Eur.* (1838), p. 37.
ALAUDA MONTANA, Crespon, *Faun. mérid.* (1844), t. I, p. 319.
Buff. *Pl. enl.* 363, t. I.

Mâle : Parties supérieures variées de noirâtre, de gris roussâtre et de blanc sale ; parties inférieures blanches, avec le bas du cou, la poitrine et lés flancs teints de roussâtre et tachetés plus ou moins de brun ou de brunâtre ; une bande étroite d'un blanc roussâtre au-dessus des yeux ; rémiges et rectrices médianes brunes et bordées de fauve ou de blanchâtre ; rectrices latérales noirâtres, bordées en dehors d'une teinte moins rousse, et les deux plus externes, de chaque côté, de blanc pur ; bec brun en dessus, moins foncé en dessous ; pieds brun clair roussâtre ; iris brun.

Femelle : Plumage rembruni en dessus, la poitrine plus tachée de brun, moins de blanc à la queue, et l'ongle postérieur moins long que chez le mâle.

Les teintes du plumage, dans l'un et l'autre sexe, varient suivant l'âge, les saisons et les localités. Il en est peu d'entièrement semblables.

Jeunes avant la première mue : Les plumes des parties supérieures sont noirâtres au centre, avec des bordures roussâtres ; la gorge est d'un blanc lavé de roux ; la poitrine roussâtre, variée de brun pâle, et l'abdomen blanc.

Variétés accidentelles : Il existe des variétés noires, isabelles, rousses, gris de lin et à rémiges blanches (Collect. Degland). On cite aussi des variétés entièrement blanches.

L'Alouette des champs ou vulgaire habite non-seulement toute l'Europe, mais aussi l'Asie et l'Afrique septentrionale. Elle est commune dans toute la France, et ne serait pas rare en Algérie, surtout l'hiver, selon M. Malherbe.

Elle niche dans les champs, à terre, dans un petit enfoncement. Sa ponte est de quatre ou cinq œufs, un peu ventrus, roussâtres, gris ou d'un blanc grisâtre, pointillés et tachetés de gris et de brun. Ils mesurent :

Grand diam. 0^m,023 ; petit diam. 0^m,017.

L'Alouette commune émigre au mois d'octobre, par grandes bandes. Cependant une partie vit sédentaire dans nos contrées. L'hiver elle est en si grande quantité sur nos côtes maritimes, qu'on en prend des milliers, au collet, au moment des neiges. A cette époque les marchés de Paris et des principales villes du nord de la France en sont très-abondamment pourvus. Il semblerait qu'une pareille destruction, qui se renouvelle tous les ans, devrait occasionner, non pas l'anéantissement de l'espèce, mais au moins la diminution du nombre d'individus qui la composent ; cependant il n'en est rien : nous la voyons annuellement en quantité aussi prodigieuse que par le passé. Sa chair est, en automne, fort délicate et par cela même très-estimée. Cette Alouette n'a pas seulement le mérite d'être un bon mets, elle est encore recherchée par les amateurs, à cause de son chant.

Cette Alouette ne perche pas. Elle se nourrit de graines, de végétaux et de vermisseaux.

135 — ALOUETTE LULU — *ALAUDA ARBOREA*
Linn.

Plumes de l'occiput allongées, pouvant se relever en huppe ; première rémige courte, deuxième égale à la cinquième et moins longue que la quatrième ; l'extrémité des trois rectrices les plus latérales marquée de blanchâtre.

Taille : 0^m,15.

ALAUDA ARBOREA, Linn. *S. N.* (1766), t. I, p. 287.
ALAUDA NEMOROSA, Gmel. *S. N.* (1788), t. I, p. 797.
ALAUDA CRISTATELLA, Lath. *Ind.* (1790), t. II, p. 499.
GALERIDA NEMOROSA et ARBOREA, Brehm, *Handb. Nat. Voy. Deuts.* (1831), p. 316-317.
LULLULA ARBOREA, Kaup, *Nat. Syst.* (1829), p. 92.
Buff. *Pl. enl.* 503, f. 2, sous le nom de *Petite Alouette huppée.*

Mâle : Parties supérieures variées de brun noirâtre et de roux, avec une raie blanchâtre qui passe au-dessus des yeux, sur l'occiput, et borne en quelque sorte le vertex ; parties inférieures d'un blanc jaunâtre, nuancé de roux et tacheté de noirâtre au cou, à la poitrine et sur les flancs ; pennes alaires noires et bordées de roux ; rectrices brunes, bordées de roussâtre, les latérales terminées de blanc, et la plus externe, de chaque côté, d'un gris brun ; bec brun, moins foncé en dessous ; pieds rougeâtres ; iris brun.

Femelle : Peu différente du mâle ; elle n'a pas de teinte jaune sur les parties inférieures et les taches de la poitrine sont plus nombreuses, plus rapprochées.

Jeunes avant la première mue : Parties supérieures variées de noir et de jaune roussâtre ; sourcils et gorge jaunâtres, poitrine roussâtre, mouchetée de brunâtre ; abdomen blanc ; bec plus court.

On la trouve dans presque toutes les parties de l'Europe, dans l'Asie occidentale et dans le nord de l'Afrique. Elle est répandue partout en France ; est sédentaire dans quelques contrées, comme dans les Landes et dans le département du Var, n'est que de passage dans d'autres, par exemple, dans les environs de Paris et dans quelques autres départements du nord de la France.

Elle niche dans les champs, les guérets, les bruyères, à l'abri d'une pierre, d'une motte, d'une plante. Sa ponte est de quatre ou cinq œufs grisâtres ou d'un gris roussâtre, pointillés et tachetés de gris et de brun. Ils mesurent :

Grand diam. 0ᵐ,02 environ ; petit diam. 0ᵐ,015.

Cette espèce ne s'attroupe pas en grand nombre comme l'Alouette commune, et n'est pas aussi solitaire que le Cochevis huppé. Elle vit ordinairement par petites familles composées de dix à vingt individus. Très-rarement elle fréquente les grandes plaines ; on la trouve plutôt dans celles qui couronnent les coteaux, ou qui sont à leurs pieds, dans les petites vallées ; elle se plaît dans les lieux incultes, accidentés et couverts de thym. Elle émigre par petites bandes, qui ne se mêlent point à celles que forment les Alouettes communes. Elle a encore pour habitude de percher sur les arbres, ce que ne font point ou que très-rarement les Alaudidés.

154 — ALOUETTE CALANDRELLE
ALAUDA BRACHYDACTYLA
Leisler.

(Type du genre *Calandrella*, Kaup ; *Coryphidea*, Blyth ; *Calandritis*, Caban.)

Bec aussi long que celui de l'Alauda arvensis, comprimé ; première rémige nulle ; la plus longue des pennes cubitales dépassant toujours la quatrième rémige et atteignant souvent l'extrémité de la plus longue ; flancs unicolores ; point de taches sur le milieu de la poitrine.

Taille : 0ᵐ,14.

ALAUDA BRACHYDACTYLA, Leisl. in · *Annal. Weter. Gesellsch. Natur.* (1814), t. III, p. 357, pl. 19.

ALAUDA ARENARIA, Vieill. *N. Dict.* (1816), t. I, p. 343.

CALANDRELLA BRACHYDACTYLA, Kaup, *Nat. Syst.* (1829), p. 39.

MELANOCORYPHA ITALA et BRACHYDACTYLA, Brehm, *Handb. Nat. Vög. Deuts.* (1831), p. 311.

MELANOCORYPHA ARENARIA, Bp. *B. of. Eur.* (1838), p. 38.

PHILEREMOS BRACHYDACTYLA, Keys. et Blas. *Wirbellh.* (1840), p. 37.

CALANDRITIS BRACHYDACTYLA, Caban. *Mus. Orn. Hein.* pars 1ª, Osci. (1850-1851), p. 122.

Gould, *B. of. Eur.* pl. 163.

P. Roux, *Orn. Prov.* pl. 182.

Mâle en été : Parties supérieures d'un cendré roussâtre, tacheté de brun ; parties inférieures d'un blanc plus ou moins nuancé de roux à la poitrine et sur les flancs, avec quelques taches confluentes brunes au bas et de chaque côté du cou ; lorums et sourcils d'un blanc sale ; région parotique variée de brun et de roussâtre ; rémiges et rectrices brunes, bordées de roux clair ; les deux rectrices les plus extérieures, de chaque côté, en partie lavées de blanc et de fauve ; bec brun ; pieds rougeâtres ; iris d'un brun clair.

Mâle en automne : Dessus du corps plus rembruni, le centre des plumes plus foncé et les bordures plus rousses ; les taches brunes de la partie inférieure du cou formant, par leur réunion, une sorte de bande courte un peu oblique.

Femelle : Peu différente du mâle : elle n'a pas de grande tache sur les côtés de la partie inférieure du cou, et a plus de blanc sur les parties inférieures du corps.

Jeunes après la première mue : Plumes des parties supérieures noirâtres au centre, d'un jaune roussâtre sur les bords, avec une tache blanche à la pointe ; poitrine roussâtre et mouchetée de noirâtre ; le reste des parties inférieures blanc, raie sourcilière d'un blanc jaunâtre ; couvertures alaires, rémiges et rectrices noirâtres, bordées de blanc jaunâtre et terminées de blanc.

L'Alouette Calandrelle habite l'Europe méridionale et orientale, l'Asie et l'Afrique septentrionales. Elle est commune en Provence, dans le Languedoc, et dans presque tout le midi de l'Europe. On la dit fort répandue depuis le Pruth jusqu'à la mer Caspienne. La Champagne et la Bourgogne la possèdent et elle a été tuée près de Paris.

Elle niche dans les champs, à terre, dans un petit enfoncement tapissé de quelques brins d'herbes. Sa ponte est de quatre à six œufs, un peu allongés, grisâtres ou d'un gris roussâtre, avec des taches grises et rousses, très-peu apparentes et presque confondues. Moquin-Tandon a observé des variétés sans taches et d'autres à fond blanc et à fond roussâtre. Ils mesurent :

Grand diam. 0ᵐ,017 ; petit diam. 0ᵐ,015.

La Calandrelle, aussitôt après les dernières nichées, c'est-à-dire, vers les premiers jours du mois d'août, commence à se réunir à ses semblables. Après l'Alouette commune, c'est celle qui forme, durant l'hiver, dans quelques-unes des localités de la Provence, les bandes les plus nombreuses. La plupart de ces bandes émigrent de bonne heure pour la Grèce et l'Afrique, les autres ne quittent pas le pays.

Les plaines élevées, les terrains calcaires, pierreux, sablonneux, sont la demeure habituelle de cette espèce. Dans le sud de la Russie elle se tient dans les steppes. Elle a à peu près le cri, les allures, le mode de voler de l'Alouette commune.

155 — ALOUETTE PISPOLETTE — *ALAUDA PISPOLETTA* Pall.

*Bec très-court, petit, convexe en tous sens ; première rémige nulle ; la plus longue des pennes cubitales ne dépassant pas la sixième rémige ; flancs variés de longues mèches brunes ; poitrine striée et tachetée à peu près comme chez l'*Alauda arvensis.

Taille : 0^m,145.

Alauda pispoletta, Pall. *Zoogr.* (1811-1831), t. I, p. 526.
Calandritis pispoletta, Caban. *Mus. Orn. Hein.* pars 1ᵃ, Osci. (1850-1851), p. 122.

Mâle au printemps : Parties supérieures d'un cendré uniforme, avec des mèches brunes au centre des plumes, plus foncées sur la tête ; raie sourcilière, gorge, côtés du cou, abdomen et sous-caudales d'un blanc un peu fauve ; une longue tache brune sur les deux grandes sous-caudales ; poitrine d'un cendré pâle, uniformément striée de brun ; flancs d'un cendré fauve, avec des mèches brunes ; rémiges brunes, bordées extérieurement, la première de blanc fauve, et les autres de cendré à reflets ; queue brune, les deux pennes médianes plus pâles et les externes bordées de blanc pur, la première sur une grande partie de sa longueur, la seconde sur les barbes externes seulement ; bec d'un jaune livide, avec l'arête brune ; tarses roussâtres, avec les doigts lavés de brun, les ongles bruns et la plante des pieds grise.

Sur des sujets dont la mue ruptile est moins avancée, les barbes plus larges des plumes des parties supérieures ont une faible teinte rose qui paraît particulière à la livrée d'hiver.

Femelle : Elle ne diffère du mâle que par des dimensions un peu moindres, l'absence de mèches brunes sur les deux grandes sous-cau-

dales, le blanc plus étendu sur la rectrice externe, et la poitrine striée
sur une largeur moindre (1).

Les *jeunes avant la première mue* sont inconnus.

L'Alouette Pispolette est une espèce propre à l'Asie. Suivant Pallas, elle
serait commune dans les déserts voisins de la mer Caspienne, arriverait par
bandes, dès le mois de février, vers le Volga inférieur, et se répandrait au
printemps, dans les steppes, pour remonter au delà de Saratow. Les renseignements obtenus par M. Vian, confirment les indications de Pallas. La Pispolette, d'après ces renseignements, serait assez répandue dans le gouvernement
d'Astrakhan.

Elle fréquente, comme l'Alouette calandrelle, les steppes arides, et niche
à terre, dans les landes. Sa ponte paraît être de quatre à six œufs. Ceux que
M. Vian a reçus sont ovoïdes, courts, lisses, presque mats et à grain très-fin.
Le fond de la coquille est d'un blanc sale, semé de petites taches et de points
très-nombreux, surtout au gros bout, variant du cendré pur au cendré olivâtre.
Ils mesurent :

Grand diam. de 0^m,019 à 0^m,020 ; petit diam. de 0^m,014 à 0^m,015.

.**Observation.** — C'est avec l'Alouette calandrelle et avec l'Alouette des
champs que la Pispolette a le plus de rapports, mais elle se distingue parfaitement de l'une et de l'autre par son bec très-court et menu. Elle se différencie, en outre, de la première, par les proportions relatives des grandes couvertures alaires et des rémiges, par les taches des flancs et de la poitrine ;
et de la seconde par une taille moindre, et surtout par l'absence de la première
rémige.

156 — ALOUETTE ISABELLINE — *ALAUDA LUSITANA* (2)
Gmel.

(Type du genre *Ammomanes*, Caban.)

*Teinte générale isabelle ; bec plus gros, plus fort que celui de
l'espèce type ; première rémige étroite et du tiers de la longueur de
la deuxième, qui est plus courte que la cinquième.*

Taille : 0^m,155.

ALAUDA LUSITANA, Gmel. *S. N.* (1788), t. I, p. 798.
ALAUDA LUSITANICA, Lath. *Ind.* (1790), t. II, p. 500.
ALAUDA DESERTI, Licht. *Doubl. Zool. Mus.* (1823), p. 28.

(1) Ces descriptions et les détails relatifs à cette espèce, sont empruntés à l'excellente
notice que M. Vian a publiée en 1861 (*Rev. et Mag. de zoologie*, 2e sér. t. XIII, p. 346),
sur la Pispolette de Pallas, comparée à l'Alouette Calandrelle.   Z. G.

(2) Le nom spécifique *Lusitana*, Gmel. (*Lusitanica* Lath.), ayant la priorité sur *Deserti*
et sur *Isabellina*, nous n'hésitons pas à le conserver, sans nous préoccuper du jugement
que pourra encore en porter la critique. L'*Isabellina* est-elle ou n'est-elle pas la *Lusitana*
de Gmelin ? Là est toute la question, et, pour nous, elle est jugée.

ALAUDA ISABELLINA, Temm. *Man.* 4ᵉ part. (1840), p. 637.
AMMOMANES DESERTI, Cab. *Mus. Orn. Hein.* pars 1ᵃ, Osci. (1850-1851), p. 125.
ANNOMANES (*sic*) ISABELLINA, Bp. *Cat. Parzud.* (1856), p. 8.
Temm. et Laug. *Pl. col.* 244, f. 2, sous le nom d'*Alouette isabelline.*

Mâle et femelle : Parties supérieures d'un roux isabelle, sans taches, plus intense au croupion et aux sus-caudales ; parties inférieures d'un isabelle plus clair, avec quelques mèches plus foncées sur les côtés de la poitrine et à la gorge, qui est blanchâtre ; rémiges et rectrices brunes, lisérées de roux isabelle ; bec blanchâtre, pieds d'un brun clair.

Jeunes avant la première mue : Teintes plus claires, avec les plumes des parties supérieures, les rémiges et les rectrices frangées de grisâtre.

Cette espèce a pour patrie l'Afrique orientale et septentrionale : elle se montre très-accidentellement dans le sud de l'Europe. On l'a capturée en Grèce, dans le midi de l'Espagne et en Portugal.

Mœurs, habitudes, régime et propagation inconnus.

Observation. — Le prince Ch. Bonaparte, qui, dans la *Revue critique*, faisait *Alauda deserti* (Licht.) synonyme d'*Alauda Lusitana* (*Alauda isabellina*, Temm.), reconnaît, sous ces deux noms, dans le *Catalogue Parzudaki*, deux espèces distinctes et européennes du genre *Ammomanes*, Cab. L'*Alauda Lusitana* visite bien réellement l'Europe, mais il est excessivement douteux, et le prince en convient lui-même dans sa réponse à M. de Sélys-Longchamps, que l'*Alauda deserti* (en la supposant positivement distincte de *Lusitana*, Gmel. ou *Isabellina*, Temm.) s'y soit également montrée. Jusqu'à plus ample information on ne saurait donc l'admettre, et, jusqu'à plus ample comparaison, les deux oiseaux doivent être identifiés.

<h1 style="text-align:center">GENRE LXXXI</h1>

<h2 style="text-align:center">OTOCORIS — OTOCORIS, Bp.</h2>

ALAUDA, p. Linn. *S. N.* (1735).
EREMOPHILA, Boie, *Isis* (1828).
PHILEREMOS, Brehm, *Handb. Nat. Vög. Deuts.* (1831).
OTOCORIS, Bp. (1839).
PHILAMMUS, G. R. Gray, *Gen. of B.* (1840).

Bec plus court que la tête, conique ; garni à la base de petites plumes rigides dirigées en avant, et cachant en partie les narines ; ailes allongées, sur-aiguës ; queue allongée, carrée ou légèrement échancrée ; tarses assez forts, plus longs que le doigt médian ; ongle du pouce plus long que ce doigt, presque droit.

Les Otocoris sont encore caractérisés par deux petits pinceaux de plumes érectiles, qui occupent les côtés du vertex. Leurs mœurs diffèrent peu de celles des vraies Alouettes.

Observation. — Ce genre est presque exclusivement asiatique. Une des espèces qui le composent fait de fréquentes apparitions en Europe; une deuxième s'y montrerait, dit-on, très-accidentellement; mais ses captures ayant besoin d'être confirmées, nous ne l'admettrons qu'à titre d'espèce européenne douteuse; enfin, une troisième a été signalée, vers ces derniers temps, comme visitant l'Espagne.

157 — OTOCORIS ALPESTRE — *OTOCORIS ALPESTRIS*
Bp. ex Linn.

Front, sourcils et gorge jaunes ; une bande noire, du bec au méat auditif inclusivement ; un plastron noir sur la poitrine ; rectrices médianes brunes, bordées de roux.
    Taille : 0ᵐ,18.

ALAUDA ALPESTRIS, Linn. *S. N.* (1766), t. I, p. 289.
ALAUDA VIRGINIANA, Briss. *Ornith.* (1760), t. III, p. 367.
ALAUDA FLAVA, Gmel. *S. N.* (1788), t. I, p. 800.
ALAUDA NIVALIS, Pall. *Zoogr.* (1811-1831), t. I, p. 519.
EREMOPHILA CORNUTA, Boie, *Isis* (1828), t. I, p. 322.
PHILEREMOS ALPESTRIS, Brehm, *Handb. Nat. Vög. Deuts.* (1831), p. 313.
OTOCORIS ALPESTRIS, Bp. *Ucel. Eur.* (1842), p. 29.
Buff. *Pl. enl.* 630, f. 2, sous le nom d'*Alouette de Sibérie.*

Mâle en été : Parties supérieures d'un cendré rougeâtre, plus prononcé à la tête, au cou et sur les petites couvertures des ailes, variées de brun partout ailleurs ; sus-caudales d'un cendré vineux ; front, gorge, un trait sur l'œil, espace au-dessous de l'oreille d'un beau jaune ; plumes allongées du vertex, une bande étendue de la commissure sur le méat auditif, et un large plastron sur le haut de la poitrine, d'un noir profond ; abdomen, sous-caudales blancs ; côtés de la poitrine et flancs d'un fauve roussâtre ; ailes brunes, avec les petites et les moyennes couvertures terminées de blanchâtre ; les grandes lisérées de grisâtre, les rémiges bordées de blanc ; queue d'un brun noir, avec les pennes médianes brunes et bordées de roux, l'externe, de chaque côté, bordée de blanc ; bec brun de corne, plus clair en dessous qu'en dessus ; pieds noirs ; iris brun foncé.

Mâle en automne : Plumes noires du vertex, des joues et du hausse-col, plus ou moins bordées de roussâtre.

Femelle en été : Front jaunâtre ; vertex brun-roussâtre, varié de noir ; joues et hausse-col variés de roussâtre ; dessus des yeux, côtés du cou, d'un roux moins vif ; rectrices terminées par un liséré blanc, à l'exception des médianes.

Femelle en automme : Bordures des plumes noires plus larges, et toutes les teintes noires moins nettes.

Jeunes avant la première mue : Ils n'ont ni noir, ni jaune dans le plumage, ni hausse-col ; la gorge, les côtés du cou et les sourcils sont noirs.

Après la première mue, les mâles prennent le hausse-col et du jaunâtre à la tête. *Après la seconde mue,* ils portent la livrée de l'adulte ; mais, avant cette époque, ils ressemblent à la femelle sous son plumage d'automne.

Cette espèce habite les parties orientales du nord de l'Europe et l'Asie ; est de passage annuel dans le sud de la Russie et en Crimée, où on la voit arriver en compagnie de l'*Emberiza nivalis*, et se montre accidentellement en France, en Belgique et en Allemagne. Selon M. Malherbe, on la rencontre en Algérie, dans la province de Bône.

Elle a été prise plusieurs fois dans les environs de Paris. On cite d'autres captures faites aux environs de Nancy, de Bordeaux, à Anvers, dans la vallée du Rhin et en Angleterre. M. Deméezemaker l'a trouvée près de Dunkerque.

C'est ordinairement dans les champs que niche l'Otocoris alpestre. D'après Temminck, elle se reproduirait en Hollande, dans les dunes de sable près de la mer, mais M. Baldamus considère ces données comme douteuses. Selon ce dernier, elle se reproduit dans les régions du cercle arctique, dans la Laponie. Sa ponte est de cinq à six œufs un peu plus gros que ceux de l'Alouette lulu, d'un cendré verdâtre, avec des taches d'un vert olivâtre plus ou moins pâles. Ils mesurent :

Grand diam. 0^m,024 à 0^m,025 ; petit diam. 0^m,018 à 0^m,019.

Elle a le même genre de vie et les mêmes mœurs que l'Alouette des champs ; toutefois, lorsqu'elle chante, elle ne s'élève point comme elle dans les airs, mais reste posée sur une motte de terre ou sur une autre petite élévation.

Observation. — Cette espèce se trouve dans presque toutes les collections de France ; mais, très-peu des sujets qui y figurent ont réellement été tués en Europe. Souvent même, la vraie Otocoris alpestre s'y trouve représentée par celle de l'Amérique du Nord (*Alauda alpestris*, Wils. *Al. cornuta*, Swains.), oiseau plus petit que celui qui nous vient de la Russie ; à bec plus fort et plus long ; à front moins jaune ; dont les teintes sont généralement plus claires, et dont les pinceaux de plumes noires des côtés du vertex sont plus épais.

? 138 — OTOCORIS A GORGE BLANCHE
OTOCORIS ALBIGULA
Bp. ex Brandt.

Front, sourcils et gorge blancs ; une bande noire, du bec au delà du méat auditif ; un plastron noir sur la poitrine, réuni, par deux branches montantes, à la bande noire des joues (mâle adulte) ; *rectrices médianes brunes, bordées de roussâtre.*

Taille : 0ᵐ,185 *à* 0ᵐ,190.

ALAUDA ALPESTRIS, S. G. Gmel. *Voy.* (1767), t. I, p. 62.
ALAUDA ALBIGULA, Brandt,   } in : Bp. *C. Gen. Av.* (1850), t. I, p. 246.
ALAUDA PENICILLATA, Gould, }
OTOCORIS ALBIGULA et SCRIBA, Bp. *C. Gen. Av.* (1850), t. I, p. 246.
Gray et Mitch. *Gen. of B.* pl. 92.

Mâle adulte : Parties supérieures d'un cendré vineux ou roussâtre, nuancé de brun ; un pinceau de plumes longues, effilées et d'un beau noir, de chaque côté du vertex ; front, sourcils, côtés du cou, gorge, abdomen et ventre blancs ; une large bande noire naissant des côtés du bec, couvre les lorums, les joues, une partie des régions parotiques, et forme, en s'unissant de chaque côté à la branche montante du croissant noir de la poitrine, un cadre complet au blanc de la gorge et du devant du cou ; rémiges noirâtres, les primaires finement lisérées de blanchâtre, les secondaires largement frangées de gris roussâtre ; rectrices médianes brunes, bordées de roussâtre ; les autres noirâtres, avec la plus extérieure, de chaque côté, blanche sur les barbes externes ; bec d'un brun noir en dessus, d'un brun moins foncé en dessous ; pieds et iris bruns.

Femelle adulte : Elle a des couleurs moins pures ; au blanc du front, des sourcils, de la gorge, se mêle souvent une teinte sale, et le noir se nuance de brun ; elle n'a pas les pinceaux de plumes du vertex aussi allongés, et les branches du plastron de la poitrine ne se réunissent pas complétement aux bandes qui descendent du bec.

Cette espèce est propre à l'Asie occidentale et se montre accidentellement, d'après le prince Ch. Bonaparte, à l'extrême frontière de l'Europe orientale.

Elle a les habitudes des autres Alaudiens, mais on ne connaît point son mode de propagation.

139 — OTOCORIS BILOPHE — *OTOCORIS BILOPHA*
G. R. Gray ex Temm.

Front, sourcils et gorge blancs ; une bande noire, du bec au méat auditif inclusivement ; un plastron noir sur la poitrine ; rectrices médianes rougeâtres.

Taille : 0^m,15.

ALAUDA BILOPHA, Temm. *Pl. col.* 241, f. 1.

ALAUDA BICORNIS, Hempr. in : Caban., *Mus. Orn. Hein.* pars 1ᵃ, Osci. (1850-1851), p. 122.

OTOCORIS BILOPHA, G. R. Gray, *Gen. of B.* (1844-1846), nᵒ 3.

OTOCORNIS BILOPHA, Rüpp. *Syst. über Vög. N. O. Afr.* (1845), p. 78.

Mâle adulte : Bande passant sur le front et s'étendant au delà des yeux sous forme de sourcils ; gorge, devant du cou, partie inférieure du méat auditif, abdomen et ventre d'un blanc parfait ; plumes longues et effilées, partant des côtés du front, passant au-dessus des yeux et simulant deux petites cornes, d'un noir pur ; base de la mandibule supérieure, une large bande couvrant les lorums, les régions ophthalmiques, une partie de la région parotique, et un large croissant sur la poitrine également d'un beau noir ; occiput, nuque, dessus du cou, du corps et des ailes, d'un roux rougeâtre ; rémiges noirâtres, la plus extérieure lisérée de blanc, les secondaires largement frangées de roux rougeâtre clair, et les plus grandes des couvertures terminées de blanc ; rectrices médianes de la couleur du dos, toutes les autres noires, terminées de roussâtre, avec les deux latérales, de chaque côté, bordées de blanc sur les barbes extérieures ; bec noir, pieds noirâtres, iris brun foncé.

La *femelle adulte* a les teintes noires un peu moins pures et le blanc des parties inférieures un peu sale.

Les *jeunes avant la première mue* sont inconnus.

Cette espèce est propre à l'Asie occidentale, à l'Arabie et à la Barbarie.

Elle visite accidentellement l'Espagne. Lord Lilleford nous a affirmé le fait, ainsi qu'aux MM. Verreaux, et nous a dit avoir chassé et tué lui-même cet oiseau à Dehesa de l'Albufera, dans le royaume de Valence. Il savait que l'espèce se montrait dans la localité, par les captures qui déjà y avaient été faites.

Mœurs, régime et propagation inconnus.

GENRE LXXXII

CALANDRE — *MELANOCORYPHA*, Boie.

ALAUDA, p. Linn. *S. N.* (1735).
MELANOCORYPHA, Boie, *Isis* (1828).
CALANDRA, Less. *Compl. à Buff.* (1837).

Bec plus court que la tête, robuste, comprimé, élevé, arqué jusqu'à la pointe, garni à la base de petites plumes rigides, dirigées en avant et cachant les narines ; ailes allongées, sur-aiguës, atteignant l'extrémité de la queue, qui est courte et échancrée ; tarses robustes, un peu plus longs que le doigt médian ; ongle du pouce plus long que ce doigt et très-légèrement arqué.

Les Calandres ont les mœurs générales des Alouettes proprement dites. Elles sont propres à l'ancien continent. Trois d'entre elles sont ou sédentaires, ou seulement de passage en Europe.

Une quatrième espèce appartenant à ce genre, l'*Alauda mongolica*, Pall. aurait, dit-on, été observée dans la Russie méridionale ; mais Schinz est le seul qui l'admette comme Européenne, et il est à peu près certain aujourd'hui qu'elle n'a jamais été vue en deçà des limites de l'Asie orientale.

160 — CALANDRE ORDINAIRE
MELANOCORYPHA CALANDRA
Boie ex Linn.

Dessus de la tête, région parotique et sus-caudales d'un brun roussâtre ; une large tache noire sur les côtés du cou ; rectrices, les deux médianes exceptées, terminées de blanchâtre, et la plus extérieure presque entièrement de cette couleur.

Taille : 0ᵐ,194 *à* 0ᵐ,195 *et même plus* (1).

ALAUDA CALANDRA, Linn. *S. N.* (1766), t. I, p. 226.
MELANOCORYPHA CALANDRA, Boie, *Isis* (1828), p. 322.
Buff. *Pl. enl.* 363, f. 2.

Mâle au printemps : Parties supérieures brunes au centre des plu-

---

(1) M. Nordmann, en faisant observer que cette Alouette est un des oiseaux qui varient le plus pour la taille, dit qu'il a eu sous les yeux des individus qui avaient près du double de la taille ordinaire et dont le bec était trois fois plus long que d'habitude. N'y aurait-il pas là un peu d'exagération ?

mes, et d'un gris roussâtre sur les bordures ; parties inférieures blanches, avec deux grandes taches ou une sorte de demi-collier d'un noir profond au bas du cou, une teinte roussâtre et des taches brunes à la poitrine ; flancs d'un brun roussâtre ; rémiges noirâtres et bordées de grisâtre, les moyennes terminées de blanc ; rectrices noirâtres, la plus latérale, de chaque côté, presque entièrement blanche, la suivante terminée par un liséré de cette couleur, les médianes brunes et bordées de roussâtre ; bec brun en dessus, roussâtre en dessous ; pieds d'un blanc rougeâtre ; iris cendré.

Mâle en automne ou après la mue : Les plumes du dessus du corps sont plus foncées au centre, et les bordures plus rousses.

Femelle : Elle ressemble au mâle sous son plumage d'automne ; mais elle a la tête plus petite et le bec moins gros, le demi-collier noir de la partie inférieure du cou très-étroit.

Jeunes avant la première mue : Plumage plus foncé que celui des adultes, avec les plumes des parties supérieures et de la poitrine lisérées de blanchâtre ; bec et pieds jaunâtres.

Variétés accidentelles : On cite des sujets blancs, maculés de blanc, de gris ou de noir, et d'autres de couleur isabelle.

La Calandre ordinaire habite l'Europe méridionale, l'Asie occidentale et l'Afrique septentrionale.

On la trouve en Italie, en Sicile, en Sardaigne, en Grèce et dans les parties les plus méridionales de la France.

Elle est commune dans certaines localités des départements du Var, de l'Hérault, des Bouches-du-Rhône. Suivant Lesson, elle apparaît, parfois, dans les départements des Deux-Sèvres et de la Charente-Inférieure.

Elle est également abondante dans la Russie méridionale, surtout dans les steppes.

Elle niche à terre, dans les champs de luzerne ou de blé, dans les guérets. Sa ponte, qui a lieu deux fois l'année, en avril et en juin, est de quatre à six œufs d'un blanc roussâtre sale ou d'un gris jaunâtre, avec des taches et des points gris, roux et bruns, plus nombreux au gros bout. Ils mesurent :

Grand diam. 0ᵐ,025 à 0ᵐ,026 ; petit diam. 0ᵐ,016 à 0ᵐ,017.

La Calandre a les mœurs et les habitudes de l'Alouette commune, et surtout de la Calandrelle, et, comme le Cochevis, elle a la faculté d'apprendre et de répéter des airs. Elle est plus farouche que ses congénères, et vit en troupes depuis septembre jusqu'en février, époque de ses pariades. Elle est sédentaire dans le midi de la France ; se nourrit de blé et d'avoine en été, de vers et d'herbes durant l'hiver. Sa chair est peu estimée.

161 — CALANDRE SIBÉRIENNE
MELANOCORYPHA SIBIRICA
Boie ex Gmel.

Dessus de la tête, région parotique, sus-caudales d'un roux fer-
rugineux vif ; côtés du cou marqués de quelques mèches brunes ;
rectrice la plus extérieure entièrement blanche.

Taille : 0^m,20 environ.

ALAUDA CALANDRA, Pall. *Voy.* (1776), éd. franç. in-8°, t. VIII, append. p. 80.
ALAUDA SIBIRICA, Gmel. *S. N.* (1788), t. I, p. 799.
ALAUDA LEUCOPTERA, Pall. *Zoogr.* (1811-1831), t. I, p. 518.
ALAUDA BIMACULATA, Ménést. *Cat. des Ois. du Cauc.* (1832), p. 37.
PHILEREMOS SIBIRICA, Keys. et Blas. *Wirbelth.* (1840), p. 37.
CALANDRELLA SIBIRICA, Brandt, in : Bp. *C. Gen. Av.* (1850), t. I, p. 243.

Mâle adulte, tué en mai (1) : Dessus de la tête, région parotique et
sus-caudales d'un roux ardent, chaque plume étant bordée ou terminée de grisâtre ; les sus-caudales, dont les plus longues atteignent presque le bout de la queue, ont, en outre, une large bande longitudinale
brune sur la ligne médiane ; lorums et une bande derrière les yeux
blancs ; dos et scapulaires bruns, avec des bordures roussâtres ; face et
côtés du cou d'un blanc terne, parsemé de rares mouchetures brunes ;
gorge, poitrine, dessous du corps et sous-caudales blanchâtres, lavés
de roux et marqués de faibles points brunâtres à la poitrine ; flancs
variés de flammèches brunes frangées de roussâtre ; rémiges brunes,
les primaires lisérées et terminées de blanc, la plupart des secondaires
blanches vers leur extrémité ; queue brune, avec la rémige la plus
extérieure, de chaque côté, entièrement blanche ; bec brun livide ;
pieds d'un brun foncé.

D'autres sujets mâles, dont la date de la capture n'est pas indiquée,
mais qui, très-probablement, sont moins âgés, ou ont été tués sous leur
livrée d'automne ou d'hiver, offrent moins de roux à la poitrine ; les
taches de cette région sont plus nombreuses, plus apparentes, plus noirâtres ; les couvertures alaires ont de plus larges bordures ; les plumes
de l'occiput sont rayées longitudinalement de brun ; le blanc des rémiges et des rectrices est plus éclatant, et les pieds sont d'un gris brunâtre.

(1) Les descriptions suivantes sont faites d'après une dizaine de sujets provenant, les
uns, de Sarepta ; les autres, des bords du Volga.

Femelle adulte : Semblable au mâle, mais avec la teinte rousse de la tête, des petites couvertures alaires et des sous-caudales beaucoup plus faible ; les bordures des plumes du dos plus larges et plus cendrées ; le front pointillé de noir ; le vertex et l'occiput rayés longitudinalement de noirâtre ; la poitrine moins rousse et plus tachée de brun, ainsi que les côtés du cou et les joues ; bec comme celui du mâle, mais un peu moins fort ; pieds d'un gris cendré.

Jeunes sujets : Ils ressemblent aux femelles, avec des teintes plus sombres et une taille moindre.

La Calandre sibérienne habite l'Asie septentrionale et l'Europe orientale. Pallas la dit commune dans les steppes que parcourt la rivière Om, et dans la région de l'Altaï.

Elle niche à terre comme les autres Calandres, et sa ponte est de quatre à six œufs. Ceux que nous possédons et qui ont été pris avec les femelles, sont d'un gris verdâtre, fortement pointillés et tachés de brun roussâtre. Les taches sont confluentes vers le gros bout et y forment une sorte de couronne. La grosse extrémité est renflée et l'extrémité opposée très-pointue. Ils mesurent :

Grand diam. 0ᵐ,022 ; petit diam. 0ᵐ,016 à 0ᵐ,017.

D'après Pallas, cette Calandre fréquente les champs arides qui bordent l'Irtisch, et se montre fréquemment sur les bords des chemins.

162—CALANDRE NÈGRE—*MELANOCORYPHA TATARICA*
Boie ex Pall.

Plumage noir au printemps, jaunâtre en automne ; rémiges et rectrices complétement noires au printemps et en été, plus ou moins lisérées de grisâtre pendant le reste de l'année.

Taille : 0ᵐ,206 à 0ᵐ,207.

ALAUDA TATARICA, Pall. *Voy.* (1776), éd. franç. in-8°, t. VIII, Append. p. 78.
ALAUDA NIGRA, Falck. *Voy.* (1784-1786), t. III, p. 393.
TANAGRA SIBIRICA, Sparm. *Mus. Carls.* (1786-1789), pl. 19.
ALAUDA MUTABILIS, S. G. Gmel. *Nov. com. Petrop.* (1788), t. XV, p. 479.
ALAUDA YELTONENSIS, Lath. *Ind.* (1790), t. II, p. 496.
MELANOCORYPHA TATARICA, Boie, *Isis* (1828), p. 322.
Buff. *Pl. enl.* 650, f. 1, sous le nom d'*Alouette noire.*

Vieux mâle en été : Tête, corps, ailes et queue d'un noir profond ; bec jaunâtre, avec la pointe brune ; pieds noirs.

Mâle adulte au printemps : Plumes noires, avec un léger liséré blanchâtre au croupion et aux flancs.

En automne après la mue : D'un jaune gris, avec des taches, sous forme d'écailles, à la poitrine ; le ventre, les ailes et la queue noirs ; les rémiges secondaires et les rectrices bordées de gris blanc. Les plumes sont alors sensiblement plus longues qu'en été et sont noires de la base à 0ᵐ,004 environ de la pointe; *pendant l'hiver*, elles s'usent, s'aiguisent, pour ainsi dire, et laissent apercevoir le noir qui se trouve au-dessous de la couleur grise ou jaunâtre dont elles sont bordées; *au printemps*, elles se débarrassent entièrement de leurs bordures chez les vieux individus.

Femelle : Suivant Temminck, elle aurait le plumage d'un noir moins profond ; le front grisâtre ; la gorge, le cou et la poitrine variés de gris.

Jeunes de l'année : Ils sont d'un gris plus foncé en dessus ; ont les plumes plus largement bordées de jaune, et les pennes alaires et caudales lisérées et terminées d'une teinte plus claire. On n'aperçoit presque pas de noir, et les plumes des ailes et de la queue ont une teinte brunâtre. Il n'existe aucune différence entre les sexes.

La Calandre nègre habite la Russie méridionale et le nord de l'Asie.
Sa propagation est inconnue.
Pallas dit que cette espèce se tient dans les terrains arides et salins de la Tartarie, entre le Volga et l'Iaïk, et qu'elle émigre, l'hiver, par grandes bandes, ce que M. Nordmann a confirmé.
Suivant cet habile observateur, elle arriverait dans le gouvernement d'Ekaterinoslaw et en Crimée vers l'automne, et quelquefois à la fin d'août.

SOUS-FAMILLE XXX

CERTHILAUDIENS — *CERTHILAUDINÆ*

Bec aussi long ou plus long que la tête, le plus généralement un peu fléchi au bout.

Les Cochevis, si l'on ne considère que l'espèce d'Europe, n'offrent pas à un haut degré les caractères des Certhilaudiens. Cependant quelques espèces exotiques, par la forme et la longueur de leur bec, se rattachent à cette section, et c'est ce qui nous détermine à les y rapporter. Du reste, les Cochevis sont loin, sous bien des rapports, d'être de vrais Alaudiens.

GENRE LXXXIII

SIRLI — *CERTHILAUDA*, Swains.

Alauda, p. Linn. *S. N.* (1735).
Certhilauda, Swains. *Zool. Journ.* (1827).
Alæmon, Keys. et Blas. *Wirbelth.* (1840).

Bec aussi long que la tête, triangulaire à la base, notablement arqué; narines basales, arrondies, recouvertes par une membrane; ailes allongées, sub-aiguës; queue assez longue, large et faiblement échancrée; tarses robustes; doigts courts, minces; ongle du pouce égalant le doigt.

Les espèces dont se compose ce genre sont propres à l'Asie et à l'Afrique Deux d'entre elles font des apparitions accidentelles dans le sud de l'Europe.

165 — SIRLI DES DÉSERTS — *CERTHILAUDA DESERTORUM* Bp. ex Stanley

Parties inférieures blanches, variées de nombreuses taches oblongues; la plus grande des couvertures alaires atteignant presque l'extrémité de la cinquième rémige; rectrice latérale de chaque côté, bordée de blanchâtre en dehors.

Taille : $0^m,22$ *environ.*

Alauda desertorum, Stanl. *Salts Reise Abyss.* App. p. 60.
Alauda bifasciata, Licht. *Doubl. Zool. Mus.* (1823), p. 27.
Certhilauda bifasciata, Bp. *B. of Eur.* (1838), p. 37.
Alæmon desertorum, Keys. et Blas. *Wirbelth.* (1840), p. 36.
Certhilauda desertorum, Bp. *Rev. crit.* (1850), p. 144.
Temm. et Laug. *Pl. col.* 393.

Mâle et femelle adultes : Isabelle en dessus, tirant sur le cendré à la tête et au cou; blanc en dessous, avec des taches obliques brunes sur la poitrine; région parotique couverte de plumes blanches et noirâtres; un trait de cette dernière couleur sur les côtés de la tête, partant de la commissure du bec; rémiges primaires d'un brun roussâtre, les secondaires blanches et marquées de brun en travers; rectrices de la même couleur que les rémiges primaires, excepté les médianes, qui sont couleur isabelle, les deux ou trois plus latérales bordées de blanc en dehors; bec et pieds jaunâtres; iris brun. (D'après Temm.)

Jeunes : Tête et cou cendrés, avec chaque plume marquée de brun le long de la tige ; région auriculaire presque toute blanche ; haut de la poitrine marqué de mèches noires ; dessus du corps plus rembruni, et dessous plus roussâtre.

Cette espèce habite le nord et l'est de l'Afrique, l'Asie occidentale, et passe très-accidentellement en Sicile, en Espagne et dans le midi de la France.

Elle niche à terre, au pied d'un buisson, et sa ponte serait de trois à cinq œufs d'un gris sale, pointillé de fauve.

Selon M. O. des Murs, le Sirli se tient habituellement sur les terrains élevés et arides, y court rapidement et gratte la terre de ses pattes, à la manière des Gallinacés.

164 — SIRLI DE DUPONT — *CERTHILAUDA DUPONTI*
Keys. et Blas. ex Vieill.

Parties inférieures roussâtres variées de quelques taches oblongues ; rectrice latérale blanche, avec les barbes internes bordées de noir, la suivante bordée de blanc en dehors.

Taille : 0ᵐ,21 *environ.*

ALAUDA DUPONTI, Vieill. *Faun. franc.* (1828), p. 173.
ALÆMON DUPONTI, Keys. et Blas. *Wirbelth.* (1840), p. 36.
CERTHILAUDA DUPONTI, Bp. *Ucc. Eur.* (1842), n° 103.
ALAUDA FERRUGINEA, Von der Mühle, *Ornith. Griech.* (1844).
P. Roux, *Orn. Prov.* pl. 186.

Adultes : Tête, nuque et dos variés de roux et de brun ; gorge d'un blanc pur ; devant du cou, poitrine, abdomen et flancs d'un isabelle roussâtre, avec des mèches longitudinales noires ; bas-ventre, jambes et sous-caudales sans taches ; joues roussâtres ; ailes variées de roux et de brun comme le dessus du corps ; queue avec la penne externe blanche et bordée de noir en dedans, la suivante noire, bordée de blanc en dehors, les troisième et quatrième entièrement noires, les quatre médianes brunes ; bec noir ; pieds couleur de chair ; iris brun.

Jeunes : Plumes des parties supérieures avec de larges bordures d'un isabelle clair ; celles des parties inférieures avec des taches ou mèches plus larges.

Le Sirli de Dupont habite l'Asie occidentale, l'Afrique septentrionale, et se montre accidentellement dans le sud de l'Europe. On l'a observé dans le midi de l'Espagne, quelquefois, dit-on, aux îles d'Hyères, et plusieurs exemplaires auraient été trouvés sur les marchés de Marseille.

Mœurs, habitudes, régime et propagation inconnus.

GENRE LXXXIV

COCHEVIS — *GALERIDA*, Boie

ALAUDA, p. Linn. *S. N.* (1735).
GALERIDA, Boie, *Isis* (1828).

Bec au moins aussi long que la tête, fort, notablement infléchi, garni à sa base de plumes rigides dirigées en avant et
cachant en partie les narines ; ailes sur-aiguës, atteignant à
peine le milieu de la queue, qui est très-légèrement échancrée ;
tarses robustes, un peu plus longs que le doigt médian ; ongle
du pouce de la longueur de ce doigt, fort et droit ; tête surmontée
de plumes allongées, étagées et érectiles en forme de huppe.

Les Cochevis diffèrent beaucoup, par leurs mœurs et leurs habitudes, des
autres Alaudidés. Jamais ils ne se réunissent en troupes nombreuses. Si l'hiver
rapproche les individus d'un même canton, ces individus ne vivent pas réunis.
Ils paraissent plus familiers que les Alouettes, s'approchent davantage des
lieux habités, et ne sont pas autant voyageurs. Lorsqu'ils changent de canton,
ce n'est jamais par bandes. Leur vol est plus lourd, leur marche plus vive,
leurs cris d'appel sont moins aigres. De tous nos Alaudidés d'Europe, l'Alouette
lulu et le Cochevis huppé sont les seuls qui aient un chant flûté ou de bec.
Sous tous ces rapports, le genre que l'on a fondé sur cette dernière espèce est
parfaitement justifié.

Le mâle et la femelle se ressemblent. Les jeunes, avant la première mue,
ont une livrée particulière.

Nous n'avons en Europe qu'un seul représentant de ce genre.

165 — COCHEVIS HUPPÉ — *GALERIDA CRISTATA*
Boie ex Linn.

*Première rémige courte, deuxième plus courte que les troisième
et quatrième, égale à la cinquième ; les deux rectrices les plus latérales bordées de roussâtre en dehors.*

Taille : 0^m,18.

ALAUDA CRISTATA, Linn. *S. N.* (1766), t. I, p. 288.
ALAUDA UNDATA, Gmel. *S. N.* (1788), t. I, p. 797.
ALAUDA GALERITA, Pall. *Zoogr.* (1811-1831), t. I, p. 524.
GALERIDA CRISTATA et UNDATA, Boie, *Isis* (1828), p. 321.
GALERIDA VIARUM, Brehm, *Hand. Nat. Vög. Deuts.* (1831), p. 315.
LULLULA CRISTATA, Kaup, *Nat. Syst.* (1829), p. 92.

Buff. *Pl. enl.* 503, f. 1, sous le nom de *Cochevis*, et 662, sous le nom de *Coquillude*.

Mâle en été : D'un gris cendré en dessus, avec une teinte plus claire sur le bord des plumes ; d'un blanc teint de roussâtre en dessous, avec des taches noirâtres au bas du cou, à la poitrine et sur les flancs ; sourcils d'un blanc roussâtre ; yeux traversés par une bande d'un gris roussâtre ; rémiges et rectrices d'un brun roussâtre ; rectrices latérales noirâtres, avec les deux plus externes, de chaque côté, bordées de roux en dehors ; bec brunâtre, plus foncé en dessus ; pieds gris ; iris brun-noisette.

Mâle en hiver : Il a les teintes plus rembrunies.

Femelle : Elle a la tête moins grosse, le bec moins fort et les taches de la poitrine moins noires que chez le mâle.

Jeunes avant la première mue : Plumage généralement plus clair que celui des adultes, avec une tache blanchâtre à l'extrémité des plumes, et une autre tache irrégulière, brune, à la tige.

Nota. Deux Alouettes venant du midi de l'Espagne (Collect. Degland), ressemblent beaucoup au Cochevis ; mais elles en diffèrent par le bec, qui est plus court ; la mandibule supérieure, qui est moins fléchie à son extrémité ; par une taille sensiblement moins forte, et par des couleurs plus tranchées.

Le Cochevis huppé, type du genre, habite non-seulement toute l'Europe, mais aussi l'Afrique septentrionale. On le dit commun, toute l'année, en Algérie. Il est commun et sédentaire dans presque toute la France.

Il niche dans les champs, à terre, au milieu d'un sillon, d'un pas de bœuf ou de cheval, à l'abri d'une motte de terre, d'un petit buisson ou d'une touffe d'herbe. Sa ponte est de quatre ou cinq œufs, assez ventrus, d'un gris roussâtre ou jaunâtre, quelquefois d'un cendré clair, avec des points et de petites taches brunes et roussâtres ; les taches sont plus nombreuses et plus foncées au gros bout. Ils mesurent :

Grand diam. 0^m,022 ; petit diam. 0^m,017.

Cette espèce ne vit jamais en troupe comme l'Alouette des champs. Elle choisit ordinairement pour résidence les champs qui avoisinent les grandes routes, sur lesquelles elle se rend souvent, surtout l'hiver, pour y chercher de la nourriture dans la fiente des chevaux.

Sa chair est beaucoup moins bonne que celle des autres Alaudidés ; mais l'oiseau est plus recherché par les oiseleurs à cause de la facilité qu'il a d'apprendre et de répéter les airs qu'on lui serine.

FAMILLE XVII

MOTACILLIDÉS — *MOTACILLIDÆ*

Canori, p. Illig. *Prod. Syst.* (1811).
Sylviadæ, p. Vig. *Gen. of Birds* (1825).
Motacilidæ, Bp. *Uccel. Eur.* (1842).
Sylvicolidæ, Cab. *Mus. Orn. Hein.* (1850-1851).

Bec droit, échancré à la pointe de la mandibule supérieure ; narines découvertes ; la plupart des rémiges secondaires échancrées au bout, en forme de cœur ; la plus longue des couvertures alaires atteignant presque l'extrémité des plus longues rémiges ; queue longue ; tarses et doigts grêles et allongés.

Observation. — Quoique les Motacillidés aient, comme les Alouettes, les pennes secondaires des ailes échancrées à leur extrémité, et que, par ce motif, on puisse, à la rigueur, les ranger dans une même famille, cependant ils diffèrent assez les uns des autres pour qu'on doive les séparer. Ce qui distingue les Motacillidés, c'est, non-seulement leur bec échancré, leurs narines découvertes, leurs tarses grêles, etc., mais aussi leurs formes élancées, l'habitude qu'ils ont de percher et d'agiter la queue de haut en bas, lorsqu'ils marchent, et souvent même lorsqu'ils sont au repos.

Toutes ces considérations, suffisantes pour distinguer les Alaudidés des Motacillidés, ne le sont cependant pas assez pour placer ces oiseaux très-loin les uns des autres, comme quelques auteurs l'ont fait. Les Motacillidés, et parmi eux les Pipis, sont tellement voisins des Alouettes, que plusieurs ornithologistes, ne prenant sans doute en considération que les habitudes générales, le système de coloration, les circonstances de propagation, se sont crus autorisés à les classer, les uns, dans le même genre ; les autres, dans la même famille.

En égard à la forme et à la longueur des pennes de la queue, aux proportions relatives des doigts et des tarses, au système de coloration et à des différences d'habitudes, les Motacillidés peuvent être divisés en deux sous-familles.

SOUS-FAMILLE XXXI

ANTHIENS — *ANTHINÆ*

Queue échancrée, à pennes assez larges ; pouce, y compris l'on-

gle, généralement aussi long que la partie nue des tarses ; plumage
plus ou moins grivelé en dessus et en dessous.

Ce qui caractérise particulièrement cette sous-famille, c'est que le plumage
des oiseaux qui en font partie est généralement varié de mèches brunes en
dessus et en dessous du corps. Les Anthiens ont aussi, comme les Alaudiens,
mais à un moindre degré, l'habitude de se soutenir dans les airs, en chantant,
surtout à l'époque des amours.

Les Anthiens d'Europe sont distribués dans trois genres.

GENRE LXXXV

AGRODROME — *AGRODROMA*

Anthus, p. Bechst. *Orn. Tasch.* (1802).
Agrodroma, Swains, *Classif. of B.* (1837).

Bec presque aussi long que la tête, fort, comprimé, notablement infléchi vers le bout de la mandibule supérieure, qui est
échancré ; narines basales, découvertes, ovalaires ; ailes allongées, sub-aiguës ; queue longue, ample, échancrée ; tarses
assez forts, plus longs que le doigt médian ; ongle du pouce
plus court que le doigt ou à peine aussi long et recourbé.

Sous le rapport des mœurs, les Agrodromes sont, dans la sous-famille des
Anthiens, ce que les Cochevis sont dans celle des Alaudiens : ils ne sont pas
plus de vrais Pipis que ceux-ci ne sont de vraies Alouettes. Aussi cette coupe
nous paraît-elle plus légitime que celle qui a pour type l'*Anthus Richardi*,
quoique les caractères physiques sur lesquels elle repose paraissent moins
génériques.

Les Agrodromes vivent solitaires ou simplement par petites familles. Ils
s'écartent des champs en culture, des prairies naturelles et artificielles, des
bois taillis, et paraissent ne se plaire que dans les terres en friche, dans les
landes, sur les coteaux arides, couverts de bruyères, ou sur les dunes sablonneuses. Leur vol, leur démarche, leur cri d'appel, ont bien moins de rapport
avec ceux des Pipis qu'avec ceux des Alouettes, et notamment de la Calandrelle. Lorsqu'ils marchent, ils ont un balancement de queue bien prononcé.

Le mâle et la femelle adultes ont un plumage qui diffère fort peu, et les
jeunes, avant la première mue, portent une livrée aussi caractéristique que
celle des jeunes Alouettes. La mue est simple.

Ce genre est représenté en Europe par une seule espèce.

166 — AGRODROME CHAMPÊTRE
AGRODROMA CAMPESTRIS
Swains. ex Briss.

Les deux rectrices les plus extérieures, de chaque côté, blanches ou roussâtres, avec une bande longitudinale brune sur les barbes internes ; un petit trait brun sous forme de moustaches.
Taille : 0ᵐ,17.

Alauda campestris, Briss. *Ornith.* (1760), t. III, p. 349.
Alauda mosellana, Gmel. *S. N.* (1788), t. I, p. 794.
Anthus campestris, Bechst. *Nat. Deuts.* (1807), t. III, p. 722.
Anthus rufescens, Temm. *Man.* (1815), p. 150.
Anthus rufus, Vieill. *N. Dict.* (1818), t. XXVI, p. 493.
Agrodroma campestris, Swains. *Nat. Syst.* (1837), t. II, p. 241.
Buff. *Pl. enl.* 661, f. 1, *adulte*, sous le nom d'*Alouette de marais*; 654, f. 1, *jeune*, en mue, sous le nom de *Fiste de Provence;* f. 2, *jeune*, avant la mue, sous le nom de *Pivote ortolane de Provence.*

Mâle au printemps : Gris-roussâtre en dessus, avec une légère teinte brune au centre des plumes; blanc-isabelle aux sourcils, à la gorge et au milieu de l'abdomen; roux-jaunâtre à la poitrine et sur les flancs, avec quelques taches ou sans taches brunes; un trait brun sur les côtés du cou ; rémiges primaires brunes, largement bordées de roux isabelle; pennes caudales également brunes, excepté les plus latérales, qui sont d'un blanc roussâtre en dehors, principalement la plus externe; bec noirâtre en dessus, jaunâtre en dessous; pieds gris-jaunâtre; iris brun.

Mâle en juillet : Parties supérieures d'une teinte plus grise; parties inférieures blanches, sans taches, excepté sur les côtés de la poitrine ; toutes les plumes usées, frangées d'une teinte plus claire.

Mâle en automne : Plumes des parties supérieures plus foncées au centre; petites et moyennes couvertures des ailes bordées de gris roussâtre; trait brun des côtés du cou plus large, et taches plus ou moins nombreuses sur la poitrine et les flancs.

Femelle : Elle ressemble au mâle, en toutes saisons; elle a seulement les teintes un peu moins foncées, et une sorte de collier à la poitrine, formé par un grand nombre de taches longitudinales.

Jeunes avant la première mue : Plumage plus brun en dessus, avec les plumes bordées de roussâtre clair; poitrine et flancs marqués de taches plus nombreuses et plus allongées.

L'Agrodrome champêtre ou Rousseline habite les contrées tempérées et méridionales de l'Europe, l'Asie occidentale et le nord de l'Afrique.

Il est de passage irrégulier, en septembre et en avril, dans le nord de la France, très-rarement aux environs de Lille ; est assez commun en Sicile et en Provence, surtout dans les départements du Var, des Basses-Alpes, des Bouches-du-Rhône, où on le rencontre depuis avril jusqu'en septembre.

Il niche à terre, dans les sables, les champs, à l'abri d'une pierre, d'une motte, d'un petit buisson : quelquefois sur les montagnes, dans les crevasses des rochers. Sa ponte est de quatre à six œufs d'un blanc sale, grisâtres, roussâtres ou verdâtres; couverts de petites taches plus ou moins abondantes, grisâtres, d'un brun roussâtre, rougeâtre ou verdâtre, et quelquefois finement pointillés de verdâtre ou de brun roux. Ils mesurent :

Grand diam. 0^m,021 à 0^m,023 ; petit diam. 0^m,015 à 0^m,017.

L'Agrodrome rousseline se tient de préférence dans les lieux incultes et pierreux, sur les coteaux couverts de bruyères et de thym. Il court avec grâce et vitesse, et se perche très-rarement sur les arbres. Son cri a beaucoup d'analogie avec celui de l'Alouette calandrelle, en compagnie de laquelle il se plaît. Il se nourrit principalement d'insectes névroptères.

Observation. — Nous croyons devoir rapporter à l'*Agrodroma campestris* les deux oiseaux figurés dans les *Enluminures* de Buffon, pl. 654, l'un (*fig. 1*), sous le nom de *Fite de Provence*; l'autre (*fig. 2*), sous celui de *Pivote ortolane de Provence*. P. Roux, trompé sans doute par la brièveté qu'offre l'ongle postérieur dans les deux figures, et peut-être aussi par une appellation vulgaire que l'on donne généralement en Provence à l'*Anthus arboreus*, a vu un jeune de cette espèce dans l'oiseau représenté sous le n° 2. Temminck semble avoir adopté cette manière de voir. Or la *Pivote ortolane*, dont Vieillot a fait une espèce particulière sous le nom d'*Anthus maculatus*, aussi bien que le *Fiste de Provence*, représentent deux états différents de l'*Agrodroma campestris* jeune. Nous avons constaté que, dans le jeune âge, chez cette espèce, comme chez les autres Anthiens et chez les Alaudiens, l'ongle du pouce n'avait ni la forme ni le développement qu'il acquiert à mesure que l'oiseau vieillit. Du reste, de jeunes individus capturés quelques jours après la sortie du nid, et que nous avons sous les yeux, sont, à quelque différence près dans l'intensité des teintes du plumage, la représentation exacte des deux figures de la planche enluminée 654.

GENRE LXXXVI

CORYDALLE — *CORYDALLA*, Vig.

Anthus, p. Vieill. *N. Dict.* (1818).
Corydalla, Vig. *Gen. of B.* (1825).

Bec à peu près aussi long que la tête, assez fort, surtout à la base, échancré à la pointe ; narines basales, découvertes, ovalaires ; ailes médiocrement allongées, sub-aiguës ; queue longue, légèrement échancrée ; tarses grêles, élevés, plus longs que le doigt médian ; pouce beaucoup plus court que son ongle, qui est très-effilé et presque droit.

Par leurs caractères, les Corydalles ont de grands rapports avec les Alouettes. Leurs mœurs, leurs habitudes auraient, dit-on, la plus grande analogie avec celles de l'Agrodrome rousseline (*Agrod. campestris*).

Le mâle et la femelle portent le même plumage, et les jeunes, avant la première mue, ont une livrée particulière. Leur mue est simple.

Observation. — Tout en admettant ce genre, nous ne pouvons nous dispenser de faire observer que malgré la hauteur des tarses, malgré la longueur et la forme de l'ongle du pouce, seuls caractères que l'on puisse prendre en considération, l'espèce type sera probablement rendue au genre *Anthus*, ou au genre *Agrodroma*, lorsque son histoire sera mieux connue.

167— CORYDALLE DE RICHARD— *CORYDALLA RICHARDI*
Vig. ex Vieill.

Ongle du pouce d'un tiers environ plus long que le doigt ; les deux rectrices les plus extérieures, de chaque côté, blanches, avec une bande longitudinale brune plus ou moins étendue sur les barbes internes.

Taille : 0^m,18.

ANTHUS RICHARDI, Vieill. *N. Dict.* (1818), t. XXVI, p. 491.
ANTHUS LONGIPES, Hollandre, *Faune de la Moselle* (1825 et 1836), p. 84.
CORYDALLA RICHARDI, Vig. *Gen. of B.* (1825), p. 5.
ANTHUS RUPESTRIS, Ménétr. *Cat. des Ois. du Cauc.* (1832), p. 37.
ANTHUS MACRONYX, Gloger, *Handb. Nat. Vög. Eur.* (1834), p. 269.
Gould, *Birds of Eur.* pl. 135.

Mâle en été : Parties supérieures brunes, avec les plumes bordées de roussâtre à la tête, au dos, et de grisâtre au cou ; parties inférieures d'un blanc terne, lavé de roux au cou, à la poitrine, sur les flancs et les sous-caudales ; un large trait jaunâtre, partant du bec, passe au-dessus des yeux et s'étend au delà du méat auditif ; ligne brune transversale au-dessous des joues ; une autre ligne longitudinale sur les côtés du cou, et des taches oblongues, de même couleur, sur le haut de la poitrine ; petites couvertures des ailes noirâtres, bordées de blanchâtre ; grandes couvertures et rémiges brunes, bordées et terminées de roussâtre ; rectrices médianes également brunes, bordées de roussâtre ; les latérales noires, excepté les deux plus externes, qui sont presque entièrement blanches et qui ont, la première, la baguette entièrement blanche, et l'autre brune ; bec brun foncé en dessus, brun roussâtre en dessous ; pieds gris-roussâtre ; iris brun-grisâtre.

Mâle après la mue, en automne : Son plumage est plus roussâtre en dessus ; la couleur blanchâtre ou grise qui borde les couvertures des ailes est remplacée par du roux jaunâtre ; le blanc de la gorge et du milieu de l'abdomen est plus pur, la poitrine est fauve.

Jeunes avant la première mue : Ils diffèrent des adultes : les teintes du plumage les rapprochent du Pipi rousseline jeune. Brun-noirâtre en dessus avec toutes les plumes bordées et terminées de roussâtre ; gorge et milieu du ventre blancs ; devant du cou, poitrine, flancs et sous-caudales d'un blanc roussâtre, avec des taches brunes sur les côtés du cou et sur la poitrine.

Le Pipi Richard habite l'Asie occidentale et l'Afrique septentrionale. On le rencontre aussi, mais toujours en petit nombre, et le plus souvent en voyageur, dans la Russie méridionale, en Allemagne, en Angleterre, dans l'île Helgoland, en France, en Suisse, en Espagne, en Sardaigne, en Italie, en Grèce.

Tous les ans, aux mois de septembre et d'octobre, il se montre de passage dans les environs de Lille, où plusieurs individus adultes ont été pris à des dates différentes. A la même époque, et annuellement aussi, on le rencontre assez fréquemment sur le marché à la volaille de Paris, dans les bourriches d'A-louettes qui sont expédiées de la Picardie. Il séjourne sur d'autres points de l'empire, pendant la belle saison, et s'y reproduit même. Les œufs, que nous avons reçus des Pyrénées orientales, nous donnent la preuve qu'il niche quelquefois, sinon régulièrement, dans l'ancienne province de Roussillon.

Il niche à terre. Sa ponte est de quatre ou cinq œufs, qui sont, d'après P. Roux, d'un blanc sale, avec des taches irrégulières rougeâtres. Nous en possédons qui diffèrent notablement de ceux décrits par P. Roux et qui ont les plus grands rapports de forme et de coloration avec certaines variétés d'œufs de l'Alouette des champs. Ils sont d'un gris verdâtre, finement et uniformément mouchetés et tachés de brun roussâtre, et mesurent :

Grand diam. 0^m,025 ; petit diam. 0^m,018.

L'histoire de cet oiseau est encore peu connue. On sait seulement qu'il ne perche pas, ou fort peu comme l'Agrodrome champêtre, que son cri ressemble à celui de cette espèce, seulement est plus aigu, moins tremblotant, et qu'il vole avec vitesse. Il est probable qu'il se nourrit d'insectes. Savi n'a rencontré dans l'estomac d'un individu qu'il a disséqué, que des débris de fourmis.

GENRE LXXXVII

PIPI — *ANTHUS*, Bechst.

ALAUDA, p. Linn. *S. N.* (1735).
ANTHUS, Bechst. *Nat. Deuts.* (1802).
SPIPOLA, Leach, *Syst. Cat. M. and B. Brit. Mus.* (1816).
LEIMONIPTERA et PIPASTES, Kaup, *Nat. Syst.* (1829).

Bec médiocre, mince, plus large que haut à la base, comprimé dans sa moitié antérieure, à bords de la mandibule supérieure échancrés vers la pointe ; narines basales, découvertes, ovalaires ; ailes allongées , sub-aiguës ; queue de moyenne longueur, ample, échancrée ; tarses et doigts allongés, grêles ; pouce, y compris l'ongle, aussi long ou plus long que le doigt médian ; ongle postérieur généralement plus long que le pouce, subulé et légèrement recourbé.

Les Pipis fréquentent les champs en culture, les prairies naturelles et artificielles, tant des plaines que des hautes montagnes, les lieux marécageux, les jeunes taillis, les jardins potagers. Leur démarche est lente et gracieuse comme celle des Alouettes. Ils chantent en voletant, et se nourrissent plus d'insectes et de vers que de graines.

Le mâle et la femelle adultes diffèrent plutôt par la longueur de l'ongle du pouce que par la livrée. Les jeunes, avant la première mue, se distinguent par un plumage plus sombre et plus tacheté. Leur mue est simple.

Observations. — 1° Le plumage des Pipis varie suivant l'âge, les saisons, l'état de mue et les localités. Il en résulte que le même nom a été quelquefois donné à des espèces différentes, et, souvent, que la même espèce a reçu plusieurs dénominations spécifiques. C'est ainsi que le Pipi obscur ou maritime est devenu *Anthus littoralis, rupestris, immutabilis*, et que le Spioncelle a été décrit dans ses diverses livrées, sous les noms d'*Anthus aquaticus, montanus*, et probablement *palustris*, car le Pipi auquel Meisner a donné ce nom (*Ann. der Allg. Schweizer.* 1824, t. I, p. 166), nous paraît être un jeune en plumage d'automne de l'*Anthus spinoletta*.

2° Quelques naturalistes, en Angleterre et en Allemagne, parmi lesquels J. Ed. Gray, Thienemann, Zander, comptent au nombre des oiseaux accidentellement européens : l'*Anthus pensylvanicus* (*Alauda pensylvanica*, Briss. *Alauda ludoviciana*, Gmel.), espèce propre à l'Amérique septentrionale, et très-commune, d'après M. Holböll, au Groënland, où elle vit dans les prairies en plaines voisines de la mer. Si nous ne suivons pas l'exemple donné par les auteurs cités, c'est que le Pipi capturé en Écosse, près d'Édimbourg, que l'on rapporte au *Pensylvanicus*, demande à mieux être étudié, ce Pipi n'étant, peut-être, qu'un *Anthus obscurus*, sous une livrée ayant de l'analogie avec celle de l'*Anth. pensylvanicus*.

168 — PIPI DES ARBRES — *ANTHUS ARBOREUS*
Bechst. ex Briss.

(Type du genre *Pipastes*, Kaup ; *Dendronanthus*, Blyth.)

Ongle du pouce plus court que le doigt, et fortement arqué: rectrice la plus latérale blanche, avec une large bande brune sur les barbes internes ; une petite tache conique blanche à l'extrémité de la suivante ; croupion varié de mèches brunes à peine sensibles.

Taille : 0ᵐ,15.

Alauda arborea et pratensis ?, Briss. *Ornith* (1760), t. III, p. 340 et 343.
Alauda trivialis, Gmel. *S. N.* (1788), t. I, p. 176.
.   Alauda minor, Lath. *Ind.* (1790), t. II, p. 494.
Anthus arboreus, Bechst. *Nat. Deuts.* (1807), t. III, p. 706.
Motacilla Spipola, Pall. *Zoogr.* (1811-1831), t. I, p. 512.
Pipastes arboreus, Kaup, *Nat. Syst.* (1829), p. 33.
Dendronanthus arboreus, Blyth, in : Bp. *C. Gen. Av.* (1850), t. I, p. 248.
Buff., *Pl. enl.* 660, f. 1, sous le nom de *Farlouse* (1).

Mâle en été : Cendré olivâtre en dessus, avec des taches longitudinales brunes au centre des plumes de la tête, du cou et du dos ; milieu du ventre et région anale blancs ; poitrine et flancs d'un roux jaunâtre, avec des taches allongées noirâtres ; sourcils, paupières et gorge jaunâtres ; un trait noir sur les côtés du cou ; couvertures supérieures des ailes, rémiges rectrices, médianes brunes et bordées de grisâtre ; rectrices latérales noirâtres, à l'exception de la plus externe, qui est d'un gris blanchâtre en dehors et dans la moitié de son étendue, sur les barbes internes ; la suivante est terminée par une petite tache blanche ; bec brun en dessus et roussâtre en dessous ; pieds verdâtres ; iris brunâtre.

Mâle en automne : Parties supérieures d'un brun varié d'olivâtre, avec les couvertures des ailes bordées de gris roussâtre ; parties inférieures d'un roux jaunâtre pur, prenant une teinte blanche au milieu du ventre ; taches de la poitrine plus allongées.

Femelle en été : Ses teintes sont plus rembrunies en dessus et les taches plus nombreuses, en dessous, que chez le mâle.

(1) Voyez la note au bas de la page 363.

Femelle en automne : Elle ne diffère en rien du mâle après la mue.

Jeunes avant la première mue : Leur plumage offre des teintes plus jaunes.

Variétés accidentelles : Plumage d'un beau blanc ou d'un blanc nuancé de roux, jaunâtre au cou et sur les côtés de la poitrine et de l'abdomen (Collect. Degland; don de M. Duhamel).

Le Pipi des arbres habite non-seulement toute l'Europe, mais encore l'Asie et l'Afrique septentrionale. Il est commun dans toute la France, surtout depuis le mois d'avril jusqu'à la fin d'octobre.

Il niche sur les coteaux couverts de bois taillis, de bruyères, dans les prairies. Sa ponte est de quatre ou cinq œufs qui varient beaucoup pour les couleurs. Tantôt ils sont d'un rouge vif ou d'un rouge pâle, tantôt d'un gris pur, d'autres fois d'un gris rose ou violet, et toujours couverts de stries, de taches ou de points, plus ou moins grands, plus ou moins nombreux, rougeâtres ou bruns. On trouve des variétés, dont les taches, d'un brun rouge assez intense, confondues ensemble, cachent presque le fond de la coquille. Ils mesurent :

Grand diam. 0ᵐ,02 environ ; petit diam. 0ᵐ,015.

Ce Pipi perche beaucoup plus que ses congénères; ne va jamais par bandes; se tient, l'été, dans les taillis, les vignes; recherche les prairies naturelles et artificielles pendant l'automne, et prend, à cette époque, beaucoup de graisse, ce qui le rend tellement paresseux pour voler, qu'on peut passer à côté de lui sans qu'il prenne son essor.

Observation. — La *Pivotte ortolane* des *Enluminures* de Buffon (pl. 654, f. 2), serait, suivant P. Roux (*Ornith. provençale*), un jeune individu du Pipi des arbres. Vieillot (*Faun. française*, p. 176), la donne pour une espèce distincte, sous le nom d'*Anthus maculatus*. Comme nous l'avons dit à l'article de l'Agrodrome champêtre, cette figure, malgré la brièveté et la courbure de l'ongle du pouce, représente un jeune *Agrodroma campestris*.

169 — PIPI DES PRÉS — *ANTHUS PRATENSIS*
Bechst ex Linn.

(Type du genre *Leimoniptera*, Kaup.)

Ongle du pouce plus long que le doigt, faiblement recourbé ; rectrice la plus latérale blanche, avec une large bande brune sur les barbes internes : une petite tache conique blanche à l'extrémité de la suivante; croupion unicolore ou varié d'étroites mèches brunes peu accentuées,

Taille : 0ᵐ,15 *environ.*

ALAUDA PRATENSIS, Linn. *S. N.* (1766), t. I, p. 287.
ALAUDA SEPIARIA, Briss. *Ornith.* (1760), t. III, p. 347.

ANTHUS PRATENSIS, Bechst. *Nat. Deuts.* (1807), t. III, p. 732.
ANTHUS SEPIARIUS, Vieill. *N. Dict.* (1818), t. XXVI, p. 488.
LEIMONIPTERA PRATENSIS, Kaup, *Nat. Syst.* (1829), p. 39.
ANTHUS TRISTIS, Baill. *Mém. de la Soc. d'enc. d'Abbeville* (1834), p. 62.
Buff. *Pl. enl.* 660, f. 2, sous le nom de *Cujelier* (1).

Mâle en été : Parties supérieures brunes au centre des plumes et grises sur les bords, avec le croupion olivâtre ; parties inférieures d'un blanc terne, avec des taches d'un brun foncé sur les côtés du cou, à la poitrine et sur les flancs ; taches de la poitrine plus petites, isolées et en forme de larmes ; ailes de la couleur du dos, avec l'extrémité des grandes et des moyennes couvertures lisérée de gris, ce qui forme sur l'aile une double ligne courbe ; rectrices médianes brunes et légèrement frangées de grisâtre ; les latérales également brunes, avec la plus externe blanche en dehors, et marquée d'un grand espace de même couleur sur les barbes internes ; la suivante terminée par une petite tache cunéiforme blanche ; bec brun en dessus, roussâtre sur les bords et en dessous ; pieds d'un jaune roussâtre ; iris noir.

Mâle après la mue, en automne : Parties supérieures avec les plumes plus noirâtres au centre et bordées de roux olivâtre ; parties inférieures, sourcils et paupières d'un blanc jaunâtre ou roussâtre, avec un trait sur les côtés de la gorge, et des taches oblongues et longitudinales d'un brun noir, sur les côtés du cou, du corps et sur la poitrine ; les petites et moyennes couvertures des ailes bordées et terminées de gris olivâtre plus ou moins vif ; les rémiges et les rectrices médianes noirâtres et bordées de gris olivâtre ; les rectrices latérales également noirâtres, avec du blanc distribué sur les deux plus externes, de chaque côté, comme en été.

A mesure que l'on approche du printemps, les teintes s'affaiblissent par l'usure des plumes, et, en juillet, l'extrémité des pennes caudales et des grandes couvertures des ailes est pointue, effilée.

Femelle : Quelle que soit la saison, elle ne diffère du mâle que par des teintes moins vives, et les taches du dessous du corps plus nombreuses.

Variétés accidentelles : Il existe des individus avec la gorge et un

(1) Temminck fait observer avec raison, que les noms de la pl. 660 des Enluminures, de Buffon, sont mal indiqués. Le nom de *Cujelier* devrait être affecté à la fig. 1 et celui de *Farlouse* à la fig. 2. L'erreur est très-certainement le fait du graveur de lettres, car j'ai vu chez M. Gatin, parmi d'autres dessins originaux des Enluminures, celui de la planche en question, et les deux oiseaux y sont parfaitement nommés.   Z. G.

collier blancs (Collect. Degland). D'autres ont un plumage tapiré de blanc, ou d'un blanc parfait.

Le Pipi des prés habite non-seulement toute l'Europe, mais encore l'Asie et l'Afrique septentrionales.

En septembre et en mars, il est de passage sur tous les points de la France.

Il niche à terre, dans les prés humides, et construit un nid avec des herbes sèches et du crin ; sa ponte est de cinq ou six œufs oblongs, d'un gris verdâtre ou d'un olivâtre sombre, quelquefois d'un gris rougeâtre, avec de petites taches ou de fines stries, plus rapprochées au gros bout, sur lequel existe souvent un trait délié noir. Ils mesurent :

Grand diam. 0^m,019; petit diam. 0^m,014.

Le Pipi des prés forme, au commencement de l'automne, de petites familles qui, après leurs migrations, se réunissent et composent quelquefois des bandes assez nombreuses. Il recherche, l'hiver, les lieux bas et humides, les prairies, naturelles et artificielles. L'été, on le trouve jusque sur les plateaux des hautes montagnes. Sa chair est très-délicate.

Observation. — L'*Anthus tristis* décrit par M. Baillon, comme espèce distincte, dans son *Catalogue des oiseaux observés dans le département de la Somme*, doit être rapporté à cette espèce, dont il n'est qu'une variété accidentelle.

170 — PIPI GORGE-ROUSSE — *ANTHUS CERVINUS*
Keys. et Blas. ex Pall.

Ongle du pouce de la longueur du doigt, faiblement courbé, très-grêle; rectrice la plus latérale blanche, avec une large bande brune sur les barbes internes ; une petite tache conique à l'extrémité de la suivante ; croupion varié de larges mèches noirâtres, bien accentuées.

Taille : 0^m,14 à 0^m,15.

MOTACILLA CERVINA, Pall. *Zoogr.* (1811-1831), t. I, p. 511.
ANTHUS CECILII, Aud. *Descr. de l'Égypte, Zool.* (1828), t. XXIII, p. 360.
ANTHUS RUFOGULARIS, Brehm, *Handb. Nat. Vög. Deuts.* (1831), p. 320.
ANTHUS CERVINUS, Keys. et Blas. *Wirbelth.* (1840), p. 48.
ANTHUS PRATENSIS RUFOGULARIS, Schleg. *Rev. crit.* (1844), p. 36.
Gould, *Birds of Eur.* pl. 140.

Mâle et femelle au printemps : Parties supérieures d'un brun clair, avec des stries noires, rapprochées à la tête, à la nuque ; des mèches longues et larges, de même couleur, lisérées de cendré au dos et aux ailes ; lorums, région parotique, d'un brun clair; sourcils, gorge, espace au-dessous du méat auditif, devant du cou d'un beau roux rougeâtre lie de vin ; le reste des parties inférieures d'un isabelle pur, avec une zone de petites taches lancéolées à la poitrine et des stries noires aux flancs ; queue comme dans l'*Ant. pratensis*, mais avec un trait noir sur les deux plus longues sous-caudales ; bec brun-noirâtre ; pieds d'un brun clair ; iris brun.

Mâle en automne : Comme au printemps en dessus ; sourcils, gorge, espace au-dessous de l'oreille marqué de roux ; poitrine, haut de l'abdomen et flancs couverts de grandes mèches et de petites taches noires sur un fond blanc ou blanc tirant sur l'isabelle ; les deux plus longues sous-caudales portant une grande flammèche noire ; bec brun, avec la base jaunâtre en dessous. Il ressemble alors au Pipi des prés dans la même saison, mais il a le roux de la gorge plus étendu et les taches plus larges et plus noires.

Jeunes de l'année : Mèches des parties supérieures et des flancs très-grandes ; gorge blanchâtre, encadrée par une zone de grandes et de petites taches rapprochées, noirâtres.

Le Pipi gorge-rousse habite l'Asie, le nord de l'Afrique, et principalement Tunis. Il est de passage en Sardaigne, en Sicile, en Dalmatie, dans le midi et quelquefois dans le nord de la France. Il passe quelquefois dans les environs de Paris : trois des captures qui y ont été faites, ont été signalées par nous dans la *Revue zoologique* pour 1843 (t. VIII, p. 253). M. Baldamus le dit assez commun en Laponie.

Sa ponte est de quatre ou cinq œufs. M. Lunel, qui en a découvert une nichée près de Montpellier, les dit sensiblement plus allongés que quelques œufs d'*Anthus pratensis*, qu'il avait comme terme de comparaison : ils seraient blanchâtres et recouverts de points rougeâtres, très rapprochés et comme effacés. Suivant M. Baldamus, ils ressemblent à certaines variétés d'œufs d'*Anthus arboreus*. Le fond de la coquille serait d'un gris violet, plus ou moins pâle, varié et comme couvert de stries, de taches et de points d'un brun violet.

Les mœurs, les habitudes du Pipi gorge-rousse sont celles du Pipi des prés ; mais son cri d'appel, si les renseignements que nous avons recueillis sont exacts, aurait beaucoup d'analogie avec celui de l'*Emberiza schœniclus*.

Observations. — C'est à tort, selon M. Nordmann (*Cat. rais. de la Faun. Pont.* t. III, p. 139), que l'on veut ériger l'*Anthus cervinus* en espèce. Cet oiseau n'est, selon lui, qu'une simple variété locale de l'*Anthus pratensis*, dont il ne diffère que par la couleur rougeâtre lie de vin, que la gorge et la poitrine prennent au printemps.

M. Schlegel partage l'opinion de M. Nordmann.

Le prince Ch. Bonaparte qui, dans son *Catalogue méthodique des oiseaux d'Europe* (1842), et dans son *Conspectus Avium* (1850), admettait l'*Anthus cervinus* comme espèce, le passe sous silence dans le *Conspectus Avium Europœarum*

(*Rev. crit.* 1850), puis le fait figurer de nouveau, mais à titre de simple race de l'*Anthus pratensis*, dans le *Catalogue Parzudaki*.

Dans la première édition de l'*Ornithologie européenne*, le Pipi gorge-rousse n'a été admis, comme espèce, qu'avec un point de doute. Tous les individus considérés comme tels, et observés dans la Nouvelle Russie, en Allemagne, en France, semblent, en effet, ne constituer qu'une variété à gorge plus rousse de l'*Anthus pratensis*. Mais les sujets venus de l'Egypte, de la Barbarie, en diffèrent assez pour qu'on puisse les distinguer spécifiquement. Les Pipis de cette provenance, comme le fait justement remarquer Temminck, ont, en toute saison, lorsqu'ils sont adultes, la gorge d'un roux intense, les mèches des parties supérieures et inférieures plus noires, plus larges, plus nombreuses; enfin, l'ongle du pouce notablement plus grêle que chez le Pipi des prés. Nous avons pu vérifier tous ces caractères et constater sur des *Anthus cervinus* recueillis en Egypte, ce que M. Jaubert a vu sur d'autres sujets provenant de la même contrée, à savoir : qu'ils ont des teintes générales plus sombres que les Pipis à gorge rousse capturés en France ou dans le nord de l'Europe, et que leur taille est plus forte. Enfin, les ailes et la queue présentent également de plus grandes dimensions, en sorte que, si l'*Anthus rufogularis*, Brehm, ne diffère pas suffisamment de l'*Anthus pratensis* pour être érigé en espèce, l'on peut dire que l'*Anthus rufogularis*, Temm. établi sur les sujets d'Egypte et de Syrie paraît former une espèce distincte. Mais cette espèce visite-t-elle l'Europe? Le fait n'est pas impossible : toutefois, il demande à être constaté.

171 — PIPI SPIONCELLE — *ANTHUS SPINOLETTA*
Bp. ex Linn.

Ongle du pouce plus long que le doigt, très-comprimé et notablement arqué ; rectrice la plus latérale blanche sur tout son bord externe, marquée d'une tache conique de même couleur sur ses barbes internes; une très-petite tache blanche à l'extrémité de la suivante ; croupion unicolore.

Taille : 0^m,17 à 0^m,18.

ALAUDA SPINOLETTA, Linn. *S. N.* (1766), t. I, p. 288.
ANTHUS AQUATICUS, Bechst. *Nat. Deuts.* (1807), t. III, p. 745.
ANTHUS MONTANUS, Koch, *Baier. Zool.* (1816), t. I, p. 179.
ALAUDA TESTACEA, Pall. *Zoogr.* (1811-1831), t. I, p. 526.
ANTHUS SPINOLETTA, Bp. *B. of Eur.* (1838), p. 18.
Buff. *Pl. enl.* 661, f. 2, sous le nom d'*Alouette pipi*.

Mâle en plumage de noces : D'un brun cendré uniforme en dessus, avec les bords des plumes d'une teinte moins foncée, et des reflets gris-bleuâtre à la tête, au cou et sur les scapulaires ; d'un blanc terne en dessous, avec le devant du cou, la poitrine et les flancs plus ou moins lavés de roux rose pur ou varié de mèches brunes, surtout sur les côtés du corps ; un large trait blanc-roussâtre au-dessus de l'œil, s'étendant du bec à l'oreille ; couvertures des ailes bordées et terminées de grisâtre, ce qui donne lieu à deux bandes obliques et transversales sur l'aile ; rémiges brunes, lisérées de gris verdâtre ; rectrices médianes brunes, avec les bords moins foncés ; rectrices latérales noirâtres, la plus externe bordée de blanc en dehors, portant une tache conique de même couleur en dedans, la suivante terminée par une tache conique également blanche, qui occupe le milieu de la penne ; bec noir ; pieds d'un brun marron ; iris brun clair.

Femelle en plumage de noces : Pareille au mâle ; seulement elle a le roux des parties inférieures d'une teinte un peu plus claire, et le trait sur l'œil plus blanc (1).

Mâle et femelle après la mue, en automne et en hiver : Parties supérieures d'un brun cendré, teint de vert roussâtre, avec le centre des plumes plus foncé ; parties inférieures blanches, variées de taches et de mèches brunes, plus ou moins étendues, sur les côtés de la face antérieure du cou, à la poitrine et sur les flancs ; un trait plus blanc au-dessus des yeux ; couvertures des ailes terminées et largement bordées de gris blanchâtre ; blanc de la queue plus étendu et plus éclatant ; souvent une tache de cette couleur à l'extrémité de la troisième rémige ; bec brun en dessus et roussâtre en dessous, vers la base.

Jeunes de l'année, à leur passage : Ils ressemblent aux adultes en automne, mais ils ont des taches plus nombreuses, plus rapprochées et souvent confluentes en dessous ; les parties supérieures ont une teinte plus rembrunie ; la queue est plus échancrée, les deux pennes les plus externes, de chaque côté, offrent plus de blanc, et la suivante une petite tache à sa pointe ; le bec et les pieds sont d'un brun plus clair.

Ce Pipi habite presque toute l'Europe et le nord de l'Afrique.

Il n'est pas rare en France. Dans les environs de Lille, il n'est de passage qu'en automne ; mais, dans d'autres localités du nord de la France, il fait un second passage au printemps.

Il niche parmi les pierres ou dans les endroits rocailleux. Sa ponte est de quatre ou cinq œufs, un peu ventrus, d'un gris vineux ou d'un gris violet, quelquefois rougeâtres, d'autres fois bleuâtres, avec quelques taches plus fon-

(1) Temminck, dans la 4ᵉ partie de son *Manuel d'Ornithologie* (p 627), doute si la femelle a le même plumage d'été que le mâle, ou si elle conserve le plumage d'hiver avec les nuances plus nettes, comme cela a lieu chez le Pipi obscur. La femelle de cette espèce éprouve, comme le mâle, des changements notables à l'époque de la reproduction.

cées, et d'autres taches d'un roux brun ou d'un brun noir. Ils mesurent :
Grand diam. 0ᵐ,022 ; petit diam. 0ᵐ,016.

Le Pipi Spioncelle a des habitudes très-opposées selon les saisons : ainsi,
tandis que, durant l'automne et l'hiver, il descend dans les plaines basses où
serpentent des rivières dont il fréquente les bords ; on le voit, au printemps et
l'été, sur les plateaux des grandes montagnes, telles que les Pyrénées, les Alpes,
à une hauteur considérable au-dessus du niveau de la mer, et quelquefois dans
des localités tout à fait arides. On le trouve, à la fin de juillet, près de Ba-
gnères, sur le pic du Midi.

Observation. — L'*Anthus aquaticus* est l'oiseau jeune ou adulte en robe
d'automne ou d'hiver, époques où il descend dans les vallées, les plaines, et
fréquente les bords des eaux ; l'*Anthus montanus* de Koch (*Baier. Zool.* t. I,
p. 172) est l'oiseau en livrée d'été et durant tout le temps qu'il habite le
sommet des montagnes.

172 — PIPI OBSCUR — *ANTHUS OBSCURUS*
Keys. et Blas. ex Penn.

*Ongle postérieur plus long que le doigt ; rectrice la plus latérale
d'un cendré roussâtre, avec une large tache brune sur les barbes
internes, et une petite tache d'un cendré roussâtre à l'extrémité
de la suivante ; raie sourcilière blanchâtre, étroite, apparente surtout derrière les yeux.*

Taille : 0ᵐ,166.

ALAUDA OBSCURA, Pennant, *Brit. Zool.* (1766), t. I, p. 782.
ALAUDA PETROSA, Mont. *Trans. Linn. Soc.* (1792), t. IV, p. 41.
ANTHUS RUPESTRIS, Nilss. *Ornith. Suec.* (1807), t. I, p. 245, p. 9 et 10.
SPIPOLA OBSCURA, Leach, *Syst. Cat. M. and B. Brit. Mus.* (1816), p. 22.
ANTHUS PETROSUS, Flem. *Hist. Brit. An.* (1828), p. 74.
ANTHUS LITTORALIS, Brehm, *Hand. Nat. Vög. Deuts.* (1831), p. 331.
ANTHUS AQUATICUS, Selby, *Brit. Ornith.* (1833), t. I, p. 258.
ANTHUS OBSCURUS, Keys. et Blas. *Wirbelth.* (1840), p. 48.
ANTHUS IMMUTABILIS, Degl. *Ornith. Europ.* (1849), t. I, p. 249.
Gould, *B. of Eur.* pl. 138.

Mâle adulte : Parties supérieures comme chez le Pipi spioncelle sous
sa robe de printemps, mais d'une teinte un peu olivâtre sur les bords des
plumes ; parties inférieures blanchâtres, lavées de chamois rougeâtre
et plus ou moins marquées de taches cendrées et brunâtres sur les côtés du cou, à la poitrine, sur les flancs et les sous-caudales, de jaunâtre
au milieu du ventre ; un petit trait derrière l'œil, et gorge d'un gris-
blanchâtre ; bords des couvertures et des pennes des ailes légèrement

lisérées de gris olivâtre ; rectrices brunes, bordées de verdâtre, la plus
extérieure cendrée, bordée en dehors et terminée de blanc grisâtre, la
suivante avec une petite tache blanche à la pointe ; bec brun, plus foncé
en dessus qu'en dessous ; pieds d'un brun roussâtre ; iris d'un brun
noirâtre.

La variété *C* de l'*Anthus obscurus* de Temminck (*Man.* 4° part.
p. 685) paraît se rapporter à cette livrée.

Mâle adulte sous une autre livrée : Joues, dessus de la tête, du cou
et du corps d'un brun olivâtre tirant sur le gris ; lorums d'un brun
foncé ; un petit trait blanc étroit et court derrière l'œil ; gorge et devant
du cou d'un blanc nuancé de jaunâtre au bas de cette dernière partie
et très-faiblement tacheté de brunâtre : deux lignes brunes descendent
de la base de la mandibule inférieure et bornent la face antérieure du
cou ; parties inférieures du corps d'un blanc jaunâtre, nuancées de roussâtre à la poitrine, de brunâtre sur les flancs, et tachetées longitudinalement de noirâtre, principalement à la poitrine ; couvertures des ailes
noirâtres, les petites et les moyennes bordées de gris tirant sur le roux,
les grandes lisérées de roussâtre ; rémiges brunes, légèrement bordées
d'olivâtre ; rectrice la plus externe brune en dedans, grise en dehors et
terminée de blanc ; la suivante bordée de gris en dehors, avec la pointe
blanche, les autres brunes, bordées de gris olivâtre ; bec entièrement
noir ; pieds d'un brun foncé.

La variété *A* de l'*Anthus obscurus* de Temminck (*Man.* 4° part.
p. 630) paraît se rapporter à cet état de plumage.

Femelle en été : Parties supérieures semblables à celles du mâle ;
parties inférieures marquées d'un grand nombre de taches d'un brun
olivâtre, avec une teinte rouge chamois moins nette et moins étendue ;
la gorge et les sous-caudales plus blanches.

Le *plumage d'automne* des deux sexes ressemble beaucoup à celui
du Pipi spioncelle sous son plumage d'hiver, mais il en diffère par la
teinte jaune-roussâtre de la gorge et de l'abdomen, par les taches olivâtres qui sont plus nombreuses et comme fondues sur les côtés du cou,
à la poitrine, sur les flancs, et par les taches des deux pennes les plus
latérales de la queue, qui sont grises au lieu d'être blanches.

Les *jeunes, après la première mue,* ressemblent aux adultes en robe
d'automne.

Le Pipi obscur habite l'Europe septentrionale et occidentale. On le trouve
sur les côtes de la Norwége, de la Suède, de l'empire Britannique. En France,

il vit sédentaire sur celles de la Bretagne, de la Normandie, et il est de passage
plus ou moins régulier sur beaucoup de points de notre littoral de l'Océan,
depuis Dunkerque jusqu'à Bayonne.

Il niche près des bords de la mer, sur les falaises, parmi les rochers, et
très-abondamment sur les îles et les presqu'îles que l'on rencontre entre
Brest et Lorient. Sa ponte est de cinq ou six œufs, qui varient du cendré au
gris brun ou au gris verdâtre, finement tacheté et pointillé, surtout au gros
bout, de roussâtre et de brun plus foncé. Ils mesurent :

Grand diam. 0^m,022 ; petit diam. 0^m,016.

Ce Pipi se plaît sur les grèves et parmi les rochers que la mer couvre et
découvre alternativement. On l'y voit constamment occupé à poursuivre les
insectes, les mouches et les petits crustacés qu'abritent les fucus et les algues
que la mer a rejetés.

SOUS-FAMILLE XXXII

MOTACILLIENS — *MOTACILLINÆ*

*Queue égale, très-longue, à pennes relativement étroites ; pouce,
y compris l'ongle, moins long que la partie nue des tarses ; plumage rarement tacheté sur la poitrine.*

Les Motacilliens ont la queue généralement aussi longue ou plus longue que
le corps, étroite ; les couleurs distribuées par grandes masses. Leurs mœurs
sont plus aquatiques que celles des Anthiens, et ils ont l'habitude de balancer
plus fréquemment et plus violemment la queue.

Deux genres européens font partie de cette division.

GENRE LXXXVIII

BERGERONNETTE — *BUDYTES*, G. Cuv.

Motacilla, p. Linn. *S. N.* (1735).
Budytes, G. Cuv. *Règ. anim.* (1817).

Bec grêle, droit, anguleux entre les narines, qui sont découvertes et ovales ; ailes longues, sub-aiguës ; queue moins longue
ou à peine aussi longue que le corps ; tarses longs, grêles ; ongle
du pouce plus long que le doigt et peu arqué.

Les Bergeronnettes fréquentent, dans les pays en plaine, les chaumes, les terres en labour, les prairies naturelles et artificielles, nouvellement fauchées ; elles se plaisent moins le long des rivières que les Hochequeues, et recher-chent les lieux où paissent des troupeaux de moutons et de bœufs, ce qui leur a valu le nom vulgaire de *Bergeronnettes*. Leurs mœurs sont sociables ; elles émigrent par petites familles et forment, l'hiver, des troupes quelquefois nombreuses. Leur vol est irrégulier, et elles crient en volant. Elles ont le ré-gime des autres Motacilliens.

Le mâle et la femelle portent en hiver un plumage à peu près semblable ; en été, le mâle se distingue de la femelle. Les jeunes, avant la première mue, sont différents des adultes.

Leur mue est double : l'une s'opère à la fin de l'été, l'autre au commen-cement du printemps. Cette dernière est partielle.

Les Bergeronnettes appartiennent à l'Europe, à l'Asie et à l'Afrique. Les espèces que l'on observe en Europe sont au nombre de deux ; mais l'une d'elles compte plusieurs variétés locales.

173—BERGERONNETTE PRINTANIÈRE—*BUDYTES FLAVA*
Bp. ex Linn.

Tête d'un gris de plomb clair (mâle), *ou verdâtre* (femelle) ; *une large raie sourcilière blanche ; gorge jaune* (mâle), *ou blanchâtre* (femelle) ; *croupion vert-olive ; les deux rectrices les plus latérales, de chaque côté, blanches, avec une bande longitudinale brune.*

Taille : 0^m,165.

MOTACILLA FLAVA, Linn. *S. N.* (1766), t. I, p. 331.
MOTACILLA VERNA, Briss. *Ornith.* (1760), t. III, p. 468.
MOTACILLA FLAVEOLA, Pall. *Zoogr.* (1811-1831), t. I, p. 501.
BUDYTES FLAVA, Bp. *B. of Eur.* (1838), p. 18.
MOTACILLA NEGLECTA, Gould, *Proceed. Zool. Soc.* (1832), p. 129.
Buff. *Pl. enl.* 674, f. 2, sous le nom de *Bergeronnette du printemps.*

Mâle au printemps : Dessus de la tête, nuque et joues d'un cendré bleuâtre ; dos et croupion olivâtres, sans taches ; côtés, devant du cou et le reste des parties inférieures d'un beau jaune jonquille, avec quel-ques taches brunâtres sur le haut de la poitrine ; paupières blanches ; une raie sourcilière de même couleur s'étendant des narines à l'occiput ; une autre raie, plus petite, part de la mandibule inférieure et sépare le cendré des joues du jaune de la gorge ; ailes brunes, avec les petites couvertures terminées de gris jaunâtre ; les moyennes terminées et bor-dées de même, et les grandes bordées seulement ; les huit rectrices mé-dianes noirâtres et lisérées d'olivâtre, les deux plus latérales, de chaque

côté, blanches, avec la plus grande partie des barbes internes noirâtre ;
bec, pieds et iris noirs.

Mâle en automne : D'un vert olivâtre rembruni en dessus ; d'un
jaune moins pur en dessous, blanchâtre au cou, nuancé d'olivâtre aux
flancs ; petites et moyennes couvertures alaires bordées et terminées de
jaune olivâtre.

Femelle au printemps : Tête d'un vert olivâtre comme le dos ; paupière et raie sourcilière jaunes, au lieu d'être blanches ; le reste du plumage comme chez le mâle à la même saison.

Femelle en automne : D'un cendré olivâtre en dessus ; jaune en dessous ; tirant sur le blanc à la gorge, sur le roux à la poitrine et sur le
jonquille au ventre et aux sous-caudales.

Jeunes avant la première mue : D'un cendré gris-roussâtre en dessus ; d'un blanchâtre, nuancé de brun jaunâtre à la poitrine, sur les
flancs, les sous-caudales, avec de grandes taches noirâtres au bas du
cou, où elles forment une sorte de croissant, et quelques-unes sur le
milieu de la poitrine ; raie sourcilière blanche, surmontée d'une autre
bande noirâtre ; joues et côtés du cou variés de brun et de gris jaunâtre ;
gorge blanchâtre ; petites et moyennes couvertures des ailes terminées
de blanchâtre ; queue comme chez les adultes en automne ; bec, pieds et
iris brunâtres.

Après la première mue : Les parties supérieures ont une teinte vert-
olivâtre, surtout au croupion ; les parties inférieures sont blanches à la
gorge, d'un jaune roussâtre au cou et à la poitrine, d'un jaune lavé de
blanc à l'abdomen ; les couvertures et les pennes des ailes sont bordées
et terminées, les premières, de jaune verdâtre, et les dernières, de cendré ; rectrices comme chez les adultes, mais frangées de grisâtre.

La Bergeronnette printanière est répandue dans une grande partie de l'Europe. On la trouve aussi dans l'Afrique septentrionale.

Elle est très-commune en France, d'avril en novembre. A cette dernière
époque, la chasse aux filets qu'on lui fait dans les environs de Lille en détruit
des quantités considérables.

Elle niche à terre, dans les emblavures, les guérets, les prairies, les champs
de colza. Sa ponte est de quatre à six œufs d'un jaune sale ou d'un blanc
roussâtre, avec de petits points grisâtres et roux, très-nombreux, peu apparents et presque confondus ; quelquefois un ou deux traits en zigzag, très-fins,
brunâtres ou noirâtres, occupent le gros bout. La teinte générale de ces œufs
est plus jaune ou plus rousse que celle de l'œuf de la Hochequeue boarule.
Ils mesurent :

Grand diam. 0ᵐ,018 ; petit diam. 0ᵐ,014.

Cette espèce est très-sociable. Vers la fin de l'été, elle s'attroupe et forme des bandes plus ou moins nombreuses, qui émigrent en octobre et novembre. Elle vit dans les lieux bas, humides, dans les plaines couvertes de verdure, dans les prairies.

Observation. — La Bergeronnette printanière offre plusieurs variétés locales, que quelques auteurs ont considérées, à tort, comme espèces distinctes. Ces variétés peuvent être réduites aux trois suivantes.

A — BERGERONNETTE DE RAY — *BUDYTES RAYI* (1)

Bp.

Dessus de la tête d'un vert jaunâtre (mâle), *ou olivâtre* (femelle) ; *une large raie sourcilière et gorge jaunes ; croupion d'un vert jaunâtre ; rectrices comme chez la* Budytes flava.

Taille : 0ᵐ,175.

MOTACILLA FLAVA, Ray, *Synop.* (1713), p. 75.
· MOTACILLA CAMPESTRIS, Pall. *Voy.* (1786), édit. franç. in-8°, t. VIII, append. p. 74.
MOTACILLA FLAVEOLA, Temm. *Man.* (1835), 3ᵉ part. p. 183.
BUDYTES RAYI, Bp. *B. of Eur.* (1838), p. 18.
MOTACILLA FLAVA RAYI, Schleg. *Rev. crit.* (1844), p. 38.
Gould, *Birds of Eur.* pl. 143.

Mâle adulte capturé en mai : Dessus de la tête, nuque et région parotique d'un olivâtre teinté de jaunâtre ; dos, croupion et sus-caudales d'un cendré olivâtre moins lavé de jaune ; large raie sourcilière, côtés du cou, toutes les parties inférieures du corps et sous-caudales, d'un très-beau jaune jonquille, quelquefois avec de rares taches olivâtres à la poitrine et sur les plus longues sous-caudales ; couvertures supérieures des ailes noirâtres, terminées largement de cendré ; les deux rectrices les plus latérales blanches, avec deux bandes brunes ; bec et pieds noirs ; iris brun clair.

Mâle en automne : Toutes les teintes moins pures ; la raie sourcilière et la gorge tirant sur le blanc ; la teinte jaunâtre de la tête et du dos remplacée par de l'olivâtre.

Femelle en mai : Elle ne diffère du mâle, à la même époque, que par des teintes moins pures, sans nuance de jaune à la tête et au cou.

Jeunes avant la première mue : Ils ressemblent beaucoup à ceux de

(1) Le nom de *Flaveola* ayant été donné par Pallas à la *Motacilla flava* de Linnée, nous adoptons le nom de *Rayi*, imposé par le prince Charles Bonaparte à cette variété. Cependant, nous ferons observer que la loi de priorité exigerait qu'on lui donnât celui de *Campestris*, sous lequel Pallas l'a fait connaître.

la *Budytes flava ;* seulement le dos est plus olivâtre, le blanc des couvertures alaires et des rémiges a plus d'étendue, et le collier de la poitrine, formé de taches brunes, est moins marqué.

Cette race habite toute l'Europe occidentale et l'Angleterre, et se montre dans quelques contrées de la France.

Elle niche en grand nombre aux alentours de Dieppe, où la *Budytes flava* n'est que de passage. Elle niche aussi aux environs de Lille, mais en petit nombre ; par contre, la *Budytes flava* y est très-commune. Sa ponte est de quatre à six œufs d'un blanc roussâtre, avec des points bruns peu apparents ; quelquefois ces œufs sont d'un gris jaunâtre sans taches. Ils mesurent :

Grand diam. 0^m,018 ; petit diam. 0^m,013 à 0^m,014.

Mœurs, habitudes et régime, comme chez l'espèce précédente.

Observation. — Il paraît hors de doute que la *Budytes flava* et ses races ou variétés locales s'accouplent entre elles. On a tué près de Lille un mâle de *Budytes flava*, des mieux caractérisés, accouplé avec une femelle de la *Budytes Rayi*.

B — BERGERONNETTE A TÈTE CENDRÉE — *BUDYTES CINEREOCAPILLA*
Bp. ex Savi

Tête d'un gris de plomb foncé (mâle), *ou olivâtre* (femelle) ; *point de raie sourcilière* (mâle), *ou un simple trait jaunâtre* (femelle) ; *gorge blanche* (mâle), *ou blanchâtre* (femelle) ; *croupion et rectrices comme chez la* Budytes flava.

Taille : 0^m,16.

MOTACILLA CINEREOCAPILLA, Savi, *Ornit. Tosc.* (1831), t. III, p. 216.
BUDYTES CINEREOCAPILLA, Bp. *B. of Eur.* (1838), p. 19.
MOTACILLA FLAVA CINEREOCEPHALA, Schleg. *Rev. crit.* (1844), p. 38.
MOTACILLA FELDEGGII (1), Michaelles, *Isis* (1831), 4° cah.
MOTACILLA DALMATICA, Bruch, *Isis* (1832).
Bp. *Faun. Ital.* t. I, pl. 31, f. 2.

Mâle : Dessus de la tête, du cou et joues d'un brun de plomb sombre ; dos et croupion vert-olivâtre ; raie sourcilière, gorge, côtés et de-

(1) Le prince Ch. Bonaparte qui avait fait, avec raison, *Motacilla Feldeggii* (Micha.) synonyme de *Motacilla cinereocapilla* (Savi), a cru devoir faire de la première, dans le *Catalogue Parzudaki* une race distincte. Il aurait pu en trouver bien d'autres et aurait été tout aussi fondé à établir une race pour des individus à tête et à joues noires, avec un large sourcil d'un blanc brillant ; une autre pour des individus à nuque et dos noir, à joues grises, sans trace de sourcils ; pour les sujets à front gris, à nuque noirâtre, à larges sourcils jaunes, etc., etc. ; la *Motacilla Feldeggii* n'est qu'une variété à tête grise, tirant sur l'olivâtre, de la *Cinereocephala.*   Z. G.

vant du cou d'un blanc pur ; ordinairement point de raie sourcilière ; poitrine, abdomen et sous-caudales d'un beau jaune, avec les parties latérales du corps lavées d'olivâtre ; quelquefois des taches de même couleur au bas et sur les côtés du cou ; ailes et queue comme chez la Bergeronnette printanière ; mais les couvertures alaires terminées et bordées de jaune olivâtre ; bec, pieds et iris bruns.

Nota. Deux *mâles adultes et en noces,* l'un d'Italie, l'autre d'Espagne, ont, le premier, le blanc de la gorge dépourvu de taches ; le second, un collier formé de taches d'un noir olivâtre encadrant le blanc de la gorge. (Collect. Degland.)

Femelle : D'un vert olivâtre en dessus, tirant sur le roussâtre à la tête et au dos ; jaune en dessous, tirant sur le roux à la poitrine ; gorge et paupières blanches ; fine raie sourcilière de même couleur, apparente seulement devant et derrière l'œil.

Jeunes : D'un cendré verdâtre en dessus, avec la tête olivâtre ; jaunâtres en dessous, avec la gorge blanche, et une fine raie sourcilière jaunâtre.

Cette Bergeronnette habite l'Europe méridionale, l'Asie et l'Afrique septentrionale.

Elle est assez commune en Italie, en Sicile, en Espagne, dans le midi de la France, et se montre accidentellement dans nos départements du Nord. Elle a été trouvée sur le marché de Lille, au printemps, et M. de Sélys-Longchamps en a tué un individu dans les prairies, près de Liége, en mai 1842.

Mœurs, habitudes, régime et propagation exactement comme pour la *Budytes flava.*

C — BERGERONNETTE MÉLANOCÉPHALE — *BUDYTES MELANOCEPHALA*
Ménést. ex Lichst.

Tête noire ; point de raie sourcilière ; gorge jaune (mâle) *; croupion et rectrices comme chez la* Budytes flava.

Taille : 0^m,16.

Motacilla melanocephala, Lichst. *Doubl. Zool. Mus.* (1823), p. 36.
Budytes melanocephala, Ménést. *Cat. des Ois. du Cauc.* (1832), p. 34.
Motacilla flava melanocephala, Schleg. *Rev. crit.* (1844), p. 38.
Motacilla flava, *Var.* 3 *borealis,* et *Var.* 5 *africana,* Sundevall.
Bp. *Faun. Ital.* pl. 31, f. 3.
Rüpp. *Reis. Nord. Afr.* pl. 33, f. 6.

Sujets adultes : Joues, dessus de la tête, nuque d'un beau noir profond ; dos d'un vert olive moins foncé que chez la race précédente ;

d'un beau jaune jonquille en dessous, parfois avec quelques légères taches olivâtres à la poitrine ; couvertures des ailes bordées et terminées de vert jaunâtre ; le reste comme dans la Bergeronnette printanière ; bec, pieds et iris bruns.

Jeunes : Cendré olivâtre en dessus, avec la nuque cendrée et la tête noirâtre ; plus foncé au front, autour de l'œil et sur l'oreille ; jaunâtre en dessous, avec la gorge blanchâtre.

Cette race ou variété est propre à l'Europe, à l'Asie et à l'Afrique.

On la rencontre en Dalmatie, en Sardaigne, en Italie, en Grèce, en Nubie, en Suède, en Laponie, et dans la Nouvelle-Russie. Elle passe accidentellement, en été, dans le nord de la France et de la Belgique.

Mœurs, habitudes, régime et propagation, comme pour la *Budytes flava.*

174 — BERGERONNETTE CITRINE — *BUDYTES CITREOLA* Bp. ex Pall.

Tête jaune-citron ; croupion cendré bleuâtre ; les deux rectrices latérales, de chaque côté, d'un blanc pur, avec une bande brune sur leurs barbes internes.

Taille : 0^m,18 *environ.*

Motacilla citreola, Pall. *Voy.* (1776), édit. franç. in-8°, t. VIII, append. p. 73.
Motacilla aureocapilla, Less. *Ornith.* (1831), p. 422.
Budytes citreola, Bp. *B. of Eur.* (1838), p. 19.
Gould, *B. of Eur.* pl. 144.

Mâle tué en été (monts Ourals) : Tête, parties supérieures et devant du cou, presque toute la poitrine et l'abdomen, d'un beau jaune citron ; flancs d'un cendré noir-bleuâtre ; sous-caudales d'un blanc jaunâtre ; une large bande, d'un noir bleuâtre, descend de la partie supérieure du cou sur les côtés de la poitrine ; dos et sus-caudales d'un noir bleuâtre ; couvertures supérieures des ailes de la couleur du dos, largement bordées ou terminées de blanc ; rémiges noirâtres ; rectrices également noirâtres, à l'exception des deux plus latérales, de chaque côté, qui sont d'un blanc pur, avec une large bande brune sur le bord de leurs barbes internes ; cette bande diminue d'avant en arrière pour se terminer en pointe ; bec et pieds d'un brun foncé.

Femelle : Tête, cou et parties inférieures d'un jaune citron un peu moins vif ; parties supérieures d'un cendré olivâtre.

Le *mâle en automne et en hiver* ressemble à la femelle.

La Bergeronnette citrine habite l'Europe orientale et l'Asie. Elle a été apportée de Boukhara par le docteur Eversmann. M. Nordmann, dans son *Catalogue des Oiseaux de la Faune pontique,* cite des captures qui ont été faites aux environs de Taganrog et en Crimée, et rapporte qu'elle se trouve assez communément dans la chaîne Ouralienne. Ce dernier fait est confirmé par M. Martin. Cet habile observateur, qui a pu s'en procurer un assez grand nombre d'exemplaires, écrit que la Bergeronnette citrine est assez commune dans les monts Ourals, à certaines époques de l'année. « Elle y arrive lorsque la glace couvre encore les lacs, dont elle fréquente les abords. Lorsque les glaces sont fondues, elle s'éloigne des bords de l'eau pour aller habiter un terrain plus sec. Elle fait sa nourriture des insectes qu'elle rencontre sur les herbes marécageuses. C'est parmi ces herbes qu'elle établit son nid. »

Sa ponte est encore inconnue.

Observation. — Le professeur Calvi, dans son *Catalogue des Oiseaux de Gênes,* cite la *Motacilla citreola* parmi les oiseaux qui se montrent en Ligurie. Le marquis Durazzo (*Uccelli Liguri,* p. 31), dont nous partageons l'opinion, fait remarquer que la *Citreola* du professeur Calvi doit être rapportée à la *Budytes Rayi.*

GENRE LXXXIX

HOCHEQUEUE — *MOTACILLA*, Linn.

MOTACILLA, Linn. *S. N.* (1735).
FICEDULA, p. Briss. *Ornith.* (1760).

Bec grêle, droit, anguleux entre les narines, qui sont découvertes et ovales ; ailes longues, sub-aiguës ; queue plus longue que le corps ; tarses longs et minces ; ongle du pouce de la longueur de ce doigt et courbé.

Les espèces qui appartiennent à ce genre fréquentent les champs fraîchement labourés ou en labour, les prairies, le bord de l'eau. Leur vol est court et ondulé, leur démarche gracieuse. Lorsqu'elles marchent, et très-souvent lorsqu'elles sont au repos, leur queue a un balancement continuel et assez rapide de haut en bas, ce qui leur a valu le nom vulgaire de *Hochequeue.* On les appelle aussi *Lavandières,* à cause de l'habitude qu'ont la plupart d'entre elles de fréquenter les lavoirs. En volant, elles font constamment entendre un cri interrompu. Leur nourriture principale consiste en vers et en insectes.

Le mâle et la femelle se ressemblent en hiver ; en été, le premier diffère sensiblement de la seconde. Les jeunes, avant la première mue, se distinguent des adultes ; ils prennent la livrée de ceux-ci à la fin de l'été.

Leur mue est double : elle s'opère dans les mois de juillet et de février; mais cette dernière n'est que partielle.

Les Hochequeues sont propres à l'Europe, à l'Asie et à l'Afrique.

Observation. — Le genre *Motacilla*, pour quelques auteurs contemporains, ne renferme plus que les Hochequeues à plumage gris et blanc, comme celui de la *Motacilla alba*; c'est ainsi, du reste, que G. Cuvier l'a compris. Nous rapportons à ce genre la *Motacilla sulphurea*, qu'il paraît difficile d'en détacher. Cette espèce, dont Kaup a fait un genre particulier sous le nom de *Calobates*, nom que le prince Ch. Bonaparte a changé, plus tard, en celui de *Pallenura*, est, sauf la couleur du plumage, une vraie Hochequeue par les caractères, les habitudes, le chant, les cris, le mode de nidification. En ayant égard au système de coloration, c'est tout au plus si l'on pourrait établir deux groupes sans caractères génériques : l'un, pour les *espèces chez lesquelles le gris et le blanc dominent*; l'autre, pour les *espèces chez lesquelles le jaune est la couleur principale*. Nous les indiquons sans les adopter.

175 — HOCHEQUEUE GRISE — *MOTACILLA ALBA*
Linn.

Croupion cendré ; dos cendré (vieux), *ou brun-olivâtre* (jeunes); *les deux rectrices latérales, de chaque côté, blanches, avec une bande noire longitudinale, qui occupe les deux tiers supérieurs des barbes internes.*

Taille : 0^m,19 *environ.*

Motacilla alba, Linn. *S. N.* (1766), t. I, p. 331.
Motacilla cinerea, Briss. *Ornith.* (1760), t. III, p. 461.
Buff. *Pl. enl.* 652, f. 1, sujet en robe d'été; f. 2, sujet en robe d'automne; 674, f. 1, *jeune*, avant la première mue, sous le nom de *Bergeronnette grise*.

Mâle au printemps : Front, joues, côtés du cou, abdomen et sous-caudales d'un blanc pur; vertex, nuque, dessus du cou, gorge, devant du cou et poitrine d'un noir profond; dos, croupion et flancs d'un cendré bleuâtre; sus-caudales et jambes noirâtres; ailes également noirâtres, avec les couvertures bordées de gris et de blanc, et les rémiges lisérées de blanchâtre; pennes caudales noires, à l'exception des deux plus latérales, de chaque côté, qui sont d'un beau blanc dans presque toute leur étendue, et n'ont qu'une partie des barbes internes noire; une raie de cette couleur à la partie supérieure des barbes externes de la troisième; bec, pieds et iris noirs.

Femelle au printemps : Elle ressemble au mâle, mais elle a le noir de la tête moins étendu; le front, les joues et les côtés du cou d'un blanc pur; les bordures des couvertures des ailes d'une teinte grise.

Mâle et femelle en automne : Parties supérieures d'un cendré moins foncé, passant au bleuâtre au croupion et au noir sur les sus-caudales;

à la poitrine, une sorte de hausse-col noir dont les pointes latérales remontent sur les côtés du cou jusqu'à la région parotique ; couvertures des ailes bordées et terminées de gris blanchâtre ; le reste du plumage comme en été ; bec brun, plus foncé en dessus qu'en dessous.

Jeunes avant la première mue : D'un brun cendré tirant sur le roussâtre en dessus, avec les plumes des ailes bordées et terminées d'une teinte plus claire ; d'un blanc sale en dessous, avec une nuance roussâtre au cou, à la poitrine, et un croissant brunâtre sur cette dernière partie ; bec et pieds roussâtres.

Après la première mue : Le front, la gorge et le devant du cou sont d'un blanc plus ou moins nuancé de jaunâtre ; le vertex, la nuque d'un cendré verdâtre, plus ou moins lavé de noir sur les côtés ; le reste comme chez les adultes.

Cette espèce est répandue dans toute l'Europe, l'Angleterre exceptée, en Asie et en Afrique. Elle est commune et sédentaire en France.

Elle niche à proximité des eaux, parmi les rochers, sous les ponts, entre les racines des arbres riverains, dans des masures, des tas de bois ou de fagots, sous les toits des maisons. Sa ponte est de cinq à six œufs d'un blanc grisâtre, quelquefois légèrement azuré ou rougeâtre, avec une multitude de petites taches ou de points, les uns gris cendré, les autres d'un rouge brun ou d'un brun noirâtre. Ils mesurent :

Grand diam. 0^m,02 ; petit diam. 0^m,015 à 0^m,016.

La Hochequeue grise émigre au commencement de l'automne, par petites troupes. Elle fréquente les lieux bas et humides, les bords des rivières, les terres momentanément submergées par les pluies torrentielles, et celles qui sont en labour. Aussi longtemps qu'elle vole, elle fait entendre une sorte de cri d'appel.

Observation. — La Hochequeue grise offre la race suivante, que les uns considèrent comme simple variété dépendant de l'âge ou des localités, et que d'autres ont érigée en espèce.

A — HOCHEQUEUE D'YARRELL — *MOTACILLA YARRELLII*
Gould

Croupion noir, avec le dos de la même couleur (vieux), *ou olivâtre* (jeunes sujets) ; *rectrices comme chez la* Motacilla alba, *mais avec une bande noire plus large et plus foncée sur les rectrices blanches.*

Taille : 0^m,19.

MOTACILLA LUGUBRIS, Temm. *Man.* (1820), t. I, p. 253.
MOTACILLA ALBA, Flem. *Brit. An.* (1828), p. 72.

Motacilla Yarrellii, Gould, *B. of Eur.* (1832-1837), pl. 142.
Motacilla alba lugubris, Schleg. *Rev. crit.* (1844), p. 37.
Gould, *B. of Eur.* (1832-1837), pl. 142.

Mâle en été : D'un noir profond en dessus, à la gorge, au devant du cou, à la poitrine et aux jambes, avec les couvertures des ailes bordées de cendré et de blanc terne; d'un blanc pur au front, aux joues, sur les côtés du cou, à l'abdomen et aux sous-caudales; d'un noir ardoisé sur les flancs; le reste du plumage comme chez la Bergeronnette grise.

Mâle en hiver ou après la mue d'automne : Parties supérieures d'un noir lavé de cendré; sur la poitrine un hausse-col noir, dont les côtés remontent vers les oreilles; le reste comme en été.

Dans toutes les saisons, la *femelle* diffère très-peu du mâle; cependant, chez elle, le plastron, pendant les amours, au lieu de s'étendre jusqu'au menton, s'arrête au haut de la poitrine; le noir du dos est moins étendu et offre des teintes cendrées; les bordures des grandes couvertures alaires tirent sur le gris cendré.

Jeunes de l'année : Parties supérieures d'un cendré brun, lavé d'olivâtre, excepté sur la tête, le croupion et la queue, qui sont noirs; blanc du front, des joues, du cou, nuancé de jaunâtre; bordures des plumes du hausse-col sensiblement frangées de grisâtre.

Elle habite l'Angleterre et visite périodiquement d'autres parties de l'Europe occidentale.

On la trouve rarement dans le nord de la France, où cependant elle doit nicher quelquefois, car un beau mâle, en amour, a été tiré près de Lille dans le mois de juin. Elle est commune en Bretagne et en Anjou. M. Millet, dans sa *Faune de Maine-et-Loire*, dit qu'elle y arrive vers le milieu de l'automne et qu'elle en repart vers la fin de mars, époque à laquelle les mâles et les femelles sont en habit de noces.

Elle se reproduit en Angleterre. Sa ponte est de quatre ou cinq œufs, d'un gris pâle, un peu azuré, avec de très-petits points cendrés et d'un brun foncé, les derniers plus nombreux au gros bout. Ils mesurent :

Grand diam. 0^m,02 environ ; petit diam. 0^m,015.

Cette race se tient dans les mêmes lieux que la Bergeronnette grise, a les mêmes mœurs, le même genre de vie, et émigre, comme elle, par petites troupes.

176 — HOCHEQUEUE BOARULE
MOTACILLA SULPHUREA
Bechst.

(Type du genre *Calobates*, Kaup; *Pallenura*, Bp.)

Croupion jaune-verdâtre; rectrice la plus extérieure entière-

ment blanche ; les deux suivantes blanches et bordées de brun en dehors.

Taille : 0^m,20.

Motacilla flava, Briss. *Ornith.* (1760), t. III, p. 471.
Motacilla boarula, Penn. *Brit. Zool.* (1768), t. I, p. 492.
Motacilla sulphurea, Bechst. *Nat. Deuts.* (1807), t. III, p. 459.
Motacilla melanopa, Pall. *Zoogr.* (1811-1831), t. I, p. 500.
Motacilla montium, Brehm, *Hand. Nat. Vög. Deuts.* (1831), p. 345.
Calobates sulphurea, Kaup, *Nat. Syst.* (1829), p. 33.
Pallenura flava, Bp. *Rev. crit.* (1850), p. 146.
Pallenura sulphurea, Bp. *Cat. Parzud.* (1856), p. 7.
Buff. *Pl. enl.* 28, f. 1, sujet en plumage d'hiver.

Mâle en robe de noces : Parties supérieures d'un cendré nuancé d'olivâtre, avec le croupion jaune-verdâtre ; gorge et devant du cou d'un noir profond ; poitrine, abdomen et sous-caudales d'un beau jaune, avec les flancs et les jambes lavés d'olivâtre ; joues cendrées, avec un trait blanc au-dessus des yeux, s'étendant du bec à la région parotique ; un autre trait, plus large, sépare le cendré des parties supérieures du noir du cou ; ailes noirâtres, avec les petites et moyennes couvertures faiblement bordées de grisâtre, et les grandes de blanchâtre ; les six pennes médianes de la queue noirâtres, la plus latérale entièrement blanche, les autres blanches, avec les barbes externes noirâtres sur la plus grande partie de leur étendue ; bec brun, plus foncé en dessus qu'en dessous ; pieds brunâtres ; iris noir.

Femelle en robe de noces : Fort semblable au mâle ; mais le noir de la gorge et de la partie antérieure du cou est moins pur et varié de quelques taches d'un gris roussâtre ; le cendré des parties supérieures est moins foncé ; la ligne sourcilière et le trait de chaque côté du cou sont d'un blanc roussâtre.

Mâle et femelle après la mue d'automne et en hiver : Point de noir à la gorge et au cou : cette couleur est remplacée par du blanc ; raie sourcilière roussâtre ; poitrine d'un jaune roussâtre ; abdomen et sous-caudales d'un jaune moins brillant qu'en été ; côtés de la poitrine et flancs nuancés de cendré ; bec et pieds d'une teinte moins foncée qu'en été.

Cette espèce habite l'Europe tempérée et méridionale, le nord de l'Afrique et de l'Asie.

Elle est sédentaire en France, dans les Basses-Pyrénées, les Basses-Alpes et le Var. On la rencontre plus rarement dans l'est et le nord de l'Empire. Dans les environs de Lille, on ne la voit qu'en automne et en hiver, et toujours isolément. M. Malherbe dit que c'est la seule espèce du genre qui soit sédentaire en Sicile.

Elle niche sur le bord des rivières, des torrents, dans les trous des berges, sous le tronc d'un arbre, dans une anfractuosité de rocher. Sa ponte est de quatre à cinq œufs d'un blanc sale, ou légèrement roussâtre, quelquefois de couleur isabelle, avec une multitude de très-petites taches et de stries, presque effacées, grisâtres, jaunâtres et roussâtres. Ils mesurent :

Grand diam. 0^m,02; petit diam. 0^m,015.

La Hochequeue boarule abandonne rarement les bords des rivières, des ruisseaux, des torrents, et ne va chercher sa nourriture dans les plaines submergées et dans les champs fraîchement labourés, que très-accidentellement. Quelquefois, pendant l'hiver, elle s'avance et vient même s'établir dans les jardins, les cours et les basses-cours. Elle n'a point le naturel sociable de ses congénères, et vit presque toujours isolément. Il arrive même fréquemment que la rencontre de deux individus est une occasion de dispute et de combat. Elle émigre en suivant le cours des rivières.

FAMILLE XVIII

HYDROBATIDÉS — *HYDROBATIDÆ* (1)

Canori, p. Illig. *Prod. Syst.* (1811).
Dentirostres, p. G. Cuv. *Rég. Anim.* (1817).

(1) « Excellente famille ! » s'écrie le prince Ch. Bonaparte à la page 60 de la *Revue critique*. « Mais comment se fait-il que M. Degland qui, comme il le dit dans la note p. 446, « *ne s'est pas senti le courage* de substituer le nom Hydrobates (donné par Temminck à « des Canards et par Boie aux vrais Pétrels ou Oiseaux de tempêtes) a celui de Cinclus, « puisse avoir le courage de l'imposer à la famille?... »

Je ferai observer qu'il n'est pas exact de faire dire à M. Degland : qu'*il ne s'est pas senti le courage* de substituer le nom *Hydrobates* à celui de *Cinclus* (*). M. Degland a tiré son nom de famille, non pas de *Hydrobates*, donné par Boie, en 1822, à des Procellarides et plus tard, par Temminck, à des Canards, mais de *Hydrobata*, appliqué génériquement aux Cincles, par Vieillot, dès 1816.

Quoi qu'il en soit, la famille, au dire du prince Ch. Bonaparte, est excellente, et nous ne pouvons mieux faire que de la conserver, même avec le nom qu'elle porte dans la première édition.   Z. G.

(*) Voici intégralement la note à laquelle le prince fait allusion. Je la donne pour que le lecteur puisse juger de sa manière de citer.

« Les noms génériques de *Cincle* et *Cinclus* ayant été appliqués depuis longtemps à des oiseaux d'un genre tout différent de celui dont il est question, il eût été peut-être plus rationnel d'adopter celui de *Hydrobata* proposé par Vieillot. Si je ne l'ai point fait, c'est pour ne pas encourir le blâme d'avoir sacrifié un nom consacré, à un autre nom, que peu d'auteurs, jusqu'ici, ont accepté. »

Turdinæ, p. Bp. *B. of Eur.* (1838).
Cinclinæ, Bp. *Uccel. Europ.* (1842).
Hydronatidæ, Degl. *Ornith. Eur.* (1849).
Cinclidæ, Bp. *C. Gen. Av.* (1850).

Bec de médiocre longueur, comprimé, très-finement dentelé sur les bords des deux mandibules; ailes courtes; tarses, doigts et ongles robustes; corps très-fourni de plumes; celles de la tête courtes, serrées, pressées surtout au front et à la face.

Presque tous les auteurs ont considéré les oiseaux sur lesquels cette famille est fondée, comme appartenant soit au genre Merle, soit à la famille dont ce genre est le type.

Les Hydrobatidés ou Cincles ne peuvent, en aucune façon, être placés parmi les Merles. Ils ont des caractères généraux qui leur sont propres. Leur forme raccourcie; leur face conique; leur plumage serré et d'une nature particulière; leurs ailes et leur queue courtes; leur vol, qui est, comme celui des Martins-Pêcheurs, précipité, direct, peu élevé; leurs mœurs et des habitudes exceptionnelles, sont autant de motifs qui doivent les faire séparer des Merles.

Cette famille est représentée en Europe par un seul genre.

GENRE XC

AGUASSIÈRE — *HYDROBATA* (1), Vieill.

Motacilla, p. Linn. *S. N.* (1735).
Sturnus, p. Linn. *S. N.* (1766).
Tringa, p. Briss. *Ornith.* (1760).
Turdus, p. Lath. *Ind.* (1790).
Cinclus, Bechst. *Ornit. Tasch.* (1802).
Hydrobata, Vieill. *Orn. Élém.* (1816).

Bec grêle, droit, arrondi et emplumé à la base, légèrement fléchi et échancré à la pointe; narines oblongues, linéaires, recouvertes par une membrane; ailes courtes, arrondies; queue courte, carrée, composée de douze pennes; tarses médiocres et glabres; doigts longs, forts, garnis de petites pelotes saillantes en dessous; ongles robustes, très-arqués.

(1) Le nom générique *Cinclus*, ayant été donné par Mœhring, en 1752, à un genre qui a le *Charadrius morinellus* pour type; par Brisson, en 1760, à un groupe d'Échassiers que G. Cuvier range dans le genre *Pelidna*, nous lui substituons aujourd'hui, à l'exemple de G. R. Gray, celui d'*Hydrobata*, créé par Vieillot en 1816.

Les espèces de ce genre ont des mœurs et des habitudes anormales. Elles recherchent les cascades, les rivières, les ruisseaux dont l'eau est vive et coule rapidement sur un fond pierreux, rocailleux ou graveleux; elles plongent et se submergent complétement pour aller chercher au fond de l'eau leur nourriture, qui paraît consister principalement en crustacés et en petits mollusques fluviatiles. Leurs plumes abondantes, mais moins pressées que celles des Canards, sont, comme chez ceux-ci, enduites d'un corps gras qui les rend imperméables à l'eau.

Le mâle et la femelle se ressemblent. Les jeunes, avant la première mue, ont une livrée particulière. Leur mue est simple.

Observation. — Les Aguassières sont propres à l'Europe, à l'Asie et à l'Amérique.

On ne compte réellement comme Européenne qu'une seule espèce. Le *Cinclus Pallasii* (Temm.) indiqué dans le *Manuel d'Ornithologie*, et admis comme oiseau d'Europe par quelques auteurs, n'a jamais été trouvé en Crimée, ainsi qu'on l'avait avancé. L'espèce est exclusivement asiatique, ce que l'on reconnaît généralement aujourd'hui.

Le *Cinclus melanogaster* (Brehm) n'est qu'une race ou variété locale de l'*Hydrobata cinclus*, et ne peut être admis qu'à ce titre.

Quant au *Cinclus leucogaster* (Eversm.), il n'est pas plus Européen que le *Cinclus Pallasii*. Jusqu'ici, du moins, aucune capture authentique n'autorise à le considérer comme tel. M. Eversmann ne l'a rencontré que dans la Sibérie occidentale.

177— AGUASSIÈRE CINCLE — *HYDROBATA CINCLUS*
G. R. Gray ex Linn.

Dos brun; tête d'un brun roussâtre; devant du cou et poitrine d'un blanc pur (adultes), *ou avec des franges brunes et cendrées à l'extrémité des plumes* (jeunes); *milieu du ventre d'un brun ferrugineux.*

Taille : 0^m,193 *à* 0^m,194.

STURNUS CINCLUS, Linn. *S. N.* (1766), t. I, p. 290.
MERULA AQUATICA, Briss. *Ornith.* (1760), t. V, p. 252.
TURDUS CINCLUS, Lath. *Ind.* (1790), t. I, p. 343.
CINCLUS AQUATICUS, Bechst. *Ornit. Tasch.* (1802), t. I, p. 206.
HYDROBATA ALBICOLLIS, Vieill. *N. Dict.* (1816), t. I, p. 168.
HYDROBATA CINCLUS, G. R. Gray, *Gen. of B.* (1841), p. 35.
Buff. *Pl. enl.* 940, sous le nom de *Merle d'eau.*

Mâle : Brun foncé en dessus, tirant sur le roussâtre à la tête et au cou, avec une teinte cendré bleuâtre à l'extrémité des plumes du dos et des sus-caudales; paupières blanches; gorge, devant du cou et poitrine d'un blanc pur ; abdomen d'un brun roux ferrugineux, plus obscur sur les flancs ; couvertures et pennes alaires brunes, bordées de cendré bleuâtre ; queue noire, lavée de cendré ; bec et pieds d'un brun de corne ; iris gris de perle.

Femelle : Elle a le blanc du cou et de la poitrine moins étendu, et le brun des parties supérieures plus foncé.

Jeunes avant la première mue : Plumes de la tête et du cou grises ; celles du dos et du croupion bordées de noirâtre ; couvertures des ailes bordées de blanc, et toutes les parties inférieures blanches, avec des bordures brunes et cendrées à l'extrémité des plumes.

Outre l'Europe, cet oiseau habite encore l'Asie occidentale et septentrionale.

On le trouve en Ecosse, en Allemagne, en Suisse, en Italie, en Espagne et sur plusieurs points de la France ; il est très-rare dans la Russie méridionale et se montre de passage, l'hiver, en Belgique, où la variété à ventre noir (*Cinclus melanogaster*, Brehm) a été tuée.

Les eaux de la Nive, depuis Cambo jusqu'à sa source, sont fréquentées par un grand nombre d'Aguassières.

Cet oiseau niche sur les bords des ruisseaux, des cascades. Il compose avec de la mousse et des herbes entrelacées, un nid énorme, arrondi, irrégulier, ayant son entrée sur le côté. Sa ponte est de quatre à six œufs un peu ventrus, d'un blanc pur et mat. Ils mesurent :

Grand diam. 0^{m},025 ; petit diam. 0^{m},019.

Buffon, et après lui beaucoup d'auteurs, ont avancé que l'Aguassière Cincle marchait en tous sens au fond de l'eau, comme d'autres oiseaux marchent sur la terre. Un pareil mode de progression paraît difficile ; mais le fait n'en est pas moins certain. Le Cincle descend dans l'eau pour y chercher sa nourriture ; il se submerge entièrement, et marche au fond, ses ailes un peu écartées du corps, non pas en tous sens, comme l'a avancé Buffon, mais dans une direction contraire à celle du cours de l'eau. Il reste quelquefois ainsi submergé pendant une minute.

Cet oiseau ne se montre que très-accidentellement sur les bords des torrents ; il fuit les endroits fangeux et recherche les lits graveleux à pente douce. Si, en le poursuivant, on le pousse au delà des limites qu'il paraît s'être imposées, aussitôt il abandonne la rivière, gagne les bois ou les grands arbres voisins, et ne reparaît que longtemps après. Son chant, qui est excessivement doux, offre une grande analogie avec celui des Merles saxicoles. Indépendamment de ce chant, il fait encore entendre deux cris différents : l'un aigu, fort semblable à celui que pousse le Martin-Pêcheur ; l'autre dur, crépitant et si peu sensible qu'on le dirait intérieur ; ce n'est que quand deux Aguassières se poursuivent, par suite de l'empiétement de l'une sur le canton de l'autre, qu'on entend ce dernier cri.

Observation. — Cette espèce varie suivant l'âge et les localités. On ne saurait admettre diverses races pour les sujets qui habitent la France : à peine peut-on les considérer comme de très-légères variétés individuelles.

Nous avons reçu à différentes reprises, de l'abbé Caire, des Aguassières de nos Basses-Alpes. Les sujets qui provenaient de Moustiers, dont l'altitude n'est pas très-grande, avaient, comme d'autres spécimens provenant des régions basses du département du Var, la tête et le dessus du cou d'un roux cendré, et l'abdomen d'un roux vif ; ceux de Barcelonnette et du sommet des Basses-Alpes, tués à 1 800 et 2 000 mètres au-dessus du niveau de la mer, ont la tête, le cou et le haut de la poitrine d'un roux brun, et l'abdomen presque entièrement noir.

A — AGUASSIÈRE A VENTRE NOIR — *HYDROBATA MELANOGASTER*
Degl. et Brehm.

Dos brun ardoise ; tête d'un brun foncé ; devant du cou et poitrine blanc terne ; milieu du ventre d'un brun noir.

Taille : Un peu moins grand que l'Hydrobata Cinclus, a'après M. Brehm; un peu plus grand, d'après les sujets examinés par Temminck.

Cinclus melanogaster, Brehm, *Hand. Nat. Voy. Deuts.* (1831), p. 396.
Gould, *B. of Eur.* pl. 84.

Même distribution de couleurs que chez l'*Hydrobata Cinclus*, mais avec des teintes généralement très-foncées. Tête et nuque d'un brun sombre ; parties supérieures du corps d'un brun ardoise, avec des bordures noires à l'extrémité des plumes; devant du cou et poitrine d'un blanc sale ; parties inférieures noirâtres, avec des bordures cendrées; ailes et queue noires.

Cet oiseau paraît habiter l'Europe occidentale. D'après M. Brehm, il arriverait pendant les hivers rigoureux sur les côtes de la Baltique, dans l'île de Rügen ; il serait peu défiant et se nourrirait d'insectes.

FAMILLE XIX

ORIOLIDÉS — *ORIOLIDÆ*

Textores, Vieill. *Orn. élém.* (1816).
Oriolidæ, Boie, *Isis* (1826).
Oriolinæ, Swains. *Nat. Syst.* (1831-1837).

Bec dilaté, à arête entamant les plumes du front; fosses nasales profondes ; ailes allongées, dépassant le milieu de la queue, qui est de moyenne longueur ; tarses robustes, à peine aussi longs que le doigt du milieu.

La plupart des naturalistes ont placé les Loriots dans la famille des Turdidés ; d'autres, tout en les laissant avec ceux-ci, en forment une sous-famille particulière ; d'autres enfin en composent une famille, qu'ils éloignent même de celle qui a les Merles pour type. Sans nous ranger complétement à l'opinion de ces derniers, nous considérerons cependant les Loriots comme tout à fait distincts des Turdidés, dont les séparent en réalité des caractères tranchés, des mœurs et un système de coloration particuliers.

Cette famille ne compte, en Europe, qu'un seul genre.

GENRE XCI

LORIOT — *ORIOLUS*, Linn.

ORIOLUS, Linn. *S. N.* (1766) et *Auct.*

Bec allongé, conico-convexe, un peu déprimé à la base, comprimé vers la pointe, qui est échancrée et inclinée ; narines basales, ovales, percées dans une membrane ; ailes sub-obtuses, à première rémige assez étendue ; queue moyenne, ample, échancrée ou arrondie ; tarses scutellés, plus courts que le doigt médian ; ongle du pouce le plus fort et recourbé.

Les Loriots sont des oiseaux qui ne passent que la belle saison en Europe. Ils vivent par paires, dans les bois et les vergers, et se réunissent par familles pour effectuer leur départ. Ils se nourrissent d'insectes et de fruits mous.

Le mâle, dans la première année, diffère peu de la femelle : à la seconde mue, il prend une livrée distincte. Les jeunes, à la sortie du nid, ressemblent à la femelle. Leur mue est simple.

Une seule espèce européenne appartient à ce genre.

178 — LORIOT JAUNE — *ORIOLUS GALBULA* Linn.

Jaune, avec les ailes noires (mâle) ; *vert-jaunâtre, nuancé d'olivâtre en dessus* (femelle) ; *première rémige étroite, moitié de la longueur de la deuxième ; rectrices, les deux médianes exceptées, terminées par un grand espace jaune.*

Taille : 0^m,275.

Oriolus galbula, Linn. *S. N.* (1766), t. I, p. 160.
Coracias oriolus, Scop. *A. I. Hist. nat.* (1766), p. 41.
Buff. *Pl. enl.* 26, *mâle.*

Mâle vieux : Tête, cou, parties supérieures et inférieures du corps
d'un jaune éclatant; lorums, ailes, pennes médianes de la queue et une
partie des pennes latérales d'un noir profond, avec un liséré d'un blanc
jaunâtre à l'extrémité des rémiges, une tache jaune au milieu des primaires, et le tiers inférieur des rectrices latérales jaune; bec rouge-brun;
tarses couleur de plomb; iris rouge vif.

Femelle : Vert-jaunâtre, nuancé d'olivâtre en dessus; d'un gris blanc,
teint plus ou moins de jaunâtre en dessous, avec des raies longitudinales brunes au centre des plumes; ailes brunes, nuancées d'olivâtre, avec
l'extrémité des rémiges et une tache au milieu des primaires d'un gris
jaunâtre; queue également brune et nuancée d'olivâtre, avec l'extrémité
jaune.

Jeunes avant la première mue : Brun-olivâtre en dessus, avec les
plumes bordées de jaune verdâtre; blanc argentin en dessous, avec des
taches longitudinales brunes au cou, à la poitrine, à l'abdomen, et une
légère teinte jaune sur les flancs, au bas-ventre, aux sus et sous-caudales.

Après la première mue, le jeune mâle ressemble à la femelle, au
point de pouvoir être confondu avec elle; mais, *après la deuxième
mue*, il en est parfaitement distinct. Ce n'est qu'à la quatrième ou à la
cinquième année que ses couleurs ont acquis toute leur perfection et
tout leur éclat.

Variétés accidentelles : On trouve des sujets tapirés de blanc en dessus, et d'autres dont le dos est varié de plumes noires.

Il habite une grande partie de l'Europe pendant la belle saison. On ne le
voit, en Angleterre, qu'accidentellement.

Il niche sur les arbres, principalement sur les ormes, les peupliers, les chênes
blancs; son nid, artistement construit en forme de coupe peu profonde, est
suspendu à l'enfourchure des petites branches. Sa ponte est de quatre ou cinq
œufs oblongs, d'un blanc pur, avec quelques points gros et petits, d'un brun
noir; quelquefois ces points sont d'un gris plus ou moins clair. Ils mesurent :
Grand diam. 0^m,03; petit diam. 0^m,02.

Le Loriot se montre en Europe vers la fin d'avril et repart à la fin du mois
d'août et en septembre. Il se tient dans les bois, les vergers où il y a des arbres
élevés. Sa nourriture consiste en insectes, en baies et principalement en ce-
rises, en mûres et en figues, dont il fait une grande consommation.

Il supporte la captivité plus difficilement que les Merles, les Grives; cepen-

dant on peut le conserver en cage, en lui donnant, pour aliment, un mélange
de mie de pain, de chènevis broyé, de viande cuite, et, de temps en temps,
quelques vers à farine.

FAMILLE XX

TURDIDÉS — *TURDIDÆ*

Canori, Illig. *Prod. syst.* (1811).
Dentirostre-, G. Cuv. *Règ. Anim.* (1817).
Merulidæ et Sylviadæ, Vig. *Gen. of B.* (1825).
Sylvies, Less. *Ornith.* (1831).
Turdidæ, Bp. *B. of Eur.* (1838).

Bec médiocre, presque droit, plus ou moins fléchi à la pointe,
à mandibule supérieure entière ou échancrée ; ailes et queue de
longueur et de forme variables ; tarses médiocres ou allongés,
recouverts, en avant, par plusieurs scutelles ou par une seule, qui
en occupe alors presque toute l'étendue.

Observations. — 1° Cette famille, quoique naturelle, repose sur des caractères mixtes ; aussi n'est-on pas d'accord sur son étendue. Les éléments que
les uns y introduisent ne sont pas exactement ceux qu'y admettent les autres ;
ceux-ci y comprennent tels oiseaux que d'autres en éloignent, et réciproque-
ment. Vigors, qui lui donnait le nom de *Merulidæ*, la composait seulement
des Merles, des Loriots, des Cincles et des genres exotiques qui ont des rapports étroits avec ces oiseaux. Les Traquets, les Fauvettes, les Rubiettes, les
Accenteurs, en étaient exclus, pour devenir des *Sylviadæ*, parmi lesquels figuraient encore les Pipis et les Bergeronnettes. C'est, à peu de chose près, l'arrangement admis par G. R. Gray. Les *Merulidæ* de Vigors, devenus pour G. R. Gray
des *Turdidæ*, comprennent aussi les Merles, les Loriots, les Cincles ; et les
Sylviadæ, devenus des *Luscinidæ*, renferment la plus grande partie des genres
Motacilla et *Parus* de Linné. En 1838, le prince Ch. Bonaparte, réunissant les
Merulidæ aux *Sylviadæ* de Vigors, en composait sa famille des *Turdidæ*, dans laquelle figuraient, par conséquent, les Merles, les Cincles, les Loriots, les Traquets, les Accenteurs, les Rubiettes de G. Cuvier, les Fauvettes, les Pipis, et
même les Mésanges. Cependant, en 1842, il en élaguait les deux derniers
genres et les Loriots, et, en 1850, il l'épurait de nouveau et en détachait les
Cincles. Ainsi réduits, les Turdidés du prince Ch. Bonaparte correspondent
exactement à la famille des Merles (*Merulidæ*), telle qu'elle est établie dans la
première édition de cet ouvrage.

Les Turdidés nous paraissent, comme alors, susceptibles d'être subdivisés : seulement, au lieu de trois sections, l'une pour les Méruliens, dont les Saxicoliens ne peuvent être séparés; l'autre pour les Fauvettes riveraines ou Calamoherpiens; la troisième pour les Fauvettes vraies ou Sylviens, nous détachons de celles ci les Accenteurs pour en constituer le groupe des Accentoriens, et nous admettons une cinquième sous-famille, celle des Brachypodiens, pour les Turdoïdes, qui nous paraissent à leur place aussi bien parmi les Turdidés que parmi les Timalidés.

2° Le prince Ch. Bonaparte n'a pas approuvé la réunion en une seule sous-famille des Merles, des Rubiettes de G. Cuvier, et des Traquets, éléments des sous-familles *Merulinæ* et *Saxicolinæ*, créées par Vigors en 1825, et non par le prince. Sur quoi peut-on se fonder pour motiver la séparation des Méruliens et des Saxicoliens? Est-ce sur une différence de taille? Le supposer seulement serait absurde. Est-ce sur des caractères physiques? Mais quels sont ces caractères? On ne peut invoquer ni la structure des tarses, ni le volume des yeux, ni la livrée si particulière des jeunes avant la première mue, ni aucun autre caractère essentiel. Tous, Méruliens et Saxicoliens, ont l'œil très-ouvert; chez tous, sans exception, la robe des jeunes diffère de celle des adultes; et, chez les uns comme chez les autres, si la généralité des espèces a les tarses presque entièrement couverts, en avant, par une seule grande écaille, on en trouve aussi chez lesquelles ces organes portent plusieurs scutelles. Est-ce enfin sur des considérations tirées de certaines habitudes? de l'habitat, par exemple? Mais la conséquence d'un pareil considérant conduit forcément à faire Turdiens une foule de Saxicoliens, tels que les Rossignols, les Gorges-bleues, les Rouges-gorges; et, ce qui serait grave, à ranger parmi les *Turdinæ* la *Ruticilla phœnicura* et la *Pratincola rubetra*, qui fréquentent les bois, les vergers, les prés, pendant que la *Ruticilla tithys* et la *Pratincola rubicola,* qui sont essentiellement saxicoles, resteraient Saxicoliens. Ainsi donc, à quelque point de vue qu'on se place, la distinction des *Merulinæ* et des *Saxicolinæ* en deux sous-familles n'est pas justifiable.

SOUS-FAMILLE XXXIII

BRACHYPODIENS — *BRACHYPODINÆ*

BRACHYPODINÆ, Swains. *Nat. Syst. B.* (1837).
PYCNONOTINÆ, G. R. Gray, *Gen. of B.* (1841).
IXODINÆ, Bp. *Ucc. Eur.* (1842).

Sommet de la tête arrondi; tarses courts, relativement épais, recouverts par plusieurs scutelles de moyenne grandeur; ailes arrondies; yeux bien ouverts.

Les mœurs des Brachypodiens sont encore fort peu connues ; aussi y a-t-il incertitude sur la place qu'ils doivent occuper. Nous croyons devoir les laisser provisoirement parmi les Turdidés, auxquels ils paraissent se rapporter par leurs caractères généraux.

GENRE XCII

TURDOIDE — *IXOS*, Temm.

Ixos, Temm. (182 ?)
Pycnonotus, p. Boie, *Isis* (1826).
Hæmatornis, Less. (1839).

Bec plus court que la tête, comprimé, fléchi dès la base, qui est garnie de poils raides, courbé à la pointe ; narines basales, latérales, ovoïdes, à moitié fermées par une membrane nue ; ailes courtes, arrondies, sur-obtuses, dépassant très-peu la base de la queue ; celle-ci allongée, large, arrondie ; tarses grêles, plus courts que le doigt médian ; doigts et ongles faibles.

Observation. — Ce genre, à la fois asiatique et africain, n'a jusqu'ici qu'un seul représentant en Europe. Le *Pycnonotus chrysorrhœus* (*Turdus aurigaster*, Vieill. *N. D. d'Hist. Nat.* XX, p. 258 ; *Turd. chrysorrhœus*, Temm. *pl. col.*), que M. Thompson indique dans ses *Ann. Nat. History,* comme ayant été tué en Irlande, dans les montagnes de Beresford, près de Waterford, et que M. Yarrell, dans la deuxième édition de ses *British Birds,* compte parmi les oiseaux de la Grande-Bretagne, ne serait, selon M. de Sélys-Longchamps (*in Litter.*), qu'un oiseau échappé de cage.

179 — TURDOÏDE OBSCUR — *IXOS OBSCURUS*
Temm.

Première rémige s'étendant jusqu'à la moitié de la deuxième, qui est plus courte que la septième, la troisième étant la plus longue de toutes.

Taille : 0ᵐ,21 environ.

Ixos obscurus, Temm. *Man.* (1840), 4ᵉ part., p. 608.
Pycnonotus obscurus, Blyth, *Cat. Birds. Mus. As. Soc.*
Hæmatornis lugubris, Less. *Rev. Zool.* (1840), t. III, p. 98.

Mâle : Tête d'un brun sombre ; dessus du cou, du corps et couvertures supérieures des ailes d'un brun terreux, un peu lustré sur ces dernières ; poitrine et flancs d'un brun clair, tirant un peu sur le roussâtre ; milieu de l'abdomen d'un cendré blanchâtre ; bas-ventre et sous-caudales d'un blanc assez pur ; rémiges et rectrices d'un brun noirâtre ; iris, bec et pieds noirs.

Femelle adulte : Elle est sensiblement moins brune que le mâle.

Jeunes sujets : D'un cendré brunâtre en dessus, au cou, à la poitrine, aux flancs ; d'un brun tirant sur le noir à la tête ; abdomen et sous-caudales d'un blanc argentin.

Le Turdoïde obscur habite le nord de l'Afrique. Il est commun en Algérie, et fait, dit-on, de fréquentes apparitions en Andalousie.

Il fréquente les lieux humides, les bords des ruisseaux boisés, et même les vergers d'oliviers. A l'époque des amours, il fait entendre un chant retentissant, qui a quelque analogie avec celui du Rossignol ; seulement il est plus fort.

Son régime consiste en vers, en mouches et en petits fruits.

SOUS-FAMILLE XXXIV

TURDIENS — *TURDINÆ*

Merulinæ, p. Vig. *Gen. of B.* (1825).
Turdinæ et Saxicolinæ, Bp. *B. of Eur.* (1838).

Sommet de la tête arrondi ; tarses allongés, généralement grêles, le plus ordinairement recouverts, en avant et dans presque toute leur étendue, par une seule scutelle ; yeux grandement ouverts.

Toutes les espèces de cette division chantent harmonieusement ; leur mode de progression est la marche ; toutes impriment à leur queue des mouvements de haut en bas, plus ou moins vifs, plus ou moins brusques ; toutes descendent ordinairement à terre pour y chercher leur nourriture ; et, chez presque toutes, les jeunes, avant leur première mue, portent une livrée très-caractéristique, qui les distingue franchement des adultes.

GENRE XCIII

MERLE — *TURDUS*

Turdus, Linn. *S. N.* (1735).
Ixocossyphus, Arceuthornis, Cicheloïdes, Merula, Copsychus, Kaup, *Nat. Syst.* (1829).

Sylvia, p. Savi, *Orn. Tosc.* (1829).
Oreocincla p. Planesticus, Cychlocelys et Merula, Bp. *Cat. Parzud.* (1856).

Bec comprimé aussi haut que large à la base, qui est garnie de soies raides ; mandibule supérieure échancrée à la pointe ; narines basales, ovoïdes, à moitié fermées par une membrane ; ailes variant du type sur-aigu au type sub-obtus, atteignant le milieu de la queue ou le dépassant à peine ; queue ample, arrondie ; tarses allongés.

Les oiseaux qui appartiennent à ce genre sont principalement larvivores, vermivores, baccivores et frugivores. Ils se tiennent dans les bosquets, les bois, les forêts, durant le temps de la reproduction. En automne, la plupart se réunissent par familles, ou forment des bandes plus ou moins nombreuses, qui émigrent pour aller chercher au loin une nourriture plus facile que celle que pourraient leur fournir les lieux où ils ont passé la belle saison. Quelques-uns voyagent isolément et vivent presque toujours solitaires.

Le mâle et la femelle, chez certaines espèces, ont un plumage distinct ; ils ne diffèrent pas chez d'autres ; mais, dans ceux-ci comme dans ceux-là, les jeunes, avant la première mue, ont toujours une livrée particulière. La mue est simple.

Observations. — 1° Parmi les espèces qui font partie du genre Merle, il y en a dix-huit dont l'existence comme oiseaux propres à l'Europe, ou comme s'y montrant accidentellement de passage, est aujourd'hui assez généralement reconnue. Quelques autres n'ont été admises que sur des données fausses ou trop incertaines pour qu'on doive les enregistrer. De ce nombre sont :

Le *Turdus rufus*, Wils. oiseau de l'Amérique septentrionale, que Schinz introduit dans sa *Faune d'Europe* (p. 163), comme ayant été observé en Angleterre ;

La *Grive bassette*, inscrite par Risso (*Hist. des product. de l'Eur. méridionale*) comme ayant été tuée sur les Alpes-Maritimes, mais dont il est difficile de se faire une idée d'après les simples indications qu'en donne l'auteur ;

Le *Turdus varius* (Horsf. nec Pall. ; *Oreocincla Heinci*, Caban.), que le prince Ch. Bonaparte a admis dans la *Revue critique* sous le nom d'*Oreocincla varia*, espèce du Japon, dont l'apparition en Europe est loin d'être certaine ;

Le *Turdus Hodgsonii*, Homeyer (*Oreocincla mollissima*, Blyth), espèce également asiatique, que M. Naumann décrit et figure comme oiseau accidentellement européen, ce qui n'est démontré par aucune capture authentique ;

Enfin, le *Turdus illuminus*, Löbenstein, décrit par M. Naumann dans le premier cahier de la *Naumannia* pour 1852 (t. II, p. 80), et figuré dans le troisième fascicule du même recueil. Cet oiseau, malgré des dimensions en tout plus fortes que celles du *Turdus iliacus*, et un plumage un peu différemment taché et coloré, pourrait n'être qu'une variété accidentelle de ce dernier. Son existence, comme espèce, a donc besoin d'être affirmée par de nouvelles captures.

2° Comme tous les genres linnéens, celui que composent les Merles devait subir des modifications profondes. Le nombre des coupes génériques qui ont été faites à ses dépens ne s'élève pas à moins de dix pour les espèces européennes seulement. Sauf les Merles Saxicoles, dont Boie a fait ses *Petrocosyphi*, ces genres ne reposent absolument sur aucun attribut important. On ne peut même pas les caractériser en ayant égard au système de coloration; car les femelles, chez beaucoup d'espèces, différant des mâles par un plumage tout particulier, échappent à la caractéristique que l'on voudrait établir sur la livrée de ceux-ci. Du reste, le système de coloration seul ne saurait, dans aucun cas, de venir générique : il ne peut être qu'un moyen propre à faire établir des groupes excessivement artificiels pour les espèces qui ont entre elles le plus d'affinités. Ceux dans lesquels nous avons essayé de distribuer les Merles n'ont donc pas d'autre importance. Ce ne sont pas des genres que nous caractérisons, mais de simples groupes.

A — Espèces dont les mâles n'ont, à l'état adulte, ni mouchetures à la gorge, ni taches, ni grivelures sur les parties inférieures ; la livrée de la femelle différant de celle du mâle.

180 — MERLE NOIR — *TURDUS MERULA*

(Type du genre *Merula*, Boie)

Première rémige impropre au vol, deuxième plus longue que la septième et beaucoup plus courte que la sixième ; troisième, quatrième et cinquième les plus longues ; plumage noir (mâle adulte), ou brun en dessus, roux et gris en dessous (femelle), ou brun, avec des taches rousses et blanchâtres (jeunes).

Taille : 0ᵐ,263 à 0ᵐ,264.

Turdus merula, Linn. *S. N.* (1766), t. I, p. 295.
Merula merula, Boie, *Isis* (1822), p. 552.
Sylvia merula, Savi, *Orn. Tosc.* (1829), t. I, p. 205.
Merula vulgaris, Bp. *B. of Eur.* (1838), p. 17 (1).
Buff. *Pl. enl.* 2, *mâle*, sous le nom de *Merle commun*; 555, *femelle.*

Mâle : Tête, cou, corps, ailes et queue entièrement d'un noir pro-

(1) Le prince Charles Bonaparte, à la page 64 de la *Revue critique*, tout en approuvant M. Degland, de ne pas avoir adopté le genre *Merula*, se défend de l'avoir admis, sinon de l'avoir fait. Il est possible qu'en 1850, au moment où il écrivait sa critique, le prince répudiât ce genre, mais il l'avait admis en 1838 (*Geog. and comp. List of the Birds of Eur.*), il l'a adopté de nouveau en 1854 (*Consp. syst. Ornithologiæ*), et il l'a conservé en 1856, dans le *Cat. Parzudaki.*   Z. G.

fond ; bec et bord libre des paupières jaunes ; pieds et iris d'un brun noir.

Femelle : D'un brun noirâtre en dessus ; d'un blanc gris tacheté longitudinalement de brun au devant du cou ; roussâtre et varié de noirâtre à la poitrine ; cendré brunâtre à l'abdomen, avec des traits longitudinaux sur la tige des plumes ; bec brun ; pieds et iris noirâtres.

Jeunes avant la première mue : Plumage brun, avec une tache roussâtre au milieu de chaque plume ; bec et pieds bruns.

Pendant la mue, le plumage du mâle noircit, le bec jaunit et les taches rousses disparaissent.

Après la seconde mue, il ne diffère plus de celui des vieux sujets.

Variétés accidentelles : Le plumage du Merle offre de fréquentes variétés. On trouve des sujets entièrement blancs, d'autres tapirés de blanc, avec la queue ou la région parotique blanche ; d'autres sont couleur isabelle ; il en est enfin dont le plumage est gris de lin. (Collect. Degland).

On trouve le Merle noir dans presque toute l'Europe, en Asie et en Afrique. Il est répandu en France, où il vit sédentaire dans quelques localités.

Il niche dans les bois, sur les buissons, rarement sur les arbres élevés, souvent très-près du sol, quelquefois au pied d'un taillis, sur le revers d'un fossé boisé. Son nid, assez artistement construit, en forme d'écuelle profonde, est composé de terre détrempée, de mousse et de racines. Sa ponte est de quatre à six œufs verdâtres, bleuâtres ou d'un gris sombre, avec des taches plus ou moins nombreuses et plus ou moins grandes, d'un roux de rouille, bleuâtres ou olivâtres et cendrées, quelquefois peu apparentes et presque confondues. Ils mesurent :

Grand diam. 0^m,03 environ ; petit diam. 0^m,021.

Cet oiseau vit solitaire ; il est défiant, très-farouche et voyage isolément ou par petites familles. Pris jeune, il s'apprivoise aisément, apprend à siffler et même à parler. Sa chair est très-savoureuse, surtout lorsqu'elle est grasse.

Observations. — 1° P. Roux a figuré dans l'atlas de son *Ornithologie provençale* (pl. 170) une variété constante qui a, dans sa jeunesse, la queue traversée par une large bande blanche, bande qui disparaît dès la première mue. Cette variété paraît très commune sur les hautes montagnes des environs de Nice ; nous l'avons rencontrée assez fréquemment sur le marché de cette ville, en août 1847, et l'avons également observée plusieurs fois dans les environs de Paris. Malgré sa fréquence, cette variété est pour nous purement accidentelle au lieu d'être constante, comme le veut P. Roux. Nous avons constaté l'albinisme partiel de la queue chez trois individus sur cinq, qui composaient une nichée dont le père et la mère avaient la queue unicolore, et ce fait seul nous semble démontrer que la variété en question ne peut être attribuée qu'à une cause fortuite.

2° Nous croyons devoir appeler l'attention des ornithologistes sur un Merle noir; à gorge blanchâtre, mouchetée de noir; à bec et paupières jaunes, dont nous avons vu, il y a deux ans, chez les MM. Verreaux, sept ou huit exemplaires que M. Turati de Milan leur avait envoyés en communication. Ce Merle, qui se rapportait assez exactement au Merle brun figuré par Vieillot à la pl. CXXXVI de son *Ornithologie française*, ouvrage resté inachevé. serait-il une variété locale du Merle noir ou simplement un jeune mâle de première année ?

181 — MERLE A PLASTRON — *TURDUS TORQUATUS* Linn.

(Type du genre *Copsichus*, Kaup)

Première rémige presque nulle ; deuxième plus longue que la cinquième, et surtout que la sixième ; troisième, la plus longue ; plumage noirâtre, avec un demi-collier blanc (mâle) ou roussâtre (femelle) sur la poitrine.

Taille : 0^m,29 *environ.*

TURDUS TORQUATUS, Linn. *S. N.* (1766), t. I, p. 296.
MERULA MONTANA, Briss. *Ornith.* (1760), t. II, p. 250.
MERULA TORQUATA, Boie, *Isis* (1822), p. 552.
COPSICHUS TORQUATUS, Kaup, *Nat. Syst.* (1829), p. 157.
SYLVIA TORQUATA, Savi, *Orn. Tosc.* (1829), t. I, p. 206.
MERULA COLLARIS et ALPESTRIS, Brehm, *Handb. Nat. Vög. Deuts.* (1831), p. 376-377.

Buff. *Pl. enl.* 182, *jeune*, sous le nom de *Merle de montagne;* 516, *mâle adulte*, sous le nom de *Merle à collier.*

Mâle : Parties supérieures d'un brun noir enfumé ; gorge, devant du cou, abdomen et ventre d'un brun noir moins intense, avec les plumes bordées de gris plus ou moins blanchâtre ; un large plastron , sur le haut de la poitrine, d'un blanc pur au printemps, d'un blanc sale et quelquefois varié de brunâtre en automne; ailes semblables au manteau , avec les petites et les moyennes couvertures bordées de gris et la plupart des rémiges frangées en dehors de la même couleur; bec en partie jaune en été et noirâtre en automne ; pieds bruns ; iris noisette.

Femelle : D'un brun fuligineux, avec les bordures des plumes grisâtres; le plastron roussâtre; le devant du cou blanc et tacheté longitudinalement de brun , le bec sans jaune.

Jeunes avant la première mue : Plastron peu apparent , étroit, d'une teinte roussâtre et varié d'un brun gris ; le reste comme chez la femelle.

Jeunes à la sortie du nid : D'un brun olivâtre nuancé de roux en dessus, avec une tache noire au centre des plumes ; petites et moyennes couvertures alaires terminées par un trait gris jaunâtre ; grandes couvertures, rémiges secondaires et tertiaires largement frangées de gris jaunâtre ; rémiges primaires bordées d'une teinte plus pâle ; sus-caudales brunes, avec la tige et une petite tache jaunâtre ; devant de la gorge jaunâtre, avec quelques petites taches noires ; côtes et bas du cou, toutes les parties inférieures du corps et sous-caudales jaunâtres comme la gorge, toutes les plumes terminées par un rebord noir.

Le jeune Merle à plastron a une grande ressemblance, à ce moment, avec un jeune *Turdus viscivorus*, du même âge.

Variétés accidentelles : Il en existe de toutes blanches et de tapirées de blanc.

Le Merle à plastron est propre à l'Europe, à l'Asie occidentale et à l'Afrique septentrionale.

, On le trouve dans presque tout le nord de l'Europe, en Suisse, dans les Vosges, les Hautes et Basses-Alpes, l'Auvergne, les Pyrénées, la Savoie, la Grèce.

Il est de passage dans le nord de la France, en automne, vers la fin de novembre, et au printemps, vers la fin d'avril ou au commencement de mai.

Il niche à terre, au pied d'un buisson, dans les haies. Sa ponte est de quatre à six œufs verdâtres ou bleuâtres, avec des taches d'un cendré foncé, d'un brun noirâtre ou d'un roux de rouille. Ces taches sont ordinairement plus nombreuses vers le gros bout. Ils mesurent :

Grand diam. 0^m,03 ; petit diam. 0^m,022.

Cet oiseau vit sur les hautes montagnes boisées et rocheuses. Il voyage isolément ou par petites familles, comme le Merle noir, et sa chair a la même délicatesse.

B — *Espèces chez lesquelles les parties inférieures du corps, à l'âge adulte, sont dépourvues de taches, la gorge seule étant mouchetée ; la livrée de la femelle ne différant presque pas de celle du mâle.*

— MERLE PÂLE — *TURDUS PALLIDUS*
Gmel.

Gris olivâtre en dessus ; gorge et devant du cou d'un gris brunâtre (vieux mâle), *ou gorge et devant du cou blanchâtres, encadrés par une série de mouchetures confluentes d'un brun gris* (adultes) ; *poitrine et flancs d'un roux ocreux sans taches* (adultes), *ou mouchetés* (jeunes); *ventre blanc; rectrices frangées de gris oli-vâtre, la plus extérieure tachée de blanc ou de roussâtre à l'extré-mité; sourcils très-prononcés en arrière de l'œil.*

    Taille : 0ᵐ,22.

TURDUS PALLIDUS, Gmel. *S. N.* (1788), t. I, p. 815.
TURDUS PALLENS, Pall. *Zoogr.* (1811-1831), t. I, p. 457.
TURDUS ILIACUS, Var. PALLIDUS, Naum. *Nat. Vög. Deuts.* (1822), t. II, p. 279.
TURDUS SEYFFERTITZII, Brehm, *Lehrb. Nat. Eur. Vög.* (1829), t. II, p. 972.
TURDUS WERNERI, Géné, *Mem. Ac. R. Torino* (1834), t. XXXVII, p. 296.
PLANESTICUS OBSCURUS, Bp. *Cat. Parzud.* (1856), p. 5.
Géné, *M. Ac. R. Tor.*, t. XXXVII, pl. 2, *femelle jeune?*
Naumann, *Vög. Deuts.* (1854), pl. 357, *mâle d'âge intermédiaire.*

Mâle vieux : Parties supérieures d'un brun olivâtre uniforme, un peu plus clair sur le corps qu'à la tête, et glacé de cendré derrière le cou; menton blanc ou blanchâtre; gorge, joues, devant et côtés du cou d'un gris ardoisé foncé, qui s'éclaircit et se fond insensiblement, sur les côtés du cou, avec les teintes des parties supérieures; au bas du cou, avec celles de la poitrine; cette dernière région et flancs d'un roux ocreux sans taches; abdomen d'un blanc pur; sous-caudales blanches dans toute la partie découverte, tachées de brun olivâtre à la base et sur les côtés; bande sourcilière blanche ou d'un blanc strié de brun-cendré, étroite au-devant de l'œil, plus large en arrière; paupière inférieure de même couleur; lorums et régions parotiques d'un brun noirâtre, ces dernières finement striées de blanc jaunâtre et glacées de cendré; moyennes couvertures externes des ailes terminées par une tache blan-châtre ou jaunâtre, l'ensemble de ces taches formant une bande trans-versale; rémiges et rectrices brunes, bordées de gris olivâtre; la plus extérieure des rectrices porte à l'extrémité, sur les barbes internes, une petite tache blanchâtre ou roussâtre; la suivante est également tachée, mais dans une moindre étendue, et la troisième offre quelquefois une étroite bordure terminale; demi-bec supérieur noirâtre, demi-bec in-férieur brun seulement à la pointe; jaunâtre dans tout le reste de son étendue; pieds et iris bruns.

Mâle, après la première mue : Les côtés de la tête et du cou sont nuancés de plus de cendré; la gorge et le devant du cou sont blan-châtres, et cette teinte est limitée, de chaque côté, par une série de taches brunâtres formant bande; les lorums sont bruns; les régions paro-tiques d'un brun olivâtre clair; les grandes couvertures supérieures et secondaires des ailes terminées par une tache blanchâtre ou jaunâtre, dont l'ensemble forme une tache transversale ; la tache terminale des trois rectrices les plus extérieures occupe un plus grand espace ; le reste du plumage ressemble à celui des individus vieux, mais les couleurs en sont plus fraîches.

Femelle ? Front, parties supérieures de la tête, du cou, dos et queue, en dessus, d'un brun olivâtre uniforme ; gorge blanche ; haut de la poitrine d'un brun olivâtre clair, nuancé de jaune ocreux ; cette dernière teinte, mais plus rembrunie, couvre les flancs dans toute leur étendue ; hypocondres très-légèrement olivâtres ; bas de la poitrine, ventre et sous-caudales blancs, ces dernières tachées de brun à la base ; lorum noirâtre ; bande sourcilière blanchâtre ; région parotique d'un brun olivâtre foncé, rayé très-finement de blanchâtre ; côtés du cou rayés et tachés d'olivâtre sur fond blanc ; moyennes couvertures supérieures de l'aile tachées de blanc à l'extrémité ; couvertures inférieures grisâtres, avec quelques mèches jaunâtres ; rémiges d'un brun olivâtre en dessus, d'un gris cendré en dessous, les primaires finement lisérées de blanchâtre extérieurement ; rectrices d'un gris cendré en dessous ; bec et tarses comme chez le mâle.

Jeunes avant la première mue : Parties supérieures d'un brun olivâtre terne, avec la plupart des plumes, celles du dos principalement, terminées par du brun foncé et marquées, au centre, d'une strie jaunâtre qui dégénère en une tache de même couleur ; gorge et devant du cou d'un blanc roussâtre, taché de brun-cendré clair et limité, de chaque côté, par une double rangée de taches brunâtres ; poitrine et côtes de l'abdomen d'un brun ocreux pâle, varié de nombreuses taches transversales brunes, qui occupent l'extrémité des plumes ; régions crurales brunâtres, tachées de brun plus foncé ; le reste des parties inférieures d'un blanc jaunâtre, varié de taches arrondies brunes ; sourcils, côtés de la tête d'un roux jaunâtre sale, strié et taché de brun ; ailes et queue comme chez les individus jeunes après la première mue.

Cette espèce a pour patrie l'Asie méridionale et orientale. Elle visite l'Europe plus ou moins régulièrement. On l'a capturée en Saxe, près de Herzberg, d'après Temminck ; Bonelli et Géné l'indiquent comme se montrant dans les environs de Turin : deux individus tués, l'un en 1827, l'autre en 1828, sont déposés dans le Musée de cette ville. Enfin M. Jaubert avance qu'elle se montre assez fréquemment dans les environs de Marseille, pendant le mois de novembre. Presque tous les ans, on trouverait sur les marchés de cette ville quelques sujets isolés.

Habitudes, régime et propagation inconnus.

185 — MERLE OLIVE — *TURDUS OLIVACEUS*
Linn.

Brun olivâtre en dessus ; tête de même couleur, mais un peu plus sombre ; gorge blanche, striée de brun ; poitrine olivâtre sans taches (adultes) ; ventre, flancs, couvertures inférieures des ailes fauves, sans taches (adultes), ou mouchetés (jeunes) ; rectrice la plus extérieure sans tache à l'extrémité.

Taille : 0^m,24 à 0^m,25.

Turdus olivaceus, Linn. *S. N.* (1766), t. I, p. 9.
Merula olivacea, Briss. *Ornith.* (1760), t. II, p. 294.
Planesticus olivaceus, Bp. *Cat. Parzud.* (1856), p. 3.
Le Vaill. *Ois. d'Af.,* pl. 98, *adulte ;* 99, *jeune.*

Mâle adulte : Dessus de la tête, du cou, dos, croupion, couvertures supérieures des ailes et de la queue brun olivâtre ; gorge et devant du cou blancs, striés de brun ; côtés du cou tachés de jaune ; poitrine d'un olivâtre clair sans taches, lavé de jaunâtre ; ventre, flancs, couvertures inférieures des ailes d'une belle couleur fauve ; sous-caudales blanches, tachées de brunâtre et de roussâtre ; rémiges brunes, frangées de brun olivâtre ; rectrices médianes de la couleur du dos, toutes les autres brunes et comme gaufrées de bandes transversales ; bec jaunâtre, avec l'arête et la base de la mandibule supérieure brunes ; pieds jaunâtres ; iris brun.

Femelle adulte : Elle ne diffère du mâle que par la taille, qui est un peu plus petite, et par le fauve moins vif des parties inférieures.

Jeunes avant la première mue : Le plumage des parties supérieures, aussi bien que celui des parties inférieures, est coloré comme chez les adultes ; mais les teintes sont généralement plus foncées ; les bordures des rectrices et des rémiges tournent au roussâtre ; les stries de la gorge sont noirâtres ; la plupart des plumes du dos ont une strie jaunâtre le long du rachis, et celles des parties inférieures ont une tache terminale d'un brun sombre ; le demi-bec supérieur est brun, et le demi-bec inférieur d'un jaune pâle, ainsi que les pieds.

Le Merle olive habite l'Afrique méridionale et se montre accidentellement dans l'Europe méridionale. Le professeur de Flippi, dans une communication très-intéressante, faite, en 1855 (1), au Congrès scientifique de Naples, dit que

(1) *Atti della settima Adunanza degli Scienz. ital. tenuta in Napoli,* 1845, pp. 739.

cette espèce fut prise en grand nombre à Polavina, province de Brescia, dans l'automne de 1843 ; et que, pendant plusieurs jours, les marchés publics en furent pourvus. Le Musée de Milan conserve un mâle et une femelle pris à cette époque.

Selon Le Vaillant, le nid de cette espèce n'est pas maçonné comme celui du Merle ou de la Grive commune, mais simplement formé de petites branches entrelacées, et composé en dedans de racines déliées ; sa ponte est de quatre à cinq œufs, arrondis, à fond blanc verdâtre et parsemés de taches d'un brun rouge presque confluentes vers le gros bout.

Le Merle olive a les mœurs et le régime des espèces qui vivent sédentaires en Europe.

184 — MERLE ERRATIQUE — *TURDUS MIGRATORIUS* Linn.

Brun noirâtre en dessus : tête d'un noir ardoisé ; gorge blanche. striée de noir ; poitrine, abdomen et flancs d'un roux vif sans taches (adultes), ou mouchetés (jeunes) ; rectrices frangées de cendré, la plus extérieure tachée de blanc à l'extrémité.

Taille : 0ᵐ,24 environ.

Turdus migratorius, Linn. *S. N.* (1766), t. I, p. 292.
Turdus canadensis, Briss. *Ornith.* (1760), t. II, p. 225.
Merula migratoria, Gould, *Bird. of Eur.*, pl. 74.
Buff. *Pl. enl.* 556, f. 1, sous le nom de *Grive du Canada*.

Mâle en été : Dessus et côtés de la tête d'un noir ardoisé ; dessus du cou, du corps et sus-caudales d'un brun noirâtre ; devant du cou blanc, marqué longitudinalement de traits noirâtres ; poitrine et abdomen d'un roux très-vif ; bas-ventre d'un blanc pur ; sous-caudales brunes, tachetées de blanc ; bord libre des paupières blanc ; ailes semblables au manteau, avec les moyennes couvertures lisérées de cendré ; rémiges et rectrices brunes, également bordées de cendré, la plus externe de ces dernières terminée en dedans par une tache blanche, et la suivante par un liséré de même couleur.

Mâle en automne : D'une teinte plus verdâtre en dessus ; toutes les plumes rousses des parties inférieures terminées de blanchâtre.

Femelle en plumage d'été : D'une teinte plus cendrée en dessus ; d'un roux moins vif en dessous, avec une partie des plumes de l'abdomen terminées de blanc.

Jeunes avant la première mue : Parties supérieures brun noirâtre ; d'un noir mat à la tête, avec des taches et des traits roussâtres au

centre des plumes du dos ; gorge et milieu du cou d'un blanc légèrement lavé de roux ; poitrine et abdomen d'un roux vif, tacheté de
noir en travers , à l'extrémité des plumes ; bas-ventre blanc ; couvertures alaires d'un brun plus clair que celui du manteau ; rémiges et
rectrices noirâtres, les dernières bordées de blanc à l'extrémité.

Le Merle erratique habite particulièrement l'Amérique septentrionale, et se
montre accidentellement en Europe.

Temminck avance qu'on l'a observé et tué plusieurs fois en Allemagne.
M. Naumann dit également qu'on l'a vu quelquefois sur les marchés de Vienne.

Il se reproduit dans l'Amérique du Nord ; son nid, comme celui du Merle
noir, est composé de petites racines, d'herbes et de terre gâchées. Sa ponte est
de quatre ou cinq œufs, d'un vert bleuâtre assez foncé, sans taches.

Grand diam. 0^m,028 ; petit diam. 0^m,019.

Les individus de cette espèce se rassemblent vers la fin de l'été et émigrent
en troupes plus ou moins nombreuses.

*C — Espèces chez lesquelles les parties inférieures , ou tout au
moins les flancs, offrent, à l'âge adulte, des taches le plus généralement grandes et anguleuses ; la livrée de la femelle différant notablement de celle du mâle.*

183 — MERLE LITORNE — *TURDUS PILARIS*
Linn.

(Type du genre *Arceutornis*, Kaup)

*Brun-châtain aux épaules ; tête, nuque et croupion cendrés ; cô-
tés de la poitrine et flancs variés de taches lancéolées ; couvertures
supérieures des ailes lavées de roux-châtain : rectrice la plus extérieure finement bordée de blanc à l'extrémité.*

Taille : 0^m,275.

TURDUS PILARIS, Linn. *S. N.* (1766), t. I, p. 291.
TURDUS MUSICUS, Pall. *Zoogr.* (1811-1831), t. I, p. 451.
SYLVIA PILARIS, Savi, *Orn. Tosc.* (1827), t. I, p. 209.
ARCEUTORNIS PILARIS, Kaup, *Nat. Syst.* (1829), p. 33.
Buff. *Pl. enl.* 406.
Gould, *B. of Eur.* pl. 76.

Mâle en automne : Dessus de la tête, du cou, bas du dos et croupion
d'un gris cendré ; haut du dos, scapulaires et couvertures supérieures

des ailes d'un brun châtain; gorge, devant du cou et poitrine d'un roux
clair, varié de mouchetures noires, qui prennent une forme lancéolée
sur les côtés de la poitrine; ventre blanc; sous-caudales blanches, tachées de brun; plumes des flancs marquées, au centre, de taches
lancéolées noires et bordées de blanc; rémiges brunes, les primaires
bordées de cendré, les secondaires lavées de châtain clair; rectrices
d'un brun noirâtre en dessus, d'un gris cendré en dessous, avec les
deux externes bordées de gris-brun et frangées de blanc à la pointe;
bec noirâtre à la pointe, jaunâtre dans le reste de son étendue; tarses
et iris brunâtres.

Mâle au printemps : Le gris de la tête et du cou prend une teinte
bleuâtre, et le bec, d'un beau jaune à la base, est d'un noir profond à
la pointe.

Femelle en automne : Elle a la gorge blanchâtre, et le cendré de
la tête plus nuancé de brun, par conséquent plus foncé, et les tarses
bruns.

Au printemps, les teintes bleuâtres du cou ne sont pas aussi pures
que celles du mâle.

Individu de la Russie, tué en été : Dessus de la tête et du cou cendré,
avec des taches noires au milieu du vertex; manteau d'un cendré
roussâtre; croupion et sus-caudales cendrés, avec la tige des plumes
d'une teinte blanchâtre; devant du cou roux pâle, avec des taches
oblongues, noires au centre et à l'extrémité des plumes; côtés de la
poitrine noirs, avec des bordures d'un cendré roussâtre; abdomen
blanc; flancs et sous-caudales de cette dernière couleur avec de larges
taches noirâtres; tarses d'un brun roussâtre; tout le plumage offre des
traces plus ou moins sensibles de l'usé des plumes.

Variétés accidentelles : Plumage presque entièrement blanc, ou
brun taché de roux (Mus. de Bruxelles), tapiré de blanc chez d'autres,
ou complétement noir, comme celui du Merle vulgaire, avec une sorte
de collier cendré au bas de la nuque (Collect. Degland).

La Litorne habite les forêts du nord de l'Europe et de l'Asie septentrionale.
Elle est de passage régulier dans beaucoup de localités de la France.

Elle niche sur les arbres élevés, et l'on prétend que quelques couples font
annuellement leurs pontes sur les Alpes, sur les Apennins et aux environs de
Bergues. Dans tous les cas, elle se reproduit en assez grand nombre dans les
forêts de l'Allemagne centrale et septentrionale. Sa ponte est de quatre à six
œufs d'un gris verdâtre ou bleuâtre, avec de petites taches d'un roux de
rouille ou brunes, quelquefois confluentes. Ils mesurent :

Grand diam. 0^m,027 à 0^m,028; petit diam. 0^m,02.

La Litorne est l'espèce d'Europe qui émigre le plus tard : elle arrive en
France après toutes les autres. En automne, les bandes émigrantes sont quelquefois composées d'un nombre considérable d'individus. Il en est parmi eux
qui se cantonnent à leur arrivée chez nous, et qui passent l'hiver en compagnie du Mauvis et de la Draine. La chair de cette espèce n'est pas aussi estimée
que celle des autres Merles.

186 — MERLE BRUN — *TURDUS FUSCATUS*
Pall.

*Brun noirâtre sur la tête et le cou ; une large ceinture noire, va-
riée de blanc, sur la poitrine (mâle adulte), ou, simplement, de
grandes taches triangulaires noires (femelle et jeunes) ; sur les
flancs, de larges taches noires en fer de lance ; couvertures supérieures des ailes et rémiges secondaires largement frangées de roux ;
rectrices brunes, frangées de roux seulement à la base ; sourcil large
et très-étendu en arrière.*

Taille : 0ᵐ,24 d 0ᵐ,25.

Turdus obscurus, Gmel. *S. N.* (1788), t. II, p. 816).
Turdus fuscatus, Pall. *Zoogr.* (1811-1831), t. I p. 451.
Turdus naumannii, p., Temm. *Man.* 4ᵉ part. (1840), p. 604.
Cychloselys fuscatus, Bp. *Cat. Parzud.* (1856), p. 5.
Turdus eunomus, Temm. *Pl. col.* 514.
Gould, *B. of. Eur.* pl. 79, sous le nom de *Turdus Naumannii.*

Mâle adulte : Dessus de la tête et du cou d'un brun noirâtre ; dos
d'un brun cendré, tournant au brun sombre au centre des plumes ;
sus-caudales noirâtres, frangées de roux de rouille ; un large sourcil
blanc, lavé de jaunâtre, partant du bec, s'étend au delà du méat auditif, que recouvre une large tache noire ; gorge, devant et côtés du cou
d'un blanc jaunâtre, coupé, de chaque côté, par une double rangée de
petites taches triangulaires noires, qui grandissent en s'éloignant des
commissures, près desquelles elles prennent naissance ; entre cette
double ligne de taches, se disséminent, sur le fond de la teinte générale, depuis le menton jusqu'au bas du cou, quatre à cinq rangées
d'autres taches bien accusées, d'un brun roussâtre clair, occupant le
centre des plumes ; les teintes du cou sont brusquement arrêtées, en bas,
par un large plastron pectoral noir, varié de blanchâtre, cette teinte
bordant les plumes ; milieu du ventre blanc ; sous-caudales blanches
dans toute la partie découverte, tachées de brun à la base, cette couleur
étant peu visible lorsque les plumes sont en place ; le reste des parties

inférieures blanchâtre et varié de grandes taches triangulaires noirâtres, très-nombreuses sur les flancs; couvertures supérieures des ailes roussâtres; couvertures inférieures d'un roux de rouille; rémiges et rectrices noires, frangées extérieurement de roux, les premières, presque dans toute leur étendue, les secondes seulement à la base; pieds d'un brun pâle; bec jaunâtre, avec l'arête du demi-bec supérieur brune; iris brun roussâtre.

Femelle : Dessus de la tête et du cou d'un gris brun, s'éclaircissant à la nuque; plumes du dos brunes au centre, roussâtres sur les bords; plumes du croupion et sus-caudales d'un roux rougeâtre, frangées de gris; sourcils, gorge, devant et côtés du cou blancs; ceux-ci marqués d'une double rangée de très-petites taches brunes; du brun nuancé couvre aussi le méat auditif; point de plastron noir sur la poitrine; cette région, ainsi que les flancs, variés de taches isolées brunes, à franges blanches; ventre et sous-caudales blancs, celles-ci tachées de brun roux à la base; moyennes couvertures supérieures des ailes brunes, frangées de blanc; rémiges brunes, les secondaires bordées en dehors de brun roussâtre; rectrices de la couleur des rémiges, lisérées extérieurement, à la base, d'un roux moins pur que chez le mâle.

Mâle jeune : Parties supérieures du corps à peu près comme chez la femelle; gorge d'un blanc lavé de jaunâtre et varié de petites taches brunes; sourcils, côtés du cou et parties inférieures lavés de jaunâtre, comme la gorge; un collier noirâtre bien accusé, mais moins prononcé que chez le mâle adulte; couvertures des ailes frangées de roussâtre, et terminées de blanc jaunâtre; bases des rémiges marquées d'une tache roussâtre; couvertures inférieures de la queue d'un brun châtain, terminées de blanc jaunâtre, avec une double tache brune à la pointe; bec noir seulement à l'extrémité; pieds jaunâtres.

Cette espèce habite l'Asie septentrionale et orientale, et se montre accidentellement en Europe. D'après les naturalistes allemands, elle aurait été prise plusieurs fois en Autriche et en Hongrie.

L'on ne connaît ni ses œufs ni son mode de nidification. Pallas, qui l'a fréquemment observée dans les montagnes alpines de la Daourie, dit que le cri qu'elle fait entendre, en volant, rappelle celui de la Cresserelle.

187 — MERLE NAUMANN — *TURDUS NAUMANNI*
Temm.

Gris-brun orangé ou gris-brun roussâtre en dessus; poitrine rousse (mâle adulte), *ou d'un gris cendré, varié de grandes taches noires et brunes* (femelle et jeunes) ; *sur les flancs, de larges taches anguleuses d'un roux de rouille* (mâle), *ou noirâtres* (femelle) ; *couvertures supérieures des ailes et rémiges secondaires médiocrement frangées de brun roux ; rectrices rousses dans leur plus grande étendue : sourcil large et très-étendu en arrière.*

Taille : 0^m*,25 environ.*

Turdus dubius, Bechst. *Natur. Deuts.* (1807), t. III, p. 396.
Turdus Naumanni, Temm. *Man.* (1820), t. I, p. 170. — (1835), 3e part. p. 96.
Turdus ruficollis, Glog. nec Pall. *Handb. Vög. Eur.* (1834), p. 180.
Cycloselys ? dubius, Bp. *Cat. Parzud.* (1856), p. 5.
Naumann, *Vög. Deuts.* pl. 358.

Mâle vieux : Plumes du dessus de la tête d'un brun cendré au centre, d'un brun roux sur les bords ; dessus du cou gris, lavé de roussâtre ; dos d'un gris aurore nuancé de cendré ; croupion et sus-caudales d'un roux rougeâtre, à bordures plus claires ; gorge, devant du cou, poitrine, flancs d'un roux ocreux, plus intense à la poitrine et sur les flancs, où chaque plume est bordée de blanchâtre ; sous-caudales d'un roux ocreux à la base, avec la fine pointe blanche et blanc roussâtre ; bande sourcilière large et s'étendant du bec à la nuque, d'un blanc roux ; lorums bruns ; région parotique d'un brun roussâtre, glacé de cendré ; moyennes couvertures des ailes bordées et terminées de roussâtre ; rémiges brunes, les primaires lisérées de grisâtre, les secondaires frangées de roussâtre ; rectrices d'un brun roux ou d'un roux orangé, bordées de brun extérieurement, et, vers la pointe, sur les barbes internes ; la plus extérieure, de chaque côté, complétement rousse, avec un fin liséré plus clair en dehors ; bec noir à la pointe, jaunâtre dans le reste de son étendue ; tarses bruns, glacés de jaune ; iris brun.

Mâles, sous une livrée moins parfaite : Ils ont la bande sourcilière d'un roux moins pur ; la région parotique d'un brun gris, le devant et les côtés de la gorge d'un blanc roussâtre, varié de stries et de taches noires disposées en séries ; les moyennes couvertures des ailes bordées de blanc roussâtre ; les deux rectrices médianes en partie ou entièrement brunes, et toutes les autres variées de brun vers l'extrémité, sur une plus grande étendue de leurs barbes internes, et plus largement bordées de brun sur les barbes externes ; bec noirâtre.

Femelle : Partie supérieure d'un brun cendré, presque comme chez le *Turdus ruficollis,* mais avec des teintes plus claires ; gorge, devant

et côtés du cou blanchâtres, variés de taches brunes et noirâtres,
disposées par séries ; poitrine blanchâtre, lavée de gris, et marquée
de nombreuses taches brunes et d'un brun roux ; ventre blanc ; flancs
d'un cendré clair, tachés de cendré plus foncé et de brun ; sous-caudales rousses à la base, blanches à la pointe ; moyennes couvertures
des ailes et rémiges secondaires frangées de blanc jaunâtre ; rémiges
primaires lisérées de cendré ; rectrices médianes brunes, la plus latérale, de chaque côté, presque entièrement rousse, les barbes externes
étant seulement bordées de brun ; toutes les intermédiaires en partie
rousses et brunes, le brun qui occupe les barbes externes et l'extrémité
des pennes augmentant de la deuxième à la cinquième, qui n'est plus
rousse qu'à la base.

Jeunes capturés en septembre (environs de Marseille) : Méats auditifs
et dessus de la tête brunâtres ; cette dernière partie pointillée de noir ;
manteau d'un brun roussâtre, passant, par demi-teintes, à un roux
orangé foncé ; croupion et sus-caudales de cette dernière couleur ; sourcils, gorge et cou d'un blanc roussâtre, ce dernier pointillé de brun sur
les côtés ; haut de la poitrine marqué de taches longitudinales d'un roux
vineux, qui descendent sur les flancs et les sous-caudales, où chaque
plume est largement frangée de blanc ; abdomen et cuisses d'un blanc
pur ; point de miroir blanchâtre aux ailes ; rectrices médianes d'un
brun foncé, les latérales presque entièrement d'un roux orangé ; dessous de la queue d'un roux plus clair.

Le Merle Naumann habite l'Europe orientale et l'Asie occidentale. On le
rencontre assez souvent en Hongrie, et plus accidentellement en Autriche, en
Silésie, en Dalmatie, dans le sud de la France et en Italie.

Habitudes, régime et propagation inconnus.

188 — MERLE A COU ROUX — *TURDUS RUFICOLLIS*
Pall.

*Brun-cendré en dessus ; devant du cou, haut de la poitrine roux
de rouille* (mâle adulte), *ou devant du cou blanc roussâtre et poitrine cendrée, marqués de taches brunes* (femelle) ; *flancs variés de
taches petites, peu nombreuses et plus ou moins effacées ; point de
roux sur l'aile ; rectrices médianes de la couleur du dos, toutes les
autres rousses sur les barbes internes, ou d'un roux irrégulièrement
varié de brun ; sourcil étroit, peu étendu.*

Taille : 0^m,26 environ.

TURDUS RUFICOLLIS, Pall. *Voy.* (1776), édit. franç. in-8°, t. VIII, append. p. 67
et *Zoogr.* (1811-1831), t. 1, p. 452.

TURDUS ERYTHRURUS, Hodgs. *Journ. As. Soc. Bengal.* (1837), t. VI, pars 1,
p. 101.

PLANESTICUS RUFICOLLIS, Bp. *Cat. Parzud.* (1856), p. 5.

Naum. *Vög. Deuts.* pl. 360.

Pall. *Zoogr. Ross. As.* pl. ? (23 d'après le texte).

Mâle adulte : Toutes les parties supérieures d'un brun cendré uniforme ; sourcils, région ophthalmique, gorge, devant du cou, poitrine
d'un beau roux de rouille, un peu plus clair à la gorge, sur les côtés
de laquelle se montre, chez les sujets d'âge moyen, une double rangée
de stries noires, descendant des commissures ; lorums d'un brun roux ;
région parotique d'un cendré brunâtre ; abdomen d'un blanc pur, ou
d'un blanc varié, sur les côtés, de mèches cendrées peu marquées ; sous-
caudales blanches, tachées, à la base, de roux-brun, qui n'est point
visible lorsque les plumes sont en place ; flancs et côtés du ventre cendrés ; couvertures supérieures des ailes, de la couleur du dos, bordées
de cendré plus clair ; couvertures inférieures d'un roux orangé clair ;
rémiges brunes, frangées de cendré ; rectrices médianes d'un brun
cendré, lavé de roussâtre ; le même brun-cendré colore les barbes externes des quatre rectrices suivantes, qui sont d'un roux ferrugineux
sur les barbes internes ; rectrice la plus extérieure presque complètement d'un roux ferrugineux, un fin liséré brun roussâtre bordant seulement les barbes externes vers l'extrémité ; pieds noirâtres ; bec presque entièrement jaune ou jaunâtre, avec l'arête noirâtre à partir des
narines : iris brun ; paupières jaunes.

Femelle adulte : Parties supérieures comme chez le mâle adulte ;
sourcils cendrés ; lorums et méats auditifs noirâtres ; gorge blanche ;
devant et côtés du cou d'un blanc roussâtre, tournant au jaunâtre ; ces
deux régions sont parsemées, sur les côtés principalement, de stries et
de petites taches noires, disposées en séries longitudinales ; poitrine
fortement cendrée, variée de taches d'un brun noir ; milieu de l'abdomen blanc, finement strié de brun cendré ; flancs cendrés, marqués
de taches brunes ; sous-caudales blanches, tachées de brun à la base ;
ailes à peu près comme chez le mâle adulte ; rectrices médianes de la
couleur du dos, en dessus ; la plus extérieure, de chaque côté, d'un
roux foncé sur les barbes internes, d'un brun clair sur les barbes
externes ; toutes les intermédiaires en partie brunes, avec une tache
oblongue ou des marbrures d'un roux terne vers l'extrémité ; bec brun,

glacé de jaunâtre en dessus, jaunâtre en dessous, avec la pointe brune ;
pieds bruns.

Mâle jeune : Parties supérieures à peu près comme chez les adultes ;
gorge et devant du cou d'un blanc roussâtre, varié de taches d'un roux
plus intense, formant, par leur ensemble, quatre à cinq petites bandes
longitudinales ; plumes de la poitrine d'un roux de rouille, bordées de
roux plus clair, avec des taches noires au centre de la plupart d'entre
elles ; parties inférieures nuancées de plus de cendré que chez les
adultes et variées de taches plus nombreuses, plus larges, plus accusées ; sourcils et région ophthalmique roussâtres ; méat auditif brun ; lorum d'un brun noir ; moyennes couvertures supérieures des ailes légèrement tachées de blanchâtre à l'extrémité ; rectrices plus rousses que
chez la femelle ; bec également glacé de plus de jaune ; tarses bruns.

Cette espèce habite l'Asie centrale. Pallas l'a rencontrée en abondance dans
les bois de mélèzes des régions alpestres de la Daourie. Elle fait des apparitions
très-accidentelles en Europe. Elle aurait été prise plusieurs fois, assure-t-on,
sous son plumage de jeune, dans le nord de l'Allemagne.

L'on ne connaît ni ses œufs ni son mode de nidification. Son cri, selon Pallas,
aurait de l'analogie avec celui des Pics : il se rapprocherait donc du cri de la
Litorne.

Observations. — Pallas (*Zoogr. Ross. Asiat.*, t. I, p. 453), signale une variété
qui aurait le dessus du corps d'un gris verdâtre, beaucoup plus nuancé de
cendré sur la tête et le cou que sur les autres parties supérieures du corps ; les
sourcils blancs ; le devant du cou blanchâtre, avec une double rangée de taches
lancéolées ; la poitrine d'un roux de rouille pâle, avec les plumes bordées de
blanc et marquées de points lancéolés noirs, vers l'extrémité : les rectrices, les
deux médianes exceptées, complétement couleur de rouille, bordées et terminées de cendré.

Cette variété est rapportée par M. Gloger, par le prince Ch. Bonaparte et par
d'autres naturalistes au *Turd. dubius*, Bechst., ou *Turd. Naumanni*, Temm., probablement à cause de la teinte rousse des rectrices. Ne pouvant dire jusqu'à
quel point cette opinion est fondée, les faits qui ont pu la motiver nous faisant
défaut, nous nous bornerons à faire observer que cette variété pourrait bien ne
représenter qu'un mâle *Turd. ruficollis* dans un plumage intermédiaire. Pallas,
du reste, met une certaine insistance à la lui assimiler. Après avoir avoué qu'il
aurait pu la prendre pour une espèce distincte, s'il n'avait eu sous les yeux tous
les plumages de transition, il déclare être certain qu'elle ne diffère nullement
du *Turd. ruficollis*. Sous aucun de ses états ce *Turd. ruficollis* n'a, comme le
Turd. Naumanni ou *dubius* de quelques auteurs, les rémiges et les couvertures
supérieures des ailes frangées de roux, et les flancs variés de larges taches, en
fer de lance, noires ou rousses. Ces caractères si différentiels n'auraient point
échappé à Pallas, et c'est parce qu'il ne les signale pas sur sa variété *B. ruficol-*

lis, que nous n'avons pas cru devoir rapporter cette variété au *Turdus Naumanni.*

189 — MERLE A GORGE NOIRE — *TURDUS ATRIGULARIS*
Temm.

*Cendré olivâtre en dessus; gorge, devant du cou, haut de la poi-
trine noirs* (mâle adulte), *ou d'un blanc roussâtre, strié de noir, avec
des taches noires en fer à cheval sur le haut de la poitrine* (femelle
et jeunes); *flancs seulement striés* (adultes), *ou faiblement tachés*
(jeunes); *point de roux ni aux ailes ni à la queue; sourcils à peine
accusés par une teinte plus pâle.*

Taille : 0^m,29 *environ.*

Turdus atrigularis, Temm. *Man.* (1820), t. I., p. 169, et 3e part. (1835), p. 93.
Sylvia atrigularis, Savi, *Orn. Tosc.* (1831), t. III, p. 203.
Merula atrigularis, Bp. *B. of Eur.* (1838), p. 17.
Planesticus atrigularis, Bp. *Cat. Parzud.* 1854, p. 5.
Naum. *Vög. Deuts.* Pl. 69, fig. 1, *mâle adulte.* — Pl. 361, fig. 1 et 2, *mâles,*
d'âge intermédiaire, sous le nom de *Turdus atrigularis.*

Mâle adulte : Parties supérieures d'un cendré olivâtre, plus sombre
sur le milieu de la tête et du dos; plumes de la gorge, du cou, du haut
de la poitrine d'un noir profond, bordées de blanchâtre; côtés de la
poitrine et flancs cendrés, marqués de rares et étroites taches, presque
effacées, de cendré plus foncé; milieu du ventre blanc, varié quelquefois d'un petit nombre de stries cendrées, peu accusées; sous-caudales
noirâtres à la base, puis roussâtres et blanches à l'extrémité; couvertures supérieures des ailes frangées d'un cendré lavé de jaunâtre; couvertures inférieures d'un roux ocreux pâle; rémiges et rectrices d'un
brun noirâtre, avec une fine bordure plus pâle, tournant au roussâtre;
bec d'un brun noirâtre, jaune à la base de la mandibule inférieure :
pieds et iris bruns.

Mâle jeune, en automne : Parties supérieures d'un gris olivâtre,
ailes brunes, avec les rémiges et les couvertures supérieures bordées de
blanchâtre; gorge et devant du cou blancs; des stries noirâtres qui se
convertissent en taches angulaires de plus en plus grandes à mesure
qu'elles s'éloignent du menton, parcourent sur plusieurs lignes ces
deux régions, et vont se réunir à un large ceinturon noir, à bordures
blanchâtres, qui occupe le haut de la poitrine et le bas du cou, d'un
côté à l'autre; bas de la poitrine, côtés de l'abdomen et flancs d'un gris

cendré, avec une tache d'un gris plus sombre au centre des plumes ; milieu de l'abdomen blanc, varié de quelques taches grises ; sous-caudales blanches, bordées de blanc jaunâtre et brunes à la base ; queue d'un brun olivâtre ; bec brun de corne, avec la mandibule inférieure jaunâtre à la base ; iris et pieds bruns. A mesure que l'oiseau avance en âge, le noir de la poitrine monte de plus en plus et finit par envahir le devant et les côtés de la gorge et du cou, pendant que les taches gris foncé des parties inférieures s'atténuent et se rétrécissent.

Femelle : Parties supérieures d'un gris olivâtre, avec des teintes plus foncées sur les ailes ; devant du cou d'un roux jaunâtre, strié longitudinalement de noir ; taches en fer à cheval de la poitrine bordées de grisâtre ; abdomen d'un cendré blanchâtre, marqué de stries et d'étroites teintes grises, surtout aux flancs ; sous-caudales d'un blanc nuancé de brun jaunâtre.

Femelle jeune, en automne : Teintes généralement moins pures ; bordures de quelques plumes de la poitrine jaunâtres ; sous-caudales bordées d'un léger liséré blanchâtre ; taches des parties inférieures plus larges.

Le Merle à gorge noire habite l'Europe orientale et l'Asie septentrionale. Il s'égare assez souvent dans les parties orientales de l'Allemagne ; on l'a aussi trouvé en Italie, en Sardaigne, en Dalmatie, et plusieurs fois en France. En janvier 1826, un beau mâle, qui fait partie du Musée de Turin, fut pris dans les environs de cette ville. M. Jaubert cite deux captures faites près de Marseille, et M. J. de Lamotte indique celle d'un mâle en plumage d'hiver, qui eut lieu près d'Abbeville, au commencement de novembre 1842.

Habitudes, régime et propagation inconnus.

190 — MERLE SIBÉRIEN — *TURDUS SIBIRICUS*
Pall.

Noir bleuâtre en dessus (mâle), *ou brun olivâtre* (femelle); *larges sourcils blancs* (mâle), *ou jaunâtres* (femelle); *sous-caudales bicolores, bleuâtres ou brunes à la base, blanches à la pointe, ces deux couleurs étant parfaitement visibles, lorsque les plumes sont en place.*

Taille : 0ᵐ,24 à 0ᵐ,25.

TURDUS SIBIRICUS, Pall. *Voy.* (1776), édit. franç. in-8°, t. VIII, p. 68.
TURDUS LEUCOCILLUS et AURORBUS, Pall. *Zoogr.* (1811-1831), t. I, p. 448 et 450.
TURDUS BECHSTEINI, p. Naum. *Nat. Vög. Deuts.* (1822), t. II, p. 310.

TURDUS ATRO-CYANEUS, Homeyer. *Isis* (1843), p. 604.
TURDUS MUTABILIS, Temm. *Faun. Jap.* (1847).
CYCLOSELYS SIBIRICUS, Bp. *Cat. Parzud.* (1856), p. 5.
Gould, *B. of Eur.* pl. 82.
Temm. *Faun. Jap.* pl. 31, *jeune.*
Naum. *Vog. Deuts.* pl. 69, f. 2, *jeune,* sous le nom de *Turdus Bechsteini.*

Mâle vieux : Tout le plumage d'un noir bleuâtre foncé, avec les
lorums, la gorge, le devant du cou et les bordures des plumes du manteau d'un noir franc ; un large sourcil étendu de l'angle antérieur de
l'œil à la nuque ; paupière supérieure, une bande oblique à la face interne de l'œil d'un blanc pur ; rémiges d'un noir mat en dehors ; rectrices médianes d'un noir bleuâtre, comme le dos, les autres d'un noir
mat ; les trois extérieures, de chaque côté, portent à l'extrémité, et sur
les barbes internes, une tache blanche qui diminue de la première à la
troisième, où elle est très-étroite et tout à fait terminale ; plumes du
milieu et des côtés du ventre blanches à la pointe ; sous-caudales d'un
noir bleuâtre, terminées de blanc ; pieds bruns ; bec noir, avec la base
de la mandibule inférieure jaunâtre ; iris brunâtre.

Femelle : Parties supérieures, lorums et un trait au-dessus du méat
auditif d'un brun olivâtre ; sourcils jaunâtres, finement striés de brun ;
joues et gorge d'un blanc roussâtre, tachées d'olivâtre ; devant du cou
et poitrine d'un brun olivâtre, avec des taches triangulaires blanchâtres
au centre des plumes ; flancs et côtés du ventre d'un brun olivâtre, varié
de blanc ; milieu du ventre blanc ; sous-caudales brunes, marquées à la
pointe de grandes taches lancéolées blanches ; ailes et queue d'un brun
foncé, avec des franges plus claires et roussâtres ; la rectrice la plus
extérieure, de chaque côté, marquée d'une tache cunéiforme sur les
barbes internes et à l'extrémité, la suivante à fine pointe blanche, et la
troisième à peine terminée de blanc ; bec et pieds bruns.

Jeunes avant la première mue : Brun olivâtre sombre, glacé de
roussâtre en dessus, avec la dernière rangée des petites couvertures
alaires, et les grandes tachées de roussâtre à l'extrémité, ce qui produit
une double bande transversale ; lorums noirâtres ; méat auditif d'un
brun olivâtre, strié de jaunâtre ; bande sourcilière, un peu confuse, d'un
blanc jaunâtre, striée et tachée de brun ; gorge, devant et côtés du cou
d'un blanc jaunâtre, taché de jaune plus franc, et varié d'une double
série de taches brunes, angulaires et confluentes, qui encadrent la gorge
et le devant du cou ; poitrine blanche, lavée de jaunâtre très-clair et
parsemée de taches brunes, dont la plupart, sous forme de lunules,

coupent transversalement l'extrémité des plumes; à ces taches succè-
dent des grivelures brunes, répandues sur le haut et les côtés de l'abdomen; milieu du ventre blanc; flancs d'un gris brun, marqués de
taches plus foncées; sous-caudales brunes à la base, blanches à l'extrémité; rémiges et rectrices comme chez la femelle; pieds blanchâtres; bec brun, avec la mandibule inférieure jaunâtre dans la moitié
postérieure.

Cette espèce paraît propre à la Sibérie orientale. On la trouve aussi au
Japon; et, dans ses courses, elle fait de rares apparitions en Europe. M. Homeyer cite la capture, en Allemagne, de trois sujets jeunes et d'un beau mâle
vieux. dont il est possesseur : c'est sur ce dernier qu'est fondé son *Turd. atro-
cyaneus.* En France, un mâle, sous sa livrée de jeune âge, a été tué, en 1857,
par M. Loche, dans les marais de la Saintonge. Il faisait partie d'une petite
bande de *Turdus musicus.*

Le Merle sibérien ou à sourcils blancs, niche sur les arbustes et consolide
les éléments de son nid avec de la terre détrempée, comme le fait notre Merle
noir. Ses œufs, au nombre de six, d'après les renseignements fournis à Pallas
par Messerschmid, sont verdâtres et parsemés de taches d'un brun roux. Ils ont
donc de très-grands rapports avec ceux du Merle ordinaire.

Cette espèce vit dans les forêts sombres et se nourrit principalement de vers
de terre.

*D — Espèces chez lesquelles. les parties inférieures, de la poitrine
aux sous-caudales, sont parsemées, à l'état adulte, de nombreuses
grivelures ou de taches lunulées; la livrée de la femelle ne différant
pas de celle du mâle.*

191 — MERLE DRAINE — *TURDUS VISCIVORUS*
Linn.

(Type du genre *Ixocossyphus*, Kaup)

*Brun olivâtre sans taches en dessus; jaunâtre en dessous, varié
de taches angulaires ou en larmes au-devant du cou, de taches lunulées sur les flancs; première rémige presque nulle, la deuxième
aussi longue ou plus longue que la cinquième.*

Taille : 0^m,305.

TURDUS VISCIVORUS, Linn. *S. N.* (1766), t. I, p. 291.
TURDUS MAJOR, Briss. *Ornith.* (1760), t. II, p. 200.

Turdus arboreus, Brehm, *Handb. Nat. Vög. Deuts.* (1831), p. 380.
Sylvia viscivora, Savi, *Ornith. Tosc.* (1827), t. I, p. 208.
Ixocossyphus viscivorus, Kaup, *Nat. Syst.* (1829), p. 145.
Buff. *Pl. enl.* 489.

Mâle au printemps : Gris-brun en dessous, nuancé de roussâtre,
surtout au croupion ; blanc jaunâtre en dessous, avec de petites taches
brunes sur les côtés du cou, d'autres en fer de lance à la gorge, d'autres ovalaires à la poitrine, à l'abdomen, et d'oblongues sur les sous-
caudales ; tour des yeux cendré ; joues et côtés du cou d'un cendré lavé
de jaunâtre et varié de taches brunâtres ; ailes pareilles au manteau,
avec les petites couvertures terminées de blanc ; moyennes et grandes
couvertures, rémiges et rectrices bordées, en dehors, d'une teinte d'un
cendré roussâtre ; les trois rectrices externes avec un peu de blanc à
l'extrémité ; bec jaunâtre à la base et brun dans le reste de son étendue ;
pieds roussâtres ; iris noisette brunâtre.

Mâle en automne : D'une teinte plus roussâtre en dessus et plus
jaune en dessous, surtout à la poitrine et aux flancs ; les trois rectrices
externes avec un grand espace blanc à l'extrémité, les autres pennes
terminées seulement par un léger liséré de cette couleur.

Femelle : Elle ne diffère du mâle que par une teinte plus claire en
dessus et plus roussâtre en dessous.

Jeunes à la sortie du nid : Parties inférieures comme chez les adultes ; parties supérieures d'un cendré olivâtre, avec les plumes de la
tête rayées de gris roussâtre au centre, et terminées de brun foncé ;
celles du dos et les scapulaires, marquées de taches d'un blanc roussâtre
lancéiformes, et terminées de noir ; les petites couvertures supérieures
rayées longitudinalement au centre, et terminées de noir ; les moyennes, les grandes couvertures et les rémiges bordées et terminées de
cendré roussâtre ; la queue bordée et terminée de gris blanchâtre.

La Draine habite une grande partie de l'Europe.
Elle est répandue en France et en Allemagne ; est sédentaire dans nos départements septentrionaux et de passage en Provence et en Lorraine ; quelques
individus cependant y sont sédentaires comme dans le nord de la France.
Elle niche de très-bonne heure ; nous avons vu quelquefois des jeunes dans
les premiers jours d'avril. Son nid, qu'elle pose sur les hêtres, les chênes, les
pins, est assez artistement construit avec des bûchettes, des herbes, des fibres
radicales et de la terre gâchée. Sa ponte est de quatre ou cinq œufs oblongs,
d'un blanc grisâtre, très-rarement roussâtre, avec des points et des taches d'un
brun rouge plus ou moins vif ; généralement ces taches sont peu nombreuses.
Ils mesurent :

Grand diam. 0ᵐ,03; petit diam. 0ᵐ,021.

La Draine voyage par couples ou par petites familles, et se nourrit de fruits, de vers et d'insectes. Elle aime beaucoup le fruit du gui, et contribue, selon quelques auteurs, à propager cette plante parasite, dont elle répandrait au loin les graines que la digestion n'aurait point altérées. Sa chair est moins estimée que celle des autres espèces qui nous visitent annuellement, ou qui se reproduisent chez nous.

192 — MERLE DORÉ — *TURDUS AUREUS*
Hollandre

Brun olivâtre en dessus, avec des lunules noires à l'extrémité des plumes; jaunâtre en dessous et partout varié de taches en croissant; première rémige assez développée, la deuxième aussi longue que la sixième et plus courte que la quatrième.

Turdus aureus, Hollandre, *Faun. de la Moselle* (1825) et *même ouvrage* (1836), p.60.

Turdus varius, Pall. *Zoogr.* (1811-1831), t. I, p. 449.

Turdus Whitei, Eyton, *Rar. Brit. Birds* (1836), p. 92.

Oreocincla aurea, Bp. *Ucc. Eur.* (1842), p. 136.

Turdus squamatus, Boie, *Isis* (1845), p.   .

Naum. *Vög. Deuts.* pl. 354.

Adultes : Parties supérieures d'un brun olivâtre clair, à reflets dorés obscurs, avec l'extrémité de chaque plume marquée d'une tache noire en forme de demi-lune; parties inférieures d'un blanc jaunâtre, qui se fond, sur les côtés, avec les teintes plus foncées du dessus du corps, à la gorge, au cou, à la poitrine; d'un blanc pur à l'abdomen et aux sous-caudales, avec les plumes terminées par une légère tache noire également en demi-lune et coupée carrément ou en ligne droite en avant (1); couvertures supérieures des ailes noires, avec la tige et la pointe jaune d'ocre; rémiges primaires d'un brun noirâtre, lisérées de roussâtre et blanches en dedans, la première exceptée; rémiges secondaires roussâtres en dehors et noirâtres en dedans, avec la partie moyenne intérieure blanche; pennes caudales noires, à l'exception des quatre médianes, qui sont d'un roux olivâtre en dessus, les suivantes terminées de blanc, et la plus externe bordée de roussâtre; bec et pieds bruns.

Cette espèce habite l'Asie centrale et septentrionale, et se montre accidentellement en Europe.

____

(1) Dans la Draine ces taches sont plus petites, triangulaires et en fer de lance.

Hollandre, conservateur du Musée, d'histoire naturelle de Metz, dit, dans sa *Faune de la Moselle* (p. 61), qu'un individu de cette espèce a été tué en compagnie d'autres Grives, à quelques kilomètres de cette ville, dans le mois de septembre 1788. Hollandre avait vu un individu semblable au Muséum de Paris, indiqué comme Draine, variété A. Eyton la signale parmi les oiseaux rares de l'Angleterre. Temminck, de son côté, nous apprend que deux sujets ont été tués à Hambourg, un sur le Rhin, un autre en Allemagne. A ces captures vient s'ajouter celle non moins authentique qui a été faite aux environs de Marseille. L'individu capturé fait partie des riches collections locales de la ville.

Habitudes, régime et propagation inconnus.

Observation. — Indépendamment du *Turd. Whitei*, Eyton (*Aureus*, Hollandre), MM. Schlegel Keyserling et Blasius, ont admis, comme européen, le *Turd. Varius*, Horsf. de Java et de l'Australie. Le prince Ch. Bonaparte qui, primitivement, le comptait aussi comme tel, l'a abandonné depuis, son apparition, en Europe, ne reposant sur aucune donnée certaine. Mais le prince n'en a pas moins admis deux Oréocincles. Identifiant le *Turd. Whitei* (Schleg. nec Eyton), à l'*Oreocincla Heini* de M. Cabanis, il a fait de cet *Heini*, espèce du Japon, un oiseau accidentellement européen. Sur quelle capture repose son admission parmi les espèces d'Europe ? C'est ce que l'on a oublié de dire. Jusqu'ici, l'apparition du *Turd. aureus*, Holl. (*Whitei*, Eyt.), est seule authentique.

E — Espèces chez lesquelles les parties inférieures, du menton à l'abdomen, au moins, présentent, à l'état adulte, de nombreuses grivelures ; la livrée de la femelle ne différant pas de celle du mâle.

193 — MERLE MAUVIS — *TURDUS ILIACUS*
Linn.

Première rémige très-courte ; deuxième beaucoup plus longue que la cinquième ; brun-olive en dessus ; blanc, marqué de nombreuses taches noirâtres en dessous ; flancs d'un roux vif ; longue et large raie sourcilière blanchâtre.

Taille : $0^m,22$.

Turdus iliacus, Linn. *S. N.* (1766), t. 1, p. 292.
Turdus illas, Pall. *Zoogr.* (1811-1831), t. 1, p. 456.
Sylvia iliaca, Savi, *Ornit. Tosc.* (1827), t. 1, p. 215.
Buff. *Pl. enl.* 51.

Mâle au printemps : Brun olivâtre en dessus, avec l'extrémité des moyennes couvertures des ailes un peu tachée de blanc roussâtre ;

quelques grandes couvertures et les rémiges bordées, en dehors, de
cendré ; parties inférieures d'un blanc pur, nuancé de roussâtre sur les
côtés du cou, à la poitrine, et varié de taches oblongues, d'un brun
noirâtre, excepté au milieu du ventre ; flancs d'un roux ardent ; sous-
caudales flammées de brun ; une bande blanche au-dessus des yeux,
s'étendant du bec à la nuque ; bec brun-noir, moins coloré en dessous
vers la base ; pieds grisâtres ; iris brun.

Mâle en automne : D'une teinte un peu rembrunie en dessus, moins
de cendré sur les ailes, plus de roussâtre au cou et à la poitrine.

Femelle : Elle a la bande sourcilière moins rousse que chez le mâle,
et les taches des parties inférieures plus étendues et plus nombreuses.

Le plumage dans l'un et l'autre sexe est, en tout temps, poli et
lustré.

Jeunes avant la première mue : Ils nous sont inconnus.

Variétés accidentelles : Le plumage de cette espèce est, comme celui
de ses congénères, sujet à varier de l'isabelle au blanc pur.

Cette espèce habite l'Europe, l'Asie septentrionale et le nord de l'Afrique.
Elle passe annuellement dans beaucoup de localités de la France.

Elle niche sur les arbres tels que les sorbiers, les aulnes, les sureaux. Sa
ponte est de cinq ou six œufs semblables, pour la couleur, aux œufs du Merle
noir ou du Merle Litorne, mais ils sont plus petits. M. Baldamus en a reçu
vingt quatre de la Laponie, dont les diamètres étaient, à peu de chose près,
ceux des œufs du Pétrocincle bleu, soit :

Grand diam. 0^{in},027 à 0^{m},028 ; petit diam. 0^{m},02.

Le Mauvis émigre, comme la Litorne, en très-grandes bandes, mais il arrive
avant elle et après la Draine et la Grive ordinaire. Il a le vol plus rapide que
toutes ces espèces. L'hiver, il se cantonne comme elles et se tient volontiers
dans les champs qui avoisinent des vergers et des bosquets. Sa chair est aussi
délicate que celle de l'espèce suivante.

194 — MERLE-GRIVE — *TURDUS MUSICUS*
Linn.

(Type du genre *Turdus*, Kaup)

*Première rémige courte, la deuxième plus longue que la cin-
quième, troisième et quatrième égales et les plus longues ; plumage
brun olivâtre en dessus ; blanc roussâtre tacheté de brun en dessous ;
flancs cendrés.*

Taille : 0^{m},235.

Turdus musicus, Linn. *S. N.* (1766), t. J, p. 292.
Turdus pilaris, Pall. *Zoogr.* (1811-1831), t. I, p. 455.

Sylvia musica, Savi, *Orn. Tosc.* (1827), t. 1. p. 211.
Turdus philomelos, Brehm, *Handb. Nat. Vög. Deuts.* (182), p. 382.
Buff. *Pl. enl.* 406.

Mâle : Gris-brun, nuancé d'olivâtre en dessus, avec quelques taches
roussâtres à l'extrémité des petites et moyennes couvertures des ailes ;
lorums et tour des yeux jaunâtres ; côtés de la tête, du cou, de la poitrine et du corps d'un blanc roussâtre, varié de taches noirâtres ; gorge
d'un blanc roussâtre sans taches ; abdomen d'un blanc pur, avec des
taches noirâtres plus petites et moins nombreuses que celles de la poitrine ; sous-caudales tachetées de gris et de roux sur un fond blanc
sale ; bec brun, plus foncé en dessus qu'en dessous ; pieds d'un gris
brun ; iris brunâtre.

Femelle : Elle diffère peu du mâle ; les taches rousses de l'extrémité
des moyennes couvertures sont, chez elle, moins étendues et moins
foncées.

Les teintes de l'un et de l'autre sexe sont plus claires au printemps
qu'en automne.

Jeunes avant la première mue : Ils ont les plumes des parties supérieures bordées de roussâtre, et celles des parties inférieures tachetées
de brun.

Variétés accidentelles : Le plumage de cette espèce est sujet à de
fréquentes variations. On rencontre des individus d'un blanc pur et
d'autres tapirés de blanc ; on en cite de couleur isabelle et de roux
ardent.

Cette espèce, que l'on connaît vulgairement sous le nom de *Grive*, *Grive com-*
mune, habite toute l'Europe, l'Asie et l'Afrique septentrionale.

Elle se reproduit dans beaucoup de localités du centre et surtout du nord de
la France. Son nid, qu'elle pose sur les arbres peu élevés, est artistement
construit avec des fétus d'herbe, de la mousse, de très-petites bûchettes, main-
tenus ensemble par une forte couche de terre gâchée, qui en forme, à elle
seule, la surface intérieure. Sa ponte est de quatre à six œufs, d'un bleu verdâtre plus ou moins vif, avec quelques points noirs ou d'un brun noir sur le
gros bout ; quelquefois ces taches manquent tout à fait. Ils mesurent :

Grand. diam. 0^m,028 ; petit diam. 0^m,015.

La Grive voyage par paires ou par petites familles composées de cinq à dix
individus, et jamais par grandes bandes. En automne, époque de ses migrations, elle se répand presque partout, et se tient alors volontiers dans les champs
de choux, qui avoisinent les haies et les bosquets, dans les plans de vigne, dans
les vergers d'oliviers et de figuier. Son second passage a lieu en mars, mais on
la voit alors en petit nombre et seulement par couples. Sa nourriture consiste
en baies, en fruits mous, en insectes et en vers.

C'est, de toutes les espèces du genre Merle, la plus délicate et la plus recherchée des gourmands. Elle est surtout d'un goût exquis en automne, lorsqu'elle est grasse et qu'elle s'est nourrie pendant quelques jours de raisins, de figues, d'olives et de baies de genièvres.

195 — MERLE. GRIVETTE — *TURDUS MINOR*
Gmel.

Toutes les parties supérieures, du front à l'extrémité de la queue, bai-brun uniforme ; devant du cou et haut de la poitrine marqués de nombreuses taches triangulaires d'un brun roux très-pâle.

Taille : 0^m,19 environ.

Turdus iliacus caroliniensis , Briss. *Ornith.* (1760), t. II, p. 212.
Turdus minor, Gmel. *S. N.* (1788), t. I, p. 809, n° 32.
Turdus mustelinus, Wils. nec Gmel. *Am. Orn.* (1812), t. V, p. 98.
Turdus Wilsoni, Bp. *Observ. on the nomencla. Wils. Orn.* (1825), p. 34.
Merula minor, Swains. in : Richards. *Faun. Bor. Am.* (1831), p. 179.
Merula Wilsoni, Brewer, *Proceed. Bost. Soc. Nat. Hist.* (1844), t. I. p. 191.
Wilson, *Amer. Ornith.* pl 43, f. 3.
Naumann, *Vög. Deuts.* p. 355, f. 3.

Mâle adulte : Toutes les parties supérieures d'un brun roux uniforme ; gorge, devant et côtés du cou, haut de la poitrine d'un blanc nuancé de jaunâtre, moins intense à la gorge que sur les côtés et le bas du cou, varié de taches triangulaires brunes et petites sur les côtés de la gorge, plus grandes mais plus affaiblies sur le bas du cou, presque effacées sur le haut de la poitrine où elles s'arrêtent; abdomen et sous-caudales blancs ; flancs et régions crurales d'un brun cendré ; un trait blanchâtre, à peine sensible, s'étend du bec au-dessus de l'œil ; joues et régions parotiques d'un brun roussâtre, striées de blanchâtre ; couvertures supérieures des ailes de la couleur du dos, avec des bordures sensiblement plus claires ; rémiges à barbes internes brunes en dessus, à barbes externes d'un brun roux ; toutes. les rectrices d'un brun roux en dessus, d'un roux cendré en dessous ; pieds blanchâtres ; bec jaunâtre à la base de la mandibule inférieure, brun dans tout le reste de son étendue ; iris brun.

La *femelle* a les taches des côtés de la gorge et du cou un peu plus faibles.

Les *jeunes de l'année* se distinguent par des taches d'un blanc roussâtre à l'extrémité des couvertures moyennes des ailes et quelquefois

des scapulaires; par les bordures d'un roux assez vif des pennes de
l'aile, et par des pieds plus pâles.

Cette espèce est propre à l'Amérique septentrionale, et s'égare accidentellement en Europe. Elle aurait été capturée en Poméranie d'après M. Homeyer,
qui l'a rapportée avec raison au *Turdus minor* de Gmelin.

Observation. — L'oiseau auquel nous conservons ici le nom de *minor* est-il
bien celui que Gmelin a désigné sous le même nom ?

Quoique les espèces inscrites dans la treizième édition du *Systema Naturæ*
ne soient pas toujours faciles à reconnaître, d'après la trop courte diagnose qui
leur est consacrée; cependant, le *Turdus minor* y est trop bien caractérisé pour
qu'il puisse y avoir de méprise. Ce *minor* est uniformément bai ou d'un roux
brun en dessus, blanc en dessous, avec la poitrine jaunâtre variée de taches
noirâtres (*spadiceus, subtus albus, pectore flavicante, maculis atris varia*), et il est
identique, d'après Gmelin, au *Turdus iliacus carolinensis* (Briss.), dont la description, d'une exactitude remarquable, comme toutes celles que Brisson a pu
faire *de visu*, ferait disparaître toute incertitude, s'il pouvait en exister.

Or, des trois petites Grives américaines qui se montrent accidentellement en
Europe, quelle est celle à laquelle sont applicables les caractères reconnus par
Gmelin au *Turd. minor* ? quelle est, par conséquent, celle qui doit conserver ce
nom ?

Parmi ces caractères, il en est un qui domine les autres : c'est celui que fournissent les teintes du plumage supérieur; en y ayant égard, on constate que le
spécifique *minor* ne peut rester à l'oiseau auquel le prince Ch. Bonaparte a
persisté à le donner, attendu que cet oiseau (*Merula Wilsoni*, Sw. *Mer. olivacea*, Brew. *Turd. Swainsonii*, Tschudi), au lieu de la couleur bai ou roux-
brun (*spadiceus*) des parties supérieures que Gmelin reconnaît à son *Turd.
minor*, est au contraire d'un brun olivâtre (*olivaceus*) bien prononcé.

Il ne saurait non plus convenir au Merle que Wilson nomme *Turd. solitarius* (1), quoique Vieillot (2) et, plus tard, M. Gambel (3), l'aient confondu avec
le *minor* de Gmelin ; car le *solitarius*, par son dos d'un brun olivâtre, lavé de
roussâtre ; par son croupion, ses sous-caudales d'un roux clair, et sa queue
rousse s'en distingue plus encore que le précédent.

La seule espèce qui réponde à la diagnose du *Turd. minor*, à la description du
Turdus iliacus carolinensis (Briss.) auquel Gmelin le rapporte, ne peut donc
être et n'est, en effet, comme MM. Swainson et Homeyer l'ont reconnu, que le
Turd. mustelinus (Wils. nec Gmel.), ou *Turd. Wilsoni* (Bp. nec Swains). Le
nom que lui avait imposé Gmelin doit, par conséquent, lui être restitué.

(1) *Turdus solitarius* du texte, t. V, p. 35; mais point *Turd. solitarius* de la pl. 43,
f. 2, qui est l'espèce à parties supérieures olivâtres, c'est-à-dire le *Turd. minor* Bp. ou
Merula Wilsoni, Sw.; *olivacea*, Brew.

(2) *Oiseaux de l'Amérique sep.* t. II, p. 7.

(3) *Observat. on some Birds from Florula collected by* Dr. *Hermann*, dans *Proceed.
Acad. nat. sc. of Philadelphia*, 1848-1849, t. IV.

196 — MERLE SOLITAIRE — *TURDUS SOLITARIUS*
Wils.

D'un brun lavé de roussâtre du front au bas du dos ; croupion et sus-caudales d'un roux pâle ; devant du cou, poitrine, côtés de l'abdomen parsemés de taches noirâtres ; rectrices d'un brun roux.

Taille : 0ᵐ,18 *environ.*

Turdus minor, p. Vieill. *Ois. Am. Sept.* (1807), t. II, p. 79.
Turdus solitarius, Wils. *Am. Orn.* (1812), t. V, p. 95 (le texte seul).
Muscicapa guttata, Pall. *Zoogr.* (1811-1831), t. I, p. 465.
Merula solitaria, Swains. in : Richard. *Faun. Bor. Am. Birds* (1831), p. 79 (le texte seul).
Turdus Pallasii, Caban. *Orn. nat.* in : *Wiegm. Arch.* (1847), p. 205.
Naumann. *Vog. Deuts.* pl. 355, fig. 1, *adulte* ; fig. 2, *jeune.*

Mâle vieux : Parties supérieures d'un brun lavé de roussâtre, passant au roux sur le croupion et les sus-caudales ; parties inférieures blanches, très-faiblement nuancées de jaunâtre vers le haut de la poitrine, et marquées de nombreuses grivelures, noirâtres sur les côtés de la gorge et du cou, d'un brun noirâtre sur la poitrine, d'un brun clair et presque effacées sur les côtés de l'abdomen ; ventre blanc, sous-caudales d'un blanc faiblement lavé de roussâtre ; flancs et régions crurales d'un brun cendré ; étroits sourcils, peu étendus en arrière, d'un blanc roussâtre ; lorums d'un brun cendré ; régions parotiques brunes, variées de stries jaunâtres ; petites et moyennes couvertures des ailes de la couleur du dos, avec des bordures roussâtres ; rémiges à barbes internes brunes en dessus, à barbes externes roussâtres ; toutes les rectrices d'un brun roussâtre en dessus, d'un roussâtre cendré en dessous ; pieds d'un gris brun ; bec noirâtre, excepté à la base de la mandibule inférieure, qui est jaunâtre ; iris bruns.

La *femelle* a les taches un peu moins nombreuses et un peu moins vivement colorées que chez le mâle.

Les *jeunes sujets* se distinguent des vieux par des teintes générales d'un roux plus frais en dessus, aux bordures externes des rémiges et à la queue ; par la teinte blanc roussâtre qui borde et termine les petites et les moyennes couvertures des ailes ; par du jaune plus intense à la gorge, au cou et à la poitrine ; et par des taches plus accentuées sur l'abdomen.

Cette espèce habite toute l'Amérique du Nord et se montre très-accidentellement en Europe. Naumann a signalé dans l'*Isis* pour 1826 (p. 520), l'apparition d'un mâle qui fut pris vivant, le 22 décembre 1825, dans un bois près de Kleinzerbst, dans le duché d'Anhalt-Gœthen. Un deuxième exemplaire de la même espèce, que possède le Muséum de Strasbourg, a été tué en Suisse.

Le Merle solitaire niche sur les arbustes. Son nid est simplement composé de brins d'herbe, de crins, de petites racines et de mousse, sans que ces éléments soient liés entre eux avec de la terre détrempée. Ses œufs, au nombre de quatre à six, ont un fond bleu verdâtre, comme certaines variétés d'œufs du Merle commun, sont couverts de grandes et de petites taches d'un roux de rouille pâle, confluentes vers le gros bout, et tiquetés de brun de rouille plus foncé et de brun-cendré.

197 — MERLE DE SWAINSON — *TURDUS SWAINSONII* (1)
Caban.

Toutes les parties supérieures, du front à l'extrémité de la queue, d'un brun olivâtre uniforme; devant du cou, poitrine et côtés de l'abdomen parsemés de taches d'un brun sombre.

Taille : 0ᵐ,19 environ.

TURDUS SOLITARIUS, p. Wils. *Am. Orn.* (1812), t. V (la fig. 2 de la pl. 43 seulement).

MERULA WILSONI, Swains. nec Bp.; in : Richards. *Faun. Bor. Am. Birds* (1831), p. 182.

MERULA OLIVACEA, Brewer. *Proceed. Bost. Soc. Nat. Hist.* (1844), t. I, p. 191.

TURDUS SWAINSONII, Cab. in : Tschudi, *Faun. Peruan.* (1845), *Ornith.* p. 188.

TURDUS MINIMUS, Lafresn. *Rev. Zool.* (1848), t. XI, p. 5.

TURDUS MINOR, Bp. nec Gmel. *C. Gen. Av.* (1850), t. I, p. 271.

Wilson, *Am. Ornith.* pl. 43, f. 2, sous le nom de *Turd. solitarius.*

Naumann. *Voy. Deuts.* pl. 355, fig. 4, sous le nom de *Turdus Swainsonii.*

Mâle vieux : Toutes les parties supérieures d'un brun olivâtre uniforme; parties inférieures blanches, lavées de jaunâtre à la poitrine et variées de nombreuses taches et grivelures, noires sur les côtés de la gorge et sur le cou, d'un brun foncé sur la poitrine, d'un brun cendré sur les côtés de l'abdomen; ventre et sous-caudales blancs; flancs et

(1) En adoptant, pour cette espèce, le nom proposé par M. Cabanis, nous ne nous écartons pas de la règle que nous nous efforçons de suivre. *Wilsoni* (Swains) et *olivaceus* (Brew.), ont, il est vrai, la priorité sur *Swainsonii*; mais ils ont aussi contre eux d'avoir été antérieurement employés, le premier, par le prince Charles Bonaparte, qui le donnait à l'espèce que nous avons dit être le *Turd. minor* de Gmelin; le second, par Linné, qui l'affectait au Merle olive du cap de Bonne-Espérance (*Turd. olivaceus*). L'un ou l'autre de ces noms, d'après les principes établis, ne pouvant être accepté, celui que nous empruntons à M. Cabanis est donc, par le fait, le plus ancien.

régions crurales d'un brun cendré, variés de quelques taches plus foncées; plumes ciliaires, et un trait qui s'étend du bec au-dessus de l'œil
blanchâtres; lorums d'un brun cendré clair; joues et régions parotiques d'un brun verdâtre, striées de blanchâtre; couvertures supérieures des ailes de la couleur du dos, sans taches, et avec des bordures
un peu plus claires, mais peu distinctes; rémiges brunes, frangées, à la
base seulement, d'une teinte brune tournant au roux; rectrices, en dessus, d'un brun olivâtre, comme le dos, d'un gris brun en dessous;
pieds d'un gris brun; bec noirâtre, excepté à la base de la mandibule
inférieure qui est jaunâtre; iris brun.

La *Femelle* a les grivelures du cou et de la poitrine moins nombreuses et plus pâles.

Les *jeunes de l'année* ont toutes les parties supérieures exactement
colorées comme chez les sujets vieux; mais ils s'en distinguent par les
bordures roussâtres des couvertures supérieures des ailes et de toutes
les rémiges, et par la teinte jaune plus prononcée des sourcils, des plumes ciliaires, des joues, des côtés et du devant du cou.

Cette espèce habite l'Amérique septentrionale et méridionale et fait des apparitions accidentelles en Europe. Elle a été tuée en Belgique, en France, et,
d'après le prince Ch. Bonaparte, en Italie et en Allemagne. Un specimen, trouvé
en 1818 sur le marché de Namur, a fourni à M. Deby l'occasion de publier sur
cet oiseau une excellente notice dans le journal anglais *Zoologist*. Cet
exemplaire fait actuellement partie de la collection de M. de Sélys-Longchamps.

Mœurs, habitudes et propagation inconnus.

GENRE XCIV

ROUGE-GORGE — *RUBECULA*, Brehm

Motacilla, p. Linn. *S. N.* (1735).   •
Sylvia, p. Lath. *Ind.* (1790).
Erythacus, p. G. Cuv. *Anat. comp.* tab. 1 (1790-1800).
Dandalus, Boie, *Isis* (1826).
Rubecula, Brehm, *Isis* (1828).
Erythaca, Swains. *Faun. Bor. An.* (1831).
Lusciola, p. Schleg. *Rev. crit.* (1844).

Bec médiocre, moins long que la tête, à arête arrondie entre
les narines, garni à la base de quelques soies roides; narines
oblongues, à demi fermées par une membrane; ailes sur-obtuses, moyennes; queue à peu près égale, unicolore, à rectrices

terminées en pointe, et légèrement échancrées, à l'extrémité,
sur les barbes internes ; tarses et doigts minces, presque entièrement recouverts, en avant, par une grande scutelle; ongles
forts, recourbés.

Les Rouges-Gorges ou Rubiettes ont tout à fait les allures des Grives et des
vrais Merles; ils sont comme eux vifs et gloutons et ont la marche pour mode
de progression. Familiers avec l'homme, jusqu'à venir quelquefois s'abriter sous
son toit, ils ne peuvent supporter le voisinage de leurs semblables. Leur chant
mélancolique ne manque pas d'harmonie. Leur nourriture consiste en vers,
en insectes, qu'ils cherchent à terre à la manière des Merles, des Rossignols,
et en baies.

Leur chair est très-délicate, mais n'est jamais grasse.

Ils paraissent se plaire dans le voisinage des eaux, sur les lisières des bois,
dans les haies qui bordent les chemins, les bosquets et même dans les parties
les plus obscures des forêts. Ils émigrent isolément.

Le mâle et la femelle portent le même plumage. Les jeunes, avant la première mue, se distinguent par une livrée toute particulière. Leur mue est
simple.

L'espèce type de ce genre appartient à l'Europe (1).

198 — ROUGE-GORGE FAMILIER
RUBECULA FAMILIARIS
Blyth.

Gorge et devant du cou d'un roux vif uniforme (adultes). *une
tache à l'extrémité de chacune des couvertures moyennes des ailes.*
Taille : 0^m,145 *environ.*

MOTACILLA RUBECULA, Linn. *S. N.* (1766), t. I, p. 337.
RUBECULA, Briss. *Ornith.* (1760), t. III, p. 418.
SYLVIA RUBECULA, Lath. *Ind.* (1790), t. II, p. 520.
DANDALUS RUBECULA, Boie, *Isis* (1826), p. 972.
RUBECULA FAMILIARIS, Blyth, *Anim. Kingd. Birds* (1810).
ERYTHACUS RUBECULA, Macgill. *Hist. Brit. Birds* (1839-1841), t. II, p. 263.
LUSCIOLA RUBECULA, Schleg. *Rev. crit.* (1844), p. 32.
Buff. *Pl. enl.* 361, fig. 1.

(1) Par leurs mœurs, leurs habitudes, leur genre de vie, leur manière de voler, de
marcher, leurs caractères généraux et surtout par la forme qu'affecte l'extrémité postérieure des rectrices, les Rouges Gorges sont des Merles, et leur vraie place est à côté du
genre *Merula*, peut être même conviendrait-il de les ranger dans ce genre. Ils ne se lient,
que par la taille, aux genres *Philomela, Ruticilla, Cyanecula* et *Calliope.*

Z. G.

Mâle : Parties supérieures d'un brun olivâtre ; front, joues, gorge, devant du cou et poitrine d'un roux vif ; le reste des parties inférieures d'un blanc argentin lustré, avec les côtés de la poitrine d'un gris cendré et les flancs brunâtres ; couvertures des ailes semblables au manteau, les moyennes terminées par une petite tache jaune ; rémiges noirâtres, bordées de gris roussâtre en dehors ; rectrices d'un gris brun, avec les deux médianes lavées d'olivâtre ; bec noirâtre ; pieds bruns ; iris brun-roux.

Femelle : Elle ne diffère du mâle que par le rouge des parties inférieures, qui est un peu moins foncé et moins étendu.

Jeunes avant la première mue : D'un brun moucheté de roux en dessus ; d'un roux tacheté de brun olivâtre en dessous.

Le Rouge-Gorge familier habite presque toute l'Europe. Il est partout commun en France.

Il niche sous les buissons, entre les racines, au milieu des herbes, sur le revers des fossés, rarement dans les trous d'arbres. Sa ponte est de quatre à sept œufs, d'un blanc jaunâtre, ou légèrement fauves, ou entièrement blancs, avec des points roux ou rougeâtres, plus nombreux et plus rapprochés au gros bout, où ils forment quelquefois une couronne par leur réunion. Ils mesurent :

Grand diam. 0ᵐ,02 ; petit diam. 0ᵐ,013.

Sa nourriture consiste en insectes, en vermisseaux pendant l'été, en fruits mous, et en baies dans l'arrière-saison. Il passe le temps des amours dans les bois ; s'approche des habitations à l'arrivée des froids. Une partie est sédentaire, mais le plus grand nombre émigre. On voit, en hiver, des individus de cette espèce pénétrer dans les maisons, les chaumières, où ils obtiennent souvent l'hospitalité en faveur de leur familiarité et de leur chant.

GENRE XCV

ROSSIGNOL — *PHILOMELA*, Selby.

Motacilla, p. Linn. *S. N.* (1735).
Daclias, Boie, *Isis* (1831).
Philomela, Selby, *Brit. Orn.* (1833).
Lusciola, Keys. et Blas. *Wirbelth.* (1840).
Luscinia, G. R. Gray. *Gen. of. Birds* (1841).

Bec de la longueur de la tête, à arête saillante entre les narines et garnie de quelques soies roides à la base, comprimé dans sa moitié antérieure ; narines elliptiques, à demi fermées par une membrane ; ailes moyennes sub-obtuses ; queue ample, allongée, légèrement arrondie, unicolore ; tarses longs, recouverts en avant par trois scutelles, dont une très-grande ; doigts externe et interne égaux.

Les Rossignols, par-leur physionomie générale, par leurs habitudes, leur naturel, leurs allures, ont beaucoup plus de rapports avec les Merles qu'avec les Fauvettes, parmi lesquelles l'auteur du *Règne animal* les laissait.

Ce sont des oiseaux vifs, gloutons, inquiets, fuyant toute société, même celle de leurs semblables. Comme les Merles et les Rouges-Gorges, ils marchent et ne sautent point ; comme eux aussi, ils descendent souvent à terre pour chercher sous les feuilles, sous la mousse, ou les détritus de végétaux, les vers et les insectes dont ils se nourrissent. Leur voix est des plus harmonieuses, mais ils ne la font entendre qu'à l'époque de la reproduction. Ils choisissent le plus ordinairement pour demeure les lieux sombres, ombragés et frais ; ils aiment aussi les jardins plantés de charmilles, et voisins de quelque cours d'eau. Dans leurs migrations, qui sont toujours solitaires, ils paraissent avoir des routes régulières dont ils s'écartent peu, et reviennent tous les ans dans les lieux qu'ils ont choisis une première fois. A l'automne, ils deviennent très-gras.

Le mâle et la femelle sont absolument semblables, et les jeunes, avant la première mue, en diffèrent par une livrée particulière. Leur mue est simple.

Le genre Rossignol, fondé sur une espèce qui est à la fois européenne, asiatique et africaine, en comprend une seconde que quelques auteurs ont considérée comme simple race de la première, mais qui nous paraît bien distincte.

199 — ROSSIGNOL ORDINAIRE — *PHILOMELA LUSCINIA*
Selby, ex Linn.

Parties supérieures d'un brun roux clair ; première rémige petite, deuxième égale à la cinquième, beaucoup plus courte que la quatrième, la troisième la plus longue ; sous-caudales d'un roussâtre uniforme.

Taille : 0ᵐ,16 à 0ᵐ,17 environ.

MOTACILLA LUSCINIA, Linn. *S. N.* (1766), t. I, p. 328.
SYLVIA LUSCINIA, Lath. *Ind.* (1790), t. II, p. 506.
CURRUCA LUSCINIA, Koch, *Baier. Zool.* (1816), t. I, p. 154.
PHILOMELA LUSCINIA, Selby, *Brit Orn.* (1833), t. I, p. 206.
LUSCINIA PHILOMELA, Bp. *B. of. Eur.* (1838), p. 15.
LUSCIOLA LUSCINIA, Keys. et Blas. *Wirbelth* (1840), p. 48.
ERYTHACUS LUSCINIA, Degl. *Orn. Eur.* (1843), t. I, p. 499.
Buff. *Pl. enl.* 615, t. II.

Mâle adulte : Parties supérieures brun-roux, avec les sus-caudales plus rousses ; parties inférieures blanchâtres, avec la poitrine, les côtés et le bas du cou cendrés, les flancs et les sous-caudales d'un cendré roussâtre ; bords des paupières blanchâtres ; joues et régions parotiques d'un brun roux ; ailes pareilles au dos ; queue d'un roux de rouille vif ; bec brun, avec les bords de la mandibule supérieure, les bords et la base de la mandibule inférieure jaunâtres ; pieds roussâtres ; iris brun noisette.

Femelle adulte : Elle ne se distingue du mâle que par des teintes un peu moins pures, une taille sensiblement plus faible, une tête plus arrondie et des yeux moins grands.

Jeunes avant la première mue : Plumage brun, moucheté de roux clair en dessus et aux ailes, ondé de même couleur au-devant du cou, à la poitrine, et nuancé de gris-brun sur les flancs.

Le Rossignol ordinaire habite presque toute l'Europe, l'Asie occidentale et l'Afrique orientale.

Durant l'été, il est commun dans le nord et le midi de la France ; il y arrive au commencement ou à la fin d'avril, et en repart dans le courant de septembre.

Il fait entendre son chant immédiatement après la pariade ; niche dans les bois et les bosquets, sous les buissons touffus, près du sol ou tout à fait à terre, parmi les herbes. Son nid est très-profond, peu solide, composé principalement de feuilles sèches, d'herbes, de bourre et de quelques crins. Ses œufs, au nombre de quatre à six, sont olivâtres, ou couleur de bronze ; quelques variétés sont un peu brunes, et d'autres légèrement verdâtres ou bleuâtres. En général, ils sont sans taches ; mais, par exception, on en trouve qui ont une couronne bien prononcée vers le gros bout. Ils mesurent :

Grand diam. 0ᵐ,02 ; petit diam. 0ᵐ,015.

Cet oiseau est fort recherché par les oiseleurs et par les amateurs à cause de son chant.

200 — ROSSIGNOL PROGNÉ — *PHILOMELA MAJOR*
Brehm, ex Shewenck.

Parties supérieures d'un brun roux sombre ; première rémige très-petite, deuxième égale à la quatrième et beaucoup plus longue que la cinquième, la troisième la plus longue ; sous-caudales d'un blanc roussâtre tachées de brun.

Taille : 0ᵐ,18.

Luscinia major, Schwenckfeld, *Hist. nat. Siles.* (1603), *Av.* p. 296.
Motacilla luscinia major, Gmel. *S. N.* (1788), t. I, p. 950.
Sylvia philomela, Bechst. *Nat. Deuts.* (1807), t. III, p. 507.
Motacilla aedon, Pall. *Zoogr.* (1811-1831), t. I, p 486.

Philomela major, Brehm, *Hand. Nat. Vog. Deuts.* (1831), p. 356.
Lusciola philomela, Keys. et Blas. *Wirbelth.* (1840), p. 58.
Erythacus philomela, Degl. *Orn. Eur.* (1849), t. I, p. 501.
Gould, *Birds of Eur.* pl. 117.

Mâle et femelle adultes : Dessus du corps d'un brun gris sale ; gorge blanchâtre ; devant, côtés du cou et poitrine bruns, nuancés de gris clair ; flancs bruns ; ventre d'un blanc sale ; sous-caudales d'un blanc très-légèrement lavé de roussâtre, avec des taches brunes vers l'extrémité des plus grandes ; ailes d'un brun foncé, avec des bordures de roux sale aux couvertures alaires ; queue d'un brun marron plus foncé et plus terne que chez le Rossignol ordinaire ; bec et pieds bruns.

Nota : Le plumage de cet oiseau est généralement et dans toutes ses parties plus foncé et plus obscur que celui du Rossignol ordinaire ; et, sous ce rapport, l'on peut dire que le Philomèle est à celui-ci, ce que la Verderolle est à l'Effarvatte.

Les *jeunes avant la première mue* nous sont inconnus.

Le Philomèle habite les contrées orientales de l'Europe, occidentales de l'Asie et de l'Egypte. On le dit commun en Espagne, et on le trouve en Suisse, en Dalmatie, en Bohême, en Poméranie, en Hongrie, en Crimée, en Pologne, etc. Il se montre quelquefois dans les environs de Paris ; nous avons vu, en septembre 1847, deux sujets qui y avaient été pris.

Il niche sous les buissons, tout à fait à terre, et fréquente les lieux bas et humides ; d'après Temminck, ses œufs, au nombre de quatre ou six, ont la même forme que ceux du Rossignol ordinaire et sont d'un brun olivâtre uniforme, sans taches. Ils mesurent :

Grand diam. 0^m,021 à 0^m,022 ; petit diam. 0^m,016.

Le chant de cette espèce est, dit-on, moins varié, moins doux que celui de la précédente, et a plus d'étendue. Elle le ferait entendre principalement durant la nuit.

GENRE XCVI

GORGE-BLEUE — *CYANECULA*, Brehm

Motacilla, p. Linn. *S. N.* (1735).
Sylvia, p. Lath. *Ind.* (1790).
Saxicola, p. Koch *Baier. Zool.* (1816).
Cyanecula, Brehm, *Isis* (1828).
Pandicilla, Blyth, *Consid. on gener.* ? (1833).
Lusciola, p. Schleg. *Rev. crit.* (1844).

Bec médiocre, plus court que la tête, à arête assez vive, à bord des mandibules légèrement rentrant, presque aussi haut

que large à la base, qui est garnie de quelques soies roides ; narines arrondies, découvertes ; ailes sub-obtuses, médiocres,
arrivant au tiers de la longueur de la queue ; celle-ci égale, bicolore ; tarses grêles, presque entièrement recouverts, en avant,
par une grande scutelle ; doigts et ongles médiocres.

Les Gorges-Bleues témoignent pour l'homme aussi peu de crainte que les
Rouges-Gorges. Ils vivent sur les lisières des bois, et se plaisent surtout dans
les terrains marécageux, dans les prés humides, le long des cours d'eau couverts de broussailles, d'oseraies et de roseaux.

Ils se nourrissent d'insectes et de vers qu'ils cherchent au pied des buissons
ou des herbes. Leur chair est délicate, et ils ont de la tendance à engraisser,
comme la plupart des oiseaux dont G. Cuvier faisait son genre *Erythacus*. Ils
n'émigrent jamais en troupes ou en familles, mais toujours isolément.

Le mâle et la femelle, quoique fort semblables, présentent cependant des
caractères qui les distinguent. Les jeunes, avant la première mue, ont une
livrée fort analogue à celle des jeunes Rouges-Gorges. Leur mue est simple.

Observations. — Plusieurs auteurs admettent en Europe deux espèces de
Gorges-Bleues : la *Cyanecula suecica* et la *Cyanecula cœrulecula*, mais celle dernière n'est manifestement qu'une variété ou race locale de la *Suecica*.

Quant aux espèces ou sous-espèces que le pasteur Brehm a établies sous les
noms de *Wolfii*, *obscura*, *leucocyanea*, *orientalis*, elles ne sont pas même des
races locales, mais de simples variétés dépendant de l'âge ou du sexe.

201 — GORGE-BLEUE SUÉDOISE — *CYANECULA SUECICA*
Brehm ex Linn.

*Gorge et milieu du cou bleus, avec une tache d'un blanc d'argent
au centre* (mâle adulte), *ou sans tache* (très-vieux mâle) ; *gorge et
côtés du cou d'un blanc roussâtre, circonscrit par une espèce de
hausse-col* (femelle et jeunes) ; *une bande transversale sur l'aile.*
Taille : 0^m,15 *environ.*

Motacilla suecica, Linn. *Faun. Suec.* (1746), p. 83, sp. 220.
Cyanecula, Briss. *Ornith.* (1760), t. III, p. 413.
Motacilla suicica, Var. B. Gmel. *S. N.* (1788), t. I, p. 989.
Sylvia suecica, Lath. *Ind.* (1790), t. II, p. 521.
Sylvia cyanecula, Mey. et Wolf, *Tasch. Deuts.* (1810), t. I, p. 240.
Saxicola suecica, Koch, *Baier. Zool.* (1816), p. 189.
Ficedula suecica, Boie, *Isis* (1822), p. 553.
Cyanecula suecica et Wolfii, Brehm, *Handb. Nat. Vög. Deuts.* (1831), p. 503
et 352.

LUSCIOLA (*Cyanecula*) SUECICA, Keys. et Blas. *Wirbelth.* (1840), p. 58.
LUSCIOLA CYANECULA, Schleg. *Rev. crit.* (1844), p. 32.
ERYTHACUS CYANECULA, Degl. *Orn. Eur.* (1849), t. 1, p. 511.
Buff. *Pl. enl.* 361, f. 2, *mâle*, avec la tache blanche; 610, f. 1, *mâle*, sans tache blanche; f. 2, *femelle*; f. 3, *jeune*.

Mâle adulte : Parties supérieures d'un cendré brun, plus foncé au centre des plumes, à la tête, à la nuque, au dos ; sus-caudales brunes ; gorge, devant du cou et haut de la poitrine d'un bleu d'azur, avec une tache d'un blanc argenté au milieu ; une bande transversale d'un noir velouté se confond avec le bleu de la poitrine ; les plumes qui forment cette bande, souvent terminées de blanc, sont suivies d'une autre bande plus large, d'un roux plus ou moins vif ; abdomen d'un blanc grisâtre, lavé de cendré sur les flancs et au bas des jambes ; sous-caudales roussâtres ; raie sourcilière d'un blanc roussâtre ; joues brunes ; pennes alaires brunes, bordées d'une teinte plus claire tirant sur le roussâtre ; les deux tiers supérieurs de la queue roux, le tiers inférieur noirâtre, ainsi que les deux rectrices médianes, qui sont, ainsi que les autres, bordées et terminées de grisâtre ; bec et pieds noirs ; iris brun foncé.

Suivant Temminck, la tache argentée du cou disparaîtrait dans les vieux sujets.

Femelle : Mêmes teintes en dessus ; gorge, milieu et côtés du cou, d'un blanc tirant sur le roussâtre, avec deux raies longitudinales noirâtres sur les parties latérales, se réunissant à une espèce de haussecol de même couleur, qui, lui-même, est suivi d'une raie transversale blanche et d'une ceinture roussâtre. Le reste comme chez le mâle.

Jeunes avant la première mue : Tout le plumage, en dessus, brun-noir et roussâtre ; cette dernière couleur occupant le centre de la plume et le brun-noir lui formant une large bordure ; poitrine et devant du cou offrant les mêmes teintes ; ventre d'un blanc roussâtre, finement strié de brun-noir ; sus-caudales d'un roux vif ; sous-caudales d'un roux moins pur.

Après la mue : Ils ressemblent à la femelle : les mâles ont un trait bleu sur le bas des joues, partant du bec ; une bande transversale de même couleur au bas du cou, une autre bande rousse sur la poitrine, séparées l'une de l'autre par une ligne blanche ; la tache blanche existe au milieu du cou, toutes les plumes bleues de cette partie et de la poitrine sont bordées de grisâtre.

Le plumage varie beaucoup durant la première année : ce n'est qu'après la seconde mue qu'il devient stable.

La Gorge-Bleue suédoise habite l'Europe, l'Asie et l'Afrique septentrionale.

On la trouve en Suède, dans la Russie méridionale, dans une grande partie
de l'Allemagne, en Belgique, en France, où elle se reproduit dans quelques
départements, tels que ceux de la Charente-Inférieure, de la Saône et de
Saône-et-Loire ; et où elle est seulement de passage dans d'autres.

Elle construit dans les buissons, les osiers, les broussailles, dans des touffes
d'herbes, et généralement près de terre, un nid fait sans art. Sa ponte est de
cinq ou six œufs d'un vert olivâtre, ou d'un vert bleuâtre, avec des taches de
même couleur, un peu plus foncées, quelquefois à peine visibles. Ils mesurent:

Grand diam. 0^m,02 ; petit diam. 0^m,014 à 0^m,015.

Observations. — 1° Cette espèce offre de grandes variations sous le rapport
de la tache qui occupe le devant du cou. M. Bernard Altum a indiqué, dans la
Naumannia (1855, IIe livr. p. 166), six variétés, constatées sur des oiseaux pris
en mars et avril. Il a obtenu des individus chez lesquels le bleu de la gorge et
du cou encadre une grande tache blanche ou roussâtre ; d'autres chez lesquels
la tache blanche est plus étroite ou presque effacée ; d'autres chez lesquels la
gorge et le devant du cou sont entièrement bleus, comme sur le sujet figuré
dans la planche 610 des *Enluminures* de Buffon; d'autres, enfin, dont le
hausse-col bleu offre, au centre, une tache rousse qui, elle-même, est circonscrite par un cercle blanc, comme l'indique Linnée dans la *Fauna suecica*.
Toutes ces variétés correspondent à des espèces ou sous-espèces admises par
quelques auteurs, mais que M. Bernard Altum repousse avec raison. Il va même
jusqu'à conclure, des faits observés par lui, que la race suivante (*Motacilla
cæruecula*, Pall., qu'il identifie à la *Cyanecula orientalis*, Brehm), n'est pas même
une variété locale, mais la même que la *Cyanecula suecica* de Linnée. Il est
certain que, si la *Cyanecula cærulecula* n'a, pour se distinguer, que le miroir
roux, sans entourage blanc, au centre du hausse col, l'opinion de M. Bernard
Altum pourrait être fondée. En attendant que de nouvelles observations viennent
élucider la question, nous admettrons la *Cyanecula cærulecula*, à l'exemple de
plusieurs ornithologistes, mais à titre de simple variété locale.

2° La *Cyanecula Wolfi* du pasteur Brehm est un double emploi de la *Cyan.
suecica.* Elle n'en diffère que par l'absence de la tache blanche au milieu du
bleu d'azur, et par une légère différence dans la longueur des tarses, différence
qui ne peut être prise en sérieuse considération, attendu que la longueur des
tarses varie beaucoup chez cette espèce, comme, du reste, chez beaucoup
d'autres.

3° Temminck croit que cette Gorge-Bleue ne se montre qu'accidentellement
dans le nord de l'Europe, et qu'on n'y trouve que les sujets à tache rousse au
milieu de la plaque bleue. Probablement Temminck se trompe, car des sujets
tués à Moscou offrent, les uns, la tache blanche, les autres, la tache rousse.
Il y en a même qui ont la tache en partie blanche et en partie rousse.
M. Hardy a vu, comme nous, des variations semblables, sur des dépouilles ap-
portées des bords du Nil par l'expédition du Luxor.

A — GORGE-BLEUE ORIENTALE — *CYANECULA CÆRULECULA*
Bp. ex Pall.

Gorge et devant du cou bleus, avec une grande tache d'un roux vif au centre (mâle adulte), ou sans trace de bleu, avec les côtés du cou blancs, pointillés de noir (femelle et jeune) ; une bande transversale sur l'aile.

Taille : 0^m,15 environ.

MOTACILLA CÆRULECULA, Pall. *Zoogr.* (1811-1831), t. I, p. 480.
SYLVIA CYANEA, Eversm. *Add. Pall. Zoogr.* (1835-1842).
LUSCIOLA CYANECULA ORIENTALIS, Schleg. *Rev. crit.* (1844), p. 32.
ERYTHACUS SUECICA, Degl. *Orn. Eur.* (1849), t. I, p. 543.
CYANECULA CÆRULECULA, Bp. *Rev. crit.* (1859), p. 153.
CYANECULA CYANE, Bp. *Cat. Parzud.* (1856), p. 5.

Mâle : Parties supérieures et ailes d'un cendré brun, plus foncé que dans l'espèce précédente, avec quelques parties des sous-caudales rougeâtres ; gorge, devant du cou et haut de la poitrine d'un bleu d'azur éclatant, avec une grande tache d'un roux vif au centre ; une bande d'un noir bleuâtre immédiatement au-dessous du bleu de la poitrine, suivie d'une autre bande rousse plus étendue ; abdomen, flancs et sous-caudales d'un cendré lavé de brun roussâtre, tirant sur le blanchâtre au milieu du ventre ; raie sourcilière, d'un gris clair, s'élargissant en arrière de l'œil, comme chez la précédente ; bec noir ; iris et pieds bruns.

Femelle : Suivant Pallas, elle n'aurait jamais de bleu au cou.

Jeunes avant la première mue : Plumage un peu plus rembruni en dessus que celui des adultes, avec la gorge et le devant du cou blancs ; cette dernière partie bordée et mouchetée par-ci, par-là, de noir.

Cette race habite la Russie et la Sibérie occidentale.

Elle se montre accidentellement, dit-on, en Allemagne et en France, mais il est probable que les sujets qu'on lui rapporte représentent la variété de la *Cyanecula suecica* à miroir roux, cerclé de blanc ou de blanchâtre.

Observation. — Dans cette variété locale, comme dans l'espèce précédente, la longueur des tarses varie quelquefois d'une manière remarquable.

GENRE XCVII

ROUGE-QUEUE — *RUTICILLA*, Brehm

MOTACILLA, p. Linn. *S. N.* (1735).
SYLVIA, p. Lath. *Ind.* (1790).
SAXICOLA, p. Koch, *Baier. Zool.* (1816).
FICEDULA, p. Boie, *Isis* (1822).
RUTICILLA, Brehm, *Isis* (1828).
PHŒNICURA, Swains. *Faun. Bor. Am.* (1831).
LUSCIOLA, p. Schleg. *Rev. crit.* (1844).

Bec plus court que la tête, à arête mousse, large à la base, qui est garnie de quelques soies roides, comprimé et échancré à la pointe ; narines ovalaires, à moitié couvertes par une membrane ; ailes obtuses, s'étendant presque jusqu'aux deux tiers de la queue ; celle-ci ample, légèrement échancrée, bicolore ; tarses grêles, un peu plus longs que le doigt médian, presque entièrement recouverts, en avant, par une seule scutelle ; doigts et ongles médiocres.

Les Rouges-Queues sont des oiseaux tristes et solitaires comme les Pétrocincles, auxquels quelques-uns tiennent par plus d'une de leurs habitudes. Les uns vivent de préférence sur les coteaux pierreux, sur les hautes montagnes rocheuses ; les autres fréquentent plus particulièrement les lieux en plaine, les lisières des grands bois, les prairies bordées de saules. Tous aiment à se percher sur les points culminants des rochers, des chaumières, des grands édifices, des tours en ruine, et tous émigrent isolément. Leurs cris sont plaintifs, leur chant est doux et mélancolique. Pendant qu'ils sont au repos, ils impriment de fréquents et brusques mouvements vibratoires à leur queue. Leur nourriture consiste en insectes qu'ils prennent à terre en fondant dessus, ou en les chassant au vol, à la manière des Gobe-Mouches.

Le mâle et la femelle diffèrent, et les jeunes, avant la première mue, ont une livrée qui leur est propre ; après la première mue, ils ressemblent assez à la femelle. Leur mue est simple à la fin de l'été, ruptile au printemps.

Trois espèces européennes appartiennent à ce genre.

202 — ROUGE-QUEUE DE MURAILLE
RUTICILLA PHOENICURA
Bp. ex Linn.

Croupion et abdomen roux ; rémiges secondaires frangées de gris roussâtre , première rémige impropre au vol, deuxième plus longue que la sixième, les troisième et quatrième égales et les plus longues.

Taille : 0^m,145.

Motacilla phœnicurus, Linn. *S. N.* (1766), t. I, p. 335.
Ruticilla, Briss. *Ornith.* (1760), t. III, p. 493.
Sylvia phœnicurus, Lath. *Ind.* (1790), t. II, p. 511.
Saxicola phænicurus, Koch, *Baier. Zool.* (1816), t. II, p. 188.
Ficedula phenicurus. *Isis* (1822), p. 553.
Phœnicura ruticilla, Swains. *Nat. Syst. B.* (1837), t. II, p. 240.
Lusciola phœnicura, Schleg. *Rev. crit.* (1844), p. 31.
Erythacus phœnicurus, Degl. *Orn. Eur.* (1849), t. I, p. 502.
Buff. *Pl. enl.* 351, f. 1, *mâle;* f. 2, *femelle.*

Mâle adulte, en été : Front et sourcils blancs; dessus de la tête, du cou, du corps, d'un cendré bleuâtre; croupion et sus-caudales d'un roux ardent; face, joues, gorge, devant et côtés du cou, haut de la poitrine d'un noir profond; le reste des parties inférieures d'un roux brillant, moins foncé sur les flancs et très-clair au milieu du ventre et aux sous-caudales; ailes brunes, avec les pennes plus ou moins lisérées de gris roussâtre; rectrices rousses, avec les deux médianes brunes dans les deux tiers postérieurs; bec noir; pieds brunâtres; iris brun-noir.

Mâle adulte, en automne : Parties supérieures nuancées de roussâtre, plumes blanches du front et des sourcils bordées de cendré bleuâtre; plumes noires des joues, du cou et celles des parties inférieures du corps bordées de gris et de blanc; bordures alaires plus larges et plus rousses; bec brun.

Femelle adulte, en été : D'un cendré nuancé très-légèrement de bleuâtre à la nuque, aux joues, et au devant du cou; front, gorge, milieu de l'abdomen grisâtres; poitrine, flancs, sous-caudales plus ou moins roux; ailes brunes, avec les plumes bordées de roussâtre; queue comme chez le mâle, mais d'un roux un peu plus terne.

Femelle adulte, en automne : D'un cendré plus roussâtre en dessus; roux de la poitrine et des flancs plus prononcé; front et ligne sourcilière roussâtres; gorge, cou et milieu du ventre grisâtres; bec brunâtre.

A l'approche de la mue, les plumes sont, dans l'un et l'autre sexe, plus ou moins usées à leur extrémité.

Jeunes avant la première mue : D'un brun noirâtre en dessus, avec

une tache roux d'ocre au centre des plumes ; sous-caudales d'un roux
vif, les premières terminées par une bordure noire ; ventre et flancs
d'un roux ocreux faible, avec des lunules noirâtres à l'extrémité de
chaque plume ; plumes du cou, de la poitrine, des flancs et de presque
tout l'abdomen, bordées et terminées de brun noirâtre ; pieds d'un brun
rougeâtre, avec le dessous des doigts jaune ; bec brunâtre en dessus,
jaunâtre en dessous et sur les bords, avec l'intérieur de la bouche jaune-
orange.

Jeune mâle après la première mue : Il ressemble au mâle adulte en
robe d'automne ; mais il a le front et la ligne sourcilière roussâtres ; les
plumes noires des joues et du cou largement bordées de cendré roussâtre ; toutes les grandes pennes des ailes terminées de grisâtre ; le bec
et les pieds bruns.

Le Rouge-Queue de muraille habite l'Europe, l'Asie et l'Afrique.

Il est très-répandu en France, où nous le voyons depuis le mois de mai jusque vers le milieu du mois d'octobre.

Il niche dans les trous des arbres vermoulus, dans ceux des vieux murs, sous
les toits des maisons isolées. Sa ponte est de cinq à sept œufs, d'un bleu céleste,
sans taches. Ils mesurent :

Grand diam. 0^m,018 ; petit diam. 0^m,013.

A l'époque de ses migrations, cette espèce recherche les prairies bordées
de saules et les lisières des bois.

Observation. — La *Ruticilla arborea* du pasteur Brehm, que le prince
Ch. Bonaparte semble avoir admise comme espèce (*Notes ornith. sur les Collect.
de M. Delattre*, 1854 ; tirage à part, p. 31), n'est qu'un vieux mâle en noces,
chez lequel la mue ruptile a donné de l'intensité au noir de la gorge et plus
d'étendue au blanc du front.

205 — ROUGE-QUEUE TITHYS — *RUTICILLA TITHYS*
Brehm ex Scop.

Croupion et abdomen d'un cendré bleuâtre ; rémiges secondaires
largement frangées de blanc, ce qui forme une sorte de miroir
sur l'aile (mâle), ou frangées de gris cendré (femelle et jeune) ;
première rémige impropre au vol, deuxième plus longue que la
septième ; quatrième et cinquième égales et les plus longues.

Taille : 0^m,15 environ.

Motacilla erythacus? Linn. *S. N.* (1766), t. I, p. 335.
Ruticilla gibbaltarensis, Briss. *Ornith.* (1760), t. III, p. 407.
Sylvia tithys, Scop. *An. 1. Hist. Nat.* (1769), p. 157.

Saxicola tithys, Koch, *Baier. Zool.* (1810), t. 1, p. 186.
Ruticilla tithys, Brehm, *Handb. Nat. Vög. Deuts.* (1831), p. 365.
Phœnicura tithys, Jard. et Selb. *Ill. zool.* pl. 86.
Lusciola tithys, Schleg. *Rev. crit.* (1844), p. 31.
Erythacus tithys. Degl. *Orn. Eur.* (1849), t. I, p. 504.
Gould, *Birds of Eur.* pl. 96.

Mâle adulte, en été : Dessus de la tête, du cou et du corps d'un cendré foncé tirant sur le bleuâtre ; capistrum, joues, gorge, devant et côtés du cou, toute la poitrine d'un noir profond ; abdomen et flancs d'un cendré bleuâtre ; sous-caudales d'un cendré roussâtre ; ailes brunes, avec les rémiges primaires lisérées de grisâtre, et les secondaires bordées largement de blanc pur à la partie supérieure, ce qui forme, quand l'aile est pliée, une tache plus ou moins étendue ; couvertures supérieures de la queue et rectrices d'un roux ardent, à l'exception des deux médianes qui sont brunes ; bec et pieds noirs ; iris brun-noir.

Mâle en automne : Plumes noires de la tête, du cou et de la poitrine bordées de blanchâtre ; milieu de l'abdomen gri-âtre ; sous-caudales rousses ; grandes couvertures des ailes terminées de cendré blanchâtre ; queue terminée de brunâtre.

Femelle adulte, en été : D'un cendré brunâtre moins foncé en dessous qu'en dessus ; grisâtre au ventre, et roussâtre sur les sous-caudales ; plumes des ailes bordées de gris-cendré, couvertures supérieures et pennes de la queue d'un roux terne. avec les deux rectrices médianes brunes, comme chez le mâle.

Femelle en automne : Mêmes couleurs qu'en été ; mais les plumes légèrement frangées de roussâtre.

Jeunes avant la première mue : Cendré roussâtre en dessus et en dessous, plus clair et plus roussâtre au ventre, avec les plumes bordées de brun ; sous-caudales couleur chamois ; ailes légèrement bordées de roussâtre ; queue comme celle de la femelle ; bec brunâtre en dessus, jaunâtre en dessous, et jaune-citron aux commissures.

Après la première mue, ils ont les parties supérieures d'un cendré tirant sur le bleuâtre à la tête, au cou, et sur le roussâtre au croupion et aux sus-caudales, avec les rémiges bordées et terminées de gris, et les parties inférieures, principalement les flancs, nuancées de gris, de brun et de rougeâtre vineux.

Le Rouge-Queue tithys habite l'Europe, l'Asie et l'Afrique. On le trouve dans beaucoup de localités de la France, notamment en Lorraine, en Bourgogne, dans les Basses-Alpes et en Provence, où il est sédentaire. Il est com-

mun en Allemagne, en Sicile, en Piémont, et passe accidentellement en
Angleterre.

Il arrive dans le nord de la France en avril et émigre dans le courant d'octobre.

C'est dans les crevasses des rochers et des vieux murs, sous les toits des maisons solitaires et abandonnées, même dans les grandes villes, dans des trous
de bâtiments élevés, que le Tithys fait son nid (1). Sa ponte est de cinq ou six
œufs, d'un blanc sans taches. Ils mesurent :

Grand diam. 0^m,018 ; petit diam. 0^m,013.

Il se reproduit en assez grande abondance dans la ville de Lille, et fait deux
couvées par an. Dès l'aube du jour, on le voit posé sur une cheminée ou sur
le pignon d'une maison, d'où il fait entendre ses cris d'appel ou son chant d'a-
mour. Ordinairement il vient se reproduire sur les lieux qu'il a une fois adop-
tés ; mais, si on l'y inquiète, si on lui dérobe ses œufs ou ses petits, il les abandonne pour toujours. Le Tithys imprime fréquemment à sa queue un mouvement de vibration très-vif.

Observations. — Nous croyons devoir appeler de nouveau l'attention des
naturalistes sur un oiseau que nous avons distingué spécifiquement, mais
cependant avec doute, sous le nom de *Rubiette de Caire* (*Ruticilla Cairi*, Z. Gerbe,
Dictionn. univ. d'Hist. nat. (1848), t. XI, p. 259 ; — *Erythacus Cairi*, Degl. *Orn.
europ.* (1849), t. I, p. 507), du nom de l'abbé Caire, ornithologiste distingué,
auquel nous sommes redevables de quelques observations intéressantes sur les
oiseaux qui habitent les Basses-Alpes. Le doute que nous émettions en 1848
persiste encore aujourd'hui, quoique nous ayons examiné, depuis, un assez
grand nombre d'individus, tant mâles que femelles, tués au moment des nichées. La *Ruticilla Cairi* doit-elle être considérée comme variété locale, ou ne
serait-elle qu'une *Ruticilla tithys* ayant conservé jusqu'au printemps sa robe
d'automne ? Quelques observations bien simples, que nous n'avons malheureusement jamais pu faire, résoudraient ces questions : il suffirait d'élever,
dans des conditions favorables, les jeunes du prétendu *Cairii*, de voir s'il mue
vers la fin de l'été, comme fait le Tithys, quelle livrée il revêt alors, et quels
sont les changements qui se produisent dans cette livrée, au printemps et à la
seconde mue. Si ces observations venaient nous confirmer ce que nous a appris
l'abbé Caire, ce que des pâtres et des chasseurs ont constaté avec lui : que l'oiseau dont il est question nous quitte sous son plumage d'automne, ou peut-être
de premier âge ; qu'il se produit sous ce plumage ; qu'il n'en change pas durant le séjour qu'il fait chez nous ; s'il était vrai aussi qu'il n'habitât que les
hautes régions des Alpes, que son chant différât sensiblement de celui de la
Ruticilla tithys, et qu'il fût seulement de passage où celle-ci est sédentaire ;
il serait démontré que la *Ruticilla Cairi* n'est pas une *Ruticilla tithys* ayant
conservé la livrée d'automne et qu'elle constitue, sinon une espèce, du moins
une variété locale constante. Toutes les recherches qui ont été faites, au prin-

---

(1) Le prince Ch. Bonaparte, dans ses *Notes ornithologiques sur les Collections de
M. Delattre*, cite le fait remarquable d'un couple qui, en Allemagne, a construit son nid
et élève sa couvée dans une locomotive de chemin de fer fonctionnant très-fréquemment.

temps, dans le but de trouver des sujets à plumage intermédiaire, ont toujours
été infructueuses. Les individus, en chair, dont nous avons constaté le sexe,
aussi bien que les nombreux exemplaires en peau, que l'abbé Caire a préparés
lui-même et dont il a également vérifié le sexe, avaient tous un plumage semblable, les mâles, à celui du mâle ; les femelles, à celui de la femelle dont
voici les descriptions succinctes.

Mâle tué le 1ᵉʳ mai : Tout le plumage d'un brun cendré, un peu
plus clair sur les parties inférieures, avec une légère teinte rous-âtre
au front et au-dessus de la tête ; espace entre le bec et l'œil et région
parotique d'un brun sombre ; bord libre des paupières, gris ; franges
des pennes secondaires de l'aile bien moins larges que chez la *Ruticilla
tithys*, et grises ; toutes les rémiges li*sérées de cendré clair ; sus-caudales d'un roux vif ; sous-caudales d'un roux blanchâtre ; rémiges,
rectrices, bec et tarses comme chez la Rouge-Queue tithys. Taille :
0ᵐ,145.

Femelle tuée au printemps : Tout le plumage d'un brun cendré
plus clair que chez le mâle, et nuancé de roussâtre à la poitrine ; point
de brun entre le bec et l'œil ; gorge roussâtre. Le reste comme chez le
mâle.

La Rouge-Queue de Caire, mâle, différerait donc de la Rouge-Queue
tithys par sa teinte générale d'un brun cendré ; par l'absence de noir
dans son plumage ; par les bordures des rémiges secondaires, qui, au
lieu d'être blanches et assez grandes pour former une sorte de miroir
sur l'aile pliée, sont grises et à peine sensibles.

Elle habite, l'été, le sommet des Basses-Alpes ; est assez commune, dans cette
saison, aux environs de Barcelonnette et passe régulièrement, en avril, près
de Moustiers-Sainte-Marie.

Elle niche dans les chalets ou cabanes isolées des Basses-Alpes, et fait deux
pontes : la première, à la fin d'avril, dans les zones moyennes, alors que les
montagnes sont encore en grande partie couvertes de neige ; la seconde a lieu
à leur sommet, tout près des neiges éternelles, où se reproduisent l'Accenteur pégot et la Niverolle, et où l'on ne voit jamais la Rouge-queue tithys. Son
nid est composé de brins d'herbe sèche et de beaucoup de plumes à l'intérieur ;
sa ponte est de quatre à cinq œufs blancs, mais d'une nuance plus pâle que
ceux du Tithys, et tirant sur le bleuâtre. Ils mesurent :

Grand diam. 0ᵐ,018 à 0ᵐ,019 ; petit diam. 0ᵐ,014 à 0ᵐ,015.

Cette Rouge-Queue, à son passage près de Moustiers, ne se tient pas dans les
mêmes localités que le Tithys. On ne la rencontre que dans les vallons, les
blés, les prés bordés de haies, de buissons, d'osiers, d'aubépines, etc., où elle
se retire au moindre bruit. Le Tithys, au contraire, se tient toujours dans les
endroits rocailleux et sur les vieilles masures ou les habitations abandonnées.

Ces différences de mœurs, d'après l'abbé Caire, sont très-caractéristiques. . Sa Rouge-Queue arrive aux environs de Moustiers-Sainte-Marie, du 5 au 15 avril: après cette époque, on l'y chercherait en vain, elle est déjà bien haut dans les montagnes.

204 — ROUGE-QUEUE A VENTRE ROUX
RUTICILLA ERYTHROGASTRA
Brehm ex Güldenst.

Dos et gorge noirs ; abdomen et queue roux ; un miroir blanc sur l'aile, de la troisième à la dixième des rémiges primaires.

Taille : 0ᵐ,185 *environ.*

Motacilla erythrogastra, Güldenstaedt, *Nov. Comm. Petr.* (1775), t. XIX, p. 469, pl. 16 et 17.

Motacilla aurorea, var. *Ceraunia*, Pall. *Zoogr.* (1811-1831), t. I, p. 478.

Lusciola erythrogastra, Schleg. *Rev. crit.* (1844), p. 31.

Ruticilla erythrogastra, Bp. *C. gen. Av.* (1850), t. I, p. 296.

Chæmorrhous erythrogaster, Bp. *Cat. Parzud.* (1856), p. 5.

Gould, *B. of Asia.*

Mâle : Vertex, jusqu'à la nuque, et miroir sur les rémiges primaires d'un blanc sale ; capistrum, gorge, joues, région parotique, cou et haut du dos d'un noir profond, poitrine et toutes les parties inférieures d'un roux marron foncé ; ailes d'un noir intense, avec un miroir carré blanc sur le milieu de sept des rémiges primaires ; queue d'un roux marron comme le croupion ; plumes tibiales, près de l'articulation tibio-tarsienne, d'un brun marron sombre ; bec et pieds noirâtres ; iris brun. (D'après Guldenstaedt).

Femelle : Région anale et queue d'un roux marron plus pâle que chez le mâle, avec les deux rectrices intermédiaires et l'extrémité de toutes les autres, brunes ; le reste du plumage est brun-cendré plus foncé en dessus qu'en dessous, et nuancé de roux sur l'abdomen.

Cette espèce habite l'Europe orientale et l'Asie occidentale.

Güldenstaedt l'a rencontrée dans le Caucase, sur les bords graveleux des torrents. En volant, elle fait entendre un petit cri, comme les Bergeronnettes, et agite la queue avec inquiétude lorsqu'elle se repose sur quelque arbuste. Elle est à la fois insectivore et baccivore.

GENRE XCVIII

PÉTROCINCLE — *PETROCINCLA*, Vigors

Turdus, p. Linn. *S. N* (1735).
Monticola, Boie, *Isis* (1822).
Petrocincla, Vig. *Gen. of Birds* (1825).
Petrocossyphus. Boie, *Isis* (1826).
Sylvia, p. Savig. *Orn. Tosc.* (1827).

Bec allongé, sub-cylindrique, plus large que haut à la base, à bords de la mandibule inférieure taillés, vers la pointe, dans le sens de la courbure de la mandibule supérieure ; narines basales, latérales, ovoïdes, à moitié fermées par une membrane ; ailes allongées, dépassant le milieu de la queue ; celle-ci médiocre, tronquée ; tarses de moyenne longueur.

Les oiseaux qui composent ce genre vivent presque constamment sur les montagnes nues, arides et rocheuses, sur les masures, les châteaux en ruines. Ils sont beaucoup plus insectivores que les Merles, quoique cependant ils se nourrissent aussi de baies. Leur naturel est solitaire; jamais il n'émigrent en bandes. Ils nichent dans les fentes et trous des rochers, des vieux édifices, et n'habitent que les pays tempérés et chauds.

Le mâle et la femelle sont semblables chez les uns, et diffèrent chez les autres. Les jeunes, avant leur première mue, se distinguent des adultes. Leur mue est simple.

Observations. — Pour beaucoup d'ornithologistes, les espèces qui composent ce genre font partie des Merles proprement dits. Mais, en supposant qu'on ne doive pas les distinguer génériquement, il serait beaucoup plus rationnel de les ranger parmi les Traquets, avec lesquels elles ont de grandes affinités, qu'avec les Merles, dont elles n'ont que la taille et le faciès. Tous les caractères qui les différencient de ces derniers les rapprochent des premiers ; et c'est surtout par les mœurs, les habitudes, les circonstances de reproduction que les Pétrocincles ont le plus de rapports avec les Traquets. Ils vivent solitaires comme eux; se tiennent constamment dans les lieux découverts; font entendre un chant fort analogue au leur; ont un balancement de haut en bas, non-seulement de la queue, mais de tout le corps, et nichent à couvert, leur nid ne renfermant jamais de terre gâchée comme celui des Merles proprement dits.

La plupart des ornithologistes qui ont adopté le genre Pétrocincle y rangent le *Turdus saxatilis* et le *Turdus cyaneus*. D'autres ont pris ces deux espèces pour types de genres distincts. Sur le premier a été fondé le genre *Petrocincla* (Vig.) ou *Monticola* (Boie) et sur le second le genre *Petrocossyphus* (Boie). Il

est difficile de saisir les caractères sur lesquels reposent ces deux genres. D'un
autre côté, les deux espèces ont des mœurs si peu différentes ; elles vivent et
se reproduisent au milieu de conditions tellement identiques, qu'on ne peut
raisonnablement les séparer.

205 — PÉTROCINCLE DE ROCHE
PETROCINCLA SAXATILIS
Vig. ex Linn.

(Type du genre *Monticola*, Boie)

*Première rémige très-courte ; deuxième beaucoup plus longue
que la quatrième ; les deux rectrices médianes plus courtes que les
autres ; fond du plumage roux ou roussâtre aux parties inférieures.
Taille : 0ᵐ,206 à 0ᵐ,207.*

TURDUS SAXATILIS, Linn. *S. N.* (1766), t. I, p. 294.
MERULA SAXATILIS, et MERULA SAXATILIS MINOR, Briss. *Ornith.* (1760), t. II, p. 238
et 240.
LANIUS INFAUSTUS, Gmel. *S. N.* (1788), t. I, p. 310.
SAXICOLA MONTANA, Koch., *Baier. Zool.* (1816), t. I, p. 185.
MONTICOLA SAXATILIS, Boie, *Isis* (1822), p. 552.
PETROCINCLA SAXATILIS, Vig. *Gen. of B.* (1825), p. 396.
PETROCOSSYPHUS SAXATILIS, Boie, *Isis* (1826), p. 972.
PETROCOSSYPHUS GOUREYI et POLYGLOTTUS, Brehm, *Handb. Nat. Vög. Deuts.*
(1831), p. 370,
Buff. *Pl. enl.* 262, *mâle adulte.*

Mâle : Tête et cou d'un bleu cendré ; dos noir, tacheté d'un peu de
blanc au milieu, d'un blanc pur au croupion ; sus-caudales, les plus
près du dos, d'un noir bleuâtre varié de roussâtre ; les autres d'un roux
ardent ; poitrine, abdomen et sous-caudales d'un roux vif ; couvertures
des ailes d'un brun noirâtre, avec les petites et quelques-unes des
moyennes terminées de grisâtre ; rémiges brunes ; rectrices d'un roux
très-ardent, excepté les deux médianes qui sont brunes ; bec et pieds
noirâtres ; iris brun clair.

Femelle : Parties supérieures d'un brun terne, nuancé de cendré et
marqué de petites taches noirâtres, plus apparentes sur la tête et sur le
croupion, qui offre en outre une teinte jaunâtre ; sus-caudales d'un roux
vif ; gorge et devant du cou d'un blanc jaunâtre, avec les plumes lisérées de cendré ; poitrine et abdomen d'un roux clair, avec des raies on-
duleuses transversales, brunes et blanchâtres ; ailes pareilles au manteau, avec un peu de blanchâtre à l'extrémité des couvertures ; queue

d'un roux moins ardent que chez le mâle, avec les deux plumes médianes d'un brun roussâtre.

Jeunes à la sortie du nid : Brun cendré en dessus, avec les plumes de la tête, de la nuque et du dos d'un cendré roussâtre au centre, et brunes à l'extrémité ; devant du cou et poitrine comme le dos, mais avec des taches plus grandes ; abdomen roussâtre avec les plumes irrégulièrement terminées de brun ; sous-caudales d'un roux clair unicolore ; queue comme chez la femelle.

Cette espèce est propre à l'Europe méridionale. On la rencontre en Italie, en Sicile, en Corse, dans le midi de la France, les Pyrénées, le Dauphiné, en Franche-Comté et en Suisse.

Elle niche ordinairement dans les fentes des rochers, dans les trous des vieilles tours, des masures. M. Crespon a obtenu des œufs et des petits de couples qui avaient établi leur résidence dans les arènes et sur le clocher de la citadelle de Nîmes. Son nid se compose de mousse, de brins d'herbes à l'extérieur et de fines racines à l'intérieur. Sa ponte est de quatre à cinq œufs très-courts, d'un blanc verdâtre sans taches. On trouve des variétés avec quelques points roussâtres, peu apparents, au gros bout. Ils mesurent :

Grand diam. 0ᵐ,028 ; petit diam. 0ᵐ,019.

Cet oiseau se tient, l'été, sur les hautes montagnes nues, et descend vers la fin d'août sur les coteaux arides et pierreux. Il aime à se percher au plus haut des branches mortes qui couronnent les arbres élevés. Il fréquente aussi les vieux édifices et s'avance quelquefois jusqu'au sein des villes. A l'automne, il se nourrit de baies du pistachier lenstique et de figues, devient alors fort gras, et excellent à manger.

Observation. — Le professeur Calvi (*Cat. Ornit. di Genova*, p. 22) et le marquis Durazzo (*Uccelli Liguri*, p. 42) avancent que les individus qui se reproduisent sur les montagnes qui avoisinent la mer ont toujours une grande tache sur le dos, et que cette tache manque complétement chez ceux qui se propagent sur les montagnes de l'intérieur.

206 — PÉTROCINCLE BLEU — *PETROCINCLA CYANEA*
Keys. et Blas. ex Linn.

(Type du genre *Petrocossyphus*, Boie)

Première rémige assez longue, deuxième plus courte que la quatrième ; les deux pennes médianes de la queue dépassant un peu les suivantes ; fond du plumage bleu ou bleuâtre.

Taille : 0ᵐ,233.

Turdus cyanus, Linn. *S. N.* (1766), t. I, p. 296.
Merula cærulea, Briss. *Ornith.* (1760), t. II, p. 282.
Turdus solitarius, *femelle*, et Manillensis, *jeune*, Lath. *Ind.* (1790), p. 343.

Petrocossyphus cyanus, Boie, *Isis* (1826), p. 972.
Petrocincla cyana, Keys. et Blas. *Wirbelth.* (1840), p. 50.
Petrocossyphus cyaneus, Ch. Bp. *B. of Eur.* (1838), p. 16.
Buff. *Pl. enl.* 250, *mâle,* sous le nom de *Merle solitaire femelle d'Italie.*

Mâle vieux : Entièrement d'un bleu assez foncé, à reflets, partout ailleurs qu'aux ailes et à la queue ; ailes noires, avec les couvertures claires et les rectrices bordées de bleu obscur ; bec et pieds noirâtres ; iris brun foncé.

Femelle : D'un brun bleuâtre, avec les plumes bordées de cendré en dessus ; cou et poitrine avec des taches roussâtres ; sur le ventre et les côtés du corps des raies transversales brunes.

Jeunes avant la première mue : Ils ont les parties supérieures d'un brun cendré, parsemées de petites taches blanches, avec une légère teinte bleuâtre sur le cou et le dos ; les ailes et la queue sont d'un brun noirâtre.

Après la première mue et à l'âge d'un an, les mâles ont le plumage d'un bleu plus obscur, avec des croissants noirs et bleuâtres, étroits, disposés alternativement sur les parties inférieures ; quelquefois il en existe aussi sur les parties supérieures, mais ils sont moins apparents et ont une teinte roussâtre.

Le Pétrocincle bleu habite l'Europe méridionale et l'Afrique septentrionale. On le trouve en Espagne, en Sardaigne, en Corse, en Sicile, en Morée et dans le midi de la France, où il est sédentaire.

Il se montre annuellement dans la Franche-Comté, aux environs de Besançon.

Il niche toujours dans quelque trou de rocher ou d'un bâtiment en ruines. Son nid est composé de feuilles, de racines, de bourre et de crins. Sa ponte est de cinq ou six œufs oblongs, d'un bleu verdâtre pâle et sans taches. Ils mesurent :

Grand diam. 0^m,028 à 0^m,029 ; petit diam. 0^m,02.

Ce Pétrocincle ne se repose que très-accidentellement sur les arbres.

On le voit toujours sur les points les plus culminants des tours isolées, des vieux édifices, des rochers escarpés ; sur ceux principalement qui ont à leur pied de grandes cavernes ou de profondes et larges anfractuosités qui puissent lui offrir un abri. Il est plus insectivore que le précédent. Sa voix est des plus suaves et des plus mélancoliques.

Observation. — Le Merle azuré (*Turdus azureus,* Lebrun) indiqué par M. Crespon dans sa *Faune méridionale,* p. 179, et que nous avons vu dans l'intéressant Musée de M. Doumet, à Cette, est bien certainement un hybride de cette espèce et de la précédente (1).

(1) Le prince Ch. Bonaparte qui, dans le *Conspect. Gen. Avium,* p. 297, considère le

GENRE XCIX

TRAQUET — *SAXICOLA*, Bechst.

Motacilla, Linn. *S. N.* (1735).
Vitiflora, Briss. *Ornith.* (1760).
Sylvia, Lath. *Ind.* (1790).
Saxicola, Bechst. *Orn. Tasch.* (1802).
Œnanthe, Viell. *Orn. élém.* (1816).
Campicola, Swains. *Zool. Journ.* (1827).

Bec à peu près aussi long que la tête, grêle, droit, très-fendu, plus large que haut à la base, qui est garnie de quelques poils ; mandibule supérieure un peu obtuse, échancrée et courbée seulement à la pointe ; narines ovalaires, à moitié fermées par une membrane ; ailes allongées, sub-obtuses, atteignant le milieu de la queue ou la dépassant : queue moyenne, légèrement arrondie ou carrée ; tarses longs, grêles, comprimés ; plumage, en dessus, uniformément coloré.

Les oiseaux que comprend ce genre, connus sous les noms de Motteux, Traquets, vivent dans des lieux incultes, pierreux, sur les coteaux, les montagnes arides, et descendent vers la fin de l'été dans les terres labourées. Ils aiment à se percher sur des points culminants : ceux-ci sur une plante élevée, sur les branches nues d'un buisson, d'un arbuste ; ceux-là sur une pierre, sur une grande motte, sur les aspérités les plus saillantes d'un rocher. Tous sont insectivores et baccivores, et ont une chair des plus exquises, surtout vers la fin de l'été.

Le mâle et la femelle ont ordinairement une livrée différente. Les jeunes en ont toujours une particulière. Leur mue est simple en automne et ruptile au printemps.

Observation. — Le genre *Saxicola*, tel que Bechstein l'avait composé, comprenait des oiseaux à dos uniformément coloré, et des oiseaux à dos varié de taches sombres. Ceux-ci, que Brisson avait déjà groupés sous le nom de *Rubetra*, pour les distinguer des premiers, qu'il réunissait sous celui de *Vitiflora*, ont été pris par Koch en 1816, comme éléments du genre *Pratincola*, aujourd'hui généralement adopté. Ce démembrement n'est pas le seul qu'aient subi les Traquets. M. Cabanis, en 1850, en a distrait la *Saxicola leucura*, pour en

Turdus azureus comme un jeune du *Petrocossyphus cyaneus* et s'élève contre l'idée qu'il puisse être un hybride (*Minime hybridus! cum saxatili! sed jun.*), finit, dans le *Catalogue Parzudaki*, p. 5, par l'admettre comme race, avec cette étrange contradiction : *Hybridus cum monticola saxatili.*

Degland et Gerbe. I. — 29

faire une *Dromolæa*, genre qui ne repose absolument que sur des différences de coloration.

207 — TRAQUET MOTTEUX — *SAXICOLA OENANTHE*
Bechst. ex Linn.

Dos gris-cendré (mâle en noces), *ou gris roussâtre* (mâle en automne et femelle); *couvertures supérieures des ailes noires* (mâle), *ou d'un brun foncé* (femelle), *point de bande longitudinale blanchâtre sur les barbes internes des rémiges ; du bec, au méat auditif, un large trait noir passant par l'œil* (mâle) ; *rectrices intermédiaires noires dans le tiers ou seulement dans le quart postérieur; deuxième rémige égale ou plus longue que la quatrième.*

Taille : 0^m,16 à 0^m,17.

MOTACILLA ŒNANTHE, Linn. *S. N.* (1766), t. I, p.332.
VITIFLORA CINERA et GRISEA, Briss. *Orn.* (1760), t. III, p. 452 et 454.
SYLVIA ŒNANTHE, Lath. *Ind.* (1790), t. II, p. 529.
SAXICOLA ŒNANTHE, Bechst. *Orn. Tasch.* (1802), t. I, p. 217.
ŒNANTHE CINEREA, Vieill. *N. Dict.* (1818), t. XXI, p. 418.
VITIFLORA ŒNANTHE, Boie, *Isis* (1822), p. 552.
Buff. *Pl. enl.* 554, f. 1, *mâle*; f. 2, *femelle*.

Mâle a été : Dessus de la tête, du cou, du corps, scapulaires d'un beau gris cendré ; sus-caudales d'un blanc pur ; devant du cou, poitrine, flancs et sous-caudales nuancés de roussâtre; une large bande d'un beau noir part du bec, encadre l'œil et s'étend sur la région parotique où elle se dilate; front, sourcils, menton et milieu de l'abdomen blancs ; ailes noires, avec les couvertures secondaires bordées très-légèrement de fauve et terminées de grisâtre; base des deux rectrices médianes et les deux tiers postérieurs des latérales d'un blanc très-pur; le reste des pennes d'un noir profond ; bec, pieds et iris noirs.

Mâle en automne : Parties supérieures d'un cendré nuancé de roussâtre; parties inférieures d'un roussâtre plus intense qu'en été ; joues, ailes et queue d'un brun noir, avec les couvertures supérieures des ailes et les rémiges plus ou moins bordées de roussâtre.

Femelle en été : Cendrée en dessus ; d'un roux clair en dessous, plus foncé à la poitrine ; sourcils d'un blanc roussâtre ; lorums et régions parotiques bruns ; ailes brunes, avec les couvertures supérieures bordées de roux et les rémiges bordées et terminées de grisâtre ; queue comme chez le mâle, mais plus brune que noire.

Femelle en automne : Semblable au mâle dans la même saison, mais plus rousse.

Jeunes avant la première mue : Parties supérieures nuancées de rous-sâtre et de gris brunâtre, avec des mouchetures blanches sur la tête et les ailes ; parties inférieures d'un blanc plus ou moins roussâtre, avec la gorge, le devant du cou, la poitrine plus ou moins mouchetés de noirâtre ; pennes et couvertures alaires bordées et terminées de roux plus ou moins clair ; rectrices terminées par du gris roussâtre ; bec et pieds noirs ; iris brun.

Jeunes après la première mue : Parties supérieures d'un gris mêlé de roussâtre ; front, sourcils et parties inférieures d'un blanc nuancé de roux ; toutes les plumes bordées de cette couleur ; une bande noirâtre va du bec à l'oreille ; croupion et extrémité de la queue roussâtres.

Nota. Des sujets tués à Dunkerque, dans le mois de mai, sont beaucoup plus forts que d'autres, capturés dans les environs de Lille. Ils en diffèrent encore par les teintes de leur plumage. Leurs tarses sont plus allongés ; leur taille égale à peu près celle du Traquet rieur ; ils ont le dessus du corps moins gris, nuancé de roussâtre ; le dessous d'un beau roux, surtout à la poitrine, au devant du cou et sur les flancs, et les plumes des ailes d'un noir moins profond.

Le Traquet motteux habite toute l'Europe, l'Asie et l'Afrique septentrionale.

A son double passage au printemps et à l'automne, il est commun sur les côtes de Dunkerque, et excessivement abondant sur celles de la Méditerranée dans les environs de Marseille, d'Hyères, d'Antibes, etc.

Il niche dans les champs, sous les fagots, dans un tas de bois, de pierres, dans un trou de vieille muraille, toujours, enfin, sous quelque abri. Sa ponte est de cinq ou six œufs d'un bleu verdâtre pâle, le plus souvent sans taches, mais quelquefois avec de très-petits points peu abondants, bruns ou d'un roux de rouille, sur le gros bout. Moquin-Tandon a observé de son côté cette variété, et une autre à peu près blanche et sans tache. Ils mesurent :

Grand diam. 0^m,022 ; petit diam. 0^m,016.

Le Motteux, que nous voyons arriver vers le commencement du printemps, paraît ne se plaire que dans les lieux découverts, peu productifs, et sur les coteaux d'une médiocre élévation. Il ne s'enfonce jamais dans les bois. Son vol, très-irrégulier, n'est pas fort élevé. Ce n'est pas un oiseau d'humeur sociable : bien que plusieurs individus se rapprochent, vers la fin de l'été, pour émigrer, ils ne forment cependant pas une réunion bien étroite. On les voit toujours dispersés dans un assez grand espace, et s'éviter plutôt que de se rechercher.

208 — TRAQUET SAUTEUR — *SAXICOLA SALTATOR*
Ménétr.

Gris brunâtre, tournant au fauve en dessus (mâle et femelle);
*couvertures supérieures des ailes d'un brun clair, largement bordées
de gris fauve chez les deux sexes et à tous les âges ; une large bande
longitudinale blanchâtre sur les barbes internes des rémiges ; du
bec à l'œil, un trait noirâtre* (mâle), *ou brun* (femelle) ; *rectrices
intermédiaires noires à peu près dans la moitié de leur longueur ;
deuxième rémige égale à la quatrième ou plus longue qu'elle.*

Taille : 0ᵐ,16 à 0ᵐ,17.

MOTACILLA STAPAZINA, Pall. *Zoogr.* (1811-1831), t. I, p. 447.
SAXICOLA SALTATOR, Ménét. *Cat. des Ois. du Cauc.* (1832), p. 30.
VITIFLORA SALTATRIX, Bp. *B. of Eur.* (1838), p. 16.

Mâle adulte, tué en avril (Collect. Vian) : Plumes du sommet de la
tête d'un brun clair au centre, avec des bordures gris brunâtre qui,
probablement, disparaissent par l'usure, vers la fin de l'été, et laissent
dominer le brun clair ; derrière du cou, dos et croupion d'un gris brunâtre, lavé de roussâtre, le gris dominant à la nuque et derrière le cou,
le roussâtre au dos et au croupion ; sus-caudales d'un blanc pur ; gorge
blanchâtre ; tout le reste des parties inférieures d'un blanc jaunâtre,
s'affaiblissant vers le milieu du ventre, et relevé par une teinte roussâtre sur la poitrine et les côtés du cou ; front, bande sourcilière et
plumes ciliaires d'un blanc faiblement lavé de jaunâtre ; du bec, à l'angle antérieur de l'œil, un trait noir se continuant, derrière cet organe,
avec une ligne brune, plus étroite, qui borde, en haut, toute la région
parotique, et se fond avec le brun roussâtre qui colore cette région ;
petites et moyennes couvertures supérieures des ailes largement bordées de gris fauve ou de gris-isabelle, d'un brun clair au centre ; couvertures inférieures d'un blanc roussâtre très-dilué dans toute la partie
visible de la plume, d'un brun roussâtre pâle à la base ; rémiges noirâtres, portant sur les barbes internes et dans les deux tiers de leur
longueur, à partir de la base, une large bande blanchâtre ; rémiges secondaires et scapulaires jaunâtres sur le bord externe et à la pointe ;
rectrices médianes noires dans les trois quarts de leur longueur, blanches à la base ; toutes les latérales noirâtres dans leur moitié postérieure,
blanches dans leur moitié antérieure ; bec et pieds noirs ; iris ?

Femelle adulte, tuée en avril (Collect. Vian). Elle diffère du mâle par des teintes un peu plus roussâtres en dessus, un peu plus jaunâtres en dessous ; par l'absence de blanc à la gorge et au front ; par des rémiges et des rectrices nuancées de plus de brun ; par une bande moins accusée et un peu plus étroite sur les barbes internes des rémiges, et par des lorums d'un brun très-pâle.

Les *jeunes, avant la première mue*, sont semblables à ceux de l'espèce précédente.

Le Traquet sauteur paraît propre à l'Asie occidentale et à l'Afrique orientale. On le trouve aussi dans la Russie d'Europe, sur les bords de la mer Caspienne, et il visite la Grèce, dans ses migrations.

Il niche, comme les autres Traquets, à l'abri d'une roche, sous une pierre, sur le revers d'un fossé et pond quatre à cinq œufs d'un bleu pâle incolore. Ils mesurent :

Grand diam. 0^m,022 à 0^m,023 ; petit diam. 0^m,017 environ.

Pallas, qui a fréquemment observé cette espèce dans la Daourie, dit qu'elle a exactement les mœurs et le chant du Traquet motteux ; que ces deux oiseaux vivent de compagnie et sont tellement semblables par la disposition des couleurs et le facies, que de leur comparaison seule peut ressortir leur différence.

Observation. — Le Traquet sauteur a été considéré par quelques ornithologistes comme simple race locale du Traquet motteux ; d'autres, au contraire, l'ont rapporté au Traquet oreillard. Il ressemble beaucoup, à la vérité, aux femelles de ces deux espèces ; cependant il nous paraît s'en distinguer par plusieurs caractères, et notamment par la teinte des couvertures supérieures des ailes, par l'étendue du noir de la queue et par la coloration particulière qu'offrent les barbes internes des rémiges. Chez les femelles du motteux, aussi bien que chez celles de l'Oreillard, un brun foncé, presque noirâtre, colore le centre des rectrices supérieures de l'aile ; chez le mâle et la femelle du Traquet sauteur ces mêmes plumes, largement bordées de gris fauve ou de gris-isabelle, même au printemps, sont, au centre, d'un brun roussâtre clair. Les rectrices intermédiaires, dont le tiers postérieur, chez le Motteux, et le quart seulement, chez l'Oreillard, est noir, sont à peu près mi-partie blanches et noires, du moins dans leur portion découverte, chez le Traquet sauteur. Enfin celui-ci, quel qu'en soit le sexe, a, sur les barbes internes des rémiges, une bande longitudinale claire, qui paraît ne pas exister chez les deux autres espèces, auxquelles on l'a rapportée.

Mais c'est surtout de mâle à mâle que les différences sont prononcées, et elles le sont d'autant plus que les sujets sont plus en noces. Le Traquet sauteur, quel que soit son âge et quelle que soit sa livrée, n'a jamais, comme le mâle Motteux ou le mâle Oreillard, la région parotique ni les couvertures supérieures et inférieures des ailes noires. Il n'a jamais le dos gris-cendré du premier, ni blanc roussâtre ou jaunâtre du second.

Ces différences, résultant de la comparaison de divers Traquets motteux et oreillard de France, et de sujets adultes de *Saxicola saltator* (mâle et femelle), tués en avril 1863, dans le gouvernement d'Astracan, et mis obligeamment à notre disposition par M. Vian, nous paraissent de nature à faire considérer le Traquet sauteur, non comme race ou variété locale, mais comme espèce.

209 — TRAQUET STAPAZIN — *SAXICOLA STAPAZINA*
Temm. ex Gmel.

Dos blanc roussâtre (mâle) *ou d'un roux sale* (femelle) *; joues, gorge et côtés du cou noirs ou noirâtres ; couvertures supérieures des ailes noires ou d'un brun noirâtre ; rectrices intermédiaires noires au bout et dans une faible étendue des barbes externes ; deuxième rémige plus courte que la quatrième ; sous-caudales blanches.*

Taille : 0^m,15 à 0^m,16.

VITIFLORA RUFA, Briss. *Ornith.* (1760), t. III, p. 459.
MOTACILLA STAPAZINA, Gmel. *S. N.* (1788), t. I, p. 966.
SYLVIA STAPAZINA. Lath. *Ind.* (1790), t. II, p. 530.
SAXICOLA STAPAZINA, Temm. *Man.* (1820), t. I, p. 239.
ŒNANTHE STAPAZINA, Vieill. *N. Dict.* (1818), t. XXI, p. 428.
VITIFLORA STAPAZINA, Bp. *B. of Eur.* (1838), p. 10.
Gould, *Birds of Eur.* pl. 91.

Mâle au printemps : Dessus de la tête, du cou et du corps, poitrine et adbomen d'un blanc lavé légèrement de roux à la nuque, au dos et à la poitrine ; joues, gorge, ailes, la presque totalité des rectrices médianes, l'extrémité des autres et une partie du bord externe des deux plus latérales d'un noir profond ; croupion, couvertures de la queue et la plus grande partie des rectrices d'un blanc très-pur ; bec et pieds noirs ; iris brun foncé.

Nota. On trouve, en cette saison, de très-vieux sujets qui ont une teinte roux foncé sur le cou, au dos et à la poitrine ; chez d'autres, le noir de la gorge occupe les côtés et le devant du cou jusqu'à la poitrine. A mesure que la saison avance, l'extrémité des plumes s'usant, le roux disparaît peu à peu ; il en résulte qu'au moment de la mue, le dessus de la tête, où l'altération est le plus profonde, après avoir été roux, puis blanc, devient grisâtre ou noirâtre (1), et que les plumes qui recouvrent le corps sont presque blanches.

(1) Ce changement de couleur, sans que la mue le produise, provient de ce que les plumes de la tête sont d'un cendre brun vers la base, blanches au milieu et rousses vers la pointe.

Mâle en automne, après la mue : Dessus de la tête, du cou, du corps, d'un roux nuancé de cendré à la tête ; poitrine d'un roux plus clair, passant au blanchâtre sur l'abdomen ; dessous des yeux, gorge et ailes noires, avec les plumes bordées plus ou moins de roux, surtout les couvertures alaires ; croupion et queue comme au printemps, mais avec une légère bordure grisâtre ou roussâtre à l'extrémité des rémiges.

Femelle au printemps : Tête d'un brun roussâtre ; nuque et dos d'un roux sale, gorge noirâtre ; devant du cou et poitrine d'un blanc roussâtre ; abdomen et un large sourcil blanchâtres ; scapulaires noires, terminées de roussâtre ; ailes d'un brun noirâtre, avec les pennes bordées de roussâtre ; queue colorée comme celle du mâle, mais avec le noir plus étendu.

Jeunes avant la première mue : Tout le plumage en dessus, au devant du cou, sur la poitrine et les flancs d'un gris cendré, varié de brun fauve, avec des plumes bordées de noirâtre ; milieu du ventre, sus et sous-caudales blanchâtres ; ailes et queue à peu près comme chez les individus adultes.

On trouve le Stapazin dans l'Europe méridionale, en Asie et en Afrique. Il est commun en Italie, en Grèce et dans le midi de la France. M. Malherbe le dit également commun en Egypte et de passage régulier en Sicile.

Il niche dans les tas de pierres, entre les rocailles, dans les trous des murailles et assez près de terre, quelquefois contre un tas de fagots. Son nid, peu profond et évasé, est construit sans art, avec des brins d'herbes sèches, de la bourre, de la laine et du crin. Sa ponte est de cinq ou six œufs, d'un bleu verdâtre plus ou moins intense, avec de petites taches roussâtres ou roux de rouille, quelquefois peu apparentes et comme effacées, d'autres fois très-accentuées et très-colorées. Ces taches occupent ordinairement le gros bout de l'œuf, mais il arrive aussi qu'elles sont assez régulièrement disséminées sur toute sa surface. Ils mesurent :

Grand diam. 0^m,02 environ ; petit diam. 0^m,015 à 0^m,016.

Ce Traquet vit, au printemps, dans des régions plus élevées que le Traquet motteux, sur les grandes montagnes nues et rocailleuses. Il descend vers la fin de l'été dans des régions plus basses, et fréquente alors les plaines caillouteuses, celles surtout qui couronnent des coteaux. Sa nourriture consiste principalement en insectes qu'il saisit au vol ou à la course. M. Crespon avance qu'il contrefait le chant de tous les oiseaux qui vivent dans son voisinage.

210 — TRAQUET OREILLARD — *SAXICOLA AURITA* Temm.

Dos blanc roussâtre (mâle), *ou roux fauve* (femelle) ; *gorge blanche ou blanchâtre ; couvertures supérieures des ailes noires ou*

*d'un brun noirâtre ; du bec au méat auditif, un large trait noir
ou noirâtre, passant par l'œil et couvrant toute la région parotique ; rectrices intermédiaires noires au bout et dans une faible
étendue des barbes externes ; deuxième rémige plus courte que la
quatrième.*

Taille : 0ᵐ,156 à 0ᵐ,157.

VITIFLORA RUFESCENS, Briss. *Ornith.* (1760), t. III, p. 457.
MOTACILLA STAPAZINA, *Var. B.* Gmel. *S. N.* (1788), t. I, p. 966.
SYLVIA STAPAZINA, *Var. B.* Lath. *Ind.* (1790), t. I, p. 530.
SAXICOLA AURITA, Temm. *Man.* (1820), t. I, p. 241.
ŒNANTHE ALBICOLLIS, Vieill. *Faune Franç.* (1825), p. 190.
VITIFLORA AURITA, Ch. Bonap. *B. of Eur.* (1838), p. 16.
Gould, *B. of Eur.* pl. 92.

Mâle au printemps : Vertex, nuque et dos d'un roux jaunâtre ;
croupion, front, gorge, devant du cou et milieu du ventre d'un blanc
·pur ; poitrine et flancs roussâtres ; lorums, régions des yeux et des
oreilles, ailes, la presque totalité des rectrices médianes, le tiers inférieur des autres et la moitié du bord externe des deux plus latérales
d'un noir profond ; bec et pieds noirs ; iris brun foncé.

Mâle en automne, après la mue : D'un roux foncé en dessus, surtout à la nuque et au dos ; d'une teinte plus rousse à la poitrine ; ventre
et couvertures inférieures de la queue de couleur isabelle ; couvertures
des ailes bordées de roussâtre et pennes terminées de grisâtre.

Femelle au printemps : Elle diffère sensiblement du mâle par la région des oreilles, qui est d'un brun mêlé de roux ; par la gorge, qui
est d'un blanc sale : par les ailes, dont la couleur est d'un brun noirâtre ; et par le noir des rectrices, qui est plus étendu : pour le reste, elle
est semblable au mâle.

Femelle à l'automne, après la mue : Mêmes changements que chez
le mâle ; plus rousse en dessus et en dessous ; les plumes des ailes largement bordées de roux.

Jeunes avant la première mue : Ils ressemblent, quant au plumage,
à ceux du Pétrocincle de roche : d'un cendré roussâtre plus foncé en
dessous, avec chaque plume bordée de brun et marquée, au centre,
d'une tache jaunâtre ; milieu de l'abdomen et sous-caudales de cette
dernière teinte ; moyennes et grandes couvertures alaires largement
bordées de roux.

Jeunes après la mue : Ils ne diffèrent des femelles en plumage d'automne que par la région des oreilles, qui n'offre aucune trace de brun, et par la gorge, qui est roussâtre.

Nota. Il en est de cette espèce comme de la précédente : à mesure que la saison avance, le plumage des parties supérieures blanchit ; le roussâtre des parties inférieures disparaît, de sorte qu'au moment de la mue, il est presque blanc partout où il y avait une teinte roussâtre.

Le Traquet roussâtre ou oreillard habite, comme le précédent, l'Europe méridionale, l'Asie et l'Afrique. On le rencontre, comme lui, mais en moins grand nombre, dans le midi de la France, où il arrive au commencement du printemps.

Il niche au milieu des mêmes conditions. Sa ponte est de cinq ou six œufs, d'un bleu verdâtre, ordinairement un peu plus prononcé que dans ceux du Stapazin, avec des taches plus nombreuses, plus accentuées et plus colorées, brunes ou d'un roux de rouille.

Ce Traquet vit, comme le Stapazin, dans les lieux les plus retirés et les plus arides ; a le même régime, et, comme lui, imite le chant des autres oiseaux.

Observation. — On a longtemps confondu le Traquet oreillard avec le Traquet stapazin. Cependant ces deux espèces diffèrent entre elles. L'Oreillard se distingue par sa gorge, qui est blanche en tous temps, au lieu d'être plus ou moins noire, comme chez le Stapazin ; par ses tarses, qui sont plus courts, et par les couleurs plus vives de ses œufs.

211 — TRAQUET LEUCOMÈLE — *SAXICOLA LEUCOMELA*
Temm. ex Pall.

Dos noir-brun (mâle) *ou brun* (femelle) ; *joues, gorge et côtés du cou d'un noir profond* (mâle) ; *couvertures supérieures des ailes noirâtres ; rectrices intermédiaires noires dans le quart postérieur ; deuxième rémige plus courte que la quatrième ; sous-caudales roussâtres.*

Taille : 0^m,154 *à* 0^m.155.

Motacilla leucomela, Pall. *N. Com. Petrop.* (1769), t. XIV, p. 584.
Muscicapa leucomela et melanoleuca, Lath. *Ind.* (1790), t. II, p. 469.
Sylvia leucomela, Temm. *Man.* (1815), p. 138.
Saxicola leucomela, Temm. *Man.* (1820), t. I, p. 243.
Œnanthe pleschanka, Vieill. *N. Dict.* (1818), t. XXI, p. 423.
Vitiflora leucomela, Bp. *B. of Eur.* (1838), p. 16.
Gould, *B. of Eur.* pl. 89.

Mâle adulte : Joues, gorge, côtés et devant du cou d'un noir profond ; dos et ailes d'un noir moins foncé ; vertex, nuque, croupion, sus-

caudales et parties inférieures du corps d'un blanc pur, sous-caudales
roussâtres; les trois quarts supérieurs de la queue d'un blanc de neige,
le quart inférieur et plus de la moitié inférieure des deux pennes médianes d'un noir profond, bec, pieds et iris noirâtres.

Femelle : D'un gris brun en dessus, avec une teinte plus pâle sur la
tête ; cendrée en dessous ; sourcils et gorge blancs.

Jeunes de l'année : Tête variée de blanc et de brun ; plumes du dos
et couvertures des ailes bordées de roussâtre ; gorge et devant du cou
rayés de roussâtre et de noir ; abdomen d'un blanc sale.

Les *jeunes mâles* ont les flancs d'un gris cendré.

Ce Traquet habite l'Asie occidentale et les confins de l'Europe orientale.

M. Nordmann le dit extrêmement commun dans la Nouvelle-Russie. D'après
le même auteur, il niche assez souvent dans les endroits d'un accès difficile,
dans les fentes des rochers, quelquefois aussi dans les tas de pierres. Il nicherait même, selon Temminck, sous le toit des églises et des maisons. Sa
ponte est de quatre ou cinq œufs, semblables à ceux des autres Traquets. Il en
a aussi les mœurs et le genre de vie.

Observation. — La *Saxicola lugens*, Licht., confondue dans la plupart des
collections avec la *Sax. leucomela*, Pall., ne paraît être qu'une variété locale de
celle-ci : elle ne s'en distingue, en effet, que par une taille un peu plus forte
et par des sous-caudales plus nuancées de roux. Peut-être même les deux oiseaux sont-ils identiques comme le pense M. Schlegel. Ce n'est donc qu'avec le
plus grand doute que nous l'inscrivons, même à titre de race locale.

A — TRAQUET DEUIL — *SAXICOLA LUGENS*
Licht.

*Sous-caudales d'un brun roux ; proportion des rémiges, colora-
tion de la queue comme chez la* Leucomela.

Taille : 0^m,17 *environ.*

SAXICOLA LUGENS, Licht. *Doubl. Zool. Mus.* (1823), p. 33.
Temm. et Laug. *Pl. col.* 257, t. III, sous le nom de *Saxicola leucomela.*

Adultes : Joues, gorge, devant du cou, milieu du dos et couvertures
supérieures des ailes noirs ; dessus de la tête, nuque, poitrine, abdomen et croupion blancs ; bas ventre et sous-caudales d'un roux ferrugineux ; rémiges noires ; les secondaires avec le fin bout blanc, manquant assez souvent par suite de l'usure des plumes ; rectrices médianes
blanches de la base au milieu, noires dans le reste de leur étendue,
toutes les autres blanches et terminées par une étroite bande noire :
bec et pieds noirs ; iris d'un brun noirâtre.

Jeunes : Leur plumage a beaucoup d'analogie avec celui de la *Saxicola œnanthe*, mais ils s'en distinguent par la gorge qui est toujours noirâtre, et par les plumes du bas ventre et du dessous de la queue, dont la teinte est d'un brun ferrugineux clair. Leurs tarses, du reste, sont plus courts.

Ce Traquet, qui a pour patrie le Levant, l'Égypte et la Nubie, fait de rares apparitions en Europe. Les sujets tués en Grèce par le comte Von der Mühle, et que M. Schlegel assimile à la *Saxicola leucomela*, appartiendraient à cette variété.

Mœurs, régime et propagation comme pour l'espèce précédente.

212 — TRAQUET RIEUR — *SAXICOLA LEUCURA*
Keys. et Blas. ex Gmel.

(Type du genre *Dromolœa*, Caban.)

Noir ou noirâtre, avec les sus et sous-caudales blanches ; queue blanche, avec la moitié des rectrices médianes et le quart postérieur des latérales noirs.

Taille : 0^m,195.

Turdus leucurus, Gmel. *S. N.* (1788), t. I, p. 820.
Œnanthe leucura, Vieill. *N. Dict.* (1818), t. XXI, p. 422.
Saxicola cachinnans, Temm. *Man.* (1820), t. I, p. 236.
Vitiflora leucura, Bp. *B. of Eur.* (1838), p. 16.
Saxicola leucura, Keys. et Blas. *Wirbelth.* (1840), p. 40.
Dromolæa leucura, Bp. *C. Gen. Av.* (1850), t. I, p. 303.
Gould, *B. of Eur.* pl. 88.

Mâle : Tête, corps, ailes, moitié inférieure des deux rectrices médianes et extrémité des autres rectrices d'un noir profond ; couvertures supérieures et inférieures de la queue, ainsi que la presque totalité des pennes caudales, d'un blanc pur ; bec, pieds et iris noirs.

Femelle : Son plumage est d'un noir de suie au lieu d'être d'un noir profond.

Jeunes avant la première mue : Ils ressemblent à la femelle ; mais le noir du milieu de l'abdomen est nuancé de roux ; les plumes alaires sont très-faiblement frangées de cendré, les rémiges terminées par une bordure grise, et les rectrices ont le bout blanc.

Le Traquet rieur habite l'Europe méridionale, l'Asie et l'Afrique.
On le rencontre assez communément en Espagne, en Sicile, en Sardaigne,

en Corse et dans le midi de la France où il est sédentaire sur les Pyrénées, les Hautes et Basses-Alpes.

Il niche entre des rocailles, dans les trous, les crevasses des vieux édifices en ruines et des rochers. Son nid est composé avec des fibrilles radicales et des tiges de graminées, assez artistement entrelacées. Sa ponte est de cinq ou six œufs, le plus ordinairement oblongs, renflés vers le gros bout, minces vers le bout opposé ; quelquefois de forme plus arrondie ; d'un bleu pâle ou d'un blanc bleuâtre, sans taches et quelquefois, mais rarement, avec de très-petites taches roussâtres, disposées en forme de couronne sur le gros bout. Ils mesurent :

Grand diam. 0^m,024 a 0^m,025 ; petit diam. 0^m,017.

Ce Traquet est d'un naturel farouche et méfiant. Il vit constamment, comme les Pétrocincles bleu et de roche, sur les collines nues et rocailleuses, au milieu des sites les plus tristes, et, comme eux, on le voit, pendant des heures entières, demeurer immobile au sommet des rochers. Sa nourriture consiste principalement en insectes.

GENRE C

TARIER — *PRATINCOLA*, Koch

Motacilla, p. Linn. *S. N.* (1735).
Saxicola, p. Bechst. *Orn. Tasch.* (1802).
Pratincola, Kaup, *Nat. Syst.* (1829).
Fruticicola, Macgill. *Hist. Brit. Birds* (1839).

Bec plus court que la tête, large à la base, qui est garni de quelques poils roides ; échancré et courbé seulement à la pointe ; narines arrondies, en partie cachées par les plumes du front ; ailes longues, sur-obtuses ; queue médiocre ; tarses comme dans le genre précédent ; plumage, en dessus, varié de taches longitudinales.

Les Tariers ont des mœurs un peu différentes de celles des Traquets. Ils sont moins farouches : ils préfèrent les plaines cultivées aux pays montagneux et arides, et fréquentent les prairies, les pâturages, les coteaux couverts de bruyères, d'arbres nains, les bords des rivières, des chemins. Comme les Traquets, ils aiment à se percher aux plus hautes cimes des arbres, des arbustes, des plantes. Ils sont comme eux insectivores, mais leur chair est moins estimée.

Le mâle et la femelle diffèrent très-peu, et les jeunes ont une livrée qui les distingue. Leur mue est simple en automne et ruptile au printemps.

L'Europe fournit deux espèces de ce genre.

215 — TARIER ORDINAIRE — *PRATINCOLA RUBETRA*
Koch ex Linn.

Sourcils grands, blancs ou blanchâtres; gorge blanche: deuxième rémige plus longue que la cinquième, égale à la quatrième; queue bicolore.

Taille : 0^m,124.

Motacilla rubetra, Linn. *S. N.* (1766), t. I, p. 332.
Rubetra major *sive* rubicola, Briss. *Ornith.* (1760), t. III, p. 432.
Sylvia rubetra, Lath. *Ind.* (1790), t. II, p. 525.
Saxicola rubetra, Bechst. *Orn. Tasch.* (1802), t. I, p. 218.
Pratincola rubetra, Koch, *Baier. Zool.* (1816), t. I, p. 191.
Œnanthe rubetra, Vieill. *N. Dict.* (1818), t. XXI. p. 427.
Fruticicola rubetra, Macgill. *Hist. Brit. Birds* (1839), t. II, p. 273.
Buff., *Pl. enl.* 678, f. 2, *mâle,* sous le nom de *Tarier.*

Mâle en été : Joues, dessus de la tête, du cou, du corps et couvertures supérieures de la queue d'un brun noirâtre, avec les plumes bordées de roussâtre ; devant du cou, poitrine et flancs d'un roux clair, plus vif au cou, et moins vif sur les flancs et au ventre ; milieu de l'abdomen blanchâtre ; sourcils, bas des joues, gorge et côtés du cou, d'un blanc pur ; une grande tache oblongue et un miroir de cette couleur sur l'aile ; petites et moyennes couvertures d'un noir profond; grandes couvertures et rémiges brunes, plus ou moins lisérées de roussâtre ; le tiers supérieur des rectrices médianes, les deux tiers supérieurs des latérales blancs, le reste brun, très-faiblement bordé de roussâtre ; bec et pieds noirs ; iris brun foncé.

Nota. Les individus qui fréquentent les hautes prairies des Alpes ont le roux des parties inférieures plus pâle que chez les sujets qui habitent les plaines.

Femelle en été : Elle ressemble au mâle, mais le roussâtre domine et le brun est moins foncé ; le blanc pur des sourcils et du cou est remplacé par du blanc jaunâtre ; la tache et le miroir blanc de l'aile sont moins étendus ; les petites et moyennes couvertures sont brunes et bordées de roux, ainsi que toutes les rémiges ; les deux rectrices médianes sont entièrement brunes, et les latérales n'ont que leur moitié supérieure blanche.

Jeunes avant la première mue : Parties supérieures d'un brun varié de roux et de roussâtre à la tête et au dos, avec les tectrices alaires bordées de roux ; taches et miroir des ailes presque nuls ; parties inférieures roussâtres, avec une teinte plus foncée, des taches et des points bruns à la poitrine.

Après la mue, en automne : Les plumes des parties supérieures sont brunes au centre, bordées de roux et terminées de grisâtre, de sorte que l'oiseau paraît moucheté ; les sourcils, la gorge et le devant du cou sont d'un blanc jaunâtre ; la poitrine est pointillée de noirâtre sur un fond roux, moins foncé sur le reste des parties inférieures.

On distingue alors le mâle de la femelle à une tache de blanc sale au bas des joues.

Le Tarier habite toute l'Europe tempérée, l'Asie occidentale et l'Afrique septentrionale.

Il est commun dans le nord de la France, durant l'été ; il y arrive en mars et en repart aux mois d'octobre et de novembre.

Il niche dans les prairies, au pied d'une touffe d'herbe, dans une ornière, à l'abri d'une taupinière, sur le revers d'un fossé, dans des tas de fagots. Son nid est composé de brins d'herbes, de mousse, de bourre, de crins et quelquefois de plumes. Sa ponte est de cinq à sept œufs, d'un bleu verdâtre pâle, sans taches, et quelquefois avec de très-petits points à peine visibles. Ils mesurent :

Grand diam. 0^m,017 à 0^m,018 ; petit diam. 0^m,013.

Ce Tarier se plaît dans les lieux découverts ; il fréquente les prairies naturelles et artificielles, les champs de colza, les plaines couvertes de verdure, les cours d'eau ; on le trouve même sur la lisière des bois et dans les jeunes taillis.

214 — TARIER RUBICOLE — *PRATINCOLA RUBICOLA*
Koch ex Linn.

Point de raie sourcilière, gorge noire (adultes), *ou d'un gris noirâtre* (jeunes) ; *deuxième rémige beaucoup plus courte que la cinquième ; queue unicolore.*

Taille : 0^m,12 *environ.*

MOTACILLA RUBICOLA, Linn. *S. N.* (1766), t. I, p. 332.
SYLVIA RUBICOLA, Lath. *Ind.* (1790), t. II, p. 523.
SAXICOLA RUBICOLA, Bechst. *Orn. Tasch.* (1802), t. I, p. 220.
PRATINCOLA RUBICOLA, Koch, *Baier. Zool.* (1816), t. I, p. 192.
ŒNANTHE RUBICOLA, Vieill. *N. Dict.* (1818), t. XXI, p. 429.
Buff. *Pl. enl.* 678, f. 1, sous le nom de *Traquet.*

Mâle au printemps : Tête, gorge, devant du cou et queue entière d'un noir mat ; nuque et dos noirs, avec les plumes bordées de roux ;

poitrine et flancs d'un rouge bai, moins vif vers la queue ; milieu du ventre blanc ; une tache oblongue, longitudinale, sur l'aile, d'un blanc pur ; ailes noires, avec les pennes plus ou moins bordées de roussâtre ; couvertures supérieures de la queue variées de blanc, de brun et de roux ; bec, pieds et iris noirs.

Nota. Les sujets qui habitent les hautes montagnes de la Savoie diffèrent, selon M. Bailly, de ceux des plaines, par la taille et la coloration. Le roux est plus pâle et le blanc du ventre plus étendu.

Femelle : Parties supérieures brunes, avec les plumes bordées de roux clair ; parties inférieures d'un roux moins vif que chez le mâle, avec le blanc du cou et des ailes moins étendu ; la gorge et le devant du cou variés de noir et de cendré roussâtre (1).

Jeunes avant la première mue : Brun en dessus, avec du blanc sale roussâtre au milieu et à la pointe des plumes ; sus-caudales rousses ; parties inférieures d'un gris jaunâtre, légèrement variées de noirâtre ; ailes et queue d'un brun noir, bordées et terminées de roux ; gorge et devant du cou grisâtres.

Après la mue, en automne : Les jeunes et les vieux ont toutes les plumes des parties supérieures bordées de roussâtre ; ces bordures disparaissent au printemps suivant, par l'usure des plumes.

Variétés accidentelles : Plumage entièrement blanc. (Collect. Degland).

Le Tarier rubicole, non-seulement habite presque toute l'Europe, mais aussi une partie de l'Asie et l'Afrique septentrionale.

On le trouve toute l'année dans le midi de la France et en Italie.

Il niche dans les champs incultes, parmi les pierres, dans les terrains sablonneux, quelquefois au milieu des rochers. Sa ponte est de cinq à six œufs d'un bleu verdâtre pâle, avec des taches roussâtres peu apparentes, rapprochées et quelquefois confondues au gros bout. Ils mesurent :

Grand diam. $0^m,015$ à $0^m,016$; petit diam. $0^m,013$.

Le Tarier rubicole se plaît, plus que le précédent, dans les jeunes taillis, les halliers, sur les coteaux couverts de bruyères et d'arbres nains. Pendant les fortes chaleurs de l'été il se retire sur les collines et les montagnes nues, arides et sablonneuses. L'hiver, il descend dans les plaines, et fréquente alors

____

(1) M. l'abbé Caire a observé, plusieurs années de suite, que les sujets qui nichent dans les régions les plus froides des Basses-Alpes sont plus petits et diffèrent beaucoup de ceux qui nichent près de Moustiers, dans des régions plus basses. Le mâle, chez les premiers, est noirâtre sur le dos, et a moins de roux et plus de blanc sur le devant du cou et de la poitrine que chez les seconds, et le roux de la gorge et de la poitrine de la femelle est plus vif et plus étendu. Leur chant différerait également.

les prairies, les lieux marécageux. Du reste il a les mœurs, les habitudes, le genre de vie du précédent.

GENRE CI

CALLIOPE — *CALLIOPE*, Gould

Motacilla, p. Pall. *Voy.* (1776).
Turdus, p. Lath. *Ind.* (1790).
Accentor, Temm. *Man.* (1835).
Calliope, Gould, *B. of Eur.* (1836).
Lusciola, Keys. et Blas. *Wirbelth.* (1840).

Bec de la longueur de la tête, fort, presque aussi haut qu large à la base, qui est garnie de quelques soies, à arête saillante entre les narines ; celles-ci oblongues, à demi fermées par une membrane ; ailes moyennes, queue égale, unicolore ; tarses et doigts comme dans le genre *Philomela*.

Les habitudes, le genre de vie des Calliopes, ne sont point connus. Cependant comme ces oiseaux, par leurs formes générales, ont les plus grands rapports avec celles des Rouges-Queues, des Gorges-Bleues, des espèces enfin dont G. Cuvier a formé son groupe des Rubiettes, il est à présumer qu'ils en ont aussi les mœurs.

Le mâle et la femelle se distinguent, mais sans trop différer. Leur mue est simple.

Ce genre est représenté en Europe par une espèce, qui est propre à l'Asie.

213 — CALLIOPE DU KAMTSCHATKA
CALLIOPE CAMTSCHATKENSIS
Strickl. ex Gmel.

Gorge et devant du cou d'un rouge clair brillant (mâle adulte), *ou d'une faible teinte rougeâtre ou rose* (femelle et jeunes), *encadré par une bande d'un gris noirâtre ; première rémige impropre au vol, deuxième plus longue que la septième, troisième et quatrième les plus longues.*

Taille : 0ᵐ,16 à 0ᵐ,18.

Motacilla calliope, Pall. *Voy.* (1776), édit. franç. in-8, t. VIII, append., p. 76.
Turdus Camtschatkensis, Gmel. *S. N.* (1788), t. I, p. 817.
Turdus Calliope, Lath. *Ind.* (1790), t. I, p. 331.
Accentor Calliope, Temm *Man.* (1835), 3ᵉ part., p. 172.

Calliope Camtschatkensis, Strickl.
Calliope Lathamii, Gould, *B. of Eur.* (1836), pl. 114.
Lusciola (*Melodes*) Calliope, Keys. et Blas. *Wirbelth.* (1840), p. 58.

Mâle adulte, en été : Dessus de la tête, du cou et du corps d'un brun de terre d'ombre uniforme ; gorge et devant du cou d'un rouge clair très-brillant, encadré par une bande d'un gris noirâtre, qui devient cendré vers la poitrine ; cette partie et les flancs d'un brun olive roussâtre ; milieu de l'abdomen et sous-caudales d'un blanc isabelle ; lorums et base de la mandibule inférieure d'un noir profond ; un trait d'un blanc pur au-dessus des yeux, et un autre trait, plus large, sur les côtés de la gorge, l'un et l'autre partant de la base du bec ; ailes et queue de la même couleur que le dessous du corps, avec les rémiges finement liserées de roussâtre ; bec et iris bruns ; pieds gris.

Mâle adulte, en automne : Comme en été, mais avec les plumes de la gorge et du cou lisérées de blanc pur.

Femelle adulte : Parties supérieures comme chez le mâle ; gorge d'une faible teinte rouge en haut, d'un blanc rose en bas, s'étendant sur le devant du cou ; lorums gris, surmontés par un petit trait d'un blanc terne ; point d'encadrement de gris noirâtre à la poitrine, cette partie d'un olive grisâtre.

Jeune mâle : Plumage comme celui de l'adulte, avec la gorge et le devant du cou d'un rose clair ou d'un rouge jaunâtre.

La Calliope habite l'Asie septentrionale et orientale, et se montre accidentellement en Europe. Deux sujets, à la connaissance de Temminck, ont été tués en Russie, l'un en Crimée, l'autre près de Moscou. Deux autres captures, opérées cette fois en France, ont été signalées, l'une par nous (*Revue zoologique*, 1854, p. 10), l'autre par M. Jaubert. Le sujet que nous avons vu, magnifique mâle, tué en août 1829 dans le département du Var, est conservé à la Bibliothèque de Draguignan ; l'autre est déposé, d'après M. Jaubert, dans le riche Musée de Marseille.

SOUS-FAMILLE XXXV

ACCENTORIENS — *ACCENTORINÆ*

Sommet de la tête arrondi ; bec aigu, à bords infléchis en dedans ; tarses recouverts par plusieurs grandes scutelles ; œil médiocrement dilaté.

Degland et Gerbe.   I. — 30

Les oiseaux qui appartiennent à cette division se distinguent particulièrement des autres Turdidés par leur bec, dont les bords sont bien recourbés en dedans. Indépendamment de ce caractère, qui est très-tranché, ils se distinguent encore par quelques particularités de mœurs. Du reste, ils ne sont ni Turdiens ni Sylviens, mais semblent faire le passage des uns aux autres. Leur mode de progression n'est plus la marche, mais le saut; jamais ils n'impriment à la queue, comme les Turdiens, des mouvements de haut en bas, et les jeunes, à la sortie du nid, n'ont pas comme ceux-ci, de livrée très-caractérisée, quoique cependant ils se distinguent des adultes.

GENRE CII.

ACCENTEUR — *ACCENTOR*, Bechst.

MOTACILLA, p. Linn. *S. N.* (1766).
STURNUS, p. Gmel. *S. N.* (1788).
ACCENTOR, Bechst. *Nat. Deuts.* (1807).

Bec plus large que haut à la base, droit, pointu, échancré et très-légèrement incliné à la pointe de la mandibule supérieure; narines nues, percées dans une membrane; ailes allongées, subaiguës, dépassant le milieu de la queue; celle-ci de moyenne longueur, égale; tarses robustes, de la longueur du doigt médian; ongle du pouce fort, de la longueur de ce doigt.

Les Accenteurs sont des oiseaux d'un naturel doux. Quoiqu'ils vivent généralement dans des lieux solitaires, sur des montagnes alpestres, ils ne sont point effarouchés lorsqu'ils se trouvent en présence de l'homme. Leur chant est agréable, et leur nourriture consiste en insectes et en graines.

Le mâle et la femelle se ressemblent. Les jeunes, avant la première mue, en diffèrent. Leur mue est simple.

Ce genre est représenté en Europe par une seule espèce.

216 — ACCENTEUR ALPIN — *ACCENTOR ALPINUS*
Bechst. ex Gmel.

Une double rangée de taches sur l'aile; dessus de la tête d'un brun cendré; sous-caudales avec une large tache longitudinale au centre; première rémige égale à la deuxième et quelquefois la plus longue de toutes.

Taille : 0m,18 environ.

MOTACILLA ALPINA, Gmel. *S. N.* (1788), t. I, p. 957.
STURNUS MONITANUS et COLLARIS, Gmel. *S. N.* (1788), t. I, p. 804 et 805.

Accentor alpinus, Bechst. *Nat. Deuts.* (1707), t. III, p. 700.
Buff. *Pl. enl.* 668, f. 2, sous le nom de *Fauvette des Alpes.*

Mâle : Parties supérieures de la tête, du cou et du corps d'un cendré rembruni, avec des taches allongées brunes sur le dos, au croupion, et les scapulaires bordées largement de roux ; gorge blanche, marquée de taches noirâtres sous forme d'écailles ; poitrine d'un brun cendré ; abdomen et flancs cendrés et flammés de roux vif ; sous-caudales blanches, tachetées de brun ; petites et moyennes couvertures noires, terminées de blanc ; rémiges brunes, les primaires lisérées de gris, les secondaires frangées de roussâtre ; rectrices de la même couleur que les pennes des ailes, toutes bordées de gris, et terminées de blanchâtre ; bec brun en dessus et jaune à la base de la mandibule inférieure ; iris brun clair ; pieds jaunâtres.

Femelle : Elle ne diffère du mâle que par des teintes un peu moins vives.

Jeunes avant la première mue : Parties supérieures à peu près comme chez les adultes, mais plus marquées de roussâtre au dos ; ailes bordées de gris roux, avec les petites et les moyennes couvertures terminées de blanchâtre ; rectrices tachées de blanc roussâtre à leur extrémité ; toutes les parties inférieures variées de gris noirâtre et de blanchâtre, tournant çà et là au roussâtre.

L'Accenteur alpin ou Pégot est propre à l'Europe méridionale.

Il habite, l'été, les pics les plus élevés des Alpes, des Pyrénées ; il descend, l'hiver, lorsque les neiges envahissent les hautes montagnes, dans les plaines, les vallées et s'égare quelquefois fort loin des lieux où il est né. Il se montre accidentellement dans le nord de la France, en Belgique, en Angleterre. On l'a tué quelquefois à Saint-Omer et près de Bergues. Un individu a été pris près d'Anvers pendant l'hiver de 1835.

Il niche dans les fentes des rochers, quelquefois aussi sur les toits des maisons isolées et dans les villages situés sur les montagnes. Ses œufs, au nombre de cinq ou six, sont oblongs et d'un bleu pâle sans taches. Ils mesurent :

Grand diam. 0^m,019 ; petit diam. 0^m,014.

L'Accenteur Alpin est si peu farouche et tellement confiant, qu'on peut l'approcher à la distance de quelques pas seulement. Son chant a beaucoup d'analogie avec celui des Traquets, mais il est plus doux, plus varié. Il le fait souvent entendre en s'élançant dans les airs et en y papillonnant, à la manière de la Grisette. Il se tient ordinairement sur les pointes des rochers. Sa nourriture consiste, dans la belle saison, en insectes et en larves ; en hiver, il vit de graines et de petits colimaçons.

GENRE CIII

MOUCHET — *PRUNELLA*, Vieill.

Motacilla, p. Linn. *S. N.* (1735).
Sylvia, p. Lath. *Ind.* (1790).
Accentor, p. Bechst. *Nat. Deuts.* (1807).
Prunella, Vieill. *Orn. élém.* (1816).

Bec mince, droit, aigu, échancré et un peu incliné à la pointe de la mandibule supérieure ; narines nues, percées dans une membrane ; ailes de moyenne longueur, sub-obtuses, n'atteignant pas ou atteignant à peine le milieu de la queue ; celle-ci médiocre, égale ; tarses assez forts, de la longueur du doigt médian ; ongle du pouce assez fort, moins long que ce doigt.

Les Mouchets ont des mœurs et des habitudes un peu différentes de celles des Accenteurs. Ils ne vivent pas comme ceux-ci sur les montagnes nues et rocheuses, mais dans les régions basses et boisées, dans les vallées humides, couvertes d'épaisses broussailles, de buissons fourrés, au pied desquels ils descendent fréquemment pour y chercher les vers, les insectes, les graines dont ils se nourrissent. Ils sont très-familiers, très-doux et font entendre un chant mélancolique, mais agréable.

Le mâle et la femelle ne diffèrent presque pas. Les jeunes avant la première mue s'en distinguent. Leur mue est simple.

Observations. — 1° Vieillot, qui avait créé ce genre en 1816, l'a abandonné deux années plus tard (*Nouv. Dict. d'hist. nat.* 1818), pour réunir au genre *Accentor* les espèces qu'il en avait détachées. Quelques auteurs ont eu raison de le rétablir. Les Mouchets, en effet, semblent se distinguer des Accenteurs, par leurs habitudes, autant qu'ils s'en distinguent par leur bec, par la forme et la longueur de leurs ailes.

2° Aux deux espèces européennes que compte le genre Mouchet, le prince Ch. Bonaparte en réunit une troisième, l'*Accentor altaicus*, Brandt, oiseau de la Sibérie, dont l'apparition en Europe reste à démontrer.

217 — MOUCHET CHANTEUR — *PRUNELLA MODULARIS* Vieill. ex Linn.

Une très-petite bande transversale blanchâtre sur l'aile, quelquefois point ; dessus de la tête cendré (adultes), *ou brun-gris* (jeunes de l'année) ; *sous-caudales avec une tache longitudinale brune, au centre.*

Taille : 0^m,145.

Motacilla modularis, Linn. *S. N.* (1766), t. I, p. 329.
Curruca sepiaria, Briss. *Ornith.* (1760), t. III, p. 394.
Sylvia modularis, Lath. *Ind.* (1730), t. II, p. 511.
Accentor modularis, Bechst. *Nat. Deuts.* (1807), t. III, p. 617.
Prunella modularis, Vieill. *Orn. élém.* (1816), p. 43.
Tharraleus modularis, Kaup, *Nat. Syst.* (1829), p. 137.
Buff. *Pl. enl.* 615, f. 1, sous le nom de *Mouchet.*

Mâle en été : Tête et cou cendrés, avec des taches brunâtres au vertes, à la nuque ; régions parotiques d'un brun nuancé de roussâtre ; dos et ailes fauves, avec des taches longitudinales noirâtres et une petite tache d'un blanc jaunâtre à l'extrémité des moyennes et des grandes couvertures ; croupion et sous-caudales d'un brun tirant sur le roussâtre ; parties inférieures d'un cendré bleuâtre, avec une teinte et des taches roussâtres et brunes aux côtés de la poitrine et sur les flancs ; bas ventre d'un blanc pur ; sous-caudales d'un cendré roussâtre, flammées de brun ; rémiges et rectrices d'un brun terne, légèrement bordées de roussâtre ; bec noirâtre, plus foncé en dessus qu'en dessous ; pieds roussâtres ; iris brun.

Mâle en hiver : Tête et cou moins cendrés et variés de taches brunes ; flancs plus sombres ; extrémité des moyennes et des grandes couvertures alaires avec une tache plus blanche ; bec brun en dessus, jaunâtre en dessous.

Femelle : Teintes un peu plus rembrunies que chez le mâle, plus de taches brunes à la tête, et moins de roux sur le cou et le corps.

Jeunes avant la première mue : Dessus du cou et gorge d'un gris blanc, légèrement tacheté de noirâtre, devant du cou et poitrine roussâtres, avec des taches noirâtres sur la première partie et brunes sur l'autre ; milieu de l'abdomen blanchâtre.

Le Mouchet chanteur, vulgairement aussi *Traine-Buisson*, habite presque toute l'Europe tempérée. Il est très-commun en France, où il vit sédentaire dans beaucoup de localités.

Il se reproduit dans les bois, les jardins, au milieu des taillis, sur les buissons, dans les haies. Son nid est composé de mousse, de feuilles sèches, de brins d'herbes, de radicules et de quelques crins à l'extérieur. Ses œufs, au nombre de cinq ou six, sont d'un bleu céleste sans taches, quelquefois avec de très-petits points noirs qu'on peut effacer avec la plus grande facilité. Ils mesurent :

Grand diam. 0^m,019 ; petit diam. 0^m,014.

Durant l'été, cette espèce fréquente les bois ; elle s'approche des habitations dans le mois de novembre, et s'avance jusque dans la cour des fermes pour y chercher des graines. Sa nourriture, pendant la belle saison, consiste principalement en insectes et en vers, qu'il cherche en fouillant au pied des arbustes, sous les herbes et les feuilles. MM. de Sélys-Longchamps et de Lamotte pensent que c'est presque toujours dans le nid de cette espèce que le *Coucou* dépose ses œufs; le dernier avance même qu'il n'en a jamais trouvé dans d'autres nids. Nous avons dit à l'article *Coucou* ce qu'il faut penser à ce sujet.

Cet oiseau vit très-bien en volière et s'y nourrit de graines, comme les granivores.

218 — MOUCHET MONTAGNARD
PRUNELLA MONTANELLA
Bp. ex Pall.

Une double rangée de taches transversales jaunâtres sur l'aile; dessus de la tête noir; tige des rectrices rougeâtre.

Taille : 0ᵐ,145 *à* 0ᵐ,148.

MOTACILLA MONTANELLA, Pall. *Voy.* (1776), édit. franç. in-8, t. VIII, append. p. 71.
SYLVIA MONTANELLA, Lath. *Ind.* (1790), t. II, p. 526.
ACCENTOR MONTANELLUS, Temm. *Man.* (1820), t. I, p. 253.
PRUNELIA MONTANELLA, Bp. *Cat. Parzud.* (1856), p. 7.
Gould, *B. of Eur.* pl. 101.

Mâle : Dessus de la tête d'un noir profond; dessus du cou, dos et scapulaires d'un cendré rougeâtre, avec des taches longitudinales d'un rouge brique; parties inférieures d'un isabelle jaunâtre, varié de taches brunes à la poitrine, de taches d'un cendré rougeâtre sur les flancs; un trait jaunâtre au-dessus de l'œil, s'étendant du bec à la nuque; une large bande noire passant sous l'œil et couvrant le méat auditif; ailes d'un cendré brun, bordé de cendré rougeâtre; avec deux rangées de petits points jaunâtres, formant une double bande transversale; queue brune, avec la tige des plumes d'une teinte rougeâtre; bec jaune à la base et brun à la pointe; pieds jaunâtres.

Femelle : Elle ne diffère du mâle que par le noir moins intense du dessus de la tête, du dessous des yeux et de la région parotique.

Les jeunes avant la première mue sont inconnus.

Cette espèce habite l'Asie occidentale et se montre accidentellement en Europe.

Pallas l'avait rencontrée en Crimée; d'après le témoignage de M. Nordmann, on l'y voit, en effet, à son passage en automne. A cette époque, elle fréquenterait même les jardins d'Odessa. Selon Temminck, elle se montrerait accidentellement en Hongrie et en Italie.

Elle a des habitudes alpestres, durant l'été, et descend, l'hiver, dans les plaines.

Son mode de propagation est inconnu.

Observation. — Quelques ornithologistes ont voulu voir dans la *Motacilla montanella*, Pall., une espèce différente de l'*Accentor montanellus*, Temminck. M. Brandt a même proposé de distinguer ce dernier sous le nom d'*Accentor Temmincki*. Le prince Ch. Bonaparte, qui avait d'abord adopté cette prétendue espèce, l'a ensuite abandonnée. Temminck dit, du reste, que « l'individu envoyé par Pallas ne diffère en rien de ceux tués près de Naples. » On peut conclure d'une pareille affirmation que la *Motacilla montanella*, Pall. et l'*Accentor montanellus*, Temm. sont identiques.

SOUS-FAMILLE XXXVI

SYLVIENS — *SYLVIINÆ*

Sommet de la tête arrondi ; bec aussi haut que large à la base, à bords droits ; tarses recouverts par plusieurs grandes scutelles ; ongle du pouce plus court que ce doigt ; œil médiocrement dilaté.

Les oiseaux qui font partie de cette section se distinguent des Turdiens par les scutelles multiples des tarses et par leurs yeux qui sont médiocrement ouverts ; ils se distinguent essentiellement des Accentoriens par leur bec dont les bords ne sont point infléchis en dedans. Ils ont des mœurs sylvaines ; ils sautent et ne marchent point ; ils ne descendent que très-rarement à terre, cherchent leur nourriture dans les buissons, sur les arbustes, dans les herbes, et sont d'une extrême mobilité. Lorsque quelque chose les affecte, ils gonflent leur gorge et hérissent les plumes de la tête. Leur chant est agréable ; mais il n'est pas flûté comme celui des Turdiens.

GENRE CIV

FAUVETTE — *SYLVIA*, Scop. (1)

Motacilla, p. Linn. *S. N.* (1735).
Sylvia, Scop. *An. 1. Hist. Nat.* (1769).

(1) Une erreur qui s'est introduite dans la science et qui s'y maintient depuis soixante ans, est celle qui attribue à Latham la création du genre *Sylvia*. Il est certain que Latham n'a fait que l'adopter. Les dates sont ici démonstratives. Dès 1769, Scopoli, dans son *Annus 1 Historico-Naturalis*, retire du grand genre *Motacilla* les Fauvettes, les Rossignols, les Rouges-Queues, les Traquets, les Pouillots, etc., et en compose un genre sous

Curruca, p. Koch, *Baier. Zool.* (1816).
Monachus et Epilais, Kaup. *Nat. Syst.* (1829).
Adornis, G. R. Gray, *Gen. of B.* (1841).

Bec droit, comprimé dans sa moitié antérieure, garni de quelques poils à la base, à mandibule supérieure échancrée vers la pointe ; narines oblongues, operculées, ouvertes de part en part ; ailes sub-aiguës, atteignant, ou à peu près, le milieu de la queue ; celle-ci de moyenne longueur, carrée, unicolore ; tarses assez forts ; ongles faibles, recourbés.

Les espèces qui appartiennent à ce genre ont un naturel doux, familier même ; se plaisent dans les bosquets, sur les lisières des bois, dans les vergers, dans les jardins qui sont au sein des villes. Elles sont frugivores et insectivores ; mais, à l'époque où les fruits abondent, elles font de ceux-ci leur nourriture presque exclusive. Elles sont surtout friandes des fruits sucrés, tels que les figues, les mûres, les groseilles, les baies de sureau. Soumises pendant quelques jours au régime de ces fruits, elles prennent un embonpoint excessif, et leur chair est alors des plus délicates. Leur vol est bas, irrégulier, sautillant, vif et s'exécute au moyen de brusques battements d'ailes. Elles émigrent isolément, et ne voyagent que le matin et le soir, quelques heures avant et après le coucher du soleil. Leur chant est doux, agréable et varié.

Le mâle et la femelle se ressemblent ou ne diffèrent que très-peu. Lorsque les deux sexes sont distincts, les jeunes, avant la première mue, offrent le plumage de la femelle. Leur mue est simple.

Observations. — 1° Aucun ancien genre n'a subi d'aussi nombreux démembrements que celui des *Sylviæ*. Sans parler des Accenteurs, des Rouges-Gorges, des Rouges-Queues, des Gorges-Bleues, des Traquets, des Rossignols, des Effarvattes, des Pouillots, des Roitelets, des Hypolaïs, etc., qu'on en a justement retirés, les Fauvettes, c'est-à-dire ce groupe de Sylviens (moins les Rossignols et les Hypolaïs) dont Boie, dans sa classification des Oiseaux d'Europe (*Ueber. classif. infond. der Europ. Vogel,* in : *Isis,* 1822, p. 552), a fait son genre *Curruca,* ont fourni au prince Ch. Bonaparte (*B. of Eur. and North Amer.* 1838, et *Cat. meth. degli Uccelli Eur.* 1842) les éléments des six

le nom de *Sylvia,* genre qu'il reproduit plus tard dans son *Introductio ad Histor. Naturalem,* publiée en 1777. Or les premières éditions des grands ouvrages de Latham, du *Synopsis Avium,* et de l'*Index Ornithologicus,* dans lesquels l'ornithologiste anglais ne compose pas le genre *Sylvia* autrement que l'avait fait Scopoli, portent, l'une, la date de 1781 ; l'autre, celle de 1790. Indépendamment des dates on trouve aussi dans Latham des preuves propres à établir la priorité. En effet, dans son *Synopsis,* Latham lui-même attribue à Scopoli la création du nom générique *Sylvia,* puisque parmi les synonymies qu'il donne de diverses *Sylviæ* d'Europe, on trouve celles de *Sylvia Tithys,* Scop. ; *Sylv. luscinia,* Scop. *Sylv. Schœnobenus,* Scop. C'est donc bien Scopoli qui est le créateur du genre *Sylvia,* que Latham n'a fait qu'adopter et étendre.   Z. G.

genres ou sous-genres suivants : Melizophilus, déjà créé par Leach, pour la *Sylv. provincialis* ; — Pyrophthalma, pour les *Sylv. melanocephala* et *sarda* ; — Stoparola, subdivision du genre *Sylvia*, pour les *Sylv. conspicillata* et *subalpina*; — Sylvia, pour les *Sylv. curruca* et *cinerea* ; — Curruca pour les *Sylv. hortensis, orphea, atricapilla* et *Rupellii* ; — et Adophoneus, antérieurement Nisoria, pour la *Sylv. nisoria*. Si à ces divisions génériques l'on ajoute celles que Kaup (*Nat. Syst.* 1829) a établies sous le nom de Monachus, pour la *Sylv. atricapilla* ; — d'Erythroleuca, pour la *Sylv. subalpina*, on voit que les *Currucæ* de Boie, dont on avait déjà éloigné les Rossignols et les Hypolaïs, ne forment pas moins, aujourd'hui, de huit genres. Nous sommes loin d'admettre toutes ces coupes pour lesquelles il est impossible de trouver une caractéristique générique. Il n'y a absolument que la forme de la queue ; sa longueur, relativement à l'étendue des ailes, et sa coloration, qui fournissent des caractères distinctifs. Or, ces attributs, comme nous l'avons fait observer ailleurs (1), autorisent tout au plus à reconnaître trois groupes que l'on puisse élever à la dignité de genre. Ce sont aussi les seules divisions que nous avons admises.

2° Si nous adoptons, pour ce genre, le nom de *Sylvia*, de préférence à celui de *Curruca* que quelques auteurs lui ont donné, c'est que le nom de *Curruca* ayant été affecté spécifiquement par presque tous les ornithologistes, depuis Linnée, à la Babillarde, ne saurait s'appliquer génériquement à un genre dont cette espèce ne fait point partie. Il vaut donc mieux, pour éviter toute erreur, et pour être logique, conserver le nom de *Sylvia* au genre dont la *Sylv. atricapilla* est le type, et donner celui de *Curruca* à celui qui comprend la Babillarde et les espèces qu'on n'en peut éloigner.

219—FAUVETTE A TÊTE NOIRE—*SYLVIA ATRICAPILLA*
Scop. ex Linn.
(Type du genre *Monachus*, Kaup)

Rémiges secondaires frangées d'olivâtre ; sous-caudales avec une large tache longitudinale au centre ; dessus de la tête, jusqu'aux yeux, noir (mâle) *, ou roux* (femelle et jeunes) *; première rémige impropre au vol, deuxième plus courte que la cinquième, la troisième la plus longue.*

Taille : 0ᵐ,14.

Motacilla atricapilla, Linn. *S. N.* (1766), t. I, p. 332.
Curruca atricapilla, Briss. *Ornith.* (1760), t. III, p. 380.
Sylvia atricapilla, Scop. *An. 1 Hist. Nat.* (1769), n° 229.
Monachus atricapillus, Kaup, *Nat. Syst.* (1829), p. 33.
Philomela atricapilla, Swains. *Nat. Syst.* (1837), t. II, p. 240.
Epilais atricapilla, Cab. *Mus. Orn. Hein.* pars 1ª, Osc. (1850-1851), p. 36.
Buff. *Pl. enl.* 580, f. 1, *mâle*; f. 2, *femelle.*

(1) *Dict. univ d'Hist. nat* 1846), t. XII, article *Sylvie.*

Mâle au printemps : Tout le dessus de la tête, depuis le front jusqu'à la nuque, d'un noir profond ; bas de la nuque cendré ; dos et sous-caudales d'un brun olivâtre cendré ; joues, devant du cou, poitrine, sous-caudales et flancs d'un gris cendré ; bord libre des paupières, gorge et abdomen gris blanchâtre ; ailes et queue semblables au manteau ; bec et pieds gris de plomb ; iris brun noirâtre.

Femelle : Elle diffère du mâle en ce qu'elle a le dessus de la tête roux, la poitrine, les flancs d'un gris olivâtre et l'abdomen teint de roussâtre.

Jeunes avant la première mue : Ils ressemblent à la femelle, mais la couleur rousse de la tête est moins foncée.

Variétés accidentelles : On trouve des sujets entièrement blancs ou isabelle, ou tapirés de blanc. Son plumage, en captivité, éprouve quelquefois des changements profonds. Un individu, mort en cage (Collect. Degland), était entièrement noir. Cette couleur a été provoquée, sans doute, par le chènevis que l'on mêlait à sa nourriture.

Cette Fauvette habite une grande partie de l'Europe, l'Asie occidentale et l'Afrique septentrionale.

Elle est très-commune en France. Dans le nord, elle n'est que de passage; on ne l'y trouve que d'avril en septembre; mais elle passe l'hiver dans le midi de la France. Durant cette saison, on la rencontre même quelquefois en Anjou. M. Millet a vu un mâle et une femelle, en janvier 1835, dans le jardin des plantes d'Angers, alors que le thermomètre marquait 7 degrés au-dessous de zéro. Ce couple vivait des fruits du lierre et d'autres petites baies.

Elle niche dans les buissons, sur les arbustes, à peu de distance du sol ; compose son nid d'herbes sèches, de quelques feuilles et de quelques crins à l'intérieur, et pond de quatre à six œufs, d'un gris glacé de rougeâtre et de jaunâtre, quelquefois d'un rouge assez vif, avec de petits points plus foncés, des taches et des traits bruns. Ils mesurent :

Grand diam. 0ᵐ,02 ; petit diam. 0ᵐ,014.

La Fauvette à tête noire se nourrit d'insectes, de larves et de baies. Elle aime les lieux frais et ombragés, fréquente les bois, les bosquets, les vergers et même les jardins de l'intérieur des villes. Le mâle a un chant des plus mélodieux, aussi les qualités de sa voix le font-ils rechercher par les amateurs.

Observations. — La *Sylvia rubricapilla*, Landbeck, dont on trouve une figure dans le quatrième cahier de la *Naumannia*, pour 1854, n'est qu'une variété accidentelle, à tête d'un brun rougeâtre, de la *Sylvia atricapilla*.

220 — FAUVETTE DES JARDINS — *SYLVIA HORTENSIS*
Lath. ex Gmel.
(Type du genre *Epilais*, Kaup)

Rémiges secondaires frangées d'olivâtre clair; sous-caudales unicolores ; dessus de la tête de la couleur du dos ; première rémige impropre au vol, deuxième égale ou presque égale à la troisième, qui est la plus longue.

Taille : 0ᵐ,14 environ.

Motacilla hortensis, Gmel. *S. N.* (1788), t. I, p. 955.
Sylvia hortensis, Var. Passerina, Lath. *Ind.* (1790), t. II, p. 507, et 508.
Curruca hortensis, Koch, *Baier. Zool.* (1816), t. I, p. 155.
Sylvia Ædonia, Vieill. *N. Dict.* (1817), t. XI, p. 162.
Epilais hortensis, Kaup, *Nat. Syst.* (1829), p. 145.
Adornis hortensis, G. R. Gray, *Gen. of B.* (1841), p. 29.
Buff. *Pl. enl.* 579, f. 2, sous le nom de *Petite Fauvette.*

Mâle au printemps : D'un gris rembruni olivâtre en dessus ; devant du cou blanchâtre, poitrine et flancs d'un gris nuancé de roussâtre ; ventre, sous-caudales, tour des yeux et pli de l'aile d'un blanc pur ; ailes et queue comme le dessus du corps, avec les rémiges frangées d'une teinte plus claire, terminées, ainsi que les rectrices, par un fin liséré grisâtre ; bec et pieds bleu de plomb ; iris brun.

Femelle : Parties supérieures plus grises que chez le mâle, et moins nuancées d'olivâtre ; les inférieures plus claires, avec moins de roussâtre.

Jeunes avant la première mue : D'un gris rembruni sans teinte olivâtre.

Nota. On rencontre des sujets, surtout en automne, dont toutes les parties inférieures sont d'un brun jaunâtre, plus prononcé sur la poitrine et sur les flancs que partout ailleurs.

La Fauvette des jardins habite presque toute l'Europe tempérée. On la trouve très-communément en France, surtout dans les départements de l'Ouest et du Nord. Elle y arrive à la fin d'avril, pour les quitter au commencement de l'automne.

Elle niche dans les buissons, sur les arbrisseaux, les touffes d'herbes, à un mètre ou deux du sol. Son nid, construit en forme de coupe, avec des herbes sèches et quelques crins à l'intérieur, contient de quatre à six œufs, d'un blanc grisâtre, glacé de fauve, avec des taches café au lait, rousses et brunes, et quelquefois avec des points d'un brun noir. Ils mesurent :

Grand diam. 0ᵐ,02 ; petit diam. 0ᵐ,014.

Elle habite, comme la précédente, les bois, les bosquets, les jardins, les vergers, et a le même régime. Le mâle fait entendre aussi un chant des plus agréables.

En automne, elle prend beaucoup de graisse et peut alors rivaliser avec l'Ortolan, sous le rapport de la délicatesse de sa chair. Les gourmets la nomment *Bec-figue.* « Ce nom lui convient d'autant mieux, dit M. Darracq (*Catalogue des Ois. du département des Landes*), qu'elle a un goût décidé pour ce fruit, dont elle se nourrit presque exclusivement à cette époque de l'année. »

Observation. — Cette espèce offrirait, suivant Vieillot, deux races, dont l'une serait sensiblement plus forte que l'autre. Nous n'avons jamais remarqué ces différences dans le grand nombre de sujets que nous avons vus ou tués.

GENRE CV

BABILLARDE — *CURRUCA*, Boie

Motacilla, p. Linn. *S. N.* (1766).
Sylvia, p. Lath. *Ind.* (1790).
Curruca, Boie, *Isis* (1822).
Sylvia, Curruca, p., Nisoria, Stoparola, Pyrophthalma, Bp. *Ucc. Eur.* (1842).

Bec petit, droit, comprimé dans sa moitié antérieure, garni de quelques poils à la base, à mandibule supérieure échancrée vers la pointe ; narines oblongues, operculées, ouvertes de part en part ; ailes sub-obtuses, courtes, atteignant à peine le milieu de la queue ; celle-ci assez allongée, arrondie, bicolore, la rémige extérieure, au moins, étant toujours blanche ou en partie blanche ; tarses assez forts ; ongles faibles, recourbés.

Les Babillardes ont les habitudes, le genre de vie des Fauvettes, mais elles ont plus de gaieté, plus de pétulance. Elles vivent comme elles dans les bosquets, sur la lisière des bois ; cependant elles ont des mœurs généralement plus agrestes, fréquentent davantage et de préférence les haies, les broussailles, les buissons qui se trouvent au milieu des champs et qui couvrent les coteaux. Leur chant est aussi moins doux et moins varié.

Le mâle se distingue toujours de la femelle par les couleurs plus intenses de la tête ou de toute autre partie du corps. Les jeunes, avant la première mue, ressemblent à la femelle. Leur mue est simple.

Les couleurs chez certaines espèces deviennent, au printemps, plus pures et plus vives par l'usure des plumes.

Observation. — Plusieurs espèces, qui paraissent se rapporter à ce groupe, ont été décrites par divers auteurs, mais les unes ne sont que de doubles emplois, et les autres sont trop mal caractérisées pour qu'on puisse les reconnaître. Ainsi :

La *Sylv. icterops*, Ménét. (*Cat. des Ois. du Cauc.* p. 34), n'est, d'après MM. Keyserling et Blasius (*Die Wirbelth.*, p. 56), qu'un double emploi de la *Sylv. conspicillata*.

La *Sylv. mystacea*, Ménét. (même ouvrage), est trop succinctement indiquée pour qu'on puisse l'adopter ou même la rapporter à une espèce connue. Peut-être n'est-elle qu'un état d'âge de la *Curruca subalpina.*

La Fauvette brunette, *Sylv. fuscescens,* Vieill. (*Faun. franç.,* p. 204), est purement nominale. Nous avons vu, chez M. Baillon, à Abbeville, le sujet sur lequel cette prétendue espèce a été créée : il représente positivement une femelle de la *Curruca melanocephala.*

La *Sylv. ochrogenion,* Lindermayer (*Isis,* 1842, p. 343), espèce établie d'après un seul individu tué près d'Athènes, sur le mont *Hymetus,* pourrait bien n'être aussi, selon nous, qu'une femelle de la *Curruca melanocephala.* En voici, du reste, la description, d'après le docteur Lindermayer : « Parties supérieures d'un gris foncé, lavé d'olivâtre ; dessus et côté de la tête, couvertures supérieures de la queue d'un gris noirâtre ; queue, étagée, noire, à rectrice la plus latérale, blanche sur ses barbes externes, la suivante pourvue d'une fine tache blanche à son extrémité ; la cinquième rémige la plus longue de toutes, la troisième et la quatrième égales ; menton jaune-soufre, gorge blanche, poitrine et hypocondres grisâtres, ces derniers nuancés de brun : abdomen blanc ; sous-caudales grises ; bec fort, d'un brun brillant, jaune à la base de la mandibule supérieure.

Enfin on a encore décrit, comme Fauvettes, des oiseaux dont l'existence est plus que douteuse. Tels sont *Sylv. guttata* Landb., *Sylv. brunea,* Forst., *Sylv. torquata* et *rubricilla,* Risso, qui paraissent plutôt des Traquets que des Fauvettes.

221 — BABILLARDE ORDINAIRE — *CURRUCA GARRULA*
Briss.

Rémiges frangées de cendré (adultes), *ou de cendré roussâtre* (jeunes de l'année) ; *la rectrice la plus extérieure, blanche sur toute l'étendue des barbes externes, blanchâtre sur la moitié des barbes internes, la suivante avec la pointe grise ; première rémige impropre au vol, deuxième égale à la cinquième, la troisième la plus longue.*

Taille : 0^m,13 *à* 0^m,14.

CURRUCA GARRULA, Briss. *Ornith.* (1760), t. III, p. 384.
MOTACILLA CURRUCA, Gmel. *S. N.* (1788), t. I, p. 954.
SYLVIA CURRUCA, Lath. *Ind.* (1790), t. II, p. 509.
MOTACILLA GARRULA, Retz. *Faun. Suec.* (1800), p. 254.
SYLVIA GARRULA, Bechst. *Nat. Deuts.* (1807), t. III, p. 540.
MOTACILLA SYLVIA, Pall. *Zoogr.* (1811-1831), t. I, p. 488.
Buff. *Pl. enl.* 580, f. 3.

Mâle au printemps : Dessus de la tête et joues d'un cendré brun tirant sur le bleu ; parties supérieures d'un cendré gris ; parties inferieures d'un blanc pur à la gorge, au devant du cou et au milieu de l'abdomen, teint de roussâtre à la poitrine et vers l'anus, de gris, lavé de roussâtre sur les flancs ; ailes brunes, avec les couvertures bordées de cendré tirant sur le roux ; queue colorée de même, avec la plume externe cendrée, terminée et bordée en dehors de blanc pur ; la deuxième, quelquefois la troisième et même la quatrième terminées par un petit liséré gris ; bec noir ; pieds bleu de plomb ; iris brun-noisette.

Femelle au printemps : Elle ressemble au mâle, seulement elle a le cendré de la tête moins intense et moins pur.

Mâle et femelle à l'automne : Teintes plus claires, le cendré de la tête moins prononcé : bec brun de corne en dessus, cendré bleuâtre en dessous et sur les côtés.

Jeunes de l'année, avant la première mue : Parties supérieures d'un joli gris cendré, tirant au bleuâtre à la tête et au cou ; parties inférieures blanches ; couvertures des ailes et rémiges bordées et terminées de roussâtre ; le blanc de la rectrice externe s'étendant fort avant sur les barbes internes ; bec et tarses couleur de plomb ; iris brun roussâtre.

La Babillarde ordinaire est répandue dans les contrées tempérées de l'Europe, de l'Afrique et de l'Asie.

En France, on la rencontre surtout dans les départements méridionaux ; elle est plus rare dans le nord, où elle se montre seulement de mai en août.

Elle niche dans les taillis et les buissons ; pond quatre ou cinq œufs d'un blanc roussâtre, ou gris, avec des taches brunes et cendrées, répandues en plus grand nombre sur le gros bout que sur le reste de la coquille. Ils mesurent :

Grand diam. 0ᵐ,012 ; petit diam. 0ᵐ,016.

C'est dans les buissons et les taillis épais que se plaît la Babillarde, elle aime à s'y cacher dans les endroits les plus fourrés ; cette habitude la dérobe souvent à la vue.

Observation. — C'est à cette espèce, suivant P. Roux, qu'il faut rapporter la *Bouscarle* de Buffon, et non à la *Fauvette Cetti*, comme le veut Temminck. Cependant nous ferons observer que c'est bien la Cetti qui paraît figurée, sous le nom de *Bouscarle de Provence*, sur la planche 655 (f. 2) des Enluminures. Du reste le nom de *Bouscarle* est indistinctement donné, en Provence, à plusieurs espèces de Sylviens.

222 — BABILLARDE ORPHÉE — *CURRUCA ORPHEA*
Boie ex Temm.

Rémiges secondaires frangées de gris roussâtre ; la rectrice la plus extérieure blanche sur toute l'étendue des barbes externes et sur la moitié des barbes internes ; la suivante blanche seulement à la pointe ; première rémige impropre au vol, deuxième égale à la cinquième, les troisième et quatrième égales et les plus longues.

Taille : 0^m,17 *environ.*

CURRUCA ? Briss. *Ornith.* (1760), t. III, p. 372.
SYLVIA ORPHEA, Temm. *Man.* (1815), p. 107.
SYLVIA GRISEA, Vieill. *N. Dict.* (1817). t. II, p. 188.
CURRUCA ORPHEA, Boie, *Isis* (1822), p. 552.
Buff. *Pl. enl.* 579, f. 1, *femelle,* sous le nom de *Fauvette.*

Mâle : Tête jusqu'au-dessous des yeux, d'un brun noirâtre ; dessus du cou et du corps d'un gris cendré olivâtre, avec quelques-unes des sous-caudales roussâtres ; gorge et abdomen blancs ; poitrine et flancs d'un rose très-clair ; sous-caudales d'un roux clair ; rémiges noirâtres, bordées de cendré-brun ; rectrice la plus extérieure blanche sur les barbes externes et dans la plus grande étendue des barbes internes, avec la tige noire ; toutes les autres rectrices noirâtres, la plupart finement terminées de blanc ; bec noir en dessus, jaunâtre en dessous, iris jaunâtre ; pieds bruns.

D'après M. Bouteille, les vieux mâles perdraient en automne le noir de la tête, et le reprendraient au printemps.

Femelle : Du noir seulement entre le bec et l'œil, point sur la tête ; un petit trait blanc se rendant à l'œil ; dessus du corps d'un cendré teint de roux, poitrine faiblement lavée de cette dernière couleur.

Jeunes avant la première mue : Ils ressemblent à la femelle ; leurs teintes sont seulement un peu plus ternes.

L'Orphée habite l'Europe centrale et méridionale et l'Afrique septentrionale.

Elle est très-abondante en Provence, dans le Piémont, la Lombardie, la Dalmatie ; on la trouve aussi, mais plus rarement, en Suisse, dans les Vosges, les Ardennes, le Dauphiné, en Belgique et dans le département du Nord, où elle arrive en avril et d'où elle part en septembre. Elle se montrerait, selon M. Nordmann, dans le midi de la Russie.

Elle se reproduit en petit nombre dans le Boulonnais et la Lorraine; elle niche dans les haies et les buissons, sur les oliviers; construit négligemment un nid avec des brins d'herbes, des toiles d'araignées et de la laine; pond quatre ou cinq œufs, d'un blanc sale, légèrement jaunâtre, avec des points et des taches brunes et grises. Ils mesurent :

Grand diam. 0ᵐ,016 ; petit diam. 0ᵐ,015.

M. Bouteille nous apprend qu'elle fixe son domicile en Dauphiné, dans les bocages, les jardins et les terrains semés de légumes; qu'elle établit son nid dans les ramées, sur les arbustes, et y fait entendre un chant d'une agréable mélodie; que, lorsque les insectes commencent à manquer, elle se nourrit de baies, de fruits mûrs, et qu'elle devient alors fort grasse et un bon manger.

Temminck lui donne d'autres habitudes. Selon lui, elle habiterait, pendant la belle saison, les montagnes de moyenne élévation, et se tiendrait dans le voisinage des forêts de pins. Vieillot dit que son genre de vie varie selon les localités; qu'en Hollande elle construit son nid dans les roseaux, et le compose d'herbes aquatiques, et qu'en Provence elle choisit les lieux arides, près des forêts de pins, au sommet desquels le mâle se tient dans la saison des amours.

Observation. — Le prince Ch. Bonaparte fait cette espèce congénère des *Sylv. atricapilla* et *hortensis.* Un tel rapprochement est inadmissible : celles-ci ont la queue unicolore, chez l'Orphée elle est bicolore. Du reste, s'il était possible de réduire sa taille d'un tiers, on en ferait une vraie Babillarde ordinaire, ayant, à de très-légères nuances près, les mêmes couleurs et dans la même disposition. Il est donc impossible de voir, dans l'Orphée, autre chose qu'une Babillarde de forte taille.

223 — BABILLARDE GRISETTE — *CURRUCA CINEREA*
Briss.

Rémiges secondaires frangées de roux vif; la rectrice la plus extérieure blanche sur les barbes externes et sur une grande éten-due des barbes internes, la suivante blanche à la pointe seulement; première rémige impropre au vol, deuxième égale, ou peu s'en faut, à la quatrième, la troisième la plus longue.

Taille : 0ᵐ,14 environ.

Motacilla sylvia, Linn. *S. N.* (1766), t. I, p. 330.

Curruca cinerea, Briss. *Ornith.* (1760), t. III, p. 376.

Sylvia cinerea, Lath. *Ind.* (1790), t. II, p. 514.

Sylvia fruticeti et cineraria, Bechst, *Nat. Deuts.* (1807), t. III, p. 530 et 534.

Curruca sylvia, Steph. *Gen. Zool.,* t. XIII, p. 210.

Buff. *Pl. enl.* 579, f. 3, sous le nom de *Fauvette grise* ou *Grisette.*

Mâle en été : Dessus de la tête et du cou cendré ; parties supérieures et joues d'un gris brun-roussâtre ; paupières et gorge blanches; poitrine et flancs d'un cendré lavé de roux rosé ; milieu de l'abdomen blanc ; couvertures et pennes des ailes brunes, bordées de roux vif, à l'exception de la première rémige, qui est lisérée de blanc en dehors ; rectrices brunes, l'interne exceptée, qui est blanchâtre à la pointe, sur les barbes externes et sur une partie des barbes internes ; la suivante a seulement, à la pointe, une légère tache blanchâtre ; bec cendré ; pieds couleur de chair ; iris brun roussâtre.

Femelle en été : Point de rose à la poitrine; cette couleur est remplacée par une teinte roussâtre ; le blanc de la gorge est moins pur.

Une femelle prise le 10 mai 1844 avait les plumes, principalement celles des parties supérieures, usées, ce qui la faisait paraître moins rousse que le mâle.

Mâle et femelle en automne : Dessus du corps d'une teinte plus sombre, avec la poitrine et les flancs d'un cendré roussâtre ; gorge et milieu de l'abdomen blancs ; bec et pieds d'un brun livide.

Jeunes avant la première mue : Ils ont les parties supérieures d'un brun fauve, sans teintes grises ; le haut de la poitrine, les flancs, les sous-caudales d'un fauve clair ; la gorge et le milieu du ventre d'un blanc roussâtre.

Après la mue : Ils ressemblent aux adultes dans leur plumage d'automne, et ont une légère teinte roussâtre sur les parties inférieures.

Variétés accidentelles : On rencontre des sujets tapissés de blanc, et d'autres dont le plumage est entièrement d'un blanc pur.

La Grisette habite toute l'Europe, l'Asie occidentale et l'Afrique. Elle est commune partout.

Elle arrive en France vers la fin de mars, et repart en septembre.

Elle niche dans les taillis, les buissons, les broussailles, les champs de pois, de fèves, de colzas; donne à son nid la forme d'une coupe; le construit d'herbes sèches, de laine et de crins, et pond de quatre à six œufs d'un blanc grisâtre, plus ou moins glacé de verdâtre, et finement pointillé de cendré et de brun. Les points sont tantôt très-foncés et très-apparents, tantôt faibles et à peine distincts du fond de l'œuf. Ils mesurent :

Grand diam. 0^m,018; petit diam. 0^m,014.

Cette espèce se tient dans les bois humides, les bosquets, les champs de colzas, de fèves, dans les haies, etc. On la voit sans cesse s'élever perpendiculairement, pirouetter en chantant, retomber sur le buisson d'où elle est sortie, et s'y enfoncer en continuant son ramage. Dans le midi de la France, elle se nourrit presque exclusivement, vers la fin de l'été, de figues, des fruits du pistachier térébinthe, et sa chair en acquiert beaucoup de délicatesse.

Observation. — La Fauvette Rousseline, *Sylv. fruticeti* de Meyer et de Vieillot (Buff. *Pl. enl.* 581, f. 1, sous le nom de *Fauvette rousse*), est une Grisette en robe d'automne, telle qu'on la trouve, chaque année, à la fin d'août ou au commencement de septembre, époque où l'on ne voit plus alors un seul individu avec la robe de la Grisette.

224 — BABILLARDE SUBALPINE — *CURRUCA SUBALPINA*
Boie ex Bonelli

(Type du genre *Stoparola*, Bp.; *Erythroleuca*, Kaup)

Rémiges secondaires largement frangées de gris roussâtre ; rectrice la plus extérieure blanche sur les barbes externes, avec un grand espace blanc sur les barbes internes ; la suivante blanche seulement à la pointe ; première rémige impropre au vol, deuxième presque égale à la cinquième, les troisième et quatrième égales et les plus longues.

Taille : 0^m,126 *à* 0^m,128.

Sylvia subalpina, Bonelli, in : Temm. *Man.* (1820), t. I, p. 214.
Sylvia passerina, Temm. *Man.* (1820), t. I, p. 213.
Curruca subalpina et passerina, Boie, *Isis* (1822), p. 552.
Sylvia leucopogon, Mey. et Wolf, *Tasch. Deuts.* (1822), t. III, p. 91.
Sylvia Bonelli, Keys. et Blas. *Wirbelth.* (1840), p. 57.
Temm. et Laug. *Pl. col.* 251, f. 2 et 3, *mâle* et *femelle*, sous le nom de *Becfin subalpin*.

Mâle au printemps : Parties supérieures d'un cendré couleur de plomb, nuancé de bleuâtre à la tête, sur les côtés du cou et au croupion ; gorge, devant du cou, poitrine et flancs, d'un roux plus ou moins foncé, tirant sur le marron à la gorge et sur les côtés de la poitrine ; milieu de l'abdomen blanchâtre ; un trait d'un blanc pur descendant de chaque côté du bec, en forme de moustaches, sépare le roux du cou du cendré bleuâtre des parties supérieures ; ailes brunes, avec les couvertures et les rémiges bordées de roussâtre ; rectrices également brunes, avec la plus externe, de chaque côté, blanche en dehors et en dedans, sur le tiers inférieur de son étendue ; les deux suivantes terminées seulement de blanc ; bec brun, rougeâtre à la base en dessous ; iris jaune ; pieds couleur de chair.

Mâle en automne : Parties supérieures d'un cendré plus ou moins nuancé d'olivâtre ou de roussâtre ; parties inférieures d'un roux moins ardent, très-clair sur le flancs ; milieu de l'abdomen plus blanc.

Femelle au printemps : D'un brun clair en dessus, très-légèrement nuancé d'olivâtre ; d'un gris roussâtre en dessous, avec les côtés du cou et les flancs plus roux et le milieu de l'abdomen blanc, couvertures et pennes des ailes faiblement bordées de roussâtre ; queue brune, avec la penne externe d'un blanc terne en dehors et grisâtre, en bas, sur les barbes internes ; bec moins brun en dessus que dans le mâle.

Jeunes avant la première mue : Parties supérieures d'un cendré roussâtre ; parties inférieures rousses ou d'un brun clair, avec le milieu de l'abdomen blanc ; ailes brunes, toutes les couvertures largement bordées de roux terne ; rectrices brunes, légèrement frangées et terminées de cendré roussâtre, avec la penne externe, de chaque côté, bordée en dehors et terminée de cendré blanchâtre.

Nota. M. Malherbe, en faisant observer que cette espèce varie beaucoup dans son plumage, dit qu'il y a des individus qui ont toutes les parties inférieures d'un blanc pur. Ce sont probablement des jeunes après la première mue.

La Babillarde subalpine ou Passerinette habite l'Europe et l'Afrique. On la trouve assez abondamment en Algérie, en Egypte, en Sardaigne, en Italie, en Dalmatie, en Silésie, et jusque dans les steppes de la nouvelle Russie et dans le Ghouriel. En France elle est très-commune dans certaines contrées du Languedoc et de la Provence, où elle vit sédentaire.

Elle niche sur les arbustes, les buissons, à peu de distance du sol ; construit avec assez d'art un nid en forme de coupe, et pond quatre ou cinq œufs d'un blanc cendré, avec des points d'un gris roussâtre, plus nombreux vers le gros bout, et à peine distincts de la couleur du fond. Ils mesurent :

Grand diam. 0^m,013 à 0^m,014 ; petit diam. 0^m,01.

C'est dans les localités montueuses, couvertes de broussailles et d'arbustes, que la Passerinette vit de préférence. Jamais elle ne fréquente les grands bois. Elle fait très-souvent entendre un cri d'appel strident, qui s'étend au loin et décèle sa présence. Comme toutes ses congénères, elle aime beaucoup les fruits sucrés.

Observations. — 1° Cette espèce a été décrite en double emploi par Temminck, en 1820, dans le deuxième volume du *Manuel d'Ornithologie*, sous le nom de *Bec-fin subalpin.* Savi et P. Roux ayant démontré que ces deux espèces n'en formaient qu'une, le savant ornithologiste hollandais s'empressa de se ranger de leur avis. C'est du vieux mâle, au printemps, qu'il avait fait sa *Sylv. subalpina*, et de la femelle à la même saison, sa *Sylv. passerina.* Les jeunes, suivant qu'ils se rapprochent plus ou moins de l'époque de la mue, constituent la Passerinette mâle et femelle des auteurs.

2° M. Kaup a pris cette Babillarde pour type de son genre *Erythroleuca*, et a établi sur la *Sylv. leucopogon* (Mey.), qui n'en est qu'un double emploi, un second genre sous le nom de *Alsoecus.*

C'est également de cette espèce, à laquelle il réunit la *Curr. conspicillata*, que le prince Ch. Bonaparte a composé sa division des *Stoparola*, division que rien ne justifie.

225 — BABILLARDE A LUNETTES
CURRUCA CONSPICILLATA
Boie ex Marmora

Rémiges secondaires largement frangées de roux vif; la rectrice la plus extérieure presque entièrement blanche; la deuxième et souvent la troisième blanches seulement à la pointe; première rémige impropre au vol, deuxième plus courte que la sixième, sensiblement plus longue que la septième, les troisième et quatrième égales et les plus longues.

Taille : 0ᵐ,12 environ.

SYLVIA CONSPICILLATA, Marmora, *Mem. Acad. di Torino* (1819).
CURRUCA CONSPICILLATA, Boie, *Isis* (1822), p. 552.
STERPAROLA (sic) CONSPICILLATA, Bp. *Ucc. Europ.* (1842), p. 37.
STOPAROLA CONSPICILLATA, Bp. *Cat. Parzud.* (1856), p. 6.
Gould, *B. of Eur.* pl. 126.

Mâle au printemps : Dessus de la tête, du cou et joues d'un cendré tirant sur le bleuâtre ; manteau, dos et sus-caudales d'un cendré roussâtre plus ou moins prononcé ; gorge blanche, nuancée de cendré inférieurement ; le reste des parties inférieures d'un roux rouge de vin, plus clair au milieu de l'abdomen ; lorums et tour des yeux noirs ; paupières blanches ; ailes noirâtres, avec les couvertures largement frangées de roux vif ; queue d'un brun foncé, avec les deux tiers inférieurs de la penne externe blancs ; une petite et quelquefois une grande tache de même couleur à l'extrémité de la dernière penne et une petite sur la troisième ; bec jaune sur les bords et à la base, en dessous, noirâtre dans le reste de son étendue ; pieds jaunâtres ; iris brun.

Mâle en automne : Tête d'un cendré moins pur ; nuque et manteau gris, avec les plumes bordées de roussâtre ; gorge blanche ; devant du cou cendré bleuâtre ; poitrine et flancs roux ; milieu du ventre blanchâtre.

Femelle adulte : Dessus de la tête d'un cendré moins pur que chez le mâle au printemps ; front roussâtre ; lorums blanchâtres ; dessus du corps d'un roux cendré clair ; bas du cou, poitrine et flancs d'une légère teinte isabelle ; milieu du ventre blanc.

Jeunes avant la première mue : Roux cendré en dessus ; gorge et devant du cou d'un cendré blanchâtre ; dessous du corps cendré roussâtre ; d'une teinte plus claire au milieu de l'abdomen ; ailes brunes, avec les couvertures largement bordées de roux assez vif ; queue également brune, avec les rémiges frangées et terminées de cendré roussâtre, et la moitié inférieure de la plus externe, de chaque côté, blanche.

Cette espèce habite non-seulement l'Europe méridionale, mais encore l'Asie occidentale.

En Europe, elle n'a été observée jusqu'ici qu'en Sardaigne, en Sicile, dans quelques contrées de l'Italie, en Espagne, et, en France, dans les départements du Midi, où elle arrive en avril pour les quitter vers la fin de septembre.

Elle niche sur les arbustes ; construit, en forme de coupe et avec des herbes sèches très-menues, un nid peu profond, et pond quatre ou cinq œufs d'un blanc grisâtre, avec des points d'un gris roussâtre peu apparents et rapprochés vers le gros bout. Ils mesurent :

Grand diam. 0^m,016 ; petit diam. 0^m,01.

La Babillarde à lunettes se tient dans des endroits incultes et les bois peu épais ; sur les dunes et les collines où il y a des broussailles. Elle a été longtemps confondue avec la Passerinette, qui habite les mêmes localités et dont elle a les mœurs.

226 — BABILLARDE ÉPERVIÈRE — *CURRUCA NISORIA*
Koch ex Bechst.

(Type du genre *Adophoneus*, Kaup ; *Nisoria*, Bp.)

Rémiges secondaires frangées de grisâtre ; les quatre rectrices latérales, de chaque côté, portant, à l'extrémité, une tache blanche, qui diminue de la première à la quatrième ; première rémige impropre au vol, deuxième plus longue que la cinquième, la troisième la plus longue.

Taille : 0^m,17 à 0^m,18.

SYLVIA NISORIA, Bechst. *Nat. Deuts.* (1807), t. III, p. 547.
CURRUCA NISORIA, Koch, *Baier. Zool.* (1816), t. I, p. 434.
ADOPHONEUS NISORIUS, Kaup, *Nat. Syst.* (1829), p. 28.
NISORIA UNDATA, Bp. *B. of Eur.* (1838), p. 15.
Gould, *Birds of Eur.* pl. 128.

Mâle : Cendré brunâtre en dessus, avec chaque plume légèrement bordée de roussâtre, surtout au croupion ; blanc pur à la gorge et au milieu du ventre ; blanc ondulé de gris rembruni sur les flancs et les sous-caudales ; ailes d'un cendré brunâtre plus clair que le dessus du corps, avec les petites couvertures, quelques-unes des moyennes et des grandes bordées de blanc et de gris roussâtre ; queue également d'un cendré brunâtre, avec des raies transversales d'une teinte plus foncée sur les deux pennes médianes, visibles seulement sous un certain aspect, et des taches blanches à l'extrémité des autres rectrices ; ces taches s'étendent sur les barbes internes et diminuent d'étendue sur chacune d'elles, en comptant de dehors en dedans, de manière que les troisième, quatrième et cinquième n'offrent qu'une bordure plus ou moins étroite ; bec brun, jaune à la base en dessous ; pieds d'un brun clair; iris d'un jaune brillant.

Femelle : De couleur plus sombre en dessus, avec la poitrine et les flancs lavés de roussâtre, et les taches blanches de l'extrémité de la queue moins étendues et d'un blanc plus terne.

Jeunes avant la première mue : Entièrement d'un gris uniforme, couverts de taches en forme d'écailles et d'un gris cendré brun sur la gorge, au devant du cou, à la poitrine et sur les flancs.

Jeunes après la mue : Parties supérieures grises, avec des bandes peu sensibles d'un blanc roussâtre, et les parties inférieures blanches, avec les flancs, seulement, très-faiblement rayés de gris.

Cette espèce habite plus particulièrement le nord de l'Europe, l'Allemagne, quelques provinces de la Russie, la Suède et la Norwége, où elle est assez rare, quoi qu'en dise Temminck. A son passage d'automne, elle se montre en Provence, en Sicile, en Piémont, en Toscane. On la trouve aussi sur les côtes de la Barbarie.

Elle se tient dans les taillis en plaine, dans les haies, les bosquets qui avoisinent les prairies, et niche dans les buissons. Sa ponte est de quatre ou cinq œufs un peu ventrus, blancs ou blanchâtres, quelquefois un peu gris, avec des points d'un gris foncé, et d'autres, plus nombreux, roussâtres ou d'un roux verdâtre. Ils mesurent :

Grand diam. 0^m,021 à 0^m,022 ; petit diam. 0^m,016.

Observation. — L'on chercherait vainement un caractère organique qui puisse justifier le genre que M. Kaup et le prince Ch. Bonaparte ont fondé sur cette espèce. Abstraction faite de certaines dispositions dans la coloration du plumage, la *Curruca nisoria* ne diffère pas génériquement des autres espèces de cette section. Elle a surtout les plus grands rapports avec la *Curruca cinerea* par ses mœurs et ses habitudes.

227 — BABILLARDE MÉLANOCÉPHALE
CURRUCA MELANOCEPHALA
Boie ex Gmel.

(Type du genre *Pyrophthalma*, Bp.)

Rémiges secondaires frangées de gris roussâtre ; la rectrice la plus extérieure blanche sur les barbes externes, àvec une grande tache de même couleur sur les barbes internes ; la suivante blanche seulement à la pointe ; première rémige impropre au vol, deuxième égale à la septième, les troisième, quatrième et cinquième égales et les plus longues.

Taille : 0ᵐ,135.

Motacilla melanocephala, Gmel. *S. N.* (1788), t. I, p. 770.
Sylvia melanocephala, Lath. *Ind.* (1790), t. II, p. 500.
Sylvia ruscicola, Vieill. *N. Dict.* (1817), t. XI, p. 186.
Curruca melanocephala, Boie, *Isis* (1822), p. 553.
Pyrophthalma melanocephala, Bp. *Ucc. Europ.* (1842), p. 37.
Melizophilus melanocephalus, Caban. *Mus. Orn. Hein.* pars 1ª Osc. (1850-1851), p. 35.
Gould, *Birds of Eur.* pl. 142.

Mâle : Tête noire jusqu'à la nuque et jusqu'au-dessous des yeux ; dos gris foncé, tirant sur le roussâtre ; gorge, devant du cou, poitrine et ventre d'un blanc grisâtre, nuancé de brun roussâtre sur les parties latérales du corps ; rémiges brunes, bordées de roussâtre ; rectrices noirâtres, l'externe blanche en dehors, tachée de blanc en dedans, à la pointe ; sur la deuxième et quelquefois sur la troisième une tache de même couleur à l'extrémité ; bec noirâtre en dessus et blanchâtre en dessous, vers la base ; bord libre des paupières d'un rougeâtre clair à l'état frais ; pieds bruns, iris châtain.

Femelle : Dessus de la tête d'un cendré sombre ; dessus du corps d'un brun roussâtre ; gorge blanche, poitrine et ventre d'un blanchâtre nuancé de roussâtre sur les côtés ; le blanc de la rectrice externe lavé de roussâtre et de cendré.

Jeunes avant la première mue : Ils ne diffèrent presque pas de la femelle ; mais ils ont les commissures du bec plus épaisses et plus jaunâtres.

Nota. Un mâle tué près de Gênes (Collect. Degland, exempl. donné par M. Malherbe), est sensiblement plus petit que d'autres venus du midi de la France ; ses teintes sont plus pures, tirant sur le bleuâtre au dos, aux flancs, et sur le blanc argentin au devant du cou, au milieu de la poitrine et du ventre.

Cette espèce habite l'Afrique et les contrées les plus méridionales de l'Europe, telles que la Sicile, la Sardaigne, la Corse, la Toscane, la Dalmatie, les États romains, les départements les plus méridionaux de la France et le midi de l'Espagne. M. Nordmann dit qu'on la trouve dans la Bessarabie, sur les bords du Danube. Elle vivrait, dit-on aussi, dans l'Asie Mineure. Elle est sédentaire dans le midi de la France, d'après M. Crespon, et en Sicile, selon M. A. Malherbe.

Elle niche dans les buissons, sur les arbrisseaux, les arbres fruitiers, à peu de distance du sol ; pond cinq ou six œufs d'un gris roussâtre, avec de petits points fauves ou d'un roux olivâtre, plus rapprochés au gros bout, et peu apparents. Ils mesurent :

Grand diam. 0^m,018 à 0^m,019 ; petit diam. 0^m,013 à 0^m,014.

Son régime est, comme celui de ses congénères, insectivore et frugivore.

Observation. — Cette espèce, réunie à la *Sylv. sarda*, compose le genre *Pyrophthalma* du prince Ch. Bonaparte. Non-seulement ce genre doit être rayé, mais encore les deux espèces ne peuvent rester ensemble. Chez la première, les ailes atteignent le milieu de la queue, qui est ample ; chez la seconde, celle-ci est étroite et dépasse beaucoup les ailes. Quoique ces espèces aient pour caractère commun des orbites nus (caractère que l'on rencontre aussi chez quelques autres), on est en quelque sorte contraint de les éloigner, lorsque l'on considère l'ensemble du système de coloration. La *Sylv. sarda*, sous ce rapport et sous celui de la forme de la queue, se place naturellement à côté du *Melizoph. provincialis*. C'est donc à cette espèce qu'il faut l'associer ; de même qu'il convient de réunir la *Sylv. melanocephala* aux *Curruca*, parce qu'elle en a les habitudes et que ses couleurs ont une disposition fort analogue. Ce n'est d'ailleurs pas d'après le caractère fourni par la nudité des orbites, qu'on pourrait la séparer génériquement, parce que, dans ce cas, il faudrait lui réunir la *Sylv. conspicillata*, qui offre le même caractère. Or, il est impossible de ne pas voir dans celle-ci une *Curruca*. Le fait est tellement saillant, que quelques auteurs, parmi lesquels nous citerons M. Nordmann, ont pu croire et avancer même, à tort évidemment, que les *Curr. cinerea, passerina* et *conspicillata* pourraient bien ne former qu'une espèce.

228 — BABILLARDE RÜPPELL — *CURRUCA RUPPELLII*
Bp. ex Temm.

Rémiges secondaires frangées de gris blanchâtre ; la rectrice la plus extérieure blanche, avec une tache noire à la base, la suivante blanche seulement à la pointe ; première rémige impropre au vol, deuxième égale à la quatrième, la troisième la plus longue.

Taille : 0^m,14 environ.

Sʏʟᴠɪᴀ Rᴜᴘᴘᴇʟʟɪɪ, Temm. *Man.* (1835), 3ᵉ part. p. 129.
Sʏʟᴠɪᴀ ᴄᴀᴘɪsᴛʀᴀᴛᴀ, Rüpp. *Mus. Senk.* t. II, p. 181.
Cᴜʀʀᴜᴄᴀ Rᴜᴘᴘᴇʟʟɪɪ, Bp. *B. of Eur.* (1838), p. 14.
Temm. et Laug. *Pl. col.* 245, f. 1, *mâle.*

Mâle au printemps : Dessus de la tête noir ; dessus du cou et du corps gris foncé ; gorge et devant du cou d'un noir pareil à celui du vertex ; dessous du corps blanc, avec une teinte rose au milieu de l'abdomen, et une autre cendrée sur les côtés ; joues d'un cendré foncé, avec une bande blanche qui, des commissures du bec, se rend sur les côtés du cou et encadre le noir de la gorge ; ailes d'un brun noirâtre, avec les grandes couvertures lisérées de gris blanchâtre ; les huit rectrices médianes noires ; la plus externe, de chaque côté, blanche, marquée d'une petite tache noire à la base, la deuxième noire, avec une grande tache blanche à l'extrémité ; bec noir, blanc à la base de la mandibule inférieure ; pieds d'un brun clair.

Femelle au printemps : Point de noir au devant du cou ni sur la tête ; les plumes du sinciput sont seulement plus foncées que celles du dos ; gorge blanchâtre ; parties inférieures grises, très-faiblement lavées de rose sur la poitrine ; pieds jaunâtres.

Jeunes mâles : Ils ne se distinguent de la femelle que par les teintes plus ou moins noirâtres de la tête et de la gorge.

Cette espèce habite les bords de la mer Rouge et du Nil, dans les contrées boisées, et se montre en Grèce, où elle a été tuée plusieurs fois. On la trouve aussi dans nos possessions de l'Algérie.

Elle a les habitudes et le genre de vie de ses congénères ; construit, comme elles, négligemment un nid, à peu d'élévation du sol et pond quatre ou cinq œufs grisâtres ou verdâtres, couverts de points et de très-petites taches plus foncées, ayant les plus grands rapports avec ceux des *Curruca cinerea* et *melanocephala.* Ils mesurent :

Grand diam. 0ᵐ,017 à 0ᵐ,018 ; petit diam. 0ᵐ,014 à 0ᵐ,017.

Observation. — Cette espèce, rangée par le prince Ch. Bonaparte à côté des *Sylv. atricapilla, hortensis* et *orphea,* concourt à former le genre *Curruca* de cet auteur. La place que nous lui donnons nous paraît lui mieux convenir sous tous les rapports.

GENRE CVI

PITCHOU — *MELIZOPHILUS,* Leach.

Mᴏᴛᴀᴄɪʟʟᴀ, p. Gmel. *S. N.* (1788).
Sʏʟᴠɪᴀ, p. Lath. *Ind.* (1790).

MELIZOPHILUS, Leach, *Syst. Cat. M. and B. Brit. Mus.* (1816).
CURRUCA, p. Boie, *Isis* (1822).
THAMNODUS, Kaup, *Nat. Syst.* (1829).

Bec menu, droit, comprimé dans sa moitié antérieure, garni de quelques poils à la base, à mandibule supérieure échancrée à la pointe ; narines ellipsoïdes, operculées, ouvertes de part en part ; ailes sub-obtuses, arrondies, très-courtes, ne dépassant pas de beaucoup la base de la queue ; celle-ci longue, étroite, étagée, bicolore, la rectrice la plus extérieure, étant toujours en partie blanche ou blanchâtre ; tarses grêles ; ongles faibles, recourbés.

Les Pitchous ont les mœurs générales des autres Sylviens, comme ils en ont le genre de vie ; mais leurs habitudes diffèrent un peu. Ils n'habitent jamais les grands bois, les vergers : ne fréquentent que les coteaux incultes, les montagnes couvertes d'arbres nains, de ronces, de bruyères. Ils ont presque constamment la queue relevée, même lorsqu'ils fouillent les buissons ou les grandes herbes pour y chercher leur nourriture. Leur chant est plus strident que celui des Babillardes, plus faible et composé d'un petit nombre de phrases courtes.

Le mâle ne se distingue de la femelle que par des couleurs plus vives, et les jeunes, avant la première mue, ont un plumage plus sombre, mais peu différent de celui de la femelle adulte. La mue est simple ; seulement, par l'usure des plumes, le plumage du printemps prend des teintes plus pures.

Observation. — Le prince Ch. Bonaparte n'a admis dans ce genre qu'une seule espèce : la *Sylv. provincialis* (Gmel.). M. Cabanis y rapporte, comme nous l'avons fait depuis longtemps (1), la *Sylv. sadar*, (Marm.), qui a tous les caractères, les habitudes, le chant du Pitchou, etc., et qu'il est par conséquent impossible d'en séparer, surtout pour la ranger, comme l'a fait le prince Ch. Bonaparte, à côté de la *Curruca melanocephala* (type de son genre *Pyrophthalma*) avec laquelle elle a peu d'affinité.

220 — PITCHOU PROVENÇAL
MELIZOPHILUS PROVINCIALIS
Jenyns ex Gmel.

Rémiges secondaires frangées de roussâtre ; la rectrice la plus extérieure blanchâtre sur les barbes externes et à l'extrémité, la suivante avec une fine tache de même couleur au bout ; première

---

(1) *Dict. univ. d'Hist. nat.* (1848), t. XII, p. 113, 1re col.

*rémige impropre au vol, deuxième un peu plus longue que la sep-
tième, les quatrième et cinquième égales et les plus longues.*

   Taille : 0ᵐ,135.

Motacilla provincialis, Gmel. *S. N.* (1788), t. I, p. 958.
Sylvia dartfordiensis, Lath. *Ind.* (1790), t. II, p. 517.
Melizophilus dartfordiensis, Leach *Syst. Cat. M. and. B. Brit. Mus.* (1816),
p. 25.
Sylvia ferruginea, Vieill. *N. Dict.* (1817), t. XI, p. 218.
Sylvia provincialis, Temm. *Man.* (1820), t. I, p. 211.
Curruca provincialis, Boie, *Isis* (1822), p. 553.
Melizophilus provincialis, Jenyns, *Man. Brit. Vert. An.* (1835), p. 112.
Thamnodus provincialis, Kaup, *Nat. Syst.* (1829), p. 109.
Buff. *Pl. enl.* 655, f. 1, *mâle*, sous le nom de *Pitte-chou de Provence.*

Mâle en été : Parties supérieures d'un cendré tirant au bleuâtre à
la tête et sur les côtés du cou, à l'olivâtre au dos et aux ailes ; parties
inférieures d'un roux ferrugineux foncé, avec quelques petites taches
blanches à la gorge, et le milieu de l'abdomen d'un blanc argentin ; ailes
noirâtres, lisérées de roussâtre sur toutes les couvertures supérieures ;
queue brune, avec la penne externe bordée en dehors et terminée de
blanc ; bec brun en dessus, jaunâtre en dessous ; paupières d'un
jaune orange ; pieds et iris jaunâtres.

Mâle en automne : Le roux des parties inférieures tire sur la couleur lie de vin ; les taches de la gorge sont plus nombreuses et plus
apparentes.

Femelle : D'un cendré moins foncé en dessus ; d'un roux ferrugineux plus clair en dessous, avec plus de stries blanches à la gorge.

Jeunes avant la première mue : Parties supérieures comme chez
la femelle ; parties inférieures variées de plumes blanchâtres, et plus
striées de blanc, à la gorge, que chez les adultes ; iris brun.

Le Pitchou provençal est propre à l'Europe méridionale et occidentale.

Il habite particulièrement le midi de la France, l'Espagne, l'Italie, où il est
sédentaire; vit aussi dans quelques contrées de l'Angleterre; se montre en
Dauphiné, en Anjou, en Bretagne, notamment dans le Finistère, où il nous a
paru séjourner, et fait des apparitions accidentelles dans nos départements
septentrionaux.

Il niche dans les buissons, les haies, à peu de distance du sol; construit,
avec assez d'art, un nid en forme de coupe; le compose d'herbes sèches au
dehors, de laines et de crins au dedans, et pond quatre ou cinq œufs d'un gris
pâle, ou d'un blanc grisâtre un peu jaune, avec de petits points roux, rougeâtres, ou bruns, peu apparents et très-rapprochés vers le gros bout de l'œuf, où
ils forment quelquefois une couronne. Ils mesurent :

Grand diam. 0^m,013 à 0^m,014; petit diam. 0^m,01.

C'est sur les coteaux secs, arides, couverts de bruyères, de genêts, et dans les landes où croissent les ajoncs, qu'on rencontre cette espèce. Elle est vive, pétulante et tient constamment la queue relevée, soit qu'elle perche, soit qu'elle coure à terre. Elle se tient presque toujours cachée dans le plus épais d'une broussaille ou des arbustes qu'elle fréquente. Son vol est bas et s'exécute par soubresauts. Sa nourriture consiste principalement en insectes et en baies.

230 — PITCHOU SARDE — *MELIZOPHILUS SARDUS*
Z. Gerbe ex Marmora

Rémiges secondaires frangées de gris ; la rectrice la plus extérieure, finement lisérée de blanchâtre sur les barbes externes, avec une tache de même couleur à l'extrémité ; première rémige impropre au vol, deuxième plus courte que la septième, la quatrième la plus longue.

Taille : 0^m,134 à 0^m,135.

Sylvia Sarda, Marmora, *Mem. della Acad. di Torino* (Mémoire lu le 28 août 1819).

Curruca Sarda, Boie, *Isis* (1822), p. 553.

Pyrophthalma Sarda, Bp. *Ucc. Europ.* (1842), p. 37.

Melizophilus Sarda, Z. Gerbe, *Dict. univ. d'Hist. nat.* (1848), t. XII, p. 113.

Temm. et Laug. *Pl. col.* 24, f. 2, *mâle adulte.*

Mâle : Cendré noirâtre en dessus, plus foncé au front et près des yeux, plus clair à la nuque, aux côtés et au devant du cou ; brunroussâtre sur les côtés du corps ; d'un blanchâtre teint de vineux au milieu de l'abdomen ; pennes des ailes et de la queue noirâtres ; rectrices externes, de chaque côté, bordées et terminées de blanc, les autres lisérées de gris verdâtre ; bec noirâtre en dessus ; jaunâtre en dessous, vers la base ; bord libre des paupières rouge ; pieds jaunâtres.

Femelle : Teintes généralement plus pâles que dans le mâle ; le cendré plus blanchâtre à la gorge et au milieu du ventre.

Les jeunes avant la première mue nous sont inconnus.

Cette espèce habite l'Europe méridionale et l'Afrique septentrionale.

En Europe, elle n'a encore été trouvée qu'en Sardaigne, en Corse et en Sicile. Il est probable qu'elle doit se montrer en Provence ; Vieillot dit qu'on l'y voit quelquefois ; mais jusqu'ici elle n'y a pas été observée, que nous sachions. P. Roux et M. Crespon n'en font pas mention.

Elle niche sur les arbrisseaux, à peu de distance du sol ; construit assez artistement un nid profond, et pond de quatre à six œufs d'un blanc sale un peu

jaunâtre, avec des taches grises et rougeâtres, très-rapprochées au gros bout.
Ils mesurent :

Grand diam. 0ᵐ,015 ; petit diam. 0ᵐ,012.

SOUS-FAMILLE XXXVII

CALAMOHERPIENS — *CALAMOHERPINÆ*

*Sommet de la tête déprimé ; front anguleux ; bec généralement
plus large que haut à la base, à bords droits ; tarses recouverts par
plusieurs grandes scutelles ; ongle du pouce fort, au moins aussi
long que ce doigt, à de rares exceptions près ; queue le plus généralement inégale ; œil médiocrement dilaté.*

Tous les oiseaux qui appartiennent à cette section ont des caractères qui
les font aisément distinguer des Sylviens et des autres Turdidés : leur front est
anguleux, leur tête déprimée, leur ongle du pouce robuste, leur queue le plus
souvent étagée ou conique. Mais c'est surtout par les mœurs et les habitudes
qu'ils se distinguent. Presque tous fréquentent les cours d'eau, les étangs, ou
font leur demeure des lieux bas et humides. Beaucoup d'entre eux ont l'habitude de grimper le long des tiges verticales des plantes ou des arbustes aquatiques. Leur nourriture consiste presque exclusivement en insectes à élytres,
en mouches, en vers, en tipules, en petits mollusques univalves qu'ils cherchent sur le bord des eaux : rarement ils mêlent des baies à ce régime. Enfin
leurs cris, leur chant ne sont, en général, ni aussi doux, ni aussi cadencés que
ceux des Sylviens.

GENRE CVII

AGROBATE — *ÆDON*, Boie

SYLVIA, p. Temm. *Man.* (1828).
TURDUS, p. Mey. et Wolf, *Tasch. Deuts.* (1822).
ÆDON, Boie, *Isis* (1826).
ERYTHROPYGIA, Smith (1835).
AGROBATES, Swains. *Nat. Syst. B.* (1837).
SALICARIA, Keys. et Blas. *Wirbelth.* (1840).

Bec comprimé dans toute son étendue, presque aussi haut que
large à la limite du front, plus haut que large dans tout le reste
de son étendue ; bords des mandibules dessinant une ligne

courbe ; mandibule supérieure très-fléchie à la pointe, dont l'échancrure est à peine visible ; narines ovalaires ; tarses forts, plus longs que le doigt du milieu, l'ongle compris ; doigts courts, épais, pourvus d'ongles faibles, celui du pouce peu recourbé et plus court que ce doigt ; ailes médiocres, sub-aiguës ; queue ample, longue, arrondie.

Observations. — 1° Si les caractères tirés de la forme du bec, de la longueur des tarses, de celle de l'ongle du pouce, de la forme et de l'étendue de la queue, laissent peu d'incertitude sur la valeur de ce genre, il n'en est plus de même relativement à la place qu'il convient de lui assigner. Faut-il le ranger dans la division des Sylviens ou dans celle des Calamoherpiens? Temminck qui, en premier lieu, avait placé l'espèce type dans sa section des Riverains, l'a plus tard rapportée dans celle des Sylvains, par la raison, dit-il, qu'elle a les mœurs et le genre de vie des espèces qui habitent les bois. Ce qui nous a déterminés à ranger ce genre dans la division des Calamoherpiens, quoique la forme et la couleur de ses œufs en fassent manifestement un Sylvien, voisin des *Currucæ*, c'est que l'oiseau sur lequel ce genre est fondé a le front anguleux des Rousserolles. Du reste, nous devons avouer que nous ne considérons pas cette place comme définitive, par la raison que les éléments fournis par les mœurs font presque entièrement défaut. Comme le genre Hypolaïs, celui-ci paraît être un genre de transition.

2° M. Ménétriés, dans son *Catalogue raisonné des Oiseaux du Caucase* (p. 32, n° 60), a signalé, sous le nom de *Sylvia familiaris,* un oiseau que Temminck, MM. de Keyserling et Blasius ont rapporté à la *Sylvia galactodes.* M. Schlegel, au contraire, l'a distingué de celle-ci, et son opinion a été partagée par plusieurs ornithologistes, et notamment par le prince Ch. Bonaparte dans sa *Revue critique* (1). Après un examen comparatif des plus minutieux avec l'*Ædon galactodes,* nous ne pouvons nullement partager l'opinion de M. Schlegel. Les sujets que nous avons vus avec les taches noires de la queue formant bande, sont tous des *Ædon galactodes* adultes et vieux ; les sujets à taches moins grandes, plus ou moins orbiculaires et ne formant pas bande, sont tous des jeunes *Ædon galactodes,* dans leur plumage de première année, ou des femelles. Du reste, l'espèce, quant aux teintes générales, au volume du bec, à la forme et à l'étendue des taches noires de la queue, aux dimensions de l'ongle du pouce, et même à la proportion des rémiges, est sujette à de fréquentes variations, dépendant de l'âge et du sexe. Nous avons sous les yeux deux sujets tués dans la province d'Oran, le même jour et dans la même localité, dont l'un (mâle très-adulte) est *Ædon familiaris* par les taches noires de la queue, la compression du bec, la couleur des sus-caudales ; et *Ædon galactodes,* par les dimensions que M. Schlegel

____

(1) **Le prince Ch.** Bonaparte qui l'admettait, sans discussion, dans sa *Revue critique,* la rejette, également sans discussion, dans le *Catalogue Parzudaki* et dans ses *Annotations* sur la revue de ce Catalogue, par M. de Sélys-Longchamps (*Rev. et Mag. de zool.,* 1857, p. 137).

assigne à la première rémige, et par la deuxième rémige bien plus courte que
la cinquième : l'autre sujet (mâle ou femelle de l'année), *Ædon galactodes* par
les teintes générales, les taches de la queue, l'étendue de la première rémige,
est *familiaris* sous tous les autres rapports. Nous retrouvons les mêmes variations sur un grand nombre d'exemplaires que MM. E. et J. Verreaux ont
obligeamment mis à notre disposition. Il nous paraît manifeste que les deux
espèces n'en forment qu'une seule.

231 — AGROBATE RUBIGINEUX — *ÆDON GALACTODES*
Boie ex Temm.

*Parties supérieures d'un gris roussâtre vif; parties inférieures
couleur isabelle; toutes les rectrices, à l'exception des deux médianes, tachées de noir vers leur extrémité.*

Taille : 0^m,174 à 0^m,175.

SYLVIA GALACTODES, Temm. *Man.* (1820), t. I, p. 182.
SYLVIA RUBIGINOSA, Temm. *Man.* (1835), 3ᵉ part. p. 129.
TURDUS RUBIGINOSUS, Mey. et Wolf, *Tasch. Deuts.* (1822), t. III, p. 66.
ÆDON GALACTODES, Boie, *Isis* (1826), p. 972.
SALICARIA GALACTODES, Keys. et Blas. *Wirbelth.* (1840), p. 55.
SYLVIA FAMILIARIS, Ménét. *Cat. rais.* (1832), p. 32.
SALICARIA FAMILIARIS, Schleg. *Rev. crit.* (1844), p. 29.
ÆDON FAMILIARIS, Bp. *Rev. crit.* (1859), p. 149.
Temm. et Laug. *Pl. col.* 231, f. 1.

Mâle très-adulte : Parties supérieures d'un gris roussâtre assez vif,
nuancé de brun au-dessus de la tête, de ferrugineux aux sus-caudales;
parties inférieures d'un blanc isabelle, lavé de roux sur les côtés du cou,
à la poitrine et sur les flancs; lorums bruns; raie sourcilière d'un blanc
légèrement roussâtre; ailes d'un brun clair, avec les couvertures bordées de roux clair; les rémiges primaires lisérées et terminées de roux,
les rémiges secondaires également frangées de roux et terminées de
blanchâtre; queue d'un roux vif, avec les quatre rectrices les plus latérales terminées par une tache blanche, qui diminue de grandeur de la
première à la quatrième, où elle n'occupe presque plus que l'extrémité
des barbes internes; cette tache est précédée d'une autre tache transversale noire, arrondie du côté de la base, concave du côté de la pointe,
et dont la grandeur est en sens inverse de celle qu'offre la tache blanche; en d'autres termes, elle grandit de la première à la quatrième;
l'extrémité de la cinquième rémige, finement lisérée de blanchâtre, offre
aussi une tache ovalaire noire, obliquement située sur les barbes in-

ternes, et entamant un peu les barbes externes ; rectrices médianes unicolores ; bec brun en dessus, jaunâtre en dessous vers la base et sur les
bords des mandibules ; pieds d'un brun jaunâtre ; ongles bruns.

Femelle : Elle diffère du mâle par des teintes moins brunes sur la
tête, moins roussâtres à la poitrine et sur les flancs, et surtout par les
taches noires de la queue : elles n'ont pas une aussi grande étendue, et
la tache de la rectrice la plus extérieure est quelquefois réduite à une
étroite bande transversale, qui entame à peine le rachis de la
penne.

Jeunes de l'année : Parties supérieures d'un gris isabelle nuancé de
roussâtre clair, principalement à la tête et au dos, et de roux un peu
plus vif aux sus-caudales ; parties inférieures d'un isabelle très-faiblement lavé de roussâtre au devant et sur les côtés du cou et de la poitrine, sur les flancs et les sous-caudales ; lorums brunâtres ; raie sourcilière isabelle ; ailes d'un brun roussâtre très-clair, avec les pennes
primaires frangées et terminées de gris roussâtre, et les secondaires
largement bordées et terminées de gris roussâtre tournant à l'isabelle ;
queue d'un roux un peu moins vif et un peu moins foncé que chez les
adultes, avec les trois rectrices les plus latérales, de chaque côté, terminées par du blanc roussâtre ; la tache noire qui suit, grandit de la première à la troisième et diminue de celle-ci à la cinquième, mais cette
tache, très-petite et ovale sur la première, presque effacée sur la cinquième, n'occupe que les barbes internes et ne dépasse point le rachis ;
pieds d'un brun clair glacés de jaunâtre ; ongles blanchâtres.

L'Agrobate rubigineux habite l'Europe méridionale et orientale, l'Asie occidentale et l'Afrique septentrionale.

On le trouve en Espagne, en Grèce. Il est commun en Égypte et en Algérie,
dans les environs de Ghelma.

Il niche dans un buisson, entre les branches basses d'un arbuste et près du
sol, comme le Rossignol ; construit assez négligemment son nid, et pond de
cinq à six œufs, qui ont les plus grands rapports de forme et de coloration
avec certaines variétés d'œufs de la *Curruca cinerea;* mais ils sont beaucoup
plus gros. La couleur du fond de la coquille est tantôt grisâtre ou d'un blanc
sale, tantôt d'un blanc jaunâtre ou verdâtre, et cette couleur est relevée par
de nombreux petits points, par des stries et par de petites taches irrégulières,
la plupart confluentes, d'un brun olivâtre ou d'un brun roussâtre, mêlées à
d'autres petites taches cendrées situées plus profondément. Ils mesurent :

Grand diam. 0^m,020 à 0^m,021 ; petit diam. 0^m,016 à 0^m,017.

Comme les Traquets, il a l'habitude, lorsqu'il saute, de relever et de
baisser fréquemment la queue, qu'il tient ouverte en éventail.

GENRE CVIII

HYPOLAÏS — *HYPOLAIS*, Brehm.

Motacilla, p. Linn. *S. N.* (1735).
Sylvia, p. Lath. *Ind.* (1790).
Asilus, p. Bechst. *Orn. Tasch.* (1802).
Phyllopneuste, p. Mey. et Wolf, *Tasch. Deuts.* (1810).
Curruca, p. Boie, *Isis* (1822).
Hypolais, Brehm, *Uebers. Deuts. Vög.* (1828).
Ficedula, Keys. et Blas. *Wirbelth.* (1840).
Muscicapoides, de Selys, *Faune belge* (1842).

Bec très-large à la base, déprimé dans toute son étendue;
mandibule supérieure légèrement échancrée à son extrémité,
renflée, à arête peu saillante; bords des deux mandibules droits;
narines ovales; ailes sub-aiguës; queue égale ou légèrement
arrondie; doigts grêles, celui du pouce moins long que ce doigt;
plumage uniformément coloré.

Les Hypolaïs sont des oiseaux querelleurs, hargneux, sans cesse en mouvement; ils fréquentent les bosquets, les lisières des bois, les vergers, les jardins; leur chant est très-varié. Elles ont le talent de l'imitation et s'appro-
prient le ramage des autres oiseaux. Leur nourriture consiste principalement
en insectes ailés qu'elles saisissent quelquefois très-adroitement au vol : à la fin
de l'été, elles mangent aussi des baies et des fruits. Leur nid est construit avec
beaucoup d'art.

Le mâle et la femelle portent le même plumage. Les jeunes, avant leur
première mue, diffèrent fort peu des adultes. Leur mue est simple.

Observations. — 1° Les Hypolaïs ont été longtemps confondues avec les
Fauvettes vraies, dont elles diffèrent cependant par leur bec large et déprimé,
comme celui des Gobe-Mouches, ce qui leur a fait donner par M. de Sélys-
Longchamps le nom générique de *Muscicapoïdes*. Des deux espèces que Temminck a connues, l'une fait partie de son groupe des Bec-fins riverains, l'autre
de son groupe des Muscivores. M. Schlegel plaçait également la *Sylvia olivetorum* dans la section des Riverins; mais il l'en a retirée en dernier lieu, pour
la ranger avec les *Hypolais polyglotta, icterina* et *elæica*, dans la section des
Pouillots (*Ficedulæ*) correspondant aux Muscivores de Temminck. Les Hypolaïs,
par leurs caractères, leurs mœurs, leur mode de nidification, leur chant, etc.,
non-seulement sont complétement distinctes des Pouillots, mais sont génériquement inséparables, et la tentative qu'a faite le prince Ch. Bonaparte de les
démembrer en *Hypolais* et en *Chloropeta* nous paraît des plus malheureuses.

2° Quoique les Hypolaïs ne fréquentent pas beaucoup les lieux aquatiques, il est cependant impossible de ne pas les rattacher à la division des Calamoherpiens : il serait même tout à fait arbitraire de les éloigner des Rousserolles, dont elles ont en partie le système de coloration, le genre de vie, les mœurs, presque le mode de nidification (surtout quant à la forme du nid), et dont elles ne diffèrent, au physique, que par un bec plus large, plus déprimé, et par un ongle du pouce moins robuste et moins long. Par ce dernier caractère, et sous le rapport des habitudes, elles paraissent être un passage des Sylviens aux Calamoherpiens.

3° La *Sylvia flaveola* (Vieill.) est une espèce à éliminer. Le caractère unique sur lequel elle repose : *bec comprimé dans toute sa longueur*, est un caractère artificiel, provoqué par M. Wattrin qui, par un procédé vicieux de montage, altérait la forme de la plupart des oiseaux à bec fin qu'il préparait. C'est d'après une *Calamoherpe arundinacea* sortie de ses mains, que Temminck a, de son côté, faussement attribué à cette espèce un *bec comprimé dès la base*. La prétendue *Sylvia flaveola* (Vieill.) est un specimen de ce genre. Nous nous en sommes assuré par l'examen des quatre dépouilles déterminées par Vieillot, et nous avons constaté (1) que trois de ces dépouilles (Collect. Degland ; Collect. du comte de Riocour, et type de la Collection Vieillot) appartiennent à de jeunes *Hypolais icterina*, et que l'autre (Collect. Baillon) était celle d'une jeune *Hypolais polyglotta*.

4° L'oiseau décrit par M. Jaubert sous le nom d'*Hypolais Verdoti* (*Rev. et Mag. de Zool.* 1855, t. VII, p. 70) est *très-certainement* une *Hypolais elæica*. Un individu, sous son plumage de jeune, que nous devons à l'obligeance de M. Jaubert, ne nous laisse aucun doute à cet égard.

5° La *Sylvia caligata* (Licht.), ou *Sylvia scita* (Eversm.), dont on a fait tantôt une *Lusciola*, tantôt une *Calamodyta*, tantôt une *Calamoherpe*, et en dernier lieu le type du genre *Iduna*, nous paraît devoir être rapportée aux *Hypolais*. Nous donnons à l'article qui concerne cette espèce, les raisons qui nous ont déterminé, dès 1855, à la ranger parmi celles-ci.

6° Nous avons dû omettre dans la synonymie, soit de la Polyglotte, soit de l'Ictérine, la *Sylvia hypolais* (Lath.), par la raison qu'elle nous paraît, par sa taille, par sa poitrine tournant au jaune, par son ventre argenté, se rapporter à un Pouillot plutôt qu'à l'une de ces deux espèces. Latham, d'ailleurs, indique la *Sylvia hypolais* comme se trouvant en Angleterre ; or les Hypolaïs paraissent étrangères à cette partie de l'Europe.

232 — HYPOLAÏS ICTÉRINE — *HYPOLAIS ICTERINA*
Z. Gerbe ex Vieill.

Parties supérieures olivâtres ; parties inférieures jaunes ; ailes au repos s'étendant au delà du milieu de la queue ; première ré-

---

(1) Mémoire sur l'Hypolaïs ictérine, *Revue zoologique*, 1844, t. VII, p. 440; et 1846, t. IX, p. 435. Nous avons vu depuis le type même de la collection Vieillot, acquis par M. Florent Prévost, pour le Muséum de Paris.

mige impropre au vol, deuxième plus longue que la cinquième, égale ou presque égale à la quatrième ; la troisième la plus longue.
   Taille : 0^m,135.

MOTACILLA HYPOLAIS? Linn. *S. N.* (1766), t. I, p. 330.
   CURRUCA ARUNDINACEA ? Briss. *Ornith.* (1760), t. III, p. 378.
   SYLVIA HIPPOLAIS, Bechst. nec Lath. *Natur. Deuts.* (1807), t. III, p. 553. Syn. excl.
   SYLVIA ICTERINA ! Vieill. *N. Dict.* (1817), t. XI, p. 199; et *Faun. franç.,*
p. 211.
   HYPOLAIS SALICARIA, Bp. *B. of Eur.* (1838), p. 13.
   FICEDULA HYPOLAIS, Keys. et Blas. *Wirbelth.* (1840), p. 56.
   HYPOLAIS POLYGLOTTA, de Sélys, *Faune belge* (1842), p. 99.
   SALICARIA ITALICA de Filippi, in : Bp. *Rev. crit.* (1850), p. 151.
   HYPOLAIS ICTERINA, Z. Gerbe, *Rev. Zool.* (1844), t. VIII, p. 240 ; — (1846),
t. IX, p. 433, et *Dict. univ. Hist. nat.* (1848), t. XI, p. 237.
   Buff. *Pl. enl.* 581, f. 1, sous le nom de *Fauvette des roseaux.*
   Bp. *Faun. Ital.* pl. 28, f. 2, sous le nom de *Sylvia hypolais.*

Mâle et femelle en été : D'un gris olivâtre en dessus, d'un jaune un peu clair en dessous, avec les flancs très-légèrement lavés de cendré ; lorums, plumes ciliaires, raie sourcilière, étroite et peu étendue, également d'un jaune clair; régions parotiques d'un gris olivâtre ; couvertures et pennes des ailes brunes, les premières bordées de gris olivâtre, les rémiges primaires bordées de même, et les secondaires frangées de blanc jaunâtre; rectrices brunes en dessus, grises en dessous, frangées de gris verdâtre, la plus latérale de chaque côté d'une teinte moins foncée que les autres ; bec brun clair, avec la mandibule inférieure jaunâtre ; pieds bleuâtres, avec le dessous des doigts jaune; iris brun foncé.
   L'un et l'autre, en automne, ont moins de cendré et plus de verdâtre.
   Jeunes avant la première mue, d'un cendré brunâtre très-peu lavé d'olivâtre sur les bords des plumes, en dessus; d'un cendré blanchâtre, nuancé d'un peu de jaunâtre, en dessous ; lorums et tour des yeux gris blanc jaunâtre ; couvertures et pennes alaires brunes, bordées largement de cendré roussâtre ; queue d'un brun cendré, d'une teinte plus claire au bout et sur le bord des pennes ; bec court, d'un brun de plomb en dessus et jaunâtre en dessous ; pieds bleuâtres, glacés de jaunâtre.
   Après la mue : Ils ressemblent aux individus vieux, mais ils ont des teintes plus ternes en dessus, les parties inférieures d'un jaune plus clair, et le bec moins long.

   L'Hypolaïs ictérine est répandue dans une grande partie de l'Europe continentale.

On la trouve dans le nord et dans le midi de la France, en Belgique, en Allemagne, en Italie, en Crimée.

Elle niche sur les arbustes, souvent sur les lilas, dans les bosquets, les vergers et même dans les jardins de nos villes. Son nid, construit avec beaucoup d'art, en forme de coupe, a la plus grande ressemblance avec celui de l'Hypolaïs polyglotte. Sa ponte est de quatre ou cinq œufs, d'un rose violet ou lilas, avec des points et des taches rondes, noires, plus espacées que sur ceux de l'espèce suivante, et sans traits irréguliers. Ils mesurent :

Grand diam. 0^m,019 environ; petit diam. 0^m,015.

Dans le département du Nord, où elle est très-commune, l'Ictérine se tient indistinctement dans les bosquets humides, dans les jardins et les vergers élevés et secs. Elle y arrive dans la première quinzaine de mai et en repart vers la fin d'août. Dès son arrivée, le mâle fait entendre, du haut d'un arbre ou de la branche d'un buisson, un chant très-varié et fort, en imitant celui de plusieurs autres oiseaux; aussi n'y est-il connu que sous le nom de *Contrefaisant*. Il est d'un caractère vif, folâtre et jaloux : jamais on n'en voit deux dans le même jardin. Au moment de son arrivée, il se cantonne, et l'on n'entend d'autre chant que le sien. Si on le tue, il est, un jour ou deux après, remplacé par un autre.

L'Ictérine se nourrit d'insectes qu'elle saisit au vol. Elle mêle à ce régime de fort petits colimaçons, des fruits et des baies (1).

Observations. — 1° Nous citons avec doute dans la synonymie de l'Ictérine la *Motacilla hypolais* de Linné, quoique l'on s'accorde aujourd'hui à voir cette *Motacilla* dans l'oiseau dont il vient d'être question. La courte diagnose qu'en donne Linné, la synonymie qu'il lui rapporte, ne justifient pas trop, en effet, cette manière de voir. Si le *virescente cinerea* des parties supérieures, et le *subtus flavescens*, peuvent être attribués à l'Ictérine, *abdomine albido, superciliis albidis* ne lui conviennent guère, puisque, chez elle, l'abdomen et les sourcils, d'ailleurs peu marqués, sont aussi jaunes que le reste des parties inférieures. D'un autre côté, l'on ne saurait reconnaître l'Ictérine dans la *Curruca* de Brisson (*Ornith.*, t. III, p. 372), que Linné rapporte à son *Hypolais*, cette *Curruca* étant une Fauvette à queue bicolore (probablement une Grisette), à plumage gris brun en dessus, d'un blanc roussâtre en dessous.

2° L'oiseau que Temminck a décrit sous le nom de *Sylvia icterina*, n'est pas le même que l'Ictérine de Vieillot. Il est généralement reconnu que cette *Sylvia icterina* n'est qu'un Pouillot fitis mâle, un peu plus fort que d'ordinaire et tel qu'on en tire assez souvent en avril.

Il en est de même de la *Sylvia icterina* du prince Ch. Bonaparte (*Faun. Ital.* liv. I, pl. 7 f. 2), espèce, décrite et figurée probablement de souvenir, puisque, de l'aveu de l'auteur, le type unique de cette *icterina* fut englouti dans la mer. La figure qui en reste est positivement celle d'un Pouillot ordinaire, encore sous son plumage d'automne, quoique l'oiseau ait été tué en avril et dans un pays chaud !

(1) M. de Sélys-Longchamps a donné dans la *Revue Zoologique* pour 1847 (p. 122), une notice fort intéressante sur les mœurs et l'habitat de cet oiseau.

Enfin la *Sylvia icterina* de M. Eversmann est une espèce du genre *Phillo-pneuste.*

3° M. Schlegel, dans un mémoire intitulé : *Observations sur le Sous-Genre des Pouillots* (in : *Bijdr.* Afd. I, p. 21), semble vouloir rapporter au *Phillopneuste sibila-trix* la *Sylvia icterina* et la *Sylvia flaveola* de Vieillot. « Ces oiseaux, dit-il, offrent tant d'analogie avec le Pouillot siffleur qu'ils ne paraissent pas en différer par l'espèce, à moins qu'ils ne forment des espèces inconnues des naturalistes, ce dont il sera permis de douter. » Nous n'avons cessé de répéter dans maintes occasions, depuis 1844, que la *Sylvia flaveola* était une espèce factice à élimi-ner. Quant à la *Sylvia icterina*, nous avons également démontré (*Rev. Zool.* 1846, t. IX, p. 433) qu'elle représentait l'une des espèces confondues sous le nom d'*Hypolais.* Cependant quelques personnes ont émis des doutes à cet égard, et M. Schlegel a longuement discuté pour prouver que nous étions dans l'er-reur, en prenant pour l'Ictérine de Vieillot l'Hypolaïs des méthodes. Quoiqu'il nous répugne de revenir sur un fait que nous croyons définitivement acquis à l'ornithologie, l'estime que nous faisons de l'opinion de M. Schlegel nous met dans l'obligation de confirmer par de nouveaux éléments l'exactitude de notre détermination.

Depuis la publication de notre notice sur l'Hypolaïs ictérine, M. P. Gervais, professeur à la Faculté des sciences de Paris, nous a généreusement cédé un mémoire inédit de Vieillot sur les Pouillots et les Fauvettes. L'auteur y est un peu plus explicite que dans ses autres travaux, et voici les caractères qu'il y assigne à la *Sylvia polyglotta* et à la *Sylvia icterina*, « espèces tellement voi-sines, dit-il, qu'il est difficile de les distinguer si on les voit isolément. » Nous mettons ces caractères en regard, afin que l'on puisse en mieux saisir la diffé-rence.

SYLVIA POLYGLOTTA	SYLVIA ICTERINA
Gris cendré olivâtre en dessus, jaune pâle en dessous.	Gris olivâtre en dessus, jaune en dessous.
Bec déprimé depuis la base jusqu'au delà du milieu.	Bec déprimé à l'origine, ensuite aussi haut que large.
Penne bâtarde (première rémige impropre au vol) assez large, arrondie à la pointe, longue de 7 lignes.	Penne bâtarde (première rémige impropre au vol) en forme de sabre pointu, longue de 6 lignes.
Première rémige plus courte que la quatrième, quelquefois de la même longueur ; les deuxième et troisième les plus longues.	Première rémige plus large que la quatrième, égale (ou presque égale à la troisième ; la deuxième la plus longue.
Queue ?	Queue carrée.
Rémiges secondaires les plus rap-prochées du corps, frangées d'une teinte blonde à l'extérieur.	Rémiges secondaires les plus rap-prochées du corps, largement frangées de blanc jaunâtre à l'intérieur.

Si l'on veut faire l'application des caractères différentiels indiqués ici d'après Vieillot, l'on se convaincra aisément que son *Icterina* est bien l'espèce à laquelle nous avons conservé ce nom. Du reste, si les textes sont bons à consulter et à discuter, les types sont supérieurs aux textes et à tous les raisonnements possibles. Or nous avons vu, il y a quelques années, entre les mains de M. Florent Prévot, chef des travaux zoologiques au Muséum, parmi quelques oiseaux qui lui restaient encore de la collection par lui acquise après le décès de Vieillot, une *Icterina* type (probablement celle à laquelle il est fait allusion dans la *Faune française*) étiquetée de la main de Vieillot, portant le n° 195 de sa collection (1), et dont l'identité avec l'espèce que nous avons décrite comme Ictérine ne faisait pas l'ombre d'un doute. Comme l'excès de preuves dans les questions de ce genre ne saurait nuire, et que deux faits valent mieux qu'un seul, nous avons fait appel à l'obligeance bien connue de M. le comte de Riocour, afin d'obtenir communication de l'Ictérine que Vieillot cite toujours comme type dans les trois ouvrages où il parle de cet oiseau. Or cette Ictérine, que nous avons sous les yeux en écrivant ces lignes, répond de la manière la plus complète à celle qui provenait directement de la collection de Vieillot et qui était, il y a quelques années encore, dans les magasins du Muséum d'histoire naturelle de Paris.

Nous avons donc la preuve irrécusable : 1° que notre *Hypolais icterina* est bien la *Sylvia icterina* de Vieillot, ou l'*Hypolais*, non pas des méthodes, mais de la plupart des ornithologistes allemands, et particulièrement de Bechstein ;— 2° que notre *Hypolais polyglotta* est bien aussi la *Sylvia polyglotta* de Vieillot, ou l'*Hypolais* de la plupart des ornithologistes français, et notamment de Millet.

255 — HYPOLAÏS POLYGLOTTE
HYPOLAIS POLYGLOTTA (2)
Z. Gerbe ex Vieill.

Parties supérieures olivâtres, parties inférieures jaunes ; ailes, au repos, n'atteignant pas le milieu de la queue ; première rémige impropre au vol, deuxième égale ou presque égale à la sixième, les troisième et quatrième les plus longues.

Taille : 0ᵐ,12 à 0ᵐ,13.

(1) L'Hypolais polyglotte, dans le catalogue autographe de la même collection, est représentée par trois exemplaires qui sont inscrits sous les n°ˢ 192 (adulte), 193 (jeune avant la mue), 194 (jeune avant la première mue). Deux de ces exemplaires sont encore dans les magasins du Museum d'histoire naturelle.

(2) Le prince Ch. Bonaparte s'est attribué le mérite de la priorité pour *Hypolais polyglotta* (*Rev. crit.* 1850, p. 151 ; et *Cat. Parzud.* 1856, p. 6). C'est une prétention que je ne relèverais pas si dans la synonymie qu'il donne de cette espèce, aussi bien que de la précédente, je ne trouvais ceci : *Sylvia hypolais*, Gerbe ; — *Sylvia icterina*, Gerbe. J'ignore quelle a pu être l'intention du prince Ch. Bonaparte en m'attribuant ces synonymies, mais j'affirme, et l'on peut s'en convaincre, que dans les trois occasions où j'ai appelé l'attention des naturalistes sur ces oiseaux, si bien distingués par Vieillot, et que l'on persistait à confondre, j'ai invariablement nommé *Hypolais polyglotta* (et non *Sylvia*

Sylvia polyglotta ! Vieill. *N. Dict.* (1817), t. XI, p. 200. Syn. excl.

Sylvia hypolais, Millet, nec Lath. *Faune de Maine-et-Loire* (1828), t. I, p. 231 ; syn. p. excl.

Hypolais polyglotta, Z. Gerbe, *Rev. Zool.* (1844), t. VII, p. 440, et (1846), t. IX, p. 434.

Ficedula polyglotta, Schleg, *Obs. sur le S.-G. des Pouillots* (1848), p. 27.

P. Roux, *Orn. Prov.* pl. 224.

O. des Murs, *Icon. Ornith.* pl. 57, f. 1.

Mâle en été : Parties supérieures d'un gris olivâtre, nuancé de vert au croupion et aux sus-caudales ; parties inférieures d'un jaune soufre pâle, lavé d'un peu de gris sur les côtés de la poitrine et sur les flancs ; lorums, plumes ciliaires, raie sourcilière, étroite et peu étendue, d'un jaune clair ; région parotique comme le dessus et les côtés du cou ; couvertures et pennes alaires brunes, bordées d'olivâtre ; rectrices également brunes, lisérées de gris verdâtre ; bec brun verdâtre en dessus, livide jaunâtre en dessous ; pieds bleuâtres, avec les doigts jaunes en dessous ; iris brun foncé.

Femelle en été : Elle ressemble au mâle, seulement elle est un peu plus petite, a des teintes un peu plus ternes en dessus, et a les parties inférieures d'un jaune un peu plus clair.

Jeunes avant la première mue : D'un cendré roussâtre en dessus ; d'un blanchâtre lavé de jaunâtre en dessous, principalement à la poitrine ; rémiges et rectrices brunâtres, bordées et terminées de cendré roussâtre.

L'Hypolaïs lusciniole ou polyglotte habite la France, l'Italie, la Scandinavie, d'après le prince Ch. Bonaparte, et le nord de l'Afrique.

Elle est commune dans tout le midi de la France, et on la trouve en assez grand nombre dans les environs de Paris et de Dieppe. M. de Sélys-Longchamps l'a rencontrée une ou deux fois en Belgique. Aux deux époques de ses migrations,

hypolais), la *Sylvia polyglotta* de Vieillot ; *Hypolais icterina* (et non *Sylvia icterina*), la *Sylvia icterina* du même auteur (*Rev. Zool.* 1844, t. VII, p. 440, — et 1846, t. IX, p. 434. — *Dict. univ. d'Hist. nat.* 1848, t. II, p. 237).

Que ce fût le bon plaisir du Prince d'oublier l'insignifiant travail que j'ai fait sur les Hypolaïs, il en était parfaitement libre, mais du moment où il faisait allusion à ce travail, son devoir était de citer exactement, parce qu'une fausse citation est une erreur introduite dans la science. L'inexactitude que mon droit me contraint de relever n'est malheureusement pas la seule qui soit à signaler dans la *Revue critique*, dans le *Consp. Gen. Avium* et dans le *Catalogue Parzudaki*. L'on n'a qu'à consulter ces trois ouvrages et l'on verra (pour ne pas sortir des Hypolaïs) avec quelle justice le prince Ch. Bonaparte reconnaît et établit les droits de priorité. Pour ce qui me concerne surtout, il semblerait que les noms que j'ai donnés, lorsqu'ils ne sont pas passés sous silence, sont volontairement travestis. C'est aussi mon droit de les retablir, et j'en use.   Z. G.

au printemps et à l'automne, elle se montre quelquefois dans les départements du nord de la France, où l'espèce précédente n'est pas rare.

Cette espèce niche dans les bois, les taillis, sur les arbustes, les grandes plantes et dans les haies; en Provence, elle établit souvent son nid sur les vignes, les amandiers et les branches basses du chêne blanc. Ce nid, artistement construit en forme de coupe profonde, est composé, en dehors, avec des tiges d'herbes sèches, de toiles d'araignée, de la laine, et, en dedans, avec du duvet cotonneux de diverses plantes, de coques de chrysalides, d'herbes fines et de quelques crins. La ponte est de quatre ou cinq œufs oblongs, d'un rose violet, avec de grands et de petits points brunâtres ou noirs, assez rares, et quelques traits irréguliers de même couleur. Ils mesurent :

Grand diam. 0ᵐ,018 à 0ᵐ,019 ; petit diam. 0ᵐ,013.

La Lusciniole ou Polyglotte, dans les localités où on la rencontre, se montre en avril et disparaît vers la fin d'août. Dans le département du Var, on la trouve encore en septembre et même en octobre. Elle recherche les bois et les bosquets des terrains secs et élevés; dans le Midi, elle fréquente les coteaux couverts de vignes, d'arbres fruitiers; dans les environs de Paris, elle habite les lieux bas et frais, les jardins.

Durant l'époque de la reproduction, elle se tient dans l'épaisseur des taillis, des buissons ; à son arrivée et au moment de son départ, on la rencontre sur les arbustes des prairies qui avoisinent les rivières. Elle est très-querelleuse, acariâtre, farouche, et se laisse difficilement approcher. Son cri d'inquiétude a, suivant M. Hardy, du rapport avec celui de la Mésange. « C'est du fond des buissons, ou sur leurs branches les plus élevées, et quelquefois sur un arbre voisin, dit M. Millet (1), qui nous paraît avoir bien observé cette espèce, que le mâle, depuis son arrivée, jusqu'à la fin de juin, se plaît à faire entendre son chant, qui ne manque pas d'agrément, et qui peut, il nous a semblé, être énoncé ainsi : *ptiro ptiroux, ptiro ptiro ptiroux* ; ces différentes syllabes, longuement répétées et vivement exprimées sur des tons différents, sont précédées de deux ou trois sons flûtés : *treû, treû, treû,* ou bien de ceux-ci : *trûi, trûi, trûi.* Outre ce chant, qui est celui d'allégresse, on lui connaît encore un petit bruissement ou murmure : *bre, re, re, re,* qui, quoique moins prolongé, ressemble beaucoup à celui du Moineau, bruissement qu'il ne fait entendre que lorsqu'il est agité de quelque crainte. Bientôt après l'avoir proféré, le mâle monte à l'extrémité du buisson qui le cachait, ou bien sur un petit arbre voisin, afin de mieux reconnaître le danger, et fuit ensuite avec sa femelle. »

254 — HYPOLAÏS DES OLIVIERS
HYPOLAIS OLIVETORUM
Z. Gerbe ex Strickl.

(Type du genre *Chloropeta*, Bp.)

Parties supérieures d'un gris brun olivâtre, parties inférieures

(1) *Faune de Maine-et-Loire*, t. I, p. 232.

blanchâtres ; ailes au repos atteignant le milieu de la queue ; première rémige impropre au vol, deuxième beaucoup plus longue que la cinquième, égale ou presque égale à la quatrième, la troisième la plus longue.

Taille : 0ᵐ,16 à 0ᵐ,17.

Sʏʟᴠɪᴀ ᴏʟɪᴠᴇᴛᴏʀᴜᴍ, Strickland, in : Temm. *Man.* (1840), 4ᵉ part. (1844-1846), p. 611.

Sᴀʟɪᴄᴀʀɪᴀ ᴏʟɪᴠᴇᴛᴏʀᴜᴍ, Gould, *B. of Eur.* (1832-1837), pl. 109.

Cᴀʟᴀᴍᴏʜᴇʀᴘᴇ? ᴏʟɪᴠᴇᴛᴏʀᴜᴍ, Bp. *B. of Eur.* (1838), p. 13.

Cᴀʟᴀᴍᴏᴅʏᴛᴀ ᴏʟɪᴠᴇᴛᴏʀᴜᴍ, G. R. Gray, *Gen. of B.* (1844-1846), n° 20.

Hʏᴘᴏʟᴀɪs ᴏʟɪᴠᴇᴛᴏʀᴜᴍ, Z. Gerbe, *Rev. Zool.* (1844), t. VII, p. 440; (1846), t. IX, p. 434, et *Dict. univ. d'Hist. nat.* (1848), t. XI, p. 237.

Fɪᴄᴇᴅᴜʟᴀ ᴏʟɪᴠᴇᴛᴏʀᴜᴍ, Schleg, *Obs. sur le S.-G. des Pouillots* (1848), p. 27.

Cʜʟᴏʀᴏᴘᴇᴛᴀ ᴏʟɪᴠᴇᴛᴏʀᴜᴍ, Bp. *Cat. Parzud.* (1856), p. 6.

O. des Murs, *Icon. Ornith.* pl. 48, f. 2.

Mâle et femelle adultes : Parties supérieures, côtés de la tête et du cou d'un gris olivâtre, à peu près comme chez la *Curruca garrula;* parties inférieures d'un blanc sale, tournant au jaunâtre à la poitrine et à l'abdomen, et au gris jaunâtre sur les flancs ; sous-caudales d'un blanc terne, tachées longitudinalement de brunâtre ; plumes ciliaires blanches; raie sourcilière étroite, peu étendue en arrière et jaunâtre ; couvertures supérieures des ailes bordées de grisâtre, couvertures inférieures jaunâtres, les plus extérieures tachées de blanc; rémiges brunes, les primaires lisérées de gris verdâtre ; les secondaires frangées de blanchâtre, formant une sorte de miroir ; rectrices brunes ; la plus extérieure, de chaque côté, blanchâtre sur les barbes externes et à l'extrémité, les deux ou trois suivantes terminées par un liséré blanchâtre, qui disparaît souvent par l'usure des plumes ; bec brun de corne pâle avec les bords des mandibules d'une teinte plus claire ; pieds d'un brun jaunâtre ou bleuâtre, selon la saison.

Les *jeunes avant la première mue* ont les parties supérieures d'un gris brun roussâtre, et les parties inférieures lavées de plus de jaunâtre.

L'Hypolaïs des oliviers est propre à l'Europe méridionale et orientale, et, selon le prince Ch. Bonaparte, à l'Asie occidentale.

Elle n'a encore été trouvée qu'en Grèce et dans les îles Ioniennes.

Elle paraît fréquenter les vergers d'oliviers, dans lesquels elle niche. Son nid, un peu plus grand que celui des Hypolaïs polyglotte et ictérine, a cependant la même forme, et est composé des mêmes éléments à l'extérieur. L'intérieur est fortement matelassé du duvet cotonneux de certaines plantes. Ses œufs, au nombre de quatre à six, sont d'un joli lilas clair, avec des points noirs de différentes grandeurs, disséminés et plus nombreux sur la grosse extrémité. Ils mesurent :

Grand diam. 0^m,021 à 0^m,022; petit diam. 0^m,016 à 0^m,017.

Observation. — Les premiers ornithologistes qui ont décrit cette espèce, la considérant comme voisine de la Rousserolle, l'ont placée dans le genre dont celle-ci est le type. Beaucoup de naturalistes en ont fait depuis, comme nous, une Hypolaïs. Le prince Ch. Bonaparte qui, lui aussi, la rangeait dans son genre *Calamoherpe* (*Uccelli Europ.* 1842, p. 34), l'a, plus tard, reconnue Hypolaïs, mais Hypolaïs fausse (*Spuriæ*) et en a constitué avec l'*Hypolais elæica* d'abord un petit groupe (*Cons. Gen. Av.* t. I, p. 604) qu'il distinguait des Hypolaïs vraies (*Legitimæ*), puis (*Cat. Parzud.* p. 6) le genre *Chloropeta*, dans lequel il comprend aussi l'*Hypolais pallida*. Ce genre n'est pas seulement discutable. Nous ne pensons pas qu'il vienne jamais à l'idée d'aucun naturaliste de séparer génériquement la *Saxicola œnanthe* de la *Saxicola stapazina*, sous le vain prétexte que l'une a le plumage gris en dessus, tandis qu'il est plus ou moins roux chez l'autre ; ni de faire de la *Calamoherpe turdoides*, à bec comprimé et à plumage roussâtre, le type d'un genre d'où serait exclue la *Calamoherpe palustris*, à bec déprimé et à plumage tournant au verdâtre. Celui qui l'essayerait serait tout autant autorisé que l'a été le prince Ch. Bonaparte, en créant son genre *Chloropeta*.

233 — HYPOLAÏS PÂLE — *HYPOLAIS PALLIDA*
Z. Gerbe.

Parties supérieures d'un gris olivâtre pâle (adultes), *ou d'un gris roussâtre* (jeunes), *parties inférieures d'un blanc très-faiblement lavé de jaunâtre ; ailes au repos n'atteignant pas le milieu de la queue ; première rémige impropre au vol, deuxième plus courte que la sixième, à peine égale à la septième ou sensiblement plus courte, les troisième et quatrième à peu près égales et les plus longues ; sous-caudales recouvrant à peine les deux cinquièmes de la queue ; bec, des commissures à la pointe, un peu plus long que la partie nue des tarses.*

Taille : 0^m,126 *à* 0^m,128.

Hypolais pallida, Z. Gerbe, *Rev. et Mag. de Zool.* (avril 1852), 2e sér. t. IV, p. 174.

Hypolais cinerascens, de Sélys, *in Litter.* (28 juin 1852).

Mâle et femelle adultes, vers la fin du printemps : Parties supérieures d'un gris verdâtre pâle, lavé de roussâtre au bas du dos et au croupion, ce qui rend ces parties plus claires ; sus-caudales d'un brun très-affaibli, tirant au verdâtre, avec une large bordure plus claire, apparente surtout dans toute la partie visible des deux plus longues, lorsqu'elles ne sont pas usées ; parties inférieures d'un blanc lavé de gris verdâtre sur les côtés de la poitrine et les flancs, de jaunâtre pâle, très-affaibli, sur le devant et les côtés du cou, au ventre et aux sous-caudales, ou de brun roussâtre excessivement dilué, ce qui produit une apparence de blanc sale ; régions parotiques verdâtres, nuancées de jaunâtre ; lorums d'un brun jaunâtre ; un trait jaunâtre terne, partant des narines, s'étend un peu au delà de l'angle postérieur de l'œil, sous forme d'étroit sourcil ; plumes ciliaires d'un blanc jaunâtre plus frais ; ailes d'un brun clair, avec les rémiges secondaires largement frangées de gris verdâtre, les rémiges primaires lisérées de verdâtre plus clair, les unes et les autres portant, sur les barbes internes, une large bordure d'un blanc jaunâtre ; cette couleur est aussi celle des plumes axillaires et des tectrices alaires inférieures ; queue de la couleur des ailes, avec la rectrice la plus extérieure, de chaque côté, blanchâtre sur les barbes externes, et sur le bord des barbes internes, dans une assez grande étendue à partir de la pointe ; la suivante seulement avec un fin liséré blanchâtre sur le bord des barbes internes, et à la pointe ; bec brun en dessus, jaune orange en dessous ; tarses d'un brun jaunâtre ; iris brun noisette.

Mâle et femelle jeunes, après la mue : Tout le plumage, en dessus, plutôt nuancé de roussâtre que de verdâtre ; tout le plumage, en dessous, avec des teintes jaunes plus prononcées ; les franges des couvertures alaires et des rémiges secondaires plus larges et plus claires ; les bordures, tant externe qu'interne, de la rectrice la plus extérieure, d'un blanchâtre tournant au roux.

Les *jeunes de l'année* diffèrent fort peu des adultes sous leur livrée d'automne.

L'Hypolaïs pâle paraît habiter l'Afrique septentrionale. On la rencontre assez fréquemment en Algérie et dans la province du Maroc. Son apparition en Europe, considérée jusqu'ici comme accidentelle, est peut-être plus fréquente qu'on ne croit. Le sujet qui, en 1852, nous a servi à établir l'espèce, faisait partie d'un envoi que M. Parzudaki avait reçu du midi de l'Espagne. Quelques jours plus tard, M. J. Verreaux nous montrait un deuxième échantillon, faussement nommé *Sylvia olivetorum*, et ne portant sur son étiquette aucune indication de localité : cet échantillon, l'un des premiers connus en France, fait aujourd'hui partie de la belle collection de M. le comte de Riocour. Depuis, nous avons eu à notre disposition, avec le nid et les œufs, un assez bon nombre d'exemplaires de provenance africaine.

D'après les renseignements que nous avons pu recueillir, cette espèce a exactement les mœurs et les habitudes des autres Hypolaïs. Son nid est aussi artistement construit que celui de l'*Hypolais polyglotta* ou de l'*Hypolais olivetorum*, et ses œufs au nombre de quatre à six sont d'un gris lilas, un peu moins clair que ceux de l'*Hypolais elæica* et variés de points d'un brun noir, auxquels se mêlent quelquefois de rares traits brunâtres, excessivement déliés. Ils mesurent :

Grand diam. 0^m,017 à 0^m,018; petit diam. 0^m,015.

Observations. — 1° Comparée aux autres espèces européennes du genre Hypolaïs, l'*Hypolais pallida* se distingue :

De l'*Hypolais olivetorum*, par des couleurs plus claires, et surtout par une taille de 0^m,03 au moins plus petite. Comme il ne sera jamais possible de confondre ces deux espèces, nous n'insistons pas sur leurs caractères différentiels.

Elle se distingue des *Hypolais polyglotta* et *icterina* par la coloration des parties inférieures, qui est blanchâtre ou blanc jaunâtre, au lieu d'être jaune soufre, et par la forme de la queue, qui est plutôt arrondie à son extrémité qu'égale ou légèrement échancrée.

Elle se distingue enfin de l'*Hypolais elæica*, avec laquelle, cependant, elle présente les plus grands rapports, par un bec plus fort, plus large; par une queue de 0^m,005 au moins plus longue (0^m,054 *H. pallida*; 0^m,048 et même 0^m,046 *H. elæica*) et par les proportions des rémiges.

Mais le caractère dominant, le plus différentiel par conséquent, caractère que nous avons constaté sur tous les individus que nous avons examinés, est celui que l'on peut tirer des dimensions relatives des sous-caudales et des rectrices. Chez l'*Hypolais pallida* les sous-caudales couvrent *à peine les deux cinquièmes des rectrices*; tandis qu'elles en couvrent *toujours les deux tiers au moins*, chez les *Hypolais elæica*, *icterina* et *polyglotta*.

2° La *Curruca pallida*, Hempr. et Ehrenb., à laquelle le prince Ch. Bonaparte semble rapporter notre *Hypolais pallida*, ne nous étant connue que par les quelques lignes qui lui sont consacrées dans les *Symbolæ physicæ* (Aves Dec. 1ᵃ), nous ne saurions dire si leur identité est réelle. C'est aux naturalistes qui posséderaient cette *Curruca*, dont les exemplaires ne doivent pas être rares dans les cabinets de l'Allemagne, à nous éclairer sur ce point. En attendant qu'ils veuillent bien répondre à l'appel que nous leur faisons, nous ne pouvons nous dispenser d'exprimer ici quelques doutes.

MM. Ehrenberg et Hemprich assimilent leur *Curr. pallida* à la *Sylvia arundinacea*, *Nubiæ* (nec *Galliæ meridionalis*), inscrite dans le Catalogue des doubles du Musée de Berlin, sous le n° 384. Dans la comparaison qu'ils établissent entre cette *Curr. pallida* et la *Sylv. arundinacea* d'Europe, qui en serait très-voisine, ils reconnaissent, entre autres caractères, que leur espèce diffère de cette dernière par un bec plus court, plus aigu; par la proportion des rémiges, la deuxième étant plus longue que la septième. Or notre *Hypolais pallida* a un bec plus obtus, plus long que celui de la *Sylvia* (*Calamoherpe*) *arundinacea* d'Europe, dans quelque sens qu'on le mesure; et, chez elle, la deuxième rémige est constamment plus courte ou à peine aussi longue que la septième.

Nous ferons en outre observer que dans la comparaison de la *Curr. pallida* (*Sylvia arundinacea, Nubiæ,* in : Licht.) avec la *Sylvia arundinacea* d'Europe, il n'est nullement question des couleurs, ce qui semble indiquer que, sous ce rapport, les deux espèces sont semblables. Or notre *Hypolais pallida,* à dos gris verdâtre et à ventre blanc, lavé de jaune, se distinguant franchement de la *Sylvia arundinacea* à dos brun roussâtre et à ventre roussâtre, nous ne comprendrions pas que cette différence, plus caractéristique que celles qu'indiquent MM. Ehrenberg et Hemprich, n'eût pas été signalée, si leur *Curr. pallida* était réellement l'*Hypolais* à laquelle nous avons imposé ce nom spécifique. Il est donc permis de douter, jusqu'à démonstration du contraire, que l'oiseau désigné dans les *Symbolæ Physicæ* sous le nom de *Curruca pallida* soit le même que notre *Hypolais pallida.* C'est ce doute qui nous a fait négliger de citer dans la synonymie de l'espèce que nous venons de décrire : *Chloropeta pallida,* Bp. ex Ehrenb. (*Cat. Parzud.,* p. 6).

256 — HYPOLAÏS AMBIGUË — *HYPOLAIS ELÆICA*
Z. Gerbe ex Linderm.

Parties supérieures d'un gris olivâtre pâle (adultes), *ou d'un gris roussâtre* (jeunes) ; *parties inférieures d'un blanc sale, faiblement lavées de brun jaunâtre ; ailes au repos atteignant à peine le milieu de la queue ; première rémige impropre au vol, deuxième égale à la sixième et quelquefois plus longue, les troisième et quatrième égales et les plus longues ; sous-caudales recouvrant plus des deux tiers de la queue.*

Taille : 0^m,125.

SYLVIA (*Salicaria*) ELÆICA, Lindermayer, *Isis* (1843), p. 342, et *Rev. Zool.* (1843), t. VI, p. 212.

HYPOLAIS ELÆICA, Z. Gerbe, *Rev. Zool.* (1844), t. VII, p. 440 ; — (1846), t. IX, p. 434, et *Dict. univ. d'Hist. nat.* (1848), t. XI, p. 237.

FICEDULA AMBIGUA, Schleg, *Rev. crit.* (1844), p. 24.

FICEDULA ELÆICA, Schleg, *Obs. sur le S.-G. des Pouillots* (1848), p. 27.

HYPOLAIS VERDOTI ! Jaubert, *Rev. et Mag. de Zool.* (1855), 2ᵉ sér. t. VII, p. 70.

CHLOROPETA ELÆICA, Bp. *Cat. Parzud.* (1856), p. 6.

O. des Murs, *Icon. Ornith.* pl. 58, f. 1.

Mâle et femelle adultes : Parties supérieures d'un gris olivâtre clair ; parties inférieures d'un blanc jaunâtre pâle, plus accusé à la gorge, au devant du cou et aux sous-caudales ; régions parotiques d'un

brun olivâtre teinté de jaunâtre ; joues d'un blanc jaunâtre ; lorums et
raies sourcilières d'un gris jaunâtre terne ; ailes d'un brun clair, avec les
couvertures bordées de gris roussâtre et les rémiges de grisâtre clair ;
queue de la couleur des ailes, avec la rectrice la plus extérieure, de
chaque côté, d'un gris roussâtre clair ou blanchâtre sur les barbes
externes, et sur le bord des barbes internes, dans une assez grande
étendue à partir de la pointe ; quelquefois les deux suivantes portent à
l'extrémité une petite tache et un fin liséré gris roussâtre clair, sur les
barbes internes ; bec brun en dessus, jaune en dessous ; tarses bruns,
glacés de jaunâtre ; iris brun clair.

Jeunes de l'année : Toutes les parties supérieures d'un gris roussâtre ; les couvertures des ailes et les rémiges secondaires largement
frangées de cette couleur ; parties inférieures plus jaunâtres que chez
les adultes, avec la poitrine roussâtre ; pennes de la queue un peu plus
largement lisérées de gris roussâtre ; pieds plus bruns.

Cette Hypolaïs paraît propre à l'Égypte et aux îles de l'Archipel grec.

Elle fréquente les vergers d'oliviers et niche sur ces arbres. Son nid, aussi
artistement construit que celui de ses congénères, est, comme celui de l'*Hypolaïs olivetorum*, garni à l'intérieur de beaucoup de duvet cotonneux. Sa ponte
est de quatre ou cinq œufs d'un gris rougeâtre clair ou lilas, avec des points
clair-semés d'un brun noir, et non point d'un gris verdâtre pâle, irrégulièrement
tachés de noirâtre ou de noir verdâtre, comme l'a avancé le docteur Lindermayer. Ils mesurent :

Grand diam. 0ᵐ,016 à 0ᵐ,017 ; petit diam. 0ᵐ,014 à 0ᵐ,015.

Observation. — M. Schlegel a rangé cette espèce dans son sous-genre
Pouillot (*Ficedula*) sous le nom de *Ficedula ambigua*, mais elle n'a de l'analogie
avec les Pouillots que par son système de coloration : sous tous les autres rapports, c'est bien une Hypolaïs comme tous les ornithologistes l'admettent aujourd'hui.

237 — HYPOLAÏS? BOTTÉ — *HYPOLAIS? CALIGATA* (1)
Gerbe ex Licht.

(Type du genre *Iduna*, Keys. et Blas.)

*Parties supérieures olivâtres ; parties inférieures blanchâtres,
lavées de roux jaunâtre ; ailes au repos atteignant le milieu de la*

____

(1) Dès 1853 (*in Litter.* à Degland), j'avais donné à cette espèce le nom d'*Hypolaïs
scita*, d'après un exemplaire que je dois à l'obligeance de M. Giéra, naturaliste à Marseille ; exemplaire qui lui avait été cédé par M. Eversmann. J'ignorais alors que la *Sylv.*

*queue ; première rémige impropre au vol, deuxième plus courte que
la sixième, égale à la septième, les troisième, quatrième et cinquième
à peu près égales et les plus longues ; sous-caudales recouvrant plus
de la moitié de la queue.*

Taille : 0ᵐ,115.

? Motacilla salicaria, Pall. *Zoogr.* (1811-1831), t. I, p. 432.
Sylvia caligata, Licht. in : Eversm. *Reis. Orenb. Buchara* (1823), p. 128.
Lusciola caligata, Keys. et Blas. *Wirbelth.* (1840).
Calamodyta caligata, G. R. Gray, *Gen. of B.* (1844-1846), n° 91.
Sylvia scita, Eversm. *Adden. Pall. Zoogr.* (1842), p. 12.
Salicaria caligata, Schleg. *Rev. crit.* (1844), p. 30.
Calamoherpe caligata, Degl. *Orn. Eur.* (1849), t. I, p. 576.
Calamoherpe scita, Bp. *C. Gen. Av.* (1850), t. I, p. 285.
Iduna caligata, Bp. *C. Gen. Av.* (1850), t. I, p. 295.
Hypolais scita, Z. Gerbe, in : *Cat. de la Collect. Degl.* (1857), p. 123, — à l'exclusion du nom français, qui appartient à une autre espèce.

Mâle et femelle adultes : Parties supérieures d'un gris olivâtre plus
sombre sur la tête, plus clair au croupion et très-faiblement nuancé de
roussâtre ; parties inférieures blanchâtres, lavées d'un jaune rouille,
très-dilué, surtout à la gorge qui est presque blanche ; côtés de la poitrine et flancs légèrement glacés de brunâtre ; lorums jaunâtres, striés de
brun clair ; plumes ciliaires, raie sourcilière, étroite et peu étendue en
arrière, d'un blanc jaunâtre sale ; régions parotiques d'un gris olivâtre,
strié de jaunâtre ; couvertures supérieures des ailes brunes, bordées
de gris roussâtre ; couvertures inférieures d'un blanc jaunâtre sans
tache ; rémige brun clair, les primaires lisérées de grisâtre, les secondaires frangées et terminées de gris roussâtre ou verdâtre ; rectrices
d'un brun clair en dessus, d'un brun cendré en dessous, les deux
médianes à bords plus clairs, la plus extérieure avec toutes les barbes
externes, la pointe et le bord libre des barbes internes blanchâtres,
la suivante terminée de blanchâtre et bordée de cette couleur sur les

scita dût être rapportée à la *Sylv. caligata* (Licht.), ou *Motac. salicaria* (Pall.). L'identité
de ces deux oiseaux étant aujourd'hui parfaitement établie, je change le spécifique *scita*
en celui de *caligata*. La loi de priorité exigerait cependant que le nom de *salicaria* donné
par Pallas eût la préférence ; mais ce nom ayant été employé comme générique par les
uns, ayant été donné par les autres, tantôt à la *Calamodyta aquatica*, tantôt à la *Calamoherpe arundinacea*, d'autres fois à l'*Hypolais icterina*, etc., je crois qu'il y aurait plus
d'inconvénient à le faire revivre qu'à le sacrifier à *caligata*, qui ne peut donner lieu à
erreur. Du reste, il est encore douteux si la *salicaria* de Pallas est la *scita* d'Eversmann,
ou *caligata* de Lichtenstein.   Z. G.

barbes internes seulement ; demi-bec supérieur brun, demi-bec inférieur jaunâtre ; tarses d'un brun jaunâtre.

Les *jeunes de l'année* ont, comme ceux de toutes les espèces du genre, les parties supérieures et le dessus des ailes nuancés de plus de roussâtre, et les parties inférieures lavées d'un jaune rouille plus franc. Quant au reste, ils sont semblables aux adultes. Sous cette livrée, ils ressemblent beaucoup à certaines variétés de *Calamoherpe arundinacea*, jeune, en plumage d'automne.

Cette espèce habite la Russie et la Sibérie.

D'après Pallas, elle fréquente les bords des fleuves couverts de saules ; se tient à la cime des arbres ; est sans cesse en mouvement ; fait continuellement entendre un chant des plus agréables ; et construit, à la bifurcation des rameaux, un nid composé de brins d'herbes. Sa ponte est de quatre ou cinq œufs.

Observations. — 1° Si nous n'admettons pas, avec toute certitude, la *Sylv. caligata* au nombre des Hypolaïs, c'est qu'un élément important et des plus propres à fixer notre opinion fait jusqu'ici défaut : nous ne connaissons point ses œufs. Or les œufs, pour ce qui concerne les Hypolaïs, sont, à notre avis, le complément essentiel, la confirmation des attributs génériques. Le seul motif qui nous fasse employer le signe dubitatif est donc l'ignorance dans laquelle nous sommes de la couleur des œufs de cette espèce ; mais, sous tous les autres rapports, elle nous paraît bien une Hypolaïs. Elle appartient à ce groupe par l'ensemble de ses teintes ; par la forme générale de ses ailes ; par l'échancrure qu'offrent, vers l'extrémité, les troisième, quatrième et cinquième rémiges, échancrure due au raccourcissement subit de leurs barbes externes ; par les dimensions de la première rémige ; par sa queue en tout semblable, même dans la coloration de ses rectrices extérieures, à celle des *Hypolais pallida* et *elœica* ; enfin par la forme des ongles et par la brièveté de celui du pouce. Seulement, ce dernier paraît un peu moins courbé que chez les autres Hypolaïs. Mais cette différence, très-peu sensible d'ailleurs, n'est pas de nature à éloigner la *Sylv. caligata* du groupe auquel nous la rapportons. Quant à son bec, il est exactement semblable, sauf les dimensions, à celui de l'*Hypolais elœica*. L'espèce paraît donc, sous tous les rapports, une Hypolaïs, et le genre *Iduna* que l'on a fondé sur elle, ne reposant absolument sur aucun caractère distinctif important, doit être supprimé.

Par les mêmes motifs, elle ne saurait être une *Calamoherpe* ou une *Calamodyta*, comme l'admettent quelques auteurs. Celles-ci ont l'aile plus concave, plus arrondie ; la queue cunéiforme, à pennes acuminées ; l'ongle du pouce très-fort, aussi long ou plus long que le doigt, différences essentielles et génériques, qui éloignent par conséquent la *Sylv. caligata* des Rousseroles et des Phragmites.

2° Quelques ornithologistes rapportent la *Motacilla salicaria* de Pallas à la *Sylvia caligata*. M. Eversmann (*Bull. de la Soc. I. des Nat. de Moscou*, 1848, p. 225) a émis un doute à cet égard. D'après lui, la *Sylv. caligata*, qu'il assimile à la *Sylv. scita*, serait distincte de la *Motac. salicaria*, et cette *salicaria* devrait plutôt être rapportée, ce qu'a fait du reste Pallas, à la *Curruca arundinacea* de Brisson. M. Eversmann, en faisant cette assimilation, se trompe, croyons-nous, comme Pallas s'est trompé. La *Curr. arundinacea* de Brisson, qui paraît être une des Hypolais de France, a une taille plus forte, un bec plus long que la *Motac. salicaria*. Pallas donne à son espèce à peu près 0^m,18 de vol ; Brisson en reconnaît près de 24 à la *Curr. arundinacea*. Celle-ci est gris-olivâtre en dessus, jaunâtre en dessous ; celle-là est gris cendré sur le corps, d'un blanc nuancé de cendré aux parties inférieures et surtout aux flancs ; enfin la première a les rectrices arrondies à l'extrémité, la seconde les a sub-aiguës. Ces différences démontrent suffisamment que la *Motoc. salicaria* de Pallas ne peut être identifiée à la *Curr. arundinacea* de Brisson.

M. Eversmann nous semble plus dans le vrai lorsqu'il émet un doute sur l'identité de la *Motac. salicaria* et de la *Sylv. caligata*. En effet, si la plupart des organes de cette *caligata* présentent à peu près les dimensions que Pallas reconnaît aux mêmes organes chez la *Motac. salicaria*, il en est aussi pour lesquels l'accord cesse d'exister. Ainsi, la *Sylv. caligata* très-adulte que nous avons sous les yeux, et un individu jeune que M. le comte de Riocour a bien voulu mettre à notre disposition, ont la queue d'un centimètre environ plus courte que celle de la *Motac. salicaria* de Pallas (0^m,043 pour 0^m,052) : leur bec, au contraire, est plus long de 0^m,003, qu'on le mesure du front à la pointe (0^m,011 pour 0^m,008), ou des commissures (0^m,016 pour 0^m,013). D'un autre côté, Pallas donne à la *Motac. salicaria* des couleurs qui ne sont pas tout à fait celles de la *Sylv. caligata*. En sorte que, si la somme des rapports est supérieure à la somme des différences, celles-ci sont cependant assez grandes pour que l'on puisse douter, comme M. Eversmann, de l'identité des deux oiseaux.

GENRE CIX

ROUSSEROLLE — *CALAMOHERPE*, Boie

Turdus, p. Linn. *S. N.* (1748).
Motacilla, p. Linn. *S. N.* (1766).
Sylvia, p. Lath. *Ind.* (1790).
Calamodyta, p. Mey. et Wolf, *Tasch. Deuts.* (1810-1822).
Acrocephalus, p. Naum. *Vög.* (1819).
Calamoherpe, Boie, *Isis* (1822).
Arundinaceus, Less. *Ornith.* (1831).
Salicaria, Selby, *Brit. Ornith.* (1833).

Bec large à la base, comprimé sur les côtés, à arête saillante surtout au front, échancré à la pointe de la mandibule supérieure ; narines ovales ; ailes assez longues , sub-aiguës ; queue conique, étagée ; tarses grêles ; doigts allongés, minces, celui du milieu, y compris l'ongle, de la longueur du tarse; ongle du pouce fort et plus long que ce doigt; plumage uniformément coloré.

Les oiseaux qui appartiennent à ce genre fréquentent les marais; les bords boisés ou couverts de roseaux des étangs, des rivières; les jardins frais et humides. On les voit, sans cesse en mouvement, grimper le long des branches des arbustes, des plantes aquatiques, qu'ils parcourent de la base au sommet avec la plus grande agilité. Comme les Hypolaïs, ce sont des oiseaux hargneux, colères, que le voisinage d'un autre oiseau importune. Leur chant naturel est des plus désagréables; cependant, quelques espèces le modifient en s'appropriant, en partie, celui d'autres oiseaux chanteurs. Ils nichent à quelques pieds du sol. Leur nid est des plus artistement construits et des plus fortement matelassés dans le bas. Ils sont essentiellement insectivores et se nourrissent principalement de libellules, de petits hannetons, de cousins, de taons. Comme les Hypolaïs, ils prennent quelquefois ces insectes au vol.

Le mâle et la femelle portent le même plumage. Les jeunes, avant la première mue, se distinguent des adultes par des teintes un peu différentes. Leur mue est simple.

Observations. — Indépendamment des espèces que nous admettons dans ce genre, il en est quelques autres qui s'y rapporteraient si leur authenticité n'était pas mise en doute ; mais on peut, avec quelque certitude, les considérer comme des variétés accidentelles et des variétés d'âge des *Calamoherpe palustris* et *arundinacea*, décrites ci-après ; telles sont :

La *Sylvia nigrifrons*, Bechst. (*Calamoherpe nigrifrons*, Boie), dont on n'a observé jusqu'ici que quelques individus en Thuringe et en Silésie, et que nous considérons, avec quelques auteurs, comme une variété accidentelle de la *Calamoherpe palustris*.

La *Calamoherpe alnorum*, Brehm, qui n'est, comme le fait observer Temminck, qu'une *Calamoherpe palustris*.

La *Calamoherpe Brehmii*, dont la queue est traversée, à son extrémité, par une bande d'un roux plus foncé que celui qui colore le reste des pennes. Cette prétendue espèce n'est qu'une *Calam. arundinacea*. Le marquis Durazzo, dans son *Catalogue des Oiseaux de la Ligurie*, dit avoir observé ce caractère sur beaucoup d'individus, et avoir remarqué, en outre, que le bec était chez eux plus petit et plus noir, comparativement, que chez l'Effarvatte. Mais nous avons vu plusieurs fois cette variété se produire sur de jeunes *Calam. arundinacea* que nous élevions, en sorte que nous ne conservons pas le moindre doute sur son caractère tout à fait accidentel.

La *Sylvia affinis* n'est également, d'après Hardy, qu'une *Calamoherpe arundinacea* adulte: les jeunes de cette espèce, à plumage plus roussâtre, étant considérés, par M. Hardy, comme la vraie *arundinacea*.

Enfin la *Calamoherpe pratensis*, Jaubert, n'est qu'une *Calamoherpe palustris*, comme nous croyons l'avoir démontré (*Rev. et Mag. de Zool.*, 1855, p. 451).

Les seules espèces européennes bien déterminées que l'on puisse rapporter à
ce genre sont donc les *Calamoherpe turdoides, arundinacea* et *palustris.*

258 — ROUSSEROLLE TURDOÏDE
CALAMOHERPE TURDOIDES

Boie ex Meyer

*Brun-roussâtre en dessus, avec le croupion roux clair; blanc
jaunâtre en dessous; première rémige impropre au vol, deuxième
égale à la quatrième et quelquefois sensiblement plus longue, la
troisième la plus longue; tarses brunâtres.*

Taille : 0^m,19.

TURDUS ARUNDINACEUS, Linn. *S. N.* (1766), t. I, p. 296.
SYLVIA TURDOIDES, Meyer, *Vög. Liv. und. Estl.* (1815), p. 116.
CALAMOHERPE TURDOIDES, Boie, *Isis* (1822), p. 552.
ARUNDINACEUS TURDOIDES, Less. *Ornith.* (1831), p. 419.
SALICARIA TURDOIDES, Keys. et Blas. *Wirbelth.* (1840), p. 53.
ACROCEPHALUS ARUNDINACEUS, G. R. Gray, *List of the Gen. of B.* (1841), p. 28
SALICARIA TURDINA, Schleg. *Rev. crit.* (1844), p. 27.
Buff. *Pl. enl.* p. 513.

Mâle et femelle au printemps : D'un brun roussâtre en dessus,
un peu plus rembruni à la tête et au cou; d'un blanc jaunâtre en
dessous, foncé sur les flancs, plus clair au milieu de l'abdomen, grisâtre à la poitrine, qui offre quelques traits bruns; gorge d'un blanc
gris; un trait blanc jaunâtre au-dessus des yeux, s'étendant du capistrum à la région parotique; plumes des ailes brunes, avec de longues
bordures roussâtres; rémiges terminées de grisâtre; bec brun en dessus,
d'un livide jaunâtre en dessous et sur les bords des mandibules; bord
libre des paupières jaune; pieds brunâtres; iris brun-roussâtre.

Jeunes avant la première mue : Parties supérieures d'un brun
roux, avec les plumes bordées d'une teinte plus claire, roux d'ocre,
et les rémiges terminées par un liséré blanchâtre; parties inférieures
roux d'ocre clair, avec la poitrine, les flancs, les sous-caudales d'une
teinte plus foncée et la gorge blanchâtre; queue pareille aux ailes,
avec le bout d'un roux blanchâtre.

Cette espèce habite l'Europe, l'Afrique et l'Asie. On la trouve abondamment
dans le midi de la France, dans le Piémont et la Sicile; elle est assez commune
dans nos départements septentrionaux, en Belgique, en Hollande, en Alle-

magne. Des individus apportés du Bengale nous ont paru entièrement semblables à ceux qui vivent chez nous.

Elle niche sur les bords des rivières, dans les taillis, parmi les roseaux, même dans les fossés des places fortes. Son nid, artistement construit et profond, est fixé à plusieurs tiges, au moyen de petites herbes marécageuses. Sa ponte est de quatre ou cinq œufs oblongs, d'un blanc verdâtre, quelquefois bleuâtre ou grisâtre, avec des points d'un gris violet ou d'un roux plus ou moins foncé, et de larges taches rousses ou brunes. Ils mesurent :

Grand diam. 0^m,023 ; petit diam. 0^m,019.

C'est vers la mi-avril qu'elle arrive dans le nord de la France. Elle nous quitte à la fin d'août. Durant son séjour chez nous, elle se tient dans les marais et les étangs boisés. Pendant la saison des amours on entend le mâle chanter du matin au soir, accroché à la tige d'un jonc ou d'un roseau. Il est alors peu farouche et se laisse aisément approcher. Lorsqu'on le tire et qu'on le manque, il s'enfonce dans les plantes, et reparaît presque aussitôt au sommet d'une tige de roseau ou d'herbe, en répétant son chant : *cri cri cra cra cara cara.* On ne l'entend plus après les premiers jours de juillet, époque où les nichées sont terminées.

239 — ROUSSEROLLE EFFARVATTE
CALAMOHERPE ARUNDINACEA
Boie ex Gmel.

Brun-roussâtre en dessus, avec le croupion roux clair ; la plus longue des rémiges primaires dépassant les plus longues des rémiges secondaires de 0^m,16 environ ; première rémige impropre au vol, deuxième égale à la quatrième, la troisième la plus longue.

Taille : 0^m,13.

Motacilla arundinacea, Gmel. *S. N.* (1788), t. I, p. 992.
Sylvia arundinacea, Lath. *Ind.* (1790), t. II, p. 510.
Sylvia strepera, Vieill. *N. Dict.* (1817), t. II, p. 182.
Acrocephalus arundinaceus, Naum. *Vög.* (1819), p. 201.
Calamoherpe arundinacea, Boie, *Isis* (1822), p. 972.
Salicaria arundinacea, Selby, *Brit. Ornith.* (1833), t. I, p. 203.
Sylvia affinis, Hardy, *Ann. de l'Assoc. Norm.* (1841).
Calamodyta strepera, G. R. Gray, *Gen. of B.* (1844-1846), t. I, p. 172.
Calamoherpe obscurocapilla, Dubois, in : Cabanis, *Journ. Orn.* (1856), p. 240.
P. Roux, *Ornith. Prov.* pl. 227.
Gould, *B. of Eur.* pl. 109.

Mâle et femelle en été : Parties supérieures d'un brun roussâtre, très-faiblement lavé d'olivâtre ; croupion et sous-caudales d'un brun roussâtre plus vif et plus clair ; parties inférieures roussâtres, clair à la gorge et au milieu du ventre, lavé de cendré roussâtre sur les flancs et les côtés de la poitrine ; lorums, raie sourcilière et bord libre des paupières d'un blanc roussâtre ; ailes et queue comme les parties supérieures, avec les pennes bordées de cendré roussâtre ; bec brun en dessus, jaunâtre en dessous ; pieds d'un brun jaunâtre ; iris noisette.

Jeunes avant la première mue : Ils ont une taille moins forte, le bec moins large, les teintes plus rembrunies et plus rousses, surtout sur les parties inférieures.

L'Effarvatte habite presque toute l'Europe tempérée.

Elle est partout commune en France durant l'été.

Elle niche parmi les roseaux, les grandes plantes aquatiques, les saussaies. Son nid, artistement construit en forme de panier oblong, est attaché à quelques roseaux, comme celui de la Turdoïde. Ses œufs, au nombre de quatre ou cinq, sont d'un vert olivâtre ou d'un gris verdâtre obscur, avec de grandes taches d'un brun olive, plus rapprochées au gros bout. Ils mesurent :

Grand diam. 0ᵐ,017 à 0ᵐ,018 ; petit diam. 0ᵐ,14.

Elle a les plus grands rapports avec la Rousserolle turdoïde par sa forme, son plumage, son genre de vie, son chant, etc. ; elle arrive, comme elle, vers la fin d'avril ou au commencement de mai, et part, comme elle, à la fin d'août. On la trouve sur les bords des rivières, des marais couverts de joncs et de roseaux, dans les jardins. Elle se montre rarement à découvert, et se tient presque toujours cachée dans les herbes, les grands roseaux, au pied desquels elle cherche sa nourriture. Dès son arrivée, le mâle fait entendre son chant, qui consiste dans les syllabes : *tron, tron, trui, trui, kiri, kiri, haups, haups*, répétées à des intervalles à peu près égaux, mais avec des modulations différentes.

Observations. — 1° Temminck s'est trompé en assignant à cette espèce un bec comprimé à la base, plus haut que large dans toute sa longueur. Il a été induit en erreur par le sujet qu'il a pris pour type, et qui se trouve déposé au musée de Leyde. Cet oiseau, qui a été préparé par un nommé Wattrin, a, en effet, le bec comprimé dans toute son étendue ; mais cette forme est évidemment le résultat d'une déformation opérée par le préparateur, et peut-être aussi par la dessiccation, qui détermine parfois de grands changements dans cette partie.

2° L'existence de deux races d'Effarvattes, indiquées par M. Hardy (*Catalogue des Oiseaux observés dans le département de la Seine-Inférieure*, juillet 1840), ne nous paraît pas suffisamment justifiée pour être admise. Les recherches que nous avons faites à ce sujet, et l'examen d'un grand nombre d'Effarvattes, reçues de différentes localités, tendent à prouver que les sujets à bec étroit sont des jeunes et ceux à large bec des adultes. C'est ce qui explique pourquoi les premiers n'ont été observés, par notre ami, qu'en automne, et les derniers, de la mi-mars à la fin d'août.

240 — ROUSSEROLLE VERDEROLLE
CALAMOHERPE PALUSTRIS
Boie ex Bechst.

*Brun-olivâtre en dessus, ou cendré roussâtre, suivant la saison,
avec le croupion gris-verdâtre clair ; la plus longue des rémiges
primaires dépassant les plus longues des rémiges secondaires
de 0ᵐ,20 environ ; première rémige impropre au vol, deuxième plus
longue que la quatrième, égale ou presque égale à la troisième, qui
est la plus longue.*

Taille : 0ᵐ,133.

SYLVIA PALUSTRIS, Bechst. *Nat. Deuts.* (1807), t. III, p. 639.
SYLVIA STREPERA, 2ᵉ race, Vieill. *N. Dict* (1817), t. II, p. 182.
CALAMOHERPE PALUSTRIS, Boie, *Isis* (1822), p. 502.
SALICARIA PALUSTRIS, Keys. et Blas. *Wirbelth.* (1840), p. 53.
CALAMOHERPE PRATENSIS, Jaubert, *Rev. et Mag. de Zool.* (1855), t. VII, p. 65.
Gould, *B. of Eur.* pl. 109.

Mâle et femelle au printemps : Parties supérieures d'un brun
olivâtre, un peu nuancé de cendré ; parties inférieures d'un blanc
roussâtre, très-clair à la gorge et au ventre, nuancé de jaunâtre à la
poitrine et aux sous-caudales, de gris brun aux flancs ; lorums et un
trait au-dessus de l'œil blanc-roussâtre ; ailes brunes, avec les plumes
bordées de cendré ; queue de la même couleur, avec les pennes lisérées
de grisâtre ; bec brun en dessus, jaunâtre en dessous ; iris noisette ;
pieds brunâtres.

A mesure que l'on avance dans la saison, la couleur des parties
supérieures devient plus cendrée.

Mâle et femelle adultes, en automne : D'une teinte roussâtre en dessus ; les parties inférieures plus teintées de roussâtre ; les sus-caudales tirant sur le roux. Au printemps ces dernières sont plus claires.

Jeunes avant la première mue : D'un verdâtre clair en dessus,
d'un blanc roussâtre en dessous.

La Verderolle se rencontre dans plusieurs contrées de l'Europe tempérée.

On la trouve en Russie, en Allemagne, en Hollande, en Belgique, en Suisse,
en Italie et dans quelques localités de la France.

Elle se montre assez souvent dans le département du Nord. M. Deméezmacker
l'a tuée plusieurs fois aux environs de Bergues, où, très-probablement, elle se
reproduit. M. Baillon l'a capturée près d'Abbeville. M. l'abbé Caire l'a rencon-

trée fréquemment dans les Basses-Alpes. Dans ce département, cet oiseau ne se trouve jamais qu'aux environs de Barcelonnette et aux sommités des montagnes. Enfin M. Bailly la signale dans la Savoie.

Elle niche sur les bords des rivières, sur les branches basses des saules, des ormes, des buissons ou dans les hautes herbes des prairies, dans les seigles, les chènevières. Son nid, artistement construit et profond, n'est composé, à l'extérieur comme à l'intérieur, que de brins d'herbes sèches bien souples. Sa ponte est de quatre ou cinq œufs bleuâtres, ou d'un gris légèrement lavé de verdâtre, avec des taches et des points d'un gris brun et d'un brun olivâtre, plus nombreux au gros bout. Ils représentent presque, en petit, l'œuf de la Rousserolle turdoïde, et mesurent :

Grand diam. 0^m,014; petit diam. 0^m,019.

Indépendamment de son chant naturel, la Verderolle a la faculté de s'approprier celui des autres oiseaux et d'en composer un ramage des plus variés et des plus agréables. D'après l'abbé Caire (in : Gerbe, article *Rousserolle, Dict. univ. d'Hist. Nat.*), cette espèce chante admirablement ; elle contrefait, à s'y méprendre, le Chardonneret, le Pinson, le Merle, et généralement tous les oiseaux qui fréquentent les mêmes lieux qu'elle. Son chant est plus riche en reprises que celui du Rossignol, et il est si varié qu'on l'écouterait, sans languir, du matin au soir.

La Verderolle ne fréquente pas exclusivement les endroits marécageux. Aux environs de Bergues, on la trouve en plaine, le long des champs ensemencés, situés loin des eaux. Elle y apparaît dès le mois de mai et disparaît dans le mois d'août. En Belgique, où l'espèce n'est pas rare dans les jonchaies et les oseraies des bords de la Meuse, M. de Sélys-Longchamps dit qu'elle habite souvent, loin des eaux, les pièces de seigle et de fourrages de la Hesbaye, et qu'elle se perche sur les saules qui bordent ces champs. Dans les Alpes suisses et les Alpes françaises, elle fréquente les prairies élevées, et ne niche jamais, d'après l'abbé Caire, que sur les plantes élevées à 0^m,15 ou 0^m,20 du sol.

Observation. — Un bon nombre de Verderolles de diverses provenances, du nord de la France, de la Belgique, de l'Allemagne, de la Savoie, des Basses-Alpes et du département de l'Ariége ne nous ont offert aucune différence ni dans les teintes, ni dans les dimensions des diverses parties, et très-peu dans les proportions des rémiges.

GENRE CX

LUSCINIOLE — *LUSCINIOPSIS*, Bp.

Sylvia, p. Savi, *Ornith. Tosc.* (1827).
Pseudo-Luscinia, Bp. *B. of Eur.* (1838).
Salicaria, Keys. et Blas. *Wirbelth.* (1840).
Lusciniopsis, Bp. *Ucc. Europ.* (1842).
Cettia, Z. Gerbe, *Dict. univ. d'Hist. Nat.* (1848).
Lusciola, Bp. *Cat. Parzud.* (1856).

Bec mince, droit, aigu, très-comprimé dans la moitié antérieure, plus haut que large dans les deux tiers antérieurs, aussi haut que large à la base; mandibule supérieure échancrée de chaque côté à la pointe; narines oblongues, étroites; ailes allongées, aiguës, sans trace d'échancrure aux rémiges primaires; queue ample, étagée, composée de douze pennes; doigts minces, celui du milieu, y compris l'ongle, plus long que le pouce, l'ongle de ce doigt comptant pour moins de la moitié; plumage serré, uniformément coloré aux parties supérieures.

Les Luscinioles ont tout à fait les habitudes et le genre de vie des Bouscarles. Elles sont tout aussi paresseuses que celles-ci à prendre leur essor, quoique leurs ailes soient beaucoup mieux taillées pour le vol.

Le mâle et la femelle portent la même livrée. Leur mue est simple. Les jeunes avant la première mue, sont inconnus.

241 — LUSCINIOLE LUSCINIOÏDE
LUSCINIOPSIS LUSCINIOIDES
Z. Gerbe ex Savi

Parties supérieures d'un brun châtain roussâtre; devant du cou le plus généralement sans mouchetures, ou avec de fines taches plus ou moins apparentes; sous-caudales d'un brun roussâtre, terminées de blanchâtre; première rémige impropre au vol, la deuxième et la troisième égales et les plus longues.

Taille : 0ᵐ,12.

Sylvia luscinioides, Savi, *N. Gior. Letter.* (1824), n° XIV, et (1825), n° XXII.
Pseudo-Luscinia Savii, Bp. *B. of Eur.* (1838), p. 12.
Salicaria luscinioides, Keys. et Blas. *Wirbelth.* 1(840), p.53.
Lusciniopsis Savii, Bp. *Ucc. Europ.* (1842), n° 153.
Calamodyta luscinioides, G. R. Gray, *Gen. of B.* (1844-1846), t. I, p. 172.
Cettia luscinioides, Z. Gerbe, *Dict. univ. d'hist. nat.* (1848), t. XI, p. 240.
Lusciniola Savii, Bp. *Cat. Parzud.* (1856), p. 6.
Savig. *Description de l'Égypte*, pl. 13, f. a.
Gould, *B. of. Eur.* pl. 104.

Mâle adulte : Toutes les parties supérieures d'un châtain rembruni sans tache, avec les sus-caudales d'une teinte plus vive et coupées de bandes transversales brunes peu visibles; gorge d'un blanc roussâtre, finement striée de brunâtre ; ventre blanchâtre ; côtés du cou, poitrine, flancs et sous-caudales d'un brun roussâtre ; celles-ci frangées de grisâtre à l'extrémité ; joues et régions parotiques d'un blanc roussâtre, avec la tige des plumes blanchâtre ; rémiges d'un brun châtain, avec une bordure plus claire ; rectrices d'un brun châtain moins foncé, coupées transversalement par d'étroites bandes parallèles, un peu plus apparentes que celles des sus-caudales ; bec d'un brun noirâtre en dessus, jaunâtre à la base de la mandibule inférieure ; pieds d'un brun clair ; iris d'un châtain jaunâtre.

Femelle adulte : Elle ne diffère du mâle que par la gorge plus blanche, par des traits plus apparents et plus larges à la partie antérieure du cou, et par les bordures terminales des sous-caudales, qui sont plus blanchâtres.

Les *jeunes avant la première mue* sont inconnus.

Cette espèce est propre à l'Europe, et plus particulièrement aux contrées méridionales.

On la rencontre en Italie, en Provence, en Languedoc, dans le Roussillon, en Espagne, dans les localités voisines de la chaîne des Pyrénées. Elle se montre aussi dans la Nouvelle-Russie, aux environs d'Odessa, en Hollande, et dans le nord de l'Angleterre.

Selon M. Baldamus, elle niche parmi les roseaux, à une petite distance du sol. Sa ponte est de quatre ou cinq œufs d'un blanc sale ou grisâtre, entièrement couverts de petites stries, de points et de taches d'un brun grisâtre, roussâtres et cendrées. Ils ont de l'analogie avec ceux de l'*Ædon galactodes*, et mesurent :

Grand diam. 0^m,02; petit diam. 0^m,014 à 0^m,015.

La Luscinioïde vit dans les marais, principalement dans ceux dont les bords sont couverts de joncs, de roseaux, de hautes herbes, de tamarins et de saules. Elle grimpe avec une grande agilité ; n'a pas un vol bien étendu ; ne s'élève jamais haut dans les arbres ; relève constamment la queue, en écartant les pennes, comme la Bouscarle Cetti. Elle est aussi, comme cette espèce, si peu farouche et tellement paresseuse à voler, qu'on a quelquefois de la difficulté à la faire partir du buisson ou du massif de roseaux qui la recèle. Les chiens, surtout, ne paraissent pas lui inspirer beaucoup de crainte. Sa nourriture, qu'elle cherche au pied des roseaux, des arbustes, consiste en insectes, en vers et en petits mollusques fluviatiles.

242 — LUSCINIOLE FLUVIATILE
LUSCINIOPSIS FLUVIATILIS
Bp. ex Mey. et Wolf

Parties supérieures d'un brun olivâtre ; devant du cou varié de

nombreuses mouchetures ; sous-caudales d'un olivâtre clair, termi-
nées de blanc ; première rémige rudimentaire, la deuxième sensi-
blement plus longue que la troisième et la plus grande de toutes.
Taille : 0ᵐ,147 à 0ᵐ,148.

Sᴛʟᴠɪᴀ ғʟᴜᴠɪᴀᴛɪʟɪs, Mey. et Wolf, *Tasch. Deuts.* (1810), t. I, p. 229.
Aᴄʀᴏᴄᴇᴘʜᴀʟᴜs sᴛᴀɢɴᴀʟɪs, Naum. *Vög.* (1819), p. 202 ?
Lᴏᴄᴜsᴛᴇʟʟᴀ ғʟᴜᴠɪᴀᴛɪʟɪs, Gould, *B. of Eur.* (1836), pl. 102.
Sᴀʟɪᴄᴀʀɪᴀ ғʟᴜᴠɪᴀᴛɪʟɪs, Keys. et Blas. *Wirbelth.* (1840), p. 53.
Lᴜsᴄɪɴɪᴏᴘsɪs ғʟᴜᴠɪᴀᴛɪʟɪs, Bp. *Ucc. Europ.* (1842), n° 152.

Mâle en robe de noces : Tête, dessus du cou et du corps, sus-caudales d'un brun olivâtre sans taches ; gorge, devant du cou, haut de
la poitrine blancs, avec de nombreuses taches d'un olivâtre rembruni ;
le reste de la poitrine d'un blanc olivâtre ; milieu du ventre d'un blanc
pur ; flancs et sous-caudales d'un olivâtre clair ; ces dernières terminées
par un grand espace blanc ; raie sourcilière blanchâtre ; ailes et queue
d'un brun olive moins verdâtre que le dos ; rémiges avec les bandes
transversales d'une teinte plus foncée, qui ne sont bien visibles que
lorsqu'on place l'oiseau obliquement ; bec brun clair ; pieds d'un rouge
livide.

Femelle : Parties supérieures comme chez le mâle ; gorge, devant
du cou et haut de la poitrine d'un blanc sale, faiblement marqués de
taches allongées d'un cendré brun.

En automne, les plumes ont une légère bordure cendrée : cette bordure disparaît au printemps.

Cette espèce habite l'Europe méridionale et orientale, et l'Afrique septentrionale.

On la trouve en Autriche et en Hongrie, sur les bords du Danube et en
Égypte.

Elle niche dans les roseaux, construit son nid avec assez d'art et pond de
quatre à cinq œufs d'un blanc un peu sale, tantôt grisâtre, tantôt roussâtre,
avec quelques taches grises et d'un brun foncé. Ils mesurent :

Grand diam. 0ᵐ,019 ; petit diam. 0ᵐ,015.
Elle vit d'insectes et de petites mouches.

GENRE CXI

BOUSCARLE — *CETTIA*, Bp.

Sʏʟᴠɪᴀ, p. Temm. *Man.* (1820).
Cᴀʟᴀᴍᴏʜᴇʀᴘᴇ, p. Boie, *Isis* (1822).

Potamodus, p. Kaup, *Nat. Syst.* (1820).
Cettia, Bp. *B. of Eur.* (1838).
Calamodyta, p. G. R. Gray, *List of the Gen. of B.* (1841).
Salicaria, p. Keys. et Blas. *Wirbelth.* (1840).

Bec mince, droit, aigu, très-comprimé, plus haut que large dans les deux tiers antérieurs, aussi haut que large à la base ; mandibule supérieure à arête très-prononcée, échancrée de chaque côté à la pointe ; narines oblongues, étroites ; ailes courtes, sub-obtuses, arrondies ; queue ample, étagée, composée de dix pennes seulement ; tarses de médiocre longueur ; doigts épais, celui du milieu, y compris l'ongle, moins long que le pouce, l'ongle comptant pour la moitié, au moins. Plumage très-doux au toucher, comme décomposé, uniformément coloré.

Les Bouscarles vivent sur les bords très-boisés des rivières, des lacs, ou grandement couverts de roseaux, au milieu desquels elles se tiennent presque constamment cachées. Elles grimpent habilement le long des tiges des arbustes ou des plantes aquatiques ; volent très-mal ; sont paresseuses à prendre leur essor ; se nourrissent d'insectes et de petits colimaçons qu'elles cherchent au pied des buissons, des roseaux ou des herbes aquatiques.

Le mâle et la femelle portent le même plumage, et les jeunes, avant la première mue, diffèrent peu des adultes. Leur mue est simple.

Observations (1). — Quoique les *Sylvia Cetti*, *Sylvia lusciniotdes* et *Sylvia melanopogon*, qui composaient le genre *Cettia*, dans la première édition, aient entre elles les plus grands rapports, on doit toutefois reconnaître que ces espèces présentent des différences, qu'à la rigueur on peut considérer comme génériques. Ainsi, malgré les affinités qui existent entre la *Cetti* et la *Lusciniop. luscinioides* quant à l'ampleur et à la forme des rectrices, à la forme du bec, des narines, aux couleurs du plumage, aux mœurs, aux habitudes ; affinités qui ont pu faire prendre ces deux oiseaux pour des variétés de la même espèce, on ne peut se dissimuler, cependant, qu'ils ne se séparent par trois caractères très-tranchés : la nature du plumage, la forme de l'aile, le nombre des pennes de la queue. Le genre *Cettia* fondé sur la *Sylvia Cetti* ; le genre *Lusciniopsis* établi

---

(1) M. Degland rangeait, à mon exemple, dans le genre *Cettia* trois espèces qui, pour quelques auteurs, font partie de trois genres distincts. Les notes qu'il a laissées pour un supplément n'indiquent pas qu'il voulût modifier cet arrangement. Cependant les observations que je lui avais communiquées sur la complexité du genre, observations qui m'avaient été suggérées par un examen ultérieur et plus attentif des espèces, l'avaient convaincu de la nécessité de le modifier. Les changements que je propose ici auraient eu, je pense, son approbation. Du reste, je suis seul responsable de ce nouvel arrangement, s'il est sujet à critique. Z. G.

sur la *Sylvia luscinioides*, à laquelle il faut réunir la *Sylvia fluviatilis*, comme l'avait fait le prince Ch. Bonaparte en 1842, peuvent donc se justifier.

Quant à la *Sylvia melanopogon*, la nature de son plumage; la forme du bec, des narines; l'épaisseur des pieds; la longueur du doigt postérieur, qui égale et surpasse même, en y comprenant l'ongle, celle du doigt médian; enfin son aile sub-obtuse, la retiendraient, très-certainement, à côté de la *Cetti*, si le nombre de ses rectrices, qui est de douze, et son plumage varié, en dessus, de taches oblongues, ne l'en séparaient. Mais ces deux caractères, qui sont les seuls que l'on puisse invoquer pour isoler la *Sylv. melanopogon* de la *Cetti*, font-ils mieux de la première une *Calamodyta*, comme le veulent la plupart des ornithologistes?... En aucune façon. La *Sylv. melanopogon* n'a absolument de commun avec les *Calamodytæ* (*Sylv. phragmitis* et *Sylv. aquatica*) que les taches du plumage : elle s'en distingue par le bec, les narines, un plumage plus décomposé, des pieds plus forts, un ongle du pouce plus robuste et plus long, une queue plus ample, à pennes moins acuminées, et, surtout, par la forme de l'aile, qui est sub-obtuse, pendant qu'elle est sub-aiguë chez les *Syl. phragmitis* et *aquatica*.

Séparée de la *Cetti*, la *Sylv. melanopogon* ne peut donc rentrer dans le genre *Calamodyta* dont presque tous ses caractères l'éloignent, et devient dès lors le type d'une section particulière.

245 — BOUSCARLE CETTI — *CETTIA CETTI*
Degl. ex Marm.

Parties supérieures d'un brun châtain ; les plus grandes des sous-caudales ne recouvrant, à peu près, que la moitié de la queue et plus courtes de $0^m,01$ *au moins que la rectrice la plus latérale ; première rémige atteignant le milieu de l'aile ; deuxième égale à la neuvième, quatrième et cinquième les plus longues.*

Taille : $0^m,14$ (mâle) ; $0^m,13$ (femelle).

SYLVIA CETTI, Marmora, *Mem. della Acad. di Torino* (1820), t. XXV, p. 254.
SYLVIA SERICEA, Natt. in : Temm. *Man.* (1820), t. I, p. 197.
SYLVIA PLATURA, Vieill. *Encyc. Méth.* (1820), p. 466.
CALAMOHERPE CETTI, Boie, *Isis* (1822), p. 552.
POTAMODUS CETTI, Kaup, *Nat. Syst.* (1829), p. 129.
CETTIA ALTISONANS et SERICEA, Bp. *B. of. Eur.* (1838), p. 11 et 12.
SALICARIA CETTI, Keys. et Blas. *Wirbellh.* (1840), p. 55.
CALAMODYTA CETTI et SERICEA, G. R. Gray, *Gen. of. Birds* (1844-1849), n°ᵃ 16 et 17.
CETTIA CETTI, Degl. *Orn. Eur.* (1849), t. I, p. 578.
BRADYPTERUS CETTI, Caban. *Mus. Orn. Hein.* pars 1ᵃ Osc. (1850-1851), p. 43.
Buff. *Pl. enl.* 655, f. 2, sous le nom de *Bouscarle de Provence*.
Z. Gerbe, *Mag. de Zool.* (1840), p. 21, *mâle*.

Mâle : Dessus de la tête, du cou et du corps d'un brun marron obscur ;

gorge, devant du cou et milieu du ventre blancs; poitrine blanche,
lavée de jaunâtre; flancs, bas-ventre et bas des jambes d'un brun roux ;
sous-caudales de la même couleur et terminées de blanc ; joues, côtés
du cou et de la poitrine nuancés de roux et de gris cendré ; raie sourcilière longue et blanchâtre; bord palpébral blanc en haut et en bas,
noir derrière et devant ; couvertures alaires et rémiges brunes, les
premières largement bordées de marron obscur, les dernières finement lisérées de cette couleur ; queue pareille aux ailes, avec les pennes
bordées de marron, et coupées par de petites bandes parallèles peu
apparentes, et plus visibles à la face inférieure qu'à la face supérieure ;
bec noirâtre, excepté à la base de la mandibule inférieure, qui est couleur de chair ; pieds brun clair; iris brun fauve.

Femelle : Elle est plus petite que le mâle ; les teintes de son plumage sont généralement un peu plus claires, et la tache jaunâtre de
la poitrine est souvent atténuée au point d'être imperceptible.

Les *jeunes avant la première mue* ont des couleurs plus ternes
et plus brunes.

Cette espèce est surtout propre à l'Europe méridionale.

Elle habite la Sicile, la Corse, la Sardaigne, l'Espagne, la France, et on la
trouve en Angleterre et dans le Caucase. Elle est très-commune dans nos provinces méridionales, en hiver surtout. Nous l'avons rencontrée dans plusieurs
rivières du département du Var. M. Crespon l'a également vue en grand nombre dans plus ieurslocalités de la Provence, et M. Loche l'a tuée à Behobie, dans
les environs de Pau et de Bayonne.

Elle niche dans les broussailles épaisses, sur les grandes plantes aquatiques,
à peu de distance de terre ; son nid, composé de feuilles et de tiges de graminées, est construit avec assez d'art. Ses œufs, au nombre de quatre ou cinq,
sont d'un brun rouge de brique uniforme, plus ou moins foncé et sans taches.
Ils mesurent :

Grand diam. 0^m,019 ; petit diam. 0^m,014.

Elle vit dans le voisinage des eaux, au milieu des buissons et des hautes
herbes qui croissent sur le bord des rivières et dans les marais. « Presque
« constamment elle demeure cachée dans leur épaisseur, les parcourt en divers
« sens, grimpe le long des tiges, y est, en un mot, dans une activité conti-
« nuelle. Si elle se met en évidence, ce n'est, on peut le dire, que passagère-
« ment et lorsque surtout elle va abandonner une touffe pour se porter dans
« une autre. Son chant est doux, éclatant, sonore, saccadé, brisé, de peu d'é-
« tendue et fort peu varié. Elle le fait entendre durant toute l'année. Sa nour-
« riture consiste en divers insectes ailés, en vers, et en larves qu'elle rencontre
« dans le voisinage des eaux (1). » Elle a l'habitude, en grimpant ou en sautant

(1) Z. Gerbe, *Mémoire sur la Fauvette Cetti*, inséré dans le *Mag. de Zool.* pour 1840.

de branche en branche ou sur le sol, de relever brusquement la queue, qui s'étale alors un peu, et de détendre un peu les ailes.

Suivant de la Marmora, Savi et le prince Ch. Bonaparte, elle serait sédentaire ; nous avons la certitude, au contraire, qu'elle émigre et qu'elle suit successivement le cours des fleuves ; qu'à certaines époques de l'année, principalement en novembre et en décembre, elle se montre là où, soit avant, soit après ces époques, on la chercherait en vain, et qu'alors aussi elle se trouve en plus grand nombre dans les lieux qu'elle habite ordinairement.

Observation. — Le *Sylvia sericea*, Natt. (*Cettia sericea*, Bp. *Ucc. Europ.* 1842), n'est qu'un double emploi de la *Cettia Cetti*, comme, du reste, Natterer l'a reconnu lui-même depuis.

GENRE CXII

AMNICOLE — *AMNICOLA*, Z. Gerbe (1).

Sylvia, p. Temm. *Man.* (1735).
Calamodyta, p. Bp. *B. of Eur.* (1838).
Salicaria, p. Keys. et Blas. *Wirbelth.* (1840).
Lusciniola, p. G. R. Gray, *Gen. of B.* (1841).
Cettia, p. Z. Gerbe, *Dict. univ. d'Hist. nat.* (1848).

Bec effilé, droit, aigu, très-comprimé jusqu'à la base, où il est aussi haut que large ; plus haut que large dans le reste de son étendue ; mandibule supérieure à arête vive, échancrée de chaque côté à la pointe ; narines oblongues, linéaires ; ailes courtes, sur-obtuses ; queue médiocrement allongée, à pennes relativement larges et arrondies à l'extrémité ; tarses minces ; doigts assez forts, celui du milieu, y compris l'ongle, à peu près de la longueur du pouce, l'ongle de ce doigt comptant pour la moitié au moins ; plumage très-doux au toucher, comme décomposé, varié de taches oblongues.

(1) J'ai donné à la page 523 les raisons qui me font séparer génériquement la *Sylv. melanopogon* de la *Cettia Cetti*, à côté de laquelle je l'avais rangée, et des Phragmites, parmi lesquelles tous les ornithologistes la laissent encore. Je puis me tromper en l'isolant de ces dernières et en fondant sur elle un genre, mais l'on m'accordera bien que ses caractères sont loin d'être en parfait accord avec ceux des Phragmites, et qu'à moins de n'avoir égard qu'aux taches du plumage, ce qui conduirait à des conséquences que je laisse déduire, il est difficile de trouver une caractéristique qui lui soit commune avec les Phragmites.   Z. G.

Les oiseaux qui appartiennent à cette section, n'abandonnent jamais le bord des eaux. Ils ont tout à fait les allures de la Bouscarle Cetti et de la Luscinioïde ; volent fort mal ; sont sans cesse en mouvement pour chercher parmi les herbes, les roseaux, les épaisses broussailles qui encombrent les bords des rivières, des marécages, les petits insectes et les larves dont ils se nourrissent. Ils agitent constamment les ailes, relèvent et étalent légèrement la queue.

Le mâle et la femelle portent le même plumage, et les jeunes, avant la première mue, n'en diffèrent que par des teintes un peu plus sombres. Leur mue est simple.

244 — AMNICOLE A MOUSTACHES NOIRES
AMNICOLA MELANOPOGON
Z. Gerbe ex Temm.

Une bande blanche au-dessus des yeux, s'élargissant beaucoup en arrière de ces organes ; lorums et un trait sous l'œil noirs, tarses noirâtres ; première rémige impropre au vol, la seconde à peu près égale à la huitième, la quatrième et la cinquième égales et les plus longues.

Taille : 0^m,13.

Sylvia melanopogon, Temm. *Man.* (1835), 3º part. p. 121.
Calamodyta melanopogon, Bp. *B. of Eur.* (1838), p. 12.
Salicaria melanopogon, Keys. et Blas. *Wirbelth.* (1840), p. 55.
Lusciniola melanopogon, G. R. Gray, *List of the Gen. of B.* (1841), p. 28.
Cettia melanopogon, Z. Gerbe, *Dict. univ. d'Hist. nat.* (1848), t. XI, p. 240.
Temm. et Laug. *Pl. col.* 245, f. 2.

Mâle et femelle au printemps : Front, vertex et occiput d'un noir enfumé ; nuque, dos et croupion d'un brun châtain foncé, avec une raie longitudinale noire au milieu des plumes du dos ; haut de la poitrine et milieu de l'abdomen d'un blanc pur ; sous-caudales d'un blanc sale, tirant sur le roussâtre ; poitrine, flancs et bas des jambes de couleur feuille morte, moins foncée au milieu de la poitrine ; lorums et un trait au delà des yeux noirs ; raie sourcilière blanche, large et s'étendant beaucoup au delà de l'œil ; ailes et queue noirâtres, avec les plumes bordées et terminées de roussâtre ; bec et pieds bruns ; iris noisette.

Mâle et femelle en automne : Parties supérieures d'une teinte moins foncée avec des traits noirs au centre des plumes de la tête, et les bordures de celles du corps plus rousses ; blanc du cou, de la poitrine et du ventre moins pur ; côtés de la poitrine et flancs d'un brun rouge plus foncé.

Jeunes avant la première mue : D'une teinte générale d'un brun foncé, légèrement lavée d'olivâtre en dessus.

Cette espèce est propre à l'Europe méridionale.

Elle habite la Sicile, l'Italie, le midi de la France et se montre accidentellement dans le nord de ce royaume. M. Crespon la dit sédentaire dans le département du Gard, où il l'a tuée à toutes les saisons, dans les lieux les plus inondés.

Elle niche sur les buissons, construit un nid en forme de coupe et pond quatre ou cinq œufs d'un blanc azuré, avec quelques points bruns, rapprochés vers le gros bout. Tels étaient ceux d'une nichée découverte par M. Lebrun aux environs de Montpellier. Ils mesuraient :

Grand diam. 0^m,014 ; petit diam. 0^m,011.

Cet oiseau n'est pas très farouche et il se laisse approcher d'assez près pour qu'on puisse le tirer avec du sable. Il vit de mouches et de petits coléoptères.

GENRE CXIII

LOCUSTELLE — *LOCUSTELLA*, Kaup

Curruca, p. Briss. *Ornith.* (1760).
Sylvia, p. Lath. *Ind.* (1790).
Acrocephalus, p. Naum. *Vög.* (1819).
Calamoherpe, p. Boie, *Isis* (1822).
Locustella, Kaup, *Nat. Syst.* (1829).
Salicaria, p. Selby, *Brit. Orn.* (1833).

Bec droit, épais à sa base, comprimé seulement dans la moitié antérieure, plus large que haut à la base, échancré à la pointe de la mandibule supérieure ; narines oblongues, ovalaires ; ailes médiocres, sub-aiguës ; queue assez allongée, étagée, cunéiforme, à pennes acuminées et larges ; tarses épais ; doigts grêles et longs, celui du milieu, y compris l'ongle, beaucoup plus court que le pouce, l'ongle de ce doigt, qui est faible et très-comprimé, comptant pour la moitié environ ; plumage serré, varié de taches oblongues.

Les Locustelles aiment les lieux frais et humides, fréquentent même les bords des rivières, des marécages, mais très-souvent aussi on les trouve dans les pâturages, dans les haies, les genêts épineux, les bruyères et même sur les coteaux éloignés de l'eau. Elles marchent et ne sautent pas : rarement aussi elles grimpent. Elles ont un chant strident, nichent très-près de terre, et se nourrissent de petits insectes et de vers. Leur vol est lourd, peu soutenu. Comme les Phragmites, elles deviennent tellement grasses à la fin de l'été, qu'après deux ou trois vols, péniblement exécutés, on peut les prendre à la main.

Le mâle et la femelle portent le même plumage. Les jeunes, avant la première mue, ont des couleurs peu différentes de celles des adultes. Leur mue est simple.

Observations. — 1° Les Locustelles ont été distraites génériquement par M. Kaup de la division dans laquelle elles avaient été placées ; M. Gould les a également séparées, et le prince Ch. Bonaparte, qui d'abord les avait associées aux Phragmites, a plus tard adopté le genre qu'elles forment. Il nous semble qu'on peut, en effet, distinguer les Locustelles des autres groupes et même des Phragmites avec lesquelles elles paraissent avoir quelque analogie. Si les Locustelles ressemblent un peu à ces dernières, par leur système de coloration et par la forme du bec, elles en diffèrent totalement sous tous les autres rapports. Ainsi elles ne sont point des oiseaux grimpants à la manière des Phragmites ; leurs doigts sont plus grêles, leurs tarses épais, l'ongle du pouce, qui, dans les espèces des genres *Calamodyta, Calamoherpe, Cettia,* est robuste et arqué, est relativement, dans les Locustelles, d'une faiblesse extrême et moins recourbé. D'autres différences peuvent se tirer des mœurs, des habitudes. Les Locustelles sont douces, paisibles, paraissent avoir beaucoup d'attachement pour leurs semblables ; elles n'ont donc point le caractère hargneux, acariâtre des Rousserolles, des Phragmites. En second lieu, elles s'éloignent beaucoup plus que celles-ci du voisinage des eaux. Enfin la marche leur est habituelle, tandis qu'elle est interdite aux Phragmites : celles-ci sautent et ne marchent pas. Ces différences de mœurs, d'habitudes, en rapport avec les différences physiques que l'on peut saisir, nous paraissent justifier suffisamment le genre *Locustella.*

2° La *Sylvia certhiola* (Temm.), dont le prince Ch. Bonaparte faisait une Locustelle, est une espèce à rayer de la liste des oiseaux d'Europe. C'est à tort, selon M. Schlegel, qu'elle y a été introduite, l'oiseau n'ayant été trouvé par Pallas que dans la Sibérie orientale.

Il faut aussi en rayer la *Sylvia (Calamoherpe) tenuirostris* du pasteur Brehm, cette prétendue espèce, comme M. Hardy l'a reconnu, n'étant autre qu'une *Locustella nævia* à bec un peu plus grêle que de coutume.

243 — LOCUSTELLE TACHETÉE — *LOCUSTELLA NÆVIA*
Degl. ex Briss.

Tout le plumage en dessus, excepté aux sus-caudales, sous-caudales et quelquefois le devant du cou variés de taches oblongues ; première rémige rudimentaire, la deuxième plus courte que la troisième qui est la plus longue.

Taille : 0^m,14 environ.

Curruca cinerea nævia, Briss. *Ornith.* (1760), t. VI, *Suppl.* p. 112.

Sylvia locustella, Lath. *Ind.* (1790), t. II, p. 115.

Muscipeta locustella et olivacea, Koch, *Baier. Zool.* (1816), p. 166 et 167.

Acrocephalus fluviatilis, Naum. *Vög. Dents.* (1819), p. 192.

Calamoherpe locustella, Boie, *Isis* (1822), p. 552.

Calamoherpe tenuirostris, Brehm, *Handb. Nat. Vög. Deuts.* (1831), p. 410.

Salicaria locustella, Selby, *Brit. Orn.* (1833), t. I, p. 199.

Locustella Rayi, Gould, *B. of Eur.* (1831), pl. 103.

Locustella nævia, Degl. *Orn. Eur.* (1849), t. I, p. 589.

Buff. *Pl. enl.* 581, f. 3, sous le nom d'*Alouette locustelle*.

Mâle et femelle en robe de noces : Parties supérieures d'un cendré olivâtre, avec des taches noirâtres au centre des plumes, plus petites et plus rapprochées à la tête, plus larges et plus intenses au dos, peu sensibles aux sus-caudales ; gorge et milieu de l'abdomen cendré blanchâtre ; devant et côtés du cou, poitrine, d'un cendré sans taches, lavé de roussâtre ; sous-caudales de même couleur, flammées de brun au centre ; paupières et un trait au-dessus de l'œil, grisâtre ; lorums cendrés ; couvertures et pennes des ailes d'un brun foncé et largement bordées de cendré olivâtre ; queue, d'un brun olivâtre, moins foncé sur les bords et à la pointe des rémiges, marquée de nombreuses raies transversales visibles seulement en plaçant l'oiseau un peu obliquement ; bec brun en dessus, jaunâtre en dessous et sur les bords des mandibules ; pieds gris jaunâtre ; iris brun gris.

Mâle et femelle en automne : Ils ont une teinte plus rembrunie en dessus, plus jaune en dessous, avec les côtés de la poitrine et de l'abdomen d'un cendré lavé d'un peu de roux jaunâtre.

Les individus non adultes, à l'âge d'un an environ, portent au bas du cou quelques petites taches ovoïdes et brunâtres.

Jeunes avant la première mue : Leurs teintes sont moins foncées et ils ont au cou de nombreuses taches brunes.

La Locustelle tachetée habite les contrées tempérées de l'Europe et divers points de la France, notamment la Bretagne, où elle est très-commune.

Elle se montre dans les campagnes de Lille, et s'y reproduit probablement quelquefois ; car un individu mâle y a été tué dans le mois de juillet 1829. On la voit au printemps dans les environs d'Amiens, d'Abbeville, de Dieppe ; elle arrive en avril dans ces localités, se loge alors dans les jeunes taillis, les ajoncs des parties élevées, et repart en août. Elle vient aussi se reproduire dans quelques-uns des bois qui avoisinent Paris.

Elle niche dans les buissons, les ajoncs, les taillis en côtes et très-près de terre. Son nid, construit sans art, et non point avec beaucoup d'élégance comme l'a avancé Vieillot, est uniquement composé d'herbes sèches en dehors comme en dedans. Sa ponte est de quatre ou cinq œufs d'un cendré faiblement nuancé de rougeâtre, ou seulement gris, avec de fines stries et des taches d'un brun rouge; ces taches, plus rapprochées vers le gros bout, y forment quelquefois une couronne. Ils mesurent :

Grand diam. 0^m,018 ; petit diam. 0^m,012 à 0^m,013.

Cet oiseau, d'après M. Hardy (*in Litter.*), est timide et défiant, vivant toujours près de terre, dans l'épaisseur du fourré, fuyant à travers les cépées, ou courant prestement et en relevant sa queue longue et épanouie. Il échappe aisément aux poursuites du chasseur, qu'il sait dérouter en se cachant de telle sorte qu'il ne peut ni l'apercevoir ni le déterminer à sortir du buisson qui le recèle. Ces mœurs cachées rendent fort difficile la découverte de son nid.

Sa vie se passe donc plutôt à terre que sur les arbres ou les arbustes. Sa démarche est lente, gracieuse et mesurée comme celle des Pipis des arbres et des prés, en marchant, elle a un petit tremblement de tout le corps, comme si ses jambes ne pouvaient la soutenir, et lorsque quelque chose l'affecte, elle développe sa queue en éventail, par de petits mouvements brusques.

Le chant de la Locustelle tachetée a beaucoup de rapport avec le bruit que produisent les Sauterelles en frappant leurs élytres les unes contre les autres, ou avec le bruit que le grain produit sous la meule. Elle pousse parfois un cri très-prolongé qui lui a valu, dans le département de Maine-et-Loire, aux environs de Beaupréau, le nom de *Longue-Haleine*, et sur quelques points de l'arrondissement de Dieppe, celui de *Crécelle*, à cause de la ressemblance de ce cri avec le bruit des petites crécelles dont on amuse les enfants. « C'est, dit « encore M. Hardy, en se tenant immobile sur le bout d'une branche, le cou « tendu et le bec ouvert, que le mâle fait entendre, surtout après le coucher « du soleil et de grand matin, ce cri monotone auquel, par une faculté de ven- « triloquie, il semble donner, à volonté, plus ou moins d'extension, de ma- « nière à tromper souvent sur la distance qui le sépare de la personne qui « l'écoute ; chant d'amour qui s'éteint, en été, avec la vivacité des désirs dont il « était l'expression. »

<h2 style="text-align:center">246 — LOCUSTELLE LANCÉOLÉE</h2>

LOCUSTELLA LANCEOLATA
Bp. ex Temm.

Parties supérieures variées de taches longitudinales ; parties inférieures, le milieu du ventre excepté, couvertes de nombreuses taches lancéolées.

Taille : 0^m,10 environ.

Sylvia lanceolata, Temm. *Man.* (1840), 4e part. p. 614.
Cisticola lanceolata, Durazzo, *Uccelli Liguri* (1840), p. 35.
Salicaria lanceolata, Schleg. *Rev. crit.* (1844), p. 30.
Calamodyta lanceolata, Bp. *C. Gen. Av.* (1850), p. 287.
Locustella lanceolata, Bp. *Cat. Parzud.* (1856), p. 6.

Mâle et femelle : Parties supérieures d'un cendré olivâtre rembruni, avec de larges taches d'un brun noir foncé au centre des plumes ; gorge, devant du cou, poitrine et bas-ventre d'un blanc jaunâtre ; flancs, abdomen et une partie des sous-caudales d'un cendré roussâtre ; toutes les parties inférieures, de la gorge aux sous-caudales inclusivement, le milieu du ventre excepté, couvertes de nombreuses taches noirâtres de forme lancéolée.

Les *jeunes* ne sont pas connus.

Cette espèce habiterait, dit-on, l'Asie septentrionale et ferait de rares apparitions, dans l'Europe méridionale et orientale.

Un sujet, faisant partie de la collection du marquis Durazzo, a été pris le long des remparts de Gênes.

Mœurs, habitudes, régime et propagation inconnus.

Observation. — M. Malherbe fait observer, dans la *Faune de la Sicile* (p. 67), que c'est prématurément que cette espèce figure parmi les oiseaux d'Europe, et qu'elle n'a pas été tuée, ainsi que le dit Temminck, près de Mayence. Là dépouille que M. Bruch avait communiquée à l'auteur du *Manuel d'Ornithologie*, et un autre spécimen semblable, avaient été reçus de la Russie, sans indication d'origine : M. Maherbe dit tenir le fait de M. Bruch. Mais si Temminck a été induit en erreur sur la provenance de la *Sylvia lanceolata*, la capture faite, le long des remparts de Gênes, d'un individu de cette espèce, capture mentionnée par le marquis Durazzo dans ses *Uccelli Liguri notizie* (p. 35), n'en est pas moins certaine.

GENRE CXIV

PHRAGMITE — *CALAMODYTA*, Mey. et Wolf

Motacilla, p. Linn. *S. N.* (1735).
Sylvia, p . Lath. *Ind.* (1790).
Acrocephalus, p. Naum. *Vög. Deuts.* (1819).
Calamodyta, Mey. et Wolf, *Tasch. Deuts.* (1822).
Calamoherpe, p. Boie, *Isis* (1822).
Calamodus, Kaup, *Nat. Syst.* (1829).
Salicaria, Keys. et Blas. *Wirbellh.* (1840).
Lusciniola, G. R. Gray, *Gen. of B.* (1841).

Bec petit, droit, médiocrement comprimé, plus large que haut à la base ; mandibule supérieure à arête mousse, échancrée de chaque côté à la pointe ; narines ovales, recouvertes par un opercule bombé ; ailes courtes, sub-aiguës ; queue médiocrement allongée, étagée, cunéiforme, à pennes très-acuminées et étroites; tarses minces; doigts déliés, celui du milieu, y compris l'ongle, plus long que le pouce, l'ongle de ce doigt comptant pour moins de la moitié; plumage serré, varié de taches oblongues.

Les Phragmites, que la plupart des auteurs confondent avec les Rousserolles proprement dites, ont cependant des caractères qui les distinguent de celles-ci et des autres espèces riveraines. Indépendamment des différences que fournissent la forme du bec, celle de la queue, etc., on peut encore prendre en considération celles que présentent les mœurs.

Les Phragmites fréquentent les roseaux, les joncs, les broussailles qui entourent le bord des étangs, des rivières; mais, à l'époque de leurs migrations, on les rencontre souvent dans les prairies, dans les luzernes, dans les champs de pommes de terre. Elles sont alors tellement grasses, que le moindre vol les fatigue et qu'elles deviennent assez souvent une proie facile pour les chiens et les chasseurs. Elles se nourrissent principalement d'insectes et parfois de graines de plantes aquatiques. Leur chant consiste en une suite de cris aigus, discordants et pressés. Elles donnent à leur nid une large base de sustentation, et ne le fixent jamais aux tiges des roseaux, aux broussailles flexibles des osiers.

Le mâle et la femelle ne diffèrent pas sensiblement l'un de l'autre. Les jeunes, avant la première mue, ont des teintes un peu plus foncées. Leur mue est simple.

Observation. — Nous n'admettons que deux espèces dans cette division. La *Sylvia cariceti* de Naumann ou *striata* de Brehm, qui devrait en faire partie, et que reconnaissent comme espèce, MM. Cabanis, Keyserling et Blasius, n'est établie, suivant M. Schlegel, que sur des individus en robe de noces de la *Calamodyta aquatica*, dont elle ne diffère, du reste, que par quelques stries noires sur les flancs, la poitrine et les côtés du cou.

247 — PHRAGMITE DES JONCS
CALAMODYTA PHRAGMITIS
Mey. et Wolf ex Bechst.

Une large bande sourcilière d'un blanc presque pur (adultes), ou jaunâtre (jeunes); dessus de la tête varié de noirâtre; croupion et sus-caudales unicolores; première rémige impropre au vol, la seconde presque égale à la troisième, qui est la plus longue.

Taille : 0^m,125 environ.

Sylvia phragmitis, Bechst. *Nat. Deuts.* (1807), t. III, p. 635.
Calamodyta phragmitis, Mey. et Wolf, *Tasch. Deuts.* (1810-1822), t. I, p. 234.
Muscipeta phragmitis, Koch, *Baier. Zool.* (1816), t. I, p. 163.

Sylvia schœnobœnus, Vieill. nec Scop. *N. Dict.* (1817), t. XI, p. 196.
Acrocéphalus phragmitis, Naum. *Vög. Deuts.* (1819), p. 202.
Calamoherpe phragmitis, Boie, *Isis* (1822), p. 552.
Calamodus phragmitis, Kaup, *Nat. Syst.* (1829), p. 116.
Salicaria phragmitis, Selby, *Brit. Ornith.* (1833), t. I, p. 201.
Gould, *B. of. Eur.* pl. 110.

Mâle et femelle : Parties supérieures d'un gris olivâtre roussâtre, avec des taches noirâtres au centre des plumes de la tête, d'un brun sombre et comme fondues sur celles du dos ; croupion et sus-caudales de couleur de tan, sans taches ou avec des taches peu apparentes ; parties inférieures d'un blanc jaune roussâtre, plus clair à la gorge et au milieu du ventre, plus foncé à la poitrine, aux flancs, aux sous-caudales, avec le haut du thorax très-faiblement tacheté de brun ; raie sourcilière large et d'un blanc jaunâtre ; couvertures des ailes pareilles au manteau, avec les grandes couvertures terminées et largement bordées de jaune roussâtre ; queue d'un brun cendré, avec les pennes bordées et terminées de roussâtre ; bec, iris et pieds brunâtres.

Jeunes avant la première mue : Ils ont la couleur rousse des parties inférieures plus claire ; la poitrine variée de petites taches lancéolées brunâtres, les pieds olivâtres et le bec plus court.

La Phragmite des joncs habite non-seulement l'Europe, mais encore l'Asie et l'Afrique.

Elle est commune, en été, dans le nord de la France, en Lorraine, en Anjou et dans beaucoup d'autres parties du royaume. On la trouve aussi en assez grande quantité en Hollande, en Angleterre, en Suisse, en Allemagne et en Sicile.

Elle niche sur les bords des rivières, dans les étangs, à peu de distance du sol, sur une touffe d'herbes, sur la souche d'un arbuste, ou d'un arbre étêté. Son nid grossièrement construit à l'intérieur, est peu profond et fortement matelassé à la base. Sa ponte est de quatre ou cinq œufs, aigus à leur petite extrémité, d'un cendré fauve ou roussâtre ; avec une multitude de petites taches un peu plus foncées, peu apparentes ou presque confondues, et un ou deux petits traits sinueux, d'un brun noir au gros bout. Ils mesurent :

Grand. diam. 0^m,018 ; petit diam. 0^m,014.

A son passage d'automne cette espèce abonde dans les plaines basses et marécageuses, dans les prairies. A cette époque, on la connaît dans le midi de la France sous le nom vulgaire de *Grasset,* nom qui lui est donné à cause de l'abondance de sa graisse.

248 — PHRAGMITE AQUATIQUE
CALAMODYTA AQUATICA
Bp. ex Lath.

Une large bande sourcilière d'un blanc jaunâtre ou jaune ; sur la tête deux larges bandes longitudinales noires, séparées par une bande d'un jaune roux ; croupion et sus-caudales variés de taches oblongues noirâtres ; première rémige impropre au vol, la seconde presque égale à la troisième, qui est la plus longue.

Taille : 0^m,125.

SYLVIA SCHŒNOBŒNUS, Scop. *Ann. I Hist. Nat.* (1768).
SYLVIA AQUATICA, Lath. *Ind.* (1790), t. II, p. 510.
SYLVIA SALICARIA, Bechst. *Nat. Deuts.* (1807), t. III, p. 625.
MUSCIPETA SALICARIA, Koch, *Baier. Zool.* (1816), t. I, p. 163.
SYLVIA PALUDICOLA, Vieill. *N. Dict.* (1817), t. XI, p. 202.
SYLVIA STRIATA, Brehm, *Beitr.* (1820), t. II, p. 286.
SYLVIA CARICETI, Naum. *Vög. Deuts.* (1823-1844), t. III, p. 608; pl. 82, f. 4 et 5.
CALAMODYTA CARICETI et SCHŒNOBŒNUS, Bp. *B. of Eur.* (1838), p. 12.
SALICARIA AQUATICA, Keys. et Blas. *Wirbelth.* (1840), p. 54.
CALAMODYTA AQUATICA, Bp. *Ucc. Eur.* (1842), p.
CALAMODUS SALICARIUS, Caban. *Mus. Orn. Hein.* pars 1ª Osc. (1850-1851), p. 59.
Gould, *B. of Eur.* pl. 111.

Mâle et femelle au printemps : Parties supérieures d'un joli gris cendré, passant au jaune roux au croupion et aux sus-caudales, avec des taches noires formant deux bandes longitudinales sur les côtés du vertex, petites et moins apparentes au cou, larges et profondes au dos, étroites sur les couvertures de la queue ; parties inférieures d'un jaune roussâtre très-clair, tirant sur le blanc à la gorge et au milieu de l'abdomen ; une large bande sourcilière de même couleur que la gorge, une autre brune sur l'œil, plus large sur la région parotique ; couvertures des ailes brunes, largement bordées de gris cendré ; rémiges noirâtres lisérées de gris ; rectrices brunes, bordées de grisâtre, la plus externe, de chaque côté, d'une teinte cendrée ; bec brun en dessus, jaunâtre en dessous et sur les bords des mandibules ; pieds jaunâtres, avec le dessous des doigts jaune ; iris noisette.

Mâle et femelle en automne : D'un jaune roussâtre en dessus, avec des taches noires au centre des plumes, comme au printemps ; d'un roussâtre plus clair en dessous ; toutes les pennes alaires et caudales bordées de roux jaunâtre ou de gris.

Jeunes après la mue : Ils ressemblent aux adultes, mais ils offrent au devant du cou et sur les flancs des stries brunes, plus ou moins nombreuses.

Cette espèce est propre à l'Europe méridionale et occidentale. On la rencontre aussi en Afrique.

On la trouve en Suisse, en Sicile, en Allemagne, en Sardaigne, et, en France, sur les bords du Var, du Rhône et dans les marais de la Crau. Elle est de passage annuel dans les départements de l'Aube, de la Somme et du Nord.

Elle niche sur les bords des étangs et des rivières, parmi les roseaux ; construit un nid semblable à celui de la Phragmite des joncs et pond quatre ou cinq œufs d'un gris verdâtre sale ou jaunâtre, avec des points gris et olivâtres plus ou moins foncés et plus nombreux sur le gros bout. Ils mesurent :

Grand diam. 0ᵐ,017 ; petit diam. 0ᵐ,013.

La Phragmite aquatique a absolument les habitudes de la Phragmite des joncs ; seulement elle paraît fréquenter bien moins les prairies naturelles et artificielles que ne le fait celle-ci vers la fin de l'été.

GENRE CXV

CISTICOLE — *CISTICOLA*, Lesson

SYLVIA, p. Temm. *Man.* (1820).
CISTICOLA, Less. *Tr. d'Ornith.* (1831).
SALICARIA, Keys. et Blas. *Wirbelth.* (1840).

Bec très-comprimé dans sa moitié antérieure, à mandibule supérieure recourbée dans presque toute sa longueur, très-aiguë à la pointe, qui est entière ; narines grandes, oblongues ; ailes courtes, obtuses, très-arrondies , l'extrémité des rémiges secondaires atteignant presque celle des primaires ; queue moyenne, étagée ; tarses forts ; doigts minces, longs, celui du milieu, y compris l'ongle, de la longueur du tarse ; ongles assez robustes, celui du pouce sensiblement plus long que ce doigt, peu recourbé. Plumage tacheté.

Le genre Cisticole se distingue de tous les autres genres qui composent cette division. Quels que soient les rapports que les Cisticoles, par leur faciès, par leur système de coloration, aient avec certaines espèces dites riveraines, il est impossible de ne pas les séparer génériquement. La forme toute particulière de leur bec, de leurs ailes, et, plus encore, leurs habitudes, leur mode de nidification, autorisent suffisamment un pareil démembrement.

Comme les Phragmites, les Cisticoles se répandent dans les pâturages en plaine, et, comme elles, la graisse dont elles se couvrent vers la fin de l'été, rend leur vol d'autant plus difficile, qu'elles sont très-mal organisées pour voler. Elles se nourrissent de petits insectes qu'elles cherchent dans les herbes.

Le mâle et la femelle ne diffèrent pas sous le rapport du plumage. Les jeunes, avant la première mue, ressemblent aux adultes. Leur mue est simple.

Observation.—Le marquis Durazzo, indépendamment de la *Sylvia cisticola*, a admis dans ce genre l'espèce décrite par Temminck sous le nom de *Sylvia lanceolata* (*Uccelli Liguri*, 1840, p. 35). Cette espèce est aujourd'hui rangée, avec plus de raison, parmi les Locustelles.

249—CISTICOLE ORDINAIRE—*CISTICOLA SCHOENICOLA* Bp.

Parties supérieures variées de taches longitudinales ; parties inférieures unicolores ; rectrices, à l'exception des deux médianes, avec une tache noire et une bordure blanche à l'extrémité ; quatre ou cinq des rémiges secondaires, égales à la deuxième des rémiges primaires.

Taille : 0^m,105.

Sylvia cisticola, Temm. *Man.* (1820), t. I, p. 228.
Cisticola schœnicola, Bp. *B. of Eur.* (1838), p. 12.
Salicaria cisticola, Keys. et Blas. *Wirbelth.* (1840), p. 55.
Drymoica cisticola, G. R. Gray, *Gen. of B.* (1844-1846), n° 49.
Temm. et Laug. *Pl. col.* 6, f. 3.

Mâle et femelle : Dessus de la tête et du corps d'un brun noirâtre au centre des plumes, d'une nuance rousse et grisâtre sur les bords, avec le dessus du cou varié des mêmes teintes et le croupion roux ; poitrine, flancs et sous-caudales d'un jaune roussâtre ; ailes colorées comme le dos ; queue d'un brun noirâtre, avec les pennes cendrées ou blanches à l'extrémité ; bordées de roussâtre et une tache noire sur les latérales ; bec, pieds et iris brunâtres.

D'après Savi, on ne peut guère distinguer le mâle de la femelle qu'à la saison des amours. A cette époque, la femelle aurait l'intérieur du bec jaunâtre et le mâle d'un noir violet.

Jeunes avant la première mue : Ils ressemblent aux adultes ; seulement, les taches des parties supérieures sont moins étendues et d'un noir moins profond.

Cette espèce habite les contrées méridionales de l'Europe et l'Afrique septentrionale.

On la rencontre dans les marais des environs de Rome, dans ceux de la Toscane, de la Sardaigne et de la Sicile, où elle est très commune, et où, selon M. A. Malherbe, elle passerait l'hiver et se répandrait dans les jardins des environs de Palerme et de Messine. En France, on la trouve sur les bords du Var, à Berres dans les plaines marécageuses de la Camargue, où elle est très-abondante, et dans tous les étangs qui bordent la Méditerranée, depuis Aigues-Mortes jusqu'à Perpignan.

Elle niche dans des touffes d'herbes, construit, avec beaucoup d'art, un nid en forme de bourse ou de quenouille, ayant une ouverture oblique en haut; l'attache à une touffe de carex, et le compose de matières cotonneuses et soyeuses, telles que de la laine, des toiles d'araignées, du duvet des plantes. Sa ponte est de quatre à six œufs oblongs, qui varient de couleur, parfois dans la même nichée. Ils sont d'un blanc légèrement azuré, quelquefois un peu bleuâtre, d'autres fois roses ou tout à fait blancs, sans taches ou avec quelques taches d'un brun foncé, et ils mesurent :

Grand diam. 0ᵐ,016; petit diam. 0ᵐ,011.

Savi, qui a observé avec soin cette espèce dans les marais de Pise, nous apprend qu'elle y fait trois couvées, la première à la mi-avril, et la dernière dans le mois d'août; qu'elle se tient, en arrivant, dans les champs de blé, où elle établit son premier nid, et plus tard, dans les marais où elle fait sa dernière ponte. Durant l'époque des amours, le mâle a un cri perçant et sonore ; il le fait surtout entendre lorsque, prenant son essor, il s'élève à une hauteur considérable dans les airs, en décrivant des courbes et de petites ondulations.

FAMILLE XXI

TROGLODYTIDÉS — *TROGLODYTIDÆ*

TROGLODYTINÆ, Swains. *Nat. Syst.* (1837).
CERTHINÆ, Bp. *Birds of Eur.* (1838).
TROGLODYTIDÆ, O. Des Murs. *Encyc. Orn.* (1854).

Bec plus ou moins fin, plus ou moins courbé, entier, pointu ; tarses longs et grêles; ailes courtes, arrondies ; queue plus ou moins courte, plumage en entier ou en partie rayé transversalement.

Les oiseaux qui font partie de cette famille, ont généralement des mœurs aquatiques, et grimpent avec facilité comme les Calamcherpiens. Ils ont l'ha-

bilude de tenir la queue constamment relevée. Leur nid, lorsqu'il repose sur
des arbres ou des arbustes, est couvert par le haut, et présente, comme celui
des Pouillots, une ouverture latérale ; et leur voix, relativement à leur taille,
a une très-grande étendue.

Cette famille est représentée en Europe par un seul genre.

GENRE CXVI

TROGLODYTE — *TROGLODYTES*, Vieill.

Motacilla, p. Linn. *G. N.* (1735).
Ficedula, p. Briss. *Ornith.* (1760).
Sylvia, Lath. *Ind.* (1790).
Troglodytes, Vieill. *Ois. de l'Am. sept.* (1807).
Anorthura, Rennie, *Mont. Orn. Dict.* (1831).

Bec grêle, subulé, entier, allongé et très-légèrement arqué ;
narines basales, ovales, recouvertes d'une membrane ; ailes
courtes, arrondies, concaves, sur-obtuses ; queue courte, arrondie ; tarses longs, assez forts ; doigt externe uni à sa base avec le
médian ; ongle postérieur le plus long, fort et très-arqué.

Ce genre est aujourd'hui adopté par tous les ornithologistes. L'espèce européenne qui en fait partie, se distingue des Calamoherpiens et des Réguliens,
avec lesquels elle a été longtemps confondue, non-seulement par tous ses caractères, mais encore par ses mœurs et son genre de vie. Elle a le corps ramassé ; elle porte la queue relevée, et vit, le plus souvent, cachée dans les
endroits obscurs, les trous, les broussailles, les tas de bois, etc.

Le mâle et la femelle se ressemblent. Les jeunes, avant la première mue,
n'en diffèrent que par des teintes plus ternes. Leur mue est simple.

Observation : M. J. C. H. Fischer décrit et figure dans le *Journal d'Ornithologie* de M. Cabanis (1861, t. IX, p. 14, pl. 1), sous le nom de *Troglodytes borealis*, un Troglodyte du nord de l'Europe, peu différent, par ses teintes, du
Trogl. parvulus, mais qui s'en distinguerait par des raies transversales plus
prononcées aux parties inférieures et notamment à la poitrine et sur l'abdomen ; par un bec et des pieds plus robustes, des doigts et des tarses plus longs,
une aile plus étendue. Voici, du reste, d'après M. Fischer, les dimensions de
quelques-uns de ces organes dans les deux oiseaux.

	Trogl. parvulus.	Trogl. borealis.
Longueur des tarses........	0^m,020................	0^m,024
— du pouce.........	0^m,009................	0^m,010
— du doigt médian...	0^m,013................	0^m,017
— de l'aile pliée.....	0^m,050................	0^m,056

Les œufs du *Trogl. borealis* seraient aussi, en général, un peu plus gros que ceux de l'espèce vulgaire. Ils ont d'ailleurs la même forme et sont piquetés de même.

Le Troglodyte boréal nous étant inconnu, nous ne pouvons nous prononcer sur sa valeur spécifique. Nous dirons toutefois qu'il nous semble constituer, au plus, une variété locale, et qu'il n'est pas rare, lorsque l'on prend les dimensions de plusieurs exemplaires de *Trogl. parvulus* ou *europæus*, de constater des différences tout aussi grandes que celles sur lesquelles M. Fischer fonde son *Trogl. borealis*. Quant aux raies noires du plumage, elles varient également d'intensité, et nous voyons des mâles *Trogl. parvulus* qui les ont presque aussi prononcées que celles du spécimen figuré par M. Fischer.

250 — TROGLODYTE MIGNON — *TROGLODYTES PARVULUS*
Koch

Tout le plumage, les rectrices et les rémiges variés de bandes transversales noirâtres.

Taille : 0^m,10 *environ.*

MOTACILLA TROGLODYTES, Linn. *S. N.* (1766), t. I, p. 337.
REGULUS, Briss. *Ornith.* (1760), t. III, p. 426.
SYLVIA TROGLODYTES, Lath. *Ind.* (1790), t. II, p. 547.
TROGLODYTES PARVULUS, Koch, *Baier. Zool.* (1816), t. I, p. 161.
TROGLODYTES EUROPÆUS, Vieill. *N. Dict.* (1819), t. XXXIV, p. 511.
TROGLODYTES PUNCTATUS, Boie, *Isis* (1822), p. 551.
ANORTHURA COMMUNIS, Rennie, *Mont. Orn. Dict.* (1831 ?), p. 570.
TROGLODYTES VULGARIS, Temm. *Man.* (1835), 3ᵉ part. p. 160.
TROGLODYTES TROGLODYTES, Schleg. *Rev. crit.* (1844), p. 44.
Buff. *Pl. Enl.* 615, f. 2, sous le nom de *Roitelet.*

Mâle : Parties supérieures d'un brun roux, avec des raies transversales étroites et noirâtres sur le dos, les ailes et la queue ; parties inférieures d'un cendré roussâtre, plus clair et tirant sur le bleuâtre à la gorge, à la poitrine, avec des taches blanchâtres et des raies transversales noires au bas-ventre, sur les flancs et sur les sous-caudales ; raie sourcilière d'un blanc roussâtre ; joues et côtés du cou variés de brun et de blanc roussâtre ; rémiges brunes, avec les cinq premières marquées alternativement de noir et de roussâtre en dehors ; bec brunâtre, plus foncé en dessus qu'en dessous ; pieds gris roussâtre ; iris noirâtre.

Femelle : Elle est un peu plus petite, a les teintes plus rousses, et les raies transversales noires moins apparentes.

Le Troglodyte habite toute l'Europe, l'Asie et l'Afrique septentrionale. Il est très-commun dans le nord de la France, pendant la belle saison et dans le midi durant l'automne et une partie de l'hiver.

Il niche près de terre, parmi les herbes, souvent entre les racines des arbres, quelquefois dans le creux des arbres vermoulus, d'autres fois sous les toits des chaumières. Son nid, très-grand et artistement construit en forme de bourse ou de sabot, avec une ouverture supéro-latérale, est en grande partie composé de mousse. Sa ponte est de six à huit œufs, gros, relativement à l'oiseau, d'un blanc pur, finement piquetés de brun foncé ou de noirâtre, surtout au gros bout. Ils mesurent :

Grand diam. 0ᵐ,015 à 0ᵐ,016; petit diam. 0ᵐ,012.

Cet oiseau, connu dans plusieurs contrées de la France sous le nom impropre de Roitelet, se plaît dans le voisinage des habitations, se tient de préférence, l'été dans les bois, et l'hiver dans les haies, les vergers et les jardins où il y a des branchages, des fagots, des piles de bois, parmi lesquels il cherche sa nourriture, qui consiste en mouches, en araignées et en chrysalides. Il est sans cesse en mouvement, voltige d'un endroit à un autre, disparaît et reparaît sans craindre l'approche de l'homme. Le mâle a un ramage fort agréable qu'il fait entendre même dans la mauvaise saison.

FAMILLE XXII

PHYLLOPNEUSTIDÉS — *PHYLLOPNEUSTIDÆ*

Régulinés, O. Des Murs, *Encyclop. d'Hist. Nat. Ois.* (1854).

Bec court, subulé, échancré à la pointe de la mandibule supérieure; narines généralement découvertes; tarses allongés, grêles, ainsi que les doigts; ongle du pouce médiocre; queue échancrée.

Par leurs mœurs et leurs habitudes, les Phyllopneustidés ont de grands rapports avec les Paridés. Actifs autant que ceux-ci, on les voit incessamment fouiller un arbre, un arbuste, branche à branche, rameau à rameau, pour y découvrir une pâture. Ils ont, comme eux, l'instinct de sociabilité très-développé; forment une grande partie de l'année de petites familles; réclament avec inquiétude lorsqu'ils se voient isolés. Mais pendant que les Paridés sont à la fois insectivores, séminivores et frugivores, les Phyllopneustidés sont exclusivement insectivores. Ils en diffèrent encore par leur mode de nidification. Jamais ils n'établissent leur nid dans des trous, et ce nid, soit qu'il ait le sol pour appui, soit qu'il repose sur des ronces, sur une touffe d'herbes ou qu'il soit fixé à l'extrémité d'un rameau, est toujours en boule, avec une ouverture plus ou moins latérale.

Les deux sexes diffèrent très-peu l'un de l'autre. Chez la plupart des espèces, les jeunes, sous leur première livrée, s'en distinguent. Leur mue est simple.

Observation. — Cette famille, dont le genre *Phyllopneuste*, sans être absolument type, est cependant l'un des éléments principaux, renferme pour nous non-seulement les Pouillots, mais aussi les Roitelets, les Réguloïdes, auxquels viennent naturellement se réunir les genres exotiques *Abrornis*, *Acanthiza*, *Horornis*, etc. Tous ces oiseaux par leurs formes, par leurs mœurs, ont entre eux les plus grandes affinités. Leurs habitudes naturelles rappellent beaucoup celles des Paridés; leurs caractères généraux semblent en faire des Sylviadés (des Sylviens si l'on n'élève le grand genre *Sylvia* qu'au rang de sous-famille). Toutefois, on ne saurait les ranger ni parmi les premiers, ni parmi les seconds. S'ils ont les allures des Paridés, s'ils sont sociables et vivent, comme eux, presque toute l'année en famille, ils s'en distinguent franchement par un bec ténu, échancré à la pointe, par des tarses et des doigts plus grêles et généralement plus allongés, enfin par le régime. L'on pourrait ajouter qu'ils n'ont ni la même fécondité, ni le même mode de nidification. D'un autre côté, si par quelques-uns de leurs caractères, par une certaine analogie de coloration, la plupart des Phyllopneustidés paraissent se rattacher aux Sylviens, ils s'en éloignent sous tant d'autres rapports qu'il est impossible de les laisser dans la même division. La forme sphérique qu'ils donnent à leur nid, leur régime dans lequel n'entrent jamais ni baies, ni fruits, mais seulement des insectes sous leurs divers états; leurs cris, leur chant, leur vie en famille, l'habitude qu'ils ont de chercher leur nourriture en voletant, en se suspendant à l'extrémité des rameaux, comme les Mésanges, en font des oiseaux plus distincts des Sylviadés qu'ils ne le sont des Paridés.

La famille des Phyllopneustidés, que nous subdiviserons en Phyllopneustiens et en Réguliens, en ayant égard à la présence ou à l'absence de plumes operculaires aux narines, nous paraît donc suffisamment autorisée.

SOUS-FAMILLE XXXVIII

PHYLLOPNEUSTIENS — *PHYLLOPNEUSTINÆ*

Narines nues; grandes sous-caudales atteignant, au moins, le milieu des rectrices.

Les Phyllopneustiens sont représentés en Europe par les genres *Phyllopneuste* et *Reguloïdes*, celui-ci liant les Pouillots aux Roitelets.

GENRE CXVII

POUILLOT — *PHYLLOPNEUSTE*

Motacilla, p. Linn. *S. N.* (1735).
Ficedula, p. Briss. *Ornith.* (1760).
Sylvia, p. Lath. *Ind.* (1790).
Phyllopneuste, Mey. et Wolf, *Tasch. Deuts.* (1815).
Regulus, p. G. Cuvier, *Règ. an.* (1817).
Phylloscopus, Boie, *Isis* (1826).

Bec droit, petit, comprimé, à peine échancré vers le bout de la mandibule supérieure, qui est un peu mousse; narines oblongues, recouvertes par une membrane; ailes sub–obtuses, allongées, dépassant généralement le milieu de la queue; celle-ci dilatée à son extrémité, qui est échancrée; tarses longs, minces; doigts grêles, le médian bien plus court que le tarse; ongle du pouce faible, médiocrement arqué et plus court que ce doigt.

En outre, toutes les espèces de ce genre ont un plumage verdâtre en dessus.

Les Pouillots sont, après les Roitelets, les plus petits des oiseaux d'Europe. Ils sont vifs, remuants, légers; ils aiment la société de leurs semblables, vivent comme les Mésanges et les Roitelets par petites familles, et ont encore ceci de commun avec ces oiseaux, qu'ils visitent, d'un arbre, toutes les branches, tous les rameaux, et qu'ils le font en papillonnant presque sans cesse. Ils cherchent aussi sous les feuilles, sur les brindilles et les branches, les petites chenilles blanches, les larves, les menus insectes, les mouches qui s'y cachent, et dont ils font leur unique nourriture. Le plus souvent ils prennent ces dernières au vol, à la manière des Gobe-mouches. Jamais, dans aucune saison, ils ne touchent aux baies ni aux graines. C'est toujours à terre, au pied d'un buisson, d'un arbuste, sur le revers d'un fossé, dans ou sous une touffe d'herbe, que les Pouillots établissent leur nid. Ils lui donnent une forme ovale ou sphérique, et ménagent, sur l'un des côtés, une ouverture proportionnée à leur taille. Ce nid n'est donc pas à ciel ouvert, comme celui des Sylviens ou des Calamoherpiens.

Ils émigrent par petites troupes, souvent en compagnie des Mésanges et des Roitelets, et voyagent pendant le jour. Les uns quittent l'Europe à l'automne, les autres passent l'hiver dans les contrées les plus méridionales.

Le mâle et la femelle portent absolument le même plumage. Les jeunes, avant la première mue, en diffèrent fort peu. Leur mue est simple.

Observations. — 1° Les Pouillots ont été rangés pendant longtemps dans le grand genre *Sylvia*. G. Cuvier, en 1800, dans le deuxième tableau qui accompagne les deux premiers volumes de ses *Leçons d'Anatomie comparée*, les distingua génériquement des Fauvettes proprement dites. En 1810 Meyer et Wolf les réunirent aux Hypolaïs, aux Roitelets et aux Troglodytes et en composèrent une section particulière avec le titre de famille. Cette famille est devenue plus tard le genre Phyllopneuste, genre que la plupart des ornithologistes admettent avec les modifications qui en ont successivement écarté les Troglodytes, les Roitelets, les Hypolaïs. MM. Schlegel, de Keyserling et Blasius ont cependant persisté à réunir, non plus sous le nom générique de *Phyllopneuste*, mais sous celui de *Ficedula*, correspondant aux *Becs-fins Muscivores* de Temminck, les Hypolaïs et les Pouillots. Ainsi que nous l'avons dit ailleurs, ces oiseaux sont complétement distincts, et les derniers doivent seuls rester dans le genre *Phyllopneuste*.

2° M. Kaup a fait du Pouillot siffleur ou sylvicole le type de son genre *Sibilatrix*. Ce Pouillot a, il est vrai, l'aile plus longue que celle de ses congénères, puisqu'elle atteint presque l'extrémité de la queue ; mais, à part ce caractère, il ne diffère en rien des autres espèces et ne peut, par conséquent, en être distingué génériquement.

3° Les Pouillots varient d'une manière incroyable sous le rapport des couleurs, de la taille, des dimensions du bec, de la longueur des pennes de l'aile et de la queue. Quelques auteurs ayant pris pour des caractères spécifiques ces variations, qui dépendent le plus souvent de l'âge, du sexe, de l'époque de l'année, ont fondé sur elles des espèces purement nominales, ou qui ont besoin d'être mieux étudiées, avant d'être définitivement admises. De ce nombre sont :

La *Sylvia flaviventris*, Vieill. (*N. Dict. d'Hist. nat.* t. XI, p. 241), qui n'est qu'un Pouillot fitis jeune, en plumage d'automne ;

La *Sylvia angusticauda*, Z. Gerbe (*Faune de l'Aube*, p. 139), espèce que nous avons toujours considérée comme fort douteuse et qui n'est probablement aussi qu'une *Phyllop. trochilus*, sous la livrée d'automne.

Il en est de même du Pouillot que le pasteur Brehm, d'après M. de Sélys-Longchamps, aurait communiqué à Temminck, sous le nom de *Sylvia fitis*.

Très-certainement aussi, la *Sylvia sylvestris*, Meins. (*Annal. der allgem. Schweiz. Gesells.* t. I, p. 166), n'est qu'une *Phyllop. trochilus* telle qu'on la tue souvent à la fin du printemps et pendant l'été, lorsque les teintes jaunes du plumage ont perdu de leur intensité et tournent au blanchâtre.

La *Sylvia Tamarixis*, Crespon (*Faune méridionale*, t. I, p. 209), est également un Pouillot fitis de petite taille et à plumage déjà en grande partie décoloré. Nous avons constaté son identité avec la *Phyllop. trochilus*, sur l'exemplaire type de la collection de M. Crespon.

La *Sylvia icterina* Eversm. (*Phyllopneuste Eversmanni* Bp.), dans laquelle le prince Ch. Bonaparte a voulu reconnaître la fameuse espèce « tuée sous ses yeux par M. Cantrain à Ostie, le 1er avril 1832, » est bien une *Phyllopneuste*. Mais à en juger par trois exemplaires que MM. E. et J. Verreaux ont reçus de la Sibérie, dont l'un fait actuellement partie de la collection de M. le comte de Riocour, et si toutefois ces exemplaires se rapportent bien, comme nous le croyons, à la *Sylv. icterina* de M. Eversmann, cet oiseau devra probablement être identifié à la *Phyllop. rufa*, avec laquelle il nous paraît avoir de très-grands rapports par ses couleurs et ses pieds noirâtres.

Enfin la *Sylvia brevirostris*, Strickl. (*Proceed. Zool. Soc.* 1836, p. 98), à parties supérieures d'un brun olivâtre, à parties inférieures blanchâtres, à pieds noirâtres, nous paraît aussi très-voisine de la *Phyllop. rufa*, dont elle ne diffère que par une taille un peu plus forte ; caractère qui n'a pas ici une grande valeur, vu les variations que les Pouillots présentent sous ce rapport. Elle se distinguerait de la *Phyllop. trochilus* par un bec un peu plus court et par ses tarses noirâtres. Cet oiseau, d'ailleurs, n'a pas encore été signalé dans les limites de l'Europe, et a besoin d'être mieux étudié.

251 — POUILLOT FITIS — *PHYLLOPNEUSTE TROCHILUS*
Brehm ex Linn.

Dessous du corps d'un blanc lavé de jaunâtre et flamméché de jaune à la gorge, au cou, à la poitrine (adultes) *, ou entièrement jaune* (jeunes de l'année) ; *ailes dépassant légèrement le milieu de la queue ; première rémige impropre au vol, deuxième plus courte que la cinquième, plus longue que la sixième de* 0^m,003 *ou* 0^m,004 ; *tarses jaunâtres.*

Taille : 0^m,12.

MOTACILLA TROCHILUS, Linn. *S. N.* (1766), t. I, p. 338.
ASILUS, Briss. *Ornith.* (1760), t. III, p. 479.
SYLVIA TROCHILUS, Lath. *Ind.* (1790), t. II, p. 550.
SYLVIA FITIS, Bechst. *Nat. Deuts.* (1807), t. III, p. 643.
PHYLLOPNEUSTE FITIS, Mey. et Wolf, *Tasch. Deuts.* (1810), t. I, p. 248.
FICEDULA FITIS, Koch, *Baier. Zool.* (1816), t. I, p. 159.
PHYLLOSCOPUS TROCHILUS, Boie, *Isis* (1826), p. 972.
PHYLLOPNEUSTE ICTERINA, Bp. nec Vieill. *B. of Eur.* (1838), p. 13.
PHYLLOPNEUSTE TROCHILUS, Brehm, *Hand. Nat. Vög. Deuts.* (1828), p. 429.
FICEDULA TROCHILUS, Keys. et Blas. *Wirbelth.* (1840), p. 56.
Buff. *Pl. enl.* 651, f. 1, sous le nom de *Chantre.*

Mâle au printemps : Dessus de la tête, du cou et du corps, d'un cendré verdâtre ; une bande de même couleur traverse les yeux ; sourcils d'un blanc jaunâtre ; joues, gorge, devant du cou, abdomen et sous-caudales d'un blanc pur à la gorge et au milieu de l'abdomen, d'un blanc nuancé de gris et de jaune disposé par mèches à la poitrine, sur les flancs, et de jaune seulement sur les sous-caudales ; bas des jambes d'un jaune verdâtre ; rémiges et rectrices gris brun, bordées de vert jaunâtre ; bec brun olive en dessus, jaunâtre en dessous vers la base et sur les bords ; pieds olivâtres en avant et sur les côtés, jaunâtres en arrière et sous les doigts ; iris brun foncé.

Avant le printemps, le plumage est un peu plus nuancé de jaune en dessous. A mesure que la saison avance le jaune pâlit, et on trouve en juin des mâles qui ont la gorge, la raie sourcilière et le ventre entièrement d'un blanc terne, et quelquefois d'un blanc assez pur.

Femelle : Elle ne diffère pas sensiblement du mâle : elle est seulement un peu plus petite et a des teintes un peu moins prononcées.

Mâle, femelle et jeunes après la mue : Dessus de la tête, du cou, du corps, et une bande sur les lorums et les yeux d'un cendré jaune-verdâtre ; gorge, raie sourcilière, bas des joues, devant et côtés du cou, dessous du corps d'un jaune vif, plus foncé à la poitrine, plus clair au milieu du ventre et sur les sous-caudales ; ailes et queue comme au printemps, mais avec les bordures des plumes plus jaunâtres ; bec brun en dessus, roussâtre en dessous à la base ; pieds d'un cendré bleuâtre en devant, jaunâtre en arrière et au-dessous des doigts ; iris comme au printemps.

Jeunes avant la première mue : Parties supérieures d'un cendré moins olivâtre que chez les adultes ; parties inférieures d'un jaune jonquille ; bec un peu plus court, glacé de jaunâtre.

Le Pouillot fitis est propre à l'Europe, l'Asie et l'Afrique septentrionale.

Dans le nord de la France, qu'il n'habite que temporairement, il arrive vers le mois de mars, pour disparaître en septembre. Mais beaucoup de sujets s'arrêtent et hivernent dans la Provence.

Il niche au pied d'un buisson ou à terre, parmi les herbes et la mousse. Son nid, composé de feuilles, de brins d'herbes et de quelques plumes, est ovalaire, assez grand, et a une ouverture latérale. Sa ponte est de cinq ou six œufs, d'un blanc pur ou légèrement jaunâtre, avec des points et des taches peu nombreuses d'un rouge de brique pâle. Ils mesurent :

Grand diam. 0^m,015 ; petit diam. 0^m,012.

Durant le temps de la reproduction, le Fitis se tient dans les bois ; après la mue, il s'approche des habitations et fréquente les vergers ; pendant l'hiver, les individus qui s'arrêtent dans le midi de la France hantent les bords des rivières, des ruisseaux.

232 — POUILLOT VÉLOCE — *PHYLLOPNEUSTE RUFA*
Bp. ex Briss.

Dessous du corps flammêché de brun et de jaune ; ailes ne dépassant pas le milieu de la queue : première rémige impropre au vol.

deuxième égale à la septième ou plus courte, les quatrième et cinquième égales et les plus longues ; tarses noirâtres.

Taille: 0ᵐ,12 environ.

Curruca rufa, Briss. *Ornith.* (1760), t. III, p. 389.
Sylvia rufa, Lath. *Ind.* (1790), t. II, p. 516.
Ficedula rufa, Bechst. *Orn. Tasch.* (1802), t. I, p. 160.
Sylvia hippolais, Leach, *Syst. cat. M. and B. Brit. Mus.* (1816), p. 24.
Sylvia collybita, Vieill. *N. Dict.* (1817), t. XI, p. 235.
Ficedula rufa, Koch, *Baier. Zool.* (1816), p. 160.
Phylloscopus rufus, Kaup, *Nat. Syst.* (1829), p. 94.
Phyllopneuste rufa, Bp. *B. of Eur.* (1838), p. 13.
Gould , *Birds of Eur.* pl. 131, f 2.

Mâle : Dessus de la tête, du cou et du corps d'un gris brun, plus ou moins olivâtre, un peu plus rembruni au vertex ; sourcils et paupières jaunâtres ; une tache brunâtre devant et derrière les yeux ; gorge et devant du cou d'un blanc jaunâtre ou blanc sale ; poitrine, abdomen et flancs d'un blanc terne, nuancé de brun clair et de jaunâtre, disposé en stries ; sous-caudales d'un jaune clair ; ailes d'un brun gris, avec les plumes frangées d'olivâtre ; rectrices semblables aux rémiges ; bec brun, jaune sur les bords ; pieds d'un brun noirâtre ; iris brunâtre.

Femelle : Elle est moins jaune, en dessous, que le mâle.

Jeunes avant la première mue : Ils ont les parties supérieures comme la femelle, mais un peu plus foncées ; et les parties inférieures jaunâtres, avec les flancs nuancés de brun.

Le Pouillot véloce est propre à l'Europe et à l'Afrique.

Il habite la France, la Suisse, l'Allemagne, l'Italie, la Sicile, et se montre, mais en petit nombre, dans nos départements du Nord, où il arrive vers la fin de mars, et d'où il repart en septembre.

Il niche à terre, au pied des haies, des arbrisseaux, entre les racines des arbres, au milieu des herbes ; compose un nid avec beaucoup de plumes à l'intérieur, et pond quatre ou cinq œufs blancs, avec de petits points noirs, très-nombreux vers le gros bout. Ils mesurent :

Grand diam. 0ᵐ,015 ; petit diam. 0ᵐ,011 à 0ᵐ,012.

Comme ses congénères, le Pouillot véloce vit, l'été, dans les bois. M. Malherbe nous apprend qu'en Sicile, où il est sédentaire, il descend l'hiver dans les plaines, et vient dans les villages chercher un abri jusque dans les maisons ; qu'on en trouve alors jusqu'à sept ou huit dans le même trou. Nous savions déjà par nos propres observations que quelques-uns restaient, durant l'hiver, dans la Provence. Ceux que la bienfaisance du climat retient dans les contrées méridionales de la France, se donnent, l'hiver, rendez-vous sur les bords des rivières, des ruisseaux dont les bords sont couverts de broussailles, dans les jardins abrités, et y forment des réunions très-nombreuses. On les voit voltigeant sans cesse à la surface de l'eau pour y saisir les moucherons et les tipules, dont, à cette époque, ils se nourrissent en grande partie.

<h1 style="text-align:center">255 — POUILLOT SIFFLEUR
PHYLLOPNEUSTE SIBILATRIX</h1>

Brehm ex Bechst.

(Type du genre Sibilatrix, Kaup ; Sylvicola, Eyton)

Gorge, devant du cou, haut de la poitrine jaunes ; le reste des parties inférieures blanc ; ailes dépassant de beaucoup le milieu de la queue ; première rémige impropre au vol, deuxième plus longue que la cinquième, la troisième la plus longue ; tarses d'un brun jaunâtre.

Taille : 0^m,124 *à* 0^m,125 *environ.*

Asilus sibilatrix, Bechst. *Orn. Tasch.* (1802), p. 176.
Sylvia sylvicola, Lath. *Ind.* Suppl. (1802), p. 53.
Sylvia sibilatrix, Bechst. *Nat. Deuts.* (1807), t. III, p. 561.
Ficedula sibilatrix, Koch, *Baier. Zool.* (1816), t. I, p. 159.
Curruca sibilatrix, Flem. *Brit. Anim.* (1828), p. 70.
Sibilatrix sylvicola, Kaup, *Nat. Syst.* (1829), p. 98.
Phyllopneuste sibilatrix et sylvicola, Brehm, *Handb. Nat. Vög. Deuts.* (1831), p. 425 et 426.
Sylvicola sibilatrix, Eyton, *Brit. Birds* (1836), p. 14.
Temm. et Laug. *Pl. col.* 245, f. 3.

Mâle : Dessus de la tête, du cou et du corps, d'un cendré vert, nuancé de jaunâtre ; sourcils, joues, gorge, devant et côtés du cou, haut de la poitrine d'un beau jaune ; un trait brunâtre passe sur les yeux ; bas de la poitrine, abdomen et sous-caudales d'un blanc argentin, lavé de grisâtre sur les flancs, de jaune verdâtre sur les cuisses ; talons couverts de plumes jaunes ; ailes brunes, avec les plumes bordées de jaune verdâtre ; queue également brune, avec les pennes lisérées de jaune verdâtre en dehors ; bec et pieds d'un brun jaunâtre ; iris brun-roussâtre.

Femelle : Elle diffère du mâle par une taille moins forte, et par les joues, la gorge et le cou qui sont d'un jaune plus pâle. Cette couleur n'est presque pas apparente sur le haut de la poitrine.

Jeunes avant la première mue : Semblables aux adultes en dessus et en dessous, avec le jaune du cou d'une teinte plus pâle.

Le Pouillot siffleur ou Sylvicole est répandu dans une grande partie de l'Europe.

Il habite l'Allemagne, l'Italie, la France, où il est commun; l'Angleterre, la Hollande et quelques autres contrées du Nord, où il est plus rare. On le trouve aussi en Algérie.

Il arrive en mai dans le nord de la France et disparaît à la fin d'août. On le voit, aux mêmes époques, en Lorraine, dans les bois et les vallons de Saulnay et de Montraux.

Il niche entre les racines des arbres, mais le plus souvent à terre, parmi les mousses et les herbes. Sa ponte est de cinq ou six œufs, courts, blancs, ou d'un blanc grisâtre, couverts de petits points bruns, plus nombreux au gros bout. Ils mesurent :

Grand diam. 0^m,015 ; petit diam. 0^m,012.

Observation. — Le Pouillot sylvicole a été confondu avec l'*Hypólais icterina*, dont il diffère cependant par la taille, les teintes des parties inférieures, la proportion des rémiges, le chant et les œufs.

234 — POUILLOT BONELLI — *PHYLLOPNEUSTE BONELLI*
Bp. ex Vieill.

Dessous du corps blanc, légèrement lavé de jaunâtre aux jambes et aux sous-caudales ; ailes atteignant à peine le milieu de la queue ; première rémige impropre au vol, la deuxième sensiblement plus longue que la septième, égalant quelquefois la sixième, les troisième et quatrième les plus longues ; tarses d'un brun clair.

Taille : 0^m,115.

SYLVIA BONELLI, Vieill. *N. Dict.* (1819), t. XXVIII, p. 91.
SYLVIA NATTERERI, Temm. *Man.* (1820), t. I, p. 227.
PHYLLOPNEUSTE BONELLI, Bp. *B. of Eur.* (1838), p. 13.
FICEDULA BONELLI, Keys. et Blas. *Wirbelth.* (1840), p. 56.
Temm. et Laug. *Pl. col.* 24. f. 2.

Mâle : Parties supérieures d'un gris cendré, légèrement nuancé d'olivâtre sur le dos, de jaunâtre au croupion et aux sus-caudales ; parties inférieures d'un blanc pur et lustré, lavé de grisâtre sur les côtés de la poitrine, d'un peu de jaunâtre sur les flancs, près des jambes ; ailes brunes, avec les couvertures supérieures bordées de grisâtre et les rémiges frangées de jaune verdâtre; queue d'un brun plus clair que les ailes, avec les trois quarts supérieurs des pennes bordés de jaune verdâtre, surtout vers leur moitié supérieure ; bec brunâtre en dessus, blanchâtre en dessous et sur les bords ; pieds brunâtres ; iris brun-roussâtre.

Femelle : D'un blanc moins éclatant en dessous.

Jeunes avant la première mue : Cendré roussâtre en dessus ; blanc luisant et soyeux en dessous, avec les côtés de la poitrine, les flancs et les sous-caudales lavés d'un roussâtre très-clair ; joues, côtés du cou d'un cendré roussâtre clair ; couvertures supérieures des ailes et rémiges bordées de jaune verdâtre vif ; rectrices bordées de même.

Le Pouillot Bonelli habite principalement le centre et le midi de l'Europe et le nord de l'Afrique.

Il est commun en Provence, en Italie, en Suisse ; n'est pas rare en Anjou, en Lorraine, et a été capturé dans le Tyrol et en Crimée.

M. Meslier de Rocan, ex-sous-intendant militaire à Metz, en a tué plusieurs dans un bois voisin de cette ville, où il se reproduit ; M. Jules de Lamotte l'a trouvé aux environs d'Abbeville ; M. Millet le dit très-commun dans les bois et les forêts des arrondissements de Baugé, Saumur et Beaupréau ; il arriverait dans ces dernières localités à la mi-avril, et en repartirait à la fin d'août ; enfin nous l'avons rencontré plusieurs fois dans les bois qui avoisinent les environs de Paris, et notamment dans les bois de Meudon et de Clamart.

Il niche à terre, au milieu des herbes ou au pied des taillis ; construit un nid semblable à celui du Pouillot siffleur et pond de quatre à six œufs, courts, blancs, ou d'un blanc roussâtre, avec des points d'un brun rouge, quelquefois assez vif, très-nombreux et très-rapprochés surtout au gros bout. Ils mesurent :

Grand diam. 0^m,014 à 0^m,015 ; petit diam. 0^m,012.

GENRE CXVIII

RÉGULOÏDE — *REGULOIDES* (1), Blyth.

Motacilla, p. Gmel. *S. N.* (1788).
Sylvia, p. Lath. *Ind.* (1790).
Regulus, Gould, *B. of Eur.* (1832).
Phyllopneuste, Blyth, *Ann. Mag. Nat. Hist.* (1843).
Phylloscopus, Blyth, *Journ. As. Soc. Beng.* (1843).
Reguloides, Blyth, *Journ. As. Soc. Beng.* (1847).
Phyllobasileus, Cab. *Mus. Orn. Hein.* (1850-1851).

(1) Le générique *Reguloides* étant hybride, M. Cabanis lui a substitué celui de *Phyllobasileus*, qui est certainement plus grammatical, et que nous aurions adopté si nous n'avions à respecter les droits de priorité. Il est de règle, en zoologie, qu'il faut, autant que possible, ne point tirer un nom de deux langues différentes ; mais il est de règle aussi que l'on doit invariablement adopter la dénomination originellement donnée par le fondateur d'un genre, d'une espèce, c'est-à-dire la plus ancienne, à moins que cette dénomination ne soit absurde, barbare, cacophonique, susceptible d'induire en erreur. Tel n'est point le cas de *Reguloides*, auquel, en vertu de cette règle, nous avons dû donner la préférence sur *Phyllobasileus*.

Bec droit, mince, comprimé, échancré vers le bout de la mandibule supérieure, qui est un peu mousse ; narines oblongues, recouvertes par une membrane ; ailes obtuses (deuxième rémige égalant la septième ou un peu plus longue, troisième et cinquième égales, quatrième la plus longue de toutes) ; queue dilatée à son extrémité, échancrée ; tarses allongés, minces ; doigts grêles, le médian plus court que le tarse ; ongle du pouce de la longueur du doigt ou à peine un peu plus court, notablement arqué.

Observation. — Les Réguloïdes ou Faux-Roitelets, par l'ensemble de leurs caractères, ont beaucoup plus de rapports avec les Pouillots, qu'avec les Roitelets. Ils ont les narines nues, le bec, les tarses et presque la forme de l'aile des premiers ; ils s'en rapprochent encore par l'étendue de leurs sous-caudales et par leur système de coloration : ils n'ont des seconds que la double bande bien accusée des ailes. L'ongle du pouce semble avoir aussi un développement et une forme qui le font plus semblable à celui des Roitelets qu'à celui des Pouillots ; mais, nous le répétons, c'est certainement avec ceux-ci qu'ils ont le plus d'affinités, aussi n'hésitons-nous pas à en faire des Phyllopneustiens plutôt que des Réguliens.

255 — RÉGULOÏDE A GRANDS SOURCILS
REGULOIDES SUPERCILIOSUS

Larges sourcils d'un jaune verdâtre (mâle) *ou d'un blanc jaunâtre* (femelle) *presque confluents à la nuque ; sur le milieu de la tête une bande longitudinale pâle, moins apparente chez la femelle que chez le mâle ; une double bande jaunâtre sur l'aile ; sous-caudales lavées de jaunâtre.*

Taille : 0^m,10 (mâle) *à* 0^m,093 (femelle).

Motacilla superciliosa, Gmel. *G. N.* (1788), t. I, p. 975.
Sylvia superciliosa, Lath. *Ind.* (1790), t. II, p. 526.
Motacilla proregulus, Pall. *Zoogr.* (1811-1831), t. I, p. 499.
Regulus modestus, Gould, *Birds of Eur.* (1832-1837), pl. 149.
Regulus inornatus, Blyth, *Journ. As. Soc. Beng.* (1842), t. XI, p. 191.
Regulus proregulus, Keys. et Blas. *Wirbelth.* (1840), p. 51.
Phyllopneuste modesta, Blyth, *Ann. Magas. Nat. Hist.* (1843), t. XII, p. 98.
Reguloides modestus, Blyth, *Journ. As. Soc. Beng.* (1847), t. XVI, p. 441.
Reguloides proregulus, Blyth, in : Bp. *Consp. Gen. Av.* (1850), p. 291.
Phyllobasileus proregulus, Caban. *Mus. Orn. Hein.* pars. 1ª Osc. (1850-1851), p. 33 *note.*

PHYLLOBASILEUS SUPERCILIOSUS, Caban. in : *Cabanis, Journ. Ornith.* (1858), p. 81.

Mâle adulte : Front d'un beau vert-jaune, qui envahit, en se fondant, près de la moitié antérieure de la tête ; sinciput vert olivâtre, les plumes médianes de cette région ayant les unes, les barbes gauches, les autres, les barbes droites d'un blanc jaunâtre, d'où résulte une sorte de bande médiane faisant opposition au verdâtre du reste de la tête ; parties supérieures du cou et du corps d'un vert olivâtre, qui s'éclaircit sur le croupion, et prend, chez le vieux mâle, une teinte d'un beau vert jaune ; côtés du cou nuancés de gris ; sourcils larges et presque confluents derrière la tête, d'un beau jaune verdâtre clair, qui dégénère en blanchâtre derrière l'œil et s'atténue insensiblement en avançant vers la nuque ; lorums, un trait à travers l'œil et région parotique d'un brun verdâtre clair ; parties inférieures blanchâtres, nuancées de jaunâtre à la gorge, au milieu du ventre, aux sous-caudales, et de verdâtre sur les flancs ; une double bande d'un blanc jaunâtre sur l'aile ; la première, à l'extrémité de la dernière rangée des couvertures moyennes ; la seconde, à l'extrémité des grandes couvertures ; rémiges brunes en dessus, d'un gris brun en dessous, extérieurement frangées de vert jaunâtre ; rectrices pareilles aux rémiges ; bec brun ; tarses et ongles noirâtres.

Femelle : Front verdâtre, tout le reste des parties supérieures d'un vert olivâtre, s'éclaircissant sur le croupion ; côtés du cou moins nuancés de gris ; sourcils d'un blanc jaunâtre dans toute leur étendue ; lorums, trait à travers l'œil et régions parotiques moins bruns que chez le mâle ; parties inférieures blanchâtres, lavées de jaunâtre seulement à la poitrine et aux sous-caudales ; ailes et queue comme chez le mâle, mais avec des franges moins vivement colorées ; bec brun en dessus, brun jaunâtre en dessous.

Cette espèce est propre à l'Asie, et s'égare quelquefois en Europe. Gmelin l'indique comme habitant la Russie ; cependant Pallas ne l'a rencontrée que dans l'Asie centrale, en Daourie, le long du fleuve Irkoutsk. Quoi qu'il en soit, elle a été observée en Dalmatie, et s'est même montrée en Angleterre. Un individu y a été pris, près de Newcastle, par M. Hancock.

Les mœurs, le régime et la propagation de cet oiseau sont inconnus.

SOUS-FAMILLE XXXIX

RÉGULIENS — *REGULINÆ*

Narines recouvertes par des plumes disposées sous forme d'oper-
cule; grandes sous-caudales n'atteignant pas le milieu des rectrices.

Cette sous-famille, qui repose sur le genre *Regulus*, est particulièrement caractérisée par les plumes rigides et décomposées qui couvrent les narines. Elle
fait le passage des Phyllopneustiens aux Pariens.

GENRE CXIX

ROITELET — *REGULUS*, G. Cuv.

Motacilla, p. Linn. *S. N.* (1735).
Sylvia, p. Lath. *Ind. Orn.* (1790).
Regulus, G. Cuv. *Anat. comp. tab.* 1 (1799-1800).

Bec grêle, court, très-aigu à la pointe, à bords des mandi-
bulés un peu rentrants; narines ovales recouvertes, par deux petites plumes rigides, voûtées, à barbes très-désunies et très-peu
barbelées; ailes moyennes, sur-obtuses; queue courte, échancrée,
composée de dix pennes; tarses minces, doigts antérieurs grêles,
le médian, y compris l'ongle, aussi long que le tarse; pouce fort,
l'ongle dont il est armé, plus long que le doigt, robuste, arqué;
plumes du vertex un peu plus longues que les autres et susceptibles de se relever.

Les Roitelets sont les plus petits des oiseaux d'Europe. Par l'habitude qu'ils
ont de vivre, l'hiver, en petites familles; de se cramponner et de se suspendre
aux branches des arbres et des buissons pour y chercher leur nourriture, les
Roitelets rappellent les Mésanges. Comme elles encore, ils sont très-vifs, très-
agiles, très-remuants, et ne paraissent pas être sensibles au froid.

Leur mue est simple. Le mâle et la femelle offrent entre eux de bien légères
différences. Les jeunes, avant la première mue, s'en distinguent.

256 — ROITELET HUPPÉ — *REGULUS CRISTATUS*
Charlet.

Olivâtre, nuancé de jaunâtre en dessus; vertex jaune aurore;

point de bande blanche sur les joues ; une huppe (adultes) *ou point de huppe* (jeunes).

Taille : 0ᵐ,096 *à* 0ᵐ,097.

REGULUS CRISTATUS, Charleton, *Exercit.* (1677), p. 95, n° 1.
MOTACILLA REGULUS, Linn. *S. N.* (1766), t. I, p. 338.
SYLVIA REGULUS, Lath. *Ind.* (1790), t. II, p. 548.
REGULUS FLAVICAPILLUS, Naum. *Vög. Deuts.* (1823), t. III, p. 968.
Gould, *Birds of Eur.* pl. 48, t. I.

Mâle : Milieu du vertex d'un jaune aurore, bordé en devant et sur les côtés de jaune capucine et de noir ; dessus du cou et du corps d'un olivâtre nuancé de jaunâtre ; front, tour des yeux, joues, gorge, devant du cou, poitrine et abdomen d'un cendré lavé de roussâtre, avec un peu de brun derrière les commissures du bec ; ailes portant deux bandes transversales blanches et une tache noire carrée au-dessus de la bande inférieure, qui est plus large ; rémiges primaires bordées de jaune verdâtre, les secondaires terminées de blanchâtre ; rectrices colorées comme les rémiges ; bec noir ; pieds bruns ; iris noirâtre.

Femelle : Même distribution de couleurs ; mais le centre de la huppe est d'un jaune citron et les teintes du corps sont moins foncées.

Jeunes avant la première mue : Point de huppe ; tête cendré olivâtre, sans jaune et sans bande noire au-dessus des yeux ; corps et ailes colorés comme chez la femelle, mais d'une teinte olivâtre plus terne.

Variétés accidentelles : Temminck cite des sujets qui ont le sommet de la tête d'un bleu azuré, d'un jaune livide, et d'autres avec une partie du plumage blanchâtre.

On trouve le Roitelet huppé presque partout en Europe.

Il est de passage annuel dans tous les départements de la France, en automne et au printemps.

Il niche sur les pins et les sapins. Son nid, artistement construit, presque sphérique, ouvert en dessus, est généralement composé de mousse. Sa ponte est de sept à onze œufs, ordinairement obtus, d'un blanc jaunâtre ou roussâtre, sans taches, ou avec des points et des taches grisâtres et roussâtres, plus apparents vers le gros bout. Ils mesurent :

Grand diam. 0ᵐ,013; petit diam. 0ᵐ,009.

Il se reproduit en Angleterre, en Italie, en Suisse, en Allemagne et en France, dans les départements de la Vienne, des Basses-Alpes et quelquefois dans les environs de Paris.

Le Roitelet huppé est peu défiant, peu craintif; il se laisse facilement approcher et se laisse même prendre, le soir, avec la main. En automne et en hiver il voyage par petites bandes, se mêle à des troupes de Sittelles, de Mésanges, et exploite avec elles les lisières des bois.

257 — ROITELET TRIPLE BANDEAU
REGULUS IGNICAPILLUS
Licht. ex Brehm

Vert-olivâtre en dessus; vertex jaune-aurore vif; deux bandes blanches sur les joues; bec fort à la base, comprimé et grêle à la pointe; un petit trait noir sous le bec, chez les adultes.

Taille : 0^m,094 *à* 0^m,095.

SYLVIA IGNICAPILLA, Brehm, in : Temm. *Man. d'Ornith.* 2ᵉ édit. (1820), t. I, p. 231.

REGULUS PYROCEPHALUS, Brehm, *Lehrbuch* (1823), t. I, p. 276.

REGULUS IGNICAPILIUS, Licht. *Doub. Zool. Mus.* (1823), p. 36.

Buff. *Pl. enl.* 651, f. 3, *mâle*, sous le nom de *Souci ou Poul.*

Mâle : Milieu du vertex d'un jaune aurore vif, bordé en devant et sur les côtés de jaune capucine et de noir profond ; dessus du cou et du corps d'un vert olivâtre, lavé de jaune rougeâtre sur les côtés du cou ; parties inférieures d'un cendré légèrement lavé de roux, surtout au cou ; front roussâtre, deux bandes blanches au-dessus et au-dessous de l'œil, qui est traversé par une autre bande noire ; moustaches noires, étroites, descendant du bec sur les côtés du cou ; ailes traversées par deux bandes blanches comme chez l'espèce précédente, mais moins étendues ; bec noir ; pieds et iris noirâtres.

Femelle : Même disposition de couleurs, avec les teintes moins pures et le jaune du milieu du vertex d'une nuance orange.

Les *jeunes avant la première mue* nous sont inconnus.

Le Roitelet triple bandeau habite une grande partie de l'Europe, notamment la France, l'Allemagne et la Sicile.

Vieillot l'a rencontré dans l'Amérique septentrionale, et l'a considéré, en premier lieu, comme une race du Roitelet huppé ; mais, plus tard, dans la *Faune française*, il l'a distingué spécifiquement sous le nom de *Regulus mystaceus.*

Il niche sur les pins et les sapins ; pond de cinq à sept œufs oblongs, d'un blanc couleur de chair ou grisâtre, avec quelques petits points gris et roussâtres peu apparents. Ils mesurent :

Grand diam. 0^m,013 ; petit diam. 0^m,009.

Temminck a cru remarquer une différence dans les habitudes du Roitelet huppé et du Roitelet triple bandeau. Ainsi, il aurait observé que ce dernier, au lieu de fréquenter la cime des arbres, comme, selon lui, le ferait le Roitelet huppé, vivrait de préférence sur les buissons et les branches basses, et qu'il voyagerait par paires et non par petites bandes, comme le Roitelet huppé. Nous pouvons affirmer, que ces deux faits sont loin d'être parfaitement établis.

Ces deux espèces ont des habitudes exactement semblables ; elles fréquentent indistinctement les arbres de haute futaie, les bois taillis, les charmilles, et sont toujours par petites troupes, excepté toutefois à l'époque des amours. Le seul fait qui nous a paru constant, c'est que le Roitelet triple bandeau, dans ses migrations d'automne, précède le Roitelet huppé, tandis que le contraire aurait lieu au printemps. Le premier se montre, dans les pays où il passe, au commencement d'octobre ; le second ne s'y voit que quinze ou vingt jours plus tard.

FAMILLE XXIII
PARIDÉS — *PARIDÆ*

Ægithali, Vieill. *Ornith. élément.* (1816).
Pipridæ, p. Vig. *Gen. of B.* (1825).
Mésanges, Less. *Traité d'Ornith.* (1831).
Parinæ, Swains. *Classif. of B.* (1837).
Paridæ, Degl. *Ornith. Europ.* (1849).

Bec court, entier, conico-convexe ; narines couvertes par des soies ou des plumes dirigées en avant ; tarses et doigts épais ; ongle postérieur robuste et plus long que les antérieurs.

Les Paridés constituent une famille que les mœurs, les habitudes, les éléments oologiques, caractérisent autant que les attributs physiques. Les oiseaux qui en font partie ont à peu près tous le même genre de vie. Ils sont d'un naturel vif, pétulant, querelleur. La plupart sont erratiques, et tous vivent par petites familles, une grande partie de l'année.

Leur nourriture consiste en graines, en fruits, en insectes, en œufs de lépidoptères, qu'ils cherchent en se suspendant aux rameaux des arbres. Ils sont en général d'une grande fécondité. Les uns nichent dans les trous d'arbres et de murailles, les autres entre les tiges des roseaux ou à l'extrémité d'un rameau flexible. Il en est quelques-uns qui mettent beaucoup d'art dans la construction de leur nid.

Chez la plupart des espèces, le mâle et la femelle se ressemblent ; chez quelques autres, ils portent un plumage distinct. Leur mue est simple.

Observations. — La famille des Paridés, même en ne tenant compte que des espèces européennes, diffère, dans sa composition, selon les méthodistes. Les uns la bornent aux Mésanges ; les autres réunissent à celles-ci les Sittelles, mais en sous-famille ; d'autres en éloignent ces dernières et leur substituent les Roitelets. En outre, pendant que ceux-ci ne reconnaissent pour les Mésanges qu'une sous-famille, ceux-là en admettent deux : celle des *Ægithalinæ*, reposant sur les Remiz et les Moustaches ; et celle des *Parinæ*, comprenant toutes nos Mésanges sylvaines.

Les Sittelles, à la vérité, par quelques-unes de leurs habitudes, ont des affinités avec les Mésanges ; mais elles en ont de bien plus grandes encore avec les Grimpereaux, et, de plus, elles se rapportent à ceux-ci par la forme des pieds, par l'allongement du pouce, par le développement et la courbure des ongles. Leur place naturelle est donc plutôt parmi les Certhiidés que parmi les Paridés.

Il en est de même des Roitelets proprement dits : leur genre de vie semble en faire des Mésanges ; mais leurs habitudes générales et leurs caractères organiques les rattachent plutôt aux Acanthizes, aux Abrornis, aux Réguloïdes, et par ceux-ci aux Pouillots, près desquels nous avons cru devoir les ranger.

La famille des Paridés, à part les éléments exotiques qui peuvent venir s'y grouper, ne comprend donc que les Mésanges, que nous diviserons, à l'exemple de M. Cabanis, en Pariens et en Égithaliens.

SOUS-FAMILLE XL

PARIENS — *PARINÆ*

Bec plus haut que large ; mandibules égales ou presque égales, l'inférieure se relevant à la pointe ; première rémige bien développée et atteignant à peu près le milieu de l'aile.

Les Pariens vivent en général dans les vergers, les bosquets et même dans les grands bois. Quelques-uns fréquentent plus particulièrement les plaines basses et humides. Ils sont donc plus sylvains que riverains ou aquatiques. Tous, à une exception près, établissent leur nid dans des trous.

GENRE CXX

MÉSANGE — *PARUS*, Linn.

Parus, Linn. *S. N.* (1735).
Cyanistes et Lophophanes, Kaup, *Nat. Syst.* (1829).

Bec du tiers à peu près de la longueur de la tête, fort, droit, coniforme, à pointe arrondie ; narines basales, petites, cachées par les plumes soyeuses du front ; ailes médiocres, sur-obtuses, à première rémige allongée ; queue moyenne, égale ou arrondie et légèrement échancrée ; tarses courts, forts, scutellés ; doigts médiocres, le médian presque aussi long que le tarse ; pouce robuste, pourvu d'un ongle assez fort et recourbé.

Les Mésanges habitent les bois, les vergers. On les y voit sans cesse en mouvement, grimper ou se pendre aux rameaux des arbres, dont elles visitent chaque feuille pour y découvrir les insectes, les larves, les œufs, dont elles se nourrissent. Elles sont courageuses, jusqu'à un certain point féroces, ne redoutent pas les oiseaux plus gros qu'elles, les attaquent et les tuent même lorsqu'on en tient en volière avec elles. Malgré cela, leur naturel est sociable. Les espèces se recherchent entre elles, et si un individu d'une bande s'en isole ou s'égare, on l'entend aussitôt réclamer. Elles ne broient pas les graines, comme font les vrais granivores, tels que les Chardonnerets, les Gros-Becs ; mais elles les percent avec leur bec, après les avoir préalablement assujetties contre une branche, à l'aide de leurs pattes. C'est aussi de cette manière et en frappant à coups redoublés sur le même point, qu'elles parviennent à percer les noix, les amandes et les noyaux bien plus durs de l'olive, pour en extraire la semence.

Les Mésanges sont cosmopolites : on en trouve dans toutes les parties du monde. Parmi les espèces connues, cinq seulement appartiennent à l'Europe.

Observations. — 1° Les cinq espèces que nous comprenons dans ce genre ont été réparties par Kaup dans trois coupes distinctes. Le *Par. cristatus*, à tête surmontée d'une sorte de huppe, est devenu le type de ses *Lophophanes ;* les *Par. cœruleus* et *cyaneus*, à plumage où le bleu domine, ont été groupés sous le nom de *Cyanistes*. Mais ces espèces se rattachant, sous tous les autres rapports, aux vraies Mésanges (*Parus*), ne sauraient en être génériquement distraites.

2° L'apparition de la Mésange bicolore (*Par. bicolor*, Linn.) dans les limites de l'Europe, étant contestée, même par ceux qui l'avaient précédemment admise, cette espèce, jusqu'à nouvel ordre, est à supprimer.

238 — MÉSANGE CHARBONNIÈRE — *PARUS MAJOR*
Linn.

Parties inférieures jaunes, avec une bande longitudinale noire sur l'abdomen ; rectrice la plus latérale blanche sur ses barbes externes.

Taille : 0^m,15.

PARUS MAJOR, Linn. *S. N.* (1766), t. I, p. 341.
PARUS FRINGILLAGO, Pall. *Zoogr.* (1811-1831), t. I, p. 555.
PARUS ROBUSTUS, Brehm, *Handb. Nat. Vög. Deuts.* (1831), p. 461.
Buff. *Pl. enl.* 3, f. 1.

Mâle : Tête, cou et haut de la poitrine noirs, avec des reflets blanchâtres ; région parotique d'un blanc pur, étendu jusqu'à l'œil, de manière à former une sorte de plaque triangulaire ; bas de la nuque blanchâtre ; manteau vert-olive jaunâtre ; bas du dos et sus-caudales d'un cendré bleuâtre ; poitrine, abdomen d'un jaune soufre, avec une bande d'un noir profond sur la ligne médiane ; région anale et sous-caudales blanches ; petites et moyennes couvertures alaires d'un cendré bleuâtre, avec une bande transversale blanche sur l'extrémité de ces dernières ; grandes couvertures noires, bordées de gris bleuâtre ; rectrices de même couleur, avec la plus latérale blanche en dehors et à l'extrémité ; bec noir ; pieds brun de plomb ; iris noir.

Femelle : Noir de la tête moins brillant que dans le mâle ; parties inférieures d'un jaune moins pur, et une bande noire moins étendue sur l'abdomen ; à cela près, elle diffère peu du mâle.

Jeunes à la sortie du nid : Noir de la tête, du cou, de la poitrine et de l'abdomen moins profond, passant au cendré sur les bords des plumes ; jaune des parties inférieures plus pâle ; blanc de la région parotique et de la bande transversale de l'aile lavé légèrement de jaune ; petites et moyennes couvertures alaires bordées d'une faible teinte d'un cendré olivâtre, les grandes de blanc jaunâtre ; rémiges primaires bordées de cendré blanchâtre, les secondaires de vert jaunâtre ; bec brun de plomb, avec les commissures saillantes et jaune orange, ainsi que l'intérieur de la bouche ; pieds d'un livide bleuâtre.

Cette espèce est très-commune dans toute l'Europe, et vit sédentaire en France.

Elle niche dans les trous des vieux arbres, des édifices abandonnés, dans les fentes des murailles ; pond de huit à quatorze œufs, quelquefois jusqu'à dix-huit, d'un blanc légèrement nuancé de jaunâtre, avec de petits points, les uns d'un rouge pâle, les autres d'un brun rouge foncé, plus nombreuses et plus rapprochés au gros bout. Ils mesurent :

Grand diam. 0^m,018 à 0^m,019 ; petit diam. 0^m,013 à 0^m,014.

La Mésange charbonnière erre, l'hiver, par petites troupes ; fréquente alors nos vergers et nos jardins. Au printemps elle se retire dans les bois et les forêts ; quelques couples cependant restent près des habitations. En captivité, elle se contente de graines de chènevis (1).

(1) Je signalerai à l'attention des naturalistes un fait des plus curieux que j'ai vu se produire déjà deux fois sur le même individu.

Une Mésange charbonnière, prise au nid en juillet 1853, est, depuis ce moment, élevée en captivité et soumise presque exclusivement au régime du chènevis. Sous l'influence de ce régime, son plumage, après six mois de cage, avait beaucoup perdu de son éclat, et les teintes blanches, bleuâtres et jaunes étaient comme lavées de brun. En mars, toutes ces teintes tournaient au brun de suie et le dos était fortement noirâtre. Enfin, en juin, l'oiseau était complétement d'un brun noir, le noir de la tête, du cou et de la poitrine ne se dis-

259 — MÉSANGE NOIRE — *PARUS ATER*
Linn.

*Deux bandes blanches sur l'aile ; une tache de même couleur à
la nuque ; abdomen gris blanchâtre.*
Taille : 0ᵐ,111 à 0ᵐ,112.

Parus ater, Linn. *S. N.* (1766), t. I, p. 341.
Parus atricapillus, Briss. *Ornith.* (1760), t. III, p. 551.
Parus carbonarius, Pall. *Zoogr.* (1811-1831), t. I, p. 556.
Parus abietum, Brehm, *Handb. Nat. Vög. Deuts.* (1831), p. 466.
Pœcile ater, Kaup, *Nat. Syst.* (1829), p. 114.
Gould, *Birds of Eur.* pl. 155, t. I.

Mâle : Tête, côtés de la nuque, devant du cou, haut de la poitrine
d'un noir lustré ; joues, côtés et derrière du cou blancs ; parties supérieures du corps d'un cendré bleuâtre, nuancé d'olivâtre ; bas de la
poitrine et abdomen d'un gris blanchâtre, avec les flancs et les sous-
caudales d'un cendré roussâtre ; ailes pareilles au dos, traversées par
deux bandes blanches formées par l'extrémité des moyennes et des
grandes couvertures ; rémiges et rectrices brunes, bordées très-légèrement de cendré ; bec noirâtre ; pieds gris de plomb ; iris noirâtre.

Femelle : Semblable au mâle ; elle a seulement un peu moins de
blanc sur les côtés de la tête, et moins de noir à la gorge, au cou et à
la poitrine.

Jeunes avant la première mue : Ils nous sont inconnus.

On trouve la Mésange noire dans presque toute l'Europe et en Sibérie ;
elle est sédentaire dans quelques localités de la France, et seulement de passage dans d'autres et en Belgique.

tinguant que par plus d'intensité. Environ deux mois et demi après survenait la mue.
Quoique le régime n'eût pas été changé, et que le renouvellement de plumage se fît sous
son influence, l'oiseau reprit, par la mue, les couleurs pures jaunes, blanches, noires,
bleues et vertes qu'il a en liberté. Mais ces couleurs, cinq mois après, commençaient à se
modifier, passaient de nouveau par toutes les phases que je viens d'indiquer, arrivaient,
à la fin d'avril, au noir de suie intense, et, comme la première fois, la mue survenant en
août, rendait à l'oiseau sa belle livrée. A l'heure où j'écris ceci (24 octobre 1865), il serait
difficile de distinguer le captif d'un individu tué en liberté. Pourquoi le régime influe-t-il
sur le plumage vieilli, pendant qu'il n'a aucune action sur celui qui se développe? Les
recherches que je poursuis me mettront peut-être sur la voie d'une solution ; en attendant,
le fait en lui-même m'a paru assez intéressant pour être mentionné. Les modifications de
couleur qui se manifestent partiellement sur le plumage de certains oiseaux, sans inter-
vention de la mue, sont probablement dues, sinon en totalité, du moins en partie, à une
cause de ce genre.   Z. G.

Ses émigrations, dans le nord de la France, ne sont pas annuelles ; elles sont beaucoup plus régulières en Lorraine, en Anjou et dans nos départements méridionaux.

Elle niche dans les trous des vieux arbres, dans le crevasses des vieux murs ; pond de huit à dix œufs blancs, nuancés d'une légère teinte jaune, et marqués de petites taches d'un rouge pâle. Ils mesurent :

Grand diam. 0^m,015 ; petit diam. 0^m,011 à 0^m,012.

Cette espèce vit et voyage par petites bandes, comme la précédente ; se tient, l'été, dans les bois et sur les montagnes, et descend, l'hiver, dans les lieux en plaine.

260 — MÉSANGE BLEUE — *PARUS CÆRULEUS*
Linn.

(Type du genre *Cyanistes*, Kaup.)

Collier et bande, d'un bleu noirâtre, s'étendant du bec à la nuque, en passant sur l'œil ; une tache bleue plus ou moins étendue sur l'abdomen, qui est jaune ; queue moyenne, légèrement échancrée.

Taille : 0^m,11 à 0^m,12.

PARUS CÆRULEUS, Linn. *S. N.* (1766), t. I, p. 341.
CYANISTES CÆRULEUS, Kaup, *Nat. Syst.* (1829), p. 99.
PARUS CÆRULESCENS, Brehm, *Handb. Nat. Vög. Deuts.* (1831), p. 463.
Buff. *Pl. enl.* 3, f. 2.

Mâle : Vertex bleu azuré ; front, région parotique, bande au-dessus des yeux, et partie postérieure de la tête blancs ; trait d'un bleu noirâtre sur les yeux ; une bande de même couleur s'étend, de chaque côté, de la gorge à la nuque ; dessus du corps d'un vert olivâtre ; sus-caudales bleues ; bas du cou et dessus du corps jaunes ; une tache oblongue d'un bleu noir sur le milieu de l'abdomen ; ailes bleues, avec les moyennes et les grandes couvertures supérieures et les rémiges secondaires terminées de blanc ; queue bleue ; bec brun de corne ; pieds brun de plomb ; iris noirâtre.

Femelle : Pareille au mâle ; la tache bleu-noir de l'abdomen moins étendue et moins prononcée.

Jeunes avant la première mue : Teintes beaucoup moins vives ; le blanc est jaunâtre et le bleu grisâtre ; taille moindre que dans les adultes.

Variétés accidentelles : L'on rencontre des individus à plumage isabelle (Collect. Méezemaker), nous en avons vu un complétement blanc ; il en existe d'autres avec les ailes et la queue entièrement d'un brun bistre.

La Mésange bleue habite toute l'Europe et vit sédentaire en France.

Elle niche dans les trous et les crevasses des arbres, des murailles ; pond huit ou dix œufs un peu courts et blancs, marqués de très-petits points bruns et de taches couleur de brique. Ils mesurent :

Grand diam. 0^m,016 ; petit diam. 0^m,012.

Cette espèce, quoique plus petite que la Charbonnière, est, plus qu'elle, audacieuse, acariâtre, cruelle. Elle s'acharne même contre les individus de son espèce, qui sont faibles ou maladifs. Elle attaque les autres petits oiseaux dans le but de leur manger la cervelle, aussi porte-t-elle les coups de bec à la tête. En automne et en hiver, elle s'approche des habitations et fréquente les jardins ; au printemps, elle se retire dans les bois.

261 — MÉSANGE AZURÉE — *PARUS CYANUS*
Pall.

Une bande d'un bleu foncé du bec à la nuque, en passant sur l'œil ; extrémité des grandes couvertures des ailes, bord externe des rectrices latérales et toutes les parties inférieures d'un blanc pur ; queue allongée, un peu étagée.

Taille : 0^m,125.

Parus cæruleus major, Briss. *Ornith.* (1760), t. III, p. 548.

Parus cyanus, Pall. *Nov. Com. Petrop.* (1769-1770), pars 1ª, t. XIV, p. 588 ; pl. 23, f. 3.

Cyanistes cyaneus, Kaup, *Nat. Syst.* (1829), p. 99.

Gould, *Birds of Eur.* pl. 153.

Mâle : Dessus de la tête d'un blanc nuancé de bleu d'azur ; une grande tache blanche sur la nuque ; dos, croupion et haut de l'aile d'un bleu d'azur ; front, côtés de la tête et toutes les parties inférieures d'un blanc pur, avec une tache bleue au milieu de l'abdomen ; une bande bleu obscur, étendue du bec à la nuque, passe sur les yeux, s'élargit ensuite et entoure la tête ; grandes couvertures alaires d'un bleu foncé, bordées de bleu plus clair et terminées de blanc ; les deux rectrices médianes d'un bleu d'azur, comme le dos ; les latérales bordées et terminées de blanc.

Femelle : Dessus de la tête blanc cendré ; toutes les teintes bleues moins pures ; la bande qui passe sur les yeux moins large vers la nuque ; pas de tache bleue à l'abdomen, suivant Meyer.

Les jeunes de l'année nous sont inconnus.

La Mésange azurée habite le nord de l'Europe et de l'Asie, et se montre l'hiver dans le centre et le sud de la Russie, en Pologne, en Allemagne.

Selon M. Nordmann, elle apparaît très-rarement aux environs d'Odessa ; mais elle est assez commune en Bessarabie, le long des bords, couverts de saules, des rivières et des lacs.

Mœurs, habitudes, régime et propagation inconnus.

262 — MÉSANGE HUPPÉE — *PARUS CRISTATUS*
Linn.

(Type du genre *Lophophanes*, Kaup)

Cendrée en dessus ; une huppe composée de plumes allongées, acuminées, noires au centre, blanchâtres sur les bords ; gorge noire. Taille : 0ᵐ,125.

Parus cristatus, Linn. *S. N.* (1766), t. I, p. 340.
Parus mitratus, Brehm, *Handb. Nat. Vög. Deuts.* (1831), p. 467.
Lophophanes cristatus, Kaup, *Nat. Syst.* (1829), p. 92.
Buff. *Pl. enl.* 502, f. 2.

Mâle : Plumes du dessus de la tête formant une belle huppe, noires au centre et bordées de gris blanchâtre ; nuque et dessus du corps d'un cendré roussâtre ; dessous gris blanchâtre, plus foncé et nuancé de roux sur les flancs, l'abdomen et les sous-caudales ; gorge et devant du cou noirs, avec un collier de cette couleur qui remonte à l'occiput, précédé d'un autre collier blanc, plus large ; joues et côtés du cou blanchâtres variés de noir ; ailes et queue pareilles au dos, avec les rémiges secondaires bordées de gris roux et les primaires de blanc sale ; bec noir ; pieds gris de plomb ; iris brun-roussâtre.

Femelle : Plumes de la huppe bordées de plus de gris ; noir de la gorge moins étendu, et parties inférieures plus foncées.

Jeunes avant la première mue : Huppe plus courte, noir du cou moins profond, varié de gris ; dessous du corps plus rembruni.

La Mésange huppée habite presque toute l'Europe tempérée et n'est pas rare en France.

On la trouve assez communément dans la forêt de Mormal, où elle paraît sédentaire. Elle vit aussi, en assez grand nombre, dans les Basses-Alpes.

Elle niche dans les creux des arbres, dans les trous et les fentes des murailles, et aussi, selon Temminck, dans les nids abandonnés d'Écureuil et de Pie. Elle pondrait, selon cet auteur, jusqu'à dix œufs ; cependant M. l'abbé Caire, qui a fréquemment vu ou pris lui-même des nichées de cette espèce, nous a assuré qu'elle n'en pond jamais plus de cinq. Ces œufs sont blancs, avec de petites taches d'un rouge de sang pâle ou d'un rouge de brique. Ils mesurent :

Grand diam. 0ᵐ,015 ; petit diam. 0ᵐ,013.

Mœurs, habitudes et régime comme chez les espèces précédentes.

GENRE CXXI

NONNETTE — *POECILE*, Kaup

Parus, p. Linn. *S. N.* (1735).
Pœcile, Kaup, *Nat. Syst.* (1829).

Bec moitié aussi long que la tête, robuste, cunéiforme, comprimé jusqu'à la pointe, qui est mousse; narines, comme dans le genre *Parus*; ailes sur-obtuses, atteignant le milieu de la queue, à première rémige courte; queue moyenne, légèrement échancrée; tarses plus longs que le doigt médian; pouce gros, pourvu d'un ongle long, robuste, comprimé et courbé.

Les Nonnettes, détachées des vraies Mésanges, s'en distinguent plutôt par l'ensemble de leurs couleurs, que par leurs mœurs, leurs habitudes et leur mode de nidification, qui rappellent absolument celles des autres Pariens. Cependant elles paraissent se plaire davantage dans les lieux bas et humides.

L'Europe, l'Asie, l'Amérique septentrionale fournissent des représentants à ce genre. Les espèces d'Europe ont donné lieu à de doubles emplois et quelques-unes ne sont pas encore parfaitement déterminées.

Observation : — Le *Parus frigoris* (de Sélys), introduit comme espèce nouvelle parmi les oiseaux d'Europe, et compris comme tel par le prince Ch. Bonaparte, dans le *Catalogue Parzudaki*, est un oiseau à éliminer, non-seulement comme européen, ainsi que l'a depuis longtemps reconnu M. de Sélys lui-même, dans ses observations sur le catalogue que nous venons de citer (1), mais encore comme espèce. M. de Sélys-Longchamps qui l'avait créée (2) en prenant surtout en considération l'habitat, est d'avis aujourd'hui (*in Litter.* 10 mars 1865): 1° que l'exemplaire sur lequel il a établi, avec doute, le *Parus frigoris* est identique au *Parus atricapillus* du Canada; 2° que l'habitat de cet oiseau en Islande est une erreur. Il n'avait indiqué cette provenance que d'après la fausse indication donnée par le marchand, et inscrite sur l'étiquette, que l'oiseau provenait de l'expédition française en Islande.

265 — NONNETTE DES MARAIS — *POECILE PALUSTRIS*
Kaup ex Linn.

Dessus du corps gris cendré; joues et régions parotiques d'un

---

(1) *Revue et Magasin de Zoologie,* 1857, 2ᵉ série, t. IX, p. 126 (note).
(2) *Bullet. de l'Acad. Roy. des Sciences de Bruxelles,* 1ᵉʳ juillet 1843, t. X, nᵒ 7, et *Revue zoologique,* 1843, t. VI, nᵒ 213.

*blanc pur ; calotte noire se prolongeant au delà de la nuque ; lon-
gueur de la queue, en moyenne,* 0^m,06.

Taille : 0^m,125 *environ.*

Parus palustris, Linn. *S. N.* (1766), t. I, p. 341.
Parus cinereus montanus ! Baldenstein, *Neue Alpina* (1829), t. II, p. 21.
Pœcile palustris, Kaup, *Nat. Syst.* (1829), p. 144.
Parus borealis, Sélys, *Bull. Acad. des Sc. de Brux.* (1843), t. II, p. 28.
Pœcile borealis, Bp. *Consp. Gen. Av.* (1850), p. 230.
Parus alpestris, Bailly, *Bull. de la Soc. d'Hist. Nat. de Savoie* (janvier 1851),
p. 22.

Mâle au printemps : Dessus de la tête d'un noir profond, se prolongeant sur la nuque ; joues et régions parotiques blanches ; parties supérieures d'un gris cendré rembruni ; gorge noire dans une assez grande
étendue : poitrine et abdomen blanchâtres ; flancs légèrement ocracés ;
ailes et queue brunes, avec les pennes bordées de cendré ; bec et pieds
couleur de plomb foncé ; iris noirâtre.

Mâle en plumage d'hiver : Le noir de la gorge un peu moins étendu
qu'au printemps, les plumes de cette région ayant une bordure blanchâtre que la mue ruptile fait disparaître ; le blanc des joues un peu
sali par une teinte grise ; parties supérieures nuancées de plus de brun
et les parties inférieures plus ocracées.

Femelle adulte : Elle ne diffère du mâle que par le noir de la gorge,
qui est notablement moins étendu, et par le blanc des côtés de la tête,
qui est un peu moins pur.

Jeunes avant la première mue : Ils ont la calotte moins foncée que
les adultes ; le noir de la gorge en grande partie dissimulé par des
bordures cendrées ; les joues et les régions parotiques blanchâtres, et
les couleurs générales nuancées de plus de brun.

Cette espèce habite les régions septentrionales et méridionales de l'Europe.
On la trouve non-seulement en Suède, en Norwége, en Laponie, en Russie,
mais encore dans les zones froides des Alpes Suisses et Françaises.

Dans nos contrées, elle fait deux pontes par an : une première au pied de
montagnes ; une seconde dans les régions moyennes de ces mêmes montagnes,
après que les neiges les ont abandonnées. Son nid, construit sans art, est logé
dans les troncs creux des arbres fruitiers, des sapins, des mélèzes ; et sa ponte
est ordinairement de six à dix œufs renflés, obtus aux deux extrémités et parsemés de petites taches et de points rouges. Quelquefois ces taches sont assez
nombreuses au gros bout, pour se confondre ; mais le plus ordinairement elles
n'y forment qu'une couronne très-incomplète. Ces œufs diffèrent notablement
de ceux de l'espèce suivante, et se rapprochent tellement de ceux de la Mésange

huppée, qu'il est souvent difficile de les en distinguer, lorsqu'une fois ils sont mêlés. Ils mesurent :

Grand diam. 0ᵐ,015 à 0ᵐ,016 ; petit diam. 0ᵐ,012 à 0ᵐ,013.

Cette Nonnette, dans nos contrées, habite de préférence les régions des Alpes couvertes de sapins et de mélèzes. Lorsque les neiges la contraignent d'en abandonner les zones moyennes, elle descend dans les bois des vallées, mais elle s'élève de nouveau à mesure que les neiges fondent. Elle est très-sociable et vit en commun avec les autres Pariens et même avec les Roitelets. Mais c'est surtout en compagnie de la Petite Charbonnière qu'on la rencontre le plus fréquemment. Son régime est celui de toutes les Mésanges.

Observations. — 1° Quoique le nom de *Palustris* semble peu convenir à un oiseau qui, dans nos contrées du moins, vit sur les montagnes plutôt que dans les plaines marécageuses, nous devons cependant le conserver à cette espèce, puisqu'il est reconnu qu'elle représente le *Parus palustris* de Linné, qui n'est pas le *Parus palustris* de Temminck et du plus grand nombre des ornithologistes. Ce dernier, que l'on a considéré longtemps comme le vrai *Par. Palustris*, parce qu'il fréquente réellement les lieux marécageux, et parce que la diagnose linnéenne lui est aussi bien applicable qu'à l'oiseau auquel Linné l'affectait, constitue l'espèce suivante, que nous croyons devoir distinguer sous le nom de *Par. communis*, d'après Baldenstein, qui, dès 1829, avait parfaitement reconnu l'espèce, à laquelle il attribuait des habitudes et des caractères différents de ceux du *Par. palustris.*

Malgré les rapports étroits qui existent entre la *Nonnette de marais* (*Par. palustris*, Linn.) et la Nonnette vulgaire (*Par., palustris* Temm.), la première se distingue de la seconde : 1° par une taille d'un centimètre environ plus grande; cette différence étant principalement due à ce que la queue, chez elle, a en moyenne 0ᵐ,06, tandis que celle de la Nonnette vulgaire n'a que 0ᵐ,052 ; — 2° par une aile plus longue de 0ᵐ,006 : cet organe, mesuré de l'articulation radio-carpienne à l'extrémité des plus grandes rémiges, ayant 0ᵐ,066 chez la *Pœcile palustris* (*Par. palustris*, Linn.), et 0ᵐ,060 seulement chez la *Pœc. communis* (*Par. palustris*, Temm.); — 3° par un bec plus fort, plus élevé, plus large à la base, moins comprimé dans sa moitié antérieure, chez la première; — 4° par des pieds et des ongles notablement plus robustes ; le pouce ou le doigt du milieu, l'ongle compris, ayant environ, chez la Nonnette des marais (*Pœc. palustris*), 0ᵐ,002 de plus que chez la Nonnette vulgaire (*Pœc. communis*); — 5° enfin par le blanc des joues un peu moins pur chez celle-ci que chez celle-là.

2° La Mésange que M. Bailly avait d'abord assimilée au *Parus lugubris*, Natterer (*Bull. de la Soc. d'Hist. Nat. de Savoie*, janvier 1851, p. 22), et dont il a fait plus tard une espèce nouvelle sous le nom de *Par. alpestris* (même recueil, 1852), doit être rapportée, ainsi que le *Par. borealis* (de Sélys), à la *Pœcile palustris* (*Par. palustris*, Linn. nec Temm.), dont ils ne sont que de doubles emplois.

264 — NONNETTE VULGAIRE — *POECILE COMMUNIS*
Z. Gerbe ex Bald.

Dessus du corps cendré olivâtre foncé ; joues et côtés du cou gris-blanchâtre ; calotte noire, se prolongeant notablement au delà de la nuque ; longueur de la queue, en moyenne, 0ᵐ,52.

Taille : 0ᵐ,115 environ.

PARUS PALUSTRIS, Temm. nec Linn. *Man.* (1815), p. 170.
PARUS CINEREUS COMMUNIS ! Baldenstein, *Neue Alpina* (1829), t. II, p. 30.
PARUS SALICARIUS, Brehm, *Handb. Nat. Vög. Deuts.* (1831), t. I, p. 465.
PARUS FRUTICETI, Wallengren, *Naumannia* (1854), p. 141.
Buff. *Pl. enl.* 3, f. 3, sous le nom de *Mésange de marais* ou *Nonnette cendrée.*

Mâle : Dessus de la tête, derrière du cou et un petit espace à la gorge noirs ; parties supérieures du corps d'un cendré roussâtre ; région parotique, devant du cou et parties inférieures du corps d'un gris blanchâtre, lavé de roussâtre sur les côtés du cou, les flancs et les sous-caudales ; ailes et queue d'un brun cuivré, bordées de cendré roussâtre ; bec brun ; pieds brun de plomb ; iris noir.

Femelle : Elle ne diffère du mâle que par le noir de la tête qui est moins profond, et celui de la gorge qui est moins étendu.

Jeunes de l'année : Ils ressemblent à la femelle, mais ils ont les couleurs plus rembrunies. Dans l'un et l'autre sexe, en automne, les plumes noires de la gorge sont terminées de grisâtre. Cette dernière teinte s'efface au printemps par la mue ruptile.

Variétés accidentelles : On trouve des sujets sans tache noire à la gorge et d'autres dont le plumage est tapiré de blanc.

Hybrides : Cette espèce s'allie quelquefois à la Mésange bleue, et de leur union résultent des métis très-remarquables. Nous en avons conservé un, vivant, pendant deux ans, qui portait le cachet de sa double origine. Cependant la forme Nonnette dominait manifestement en lui. Deux mues qu'il a subies en cage n'ont apporté aucune modification dans ses couleurs. En voici la description :

Tout le dessus du corps d'un gris lavé de brun ; les rémiges et les rectrices brunes, bordées de roussâtre ; une bande transversale blanche à l'aile, passant sur l'extrémité des grandes couvertures secondaires : une tache noire à la gorge ; les joues blanches ; toutes les parties inférieures blanchâtres, un peu lavées de roussâtre sur les flancs ; le sommet de la tête noir, circonscrit par une large couronne blanche, couvrant le front, la région sourcilière, l'occiput ; une large bande d'un noir bleuâtre passant à travers l'œil et s'étendant du bec à la nuque, où elle formait, par sa réunion à celle du côté opposé, un collier interrompu, dont les branches latérales s'avançaient à quelques millimètres seulement sur les côtés du cou ; enfin des pieds bleuâtres.

Cet hybride ne rappelait donc le *Parus cœruleus* que par la bande blanche de l'aile ; par ses pieds bleuâtres ; par la bande noire à travers l'œil, se réunissant, sur la nuque, à celle du côté opposé, et par la couronne blanche encadrant le noir du sinciput. Par tout le reste de son plumage, il ressemblait à la Nonnette vulgaire. Il avait été pris vers la fin de septembre 1851, dans les environs de Paris.

On trouve la Nonnette vulgaire dans toutes les régions tempérées de l'Europe. Elle est commune en France.

Elle niche dans les trous des arbres vermoulus, particulièrement dans les pommiers, les poiriers, les saules. Sa ponte est de huit à dix et jusqu'à quinze œufs courts, blancs, avec de très-petits points rougeâtres, rapprochés au gros bout ; quelquefois ces points sont remplacés par des taches d'une assez grande étendue et confluentes vers le gros bout. Ils mesurent :

Grand diam. 0^m,015 ; petit diam. 0^m,012.

Elle vit de préférence dans les marais boisés, sur les bords des rivières couverts de saules ; elle fréquente cependant les bois et les forêts, et s'approche des habitations, en automne.

Observations. — 1° C'est à tort que Temminck a rapporté à cette espèce la Mésange à tête noire du Canada, décrite par Vieillot sous le nom de Kiskis (*Parus atricapillus*, Gm.). Le *Par. atricapillus* a la queue plus longue ; les joues et les côtés du cou blancs ; les grandes couvertures alaires, les rémiges bordées de blanc ; le milieu de la poitrine et de l'abdomen également d'un blanc plus ou moins pur ; enfin sa taille est plus forte.

2° M. Hardy a reçu de Moscou une *Pœcile* à bec petit comme chez la *Pœc. communis* de France, et à livrée parfaitement semblable à celle de la *Pœc. palustris*. Un autre sujet pareil se trouve dans les galeries du Muséum d'histoire naturelle de Paris. Serait-ce une variété constante comme en offrent d'autres espèces, ou n'est-ce qu'une variété accidentelle ? Nous ne saurions en décider.

263 — NONNETTE SIBÉRIENNE — *POECILE SIBIRICA*
Kaup ex Gm.

Dessus du corps cendré roussâtre ; calotte d'un brun de suie ; gorge, devant du cou, haut de la poitrine noirs ; tempes et côtés du cou blancs ; sous-caudales ocracées.

Taille : 0^m,137 à 0^m,138.

PARUS SIBIRICUS, Gm. *S. N.* (1788), t. I, p. 1013.
PŒCILE SIBIRICA, Kaup, *Nat. Syst.* (1829), p. 115.
Buff. *Pl. enl.* 708, f. 3, sous le nom de *Mésange de Sibérie.*

Mâle en été : Dessus de la tête et du cou d'un cendré brun de suie ;
dos et sus-caudales d'un cendré roux prononcé ; gorge, devant du cou,
haut de la poitrine et quelquefois toute la poitrine d'un noir profond ;
une partie de la poitrine, milieu de l'abdomen blancs ; flancs et sous-
caudales lavés de roux ocreux ; tempes et côtés du cou d'un blanc très-
pur ; ailes d'un cendré brun à reflets, avec les couvertures et les rémiges bordées de cendré clair ; queue brune, avec des reflets cendrés et la
penne externe, de chaque côté, lisérée de gris blanc ; bec noir ; pieds
gris de plomb ; iris brun foncé.

Femelle : Pareille au mâle, mais un peu plus petite, avec des teintes
moins pures, et le noir du cou et de la poitrine moins étendu.

Mâle et femelle en automne : Dessus de la tête et du cou d'un cendré
brun tirant sur le roussâtre ; plumes noires du cou et de la poitrine
lavées de gris.

Jeunes avant la première mue : D'une teinte beaucoup moins rousse
en dessus, d'une teinte rembrunie en dessous, sans nuance rousse aux
flancs, plumes noires du cou bordées de cendré.

Elle habite la Scandinavie, le nord de la Russie et la Sibérie.
Mœurs, habitudes, régime et propagation inconnus.

Observation. — Suivant M. Linder, conservateur du Musée de Genève, on
trouverait cette espèce dans les Alpes Suisses, sur les rives du Rhône. N'y aurait-
il pas confusion d'espèces ?

266 — NONNETTE LUGUBRE — *POECILE LUGUBRIS*
Kaup ex Natterer

*Dessus du corps cendré brunâtre ; calotte n'allant pas au delà
de l'occiput, gorge et devant du cou, d'un noir de suie ; joues et
tempes blanchâtres.*
Taille : 0ᵐ,165 à 0ᵐ,166.

PARUS LUGUBRIS, Natter. in Temm. *Man.* 2ᵉ édit. (1820), t. I, p. 293.
PŒCILE LUGUBRIS, Kaup, *Nat. Syst.* (1829).
PENTHESTES LUGUBRIS, Reichenb. *Av. Syst. Nat.* (1850).
Gould, *Birds of Eur.* p. 151, f. 1.

Mâle : Dessus de la tête d'un noir de suie, ne s'étendant pas au delà
de l'occiput ; dessus du cou et du corps d'un cendré brun ; gorge et

devant du cou d'un noir moins profond que celui du vertex; poitrine et abdomen d'un blanc lavé de gris terne sur les côtés et de roussâtre au bas du ventre; tempes et côtés du cou nuancés de gris brun; ailes et queue de même couleur que le dos, avec les pennes lisérées de cendré verdâtre; bec et pieds gris; iris brun.

Femelle : Teintes moins pures que dans le mâle; dessus de la tête, gorge et devant du cou d'un brun noirâtre.

Les *jeunes avant la première mue* nous sont inconnus.

Cette espèce a été observée en Dalmatie, en Hongrie et dans la Russie méridionale.

Ses mœurs, son régime, sa propagation sont inconnus.

Observation. — MM. de Keyserling et Blasius rapportent à tort cette espèce à la Nonnette Sibérienne. Elle en diffère par un bec plus gros, des tarses et des doigts plus forts, et par la calotte, qui est noire au lieu d'être brune.

GENRE CXXII

ORITE — *ORITES*, Mœhring.

Parus, p. Linn. *S. N.* (1735).
Orites, Mœhr. *Avium gen.* (1752).
Mecistura, Leach, *Syst. Cat. M. and B. Brit. Mus.* (1816).
Acredula, Koch, *Baier. Zool.* (1816).
Paroides, Brehm, *Isis* (1828).

Bec du quart de la longueur de la tête, un peu arrondi en dessus; narines basales, ovalaires, en partie cachées par les plumes du front; ailes moyennes, arrondies, à première rémige assez allongée; queue très-longue, étagée; tarses minces, plus longs que le doigt médian; le doigt postérieur le plus fort; plumage soyeux et décomposé.

Ce genre est fondé sur deux espèces seulement; l'une est propre au Japon, l'autre appartient à l'Europe.

Les mœurs, le genre de vie des Mécistures sont conformes à ceux des espèces des deux coupes précédentes. La seule différence notable qui soit à signaler consiste dans le mode de nidification : les Mécistures construisent avec beaucoup d'art un nid extérieur, tandis que les vraies Mésanges et les Nonnettes l'établissent négligemment dans des trous.

267 — ORITE LONGICAUDE — *ORITES CAUDATUS*
G. R. Gray ex Linn.

Une grande tache oblongue sur l'aile ; les trois rectrices les plus externes de chaque côté, blanches en dehors et sur une partie des barbes internes.

Taille : 0^m,155 à 0^m,156.

PARUS CAUDATUS, Linn. *S. N.* (1766), t. I, p. 342.
PARUS LONGICAUDUS, Briss. *Ornith.* (1760), t. III, p. 571.
MECISTURA VAGANS, Leach, *Syst. Cat. M. and B. Brit. Mus.* (1816), p. 17.
ACREDULA CAUDATA, Koch, *Baier. Zool.* (1816), t. I, p. 200.
ÆGITHALUS CAUDATUS, Boie, *Isis* (1825), p. 556.
PAROIDES CAUDATUS et LONGICAUDUS, Brehm, *Handb. Nat. Vog. Deuts.* (1831), p. 470-471.
MECISTURA CAUDATA, Bp. *B. of Eur.* (1838), p. 20.
ORITES CAUDATUS, G. R. Gray, *List. Gen. of B.* (1841), p. 52.
Buff. *Pl. enl.* 502, f. 3.

Mâle : Tête, cou et poitrine d'un blanc pur dans les sujets du nord de l'Europe, avec des taches noirâtres et roussâtres, plus ou moins apparentes et sous forme de bandes sur la tête et le cou, dans les sujets de France ; parties supérieures du corps variées de noir profond, de rose roux et de cendré blanchâtre ; abdomen blanc, nuancé de roussâtre, notamment sur les flancs ; ailes pareilles au dos, avec les rémiges et les six rectrices médianes noires, et les rectrices latérales blanches en dehors ; bec noir ; pieds brunâtres ; iris noir.

Femelle : Elle ne diffère du mâle que par une bande noire qui passe au-dessus des yeux et s'étend jusqu'au dos, et par un peu moins de roux dans le plumage.

Jeunes avant la première mue : Dos avec moins de noir ; joues et poitrine finement marquées de brunâtre ; queue plus courte que chez les adultes.

Cette espèce habite une grande partie de l'Europe et de la Sibérie. Elle est commune en France.

Elle niche sur les buissons, dans les taillis, les vergers, contre le pied des grands chênes. Son nid, qu'elle établit à une élévation médiocre, est artistement construit avec des lichens, de la mousse à l'extérieur ; du duvet et une grande quantité de plumes à l'intérieur. Elle lui donne la forme d'une bourse ou d'une poire ouverte sur le côté et vers le haut. Ce nid offre ceci de particulier, qu'assez souvent, sur deux de ses faces opposées, sont pratiquées deux petites ouvertures qui se correspondent, de telle façon que la femelle ou le mâle puisse entrer dans ce nid et en sortir sans être obligé de se retourner. Après l'éclosion, et lorsque les jeunes peuvent se passer de la chaleur maternelle, en d'autres termes, lorsqu'il n'y a plus de nécessité pour la femelle ou pour le mâle de se tenir dans le nid, ceux-ci se hâtent de boucher l'une des deux ouvertures qu'ils avaient ménagées. La ponte est de dix à quinze œufs, un peu courts, d'un blanc couleur de chair, quand ils sont frais, d'un blanc légèrement teinté de gris de plomb, lorsqu'ils sont couvés, avec quelques petits points plus ou moins apparents, couleur de brique pâle et plus rapprochés vers le gros bout. Quelquefois ces points manquent entièrement, et alors l'œuf est d'un blanc parfait. Ils mesurent :

Grand diam. 0ᵐ,013 ; petit diam. 0ᵐ,010.

L'Orite longicaude paraît, plus que les autres Pariens, aimer la société de ses semblables. En automne, époque où elle émigre et forme de petites troupes, il est excessivement rare de voir des individus isolés ; tous ceux qui font partie de la même bande vivent dans une union étroite, s'écartent peu les uns des autres, et se rappellent constamment. On la rencontre dans les vergers, sur les lisières des bois, là surtout où sont de grands arbres, qu'elle semble fréquenter de préférence.

SOUS-FAMILLE XLI

ÆGITHALIENS — *ÆGITHALINÆ*

Ægithalinæ, Caban. *Mus. Orn. Hein.* Osc. (1850-1851).

Bec aussi large ou presque aussi large que haut, surtout à la base ; mandibule supérieure plus longue que l'inférieure, qui est infléchie ; première rémige très-peu développée.

Les Ægithaliens sont, en quelque sorte, dans la famille des Paridés, ce que les Calamoherpiens sont dans celle des Turdidés : ils ont des habitudes essentiellement aquatiques. Les espèces connues nichent à découvert et mettent beaucoup d'art dans la construction de leur nid.

Deux genres représentent cette sous-famille, en Europe.

GENRE CXXIII

PANURE — *PANURUS*, Koch.

Parus, p. Linn. *S. N.* (1755).
Panurus, Koch, *Baier. Zool.* (1816).

CALAMOPHILUS, Leach, *Syst. Cat. M. and B. Brit. Mus.* (1816).
MYSTACINUS, Boie, *Isis* (1822).

Bec moitié de la longueur de la tête, aussi large que haut, à mandibule supérieure plus longue que l'inférieure, et un peu infléchie à la pointe ; narines basales, ovalaires, en partie cachées par les plumes du front ; ailes courtes, surobtuses, à première rémige presque nulle ; queue allongée, large et très-étagée ; tarses forts, scutellés ; doigts robustes, égaux ; ongle du pouce le plus fort.

Ce genre est fondé sur une seule espèce qui est propre à l'Europe et à l'Afrique.

268 — PANURE A MOUSTACHES — *PANURUS BIARMICUS*
Koch ex Linn.

Rémiges primaires lisérées de blanc en dehors ; bec jaune.
Taille : 0^m,172 à 0^m,173.

PARUS BIARMICUS, Linn. *S. N.* (1766), t. I, p. 342.
PARUS BARBATUS, Briss. *Ornith.* (1760), t. III, p. 567.
PARUS RUSSICUS, Gmel. *S. N.* (1788), t. I, p. 164.
PANURUS BIARMICUS, Koch, *Baier. Zool.* (1816), t. I, p. 202.
CALAMOPHILUS BIARMICUS, Leach, *Syst. Cat. M. and B. Brit. Mus.* (1816), p. 17.
MYSTACINUS BIARMICUS, Boie, *Isis* (1822), p. 556.
ÆGITHALUS BIARMICUS, Boie, *Isis* (1826), p. 975.
CALAMOPHILUS BARBATUS, Keys. et Blas. *Wirbelth.* (1840), p. 43.
Buff. *Pl. enl.* 618, f. 1 *mâle*, f. 2 *femelle*.

Mâle : Tête d'un cendré bleuâtre, avec deux moustaches d'un noir velouté, qui descendent le long du cou ; croupion et sus-caudales d'un beau roux ; gorge, devant du cou et haut de la poitrine d'un blanc argenté ; le reste des parties inférieures d'un roux clair, plus foncé sur les flancs ; sous-caudales noires ; ailes pareilles au dos, avec les pennes noirâtres, les primaires lisérées de blanc, les secondaires de roux en dehors et de blanc en dedans ; queue d'un roux foncé, les deux pennes latérales blanches en dehors ; bec orange, pieds noirâtres ; iris jaune.

Femelle : Tête et parties supérieures du corps d'un roux nuancé ou tacheté de brun et de noir ; point de moustaches ni de noir sous la queue.

Jeunes avant la première mue : Plumage d'un roux tirant sur le gris ; lorums noirs ; dos fortement tacheté de cette couleur, et toutes les rectrices, d'une couleur noirâtre et terminées de blanc, à l'exception des deux médianes qui sont rousses.

Elle habite une grande partie de l'Europe ; elle est sédentaire en Sicile ; fort commune en Hollande et en Italie, dans les marais d'Ostia, d'après Temminck, et se montre chaque année, vers la fin d'octobre, de passage dans quelques localités du nord de la France et notamment dans les environs de Lille.

Suivant Moquin-Tandon, la Panure à moustache niche sur les petits arbrisseaux ou bien à terre, parmi les herbes, et compose, avec des fibres radicales, un nid assez artistement construit, auquel elle donne la forme d'une bourse; selon M. de Méezemaker, elle nicherait au milieu des marais, dans les huttes de roseaux que l'on établit pour tirer les canards, et son nid serait en forme d'écuelle. Quelques couples se reproduisent en France, dans les fossés de Saint-Omer et les vastes marais de Péronne. Il y a quinze ou vingt ans, un grand nombre de ces oiseaux se propageaient dans les Moëres de Dunkerque ; mais un hiver rigoureux, des oiseaux de proie, une chasse mal entendue, le dessèchement de ces marais, en ont détruit une grande partie et fait émigrer le reste.

Les œufs de cette espèce, au nombre de six à huit, sont un peu courts, d'un blanc légèrement rosé, avec quelques taches et des traits d'un rouge pâle; ou blancs, avec des points et des traits courts, noirs ou d'un noir violet. Ils mesurent :

Grand diam. 0^m,015 ; petit diam. 0^m,012.

Cette espèce fréquente les lieux marécageux et couverts de roseaux. Elle émigre l'hiver par petites troupes de dix à douze individus. En captivité, où elle vit très-bien, surtout lorsqu'elle y est en société de ses semblables, elle s'accommode de graines d'œillette, de noix et de mie de pain.

GENRE CXXIV

RÉMIZ — *ÆGITHALUS*, Boie

Parus, p. Linn. *S. N.* (1855).
Ægithalus, Boie, *Isis* (1822).
Pendulinus, Brehm, *Isis* (1828).

Bec mince, aigu, taillé en alêne ; narines basales, entièrement cachées par les plumes du front ; ailes sub-obtuses, à première rémige longue ; queue moyenne, assez large, un peu échancrée ; tarses gros, courts, scutellés ; doigts latéraux presque aussi longs que le médian ; pouce long, robuste, pourvu d'un ongle très-gros et très-courbé.

Les Remiz sont de tous les Paridés les moins pétulants, les moins actifs. Elles ne fréquentent que les lieux humides et ne se rassemblent jamais en nombre.

Des quatre ou cinq espèces que l'on rapporte à ce genre, une seule appartient à l'Europe ; les autres sont propres à l'Asie et à l'Afrique méridionale.

269 — RÉMIZ PENDULINE — *ÆGITHALUS PENDULINUS*
Boie ex Linn.

Dos roux; joues noires; cou blanc ou blanchâtre.
Taille : 0^m,10.

Parus pendulinus, Linn. *S. N.* (1766), t. I, p. 342.
Parus polonicus seu pendulinus, Briss. *Ornith.* (1760), t. III, p. 565..
Parus narbonensis, Gmel. *S. N.* (1788), t. I, p. 1014.
.Egithalus pendulinus, Boie, *Isis* (1822), p. 556.
Buff. *Pl. enl.* 618, f. 3, et 708, f. 1, *jeune* avant la première mue, sous le nom de *Mésange de Languedoc.*

Mâle : Dessus de la tête, du cou et gorge d'un blanc pur, quelquefois lavé de grisâtre; haut et milieu du dos d'un roux vif; bas du dos et sus-caudales d'un cendré roux, très-faiblement flammé de brunâtre; poitrine, abdomen et sous-caudales d'un gris nuancé de roussâtre ; front et joues noir-bistre ; haut du dos et petites couvertures supérieures des ailes brunes; moyennes couvertures d'un roux brun foncé, terminées de roussâtre ; les grandes brunes, frangées de cendré roussâtre; rémiges et rectrices noirâtres, bordées de blanc roussâtre; bec noir ; pieds gris de plomb; iris jaune.

Femelle : Point de noir ou de brun bistre au front; dessus de la tête et du cou grisâtre; dos moins roux, et parties inférieures plus rousses que chez le mâle ; pennes alaires et caudales d'un brun moins foncé et moins bordées en dehors.

Jeunes avant la première mue : Ils ressemblent à la femelle. Tête, cou, bas du dos, sus-caudales d'un cendré roussâtre ; haut du dos, petites et moyennes couvertures supérieures des ailes d'un roux moins vif que dans les adultes ; dessous du corps d'un roux très-clair.

La Remiz penduline habite la Pologne, la Crimée, l'Italie et la France, notamment le département de l'Hérault.

On la trouve en grand nombre, l'été, aux environs de Pézénas ; elle est de passage en Provence; se montre accidentellement en Lorraine et dans le département de la Seine-Inférieure. M. Hardy en a tué une près de Dieppe.

Elle se distingue particulièrement des autres Paridés par son mode de

nidification. Elle niche sur les arbres qui bordent les rivières, principalement
sur les saules, les peupliers et les ormes. Son nid, le plus curieux de tous ceux
que construisent les oiseaux d'Europe, rappelle la forme d'une besace ou d'une
cornemuse, et a son entrée pratiquée vers le haut et sur le côté, à l'extrémité
d'une saillie creusée comme un couloir. Ce nid, composé avec le duvet des
saules, des peupliers, et des massètes aquatiques, est suspendu, au bord de
l'eau, à l'extrémité d'un rameau flexible (1). La ponte est de quatre à six œufs
oblongs, d'un blanc de lait sans taches, ou d'un blanc légèrement azuré. Ils
mesurent :

Grand diam. 0^m,014 ; petit diam. 0^m,010.

Cette Remiz se tient habituellement sur le bord des étangs et des eaux couverts de roseaux ou de buissons de saule. Elle se nourrit d'insectes et de graines
d'herbes aquatiques.

6° DÉODACTYLES LATIROSTRES — *DEODACTYLI LATIROSTRES*

FAMILLE XXIV

AMPÉLIDÉS — *AMPELIDÆ*

Sericati, Illig. *Prod. Syst.* (1811).
Baccivori, Vieill. *Orn. élément.* (1816).
Cotingas, G. Cuv. *Règ. An.* (1817).
Pipridæ, p. Vig. *Gen. of Birds* (1825).
Ampelidæ, Bp. *Dist. meth. degli Anim. vert.* (1831).

Bec très-fendu, déprimé en dessus, trigone à la base; ailes
médiocres; queue large ; tarses courts et annelés.

Les limites et la vraie place de cette famille, dans le système ornithologique,
sont loin d'être parfaitement déterminées.

Le prince Ch. Bonaparte nous semble avoir opéré une excellente réforme
en réduisant cette famille à la sous-famille des *Ampelinæ*, dont le genre suivant
pourrait, à la rigueur, être considéré comme le type.

GENRE CXXV

JASEUR — *AMPELIS*, Linn.

Ampelis, Linn. *S. N.* (1735).
Bombycilla, Vieill. *Ois. de l'Am. sept.* (1807).

---

(1) Beaucoup d'auteurs, parmi lesquels Schinz et Thienenmann, ont décrit et figuré
le nid admirable de ce petit oiseau. Moquin-Tandon a également publié, dans les *Mé-*

Bombycivora, Temm. *Man.* (1815).
Bombyciphora, Mey. *Vög. Liv-und Esthl.* (1815).

Bec court, incliné et fortement denté à la mandibule supérieure ; mandibule inférieure entaillée et retroussée à son extrémité ; narines basales, percées de part en part et cachées par des plumes dirigées en avant ; ailes médiocres, sur-aiguës, la plupart des rémiges secondaires pourvues de petites palettes à l'extrémité ; queue moyenne et arrondie ; doigts forts et trapus, le médian de la longueur du tarse, l'ongle compris.

Les Jaseurs sont erratiques. Ils sont doux, confiants, vivent par bandes plus ou moins nombreuses et se nourrissent de fruits et d'insectes.

Le mâle et la femelle ont à peu près le même plumage, mais sont parfaitement distincts. Les jeunes, avant la première mue, en diffèrent notablement.

Des trois espèces connues, l'une est propre au Japon, l'autre à l'Amérique du Nord, et la troisième se montre à la fois en Europe, en Asie et en Amérique.

270 — JASEUR DE BOHÈME — *AMPELIS GARRULUS*
Linn.

Huppe en forme de toupet, partant du front ; trait jaune et blanc en forme de V, au bout des grandes rémiges, et un prolongement cartilagineux rouge vif à l'extrémité de quelques-unes des rémiges secondaires.

Taille : 0^m,21 *environ.*

Ampelis garrulus, Lin. *S. N.* (1766), t. I, p. 297.
Bombycilla bohemica, Briss. *Ornith.* (1760), t. II, p. 333.
Bombycivora garrula, Temm. *Man.* (1815), p. 77.
Bombyciphora poliocephala, Mey. *Vög. Liv-und Esthl.* (1815), p. 104.
Bombycilla garrula, Vieill. *N. Dict.* (1817), t. XVI, p. 523.
Parus bombycilla, Pall. *Zoogr.* (1811-1831), t. I, p. 548.
Buff. *Pl. enl.* f. 261.

Mâle : Plumage d'un cendré rougeâtre, plus foncé en dessus qu'en dessous, avec les plumes de la tête allongées en huppe, celles des narines, de la gorge, et une bande au-dessus des yeux d'un noir profond ; couvertures inférieures de la queue d'un roux marron ; rémiges primaires noires, terminées par un trait jaune et blanc en forme de V,

moires *de l'Académie des Sciences de Toulouse,* pour 1844 (t. I, p. 106), nn travail sur ce sujet. Nous renvoyons à ces auteurs pour de plus amples détails relatifs au mode de nidification de la Remiz penduline.

six à huit des secondaires terminées de blanc et par un prolongement cartilagineux d'un rouge vif; rectrices noires, avec l'extrémité jaune; bec brun roussâtre en arrière et noirâtre à la pointe; pieds brunâtres; iris brun.

Dans un âge très-avancé, les baguettes de toutes les rectrices ont à leur pointe du rouge semblable aux palettes des ailes.

Femelle : Elle ressemble au mâle; mais elle est plus petite; elle a des teintes moins foncées, le noir de la gorge moins étendu, les grandes rémiges terminées de blanc et de jaune en dehors seulement, et trois à cinq des rémiges secondaires avec un prolongement cartilagineux rouge beaucoup plus court que chez le mâle.

Jeunes avant la première mue : Point d'appendices ou prolongements cartilagineux aux ailes.

Le Jaseur ordinaire habite, durant l'été, les parties orientales du nord de l'Europe et de l'Asie septentrionale. On ne le voit en France que de loin en loin, et dans les hivers rigoureux.

Il s'en fit un passage considérable, dans plusieurs de nos départements, à la fin de l'année 1829 ; on en tira jusque dans les jardins des grandes villes. Il s'en fit un autre en 1834, aux environs de Lille, pendant le mois de janvier, quoique le froid fût modéré. Enfin, en 1853, plusieurs sujets ont été tués en Bourgogne, en Auvergne et même dans les environs de Paris.

Le Jaseur est peu farouche, et se laisse facilement approcher, aussi peut-on tuer jusqu'au dernier, lorsqu'une petite troupe arrive dans une localité. Il se nourrit d'insectes, et, au besoin, de bourgeons d'arbres fruitiers.

Cette espèce niche, en sociétés plus ou moins nombreuses, dans les sombres forêts de pins et de sapins de la Laponie et de la Finlande, à une hauteur de quinze à vingt pieds. Ses œufs, au nombre de cinq ou six, à coque-matte et à grains fins, sont d'un blanc verdâtre, parsemé de petites taches noires. Ils ont de grands rapports avec ceux du *Coccothraustes vulgaris* et du *Lanius rufus;* mais ils diffèrent des premiers en ce qu'ils n'ont jamais de traits déliés, mêlés aux taches ; ils diffèrent des seconds par une taille bien plus forte.

FAMILLE XXV

MUSCICAPIDÉS — *MUSCICAPIDÆ*

Myiotheres, Vieill. *Orn. élément.* (1816).
Dentirostres, p. G. Cuv. *Règ. An.* (1817).
Muscicapidæ, Vig. *Gen. of Birds* (1825).

Bec très-fendu, déprimé, large à sa base, qui est garnie de soies raides, aigu et crochu à la pointe; ailes médiocres; pieds moyens; queue de forme variable.

Les Muscicapidés vivent de mouches, d'insectes ailés, qu'ils prennent au vol, et habitent presque toutes les parties du monde.

Parmi les subdivisions que comporte cette famille, la suivante est seule représentée en Europe.

SOUS-FAMILLE XLII

MUSCICAPIENS — *MUSCICAPINÆ*

Bec court, mince à l'extrémité, qui est faiblement recourbée, à arête vive, à bords droits; soies qui garnissent la base du bec courtes; queue médiocre, deltoïdale.

Cette sous-famille, dont quelques méthodistes ont considérablement étendu les limites, est restreinte par d'autres aux vrais Gobe-Mouches, c'est-à-dire aux espèces dont G. Cuvier composait son genre *Muscicapa*. Ainsi réduits, les Muscicapiens constituent une petite section assez naturelle, mais que ne séparent cependant pas assez nettement des autres sous-familles, les caractères qu'on peut leur assigner.

Trois des genres compris dans cette subdivision ont des représentants en Europe.

GENRE CXXVI

GOBE-MOUCHE — *MUSCICAPA*, Briss.

MOTACILLA, p. Linn. *Faun. Suec.* (1746) et *S. P.* (1758).
MUSCICAPA, Briss. *Ornith.* (1760).

Bec, des commissures à la pointe, plus court que la tête, très-large à la base, droit, pointu, échancré à l'extrémité de la mandibule supérieure; narines basales, ovoïdes; ailes sub-obtuses, médiocres, atteignant, au repos, le milieu de la queue; celle-ci moyenne, ample, arrondie sur les côtés, un peu échancrée dans le milieu; tarses minces, médiocrement allongés; doigts faibles, courts, celui du milieu, y compris l'ongle, plus court que le tarse ; pouce au moins aussi long que le doigt externe.

Les oiseaux auxquels le nom de Gobe-Mouche est aujourd'hui génériquement affecté, ne se nourrissent pas exclusivement d'insectes ailés et de mouches, comme ce nom semblerait l'indiquer : vers la fin de l'été et au commencement de l'automne, ils sont à la fois insectivores et baccivores. On les trouve habituellement dans les avenues des forêts, des bois, le long des haies, des chemins bordés d'arbres, dans les vergers ; mais, où qu'on les rencontre, on les voit toujours isolés et jamais en nombre dans le même canton.

Le mâle adulte, sous son double plumage de printemps et d'automne, diffère de la femelle également adulte, et les jeunes, avant la première mue, ont beaucoup d'analogie avec celle-ci. Leur mue est simple, mais les couleurs du plumage, chez les mâles, subissent en avril des modifications profondes. Celles des parties supérieures passent du brun gris, qui est la teinte d'automne, au noir pâle, puis du noir pâle au noir foncé, tandis que le blanc des parties inférieures acquiert l'éclat de la neige.

271 — GOBE-MOUCHE NOIR — *MUSCICAPA NIGRA*
Briss.

Première rémige trois fois plus courte que la deuxième ; celle-ci beaucoup plus courte que la cinquième et plus longue que la sixième.
Taille : 0ᵐ,14.

Muscicapa nigra, Briss. *Ornith.* (1760), t. II, p. 381.
Motacilla ficedula, Linn. *Faun. Succ.* (1761), n° 256.
Muscicapa atricapilla, Linn. *S. N.* (1766), t. I, p. 226.
Muscicapa muscipeta, Bechst. *Nat. Deuts.* (1807), t. III, p. 435.
Muscicapa luctuosa, Temm. *Man.* (1815), p. 101.
Buff. *Pl. enl.* 565, f. 2 et 3, *mâle* et *femelle* en robe de printemps, sous le nom de *Gobe-Mouche noir de Lorraine;* et 668, f. 1, *jeune* ou *femelle* de cette espèce ou de la suivante, sous le nom de *Becfigue.*

Mâle en été : Parties supérieures d'un noir profond ; parties inférieures, deux petits points au front, grandes et moyennes couvertures alaires d'un blanc pur ; rémiges et rectrices les plus latérales d'une teinte plus claire, et bordées de blanc, en dehors, dans la plus grande partie de leur étendue ; bec, pieds et iris noirs.

Mâle en hiver : Gris brunâtre en dessus, avec les parties inférieures et deux petits points au front d'un blanc terne, et une grande tache irrégulière d'un blanc plus pur sur les ailes.

Pendant la mue d'automne et au printemps, lorsqu'il émigre du nord au midi et du midi au nord, il est plus ou moins varié de gris, de brun et de noir sur les parties supérieures.

Femelle en automne : D'un cendré roussâtre en dessus ; d'un blanc plus ou moins pur en dessous ; grandes couvertures alaires bordées de blanc ; rémiges et rectrices d'un brun noirâtre ; deux ou trois des pennes caudales les plus latérales, bordées incomplétement de blanc.

Jeunes avant la première mue : Ils ressemblent à la femelle en automne, mais les plumes des parties supérieures et des ailes offrent quelques légères bordures de teinte plus roussâtre.

Après la première mue, ils ressemblent à la femelle ; mais les grandes couvertures alaires sont largement terminées de blanc.

Au printemps suivant les sexes sont très-distincts.

Nota. Sur un individu tué dans le mois de mai, l'extrémité des plumes du croupion est brune ; un autre, tiré dans le même mois, a les plumes d'un noir profond, lisérées d'une légère teinte grisâtre ; un autre entièrement noir, reçu de la Lorraine, n'a pas le moindre vestige de blanc au front (Collect. Degland); ce dernier est probablement un sujet mâle très-vieux, et les autres sont des mâles de l'année précédente. Les femelles sont, à cette époque, d'un brun roussâtre en dessus, ont moins de blanc aux ailes et cette couleur tire sur le roussâtre.

Le Gobe-Mouche noir habite diverses contrées de l'Europe, et de préférence les parties méridionales.

Il n'est pas rare en France : M. Crespon le dit excessivement commun aux environs de Nîmes, où il arrive vers la fin d'avril, et d'où il repart dans les premiers jours de septembre. Il est de passage, en petit nombre, dans le nord de cet empire au printemps et vers la fin de l'été.

Il se reproduit quelquefois dans le Boulonais et près de Paris ; niche sur les arbres ou dans leurs cavités, et pond cinq ou six œufs d'un bleu clair un peu verdâtre. Ils mesurent :

Grand diam. 0^m,018 ; petit diam. 0^m,012.

Ce Gobe-Mouche se tient de préférence, durant la saison des amours, dans les taillis et sur les bords des chemins; en d'autres temps, il s'approche des habitations.

Il engraisse en automne, ce qui le fait alors rechercher pour la table, dans les localités de la France où il passe en grand nombre.

272 — GOBE-MOUCHE A COLLIER — *MUSCICAPA COLLARIS*
Bechst.

Première rémige environ deux fois plus courte que la deuxième ; celle-ci égalant la cinquième ou la dépassant.

Taille : 0^m,14.

Muscicapa atricapilla, var. Y. Gmel. *S. N.* (1788), t. I, p. 935.
Muscicapa collaris, Bechst. *Ornith. Tasch.* (1802), p. 158.
Muscicapa albicollis, Temm. *Man.* (1815), p. 100.
Muscicapa streptophora, Vieill. *Faun. fr.* (1828), p. 145.
Gould, *Birds of Eur.* pl. 63, f. 2.

Mâle en robe de noce : Dessus et côtés de la tête, dos, petites couvertures des ailes, sus-caudales et queue d'un noir profond ; bas du dos varié de blanc ; front, un collier au bas du cou, sur l'aile, une grande tache longitudinale et, en dessous, un petit miroir d'un blanc pur ; rectrice la plus externe, de chaque côté, bordée de blanc ; bec, pieds et iris noirs.

Mâle adulte en automne et en hiver : Gris brun en dessus ; blanc en dessous. Il ne diffère alors de la femelle du même âge que par une sorte de collier gris et souvent interrompu, sur le cou, par des plumes plus foncées.

Femelle à l'époque de la reproduction : Elle diffère fort peu de celle de l'espèce précédente : d'un gris cendré en dessus et d'un blanc pur en dessous, le front blanchâtre, un miroir blanc sur l'aile et une sorte de collier de plumes moins colorées au bas du cou.

Jeunes de l'année : Ils ressemblent aux femelles à l'arrière-saison ; mais ils ont les parties inférieures d'un blanc plus terne, la poitrine et les flancs tachetés de cendré. Ils n'ont pas, comme elles, le front blanchâtre.

A l'approche du printemps, chez les jeunes mâles, le plumage noircit partout où la femelle a du cendré.

Le Gobe-Mouche à collier habite généralement le centre de l'Europe. Il est assez répandu dans quelques localités de la France, et se montre de passage dans d'autres. Dans nos départements septentrionaux, son passage est irrégulier.

Il vient se reproduire en assez grand nombre en Lorraine ; fait un nid dans les trous des arbres, et pond cinq ou six œufs d'un bleu verdâtre, généralement très-peu foncé et sans taches. Ils mesurent :

Grand diam. 0ᵐ,018 à 0ᵐ,019 ; petit diam. 0ᵐ,012 à 0ᵐ,013.

Cette espèce se tient de préférence à la cime des arbres élevés des forêts ; ce n'est qu'à l'arrière-saison qu'on le trouve dans les taillis et les buissons.

GENRE CXXVII

BUTALIS — *BUTALIS*, Boie

Muscicapa, p. Briss. *Ornith.* (1760).
Butalis, Boie, *Isis* (1826 et 1828).

Bec, des commissures à la pointe, aussi long que la tête, droit, pointu, échancré vers l'extrémité de la mandibule supérieure ; narines basales, ovoïdes; ailes sub-obtuses, allongées, dépassant, au repos, le milieu de la queue; celle-ci médiocre, ample, à peu près égale; tarses grêles; doigts faibles, courts, le médian, y compris l'ongle, à peine aussi long que le tarse ; pouce petit, plus court que le doigt externe.

Les espèces sur lesquelles ce genre est fondé, se distinguent par des ailes relativement plus allongées, un bec plus long et un pouce plus court. Quant à leurs mœurs, elles diffèrent peu de celles des autres Muscicapiens. Ce sont des oiseaux tristes, solitaires et sans cesse occupés à guetter, d'un point culminant, les insectes ailés, qu'ils chassent au vol, et dont ils font presque exclusivement leur nourriture. Ils fréquentent volontiers les parcs, les jardins, les vergers voisins des habitations.

Le mâle et la femelle portent le même plumage. Les jeunes, avant la première mue, s'en distinguent par une livrée toute particulière; leur mue est simple.

275 — BUTALIS GRIS — *BUTALIS GRISOLA*
Boie ex Linn.

Gris cendré en dessus, avec les plumes de la tête striées de brun; blanchâtre en dessous, avec des stries brunes sur les côtés du cou; première rémige trois fois plus courte que la deuxième; celle-ci plus longue que la cinquième.

Taille : 0ᵐ,15 environ.

Muscicapa, Briss. *Ornith.* (1760), t. II, p. 357.
Muscicapa grisola, Linn. *S. N.* (1766), t. 1, p. 328.
Butalis grisola, Boie, *Isis* (1826), p. 973.
Buff. *Pl. enl.* 565, f. 1.

Mâle et femelle : D'un gris cendré en dessus, avec le centre des plumes de la tête plus foncé, les pennes et les grandes couvertures des ailes bordées de blanchâtre ; gris blanc en dessous, avec les côtés du cou, la poitrine et les flancs rayés longitudinalement de brunâtre ; rémiges et rectrices noirâtres ; bec de cette couleur en dessus, moins foncé en dessous, surtout à la base ; pieds bruns ; iris noir.

Jeunes avant la première mue : Plumage marqué en dessus de nombreuses taches d'un blanc jaunâtre, et en dessous de taches brunes. Avant de quitter le nid, ces taches sont roussâtres.

Il est répandu dans toutes les contrées tempérées de l'Europe ; est rare en Hollande et commun dans le nord de la France.

Il niche dans les jardins et les bosquets, sur les arbres et dans les buissons, rarement dans les crevasses des vieilles murailles, toujours à peu de distance du sol. Sa ponte est de quatre ou cinq œufs oblongs d'un blanc sale, azuré ou verdâtre, avec des taches rousses ou rougeâtres, plus nombreuses au gros bout et quelquefois confondues. Ils mesurent :

Grand diam. 0ᵐ,020 ; petit diam. 0ᵐ,015.

Cet oiseau, que l'on voit constamment perché sur les poteaux, sur les branches mortes des arbres, arrive dans nos climats en avril, et en repart en automne. Il se nourrit principalement de diptères ou de tétraptères qu'il saisit fort adroitement au vol. A l'époque des amours il ne cesse de faire entendre un cri plaintif et monotone. Son vol est très-léger, et lorsqu'il est posé, il agite souvent les ailes comme s'il voulait prendre son essor.

GENRE CXXVIII

ÉRYTHROSTERNE — *ERYTHROSTERNA*, Bp.

Muscicapa, p. *Auct.*
Erythrosterna, Bp. *B. of Eur.* (1838).

Bec, des commissures à la pointe, presque aussi long que la tête ; droit, pointu, large à la base, échancré vers l'extrémité de la mandibule supérieure, dont l'arête est bien prononcée ; narines basales, ovalaires ; ailes sub-obtuses, arrondies, médiocres, n'atteignant pas tout à fait l'extrémité de la queue ; celle-ci allongée, ample et légèrement échancrée ; tarses allongés, grêles ; doigts minces, le médian, y compris l'ongle, plus court que le tarse ; pouce plus court que le doigt externe.

Les Erythrosternes se distinguent des autres Muscicapidés européens, par l'allongement des tarses, par leur système de coloration et par leurs habitudes. Leurs allures, leurs mouvements et leur vivacité rappellent tout à la fois les Rouges-Gorges et les petites espèces de Traquets. Ils baissent lentement la queue à plusieurs reprises, l'étalent et la relèvent brusquement au-dessus des ailes.

L'espèce type du genre est propre à l'Asie et à l'Europe orientale.

274 — ÉRYTHROSTERNE ROUGEATRE
ERYTHROSTERNA PARVA
Bp. ex Bechst.

Première rémige deux fois plus courte que la deuxième, celle-ci égale à la sixième et plus courte que la cinquième; rectrices, à l'exception des quatre médianes, blanches dans les deux tiers supérieurs.

Taille : 0^m,12 à 0^m,13.

Muscicapa parva, Bechst. *Nat. Deuts.* (1807), t. III, p. 442.
Muscicapa rubecula, Sw. in Jardine, *Natur. Libr. Hist. of Flycatchers* (1838).
Erythrosterna parva, Bp. *B. of Eur.* (1838), p. 44.
Gould, *Birds of Eur.* pl. 64.

Mâle adulte : Dessus de la tête, du cou, du corps et sus-caudales d'un cendré roussâtre ou rougeâtre; gorge, devant du cou et poitrine d'un roux jaune vif; abdomen et sus-caudales d'un blanc argentin, avec les flancs lavés de cendré roussâtre clair; joues, côtés du cou et de la poitrine d'un beau cendré; couvertures alaires pareilles au dos; rémiges d'un cendré brun, les secondaires bordées en dehors et terminées par une teinte grisâtre; les quatre rectrices médianes et l'extrémité des latérales noirâtres, celles-ci d'un blanc pur dans le reste de leur étendue; bec et pieds bruns.

Femelle adulte : Elle ressemble au mâle, mais elle a le roux du cou et de la poitrine moins vif et les autres teintes plus claires.

Jeunes sujets : Parties supérieures d'un cendré tirant sur le roussâtre; parties inférieures d'un cendré blanchâtre, nuancé de roux très-clair au cou, à la poitrine, et d'une teinte plus blanche au milieu de l'abdomen; sous-caudales très-blanches; joues, côtés du cou et de la poitrine, et surtout les flancs, lavés de roux clair; queue à peu près semblable à celle des adultes.

Cette espèce habite la Hongrie et les environs de Vienne en Autriche, durant l'été (1), et probablement l'Asie en hiver.

Elle est de passage annuel en Crimée, et accidentel en France, en Suisse et en Italie.

(1) Le prince Ch. Bonaparte a bien voulu, à propos des Muscicapidés, ne pas « s'arrêter aux caractères ou aux mœurs des espèces », mais il n'a pu s'abstenir de critiquer ce qu'a dit M. Degland relativement à l'habitat de l'*Erythrosterna parva*. Je laisse M. Baldamus répondre à ce sujet : Voici ce qu'il écrivait à M. Degland, vers le milieu de 1851 : « Le prince Ch. Bonaparte, en écrivant, *Revue critique*, p. 56, qu'il est *inexact de dire que* « *la* Muscicapa parva *habite la Hongrie et les environs de Vienne, pendant l'été,* qu'elle « ne s'y montre au contraire que très-accidentellement, est dans une grave erreur. Cet « oiseau habite au contraire essentiellement ces localités et beaucoup d'autres de l'est de « l'Allemagne et surtout de l'Europe. Il niche assez souvent dans le Wiener-Wald, en « Hongrie, en Pologne et en Russie, d'où j'ai reçu d'un amateur, les œufs de quatre nids « pris l'an dernier (1850). »   Z. G.

M. Nordmann dit que les sujets de l'année se montrent, en petites troupes, dans le jardin botanique d'Odessa, dès les derniers jours de juillet, et y restent jusqu'à la fin d'octobre ; que les individus en plumage complet, qui passent au printemps, ne restent que peu de temps dans ce jardin.

D'après M. le professeur Schinz, ce Muscicapien a été trouvé en Suisse. Le marquis Durazzo signale la capture d'un individu, qui a été faite, en 1835, dans les environs de Gênes. M. Crespon en cite une autre, faite dans le Jardin des Plantes d'Avignon.

L'Erythrosterne rougeâtre niche sur les arbres, à l'appui des grands troncs. Sa ponte est de quatre à cinq œufs, café au lait très-clair ou d'un gris jaunâtre, couverts de stries et de nombreuses petites taches cendrées et roussâtres. Ils mesurent :

Grand diam. 0^m,016 à 0^m,017 ; petit diam. 0^m,013.

Ce petit oiseau a, suivant Temminck, toutes les allures du Rouge-gorge, et d'après M. Nordmann, la vivacité de ses mouvements, ainsi que le balancement de sa queue, rappellent les petites espèces de Traquets. Il ferait entendre un petit cri continuel ; baisserait la queue lentement et à plusieurs reprises, la déploierait et la relèverait subitement au-dessus des ailes.

FAMILLE XXVI

HIRUNDINIDÉS — *HIRUNDINIDÆ*

Hirundinidæ, p. Vig. *Gen. of Birds* (1825).

Bec comprimé à la pointe, large à la base, qui est dépourvue de poils roides ; ailes longues ; tarses médiocres, faibles, généralement nus ; doigts antérieurs inégaux, séparés.

Les Hirundinidés ont des habitudes diurnes, des mœurs sociables, un naturel audacieux. Ils pourchassent les Rapaces et les autres oiseaux qui leur sont antipathiques. Leur vol est rapide, soutenu, et c'est en volant qu'ils boivent et saisissent les insectes dont ils font leur nourriture. L'organisation de leur pied leur permet de marcher et de percher. La plupart nichent par troupes ; groupent leurs nids à côté les uns des autres et quelquefois les uns sur les autres.

Les Hirundinidés sont répandus dans toutes les parties du monde. L'Europe en possède cinq, dont quatre sont devenues type de genre, et une sixième espèce y fait des apparitions très-accidentelles.

GENRE CXXIX

HIRONDELLE — *HIRUNDO*, Linn.

Hirundo, Linn. *S. N.* (1735).
Cecropis, Boie, *Isis* (1826).

Bec court, à mandibule supérieure presque droite ; narines basales, oblongues, en partie recouvertes par une membrane ; ailes sur-aiguës, queue profondément fourchue, les rectrices latérales dépassant de beaucoup les autres ; tarses de la longueur du doigt médian, grêles et nus, ainsi que les doigts.

Les Hirondelles sont répandues dans toute l'Europe pendant la belle saison. Elles y viennent pour se reproduire. Leur arrivée a lieu un peu après l'équinoxe du printemps, et leur départ s'opère aussitôt que le froid se fait sentir.

Leur nourriture consiste en insectes ailés, qu'elles saisissent en volant.

Le mâle et la femelle se ressemblent ; les jeunes, avant la première mue, ont un plumage qui diffère sensiblement.

Leur mue est simple et aurait lieu en février, selon Temminck ; mais ce dernier fait, pour avoir été observé sur des oiseaux captifs, est-il bien l'expression de ce qui se passe à l'état de liberté ? Il est permis d'avoir des doutes à cet égard. Ce qu'il y a de certain, c'est que l'un des Hirundiniens d'Europe, l'Hirondelle de rocher, d'après ce que nous avons constaté sur des individus tués en septembre, mue avant d'abandonner le climat du midi de la France.

Observation. — Ce genre est représenté en Europe par deux espèces, et par trois si l'on considère l'*Hirundo cahirica*, non comme race locale de l'*Hirundo rustica*, mais comme espèce distincte.

Quelques ornithologistes, établissant une distinction entre les Hirondelles à plumage strié, ou non strié, ont fondé sur ce caractère deux groupes, dont le prince Ch. Bonaparte a fait, sans motif, deux genres. En reproduisant ces coupes, il est bien entendu qu'elles ne sont nullement génériques pour nous : nous les donnons comme moyen de grouper les espèces.

A. — *Espèces qui ont un collier noir sur la poitrine, les parties inférieures uniformément colorées, le sinciput et le croupion de la couleur du dos.*

275 — HIRONDELLE RUSTIQUE — *HIRUNDO RUSTICA* Linn.

Front et gorge d'un beau roux marron (adultes), *ou roussâtres* (jeunes); *un collier noir ; parties inférieures roussâtres ; toutes les rectrices, à l'exception des deux médianes, tachées de blanc sur les barbes internes.*

Taille : 0ᵐ,18 *environ.*

HIRUNDO RUSTICA, Linn. *S. N.* (1766), t. I, p. 343.
HIRUNDO DOMESTICA, Briss. *Ornith.* (1760), t. II, p. 486.
CECROPIS RUSTICA, Boie, *Isis* (1826), p. 971.
CECROPIS PAGORUM, Brehm, *Handb. Nat. Vög. Deuts.* (1831), p. 138.
Buff. *Pl. enl.* 543, f. 1, sous le nom d'*Hirondelle des cheminées.*

Mâle : Front et gorge d'un brun marron ; parties supérieures du corps, devant et côtés du cou, haut de la poitrine noirs, à reflets violets ; le reste de la poitrine, abdomen et sous-caudales roussâtres ; queue très-fourchue, toutes les pennes, à l'exception des deux médianes, avec une tache blanche sur les barbes internes ; les deux externes très-longues, dépassant les suivantes de 0ᵐ,061 ; bec et iris noirs ; pieds bruns.

Femelle : La couleur roussâtre des parties inférieures plus terne ; les reflets des parties supérieures moins éclatants ; les pennes externes de la queue plus courtes et ne dépassant les autres que de 0ᵐ,054.

Jeunes avant la première mue : Front et gorge roussâtres ; le noir du cou et de la poitrine nuancé de roussâtre ; dessus de la tête, du cou et du corps moins noir et presque sans reflets ; dessous du corps d'un blanc tirant sur le roussâtre aux flancs et aux sous-caudales ; rectrices latérales très-courtes relativement à celles des adultes, et ne dépassant les autres que de 0ᵐ,010.

Variétés accidentelles : Il existe des sujets à plumage complétement blanc, d'autres à plumage roussâtre, d'autres enfin d'un joli gris de lin.

L'Hirondelle rustique ou de cheminée habite, l'été, toute l'Europe. Durant cette saison, elle est fort commune en France.

Elle niche sous les corniches, contre les cheminées, sous les hangars, dans les écuries, les embrasures des fenêtres, dans les chambres inhabitées, etc., etc. Le nid de l'Hirondelle rustique construit extérieurement avec de la terre gâchée, mêlée de petits brins de paille, et garni de plumes intérieurement, a ordinairement une forme demi-sphérique, d'autres fois il ressemble à une coupe. Sa ponte est de quatre à six œufs oblongs, d'un blanc rosé lorsqu'ils sont fraîchement pondus, d'un blanc mat lorsqu'ils sont vides, avec de petits points tantôt bruns, tantôt rougeâtres, tantôt violets, plus rapprochés au gros bout. Ils mesurent :

Grand diam. 0ᵐ,021 ; petit diam. 0ᵐ,015.

L'Hirondelle de cheminée vient dans nos climats, comme du reste ses congénères, dans le seul but de se reproduire ; aussi y arrive-t-elle ordinairement à la fin de mars ou vers les premiers jours d'avril, pour les quitter en septembre et octobre. Nous la voyons apparaître dans le nord de la France plus tôt ou plus tard, selon que le printemps s'annonce de bonne heure, ou est retardé par les froids qui se prolongent. En nous quittant, elle gagne l'Afrique et l'Asie pour y passer l'hiver. Les habitants du littoral de la Sicile, au rapport de M. Malherbe, font une guerre d'extermination à ces oiseaux, vers la fin de mars, époque de leur arrivée en Europe.

A — HIRONDELLE DU CAIRE — *HIRUNDO CAHIRICA*
Lichst.

Roux du front plus étendu et collier plus large que chez l'Hirundo rustica ; parties inférieures roux de rouille foncé.

Taille : 0^m,17 environ.

HIRUNDO CAHIRICA, Lichst, *Doubl. Zool. Mus.* (1823), p. 58.
HIRUNDO SAVIGNYI, Steph. in : Shaw, *Gen. Zool.* (1823?), t. X, p. 90.
HIRUNDO RIOCOURII, Audouin, *Descr. de l'Égypte* (1828), H. N. t. XXIII, p. 339.
CECROPIS SAVIGNYI, Boie, *Isis* (1828), p. 316.
HIRUNDO BOISSONNEAUTII, Temm. *Man.* (1835), 3ᵉ part. Append. p. 652.
HIRUNDO RUSTICA ORIENTALIS, Schleg. *Rev. crit.* (1844), p. 18.
Savig. *Exp. d'Egypte*, pl. 4, f. 4.

Mâle et femelle : Front, gorge d'un brun marron vif ; parties supérieures de la tête, du cou, du corps, devant et côtés du cou, haut de la poitrine, d'un noir à reflets bleuâtres ou violets ; le reste de la poitrine, l'abdomen, les sous-alaires et les sous-caudales d'un roux de rouille ; rectrices, les quatre médianes exceptées, pourvues, sur les barbes externes, d'une tache plus ou moins arrondie d'un blanc roussâtre ; pieds bruns ; bec et iris noirs.

Femelle : Elle ressemble au mâle, mais les couleurs sont un peu moins reflétantes et la queue est un peu moins longue.

Jeunes avant la première mue : Une petite tache brun-roussâtre au front ; parties supérieures de la tête, du cou et du corps d'un brun sombre, nuancé de bleuâtre ; gorge d'un roux foncé, haut de la poitrine brun, à reflets bronzés ; dessous du corps et sous-caudales d'un roux rougeâtre ; taches des rectrices plus petites et d'un blanc plus roussâtre que chez les adultes.

Cette Hirondelle est très-commune en Égypte, notamment au Caire, et se montre accidentellement en Europe. Elle aurait été tuée en Sicile, et ne serait pas rare en Crimée, si les individus à parties inférieures d'un roux de rouille que M. Nordmann a eu l'occasion d'observer, se rapportent bien à cette variété. Les sujets décrits par Temminck sous le nom d'Hirondelle Boissonneau, ne provenaient pas d'Espagne, comme le marchand l'en avait assuré, mais de la Macédoine, d'après M. Schlegel.

Mœurs, habitudes, régime, propagation comme chez l'*Hirundo rustica.*

Observation. — Quelques naturalistes, entre autres Temminck, Audouin, le prince Ch. Bonaparte, considèrent cette Hirondelle comme espèce ; d'autres, au contraire, parmi lesquels MM. Schlegel, de Sélys-Longchamps, Nordmann, ne l'admettent qu'à titre de variété ou race locale. M. Nordmann se croit d'autant plus fondé dans son opinion, qu'il a vu dans la place forte de Sokhoum-Kaléh, « plusieurs couples de l'*Hirundo rustica,* dont le mâle avait le plumage de l'*Hirundo cahirica,* tandis que la femelle portait toutes les couleurs de l'Hirondelle commune du nord de l'Europe, et *vice versâ.* » D'ailleurs les sujets d'*Hirundo cahirica* que possède M. de Sélys-Longchamps, ne paraissent différer de notre Hirondelle de cheminée que par les parties inférieures, qui sont d'un roux châtain clair, depuis la poitrine jusqu'aux couvertures inférieures de la queue inclusivement. Cette différence ne constitue pas un caractère assez important pour distinguer spécifiquement l'*Hirundo cahirica* de l'*Hir. rustica.* Elle ne serait donc qu'une simple race locale.

B. — *Espèces dépourvues de collier noir, et dont les parties inférieures sont généralement striées, la nuque ou le croupion roux.*

(Genre *Cecropis,* Bp.)

276 — HIRONDELLE ROUSSELINE — *HIRUNDO RUFULA*
Temm. ex Le Vaill.

Sous-caudales terminées de noir ; nuque rousse, croupion d'un roux fauve, passant au blanc jaunâtre dans sa moitié postérieure ; région anale d'un blanc lavé de roux ; point de stries sur ces trois régions ; joues et parties inférieures striées ; rectrices latérales ordinairement tachées de blanc.

Taille : 0^m,17 à 0^m,18.

Hirundo DAURICA, Savi, *Orn. Tosc.* (1831), t. III, p. 201.
Hirundo RUFULA, Temm. *Man.* (1835), 3e part. p. 298 (*excl. Syn.*).
Hirundo ALPESTRIS, Bp. *Faun. Ital.* (1832-1841).
Hirundo CAPENSIS, Durazzo, *Ucc. Lig.* (1840), p. 14.
Cecropis RUFULA, Bp. *Cat. Parzud.* (1856), p. 8.

Mâle : Nuque, raie au-dessus des yeux, base du bec et croupion d'un roux de rouille vif, dégénérant en blanc jaunâtre au bas de cette dernière région, et y formant une sorte de bande transversale qui se prolonge au delà de l'origine de la queue ; front, vertex, occiput, haut du dos, scapulaires et extrémité des sous-caudales d'un noir bleuâtre à reflets d'acier poli ; parties inférieures du corps roussâtres, avec une fine strie brune le long de la tige des plumes ; ailes et queue noires tirant sur le cendré ; cette dernière très-fourchue, avec la penne externe, de chaque côté, longue et subulée, mais moins étendue et moins large que chez l'Hirondelle rustique, et offrant une tache blanche effacée ; bec et pieds d'un brun foncé.

Tel est un magnifique mâle qui a été tué aux environs de Gênes.

Nota. La petite tache que porte sur les barbes internes la rectrice la plus extérieure, n'est pas constante. Il peut même se faire qu'elle existe d'un côté et qu'elle manque de l'autre, comme l'a observé M. Jaubert.

Femelle et jeunes : Ils nous sont inconnus.

La vraie patrie de l'Hirondelle rousseline est encore inconnue. M. de Sélys-Longchamps est porté à croire qu'elle est propre à l'une des contrées montagneuses situées entre l'Égypte et l'Inde, probablement aux montagnes du sud de l'Arménie ou de la Perse. On ne l'a point encore rencontrée en Algérie ni en Espagne. Elle se montre en Grèce, en Sicile, en Toscane, en Ligurie et dans le midi de la France. Ses apparitions dans les environs de Gênes et de Messine, sont à peu près annuelles ; assez fréquemment aussi elle a été observée en Languedoc ; elle remonterait même le bassin du Rhône et aurait été vue, selon M. Malherbe, dans les départements de la Drôme et de la Côte-d'Or.

En 1845 ou 1846 un couple s'est reproduit près d'Avignon, et M. Lunel a été assez heureux pour découvrir son nid. Les œufs qu'il renfermait étaient blancs, parsemés de petits points rougeâtres, plus nombreux sur le gros bout, où ils formaient couronne, et avaient exactement la forme et les dimensions de ceux de l'Hirondelle rustique.

D'après les observations faites sur les sujets qui visitent l'Italie et le midi de la France, les habitudes de cette espèce sont les mêmes que celles de l'Hirondelle rustique.

Observation. — L'Hirondelle rousseline a été confondue avec la plupart des espèces à calotte et à croupion roux, notamment avec l'*Hirundo Daurica* ou *alpestris.* M. de Sélys-Longchamps, dans une excellente notice sur cette espèce et sur celles du même groupe (*Bulletins de l'Académie Royale de Belgique*, t. XXII, n° 8), a parfaitement établi les caractères qui les différencient. Ainsi l'*Hir. Senegalensis* et l'*Hir. capensis* se séparent nettement de l'*Hir. rufula* par ce seul caractère, que, chez elles, les couvertures inférieures de la queue, semblables au dessous du corps, ne sont point terminées de noir comme chez cette dernière. Les *Hir. Japonica, melanocrissa* et *Daurica* ont, comme la Rousse-

line, les sous-caudales subitement terminées de noir; mais l'*Hir. Japonica* se
distingue de celle-ci par des stries à la nuque et au croupion; par des joues
brunes, et par l'absence de taches sur la rectrice la plus extérieure. Chez l'*Hir.
melanocrissa* la rectrice latérale est également sans tache, le roux du croupion
est uniforme et ne dégénère pas en blanc jaunâtre, et la région anale offre une
sorte de ceinture rousse, que n'a pas l'Hirondelle rousseline; enfin l'*Hir. Daurica*, avec laquelle l'*Hir. rufula* a de si grands rapports, que M. de Sélys-Longchamps ne peut affirmer si celle-ci constitue réellement une espèce ou une
simple race, se distingue par son croupion plus uniformément coloré; par les
stries plus accentuées, plus larges des parties inférieures; par des joues grises,
et par de fines stries au milieu de la nuque, au croupion et à la région anale.

GENRE CXXX

CHÉLIDON — *CHELIDON*, Boie

Hirundo, p. Linn. *S. N.* (1735).
Chelidon, Boie, *Isis* (1822).

Bec court, relativement robuste, arrondi en dessus; narines
basales, arrondies; ailes sur-aiguës; queue moins longue que
les ailes au repos, assez fortement échancrée; tarses de la longueur du doigt médian, grêles et complétement emplumés, ainsi
que les doigts.

Le genre Chélidon est particulièrement caractérisé par la vestiture des tarses
et des doigts. Les espèces qui le composent ont des mœurs plus sociables que
celles du genre précédent. Elles vivent constamment réunies en grandes
troupes ; se prêtent mutuellement secours pour chasser l'ennemi commun ;
nichent les unes à côté des autres, et leurs nids, auxquels elles ne laissent qu'une
ouverture étroite, sont souvent à l'appui l'un de l'autre ; enfin elles émigrent
toujours par bandes considérables à la fin de l'été. C'est particulièrement au
sein des villes et sous le toit de l'homme qu'elles s'établissent ; cependant elles
adoptent aussi les lieux solitaires.

Le mâle, la femelle et les jeunes ont un plumage à peu près semblable.
Leur mue est simple et ne s'effectue pas durant leur séjour chez nous.

Ce genre est représenté en Europe par une seule espèce.

277 — CHÉLILIDON DE FENÊTRE — *CHELIDON URBICA*
Boie ex Linn.

*Point de collier ; parties supérieures d'un noir lustré, le croupion
excepté, qui est d'un blanc pur, ainsi que les parties inférieures.
Taille : 0ᵐ,14.*

Hirundo urbica, Linn. *S. N.* (1766), t. I, p. 344.
Hirundo minor *seu* rustica, Briss. *Ornith.* (1760), t. II, p. 490.
Chelidon urbica, Boie, *Isis* (1822), p. 550.
Hirundo lagopoda, Pall. *Zoogr.* (1811-1831), t. I, p. 532.
Chelidon fenestrarum, et rupestris, Brehm, *Handb. Nat. Vög. Deuts.* (1831), p. 140.

Buff. *Pl. enl.* 542, f. 2, sous le nom de *Petit Martinet.*

Mâle : Plumage noir lustré en dessus, à reflets bleuâtres ; blanc en dessous et au croupion ; tarses et doigts couverts de petites plumes blanches assez rares ; bec et iris noirs.

Femelle : Elle ne diffère du mâle que par la gorge, qui est d'un blanc sale.

Jeunes avant la première mue : D'un brun fuligineux en dessus, avec les pennes secondaires terminées de blanc.

Variétés accidentelles : On trouve des sujets tapirés de blanc et d'autres entièrement blancs ou d'un blanc légèrement coloré de roussâtre.

La Chélidon de fenêtre est commune, en été, dans toute la France et dans une grande partie de l'Europe. On la trouve également en Asie et en Afrique.

Elle niche à l'extérieur des maisons, dans l'encoignure des fenêtres, sous les grandes portes, contre les rochers coupés à pic. Son nid, construit à l'extérieur avec de la terre gâchée, et garni intérieurement de quelques brins de paille et de plumes, affecte une forme demi-sphérique. Sa ponte est de quatre à six œufs, un peu moins oblongs que ceux de l'Hirondelle de cheminée, blancs sans taches, ou bien marqués de quelques petits points à peine perceptibles, moins rares vers le gros bout que partout ailleurs. Ils mesurent :

Grand diam. 0^m,020 ; petit diam. 0^m,014 à 0^m,015.

Cette espèce arrive dans le nord de la France huit ou dix jours après l'Hirondelle de cheminée et nous quitte plus tard. Lorsque la saison est tempérée, on en voit aux environs de Lille jusqu'au 15 décembre. Elle passe l'hiver en Afrique et en Asie avec la plupart de ses congénères. Suivant M. Malherbe, un assez grand nombre hiverneraient en Sicile, notamment à Catane.

<h1 style="text-align:center">GENRE CXXXI</h1>

<h2 style="text-align:center">PROGNÉ — PROGNE, Boie</h2>

Hirundo, p. Linn. *S. N.* (1736).
Procne, Boie, *Isis* (1826).
Cecropis, p. Less. *Compl. à Buff.* (1837).

Bec plus long que la moitié de la tête, robuste, comprimé de la base à la pointe, à mandibule supérieure infléchie et dessinant, au profil, une courbe régulière bien prononcée ; narines basales, larges, ovales ; ailes sur-aiguës ; queue fourchue, moins longue que les ailes au repos ; tarses robustes, courts, nus ; doigts épais, nus, le médian, y compris l'ongle, un peu plus long que le tarse ; ongles médiocres.

Les Prognés ont les mœurs des Chélidons ; vivent généralement, comme elles, au sein des villes ; construisent avec de la terre détrempée un nid semblable par la forme à celui de la *Chelidon urbica*, et font une chasse continuelle aux insectes ailés. Leur vol, d'après Vieillot, est aussi hardi et aussi rapide que celui du Martinet noir, et elles marchent mieux que les autres Hirundinidés.

Le mâle et la femelle portent un plumage un peu différent, et les jeunes ressemblent à cette dernière. Leur mue est simple.

Les Prognés sont exclusivement propres à l'Amérique. L'une d'elles se montre très-accidentellement en Europe.

278 — PROGNÉ POURPRE — *PROGNE PURPUREA*
Boie ex Linn.

Plumage noir-bleu (mâle), *ou brun varié de gris en dessus* (femelle et jeune).

Taille : 0ᵐ,21 *environ.*

HIRUNDO PURPUREA, Linn. *S. N.* (1766), t. I, p. 344.
HIRUNDO APOS CAROLINENSIS, Briss. *Ornith.* (1760), t. II, p. 515.
HIRUNDO VIOLACEA, Gmel. *S. N.* (1788), t. I, p. 1026.
HIRUNDO CÆRULEA, Vieill. *Ois. de l'Am. sept.* (1807), pl. 26 et 27, et H. VERSICOLOR, *N. Dict.* (1817), t. XIV, p. 509.
PROGNE PURPUREA, Boie, *Isis* (1826), p. 971.
Buff. *Pl. enl.* 722, *mâle*, sous le nom d'*Hirondelle de la Louisiane.*

Mâle adulte : Tout le plumage noir, avec des reflets bleus, violets et pourpres, selon l'incidence de la lumière ; rémiges et rectrices d'un noir mat ; bec, pieds et iris noirs.

Femelle adulte : Tête, cou, gorge, dos et croupion bruns, variés de taches grises ; vertex et petites couvertures supérieures des ailes à reflets bleuâtres ; poitrine tachée de brun ; ventre blanchâtre ; rémiges, rectrices, bec et pieds noirâtres.

Jeunes avant la première mue : Plumage analogue à celui de la femelle adulte.

La Progné pourpre habite l'Amérique septentrionale et se montre très-accidentellement en Angleterre. M. Yarrell, dans la deuxième édition de ses *Oi-*

seaux de la Grande-Bretagne, signale, d'après une lettre de M. Fred. Maccoy de Dublin, la capture, près de Kingston, d'une femelle de *Progne purpurea*. Il cite aussi deux autres captures faites à Paddington près de Londres. Le sujet pris à Kingston, a été déposé par le Dr Scauler dans le Musée royal de Dublin.

Cette espèce construit un nid comme notre Chélidon de cheminée, et fait ordinairement, dit-on, deux pontes de quatre ou cinq œufs.

S'il faut en croire Catesby et quelques autres naturalistes qui, probablement, n'ont fait que le copier, les habitants des États-Unis accorderaient une certaine protection à cet oiseau, non-seulement parce qu'il diminue le nombre des mouches et des maringouins dont on est très-incommodé dans ces contrées, mais encore parce qu'il paraît rendre un grand service aux volailles, en les avertissant, par ses cris, de l'approche des oiseaux de proie. Aussitôt qu'un rapace se montre près des habitations rurales, toutes les Prognés du même canton se mettent à sa poursuite, et ne cessent de le harceler que lorsqu'elles sont venues à bout de l'éloigner.

GENRE CXXXII

COTYLE — *COTYLE*, Boie

Hirundo, p. Linn. *S. N.* (1735).
Cotyle, Boie, *Isis* (1822).

Bec petit, brusquement rétréci de la base à la pointe ; narines basales, arrondies, saillantes ; ailes sur-aiguës ; queue moins longue que les ailes, médiocrement échancrée ; tarses de la longueur du doigt médian, minces et garnis de quelques plumes seulement à la face postérieure ; doigts nus.

Les Cotyles se distinguent des Chélidons et des Hirondelles, par leurs narines saillantes, leur queue médiocrement échancrée et leurs tarses vêtus de quelques plumes seulement en arrière. Les espèces qui en font partie, vivent en famille. Elles ont un naturel plus farouche que les Chélidons ; s'éloignent des lieux habités ; fréquentent particulièrement le voisinage des eaux, ne bâtissent point leur nid, mais creusent à cet effet de longs boyaux, dans les berges sablonneuses.

Le mâle et la femelle se ressemblent. Les jeunes, avant la première mue, ont une livrée qui les distingue. Leur mue est simple, et s'effectue après leur départ.

Parmi les espèces connues, une seule appartient à l'Europe.

279 — COTYLE RIVERAINE — *COTYLE RIPARIA*
Boie ex Linn. ·

*Une large bande en forme de ceinture à la poitrine ; parties su-
périeures cendrées ; parties inférieures blanches.*

Taille : 0^m,14 *environ.*

HIRUNDO RIPARIA, Linn. *S. N.* (1766), t. I, p. 344.
HIRUNDO CINEREA, Vieill. *N. Dict.* (1817), t. XIV, p. 526.
COTYLE RIPARIA, Boie, *Isis* (1822), p. 550.
COTYLE FLUVIATILIS et MICRORHYNCHOS, Brehm, *Handb. Nat. Vog. Deuts.* (1831 ,
p. 142.
Buff. *Pl. enl.* 345, f. 2, sujet avant la première mue.

Mâle : Gris-brun en dessus, aux joues, à la poitrine et aux flancs ;
gorge, devant du cou, ventre et sous-caudales blancs, avec quelques
plumes brunes au milieu de l'abdomen ; bec et iris bruns.

Femelle : Elle a des teintes généralement plus ternes.

Jeunes avant la première mue : Toutes les plumes bordées de gris
tirant sur le roux en dessus ; le blanc de la gorge nuancé de roussâtre.

Variétés accidentelles : Il existe des sujets dont le plumage est entièrement blanc.

La Cotyle de rivage habite l'Europe, la Sibérie. Elle est très-commune dans
le midi de la Russie.

On la trouve, en France, en moins grande quantité que les Hirondelles de
cheminée et de fenêtre ; cependant elle n'est pas rare, près de Paris, sur les bords
de la Seine et de la Marne, sur ceux de la Sarthe et de la Loire, de la Saône
et du Rhône. On la rencontre aussi aux environs de Toulouse et de Montpellier,
et sur plusieurs points de la Bretagne et de la Normandie, le long de la mer.
Selon M. Malherbe, un grand nombre d'individus hivernent en Sicile.

Elle niche dans des sortes de terriers qu'elle creuse, à l'aide de ses ongles,
dans les berges taillées à pic des carrières, des rivières et des bords de la mer.
Un assez grand nombre nichaient dans les fortifications de Lille avant les répa-
rations qu'on y a faites ; il en niche encore dans celles de Cambrai. Sa ponte
est de cinq ou six œufs oblongs, d'un blanc pur et lustré. On en trouve parfois
mais très-rarement, avec quelques points couleur de rouille. Ils mesurent :

Grand diam. 0^m,019 ; petit diam. 0^m,012 à 0^m,013.

Cette espèce arrive dans le nord de la France après les Hirondelles et les
Chélidons et repart avant elles. Lorsqu'on l'inquiète dans le canton qu'elle a
adopté pour se reproduire, elle l'abandonne et va s'établir dans une autre localité.

GENRE CXXXIII

BIBLIS — *BIBLIS*, Less.

Hirundo, p. Linn. *S. N.* (1735).
Cotyle, p. Boie, *Isis* (1822).
Biblis, Less. *Compl. à Buff.* (1837).
Ptyonoprogne, Reichenb.

Bec médiocre, déprimé à la base ; narines basales, arrondies, un peu saillantes ; ailes très-allongées, sur-aiguës ; queue moins longue que les ailes, égale ; tarses de la longueur du doigt médian, grêles et nus, ainsi que les doigts.

Beaucoup de naturalistes rangent les Biblis parmi les Cotyles ; leur séparation peut cependant bien mieux se justifier que celle des Chélidons et des Cotyles. Elles se distinguent des unes et des autres par des ailes plus allongées, par leur queue égale, et par leurs tarses complétement nus. Comme elles, d'ailleurs, elles vivent en familles, mais leur naturel est plus farouche. Elles fréquentent les lieux montueux et solitaires, les vallées profondes ; bâtissent un nid à l'abri des rochers escarpés, volent ordinairement à une assez grande hauteur, et leur vol est plus lourd que celui des autres Hirundinidés d'Europe.

Le mâle et la femelle se ressemblent. Les jeunes, avant la première mue, en diffèrent notablement. Leur mue est simple et s'effectue avant leur départ de nos climats.

Ce genre n'a qu'un représentant en Europe.

280 — BIBLIS RUPESTRE — *BIBLIS RUPESTRIS*
Less. ex Scop.

Sur tout le plumage, des teintes plus ou moins grises selon l'âge ; rectrices, à l'exception des deux médianes et des deux latérales, pourvues d'une tache ovale, blanche, sur les barbes internes.

Taille : 0ᵐ,143 à 0ᵐ,144.

Hirundo rupestris, Scopoli, *An. 1 Hist. Nat.* (1768), p. 167.
Hirundo montana, Gmel. *S. N.* (1788), t. 1, p. 1019.
Chelidon rupestris, Boie, *Isis* (1822), p. 550.
Cotyle rupestris, Boie, *Isis* (1826).
Biblis rupestris, Less. *Compl. à Buff.* (1837), t. VIII, p. 495.
Ptyonoprogne rupestris, Cab. in : Bp. *Cat. Parzud.* (1856), p. 8.
Gould, *Birds of Eur.* pl. 56.

Mâle et femelle : Gris cendré clair en dessus ; blanc, nuancé de roussâtre à la gorge, au devant du cou, à la poitrine, à l'abdomen, et d'un gris brun sur les flancs et au bas du ventre ; les pennes caudales, à l'exception des deux médianes, portent une tache ovale blanche sur les barbes internes ; bec noirâtre ; iris noisette foncé suivant les uns, et de couleur aurore suivant P. Roux et M. Crespon.

Jeunes avant la première mue : Ils ont les plumes des parties supérieures bordées de roussâtre ; celles des parties inférieures d'un jaune roussâtre, et la gorge mouchetée de brun sur un fond blanc.

La Biblis rupestre habite la Sicile, la Sardaigne, la Suisse, le midi de la France, le nord de l'Afrique et l'Asie occidentale.

Elle est assez commune en Suisse, en Savoie et dans les Pyrénées ; elle est abondante dans le département des Basses-Alpes, près de Moustiers et dans le Var, sur quelques-unes des grandes montagnes rocheuses qui bordent la rivière d'Argens ; M. Crespon l'indique dans le département du Gard ; enfin elle est de passage dans quelques autres lieux de la Provence, en Languedoc, en Anjou et dans le département de l'Isère.

Elle niche dans les cavernes et les anfractuosités des rochers ; construit un nid avec de la terre gâchée, de la menue paille et des plumes ; pond de cinq à six œufs blancs, tachetés et piquetés de roux de rouille foncé ou de brun. M. Thiemann les indique, mais à tort, comme étant d'un blanc pur sans taches. Ils mesurent :

Grand diam. 0^m,02 ; petit diam. 0^m,013 à 0^m,014.

Cette espèce vole plus lentement que les autres Hirundinidés d'Europe, et toujours dans des régions plus élevées. A moins que l'imminence d'une tempête ne la force à descendre dans la plaine pour y chercher sa nourriture, on la voit presque constamment décrire des ondulations au-dessus des rochers qu'elle habite. Elle arrive en Italie et dans les contrées méridionales de la France avant toutes les autres et en repart la dernière. Nous pensons même que quelques individus doivent hiverner dans certaines localités du Piémont, voisines de la France ; car, lorsque l'hiver n'est pas très-rigoureux, il n'est pas rare d'en voir, dans les mois de décembre et de janvier, voltiger au-dessus de l'embouchure du Var et, dans Nice, au-dessus du torrent qui traverse cette ville. Comme cette espèce (ce qui lui est particulier) mue avant d'émigrer, il pourrait se faire que les individus qui se montrent dans une saison où, d'ordinaire, on n'en trouve plus, fussent des jeunes provenant des dernières couvées, et qu'une mue tardive aurait forcés à rester dans nos climats.

QUATRIÈME DIVISION

PASSEREAUX ANOMODACTYLES
PASSERES ANOMODACTYLI

Doigts antérieurs entièrement divisés, avec ou sans membrane interdigitale ; pouce généralement très-court, dirigé en avant, ou opposé, ou réversible.

Malgré les apparences de forme qui semblent les rattacher aux Déodactyles, par les Hirundinidés, les Passereaux pour lesquels nous proposons cette division, ne leur appartiennent cependant point. Les Hirundinidés sont de vrais Déodactyles par les pieds et surtout par la forme du sternum ; les Cypsélidés et les Caprimulgidés s'en séparent si bien sous ce double rapport, qu'ils y seront toujours déplacés. C'est ce qui nous a déterminés à former pour eux un groupe particulier, sous un nom qui exprime l'un de leurs caractères anormaux.

FAMILLE XXVII

CYPSÉLIDÉS — *CYPSELIDÆ*

Hirundinidæ, p. Vig. *Gen. of B.* (1825).
Chelidones, p. Less *Tr. d'Orn.* (1831).
Cypselinæ, Bp. *B. of Eur.* (1838).
Cypselidæ, Bp. *Ucc. Eur.* (1842).

Bec déprimé, crochu, largement fendu, sans poils roides à la base ; ailes très-longues ; tarses nus ou emplumés, courts, forts ; doigts généralement robustes, presque égaux, comprimés, ainsi que les ongles.

Les Cypsélidés n'ont pas les pieds organisés pour la marche ; aussi le vol est-il leur mode unique de locomotion, et lorsqu'ils veulent prendre du repos, ils ne le peuvent qu'à la condition de s'accrocher aux parois d'un mur, d'un rocher, ou de se blottir dans un trou. Ils saisissent leur proie et boivent en volant.

Cette famille est représentée en Europe par un genre unique.

Observation. — Les Cypsélidés sont généralement placés par les méthodistes à côté des Hirondelles et dans la même famille. En 1838 (*Birds Eur. and*

N. Am.) le prince Ch. Bonaparte créa pour eux la sous-famille des *Cypselinæ*; et pour les Hirondelles celle des *Hirundininæ*, formant, l'une et l'autre, la famille des *Hirundinidæ*. Plus tard, en 1842 (*Cat. Meth. degli Ucc Eur.*), les deux sous-familles, converties en familles, sont restées cependant encore à côté l'une de l'autre; mais en 1850 (*Consp. Gen. Av. et Rev. crit.*) les Martinets et les Hirondelles, étrangers désormais les uns aux autres, ont été rangés par le prince Ch. Bonaparte, celles-ci dans la section des *Dentirostres*, de la tribu des Passereaux chanteurs; ceux-là dans la section des *Hiantes*, de la tribu des Passereaux volucres, et à la suite des Caprimulgidés, qu'ils entraînaient avec eux. Il est regrettable que le prince Ch. Bonaparte n'ait pas cru devoir donner les motifs d'un si profond changement. Les Martinets ne sont certes pas des Hirondelles et l'on a eu raison d'en former une famille distincte, mais les en éloigner à ce point de mettre entre eux tous les Zygodactyles, tous les Syndactyles et une partie des Déodactyles, nous semble peu justifiable. Malgré la différence tirée de la forme du sternum et de celle des pieds, différence qui peut tout au plus les mettre en dehors des Déodactyles, les Martinets nous paraissent devoir rester au voisinage des Hirondelles.

GENRE CXXXIV

MARTINET — *CYPSELUS*, Illig.

Hirundo, p. Linn. *S. N.* (1735)?
Apus, Scop. *Intr. ad Hist. Nat.* (1777).
Micropus, Mey. et Wolf, *Tasch. Deuts.* (1810).
Cypselus, Illig. *Prod. Syst.* (1811).

Bec petit, déprimé et triangulaire à la base, étroit et comprimé à la pointe; mandibule supérieure crochue, l'inférieure un peu retroussée à son extrémité; narines longitudinales, larges, ouvertes au milieu et bordées de petites plumes; ailes très-longues; queue fourchue, composée de dix pennes; tarses très-courts, robustes, emplumés jusqu'aux doigts; ceux-ci courts et forts, les antérieurs séparés, égaux, le postérieur articulé sur le côté interne du tarse et dirigé en avant; ongles étroits, crochus, aigus et rétractiles.

Les Martinets ont des habitudes fort analogues à celles des Hirondelles. Ils chassent souvent de concert, et vivent, comme elles, d'insectes qu'ils saisissent en volant. Leur vol est plus étendu et plus rapide; jamais ils ne se posent à terre, et si, par accident, ils y tombent, il leur est difficile et souvent impossible de reprendre leur essor.

On a signalé chez eux l'existence d'une dilatation ou poche sous-linguale, dans laquelle ils entasseraient des insectes à l'époque où ils nourrissent des petits (1).

Le mâle et la femelle ne diffèrent pas ou diffèrent très-peu entre eux. Les jeunes, avant la première mue, ont un plumage distinct. Leur mue est simple et s'opère, dit-on, en janvier.

On compte deux espèces de Martinets en Europe.

281 — MARTINET NOIR — *CYPSELUS APUS*
Ill. ex Linn.

Entièrement noir, à l'exception de la gorge qui est blanchâtre. Taille : 0^m,22 environ.

Hirundo apus, Linn. *S. N.* (1766), t. I, p. 344.
Micropus murarius, Mey. et Wolf, *Tasch. Deuts.* (1810), t. I, p. 284.
Cypselus apus, Illig. *Prol. Syst.* (1811), p. 230.
Cypselus murarius, Temm. (1815), p. 271.
Cypselus niger, Leach, *Syst. Cat. M. and B. Brit. Mus.* (1816), p. 19.
Micropus apus, Boie, *Isis* (1844), p. 165.
Buff. *Pl. enl.* 542, f. 1, sous le nom de *Grand Martinet.*

Mâle : Plumage d'un brun noir de suie, à reflets verdâtres, avec la gorge d'un blanc cendré ; bec et iris brun foncé.

Femelle : Elle ne diffère du mâle que par un peu moins de blanc à la gorge.

Jeunes, avant la première mue : D'un brun moins foncé ; queue peu fourchue ; plumes du front et des ailes bordées de grisâtre.

On trouve le Martinet noir en Europe, en Asie et en Afrique.

L'été, il est très-commun en France et dans tout le reste de l'Europe.

Il niche dans les trous des rochers et des tours élevées, dans les crevasses des murs et des vieux châteaux. Sa ponte est de trois ou quatre œufs allongés, d'un blanc parfait, sans taches. Ils mesurent :

Grand diam. 0^m,024 ; petit diam. 0^m,015 ou 0^m,016.

Le Martinet noir arrive dans le nord de la France après les Hirondelles et repart avant elles ; du reste, c'est de tous les oiseaux qui viennent se reproduire en Europe celui qui apparaît le dernier et qui disparaît le premier. Vers le 15 du mois d'août on n'en voit déjà plus. Il paraîtrait cependant, d'après M. Malherbe, que son passage en Sicile se ferait beaucoup plus tardivement que celui des autres oiseaux, et que l'hiver on y en verrait de très-grandes bandes émigrantes et même des individus y passer la saison froide. La longueur de ses ailes, peu en rapport avec la brièveté de ses tarses, le met dans l'impossibilité de reprendre son essor lorsque, par cas fortuit, il tombe à terre.

(1) M. Heming a signalé ce fait, en 1834, à la *Société Zoologique* de Londres.

282 — MARTINET ALPIN — *CYPSELUS MELBA*
Ill. ex Linn.

*Brun en dessus, blanc en dessous, avec une ceinture à la poi-
trine et les sous-caudales brunes comme le dos.*

Taille : 0ᵐ,22 *environ.*

HIRUNDO MELBA, Linn. *S. N.* (1766), t. I, p. 345.
HIRUNDO ALPINA, Scop. *An. I Hist. Nat.* (1769), t. I, p. 166.
MICROPUS ALPINUS, Mey. et Wolf, *Tasch. Deuts.* (1810), t. I, p. 282.
CYPSELUS MELBA, Illig. *Prod. Syst.* (1811), p. 230.
CYPSELUS ALPINUS, Temm. *Man.* (1815), p. 270.
MICROPUS MELBA, Boie, *Isis* (1844), p. 165.
Gould, *Birds of Eur.* pl. 53, f. 2.

Mâle au printemps : Parties supérieures d'un gris brun uniforme ;
parties inférieures d'un blanc pur ; une large bande de la couleur du
dos ceint la poitrine, et s'étend sur les flancs et les sous-caudales ; ailes
et queue pareilles au manteau ; bec brun noirâtre ; plumes des tarses
brunes ; iris noisette.

Femelle : Teintes du plumage un peu moins foncées que dans le
mâle, avec la bande pectorale moins large.

Jeunes avant la première mue : Toutes les plumes d'un gris brun,
bordées de blanc roussâtre.

Après la mue, ils ressemblent aux adultes, et ceux-ci ont alors un
fin liséré gris clair sur toutes les plumes colorées en brun.

Le Martinet Alpin est propre à l'Europe méridionale et à l'Afrique. Il habite
les Alpes du Dauphiné, de la Suisse, de la Savoie, les Pyrénées, les Apennins, et se
montre accidentellement en Lorraine et en Angleterre.

Il niche dans les fentes des rochers. Sa ponte est de trois ou quatre œufs
allongés, d'un blanc pur, sans taches. Ils mesurent :

Grand diam. 0ᵐ,025 ; petit diam. 0ᵐ,017.

Cette espèce, d'après l'auteur de l'*Ornithologie du Dauphiné* (t. II, p. 29), arrive dans le département de l'Isère à la fin de mars ou au commencement d'a-
vril. Pendant la première quinzaine, elle hante les marais et les étangs, et se
dirige ensuite vers les montagnes pour y passer la belle saison. Elle émigre en
automne, plus tôt ou plus tard, suivant le temps.

FAMILLE XXVIII

CAPRIMULGIDÉS — *CAPRIMULGIDÆ*

CAPRIMULGIDÆ, Vig. *Gen. of B.* (1825).

Bec aplati à la base, profondément fendu jusqu'au milieu de l'œil au moins, garni à la base de soies longues et roides ; recourbé en crochet à son extrémité, le plus ordinairement entier ; yeux très-grands ; plumage fourni, doux, peu serré ; tarses épais, généralement très-courts, nus chez les uns, en partie couverts de plumes chez les autres.

Les Caprimulgidés ont de l'analogie avec les oiseaux de proie nocturnes sous plusieurs rapports : leurs yeux sont grands, leurs oreilles larges, leurs plumes molles et flexibles, et leurs mœurs crépusculaires ; mais leurs affinités avec les Martinets et les Hirondelles sont bien plus grandes encore ; aussi comprend-on qu'on les ait, pendant longtemps, rapportés à la même famille. Cependant un caractère essentiel les distingue des Hirundinidés et des Cypsélidés : ils ont la base du bec enveloppée de longs poils, caractère qui fait absolument défaut chez les Martinets et les Hirondelles.

SOUS-FAMILLE XLIII

CAPRIMULGIENS — *CAPRIMULGINÆ*

Base de la mandibule supérieure garnie de longs poils rigides, dirigés obliquement en avant ; narines le plus ordinairement tubuleuses, découvertes ; tarses emplumés ; pouce très-court ; ongle du doigt médian pectiné.

Les Caprimulgiens sont particulièrement caractérisés par un pouce très-court, pourvu d'un ongle presque rudimentaire, et surtout par l'ongle du doigt médian qui est long, large et dentelé comme un peigne.

Cette sous-famille est représentée en Europe par un seul genre.

GENRE CXXXV

ENGOULEVENT — *CAPRIMULGUS,* Linn.

Caprimulgus, Linn. *S. N.* (1756).
Nyctichelidon, Rennie, *Ornith. Dict.* (1831).

Bec faible, court, mince, fendu jusqu'au delà des yeux, déprimé à la base, à mandibule supérieure dépassant la mandibule inférieure ; narines basales, découvertes, arrondies, tubuleuses, percées obliquement en avant ; ailes longues, sub-aiguës ; queue carrée ou légèrement arrondie ; tarses courts, entièrement ou à moitié emplumés ; doigts antérieurs réunis par une membrane jusqu'à la première articulation ; l'interne, l'externe et le pouce courts, armés d'ongles petits ; le médian, y compris l'ongle, un peu plus long que le tarse.

Les Engoulevents se nourrissent exclusivement d'insectes, qu'ils chassent au déclin du jour ou pendant la nuit, lorsqu'il fait clair de lune.

Le mâle et la femelle ne diffèrent que par de légères nuances et quelquefois par les taches des pennes latérales de la queue, qui sont blanches chez le premier et rousses chez la femelle, lorsqu'elle en possède. Les jeunes, sous le premier plumage, diffèrent peu des adultes. Leur mue est simple.

Ce genre a des représentants dans toutes les parties du monde. Deux espèces font partie de la Faune européenne : l'une est propre à l'Europe, l'autre y est accidentellement de passage.

285 — ENGOULEVENT D'EUROPE
CAPRIMULGUS EUROPÆUS
Linn.

Une bande blanchâtre de chaque côté de la tête se dirigeant des commissures vers l'occiput ; point de hausse-col ni de collier sur la gorge et le devant du cou ; première rémige à peu près égale à la troisième.

Taille : 0^m,28 à 0^m,29.

Caprimulgus europæus, Linn. *S. N.* (1766), t. I, p. 346.
Caprimulgus punctatus, Mey. et Wolf, *Tasch. Deuts.* (1810), t. I, p. 284.
Caprimulgus vulgaris, Vieill. *Faun. fr.* (1828), p. 140.
Caprimulgus maculatus, Brehm, *Handb. Nat. Vog. Deuts.* (1831), p. 131.

NYCTICHELIDON EUROPÆUS,Rennie : *Montagu* in *Ornith. Dict.*(1831),2ᵉ édit.,p.335.
Buff. *Pl. enl.* 193, sous le nom de *Crapaud volant.*

Mâle : Parties supérieures variées de lignes grises et brunes, transversales, en zigzags, avec des raies et des traits longitudinaux noirs sur
la tête, le cou, le dos, les scapulaires, et des taches rousses ou roussâtres sur les ailes ; parties inférieures variées de brun et de roussâtre,
et offrant des raies transversales grises à la gorge, à l'abdomen, à la
poitrine ; une bande blanchâtre de chaque côté de la tête, se dirigeant
des commissures vers l'occiput ; une tache blanche sur le devant et le
milieu du cou, et quelques taches rousses sur les côtés de cette partie ;
rémiges brunes, avec des taches rousses sur les barbes externes, et
une grande tache blanche ovalaire sur les barbes internes des trois
premières ; queue traversée de bandes noirâtres sur un fond gris moiré,
sur les pennes médianes, roussâtre sur les autres, avec les deux externes
terminées de blanc ; bec et iris noirâtres ; pieds brunâtres.

Femelle : Pareille au mâle, mais sans taches blanches aux ailes et à
la queue.

Jeunes avant la première mue : Plumage varié comme celui des
adultes, mais avec moins de roux, la teinte grise dominant partout. La
queue, terminée de roussâtre, est sensiblement plus courte.

Après la mue, ils ne diffèrent plus des adultes.

On trouve l'Engoulevent vulgaire presque partout en Europe ; mais il est
plus commun dans le midi que dans le nord.

Il niche a terre, dans les bruyères, les bois, au pied des buissons, entre les
racines des arbres ou bien à l'abri de quelque petit rocher. Sa ponte est de deux
œufs allongés, presque également obtus des deux bouts, blanchâtres, ou d'un
blanc grisâtre et quelquefois jaunâtre, avec des taches et des marbrures cendrées, violettes et brunes. Ils mesurent :

Grand diam. 0ᵐ,030 ; petit diam. 0ᵐ,022.

Ses mœurs sont crépusculaires. Lorsqu'il vole, le soir, autour d'un arbre où
s'agitent des insectes dont il se nourrit, il fait très-souvent entendre un bour-
donnement sourd et faible. Il chasse le plus souvent à la manière des Hirondelles, et a la singulière habitude, lorsqu'il perche, de se tenir, comme le
Scops, dans le sens longitudinal de la branche.

Il arrive dans le nord de l'Europe en mai, et repart vers la fin de septembre.

284 — ENGOULEVENT A COLLIER ROUX
CAPRIMULGUS RUFICOLLIS
Temm.

Un large collier roux embrassant la nuque, rejoignant et bor-

*dant, en avant, le blanc du cou ; première rémige plus courte que
la quatrième et même que la troisième.*

   Taille : 0ᵐ,32 environ.

Caprimulgus ruficollis, Temm. *Man.* (1820), 2ᵉ édit. t. I, p. 438.
Caprimulgus rufitorquatus, Vieill. *Faun. fr.* (1828), p. 142, et *Encycl. Méth.*
p. 546.
   Werner, *Atl. du Man. d'Ornith.* fig. ?
   Gould, *Birds of Eur.* pl. 52.

Mâle et femelle adultes : Parties supérieures d'un gris clair, marquées, en travers, de zigzags roussâtres et de traits longitudinaux
noirs à la tête, à la nuque, au dos et au croupion ; taches noires, bordées de roussâtre aux scapulaires ; sus-caudales noires au centre, et
variées, sur les côtés, de grisâtre et de roussâtre ; parties inférieures
rayées alternativement et irrégulièrement de jaunâtre et de noirâtre ;
sur le devant du cou, deux grandes taches blanches, bordées en bas de
points noirs, et se confondant avec un large collier roux qui entoure le
cou ; ailes à pennes noirâtres, variées de taches rousses et blanches ;
queue brune, avec les pennes médianes coupées par des bandes noirâtres sur un fond gris et roussâtre, et les deux externes, de chaque côté,
blanches dans leur tiers postérieur ; bec noir ; pieds et iris bruns.

   L'Engoulevent à collier roux habite l'Afrique. Il se montre accidentellement,
mais assez fréquemment, dans le midi de l'Espagne et de la France. Il a été
capturé plusieurs fois en Provence et dans le Languedoc. On le trouve assez
communément en Algérie.
   Il niche à terre et pond des œufs tellement semblables pour la forme, les
couleurs et la distribution des taches, à ceux de l'Engoulevent d'Europe, qu'il
serait difficile de les en distinguer s'ils n'avaient une taille un peu plus forte.

          FIN DU TOME PREMIER

DOCUMENTS

A L'HISTOIRE DE LA *FRINGILLA INCERTA*

Lettre à M. le Directeur de la *Revue et Magasin de Zoologie*, en réponse à un article du prince Ch. Bonaparte, contenu dans ce recueil.

MONSIEUR LE DIRECTEUR,

Voudriez-vous bien, je vous prie, insérer dans le plus prochain numéro de votre intéressant journal, les très-courtes observations que j'ai l'honneur de vous adresser, en réponse au passage d'un article que le prince Ch. Bonaparte a publié dans la *Revue Zoologique* pour février 1855.

Il est dit dans cet article, au dernier paragraphe de la note 1, p. 78 : « L'espèce européenne à abolir est la *Fringilla incerta*, Risso. Lorsque « M. Degland fit, le 17 septembre 1849, la fameuse capture de cet oi- « seau, qu'il n'hésita pas à classer *de visu* dans son genre *Pyrrhula*, « ramassis indigeste de Pyrrhulés, de Serinés et de Loxiés, je m'a- « perçus immédiatement que la *Fringilla incerta* de M. Degland n'é- « tait qu'un jeune *Carpodacus erythrinus*... et M. Degland ouvrit les « yeux sous le feu roulant de mes plaisanteries !... »

Il est bien établi, par ce passage, que j'ai le premier reconnu un Bouvreuil dans la Fringille incertaine, et que cette détermination a été pour le prince Ch. Bonaparte l'occasion de s'apercevoir que la *Fringilla incerta*, capturée à Lille, était une jeune *Pyrrhula erythrina* (*Carpodacus erythrinus*).

Mais, cela étant, pourquoi le prince Ch. Bonaparte nous fait-il si tardivement une telle confidence ? Comment, dans ce cas, concilier cet « *immédiatement* » avec l'observation critique que voici, observation provoquée précisément par le spécimen de *Fringilla incerta* dans lequel le prince reconnaissait une jeune *Pyrrhula erythrina*, et que je déplaçais de son genre *Chlorospiza*, pour la ranger dans le genre *Pyrrhula?* «... Outre la *Fringilla incerta*, que M. Degland semble con- « naitre moins que jamais depuis le 17 septembre 1849, jour né-

« faste où il n'hésita pas à la classer *d'après nature* (et sur un mâle
« adulte!... pris au filet dans les faubourgs de Lille), avec les Bou-
« vreuils, après avoir découvert que c'était à tort que les auteurs plus
« récents en avaient fait un Verdier, outre l'*incerta*, dis-je, etc... (1) »
Comment surtout la concilier avec cette question : « Quid *Pyrrhula*
« *incerta* Degland? » éditée une première fois à la page 168 du *Conspectus Avium Europæarum*, qui fait suite à la *Revue critique*, et re-
produite à la page 513 du *Conspectus generum Avium*, publié également en 1850? Puisque le prince avait, vers la fin de 1849, reconnu
dans la *Fringilla incerta*, dont j'annonçais la capture, et que je ran-
geais parmi les Pyrrhulés, un jeune de la *Pyrrhula incerta*, il aurait
dû comprendre cet oiseau parmi ses Loxiens (2). Cette question :
Quid Pyrrhula incerta Degland, faite dans le *Conspectus Avium
Europæarum* et le *Conspectus generum Avium*, est au moins oiseuse.
Enfin, pourquoi dans les *Notes ornithologiques* sur les collections
rapportées en 1853 par M. A. Delattre, notes qui ont été l'occasion
d'une foule de rectifications et d'additions, Son Altesse, à propos de sa
Chlorospiza aurantiiventris (3), n'a-t-elle pas intercalé une phrase
rectificative à l'adresse de la *Fringilla incerta?* Peut-être le prince
Ch. Bonaparte nous dira-t-il un jour les motifs qui l'ont déterminé à
ne nous faire qu'en l'an de grâce 1855 un aveu qu'il aurait pu nous
faire dès 1849.

Le passage cité, qui me concerne, renferme encore une phrase inci-
dente que je ne puis passer sous silence. Par ces mots : «... et M. De-
« gland ouvrit les yeux sous le feu roulant de mes plaisanteries, »
le prince Ch. Bonaparte semble insinuer (du moins n'est-il pas permis
d'attribuer un autre sens à cette phrase), semble insinuer, dis-je, que
si j'ai reconnu un Bouvreuil dans la Fringille incertaine de Risso, c'est
que les observations critiques, qu'il caractérise lui-même de *plaisanteries*, et que, pour ma part, je n'ai jamais prises au sérieux, m'avaient
ouvert les yeux. Son Altesse voudra bien me permettre de lui faire
observer que si, dans cette occasion, quelqu'un a eu les yeux dessillés,

<hr>

(1) *Revue critique de l'Ornithologie européenne de M. le docteur Degland*, par C. L. Bonaparte, lettre adressée à M. de Sélys-Longchamps ; Liége, 1850, p. 31 et 32 ; genre XXI,
Chlorospiza.

(2) *Monographie des Loxiens*, par C. L. Bonaparte et Schlegel, ouvrage accompagné
de planches coloriées ; Leyde et Dusseldorf, 1850.

(3) *Comptes-rendus de l'Académie des Sciences*, séance du 13 septembre 1853, 2e tri-
mestre, t. XXXVII, p. 906, note A.

ce n'est pas moi, mais bien elle. Sa cécité a disparu un peu tard, il est vrai, car le Prince a persisté jusqu'à ce jour, non-seulement à séparer spécifiquement la Fringille incertaine du Bouvreuil cramoisi, mais à la classer loin des Pyrrhulés, dans une famille tout à fait distincte! Je n'avais pas attendu la note qui motive cette réponse, ni même le travail de M. Jaubert pour identifier la *Fringilla incerta* à la *Pyrrhula erythrina*. Je l'ai fait dès 1851, à la suite de l'examen de plusieurs exemplaires de Bouvreuil cramoisi jeunes et femelles reçus d'Allemagne. J'en ai parlé à quelques-uns de mes correspondants soit français, soit étrangers, peut-être même à M. Jaubert, je ne sais au juste. Dans tous les cas, le prince Ch. Bonaparte ne saurait nier qu'en déplaçant la *Fringilla incerta* du genre dans lequel on la confinait, je n'aie ramené l'attention des ornithologistes sur cet oiseau, et n'aie, par conséquent, un peu contribué à faire opérer une de ces éliminations de fausses espèces qu'il considère, avec raison, comme bien plus importantes que la fondation de nouvelles.

J'ai l'honneur, etc.

Signé, Degland, D. M. P.

Lille, avril 1855.

La correspondance à laquelle a donné lieu cette lettre, que le prince Ch. Bonaparte « trouvait juste et convenable, mais un peu longue (1), » et dont M. Degland n'a cependant jamais pu obtenir l'insertion dans le recueil où il avait été si-injustement attaqué ; cette correspondance formerait une brochure assez volumineuse et fort instructive à plusieurs égards. Je me bornerai à en extraire la lettre suivante, qui a été motivée par la note dérisoire que voici : « M. Degland nous écrit pour réclamer la priorité « de l'abolition de l'espèce nominale *Fringilla incerta*, Risso, « et S. A. le Prince Bonaparte nous autorise à déclarer en son « nom qu'il le *croit fondé en droit*. Il est évident que c'est la « capture du beau *mâle adulte*, en *robe d'automne*, faite aux en- « virons de Lille, qui a donné lieu à cette découverte (2). »

(1) Lettre de M. Guerin-Meneville à M. Degland ; Paris, 20 avril 1855.
(2) *Revue et Magasin de Zoologie*, 1855, 2º série, t. VII, p. 208.

A Monsieur le Directeur de la *Revue et Magasin de Zoologie* :

Monsieur le Directeur,

La note que vous avez insérée, *contre mon gré*, dans le dernier numéro de la *Revue,* me met dans la nécessité de réclamer. Ma réponse au prince Ch. Bonaparte n'avait pas pour objet d'établir, en ma faveur, « la priorité de l'abolition de l'espèce nominale *Fringilla incerta*, » mais de démontrer que le Prince ayant persisté jusqu'à ce jour (janvier 1855) à voir dans cette *Fringilla* autre chose qu'un bouvreuil, ce ne pouvaient être ses observations plus ou moins plaisantes qui *m'avaient fait ouvrir les yeux*, et assigner (septembre 1849) à cet oiseau sa vraie place.

Si cette réclamation ne vous paraît ni trop longue ni trop inconvenante, veuillez, je vous prie, l'insérer dans le prochain numéro de la *Revue.*

Quant à la réponse que vous avez refusé de publier, quoique la justice vous en fît un devoir, je la mettrai moi-même sous les yeux du public avec tous les pourparlers auxquels elle a donné lieu et toutes les variations qu'a subies la note contre laquelle je réclame.

Agréez, etc.

DEGLAND, D. M. P.

Lille, 29 mai 1855.

Cette lettre, quoique très-courte, est restée dans les cartons comme la première : la cause, trop facile à saisir, qui s'est opposée à la publication de la première, devait nécessairement empêcher la publication de la dernière.

CORBEIL — Typ. et ster. de CRÉTÉ